YEARBOOK OF CHINA'S
ECOLOGICAL CIVILIZATION
CONSTRUCTION

中国社会科学院生态文明研究智库

中国生态文明建设年鉴

2020—2021

中国社会科学出版社

图书在版编目（CIP）数据

中国生态文明建设年鉴 . 2020—2021 / 杨开忠等编著 . -- 北京：中国社会科学出版社，2024. 10.
ISBN 978-7-5227-4331-8

Ⅰ . X321.2-54

中国国家版本馆 CIP 数据核字第 20245AH435 号

出 版 人	赵剑英
责任编辑	彭莎莉
责任校对	李　惠
责任印制	张雪娇

出　　版	中国社会科学出版社
社　　址	北京鼓楼西大街甲 158 号
邮　　编	100720
网　　址	http://www.csspw.cn
发 行 部	010-84083685
门 市 部	010-84029450
经　　销	新华书店及其他书店
印刷装订	三河市东方印刷有限公司
版　　次	2024 年 10 月第 1 版
印　　次	2024 年 10 月第 1 次印刷
开　　本	787×1092　1/16
印　　张	58.5
插　　页	2
字　　数	1236 千字
定　　价	488.00 元

凡购买中国社会科学出版社图书，如有质量问题请与本社营销中心联系调换
电话：010-84083683
版权所有　侵权必究

《中国生态文明建设年鉴2020—2021》编委会

编委会主任　蔡　昉　解振华　潘家华
学 术 顾 问（排名按姓氏拼音字母顺序排列）：
　　　　　　巢清尘　国家气候中心主任、党委书记
　　　　　　董恒宇　民盟中央常委、内蒙古自治区委员会主委，内蒙古自治区政协原副主席
　　　　　　杜祥琬　中国工程院院士，中国工程院原副院长
　　　　　　高培勇　中国社会科学院学部委员，中国社会科学院大学原党委书记
　　　　　　韩文秀　第二十届中央委员，中央财办分管日常工作的副主任，中央农办主任
　　　　　　刘燕华　科学技术部原副部长
　　　　　　秦大河　第十二届全国政协常委，中国科学技术协会副主席，中国科学院院士
　　　　　　仇保兴　国务院参事，住房和城乡建设部原副部长
　　　　　　田雪原　中国社会科学院学部委员
　　　　　　汪同三　中国社会科学院学部委员
　　　　　　王会军　中国科学院院士
　　　　　　魏后凯　中国社会科学院学部委员，中国社会科学院农村发展研究所所长
　　　　　　魏一鸣　北京理工大学党委常委、副校长
　　　　　　严　伟　上海海事大学副校长
　　　　　　张晓山　中国社会科学院学部委员
　　　　　　朱　玲　中国社会科学院学部委员

编委会委员（排名按姓氏拼音字母顺序排列）：
　　　　　　白重恩　清华大学经济管理学院院长
　　　　　　陈　迎　中国社会科学院生态文明研究所研究员
　　　　　　陈洪波　中国社会科学院大学应用经济学院副院长，研究员
　　　　　　陈云文　浙江大学园林研究所副所长，浙江大学生态修复联合研究中心副主任
　　　　　　迟永胜　清华大学全球证券市场研究院院长助理，高级工程师
　　　　　　胡兆光　国家电网能源研究院副院长
　　　　　　黄承梁　中国社会科学院生态文明研究所习近平生态文明思想研究中心主任，研究员
　　　　　　李怒云　国家林业局气候办常务副主任，中国绿色碳汇基金会秘书长
　　　　　　李晓西　首都科技发展战略研究院院长，北京师范大学校学术委员会副主任

李　迅	中国城市规划设计研究院原副院长，中国城市科学研究会秘书长
李　周	中国社会科学院农村发展研究所原所长，研究员
梁　循	中国人民大学信息学院经济信息管理系教授
刘海威	上海海事大学港口物流装备全生命周期数字化、上海港口机械质量检验检测中心主任
刘建国	华北电力大学能源电力创新研究院教授
刘治彦	中国社会科学院生态文明研究所研究员
马　援	中国社会科学院副秘书长，中国历史研究院常务副院长、党委常务副书记
孟令鹏	上海海事大学中国（上海）自贸区供应链研究院教授
倪鹏飞	中国社会科学院城市与竞争力研究中心主任、中国社会科学院财经战略研究院院长助理
秦尊文	湖北省人民政府咨询委员会委员，湖北社会科学院原副院长
裘晓东	北京交通大学经济管理学院副院长、教授
单菁菁	中国社会科学院生态文明研究所国土空间与生态安全研究室主任，研究员
盛广耀	中国社会科学院生态文明研究所研究员
宋雪枫	上海申能集团党委委员、副总经理，东方证券原党委书记
宋迎昌	中国社会科学院生态文明研究所研究员
王业强	中国社会科学院生态文明研究所海洋经济研究室主任，研究员
王　毅	民进第十五届中央委员会人口资源环境委员会主任，中国科学院科技政策与管理科学研究所原所长
吴大华	贵州省社会科学院原院长、党委书记，研究员
熊易寒	复旦大学国际关系与公共事务学院副院长，教授
徐华清	国家应对气候变化战略研究和国际合作中心主任
于宏源	上海国际问题研究院比较政治与公共政策所所长、研究员
张安华	中国华能集团高级经济师，华能国际企业文化部副总经理
张海夫	西南林业大学马克思主义学院副院长，教授
张会成	上海技术交易所首席战略顾问，上海离岸工程研究院高级顾问
张世秋	北京大学环境科学与工程学院副院长，教授
张希良	清华大学能源环境经济研究所所长，教授
张晓晶	中国社会科学院金融研究所所长，研究员
周宏春	国务院发展研究中心研究员

《中国生态文明建设年鉴2020—2021》编辑部

主　　编　杨开忠
副 主 编　娄　伟　李　萌
执　　行　薛苏鹏
撰 稿 人　娄　伟　李　萌　罗　佳　李叔豪
　　　　　钟佳珉　马苒迪　张联君　王亦菲 等

编辑说明

《中国生态文明建设年鉴》由中国社会科学院生态文明智库负责组织编写，中国社会科学院资助出版，创办于 2016 年，迄今为止共出版四卷，2020—2021 年卷为第五卷。

《中国生态文明建设年鉴》编纂的宗旨是：充分发挥年鉴存史及咨政功能，准确、系统、翔实地记述我国生态文明建设取得的重大成就和重要经验，为各级机关、团体和企事业单位科学决策及社会各界人士了解生态文明建设情况提供可靠资料和信息。

本年鉴编纂的原则是：坚持实事求是，真实、准确，反映我国各年度生态文明建设的重大事件；坚持科学性，内容分类明确、语言准确；坚持实用性，从有利于读者使用的角度出发；坚持权威性，编辑人员具有较强的专业性，所录资料准确。

本年鉴的主要栏目包括：生态文明建设综述、政策法规、重要会议及研究成果等。

2020—2021 年卷主要具有以下特点：

一是以 2020 年、2021 年生态文明建设活动为编撰整理对象。2020 年是"十三五"规划收官之年，2021 年是"十四五"规划开局之年。本卷的编写具有承上启下、继往开来的特点。

二是重点整理 2020 年、2021 年生态文明建设中的大事，由于本年鉴为 2022 年编纂，为保障相关专题的系统性，个别内容涉及 2022 年重大事件。针对生物安全、碳达峰碳中和、环境外交、生态补偿与生态赔偿、资源环境税收与金融、环境权交易等议题，进行了重点整理。不仅能为读者提供翔实的资料，也有利于读者快速了解全貌及抓住重点。

三是以编写为主。鉴于现在查询资料的方便性，2020—2021 年卷重视系统的编写工作，使各类资料更加有条理，形成完整的逻辑或脉络，而不是单纯的资料收集、整理。

Editing Instructions

The *Yearbook of China's Ecological Civilization Construction* is organized and compiled by the Ecological Civilization Think Tank of the Chinese Academy of Social Sciences, sponsored and published by the Chinese Academy of Social Sciences. Established in 2016, a total of 5 volumes have been published so far. This volume is the fifth volume.

The purpose of compiling this yearbook series is to fully leverage the historical preservation and advisory functions of the yearbook, accurately, systematically, and comprehensively record the significant achievements and important experiences of China's ecological civilization construction in various years, and provide reliable data and information for scientific decision-making by various levels of government agencies, organizations, enterprises and institutions, as well as for people from all walks of life to understand the situation of ecological civilization construction.

The principles of compiling this yearbook series are: adhere to the principle of seeking truth from facts, being truthful and accurate reflecting major events in China's ecological civilization construction in various years; adhere to scientificity, with clear content classification and accurate language; adhere to practicality, starting from the perspective of benefiting readers in their use; adhere to authority, editors have strong professionalism, and the recorded information is accurate.

The main columns of this yearbook series include: overview of ecological civilization construction, policies and regulations, important conferences and research achievements, et al.

This yearbook mainly has the following characteristics:

The first is to compile ecological civilization construction activities between 2020 and 2021. 2020 is the perfect year for the completion of the 13th Five-Year Plan, and 2021 is the beginning year of the 14th Five-Year Plan. The writing of this issue has the characteristics of connecting the past and opening up the future.

The second is to focus on sorting out the major events in the construction of ecological civilization between 2020 and 2021. We have focused on topics such as biosecurity, carbon peak and carbon neutrality, environmental diplomacy, ecological environment damage and ecological compensation, environmental taxation and finance, environmental rights trading. Not only can it provide readers with detailed information, but it is also beneficial for readers to quickly understand the whole picture and grasp the key points.

The third is to focus on writing. Given the convenience of searching for information now, this yearbook places great emphasis on the writing of the system, making various types of information more organized and forming a complete logic or context, rather than simply collecting and organizing data.

目　录

序一　为中国特色哲学社会科学事业立传……………………………………高培勇（1）
序二　中国生态文明建设走向新发展阶段……………………………………杨开忠（8）

生态文明建设综述（2020—2021）

中国生态文明建设进展（2020）……………………………………………………（3）
　2020年中国生态文明建设综述……………………………………………………（3）
　　一、2020年生态文明建设的重点…………………………………………………（3）
　　二、2020年生态文明建设的成效…………………………………………………（6）
　　三、2020年生态文明建设十大事件………………………………………………（21）
　　四、"十三五"期间生态环境保护与治理的进展及"十四五"时期的工作方向……（24）
　2020年中国生态文明建设大事记…………………………………………………（34）
中国生态文明建设进展（2021）……………………………………………………（44）
　2021年中国生态文明建设综述……………………………………………………（44）
　　一、2021年生态文明建设的重点…………………………………………………（44）
　　二、2021年生态文明建设的成效…………………………………………………（53）
　　三、2021年重要环境新闻…………………………………………………………（80）
　2021年中国生态文明建设大事记…………………………………………………（84）
中国生物安全建设（2020—2021）…………………………………………………（97）
　中国生物安全建设综述……………………………………………………………（97）
　　一、生物安全政策法规制定工作…………………………………………………（97）
　　二、生物安全应急管理能力建设工作……………………………………………（99）
　　三、生物安全风险防控能力建设工作……………………………………………（100）
　　四、生物安全持续能力建设工作…………………………………………………（102）
　中国生物安全大事记………………………………………………………………（104）

— 1 —

政策法规（2020—2021）

政策法规（2020） （109）
政策文件 （109）
一、《关于建立跨省流域上下游突发水污染事件联防联控机制的指导意见》 （109）
二、《关于构建现代环境治理体系的指导意见》 （110）
三、《省（自治区、直辖市）污染防治攻坚战成效考核措施》 （111）
四、《关于开展第一次全国自然灾害综合风险普查的通知》 （112）
五、《自然资源领域中央与地方财政事权和支出责任划分改革方案》 （112）
六、《关于切实做好长江流域禁捕有关工作的通知》 （113）
七、《关于加强生态保护监管工作的意见》 （114）

法律法规 （115）
一、《中华人民共和国固体废物污染环境防治法》（第二次修订） （115）
二、《生态环境标准管理办法》 （117）
三、《自然保护地生态环境监管工作暂行办法》 （121）
四、《碳排放权交易管理办法（试行）》 （123）
五、《中华人民共和国长江保护法》 （125）

规划方案 （127）
一、《中共中央关于制定国民经济和社会发展第十四个五年规划和二〇三五年远景目标的建议》 （127）
二、《全国重要生态系统保护和修复重大工程总体规划（2021—2035年）》 （128）
三、《新能源汽车产业发展规划（2021—2035年）》 （131）

政策法规（2021） （132）
政策文件 （132）
一、《关于统筹和加强应对气候变化与生态环境保护相关工作的指导意见》 （132）
二、《关于加快建立健全绿色低碳循环发展经济体系的指导意见》 （133）
三、《关于建立健全生态产品价值实现机制的意见》 （134）
四、《关于深化生态保护补偿制度改革的意见》 （136）
五、《中共中央 国务院关于完整准确全面贯彻新发展理念做好碳达峰碳中和工作的意见》 （138）
六、《关于进一步加强生物多样性保护的意见》 （141）

  七、《关于鼓励和支持社会资本参与生态保护修复的意见》……………………（141）
  八、《中共中央 国务院关于深入打好污染防治攻坚战的意见》………………（142）
法律文件……………………………………………………………………………………（142）
  一、《中华人民共和国生物安全法》………………………………………………（142）
  二、《排污许可管理条例》…………………………………………………………（143）
  三、《地下水管理条例》……………………………………………………………（144）
规划方案……………………………………………………………………………………（145）
  一、《"美丽中国，我是行动者"提升公民生态文明意识行动计划（2021—
    2025年）》……………………………………………………………………（145）
  二、《2030年前碳达峰行动方案》…………………………………………………（146）
  三、《黄河流域生态保护和高质量发展规划纲要》………………………………（148）
  四、《农村人居环境整治提升五年行动方案（2021—2025年）》………………（148）
  五、《"十四五"时期"无废城市"建设工作方案》……………………………（149）
  六、《"十四五"土壤、地下水和农村生态环境保护规划》……………………（151）

重要会议及研究成果（2020—2021）

2020年重要会议与研究成果………………………………………………………………（157）
2020年重要会议……………………………………………………………………………（157）
  一、2020年全国生态环境保护工作会议…………………………………………（157）
  二、第四届气候行动部长级会议……………………………………………………（158）
  三、2020年深入学习贯彻习近平生态文明思想研讨会…………………………（158）
  四、第六次金砖国家环境部长会议…………………………………………………（159）
  五、2020中国环境技术大会与2020中国环博会…………………………………（159）
  六、2020海洋生态文明（长岛）论坛………………………………………………（160）
  七、第三届数字中国建设峰会数字生态分论坛……………………………………（160）
  八、2020年全国扶贫日生态环保扶贫论坛…………………………………………（161）
  九、全球适应中心理事会第二次会议………………………………………………（162）
  十、2020·长江保护与发展论坛……………………………………………………（162）
  十一、黄河流域生态保护和高质量发展国际论坛…………………………………（163）
  十二、"一带一路"绿色发展国际联盟政策研究专题发布暨研究院启动活动……（163）
  十三、推动黄河流域生态保护和高质量发展领导小组全体会议…………………（164）

十四、中央生态环境保护督察工作领导小组会议 (165)

十五、2020 中国雄安生态文明论坛 (165)

2020 年研究成果 (166)

一、《习近平谈治国理政》第三卷 (166)

二、《中国应对气候变化的政策与行动 2020 年度报告》 (168)

三、《新时代的中国能源发展》白皮书 (168)

四、《2019 年林业和草原应对气候变化政策与行动》白皮书 (171)

五、《2020—2021 年中国生态环境形势分析与预测》 (171)

六、《中国环保产业发展状况报告（2020）》 (172)

七、《中国气候变化蓝皮书（2020）》 (173)

八、《应对气候变化报告（2020）——提升气候行动力》（气候变化绿皮书） (174)

九、《新中国生态文明建设 70 年》 (176)

十、《可持续发展蓝皮书：中国可持续发展评价报告（2020）》 (176)

十一、2020 年度中国生态环境十大科技进展 (177)

2021 年重要会议与研究成果 (184)

2021 年重要会议 (184)

一、2021 年全国生态环境保护工作会议 (184)

二、2021 年生态文明贵阳国际论坛 (184)

三、《生物多样性公约》缔约方大会第十五次会议 (185)

四、2021 年深入学习贯彻习近平生态文明思想研讨会 (185)

五、第 22 届中国环博会与 2021 中国环境技术大会 (186)

六、黄河流域生态保护和高质量发展领导小组全体会议 (186)

七、第七次金砖国家环境部长会议 (187)

八、主要经济体能源与气候论坛 (187)

九、中国—东盟绿色与可持续发展高层论坛暨 2021 年中国—东盟环境合作论坛 (188)

十、"一带一路"绿色发展圆桌会暨绿色联盟 2021 年政策研究专题发布活动 (188)

十一、中央生态环境保护督察工作领导小组会议 (189)

十二、2021 长江论坛 (190)

十三、黄河生态文明国际论坛 (191)

十四、推动长江经济带发展领导小组全体会议 (191)

2021 年资源与环境经济研究综述 (192)

一、2021年生态环境领域研究的总体特征……（192）
二、碳达峰碳中和研究的进展及主要观点……（194）
三、生物安全研究的主要内容及进展……（196）

2021年研究成果……（198）
一、《中国应对气候变化的政策与行动》白皮书……（198）
二、《中国的生物多样性保护》白皮书……（198）
三、《中国环保产业发展状况报告（2021）》……（199）
四、《中国气候变化蓝皮书（2021）》……（201）
五、《应对气候变化报告（2021）——碳达峰碳中和专辑》（气候变化绿皮书）……（202）
六、2021年度中国生态环境十大科技进展……（204）

碳达峰与碳中和

碳达峰与碳中和工作综述……（211）
国际碳达峰与碳中和工作……（211）
一、二氧化碳与气候变化……（211）
二、碳达峰……（212）
三、碳中和……（212）
四、国家层面的碳中和目标……（214）
五、重要概念和指标……（221）

中国碳达峰碳中和工作……（229）
一、中国碳达峰碳中和工作历程……（229）
二、《中国应对气候变化的政策与行动》……（232）

碳达峰碳中和政策法规……（248）
一、《国家应对气候变化规划（2014—2020年）》……（248）
二、《中美气候变化联合声明》……（249）
三、《中华人民共和国国民经济和社会发展第十四个五年规划和2035年远景目标纲要》……（251）
四、《中共中央 国务院关于完整准确全面贯彻新发展理念做好碳达峰碳中和工作的意见》……（251）
五、《2030年前碳达峰行动方案》……（253）

碳达峰碳中和大事记 …………………………………………………………………（255）
节能减排 ………………………………………………………………………………………（260）
　中国节能减排政策的发展历程 ……………………………………………………………（260）
　　一、"节能减排"的概念内涵 ……………………………………………………………（260）
　　二、初始形成阶段（1980—1994）………………………………………………………（261）
　　三、发展变革阶段（1995—2006）………………………………………………………（263）
　　四、深化改革阶段（2007—　）…………………………………………………………（267）
　节能减排政策法规 …………………………………………………………………………（271）
　　一、《关于加强节约能源工作的报告》…………………………………………………（271）
　　二、《节约能源管理暂行条例》…………………………………………………………（271）
　　三、《中华人民共和国节约能源法》……………………………………………………（272）
　　四、《节能中长期专项规划》……………………………………………………………（273）
　　五、《"十二五"节能减排综合性工作方案》……………………………………………（276）
　　六、《"十三五"节能减排综合工作方案》………………………………………………（279）
　　七、《"十四五"节能减排综合工作方案》………………………………………………（281）
　节能减排大事记 ……………………………………………………………………………（285）
新能源与可再生能源 …………………………………………………………………………（291）
　中国可再生能源开发利用综述 ……………………………………………………………（291）
　　一、基本情况 ……………………………………………………………………………（291）
　　二、中国可再生能源的发展阶段（1949—2019）………………………………………（292）
　　三、中国主要可再生能源的开发利用情况（1949—2019）……………………………（296）
　　四、中国可再生能源开发利用成就 ……………………………………………………（299）
　　五、改革开放以来中国电力体制改革 …………………………………………………（302）
　　六、风电、光伏发电的平价上网 ………………………………………………………（303）
　　七、全国统一电力市场体系 ……………………………………………………………（304）
　　八、"十四五"能源的高质量发展目标 …………………………………………………（305）
　主要新能源与可再生能源发展情况 ………………………………………………………（307）
　　一、太阳能 ………………………………………………………………………………（307）
　　二、水能 …………………………………………………………………………………（310）
　　三、风能 …………………………………………………………………………………（311）
　　四、地热能 ………………………………………………………………………………（313）
　　五、生物质能 ……………………………………………………………………………（315）

  六、核能 (317)
  七、氢能 (319)
  八、储能 (321)
 新能源与可再生能源政策法规 (323)
  一、《新能源和可再生能源发展纲要（1996—2010年）》 (323)
  二、《新能源基本建设项目管理的暂行规定》 (323)
  三、《中华人民共和国可再生能源法》 (324)
  四、《可再生能源中长期发展规划》 (324)
  五、《可再生能源发展"十二五"规划》 (325)
  六、《可再生能源发展"十三五"规划》 (326)
  七、《关于完善能源绿色低碳转型体制机制和政策措施的意见》 (329)
  八、《关于促进新时代新能源高质量发展的实施方案》 (330)
 新能源与可再生能源大事记 (332)

森林碳汇 (340)

 中国森林保护工作综述 (340)
 中国森林碳汇 (346)
 森林碳汇政策法规 (348)
  一、《中华人民共和国森林法》 (348)
  二、《中国自然保护纲要》 (350)
  三、《森林采伐更新管理办法》 (351)
  四、《中华人民共和国森林法实施条例》 (351)
  五、《全国生态环境保护纲要》 (352)
 林业大事记（1963—2018） (353)
 2020年林草大事记 (356)
  一、2020年中国野生动植物保护十件大事 (356)
  二、2020年中国自然保护地十件大事 (359)
  三、2020年退耕还林还草十件大事 (362)
 2021年林草大事记 (365)
  一、2021年中国野生动植物保护十件大事 (365)
  二、2021年中国自然保护地十件大事 (369)

工业行业节能减排 (374)

 中国工业行业节能减排工作综述 (374)

一、工业节能减排政策历程……………………………………………………（374）
　　二、国家层面工业节能政策类别………………………………………………（376）
 工业行业节能减排政策法规………………………………………………………（376）
　　一、《工业节能"十二五"规划》………………………………………………（376）
　　二、《工业领域应对气候变化行动方案（2012—2020年）》…………………（377）
　　三、《中国制造2025》……………………………………………………………（378）
　　四、《工业节能与绿色标准化行动计划（2017—2019年）》…………………（378）
　　五、《"十三五"节能环保产业发展规划》……………………………………（378）
　　六、《工业节能管理办法》………………………………………………………（379）
　　七、《工业绿色发展规划（2016—2020年）》…………………………………（381）
　　八、《关于加快推进工业节能与绿色发展的通知》……………………………（382）
　　九、《"十四五"工业绿色发展规划》…………………………………………（383）
交通行业节能减排……………………………………………………………………（385）
 中国新能源汽车发展综述…………………………………………………………（385）
　　一、新能源汽车的定义与分类…………………………………………………（385）
　　二、新能源汽车的发展阶段……………………………………………………（386）
　　三、纯电动汽车发展历程………………………………………………………（389）
　　四、燃料电池汽车发展历程……………………………………………………（390）
　　五、车辆购置税…………………………………………………………………（391）
　　六、新能源汽车补贴……………………………………………………………（391）
　　七、电动汽车的安全问题………………………………………………………（393）
 交通行业节能减排政策法规………………………………………………………（395）
　　一、《新能源汽车生产准入管理规则》…………………………………………（395）
　　二、《关于开展节能与新能源汽车示范推广试点工作的通知》………………（396）
　　三、《节能与新能源汽车产业发展规划（2012—2020年）》…………………（397）
　　四、《电动汽车科技发展"十二五"专项规划》………………………………（398）
　　五、《关于加快新能源汽车推广应用的指导意见》……………………………（400）
　　六、《新能源汽车产业发展规划（2021—2035年）》…………………………（403）
 新能源汽车大事记…………………………………………………………………（405）
建筑节能减排…………………………………………………………………………（426）
 中国建筑节能减排工作综述………………………………………………………（426）
　　一、世界绿色建筑工作的发展情况……………………………………………（426）

二、中国绿色建筑工作的发展历程 ……………………………………………………（428）

中国清洁供热采暖工作综述 …………………………………………………………（429）
  一、全球供热采暖市场基本情况 ……………………………………………………（429）
  二、中国清洁能源供热采暖现状分析 ………………………………………………（435）
  三、中国民用清洁采暖 ………………………………………………………………（444）
  四、热电联产供热采暖 ………………………………………………………………（446）
  五、集中供热采暖 ……………………………………………………………………（448）
  六、核能供热采暖 ……………………………………………………………………（449）

可再生能源供热采暖 …………………………………………………………………（451）
  一、综述 ………………………………………………………………………………（451）
  二、太阳能供热采暖 …………………………………………………………………（454）
  三、生物质能供热采暖 ………………………………………………………………（461）
  四、地热能供热采暖 …………………………………………………………………（463）
  五、风能供热采暖 ……………………………………………………………………（479）
  六、热泵供热采暖 ……………………………………………………………………（480）
  七、储热与可再生能源供热采暖 ……………………………………………………（487）

建筑节能减排政策法规 ………………………………………………………………（490）
  一、《余热暖民工程实施方案》 ………………………………………………………（490）
  二、《热电联产管理办法》 ……………………………………………………………（491）
  三、《关于开展中央财政支持北方地区冬季清洁取暖试点工作的通知》 …………（492）
  四、《关于北方地区清洁供暖价格政策的意见》 ……………………………………（493）
  五、《关于推进北方采暖地区城镇清洁供暖的指导意见》 …………………………（493）
  六、《北方地区冬季清洁取暖规划（2017—2021年）》 ……………………………（494）
  七、《关于扩大中央财政支持北方地区冬季清洁取暖城市试点的通知》 …………（496）
  八、《关于因地制宜做好可再生能源供暖工作的通知》 ……………………………（497）
  九、《关于开展风电清洁供暖工作的通知》 …………………………………………（499）
  十、《关于完善风电供暖相关电力交易机制扩大风电供暖应用的通知》 …………（500）
  十一、《关于促进生物质能供热发展的指导意见》 …………………………………（501）
  十二、《关于开展"百个城镇"生物质热电联产县域清洁供热示范项目建设的
     通知》……………………………………………………………………………（502）
  十三、《关于加快浅层地热能开发利用促进北方采暖地区燃煤减量替代的
     通知》……………………………………………………………………………（503）

十四、《关于促进地热能开发利用的若干意见》 ……………………………………（504）
　　十五、《关于加快推动新型储能发展的指导意见》 ……………………………（507）
　　十六、《"十四五"新型储能发展实施方案》 ……………………………………（509）
　建筑节能大事记 …………………………………………………………………………（512）
　　一、代表性事件 ………………………………………………………………………（512）
　　二、2019年中国清洁供热行业十大新闻 ……………………………………………（517）
　　三、2020年中国清洁供热行业十大新闻 ……………………………………………（520）
　　四、2021年中国清洁供热行业十大新闻 ……………………………………………（524）

环境外交

环境外交综述 ………………………………………………………………………………（531）
　中国环境外交工作的发展历程 …………………………………………………………（531）
　联合国组织召开的重要生态环境会议 …………………………………………………（533）
　　一、联合国人类环境会议 ……………………………………………………………（534）
　　二、联合国水事会议 …………………………………………………………………（540）
　　三、联合国防治荒漠化会议 …………………………………………………………（543）
　　四、联合国环境与发展大会 …………………………………………………………（545）
　　五、可持续发展问题世界首脑会议 …………………………………………………（550）
联合国环境大会 ……………………………………………………………………………（551）
　联合国环境大会综述 ……………………………………………………………………（551）
　　一、联合国环境大会 …………………………………………………………………（551）
　　二、联合国环境规划署 ………………………………………………………………（551）
　　三、联合国环境规划署大事记 ………………………………………………………（554）
　　四、中国参与联合国环境规划署工作大事记 ………………………………………（555）
　历届联合国环境大会的基本情况 ………………………………………………………（556）
　　一、第一届联合国环境大会（2014）…………………………………………………（556）
　　二、第二届联合国环境大会（2016）…………………………………………………（558）
　　三、第三届联合国环境大会（2017）…………………………………………………（559）
　　四、第四届联合国环境大会（2019）…………………………………………………（560）
　　五、第五届联合国环境大会（2021）…………………………………………………（561）
联合国可持续发展大会 ……………………………………………………………………（563）

可持续发展综述·······(563)
一、可持续发展的基本情况·······(563)
二、可持续发展的概念·······(564)
三、联合国可持续发展委员会·······(566)
四、联合国可持续发展目标·······(567)

中国与世界可持续发展·······(568)
一、中国参与世界可持续发展活动情况·······(568)
二、中国落实《2030年可持续发展议程》·······(570)

历届可持续发展大会的基本情况·······(571)
一、联合国千年首脑会议（2000）·······(571)
二、可持续发展问题世界首脑会议（2002）·······(572)
三、联合国千年发展目标高级别会议（2010）·······(578)
四、联合国可持续发展大会："里约＋20"峰会（2012）·······(579)
五、联合国可持续发展峰会（2015）·······(580)
六、联合国可持续发展目标峰会（2019）·······(582)

气候变化会议·······(585)

气候变化谈判历程·······(585)
一、综述·······(585)
二、1992年《联合国气候变化框架公约》诞生·······(587)
三、1997年通过了《京都议定书》·······(588)
四、2005年启动了议定书二期谈判·······(589)
五、2007年确立了"巴厘路线图"·······(589)
六、2009年年底产生了《哥本哈根协议》·······(590)
七、2010年年底通过了《坎昆协议》·······(590)
八、2015年年底达成《巴黎协定》·······(591)

《联合国气候变化框架公约》缔约方大会·······(592)
一、COP1·德国柏林（1995）·······(592)
二、COP2·瑞士日内瓦（1996）·······(592)
三、COP3·日本京都（1997）·······(593)
四、COP4·阿根廷布宜诺斯艾利斯（1998）·······(593)
五、COP5·德国波恩（1999）·······(593)
六、COP6·荷兰海牙（2000）·······(593)

  七、COP7·摩洛哥马拉喀什（2001）……………………………………………（593）

  八、COP8·印度新德里（2002）…………………………………………………（594）

  九、COP9·意大利米兰（2003）…………………………………………………（594）

  十、COP10·阿根廷布宜诺斯艾利斯（2004）…………………………………（594）

  十一、COP11·加拿大蒙特利尔（2005）………………………………………（594）

  十二、COP12·肯尼亚内罗毕（2006）…………………………………………（594）

  十三、COP13·印度尼西亚巴厘岛（2007）……………………………………（595）

  十四、COP14·波兰波兹南（2008）……………………………………………（595）

  十五、COP15·丹麦哥本哈根（2009）…………………………………………（595）

  十六、COP16·墨西哥坎昆（2010）……………………………………………（595）

  十七、COP17·南非德班（2011）………………………………………………（596）

  十八、COP18·卡塔尔多哈（2012）……………………………………………（597）

  十九、COP19·波兰华沙（2013）………………………………………………（597）

  二十、COP20·秘鲁利马（2014）………………………………………………（597）

  二十一、COP21·法国巴黎（2015）……………………………………………（598）

  二十二、COP22·摩洛哥马拉喀什（2016）……………………………………（598）

  二十三、COP23·德国波恩（2017）……………………………………………（599）

  二十四、COP24·波兰卡托维兹（2018）………………………………………（599）

  二十五、COP25·西班牙马德里（2019）………………………………………（600）

  二十六、COP26·英国苏格兰格拉斯哥（2021）………………………………（601）

IPCC综合评估报告……………………………………………………………………（603）

  一、综述…………………………………………………………………………（603）

  二、IPCC第五次评估报告（AR5）……………………………………………（605）

  三、全球升温1.5℃特别报告……………………………………………………（605）

  四、IPCC第六次评估报告（AR6）……………………………………………（606）

中国应对气候变化情况…………………………………………………………………（612）

  一、中国参与联合国气候变化大会情况………………………………………（612）

  二、中国应对气候变化政策……………………………………………………（612）

  三、《中国应对气候变化国家方案》……………………………………………（613）

  四、《中国应对气候变化的政策与行动》白皮书………………………………（614）

国际生态环境条约与环境法……………………………………………………………（616）

  国际生态环境条约与环境法的基本情况………………………………………（616）

一、综述 ……………………………………………………………………………（616）
　　二、国际环保公约 …………………………………………………………………（616）
　　三、国际环境法 ……………………………………………………………………（617）
　　四、中国已经缔约或签署的国际环境公约 ………………………………………（622）
代表性的国际生态环境公约 ……………………………………………………………（624）
　　一、《濒危野生动植物种国际贸易公约》…………………………………………（624）
　　二、《世界自然宪章》………………………………………………………………（627）
　　三、《保护臭氧层维也纳公约》……………………………………………………（631）
　　四、《关于消耗臭氧层物质的蒙特利尔议定书》…………………………………（631）
　　五、《控制危险废物越境转移及其处置巴塞尔公约》……………………………（633）
　　六、《联合国气候变化框架公约》…………………………………………………（633）
　　七、《生物多样性公约》……………………………………………………………（636）
　　八、《联合国防治荒漠化公约》……………………………………………………（638）
　　九、《卡塔赫纳生物安全议定书》…………………………………………………（640）
　　十、《世界环境公约》………………………………………………………………（641）

生态补偿与生态赔偿

生态补偿 ……………………………………………………………………………………（645）
中国生态补偿工作综述 …………………………………………………………………（645）
　　一、中国生态补偿机制建设背景 …………………………………………………（645）
　　二、中国生态补偿机制建构过程 …………………………………………………（647）
　　三、中国当前生态补偿机制存在的主要问题及面临的挑战 ……………………（653）
生态补偿政策法规 ………………………………………………………………………（658）
　　一、《关于开展生态补偿试点工作的指导意见》…………………………………（658）
　　二、《中央财政林业补助资金管理办法》…………………………………………（658）
　　三、《水土保持补偿费征收使用管理办法》………………………………………（660）
　　四、《新一轮草原生态保护补助奖励政策实施指导意见（2016—2020年）》…（662）
　　五、《关于健全生态保护补偿机制的意见》………………………………………（662）
　　六、《关于进一步明确涉渔工程水生生物资源保护和补偿有关事项的通知》…（665）
　　七、《建立市场化、多元化生态保护补偿机制行动计划》………………………（666）
　　八、《生态保护红线生态补偿标准核定技术指南（征求意见稿）》………………（668）

九、《长江流域重点水域禁捕和建立补偿制度实施方案》……………………………（669）
　　十、《生态综合补偿试点方案》………………………………………………………（669）
　　十一、《支持引导黄河全流域建立横向生态补偿机制试点实施方案》……………（670）
　　十二、《支持长江全流域建立横向生态保护补偿机制的实施方案》………………（671）
　　十三、《关于深化生态保护补偿制度改革的意见》…………………………………（672）
　生态补偿大事记……………………………………………………………………………（674）
生态环境损害赔偿………………………………………………………………………………（686）
　中国生态环境损害赔偿工作综述…………………………………………………………（686）
　　一、发展历程……………………………………………………………………………（686）
　　二、制度和立法建设……………………………………………………………………（687）
　　三、生态环境损害赔偿制度改革的问题与挑战………………………………………（688）
　　四、生态环境损害赔偿制度的优化路径………………………………………………（688）
　生态环境损害赔偿政策法规………………………………………………………………（690）
　　一、《生态环境损害赔偿制度改革试点方案》………………………………………（690）
　　二、《生态环境损害赔偿制度改革方案》……………………………………………（693）
　　三、《生态环境损害赔偿管理规定》…………………………………………………（694）
　　四、《关于印发生态环境损害赔偿磋商十大典型案例的通知》……………………（697）
　　五、《关于印发第二批生态环境损害赔偿磋商十大典型案例的通知》……………（698）

资源环境税收与金融

资源与环境税…………………………………………………………………………………（701）
　中国环境保护税工作综述…………………………………………………………………（701）
　　一、基本概念……………………………………………………………………………（701）
　　二、建设背景……………………………………………………………………………（701）
　　三、环境保护税建立与立法过程………………………………………………………（704）
　　四、环境保护税相对排污费的优化改进………………………………………………（706）
　广义环境税…………………………………………………………………………………（707）
　　一、企业所得税…………………………………………………………………………（708）
　　二、资源税………………………………………………………………………………（708）
　　三、消费税………………………………………………………………………………（709）
　　四、车船税………………………………………………………………………………（710）

五、城市建设维护税……………………………………………………………（711）
　　六、城镇土地使用税和耕地占用税……………………………………………（713）
　　七、增值税………………………………………………………………………（714）
环境保护税政策法规…………………………………………………………………（714）
　　一、《中华人民共和国环境保护税法》………………………………………（714）
　　二、《中华人民共和国环境保护税法实施条例》……………………………（715）
　　三、《环境保护税纳税申报表》………………………………………………（717）
　　四、《海洋工程环境保护税申报征收办法》…………………………………（719）
　　五、《关于环境保护税有关问题的通知》……………………………………（721）
　　六、《关于停征排污费等行政事业型收费有关事项的通知》………………（722）
资源与环境税大事记…………………………………………………………………（723）

绿色金融体系……………………………………………………………………（729）

中国绿色金融工作综述………………………………………………………………（729）
　　一、绿色金融政策及体系萌芽阶段……………………………………………（729）
　　二、绿色金融政策及体系初建阶段……………………………………………（730）
　　三、绿色金融政策及体系完善阶段……………………………………………（733）
　　四、我国绿色债券的历史沿革…………………………………………………（737）
　　五、我国绿色信贷的历史沿革…………………………………………………（738）
　　六、我国绿色证券的历史沿革…………………………………………………（739）
　　七、我国绿色保险的历史沿革…………………………………………………（740）
绿色金融政策法规……………………………………………………………………（742）
　　一、《关于落实环保政策法规防范信贷风险的意见》………………………（742）
　　二、《绿色信贷指引》…………………………………………………………（744）
　　三、《关于开展环境污染强制责任保险试点工作的指导意见》……………（745）
　　四、《生态文明体制改革总体方案》…………………………………………（746）
　　五、《关于构建绿色金融体系的指导意见》…………………………………（746）
　　六、《关于加快建立健全绿色低碳循环发展经济体系的指导意见》………（747）
　　七、《绿色产业指导目录（2019年版）》……………………………………（748）
　　八、《银行业金融机构绿色金融评价方案》…………………………………（749）
　　九、《绿色债券支持项目目录（2021年版）》………………………………（750）
绿色金融大事记………………………………………………………………………（750）

碳金融……………………………………………………………………………（752）

中国碳金融工作综述 ……………………………………………………………………（752）
  一、碳排放及碳交易政策 …………………………………………………………（753）
  二、金融及服务机构支持碳金融发展的相关政策 ………………………………（755）
碳金融政策法规 ……………………………………………………………………（756）
  一、《关于落实环保政策法规防范信贷风险的意见》……………………………（756）
  二、《清洁发展机制项目运行管理办法》…………………………………………（758）
  三、《关于环境污染责任保险工作的指导意见》…………………………………（758）
  四、《关于加强上市公司环保监管工作的指导意见》……………………………（760）
碳金融大事记 ………………………………………………………………………（761）
碳税 ………………………………………………………………………………………（764）
 中国碳税工作综述 ……………………………………………………………………（764）
 碳税政策法规 ………………………………………………………………………（767）
  一、《中国碳税税制框架设计》专题报告 ………………………………………（767）
  二、《中共中央 国务院关于完整准确全面贯彻新发展理念
    做好碳达峰碳中和工作的意见》……………………………………………（767）
 碳税大事记 …………………………………………………………………………（768）

环境权交易

中国资源环境权与市场交易 …………………………………………………………（773）
 中国资源环境权与交易机制建设综述 ……………………………………………（773）
 中国自然资源资产产权及有偿使用工作综述 ……………………………………（774）
  一、中国自然资源资产产权及有偿使用制度建设背景 …………………………（775）
  二、中国自然资源资产产权及有偿使用制度建设历程 …………………………（775）
 自然资源资产产权政策法规 ………………………………………………………（787）
  一、《关于创新政府配置资源方式的指导意见》…………………………………（787）
  二、《自然资源统一确权登记暂行办法》…………………………………………（787）
  三、《关于统筹推进自然资源资产产权制度改革的指导意见》…………………（790）
  四、《关于全民所有自然资源资产有偿使用制度改革的指导意见》……………（791）
  五、《关于扩大国有土地有偿使用范围的意见》…………………………………（792）
  六、《关于完善建设用地使用权转让、出租、抵押二级市场的指导意见》………（793）
  七、《水流产权确权试点方案》……………………………………………………（794）

目录

　　八、《水利部关于开展水权试点工作的通知》……………………………………（794）
　　九、《关于水资源有偿使用制度改革的意见》……………………………………（796）
　　十、《矿产资源权益金制度改革方案》……………………………………………（797）
　　十一、《探明储量的矿产资源纳入自然资源统一确权登记试点工作方案》……（799）
　　十二、《关于海域、无居民海岛有偿使用的意见》………………………………（800）
　　十三、《关于印发〈调整海域 无居民海岛使用金征收标准〉的通知》…………（800）
　自然资源产权大事记…………………………………………………………………（801）
排污权交易………………………………………………………………………………（810）
　中国排污权交易工作综述……………………………………………………………（810）
　　一、中国排污权交易建构背景……………………………………………………（810）
　　二、中国排污权交易建构历程……………………………………………………（811）
　排污权政策法规………………………………………………………………………（814）
　　一、《关于进一步推进排污权有偿使用和交易试点工作的指导意见》…………（814）
　　二、《排污权出让收入管理暂行办法》……………………………………………（815）
　　三、《控制污染物排放许可制实施方案》…………………………………………（816）
　　四、《排污许可管理办法（试行）》…………………………………………………（817）
　排污权交易大事记……………………………………………………………………（818）
用水权交易………………………………………………………………………………（822）
　中国用水权交易工作综述……………………………………………………………（822）
　　一、中国用水权交易建构背景……………………………………………………（822）
　　二、中国用水权交易建构历程……………………………………………………（822）
　　三、当前中国用水权交易工作存在的主要问题…………………………………（827）
　用水权政策法规………………………………………………………………………（828）
　　一、《关于鼓励和引导社会资本参与重大水利工程建设运营的实施意见》……（828）
　　二、《关于建立健全节水制度政策的指导意见》…………………………………（831）
　　三、《水权交易管理暂行办法》……………………………………………………（832）
　　四、《水量分配暂行办法》…………………………………………………………（834）
　　五、《关于加强水资源用途管制的指导意见》……………………………………（836）
　用水权交易大事记……………………………………………………………………（837）
用能权交易………………………………………………………………………………（844）
　中国用能权交易工作综述……………………………………………………………（844）
　　一、中国用能权交易建构背景……………………………………………………（844）

二、中国用能权交易建构历程……………………………………………………（845）

　用能权政策法规………………………………………………………………………（846）

　　一、《用能权有偿使用和交易制度试点方案》…………………………………（846）

　　二、《关于规范水能（水电）资源有偿开发使用管理有关问题的通知》……（848）

　　三、《完善能源消费强度和总量双控制度方案》………………………………（848）

　用能权交易大事记……………………………………………………………………（853）

碳排放权交易……………………………………………………………………………（859）

　中国碳排放权交易工作综述…………………………………………………………（859）

　　一、基本情况………………………………………………………………………（859）

　　二、当前全国碳市场运行特征……………………………………………………（860）

　　三、碳排放权交易建构历程………………………………………………………（861）

　碳排放权政策法规……………………………………………………………………（863）

　　一、《关于开展碳排放权交易试点工作的通知》………………………………（863）

　　二、《全国碳排放权交易市场建设方案（发电行业）》………………………（864）

　　三、《关于做好全国碳排放权交易市场发电行业重点排放单位名单

　　　　和相关材料报送工作的通知》………………………………………………（866）

　　四、《碳排放权交易管理办法（试行）》………………………………………（866）

　碳排放交易大事记……………………………………………………………………（867）

碳汇交易…………………………………………………………………………………（875）

　中国碳汇交易工作综述………………………………………………………………（875）

　　一、林业 CDM 项目………………………………………………………………（875）

　　二、林业 CCER 项目………………………………………………………………（877）

　　三、其他类型林业碳汇项目………………………………………………………（879）

　碳汇政策法规…………………………………………………………………………（881）

　　一、《关于加强碳汇造林管理工作的通知》……………………………………（881）

　　二、《关于开展碳汇造林试点工作的通知》……………………………………（882）

　　三、《中国林业碳汇审定核查指南（试行）》…………………………………（883）

　　四、《关于推进林业碳汇交易工作的指导意见》………………………………（884）

　　五、《林业碳汇项目审定和核证指南》…………………………………………（885）

　碳汇大事记……………………………………………………………………………（885）

Contents

Preface 1: Establishing a Biography for the Cause of Philosophy and Social Sciences with
　　Chinese Characteristics ··Gao Peiyong（1）
Preface 2: China's Ecological Civilization Construction is Moving towards
　　a New Stage of Development ·· Yang Kaizhong（8）

Review of Ecological Civilization Construction (2020–2021)

Progress in China's Ecological Civilization Construction (2020) ································（3）
Progress in China's Ecological Civilization Construction (2021) ································（44）
China's Biosafety Construction (2020–2021) ··（97）

Policies and Regulations (2020–2021)

Policies and Regulations (2020) ··（109）
Policies and Regulations (2021) ··（132）

Important Conferences and Research Achievements (2020–2021)

Important Conferences and Research Achievements (2020) ································（157）
Important Conferences and Research Achievements (2021) ································（184）

Carbon Peaking and Carbon Neutrality

Overview of Carbon Peaking and Carbon Neutrality Work ········(211)
Energy Conservation and Emission Reduction ········(260)
New Energy and Renewable Energy ········(291)
Forest Carbon Sink ········(340)
Energy Conservation and Emission Reduction in the Industrial Industry ········(374)
Energy Conservation and Emission Reduction in the Transportation Industry ········(385)
Building Energy Conservation and Emission Reduction ········(426)

Environmental Diplomacy

Overview of Environmental Diplomacy ········(531)
United Nations Environment Conference ········(551)
United Nations Conference on Sustainable Development ········(563)
Climate Change Conference ········(585)
International Ecological Environment Treaty and Environmental Law ········(616)

Ecological Environment Damage and Ecological Compensation

Ecological Compensation ········(645)
Compensation for Ecological Environment Damage ········(686)

Environmental Taxation and Finance

Resource and Environmental Tax ········(701)
Green Financial System ········(729)
Carbon Finance ········(752)
Carbon Tax ········(764)

Environmental Rights Trading

China's Resource and Environmental Rights and Market Transactions (773)
Emissions Trading (810)
Water Rights Trading (822)
Energy Rights Trading (844)
Carbon Emission Trading (859)
Carbon Sink Trading (875)

序一

为中国特色哲学社会科学事业立传

——写在《中国哲学社会科学学科年鉴》系列出版之际

（一）

2016年5月17日，习近平总书记《在哲学社会科学工作座谈会上的讲话》中正式作出了加快构建中国特色哲学社会科学的重大战略部署。自此，中国特色哲学社会科学学科体系、学术体系、话语体系的构建进入攻坚期。

2022年4月25日，习近平总书记在中国人民大学考察时强调指出，"加快构建中国特色哲学社会科学，归根结底是建构中国自主的知识体系"。这为我们加快构建中国特色哲学社会科学进一步指明了方向。

2022年4月，中共中央办公厅正式印发《国家哲学社会科学"十四五"规划》。作为第一部国家层面的哲学社会科学发展规划，其中的一项重要内容，就是以加快中国特色哲学社会科学为主题，将"中国哲学社会科学学科年鉴编纂"定位为"哲学社会科学学科基础建设"，从而赋予了哲学社会科学学科年鉴编纂工作新的内涵、新的要求。

从加快构建中国特色哲学社会科学到归根结底是建构中国自主的知识体系，再到制定第一部国家层面的哲学社会科学发展规划，至少向我们清晰揭示了这样一个基本事实：中国特色社会主义事业离不开中国特色哲学社会科学的支撑，必须加快构建中国特色哲学社会科学、建构中国自主的知识体系。加快构建中国特色哲学社会科学、建构中国自主的知识体系是一个长期的历史任务，必须持之以恒，实打实地把一件件事情办好。

作为其间的一项十分重要且异常关键的基础建设，就是编纂好哲学社会科学学科年鉴，将中国特色哲学社会科学事业的发展动态、变化历程记录下来，呈现出来。以接续奋斗的精神，年复一年，一茬接着一茬干，一棒接着一棒跑。就此而论，编纂哲学社会科学学科年鉴，其最基本、最核心、最重要的意义，就在于为中国特色哲学社会科学事业立传。

呈现在读者面前的这一《中国哲学社会科学学科年鉴》系列，就是在这样的背景之下，由中国社会科学院集全院之力、组织精锐力量编纂而成的。

（二）

作为年鉴的一个重要类型，学科年鉴是以全面、系统、准确地记述上一年度特定学科或学科分支发展变化为主要内容的资料性工具书。编纂学科年鉴，是哲学社会科学发展到一定阶段的产物。

追溯起来，我国最早的哲学社会科学年鉴——《中国文艺年鉴》，诞生于上个世纪 30 年代。党的十一届三中全会之后，伴随着改革开放的进程，我国哲学社会科学年鉴不断发展壮大。40 多年来，哲学社会科学年鉴在展示研究成果、积累学术资料、加强学科建设、开展学术评价、凝聚学术共同体等方面，发挥着不可替代的作用，为繁荣发展中国特色哲学社会科学作出了重要贡献。

1. 为学科和学者立传的重要载体

学科年鉴汇集某一学科领域的专业学科信息，是服务于学术研究的资料性工具书。不论是学科建设、学术研究，还是学术评价、对外交流等，都离不开学科知识的积累、学术方向的辨析、学术共同体的凝聚。

要回答学术往何处去的问题，首先要了解学术从哪里来，以及学科领域的现状，这就离不开学科年鉴提供的信息。学科年鉴记录与反映年度内哲学社会科学某个学科领域的研究进展、学术成果、重大事件等，既为学科和学者立传，也为学术共同体的研究提供知识基础和方向指引，为学术创新、学派形成、学科巩固创造条件、奠定基础。学科年鉴编纂的历史越悠久，学术积淀就越厚重，其学术价值就越突出。

通过编纂学科年鉴，将中国哲学社会科学界推进学科体系、学术体系、话语体系建设以及建构中国自主知识体系的历史进程准确、生动地记录下来，并且，立此存照，是一件非常有意义的事情。可以说，学科年鉴如同学术研究的白皮书，承载着记录、反映学术研究进程的历史任务。

2. 掌握学术评价权的有力抓手

为学界提供一个学科领域的专业信息、权威信息，这是学科年鉴的基本功能。一个学科领域年度的信息十分庞杂，浩如烟海，不可能全部收入学科年鉴。学科年鉴所收录的，只能是重要的、有价值的学术信息。这就要经历一个提炼和总结的过程。学科年鉴的栏目，如重要文献（特载）、学科述评、学术成果、学术动态、统计资料与数据、人物、大事记等，所收录的信息和资料都是进行筛选和加工的基础上形成的。

进一步说，什么样的学术信息是重要的、有价值的，是由学科年鉴的编纂机构来决定。这就赋予了学科年鉴学术评价的功能，所谓"入鉴即评价"，指的就是这个逻辑。特别是学科综述，要对年度研究进展、重要成果、学术观点等作出评析，是学科年鉴学术评价功能的集中体现。

学科年鉴蕴含的学术评价权,既是一种权力,更是一种责任。只有将学科、学术的评价权用好,把有代表性的优秀成果和学术观点评选出来,分析各学科发展面临的形势和任务、成绩和短板、重点和难点,才能更好引导中国特色哲学社会科学的健康发展。

3. 提升学术影响力的交流平台

学科年鉴按照学科领域编纂,既是该领域所有学者共同的精神家园,也是该学科领域最权威的交流平台。目前公认的世界上首部学术年鉴,是由吕西安·费弗尔和马克·布洛赫在1929年初创办的《经济社会史年鉴》。由一群有着共同学术信仰和学术观点的历史学家主持编纂的这部年鉴,把年鉴作为宣传新理念和新方法的学术阵地,在年鉴中刊发多篇重要的理论成果,催发了史学研究范式的演化,形成了法国"年鉴学派",对整个西方现代史学的创新发展产生了深远影响。

随着学科年鉴的发展和演化,其功能也在不断深化。除了记载学术共同体的研究进展,还提供了学术研究的基本参考、学术成果发表的重要渠道,充当了链接学术网络的重要载体。特别是学科年鉴刊载的综述性、评论性和展望性的文章,除了为同一范式下的学者提供知识积累或索引外,还能够对学科发展趋势动向作出总结,乃至为学科未来发展指明方向。

4. 中国学术走向世界的重要舞台

在世界范围内,学科年鉴都是作为权威学术出版物而被广泛接受的。高质量的学科年鉴,不仅能够成为国内学界重要的学术资源、引领学术方向的标识,而且也会产生十分显著的国际影响。

中国每年产出的哲学社会科学研究成果数量极其庞大,如何向国际学术界系统介绍中国哲学社会科学研究成果,做到既全面准确,又重点突出?这几乎是不可能完成的任务。学科年鉴的出现,则使不可能变成了可能。高质量的学科年鉴,汇总一个学科全年最重要、最有代表性的研究成果、资料和信息,既是展示中国哲学社会科学研究成果与现状的最佳舞台,也为中外学术交流搭建了最好平台。

事实上,国内编纂的学科年鉴一直受到国外学术机构的重视,也是各类学术图书馆收藏的重点。如果能够站在通观学术界全貌之高度,编纂好哲学社会科学各学科年鉴,以学科年鉴为载体向世界讲好中国学术故事,当然有助于让世界知道"学术中的中国"、"理论中的中国"、"哲学社会科学中的中国",也就能够相应提升中国哲学社会科学的国际影响力和话语权。

(三)

作为中国哲学社会科学研究的"国家队",早在上世纪70年代末,中国社会科学院就启动了学科年鉴编纂工作。诸如《世界经济年鉴》《中国历史学年鉴》《中国哲学年鉴》《中国文学年鉴》等读者广为传阅的学科年鉴，迄今已有40多年的历史。

2013年，以国家哲学社会科学创新工程为依托，中国社会科学院实施了"中国社会科学年鉴工程"，学科年鉴编纂工作由此驶入快车道。至2021年下半年，全院组织编纂的学科年鉴达到26部。

进入2022年以来，在加快构建中国特色哲学社会科学、贯彻落实《国家哲学社会科学"十四五"规划》的背景下，立足于更高站位、更广视野、更大格局，中国社会科学院进一步加大了学科年鉴编纂的工作力度，学科年鉴编纂工作迈上了一个大台阶，呈现出一幅全新的学科年鉴事业发展格局。

1. 哲学社会科学学科年鉴群

截至2023年5月，中国社会科学院组织编纂的哲学社会科学学科年鉴系列已有36部之多，覆盖了15个一级学科、13个二三级学科以及4个有重要影响力的学术领域，形成了国内规模最大、覆盖学科最多，也是唯一成体系的哲学社会科学学科年鉴群。

其中，《中国语言学年鉴》《中国金融学年鉴》《当代中国史研究年鉴》等10部，系2022年新启动编纂。目前还有将近10部学科年鉴在编纂或酝酿之中。到"十四五"末期，中国社会科学院组织编纂的学科年鉴总规模，有望超越50部。

2. 学科年鉴的高质量编纂

从总体上看，在坚持正确的政治方向、学术导向和价值取向方面，各部学科年鉴都有明显提高，体现了立场坚定、内容客观、思想厚重的导向作用。围绕学科建设、话语权建设等设置栏目，各部学科年鉴都较好地反映了本学科领域的发展建设情况，发挥了学术存史、服务科研的独特作用。文字质量较好，文风端正，装帧精美，体现了学科年鉴的严肃性和权威性。

与此同时，为提高年鉴编纂质量，围绕学科年鉴编纂的规范性，印发了《中国哲学社会科学学科年鉴编纂出版规定》，专门举办了年鉴编纂人员培训班。

3. 学科年鉴品牌

经过多年努力，无论在学术界还是年鉴出版界，中国社会科学院组织编纂的哲学社会科学学科年鉴系列得到了广泛认可，学术年鉴品牌已经形成。不仅成功主办了学术年鉴主编论坛和多场年鉴出版发布会，许多年鉴也在各类评奖中获得重要奖项。在数字化方面，学科年鉴数据库已经建成并投入使用，目前试用单位二百多家，学科年鉴编纂平台在继续推进中。

4. 学科年鉴工作机制

中国社会科学院科研局负责学科年鉴管理，制定发展规划，提供经费资助；院属研究单位负责年鉴编纂；中国社会科学出版社负责出版。通过调整创新工程科研评价考核指标体系，赋予年鉴编纂及优秀学科综述相应的分值，调动院属单位参与年鉴编纂的积极性。

学科年鉴是哲学社会科学界的学术公共产品。作为哲学社会科学研究的"国家队",编纂、提供学科年鉴这一学术公共产品,无疑是中国社会科学院的职责所在、使命所系。中国社会科学院具备编纂好学科年鉴的有利条件:一是学科较为齐全;二是研究力量较为雄厚;三是具有"国家队"的权威性;四是与学界联系广泛,主管120家全国学会,便于组织全国学界力量共同参与年鉴编纂。

(四)

当然,在肯定成绩的同时,还要看到,当前哲学社会科学学科年鉴编纂工作仍有较大的提升空间,我们还有很长的路要走。

1. 逐步扩大学科年鉴编纂规模

经过40多年的发展,特别是"中国社会科学年鉴工程"实施10年来的努力,哲学社会科学系列学科年鉴已经形成了一定的规模,覆盖了90%的一级学科和部分重点的二三级学科。但是,也不容忽视,目前还存在一些学科年鉴空白之地。如法学、政治学、国际政治、区域国别研究等重要的一级学科,目前还没有学科年鉴。

中国自主知识体系的基础是学科体系,完整的学科年鉴体系有助于完善的学科体系和知识体系的形成。尽快启动相关领域的学科年鉴编纂,抓紧填补相关领域的学科年鉴空白,使哲学社会科学年鉴覆盖所有一级学科以及重要的二三级学科,显然是当下哲学社会科学界应当着力推进的一项重要工作。

2. 持续提高学科年鉴编纂质量

在扩张规模、填补空白的同时,还应当以加快构建中国特色哲学社会科学、建构中国自主的知识体系为目标,下大力气提高学科年鉴编纂质量,实现高质量发展。

一是统一学科年鉴的体例规范。学科年鉴必须是成体系的,而不是凌乱的;是规范的,而不是随意的。大型丛书的编纂靠的是组织严密,条例清楚,文字谨严。学科年鉴的体例要更加侧重于存史内容的发掘,对关乎学术成果、学术人物、重要数据、学术机构评价的内容,要通过体例加以强调和规范。哲学社会科学所有学科年鉴,应当做到"四个基本统一":名称基本统一,体例基本统一,篇幅基本统一,出版时间、发布时间基本统一。

二是增强学科年鉴的权威性。年鉴的权威性,说到底取决于内容的权威性。学科年鉴是在对大量原始信息、文献进行筛选、整理、分析、加工的基础上,以高密度的方式将各类学术信息、情报传递给读者的权威工具书。权威的内容需要权威的机构来编纂,来撰写,来审定。学科综述是学科年鉴的灵魂,也是年鉴学术评价功能的集中体现,必须由权威学者来撰写学科综述。

三是要提高学科年鉴的时效性。学科年鉴虽然有存史功能,但更多学者希望将其作为学术工具书，从中获取对当下研究有价值的资料。这就需要增强年鉴的时效性，前一年的年鉴内容，第二年上半年要完成编纂，下半年完成出版。除了加快编纂和出版进度，年鉴的时效性还体现在编写的频度上。一级学科的年鉴，原则上都应当一年一鉴。

3. 不断扩大学科年鉴影响力

学科年鉴的价值在于应用，应用的前提是具有影响力。要通过各种途径，让学界了解学科年鉴，接受学科年鉴，使用学科年鉴，使学科年鉴真正成为学术研究的好帮手。

一是加强对学科年鉴的宣传。"酒香也怕巷子深"。每部学科年鉴出版之后，要及时举行发布会，正式向学界介绍和推出，提高学科年鉴的知名度。编纂单位也要加大对学科年鉴的宣传，结合学会年会、学术会议、年度优秀成果评选等活动，既加强对学科年鉴的宣传，又发挥学科年鉴的学术评价作用。

二要在使用中提高学科年鉴的影响力。要让学界使用学科年鉴，必须让学科年鉴贴近学界的需求，真正做到有用、能用、管用。因此，不能关起门来编学科年鉴，而是要根据学界的需求来编纂，为他们了解学术动态、掌握学科前沿、开展学术研究提供便利。要确保学科年鉴内容的原创性、独特性，提供其他渠道提供不了的学术信息。实现这个目标，就需要在学科年鉴内容创新上下功夫，不仅是筛选和转载，更多的内容需要用心策划、加工和提炼。实际上，编纂学科年鉴不仅是整理、汇编资料，更是一项学术研究工作。

三是提高学科年鉴使用的便捷性。当今网络时代，要让学科年鉴走进千万学者中间，必须重视学科年鉴的网络传播，提高学科年鉴阅读与获取的便捷性。出版社要重视学科年鉴数据库产品的开发。同时，要注重同知识资源平台的合作，利用一切途径扩大学科年鉴的传播力、影响力。在做好国内出版的同时，还要做好学科年鉴的海外发行，向国际学术界推广我国的学科年鉴。

4. 注重完善学科年鉴编纂工作机制

实现学科年鉴的高质量发展，是一项系统工程，需要哲学社会科学界的集思广益，共同努力，形成推动学科年鉴工作高质量发展的工作机制。哲学社会科学学科年鉴编纂，中国社会科学院当然要当主力军，但并不能包打天下，应当充分调动哲学社会科学界的力量，开展协调创新，与广大同仁一道，共同编纂好学科年鉴。

学科年鉴管理部门和编纂单位不仅要逐渐加大对学科年鉴的经费投入，而且要创新学科年鉴出版形式，探索纸本与网络相结合的新型出版模式，适当压缩纸本内容，增加网络传播内容。这样做，一方面可提高经费使用效益，另一方面，也有利于提升学科年鉴的传播力，进一步调动相关单位、科研人员参与学科年鉴编纂的积极性。

随着学科年鉴规模的扩大和质量的提升，可适时启动优秀学科年鉴的评奖活动，加强对优秀年鉴和优秀年鉴编辑人员的激励，形成学科年鉴工作良性发展的机制。要加强年鉴工作机制和编辑队伍建设，有条件的要成立专门的学科年鉴编辑部，或者由相对固定人员负责学科年鉴编纂，确保学科年鉴工作的连续性和编纂质量。

出版社要做好学科年鉴出版的服务工作，协调好学科年鉴编纂中的技术问题，提高学科年鉴质量和工作效率。除此之外，还要下大力气做好学科年鉴的市场推广和数字产品发行。

说到这里，可将本文的结论做如下归结：学科年鉴在加快构建中国特色哲学社会科学、建构中国自主知识体系中的地位和作用既十分重要，又异常关键，我们必须高度重视学科年鉴的编纂出版工作，奋力谱写哲学社会科学学科年鉴编纂工作新篇章。

序二

中国生态文明建设走向新发展阶段

2020年是"十三五"规划收官之年，我国生态文明建设和生态环境保护取得长足进展，在保持经济高速增长的同时，生态环境质量和稳定性稳步提升，人民群众获得感、幸福感、安全感显著增强。2021年是"十四五"规划开局之年，是我国向第二个百年奋斗目标进军的关键五年。根据"十四五"规划《纲要》，为深入打好污染防治攻坚战，严密防控环境风险，进一步改善环境质量，"十四五"期间将重点做好以下几方面工作：系统谋划"十四五"生态环境保护；扎实推进碳达峰碳中和工作；加强环境空气质量达标管理；继续实施水污染防治行动；有效管控土壤污染风险；全面提升环境基础设施水平；健全现代环境治理体系。

2020年9月22日，习近平总书记在第七十五届联合国大会上提出："中国将提高国家自主贡献力度，采取更加有力的政策和措施，二氧化碳排放力争于2030年前达到峰值，努力争取2060年前实现碳中和。"[①] 2020年10月26—29日，党的十九届五中全会召开，会议把碳达峰、碳中和确立为"十四五"时期和2035年生态文明建设的目标。2021年3月11日，第十三届全国人民代表大会第四次会议批准"十四五"规划和2035年远景目标纲要，提出要积极应对气候变化，落实2030年应对气候变化国家自主贡献目标，制定2030年前碳排放达峰行动方案。2021年3月15日，中央财经委员会第九次会议进一步强调，把碳达峰碳中和纳入生态文明建设整体布局。我国提出2060年实现碳中和的目标，高度契合《巴黎协定》要求，是全球实现1.5度温控目标的关键，展示了我国负责任大国的担当，体现了我国推动完善全球气候治理的决心，是对构建人类命运共同体的重要贡献。

2020—2021年，我国生态文明建设既取得较大进步，也面临一些新问题、新挑战。在新发展格局下，中国面临更加复杂多变的国际局势，以新型冠状病毒为代表的生物安全问题成为一些国家威胁、攻击与打压中国的重要手段，加强生物安全管理工作是中国提升公共安全与国家安全能力的重要一环。在应对新型冠状病毒疫情过程中，中国与欧美国家采取了截然不同的应对策略，中国通过大力阻断传染源等措施努力实现"有效控制"甚至"清零"的目

[①] 鞠鹏：《习近平在第七十五届联合国大会一般性辩论上发表重要讲话》，《人民日报》2020年9月23日第1版。

标，尽管给社会经济发展带来一定的不利影响，但也极大减少了疫情本身带来的危害。欧美国家也采取了一些应对措施，但其最终结果基本是"群体免疫"及"与病毒共存"，这在病毒传染性较强及后果不明的疫情早期，西方国家"摆烂"的做法也是一种不负责任的行为。导致两者结果差异的主要原因在于对自由权与社会责任取舍的不同。中国历来重视家国观念及集体主义精神，强调"先有国后有家"及"集体利益大于个体利益"，这使中国在应对新型冠状病毒这类公共安全威胁方面具有得天独厚的文化优势及制度优势。

由于美国等一些国家基于修昔底德陷阱、零和博弈、丛林法则及全球资源有限论等逻辑，开始对中国采取更加激进的单边主义及孤立主义，导致中国面临更大的压力。全球经济下行趋势、新型冠状病毒疫情、经济脱钩、科技战及金融战等因素导致我国经济在新发展阶段伊始面临需求收缩、供给冲击、预期转弱三重压力。在新发展格局下，中国的外交空间将受一定程度上的影响。由于环境外交带有一定的公益属性，任何一个国家如果对环境外交活动进行打压，首先就违反政治正确性原则，这就使环境外交受逆全球化思潮的影响相对较小，中国可以把环境外交拓展成加强同其他国家对话与合作，反对单边主义、孤立主义的重要平台。中国外交工作经历过"主权维护型"、"发展主导型"及"大国责任型"三个阶段，新时期大国外交本质上是"大国责任型"外交。环境外交要实现这一定位，需要创新相对被动的积极防御型环境外交范式，构建更加主动的有中国特色的环境外交范式。

总之，本卷年鉴既系统归纳整理了2020年及2021年中国生态文明建设的各类大事及代表性事件，又对这两年发生的重要事情进行了系统的资料收集及发展脉络整理，全面展现了碳达峰及碳中和、生物安全、环境外交、气候变化及生态环境市场化等热点及焦点问题。不仅能为读者提供翔实的资料，也有利于读者快速了解全貌及抓住重点。

杨开忠

生态文明建设综述
（2020—2021）

中国生态文明建设进展（2020）

2020年中国生态文明建设综述

2020年是新中国历史上极不平凡的一年，错综复杂的国际形势、艰巨繁重的国内改革发展稳定任务特别是新冠疫情严重冲击，给生态文明建设带来不小的挑战。以习近平同志为核心的党中央不忘初心、牢记使命，团结带领全党全国各族人民砥砺前行、开拓创新，奋发有为推进党和国家各项事业，如期完成三大攻坚战主要目标任务，超额圆满完成"十三五"规划目标，提前完成碳排放强度2020年目标，生态环境质量明显改善，生态文明建设取得进一步成绩。

一、2020年生态文明建设的重点

（一）生态文明建设新目标提出

"十三五"以来，各地区各部门深入学习、落实习近平生态文明思想，贯彻党中央、国务院关于全面加强生态环境保护、坚决打好污染防治攻坚战的决策部署，污染防治力度加大，资源利用效率显著提升，生态环境明显改善，"十三五"规划纲要确定的9项约束性指标和污染防治攻坚战阶段性目标任务超额圆满完成，三大保卫战取得重要成效，全面建成小康社会生态环境目标如期高质量实现。

党的十九届五中全会深入分析国际国内形势，明确提出2035年"广泛形成绿色生产生活方式，碳排放达峰后稳中有降，生态环境根本好转，美丽中国建设目标基本实现"的远景目标和"十四五"时期"生态文明建设实现新进步"的新目标，并对生态环境保护的主要目标、总体要求、重点任务作出明确部署。

针对新目标和新要求，2020年12月22日，生态环境部在国务院新闻办新闻发布会上表示，接下来将进一步坚定不移贯彻新发展理念，紧扣推动高质量发展主题、构建新发展格局，对标2035年远景目标，坚持以生态优先、绿色发展为方向，坚持以降碳为总抓手，倒逼经济结构调整和高质量发展，并实现与生态环境质量改善协同增效。大力推动形成绿色生产和生

活方式;坚持以改善生态环境质量为核心,深入打好污染防治攻坚战;坚持更加突出精准治污、科学治污、依法治污,持续推进生态环境治理体系和治理能力现代化,不断满足人民日益增长的优美生态环境需要,努力实现生态文明建设新进步。

(二)积极应对新冠疫情

突如其来的新冠疫情给我国经济社会发展和生态环境保护带来巨大影响,为统筹兼顾疫情防控与生态环保工作,生态环境部先后发布了《关于统筹做好疫情防控和经济社会发展生态环保工作的指导意见》《关于在疫情防控常态化前提下积极服务落实"六保"任务坚决打赢打好污染防治攻坚战的意见》等文件,主动服务"六稳""六保",在支持经济社会秩序逐步回到正轨的同时,精准、科学地推进生态环境治理,这主要体现在以下三个方面。

一是针对医疗废弃物严格落实"两个100%",抓紧抓实抓细疫情防控生态环境保护工作,要求全国所有医疗机构及设施环境监管和服务100%全覆盖,医疗废物、废水及时有效收集转运和处理处置100%全落实。

二是保障经济平稳运行的同时突出差异化监管,并进一步深化生态环境领域"放管服"改革,建立和实施环评审批正面清单和监督执法正面清单,做到在积极支持相关行业企业复工复产的同时,落实精准治污、科学治污、依法治污,加快推进生态环境治理体系和治理能力现代化建设。

三是加大帮扶力度。在资金方面,财政部、生态环境部和上海市于2020年7月17日共同设立国家绿色发展基金,充分发挥财政资金引导作用和市场在资源配置中的决定性作用,助推多元共治的生态环境保护格局的形成。在技术方面,2020年12月9日,生态环境部编制形成《2020年国家先进污染防治技术目录(固体废物和土壤污染防治领域)》,充分发挥先进技术在污染防治攻坚战和疫情防控阻击战中的作用。

(三)大力推动碳排放达峰

截至2019年年底,我国碳强度较2005年降低约48.1%,非化石能源占一次能源消费比重达15.3%,提前完成我国对外承诺的到2020年目标,应对气候变化迈入新的阶段。自我国在第七十五届联合国大会一般性辩论上明确提出碳达峰、碳中和目标后,习近平主席在诸多国际会议上频频谈道,我国将采取更加有力的政策和措施,二氧化碳排放力争于2030年前达到峰值,努力争取2060年前实现碳中和。

为扎实做好"双碳"各项工作,各部门瞄准"3060"目标,抓紧制订行动计划,统筹兼顾新任务和原有工作安排。

2020年10月13日,生态环境部召开座谈会,中共中央政治局常委、国务院副总理韩正表示,要组织编制"十四五"时期应对气候变化专项规划,制订二氧化碳排放达峰行动计划,加快推进全国碳市场建设,积极参与全球气候治理。随后,10月28日,生态环境部在例行新闻发布会上强调,碳排放达峰行动有关工作将纳入中央生态环保督察,并将碳强度下降作为约束性指标纳入国民经济和社会发展规划。

2020年10月29日,党的十九届五中全会审议通过了《中共中央关于制定国民经济和社会发展第十四个五年规划和二〇三五年远景目标的建议》,提出加快推动绿色低碳发展,降低碳排放强度,支持有条件的地方率先达到碳排放峰值,制定2030年前碳排放达峰行动方案。

2020年12月16日,中央经济工作会议将"做好碳达峰、碳中和工作"作为2021年的重点任务之一,要求抓紧制定2030年前碳排放达峰行动方案,推动传统化石能源消费尽早达峰,大力发展新能源,加快调整优化产业结构、能源结构,加快建设全国用能权、碳排放权交易市场,完善能源消费双控制度。

2020年12月25日,《碳排放权交易管理办法(试行)》审议通过,将组织建立全国碳排放权注册登记机构和全国碳排放权交易机构,以及全国碳排放权注册登记系统和全国碳排放权交易系统,强调充分发挥市场机制的作用来规范全国碳排放权交易及相关活动。

(四)生态文明治理体系不断完善

2020年,我国继续推进完善生态环境治理体系工作,有关法律法规相继出台,各地方政府根据地方特点主动制定各项规章制度,联合推动落实构建现代环境治理体系。

2020年5月28日,被称为"社会生活的百科全书"的《中华人民共和国民法典》出台,形成了系统完备的"绿色条款"体系,为保护生态环境提供了最严密的民法制度保障。2020年10月17日,生物安全领域基础性法律——《中华人民共和国生物安全法》首次发布,明确生物安全风险防控体制机制和基本制度,填补了生物安全领域基础性法律的空白。2020年12月26日,《中华人民共和国长江保护法》表决通过。该法针对长江流域的经济社会发展提出建立长江流域协调机制,坚持对长江保护进行统筹协调、科学规划、创新驱动、系统治理。

地方层面上,省市级政府针对本地经济结构和资源环境特点,因地制宜地出台各项条例,条例主要涉及垃圾处理、水资源保护、大气治理、矿产资源开发等领域。长沙市、三亚市、徐州市分别对生活垃圾、餐厨垃圾和工业固体废物出台管理规定;洛阳市出台《洛阳市城市河渠管理条例》;西安市就工业项目、城市建设以及污水处理问题出台《西安市水环境保护条例》;重庆市就辖区内长江、嘉临江和乌江流域,出台《重庆市水污染防治条例》,禁止新建有环境风险的项目,要求建立健全水环境生态保护补偿机制等;河北省针对大气污染问题,出台《关于加强船舶大气污染防治的若干规定》以及《河北省非煤矿山综合治理条例》;鄂尔多斯市针对矿产资源开发,出台《鄂尔多斯市绿色矿山建设管理条例》,要求最大限度减少对自然环境的扰动和破坏;等等。

二、2020年生态文明建设的成效

（一）《中华人民共和国2020年国民经济和社会发展统计公报》（节选）

《中华人民共和国2020年国民经济和社会发展统计公报》显示，在资源、环境方面，2020年的基本情况如下。

全年全国国有建设用地供应总量65.8万公顷，比上年增长5.5%。其中，工矿仓储用地16.7万公顷，增长13.6%；房地产用地15.5万公顷，增长9.3%；基础设施用地33.7万公顷，增长0.3%。

全年水资源总量30963亿立方米。

全年完成造林面积677万公顷，其中人工造林面积289万公顷，占全部造林面积的42.7%。种草改良面积283万公顷。截至年末，国家级自然保护区474个。新增水土流失治理面积6.0万平方公里。

初步核算，全年能源消费总量49.8亿吨标准煤，比上年增长2.2%。煤炭消费量增长0.6%，原油消费量增长3.3%，天然气消费量增长7.2%，电力消费量增长3.1%。煤炭消费量占能源消费总量的56.8%，比上年下降0.9个百分点；天然气、水电、核电、风电等清洁能源消费量占能源消费总量的24.3%，上升1.0个百分点。重点耗能工业企业单位电石综合能耗下降2.1%，单位合成氨综合能耗上升0.3%，吨钢综合能耗下降0.3%，单位电解铝综合能耗下降1.0%，每千瓦时火力发电标准煤耗下降0.6%。全国万元国内生产总值二氧化碳排放下降1.0%。

全年近岸海域海水水质达到国家一、二类海水水质标准的面积占77.4%，三类海水占7.7%，四类、劣四类海水占14.9%。

在开展城市区域声环境监测的324个城市中，全年声环境质量好的城市占4.3%，较好的占66.4%，一般的占28.7%，较差的占0.6%。

全年平均气温为10.25℃，比上年下降0.09℃。共有5个台风登陆。

全年农作物受灾面积1996万公顷，其中绝收271万公顷。全年因洪涝和地质灾害造成直接经济损失2686亿元，因旱灾造成直接经济损失249亿元，因低温冷冻和雪灾造成直接经济损失154亿元，因海洋灾害造成直接经济损失8亿元。全年大陆地区共发生5.0级以上地震20次，成灾5次，造成直接经济损失约18亿元。全年共发生森林火灾1153起，受害森林面积约0.9万公顷。

（二）《国务院关于2020年度环境状况和环境保护目标完成情况、研究处理土壤污染、研究处理土壤污染防治法执法检查报告及审议意见情况、依法打好污染防治攻坚战工作情况的报告》（节选）[①]

1. 2020年度环境状况和环境保护目标完成情况

2020年，全国生态环境质量持续改善，环境安全形势趋于稳定，有的地区和领域生态环境改善成效还不稳固。

（1）环境空气状况。一是全国空气质量明显改善，重点区域持续向好。全国337个地级及以上城市中，202个城市空气质量达标，同比增加45个。全国地级及以上城市细颗粒物（$PM_{2.5}$）年均浓度为33微克/立方米，同比下降8.3%；空气质量优良天数比率为87%，同比提高5个百分点；重度及以上污染天数比率为1.2%，同比下降0.5个百分点。京津冀及周边地区、长三角地区、汾渭平原等重点区域优良天数比率同比分别提高10.4、8.7、8.9个百分点，重污染天数同比分别减少36.1%、16.7%、52.7%。北京市$PM_{2.5}$年均浓度为38微克/立方米，同比下降9.5%。二是主要污染物浓度降幅显著，"十三五"以来臭氧（O_3）浓度首次下降。2015—2019年全国二氧化氮（NO_2）年均浓度基本保持稳定，2020年降低到24微克/立方米，同比下降11.1%。2015—2019年全国O_3年均浓度呈逐年缓慢上升趋势，2020年降低到138微克/立方米，同比下降6.8%，实现自2015年以来的首次下降。全国可吸入颗粒物（PM_{10}）、二氧化硫（SO_2）、一氧化碳（CO）年均浓度同比分别下降11.1%、9.1%、7.1%。三是多污染物协同控制有待强化，重污染天气仍有发生。以O_3为首要污染物的超标天数占比上升，其中长三角地区已经超过50%，加强$PM_{2.5}$和O_3协同控制成为持续改善空气质量的迫切需要。全国还有40%的城市$PM_{2.5}$年均浓度超标，京津冀及周边地区、汾渭平原$PM_{2.5}$年均浓度分别超标45.7%、37.1%。地级及以上城市共发生重度及以上污染1497天次，重点区域秋冬季大气污染依然较重。

（2）水环境状况。一是地表水环境质量进一步改善。全国地表水Ⅰ—Ⅲ类水质断面比例为83.4%，同比上升8.5个百分点；劣Ⅴ类水质断面比例为0.6%，同比下降2.8个百分点。地级及以上城市集中式饮用水水源水质达到或优于Ⅲ类比例为96.2%，同比上升3个百分点，饮用水水源安全保障水平不断提升。二是重点流域和湖库水质稳中向好。长江干流历史性实

[①] 黄润秋：《国务院关于2020年度环境状况和环境保护目标完成情况、研究处理土壤污染防治法执法检查报告及审议意见情况、依法打好污染防治攻坚战工作情况的报告——2021年4月26日在第十三届全国人民代表大会常务委员会第二十八次会议上》，中国人大网，http://www.npc.gov.cn/npc/c2/c30834/202104/t20210429_311280.html。

现全Ⅱ类及以上水质，珠江流域水质由良好改善为优，黄河、松花江和淮河流域水质由轻度污染改善为良好。长江、黄河、珠江、松花江、淮河、辽河等重点流域基本消除劣Ⅴ类水质断面。开展监测的112个重点湖库中，Ⅰ—Ⅲ类水质湖库个数占76.8%，同比上升7.7个百分点；劣Ⅴ类水质湖库个数占5.4%，同比下降1.9个百分点。三是水生态环境改善成效还不稳固。水生态破坏问题仍较普遍，有的河流生态流量不足，大量河湖缺乏应有的水生植被和生态缓冲带。水环境中以氮、磷为代表的营养性物质问题逐步显现，面源污染在一些地方正由原来的次要矛盾上升为主要矛盾。太湖、巢湖等重点湖泊水华仍处于高发态势。

（3）海洋环境状况。我国管辖海域海水水质保持平稳向好，夏季符合一类标准的海域面积占96.8%，同比基本持平。全国近岸海域优良（一、二类）水质面积比例为77.4%，同比上升0.8个百分点；劣四类水质面积比例为9.4%，同比下降2.3个百分点。其中，渤海近岸海域优良水质面积比例同比上升4.4个百分点，劣四类水质面积比例同比下降3.6个百分点。辽东湾、江苏沿岸、长江口、杭州湾、浙江沿岸、珠江口等近岸海域污染较为严重，主要超标指标为无机氮、活性磷酸盐和化学需氧量。

（4）土壤环境状况。全国土壤环境风险得到基本管控，经初步核算，受污染耕地安全利用率达到90%左右，污染地块安全利用率达到93%以上，土壤污染加重趋势得到初步遏制。全国农用地土壤环境状况总体稳定，影响农用地土壤环境质量的主要污染物是重金属，其中镉是首要污染物。农产品超标风险、污染地块违法违规开发利用风险依然存在。

（5）生态系统状况。全国自然生态状况总体稳定。森林覆盖率达到23.04%，草原综合植被盖度达到56.1%。各级各类自然保护地总数达到1.18万处。2020年监测的2583个县域中，生态质量为优和良的县域面积占国土面积的46.6%，同比增加2个百分点。局部区域生态退化等问题还比较严重，生物多样性下降的总趋势尚未得到有效遏制，生态系统质量和稳定性有待提升。

（6）声环境状况。全国城市声环境质量总体向好，功能区声环境质量昼间、夜间总达标率分别为94.6%、80.1%，同比上升2.2、5.7个百分点。区域、道路交通昼间声环境质量优良（一、二级）城市比例分别为70.7%、95.7%。但部分重点领域和重点城市噪声问题仍较突出，4a类功能区（交通干线两侧区域）夜间达标率仅为62.9%。

（7）核与辐射安全状况。全国核与辐射安全态势总体平稳。未发生国际核与放射事件分级表2级及以上事件或事故。放射源事故发生率稳定在万分之一以下。全国辐射环境质量和重点设施周围辐射环境水平总体良好，环境电磁辐射水平低于控制限值。

（8）环境风险状况。全国环境安全形势趋于稳定。全年共发生各类突发环境事件208起，同比下降20.3%，其中重大和较大突发环境事件数量10起。突发环境事件多发频发的态势仍未得到根本改变，因安全生产事故、化学品运输事故引发的突发环境事件时有发生。

2020年是"十三五"规划收官之年。经过努力，国民经济和社会发展"十三五"规划纲要确定的生态环境领域9项约束性指标和污染防治攻坚战阶段性目标任务超额完成。与2015年相比，2020年全国地级及以上城市空气质量优良天数比率达到87%，超过"十三五"规划目标2.5个百分点；$PM_{2.5}$未达标地级及以上城市年均浓度达到37微克/立方米，累计降低28.8%，超过"十三五"规划目标10.8个百分点；地表水Ⅰ—Ⅲ类水质断面比例由66%上升到83.4%，提高17.4个百分点，超过"十三五"规划目标13.4个百分点；劣Ⅴ类水质断面比例由9.7%下降到0.6%，降低9.1个百分点，超过"十三五"规划目标4.4个百分点；二氧化硫、氮氧化物、化学需氧量、氨氮排放量较2015年分别下降25.5%、19.7%、13.8%、15.0%，单位GDP二氧化碳排放较2015年降低18.8%，均超过"十三五"规划目标。总体上看，"十三五"时期是我国生态环境质量改善成效最大、生态环境保护事业发展最好的五年，为"十四五"时期进一步加强生态环境保护、深入打好污染防治攻坚战探索积累了成功做法和经验。

2. 依法打好污染防治攻坚战工作情况

2020年，各地区各部门坚持方向不变、力度不减，突出精准治污、科学治污、依法治污，深入落实《决议》和大气污染防治法、水污染防治法、土壤污染防治法、海洋环境保护法等执法检查报告及审议意见要求，坚决打赢污染防治攻坚战。

（1）加强生态环境立法和督察执法。一是加强生态环境法治建设。积极配合全国人大常委会，开展土壤污染防治法、野生动物保护法和有关决定执法检查，颁布长江保护法、生物安全法，完成固体废物污染环境防治法修订，推动黄河保护立法。出台排污许可管理条例，推进碳排放权交易管理、生态保护补偿、生态环境监测等法规制修订。二是加强生态环境保护督察执法。深入开展第二轮第二批中央生态环境保护例行督察，对3个省（市）、2家央企开展督察，对2个部门开展探讨式督察试点。2018年和2019年长江经济带生态环境警示片披露的315个问题，已完成整改283个，其他问题正在抓紧整改。全国开展生态环境执法检查58.74万家次，下达环境行政处罚决定书12.61万份，罚没款金额总计82.36亿元。持续开展蓝天保卫战监督帮扶，帮助地方发现和推动解决大气污染问题11.8万个。完成黄河流域试点地区入河排污口排查。组织实施"昆仑2020"专项行动，共侦办破坏生态环境资源犯罪案件4.8万起。开展打击长江流域非法捕捞专项整治行动。严厉打击危险废物环境违法犯罪行为。三是加强司法与行政执法联动。推进环境司法专门审判机构建设，各级法院共审结环境资源一审刑事、民事、行政案件25万余件。加大生态环境领域办案力度，各级检察机关共批准逮捕破坏环境资源犯罪2140件、3335人，通过检察公益诉讼追偿修复生态、治理环境费用约116亿元。

（2）统筹做好疫情防控和经济社会发展生态环保工作。印发实施《关于统筹做好疫情防控和经济社会发展生态环保工作的指导意见》《关于在疫情防控常态化前提下积极服务落实

"六保"任务坚决打赢打好污染防治攻坚战的意见》。不断强化医疗废物、医疗废水处理处置等相关环境监管和服务措施,全国医疗废物处置能力增加近30%。制定实施环评审批和监督执法"两个正面清单",3.5万个建设项目环评实施告知承诺制审批,8.4万余家企业纳入监督执法正面清单管理,大力支持企业复工复产。积极推进医疗废物集中处置、城镇生活污水处理等环境基础设施建设。聚焦京津冀协同发展、长江经济带发展、粤港澳大湾区建设、长三角一体化发展、黄河流域生态保护和高质量发展等区域重大战略,统筹推进重点区域绿色发展。

（3）坚决打赢蓝天保卫战。开展秋冬季$PM_{2.5}$和夏季O_3污染防治攻坚行动,推进产业结构、能源结构、运输结构、用地结构优化调整,加强区域联防联控,蓝天保卫战成效持续显现。

一是推进产业结构优化调整。加快钢铁、水泥、玻璃、电解铝等落后产能淘汰和过剩产能化解工作,推进传统制造业绿色化改造。推动城镇人口密集区不符合安全和防护距离的危险化学品生产企业搬迁改造。基本完成"散乱污"企业排查和分类整治。截至2020年年底,全国实现超低排放的煤电机组装机累计约9.5亿千瓦,229家企业、6.2亿吨粗钢产能完成或正在实施超低排放改造。

二是推进能源结构优化调整。加强能源消费总量和强度双控管理,推进煤炭消费减量替代。截至2020年年底,北方地区冬季清洁取暖率提升到60%以上,京津冀及周边地区、汾渭平原累计完成散煤治理约2500万户。重点区域35蒸吨以下燃煤锅炉基本淘汰,65蒸吨及以上燃煤锅炉基本完成超低排放改造。2020年全国煤炭消费比重降低到56.8%,非化石能源消费比重提高到15.9%。

三是推进运输结构优化调整。大力推动"公转铁""公转水",全国铁路、水路货运量不断增加。京津冀及周边地区、汾渭平原加大力度淘汰国三及以下排放标准营运柴油货车。全国共注销黄标车17.6万辆、老旧车336.5万辆。设立船舶大气污染物排放控制监测监管试验区。全面实施轻型汽车国六排放标准,建立汽车排放与维护制度。截至2020年年底,累计完成188万台非道路移动机械编码登记。持续打击和清理取缔黑加油站点、流动加油站。

四是推进用地结构优化调整。推动加快露天矿山综合整治工作。严格施工扬尘监管,推进道路扬尘治理。推动落实秸秆综合利用和禁烧责任,2020年全国秸秆综合利用率超过86%,秸秆焚烧火点数量比2015年降低30%左右。

五是有效应对重污染天气。完善重点区域大气污染防治协作机制。开展重污染天气重点行业绩效分级管理,对钢铁、焦化等39个重点行业实施差异化管控。

（4）深入推进碧水保卫战。持续实施水源地保护、城市黑臭水体治理、农业农村污染治理、长江保护修复、渤海综合治理等标志性战役,保好水、治差水,碧水保卫战取得重要进展。

一是加强饮用水安全保障。全国10638个农村"千吨万人"(日供水千吨或服务万人以上)水源地全部完成保护区划定。农村集中供水率达到88%、自来水普及率达到83%。持续排查整治水源地生态环境问题。饮用水水质监测网络实现全国乡镇全覆盖。

二是加强工业水污染治理。组织开展工业园区污水处理设施整治专项行动，全国省级及以上工业园区污水集中处理设施实现应建尽建。长江经济带279家"三磷"企业(矿、库)基本完成问题整治。

三是加强城镇水污染防治。开展城市黑臭水体整治环境保护专项行动，全国地级及以上城市建成区黑臭水体消除比例达到98.2%。经国务院同意，印发《关于推进污水资源化利用的指导意见》。截至2020年年底，累计排查城市污水管网22.8万公里，新建改造污水管网4.5万公里，消除生活污水直排口近1万个。

四是加强农业农村污染治理。"十三五"期间共计完成15万余个建制村环境整治，农村生活污水治理率达到25.5%。实施农村人居环境整治村庄清洁行动，农村卫生厕所普及率达到68%以上。加强农业面源污染防治，化肥农药使用量连续实现负增长。

五是加强船舶水污染治理。开展为期一年的长江经济带船舶和港口污染突出问题专项整治。全面完成内河400总吨及以上船舶加装生活污水收集或处理设施。完成全国沿海和内河港口船舶污染物码头接收设施或船舶移动接收设施建设任务。

六是加强海洋生态环境保护。持续推进渤海综合治理，纳入"消劣行动"的10个国控入海河流断面全部消除劣V类，开展渤海入海排污口溯源整治试点，印发渤海海洋垃圾污染防治实施方案，滨海湿地修复规模达到8891公顷，整治修复岸线132公里。制定加强海水养殖污染生态环境监管的意见。开展"蓝色海湾"整治行动，推进红树林保护修复，实施海岸带保护修复工程，严格围填海管控和海岸线分类保护。组织实施"碧海2020"海洋生态环境保护专项执法行动。稳步提升海上应急处置能力。

(5) 扎实推进净土保卫战。全面落实土壤污染防治法执法检查报告及审议意见，强化农用地和建设用地土壤污染风险管控，贯彻实施新修订的固体废物污染环境防治法，持续推进固体废物减量化、资源化和无害化，净土保卫战取得积极成效。

一是健全土壤污染防治法规标准。推动落实《关于贯彻落实土壤污染防治法推动解决突出土壤污染问题的实施意见》。出台建设用地、农用地土壤污染责任人认定暂行办法。出台土壤污染防治基金管理办法，推动设立省级土壤污染防治基金。强化土壤污染防治目标责任制，将土壤污染防治有关目标任务完成情况纳入污染防治攻坚战成效考核。

二是加强农用地风险管控和修复。完成农用地土壤污染状况详查。2783个涉农县级单位全部完成耕地土壤环境质量类别划分工作。不断健全耕地轮作休耕制度，全国受污染耕地安全利用和严格管控任务顺利完成。开展涉镉等重金属重点行业企业排查整治三年行动，累计完成1865个污染源整治。

三是严格建设用地准入管理。完成1.3万多个地块的初步采样调查。现场检查污染地块6700多块，督促地方对违规开发利用地块立整立改。开展污染地块开发利用遥感监管试点。30个省（区、市）依法建立并公开建设用地土壤污染风险管控和修复名录，已累计公开列入名录地块951个。截至2020年，全国共评审土壤污染状况调查报告21602份、风险评估报告660份、风险管控及修复效果评估报告403份。

四是加快推动垃圾分类处理。印发《关于进一步推进生活垃圾分类工作的若干意见》，全面推进地级及以上城市生活垃圾分类。全国城市生活垃圾无害化处理率达到99.2%。全国农村生活垃圾进行收运处理的行政村比例超过90%。非正规垃圾堆放点整治任务基本完成。

五是强化固体废物污染防治。"无废城市"建设试点形成一批可复制可推广的示范模式。国务院办公厅转发关于加快推进快递包装绿色转型的意见。开展塑料污染治理联合专项行动。组织对6万多家企业和250个化工园区开展危险废物专项排查。严格废弃电器电子产品拆解处理。印发《京津冀及周边地区工业资源综合利用产业协同转型提升计划（2020—2022年）》，促进工业固体废物综合利用。基本完成长江经济带重点尾矿库污染治理。超额完成重点行业重点重金属污染物排放量下降10%的目标任务。开展"蓝天2020"打击洋垃圾走私专项行动，发布全面禁止进口固体废物的公告，圆满完成2020年年底基本实现固体废物零进口目标。

（6）大力推进生态保护修复。印发《全国重要生态系统保护和修复重大工程总体规划（2021—2035年）》。实施长江流域重点水域十年禁渔。统筹推进生态保护红线评估调整与自然保护地整合优化。印发《生态保护红线监管指标体系（试行）》及相关技术规范，开展"绿盾2020"自然保护地强化监督，实施黄河流域国家级自然保护区管护成效评估。深入推进大规模国土绿化，扩大退耕还林还草规模。"十三五"期间累计治理沙化和石漠化土地面积1.8亿亩，新增水土流失综合治理面积30.6万平方公里。组织开展重点区域历史遗留废弃矿山环境修复治理。清理整治河湖"四乱"问题2.24万个。完成286条重点河湖生态流量保障目标制定工作，基本完成长江经济带小水电清理整改。开展生物多样性调查、观测和评估。遴选命名第四批国家生态文明建设示范市县和"绿水青山就是金山银山"实践创新基地。

（7）积极应对气候变化。坚决落实习近平总书记关于碳达峰、碳中和目标的重大宣示，启动编制2030年前二氧化碳排放达峰行动方案。出台《碳排放权交易管理办法（试行）》，制定相关配套文件，启动全国碳排放权交易市场第一个履约周期。印发《关于促进应对气候变化投融资的指导意见》。推动建立应对气候变化与污染防治、生态保护修复等协同优化高效的工作体系。积极参与和引领全球气候治理，扎实开展应对气候变化南南合作。

（8）严格核与辐射安全监管。高效运转国家核安全工作协调机制。完善全国核电厂经验反馈体系并有效运行。开展全国核与辐射安全隐患排查三年行动。49台运行核电机组、19座在役民用研究堆（临界装置）、18座民用核燃料循环设施安全状况良好，14台在建核电机组、1座在建研究堆质量受控。加快推动历史遗留核设施退役治理工作。推进核与辐射应急指挥平台和信息系统数据库建设，完成244个新国控辐射环境空气自动监测站建设。

（9）推动生态环境保护全民参与。进一步加强生态环境保护法治宣传教育，严格实行"谁执法谁普法"的普法责任制。全国共有2100多家企业向社会开放环保设施，地级及以上城市向社会开放环保设施的任务全面完成。实施生态环境违法行为举报奖励制度，鼓励公众参与，加强社会监督。全国环保举报平台共接到举报43万件，基本做到按期办结，推动解决人民群众身边的突出环境问题。充分听取人大代表对生态环境保护工作的意见，高质量办理人大代表议案建议，并转化为推动打好污染防治攻坚战的有力举措。

（10）不断提升生态环境治理效能。中共中央办公厅、国务院办公厅印发《关于构建现代环境治理体系的指导意见》。国务院办公厅印发《生态环境领域中央与地方财政事权和支出责任划分改革方案》。基本完成省以下生态环境机构监测监察执法垂直管理制度改革任务。28个省（区、市）已经发布"三线一单"（生态保护红线、环境质量底线、资源利用上线和生态环境准入清单）成果。圆满完成第二次全国污染源普查工作。基本实现全国固定污染源排污许可全覆盖。发布国家生态环境标准122项、国家生态环境基准4项。印发《生态环境监测规划纲要（2020—2035年）》。发布《2020年中国环境噪声污染防治报告》。2020年中央财政共安排生态环保领域资金4073亿元。支持引导黄河全流域建立横向生态保护补偿机制。经国务院同意，发布《国家生态文明试验区改革举措和经验做法推广清单》。印发《关于加快建立绿色生产和消费法规政策体系的意见》。深入实施绿色制造工程，开展绿色建筑、绿色商场创建行动，建立绿色产品认证与标识体系。探索建立领导干部自然资源资产离任审计评价指标体系。稳妥推进自然资源资产负债表编制工作。

同时，我们也清醒认识到，当前我国生态文明建设仍处于压力叠加、负重前行的关键期，保护与发展长期矛盾和短期问题交织，生态环境保护结构性、根源性、趋势性压力总体上尚未根本缓解，生态环保任重道远，需要付出更为艰巨、更为艰苦的努力。一是新发展理念需要进一步贯彻落实。部分地区对生态环境保护的重视程度减弱，一些省份对碳达峰、碳中和存在模糊认识，部分地方有上马高耗能高排放项目的冲动，给全国碳达峰、产业结构和能源结构调整、大气污染治理等工作带来挑战和风险。二是生态环境质量改善成效并不稳固。部分地区、领域生态环境问题依然突出。我国城市空气质量总体上仍未摆脱"气象影响型"，城市黑臭水体治理长效机制还不健全，土壤污染风险管控水平有待提升，农业农村污染治理亟待加强，噪声、油烟等污染问题增多，与人民群众的期待还有不小差距。三是依法推进生态环境保护存在薄弱环节。生态环境领域法律制度体系还不够完善,宣传普及还不到位,部分配套法规和标准制定工作滞后。一些企业履行污染防治主体责任意识不强,有的地方污染治理压力和责任逐级递减,基层生态环境执法监管能力与工作要求还不相适应。许多法律条款没有得到有效执行和落实,用法治思维和法治方式治理环境污染、保护生态环境的能力水平有待提升。四是生态环境治理体系和治理能力现代化亟须加强。绿色发展的激励和约束机制不够健全,环保参与宏观经济治理手段不足,生态环境保护多元化投入模式尚未有效建立。生态环境科技创新、成果转化和推广应用还不够,环保产业支撑体系不健全,解决环境问题专业能力和水平有待提升。

3. 下一步工作安排

"十四五"时期是开启全面建设社会主义现代化国家新征程、谱写美丽中国建设新篇章、实现生态文明建设新进步的五年,是深入打好污染防治攻坚战、持续改善生态环境的五年。

"十四五"生态环境保护的指导思想是,以习近平新时代中国特色社会主义思想为指导,认真贯彻党的十九大和十九届二中、三中、四中、五中全会精神,深入落实习近平生态文明思想、习近平法治思想,按照党中央、国务院决策部署,准确把握进入新发展阶段、贯彻新发展理念、构建新发展格局对生态环境保护提出的新任务新要求,坚持系统观念,把实现减污降碳协同效应作为总要求,牢牢把握精准治污、科学治污、依法治污的工作方针,深入打好污染防治攻坚战,加快推动绿色低碳发展,持续改善生态环境质量,推进生态环境治理体系和治理能力现代化,为开启全面建设社会主义现代化国家新征程奠定坚实的生态环境基础。

"十四五"生态环境保护的总体思路,初步归纳为"提气、降碳、强生态,增水、固土、防风险"。"提气"就是以$PM_{2.5}$和O_3协同控制为主线,进一步降低$PM_{2.5}$和O_3浓度,提升空气质量。"降碳"就是降低碳排放,推进二氧化碳排放达峰行动,支持有条件的地方率先达峰。"强生态"就是统筹山水林田湖草系统修复和治理,强化生态保护监管体系,坚决守住自然生态安全边界。"增水"就是以水生态改善为核心,统筹水资源、水生态、水环境治理,增加好水,增加生态水,提升水生态。"固土"就是以土壤安全利用、强化危险废物监管与利用处置为重点,持续实施土壤污染防治行动计划。"防风险"就是牢固树立底线意识、风险意识,有效防范和化解各类生态环境风险。

2021年是"十四五"开局之年。我们将认真落实党中央、国务院决策部署,继续加大生态环境治理力度,扎实做好碳达峰、碳中和各项工作,促进生产生活方式绿色转型。

(1)加快推动绿色低碳发展。坚定不移实施积极应对气候变化国家战略,制定实施2030年前二氧化碳排放达峰行动方案。组织建设并运行全国碳排放权注册登记结算系统、交易系统,率先在发电行业启动上线交易。强化应对气候变化能力建设,加快建立国家自主贡献重点项目库。编制《国家适应气候变化战略2035》。统筹推进重大国家战略区域生态环境保护工作，加快建立"三线一单"生态环境分区管控体系。加快推动城乡建设绿色发展，推进城市生态修复、功能完善工程。实施工业低碳行动和绿色制造工程，严格控制高耗能高排放项目建设，合理控制煤电建设投产规模和时序，建立健全清洁能源消纳长效机制。深入开展清洁生产审核，培育壮大节能环保产业，积极推动重点行业和重点领域绿色化改造。

（2）切实加强生态环境立法和督察执法。积极配合全国人大常委会推进黄河保护立法和环境噪声污染防治法、海洋环境保护法等法律制修订，做好固体废物污染环境防治法等法律执法检查，推动长江保护法、生物安全法等法律贯彻实施。扎实推进配套法规和标准制修订。继续开展第二轮中央生态环境保护督察，落实督察整改调度、盯办、督办机制，强化督察结果运用。围绕蓝天保卫战重点任务，协同推进专项监督帮扶和远程监督帮扶。深入推进生态环境保护综合行政执法改革，完成执法队伍组建工作。组织开展"昆仑2021"专项行动，持续打击破坏生态环境资源违法犯罪。不断完善生态环境行政执法与司法衔接机制。

（3）深入打好污染防治攻坚战。保持攻坚力度、延伸攻坚深度、拓展攻坚广度，继续开展污染防治行动，实现减污降碳协同效应。

持续推进空气质量提升行动。加强$PM_{2.5}$和O_3协同控制，深入开展挥发性有机物（VOCs）综合治理。继续推动北方地区冬季清洁取暖、钢铁行业超低排放改造、锅炉与炉窑综合治理，推进水泥、焦化、玻璃、陶瓷等行业深度治理。强化新生产车辆达标排放监管，加速老旧车辆淘汰，加大对机动车和非道路移动机械的执法监管力度。积极推动铁路专用线建设，提高铁路货运比例。加强区域大气污染防治协作。推动开展声环境功能区划评估。做好北京冬奥会和冬残奥会空气质量保障工作。

继续实施水污染防治行动和海洋污染综合治理行动。推动重点流域、湖泊生态保护修复，加强生态流量管理，大力推进美丽河湖、美丽海湾保护与建设。组织开展乡镇级集中式饮用水水源保护区划定。继续推进城市黑臭水体治理，持续推进城镇污水管网全覆盖。加强城镇（园区）污水处理环境管理，推动区域再生水循环利用试点。完成长江入河、渤海入海排污口监测与溯源工作，推进赤水河和黄河入河排污口排查。推动长江口—杭州湾、珠江口及邻近海域等实施综合治理。加强海洋垃圾污染防治监管。推进海上突发环境事件应急体系建设。

深入开展土壤污染防治行动。巩固提升受污染耕地安全利用水平，严格建设用地准入管理和风险管控。加强土壤污染重点监管单位环境监管，强化土壤污染源头防控。持续开展农村环境整治，推进农村生活污水和黑臭水体治理。继续推进"无废城市"建设，开展白色污染综合治理，深入推进城乡生活垃圾分类。扎实开展全国危险废物专项整治三年行动，实施黄河流域"清废行动"。加强有毒有害化学物质环境风险防控，实施新污染物治理。

（4）持续加强生态保护修复。编制全国重要生态系统保护和修复重大工程相关专项规划。进一步完善生态保护监管体系，强化生态保护红线和自然保护地监管。组织开展自然保护地人类活动遥感监测、"绿盾2021"自然保护地强化监督、国家级自然保护区保护成效评估。科学实施大规模国土绿化行动。扎实推动生物多样性保护重大工程实施，筹备开好《生物多样性公约》第十五次缔约方大会。持续推进生态文明示范建设。

（5）强化核与辐射安全监管。继续开展全国核与辐射安全隐患排查三年行动。强化核电、研究堆安全监管。协助推进核电废物处置，推动历史遗留核设施退役治理，加快推进放射性污染防治。加强国家辐射环境监测网络运行管理，强化核安全预警监测信息化平台建设。

（6）加快构建现代环境治理体系。编制实施"十四五"生态环境保护规划及专项规划。制定构建现代环境治理体系三年工作方案。持续深化省以下生态环境机构监测监察执法垂直管理制度改革。构建以排污许可制为核心的固定污染源监管制度体系。深化国家生态文明试验区建设。促进新型节能环保技术、装备和产品研发应用，培育壮大节能环保产业，推动资源节约高效利用。创新绿色金融产品与服务。深入推进生态环境损害赔偿和环境信息依法披露制度改革。加强生态环境科技创新与成果转化。持续推进生态环境监测评价与监测质量监督检查。加强生态环境宣传教育，实施"美丽中国，我是行动者"五年行动计划。

（三）《2020年中国国土绿化状况公报》

全国绿化委员会办公室发布的《2020年中国国土绿化状况公报》（以下简称《公报》）显示，2020年中国国土绿化状况如下。

2020年，各地区、各部门深入贯彻习近平生态文明思想，认真落实党中央、国务院关于国土绿化工作决策部署，牢固树立绿水青山就是金山银山理念，统筹山水林田湖草沙系统治理，深入推进大规模国土绿化行动，国土绿化事业取得新进展新成效。全国完成造林677万公顷、森林抚育837万公顷、种草改良草原283万公顷、防沙治沙209.6万公顷，有力保障"十三五"规划目标如期实现，为全面建成小康社会、建设生态文明和美丽中国作出重要贡献。

《公报》显示，全国完成造林677万公顷、森林抚育837万公顷、防沙治沙209.6万公顷，全国森林植被碳储量91.86亿吨，如期完成我国政府对外承诺的2020年森林面积、森林蓄积量"双增"目标。《公报》披露，在防疫背景下，大规模国土绿化行动有序推进，天保工程完成建设任务24.6万公顷，退耕还林还草、退牧还草工程分别完成建设任务82.7万公顷和168.5万公顷，三北工程完成营造林47.4万公顷，石漠化综合治理工程完成营造林24.7万公顷。数据显示，我国森林覆盖率已由20世纪80年代初的12%提高到目前的23.04%，人工林面积稳居全球第一，全国城市建成区绿化覆盖率由10.1%提高到41.11%，城市人均公园绿地面积由3.45平方米提高到14.80平方米。

（四）《2020年中国气候公报》

由国家气候中心完成的年度气候报告——《2020年中国气候公报》，全面分析了2020年中国气候基本概况、气候系统监测状况和主要气象灾害及极端天气气候事件，综合评估了气候对行业、环境、人体健康等方面的影响。2020年，我国气温偏高，降水偏多，气候年景偏差。长江流域出现了1998年以来最严重汛情，暴雨洪涝灾害重；气象干旱总体偏轻，但区域性阶段性特征明显，华南秋冬季干旱较重；高温出现时间早、南方持续时间长；登陆台风偏少，但登陆地点和影响时间集中；冷空气影响范围广、局地降温幅度大。与近十年平均相比，气象灾害造成的直接经济损失偏多。

2020年全国年平均气温比常年偏高0.7℃，为1951年以来第8个最暖年。其中，江西省、浙江省、广东省、福建省年平均气温均创1961年以来新高。5月1—9日，我国中东部出现1961年以来最早高温过程；7月11日至9月3日，江南东南部、华南东部等地出现持续高温天气过程，持续时间为1961年以来历史第二长。

2020年全国平均降水量695毫米，为1951年以来第四多。六大区域中，东北、长江中下游、华北、西南和西北降水量偏多，华南偏少；七大流域中，松花江、淮河、长江、黄河、辽河和海河流域降水量偏多，珠江流域略偏少，其中，松花江流域和长江流域均为1961年以来最多。2020年，全国共出现37次区域性暴雨过程，暴雨日数为1961年以来第二多（仅次于2016年）。夏季，长江流域和黄河流域降水量均为1961年以来同期最多，淮河和太湖流域为历史同期次多。

2020年，我国于3月25日进入降雨集中期；5月29日入梅，8月2日出梅，入梅时间偏早，出梅时间偏晚，梅雨持续时间和雨量均创1961年以来新高。华北雨季、东北雨季和华西秋雨开始和结束均偏晚，雨量均偏多。

2020年，我国气象干旱区域性和阶段性特征明显。4月中旬至夏初长江以北多地出现阶段性干旱；春夏季西南部分地区发生气象干旱；东北、华南遭遇严重夏伏旱；秋冬季华南、江南等地发生气象干旱。

2020年，西北太平洋和南海共有23个台风生成，其中5个登陆我国，生成个数和登陆个数均偏少。7月出现1949年以来首次"空台"；8月下旬至9月上旬，东北遭遇了罕见的台风三连击，为1949年以来首次。

2020年，影响我国的冷空气影响范围广、局地降温幅度大。11月强雨雪天气袭击东北，9县市日降温幅度突破历史极值。12月中东部遭受大范围雨雪降温天气过程，过程降温幅度超过12℃的面积有118.4万平方公里。

2020年春季，北方地区沙尘天气过程（7次）比常年同期偏少10次。平均沙尘日数（2.6天）比常年同期偏少2.4天。

2020年，我国主要粮食作物生长期间气候条件总体较为适宜，利于农业生产；全国年降水资源总量为65926.5亿立方米，比常年偏多6163.3亿立方米，为1961年以来第三多；受气温偏高影响，冬季北方采暖耗能较常年同期减少，夏季降温耗能较常年同期偏高；气候条件有利于植被生长，植被生长季（5—9月）全国平均植被指数为2000年以来历史同期第二高。

（五）《生态环境部2020年政府信息公开工作年度报告》（节选）[①]

2020年，生态环境部深入贯彻习近平生态文明思想，认真落实党中央、国务院关于全面推进政务公开的决策部署，持续加强政府信息与政务公开工作，不断满足公众生态环境知情权需要，凝聚生态环境保护社会共识，助力打赢打好污染防治攻坚战。

1. 强化生态环境信息公开

（1）污染防治攻坚战信息

围绕打赢打好污染防治攻坚战，加大蓝天、碧水、净土三大保卫战相关信息公开力度。蓝天保卫战方面，落实《打赢蓝天保卫战三年行动计划》要求，公开2020年挥发性有机物治理攻坚方案，京津冀及周边地区、汾渭平原和长三角地区2020—2021年秋冬季大气污染综合治理攻坚行动方案等政策文件及攻坚行动进展。通过国务院新闻办新闻发布会向社会通报大气重污染成因与治理攻关项目成果。碧水保卫战方面，公开长江保护修复攻坚战、渤海综合治理攻坚战工作推进情况、行动计划实施进展，发布2019年碧水保卫战进展和成效信息。净土保卫战方面，公开《农药包装废弃物回收处理管理办法》《地下水污染源防渗漏技术指南（试行）》《废弃井封井回填技术指南（试行）》等文件，督促指导有关责任主体依法履行农药包装废弃物回收处理、典型地下水污染源防渗改造和废弃井封井回填等责任要求。

（2）疫情防控阻击战信息

公布疫情防控相关环保工作信息，印发应对新冠肺炎疫情应急监测方案，重点监控饮用水水源地环境质量，增加余氯和生物毒性等疫情特征监测指标，定期公布城市空气、地表水和饮用水源地环境质量监测情况。发布新冠肺炎疫情医疗废水和城镇污水监管相关政策文件，以及医疗废物应急处置管理与技术指南、医疗污水应急处理技术方案，指导各地生态环境部门加强医疗污水和医疗废物监管并公开有关情况。发布支持复工复产政策措施，公布疫情防控期间有关建设项目环境影响评价应急服务保障、做好环评审批正面清单落实工作等政策文件，支持行业企业复工复产。

疫情防控期间，共发布"生态环境部通报全国医疗废物、医疗废水处置和环境监测情况"15期，通过例行新闻发布会介绍统筹做好疫情防控和经济社会发展生态环境工作情况。制定印发《关于统筹做好疫情防控和经济社会发展生态环保工作的意见》，实施环评审批和监督执法"两个正面清单"，支持相关行业企业复工复产，动态更新"两个正面清单"实施情况，通过例行新闻发布会介绍各地典型做法和主要成效。

[①]《生态环境部2020年政府信息公开工作年度报告》，中华人民共和国生态环境部网站，https://www.mee.gov.cn/xxgk/xxgknb/202101/P020210130479772727714.pdf。

（3）生态环境质量信息

通过生态环境部网站（以下简称部网站）、生态环境部官方微博和微信公众号（以下简称"两微"）等平台，实时公开全国1436个城市环境空气自动站、1881个全国地表水国控断面自动站的监测数据，250个全国辐射环境质量监测和118个核电厂监督性监测自动站空气吸收剂量率实时监测数据。每半月发布全国及重点区域环境空气质量预报会商结果。每月公布全国地表水水质和城市空气质量状况月报、京津冀大气污染传输通道"2+26"城市和汾渭平原11城市降尘监测结果，2020年11月起每月发布采测分离与自动监测融合数据。定期发布国家地表水考核断面水环境质量相对较差的30个城市、较好的30个城市名单和相应水体名称，168个重点城市空气质量相对较差的20个城市和较好的20个城市名单。每季度公布全国地表水环境质量改善幅度相对较差的30个城市、较好的30个城市名单，以及168个重点城市空气质量改善幅度相对较差的20个城市和较好的20个城市名单。发布年度全国生态环境质量简况、中国生态环境状况公报、中国海洋生态环境状况公报、全国辐射环境质量报告。暑期发布辽宁、河北、山东等9省22个沿海城市32个海水浴场水质周报18期。

（4）中央生态环境保护督察信息

第二轮第一批督察反馈期间，及时公开上海、福建、海南、重庆、甘肃、青海6省（市）和中国五矿集团有限公司、中国化工集团有限公司2家央企督察报告主要内容。第二轮第二批督察进驻期间，公开致被督察对象的函，督促指导被督察对象配合统筹做好常态化疫情防控、经济社会发展和督察工作的信息，公开督察进驻北京、天津、浙江3省（市），中国铝业集团、中国建材集团2家中央企业，国家能源局、国家林草局2个部门的相关信息，及时公开下沉督察和完成进驻等重要节点信息，公开曝光15起典型案例。及时跟进中央生态环境保护督察工作领导小组第二次会议情况，转载中央广播电视总台相关新闻。推进第一轮第二批督察"回头看"10省份公开整改落实情况，第二轮第一批督察6省（市）、2家央企公开整改方案，组织第一批督察"回头看"河北、河南、宁夏、内蒙古、黑龙江、江苏、江西、广东、广西和云南等10省份公开督察问责有关情况。

（5）生态环境监管信息

公开生态环境执法信息。制定并公开《生态环境保护综合行政执法事项指导目录（2020年版）》。公开494家生活垃圾焚烧发电厂5项污染物日均值和炉温数据等信息，监督生活垃圾焚烧发电厂在投运联网2个月内向社会公开自动监测数据。公开2020年每季度生活垃圾焚烧发电厂环境违法行为处理处罚情况。通过部网站"曝光台"向社会公开生态环境部作出的行政处罚信息，通报133家次严重超标的重点排污单位名单和处理处罚情况，对其中14家挂牌督办并公开相关信息。

公开生态环境管理信息。按照"应公开、尽公开"原则，全面公开生态环境部行政许可受理、审查和审批决定等环节信息。推动纳入排污许可重点管理的9.5余万家排污单位落实排污许可证申请前信息公开。通过全国排污许可证管理信息平台公开270余万家排污单位排污许可信息。公开"三线一单"编制发布情况。公布《全国污水集中处理设施清单》。发布运行核电厂辐射环境状况。定期公开核电厂安全性能指标信息，公开AP1000、EPR堆型相关核电厂性能指标。定期公布民用核安全设备持证单位信息。公布第四批国家生态文明建设示范区87个，"绿水青山就是金山银山"实践创新基地35个。公布2019年度氢氟碳化物处置核查情况，公开发电行业2019—2020年全国碳排放权交易配额总量设定与分配实施方案、纳入2019—2020年全国碳排放权交易配额管理的重点排放单位名单，公开应对气候变化南南合作情况。发布《第二次全国污染源普查公报》《2016—2019年全国生态环境统计公报》，公开各类污染源、主要污染物排放、污染治理情况和有关统计数据。

2. 深化政策解读回应公众关切

（1）强化政策解读

在落实公开要求的同时，进一步做好重要会议和重点政策文件解读工作。通过部网站和"两微"公开生态环境部部务会议、部常务会议有关情况。在部网站设置解读专栏，以新闻通稿、答记者问、专家解答、思维导图和一图读懂等形式，对《关于构建现代环境治理体系的指导意见》《关于统筹做好疫情防控和经济社会发展生态环保工作的指导意见》《关于加强生态保护监管工作的意见》等重要文件以及建设项目环境影响评价、排污许可管理、固体废物和化学品管理、生态环境标准等重要政策进行解读，对政策制定实施的背景依据、主要内容等深入阐释说明，方便公众理解。围绕统筹疫情防控和经济社会发展生态环保工作、水和大气污染防治、海洋生态环境保护、环境质量监测等主题举办例行新闻发布会12场，主动通报32项重点工作情况，回应中央生态环境保护督察、秋冬季攻坚行动等相关问题117个。

（2）积极回应关切

及时解答公众关心问题，多渠道回应社会关切。黄润秋部长出席"两会"部长通道，回应了"统筹做好疫情防控与生态环境保护相关工作""'十四五'生态环境保护规划""春节期间污染过程成因""中央生态环境保护督察"等社会关心的热点问题。通过媒体公开《病毒和消毒会影响水质吗？环境部这么回答》《涉疫医疗废物废水如何处置？水质是否受影响？官方回应》《医疗污水"百日决战"》等解读文章，及时回应"疫情对环境影响"等公众广泛关注的问题。通过六五环境日、全国低碳日、国际生物多样性日、国际保护臭氧层日、全民国家安全教育日等主题宣传活动，深入开展生态环境保护政策及主题宣传。

3. 优化政务公开平台建设

（1）加强部网站建设管理

提升部网站服务水平，2020年1月，新版部网站正式上线运行，优化了版块和栏目设置，进一步强化信息公开、政务服务和互动交流等功能，完善"一网通办"平台、建立"好差评"制度，为公众获取信息、网上办事提供便利。健全部网站管理制度，修订部网站管理办法等，完善信息发布流程，建立日常审读检查机制，规范部网站运行维护管理。按要求定期开展部网站检查、部属单位网站抽查，研究吸纳各相关政府网站运行维护经验和做法，结合实际开展网站自查整改工作。

（2）发挥政务新媒体作用

围绕生态环境保护中心工作，加强信息发布和宣传工作。及时发布生态环境部重要会议情况和重点工作部署，发布新闻通稿512篇。聚焦绿色发展示范案例、"无废城市"建设试点等内容开展专题宣传，围绕"铁军风采""一图一故事"进行典型宣传。摄制"我的环保故事"系列短片6集，联合光明网出品的短视频《我的环保故事｜守护蓝天这件事儿很燃，听环保人为你讲述》获选"百部网络正能量动漫音视频"。在"两微"开设"战'疫'前线""战'疫'中的环保人"等专栏，累计发布疫情防控相关信息1411篇，阅读量超过5518万次，原创稿件《战"疫"，环保人打响医废阻击战》等受到广泛关注。2020年，生态环境部官方微博共发稿5449篇，总阅读量超过4.17亿次，微信公众号共发稿4047篇，总阅读量超过1470万次。

三、2020年生态文明建设十大事件

2020年，我国继续大力推动生态文明建设，根据中国生态文明研究与促进会发布的2020年度中国生态文明建设十件大事，该年度中国生态文明建设的重要活动主要有以下方面。

（一）"十四五"规划《建议》提出生态文明建设新目标

2020年10月26—29日，中国共产党第十九届中央委员会第五次全体会议在北京召开。全会审议通过了《中共中央关于制定国民经济和社会发展第十四个五年规划和二〇三五年远景目标的建议》（以下简称《建议》）。《建议》提出我国生态文明建设新目标，明确要求建设人与自然和谐共生的现代化。

《建议》把"生态文明建设实现新进步"作为"十四五"时期经济社会发展主要目标之一，具体表现在：国土空间开发保护格局得到优化，能源资源配置更加合理、利用效率大幅提高，主要污染物排放总量持续减少，生产生活方式绿色转型成效显著，生态环境持续改善，生态安全屏障更加牢固，城乡人居环境明显改善。此外，《建议》还把"广泛形成绿色生产生活方式、碳排放达峰后稳中有降、生态环境根本好转、美丽中国建设目标基本实现"作为到2035年基本实现社会主义现代化的远景目标之一。

（二）我国提出碳达峰、碳中和目标和时间点

2020年9月22日，第七十五届联合国大会一般性辩论于联合国总部拉开帷幕，我国就气候变化议题表明，中国将提高国家自主贡献力度，采取更加有力的政策和措施，二氧化碳

排放力争于2030年前达到峰值，努力争取2060年前实现碳中和。

2020年12月16日，中央经济工作会议召开，会议将"做好碳达峰、碳中和工作"作为2021年要抓好的重点任务之一，提出"要抓紧制定2030年前碳排放达峰行动方案，支持有条件的地方率先达峰"。

（三）《关于构建现代环境治理体系的指导意见》印发

2020年3月3日，中共中央办公厅、国务院办公厅印发《关于构建现代环境治理体系的指导意见》（以下简称《意见》）。《意见》提出，到2025年，建立健全环境治理的领导责任体系、企业责任体系、全民行动体系、监管体系、市场体系、信用体系、法律法规政策体系，落实各类主体责任，提高市场主体和公众参与的积极性，形成导向清晰、决策科学、执行有力、激励有效、多元参与、良性互动的环境治理体系，为我国构建党委领导、政府主导、企业主体、社会组织和公众共同参与的现代环境治理体系勾画了蓝图。

（四）"2020年深入学习贯彻习近平生态文明思想研讨会"举办

2020年7月18—19日，生态环境部宣教司、中宣部理论局、生态环境部环境与经济政策研究中心联合举办了"2020年深入学习贯彻习近平生态文明思想研讨会"。研讨会共设置"全面贯彻落实习近平生态文明思想，决胜全面建成小康社会""以习近平生态文明思想为指导，打赢打好污染防治攻坚战，开创美丽中国建设新局面""习近平生态文明思想与社会主义生态文明观"三个议题。与会专家代表围绕深入学习贯彻落实习近平生态文明思想，广泛开展研讨、分享和交流，形成了一系列有深度、有价值的观点和成果。

（五）生态文明法律体系不断丰富完善

2020年5月28日，《中华人民共和国民法典》经十三届全国人大常委会第三次会议表决通过，自2021年1月1日起施行。民法典用18个条文专门规定"绿色原则"、确立"绿色制度"、衔接"绿色诉讼"，形成了系统完备的"绿色条款"体系，为习近平生态文明思想在我国法律中的全面贯彻奠定规范基础，为用"最严格的制度、最严密的法治保护生态环境"提供民法制度保障。

2020年10月17日，《中华人民共和国生物安全法》经十三届全国人大常委会第二十二次会议表决通过，自2021年4月15日起施行。《中华人民共和国生物安全法》系统梳理、全面规范各类生物安全风险，明确生物安全风险防控体制机制和基本制度，填补了生物安全领域基础性法律的空白，有利于完善生物安全法律体系。

2020年12月26日，《中华人民共和国长江保护法》经十三届全国人大常委会第二十四次会议表决通过，自2021年3月1日起施行。该法规定，长江流域经济社会发展，应当坚持生态优先、绿色发展，共抓大保护、不搞大开发；长江保护应当坚持统筹协调、科学规划、创新驱动、系统治理；国家建立长江流域协调机制，统一指导、统筹协调长江保护工作，审议长江保护重大政策、重大规划，协调跨地区跨部门重大事项，督促检查长江保护重要工作的落实情况。

（六）"十三五"规划纲要确定的 9 项生态环保约束性指标和污染防治攻坚战阶段性目标任务超额圆满完成

2020 年 12 月 22 日，国务院新闻办公室发布，"十三五"规划纲要确定的生态环境 9 项约束性指标和污染防治攻坚战阶段性目标任务均圆满超额完成，蓝天、碧水、净土三大保卫战取得重要成效。其中，全国地级及以上城市优良天数比率为 87%（目标 84.5%）；细颗粒物未达标地级及以上城市平均浓度相比 2015 年下降 28.8%（目标 18%）；全国地表水优良水质断面比例提高到 83.4%（目标 70%）；劣 V 类水体比例下降到 0.6%（目标 5%）；二氧化硫、氮氧化物、化学需氧量、氨氮排放量的下降幅度均超过既定目标；单位 GDP 二氧化碳排放强度比 2015 年下降 19.5%（目标 18%）。

（七）《黄河流域生态保护和高质量发展规划纲要》列入国家战略决策

2020 年 8 月 31 日，中共中央政治局召开会议审议《黄河流域生态保护和高质量发展规划纲要》。会议强调，要因地制宜、分类施策、尊重规律，改善黄河流域生态环境。要大力推进黄河水资源集约节约利用，把水资源作为最大的刚性约束，以节约用水扩大发展空间。要着眼长远减少黄河水旱灾害，加强科学研究，完善防灾减灾体系，提高应对各类灾害能力。要采取有效举措推动黄河流域高质量发展，加快新旧动能转换，建设特色优势现代产业体系，优化城市发展格局，推进乡村振兴。要大力保护和弘扬黄河文化，延续历史文脉，挖掘时代价值，坚定文化自信。

（八）坚决遏制耕地"非农化"行为，坚决守住耕地红线

2020 年 3 月以来，习近平总书记及其他中央领导同志对农村乱占耕地建房问题多次作出重要批示。

2020 年 7 月 3 日，国务院召开农村乱占耕地建房问题整治工作电视电话会议，对坚决遏制违法乱占耕地建房行为的工作进行全面部署，要求各地立行立改，对增量问题要以"零容忍"的态度坚决遏制，发现问题就要坚决处理。

2020 年 7 月 29 日，自然资源部、农业农村部联合下发《关于农村乱占耕地建房"八不准"的通知》，要求各地要深刻认识耕地保护的极端重要性，采取多种措施合力强化日常监管，务必坚决遏制新增农村乱占耕地建房行为。

2020 年 9 月 10 日，国务院办公厅印发《关于坚决制止耕地"非农化"行为的通知》，要求采取有力措施，强化监督管理，落实好最严格的耕地保护制度，坚决制止各类耕地"非农化"行为，坚决守住耕地红线。各地严格管控新增乱占耕地建房行为，处理了一批典型案例，起到了警示教育的作用。

（九）《全国重要生态系统保护和修复重大工程总体规划（2021—2035年）》印发

2020年4月27日，中央全面深化改革委员会第十三次会议召开，会议审议通过了《全国重要生态系统保护和修复重大工程总体规划（2021—2035年）》，并强调，推进生态保护和修复工作，要坚持新发展理念，统筹山水林田湖草一体化保护和修复，科学布局全国重要生态系统保护和修复重大工程，从自然生态系统演替规律和内在机理出发，统筹兼顾、整体实施，着力提高生态系统自我修复能力，增强生态系统稳定性，促进自然生态系统质量的整体改善和生态产品供给能力的全面增强。该规划由国家发展改革委、自然资源部于2020年6月3日联合印发。

（十）"2018—2019绿色中国年度人物"评选举行颁授仪式，第四批国家生态文明建设示范市县和"绿水青山就是金山银山"实践创新基地获表彰授牌

2020年11月30日，由全国人大环境与资源保护委员会、全国政协人口资源环境委员会、生态环境部、国家广播电视总局、共青团中央、中央军委后勤保障部军事设施建设局六部门联合主办，联合国环境规划署特别支持的"2018—2019绿色中国年度人物"评选举行颁授活动，10个集体和个人获得荣誉称号。

同日，生态环境部发布第四批国家生态文明建设示范市县和"绿水青山就是金山银山"实践创新基地名单，87个示范市县、35个实践创新基地获表彰授牌。

四、"十三五"期间生态环境保护与治理的进展及"十四五"时期的工作方向

（一）"十三五"期间生态环境保护与治理的进展

1. "十三五"期间的蓝天、碧水、净土保卫战

坚决打好污染防治攻坚战是党的十九大作出的重大战略部署，习近平总书记高度重视、十分关心，多次召开重要会议、发表重要讲话、作出重要指示批示，强调要坚决打赢污染防治攻坚战，打几场标志性的重大战役，集中力量攻克人民群众身边的突出环境问题。

全国生态环境保护大会于2018年5月胜利召开，正式确立习近平生态文明思想，对坚决打好污染防治攻坚战作出全面部署，也为坚决打好污染防治攻坚战提供科学指引和根本遵循。会后，中共中央、国务院印发《关于全面加强生态环境保护 坚决打好污染防治攻坚战的意见》，部署开展蓝天、碧水、净土三大保卫战，实施七大标志性战役。各地区各部门深入贯彻习近平生态文明思想，坚决打赢打好污染防治攻坚战，圆满完成污染防治攻坚战阶段性目标任务，蓝天白云、青山绿水明显增多，人民群众的满意度大幅提高。

蓝天保卫战成效持续显现。蓝天保卫战是重中之重，可以说是有计划、有重点、有实招、有成效。有计划，就是全面贯彻落实《打赢蓝天保卫战三年行动计划》。有重点，就是聚焦重点区域、重点污染物、重点时段和重点领域，在秋冬季重点治理$PM_{2.5}$，在夏季重点治理臭

氧。有实招，在结构调整优化、散乱污整治、清洁取暖以及监督帮扶等方面有很多措施。已经实施超低排放改造的煤电机组约9亿千瓦，全国约6.2亿吨粗钢产能正在进行超低排放改造，京津冀及周边地区、汾渭平原清洁取暖改造已经完成约2500万户，蓝天保卫战重点区域监督帮扶共帮助地方发现和解决问题27.2万个，一组组沉甸甸的数字反映了所做的工作和实效。有成效，大家都感受到空气质量改善很明显，全国各地的蓝天白云明显增多。

碧水保卫战取得重要进展。保好水、治差水，重点推进长江经济带共抓大保护、不搞大开发。保好水主要是饮用水水源和良好湖泊保护，已累计完成了2804个饮用水水源地、10363个生态环境问题整改；治差水主要是城市黑臭水体和劣Ⅴ类水体治理，根据最新调度的情况，全国地级及以上城市建成区黑臭水体消除比例已经超过98%，全面完成长江入河、渤海入海排污口排查，长江流域、渤海入海河流纳入消劣行动的国控断面均已消除劣Ⅴ类。还有个标志性的成果，长江干流全部实现Ⅱ类及以上水质。同时加强农业面源污染防治，累计完成13.6万个建制村环境整治。

净土保卫战是稳步扎实推进。确保完成农用地安全利用和污染地块安全利用两个90%的目标。完成农用地的土壤污染状况详查。组织开展长江经济带打击固体废物环境违法行为专项行动和全国危险废物专项整治三年行动，这两个行动对维护环境安全、防范环境风险都非常重要。坚定不移禁止洋垃圾入境，2020年年底基本实现固体废物零进口，这也是生态文明建设的重要标志性成果。

经过共同努力，"十三五"规划和污染防治攻坚战确定的9项约束性指标，在2019年已经有8项提前完成。在环境质量方面是3项，$PM_{2.5}$未达标城市年均浓度累计下降23.1%，"十三五"目标是18%；地表水达到或好于Ⅲ类水质断面比例为74.9%，"十三五"目标是70%；劣Ⅴ类水质断面比例为3.4%，"十三五"目标是5%。在总量减排方面，二氧化硫、氮氧化物、化学需氧量、氨氮排放量累计分别下降22.5%、16.3%、11.5%、11.9%，分别完成了两个15%、两个10%的目标。碳排放强度方面，单位GDP二氧化碳排放累计下降18.2%，"十三五"目标是18%。

2020年生态环境质量继续改善，1—11月，全国地级及以上城市优良天数比率达到87.9%，超额完成84.5%的约束性目标。一个标志性的成果是到11月，未达标地级及以上城市$PM_{2.5}$平均浓度是34微克每立方米，全国337个地级及以上城市$PM_{2.5}$平均浓度是31微克每立方米，达到了世卫组织第一阶段35微克每立方米的目标值。

2. 环境经济政策

环境经济政策也是人们非常关注的领域，因为做环保工作，法治手段很重要，必要的行政手段很重要，经济手段也非常关键。在"十三五"期间，注重经济手段在生态环境保护领域的创新与应用，初步形成以市场手段推动生态环境保护的动力机制。

一是财政支出力度加大。2016—2019年，全国节能环保财政支出2.4万亿元，这些年国家在财政支出方面,把生态环保、绿色发展作为重要的领域,每年都在增加投入。同时,引导和撬动大量的社会资本参与到各地生态环境保护工作中。

二是价格税费政策改革稳步推进。环境保护税全面开征,2019年全年收入221亿元。电池、涂料列入征收消费税范围,从事污染防治的第三方企业减按15%税率征收企业所得税,脱硫脱硝除尘环保电价补贴持续推进。

三是生态补偿机制不断完善。跨省流域上下游生态补偿机制建设继续推进,重点介绍一下长江和黄河,2018—2020年中央财政安排180亿元生态补偿资金推动长江经济带建立生态补偿机制,2020年安排10亿元引导资金推动黄河流域生态补偿。

四是绿色金融政策日益完善。截至2020年上半年,绿色信贷余额已超11万亿元,位居世界第一;绿色债券存量规模达1.2万亿元,位居世界第二。全国31个省份均已开展环境污染强制责任保险试点。

(二)"十四五"时期生态环境保护与治理的工作方向

1. 环境经济政策方向

在"十四五"时期以及下一步的工作中,中国将更加注重发挥市场机制在生态环保中的作用,而且这项工作也是越来越重要。污染防治这些年取得了很大成效,现在要更加强调源头治理、系统治理、整体治理,推进结构、布局优化调整,环境经济政策的作用会更加凸显。

"十四五"时期,将更加注重发挥市场机制在生态环境保护中的作用,加快国家经济政策与生态环境政策融合,运用经济政策推进结构调整、改善生态环境质量。初步考虑以下五个方面。

一是完善生态环境保护财政政策。明确中央和地方财政支出责任。完善中央生态环境保护资金项目储备库。调整优化财政支出结构,加大对绿色产业和生态环境保护的财政支持力度。

二是深入推进绿色税制改革。"十四五"时期协同推进$PM_{2.5}$和臭氧的协同控制,氮氧化物、VOCs都是$PM_{2.5}$和臭氧的重要前体物,所以要研究将VOCs纳入环境保护税征收范围。采取税收优惠和电价优惠政策,激励钢铁、焦化、水泥、平板玻璃等非电行业超低排放,现在正在钢铁行业推进,还要对其他重点行业有序推进。研究新能源汽车的税收政策。

三是健全环境治理收费政策。建立处理服务费用与污水处理成效挂钩的调整机制。推进建立完善的污水管网投资回报机制,"十四五"时期有项很重要的任务是推进污水管网全覆盖,建立相应的投资回报机制就显得非常重要。健全固体废物处理收费机制。

四是深入推进生态补偿。建立健全长江、黄河流域的横向生态补偿机制。加强生态环境监测评价结果对重点生态功能区分配的调节作用。重点生态功能区转移支付资金近800亿元,这对生态功能地位突出地区加强生态环境保护,发挥了很重要的作用。强化生态环境评价考核对生态补偿的推进作用。

五是加大绿色金融政策创新。完善绿色信贷、绿色债券、环境污染责任保险、绿色发展基金等政策。推动上市公司、发债企业强制性披露环境信息。深化气候投融资领域专项合作，加强对国家自主贡献重点项目和地方试点工作的金融政策支持。

2. 生态环境部"十四五"的工作思路

"十四五"时期是非常重要的时期，是开启全面建设社会主义现代化国家新征程、向第二个百年奋斗目标进军的五年，是谱写美丽中国建设新篇章、实现生态文明建设新进步的五年，是深入打好污染防治攻坚战、持续改善生态环境质量的五年。

生态环境部将按照党中央、国务院决策部署，深入分析新形势、新任务、新要求，研究确定"十四五"主要目标指标、重点任务、重大工程和保障措施，抓紧编制好"十四五"生态环境保护规划。

总体考虑是，以习近平新时代中国特色社会主义思想为指导，全面贯彻落实党的十九大和十九届二中、三中、四中、五中全会精神，深入贯彻习近平生态文明思想，立足新发展阶段、贯彻新发展理念、构建新发展格局、推动高质量发展，坚持稳中求进工作总基调，对标美丽中国建设远景目标，方向不变、力度不减，延伸深度、拓展广度，深入打好污染防治攻坚战，持续改善生态环境质量，促进经济社会发展全面绿色转型，推动生态环境治理体系和治理能力现代化，不断满足人民群众日益增长的优美生态环境需要，实现生态文明建设新进步，为开启全面建设社会主义现代化国家新征程奠定坚实的生态环境基础。

具体来说，要做到五个坚持。一是坚持绿色发展引领，以生态环境高水平保护促进经济高质量发展。二是坚持以改善生态环境质量为核心，推动生态环境源头治理、系统治理、整体治理。三是坚持精准治污、科学治污、依法治污，深入打好污染防治攻坚战。四是坚持改革创新，完善生态环境治理体系。五是坚持稳中求进，推动重点领域工作取得新突破。

"十三五"时期要坚决打好污染防治攻坚战，"十四五"时期要深入打好污染防治攻坚战，从"坚决打好"向"深入打好"，这是一个重大的转变，意味着所面临的矛盾和问题层次更深、领域更宽、要求更高。总的考虑是，坚持方向不变、力度不减，延伸深度、拓展广度，更加突出精准治污、科学治污、依法治污，按照"提气、降碳、强生态，增水、固土、防风险"思路，继续开展污染防治行动，推动在关键领域、关键指标上实现新的突破。

提气，就是要进一步提升空气质量，强化多污染物协同控制和区域协同治理。《建议》明确要求推进$PM_{2.5}$和臭氧协同控制，要以$PM_{2.5}$和臭氧协同控制为主线，制订实施空气质量提升行动计划，把产业结构、能源结构、运输结构、用地结构、农业投入结构调整摆到更加突出位置，强化挥发性有机物治理，抓好重点区域、重点时段、重点领域治理，持续改善全国环境空气质量。

降碳，就是要进一步降低碳排放，大力推动碳排放达峰行动。近期，习近平总书记在多个重要场合和重要会议上都反复强调应对气候变化,对我国碳达峰目标与碳中和愿景作出重大宣示,作出重要安排部署。生态环境部将抓紧制定2030年前碳排放达峰行动方案,支持有条件的地方率先达峰,推动全国碳市场建设,开展低碳试点示范。

强生态,就是要进一步强化生态保护监管,保障生态安全,增加生态功能。污染防治和生态保护两者紧密相关,污染防治好比是分子,生态保护好比是分母,要对分子做好减法降低污染物排放量,对分母做好加法扩大环境容量,协同发力,这样生态环境才能更好持续改善。实施重要生态系统保护和修复重大工程,实施生物多样性保护重大工程,统筹山水林田湖草系统保护,提升生态系统质量和稳定性。

增水,就是要进一步统筹水资源、水生态、水环境治理,增加好水,增加生态用水。坚持污染减排和生态扩容两手发力,大力推进"美丽河湖"保护与建设。继续实施水污染防治行动,落实长江十年禁渔令,改善长江生态环境和水域生态功能。坚持陆海统筹、系统治理,推进"美丽海湾"保护与建设。

固土,就是要进一步巩固和严控土壤污染风险,确保吃得放心、住得安心。继续实施土壤污染防治行动,持续开展农村环境综合整治,大力推进"无废城市"建设,加快补齐危险废物、医疗废物处理处置能力短板。

防风险,就是要进一步守牢环境安全底线,切实防范化解生态环境领域各类突发事件。完善生态环境风险常态化管理体系,防范化解涉环保项目社会风险。

(三)做好"十四五"生态环境保护工作需要重点把握的问题

准确把握十九届五中全会"三新"重大判断
以生态环境保护优异成绩庆祝建党100周年
——在2021年全国生态环境保护工作会议上的讲话(节选)[①]

生态环境部党组书记 孙金龙

(2021年1月21日)

1. 坚持准确把握新发展阶段,科学定位和谋划"十四五"目标任务和重要举措

正确认识党和人民事业所处的历史方位和发展阶段,是我们党明确阶段性中心任务、制定路线方针政策的根本依据,也是我们党领导革命、建设、改革不断取得胜利的重要经验。习近平总书记强调,全面建成小康社会、实现第一个百年奋斗目标之后,我们要乘势而上开

[①] 孙金龙:《准确把握十九届五中全会"三新"重大判断 以生态环境保护优异成绩庆祝建党100周年——在2021年全国生态环境保护工作会议上的讲话》,中华人民共和国生态环境部网站,https://www.mee.gov.cn/xxgk2018/xxgk/xxgk15/202102/t20210201_819773.html。

启全面建设社会主义现代化国家新征程、向第二个百年奋斗目标进军，这标志着我国进入了一个新发展阶段。新中国成立不久，我们党就提出建设社会主义现代化国家的目标，未来30年将是我们完成这个历史宏愿的新发展阶段。新发展阶段将贯穿实现第二个百年奋斗目标、建成社会主义现代化强国、实现中华民族伟大复兴的始终。生态环境保护是党和国家事业的重要组成部分，必须在大局下思考、在大局下谋划，首先要对我国发展所处历史方位、进入新发展阶段深思细悟，在这个基础上定好位，如果理解和把握不深刻、不透彻，我们制定的政策措施可能会偏离党中央精神，工作可能会掉队。

进入新发展阶段，我国经济社会呈现许多新特征，从生态环境保护看，"十三五"污染防治力度加大，生态环境明显改善，全面建成小康社会生态环境目标任务高质量完成。刚才，润秋部长的报告对取得的成绩和面临的形势都作了全面总结和分析。这些成绩为我们实现更高目标奠定了坚实基础。我们也要清醒地看到，我国生态环境质量改善成效并不稳固，与人民群众的期待和美丽中国建设目标的要求，还有不小差距。

《建议》提出到2035年基本实现社会主义现代化远景目标，要求广泛形成绿色生产生活方式，碳排放达峰后稳中有降，生态环境根本好转，美丽中国建设目标基本实现。《建议》提出"十四五"时期经济社会发展主要目标是"六个新"，其中之一是生态文明建设实现新进步，内容包括：国土空间开发保护格局得到优化，生产生活方式绿色转型成效显著，能源资源配置更加合理、利用效率大幅提高，主要污染物排放总量持续减少，生态环境持续改善，生态安全屏障更加牢固，城乡人居环境明显改善。《建议》第十部分"推动绿色发展，促进人与自然和谐共生"，从加快推动绿色低碳发展、持续改善环境质量、提升生态系统质量和稳定性、全面提高资源利用效率4个方面作出具体部署和安排。今年是"十四五"开局之年，主要目标是实现生态环境进一步改善。

以上就是生态环境系统在新发展阶段的目标引领，是我们用力的方向、工作的方向。广大党员、干部对党的十九届五中全会精神和党中央决策部署要做到原原本本学、逐字逐句学，做到全面把握、深入领会。要立足新发展阶段，从新发展阶段出发，对标对表"十四五"生态文明建设实现新进步的目标，2035年生态环境根本好转、美丽中国建设目标基本实现的远景目标，以及我国2030年前力争实现二氧化碳排放达峰的目标、2060年前努力争取实现碳中和的愿景，在我国经济社会发展的历史方位中，找准生态环境保护工作的定位，据此科学谋划"十四五"生态环境保护目标任务，推动生态环境持续改善。

2. 坚持深入贯彻新发展理念，落实一个总要求，把握"三个治污"工作方针，坚持系统观念，深入打好污染防治攻坚战

习近平总书记强调，党的十八大以来，我们党对经济形势进行科学判断，对经济社会发展提出了许多重大理论和理念，对发展理念和思路作出及时调整，其中新发展理念是最重要、最主要的，引导我国经济发展取得了历史性成就、发生了历史性变革。新发展理念是一个系统的理论体系，必须完整、准确、全面贯彻新发展理念，从根本宗旨、问题导向、忧患意识三个方面把握新发展理念。

全面加强生态环境保护、深入打好污染防治攻坚战，是贯彻新发展理念、推动高质量发展的题中应有之义。在谋划"十四五"深入打好污染防治攻坚战中，我们要深思细悟习近平总书记重要讲话和重要指示批示精神，并同深思细悟习近平新时代中国特色社会主义思想、习近平生态文明思想结合起来。我体会，要着力把握好三个方面。

一是深入打好污染防治攻坚战，必须把落实"实现减污降碳协同效应"作为总要求。深入贯彻新发展理念，是引领绿色低碳发展的行动指南，加快推动经济社会发展全面绿色转型已经形成高度共识，而我国高耗能产业结构和"高碳"能源结构的特征，再加上当前一些地方上马高耗能、高排放项目的冲动，生产和生活体系向绿色低碳转型的压力都很大，实现2030年前二氧化碳排放达峰、2060年前碳中和的目标任务极其艰巨。

习近平总书记在中央经济工作会议上明确指出，"要继续打好污染防治攻坚战，实现减污降碳协同效应"。我们要深刻理解和把握习近平总书记重要讲话的核心要义，我体会"减污降碳"言简意赅，但内涵十分深刻。我们干任何工作都要有纲，纲举才能目张。"减污降碳"就是总书记和党中央确立的纲。"实现减污降碳协同效应"就是以习近平同志为核心的党中央对"十四五"污染防治攻坚战的新要求，也是总要求。只有落实了这个总要求，才能顺应党中央的要求、满足人民群众的期待，我们所做的工作才能实现党性和人民性的高度统一。"十四五"污染防治攻坚战必须既减污，又降碳，两手都要抓、两手都要硬。

回顾"十三五"，几项主要的大气和水污染物排放量继续减少，同时单位GDP能耗、碳排放也持续下降，减少和下降幅度均超过规划目标。"十四五"时期，我们要在巩固"十三五"阶段性目标成果基础上，更加注重协同推进污染减排和降低碳排，进一步强化降碳的刚性举措，对减污降碳协同增效一体谋划、一体部署、一体推进、一体考核，从严从紧从实控制高耗能、高排放项目上马。在落实减污降碳总要求上，全国生态环境系统没有局外单位、局外人，都要结合工作实际和岗位职责，认真思考，找准各自在减污降碳工作中的切入点和发力点，深入打好污染防治攻坚战，实现减污降碳协同效应。

二是深入打好污染防治攻坚战，必须牢牢把握"三个治污"的工作方针。2020年1月，习近平总书记作出重要批示，要求突出精准治污、科学治污、依法治污，坚决打赢污染防治攻坚战。过去的一年，面对突如其来的新冠肺炎疫情，统筹疫情防控和经济社会发展生态环保工作的任务十分艰巨繁重，外部挑战和压力很大，全国生态环境系统认真落实"三个治污"要求，因应时、事、势发展变化，及时调整工作思路、理念、策略和方法。尤其是在精准治污上下功夫，做到问题、时间、区域、对象、措施五个精准，不搞"齐步走""撒大网"，有效克服各种不利影响，推动污染防治攻坚战阶段性目标任务圆满收官。

习近平总书记有关"三个治污"的重要指示，就是我们深入打好污染防治攻坚战必须长期坚持和牢牢把握的工作方针。"十四五"生态环境保护任务更重、触及矛盾更深、工作要求更高，继续打好污染防治攻坚战也需要向"深入"发力，这就要求我们更加鲜明、更加有力地落实"三个治污"的工作方针，坚持问题导向，补齐短板弱项，以生态环境质量持续改善为目标，锚定精准治污的要害、夯实科学治污的基础、增强依法治污的保障，推动产业结构、能源结构、交通运输结构、用地结构优化调整取得重大突破，生态环境保护取得新的更大成效。围绕"十四五"新阶段、新任务、新要求，全国生态环境系统落实"三个治污"，要在思想上有更深思考、更深领悟，在工作上下更大气力，在实践推动中有更多实招。

三是深入打好污染防治攻坚战，必须把坚持系统观念作为重要法宝。党的十九届五中全会将坚持系统观念作为"十四五"经济社会发展必须坚持的原则之一，这是总结治党治国治军实践经验基础上形成的规律性认识，是新时代新征程上推动发展必须牢牢把握的基本要求。党的十八大以来，以习近平同志为核心的党中央坚持系统谋划、统筹推进党和国家各项事业，根据新的实践需要，形成一系列新布局和新方略，带领全党全国各族人民取得了历史性成就。在这个过程中，系统观念是具有基础性的思想和工作方法。习近平总书记在十九届五中全会上就《建议》作说明时对坚持系统观念专门进行了阐释，我们要认真学习领会，常学常新、常悟常进。

系统观念不仅是解决发展不平衡不充分的突出问题和矛盾，全面协调推动各领域工作和社会主义现代化建设的重要原则，也是指导生态环境保护工作的重要认识论和方法论。我们要把坚持系统观念，作为"十四五"污染防治攻坚取得完胜的重要法宝，进一步深化和科学运用系统观念这个具有基础性的思想和方法，并认认真真贯彻落实到各项具体工作中。围绕持续改善生态环境质量目标，加强前瞻性思考、全局性谋划、战略性布局、整体性推进，突出标本兼治。在毫不放松治标的同时，更加注重治本，以治标的成果为治本创造条件、打下基础，用治本的不懈努力为治标树立导向和方向，形成治标与治本相互促进的良性互动。要从生态系统整体性和流域系统性出发，追根溯源、系统施策、靶向治疗，更加注重综合治理、系统治理、源头治理，加强细颗粒物（$PM_{2.5}$）和臭氧协同控制，强化山水林田湖草等各种生态要素的协同治理、重点区域的协同治理和流域上中下游、江河湖库、左右岸、干支流的协同治理。

3. 坚持加快构建新发展格局，推动形成"大环保格局"，更好发挥生态环境保护的支撑保障作用

习近平总书记强调，加快构建以国内大循环为主体、国内国际双循环相互促进的新发展格局，是把握未来发展主动权的战略布局和"先手棋"，是新发展阶段要着力推动完成的重大历史任务，也是贯彻新发展理念的重大举措，需要从全局高度准确把握和积极推进。构建新发展格局的关键，在于经济循环的畅通无阻，这不仅仅是经济科技部门的事，各部门都要出实招，形成强大合力。从生态环境保护来看，要着力建立健全生态环境保护支撑保障制度体系，综合运用"三线一单"、生态环保督察执法和碳排放权、排污权交易等法律、市场、科技和必要的行政手段，助力增添绿色发展动能、激发优质国内需求、畅通生态经济良性循环，推动形成需求牵引供给、供给创造需求的更高水平动态平衡。要着力推进生态环境质量持续改善，提供更多优质生态产品，满足人民群众日益增长的优美生态环境需要。努力拓宽生态环境保护领域和区域范围，推动污水、垃圾等生态环境治理设施有序有效向县城、乡镇、农村地区延伸，着手考虑开展新污染物监测评估与治理，催生新业态新技术新装备的出现，壮大绿色环保产业。

要深化"放管服"改革，发挥好生态环境保护的职能作用，支持"六稳""六保"，倒逼高耗能、高排放产能有序退出，为绿色低碳环保等战略性新兴产业腾出市场空间。要认真落实党中央、国务院构建现代环境治理体系的决策部署，在"十四五"期间，形成导向清晰、决策科学、执行有力、激励有效、多元参与、良性互动的"大环保格局"，实现从"要我环保"到"我要环保"的根本转变，为构建新发展格局提供更加坚强有力的支撑保障。

4. 坚持深化理论武装，做到"知行合一"，学懂弄通做实习近平生态文明思想

党的十八大以来，以习近平同志为核心的党中央，继承中国共产党人的集体智慧结晶，与时俱进推动生态文明理论创新、实践创新、制度创新，提出一系列新理念新思想新战略新要求，形成了习近平生态文明思想，开辟了生态文明建设理论和实践探索的新境界。习近平生态文明思想是习近平新时代中国特色社会主义思想的重要组成部分，对新形势下生态文明建设的战略定位、目标任务、总体思路、重大原则作出深刻阐释和科学谋划，创造性地回答了生态文明建设的重大理论和实践问题，为我国生态文明建设取得历史性成就、发生历史性变革提供了科学指引和真理力量。

"十三五"以来，特别是刚刚过去的一年，面对错综复杂的国际形势、艰巨繁重的国内改革发展稳定任务特别是突如其来的新冠肺炎疫情，习近平总书记对生态文明建设和生态环境保护的战略思考一以贯之，推动理论和实践深化的行动一以贯之。总书记无论是出席重要会议，还是到地方考察，都反复强调，牢固树立绿水青山就是金山银山理念，坚决打赢蓝天、碧水、净土保卫战，提出人不负青山，青山定不负人等一系列新理念新思想新战略，进一步丰富、拓展和深化了习近平生态文明思想，为我们在严峻挑战下做好生态环境保护工作增强了定力、找准了方向、校准了靶标，为开启全面建设社会主义现代化国家新征程，生态文明建设实现新进步，美丽中国建设目标基本实现提供了方向指引和根本遵循。

深入学习贯彻习近平生态文明思想，是一项长期的政治任务，是一个持续推进、常学常新、不断深化的过程，必须持之以恒、久久为功。全国生态环境系统各级党组织和广大干部职工，要做习近平生态文明思想的坚定信仰者、忠实践行者、不懈奋斗者，坚定不移把习近平生态文明思想、总书记最新重要讲话和重要指示批示精神作为谋划"十四五"生态环境保护工作的总方针、总依据、总要求，坚持一切思路以此来谋划、一切布局以此来展开、一切举措以此来制定、一切成效以此来检验，切实用习近平生态文明思想武装头脑、指导实践、推动工作，不断提高认识问题、分析问题、解决问题的政治能力、战略眼光和专业水平。

要加强理论研究，加快编写出版习近平生态文明思想权威理论读物和通俗理论读物，切实为学习宣传贯彻习近平生态文明思想提供权威教材。要加强平台建设，着力打造习近平生态文明思想理论研究高地、学习宣传高地、制度创新高地以及实践推广平台和国际传播平台，不断扩大我部在研究、宣传、贯彻习近平生态文明思想中的先发优势。我部已连续两年成功举办"深入学习贯彻习近平生态文明思想研讨会"，已经成为政府与高校、企业、行业组织、社会媒体之间共同研究交流习近平生态文明思想的重要载体和平台，要继续深化与中宣部的沟通与合作，把研讨会作为学懂弄通做实习近平生态文明思想的重要平台持续举办下去，打造成"知名品牌"，推动习近平生态文明思想不断深入人心。

5. 坚持以党的政治建设为统领，围绕"铁军要求"，推进全面从严治党向纵深发展

党的十八大以来，以习近平同志为核心的党中央把党的政治建设纳入党的建设新的伟大工程总体布局，强调"以党的政治建设为统领""把党的政治建设摆在首位"，在强化党的领导、严肃党内政治生活、强化党内监督、加强党内教育、整顿作风和深入推进反腐败斗争等方面采取一系列重大举措，有效解决党内存在的许多突出问题，使党的面貌焕然一新。

过去的一年，全国生态环境系统党员、干部在坚决打赢污染防治攻坚战、疫情防控人民战争总体战阻击战中迎难而上、身先士卒，涌现出一批先进典型，彰显了共产党员的先锋模范作用。新的一年，部党组和领导班子，要坚决落实全面从严治党主体责任和一岗双责，主动接受驻部纪检监察组政治监督。按照新时代党的建设总要求，全面推进部系统党的政治建设、思想建设、组织建设、作风建设、纪律建设，把制度建设贯穿其中，不断提高党的建设质量。要把"两个维护"作为政治建设的根本问题和首要任务，做到胸怀"两个大局"，心怀"国之大者"，不断提高政治判断力、政治领悟力、政治执行力。要坚持把习近平总书记的指示批示作为重要政治要件和重大政治责任紧抓快办，对办理落实情况开展"回头看"，加强举一反三，形成解决深层次问题的长效机制。要严格落实中央八项规定及其实施细则精神，坚决整治形式主义、官僚主义。要认真贯彻落实新时代党的组织路线，树立正确选人用人导向，加快打造生态环境保护铁军。要铁腕正风肃纪，把严的主基调长期坚持下去，扎实开展以案为鉴专项教育，深化以案促改、以案促建、以案促治，一体推进不敢腐、不能腐、

— 33 —

不想腐。要持之以恒抓好中央巡视整改工作，切实做好巡视"后半篇文章"，以优异的成绩庆祝建党100周年。

2020年中国生态文明建设大事记

1月16日，国家发展改革委、生态环境部印发《关于进一步加强塑料污染治理的意见》。塑料在生产生活中应用广泛，是重要的基础材料。不规范生产、使用塑料制品和回收处置塑料废弃物，会造成能源资源浪费和环境污染，加大资源环境压力。积极应对塑料污染，事关人民群众健康，事关我国生态文明建设和高质量发展。为贯彻落实党中央、国务院决策部署，进一步加强塑料污染治理，建立健全塑料制品长效管理机制，经国务院同意，印发该意见。

1月17日，为规范土壤污染防治基金的资金筹集、管理和使用，实现基金宗旨，根据《中华人民共和国预算法》《中华人民共和国土壤污染防治法》等相关法律法规，财政部、生态环境部、农业农村部、自然资源部、住房城乡建设部、国家林业和草原局联合印发《土壤污染防治基金管理办法》。

1月19日，生态环境部办公厅印发《生态环境部、水利部关于建立跨省流域上下游突发水污染事件联防联控机制的指导意见》。近年来，我国在突发水环境污染事件风险防控与应急处置方面取得了很大进展。推进流域层面联防联控、实现由"应急管理"向"风险管理"转变，成为当前环境应急管理工作的重点，也对流域综合管理提出了更高的要求。印发《关于建立跨省流域上下游突发水污染事件联防联控机制的指导意见》，是落实党的十九届四中全会精神、完善应急管理体系、提升治理能力的有力举措。

2月24日，国务院应对新型冠状病毒肺炎疫情联防联控机制印发《关于依法科学精准做好新冠肺炎疫情防控工作的通知》。《关于依法科学精准做好新冠肺炎疫情防控工作的通知》是为贯彻落实国务院应对新型冠状病毒肺炎疫情联防联控机制关于科学防治精准施策分区分级做好新冠肺炎疫情防控工作的指导意见，进一步提高新冠肺炎疫情防控工作的科学性、精准性，依据《中华人民共和国传染病防治法》《突发公共卫生事件应急条例》等法律法规，就做好防控工作有关事项印发的通知。

2月28日，《国务院办公厅关于生态环境保护综合行政执法有关事项的通知》发布。《生态环境保护综合行政执法事项指导目录》(以下简称《指导目录》)是落实统一实行生态环境保护执法要求、明确生态环境保护综合行政执法职能的重要文件，2020年版《指导目录》已经国务院原则同意。

2月，为深刻吸取一些地区发生的重特大事故教训，举一反三，全面加强危险化学品安全生产工作，有力防范化解系统性安全风险，坚决遏制重特大事故发生，有效维护人民群众生命财产安全，中共中央办公厅、国务院办公厅印发了《关于全面加强危险化学品安全生产工作的意见》。该意见提出了总体要求：以习近平新时代中国特色社会主义思想为指导，全面贯彻党的十九大和十九届二中、三中、四中全会精神，紧紧围绕统筹推进"五位一体"总体布局和协调推进"四个全面"战略布局，坚持总体国家安全观，按照高质量发展要求，以防控系统性安全风险为重点，完善和落实安全生产责任和管理制度，建立安全隐患排查和安全预防控制体系，加强源头治理、综合治理、精准治理，着力解决基础性、源头性、瓶颈性问题，加快实现危险化学品安全生产治理体系和治理能力现代化，全面提升安全发展水平，推动安全生产形势持续稳定好转，为经济社会发展营造安全稳定环境。

2月，国家卫生健康委、生态环境部、国家发展改革委、工业和信息化部、公安部、财政部、住房城乡建设部、商务部、市场监管总局、国家医保局等10部门联合印发《关于印发医疗机构废弃物综合治理工作方案的通知》。在贯彻落实《医疗废物管理条例》的基础上，国家卫生健康委、生态环境部会同有关部门不断完善医疗废物管理法规体系。2017年，国家卫生计生委、环保部等5部门印发《关于进一步规范医疗废物管理工作的通知》，国家卫生计生委、环保部、住房城乡建设部等8部门印发《关于在医疗机构推进生活垃圾分类管理的通知》，进一步规范了医疗机构废弃物管理工作。但在实践中，医疗机构废弃物处置能力水平与医疗机构需求和人民群众期望仍有一定差距，主要表现在医疗废物集中处置能力不能满足需求，输液瓶（袋）管理存在困难，医疗机构处置医疗废物的费用负担重，部门间的综合监管还有一定难度，等等。为落实习近平总书记关于打好污染防治攻坚战的重要指示精神，进一步加强医疗机构废弃物的综合治理，保障人民群众身体健康和环境安全，国家卫生健康委会同生态环境部等10部门多次研究完善，制定了《医疗机构废弃物综合治理工作方案》。

3月3日，为贯彻落实党的十九大部署，构建党委领导、政府主导、企业主体、社会组织和公众共同参与的现代环境治理体系，中共中央办公厅、国务院办公厅印发了《关于构建现代环境治理体系的指导意见》。主要目标：到2025年，建立健全环境治理的领导责任体系、企业责任体系、全民行动体系、监管体系、市场体系、信用体系、法律法规政策体系，落实各类主体责任，提高市场主体和公众参与的积极性，形成导向清晰、决策科学、执行有力、激励有效、多元参与、良性互动的环境治理体系。

4月，中共中央办公厅、国务院办公厅印发《省（自治区、直辖市）污染防治攻坚战成效考核措施》（以下简称《措施》）。为了贯彻落实习近平生态文明思想，坚决打赢污染防治攻坚战，确保生态环境质量总体改善，生态环境保护水平同全面建成小康社会目标相适应，根据《中共中央、国务院关于全面加强生态环境保护 坚决打好污染防治攻坚战的意见》和中央有关规定，中共中央办公厅、国务院办公厅印发该《措施》。该《措施》提出，对各省（自治区、直辖市）党委、人大、政府污染防治攻坚战成效的考核，主要包括以下几个方面。（一）党政主体责任落实情况。考核省级党委和政府落实"党政同责"，专题研究部署和督促落实生态环境保护工作，压实市、县和有关部门生态环境保护责任等情况。（二）生态环境保护立法和监督情况。考核省级人大在生态环境保护领域立法遵守上位法规定，加强指导设区的市人大及其常委会等其他地方立法主体开展相关立法，通过执法检查等法定监督方式推动生态环境保护法律法规实施等情况。（三）生态环境质量状况及年度工作目标任务完成情况。考核生态环境质量改善、生态环境风险管控、污染物排放总量控制等情况，污染防治攻坚战年度工作目标任务完成情况，以及疫情防控生态环境保护工作情况。（四）资金投入使用情况。考核中央和地方生态环境保护财政资金使用绩效以及未完成环境质量约束性指标的省份相关财政支出增长情况。（五）公众满意程度。考核公众对本地区生态环境质量改善的满意程度。

4月20日，财政部、生态环境部、水利部、国家林草局发布《关于印发〈支持引导黄河全流域建立横向生态补偿机制试点实施方案〉的通知》。为深入贯彻黄河流域生态保护和高质量发展座谈会及中央经济工作会议精神，加快推动黄河流域共同抓好大保护、协同推进大治理，特制定该方案。

4月27日，中央全面深化改革委员会第十三次会议召开，会议审议通过了《全国重要生态系统保护和修复重大工程总体规划（2021—2035年）》，并强调，推进生态保护和修复工作，要坚持新发展理念，统筹山水林田湖草一体化保护和修复，科学布局全国重要生态系统保护和修复重大工程，从自然生态系统演替规律和内在机理出发，统筹兼顾、整体实施，着力提高生态系统自我修复能力，增强生态系统稳定性，促进自然生态系统质量的整体改善和生态产品供给能力的全面增强。该规划由国家发展改革委、自然资源部于2020年6月3日联合印发。

5月18日，生态环境部办公厅印发《关于宣传贯彻〈中华人民共和国固体废物污染环境防治法〉的通知》。2020年4月29日，十三届全国人大常委会第十七次会议审议通过修订后的《中华人民共和国固体废物污染环境防治法》（以下简称《固废法》），自2020年9月1日起施行。全面修订《固废法》是贯彻落实习近平生态文明思想和党中央关于生态文明建设决策部署的重大任务，是推动打赢污染防治攻坚战、坚持依法治污的迫切需要，是健全最严格生态环境保护法律制度和最严密生态环境法治保障的重要举措。

5月28日，《中华人民共和国民法典》经十三届全国人大常委会第三次会议表决通过，自2021年1月1日起施行。民法典用18个条文专门规定"绿色原则"、确立"绿色制度"、衔接"绿色诉讼",形成了系统完备的"绿色条款"体系,为习近平生态文明思想在我国法律中的全面贯彻奠定规范基础,为用"最严格的制度、最严密的法治保护生态环境"提供民法制度保障。

5月31日,国务院办公厅印发《关于开展第一次全国自然灾害综合风险普查的通知》。按照党中央、国务院决策部署,为全面掌握我国自然灾害风险隐患情况,提升全社会抵御自然灾害的综合防范能力,经国务院同意,定于2020年至2022年开展第一次全国自然灾害综合风险普查工作。

5月,国家发展改革委、国家卫生健康委、国家中医药局联合印发《公共卫生防控救治能力建设方案》。这次新冠疫情,是新中国成立以来在我国发生的传播速度最快、感染范围最广、防控难度最大的一次突发公共卫生事件。在党中央坚强领导下,全国迅速打响了抗击疫情的人民战争、总体战、阻击战,经过艰苦努力,疫情防控形势持续向好。但此次疫情防控也暴露出,我国重大疫情防控救治仍然存在不少能力短板和体制机制问题。随着国际疫情快速扩散蔓延,未来一段时间,我国仍将面临较为严峻的国内外疫情风险挑战。全面做好公共卫生特别是重大疫情防控救治的补短板、堵漏洞、强弱项工作,加强公立医疗卫生机构建设,已经成为当前保障人民群众生命安全和身体健康、促进经济社会平稳发展、维护国家公共卫生安全的一项紧迫任务。为贯彻习近平总书记系列重要指示批示精神,落实党中央、国务院决策部署,尽快补齐短板弱项,切实提高我国重大疫情防控救治能力,特制定该方案。

6月3日,国家发展改革委、自然资源部印发《全国重要生态系统保护和修复重大工程总体规划(2021—2035年)》。

6月4日,生态环境部办公厅印发《突发生态环境事件应急处置阶段直接经济损失评估工作程序规定》《突发生态环境事件应急处置阶段直接经济损失核定细则》。2013年8月,环境保护部印发《突发环境事件应急处置阶段污染损害评估工作程序规定》,施行以来在突发环境事件定级、损害赔偿、推动企业加强环境管理等方面发挥了重要作用。但是在实施过程中发现部分地区在组织开展环境损害评估时,存在责任落实不到位、评估内容不全面、技术体系不完善、信息公开欠缺等问题。为解决这些问题,按照《环境保护法》等法律法规要求,根据《生态环境损害赔偿制度改革方案》部署,生态环境部组织制定了《直接经济损失评估工作程序规定》,替代《污染损害评估工作程序规定》。

6月,国家卫生健康委印发《国家卫生健康委规划管理办法(试行)》。为进一步推进国家卫生健康委规划编制和管理工作的规范化、制度化,提高规划编制实施的科学性、有效性,国家卫生健康委结合当前规划管理的新形势、新要求,按照《中共中央、国务院关于统一规划体系更好发挥国家发展规划战略导向作用的意见》精神,在《国家卫生计生委规划管理办法(试行)》的基础上,组织修改形成了《国家卫生健康委规划管理办法(试行)》。

7月3日，国务院召开农村乱占耕地建房问题整治工作电视电话会议，对坚决遏制违法乱占耕地建房行为的工作进行全面部署，要求各地立行立改，对增量问题要以"零容忍"的态度坚决遏制，发现问题就要坚决处理。

7月4日，国务院办公厅印发《关于切实做好长江流域禁捕有关工作的通知》。

7月10日，国家发展改革委、生态环境部、工业和信息化部、住房城乡建设部、农业农村部、商务部、文化和旅游部、市场监管总局、供销合作总社联合印发《关于扎实推进塑料污染治理工作的通知》。

7月14日，农业农村部办公厅、国家卫生健康委办公厅、生态环境部办公厅联合印发关于《农村厕所粪污无害化处理与资源化利用指南》和《农村厕所粪污处理及资源化利用典型模式》的通知。

7月18—19日，生态环境部宣教司、中宣部理论局、生态环境部环境与经济政策研究中心联合举办了"2020年深入学习贯彻习近平生态文明思想研讨会"。研讨会共设置"全面贯彻落实习近平生态文明思想，决胜全面建成小康社会""以习近平生态文明思想为指导，打赢打好污染防治攻坚战，开创美丽中国建设新局面""习近平生态文明思想与社会主义生态文明观"三个议题。与会专家代表围绕深入学习贯彻落实习近平生态文明思想，广泛开展研讨、分享和交流，形成了一系列有深度、有价值的观点和成果。

7月29日，自然资源部、农业农村部联合下发《关于农村乱占耕地建房"八不准"的通知》，要求各地要深刻认识耕地保护的极端重要性，采取多种措施合力强化日常监管，务必坚决遏制新增农村乱占耕地建房行为。

8月31日，中共中央政治局召开会议审议《黄河流域生态保护和高质量发展规划纲要》。会议强调，要因地制宜、分类施策、尊重规律，改善黄河流域生态环境。要大力推进黄河水资源集约节约利用，把水资源作为最大的刚性约束，以节约用水扩大发展空间。要着眼长远减少黄河水旱灾害，加强科学研究，完善防灾减灾体系，提高应对各类灾害能力。要采取有效举措推动黄河流域高质量发展，加快新旧动能转换，建设特色优势现代产业体系，优化城市发展格局，推进乡村振兴。要大力保护和弘扬黄河文化，延续历史文脉，挖掘时代价值，坚定文化自信。

9月3日，生态环境部办公厅印发《关于印发〈关于推进生态环境损害赔偿制度改革若干具体问题的意见〉的通知》。

9月10日，国务院办公厅印发《关于坚决制止耕地"非农化"行为的通知》，要求采取有力措施，强化监督管理，落实好最严格的耕地保护制度，坚决制止各类耕地"非农化"行为，坚决守住耕地红线。各地严格管控新增乱占耕地建房行为，处理了一批典型案例，起到了警示教育的作用。

9月22日，中国国家主席习近平在第七十五届联大一般性辩论上的讲话中宣示，"将提高国家自主贡献力度，采取更加有力的政策和措施，二氧化碳排放力争于2030年前达到峰值，努力争取2060年前实现碳中和"。2020年中央经济工作会议将"做好碳达峰、碳中和工作"作为2021年要抓好的重点任务，提出"要抓紧制定2030年前碳排放达峰行动方案，支持有条件的地方率先达峰"。

10月17日，《中华人民共和国生物安全法》由十三届全国人大常委会第二十二次会议表决通过，自2021年4月15日起施行。《中华人民共和国生物安全法》系统梳理、全面规范各类生物安全风险，明确生物安全风险防控体制机制和基本制度，填补了生物安全领域基础性法律的空白，有利于完善生物安全法律体系。

10月21日，生态环境部办公厅印发《关于促进应对气候变化投融资的指导意见》。为全面贯彻落实党中央、国务院关于积极应对气候变化的一系列重大决策部署，更好发挥投融资对应对气候变化的支撑作用，对落实国家自主贡献目标的促进作用，对绿色低碳发展的助推作用，特提出该意见。主要目标：到2022年，营造有利于气候投融资发展的政策环境，气候投融资相关标准建设有序推进，气候投融资地方试点启动并初见成效，气候投融资专业研究机构不断壮大，对外合作务实深入，资金、人才、技术等各类要素资源向气候投融资领域初步聚集。到2025年，促进应对气候变化政策与投资、金融、产业、能源和环境等各领域政策协同高效推进，气候投融资政策和标准体系逐步完善，基本形成气候投融资地方试点、综合示范、项目开发、机构响应、广泛参与的系统布局，引领构建具有国际影响力的气候投融资合作平台，投入应对气候变化领域的资金规模明显增加。

10月26—29日，中国共产党第十九届中央委员会第五次全体会议在北京召开。全会审议通过了《中共中央关于制定国民经济和社会发展第十四个五年规划和二〇三五年远景目标的建议》（以下简称《建议》）。《建议》提出我国生态文明建设新目标，明确要求建设人与自然和谐共生的现代化。《建议》把"生态文明建设实现新进步"作为"十四五"时期经济社会发展主要目标之一，具体表现：国土空间开发保护格局得到优化，能源资源配置更加合理、利用效率大幅提高，主要污染物排放总量持续减少，生产生活方式绿色转型成效显著，生态环境持续改善，生态安全屏障更加牢固，城乡人居环境明显改善。此外，《建议》还把"广泛形成绿色生产生活方式、碳排放达峰后稳中有降、生态环境根本好转、美丽中国建设目标基本实现"作为到2035年基本实现社会主义现代化的远景目标之一。

10月30日，生态环境部办公厅印发《关于印发〈长三角地区2020—2021年秋冬季大气污染综合治理攻坚行动方案〉的通知》。2018年以来，长三角地区持续开展秋冬季大气污染综合治理攻坚行动，空气质量明显改善，2019—2020年秋冬季，长三角地区细颗粒物（$PM_{2.5}$）平均浓度较2017—2018年秋冬季下降22%，重污染天数下降79%。尽管秋冬季攻坚取得积极成效，但长三角地区秋冬季 PM$_{2.5}$ 平均浓度仍比其他季节高 50%—70%，重污染天气占全年 95% 以上，苏北、皖北主要城市 PM$_{2.5}$ 浓度仍处于高位。随着疫情防控形势持续向好、企业加快复工复产，许多受疫情影响抑制的产能和产量短时间内集中快速增长，秋冬季污染物排放量可能出现反弹，大气环境质量持续改善压力增大，部分地区完成"十三五"空气质量改善目标存在风险。2020—2021 年秋冬季是长三角地区第 3 个攻坚季，攻坚的成效事关全面建成小康社会，事关"十三五"规划和打赢蓝天保卫战圆满收官。各地要按照党中央、国务院决策部署，提高政治站位，持续开展秋冬季大气污染综合治理攻坚行动，确保如期完成打赢蓝天保卫战既定目标任务。主要目标：全面完成《打赢蓝天保卫战三年行动计划》确定的 2020 年空气质量改善目标，协同控制温室气体排放。按照巩固成果、稳中求进的原则，充分考虑 2020 年一季度空气质量的疫情影响，将 2020—2021 年秋冬季目标设置为两个阶段，根据 2019 年一季度和四季度污染水平，分类确定各城市的 PM$_{2.5}$ 浓度控制目标，按照污染程度分为 6 档，PM$_{2.5}$ 浓度每档相差 1 个百分点，对"十三五"目标完成进度滞后的城市进一步提高要求。2020 年 10—12 月，长三角地区 PM$_{2.5}$ 平均浓度控制在 45 微克/立方米以内；2021 年 1—3 月，控制在 58 微克/立方米以内。

同日，生态环境部等印发《关于印发〈京津冀及周边地区、汾渭平原 2020—2021 年秋冬季大气污染综合治理攻坚行动方案〉的通知》。随着全国环境空气质量持续改善，人民群众蓝天获得感、幸福感明显提高，尤其是 2017 年以来，针对重点区域秋冬季重污染天气多发、频发的情况，连续三年开展秋冬季大气污染综合治理攻坚行动，成效明显，2019 年秋冬季京津冀及周边地区细颗粒物（PM$_{2.5}$）平均浓度较 2016 年同期下降 33%，重污染天数下降 52%。尽管秋冬季攻坚取得积极成效，但京津冀及周边地区、汾渭平原仍是全国 PM$_{2.5}$ 浓度最高的区域，秋冬季 PM$_{2.5}$ 平均浓度是其他季节的 2 倍左右，重污染天数占全年 95% 以上，2020 年年初疫情防控期间，北京及周边地区出现两次重污染过程，群众反映强烈。随着疫情防控形势持续向好、企业加快复工复产，许多因疫情影响受抑制的产能和产量短时间内集中快速增长，秋冬季污染物排放量可能出现反弹，大气环境质量持续改善压力增大，部分地区存在完不成"十三五"空气质量改善目标的风险。2020—2021 年秋冬季是第 4 个攻坚季，事关全面建成小康社会，事关"十三五"规划和打赢蓝天保卫战圆满收官。各地要按照党中央、国务院决策部署，提高政治站位，持续开展秋冬季大气污染综合治理攻坚行动，确保如期完成打赢蓝天保卫战既定目标任务。主要目标：全面完成《打赢蓝天保卫战三年行动计划》确定的 2020 年空气质量改善目标，协同控制温室气体排放。按照巩固成果、稳中求进的原则，充分考虑 2020 年一季度空气质量的疫情影响，将 2020—2021 年秋冬季目标设置为两个阶段，根据 2019 年一季度和四季度污染水平，分类确定各城市的 PM$_{2.5}$ 浓度和重污染天数控制目标，按照污染程度分为 6 档，PM$_{2.5}$ 浓度每档相差 1 个百分点，重污染天数每档相差 2 天，对

"十三五"目标完成进度滞后的城市进一步提高要求。2020年10—12月,京津冀及周边地区 $PM_{2.5}$ 平均浓度控制在63微克/立方米以内,各城市重度及以上污染天数平均控制在5天以内;汾渭平原 $PM_{2.5}$ 平均浓度控制在62微克/立方米以内,各城市重度及以上污染天数平均控制在5天以内。2021年1—3月,京津冀及周边地区 $PM_{2.5}$ 平均浓度控制在86微克/立方米以内,各城市重度及以上污染天数平均控制在12天以内;汾渭平原 $PM_{2.5}$ 平均浓度控制在90微克/立方米以内,各城市重度及以上污染天数平均控制在13天以内。

11月2日,《国务院办公厅关于印发〈新能源汽车产业发展规划(2021—2035年)〉的通知》发布。发展新能源汽车是我国从汽车大国迈向汽车强国的必由之路,是应对气候变化、推动绿色发展的战略举措。2012年国务院发布《节能与新能源汽车产业发展规划(2012—2020年)》以来,我国坚持纯电驱动战略取向,新能源汽车产业发展取得了巨大成就,成为世界汽车产业发展转型的重要力量之一。与此同时,我国新能源汽车发展也面临核心技术创新能力不强、质量保障体系有待完善、基础设施建设仍显滞后、产业生态尚不健全、市场竞争日益加剧等问题。为推动新能源汽车产业高质量发展,加快建设汽车强国,制定该规划。发展愿景:到2025年,我国新能源汽车市场竞争力明显增强,动力电池、驱动电机、车用操作系统等关键技术取得重大突破,安全水平全面提升。纯电动乘用车新车平均电耗降至12.0千瓦时/百公里,新能源汽车新车销售量达到汽车新车销售总量的20%左右,高度自动驾驶汽车实现限定区域和特定场景商业化应用,充换电服务便利性显著提高。力争经过15年的持续努力,我国新能源汽车核心技术达到国际先进水平,质量品牌具备较强国际竞争力。纯电动汽车成为新销售车辆的主流,公共领域用车全面电动化,燃料电池汽车实现商业化应用,高度自动驾驶汽车实现规模化应用,充换电服务网络便捷高效,氢燃料供给体系建设稳步推进,有效促进节能减排水平和社会运行效率的提升。

11月12日,生态环境部发布《关于进一步加强产业园区规划环境影响评价工作的意见》。近年来,产业园区规划环境影响评价在促进区域生态环境质量改善、优化产业发展等方面发挥了积极作用,但部分产业园区管理机构主体责任落实不到位、规划环评文件编制质量参差不齐、规划环评效力发挥不够等问题依然存在。随着生态环境保护要求不断提高和地方改革实践推进,产业园区规划环评与生态环境分区管控体系衔接、对入园建设项目环评简化的指导工作亟待加强。为夯实主体责任、推进规划环评与生态环境分区管控衔接、指导入园建设项目环评改革、加强规划环评质量监管,切实提升产业园区规划环评效力,促进区域绿色发展,生态环境部提出了该意见。

11月24日,国务院办公厅发布《国务院办公厅关于推进人工影响天气工作高质量发展的意见》。发展目标:到2025年,形成组织完善、服务精细、保障有力的人工影响天气工作体系,基础研究和关键技术研发取得重要突破,现代化水平和精细化服务能力稳步提升,安全风险综合防范能力明显增强，体制机制和政策环境更加优化，人工增雨（雪）作业影响面积达到550万平方公里以上，人工防雹作业保护面积达到58万平方公里以上。到2035年，推动我国人工影响天气业务、科技、服务能力达到世界先进水平。

11月25日，《国家危险废物名录（2021年版）》公布。该名录自2021年1月1日起施行。

11月26日，生态环境部、国际发展合作署印发《关于发布〈应对气候变化南南合作物资援助项目管理暂行办法〉的公告》。

11月30日，由全国人大环境与资源保护委员会、全国政协人口资源环境委员会、生态环境部、国家广播电视总局、共青团中央、中央军委后勤保障部军事设施建设局6部门联合主办，联合国环境规划署特别支持的"2018—2019绿色中国年度人物"评选举行颁授活动，10个集体和个人获得荣誉称号。

同日，生态环境部发布第四批国家生态文明建设示范市县和"绿水青山就是金山银山"实践创新基地名单，87个示范市县、35个实践创新基地获表彰授牌。

12月15日，《生态环境标准管理办法》公布。该办法自2021年2月1日起施行。

12月16日，中央经济工作会议召开，会议将"做好碳达峰、碳中和工作"作为2021年要抓好的重点任务之一，提出"要抓紧制定2030年前碳排放达峰行动方案，支持有条件的地方率先达峰"。

12月21日，生态环境部办公厅印发《自然保护地生态环境监管工作暂行办法》。为深入贯彻落实习近平生态文明思想，切实履行生态环境部"组织制定各类自然保护地生态环境监管制度并监督执法"的职责，全面做好自然保护地生态环境监管工作，生态环境部组织制定了《自然保护地生态环境监管工作暂行办法》。

12月22日，国务院新闻办公室举行新闻发布会，生态环境部介绍，"十三五"规划纲要确定的生态环境领域9项约束性指标和污染防治攻坚战阶段性目标任务均超额圆满完成，蓝天、碧水、净土三大保卫战取得重要成效。其中，全国地级及以上城市优良天数比率为87%（目标84.5%）；细颗粒物未达标地级及以上城市平均浓度相比2015年下降28.8%（目标18%）；全国地表水优良水质断面比例提高到83.4%（目标70%）；劣V类水体比例下降到0.6%（目标5%）；二氧化硫、氮氧化物、化学需氧量、氨氮排放量的下降幅度均超过既定目标；单位GDP二氧化碳排放强度比2015年下降19.5%（目标18%）。

12月23日，生态环境部印发《关于加强生态保护监管工作的意见》。总体目标：到2025年，初步形成生态保护监管法规标准体系，初步建立全国生态监测网络，提高自然保护地、生态保护红线监管能力和生物多样性保护水平，提升生态文明建设示范引领作用，初步形成与生态保护修复监管相匹配的指导、协调和监督体系，生态安全屏障更加牢固，生态系统质量和稳定性进一步提升。到2035年，建成与美丽中国目标相适应的现代化生态保护监管体系和监管能力，促进人与自然和谐共生。

12月26日，《中华人民共和国长江保护法》在十三届全国人大常委会第二十四次会议上表决通过，自2021年3月1日起施行。该法规定：长江流域经济社会发展，应当坚持生态优先、绿色发展，共抓大保护、不搞大开发；长江保护应当坚持统筹协调、科学规划、创新驱动、系统治理。国家建立长江流域协调机制，统一指导、统筹协调长江保护工作，审议长江保护重大政策、重大规划，协调跨地区跨部门重大事项，督促检查长江保护重要工作的落实情况。

12月29日，生态环境部印发《2019—2020年全国碳排放权交易配额总量设定与分配实施方案（发电行业）》《纳入2019—2020年全国碳排放权交易配额管理的重点排放单位名单》。

12月30日，生态环境部印发《国家生态环境标准制修订工作规则》。为贯彻《中华人民共和国环境保护法》《中华人民共和国标准化法》等法律要求，进一步规范国家生态环境标准制修订工作，生态环境部对《国家环境保护标准制修订工作管理办法》进行修订，制定了《国家生态环境标准制修订工作规则》。该工作规则自2021年2月1日起施行，《国家环境保护标准制修订工作管理办法》（国环规科技〔2017〕1号）同时废止。

12月31日，《碳排放权交易管理办法（试行）》公布。《碳排放权交易管理办法（试行）》于2020年12月25日由生态环境部部务会议审议通过，自2021年2月1日起施行。

同日，《核动力厂管理体系安全规定》公布。该规定于2020年12月25日由生态环境部部务会议审议通过，自2021年3月1日起施行。

中国生态文明建设进展（2021）

2021年中国生态文明建设综述

一、2021年生态文明建设的重点

"十四五"开局之际，我国生态文明建设再上新征程。党的十九届五中全会对"十四五"生态文明建设和生态环境保护的主要目标、总体要求、重点任务作出了决策部署。生态环境保护要以高水平保护促进绿色发展，推动生态文明建设实现新进步。

2021年，尽管受到新冠疫情的影响，但我国生态环境质量改善的步伐并没有停止。全国339个城市空气优良天数的比例明显提高，特别是10月超过了九成。1—10月，全国地表水考核断面水质优良比例达到82.6%，同比上升1.2个百分点。由于实行最严格生态环境保护制度，划定生态保护红线，稳步推进生物多样性保护，我国已成为亚太地区森林面积增幅最大的经济体，森林覆盖率超过23%，1.18万个自然保护地已成为各种生物共同的家园。

（一）概述

1. 形成"11699"顶层设计框架

"十四五"生态环境领域顶层设计系统构建方面，已经形成了"11699"的顶层设计框架：一个总纲，中共中央、国务院印发的《中共中央 国务院关于深入打好污染防治攻坚战的意见》；一部规划，国务院印发的《"十四五"生态环境保护规划》，这是路线图、施工图；同时，生态环境部牵头研究6项重点领域改革文件（《生态环境损害赔偿管理规定》《关于加强排污许可执法监管的指导意见》《关于加强入河入海排污口监督管理工作的实施意见》《环境信息依法披露制度改革方案》《强化危险废物监管和利用处置能力改革实施方案》《关于进一步加强生物多样性保护的意见》），正在陆续出台9项"十四五"生态环境保护重点领域专项规划和9个污染防治攻坚战专项行动方案。

2. 全面开展中央生态环境保护督察

生态环境部分三批对17个省（自治区）及2家中央企业开展例行督察，共受理转办群众

来电来信举报约 6.56 万件，已办结或阶段办结约 6.25 万件，曝光典型案例 87 个。

全力抓好长江经济带和黄河流域生态环境警示片拍摄制作，紧盯问题整改，推动高质量发展。

3. 持续推进重大国家战略生态环保工作

京津冀协同发展生态环境联防联控联治工作得到进一步强化，雄安新区和白洋淀生态环境治理继续深入推进。在生态环境部努力下，长三角地区大气、水污染整合形成联防联控机制，形成了联保共治新格局。

《黄河流域生态环境保护专项规划》和《粤港澳大湾区生态环境保护规划》编制修改完成。黄河流域生态环境保护的指导思想、基本原则、主要任务、重点工程和保障措施得到明确。粤港澳地区的环境保护工作接下来将重点发挥三地各自优势，落实生态环境保护责任，共同做好相关工作，支撑区域高质量发展。

除此以外，组织专班赴海南开展自由贸易港建设生态环保工作专题调研。先后与 10 个省（自治区、直辖市）以及新疆生产建设兵团签署部省战略合作协议，推动落实相关重大国家战略。

4. 成功举办 COP15 第一阶段会议

联合国《生物多样性公约》缔约方大会第十五次会议（COP15）第一阶段会议于 2021 年 10 月 11 日在云南昆明正式开幕，习近平主席和 8 位缔约国领导人、联合国秘书长线上出席领导人峰会并讲话，为国际社会携手推进全球生物多样性治理注入了强大信心和政治推动力。共计 5000 余名代表线上线下参加会议。

2021 年 10 月 15 日，联合国《生物多样性公约》第十五次缔约方大会（COP15）第一阶段会议在中国昆明落幕，与会各方承诺制定和实施"2020 年后全球生物多样性框架"，该框架"将在下一个十年指导我们的行动，会议具有里程碑意义"。

COP15 高级别会议达成的《昆明宣言》是大会取得的标志性成果，为后续全球生物多样性磋商提供了政治指引，为各国采取行动确保最迟在 2030 年前使生物多样性走上恢复之路的决心和意愿注入新动力。同时，COP15 生态文明论坛所发布的"共建全球生态文明，保护全球生物多样性"倡议也产生了积极影响。同时，中国作为东道国采取的一系列务实而有力的措施也备受国际社会关注，尤其是将率先出资 15 亿元成立昆明生物多样性基金、设立第一批国家公园等东道国举措，展现了负责任大国担当。

5. 参与和引领全球气候治理

2021 年 10 月 28 日，中国《联合国气候变化框架公约》国家联络人正式向《联合国气候变化框架公约》秘书处提交《中国落实国家自主贡献成效和新目标新举措》和《中国本世纪中叶长期温室气体低排放发展战略》。

2021年4月17日,《中美应对气候危机联合声明》发表。随后,中美在联合国气候变化格拉斯哥大会期间共同发布《中美关于在21世纪20年代强化气候行动的格拉斯哥联合宣言》,推动《联合国气候变化框架公约》第二十六次缔约方大会取得预期成果。

成功召开两次中欧环境与气候高层对话。第二次对话中,双方同意按目前的安排继续开展至少每年一次的常规对话。2021年6月21日,我国正式接受《〈蒙特利尔议定书〉基加利修正案》,将为全球臭氧层保护和应对气候变化作出新贡献。

(二)"双碳"目标顶层设计出台,实现碳达峰、碳中和目标路径更清晰

2020年9月22日,国家主席习近平在第七十五届联合国大会一般性辩论上郑重宣布碳达峰目标与碳中和愿景。2021年,我国碳达峰碳中和由重大战略决策向科学系统部署迈出关键步伐。

2021年3月,政府工作报告中首次部署碳达峰碳中和任务。3月15日,习近平总书记在中央财经委员会第九次会议上强调,要把碳达峰碳中和纳入生态文明建设整体布局,拿出抓铁有痕的劲头,如期实现2030年前碳达峰、2060年前碳中和的目标。

5月26日,碳达峰碳中和工作领导小组第一次全体会议召开。

9月22日,《中共中央 国务院关于完整准确全面贯彻新发展理念做好碳达峰碳中和工作的意见》(以下简称《意见》)正式发布。作为"双碳""1+N"政策体系中的"1",《意见》为"双碳"这项重大工作进行了系统谋划和总体部署。《意见》在"1+N"政策体系中将发挥统领作用,是贯穿碳达峰、碳中和两个阶段的顶层设计文件,明确了碳达峰、碳中和时间表、路线图,为各地方、各部门推进和落实碳达峰、碳中和工作指明了方向和任务。实现碳达峰、碳中和的核心,一是减缓,即从源头根本上减少二氧化碳排放;二是移除,即通过碳汇、碳捕获、利用和储存等消除大气中的二氧化碳。《意见》立足我国发展阶段和国情实际,围绕"减缓"和"移除",明确提出了三个阶段的目标指标,分别规定了到2025年、2030年和2060年的多项关键指标任务,即单位国内生产总值能耗下降和二氧化碳排放下降幅度、非化石能源消费比重提升幅度,以及森林覆盖率和森林蓄积量等,从实施指标层面为确保如期实现碳达峰、碳中和目标愿景明确了关键抓手。

10月24日,国务院印发《2030年前碳达峰行动方案》(以下简称《方案》),为实现2030年前碳达峰目标提出了具体行动方案。《方案》是"N"中为首的政策文件,有关部门和单位将根据方案部署制定能源、工业、城乡建设、交通运输、农业农村等领域以及具体行业的碳达峰实施方案,各地区也将按照方案要求制定本地区碳达峰行动方案。《方案》还进一步明确,各地区要准确把握自身发展定位,结合本地区经济社会发展实际和资源环境禀赋,坚持分类施策、因地制宜、上下联动,梯次有序推进各地区实现碳达峰。

截至2021年,有50多个国家实现碳达峰,超过130个国家及地区作出碳中和承诺。我国碳达峰、碳中和顶层设计逐步完善，推进思路逐步清晰。2021年，中共中央、国务院印发《中共中央 国务院关于完整准确全面贯彻新发展理念做好碳达峰碳中和工作的意见》，国务院印发《2030年前碳达峰行动方案》，两者共同构成贯穿碳达峰、碳中和两个阶段的顶层设计。

2021年7月16日，全国碳排放权交易市场正式启动上线交易。第一个履约周期纳入发电行业重点排放单位2162家，覆盖约45亿吨二氧化碳排放量。全国碳市场的开市意味着技术先进、碳排放量少的企业在碳市场中将占据优势地位。碳排放量超出规定配额的重点排放单位，可通过发展可再生能源、植树造林增加碳汇等方式抵销超量排放的部分。国内外的实践都表明，和传统的行政管理手段相比，碳市场既能将温室气体控排责任压实到企业，又能够为减碳提供经济激励机制，降低全社会的减排成本，带动绿色技术创新和产业投资，为处理好经济发展与减排的关系提供有效的政策工具。

2011年以来，我国在北京、天津、上海、广东等7省市开展了碳排放权交易试点工作，在碳排放核算、配额分配、核查、履约清缴等方面积累了宝贵经验。第一个履约周期（2021年1月1日到12月31日），全国碳市场整体运行平稳，企业减排意识不断提升，市场活跃度稳步提高。截至2021年12月22日，碳排放配额累计成交量1.4亿吨，累计成交额58.02亿元，碳市场推动实现碳达峰、碳中和重要政策工具的作用得以初步显现。

（三）国务院发布指导意见，描绘绿色低碳循环发展经济蓝图

2021年是"十四五"开局之年，生态文明建设对我国经济体系建设的各项要求进一步清晰。2月2日，国务院发布了《关于加快建立健全绿色低碳循环发展经济体系的指导意见》（国发〔2021〕4号）。该意见立足系统观念，对生产体系、流通体系、消费体系、基础设施建设、技术创新体系、法律法规政策体系等六个方面的绿色低碳循环发展提出了任务要求，为构建绿色低碳循环发展的经济体系提供了顶层设计。在产业结构调整方面，生态环境部5月31日发布了《关于加强高耗能、高排放建设项目生态环境源头防控的指导意见》，对"两高"项目提出了严格环评审批、加快查处不合规"两高"项目的一系列要求。在推动增量绿色发展方面，住房和城乡建设部等15部门5月25日发布了《关于加强县城绿色低碳建设的意见》，要求控制县城建设密度和强度，防止盲目高密度高强度开发和摊大饼式无序发展。在提供绿色金融支撑方面，中国人民银行、发展改革委、证监会4月2日印发了《绿色债券支持项目目录（2021年版）》，为金融机构和企业发行绿色债券支持绿色项目提供了更明确的依据。

生态文明建设新途径的探索持续加强。我国首个国家绿色技术交易中心于5月12日在浙江挂牌成立。该中心以国家电网浙江省电力有限公司双创中心为依托，主要开展绿色技术发布、咨询、洽谈和交易等工作。国家绿色技术交易中心的成立，对推动绿色技术"产学研金介"深度融合和加速成果转化具有重要的示范意义。

（四）倡导共建地球生命共同体，引领全球气候治理新格局

1. 生物多样性保护

10月11日至15日，联合国《生物多样性公约》第十五次缔约方大会（COP15）在云南昆明举行。

大会以"生态文明：共建地球生命共同体"为主题，推动制定"2020年后全球生物多样性框架"，绘制未来10年乃至更长时间全球生物多样性保护的蓝图，到2050年实现人与自然和谐的美好愿景。

在大会领导人峰会上，国家主席习近平发表了题为《共同构建地球生命共同体》的主旨讲话。习近平主席的讲话明确指出了生态保护的方向和路径，向世界展示了中国生物多样性保护的理念、举措和成效，为全球生物多样性保护贡献中国经验、中国方案和中国智慧。

生物多样性使地球充满生机，也是人类生存和发展的基础。中国高度重视生物多样性保护，10月8日，《中国的生物多样性保护》白皮书发布，这是中国在生物多样性领域的第一部白皮书。白皮书指出，中国将生物多样性保护上升为国家战略，并把保护纳入各地区、各领域中长期规划，加强技术保障和人才队伍建设等，不断提升生物多样性治理能力，构建生物多样性保护和生物资源可持续利用技术体系。

2. 发表应对气候变化白皮书

10月27日，国新办发表《中国应对气候变化的政策与行动》白皮书，这是我国继2011年以来，第二次从国家层面对外发布的关于中国应对气候变化白皮书。

白皮书指出，中国实施能源安全新战略，能源发展取得历史性成就。初步核算，2020年，中国非化石能源占能源消费总量比重提高到15.9%，比2005年提升了8.5个百分点；非化石能源发电装机总规模达9.8亿千瓦，占总装机比重为44.7%，发电量达2.6万亿千瓦时，占全社会用电量的1/3以上。

白皮书还指出，中国高度重视应对气候变化支撑保障能力建设，不断完善温室气体排放统计核算体系，提升科技创新支撑能力，积极推动应对气候变化技术转移转化。同时，科技创新在发现、揭示和应对气候变化问题中发挥着基础性作用，在推动绿色低碳转型中也将发挥关键性作用。

（五）一年三批，中央生态环保督察向纵深发展

中央生态环境保护督察是习近平总书记亲自谋划、部署、推动的重大制度创新，是贯彻落实习近平生态文明思想的关键举措，有力解决了一大批群众身边的突出生态环境问题。

2021年，中央生态环境保护督察有力有序推进，一年共派出三批。

4月上旬，第二轮第三批中央生态环境保护督察组分别进驻山西、辽宁、安徽、江西、河南、湖南、广西、云南8省（自治区）开展督察。

5月8日，中央生态环境保护督察办公室印发实施《生态环境保护专项督察办法》，进一步完善督察制度体系，指导督察工作实践。

8月下旬，第二轮第四批中央生态环境保护督察组分别进驻吉林、山东、湖北、广东、四川5省及中国有色集团、中国黄金两家中央企业开展督察。

12月上旬，第二轮第五批中央生态环境保护督察组分别进驻黑龙江、贵州、陕西、宁夏4省（自治区）开展督察。

在下沉工作阶段，督察组根据前一阶段督察掌握的情况和聚焦的问题线索，深入基层、深入一线、深入现场，采取暗查暗访和蹲点调查等方式开展工作，督察地市级党委政府生态环境保护工作推进落实情况。

查实了一批突出生态环境问题，核实了一批不作为、慢作为，不担当、不碰硬，甚至敷衍应付、弄虚作假等形式主义、官僚主义问题。

近期，中央生态环境保护督察组陆续向多地反馈第二轮生态环境保护督察的情况，并曝光典型案例，有序推动了中央生态环境保护督察向纵深发展。

（六）生态有"价"，一系列政策推动经济发展和生态保护双赢

绿水青山就是金山银山的理念，是习近平生态文明思想的重要内容。其中一个重要内涵，就是绿水青山既是自然财富、生态财富，又是社会财富、经济财富，会随着经济社会发展凸显价值、不断增值。

4月6日，国务院新闻办公室发布《人类减贫的中国实践》白皮书，指出人民群众通过积极参与国土绿化、退耕还林还草等生态工程建设和森林、草原、湿地等生态系统保护修复工作，实现了经济收入和生态环境保护双赢。

同时，在制度方面，生态产品价值实现由地方探索向全面推广迈进。

4月26日，中办、国办印发《关于建立健全生态产品价值实现机制的意见》，提出到2025年初步建立、到2035年全面建立生态产品价值实现机制的时间表和工作机制，是首个将"两山"理论落实到制度安排和实践操作的纲领性文件。

5月20日，《中共中央 国务院关于支持浙江高质量发展建设共同富裕示范区的意见》印发，提出探索完善具有浙江特点的生态系统生产总值（GEP）核算应用体系。

9月13日，中办、国办印发《关于深化生态保护补偿制度改革的意见》，鼓励地方通过购买生态产品和服务等方式，探索推进横向生态保护补偿。

11月10日，国办印发《关于鼓励和支持社会资本参与生态保护修复的意见》，从源头上推动生态环境领域国家治理体系和治理能力现代化。

这些政策将在未来持续助力发掘良好生态中蕴含的经济价值，推动生态与经济双赢，实现人与自然和谐共生。

（七）依法治水，推进长江、黄河大保护

长江是我们的母亲河，也是我国第一大河，流经10多个省市，横跨我国东中西三大板块。长江经济带也是我国水环境问题最为突出的流域之一。长江经济带面积只占全国的21%，但废水排放总量占全国的40%以上，单位面积化学需氧量、氨氮等排放强度是全国平均水平的1.5倍至2倍。扎实推进长江、黄河大保护，是治国理政的大事。党的十八大以来，党中央把长江、黄河流域生态保护和高质量发展上升为国家战略。

在"十年禁渔"政策落地后，作为我国第一部流域法律，《长江保护法》从2021年3月1日起施行。长江保护法统筹资源、生态、环境保护与治理，体现了"山水林田湖草统筹治理"的生态系统观，将长江流域资源的相关要素、多种价值和生态服务功能进行综合平衡，通过立法稳固下来，从根本上夯实了长江大保护的制度保障。《长江保护法》为长江经济带生态优先、绿色发展立下了"规矩"，将长江流域生态环境保护和修复放在压倒性位置，加大对长江流域的水污染防治与监管力度。生态环境部环境规划院研究员董战峰说，法律的实施为长江经济带高质量发展提供了新动力。

从2021年1月1日起，长江流域重点水域十年禁渔全面启动。11.1万艘渔船、23.1万名渔民退捕上岸，万里长江得以休养生息。沿江省份全面落实十年禁渔政策措施。目前，退捕渔民转产安置有力，基本实现应帮尽帮、应保尽保；长江禁捕水域非法捕捞案件高发态势得到初步遏制，禁捕管理秩序总体平稳；水生生物资源逐步恢复，长江禁渔效果初步显现。

以长江生态的"晴雨表"江豚为例，鄱阳湖、洞庭湖，长江中下游的湖北宜昌、安徽芜湖、江苏南京等多个江段长江江豚群体出现的频率明显增加，充分彰显了长江大保护的成效。

作为中国另一条"母亲河"，黄河流域的"健康"也牵动人心。

10月8日，中共中央、国务院印发了《黄河流域生态保护和高质量发展规划纲要》，该纲要成为当前和今后一个时期黄河流域生态保护和高质量发展的纲领性文件。

10月22日，习近平总书记在视察山东期间，主持召开了深入推动黄河流域生态保护和高质量发展座谈会，强调要科学分析当前黄河流域生态保护和高质量发展形势，把握好推动黄河流域生态保护和高质量发展的重大问题，咬定目标、脚踏实地，埋头苦干、久久为功。

12月20日，黄河保护法草案提请全国人大常委会会议审议，将成为保护黄河的"法律利器"。

（八）绿色冬奥稳步推进，让人既享运动魅力又览生态之美

北京冬奥会从申办到筹办，始终坚持绿色、低碳、可持续原则。通过科技等手段，让体育设施同自然景观和谐相融，确保人们既能尽享冰雪运动的无穷魅力，又能尽览大自然的生态之美。

北京冬奥会3个赛区的12个竞赛场馆全部按时交付并通过绿色建筑认证，冬奥场馆实

现 100% 绿色电能供应，不仅从源头减少场馆碳排放，还积极开发、利用可再生能源。其中，延庆山地新闻中心建有光伏发电系统，实现电力"自发自用、余电上网"；延庆冬奥村采用高压电锅炉供暖，实现 100% 可再生能源供应热力；北京周边的风能、太阳能等清洁能源转化为绿电，从发出到被冬奥场馆消纳，全部实现了动态可视，而且每一度绿电都可追溯、可查证。

此外，北京冬奥会的筹备和建设还促进了赛场所在地的绿色发展。承办越野滑雪、跳台滑雪等比赛的河北张家口崇礼区，实施以体育休闲产业为主导的"生态文明+旅游产业"战略，基本实现旅游发展与生态环境保护协同并进。崇礼区空气质量综合指数连续 6 年位居河北省第一，荣获中国空气最优低碳生态宜居旅游名县，入选《纽约时报》评选的 2019 年全球 52 个值得前往的旅游目的地。2021 年，崇礼区被生态环境部命名为国家生态文明建设示范区，开辟出"冰天雪地也是金山银山"的"崇礼路径"。

（九）减污降碳，环境质量改善步伐稳健

早在 2021 年年初，全国政协常委、生态环境部部长黄润秋表示，2021 年生态环境部的工作基点就是围绕"减污""降碳"，即一手抓环境治理，深入打好污染防治攻坚战；一手抓碳减排、碳达峰，打出组合拳，推动"减污"与"降碳"协同增效。

这一年，深入打好污染防治攻坚战由系统谋划进入部署实施新阶段。

8 月 30 日，中央深改委第 21 次会议审议通过《关于深入打好污染防治攻坚战的意见》（以下简称《意见》），要求以更高标准打好蓝天、碧水、净土保卫战。11 月 2 日，中共中央、国务院正式印发《意见》，明确了总体要求、主要目标、重大任务和保障措施，将战略部署细化为时间表和施工图。

2021 年，我国生态环境质量改善的步伐稳健。

2021 年，全国地级及以上城市优良天数比率为 87.5%，同比上升 0.5 个百分点；$PM_{2.5}$ 浓度为 30 微克/立方米，同比下降 9.1%；全国地表水优良水质断面比例为 84.9%，同比上升 1.5 个百分点；劣 V 类水质断面比例为 1.2%，同比下降 0.6 个百分点；单位 GDP 二氧化碳排放指标达到"十四五"序时进度要求；氮氧化物、挥发性有机物、化学需氧量、氨氮等 4 项主要污染物总量减排指标顺利完成年度目标。生态环境保护实现"十四五"起步之年良好开局。

以生态环境分区管控体系基本建立为标志，2021 年，全国上下切实推进"三线一单"（生态保护红线、环境质量底线、资源利用上线和生态环境准入清单）落地实施走深走实。目前，全国所有省份、地市两级"三线一单"成果均完成政府发布，划定了 4 万多个环境管控单元，单元精度总体上达到了乡镇尺度。

1 月 24 日，国务院发布《排污许可管理条例》，这是排污许可制度建设的一个里程碑。

2021年，国家落实条例要求、推动全面实施排污许可制，全国已将304.24万个固定污染源纳入排污管理，其中核发排污许可证35.26万张，管控涉水排放口25.97万个、涉气排放口97.09万个。深化排污许可与环评、执法、环境统计、环境税等制度衔接，积极稳妥推进试点。同时明确2022年开始实施将工业固体废物纳入排污许可管理。组织全国各级生态环境部门开展排污许可证质量及执行报告"双百"检查，督促30.46万家排污单位提交2020年度执行报告，提交率由27%提高至99.4%，完成14.42万张排污许可证质量核查和5.97万份执行报告内容规范性审核。推进固定污染源"一证式"监管，生态环境部通过现场调研监督帮扶和非现场信息化核查相结合的方式，发现了4980家单位排污许可质量和排污许可要求不落实等问题。

同时，坚决遏制"两高"项目盲目发展取得显著成效。通过严把新建、改建、扩建高耗能、高排放项目的环境准入关，在"两高"项目环评中率先开展碳排放影响评价试点等，全年"两高"相关行业环评审批数量下降超过三成。

（十）生态文明示范创建持续深化

2021年，全国各地积极推进生态文明示范创建，探索"绿水青山就是金山银山"理念转化新路径新模式，多层次示范体系得到进一步丰富，绿色发展底色不断提升。

加强顶层设计，示范体系更丰富多元。2021年，生态环境部进一步规范国家生态文明示范区创建工作，并不断提升创建要求和标准，围绕生态制度、生态安全、生态空间、生态经济、生态生活、生态文化等六大领域设置了近40项指标。全国已有16个省（自治区、直辖市）开展生态省建设试点、362个县（市、区）获得国家生态文明建设示范区称号、136个地区获得"绿水青山就是金山银山"实践创新基地称号，命名地区涵盖了山区、平原、林区、牧区、沿海、海岛等不同资源禀赋、区位条件、发展定位的地区。

生态文明示范建设顶层设计的不断加强，以及地方体制机制的不断完善。2021年，生态环境部印发了系列规范性文件。如制定印发《国家生态文明建设示范区规划编制指南（试行）》《生态文明建设示范区复核工作规范》《"绿水青山就是金山银山"实践创新基地评估技术导则》，修订《国家生态文明建设示范区建设指标》《国家生态文明建设示范区管理规程》《"绿水青山就是金山银山"实践创新基地建设管理规程（试行）》等，给地方开展相关工作提供了鼓励和指导。

生态环境质量改善，生态保护效果显著。京津冀、长三角、珠三角等重点区域环境质量改善明显，长江经济带、粤港澳大湾区和青藏高原生态文明高地建设，黄河流域生态保护和高质量发展等国家重大战略得到有力支撑，有效推动了打好污染防治攻坚战，在全国范围内形成了典型引领、示范带动、整体提升的良好局面。

转化路径多样，推动绿色发展。在生态文明示范创建过程中，各地探索积累了"守绿换金、添绿增金、点绿成金、绿色资本"4种"绿水青山就是金山银山"转化路径，以及"生态修复、生态农业、生态旅游、生态工业、'生态+'复合产业、生态市场、生态金融、生态补偿"8种典型实践模式，一批可复制、可推广的实践样本不断形成，有力提升了地方绿色发展成色，推动生态效益和社会效益相统一。

二、2021年生态文明建设的成效

（一）《中华人民共和国2021年国民经济和社会发展统计公报》（节选）[①]

《中华人民共和国2021年国民经济和社会发展统计公报》显示，在资源、环境方面，2021年的基本情况如下（以下为节选内容）。

全年全国国有建设用地供应总量69.0万公顷，比上年增长4.8%。其中，工矿仓储用地17.5万公顷，增长4.9%；房地产用地13.6万公顷，减少12.2%；基础设施用地37.9万公顷，增长12.7%。

全年水资源总量29520亿立方米。全年总用水量5921亿立方米，比上年增长1.9%。其中，生活用水增长5.3%，工业用水增长2.0%，农业用水增长0.9%，人工生态环境补水增长2.9%。万元国内生产总值用水量54立方米，下降5.8%。万元工业增加值用水量31立方米，下降7.0%。人均用水量419立方米，增长1.8%。

全年完成造林面积360万公顷，其中人工造林面积134万公顷，占全部造林面积的37.1%。种草改良面积307万公顷。截至年末，国家级自然保护区474个，国家公园5个。新增水土流失治理面积6.2万平方公里。

初步核算，全年能源消费总量52.4亿吨标准煤，比上年增长5.2%。煤炭消费量增长4.6%，原油消费量增长4.1%，天然气消费量增长12.5%，电力消费量增长10.3%。煤炭消费量占能源消费总量的56.0%，比上年下降0.9个百分点；天然气、水电、核电、风电、太阳能发电等清洁能源消费量占能源消费总量的25.5%，上升1.2个百分点。重点耗能工业企业单位电石综合能耗下降5.3%，单位合成氨综合能耗与上年持平，吨钢综合能耗下降0.4%，单位电解铝综合能耗下降2.1%，每千瓦时火力发电标准煤耗下降0.5%。全国万元国内生产总值二氧化碳排放下降3.8%。

全年近岸海域海水水质达到国家一、二类海水水质标准的面积占81.3%，三类海水占5.2%，四类、劣四类海水占13.5%。

在开展城市区域声环境监测的324个城市中，全年昼间声环境质量好的城市占4.9%，较好的占61.7%，一般的占31.5%，较差的占1.9%。

[①]《中华人民共和国2021年国民经济和社会发展统计公报》，国家统计局网站，https://www.stats.gov.cn/sj/zxfb/202302/t20230203_1901393.html。

全年平均气温为10.53℃，比上年上升0.28℃。共有5个台风登陆。

全年农作物受灾面积1174万公顷，其中绝收163万公顷。全年因洪涝和地质灾害造成直接经济损失2477亿元，因干旱灾害造成直接经济损失201亿元，因低温冷冻和雪灾造成直接经济损失133亿元，因海洋灾害造成直接经济损失30亿元。全年大陆地区共发生5.0级以上地震20次，造成直接经济损失107亿元。全年共发生森林火灾616起，受害森林面积约0.4万公顷。

（二）《国务院关于2021年度环境状况和环境保护目标完成情况的报告》（节选）[①]

1. 2021年度生态环境状况

2021年，全国生态环境质量明显改善，环境安全形势趋于稳定，但生态环境稳中向好的基础还不稳固。

（1）环境空气状况。全国空气质量持续向好。地级及以上城市空气质量优良天数比率为87.5%，同比上升0.5个百分点；细颗粒物（$PM_{2.5}$）平均浓度为30微克/立方米，同比下降9.1%；连续两年实现$PM_{2.5}$和臭氧（O_3）浓度双下降；空气质量达标城市达218个，同比增加12个。重点区域空气质量明显改善。京津冀及周边地区、长三角地区、汾渭平原$PM_{2.5}$平均浓度同比分别下降18.9%、11.4%、16.0%，改善幅度总体高于全国平均水平。大气环境治理仍需持续发力。还有29.8%的城市$PM_{2.5}$平均浓度超标，区域性重污染天气过程仍时有发生。

（2）水环境状况。全国地表水环境质量稳步改善。地表水Ⅰ—Ⅲ类水质断面比例为84.9%，与2020年相比上升1.5个百分点；劣Ⅴ类水质断面比例为1.2%。重点流域水质持续改善。长江流域、珠江流域等水质持续为优，黄河流域水质明显改善，淮河流域、辽河流域水质由轻度污染改善为良好。地下水水质状况总体较好。全国地下水Ⅰ—Ⅳ类水质点位比例为79.4%。水生态环境改善成效还不稳固。少数地区消除劣Ⅴ类断面难度较大，部分重点湖泊蓝藻水华居高不下，污染源周边和地下水型饮用水水源保护区存在污染风险，水生态系统失衡等问题亟待解决。

（3）海洋环境状况。我国管辖海域海水水质整体持续向好，夏季符合一类标准的海域面积占97.7%，同比上升0.9个百分点。全国近岸海域水质优良（一、二类）比例为81.3%，同比上升3.9个百分点；劣四类水质面积比例为9.6%，同比上升0.2个百分点。辽东湾、渤海湾、长江口等近岸海域污染较为严重，主要超标指标为无机氮和活性磷酸盐。

（4）土壤环境状况。全国土壤环境风险得到基本管控，土壤污染加重趋势得到初步遏制。

[①] 黄润秋:《国务院关于2021年度环境状况和环境保护目标完成情况的报告——2022年4月18日在第十三届全国人民代表大会常务委员会第三十四次会议上》，中国人大网，http://www.npc.gov.cn/npc/c2/c30834/202204/t20220421_317603.html。

重点建设用地安全利用得到有效保障。农用地土壤环境状况总体稳定，影响农用地土壤环境质量的主要污染物是重金属。

（5）生态系统状况。全国自然生态状况总体稳定，生态质量指数（EQI）值为59.8，生态质量综合评价为"二类"，与2020年相比无明显变化。局部区域生态退化等问题还较为严重，生态系统质量和稳定性有待提升。

（6）声环境状况。全国城市声环境质量总体向好，功能区声环境质量昼间、夜间总达标率分别为95.4%、82.9%，同比分别上升0.8个百分点、2.8个百分点。但交通干线两侧区域夜间达标率仅为66.3%。

（7）核与辐射安全状况。全国核与辐射安全态势总体平稳，未发生国际核与放射事件分级表2级及以上事件，放射源辐射事故年发生率低于1起／万枚。全国辐射环境质量和重点核设施周围辐射环境水平总体良好。

（8）环境风险状况。全国环境安全形势趋于稳定，全年共发生各类突发环境事件199起，同比下降4.3%，所有事件均得到妥善处置。但因安全生产事故等引发的次生突发环境事件多发频发的态势未发生根本改变。

2. 生态环境保护目标和任务完成情况

2021年国民经济和社会发展计划中生态环境领域8项约束性指标顺利完成。其中，全国地级及以上城市空气质量优良天数比率好于年度目标2.3个百分点，$PM_{2.5}$浓度下降比例好于年度目标13.6个百分点，地表水Ⅰ—Ⅲ类水质断面比例好于年度目标1.4个百分点；单位国内生产总值二氧化碳排放下降达到"十四五"序时进度；氮氧化物、挥发性有机物、化学需氧量、氨氮排放总量同比分别减少3.2%、3.2%、1.8%、3.1%，均好于年度目标。主要开展了以下工作。

（1）生态环境领域顶层设计系统构建。中共中央、国务院印发《关于完整准确全面贯彻新发展理念做好碳达峰碳中和工作的意见》《关于深入打好污染防治攻坚战的意见》，国务院印发《2030年前碳达峰行动方案》《"十四五"节能减排综合工作方案》等，生态环境部会同有关部门编制实施生态环境领域有关专项规划和行动方案，形成全面系统的路线图和施工图。

（2）生态环境法治建设不断加强。国务院发布排污许可管理条例、地下水管理条例。生态环境部等有关部门积极配合立法机关出台湿地保护法，完成噪声污染防治法修订，推进制定黄河保护法、国家公园法。分三批对17个省（区）及2家中央企业开展中央生态环境保护督察，受理转办群众举报约6.56万件，办结或阶段办结约6.25万件，曝光典型案例91个。生态环境部印发实施《关于深化生态环境领域依法行政持续强化依法治污的指导意见》。各级生态环境部门全年共下达环境行政处罚决定书13.28万份，罚没款数额总计116.87亿元。公安部组织开展"昆仑2021"专项行动，共立案侦办破坏环境资源犯罪案件5.4万起。

自然资源部牵头深入开展全国违建别墅问题专项清理整治。全国法院共审理环境资源民事刑事行政案件25.7万件。全国检察机关共办理生态环境和资源保护领域公益诉讼案件近8.8万件。

（3）污染防治攻坚战扎实有力推进。一是扎实推进蓝天保卫战。生态环境部会同有关部门开展秋冬季大气污染综合治理和夏季臭氧治理攻坚行动。全国累计约1.45亿吨钢铁产能完成全流程超低排放改造，近10.3亿千瓦煤电机组实现超低排放。北方地区清洁取暖率达到73.6%。淘汰高排放车辆417万辆，新能源汽车产、销量分别同比增长1.6倍。港口集装箱铁水联运量完成754万标箱。重点区域空气质量改善监督帮扶发现并推动解决各类涉气环境问题1.6万余个。顺利完成建党100周年庆祝活动等重大活动空气质量保障工作。

二是扎实推进碧水保卫战。生态环境部会同有关部门认真落实长江保护法，研究建立长江流域水生态考核机制，加大长江入河排污口监测、溯源、整治工作力度，开展"十年禁渔"监管执法。生态环境部组织完成黄河干流上游和中游部分河段排污口排查工作，累计划定乡镇级集中式饮用水水源保护区19132个。水利部全年共立案查处河湖违法案件8206件。生态环境部会同有关部门加强入海排污口管理，推进海水养殖生态环境监管和海洋垃圾污染防治，开展"碧海2021"海洋生态环境保护专项执法。

三是扎实推进净土保卫战。生态环境部会同有关部门落实土壤污染防治法执法检查报告及审议意见，印发建设用地、农用地土壤污染责任人认定暂行办法。完成重点行业企业用地土壤污染状况调查成果集成。组织对近1.5万家土壤污染重点监管单位开展土壤污染隐患排查。开展68个国家级化工园区和9个重点铅锌矿区地下水环境状况调查评估。新增完成1.6万个行政村环境整治和400余个较大面积农村黑臭水体整治。农业农村部大力推动化肥农药减量增效和畜禽养殖废弃物资源化利用。工业和信息化部组织完成1137家危险化学品生产企业搬迁改造。

四是加强固体废物污染治理。生态环境部会同有关部门落实固体废物污染环境防治法执法检查报告及审议意见，开展塑料污染治理联合专项行动，大力推动固体废物减量化、资源化、无害化。稳步推进"无废城市"建设。组织对全国6万余家企业开展危险废物环境风险隐患排查，发现并完成整治问题2.5万个。督促落实疫情防控相关医疗废物和医疗污水收集处置要求。海关总署实施"蓝天2021"打击洋垃圾走私专项行动。发展改革委推进大宗固体废弃物综合利用示范。住房城乡建设部组织对26.39万个居民小区开展生活垃圾分类工作，垃圾分类平均覆盖率达74%。

（4）生态保护修复与监管力度不断加大。《生物多样性公约》缔约方大会第十五次会议（COP15）第一阶段会议成功举办，习近平主席线上出席领导人峰会并发表主旨讲话，会议通过并发布《昆明宣言》。中共中央办公厅、国务院办公厅印发《关于进一步加强生物多样性保护的意见》。第一批5个国家公园正式设立。生态环境部开展生态保护红线生态破坏问题监管试点，联合相关部门开展"绿盾2021"自然保护地强化监督。发展改革委牵头编制青藏高原生态屏障区专项规划。自然资源部加快推进生态保护红线划定调整。林草局组织完成造林5400万亩。

（5）核与辐射安全得到有效保障。生态环境部深入开展全国核与辐射安全隐患排查三年行动。实施民用核安全设备活动单位监督检查。53台运行核电机组、18座在役民用研究堆始终保持良好安全记录，在建核电机组、研究堆建造质量总体受控。工业、医疗、科研等领域9.2万家应用放射性同位素和射线装置的单位全部纳入辐射安全许可管理。核与辐射事故应急准备与保障能力建设持续加强。

（6）推动绿色低碳发展取得积极成效。全国碳排放权交易市场启动上线交易，第一个履约周期纳入发电行业重点排放单位2162家。建设性参与《联合国气候变化框架公约》第二十六次缔约方大会，积极开展应对气候变化南南合作。生态环境部牵头编制国家适应气候变化战略2035。出台《关于实施"三线一单"生态环境分区管控的指导意见（试行）》，加强高耗能、高排放（以下简称"两高"）项目生态环境源头防控。人民银行设立碳减排支持工具。能源局牵头推进第一期装机容量约1亿千瓦大型风电、光伏基地建设。

（7）生态环境治理效能持续提升。经党中央批准，习近平生态文明思想研究中心揭牌成立。中央财政共安排生态环境保护领域资金4374亿元，同比增长7.4%。环境保护、节能节水项目、资源综合利用企业所得税优惠等目录发布实施。发布117项生态环境标准。新启动7000余件生态环境损害赔偿案件。累计将304.24万个固定污染源纳入排污管理范围。科技部在国家重点研发计划中部署实施生态环境领域重点专项。审计署完成5000余名领导干部自然资源资产离任（任中）审计。"美丽中国，我是行动者"提升公民生态文明意识行动计划出台落地，生态环境志愿服务有序开展。中国环境与发展国际合作委员会2021年年会、六五环境日国家主场活动成功举办。

同时，当前生态环境保护依然面临不少问题和挑战。一是生态环境保护结构性压力依然较大。我国还处于工业化、城镇化深入发展阶段，产业结构调整和能源转型发展任重道远，生态环境新增压力仍在高位，实现碳达峰、碳中和任务艰巨。二是落实依法治污还不到位。生态环境法律体系需要进一步完善，部分配套标准制定相对滞后，全社会生态环境保护意识有待提高，一些企业和地方依法治污、依法保护的自觉性不够，法律责任落实不到位，基层执法监管能力亟须加强。三是生态环境稳中向好的基础还不稳固。生态环境质量同美丽中国建设目标要求和人民群众对优美生态环境的需要相比还有不小差距。四是生态环境治理能力有待提升。生态环境监测和管理水平还不够高，生态环境经济政策还不健全，环境基础设施仍存在突出短板。

3. 2022年生态环境保护工作安排

做好2022年生态环境工作的总体思路是，坚持以习近平新时代中国特色社会主义思想为指导，全面贯彻党的十九大和十九届历次全会精神，深入贯彻习近平生态文明思想，按照党中央、国务院决策部署，坚持稳中求进工作总基调，立足新发展阶段，完整、准确、全面贯彻新发展理念，服务和融入新发展格局，在坚持方向不变、力度不减的同时，更加突出精准治污、科学治污、依法治污，以实现减污降碳协同增效为总抓手，统筹污染治理、生态保护、应对气候变化，深入打好污染防治攻坚战，积极服务"六稳""六保"工作，促进经济社会发展全面绿色转型。

（1）切实加强生态环境立法和督察执法。积极配合全国人大常委会，推进海洋环境保护法、环境影响评价法等法律制定修订，做好环境保护法和长江保护法执法检查。扎实推进生态保护补偿条例、碳排放权交易管理暂行条例、生态环境监测条例等法规制定修订。完成第二轮中央生态环境保护例行督察，持续推动督察问题整改。组织开展"昆仑2022"专项行动，持续打击破坏环境资源违法犯罪。健全生态环境损害赔偿制度。加大生态环境领域公益诉讼办案力度。

（2）扎实推动绿色低碳发展。聚焦国家重大战略，打造绿色发展高地。加强生态环境分区管控，推动"三线一单"落地应用。严格"两高"项目生态环境准入。落实碳达峰、碳中和"1+N"政策体系，稳步推进全国碳排放权交易市场建设，加强碳排放数据质量管理。推动开展适应气候变化行动。实施可再生能源替代行动，开展煤电机组节能降碳改造、灵活性改造和供热改造。加快重点行业清洁生产改造。推动形成绿色低碳生活方式。

（3）深入打好污染防治攻坚战。深入打好蓝天保卫战，组织实施重污染天气消除、臭氧污染防治、柴油货车污染治理等标志性战役，制订实施噪声污染防治行动计划。深入打好碧水保卫战，组织实施城市黑臭水体治理、长江保护修复、黄河生态保护治理、重点海域综合治理等标志性战役，持续开展排污口排查整治。深入打好净土保卫战，有效管控土壤污染风险，组织实施农业农村污染治理攻坚战，强化固体废物和新污染物治理。实施环境基础设施补短板行动。

（4）持续强化生态保护监管。推动生态保护红线生态破坏问题监管试点。持续开展"绿盾"自然保护地强化监督。继续实施重要生态系统保护和修复重大工程。扎实推进以国家公园为主体的自然保护地体系建设。做好COP15第二阶段会议筹备工作，推动达成"2020年后全球生物多样性框架"。

（5）确保核与辐射安全。完成全国核与辐射安全隐患排查三年行动计划。完善核与辐射安全监管体系，持续强化核电厂、研究堆、核燃料循环设施安全监管和铀矿、伴生放射性矿辐射环境监管。强化核与辐射监测和应急准备，提升应急响应能力。

（6）严密防控环境风险。精准有效做好常态化疫情防控生态环保工作，及时有效收集和处理处置医疗废物、医疗污水。优化完善国家环境应急指挥平台。加强环境应急值守，妥善处置各类突发环境事件。

（7）加快构建现代环境治理体系。完善省以下生态环境机构监测监察执法垂直管理制度，深化生态环境保护综合行政执法改革。进一步压实地方和企业生态环境保护责任。强化大气、水、土壤、固体废物污染防治科技创新。积极参与生态环境领域国际合作。继续推动环保设施向公众开放。推进生态环境保护全民行动，增强全社会生态环保意识。

（三）生态环境部2021年政府信息公开工作年度报告（节选）[①]

根据《中华人民共和国政府信息公开条例》（国务院令第711号，以下简称《政府信息公开条例》）的规定，公布中华人民共和国生态环境部2021年政府信息公开工作年度报告。

2021年，生态环境部深入贯彻习近平新时代中国特色社会主义思想，认真落实党中央、国务院关于政务公开工作的决策部署，坚持以人民为中心，强化信息公开工作，围绕深入打好污染防治攻坚战重点工作，加大政策信息发布和解读回应力度。依法保障公众知情权、参与权、表达权、监督权。

1. 主动公开情况

发布生态环境质量信息。通过生态环境部网站，实时发布城市空气质量、地表水水质、海水水质和空气吸收剂量率数据；定期发布海水浴场水质周报18期，地表水水质月报、城市空气质量状况月报各12期；公布《2021年中国环境噪声污染防治报告》；发布2020年《中国生态环境状况公报》《中国海洋生态环境状况公报》。

公开深入打好污染防治攻坚战信息。公开机动车和非道路移动机械环保信息，发布《中国移动源环境管理年报（2021年）》，印发《关于加快解决当前挥发性有机物治理突出问题的通知》，会同有关部门和地方政府联合印发《2021—2022年秋冬季大气污染综合治理攻坚方案》。公开通报黑臭水体整治不力典型案例，发布医疗废物、医疗废水处理处置情况。公开海洋倾倒区名录。公布建设用地和农用地污染责任人认定暂行办法。公布第五批国家生态文明建设示范区和"绿水青山就是金山银山"实践创新基地名单。发布"无废城市"建设试点工作进展和建设成效。

公布应对气候变化相关信息。发布《碳排放权登记管理规则（试行）》《碳排放权交易管理规则（试行）》《碳排放权结算管理规则（试行）》等全国碳排放交易市场建设及运行政策文件。发布全国碳市场配额累计成交量和成交额。公开关于实施柬埔寨、塞舌尔、老挝低碳示范区，古巴、巴基斯坦、乌拉圭、布基纳法索物资援助项目相关情况。

公开生态环境监管信息。及时公开对山西、辽宁、云南等17个省（区）及中国有色集团、中国黄金集团2家中央企业例行督察有关情况，针对突出问题以"文字＋图片＋视频"形式集中曝光91个典型案例，公布第二轮第三批、第四批13省（区）及2家中央企业督察

[①] 《生态环境部2021年政府信息公开工作年度报告》，中华人民共和国生态环境部网站，https://wzq1.mee.gov.cn/xxgk/xxgknb/202201/P020220130381582991832.pdf。此处的"我部"指"生态环境部"。

反馈情况。按要求组织第二轮第一批督察整改落实情况对外公开，协调第二批、第三批、第四批被督察对象公开整改方案。公开全国固定污染源排污许可发证、登记信息以及排污许可证执行报告和手工监测数据。印发《关于加强生态环境监督执法正面清单管理推动差异化执法监管的指导意见》，通报优化执法方式七批典型案例。依法做好我部环境影响评价、新化学物质、核与辐射相关行政许可事项审批信息公开。发布生态环境统计数据信息，公布全国工业源、农业源、生活源、集中式污染治理设施和移动源废水、废气排放治理情况，固体废物产生和利用处置情况及全国生态环境管理统计数据。

2. 依申请公开情况

2021年，我部接收并办理政府信息公开申请711件，全部依法依规办理答复。从申请内容看，主要是申请环境影响评价、生态环境监测、应对气候变化和固体废物环境管理相关信息。从申请形式看，主要通过网络向我部提出申请（占比87%）。

3. 政府信息管理情况

按照《2021年政务公开工作要点》要求，结合我部重点工作任务印发《生态环境部2021年政务公开工作安排》。研究正确适用《政府信息公开信息处理费管理办法》。根据《公共企事业单位信息公开规定制定办法》《环境信息依法披露制度改革方案》，制定发布《企业环境信息依法披露管理办法》及披露格式准则。对照政府网站与政务新媒体检查指标、监管工作年度考核指标，开展网站和政务新媒体自查整改。

4. 政府信息公开平台建设情况

生态环境部网站按要求，调整"政府信息公开"专栏、新建规章栏目，集中统一公布生态环境部现行有效部门规章84部，归集整理并公开历史规划（计划）。2021年，通过网站公开信息7809篇，公开各类文件862件，发布"一图读懂"、专家解读和答记者问等解读文章109篇，公开征求意见稿109件，页面浏览量9723万次。举办例行新闻发布会11次，回应了敦煌毁林、沙尘天气等19个热点问题。生态环境部微信公众号发布信息2806篇，微博发布信息4030篇。开设"小山小水答网友问"栏目，解读公众关注的生态环境政策措施。通过《中国环境报》《生态环境部公报》公布重要生态环境政策和信息。

（四）《2021年中国国土绿化状况公报》

全国绿化委员会办公室发布的《2021年中国国土绿化状况公报》（以下简称《公报》）显示，2021年中国国土绿化状况如下。

2021年，各地区、各部门认真践行习近平生态文明思想，牢固树立"绿水青山就是金山银山"理念，统筹山水林田湖草沙系统治理，科学推进大规模国土绿化行动。全国完成造林360万公顷，种草改良草原306.67万公顷，治理沙化、石漠化土地144万公顷，实现"十四五"良好开局。

《公报》称，重点生态工程深入实施，编制印发"三区四带"生态保护和修复及支撑体系重大工程建设专项规划。实施山水林田湖草沙一体化保护和修复工程。谋划启动66个林草区域性系统治理项目。完成天然林抚育113.33万公顷，退耕还林、退耕还草分别完成38.08万公顷和2.39万公顷，长江、珠江、沿海、太行山等重点防护林工程完成造林34.26万公顷，三北工程完成造林89.59万公顷，京津风沙源治理工程完成造林21.25万公顷，完成石漠化综合治理33万公顷，建设国家储备林40.53万公顷。开展森林质量精准提升，完成退化林修复93.33万公顷。新增水土流失治理面积6.2万平方公里。

《公报》显示，城乡绿化美化统筹开展，新增43个城市开展国家森林城市建设，全国累计建设"口袋公园"2万余个，建设绿道8万余公里。草原和湿地保护修复切实加强。国办印发《关于加强草原保护修复的若干意见》，15个省份出台草原保护修复实施意见。开展草原生态修复156.26万公顷。出台《湿地保护法》。新增和修复退化湿地7.27万公顷。荒漠化防治稳步推进，在7省区开展荒漠生态保护补偿试点，续建9个国家沙化土地封禁保护区。

（五）《2021年中国气候公报》

2022年3月1日，在中国气象局召开的新闻发布会上，《2021年中国气候公报》（以下简称《公报》）正式发布。这份由国家气候中心完成的年度气候报告，全面分析了2021年中国气候基本概况、气候系统监测状况和主要气象灾害及极端天气气候事件，综合评估了气候对各行业、环境、人体健康等方面的影响。2021年全国平均气温为10.5℃，较常年偏高1.0℃，为1951年以来最高，全国平均降水量为672.1毫米，较常年偏多6.7%。

《公报》指出，2021年我国气候暖湿特征明显，涝重于旱，极端天气气候事件多发强发广发并发，气候年景偏差。北方降水显著偏多，河南特大暴雨灾害影响重，黄河流域秋汛明显；高温过程多，夏秋南方高温持续时间长；区域性、阶段性气象干旱明显，华南干旱影响较大；登陆台风偏少，但"烟花"影响时间长、范围广；强对流天气强发，极端大风频发，局地致灾重；寒潮过程多，极端低温频现；沙尘天气出现早，强沙尘暴过程多。根据应急管理部的统计数据，与近十年平均值相比，气象灾害造成的直接经济损失略偏少。

气温方面，2021年全国平均气温为10.5℃，较常年（1981年至2010年）偏高1.0℃，为1951年以来最高。我国发生9次区域性高温过程，较常年偏多5次，为1961年以来最多。其中，9月17日至10月5日南方出现1961年以来最晚高温过程，结束时间较常年偏晚36天。

降水方面，2021年全国平均降水量为672.1毫米，较常年偏多6.7%。除华南降水量偏少外，东北、华北、西北、长江中下游和西南地区降水均偏多，其中华北地区为1961年以来最多；在七大江河流域中，珠江流域降水量偏少，黄河、松花江、辽河、海河、淮河和长江流域均偏多，海河流域为1961年以来最多。

（六）稳中求进不断开创生态环境保护新局面（节选）[①]

1. 关于2021年重点工作进展

2021年，是党和国家历史上具有里程碑意义的一年。中国共产党迎来建党100周年，中共十九届六中全会通过中国共产党第三个历史决议，第一个百年奋斗目标胜利实现，全面建成小康社会，开启全面建设社会主义现代化国家、向着第二个百年奋斗目标进军的新征程。在以习近平同志为核心的党中央坚强领导下，全国生态环境系统深入贯彻习近平生态文明思想，认真落实党中央、国务院决策部署，准确把握进入新发展阶段、贯彻新发展理念、构建新发展格局、推动高质量发展的要求，扎实推进各项工作，生态环境保护实现"十四五"起步之年良好开局。

（1）深入贯彻习近平总书记重要指示批示精神，坚决落实党中央、国务院重大决策部署

习近平总书记始终心系生态文明建设和生态环境保护，一年来，在赴各地考察和出席国内外重要会议活动时，发表一系列重要讲话，作出一系列重要指示批示，一以贯之强调牢固树立"绿水青山就是金山银山"的理念，坚持生态优先、绿色发展。我们坚持把贯彻落实习近平总书记重要讲话和重要指示批示精神作为重要政治任务，作为做到"两个维护"的具体行动，作为衡量政治站位、政治立场、政治品格的重要标尺，坚定不移予以推进。通过重要批示件的办理，有力引领带动生态环境保护相关工作深入开展。

认真抓好顶层设计。坚持统筹谋划、系统规划、层次推进，开展"十四五"生态环境保护相关规划和改革方案等编制工作，形成了"11699"的顶层设计框架和全面系统的"施工图"和"路线图"，确保党中央、国务院决策部署落实落细。"11699"指的是1个意见——关于深入打好污染防治攻坚战的意见；1个规划——"十四五"生态环境保护规划；6个重要改革文件——生态环境损害赔偿管理规定、关于加强排污许可执法监管的指导意见、关于加强入河入海排污口监督管理工作的实施意见、环境信息依法披露制度改革方案、强化危险废物监管和利用处置能力改革实施方案，以及关于进一步加强生物多样性保护的意见；9个"十四五"生态环境保护重点领域专项规划；9个污染防治攻坚战专项行动方案。

全面开展中央生态环境保护督察。分三批对17个省（自治区）及2家中央企业开展例行督察，共受理转办群众来电来信举报约6.56万件，已办结或阶段办结约6.25万件，曝光典型案例87个，有效发挥警示震慑作用，生态文明建设和生态环境保护政治责任进一步压实。全力抓好长江经济带和黄河流域生态环境警示片拍摄制作，紧盯问题整改，推动高质量发展。

[①] 黄润秋：《凝心聚力 稳中求进 不断开创生态环境保护新局面——在2022年全国生态环境保护工作会议上的工作报告》，中华人民共和国生态环境部网站，https://www.mee.gov.cn/ywdt/hjywnews/202201/t20220114_967163.shtml。

持续推进重大国家战略生态环保工作。强化京津冀协同发展生态环境联防联控联治，推进雄安新区和白洋淀生态环境治理。整合长三角地区大气、水污染联防联控机制，形成联保共治新格局。编制完成《黄河流域生态环境保护专项规划》。进一步修改完善《粤港澳大湾区生态环境保护规划》。组织专班赴海南开展自由贸易港建设生态环保工作专题调研。先后与10个省（自治区、直辖市）以及新疆生产建设兵团签署部省战略合作协议，推动落实相关重大国家战略。

成功举办《生物多样性公约》第十五次缔约方大会（COP15）第一阶段会议。5000余名代表线上线下参加会议。习近平主席和8位缔约国领导人、联合国秘书长线上出席领导人峰会并讲话，为国际社会携手推进全球生物多样性治理注入了强大信心和政治推动力。会议达成《昆明宣言》，宣布成立昆明生物多样性基金、设立第一批国家公园等东道国举措，展现了负责任大国担当。

参与和引领全球气候治理。正式向《联合国气候变化框架公约》秘书处提交《中国落实国家自主贡献成效和新目标新举措》和《中国本世纪中叶长期温室气体低排放发展战略》。达成《中美应对气候危机联合声明》《中美关于在21世纪20年代强化气候行动的格拉斯哥联合宣言》，推动《联合国气候变化框架公约》第二十六次缔约方大会取得预期成果。成功召开两次中欧环境与气候高层对话。正式接受《〈蒙特利尔议定书〉基加利修正案》。

（2）突出精准、科学、依法治污，深入打好蓝天、碧水、净土保卫战

扎实推进蓝天保卫战。全国1.45亿吨钢铁产能完成全流程超低排放改造。支持和指导各地因地制宜开展清洁取暖改造，2021年北方地区完成散煤治理约420万户。持续开展重点区域秋冬季大气污染综合治理攻坚行动。长三角已经基本消除重污染天气。开展夏季臭氧治理攻坚，臭氧浓度上升态势得到有效遏制。推进重点区域空气质量改善监督帮扶，现场检查企业9000余家，发现各类涉气环境问题1.4万余个。组织52个专家团队深入京津冀及周边等重点区域54个城市开展驻点跟踪研究和技术帮扶指导，有效提升各地细颗粒物（$PM_{2.5}$）和臭氧污染协同防控的科学性和精准性。圆满完成建党100周年庆祝活动、上海进博会等重大活动空气质量保障工作。

扎实推进碧水保卫战。建立健全长江流域水生态考核指标体系。开展长江经济带工业园区污水处理设施整治专项行动"回头看"，发现问题全部整改销号。加大长江入河排污口监测、溯源、整治工作力度，目前排污口监测工作基本完成，溯源完成率80%以上，指导各地整治污水直排、乱排排污口7000多个。全面完成黄河干流上游和中游部分河段5省区18个地市7827公里岸线排污口排查，登记入河排污口4434个。积极推动全国乡镇级集中式饮用水水源保护区划定，全年累计划定19132个。深入推进黑臭水体整治，持续提升城市黑臭水体治理成效。加强入海排污口管理，推进海水养殖生态环境监管和海洋垃圾污染防治，强化

海洋工程和海洋倾废制度建设，与有关部门共同开展"碧海2021"海洋生态环境专项执法。

扎实推进净土保卫战。完成企业用地调查的地方成果审查和国家成果集成并报告国务院。加强重点地区危险化学品生产企业腾退土地污染风险管控和治理修复。开展土壤污染重点监管单位隐患排查整治和耕地涉镉重点行业企业排查整治。印发实施《农业面源污染治理与监督指导实施方案（试行）》。完善农村环境整治成效评估机制，全年新增完成1.6万个行政村环境整治，完成400余个较大面积黑臭水体整治。开展68个国家级化工园区和9个重点铅锌矿区地下水环境状况调查评估，确定河北唐山等21个城市作为地下水污染防治试验区。稳步推进"无废城市"建设试点。组织开展塑料污染治理联合专项行动。

（3）服务经济发展大局，大力推动经济社会发展全面绿色转型

积极服务"六稳""六保"。深入推进"放管服"改革，降低51个二级行业环评类别，取消40个二级行业登记表填报。2021年1—11月，在全国固定资产投资增长的情况下，全国审批项目环评报告书（表）同比下降43.4%，登记表项目备案同比下降57.4%。依托"三本台账"环评审批服务机制，推进重大项目和能源保供项目落地实施，推动"两新一重"行业（新型基础设施建设，新型城镇化建设，交通、水利等重大工程建设）快速发展。不断优化执法方式，出台《关于加强生态环境监督执法正面清单管理推动差异化执法监管的指导意见》，全国纳入监督执法正面清单企业3.1万多家，开展非现场检查7.1万余次，对守法企业无事不扰，对违法企业利剑高悬。对近1万家民营企业开展绿色低碳发展问卷调查，深入了解企业实际困难和政策需求。

坚决遏制"两高"项目盲目发展。印发《关于加强高耗能、高排放建设项目生态环境源头防控的指导意见》，梳理建立在建拟建"两高"项目的环评管理台账，全面启动修订有关环评审批原则，严把生态环境准入关口，全年"两高"相关行业环评审批数量下降超过三成。

认真做好碳达峰、碳中和及应对气候变化相关工作。配合出台碳达峰、碳中和"1+N"政策体系。配合国新办发布《中国应对气候变化的政策与行动》。全国碳排放权交易市场启动上线交易，第一个履约周期纳入发电行业重点排放单位2162家，碳排放配额累计成交1.79亿吨，累计成交额76.61亿元。发布企业温室气体排放报告、核查指南和碳排放权登记、交易、结算管理规则。首次组织开展电力行业碳排放报告质量监督帮扶专项行动，对401家电力行业控排企业和35家重点服务机构开展监督检查。不断深化低碳试点，试点省市碳强度下降总体快于全国。

全面推进生态环境分区管控。全国省市两级"三线一单"成果均完成政府审议和发布工作，划定40737个环境管控单元，形成一张全覆盖、多要素、能共享的生态环境管理底图。印发《关于实施"三线一单"生态环境分区管控的指导意见（试行）》，"三线一单"成果加快落地应用，推动国土空间开发格局进一步优化。

（4）坚决守住自然生态安全边界，切实防范化解各类风险

大力推进生态系统保护与修复监管。配合国新办发布《中国的生物多样性保护》白皮书。组织开展"绿盾2021"自然保护地强化监督，完成28个省份148个自然保护地1767个问题点位的实地核实调研。组织开展生态保护红线监督试点。命名100个国家生态文明建设示范区和49个"绿水青山就是金山银山"实践创新基地。

妥善做好生态环境风险防控和应急事件处置。强化"一废一库一品"（危险废物、尾矿库、化学品）环境监管，深入推进危险废物整治三年行动，对全国6万余家企业开展危险废物环境风险隐患排查，发现并整治2.5万个问题。基本完成长江经济带1641座尾矿库的治理工作。持续推动改革完善信访投诉机制，全年接收处理群众反映问题44万件。全年共调度指导处置各类突发事件147起，较2020年下降8.1%，督办并处置27起重特大及敏感突发环境事件。

严格核与辐射安全监管。完成首个核电机组——秦山核电厂1号机组运行30年许可证有效期限延续的审批。发布《民用核设施操作人员资格管理规定》。批准建设国内首个核电废物集中处置场。妥善应对日本福岛核污染水处置问题，稳妥处置台山核电厂1号机组燃料棒破损事件。53台运行核电机组、18座在役民用研究堆始终保持良好安全记录，18台在建核电机组、1座在建研究堆建造质量总体受控。世界首座模块式高温气冷堆核电站实现并网发电重大突破。每年每万枚放射源辐射事故发生率小于1起，保持历史最低水平。

（5）夯基础补短板强弱项，加快建设现代环境治理体系

持续巩固排污许可全覆盖成果。将304.24万个固定污染源纳入管理范围，核发排污许可证35.26万张，对268万个污染物排放量小的固定污染源进行排污登记。组织开展排污许可证质量及执行报告"双百"检查，2020年度执行报告提交率由27%提高至99.4%，完成14.42万张排污许可证质量核查和5.97万份执行报告内容规范性审核。

继续完善法律法规标准体系。编制《生态环境部权责清单》。推进环境噪声污染防治法、排污许可管理条例制定出台。配合做好黄河保护法制定工作。推动碳排放权交易管理暂行条例、消耗臭氧层物质管理条例、放射性同位素与射线装置安全和防护条例制修订工作。制修订6件部门规章，发布《农田灌溉水质标准》等生态环境标准117项。

大幅提升生态环境执法效能。推动建立以自动监控为核心的远程监管体系，充分运用大数据指引精准打击违法行为，对全国678家焚烧厂1495台焚烧炉进行实时监管，行业稳定达标排放态势持续巩固。印发《关于加强生态环境保护综合行政执法队伍建设的实施意见》，生态环境执法人员正式列入国家综合行政执法序列，在全国六支综合行政执法队伍中率先实现统一着装，规范化建设迈出了历史性一步。纵深推进生态环境执法大练兵活动向实训、实战和实效转型。全年各级生态环境部门共下达处罚决定书13.28万份、罚没款数额116.87亿

元；新启动生态环境损害赔偿案件7000余件，涉案金额39亿元。

全面加强生态环境监测体系建设。按优化完善后的"十四五"国家环境质量监测网络开展监测，及时发布监测信息。组织339个地级及以上城市开展$PM_{2.5}$和臭氧协同监测。印发《碳监测评估试点工作方案》，试点开展区域、城市和重点行业三个层面碳监测评估。出台《区域生态质量评价办法（试行）》。发射高光谱观测卫星。成立全国生态环境监管专用计量测试技术委员会，强化监测质量管理。

着力强化支撑保障能力建设。建立健全例行新闻发布制度，成功举办六五环境日国家主场活动和全国低碳日系列活动，有效组织COP15对内对外宣传。配合财政部下达2021年中央生态环境资金572亿元。组织开展第一批36个生态环境导向开发（EOD）模式试点，配合探索建立生态产品价值实现机制。生态环境综合管理信息化平台不断拓展升级，做到"一图统揽""一屏调度"。部本级行政审批事项全部实现"一网通办"。深入推动生态环境统计工作，健全防范统计造假弄虚作假责任体系。严格落实"四个不摘"要求，深入推进定点帮扶与对口支援工作。深入贯彻落实新时代党的治藏、治疆方略，周密部署生态环境系统对口援藏、援疆工作。

积极开展国际合作。推进"一带一路"绿色发展国际联盟建设，举办"一带一路"绿色发展圆桌会等近20场主题活动，支持发展中国家能源绿色低碳发展。充分发挥"一带一路"生态环保大数据服务平台作用，打造"走出去"绿色解决方案。发布《中国受控消耗臭氧层物质清单》《中国进出口受控消耗臭氧层物质名录》，全面实现《斯德哥尔摩公约》2021年度履约目标。召开国合会2021年年会，推进第七届国合会筹备工作。

（6）加强干部队伍建设，持续打造生态环境保护铁军

切实强化政治机关建设。按照学史明理、学史增信、学史崇德、学史力行的要求，强化组织领导，高标准高质量开展党史学习教育，认真编制和落实"我为群众办实事"项目清单，下大力气解决群众身边生态环境问题，达到了学党史、悟思想、办实事、开新局的目的。扎实推进中央巡视整改，181项整改任务已完成177项，组织部党组第六轮、第七轮巡视。制定《生态环境部机关人事工作办法（试行）》等10余项干部人事制度文件。向4646名人员颁发长期从事生态环境工作纪念章，1名个人和1个集体分别荣获全国脱贫攻坚先进个人和先进集体荣誉称号，推荐1名外国专家获得2021年中国政府友谊奖。

持之以恒推进党风廉政建设。制定贯彻落实《中共中央关于加强对"一把手"和领导班子监督的意见》若干措施，印发《关于进一步深化权力运行监督制约机制建设的通知》《生态环境部领导干部插手干预重大事项记录有关规定（试行）》等制度文件。规范领导干部配偶、子女及其配偶经商办企业行为。集中开展以案为鉴专项教育，通报违纪违法案例，发挥典型案例警示作用。精准运用"四种形态"，依规依纪依法严肃监督执纪问责。持续精文减

会，重点控制指标类文件由2018年的253件降至130件，指标类会议由2018年的42次降至17次。

坚决整治形式主义官僚主义问题。紧盯生态环保领域不作为、慢作为，以及敷衍应付、弄虚作假等突出问题，深入整治"一律关停""先停再说"等"一刀切"行为，清理规范"一票否决"和签订责任状事项。严查环评造假，向地方移送27个环评文件严重质量问题违法线索，全国有213家单位和207人被列入环评失信"黑名单"或限期整改名单。督促地方坚决纠正清洁取暖改造过程中"未立先破"、改造严重滞后或兜底保障措施不到位等问题，切实保障人民群众温暖过冬。

2021年国民经济和社会发展计划中生态环境领域8项约束性指标顺利完成，污染物排放持续下降，生态环境质量明显改善。全国地级及以上城市优良天数比率为87.5%，同比上升0.5个百分点；$PM_{2.5}$浓度为30微克/立方米，同比下降9.1%；臭氧浓度为137微克/立方米，同比下降0.7%；连续两年实现$PM_{2.5}$、臭氧浓度双下降，超标天数、比例双下降。与此同时，京津冀及周边"2+26"城市、长三角地区、苏皖鲁豫交界地区$PM_{2.5}$平均浓度同比分别下降18.9%、11.4%和12.8%，臭氧平均浓度同比分别下降5%、0.7%和4.9%；汾渭平原区域$PM_{2.5}$平均浓度同比下降16%。全国地表水优良水质断面比例为84.9%，同比上升1.9个百分点；劣Ⅴ类水质断面比例为1.2%，同比下降0.6个百分点；单位GDP二氧化碳排放指标达到"十四五"序时进度要求；氮氧化物（NOx）、挥发性有机物（VOCs）、化学需氧量（COD）、氨氮等4项主要污染物总量减排指标顺利完成年度目标。

这些成绩的取得，根本在于有习近平总书记作为党中央的核心、全党的核心掌舵领航，有习近平新时代中国特色社会主义思想科学指引，是各地区各部门大力支持的结果，是生态环境系统广大干部职工奋力拼搏的结果，也离不开驻部纪检监察组的监督、支持和指导。

一年的工作实践，进一步深化了我们对生态环保工作的规律性认识，积累了一些成功做法和经验。

一是必须坚持以习近平生态文明思想为指引。党的十八大以来，习近平总书记亲自谋划、亲自部署、亲自推动生态文明建设，把生态文明建设纳入"五位一体"的总体布局，将坚持人与自然和谐共生作为新时代坚持和发展中国特色社会主义的基本方略之一，把绿色发展作为新发展理念的重要内容。生态文明建设和生态环境保护成为总书记治国理政的重要方针和理念。习近平总书记每在关键时刻总是亲自为我们撑腰鼓劲、加油打气、指点迷津，为生态环境保护取得历史性成就提供了根本保障。

二是必须保持稳字当头、稳中求进的工作基调。关键是"稳"要有定力，"进"要有秩序，要把握好这两者之间的度。生态环境改善和修复，是一个需要付出长期艰苦努力的过程，不可能一蹴而就，必须坚持常抓不懈、久久为功，既打攻坚战，又打持久战，积小胜为大胜。不能把长期目标短期化、系统目标碎片化，不能把持久战打成突击战，也不能把攻坚战打成消耗战。"十四五"开局之年，在"十四五"主要生态环境指标目标确定和任务分解上，我们既坚持环境质量持续改善，又考虑内涵发展、提质增效，不鼓励设定过高的目标，将工作重心放在巩固工作成果、提升工作质效上。同时，充分考虑各地实际情况，分区分类提出指标要求，实事求是考虑非人为因素对指标的影响。比如，水的指标，更多的是考虑"三水"统筹，不一味追求水环境质量提升，而是把水生态修复作为重要任务，不仅要"清澈见底"，更要"鱼翔浅底"。对明显受背景值影响的水体，在科学评估的基础上，优化水质考核评价方法。大气的指标既统筹考虑了疫情影响，也把更多的精力放在提质增效上，放到臭氧、VOCs等污染物协同治理上。

三是必须做到统筹兼顾，处理好生态环境保护、经济社会发展和保障民生的关系。生态环境保护是政治问题，也是经济问题和社会问题。推进生态环境治理是一项系统工程，只有在多元目标中实现动态平衡，才能做到行稳致远。2021年下半年以来，我国经济发展面临需求收缩、供给冲击、预期转弱的压力，如何落实好"六保"，尤其是保基本民生、保市场主体、保粮食能源安全，我们适时分析环境经济形势，提出了"三个更加""六个做好"的工作要求（更加突出精准、科学、依法，更加强化指导、帮扶、服务，更加注重包容、适度、求实。做好环评服务，支撑能源供应；做好监督帮扶，守牢法治底线；做好热源保障，确保温暖过冬；做好精准应对，强化秋冬季大气治理；做好"两高"管控，遏制盲目发展；做好政策解读，回应社会关切）。例如，为了做好能源保供，服务经济平稳运行，我们在严守生态环保底线的前提下，推动加快环评手续办理，助力提升释放合法煤炭产能1.4亿吨/年。再比如，推进北方地区清洁取暖是一项重大的民生工程。我们进一步明确按照宜电则电、宜气则气、宜煤则煤，先立后破、不立不破、有备无患的原则，指导地方科学规划清洁取暖技术路线。同时，精心组织开展"双替代"专项检查，对2021年新改造的村庄任务落实和保障情况，开展逐村入户排查，走访村庄1.6万个，入户核查5万多户，发现问题第一时间督促整改，争取把好事办实、实事办好，确保群众温暖过冬。

四是必须创新方式方法，不断提升生态环境保护治理能力和治理水平。创新是事业发展的不竭动力。过去一年，我们在推进工作机制和方式方法创新方面，又进行了一系列新探索，取得了积极成效。比如，在大气监督帮扶工作中，我们启用"两支队伍、分工协作、一体化作战"的新机制，组建专业组和常规组两支队伍。专业组集中骨干力量，查深层次、隐蔽性强、专业性强的技术问题，重点关注篡改数据、台账造假、修改软件参数和擅自改变采样方式等突出问题；常规组主要检查普遍性问题，对专业组发现问题整改开展"回头看"帮扶，为地方和企业送政策、送技术、送服务。新机制实施后，与2020年相比，监督帮扶派员人数减少60%，工作时长减少50%，而突出问题发现数量增加3倍，有效促进重点区域环境空气质量持续改善。再比如，新污染物治理，一直以来都面临着法律法规缺位、制度不全、底数不清、工作基础薄弱等问题，我们遵循全生命周期环境风险管理理念，制定了《新污染物治理行动方案》，打牢基础、健全体系，系统推动新污染物标本兼治。我们说污染防治攻坚战要延伸深度、拓展广度，这就是具体体现。此外，全国碳排放权交易市场启动上线交易，这是利用市场机制控制和减少温室气体排放、推动绿色低碳发展的重大制度创新，已成为推进实现减污降碳协同增效的重要手段。

五是必须守牢底线不动摇，依法依规推进各项工作。这个底线就是法律的底线、制度的红线，不能碰、不可越，必须坚持依法治理环境污染和保护生态环境不动摇，对突出环境违法行为严惩不贷。2021年，我们联合最高人民检察院、公安部，深入开展打击危险废物和重点排污单位自动监测数据造假环境违法行为专项行动，查处案件7020起，罚款9亿元。依法严肃处理了一大批旁路偷排、超标排放、未安装或不正常运行治污设施、自动监测设施不正常运行或弄虚作假，特别是多个城市部分企业自动监测数据造假等问题。通过严格执法，夯实了"绿水青山"的法治基础。

2. 关于2022年生态环境保护工作总体考虑

2022年将召开党的二十大，这是党和国家政治生活中的一件大事，需要保持平稳健康的经济环境、国泰民安的社会环境、风清气正的政治环境。中央经济工作会议对做好今年经济社会发展各项工作作出重大决策部署，我们要认真抓好落实。

从生态环境领域看。主要面临四个方面压力。

一是经济形势复杂严峻带来的压力。2021年下半年以来，在经济发展困难增多、下行压力增大的形势下，部分地区对生态环保的重视程度有所减弱、保护意愿有所下降、行动要求有所放松、投入力度有所减小，钢铁、水泥等初级产品需求上升导致部分地区承接"两高"项目的冲动抬头，企业环保设备不正常运转、违法超标排污等现象也在增多。

二是深入打好污染防治攻坚战、推动高质量发展更高要求带来的压力。从"坚决打好"到"深入打好"，意味着污染防治触及的矛盾问题层次更深、领域更广，要求也更高，减污与降碳、城市与农村、$PM_{2.5}$和臭氧、水环境治理与水生态保护、新污染物治理与传统污染物防治等工作交织，问题更加复杂，难度和挑战前所未有。现阶段生态环境的改善总体上还是中低水平的提升，生态环境质量同人民群众对美好生活的期盼相比，同建设美丽中国的目标相比，同构建新发展格局、推动高质量发展、全面建设社会主义现代化国家的要求相比还有较大差距。

三是治理能力不足带来的压力。精准治污、科学治污、依法治污落实还不到位，部分生态环境问题的成因和机理研究不够、认识不透，环境污染的演变规律、传输路径和控制途径等研究有待加强。基层执法监管能力仍有待提升。一些地方政策制定不适宜、不科学、不合理，执行时又急、偏、乱，造成严重不良社会影响。前不久，媒体陆续曝光一些地方在推进清洁取暖改造时，没有落实"先立后破、不立不破"要求，也没有考虑群众实际情况，"一刀切""禁柴封灶"导致群众挨冻，影响恶劣。

四是疫情、灾情以及突发环境事件带来的压力。2021年以来，新冠肺炎疫情仍多点散发，一些需要现场推进的工作如督察执法等不同程度受到影响。夏秋季多地发生严重洪涝灾害，一些地方利用内河、坑塘旱季积水、雨季排污，涵闸平时蓄污、雨天排放，污染物"零存整取"，导致水体污染突发加剧；还有的地方，异常偏多的降雨导致废弃矿坑、堆渣渗滤作用加强，引发突发水污染环境事件。此外，受2021年冬季的低温雨雪天气和今年春季降水偏少等气候因素影响，危化品等交通运输事故次生环境污染事件可能进一步增加，必须未雨绸缪，做好防范。

从国际上看，当前国际形势复杂多变，全球政治、经济问题与生态环境问题关联密切、深度交织，单边主义、保护主义趋势不断加深，错综复杂的外部环境给我国生态环保工作带来不少挑战。

面对国内外复杂形势，我们要切实把思想和行动统一到以习近平同志为核心的党中央对形势的分析判断和决策部署上来，以积极的姿态、科学的谋划、务实的举措，确保各项工作落实落细落到位。

在工作思路上。要坚持以习近平新时代中国特色社会主义思想为指导，全面贯彻党的十九大和十九届历次全会精神以及中央经济工作会议精神，深入贯彻习近平生态文明思想，弘扬伟大建党精神，坚持稳中求进工作总基调，完整、准确、全面贯彻新发展理念，服务和融入新发展格局，在坚持方向不变、力度不减的同时，更好统筹疫情防控、经济社会发展、民生保障和生态环境保护，更加突出精准治污、科学治污、依法治污，以实现减污降碳协同增效为总抓手，统筹污染治理、生态保护、应对气候变化，深入打好污染防治攻坚战，促进经济社会发展全面绿色转型，持续推进生态环境治理体系和治理能力现代化，积极服务"六稳""六保"工作，协同推进经济高质量发展和生态环境高水平保护，助力保持经济运行在合理区间、保持社会大局稳定，以优异成绩迎接党的二十大胜利召开。

在工作部署上。随着深入打好污染防治攻坚战的意见、"十四五"各项规划的陆续出台，各地在制定相关政策、安排分解任务目标时，战略上必须坚持稳字当头、稳中求进。

要统筹发展与保护。坚持系统观念，在经济社会发展大局中考虑生态环保工作，找好结合点、着力点和突破口，做到有利于改善生态环境质量，有利于促进经济高质量发展，有利于促进社会和谐稳定。

要把握好工作节奏。既要有打攻坚战的决心，集中攻克老百姓身边的突出生态环境问题，让老百姓实实在在感受到生态环境质量改善；又要有打持久战的准备，保持战略定力和耐性。

合理设置阶段性任务目标，科学把握时序、节奏和步骤，扎实推进污染防治攻坚战各项任务。切忌简单浮躁、贪功冒进，"层层加码、级级提速"。

要突出工作重点。结合各地实际，聚焦党中央、国务院重大决策部署、聚焦国家重大战略实施中的生态环保要求、聚焦深入打好污染防治攻坚战标志性战役、聚焦解决好与人民群众生产生活息息相关的生态环境问题，在重点区域、重点领域、关键指标上实现新突破。

在工作推进上。要把握好策略和方法，突出精准、科学、依法，做到四个"更加坚持"。

一是更加坚持问题导向。通过发现问题、推动问题解决来推进工作，这是我们的基本工作方法。要通过深入剖析问题产生的深层次原因，对问题精准定位、科学施策，从体制机制、政策措施、责任落实上发力，把解决"点"上的问题上升为完善"面"上的制度，从而推动治理能力和治理水平整体提升。必须坚持实事求是，把问题搞准搞实，只有准确识别问题，才能科学施策解决问题。我们鼓励大兴调查研究之风，到基层去、到企业去、到一线去，掌握第一手材料，摸清实际情况，真正了解问题在哪里、困难有哪些、该如何解决，做到问题、时间、区域、对象、措施"五个精准"。

二是更加坚持依法监管。"坚持用最严格制度最严密法治保护生态环境"是习近平生态文明思想的核心要义之一。越是形势复杂，越要坚持依法依规。要切实做到依法行政、依法治理、依法保护，坚决守住生态环境保护的底线。对严重破坏生态环境、损害群众切身利益的突出问题该严的要严，用重典、出重拳，真管真严、敢管敢严、长管长严。目前，我们在加快构建以排污许可制为核心的固定污染源监管制度，将排污许可作为企业合法生产的"身份证"，有效衔接排污许可制度和环评制度，推动实现从污染预防到污染治理和排放控制的全过程监管。要以此为抓手，推动企业守法成为常态。要加强基层生态环境执法，抓好综合执法改革与环保垂改"后半篇文章"，确保运行机制、能力建设、法治保障全面到位，实现"真垂管""真综合"。

三是更加坚持指导帮扶。在重点任务推进中，对地方既要有督促和指导，又要有支持和帮扶，帮助发现问题并共同推动解决。对企业等市场主体既要做到严格监管，又要做到热情服务。要重视企业对环境监管的合理诉求，加强对企业治污的指导帮助，提供必要的政策解读和技术支持，帮助企业制定环境治理解决方案。要大力推动建立涉案企业合规第三方监督评估机制，对轻微违法企业，重点督促其作出合法合规承诺并积极整改；对存在问题的地方和企业，尤其是对涉及关系国计民生的重要行业，推进整改要全面客观掌握情况，不能简单粗暴，脱离实际。要留出足够的整改时间和空间，一步一个脚印，扎扎实实围绕目标解决问题。

四是更加坚持改革创新。面临新形势、新困难、新挑战，要有新视野、新思路、新办法。要通过深化改革创新优化工作方式方法，加快形成与治理任务、治理需求相适应的治理能力和治理水平。要大力推进大数据等数字技术与生态环保工作深度融合。加大现代化信息技术在生态环境监测领域的作用,建立健全基于现代感知技术和大数据技术的生态环境监测网络,确保数据"真、准、全、快、新"。要广泛应用卫星遥感、热点网格、走航监测等"空天地"一体化新技术新装备,推广信息化、高效化的监管执法工具,将非现场监管作为日常执法检查的重要方式,用科技的手段化解基层治理人力、物力不足等难题。

3. 关于 2022 年重点工作任务

按照总体工作考虑,2022 年要突出重点、把握关键,扎实做好各项工作。

(1)有序推动绿色低碳发展。充分发挥生态环境保护的引领、优化和倒逼作用,促进经济社会发展全面绿色转型。

多措并举助力经济平稳运行。深入做好环境经济形势分析。积极主动服务"六稳""六保",出台环保举措要统筹考虑经济平稳运行与民生保障,多研究有利于稳经济、保民生、促增长的环境政策。动态更新"三本台账",主动对接、提前介入,在严守生态环境保护底线的基础上,做好重大项目环评审批服务,加快推进能源保供项目依法完善环评手续。深化"三线一单"生态环境分区管控,开展实施成效评估,助推高质量发展。研究制定"两高"行业环评管理规范性文件,严把"两高"项目准入关口,将严格控制"两高"项目盲目上马作为生态环境保护督察重点,重点盯住审批把关不严、监管不力、执法宽松软等突出问题。发挥环保投资对经济的拉动作用,全面推进清洁生产,积极培育和发展环保产业。

聚焦国家重大战略打造绿色发展高地。强化京津冀生态环境联建联防联治,持续推进雄安新区生态环境保护和白洋淀全流域治理。健全长三角区域生态环境保护协作机制,建设长三角生态绿色一体化发展示范区。组织实施黄河流域生态环境保护专项规划。推动出台粤港澳大湾区生态环境保护规划、成渝地区双城经济圈生态环境保护规划。加强海南自由贸易港生态环境保护和建设。制定美丽中国建设生态环境保护指导意见,深入推动美丽中国地方实践。深化生态环境领域部省战略合作。

推动减污降碳协同治理。出台《减污降碳协同增效实施方案》,配合落实好碳达峰、碳中和"1+N"政策体系,推动产业结构、能源结构、交通运输结构、农业结构加快调整,在降低二氧化碳排放的同时,减少常规污染物排放。做好全国碳排放权交易市场第二个履约周期管理,研究扩大行业覆盖范围和交易主体范围。健全碳排放数据质量管理长效机制,继续组织开展碳排放报告质量监督帮扶,严厉打击数据弄虚作假违法行为。深化低碳城市、适应气候变化城市试点工作。加快推进 2015 年以来国家温室气体清单编制。制修订相关行业企业碳排放核算方法与标准。继续推动温室气体管控纳入环境影响评价试点工作。建设性参与气候变化主渠道多边进程,将《巴黎协定》机制安排落到实处。继续实施"一带一路"应对气候变化南南合作计划。

(2)深入打好污染防治攻坚战。认真贯彻落实关于深入打好污染防治攻坚战的意见,持续推进大气、水、土壤污染防治，推动实施重点减排工程，着力解决突出生态环境问题。

深入打好蓝天保卫战。深入推进重污染天气消除、臭氧污染防治、柴油货车污染治理等标志性战役，协同控制$PM_{2.5}$和臭氧污染，持续改善空气质量。推动重点行业落后产能加快淘汰、推进传统产业集群绿色低碳化改造，稳妥有序推进散煤治理，基本完成重点区域钢铁超低排放改造，推进燃煤锅炉关停整合和工业炉窑综合治理。继续加强VOCs综合治理。以柴油货车和非道路移动机械为监管重点，持续深入加强移动源污染防治。聚焦煤炭、焦炭、矿石运输通道以及铁矿石疏港通道，积极推进货物运输"公转铁""公转水"。加强区域联防联控和重污染天气应急应对。全力支持保障2022年北京冬奥会、冬残奥会空气质量。持续加强消耗臭氧层物质和氢氟碳化物环境管理。制定实施《噪声污染防治行动计划》。

深入打好碧水保卫战。扎实推进城市黑臭水体治理、长江保护修复、黄河生态保护治理、重点海域综合治理等标志性战役，推进美丽河湖、美丽海湾保护与建设。组织实施2022年城市黑臭水体整治环境保护专项行动。推动出台长江流域水生态考核办法及其实施细则，并开展考核试点。推进长江入河排污口溯源、整治，完成"三磷"专项整治遗留问题整改。加强黄河流域工业园区水污染治理，持续推进黄河流域"清废行动"以及黄河干流及重要支流入河排污口排查整治。继续推进乡镇级集中式饮用水水源保护区划定工作。开展渤海入海排污口溯源、整治，长江口—杭州湾、珠江口邻近海域入海排污口排查。加强海水养殖污染防治、海洋垃圾防治、海洋工程和倾废监管。联合开展"碧海2022"海洋生态环境保护专项执法行动。

深入打好净土保卫战。推进农用地土壤污染防治和安全利用，实施农用地土壤镉等重金属污染源头防治行动。严格建设用地土壤污染风险管控和修复名录内地块的准入管理。以化工、有色金属行业为重点，组织实施土壤污染源头管控项目。持续打好农业农村污染治理攻坚战，深入开展农业面源污染治理与监督指导试点。开展农村环境整治重点区建设，深入推进农村生活污水处理与资源化利用，指导各地筛选适合当地的污水治理技术模式，推动面积较大、群众反映强烈的农村黑臭水体整治。推进21个地下水污染防治试验区建设。继续开展地下水污染状况调查评估。

强化固体废物和新污染物治理。扎实推进100个左右地级及以上城市开展"无废城市"建设，依法有序将工业固废纳入排污许可。研究制定深化巩固禁止洋垃圾入境工作方案。实施新污染物治理行动方案，全面落实新化学物质环境管理登记制度。持续推动强化危险废物监管和利用处置能力改革。着力提升危险废物环境管理信息化水平。开展危险废物专项整治"回头看"巡查。有序推进尾矿库污染治理与隐患排查。加强重点行业重点区域重金属污染防控。

（3）加强生态保护监管。建立完善生态保护红线生态破坏问题监督机制，加强生态保护红线、县域重点生态功能区生态状况监测评估。组织开展国家级自然保护区保护成效评估,持续开展"绿盾"自然保护地强化监督。编制实施《生物多样性保护重大工程十年规划(2021—2030年)》,更新《中国生物多样性保护战略行动计划(2011—2030年)》。开展第六批国家生态文明建设示范区、"绿水青山就是金山银山"实践创新基地和新一批国家环境保护模范城市遴选工作。稳步推进COP15第二阶段会议筹备工作,推动达成"2020年后全球生物多样性框架"。

(4)推进生态环境督察执法和风险防范。完成第二轮例行督察任务,实现31个省(自治区、直辖市)和新疆生产建设兵团督察全覆盖。开展2022年度长江经济带、黄河流域生态环境警示片拍摄制作工作。持续推动督察发现问题和警示片披露问题整改。

持续提高执法效能。深化生态环境保护综合行政执法改革,加强执法队伍建设。进一步完善"两支队伍"建设,强化"协同作战"模式,聚焦重点区域、行业、领域开展空气质量改善监督帮扶。持续实施环评与排污许可监管行动计划,强化排污许可证质量核查,落实"双百"工作方案,严格审核已核发排污许可证质量。继续开展打击危险废物和重点排污单位自动监测数据弄虚作假环境违法犯罪专项行动。开展2022年全国生态环境保护执法大练兵活动。加强生态环境领域行政执法与刑事司法衔接。

严防生态环境风险。精准有效做好常态化疫情防控相关环保工作,严格落实"两个100%"要求,及时有效收集和处理处置医疗废物、医疗污水。紧盯"一废一库一品"等高风险领域,加大隐患排查,将隐患消除在萌芽状态。强化环境应急值守,完善应急组织指挥体系,提升应急保障能力。持续推动环境信访体制机制改革,稳步推进重复信访治理和信访积案化解。

(5)确保核与辐射安全。有效运转国家核安全工作协调机制,完善核与辐射安全监管体制机制和法规标准体系。尤其是强化对新技术、首台套的监管,完善制度体系,加强队伍能力建设,推动补齐监管力量短板。推进核与辐射安全隐患排查。持续深化核电厂、研究堆与核燃料循环设施安全监管。加强放射性物品运输安全监管,推进核电放射性废物处置。强化铀矿和伴生放射性矿辐射环境监测工作督查,推动伴生放射性矿开发后历史遗留物的妥善处置。加强电磁辐射建设项目事中事后监管。强化核与辐射监测和应急准备,提升应急响应能力。

(6)加快构建现代环境治理体系。持续深化省以下生态环境机构监测监察执法垂直管理制度改革。实施行政许可事项清单化管理。持续深化生态环境损害赔偿制度改革,完善技术方法体系。深化环境信息依法披露制度改革,推进企业环境信息依法披露系统建设。持续推动重要生态功能区、长江黄河等大江大河生态保护补偿,配合建立健全生态产品价值实现机制。抓好重点区域、重点行业规划环评审查,强化规划环评质量和效力跟踪监管。深入实施排放源统计调查等生态环境统计制度。

完善法律法规标准体系。配合做好黄河保护法、海洋环境保护法、环境影响评价法、生态环境监测条例、危险废物经营许可证管理办法、消耗臭氧层物质管理条例等生态环境法律法规制修订工作。完善生态环境标准和基准体系，开展重点行业排放标准实施评估，做好地方生态环境标准备案管理。

加强生态环境监测与评价。加强 $PM_{2.5}$ 和臭氧协同监测，开展长江等重点流域水生态调查监测，推进黄河流域生态环境监测网络建设。开展全国生态质量监测与评价。积极开展碳监测和新污染物调查监测试点，加强噪声监测。深化地级及以上城市空气质量、水环境质量评价排名，提升空气质量监测预报能力。组织开展国控站点监督检查。加强基层监测能力建设。

强化生态环境治理科技支撑。完成水专项验收总结工作。推动与相关部门联合开展生态环境领域重大科技项目立项和攻关研究。加强生态环境科技创新平台建设，大力推进生态环境科学普及工作。积极推进定点帮扶和对口支援工作，助力巩固拓展脱贫攻坚成果和有效衔接乡村生态振兴。深入推进国家生态工业示范园区建设，开展第二批 EOD 模式创新试点。深入推进生态环境综合管理信息化平台建设。建设金融支持生态环保项目储备库。

推进生态环保全民行动。持续做好新闻发布工作。办好 2022 年六五环境日国家主场活动和全国低碳日、国际生物多样性日、国际保护臭氧层日相关活动。继续推动环保设施向公众开放。推进生态环境志愿服务工作。加大生态环境信息公开力度，加快推进信息互联互通和数据共享。

深化生态环境领域国际合作。发挥"一带一路"绿色发展国际联盟积极作用，继续建设好"一带一路"生态环保大数据服务平台。稳步开展与重点国家、国际组织环境合作，建设性参与重要国际环境进程和公约谈判，稳步推进核安全国际合作。扎实做好第七届国合会筹备工作，举办国合会30周年纪念活动。

抓好干部队伍建设。推动全面从严治党向纵深发展，促进党建和业务深度融合。坚持把政治过硬摆在首位，树立正确选人用人导向，在实践锻炼中磨炼意志、改进作风、提升能力，持续打造生态环保铁军。

（七）以生态环境保护优异成绩迎接党的二十大召开[①]

1. 做到"两个维护"，扛起美丽中国建设的历史使命，自觉做习近平生态文明思想的坚定信仰者、忠实践行者和不懈奋斗者

《决议》鲜明提出，"两个确立"对新时代党和国家事业发展、对推进中华民族伟大复兴历史进程具有决定性意义。这是深刻总结党百年奋斗特别是新时代伟大实践得出的重大历史结论，是体现全党意志、反映人民心声的重大政治判断。生态环境系统要衷心拥护"两个确

[①] 孙金龙：《从党百年奋斗中汲取智慧和力量　以生态环境保护优异成绩迎接党的二十大召开——在2022年全国生态环境保护工作会议上的讲话》，中华人民共和国生态环境部网站，https://www.mee.gov.cn/ywdt/hjywnews/202201/t20220114_967162.shtml。

立"、忠诚践行"两个维护",做到对党忠诚,始终在政治立场、政治方向、政治原则、政治道路上同党中央保持高度一致,不断增强维护党中央集中统一领导的思想自觉、政治自觉、行动自觉。要把做到"两个维护"体现到实际行动上,深入学习贯彻习近平新时代中国特色社会主义思想尤其是习近平生态文明思想,坚决贯彻党的路线方针政策,为党分忧、为国尽责、为民奉献。

2021年以来,习近平总书记出席有关会议、活动和到各地考察时,一以贯之就生态文明建设和生态环境保护发表一系列重要讲话、作出一系列重要指示批示。3月15日,习近平总书记主持召开中央财经委员会第九次会议,研究实现碳达峰、碳中和的基本思路和主要举措时强调,把碳达峰、碳中和纳入生态文明建设整体布局,坚定不移走生态优先、绿色低碳的高质量发展道路。4月30日,习近平总书记在就新形势下加强我国生态文明建设主持中央政治局第二十九次集体学习时强调,站在人与自然和谐共生的高度来谋划经济社会发展,统筹污染治理、生态保护、应对气候变化,促进生态环境持续改善,努力建设人与自然和谐共生的现代化。8月30日,习近平总书记在主持召开中央全面深化改革委员会第二十一次会议,审议《关于深入打好污染防治攻坚战的意见》时强调,巩固污染防治攻坚成果,坚持精准治污、科学治污、依法治污,以更高标准打好蓝天、碧水、净土保卫战,以高水平保护推动高质量发展、创造高品质生活,努力建设人与自然和谐共生的美丽中国。10月12日,习近平主席以视频方式出席《生物多样性公约》第十五次缔约方大会领导人峰会并发表主旨讲话,强调秉持生态文明理念,共建地球生命共同体,开启人类高质量发展新征程,郑重宣布中国持续推进生态文明建设、保护生物多样性、应对气候变化的务实举措。11月1日,习近平主席向《联合国气候变化框架公约》第二十六次缔约方大会世界领导人峰会发表书面致辞,提出合作应对气候变化、推动世界经济复苏三点建议,宣布中国实现碳达峰碳中和、应对气候变化的重大举措。这五次重要讲话与习近平总书记在其他多个场合的重要讲话和指示批示,进一步丰富和拓展了习近平生态文明思想。生态环境系统要及时跟进学习习近平总书记最新重要讲话精神,全面对标总书记关于生态环境保护的重要指示批示要求,在学思用贯通、知信行统一上下功夫,推动党中央关于生态环境保护的各项决策部署落地见效。

2021年7月,经党中央批准,我部揭牌成立习近平生态文明思想研究中心,这是党中央着眼推动全党全社会深入学习贯彻习近平生态文明思想作出的重大战略举措。要对标"三高地、两平台"的目标(理论研究高地、学习宣传高地、制度创新高地和实践推广平台、国际传播平台),加快推进习近平生态文明思想研究中心建设,加强习近平生态文明思想研究宣传阐释,扎实做好习近平生态文明思想重要理论读物编写和出版后宣传学习培训工作,办好深入学习贯彻习近平生态文明思想研讨会,推动习近平生态文明思想进一步深入人心、走向世界。

2. 坚持稳中求进，服务经济社会发展大局，协同推进经济高质量发展和生态环境高水平保护

2021年，在以习近平同志为核心的党中央坚强领导下，我国经济发展和疫情防控保持全球领先地位，构建新发展格局迈出新步伐，高质量发展取得新成效。但也要清醒看到，世纪疫情冲击下，百年变局加速演进，外部环境更趋复杂严峻和不确定，我国经济发展面临需求收缩、供给冲击、预期转弱三重压力。习近平总书记在2021年12月召开的中央经济工作会议上强调，要稳字当头、稳中求进，着力稳定宏观经济大盘，保持经济运行在合理区间，保持社会大局稳定。各地区各部门要担负起稳定宏观经济的责任，各方面要积极推出有利于经济稳定的政策。

生态环境系统要深入学习领会中央经济工作会议精神，坚持稳中求进工作总基调，立足新发展阶段，完整、准确、全面贯彻新发展理念，服务和融入构建新发展格局，自觉把生态环保工作融入经济社会发展大局，准确把握环境经济总体形势，更加主动创新生态环保参与宏观经济治理的方式、手段和途径，充分发挥引领、优化和倒逼作用，有序推动绿色低碳发展，努力实现经济发展和环境保护协同共进。要积极服务"六稳""六保"工作，做好重大项目环评审批服务，实施好监督执法正面清单，发挥环保投资对经济的拉动作用，积极培育和发展环保产业。要合理确定年度目标，既要做到尽力而为，也要做到量力而行，把握好工作节奏和力度，保持战略定力和耐心，决不把长期目标短期化、系统目标碎片化，不能把持久战打成突击战。要科学决策、审慎决策，把握好调整政策和推动改革的时度效，坚持先立后破、稳扎稳打，在政策出台前做好经济影响评估。

各地生态环境部门要因地制宜制定落实举措，分类施策，不断改进生态环境督察执法方式，优化措施手段，不搞层层加码、级级提速。当前，要围绕经济平稳运行、能源安全保供、群众温暖过冬谋深谋细谋实各项举措，统筹推进经济发展、民生保障和生态环境保护，实现经济效益、社会效益、环境效益多赢。

3. 坚持系统观念，统筹污染治理、生态保护、应对气候变化，促进生态环境质量持续改善

"十四五"时期，我国生态文明建设进入了以降碳为重点战略方向、推动减污降碳协同增效、促进经济社会发展全面绿色转型、实现生态环境质量改善由量变到质变的关键时期。习近平总书记强调，要保持力度、延伸深度、拓宽广度，紧盯污染防治重点领域和关键环节，集中力量攻克老百姓身边的突出生态环境问题，推动污染防治在重点区域、重要领域、关键指标上实现新突破。2021年11月，中共中央、国务院印发《关于深入打好污染防治攻坚战的意见》，明确主要目标、重点任务和政策措施，为深入打好污染防治攻坚战提供了路线图和施工图。作为主责部门，我们要认真学习领会党中央、国务院决策部署，以改善生态环境质量为核心，以精准治污、科学治污、依法治污为工作方针，积极发挥牵头抓总、统筹协调作用，出台实施标志性战役行动方案，夯实相关政策举措和保障措施，细化责任分工，强化监督考核，接续攻坚、久久为功，让老百姓实实在在感受到生态环境质量改善。

生态保护和污染防治密不可分、相互作用。要统筹生态保护和污染防治，强化生态保护和修复、监测、评估、督察、执法监管，完善自然保护地和生态保护红线监管制度，持续推进自然保护地强化监督，依法加大对生态破坏问题的监督和查处力度，深入推进生态文明建设示范区和"绿水青山就是金山银山"实践创新基地创建，推动提高生态系统质量和服务功能。

实现减污降碳协同增效是深入打好污染防治攻坚战的总抓手。要更加注重综合治理、系统治理、源头治理，协同做好碳达峰、碳中和工作，加快全国碳市场建设，开展适应气候变化行动，建设性参与全球气候治理，推动形成减污降碳的激励约束机制。

要坚持问题导向和目标导向相结合，采取有针对性措施，推动解决深入打好污染防治攻坚战面临的重大体制机制问题，加大技术、政策、管理创新力度，引导公众自觉践行绿色生产生活方式，加快建立健全党委领导、政府主导、企业主体、社会组织和公众共同参与的现代环境治理体系。

4. 坚持自我革命，持续推动全面从严治党向纵深发展，加快打造生态环保铁军

全面从严治党作为锻造全党、凝聚人民的战略抉择，既是一场刀刃向内的伟大自我革命，也是新时代党治国理政的一个鲜明特征。过去的一年，生态环境系统各级党组织不断压实全面从严治党主体责任，坚持把党的政治建设摆在首位，持续加强党的思想建设、组织建设、作风建设、纪律建设，扎实开展党史学习教育，为生态环保工作取得新的历史性成就提供了坚强政治引领和政治保障。同时，我们也看到，当前生态环境系统党风廉政建设形势依然严峻复杂，违规违纪违法问题存量还未清底、增量仍有发生。

生态环境系统各级党组织和广大党员干部要认真落实党的十九届六中全会关于坚持自我革命、深化全面从严治党的部署要求，坚持"严"的主基调不动摇，以永远在路上的坚定和执着推动全面从严治党向纵深发展。要持之以恒抓好中央巡视整改任务落实，不断巩固拓展党史学习教育成果。要落实新时代党的组织路线，坚持正确选人用人导向，激励广大干部新时代新担当新作为。要加强基层党组织建设，落实好教育管理监督党员干部职责。要保持惩治腐败高压态势，运用好监督执纪"四种形态"，加强对"一把手"和领导班子监督，一体推进不敢腐、不能腐、不想腐。各级领导干部要以身作则、率先垂范，严格按照法规制度办事，引导广大党员干部牢固树立法治意识、制度意识、纪律意识，懂法纪、明规矩、知敬畏、存戒惧。

我们党历来高度重视整治形式主义、官僚主义。党的十八大以来，习近平总书记在多个重要场合就此作出重要论述，在中央经济工作会议上再次对尊重客观实际和群众需求，提高干部专业能力，坚决防止简单化、乱作为，坚决反对不担当、不作为提出明确要求，用意很深、振聋发聩、醍醐灌顶。近年来，我国推动污染防治的措施之实、力度之大、成效之显著前所未有，生态环境系统广大干部职工持续振奋精神、勇于担当作为、默默付出奉献，彰显了生态环保铁军形象，为推动我国生态环境保护发生历史性、转折性、全局性变化作出了重要贡献。但我们也看到，在生态环境保护个别领域、个别方面也存在不作为、乱作为等形式主义、官僚主义等问题。这些问题虽发生在局部，但损害政府公信力、影响党群干群关系。生态环境系统要引以为戒，旗帜鲜明坚决反对。要不断提高政治判断力、政治领悟力、政治执行力，悟透以人民为中心的发展思想，坚持正确政绩观，坚定坚决做到完整、准确、全面贯彻新发展理念，坚持方向不变、力度不减，在精准治污、科学治污、依法治污上下更大功夫，以深入打好污染防治攻坚战的实际行动践行"两个维护"，以生态环境质量改善的实际成效取信于民。

要在精准治污上下更大功夫。认真分析和识别影响生态环境质量的主要矛盾和矛盾的主要方面，做到问题、时间、区域、对象、措施"五个精准"。通过认真学习领会习近平总书记关于"三个治污"的重要指示批示，我理解，做到精准治污，很重要的一个方面是，要把握好我们治理的对象是人为活动造成的环境污染和生态破坏问题，这一点任何时候都不能含糊。例如，在水污染治理中，我们要充分考虑自然因素的影响，实事求是地开展水质评价、考核和排名，有效指导地方开展工作。在水方面是这样，在大气方面也是如此，要实事求是分析自然因素影响，指导各地精准明确治污方向，把重点放在"人努力"推进空气质量改善上。同时，要根据客观实际情况，及时修订相关考核评价标准。

要在科学治污上下更大功夫。尊重客观规律，切实提高工作的科学性、系统性、有效性。在浙江工作期间，习近平指出，生态病"是一种综合征，病源很复杂，有的来自不合理的经济结构，有的来自传统的生产方式，有的来自不良的生活习惯等，其表现形式也多种多样，既有环境污染带来的'外伤'，又有生态系统被破坏造成的'神经性症状'，还有资源过度开发带来的'体力透支'。总之，它是一种疑难杂症，这种病一天两天不能治愈，一副两副药也不能治愈，它需要多管齐下，综合治理，长期努力，精心调养"。总书记的重要论述提醒我们，治理污染要讲科学，知其然更知其所以然，追根溯源、诊断病因、找准病根、分类施策、系统治疗。要坚持科学态度，注重标本兼治，在加大治标力度的同时，毫不放松推动治本工作，做到两手抓、两手都要硬。不能头痛医头、脚痛医脚，切忌单打一、简单化、顾此失彼。

要在依法治污上下更大功夫。强化法治意识，自觉提高运用法治思维和法治方式深化改革、推动发展、化解矛盾、维护稳定的能力，自觉在法治轨道上推动各项工作。法治是治国理政不可或缺的重要手段。党的十八大以来，党中央明确提出全面依法治国，并将其纳入

"四个全面"战略布局予以有力推进。习近平总书记反复强调,"法治兴则国家兴,法治衰则国家乱"。要求领导干部做到在法治之下,而不是在法治之外,更不是在法治之上想问题、做决策、办事情。当前生态环境领域出现的一些矛盾和问题,很多与有法不依、执法不严、违法不究有关。要深入贯彻习近平法治思想,密织法律之网、强化法治之力,为生态环保事业发展提供根本性、全局性、长期性制度保障。

2022年将召开党的二十大,这是党和国家政治生活中的一件大事。生态环境系统要强化责任意识和底线思维,有效防范和化解生态环境领域风险。要继续做好疫情防控生态环保工作,落实"两个100%"(医疗机构及设施环境监管和服务100%全覆盖,医疗废物、医疗污水及时收集转运和处理处置100%全落实)。紧盯"一废一库一品"(危险废物、尾矿库、化学品)等高风险领域,加强隐患排查治理,及时有效应对环境突发事件。要严格核与辐射安全监管,确保万无一失、绝对安全。

三、2021年重要环境新闻

(一)2021年国内十大环境新闻

1. "十四五"规划和2035年远景目标纲要就美丽中国建设提出新目标新要求新任务

3月11日,第十三届全国人民代表大会第四次会议批准"十四五"规划和2035年远景目标纲要,明确提出"推动绿色发展 促进人与自然和谐共生",并对提升生态系统质量和稳定性、持续改善环境质量、加快发展方式绿色转型等作出具体部署。"十四五"时期经济社会发展主要目标提出,推动生态文明建设实现新进步。2035年远景目标提出,广泛形成绿色生产生活方式,碳排放达峰后稳中有降,生态环境根本好转,美丽中国建设目标基本实现。

2. 中共中央、国务院就深入打好污染防治攻坚战作出全面部署

11月2日,《中共中央 国务院关于深入打好污染防治攻坚战的意见》(以下简称《意见》)印发,提出了当前和今后一段时期深入打好污染防治攻坚战的目标任务,明确了打好重污染天气消除攻坚战、城市黑臭水体治理攻坚战、农业农村污染治理攻坚战等八项标志性战役。《意见》要求,以实现减污降碳协同增效为总抓手,以改善生态环境质量为核心,以精准治污、科学治污、依法治污为工作方针,统筹污染治理、生态保护、应对气候变化,保持力度、延伸深度、拓宽广度,以更高标准打好蓝天、碧水、净土保卫战,以高水平保护推动高质量发展、创造高品质生活,努力建设人与自然和谐共生的美丽中国。

3. 生态环境保护实现"十四五"起步之年良好开局,生态环境质量明显改善

2021年国民经济和社会发展计划中生态环境领域8项约束性指标顺利完成,污染物排放持续下降,生态环境质量明显改善。全国地级及以上城市优良天数比率为87.5%,同比上升0.5个百分点;$PM_{2.5}$浓度为30微克/立方米,同比下降9.1%;臭氧浓度为137微克/立方米，同比下降0.7%，连续两年实现$PM_{2.5}$、臭氧浓度双下降。全国地表水优良水质断面比例为84.9%，劣Ⅴ类水质断面比例为1.2%；单位GDP二氧化碳排放指标达到"十四五"序时进度要求；氮氧化物、挥发性有机物、化学需氧量、氨氮等4项主要污染物总量减排指标顺利完成年度目标任务。

4.COP15第一阶段会议成果丰硕

10月11日至15日，联合国《生物多样性公约》缔约方大会第十五次会议（COP15）第一阶段会议在中国昆明召开。国家主席习近平以视频方式出席领导人峰会并发表主旨讲话，全面阐释了中国推进全球生态文明建设的理念、主张和行动，提出构建"地球家园"的三重愿景，首次提出"人类高质量发展"这一命题和"开启人类高质量发展新征程"的四点主张，提出中国将率先出资15亿元人民币，成立昆明生物多样性基金，支持发展中国家生物多样性保护事业，并宣布中国正式设立第一批国家公园。其间，高级别会议通过了《昆明宣言》，向国际社会发出各方在生物多样性保护领域开展行动的坚强决心和共识。

5.碳达峰碳中和"1+N"政策体系加快形成

2021年，我国成立碳达峰碳中和工作领导小组，发布《中共中央 国务院关于完整准确全面贯彻新发展理念做好碳达峰碳中和工作的意见》，印发《2030年前碳达峰行动方案》，形成国家层面碳达峰碳中和的顶层设计。此外，还将陆续发布能源、工业、建筑、交通等重点领域和煤炭、电力、钢铁、水泥等重点行业的实施方案，出台科技、碳汇、财税、金融等保障措施，加快形成碳达峰碳中和"1+N"政策体系，进一步明确碳达峰碳中和的时间表、路线图、施工图。

6. 习近平生态文明思想研究中心成立

经党中央批准，在生态环境部成立习近平生态文明思想研究中心。7月7日，习近平生态文明思想研究中心成立大会在北京召开。成立习近平生态文明思想研究中心，是党中央着眼推动全党全社会深入学习贯彻习近平生态文明思想作出的一项重大战略举措，将引领激励各地区各部门把研究宣传贯彻习近平生态文明思想进一步引向深入。习近平生态文明思想研究中心致力于打造习近平生态文明思想理论研究高地、学习宣传高地、制度创新高地和实践推广平台、国际传播平台，推动习近平生态文明思想进一步深入人心、走向世界。12月28日，由习近平生态文明思想研究中心主办的2021年深入学习贯彻习近平生态文明思想研讨会在四川成都举行，与会代表进行了深入研讨交流，进一步深化了对习近平生态文明思想丰富内涵、理论逻辑、实践要求的理解和认识。

7.实施第二轮第三、四、五批中央生态环境保护督察，推动解决突出生态环境问题

经党中央、国务院批准，第二轮第三、四、五批中央生态环境保护督察陆续开展，坚持系统观念，坚持严的基调，坚持问题导向，坚持精准科学依法，对山西、辽宁、云南等17个省（自治区）及中国有色集团、中国黄金集团2家中央企业开展督察。重点督察习近平生态文明思想和党中央、国务院生态环境保护决策部署贯彻落实情况，重点关注重大国家战略实施中生态环境保护要求落实情况，严格控制"两高"项目盲目上马和去产能"回头看"落实情况等，曝光了80余个典型案例，推动解决了一批群众身边突出的生态环境问题。

8. 全国碳排放权交易市场启动上线交易

7月16日，全国碳排放权交易市场上线交易正式启动，第一个履约周期纳入2019—2020年度发电行业重点排放单位2162家，年覆盖约45亿吨二氧化碳排放量，是全球覆盖温室气体排放量规模最大的市场。截至12月31日，碳排放配额累计成交量达1.79亿吨，累计成交额达76.61亿元。同时，还发布了企业温室气体排放报告、核查指南和碳排放权登记、交易、结算管理规则；首次组织开展电力行业碳排放报告质量监督帮扶专项行动。

9. 云南野生亚洲象安全"回家"

2021年，云南野生亚洲象北移一事引起国内外和社会各界广泛关注。经过500多天的游历，北移的15头亚洲象全部安全南返。野象北移南归期间，政府和群众妥善应对、精心守护，体现了我国生态保护意识和能力的日益增强，护象行动得到世界点赞。经过多年的努力，云南生态环境持续改善，野生亚洲象栖息地得到保护与修复，种群数量由20世纪80年代初的190多头发展到目前的约300头。这从一个侧面反映了我国生态恢复、建设和生物多样性保护的显著成就，展现了人与自然和谐相处的生动画面。

10. 第五批国家生态文明建设示范区和"绿水青山就是金山银山"实践创新基地名单公布

10月14日，第五批100个国家生态文明建设示范区和49个"绿水青山就是金山银山"实践创新基地名单正式公布。自2017年起至2021年10月，生态环境部已经命名了共362个国家生态文明建设示范区和136个"绿水青山就是金山银山"实践创新基地，多层次示范体系得到进一步丰富，在推动生态文明制度改革、促进生态经济发展、改善生态环境质量、提升全社会生态文明意识和探索"两山"转化模式等方面取得了突出成效。同时，为进一步推动全社会积极探索"两山"转化有效路径，2021年，国家对建立健全生态产品价值实现机制、深化生态保护补偿制度改革、鼓励和支持社会资本参与生态保护修复等提出要求并作出部署，着力推动"两山"转化政策制度体系不断完善。

（二）2021年国际十大环境新闻

1. COP26在英国格拉斯哥举行，中美双方发布强化气候行动联合宣言

10月31日至11月13日，《联合国气候变化框架公约》第二十六次缔约方大会（COP26）在英国格拉斯哥举行。会上，中国国家主席习近平发表书面致辞并就应对气候变化等全球性挑战提出维护多边共识、聚焦务实行动和加速绿色转型三点建议。会议期间，中美双方发布《中美关于在21世纪20年代强化气候行动的格拉斯哥联合宣言》，有力地推进了会议谈判进程。最终，近200个缔约方通过谈判达成了《格拉斯哥气候协议》，明确将进一步加强气候行动。中国在推动全球应对气候变化进程中发挥了重要积极作用，为此次大会的成功贡献力量。

2. 第五届联合国环境大会聚焦疫情下的环境政策

2月22—23日，第五届联合国环境大会在肯尼亚首都内罗毕召开。此届环境大会主题为"加大力度保护自然，实现可持续发展"。会议期间，各国部长和高级别代表参加高级别讨论"领导力对话"，对话聚焦可持续发展的环境维度，着重讨论如何通过保护及恢复环境来重建更具复原力和包容性的后疫情世界。

3. 全球对海洋垃圾与塑料污染关注持续升温

2021年，塑料的环境污染问题，特别是海洋塑料污染引起国际社会高度关注。9月，厄瓜多尔、德国、加纳和越南联合组织"海洋垃圾与塑料污染"部长级非正式磋商会议，会后34个国家提交议案，建议成立政府间谈判委员会，携手应对海洋垃圾与塑料污染。12月，世界贸易组织发布《关于塑料污染和环境可持续发展的塑料贸易的部长级声明》，旨在加强减少塑料污染方面的全球努力和国际合作，并将就"如何开展贸易合作以减少有害的塑料制品"以及"如何促进可减少塑料污染的货物贸易与服务贸易"开展专题讨论。

4. 日本宣布向太平洋倾倒核污染水引起国际社会强烈反对

4月13日，日本政府宣布将向太平洋倾倒超125万吨核污染水。12月21日，日本东京电力公司向日本原子能规制委员会提出了福岛第一核电站核污染水排放入海的具体实施计划。日本政府不顾反对、执意排污入海的做法，引发包括中国在内的多国政府、国际组织、全球300多个环保团体和各国民众的强烈反对和严重关切。

5. 中非发布应对气候变化合作宣言

11月29—30日，中非合作论坛第八届部长级会议在塞内加尔首都达喀尔举行，中国国家主席习近平以视频方式出席会议并提出，面对气候变化这一全人类重大挑战，要倡导绿色低碳理念，积极发展太阳能、风能等可再生能源，推动应对气候变化《巴黎协定》有效实施，不断增强可持续发展能力。会议通过了《中非应对气候变化合作宣言》等一系列成果文件，双方将进一步加强应对气候变化南南合作，拓宽合作领域，共同应对气候变化挑战。

6. "联合国生态系统恢复十年"行动计划正式启动

6月4日，"联合国生态系统恢复十年"行动计划正式启动，呼吁保护和恢复数百万公顷的生态系统，时间为2021—2030年。该计划致力于建立一个广泛的合作平台，使各相关方参与到保护和修复生态系统的行动中来，助力生态系统健康和活力的恢复，以支持和推动可持续发展目标的实现。

7. 中日韩三国宣布停止海外煤电项目发展

9月，中国宣布将大力支持发展中国家能源绿色低碳发展，不再新建境外煤电项目，多国专家学者和媒体认为，这是中国为积极推动能源绿色低碳发展而采取的又一重大举措，是为完善全球环境治理作出的新贡献。韩国和日本也于2021年宣布将停止海外煤电项目发展。韩国表示，将终止对海外建设煤电厂的公共投资支持；日本表示，将在2021年年底前停止为境外煤电项目提供资金支持，并在此基础上，逐步停止对所有海外化石燃料项目的支持。

8. 联合国环境规划署宣布含铅汽油时代终结

8月30日，联合国环境规划署（UNEP）公开表示，随着阿尔及利亚汽车加油站于7月起停止提供含铅汽油，含铅汽油的使用在全球范围内宣告终结。自2002年起，UNEP开始倡导国际社会消除汽油中的铅。联合国环境规划署执行主任英格·安德森表示，成功实施含铅汽油禁令，对全球健康和环境而言都是一座巨大的里程碑。

9. 蒙古国、中国部分地区遭超强沙尘暴侵袭

3月中旬，蒙古国、中国部分地区遭遇超强沙尘暴，对环境空气质量带来严重影响。风云气象卫星监测显示，沙尘天气过程主要起源于蒙古国，之后随着蒙古气旋东移南下，影响中国北方大部分地区。气象专家分析，近年来蒙古国因气候变化导致的自然灾害发生率显著增加，须引起警惕。

10. 全球极端天气发生频率及强度显著增加

2月，罕见冬季风暴袭击美国得克萨斯州，造成全州超过400万用户停电。5—8月，美国多地山火肆意蔓延。7月，欧洲多国遭遇高温、暴雨等极端天气，导致洪水、林火等灾害频发；中国河南遭遇历史罕见特大暴雨，发生严重洪涝灾害。此外，一些南亚国家和东南亚国家也遭遇严重台风和洪灾。多地极端天气灾害发生频率和强度明显增加，专家呼吁各方积极采取行动应对气候问题。[①]

2021年中国生态文明建设大事记

1月6日，生态环境部印发《关于优化生态环境保护执法方式提高执法效能的指导意见》。为贯彻落实党中央、国务院关于深入打好污染防治攻坚战、深化生态环境保护综合行

[①]《2021年国内国际十大环境新闻》，《中国环境报》2022年2月18日第3版。

政执法改革、构建现代环境治理体系、加强和规范事中事后监管的决策部署，坚持方向不变、力度不减，突出精准治污、科学治污、依法治污，不断严格执法责任、优化执法方式、完善执法机制、规范执法行为，全面提高生态环境执法效能，切实改善生态环境质量，保障人民群众环境权益，提出该指导意见。

1月9日，生态环境部印发《关于统筹和加强应对气候变化与生态环境保护相关工作的指导意见》。主要目标："十四五"期间，应对气候变化与生态环境保护相关工作统筹融合的格局总体形成，协同优化高效的工作体系基本建立，在统一政策规划标准制定、统一监测评估、统一监督执法、统一督察问责等方面取得关键进展，气候治理能力明显提升。到2030年前，应对气候变化与生态环境保护相关工作整体合力充分发挥，生态环境治理体系和治理能力稳步提升，为实现二氧化碳排放达峰目标与碳中和愿景提供支撑，助力美丽中国建设。

1月24日，《排污许可管理条例》公布。该条例于2020年12月9日国务院第117次常务会议通过，自2021年3月1日起施行。为了加强排污许可管理，规范企业事业单位和其他生产经营者排污行为，控制污染物排放，保护和改善生态环境，根据《中华人民共和国环境保护法》等有关法律，制定该条例。

1月28日，生态环境部与相关部门联合出台了《建设用地土壤污染责任人认定暂行办法》和《农用地土壤污染责任人认定暂行办法》。《中华人民共和国土壤污染防治法》规定，土壤污染责任人不明确或者存在争议的，农用地由地方人民政府农业农村、林业草原主管部门会同生态环境、自然资源主管部门认定，建设用地由地方人民政府生态环境主管部门会同自然资源主管部门认定。认定办法由国务院生态环境主管部门会同有关部门制定。两个办法的出台，将为在土壤污染责任人不明确或者存在争议的情况下，开展责任人认定提供依据，进一步落实污染担责的原则。两个办法适用于行政主管部门在依法行使监督管理职责中，对建设用地和农用地土壤污染责任人不明确或者存在争议的情况下，开展的土壤污染责任人认定活动。这是当前土壤污染责任人认定工作的重点。涉及民事纠纷的责任人认定应当依据民事法律予以确定，不适用以上两个办法。

1月29日，生态环境部、中央宣传部、中央文明办、教育部、共青团中央、全国妇联等六部门联合出台了《"美丽中国，我是行动者"提升公民生态文明意识行动计划（2021—2025年）》。为贯彻落实党的十九大和十九届二中、三中、四中、五中全会精神与全国生态环境保护大会精神，提升公民生态文明意识，把建设美丽中国化为全社会自觉行动，依据党中央、国务院关于"十四五"时期推进生态文明建设的工作部署，生态环境部等六部门联合编制了《"美丽中国，我是行动者"提升公民生态文明意识行动计划（2021—2025年）》。

1月，中共中央办公厅、国务院办公厅印发了《关于全面推行林长制的意见》。森林和草原是重要的自然生态系统，对于维护国家生态安全、推进生态文明建设具有基础性、战略性作用。为全面提升森林和草原等生态系统功能，进一步压实地方各级党委和政府保护发展森林草原资源的主体责任，制定了该文件。指导思想：以习近平新时代中国特色社会主义思想为指导，全面贯彻党的十九大和十九届二中、三中、四中、五中全会精神，认真践行习近平生态文明思想，坚定不移贯彻新发展理念，根据党中央、国务院决策部署，按照山水林田湖草系统治理要求，在全国全面推行林长制，明确地方党政领导干部保护发展森林草原资源目标责任，构建党政同责、属地负责、部门协同、源头治理、全域覆盖的长效机制，加快推进生态文明和美丽中国建设。

2月1日，由生态环境部颁布的《碳排放权交易管理办法（试行）》正式施行，标志着经过近十年的试点，我国碳排放权交易终于进入崭新阶段。该办法指出，生态环境部按照国家有关规定，组织建立全国碳排放权注册登记机构和全国碳排放权交易机构，组织建设全国碳排放权注册登记系统和全国碳排放权交易系统。全国碳排放权交易机构负责组织开展全国碳排放权集中统一交易。该办法规定，生态环境部根据国家温室气体排放控制要求，综合考虑经济增长、产业结构调整、能源结构优化、大气污染物排放协同控制等因素，制定碳排放配额总量确定与分配方案。

2月2日，为贯彻落实党的十九大部署，加快建立健全绿色低碳循环发展的经济体系，国务院出台《关于加快建立健全绿色低碳循环发展经济体系的指导意见》。

3月12日，为进一步加强草原保护修复，加快推进生态文明建设，国务院办公厅出台《关于加强草原保护修复的若干意见》。主要目标：到2025年，草原保护修复制度体系基本建立，草畜矛盾明显缓解，草原退化趋势得到根本遏制，草原综合植被盖度稳定在57%左右，草原生态状况持续改善。到2035年，草原保护修复制度体系更加完善，基本实现草畜平衡，退化草原得到有效治理和修复，草原综合植被盖度稳定在60%左右，草原生态功能和生产功能显著提升，在美丽中国建设中的作用彰显。到本世纪中叶，退化草原得到全面治理和修复，草原生态系统实现良性循环，形成人与自然和谐共生的新格局。

3月18日，国家发展改革委、科技部、工业和信息化部、财政部、自然资源部、生态环境部、住房和城乡建设部、农业农村部、市场监管总局、国管局联合印发了《关于"十四五"大宗固体废弃物综合利用的指导意见》。开展资源综合利用是我国深入实施可持续发展战略的重要内容。大宗固体废弃物（以下简称"大宗固废"）量大面广、环境影响突出、利用前景广阔，是资源综合利用的核心领域。推进大宗固废综合利用对提高资源利用效率、改善环境质量、促进经济社会发展全面绿色转型具有重要意义。为深入贯彻落实党的十九届五中全会精神，进一步提升大宗固废综合利用水平，全面提高资源利用效率，推动生态文明建设，促进高质量发展，制定该指导意见。主要目标：到2025年，煤矸石、粉煤灰、尾矿（共伴生矿）、冶炼渣、工业副产石膏、建筑垃圾、农作物秸秆等大宗固废的综合利用能力显著提升，利用规模不断扩大，新增大宗固废综合利用率达到60%，存量大宗固废有序减少。大宗固废综合利用水平不断提高，综合利用产业体系不断完善；关键瓶颈技术取得突破，大宗固废综合利用技术创新体系逐步建立；政策法规、标准和统计体系逐步健全，大宗固废综合利用制度基本完善；产业间融合共生、区域间协同发展模式不断创新；集约高效的产业基地和骨干企业示范引领作用显著增强，大宗固废综合利用产业高质量发展新格局基本形成。

4月8日，为加快推进城市内涝治理，国务院办公厅出台《关于加强城市内涝治理的实施意见》。工作目标：到2025年，各城市因地制宜基本形成"源头减排、管网排放、蓄排并举、超标应急"的城市排水防涝工程体系，排水防涝能力显著提升，内涝治理工作取得明显成效；有效应对城市内涝防治标准内的降雨，老城区雨停后能够及时排干积水，低洼地区防洪排涝能力大幅提升，历史上严重影响生产生活秩序的易涝积水点全面消除，新城区不再出现"城市看海"现象；在超出城市内涝防治标准的降雨条件下，城市生命线工程等重要市政基础设施功能不丧失，基本保障城市安全运行；有条件的地方积极推进海绵城市建设。到2035年，各城市排水防涝工程体系进一步完善，排水防涝能力与建设海绵城市、韧性城市要求更加匹配，总体消除防治标准内降雨条件下的城市内涝现象。

4月15日，《中华人民共和国生物安全法》施行。2020年10月17日，第十三届全国人民代表大会常务委员会第二十二次会议通过了《中华人民共和国生物安全法》，自2021年4月15日起施行。该法的制定旨在维护国家安全，防范和应对生物安全风险，保障人民生命健康，保护生物资源和生态环境，促进生物技术健康发展，推动构建人类命运共同体，实现人与自然和谐共生。

4月15—17日，中国气候变化事务特使解振华同美国总统气候问题特使克里在上海举行会谈。双方就合作应对气候变化、领导人气候峰会、联合国气候公约第二十六次缔约方大会等议题进行了坦诚、深入、建设性沟通交流，取得积极进展，达成应对气候危机联合声明，重启中美气候变化对话合作渠道。双方认识到，气候变化是对人类生存发展严峻而紧迫的威胁，中美两国将加强合作，与其他各方一道共同努力应对气候危机，全面落实《联合国气候变化框架公约》及其《巴黎协定》的原则和规定，为推进全球气候治理作出贡献。双方将继续保持沟通对话，在强化政策措施、推动绿色低碳转型、支持发展中国家能源低碳发展等领域进一步加强交流与合作。

4月，中共中央办公厅、国务院办公厅印发《关于建立健全生态产品价值实现机制的意见》。建立健全生态产品价值实现机制，是贯彻落实习近平生态文明思想的重要举措，是践行绿水青山就是金山银山理念的关键路径，是从源头上推动生态环境领域国家治理体系和治理能力现代化的必然要求，对推动经济社会发展全面绿色转型具有重要意义。指导思想：以习近平新时代中国特色社会主义思想为指导，全面贯彻党的十九大和十九届二中、三中、四中、五中全会精神，深入贯彻习近平生态文明思想，按照党中央、国务院决策部署，统筹推进"五位一体"总体布局，协调推进"四个全面"战略布局，立足新发展阶段、贯彻新发展理念、构建新发展格局，坚持绿水青山就是金山银山理念，坚持保护生态环境就是保护生产力、改善生态环境就是发展生产力，以体制机制改革创新为核心，推进生态产业化和产业生态化，加快完善政府主导、企业和社会各界参与、市场化运作、可持续的生态产品价值实现路径，着力构建绿水青山转化为金山银山的政策制度体系，推动形成具有中国特色的生态文明建设新模式。

5月10日，中央生态环境保护督察办公室印发《生态环境保护专项督察办法》。习近平总书记高度重视生态环境保护督察工作，多次作出重要指示批示，强调要严格程序规范、强化督察权威。为深入贯彻落实习近平生态文明思想和习近平总书记重要指示批示精神，进一步规范生态环境保护专项督察工作，推动解决突出生态环境问题，压实生态环境保护责任，根据中共中央办公厅、国务院办公厅印发的《中央生态环境保护督察工作规定》及有关要求，中央生态环境保护督察办公室研究制定该办法。

5月11日，为深入贯彻党中央、国务院决策部署，落实《中华人民共和国固体废物污染环境防治法》等法律法规规定，提升危险废物监管和利用处置能力，有效防控危险废物环境与安全风险，国务院办公厅发出《关于印发强化危险废物监管和利用处置能力改革实施方案的通知》。工作目标：到2022年年底，危险废物监管体制机制进一步完善，建立安全监管与环境监管联动机制；危险废物非法转移倾倒案件高发态势得到有效遏制。基本补齐医疗废物、危险废物收集处理设施方面短板，县级以上城市建成区医疗废物无害化处置率达到99%以上，各省（自治区、直辖市）危险废物处置能力基本满足本行政区域内的处置需求。到2025年年底，建立健全源头严防、过程严管、后果严惩的危险废物监管体系。危险废物利用处置能力充分保障，技术和运营水平进一步提升。

5月17日，生态环境部办公厅印发《关于发布〈碳排放权登记管理规则（试行）〉〈碳排放权交易管理规则（试行）〉和〈碳排放权结算管理规则（试行）〉的公告》。为进一步规范全国碳排放权登记、交易、结算活动，保护全国碳排放权交易市场各参与方合法权益，生态环境部根据《碳排放权交易管理办法（试行）》，组织制定了《碳排放权登记管理规则（试行）》、《碳排放权交易管理规则（试行）》和《碳排放权结算管理规则（试行）》。同时公告如下有关事项：一、全国碳排放权注册登记机构成立前，由湖北碳排放权交易中心有限公司承担全国碳排放权注册登记系统账户开立和运行维护等具体工作。二、全国碳排放权交易机构成立前，由上海环境能源交易所股份有限公司承担全国碳排放权交易系统账户开立和运行维护等具体工作。三、《碳排放权登记管理规则（试行）》、《碳排放权交易管理规则（试行）》

和《碳排放权结算管理规则（试行）》自该公告发布之日起施行。

5月18日，《国务院办公厅关于科学绿化的指导意见》发布。科学绿化是遵循自然规律和经济规律、保护修复自然生态系统、建设绿水青山的内在要求，是改善生态环境、应对气候变化、维护生态安全的重要举措，对建设生态文明和美丽中国具有重大意义。为推动国土绿化高质量发展，经国务院同意，特提出该指导意见。

5月24日，生态环境部办公厅印发《环境信息依法披露制度改革方案》。环境信息依法披露是重要的企业环境管理制度，是生态文明制度体系的基础性内容。深化环境信息依法披露制度改革是推进生态环境治理体系和治理能力现代化的重要举措。为贯彻落实党的十九大报告有关要求，依法推动企业强制性披露环境信息，制定该方案。

5月30日，生态环境部印发《关于加强高耗能、高排放建设项目生态环境源头防控的指导意见》。为全面落实党的十九届五中全会关于加快推动绿色低碳发展的决策部署，坚决遏制高耗能、高排放项目盲目发展，推动绿色转型和高质量发展，就加强"两高"项目生态环境源头防控提出该指导意见。

6月2日，生态环境部和中央文明办共同制定并发布《关于推动生态环境志愿服务发展的指导意见》。志愿服务是党和国家事业的重要组成部分，是社会主义现代化建设的重要力量，是现代社会文明程度的重要标志，也是新形势下构建现代环境治理体系、推进生态文明建设的重要抓手和有效途径。为落实《志愿服务条例》和《"美丽中国，我是行动者"提升公民生态文明意识行动计划（2021—2025年）》相关要求，进一步推动生态环境志愿服务工作，促进生态环境志愿服务制度化、规范化、常态化，加快形成人与自然和谐发展的现代化建设新格局，依据相关法律法规，结合生态环境志愿服务特点，制定该意见。

6月30日，生态环境部印发《关于加强生态环境保护综合行政执法队伍建设的实施意见》。为贯彻落实习近平生态文明思想和习近平法治思想，深入打好污染防治攻坚战，推进严格规范公正文明执法，按照中共中央办公厅、国务院办公厅《关于深化生态环境保护综合行政执法改革的指导意见》《关于构建现代环境治理体系的指导意见》的要求，加强生态环境保护综合行政执法队伍建设，打造生态环境保护铁军中的主力军，提出该实施意见。

7月2日，为贯彻落实党的十九届五中全会精神和中央精准、科学、依法治污的工作方针，积极构建新时期服务型生态环境科技创新体系，大力推进生态环境科技成果转化应用，促进科学研究与实际需求深度融合，调动全国生态环境科技资源投入生态环境保护事业，充分发挥科技在深入打好污染防治攻坚战和生态文明建设中的支撑引领作用，生态环境部、科技部印发《百城千县万名专家生态环境科技帮扶行动计划》。

同日，《中华人民共和国土地管理法实施条例》公布，自2021年9月1日起施行。

7月13日，在2021年生态文明贵阳国际论坛"碳达峰碳中和与生态文明建设"主题论坛上，生态环境部发布了《中国应对气候变化的政策与行动2020年度报告》。

7月16日，全国碳排放权交易市场开市。建设全国统一碳排放权交易市场是以习近平同志为核心的党中央作出的重要决策，是利用市场机制控制和减少温室气体排放、推动经济发展方式绿色低碳转型的一项重要制度创新，也是加强生态文明建设、落实国际减排承诺的重要政策工具。

8月3日，《国务院关于印发全民健身计划（2021—2025年）的通知》发布。"十三五"时期，在党中央、国务院坚强领导下，全民健身国家战略深入实施，全民健身公共服务水平显著提升，全民健身场地设施逐步增多，人民群众通过健身促进健康的热情日益高涨，经常参加体育锻炼人数比例达到37.2%，健康中国和体育强国建设迈出新步伐。同时，全民健身区域发展不平衡、公共服务供给不充分等问题仍然存在。为促进全民健身更高水平发展，更好满足人民群众的健身和健康需求，依据《全民健身条例》，制订该计划。

8月27日，国家生态工业示范园区建设协调领导小组办公室印发《关于推进国家生态工业示范园区碳达峰碳中和相关工作的通知》。为深入贯彻习近平生态文明思想，积极应对气候变化，推动实现碳达峰碳中和目标，进一步落实《关于统筹和加强应对气候变化与生态环境保护相关工作的指导意见》《关于在国家生态工业示范园区中加强发展低碳经济的通知》等有关要求，充分体现国家生态工业示范园区在促进减污降碳协同增效、推动区域绿色发展中的示范引领作用，特提出该通知。

9月8日，为进一步加强塑料污染全链条治理，推动"十四五"白色污染治理取得更大成效，国家发展改革委、生态环境部制定印发《"十四五"塑料污染治理行动方案》。主要目标：到2025年，塑料污染治理机制运行更加有效，地方、部门和企业责任有效落实，塑料制品生产、流通、消费、回收利用、末端处置全链条治理成效更加显著，白色污染得到有效遏制。在源头减量方面，商品零售、电子商务、外卖、快递、住宿等重点领域不合理使用一次性塑料制品的现象大幅减少，电商快件基本实现不再二次包装，可循环快递包装应用规模达到1000万个。在回收处置方面，地级及以上城市因地制宜基本建立生活垃圾分类投放、收集、运输、处理系统，塑料废弃物收集转运效率大幅提高；全国城镇生活垃圾焚烧处理能力达到80万吨/日左右，塑料垃圾直接填埋量大幅减少；农膜回收率达到85%，全国地膜残留量实现零增长。在垃圾清理方面，重点水域、重点旅游景区、农村地区的历史遗留露天塑料垃圾基本清零。塑料垃圾向自然环境泄漏现象得到有效控制。

9月18日，《国务院办公厅关于对"十三五"时期实行最严格水资源管理制度成绩突出的省级人民政府给予表扬的通报》发布。为表扬先进、宣传典型，经国务院同意，对"十三五"时期实行最严格水资源管理制度成绩突出的浙江、江苏、山东、安徽4个省人民政府予以通报表扬。希望受到表扬的地区珍惜荣誉，再接再厉，充分发挥示范引领和带动作用，取得新的更大成绩。

9月30日，《国务院关于同意设立三江源国家公园的批复》指出，同意设立三江源国家公园。三江源国家公园设立后，相同区域不再保留其他自然保护地，相关未划入国家公园区域的管控要求通过自然保护地整合优化工作予以明确。原则同意《三江源国家公园设立方案》，请认真组织实施。

9月，中共中央办公厅、国务院办公厅印发《关于深化生态保护补偿制度改革的意见》。该意见指出，生态保护补偿制度作为生态文明制度的重要组成部分，是落实生态保护权责、调动各方参与生态保护积极性、推进生态文明建设的重要手段。要加快健全有效市场和有为政府更好结合、分类补偿与综合补偿统筹兼顾、纵向补偿与横向补偿协调推进、强化激励与硬化约束协同发力的生态保护补偿制度。

10月8日，国务院新闻办公室发布《中国的生物多样性保护》白皮书，这是中国政府发布的第一部生物多样性保护白皮书。白皮书以习近平生态文明思想为指导，介绍中国生物多样性保护的政策理念、重要举措和进展成效，介绍中国践行多边主义、深化全球生物多样性合作的倡议行动和世界贡献。

10月12日，国家主席习近平以视频方式出席《生物多样性公约》第十五次缔约方大会领导人峰会并发表主旨讲话。10月13日，联合国《生物多样性公约》第十五次缔约方大会第一阶段会议通过《昆明宣言》。宣言承诺加快并加强制定、更新本国生物多样性保护战略与行动计划；优化和建立有效的保护地体系；积极完善全球环境法律框架；增加为发展中国家提供实施"2020年后全球生物多样性框架"所需的资金、技术和能力建设支持；进一步加强与《联合国气候变化框架公约》等现有多边环境协定的合作与协调行动，以推动陆地、淡水和海洋生物多样性的保护和恢复。10月15日，2020年联合国生物多样性大会（第一阶段）圆满完成各项议程，在昆明闭幕。

10月17日，为深入贯彻习近平生态文明思想，落实党和国家机构改革关于生态环境部"统一负责生态环境监测"的职责，推进山水林田湖草沙冰一体化保护和系统修复，加强生态建设和生物多样性保护，按照党的十九届五中全会关于"提升生态系统质量和稳定性"和"开展生态系统保护成效监测评估"的精神，落实中办、国办《关于深化生态保护补偿制度改革的意见》中"推动开展全国生态质量监测评估"的要求，生态环境部印发《区域生态质量评价办法（试行）》。

10月21日，国务院印发《地下水管理条例》。《地下水管理条例》已经2021年9月15日国务院第149次常务会议通过，自2021年12月1日起施行。为了加强地下水管理，防治地下水超采和污染，保障地下水质量和可持续利用，推进生态文明建设，根据《中华人民共和国水法》和《中华人民共和国水污染防治法》等法律，制定该条例。

10月24日，国务院印发《2030年前碳达峰行动方案》。为深入贯彻落实党中央、国务院关于碳达峰、碳中和的重大战略决策，扎实推进碳达峰行动，特制定该方案。主要目标："十四五"期间，产业结构和能源结构调整优化取得明显进展，重点行业能源利用效率大幅提升，煤炭消费增长得到严格控制，新型电力系统加快构建，绿色低碳技术研发和推广应用取得新进展，绿色生产生活方式得到普遍推行，有利于绿色低碳循环发展的政策体系进一步完善。到2025年，非化石能源消费比重达到20%左右，单位国内生产总值能源消耗比2020年下降13.5%，单位国内生产总值二氧化碳排放比2020年下降18%，为实现碳达峰奠定坚实基础。"十五五"期间，产业结构调整取得重大进展，清洁低碳安全高效的能源体系初步建立，重点领域低碳发展模式基本形成，重点耗能行业能源利用效率达到国际先进水平，非化石能源消费比重进一步提高，煤炭消费逐步减少，绿色低碳技术取得关键突破，绿色生活方式成为公众自觉选择，绿色低碳循环发展政策体系基本健全。到2030年，非化石能源消费比重达到25%左右，单位国内生产总值二氧化碳排放比2005年下降65%以上，顺利实现2030年前碳达峰目标。

10月27日，国务院新闻办公室发表《中国应对气候变化的政策与行动》白皮书。中国实施积极应对气候变化国家战略。不断提高应对气候变化力度，强化自主贡献目标，加快构建碳达峰碳中和"1+N"政策体系。坚定走绿色低碳发展道路，实施减污降碳协同治理，积极探索低碳发展新模式。加大温室气体排放控制力度，有效控制重点工业行业温室气体排放，推动城乡建设和建筑领域绿色低碳发展，构建绿色低碳交通体系，持续提升生态碳汇能力。充分发挥市场机制作用，持续推进全国碳市场建设，建立温室气体自愿减排交易机制。推进和实施适应气候变化重大战略，持续提升应对气候变化支撑水平。中国应对气候变化发生历史性变化。经济发展与减污降碳协同效应凸显，绿色已成为经济高质量发展的亮丽底色，在经济社会持续健康发展的同时，碳排放强度显著下降。能源生产和消费革命取得显著成效，非化石能源快速发展，能耗强度显著降低，能源消费结构向清洁低碳加速转化。持续推动产业绿色低碳化和绿色低碳产业化。生态系统碳汇能力明显提高。绿色低碳生活成为新风尚。

10月，中共中央办公厅、国务院办公厅印发《关于进一步加强生物多样性保护的意见》。该意见明确了我国新时期生物多样性保护的总体目标和战略部署。正确理解和把握新时期生物多样性保护的目标愿景、任务要点和战略要求，是深入推进生物多样性保护和生态文明建设的基础。

10月，中共中央、国务院印发《黄河流域生态保护和高质量发展规划纲要》，并发出通知，要求各地区各部门结合实际认真贯彻落实。党的十八大以来，习近平总书记多次实地考察黄河流域生态保护和经济社会发展情况，就三江源、祁连山、秦岭、贺兰山等重点区域生态保护建设作出重要指示批示。习近平总书记强调黄河流域生态保护和高质量发展是重大国家战略，要共同抓好大保护，协同推进大治理，着力加强生态保护治理、保障黄河长治久安、促进全流域高质量发展、改善人民群众生活、保护传承弘扬黄河文化，让黄河成为造福人民的幸福河。为深入贯彻习近平总书记重要讲话和重要指示批示精神，编制《黄河流域生态保护和高质量发展规划纲要》。规划范围为黄河干支流流经的青海、四川、甘肃、宁夏、内蒙古、山西、陕西、河南、山东9省区相关县级行政区，国土面积约130万平方公里，2019年年末总人口约1.6亿。为保持重要生态系统的完整性、资源配置的合理性、文化保护传承弘扬的关联性，在谋划实施生态、经济、文化等领域举措时，根据实际情况可延伸兼顾联系紧密的区域。该规划纲要是指导当前和今后一个时期黄河流域生态保护和高质量发展的纲领性文件，是制定实施相关规划方案、政策措施和建设相关工程项目的重要依据。规划期至2030年，中期展望至2035年，远期展望至本世纪中叶。

10月，中共中央办公厅、国务院办公厅印发《关于推动城乡建设绿色发展的意见》。城乡建设是推动绿色发展、建设美丽中国的重要载体。党的十八大以来，我国人居环境持续改善，住房水平显著提高，同时仍存在整体性缺乏、系统性不足、宜居性不高、包容性不够等问题，大量建设、大量消耗、大量排放的建设方式尚未根本扭转。为推动城乡建设绿色发展，特制定该意见。总体目标：到2025年，城乡建设绿色发展体制机制和政策体系基本建立，建设方式绿色转型成效显著，碳减排扎实推进，城市整体性、系统性、生长性增强，"城市病"问题缓解，城乡生态环境质量整体改善，城乡发展质量和资源环境承载能力明显提升，综合治理能力显著提高，绿色生活方式普遍推广。到2035年，城乡建设全面实现绿色发展，碳减排水平快速提升，城市和乡村品质全面提升，人居环境更加美好，城乡建设领域治理体系和治理能力基本实现现代化，美丽中国建设目标基本实现。

11月2日，中共中央、国务院印发《关于深入打好污染防治攻坚战的意见》。针对加快推动绿色低碳发展，意见要求深入推进碳达峰行动，聚焦国家重大战略打造绿色发展高地，推动能源清洁低碳转型，坚决遏制高耗能高排放项目盲目发展，推进清洁生产和能源资源节约高效利用，加强生态环境分区管控，加快形成绿色低碳生活方式。针对深入打好蓝天保卫战，意见要求着力打好重污染天气消除攻坚战，着力打好臭氧污染防治攻坚战，持续打好柴油货车污染治理攻坚战，加强大气面源和噪声污染治理。针对深入打好碧水保卫战，意见要求持续打好城市黑臭水体治理攻坚战，持续打好长江保护修复攻坚战，着力打好黄河生态保护治理攻坚战，巩固提升饮用水安全保障水平，着力打好重点海域综合治理攻坚战，强化陆域海域污染协同治理。针对深入打好净土保卫战，意见要求持续打好农业农村污染治理攻坚战，深入推进农用地土壤污染防治和安全利用，有效管控建设用地土壤污染风险，稳步推进"无废城市"建设，加强新污染物治理，强化地下水污染协同防治。针对切实维护生态环境安全，意见要求持续提升生态系统质量，实施生物多样性保护重大工程。强化生态保护监管，确保核与辐射安全，严密防控环境风险。针对提高生态环境治理现代化水平，意见要求全面强化生态环境法治保障，健全生态环境经济政策，完善生态环境资金投入机制，实施环境基础设施补短板行动，提升生态环境监管执法效能，建立完善现代化生态环境监测体系，构建服务型科技创新体系。

11月9日，生态环境部印发《关于深化生态环境领域依法行政 持续强化依法治污的指导意见》。为深入学习贯彻习近平生态文明思想、习近平法治思想，落实中共中央、国务院印发的《法治中国建设规划（2020—2025年）》《法治政府建设实施纲要（2021—2025年）》《法治社会建设实施纲要（2020—2025年）》《关于加强社会主义法治文化建设的意见》《关于深入打好污染防治攻坚战的意见》等文件，全面推进生态环境领域依法行政，深入推进依法治污，提出了该意见。总体目标：到2025年，生态环境保护职能更加完善，生态环境保护领域政府和市场、政府和社会关系进一步厘清，有效市场和有为政府更好结合，生态环境部门的行政行为全面纳入法治轨道，职责明确、依法行政的现代环境治理体系日益健全，生态环境行政执法质量和效能大幅提升。

11月19日，生态环境部印发《关于实施"三线一单"生态环境分区管控的指导意见（试行）》。实施"三线一单"（生态保护红线、环境质量底线、资源利用上线和生态环境准入清单）生态环境分区管控制度，是新时代贯彻落实习近平生态文明思想、深入打好污染防治攻坚战、加强生态环境源头防控的重要举措。为加强对"三线一单"生态环境分区管控制度实施和落地应用的指导，筑牢生态优先、绿色发展的底线，强化综合治理、系统治理、精准治理，推动构建新发展格局，结合地方实践，提出了该意见。

11月30日，《危险废物转移管理办法》公布。《危险废物转移管理办法》已于2021年9月18日由生态环境部部务会议审议通过，并经公安部和交通运输部同意，自2022年1月1日起施行。

12月10日，为深入贯彻落实《中共中央 国务院关于深入打好污染防治攻坚战的意见》，稳步推进"无废城市"建设，生态环境部会同发展改革委、工业和信息化部、财政部、自然资源部、住房和城乡建设部、农业农村部、商务部、文化和旅游部、卫生健康委、人民银行、税务总局、市场监管总局、统计局、国管局、银保监会、邮政局、全国供销合作总社等17个部门和单位联合印发《"十四五"时期"无废城市"建设工作方案》。

12月11日，生态环境部发布《企业环境信息依法披露管理办法》。《企业环境信息依法披露管理办法》已于2021年11月26日由生态环境部2021年第四次部务会议审议通过，自2022年2月8日起施行。

12月13日，生态环境部发布《"十四五"生态环境保护综合行政执法队伍建设规划》。为深入推进生态环境保护综合行政执法改革，进一步加强生态环境保护综合行政执法队伍建设，切实提高执法效能，着力打造生态环境保护铁军中的主力军，生态环境部组织制定并印发了《"十四五"生态环境保护综合行政执法队伍建设规划》。

12月15日，国家发展改革委等部门印发关于《生态保护和修复支撑体系重大工程建设规划（2021—2035年）》的通知。党的十八大以来，以习近平同志为核心的党中央站在中华民族永续发展的战略高度，作出了加强生态文明建设的重大决策部署。为深入学习贯彻习近平生态文明思想，全面贯彻党的十九大和十九届历次全会精神，根据中央统一部署，国家发展改革委、自然资源部会同科技部、财政部、生态环境部、水利部、农业农村部、应急管理部、中国气象局、国家林草局等有关部门，按照统筹山水林田湖草沙一体化保护和修复的思路，研究编制了《全国重要生态系统保护和修复重大工程总体规划（2021—2035年）》，于2020年4月27日经中央全面深化改革委员会第十三次会议审议通过，作为当前和今后一段时期推进全国重要生态系统保护和修复重大工程的指导性规划，以及编制和实施有关重大工程专项建设规划的主要依据。

12月24日，工业和信息化部、国家发展改革委、科技部、生态环境部、住房城乡建设部、水利部印发《工业废水循环利用实施方案》。为贯彻落实党中央、国务院关于污水资源化利用的决策部署，推进工业废水循环利用，提升工业水资源集约节约利用水平，促进经济社会全面绿色转型，根据《关于推进污水资源化利用的指导意见》（发改环资〔2021〕13号），制定该实施方案。

12月28日，生态环境部印发《"十四五"生态环境监测规划》。为贯彻落实《中共中央 国务院关于深入打好污染防治攻坚战的意见》，建立完善现代化生态环境监测体系，强化"监测先行、监测灵敏、监测准确"，以更高标准保证监测数据"真、准、全、快、新"，有力支持生态环境质量持续改善和减污降碳协同增效，生态环境部会同有关部门编制了《"十四五"生态环境监测规划》。

12月29日，生态环境部、发展改革委、财政部、自然资源部、住房城乡建设部、水利部、农业农村部印发《"十四五"土壤、地下水和农村生态环境保护规划》。

12月31日，全国碳排放权交易市场第一个履约周期顺利结束。全国碳市场第一个履约周期共纳入发电行业重点排放单位2162家，年覆盖温室气体排放量约45亿吨二氧化碳。自2021年7月16日正式启动上线交易以来，全国碳市场累计运行114个交易日，碳排放配额累计成交量1.79亿吨，累计成交额76.61亿元。按履约量计，履约完成率为99.5%。12月31日收盘价54.22元/吨，较7月16日首日开盘价上涨13%，市场运行健康有序，交易价格稳中有升，促进企业减排温室气体和加快绿色低碳转型的作用初步显现。

12月，中共中央办公厅、国务院办公厅印发《农村人居环境整治提升五年行动方案（2021—2025年）》。改善农村人居环境，是以习近平同志为核心的党中央从战略和全局高度作出的重大决策部署，是实施乡村振兴战略的重点任务，事关广大农民根本福祉，事关农民群众健康，事关美丽中国建设。2018年农村人居环境整治三年行动实施以来，各地区各部门认真贯彻党中央、国务院决策部署，全面扎实推进农村人居环境整治，扭转了农村长期以来存在的脏乱差局面，村庄环境基本实现干净整洁有序，农民群众环境卫生观念发生可喜变化、生活质量普遍提高，为全面建成小康社会提供了有力支撑。但是，我国农村人居环境总体质量水平不高，还存在区域发展不平衡、基本生活设施不完善、管护机制不健全等问题，与农业农村现代化要求和农民群众对美好生活的向往还有差距。行动目标：到2025年，农村人居环境显著改善，生态宜居美丽乡村建设取得新进步。农村卫生厕所普及率稳步提高，厕所粪污基本得到有效处理；农村生活污水治理率不断提升，乱倒乱排得到管控；农村生活垃圾无害化处理水平明显提升，有条件的村庄实现生活垃圾分类、源头减量；农村人居环境治理水平显著提升，长效管护机制基本建立。

中国生物安全建设（2020—2021）

中国生物安全建设综述

我国2020年颁布的《中华人民共和国生物安全法》将生物安全界定为"国家有效防范和应对危险生物因子及相关因素威胁，生物技术能够稳定健康发展，人民生命健康和生态系统相对处于没有危险和不受威胁的状态，生物领域具备维护国家安全和持续发展的能力"[①]。这一概念的界定为我们从国家安全的宏观角度理解生物安全，更清晰地把握和理解生物安全的内涵及边界提供了很好的依据和基础。事实上，生物安全是一个系统的概念，从实验室研究到产业化生产，从技术研发到经济活动，从个人安全到国家安全，都涉及生物安全性问题。因此，近年来我国高度重视生物安全问题，注重生物安全治理能力建设，从体制机制、法律法规、行政执法等多角度入手，取得了巨大的成就。

一、生物安全政策法规制定工作

生物安全政策法规体系包括法律法规的制修订和相关政策规划的编制出台两大方面。近年来，我国在政策法规相关领域有诸多实践，为生物安全治理提供了法律依据和顶层设计方案。

（一）立法层面

从立法层面，我国关于生物安全的规定散见于多个法律、行政法规、部门规章等之中，例如，《环境保护法》《农业法》《野生动物保护法》《进出境动植物检疫法》《农业转基因生物安全管理条例》《农业转基因生物安全评价管理办法》等。2018年9月，《生物安全法》被正式列入《十三届全国人大常委会立法规划》，但由于被归入"立法条件尚不完全具备，需要继续研究论证的立法项目"，依然处于起步阶段。2020年新冠疫情暴发后，习近平总书记

[①] 参见2020年10月17日第十三届全国人民代表大会常务委员会第二十二次会议通过的《中华人民共和国生物安全法》，新华网，2020年10月18日。

在中央全面深化改革委员会第十二次会议上提出,要"加快构建国家生物安全法律法规体系,制度保障体系",生物安全立法进程加速。2020年10月,《生物安全法》出台,至此,我国以《生物安全法》为核心,由生物安全相关各领域法律、行政法规、部门规章、技术标准体系等组成的生物安全法律体系初步形成。

(二)政策层面

从政策层面看,疫情暴发以来,我国把加强生物安全建设摆上更加突出的位置,生物安全相关政策和规划体系正不断完善,主要表现在以下几个方面。

在外来入侵物种防控方面,我国陆续发布4批《中国自然生态系统外来入侵物种名单》,制定《国家重点管理外来入侵物种名录》,先后公布外来入侵物种共83种。组织开展国家级自然保护区外来入侵物种调查和生态影响评估,印发《外来物种环境风险评估技术导则》,查明重点外来入侵物种的扩散途径和方式,开展外来入侵物种的监测预警、防控灭除和监督管理。同时,加强外来物种口岸防控,严防境外动植物疫情疫病和外来物种传入。2021年,农业农村部、自然资源部、生态环境部等五部门联合发布《进一步加强外来物种入侵防控工作方案》,完善外来入侵物种防控制度,建立外来入侵物种防控部际协调机制,推动外来入侵生物联防联控。

在生物技术安全管理方面,我国先后颁布实施《农业转基因生物安全管理条例》《农业转基因生物安全评价管理办法》《进出境转基因产品检验检疫管理办法》《生物技术研究开发安全管理办法》等,发布转基因生物安全评价、检测及监管技术标准200余项,规范生物技术及其产品的安全管理。建立健全转基因生物环境风险评价与生态毒理检测监测技术体系,防范转基因生物环境释放可能对生物多样性保护及可持续利用产生的不利影响,有序推动生物技术健康发展。

在生物遗传资源保护和监管方面,制定《加强生物遗传资源管理国家工作方案(2014—2020年)》,加强对生物遗传资源保护、获取、利用和惠益分享的管理和监督。组织开展重要生物遗传资源调查和保护成效评估,查明生物遗传资源本底,摸清重要生物遗传资源分布、保护及利用现状,开展生物遗传资源编目。加快推进生物遗传资源获取与惠益分享相关立法进程,防止生物遗传资源流失和无序利用,保障生物遗传资源安全。

生态环境部公布信息显示,为有效防范和应对外来物种入侵、生物遗传资源流失及生物技术产品环境释放的安全风险,切实推进生物多样性保护工作,全面维护生态安全,下一步我国将从加大外来物种调查防控力度、加强生物技术环境安全管理能力建设、健全生物遗传资源获取与惠益分享监管制度等多个方面采取有力措施,全面提升国家生物安全管理水平。

然而,我国生物安全政策法规相对较为缺乏的现象并未根本缓解。基于立法体系分散、缺乏足够的全局性考量等原因，我国现阶段的生物安全法律体系依然存在政出多门、各部门管理职责分散、监管力度不足等现象，生物安全法规体系完善依然任重道远。

二、生物安全应急管理能力建设工作

生物安全应急管理体系是一种全面性、综合性和规范性制度安排，由生物安全应急管理主体、客体和运行关系三要素构成。它既包括体制、机制和法制等静态制度，也包括了执行、遵从和运行的动态应急管理行动[①]。生物安全应急管理能力是一个国家或地区、单位和管理者个体，通过防范和控制事件中的生物致害因子，减轻消除威胁的能力。生物安全应急能力通常适用预防原则、准备原则和先期处置原则[②]，核心目标是避免事件发生，主要包括监测、预警、鉴别、处置、恢复等方面的能力[③]。生物安全应急能力通过应急管理体系的主体、客体和关系等各要素发挥作用。一是应急主体能力的全面性。生物安全事件系统性风险特征，需要政府、市场主体、社会组织和公众的共同参与，尤其是纵向、横向上不同层级政府间的应急职能协调、资源配置能力。二是应急客体能力的激励有效性。通过应急管理各环节机制的有效设计，实现应急管理各环节的预防准备、监测预警、应急响应、处置应对、恢复重建的能力。三是应急管理关系的规范能力。规范能力通过增强应急管理关系的确定性，实现应急管理参与者行动的可预期性，进而对冲应急事件的不确定性。

2003年非典型肺炎（SARS）暴发前，中国在传染病防控和病原微生物研究方面就开展了一系列工作，但生物安全却并没有引起足够重视。SARS事件中，传染性强、死亡率高、恐怖效应强的SARS病毒疫情，凸显了我国在公共卫生应急管理体系和能力建设方面的危机，2003年出台了《突发公共卫生事件应急条例》，也使得生物安全概念进入政府管理视野。

此后，我国开始了全面性应急管理体系建设。2005年制定出台了《国家突发公共事件总体应急预案》。2007年制定出台了《突发事件应对法》，划分为自然灾害、事故灾难、公共卫生、社会安全等四大类突发事件，并初步建立了"一案三制"的应急管理制度体系框架。2016年出台了《中共中央 国务院关于推进防灾减灾救灾体制机制改革的意见》，提出"坚持以防为主、防抗救相结合，坚持常态减灾和非常态救灾相统一，努力实现从注重灾后救助向注重灾前预防转变，从应对单一灾种向综合减灾转变"。党的十九大报告，把"防范化解重大风险"摆在必须打好的三大攻坚战首位，强调要增强驾驭风险本领，健全各方面风险防控

[①] 李明：《国家生物安全应急体系和能力现代化路径研究》，《行政管理改革》2020年第4期。
[②] Rosalyn Diprose, Niamh Stephenson, Catherine Mills, Kane Race and Gay Hawkins, "Governing the Future: The Paradigm of Prudence in Political Technologies of Risk Management", *Security Dialogue*, Vol.39, No.2/3, Special Issue on Security, Technologies of Risk, and the Political (April/June 2008), pp.267-288.
[③] 郑涛：《我国生物安全学科建设与能力发展》，《军事医学》2011年第11期。

机制。

新冠疫情暴发后,国家应急管理体制机制建设方面,先后明确了卫健委、农业农村部、科技部、生态环境部等部门的生物安全应急管理职能。2018年新成立的应急管理部确立了坚持以防为主、防抗救相结合,努力实现从注重灾后救助向注重灾前预防转变、从应对单一灾种向综合减灾转变、从减少灾害损失向减轻灾害风险转变的自然灾害防治理念。此外,我国围绕公共卫生事件、重大突发动物疫情、实验室生物安全、生态安全等领域,也制定了一系列生物安全突发事件处置应急预案。如国务院颁布了《病原微生物实验室生物安全管理条例》,规定根据传染性、危害程度指标,将病原微生物分为四类。农业部、卫生部分别颁布了《动物病原微生物分类名录》(2005)和《人间传染的病原微生物名录》(2006),开始全面加强病原微生物的生物安全应急管理工作。生物安全应急管理基础设施建设也得到加强,我国已建成2个生物安全四级实验室,50多个生物安全三级实验室,用于第一、第二类高致病性病原微生物的研究工作。2004年建设了全球最大的突发公共卫生事件与传染病疫情监测信息报告系统,也为疫情监测奠定了坚实的基础。

总体上看,当前我国生物安全应急管理体制基本形成,但在工作理念上,还未真正从被动危机应对转向主动应对各项生物安全挑战。目前以专项治理为主,而缺乏综合性应对;在体制机制设置方面以应急性的事件救援为主,而缺乏风险管理。新冠疫情发生后,我国生物安全应急管理机制在制度、应急准备、人才建设、科普宣传、物资储备等方面都有了长足的进步,但在事前预防奖惩机制、生物安全应急管理的高效应对等方面还需进一步加强。

三、生物安全风险防控能力建设工作

风险防控能力主要包括风险识别(Risk Identification)和风险分析(Risk Analysis)两大环节。风险识别是风险防控的基础,是识别并认定风险因素的过程,即考虑到生物安全相关活动,如技术研发应用和生态环境开发利用等可能对公众健康、生态环境和国家安全造成的影响,鉴别在这些活动中可能造成不利影响的因素。风险分析分为定性风险分析和定量风险分析。定性分析是对生物安全风险发生等级的分析,而定量分析则针对风险发生的概率进行分析。风险分析以定量或定性的方式确定相关活动对公众健康、生态环境和国家安全造成不良影响的性质和严重程度(危险特性),以及暴露于此种不良影响中的可能性(暴露风险)。风险评价即在综合考虑风险识别、危险特性和暴露风险的前提下,预测总体风险特征以及可能产生的不利影响,并就风险是否可以接受的问题提供政策建议。

当前,我国生物安全领域各类危害国家安全的新行为新主体新危害不断涌现,传统生物安全问题和新型生物安全风险相互叠加,境外生物威胁和内部生物风险交织并存,相关风险防控是当前我国国家安全的重要组成部分。

（一）风险识别

从政府角度看，我国生物安全风险防控主要通过建立风险名录、检疫检验、引种许可等方式进行。但是，作为其前提的风险识别却未能得到应有的重视。例如，在公共卫生安全方面，我国将动物疫病分为三类，并以名录的方式作出规定，但对名录的更新却未作出详细的规定，该名录仅于2008年更新过一次，难以应对国际和国内动物疫情的变化，也难以符合世界动物卫生组织对动物疫病防控范围的要求，从而大大削弱了我国生物安全风险防控的能力和水平。

另外，随着我国综合国力的不断提升，境外机构、组织和人员实施危害我国国家安全的行为已经不再局限于传统领域，非传统安全领域的风险日益上升，给我国经济社会安全平稳发展带来了风险隐患。生物安全风险识别仅靠政府层面监管，力量日显不足，因此，社会参与风险识别的重要性日益突出。值得欣慰的是，新冠疫情发生后，我国公众在生物安全领域的防控意识空前强化，对相关不法行为或可疑行为的容忍度越来越低，通过监督举报的方式为监管部门提供了大量有价值的调查线索[1]，推动我国生物安全风险防控能力上了新台阶。

（二）风险分析

风险分析是当代生物安全风险防控的重要组成部分。国际标准制定组织，以及其他与人类、动植物健康和环境保护相关的机构，都将风险分析作为实现风险管控目标的基本工具。生物安全风险分析的许多方面在性质上是通用的，一般原则可以很容易地从不同国际

---

[1]《人民日报》2021年11月1日报道，山东省某市市民陈某发现，境外非政府组织"某研究院"以开展生物物种相关调研为名在我国招募志愿者，大肆搜集各地的生物物种分布数据信息。由于多次接受国家安全相关宣传教育，陈某意识到，"某研究院"的行为可能并非单纯的生态环境科学研究，而是涉嫌危害我国生物安全，于是他立即拨通12339国家安全机关举报受理电话，反映了自己发现的情况。国家有关部门立马开展调研，发现陈某反映的情况属实。"某研究院"系一家有某国政府背景、专门搜集世界各地生物物种信息的机构。2020年，该研究院公开发布某物种分布信息采集项目，广泛招募志愿者对所在国家的生物多样性状况进行调查，明确要求采集各类物种及所处地理坐标等信息，尤其要求注重搜集稀有物种分布信息，并通过专用软件上传。此信息采集项目覆盖地域广，涉及我国多个省区市，包括众多自然保护区等重要区域，打着科研项目的名义，误导诱使很多志愿者在不知情的情况下，非法搜集我国生物物种分布信息，并刻意绕开我国相关主管部门的监管审核，通过专用软件将搜集到的大量信息实时传输到境外，对我国生物安全、生态安全造成了潜在危害。国家安全机关联合相关主管部门，及时开展了相应的防范处置，有效制止了我国生物物种分布数据信息的外泄。（参见《根据举报化解生物安全隐患，国家安全机关呼吁——共同维护国家生物安全》，人民网，http://hgjjgl.com/show-190-219260-1.html，2021年11月1日）

国内标准制定机构和组织独立制定的原则中制定出来。因此，风险分析必须在既定的政策和组织背景下加以应用，风险分析方法只有在充分的生物安全基础设施和操作到位且法规得到充分执行的情况下才会成功。风险分析往往涉及一个复杂的科学过程，用于估计可能与特定食品、动物、植物、特定生物体或环境情境相关的健康和生命风险。

目前我国主要通过实验室和科研机构的科学研究来完成相关生物安全的风险分析。随着各地、各高校的高等级生物安全实验室越来越多，风险分析能力毫无疑问得到了大幅提升。但同时，目前我国生物安全风险分析在一些新兴领域还存在知识上的不足。硬件方面，高校科研实验室的建设方案往往没有经过专业的实验室安全审核和风险评估，部分实验室运行也存在安全隐患[1]。此外，生物实验室、活动中可能存在的风险包括标本、人员、设施设备、检测、感染性废物处置、意外事件等[2]，感染性废物处置也仅在《新型冠状病毒实验室生物安全指南（第二版）》中有所体现，在整体上尚缺乏专门的技术指南、导则等。

四、生物安全持续能力建设工作

生物安全能力持续建设包括诸多内容，其中主要的方面有生物安全的科技能力、装备水平、人才队伍建设等。

（一）科技能力

近年来，为了防范和应对可能发生的重大疫情和生物恐怖袭击事件，国家部署并开展了一系列生物安全科技研究工作，建立和完善了应急指挥体系和快速反应机制，在生物安全能力建设方面发展比较快，取得了显著进步。但是，总体而言，目前我国防御生物威胁的科技能力与国家发展对安全环境的需要差距还很大，与发达国家的能力建设水平相比还较落后。主要表现在两个方面。第一，原创性生物安全相关研究薄弱。总体上，基础研究和产品研制跟踪或仿制的多，原始创新或具有自主知识产权的少。由于存在总体论证与评估经验不足、经费管理与科研实际需求矛盾大、研究与生产脱节比较严重等问题，过程管理中过于重视立竿见影的产品研制，导致探索和创新研究没有得到应有的重视。同时，没有根据国际生命科学和生物技术以及医学等相关学科领域最新进展及时调整资助策略和部署新的研究方向和研究领域，创新驱动后劲不足，影响了预期目标的实现。另外，我国被西方发达国家特别是美国施行严格技术封锁，这在生物安全领域尤其明显，依靠引进国外先进技术与产品的道路无法实现可持续发展。第二，科技活动管理体系不完善。目前我国生物安全布局缺乏龙头科技

---

[1] 刘康富、赵艳娥、陈敬德：《高校实验室安全风险评估与监管体系构建的实践与思考》，《实验技术与管理》2016年第11期。

[2] 鲍春梅、李波、王欢等：《新型冠状病毒的实验室生物风险评估与风险控制》，《传染病信息》2020年第1期。

机构，有限的国家生物安全科技经费与资源的投向缺乏定向性的重点保障科研机构，造成了许多衍生问题。生物安全能力建设是一个系统工程，本质上是统筹管理下的分工合作过程，但在我国现有科技资源分配体系下，很难保证全国一盘棋的系统管理，因此管理力度迫切需要加强。

（二）装备水平

"十三五"期间，国家相关部委相继发布《高级别生物安全实验室体系建设规划（2016—2025年）》《兽用疫苗生产企业生物安全三级防护标准》等政策文件，标志着我国高等级生物安全设施建设发展进入快车道，对生物安全关键防护装备具有重大需求。我国相关部门已意识到生物安全关键防护装备"卡脖子"难题，在国家重点研发计划项目的资助下，相关研究所建造了国产化BSL-4实验室，其关键防护设备全部采用国产产品，包括生命支持系统、化学淋浴系统等，已通过国家第三方机构的工程验收，达到了BSL-4实验室的技术要求[1]。上述设备目前正开展示范应用，以进一步加强安全性、可靠性验证和综合效能评估，将为我国高等级生物安全设施建设提供装备支撑。

虽然我国生物安全防护装备的发展取得一些成效，但由于发展时间短，其总体技术水平和装备体系化方面依然落后于欧美发达国家，对进口产品的依赖局面依然严峻。生物安全型高效空气过滤装置、气密门、生物型密闭阀等的国产化技术和产品尽管已趋于成熟，已大量应用于国内BSL-3实验室，但部分国产化技术、产品和标准已很成熟的防护装备品牌与质量尚不及同类进口产品，仍以进口为主。最新调查结果表明，我国疾病预防控制系统的BSL-3实验室所用的生物安全关键防护装备中，进口压力蒸汽灭菌器占59.57%、进口气（汽）体消毒装置占75%、进口生物安全柜数量占98.81%[2]。正压防护头罩、生物防护口罩、生物防护服等个人生物安全防护装备均被国外公司垄断，在我国疾病预防控制部门中占有率接近100%。我国已建成的3家生物安全四级实验室关键防护设备全部采用进口产品，成为我国生物安全防护体系的重大隐患。

（三）人才队伍

从我国新冠疫情防控情况来看，为确保作为国家治理体系重要组成部分之一的公共卫生应急体系工作得以及时高效开展，必须注重平时及战时、预防及应急等多种措施的充分结合，而作为公共卫生应急体系重要基础和发展支撑的公共卫生人才及人才队伍不尽如人意，需要公共卫生组织进一步提高人才培养的注重程度。

---

[1] 张宗兴等：《我国生物安全实验室关键防护技术与装备发展概况》，《中国卫生工程学》2019年第5期。

[2] 李晶晶、高福：《我国疾控机构BSL-3实验室关键防护设备的使用现况分析》，《医疗卫生装备》2019年第6期。

当前，我国生物安全领域人才培养现状突出表现为以下几个方面。

一是人才培养的意识不强。具有社会公益性的卫生事业，其福利政策通常是以政府实行为主，但值得注意的是，一直以来，政府受重治轻防这一观念影响，很难在公共卫生中投入更多经费，人才培养受到忽视。如在2011年，我国GDP中仅有2.89%的比例为公共卫生支出。除此之外，我国医疗和预防方面的卫生资源情况存在不合理分配的情况，加之财政预算往往向临床治疗方面倾斜，因而政府很少在预防医学及公共卫生方面投入更多经费。受上述因素影响，我国疾病防控能力的提升受到了制约，同时也给公共卫生人才培养带来了严重影响。

二是人才培养的目标不清。从我国众多公共卫生学院的人才培养实际情况来看，模糊的人才培养定位，加之陈旧的培养理念等，使得生物医学模式人才培养模式难以有效转变为生物及社会等综合医学模式人才培养模式，同时也难以推动传统公共卫生理念从防病向健康进行有效转变。立足人才培养体系的脉络进行分析，系统化的人才培养体系尚未形成。在我国临床医学专业人才培养体系的过程中，通常是以院校教育、毕业后教育及继续教育这三个阶段的有机衔接为依据，虽然说公共卫生人才培养也是以上述三个阶段为主，但值得注意的是，受统筹兼顾及人才培养目标不明确等因素影响，加之并未形成顺畅的衔接效果等，公共卫生人才培养体系的形成难达预期。

三是人才培养途径不多。目前公共卫生领域的研究生培养通常以学术型及专业型这两类学位为主。但值得注意的是，从具体的招生规模及培养方式、毕业考核等环节来看，以学术型研究生为主，而且大部分专业学位研究生的培养过程中，通常是以学术型研究生标准为主，使得公共卫生领域培养的专业型研究生数量及质量都不能充分满足社会的需要。受混淆的培养模式影响，公共卫生专业人才培养的途径必然会较为缺少，与社会实际需要相符的公共卫生人才培养目标难以实现。

中国生物安全大事记

2020年

1月18—19日，武汉新型冠状病毒感染病例新增136例。

1月23日，武汉宣布封城。

1月25日，中共中央政治局常务委员会召开会议，研究新型冠状病毒感染的肺炎疫情防控工作。

2月14日，习近平主持召开中央全面深化改革委员会第十二次会议，强调完善重大疫情防控体制机制，健全国家公共卫生应急管理体系，提出将生物安全纳入国家安全体系。

2月24日，国家卫生健康委等十部门联合印发《关于印发医疗机构废弃物综合治理工作方案的通知》。

同日，国务院应对新型冠状病毒肺炎疫情联防联控机制印发《关于依法科学精准做好新冠肺炎疫情防控工作的通知》。

3月10日，习近平抵武汉考察新冠肺炎疫情防控工作。

4月8日，武汉解封。

5月9日，国家发展改革委、国家卫生健康委、国家中医药局联合印发《公共卫生防控救治能力建设方案》。

6月1日，《中华人民共和国基本医疗卫生与健康促进法》正式实施。

6月2日，习近平主持专家学者座谈会，强调构建起强大的公共卫生体系，为维护人民健康提供有力保障。

6月5日，国家卫生健康委印发《国家卫生健康委规划管理办法（试行）》。

6月12日，国家卫生健康委、财政部、中医药管理局联合印发《关于做好2020年基本公共卫生服务项目工作的通知》。

9月8日，习近平等领导同志为受表彰的全国抗击新冠肺炎疫情先进个人、先进集体代表，全国优秀共产党员、全国先进基层党组织代表颁奖。

10月16日，十三届全国人大常委会第二十二次会议分组审议《野生动物保护法（修订草案）》。

10月17日，十三届全国人大常委会第二十二次会议审议通过《中华人民共和国生物安全法》。

2021年

1月17日，据新华社报道，2015年以来，农业农村部持续开展化肥农药使用量零增长行动，实现了预期目标。

1月22日，第十三届全国人民代表大会常务委员会第二十五次会议通过了新修订的《中华人民共和国动物防疫法》。

2月15日，据新华社报道，2020年全国海关共截获检疫性有害生物384种、6.95万种次，相当于每天平均截获约190种次。

3月28日，国务院联防联控机制召开新闻发布会，指出全国累计报告接种新冠病毒疫苗超过1亿剂次。

3月30日，世界卫生组织在日内瓦正式发布中国—世卫组织新冠病毒溯源联合研究报告。

4月15日,《中华人民共和国生物安全法》正式施行。

6月17日,国家发展改革委等四部门联合印发《"十四五"优质高效医疗卫生服务体系建设实施方案》。

8月5日,新冠疫苗合作国际论坛首次会议以视频方式举行。国家主席习近平向新冠疫苗合作国际论坛首次会议发表书面致辞。

9月7日,经国务院批准,调整后的《国家重点保护野生植物名录》正式向社会发布。新调整的名录共列入国家重点保护野生植物455种和40类,包括国家一级保护野生植物54种和4类,国家二级保护野生植物401种和36类。

9月14日,国家卫生健康委、国家中医药管理局联合印发《公立医院高质量发展促进行动(2021—2025年)》。

10月10日,2020年联合国生物多样性大会(《生物多样性公约》缔约方大会第十五次会议和《卡塔赫纳生物安全议定书》第十次缔约方会议、《关于获取遗传资源和公正公平分享其利用所产生惠益的名古屋议定书》第四次缔约方会议)东道国协议在云南昆明签署。

10月11—15日,《生物多样性公约》缔约方大会第十五次会议(COP15)第一阶段会议在云南昆明举行。

10月12日,习近平主席在《生物多样性公约》第十五次缔约方大会领导人峰会上宣布,中国正式设立三江源、大熊猫、东北虎豹、海南热带雨林、武夷山等第一批国家公园。

10月14—15日,2020年联合国生物多样性大会生态文明论坛在云南昆明举行。

10月27日,国家卫生健康委办公厅印发《"千县工程"县医院综合能力提升工作方案(2021—2025年)》。

(本部分由罗佳、李叔豪、龚群超负责编写)

政策法规（2020—2021）

政策法规（2020）

政策文件

一、《关于建立跨省流域上下游突发水污染事件联防联控机制的指导意见》

2020年1月，生态环境部、水利部联合印发《关于建立跨省流域上下游突发水污染事件联防联控机制的指导意见》（以下简称《指导意见》）。生态环境部和水利部有关负责人就《指导意见》的制定背景、目标和主要内容等进行了解读。

1. 制定的背景和目标

跨省流域突发水污染事件虽然发生频次不高，但一旦发生，往往造成重大的环境、经济和社会影响。如，2015年甘肃陇星锑业有限责任公司"11·23"尾矿库泄漏次生重大突发环境事件，2017年陕西省宁强县汉中锌业铜矿有限责任公司排污致嘉陵江四川广元段铊污染事件等，都造成了跨省级行政区域水污染，甚至威胁到下游供水安全。

建立上下游联防联控机制，是预防和应对跨省流域突发水污染事件，防范重大生态环境风险的有效保障，党中央、国务院对此高度重视。近年来，相关跨省流域上下游通过开展突发水污染事件应对协作，在探索联防联控机制建设方面取得一定成效，在联席会议、信息通报、协同处置、联合演练等方面进行有益尝试，发挥了积极作用。但从日常管理及近年跨省流域突发水污染事件应对情况看，上下游突发水污染事件联防联控工作总体上还普遍存在协作制度不完善、上下游责任不明确、技术基础保障不到位等问题。

为推动建立跨省流域上下游突发水污染事件联防联控机制，生态环境部会同水利部在深入调研、总结经验的基础上，针对联防联控机制建设普遍存在的问题，研究制定了《指导意见》。

《指导意见》的总体目标要求是：以习近平新时代中国特色社会主义思想为指导，深入贯彻落实习近平生态文明思想和全国生态环境保护大会精神，坚持底线思维和问题导向，以有效预防和应对跨省流域突发水污染事件、妥善处理纠纷、防范重大生态环境风险为目标，推动跨省流域上下游加强协作,建立突发水污染事件联防联控机制,明确上下游责任和工作任务,有效保障流域水生态环境安全。

2. 主要内容

《指导意见》着眼解决目前跨省流域突发水污染事件联防联控机制存在的主要问题,结合各地机制建设工作实践经验,明确了8项重点工作任务,包括建立协作制度、加强研判预警、科学拦污控污、强化信息通报、实施联合监测、协同污染处置、做好纠纷调处和落实基础保障等。每一项工作都强调上下游联动协作,指导双方共同建立跨省流域突发水污染事件联防联控机制,为预防和应对跨省流域突发水污染事件提供有效保障。

3. 主要特点

《指导意见》聚焦机制建设"谁来做"、"做什么"和"怎么做"的问题。具体而言,有以下3个特点。

一是明确省级政府为建立跨省流域上下游突发水污染事件联防联控机制的责任主体。目前各地已签订的上下游突发水污染事件联防联控协议,落实主体多为生态环境部门,在突发环境事件应急联动方面发挥了积极作用,但在资源统筹调度、部门协同应对和纠纷协调处理等方面仍有待加强。《指导意见》明确省级政府为建立和落实跨省流域上下游突发水污染事件联防联控机制的主体,发挥属地政府的统筹管理作用,推动制度建设、风险研判、信息通报、事件应对、纠纷处理等相关工作,形成联防联控合力。

二是突出全过程管理,做好风险防范化解和及时应对处置。《指导意见》明确建立上下游联防联控机制的8项重点工作任务,并分别提出具体措施,贯穿跨省流域突发水污染事件的事前、事中、事后全过程,为预防和应对跨省流域突发水污染事件提供全方位的指导保障。

三是强调上下游联动,增强突发水污染事件联防联控合力。针对跨省流域突发水污染事件的特点和难点,《指导意见》的每项重点工作任务均强调上下游协同应对,明确双方需配合开展的工作内容,重点解决如何"联"防"联"控的问题。

二、《关于构建现代环境治理体系的指导意见》

《关于构建现代环境治理体系的指导意见》(以下简称《指导意见》)是党中央为贯彻落实党的十九大部署,构建党委领导、政府主导、企业主体、社会组织和公众共同参与的现代环境治理体系提出的意见。《指导意见》由中央全面深化改革委员会第十一次会议于2019年11月26日审议通过,由中共中央办公厅、国务院办公厅于2020年3月印发。

2015年9月,中共中央、国务院发布《生态文明体制改革总体方案》(以下简称《方案》),提出"构建以改善环境质量为导向,监管统一、执法严明、多方参与的环境治理体系,着力解决污染防治能力弱、监管职能交叉、权责不一致、违法成本过低等问题"。《方案》客观地指出生态环境领域存在一系列亟待解决的问题，表达了解决问题的决心。2018年6月，《中共中央 国务院公布关于全面加强生态环境保护 坚决打好污染防治攻坚战的意见》（以下简称《意见》）公布。作为我国生态环境领域的纲领性文件，《意见》指出要"加快构建生态环境治理体系，健全保障举措，增强系统性和完整性，大幅提升治理能力"。《意见》明确将改革完善生态环境治理体系作为加强生态环境保护的重要内容，表明生态环境治理体系是生态环境保护的重要组成部分。

基于《意见》确定的"必须按照系统工程的思路，构建生态环境治理体系"要求，2020年3月，中共中央办公厅、国务院办公厅印发了《关于构建现代环境治理体系的指导意见》（以下简称《指导意见》），提出到2025年建立健全环境治理的领导责任体系、企业责任体系、全民行动体系、监管体系、市场体系、信用体系、法律法规政策体系等七大体系的主要目标。《指导意见》总结了党的十九大以来，我国生态环境保护领域的核心政策、法律制度、改革举措、创新举措和实践经验，并从环境治理体系的主要参与主体党政机关、企业、社会团体等入手，对下一阶段工作任务作出指导，确定各方权责，是对《意见》内容的具体落实和部署。

三、《省（自治区、直辖市）污染防治攻坚战成效考核措施》

2020年4月，中共中央办公厅、国务院办公厅印发了《省（自治区、直辖市）污染防治攻坚战成效考核措施》（以下简称《措施》），并发出通知，要求各地区各部门结合实际认真贯彻落实。

《措施》提出，为了贯彻落实习近平生态文明思想，坚决打赢污染防治攻坚战，确保生态环境质量总体改善，生态环境保护水平同全面建成小康社会目标相适应，根据《中共中央 国务院关于全面加强生态环境保护 坚决打好污染防治攻坚战的意见》和中央有关规定，制定该措施。

《措施》要求，考核工作应当坚持问题导向、突出重点，针对突出生态环境问题，围绕污染防治攻坚战目标任务设置考核指标，狠抓重点领域和关键环节；坚持人民认可、客观公正，规范考核方式和程序，充分发挥社会监督作用；坚持结果导向、注重实效，以考核促进生态环境质量改善和相关工作落实，压实生态环境保护责任。

《措施》明确，对各省（自治区、直辖市）党委、人大、政府污染防治攻坚战成效的考核，主要包括以下几个方面。（一）党政主体责任落实情况。（二）生态环境保护立法和监督情况。（三）生态环境质量状况及年度工作目标任务完成情况。（四）资金投入使用情况。（五）公众满意程度。考核采用百分制评分，根据评分情况，考核结果划分为优秀、良好、合格、不合格4个等级。

《措施》明确，考核结果作为对省级党委、人大、政府领导班子和领导干部综合考核评价、奖惩任免的重要依据。考核结果为不合格的，由中央生态环境保护督察工作领导小组对省级党委和政府主要负责人进行约谈,提出限期整改要求;需要问责追责的,由中央纪委国家监委、中央组织部依规依纪依法问责追责。

四、《关于开展第一次全国自然灾害综合风险普查的通知》

2020年5月31日,国务院办公厅印发《关于开展第一次全国自然灾害综合风险普查的通知》。

全国自然灾害综合风险普查是一项重大的国情国力调查,是提升自然灾害防治能力的基础性工作。通过开展普查,摸清全国自然灾害风险隐患底数,查明重点地区抗灾能力,客观认识全国和各地区自然灾害综合风险水平,为中央和地方各级人民政府有效开展自然灾害防治工作、切实保障经济社会可持续发展提供权威的灾害风险信息和科学决策依据。

普查对象包括与自然灾害相关的自然和人文地理要素,省、市、县各级人民政府及有关部门,乡镇人民政府和街道办事处,村民委员会和居民委员会,重点企事业单位和社会组织,部分居民等。普查覆盖各省、自治区、直辖市和新疆生产建设兵团。

根据我国自然灾害种类的分布、影响程度和特征,此次普查涉及的自然灾害类型主要有地震灾害、地质灾害、气象灾害、水旱灾害、海洋灾害、森林和草原火灾等。普查内容包括主要自然灾害致灾调查与评估,人口、房屋、基础设施、公共服务系统、三次产业、资源和环境等承灾体调查与评估,历史灾害调查与评估,综合减灾资源(能力)调查与评估,重点隐患调查与评估,主要灾害风险评估与区划以及灾害综合风险评估与区划。

此次普查标准时点为2020年12月31日。2020年为普查前期准备与试点阶段,建立各级普查工作机制,落实普查人员和队伍,开展普查培训,开发普查软件系统,组织开展普查试点工作。2021年至2022年为全面调查、评估与区划阶段,完成全国自然灾害风险调查和灾害风险评估,编制灾害综合防治区划图,汇总普查成果。

五、《自然资源领域中央与地方财政事权和支出责任划分改革方案》

2020年6月30日,国务院办公厅印发《自然资源领域中央与地方财政事权和支出责任划分改革方案》。

《自然资源领域中央与地方财政事权和支出责任划分改革方案》(以下简称《方案》)印发,分为总体要求、主要内容以及配套措施三个方面,其中主要内容包括自然资源调查监测、自然资源产权管理、国土空间规划和用途管制、生态保护修复、自然资源安全、自然资源领域灾害防治和自然资源领域其他事项,针对自然资源领域的财政事权和支出责任进行了详细的划分改革。

《方案》的提出是为了贯彻落实习近平生态文明思想,健全充分发挥中央和地方两个积极性体制机制，建立良好的中央与地方财政关系，优化政府间的事权和财权，促进自然资源的保护和合理利用，维护国家生态安全。

《方案》在自然资源调查监测、自然资源产权管理、国土空间规划和用途管制、生态保护修复、自然资源安全、自然资源领域灾害防治和自然资源领域其他事项七大方面，进行了详细的财政事权和支出责任划分。

其中，自然资源调查监测以及自然资源产权管理两方面，关乎全国性信息系统的建设与运行维护的，都由中央承担责任，如全国性自然资源信息系统、国家不动产登记信息系统，以及中央政府直接行使所有权的全民所有自然资源资产的统筹管理，也由中央担责；而地方性的则由地方担责，如地方性自然资源调查监测的组织实施、地方不动产登记信息系统的建设与运行维护；全国性自然资源调查监测的组织实施由中央与地方共同担责。

国土空间规划和用途管制以及生态保护修复方面，在全国范围内的国土空间规划和相关专项规划的编制和监督实施，以及对维护国家生态安全屏障具有重要的全局性和战略性意义、生态受益范围广泛的生态保护修复，都由中央担责；与此同时，地方性国土空间规划和相关专项规划的编制和监督实施由地方担责。生态保护红线、永久基本农田、城镇开发边界等空间管控边界以及各类海域保护线的划定，资源环境承载能力和国土空间开发适宜性评价等事项，则需中央与地方共同担责。

自然资源安全、自然资源领域灾害防治方面，有关于资源调查、监测、监管的以及对地质灾害防治的组织协调和监督的，均由中央担责；而地方的土地、矿产的资源节约利用和地质灾害综合治理，就由地方负责；而全国耕地和永久基本农田保护监管等和因自然因素造成的特大型地质灾害综合治理等，由中央和地方共同担责。

自然资源领域其他事项中，对地方落实党中央、国务院关于自然资源领域的重大决策部署及法律法规执行情况的督察，自然资源部直接管辖和全国范围内重大复杂的执法检查、案件查处等，确认为中央担责，而其他自然资源领域督察、执法检查、案件查处以及将研究制定自然资源领域地方性法规、规划、政策、标准、技术规范等，划分为地方责任。

通过七大方面，分别从全国与地方入手，细致地针对财政事权以及支出责任进行了划分，有利于之后在自然资源领域的工作的顺利展开。

《方案》在配套设施中强调了要加强组织领导、强化投入保障、推进省以下改革，以此来协助该项方案的实施。

六、《关于切实做好长江流域禁捕有关工作的通知》

长江流域禁捕是贯彻落实习近平总书记关于"共抓大保护、不搞大开发"的重要指示精神，保护长江母亲河和加强生态文明建设的重要举措，是为全局计、为子孙谋，功在当代、利在千秋的重要决策。习近平总书记多次作出重要指示批示，李克强总理提出明确要求。为贯彻落实党中央、国务院决策部署，如期完成长江流域禁捕目标任务，农业农村部、公安部、市场监管总局分别牵头制定了《进一步加强长江流域重点水域禁捕和退捕渔民安置保障工作实施方案》《打击长江流域非法捕捞专项整治行动方案》《打击市场销售长江流域非法捕捞渔获物专项行动方案》，经国务院同意，2020年7月4日，国务院办公厅印发《关于切实做好长江流域禁捕有关工作的通知》。

七、《关于加强生态保护监管工作的意见》

2020年12月24日，生态环境部印发《关于加强生态保护监管工作的意见》(以下简称《意见》)。

1. 背景

做好生态保护监管工作是生态文明建设的重要内容，是打好污染防治攻坚战的重要任务，是落实生态环境监管体制改革的重要举措。以习近平同志为核心的党中央高度重视生态环境保护工作，提出一系列新理念新思想新战略，对生态保护监管工作作出了重要部署，推动生态保护监管制度化、规范化、法治化。《中共中央关于制定国民经济和社会发展第十四个五年规划和二〇三五年远景目标的建议》强调，"十四五"期间要守住自然生态安全边界，持续提升生态系统质量和稳定性，生态安全屏障更加牢固，生态文明建设实现新进步，这对生态保护监管工作提出了更高、更明确的要求。

近年来，生态保护监管工作不断加强，取得显著成效。各地推进划定并严守生态保护红线，加快建立以国家公园为主体的自然保护地体系。通过中央生态环境保护督察、"绿盾"自然保护地强化监督等工作，严肃查处了各类违法违规行为，推动问题整改和生态修复，侵占和破坏生态的行为得到有效遏制。但我国生态环境本底脆弱，生态破坏事件依然时有发生，"大跃进式"造景、违背规律搞保护和修复等"生态形式主义"问题不同程度存在，生态保护形势依然严峻。同时，生态保护监管全过程链条有待完善，生态保护监管能力亟待提升。

构建完善的生态保护监管体系是实现"十四五"生态环境保护目标的重要保障。机构改革后，生态环境部负责"指导协调和监督生态保护修复工作"，为深入贯彻习近平生态文明思想，加快推进生态文明建设，认真落实党中央、国务院关于生态保护监管的各项决策部署和全国生态环境保护大会精神，切实履行生态保护监管职责，加快构建生态保护监管体系，生态环境部组织编制了《意见》。

2. 制定过程

《意见》在起草过程中，生态环境部自然生态保护司多次组织召开座谈会、研讨会，就生态保护监管的职责定位、主要任务、监管体系构建等广泛征求各地生态环境部门意见，就

《意见》的内容开展了深入交流与讨论。

同时，落实党的十九届四中、五中全会精神，根据《关于构建现代环境治理体系的指导意见》《中央和国家机关有关部门生态环境保护责任清单》等文件新要求，不断修改完善《意见》，最终形成印发稿。

3. 目标设置

落实党的十九届四中、五中全会精神，结合《中共中央关于制定国民经济和社会发展第十四个五年规划和二〇三五年远景目标的建议》等文件要求，按照近期至2025年，中长期至2035年，将《意见》总体目标划分为到2025年和到2035年两个阶段，与我国美丽中国建设进程相匹配。

《意见》提出，到2025年，初步形成生态保护监管法规标准体系，初步建立全国生态监测网络，提高自然保护地、生态保护红线监管能力和生物多样性保护水平，提升生态文明建设示范引领作用，初步形成与生态保护修复监管相匹配的指导、协调和监督体系，生态安全屏障更加牢固，生态系统质量和稳定性进一步提升。到2035年，建成与美丽中国目标相适应的现代化生态保护监管体系和监管能力，促进人与自然和谐共生。

4. 主要思路

《意见》紧密围绕生态环境部"三定"职责，以满足人民日益增长的优质生态产品需求和优美生态环境需要为目标，坚持山水林田湖草统一监管，明确生态保护监管工作的指导思想、总体目标和重点任务，不断完善政策法规标准、监测评估预警、监督执法和督察问责等生态保护监管工作的重要"环节"和监管"链条"，推动构建"53111"生态保护监管体系。

"53111"生态保护监管体系中，"5"是指持续开展全国生态状况、重点区域、生态保护红线、自然保护地、重点生态功能区县域5方面的监测评估；"3"是指实施好中央生态环境保护督察制度、生态监督执法制度和各重点领域生态监管制度等3项制度；3个"1"就是组织好"绿盾"自然保护地强化监督，建设好生态保护红线监管平台，开展好国家生态文明建设示范区、"绿水青山就是金山银山"实践创新基地和国家环境保护模范城市示范创建工作。

法律法规

一、《中华人民共和国固体废物污染环境防治法》（第二次修订）

1995年10月30日第八届全国人民代表大会常务委员会第十六次会议通过；2004年12

月29日第十届全国人民代表大会常务委员会第十三次会议第一次修订；根据2013年6月29日第十二届全国人民代表大会常务委员会第三次会议《关于修改〈中华人民共和国文物保护法〉等十二部法律的决定》第一次修正；根据2015年4月24日第十二届全国人民代表大会常务委员会第十四次会议《关于修改〈中华人民共和国港口法〉等七部法律的决定》第二次修正；根据2016年11月7日第十二届全国人民代表大会常务委员会第二十四次会议《关于修改〈中华人民共和国对外贸易法〉等十二部法律的决定》第三次修正；2020年4月29日第十三届全国人民代表大会常务委员会第十七次会议第二次修订。

1. 固废法修订的背景和意义

党的十八大以来，以习近平同志为核心的党中央高度重视固体废物污染环境防治工作，习近平总书记多次就固体废物污染环境防治工作作出重要指示，亲自部署生活垃圾分类、禁止洋垃圾入境等工作。《中共中央 国务院关于全面加强生态环境保护 坚决打好污染防治攻坚战的意见》中明确提出，加快修改固体废物污染防治方面的法律法规。固体废物污染环境防治是打好污染防治攻坚战的重要内容，事关人民群众生命安全和身体健康。新冠疫情发生以来，以习近平同志为核心的党中央统筹推进疫情防控和经济社会发展工作，强调要坚定不移打好污染防治攻坚战，强化公共卫生法治保障。全国人大常委会高度重视固废法修改工作，2017年执法检查报告建议尽快启动固废法修订工作。全国人大常委会专门听取审议国务院关于研究处理固废法执法检查报告及审议意见情况的报告，在《全国人民代表大会常务委员会关于全面加强生态环境保护 依法推动打好污染防治攻坚战的决议》中明确提出加快固废法的修改工作。栗战书委员长强调，贯彻落实党中央关于生态文明建设的决策部署，推动打好污染防治攻坚战，是此届常委会的重大任务；要总结实践经验，抓紧研究修改固废法，健全污染防治长效机制。

此次全面修改固废法是贯彻落实习近平生态文明思想和党中央关于生态文明建设决策部署的重大任务，是依法推动打好污染防治攻坚战的迫切需要，是健全最严格最严密生态环境保护法律制度和强化公共卫生法治保障的重要举措。

2. 固废法修订的主要内容

此次修改固废法，坚持以人民为中心的发展思想，贯彻新发展理念，突出问题导向，总结实践经验，回应人民群众期待和实践需求，健全固体废物污染环境防治长效机制，用最严格制度最严密法治保护生态环境。主要作了以下修改。一是，明确固体废物污染环境防治坚持减量化、资源化和无害化原则。二是，强化政府及其有关部门监督管理责任。明确目标责任制、信用记录、联防联控、全过程监控和信息化追溯等制度，明确国家逐步实现固体废物零进口。三是，完善工业固体废物污染环境防治制度。强化产生者责任，增加排污许可、管理台账、资源综合利用评价等制度。四是，完善生活垃圾污染环境防治制度。明确国家推行生活垃圾分类制度，确立生活垃圾分类的原则。统筹城乡，加强农村生活垃圾污染环境防治。规定地方可以结合实际制定生活垃圾具体管理办法。五是，完善建筑垃圾、农业固体废物等污染环境防治制度。建立建筑垃圾分类处理、全过程管理制度。健全秸秆、废弃农用薄膜、畜禽粪污等农业固体废物污染环境防治制度。明确国家建立电器电子、铅蓄电池、车用动力电池等产品的生产者责任延伸制度。加强过度包装、塑料污染治理力度。明确污泥处理、实验室固体废物管理等基本要求。六是，完善危险废物污染环境防治制度。规定危险废物分级分类管理、信息化监管体系、区域性集中处置设施场所建设等内容。加强危险废物跨省转移管理，通过信息化手段管理、共享转移数据和信息，规定电子转移联单，明确危险废物转移管理应当全程管控、提高效率。七是，健全保障机制。增加保障措施一章，从用地、设施场所建设、经济技术政策和措施、从业人员培训和指导、产业专业化和规模化发展、污染防治技术进步、政府资金安排、环境污染责任保险、社会力量参与、税收优惠等方面全方位保障固体废物污染环境防治工作。八是，严格法律责任。对违法行为实行严惩重罚，提高罚款额度，增加处罚种类，强化处罚到人，同时补充规定一些违法行为的法律责任。比如有未经批准擅自转移危险废物等违法行为的，对法定代表人、主要负责人、直接负责的主管人员和其他责任人员依法给予罚款、行政拘留处罚。

二、《生态环境标准管理办法》

《生态环境标准管理办法》（以下简称《办法》）已于2020年11月5日由生态环境部部务会议审议通过，2020年12月15日予以公布，自2021年2月1日起施行。

1. 出台的背景

《办法》是对《环境标准管理办法》（国家环境保护总局令第3号，以下简称"3号局令"）和《地方环境质量标准和污染物排放标准备案管理办法》（环境保护部令第9号，以下简称"9号部令"）的整合修订。3号局令和9号部令的发布实施，对推进环境标准体系建设和标准管理工作发挥了重要指引和规范作用。但是，随着新《环境保护法》等环境保护法律法规及新《标准化法》出台，国务院机构改革及职能调整，以及生态环境部对生态环境标准制修订与实施工作提出新思路，3号局令和9号部令已不适应新的环境管理要求。主要体现在：（1）标准类别划分和体系构成不能涵盖法律法规及职能调整赋予生态环境部的环境管理领域；（2）标准定位与制定原则不能满足环境质量改善、环境风险防控等新时期生态环境管理需求；（3）不能有效指导地方生态环境标准工作；（4）缺失标准实施评估和信息公开等管理要求，不能反映生态环境标准管理改革进展。因此，生态环境部组织开展了3号局令和9号部令的修订工作。

2. 意义和作用

《办法》紧密围绕我国生态环境管理发展需求和标准工作亟须解决的问题，提出了我国新时期生态环境标准工作的总体思路与方向，完善了标准类别和体系划分，明确了各类标准的作用定位和制定原则及实施规则，规定了地方标准制定与备案有关新要求，更加注重标准实施及评估，将有利于指导生态环境标准制修订及实施工作的开展，对于贯彻落实环境法律要求，进一步规范和促进国家、地方生态环境标准发展，加强标准实施，推进生态环境标准体系完善具有重要作用，将更有力地支撑精准治污、科学治污和依法治污。

3.《办法》与《生态环境标准制修订工作规则》的定位作用和相互关系

《办法》是我国生态环境标准工作的统领与指南，规定了生态环境标准体系构成、各类标准制定原则与基本要求及实施方式，地方生态环境标准管理要求，以及标准实施评估和信息公开等方面的总体要求。《生态环境标准制修订工作规则》是针对国家生态环境标准制修订工作的专项管理规定，是落实《办法》的相关配套性管理文件，主要规定了国家生态环境标准制修订的基本原则、相关主体责任、制修订工作程序与要求，以及工作质量与进度管理及处罚措施等内容。

4. 主要内容

《办法》共10章54条，可以分为一般性规定、各类标准作用定位及其管理要求、地方标准管理要求、标准实施评估及其他规定四个部分。

《办法》的第一章"总则"是第一部分，即一般性规定，共9条，包括立法目的、适用范围、生态环境标准定义、标准分类和执行范围、发布形式和法律效力、职责分工、通用制定原则和基本程序、禁止性规定、标准实施要求。

《办法》的第二、三、四、五、六、七章是第二部分，即六类标准（生态环境质量标准、生态环境风险管控标准、污染物排放标准、生态环境监测标准、生态环境基础标准、生态环境管理技术规范）的作用定位及其管理要求，共29条，主要规定了六大类生态环境标准的制定目的、具体类型、制定原则、基本内容、实施方式等。

《办法》的第八章"地方生态环境标准"是第三部分，共9条，主要规定地方标准与国家标准的关系、地方标准制定情形与指导性要求、备案要求、报备材料、备案信息公开等内容。

《办法》的第九、第十两章是第四部分，即标准实施评估及其他规定，共7条，主要规定了开展生态环境标准实施评估的作用定位、评估周期和各类标准的实施评估原则；同时，还规定了标准信息公开、标准解释等事项。

5. 修订的主要内容

一是完善标准体系及类别划分。在"两级五类"标准体系基础上，增加"生态环境风险管控标准"类别，并将土壤污染风险管控、应对气候变化、海洋生态环境保护等相关标准纳入生态环境标准体系。

二是调整和明确各类标准的作用定位与制定原则。遵循生态环境标准上位法的相关规定，体现新时期生态环境管理需求，分别明确六类生态环境标准的作用定位、制定原则与基本内容要求。特别是在第二十条第二款、第二十一条第三款中明确了不同类别污染物排放标准的定位区别与适用范围。

三是明确标准实施相关要求。为确保标准有效实施，规定在排放标准发布前，应制定配套的标准实施工作方案；针对各方对标准实施提出的问题，进一步明确了国家与地方，综合型、行业型、通用型、流域（海域）或者区域型标准的制定原则、要求和实施顺序。

四是加强指导地方生态环境标准工作。针对部分地方存在的标准工作滞后、制定思路不明等问题，为进一步推动地方因地制宜开展标准制修订工作，第四十条规定了应当制定地方排放标准的情形，第四十一条和第四十二条规定了地方标准制定的基本原则；同时，还进一步规范了地方标准备案等管理要求。

五是增加标准实施评估和信息公开相关规定。为充分发挥标准在环境治理和优化经济发展方面的作用，第四十八条至第五十条明确了标准实施评估的作用定位、评估周期和评估原则；此外，还增加了标准信息公开等规定。

6. 增加"生态环境风险管控标准"类别的依据

我国《土壤污染防治法》明确规定，国务院生态环境主管部门根据土壤污染状况、公众健康风险、生态风险和科学技术水平，并按照土地用途，制定国家土壤污染风险管控标准，加强土壤污染防治标准体系建设。省级人民政府对国家土壤污染风险管控标准中未作规定的项目，可以制定地方土壤污染风险管控标准；对国家土壤污染风险管控标准中已作规定的项目，可以制定严于国家土壤污染风险管控标准的地方土壤污染风险管控标准。地方土壤污染风险管控标准应当报国务院生态环境主管部门备案。土壤污染风险管控标准是强制性标准。

根据《土壤污染防治法》关于土壤污染防治风险管控的原则，土壤污染风险管控标准主要用于风险筛查和分类，而非质量达标评价。据此，生态环境部在《办法》中增加了生态环境风险管控标准类别，并明确了此类标准的作用定位、制定原则与基本内容要求。

7. 气候变化相关标准在《办法》中的标准分类

应对气候变化领域标准，主要包括温室气体排放核算与报告、企业碳排放核查、企业单位产品碳排放限额等标准。其中企业单位产品碳排放限额标准，主要解决重点行业单位产品碳排放限定值、基准值和先进值的确定等方面的问题，与生态环境标准体系中的污染物排放标准相似。但目前因没有上位法授权，暂未列入排放标准，而是将这类标准纳入生态环境管理技术规范范畴。

8. 污染物排放标准的具体类型

近年来，我国污染物排放标准发展较快，不仅国家层面新发布了一些重点行业污染物排放标准，地方层面也发布了涉及重点行业、通用设施，以及特定流域的污染物排放标准。为更清晰界定不同污染物排放标准的作用定位，构建更为科学合理的污染物排放标准体系，在《办法》中明确：我国污染物排放标准包括行业型、综合型、通用型、流域（海域）或者区域型4种类型。其中，行业型污染物排放标准适用于特定行业或者产品污染源的排放控制；综合型污染物排放标准适用于行业型污染物排放标准适用范围以外的其他行业污染源的排放控制；通用型污染物排放标准适用于跨行业通用生产工艺、设备、操作过程或者特定污染物、特定排放方式的排放控制；流域（海域）或者区域型污染物排放标准适用于特定流域（海域）或者区域范围内的污染源排放控制。

制定行业型或者综合型污染物排放标准，应当反映所管控行业的污染物排放特征，以行业污染防治可行技术和可接受生态环境风险为主要依据，科学合理确定污染物排放控制要求。

制定通用型污染物排放标准，应当针对所管控的通用生产工艺、设备、操作过程的污染物排放特征，或者特定污染物、特定排放方式的排放特征，以污染防治可行技术、可接受生态环境风险、感官阈值等为主要依据，科学合理确定污染物排放控制要求。

制定流域（海域）或者区域型污染物排放标准，应当围绕改善生态环境质量、防范生态环境风险、促进转型发展，在国家污染物排放标准基础上作出补充规定或者更加严格的规定。

9. 各类污染物排放标准的实施规则

针对同一排污单位，同时存在不同级别、不同类型的污染物排放标准时，如何确定该单位应执行的排放标准，是开展环境影响评价、排污许可证申请与核发、环境监管执法等工作中经常遇到的问题。为明确标准实施规则，《办法》第二十四条对污染物排放标准执行的优先顺位作出了明确规定。

（1）地方污染物排放标准优先于国家污染物排放标准；地方污染物排放标准未规定的项目，应当执行国家污染物排放标准的相关规定。

（2）同属国家污染物排放标准的，行业型污染物排放标准优先于综合型和通用型污染物排放标准；行业型或者综合型污染物排放标准未规定的项目，应当执行通用型污染物排放标准的相关规定。

（3）同属地方污染物排放标准的，流域（海域）或者区域型污染物排放标准优先于行业型污染物排放标准，行业型污染物排放标准优先于综合型和通用型污染物排放标准。流域（海域）或者区域型污染物排放标准未规定的项目，应当执行行业型或者综合型污染物排放标准的相关规定；流域（海域）或者区域型、行业型或者综合型污染物排放标准均未规定的项目，应当执行通用型污染物排放标准的相关规定。

10.《办法》在地方生态环境标准方面的亮点

为进一步落实地方政府生态环境质量负责制，推进地方生态环境标准的规范发展，《办法》重点针对地方生态环境标准工作作出以下规定。

一是明确了应制定地方污染物排放标准的情形。为了更有针对性地改善环境质量和防控环境风险，促进经济绿色高质量发展，《办法》规定了省级人民政府应当制定地方污染物排放标准的五种情形，并给出制定原则，为地方标准制定工作提供更为明晰的指引，有利于推动地方标准发展。

二是强调地方标准应始终保持严于国家标准的基本要求。《办法》明确新发布实施的国家生态环境质量标准、生态环境风险管控标准或者污染物排放标准规定的控制要求严于现行的地方生态环境质量标准、生态环境风险管控标准或者污染物排放标准的，地方生态环境质量标准、生态环境风险管控标准或者污染物排放标准，应当依法修订或者废止。

三是调整明确了地方生态环境标准的备案要求。《办法》明确规定地方标准备案的范围仅限于地方环境质量标准、风险管控标准和污染物排放标准，且该备案属于事后备案，不是事前审查。备案不是地方标准生效的前提条件，备案与否，均不影响地方标准生效执行。

三、《自然保护地生态环境监管工作暂行办法》

2020 年 12 月 21 日，生态环境部办公厅印发行政规范性文件《自然保护地生态环境监管工作暂行办法》（以下简称《暂行办法》）。

1. 背景和目的

经过 60 多年的发展，全国各级各类自然保护地数量达到 1.18 万个，约占我国陆域国土面积的 18%，在维护国家生态安全、保护生物多样性、保存自然遗产和改善生态环境质量等方面发挥了重要作用。

习近平总书记高度重视自然保护地事业健康发展，党的十八大以来，多次就自然保护地生态环境保护工作作出重要指示和批示，要求下大气力抓破坏生态环境的典型问题，扭住不放，不彻底解决绝不松手，确保生态环境质量得到改善，确保绿水青山常在，各类自然生态系统安全稳定。

党中央、国务院高度重视自然保护地生态环境保护工作，先后印发《建立国家公园体制总体方案》《关于建立以国家公园为主体的自然保护地体系的指导意见》等文件，要求实行最严格的生态环境保护制度，强化自然保护地监测、评估、考核、执法、监督等，形成一整套体系完善、监管有力的监督管理制度。

机构改革后，《生态环境部职能配置、内设机构和人员编制规定》规定生态环境部负责"组织制定各类自然保护地生态环境监管制度并监督执法"，承担自然保护地相关监管工作。《关于深化生态环境保护综合行政执法改革的指导意见》要求生态环境部门统一负责生态环境保护执法工作。

近年来自然保护地生态环境监管工作不断加强，取得显著成效。通过中央生态环境保护督察、"绿盾"自然保护地强化监督、长江保护修复攻坚战行动等工作，严肃查处各类违法违规行为，推动问题整改和生态修复，侵占和破坏自然保护地生态环境的趋势得到有效遏制。

在这样的背景下，生态环境部组织编制了《暂行办法》，是深入贯彻习近平生态文明思想，有效落实党中央、国务院关于自然保护地事业改革各项重大部署，切实履行自然保护地生态环境监管职责的重要举措。其主要目的，一是明确监管依据，《暂行办法》是指导各级生态环境部门履行自然保护地生态环境监管职责的行政规范性文件；二是明确监管制度，《暂行办法》初步构建了自然保护地生态环境监管制度体系；三是明确监管要求，《暂行办法》明确了自然保护地生态环境监管工作的责任分工、具体内容，规范工作流程和程序，注重结果的应用。

2. 制定过程

生态环境部门高度重视自然保护地生态环境监管制度建设。国家环境保护总局于2006年制定出台了部门规章《国家级自然保护区监督检查办法》，根据自然保护区工作新形势、新要求，起草了多个加强自然保护区监管的政策性文件，联合有关部门或者提请国务院印发实施。2017年年底，随着自然保护地监管工作持续强化，国家公园体制改革深入开展，国家机构改革启动，环境保护部为更好履行监管职责，决定组织起草《暂行办法》。在起草过程中，多次召开专家咨询会、座谈会，来自全国人大环资委、国务院发展研究中心、清华大学、北京大学、中国科学院、中国政法大学、世界自然保护联盟中国代表处等单位的相关专家参加。先后征求中央有关部门、国务院有关部门和地方意见，并向社会公开征求意见。在广泛征求意见的基础上，生态环境部认真研究采纳各方意见，不断修改完善《暂行办法》，进行合法性审查，先后提请部长专题会、部常务会审议并获得通过。

3. 适用范围

从监管主体上讲，《暂行办法》适用于各级生态环境部门，是规范生态环境系统工作人员组织开展自然保护地生态环境监管工作的行政规范性文件。

从空间范围上讲，《暂行办法》适用于各级各类自然保护地。类型上，我国正在建立以国家公园为主体、以自然保护区为基础、以各类自然公园为补充的自然保护地分类系统，涵盖了现有的自然保护区、风景名胜区、地质公园、森林公园、海洋公园、湿地公园、冰川公园、草原公园、沙漠公园等。级别上，适用于国家级自然保护地和地方级自然保护地，其中生态环境部监管重点是国家级自然保护地；地方生态环境部门要对本行政区域范围内各级各类自然保护地生态环境实施监管。

4. 主要思路

一是独立监管，加强合作。负责制定自然保护地生态环境监管制度并监督实施，是党中央、国务院赋予生态环境部的职责。独立实施监督，是有效履行自然保护地生态环境监管职责的重要保证。同时，各级生态环境部门将加强与相关部门的协作，充分发挥社会监督和舆论监督的作用，共同做好自然保护地生态环境保护工作。

二是全面监管，突出重点。生态环境部门通过监测、评估、强化监督、综合执法等制度，将对自然保护地生态环境存在影响的行为全面纳入监督范围，重点加强对各类涉及自然保护地自然资源开发、生态保护修复的监管。

三是属地监管，加强联动。省级及省级以下生态环境部门对本行政区域内的各级各类自然保护地实施监管，落实地方政府对本行政区域生态环境质量负责的主体责任；跨行政区域的自然保护地，相关地方生态环境部门建立协同监管机制；生态环境部加强对全国自然保护地生态环境监管工作的指导、组织和协调。

四、《碳排放权交易管理办法（试行）》

《碳排放权交易管理办法（试行）》已于2020年12月25日由生态环境部部务会议审议通过，2020年12月31日予以公布，自2021年2月1日起施行。

随着习近平主席于2020年9月22日在第七十五届联合国大会一般性辩论上郑重宣示中国力争于2030年前达到峰值，努力争取2060年前实现碳中和，2020年10月开始，生态环境部等各部委开始陆续出台应对气候变化相关的高级别政策文件。生态环境部在2020年10月28日发布《全国碳排放权交易管理办法（试行）》（征求意见稿）（以下简称《征求意见稿》）后迅速吸收反馈意见并进行了修改完善，于2020年12月31日正式出台《碳排放权交易管理办法（试行）》（以下简称《管理办法》），成为继12月29日出台的《2019—2020年全国碳排放权交易配额总量设定与分配实施方案（发电行业）》（以下简称《分配方案》）后又一份重要的全国碳市场顶层设计政策文件，完成了对国家发改委于2014年12月10日出台的《碳排放权交易管理暂行办法》（以下简称《暂行办法》）的替代，适应当前发展阶段，为从2021年1月1日开始的全国碳市场第一个履约周期的平稳顺利运行提供保障。

《管理办法》明确了有关全国碳市场的各项定义，对重点排放单位纳入标准、配额总量设定与分配、交易主体、核查方式、报告与信息披露、监管和违约惩罚等方面进行了全面规定。

1.《管理办法》是全国碳市场稳定运行的基础

《管理办法》的出台标志着全国碳市场启动所需的必要条件已经具备。法规层级更高的《碳排放权交易管理暂行条例》（以下简称《条例》）由于立法程序复杂尚未出台，作为部门规章的《管理办法》可以指导全国碳市场建设工作，对全国碳市场进行交易的各项准备工作作出部署，保障交易活动顺利开展，并在《条例》出台之后起到互补作用，从而有效促进全国碳市场建设与运行各项工作的推进。

《管理办法》明确了碳排放权和国家核证自愿减排量（CCER）的定义，对CCER的定义相比《暂行办法》和《征求意见稿》均进行了细化，明确了CCER指标来源是可再生能源、林业碳汇和甲烷利用等项目，并最终将抵消比例确定为不超过应清缴配额的5%，且必须来自全国碳市场配额管理的减排项目之外，从而对相关低碳减排项目建设发展起到激励作用的同时仍然将减排的最主要责任落实到企业自身，促使企业通过技术进步等手段实现减排与高质量发展。这一表述同时消除了《征求意见稿》中要求CCER来自全国碳市场"重点排放单位组织边界范围外"带来的定义模糊问题。

对于重点排放单位的纳入标准，《管理办法》删除了"约1万吨标准煤"的相关表述，只保留"2.6万吨二氧化碳当量"单一标准避免歧义，同时也明确了两年碳排放不足2.6万吨二氧化碳当量的企业和由于不再从事生产经营活动而不再排放温室气体的企业将由省级主管部门移出重点排放单位名录，对此前尚未明确的退出机制作出规定，提高配额利用效率和市场有效性。

《管理办法》明确了参加全国碳市场的重点排放单位不再重复参与试点碳市场，并由《分配方案》对当前过渡期的处理方式进行了详细说明，即地方试点碳市场已完成2019年和2020年配额分配的，相应获得试点碳市场配额的全国碳市场重点排放单位暂不参加全国碳市场相应年度的配额分配和清缴，此后试点碳市场不再向全国碳市场中的重点排放单位发放配额。此条处理方式有助于全国碳市场减少争议并更顺利地启动。

2. 确立国家、省、市三级监管体系

《管理办法》在《征求意见稿》确定的国家指导、省级组织、市级配合落实的三级监管体系的基础上对细节内容进行了一定修改，与《暂行办法》所规定的国家与省构成的两级监管体系存在较大差别。《管理办法》的三级监管体系更新并细化了各级主管部门的责任，要求生态环境部负责建设全国碳市场并制定配额管理政策、报告与核查政策及各类技术规范，省级生态环境主管部门组织排放配额分配与清缴、排放报告与核查等工作，新增了市级主管部门"落实相关具体工作"的责任；由省、市级主管部门共同完成监督检查配额清缴情况和对违约主体的惩罚，由省级主管部门与生态环境部共同完成信息公开。

《管理办法》更强调全国统一规划，省级主管部门的自主权相比此前受到限制。《暂行办法》中规定的省级主管部门制定地方配额分配标准、有偿分配剩余配额和将收益用于地方减排及能力建设的职能在《管理办法》中不再存在，改为由生态环境部完成各项规划，省级主管部门主要负责组织实施。

三级监管体系重视市级主管部门的作用，有利于发挥市级主管部门对本市内各项业务更为熟悉的优势，同时与2020年3月出台的《关于构建现代环境治理体系的指导意见》中建立"中央统筹、省负总责、市县抓落实"的环境治理领导责任体系的要求相符，可以有效促进全国碳排放权交易相关工作更好开展。

3. 促进落实"企业自证"原则

《管理办法》要求企业每年编制温室气体排放报告，载明排放量，并对数据的真实性、完整性与准确性负责，且须定期公开排放报告，体现了对"企业自证"原则的重视。同时，《管理办法》也对核查方式和核查责任主体做出较大修改。

一方面，《暂行办法》规定由核查机构进行核查，而由省级主管部门对部分重点排放单位进行复查。《管理办法》不再要求大规模复查，仅在对核查结果有异议的重点排放单位提出申请后进行复核，且将核查责任主体明确为省级主管部门，只保留政府购买服务的形式与核查机构开展合作，对核查工作更为重视。另一方面，《暂行办法》规定了对所有重点排放单位进行全数核查，而《征求意见稿》则将其修改为由省级主管部门以"双随机、一公开"的方式对重点排放单位进行核查，此前生态环境部 2020 年 12 月 14 日发布的《企业温室气体核查指南（试行）》（征求意见稿）规定核查流程为首先"由省级生态环境部门组建核查技术工作组，进行集中文件评审，识别突出问题"，随后"对文件评审没有发现问题的重点排放单位，随机抽取 20% 到现场进行核查确认"，将"双随机、一公开"的随机抽取比例暂定在 20%。此次《管理办法》仅规定由省级生态环境主管部门负责组织开展核查，并未规定具体的核查方式与数量、比例等，具体的核查方式可能需要《企业温室气体核查指南（试行）》正式出台才能确定。

《管理办法》明确了惩罚措施，对未按时足额清缴配额等违规行为的罚款最高为三万元，并对虚报、瞒报和逾期未改正的欠缴部分在下一年度的配额分配中实行等量核减。由于部门规章的限制，更大的惩罚力度需要《条例》出台后才能实现。同时，《暂行办法》和《征求意见稿》中的"联合惩戒"相关内容被删除，《管理办法》未对向工商、税务、金融等管理部门通报有关情况，并予以公告的相关措施作出规定，可能导致惩罚力度不足。相关规定可能需要各部门联合推出后续规章制度来完善。

五、《中华人民共和国长江保护法》

2020 年 12 月 26 日，《中华人民共和国长江保护法》（以下简称《长江保护法》）由第十三届全国人民代表大会常务委员会第二十四次会议通过，自 2021 年 3 月 1 日起施行。

1.《长江保护法》的重大意义

一是根据习近平总书记关于长江保护的重要指示要求和党中央重大决策部署，把有关指示要求和重大决策部署转化为国家意志和全社会的行为准则。长江保护法是习近平总书记亲自确定的重大立法任务。2016 年 1 月、2018 年 4 月、2020 年 11 月，习近平总书记分别在重庆、武汉、南京主持召开推动长江经济带发展座谈会并发表重要讲话，对长江保护作出重要部署。习近平总书记专门指出，长江保护法治进程滞后，要抓紧制定一部长江保护法，让保护长江生态环境有法可依。2016年党中央印发的《长江经济带发展规划纲要》，2019年中央政治局常委会工作要点，都明确提出制定长江保护法。

二是针对长江所面临的突出生态环境问题，践行习近平生态文明思想，贯彻生态优先、绿色发展，共抓大保护、不搞大开发等理念要求，依法强化生态系统修复和环境治理，切实保障长江流域生态安全。

三是针对长江保护中所面临的部门分割、地区分割等体制和机制问题，坚持系统观念，加强规划、政策和重大事项的统筹协调，在法律层面有效增强长江保护的系统性、整体性、协同性，有效推进长江上中下游、江河湖库、左右岸、干支流协同治理。

四是根据习近平总书记提出的使长江经济带成为我国生态优先绿色发展主战场、引领经济高质量发展主力军的指示要求，根据党中央有关长江经济带高质量发展的战略部署，依法推动长江流域走出一条生态优先、绿色发展之路。

2.《长江保护法》的亮点与特点

一是，坚持生态优先、绿色发展的战略定位。《长江保护法》的定位，首先是一部生态环境的保护法，坚持生态优先、保护优先的原则，把保护和修复长江流域生态环境放在压倒性位置，建立健全一系列硬约束机制，强化规划管控和负面清单管理，严格规范流域内的各类生产生活和开发建设活动。同时，注重在发展中保护、在保护中发展，在优化产业布局，调整产业结构，推动重点产业升级改造，促进城乡融合发展，提升长江黄金水道功能等方面规定了许多支持、保障措施，以促进长江流域经济社会发展全面绿色转型，实现长江流域科学、绿色、高质量发展。

二是，突出共抓大保护、不搞大开发的基本要求。《长江保护法》坚持更高的保护标准、更严格的保护措施，强化资源保护、污染防治和生态环境修复。在资源保护方面，加强饮用水水源、地下水和岸线保护，完善水量分配和用水调度制度，保证河湖生态用水需求；落实党中央决策部署，加强长江流域禁捕、采砂管理和执法工作；加强长江源头保护、水生生物保护、文化保护。在污染防治方面，严格控制总磷排放，加强城乡污水处理能力建设，强化排污口管理、农业面源污染防治，加强固体废弃物处置和水上危险货物运输的管理，加强生态环境风险报告、监测预警和应急处置能力建设。在生态环境修复方面，对河湖岸线、森林、草原、湿地、重点湖泊、长江河口、重点库区消落区等规定了一系列生态修复措施。

三是，做好统筹协调、系统保护的顶层设计。《长江保护法》突出强调长江保护的系统性、整体性、协同性。主要是，建立长江流域协调机制，统一指导、监督长江保护工作；支持地方根据需要在地方性法规和政府规章制定、规划编制、监督执法等方面开展协同协作；充分发挥长江流域发展规划、国土空间规划，以及生态环境保护规划、水资源规划等规划的引领和约束作用；推动山水林田湖草整体保护、系统修复、综合治理。

四是，坚持责任导向，加大处罚力度。按照栗战书委员长关于"要充分体现责任更大更严，违法处罚更重更硬"的要求，《长江保护法》强化考核评价与监督，实行长江流域生态环境保护责任制和考核评价制度，建立长江保护约谈制度；针对长江禁渔、岸线保护、非法采砂等重点问题，在现有相关法律的基础上补充和细化有关规定，并大幅提高罚款额度，增加处罚方式，加大处罚力度。

规划方案

一、《中共中央关于制定国民经济和社会发展第十四个五年规划和二〇三五年远景目标的建议》

2020年10月29日中国共产党第十九届中央委员会第五次全体会议通过。以下为节选内容。

十、推动绿色发展，促进人与自然和谐共生

坚持绿水青山就是金山银山理念，坚持尊重自然、顺应自然、保护自然，坚持节约优先、保护优先、自然恢复为主，守住自然生态安全边界。深入实施可持续发展战略，完善生态文明领域统筹协调机制，构建生态文明体系，促进经济社会发展全面绿色转型，建设人与自然和谐共生的现代化。

35.加快推动绿色低碳发展。强化国土空间规划和用途管控，落实生态保护、基本农田、城镇开发等空间管控边界，减少人类活动对自然空间的占用。强化绿色发展的法律和政策保障，发展绿色金融，支持绿色技术创新，推进清洁生产，发展环保产业，推进重点行业和重要领域绿色化改造。推动能源清洁低碳安全高效利用。发展绿色建筑。开展绿色生活创建活动。降低碳排放强度，支持有条件的地方率先达到碳排放峰值，制定二〇三〇年前碳排放达峰行动方案。

36.持续改善环境质量。增强全社会生态环保意识，深入打好污染防治攻坚战。继续开展污染防治行动，建立地上地下、陆海统筹的生态环境治理制度。强化多污染物协同控制和区域协同治理，加强细颗粒物和臭氧协同控制，基本消除重污染天气。治理城乡生活环境，推进城镇污水管网全覆盖，基本消除城市黑臭水体。推进化肥农药减量化和土壤污染治理，加强白色污染治理。加强危险废物医疗废物收集处理。完成重点地区危险化学品生产企业搬迁改造。重视新污染物治理。全面实行排污许可制，推进排污权、用能权、用水权、碳排放权市场化交易。完善环境保护、节能减排约束性指标管理。完善中央生态环境保护督察制度。积极参与和引领应对气候变化等生态环保国际合作。

37. 提升生态系统质量和稳定性。坚持山水林田湖草系统治理，构建以国家公园为主体的自然保护地体系。实施生物多样性保护重大工程。加强外来物种管控。强化河湖长制，加强大江大河和重要湖泊湿地生态保护治理，实施好长江十年禁渔。科学推进荒漠化、石漠化、水土流失综合治理，开展大规模国土绿化行动，推行林长制。推行草原森林河流湖泊休养生息，加强黑土地保护，健全耕地休耕轮作制度。加强全球气候变暖对我国承受力脆弱地区影响的观测，完善自然保护地、生态保护红线监管制度，开展生态系统保护成效监测评估。

38. 全面提高资源利用效率。健全自然资源资产产权制度和法律法规，加强自然资源调查评价监测和确权登记，建立生态产品价值实现机制，完善市场化、多元化生态补偿，推进资源总量管理、科学配置、全面节约、循环利用。实施国家节水行动，建立水资源刚性约束制度。提高海洋资源、矿产资源开发保护水平。完善资源价格形成机制。推行垃圾分类和减量化、资源化。加快构建废旧物资循环利用体系。

二、《全国重要生态系统保护和修复重大工程总体规划（2021—2035年）》

2020年6月3日，国家发展改革委、自然资源部印发实施《全国重要生态系统保护和修复重大工程总体规划（2021—2035年）》。

1. 背景

习近平总书记多次强调，"生态兴则文明兴，生态衰则文明衰"。目前，我国已进入决胜全面建成小康社会、进而全面建设社会主义现代化强国的新时代，加强生态保护和修复对于推进生态文明建设、保障国家生态安全具有重要意义。根据党中央统一部署，"实施重要生态系统保护和修复重大工程，优化生态安全屏障体系"被列为落实党的十九大报告重要改革举措和中央全面深化改革委员会2019年工作要点，"加强生态系统保护修复"写入2019年《政府工作报告》。为贯彻落实党中央、国务院决策部署，国家发展改革委、自然资源部会同科技部、财政部、生态环境部、水利部、农业农村部、应急管理部、中国气象局、国家林草局等有关部门，在充分调研论证的基础上，共同研究编制了《全国重要生态系统保护和修复重大工程总体规划（2021—2035年）》（以下简称《规划》）。

《规划》以习近平新时代中国特色社会主义思想为指导，全面贯彻落实党的十九大和十九届二中、三中、四中全会精神，深入贯彻习近平生态文明思想，按照党中央、国务院决策部署，坚持新发展理念，统筹山水林田湖草一体化保护和修复，在全面分析全国自然生态系统状况及主要问题与《全国生态保护与建设规划（2013—2020年）》及正在推动的国土空间规划体系充分衔接的基础上，基于以"两屏三带"及大江大河重要水系为骨架的国家生态安全战略格局，突出对国家重大战略的生态支撑，统筹考虑生态系统的完整性、地理单元的连续性和经济社会发展的可持续性，研究提出了到2035年推进森林、草原、荒漠、河流、湖泊、湿地、海洋等自然生态系统保护和修复工作的主要目标，以及统筹山水林田湖草一体化保护和修复的总体布局、重点任务、重大工程和政策举措。

《规划》是当前和今后一段时期推进全国重要生态系统保护和修复重大工程的指导性规划，是编制和实施有关重大工程建设规划的主要依据。

2. 我国生态保护和修复工作成效

党中央、国务院高度重视生态保护和修复工作，特别是党的十八大以来，以习近平同志为核心的党中央将生态文明建设纳入了"五位一体"总体布局、新时代基本方略、新发展理念和三大攻坚战中，开展了一系列根本性、开创性、长远性工作，推动生态环境保护发生了历史性、转折性、全局性变化。在全面加强生态保护的基础上，不断加大生态修复力度，持续推进了大规模国土绿化、湿地与河湖保护修复、防沙治沙、水土保持、生物多样性保护、土地综合整治、海洋生态修复等重点生态工程，取得了显著成效。我国生态恶化趋势基本得到遏制，自然生态系统总体稳定向好，服务功能逐步增强，国家生态安全屏障骨架基本构筑。

（1）森林资源总量持续快速增长。通过三北、长江等重点防护林体系建设、天然林资源保护、退耕还林等重大生态工程建设，深入开展全民义务植树，森林资源总量实现快速增长。截至2018年年底，全国森林面积居世界第五位，森林蓄积量居世界第六位，人工林面积长期居世界首位。

（2）草原生态系统恶化趋势得到遏制。通过实施退牧还草、退耕还草、草原生态保护和修复等工程，以及草原生态保护补助奖励等政策，草原生态系统质量有所改善，草原生态功能逐步恢复。2011—2018年，全国草原植被综合盖度从51%提高到55.7%，重点天然草原牲畜超载率从28%下降到10.2%。

（3）水土流失及荒漠化防治效果显著。积极实施京津风沙源治理、石漠化综合治理等防沙治沙工程和国家水土保持重点工程，启动了沙化土地封禁保护区等试点工作，全国荒漠化和沙化面积、石漠化面积持续减少，区域水土资源条件得到明显改善。2012年以来，全国水土流失面积减少了2123万公顷，完成防沙治沙1310万公顷、石漠化土地治理280万公顷，全国沙化土地面积已由20世纪末年均扩展34.36万公顷转为年均减少19.8万公顷，石漠化土地面积年均减少38.6万公顷。

（4）河湖、湿地保护恢复初见成效。大力推行河长制湖长制、湿地保护修复制度，着力实施湿地保护、退耕还湿、退田（圩）还湖、生态补水等保护和修复工程，积极保障河湖生态流量，初步形成了湿地自然保护区、湿地公园等多种形式的保护体系，改善了河湖、湿地生态状况。截至2018年年底，我国国际重要湿地57处、国家级湿地类型自然保护区156处、国家湿地公园896处，全国湿地保护率达到52.2%。

（5）海洋生态保护和修复取得积极成效。陆续开展了沿海防护林、滨海湿地修复、红树林保护、岸线整治修复、海岛保护、海湾综合整治等工作，局部海域生态环境得到改善，红树林、珊瑚礁、海草床、盐沼等典型生境退化趋势初步遏制，近岸海域生态状况总体呈现趋稳向好态势。截至2018年年底，累计修复岸线约1000公里、滨海湿地9600公顷、海岛20个。

（6）生物多样性保护步伐加快。通过稳步推进国家公园体制试点，持续实施自然保护区建设、濒危野生动植物抢救性保护等工程，生物多样性保护取得积极成效。截至2018年年底，我国已有各类自然保护区2700多处，90%的典型陆地生态系统类型、85%的野生动物种群和65%的高等植物群落被纳入保护范围。大熊猫、朱鹮、东北虎、东北豹、藏羚羊、苏铁等濒危野生动植物种群数量呈稳中有升的态势。

3. 主要内容

《规划》明确，到2035年，通过大力实施重要生态系统保护和修复重大工程，全面加强生态保护和修复工作，全国森林、草原、荒漠、河湖、湿地、海洋等自然生态系统状况实现根本好转，生态系统质量明显改善，优质生态产品供给能力基本满足人民群众需求，人与自然和谐共生的美丽画卷基本绘就。

《规划》提出了"坚持保护优先，自然恢复为主""坚持科学治理，推进综合施策"等基本原则；将重大工程重点布局在青藏高原生态屏障区、黄河重点生态区（含黄土高原生态屏障）、长江重点生态区（含川滇生态屏障）、东北森林带、北方防沙带、南方丘陵山地带、海岸带等重点区域，根据各区域的自然生态状况、主要生态问题，研究提出了主攻方向。

《规划》是推进全国重要生态系统保护和修复重大工程建设的总体设计，是编制和实施有关重大工程专项建设规划的重要依据，对推动全国生态保护和修复工作具有战略性、指导性作用。

《规划》在长江重点生态区布局了横断山区水源涵养与生物多样性保护，长江上中游岩溶地区石漠化综合治理，大巴山区生物多样性保护与生态修复，三峡库区生态综合治理，洞庭湖、鄱阳湖等河湖、湿地保护和恢复，大别山区水土保持与生态修复，武陵山区生物多样性保护，长江重点生态区矿山生态修复8个重点工程；在黄河重点生态区布局了黄土高原水土流失综合治理、秦岭生态保护和修复、贺兰山生态保护和修复、黄河下游生态保护和修复、黄河重点生态区矿山生态修复5个重点工程。

《规划》提出，到2035年，以国家公园为主体的自然保护地占陆域国土面积18%以上，濒危野生动植物及其栖息地得到全面保护。

三、《新能源汽车产业发展规划（2021—2035年）》

2020年10月20日，国务院办公厅印发《新能源汽车产业发展规划（2021—2035年）》。

发展新能源汽车是我国从汽车大国迈向汽车强国的必由之路，是应对气候变化、推动绿色发展的战略举措。2012年国务院发布《节能与新能源汽车产业发展规划（2012—2020年）》以来，我国坚持纯电驱动战略取向，新能源汽车产业发展取得了巨大成就，成为世界汽车产业发展转型的重要力量之一。与此同时，我国新能源汽车发展也面临核心技术创新能力不强、质量保障体系有待完善、基础设施建设仍显滞后、产业生态尚不健全、市场竞争日益加剧等问题。为推动新能源汽车产业高质量发展，加快建设汽车强国，制定该规划。

到2025年，我国新能源汽车市场竞争力明显增强，动力电池、驱动电机、车用操作系统等关键技术取得重大突破，安全水平全面提升。纯电动乘用车新车平均电耗降至12.0千瓦时/百公里，新能源汽车新车销售量达到汽车新车销售总量的20%左右，高度自动驾驶汽车实现限定区域和特定场景商业化应用，充换电服务便利性显著提高。

力争经过15年的持续努力，我国新能源汽车核心技术达到国际先进水平，质量品牌具备较强国际竞争力。纯电动汽车成为新销售车辆的主流，公共领域用车全面电动化，燃料电池汽车实现商业化应用，高度自动驾驶汽车实现规模化应用，充换电服务网络便捷高效，氢燃料供给体系建设稳步推进，有效促进节能减排水平和社会运行效率的提升。

政策法规（2021）

政策文件

一、《关于统筹和加强应对气候变化与生态环境保护相关工作的指导意见》

2021年1月11日，生态环境部印发《关于统筹和加强应对气候变化与生态环境保护相关工作的指导意见》（以下简称《指导意见》）。

1. 背景和目的

气候变化是当今人类面临的重大全球性挑战。积极应对气候变化是我国实现可持续发展的内在要求，是加强生态文明建设、实现美丽中国目标的重要抓手，是我国履行负责任大国责任、推动构建人类命运共同体的重大历史担当。习近平主席在第七十五届联合国大会一般性辩论上宣布我国力争于2030年前二氧化碳排放达到峰值的目标与努力争取于2060年前实现碳中和的愿景，并在气候雄心峰会上进一步宣布国家自主贡献最新举措。

一直以来，我国坚定不移实施积极应对气候变化国家战略，参与和引领全球气候治理，应对气候变化工作取得明显成效，有力促进了生态文明建设和生态环境保护。同时也要看到，生态环保任重道远，实现二氧化碳排放达峰目标与碳中和愿景任务十分艰巨，应对气候变化与生态环境保护相关工作的统筹融合有待加强。

2018年党和国家机构改革，将应对气候变化职能调整至新组建的生态环境部，在体制机制上实现了应对气候变化与环境治理、生态保护修复等相关工作的协同管理。统筹和加强应对气候变化与生态环境保护相关工作，有利于加快推进生态环境系统相关职能协同和制度机制融合，有利于用好用足生态环境保护现有政策工具、手段措施、基础能力等方面优势，有利于形成应对气候变化与生态环境保护相关工作整体合力。

为坚决贯彻落实习近平主席重大宣示，坚定不移实施积极应对气候变化国家战略，更好履行应对气候变化牵头部门职责，加快补齐认知水平、政策工具、手段措施、基础能力等方面短板，促进应对气候变化与环境治理、生态保护修复等协同增效，生态环境部组织制定了

《指导意见》，明确了统筹和加强应对气候变化与生态环境保护的主要领域和重点任务，推进生态环境治理体系和治理能力稳步提升，为实现二氧化碳排放达峰目标与碳中和愿景提供支撑，助力美丽中国建设。

2. 主要思路

《指导意见》遵循系统谋划、整体推进、重点突破的思路，从战略规划、政策法规、制度体系、试点示范、国际合作等5个方面提出了重点任务安排，着力推进统一政策规划标准制定、统一监测评估、统一监督执法、统一督察问责。

一是坚持目标导向。围绕落实二氧化碳排放达峰目标与碳中和愿景，统筹推进应对气候变化与生态环境保护相关工作，加强顶层设计，着力解决与新形势新任务新要求不相适应的问题，协同推动经济高质量发展和生态环境高水平保护。

二是强化统筹协调。应对气候变化与生态环境保护相关工作统一谋划、统一布置、统一实施、统一检查，建立健全统筹融合的战略、规划、政策和行动体系。

三是突出协同增效。把降碳作为源头治理的"牛鼻子"，协同控制温室气体与污染物排放，协同推进适应气候变化与生态保护修复等工作。

3. 重点任务

《指导意见》从加强宏观战略统筹、加强规划有机衔接、全力推进达峰行动等3个方面，明确了推动战略规划统筹融合的工作任务。

一是加强宏观战略统筹，将应对气候变化作为美丽中国建设重要组成部分，作为环保参与宏观经济治理的重要抓手，系统谋划中长期生态环境保护重大战略。

二是加强规划有机衔接，编制应对气候变化专项规划，将应对气候变化目标任务全面融入生态环境保护规划，污染防治、生态保护等专项规划要体现气候友好理念。

三是全力推进达峰行动，抓紧制定2030年前二氧化碳排放达峰行动方案，支持和推动地方、重点行业和领域制定实施达峰方案，加快推进全国碳排放权交易市场建设。

二、《关于加快建立健全绿色低碳循环发展经济体系的指导意见》

2021年2月2日，国务院印发《关于加快建立健全绿色低碳循环发展经济体系的指导意见》（以下简称《意见》）。

1. 出台背景

党的十八大以来，以习近平同志为核心的党中央坚持生态优先、绿色发展，作出了一系列重大决策部署，一以贯之大力推进。建立健全绿色低碳循环发展经济体系是解决我国资源环境生态问题的基础之策，绿色低碳循环发展是构建高质量现代化经济体系的必然要求，是当今时代科技革命和产业变革的方向，是最有前途的发展领域，我国在这方面的潜力相当大，可以形成很多新的经济增长点。要深入推进供给侧结构性改革，促进产业结构优化升级，打造绿色低碳循环发展的产业体系，使经济社会发展更可持续、更具活力。

各地区各部门坚决贯彻落实党中央、国务院决策部署，全面促进资源循环高效利用，坚决打好污染防治攻坚战，加快推动形成绿色生产生活方式，我国生态文明建设发生了历史性、转折性、全局性变化，得到广大群众的充分肯定和衷心拥护，得到了世界的广泛赞誉。但是，我国绿色生产生活方式尚未根本形成，实现碳达峰碳中和任务艰巨，能源资源利用效率不高，生态环境治理成效尚不稳固，生态环境质量与人民群众的要求还有不小的差距，绿色技术总体水平不高，推动绿色发展的政策制度有待完善。党的十九届五中全会明确指出"生态环保任重道远"。

为此，根据党中央、国务院决策部署，国家发展改革委牵头起草了《意见》，2020年12月30日中央全面深化改革委员会第十七次会议审议通过，2021年2月国务院印发实施。《意见》对加快建立健全绿色低碳循环发展的经济体系作了顶层设计和总体部署，旨在统筹好经济发展和生态环境保护建设的关系，促进经济社会发展全面绿色转型，建设人与自然和谐共生的现代化。

2. 总体思路

《意见》坚持系统观念，用全生命周期理念厘清了绿色低碳循环发展经济体系建设过程，提出要坚定不移贯彻新发展理念，全方位全过程推行绿色规划、绿色设计、绿色投资、绿色建设、绿色生产、绿色流通、绿色生活、绿色消费，明确了经济全链条绿色发展要求，推动绿色成为发展的底色，使发展建立在高效利用资源、严格保护生态环境、有效控制温室气体排放的基础上，统筹推进高质量发展和高水平保护，确保实现碳达峰碳中和目标，推动我国绿色发展迈上新台阶。

3. 目标

到2025年，产业结构、能源结构、运输结构明显优化，绿色产业比重显著提升，基础设施绿色化水平不断提高，清洁生产水平持续提高，生产生活方式绿色转型成效显著，能源资源配置更加合理、利用效率大幅提高，主要污染物排放总量持续减少，碳排放强度明显降低，生态环境持续改善，市场导向的绿色技术创新体系更加完善，法律法规政策体系更加有效，绿色低碳循环发展的生产体系、流通体系、消费体系初步形成。到2035年，绿色发展内生动力显著增强，绿色产业规模迈上新台阶，重点行业、重点产品能源资源利用效率达到国际先进水平，广泛形成绿色生产生活方式，碳排放达峰后稳中有降，生态环境根本好转，美丽中国建设目标基本实现。

三、《关于建立健全生态产品价值实现机制的意见》

2021年4月，中共中央办公厅、国务院办公厅印发《关于建立健全生态产品价值实现机制的意见》(以下简称《意见》)。

1. 时代背景

习近平总书记高度重视生态产品价值实现工作,多次发表重要讲话指出,良好的生态蕴含着无穷的经济价值,能够源源不断创造综合效益,实现经济社会的可持续发展。2005年,习近平同志在安吉余村调研考察,首次提出"绿水青山就是金山银山"的科学论断,强调既要绿水青山,也要金山银山,实际上绿水青山就是金山银山,本身,它有含金量。指明了绿水青山既是自然财富,也是社会财富、经济财富。2006年,习近平同志在中国人民大学演讲,系统阐述了"绿水青山就是金山银山"的理念,指出人类对"绿水青山"和"金山银山"关系的认识经历了"用绿水青山去换金山银山""既要绿水青山,也要保住金山银山""绿水青山就是金山银山"三个阶段。2018年,习近平总书记在深入推动长江经济带发展座谈会上强调指出,要积极探索推广绿水青山转化为金山银山的路径,选择具备条件的地区开展生态产品价值实现机制试点,探索政府主导、企业和社会各界参与、市场化运作、可持续的生态产品价值实现路径。2020年,习近平总书记在全面推动长江经济带发展座谈会上指出,要加快建立生态产品价值实现机制,让保护修复生态环境获得合理回报,让破坏生态环境付出相应代价。

建立健全生态产品价值实现机制,是贯彻落实习近平生态文明思想的重要举措,有利于走出一条协同推进生态环境保护与经济发展的新路子,促进人与自然和谐共生;是践行绿水青山就是金山银山理念的关键路径,有利于破解绿水青山转化为金山银山的深层次体制机制障碍,推动生态环境优势持续转化为生态经济优势;是从源头上推动生态环境领域国家治理体系和治理能力现代化的必然要求,有利于让保护生态环境变得"有利可图",实现"要我保护"到"我要保护"的转变,对推动经济社会发展全面绿色转型具有重要意义。

2. 起草过程和总体考虑

党的十八大以来,在习近平新时代中国特色社会主义思想指引下,各地深入践行绿水青山就是金山银山理念,特别是2018年4月26日,习近平总书记在武汉召开深入推动长江经济带发展座谈会后,长江经济带沿江省市积极探索绿水青山转化为金山银山的路径,在生态产品价值实现机制方面开展了大量探索,形成一批具有示范效应的可复制、可推广的经验做法,具备总结提炼成政策制度体系并加以推广应用的坚实基础。

为认真高效完成党中央交办的重大改革任务,国家发展改革委会同有关方面深化重大问题研究,深入浙江、上海、江西、福建等地开展调研,收集全国数百个生态产品价值实现成功实践案例,总结提炼路径模式和政策措施,广泛听取地方、金融机构、企业家和专家学者意见建议,先后两次征求中央24个部门和单位意见。2021年2月19日,中央全面深化改革委员会第十八次会议审议通过《意见》,并于4月由中共中央办公厅、国务院办公厅印发实施。

四、《关于深化生态保护补偿制度改革的意见》

2021年9月,中共中央办公厅、国务院办公厅印发《关于深化生态保护补偿制度改革的意见》(以下简称《意见》)。

1. 改革目标

到2025年,与经济社会发展状况相适应的生态保护补偿制度基本完备。以生态保护成本为主要依据的分类补偿制度日益健全,以提升公共服务保障能力为基本取向的综合补偿制度不断完善,以受益者付费原则为基础的市场化、多元化补偿格局初步形成,全社会参与生态保护的积极性显著增强,生态保护者和受益者良性互动的局面基本形成。到2035年,适应新时代生态文明建设要求的生态保护补偿制度基本定型。

2. 进一步厘清了生态保护补偿的政府和市场权责边界,明确了政府主导有力、社会参与有序、市场调节有效的生态保护补偿体制机制

充分发挥政府开展生态保护补偿、落实生态保护责任的主导作用,以国家和区域生态安全、社会稳定、区域协调发展等为目标,由国家或上级政府对下级政府或农牧民进行生态保护补偿。2009年以来,中央财政设立国家重点生态功能区转移支付,到2021年这项政策已经覆盖31个省(自治区、直辖市)800余个县域,累计投入超过6000亿元。《意见》强调,坚持生态保护补偿力度与财政能力相匹配、与推进基本公共服务均等化相衔接,加大纵向补偿力度。一是结合中央财力状况逐步增加重点生态功能区转移支付规模,中央预算内投资对重点生态功能区基础设施和基本公共服务设施建设予以倾斜;二是继续对生态脆弱脱贫地区给予生态保护补偿,保持对原深度贫困地区支持力度不减;三是建立健全以国家公园为主体的自然保护地体系生态保护补偿机制,根据自然保护地规模和管护成效加大保护补偿力度。《意见》明确要求各省级政府加大生态保护补偿资金投入力度,因地制宜出台生态保护补偿引导性政策和激励约束措施,将生态功能重要地区纳入省级对下生态保护补偿转移支付范围。

开展流域横向生态保护补偿,是调动流域上下游地区积极性,共同推进生态环境保护和治理的重要手段,是健全生态保护补偿制度的重要内容。自2010年启动新安江流域水环境补偿试点以来,我国已在安徽、浙江、广东、福建、广西、河北、天津、云南、四川、北京等15个省(自治区、直辖市)10个流域探索开展跨省流域上下游横向生态保护补偿。总体上看,这些试点均取得积极进展,跨界断面水环境质量稳中有升,流域上下游协同治理能力明显提高,以生态补偿助推上游地区产业绿色转型初见成效。《意见》肯定了跨省流域横向生态保护补偿机制试点成果,要求总结推广成熟经验。鼓励地方加快重点流域跨省上下游横向生态保护补偿机制建设,开展跨区域联防联治。《意见》衔接了近期出台的《支持引导黄河全流域建立横向生态保护补偿机制试点实施方案》《支持长江全流域建立横向生态保护补偿机制的实施方案》，提出推动建立长江、黄河全流域横向生态保护补偿机制，支持沿线省（自治区、直辖市）在干流及重要支流自主建立省际和省内横向生态保护补偿机制。同时强调，对生态功能特别重要的跨省和跨地市重点流域横向生态保护补偿，中央财政和省级财政分别给予引导支持。《意见》还鼓励地方探索大气等其他生态环境要素横向生态保护补偿方式，通过多种途径推动受益地区与生态保护地区良性互动。

《意见》明确了发挥市场机制作用，加快推进多元化补偿，市场化多元化生态保护补偿路径更加清晰，按照受益者付费的原则，合理界定生态环境权利，促进生态保护者利益得到有效补偿，激发全社会参与生态保护的积极性。2018年12月，国家发改委、财政部、自然资源部、生态环境部等9部门联合印发《建立市场化、多元化生态保护补偿机制行动计划》，明确了我国市场化多元化生态保护补偿政策框架，但目前各地相关实践仍处于起步探索阶段，政府引导、市场运作、社会参与的多元化生态保护补偿投融资机制尚未大规模建立。《意见》强调了受益者付费的原则和责任，从完善市场交易机制、拓展市场化融资渠道、探索多样化补偿方式3个方面对市场机制如何参与生态保护补偿作了明确阐述，点明建立绿色股票指数、发展碳排放权期货交易以及建立健全自然保护地控制区经营性项目特许经营管理制度等具体举措，明确了银行业金融机构、取水权人、用水户、生态功能重要地区居民等市场化生态保护补偿参与主体，细化了如何筹资、向谁筹资、投资方向和投资方式等关键问题。

3. 进一步完善了生态保护补偿分类体系和转移支付测算办法，兼顾了生态系统的整体性、系统性及其内在规律和不同生态环境要素保护成本

重要生态环境要素的补偿资金将进一步突出区域差异性，强调与经济、社会发展状况相适应。一直以来，国家有关部门依据部门职责分工，在森林、草原、湿地、荒漠、海洋、水流、耕地等重点领域开展了大量的生态保护补偿工作，国家级生态公益林实现森林生态效益补偿全覆盖，草原生态保护补助奖励政策覆盖全国80%以上的草原面积。据统计，自1998年以来，我国中央财政累计投入不同生态环境要素的补偿资金近1万亿元，巨额资金投入的背后，生态保护补偿标准定价机制相对单一、区域差异性不强等问题不容忽视。目前各生态环境要素的生态保护补偿以按照面积补偿居多，这种方法可操作性强，但没有考虑到因生态类型、地理位置、地域特征的不同导致的不同地区生态保护成本差距的问题，导致补偿结果不够精准。《意见》指出"综合考虑生态保护地区经济社会发展状况、生态保护成效等因素确定补偿水平，对不同要素的生态保护成本予以适度补偿"。这是对当前分类补偿制度的进一步完善，既充分体现了补偿标准以生态保护成本为依据的科学性，又充分考虑了当地经济社会发展水平，确保生态保护者得到合理补偿。《意见》提出，加强水生生物资源养护，确保长江流域重点水域十年禁渔落实到位。这是对以往水流生态保护补偿的进一步完善。

生态功能重要区域的纵向补偿办法得到进一步改进。国家重点生态功能区转移支付资金分配始终以"改善民生"和"进行生态环境保护"的双重目标为基本结构，在维护国家生态安全的同时，有效弥补了国家重点生态功能区财政能力的不足，缓解了生态产品提供地区与受益地区的公共服务水平不平衡问题。但实践中也发现，"优质优价、多劳多得"的导向作用还有待提升。为更加精准激励这类地区提供更多优质生态产品，《意见》提出在"推进基本公共服务均等化"的同时，考虑"生态效益外溢性、生态功能重要性、生态环境敏感性和脆弱性等特点""实施差异化补偿"。这可推动有限的财政转移支付资金向"优质优价"的精准补偿发展。将生态保护红线纳入转移支付分配因素时机已经成熟。2017年中共中央办公厅、国务院办公厅印发的《关于划定并严守生态保护红线的若干意见》要求，通过重点生态功能区转移支付政策加大对生态保护红线的支持力度。目前，全国生态保护红线划定工作基本完成，各地生态保护面积及覆盖比例已基本明确，有条件落实《意见》提出的"引入生态保护红线作为相关转移支付分配因素，加大对生态保护红线覆盖比例较高地区支持力度"。这是充分考虑生态系统的整体性、系统性和生态空间功能差异性特征，统筹考虑财政能力实施差异化补偿的重要体现。

4. 进一步强化了生态保护补偿的治理效能，界定了各方权利义务，实现了受益与补偿相对应、享受补偿权利和履行保护义务相匹配

为更好地推进生态保护制度框架落实、提高制度执行能力，《意见》提出加快相关领域制度建设和体制机制改革，为深化生态保护补偿制度改革提供全方位、全过程支撑保障。

一是加快推进法治建设，落实相关法律法规，加快研究制定生态保护补偿条例，明确生态受益者和生态保护者权利义务关系，落实各级各部门生态保护主体责任，约束相关主体履行生态保护补偿义务。

二是完善生态环境监测体系，建立生态保护补偿统计指标体系和信息发布制度，为科学确定补偿标准和开展考评提供依据。

三是健全考评机制、强化监督问责、建立补偿资金与破坏生态环境相关产业逆向关联机制，将生态保护补偿实施效果与补偿资金挂钩。

四是推进税费调节、政府采购、损害赔偿等配套措施，充分发挥与生态保护补偿政策的协同推进作用。

五是开展生态保护补偿有关技术方法等联合研究，不断强化生态保护补偿技术支撑。[①]

五、《中共中央 国务院关于完整准确全面贯彻新发展理念做好碳达峰碳中和工作的意见》

实现碳达峰、碳中和，是以习近平同志为核心的党中央统筹国内国际两个大局作出的重

---

① 刘桂环、文一惠、谢婧：《解读〈关于深化生态保护补偿制度改革的意见〉》，《中国环境报》2021年9月15日第3版。

大战略决策，是着力解决资源环境约束突出问题、实现中华民族永续发展的必然选择，是构建人类命运共同体的庄严承诺。为完整、准确、全面贯彻新发展理念，做好碳达峰、碳中和工作，2021年9月22日，中共中央、国务院提出了《中共中央 国务院关于完整准确全面贯彻新发展理念做好碳达峰碳中和工作的意见》。

1. 出台背景

2020年9月22日，习近平主席在第七十五届联合国大会一般性辩论上宣布中国二氧化碳排放力争于2030年前达到峰值，努力争取2060年前实现碳中和。实现碳达峰、碳中和，是以习近平同志为核心的党中央经过深思熟虑作出的重大战略决策，事关中华民族永续发展和构建人类命运共同体。

实现碳达峰、碳中和是一场广泛而深刻的经济社会系统性变革，面临前所未有的困难挑战。当前，我国经济结构还不合理，工业化、新型城镇化还在深入推进，经济发展和民生改善任务还很重，能源消费仍将保持刚性增长。与发达国家相比，我国从碳达峰到碳中和的时间窗口偏紧。做好碳达峰碳中和工作，迫切需要加强顶层设计。在中央层面制定印发意见，对碳达峰碳中和这项重大工作进行系统谋划和总体部署，进一步明确总体要求，提出主要目标，部署重大举措，明确实施路径，对统一全党认识和意志，汇聚全党全国力量来完成碳达峰碳中和这一艰巨任务具有重大意义。

2. 主要目标

意见提出了构建绿色低碳循环发展经济体系、提升能源利用效率、提高非化石能源消费比重、降低二氧化碳排放水平、提升生态系统碳汇能力等五个方面主要目标。

到2025年，绿色低碳循环发展的经济体系初步形成，重点行业能源利用效率大幅提升。单位国内生产总值能耗比2020年下降13.5%；单位国内生产总值二氧化碳排放比2020年下降18%；非化石能源消费比重达到20%左右；森林覆盖率达到24.1%，森林蓄积量达到180亿立方米，为实现碳达峰、碳中和奠定坚实基础。

到2030年，经济社会发展全面绿色转型取得显著成效，重点耗能行业能源利用效率达到国际先进水平。单位国内生产总值能耗大幅下降；单位国内生产总值二氧化碳排放比2005年下降65%以上；非化石能源消费比重达到25%左右，风电、太阳能发电总装机容量达到12亿千瓦以上；森林覆盖率达到25%左右，森林蓄积量达到190亿立方米，二氧化碳排放量达到峰值并实现稳中有降。

到2060年，绿色低碳循环发展的经济体系和清洁低碳安全高效的能源体系全面建立，能源利用效率达到国际先进水平，非化石能源消费比重达到80%以上，碳中和目标顺利实现，生态文明建设取得丰硕成果，开创人与自然和谐共生新境界。

这一系列目标，立足于我国发展阶段和国情实际，标志着我国将完成碳排放强度全球最大降幅，用历史上最短的时间从碳排放峰值实现碳中和，体现了最大的雄心力度，需要付出艰苦卓绝的努力。

3. 主要任务和重大举措

实现碳达峰、碳中和是一项多维、立体、系统的工程，涉及经济社会发展方方面面。意见坚持系统观念，提出10方面31项重点任务，明确了碳达峰碳中和工作的路线图、施工图。

一是推进经济社会发展全面绿色转型，强化绿色低碳发展规划引领，优化绿色低碳发展区域布局，加快形成绿色生产生活方式。

二是深度调整产业结构，加快推进农业、工业、服务业绿色低碳转型，坚决遏制高耗能高排放项目盲目发展，大力发展绿色低碳产业。

三是加快构建清洁低碳安全高效能源体系，强化能源消费强度和总量双控，大幅提升能源利用效率，严格控制化石能源消费，积极发展非化石能源，深化能源体制机制改革。

四是加快推进低碳交通运输体系建设，优化交通运输结构，推广节能低碳型交通工具，积极引导低碳出行。

五是提升城乡建设绿色低碳发展质量，推进城乡建设和管理模式低碳转型，大力发展节能低碳建筑，加快优化建筑用能结构。

六是加强绿色低碳重大科技攻关和推广应用，强化基础研究和前沿技术布局，加快先进适用技术研发和推广。

七是持续巩固提升碳汇能力，巩固生态系统碳汇能力，提升生态系统碳汇增量。

八是提高对外开放绿色低碳发展水平，加快建立绿色贸易体系，推进绿色"一带一路"建设，加强国际交流与合作。

九是健全法律法规标准和统计监测体系，完善标准计量体系，提升统计监测能力。

十是完善投资、金融、财税、价格等政策体系，推进碳排放权交易、用能权交易等市场化机制建设。

4. 在碳达峰碳中和"1+N"政策体系中的定位和作用

2021年5月，中央层面成立了碳达峰碳中和工作领导小组，作为指导和统筹做好碳达峰碳中和工作的议事协调机构。领导小组办公室设在国家发展改革委。按照统一部署，正加快建立"1+N"政策体系，立好碳达峰碳中和工作的"四梁八柱"。

党中央、国务院印发的意见，作为"1"，是管总管长远的，在碳达峰碳中和"1+N"政策体系中发挥统领作用；意见将与2030年前碳达峰行动方案共同构成贯穿碳达峰、碳中和两个阶段的顶层设计。"N"则包括能源、工业、交通运输、城乡建设等分领域分行业碳达峰实施方案，以及科技支撑、能源保障、碳汇能力、财政金融价格政策、标准计量体系、督察考核等保障方案。一系列文件将构建起目标明确、分工合理、措施有力、衔接有序的碳达峰碳中和政策体系。

六、《关于进一步加强生物多样性保护的意见》

生物多样性是人类赖以生存和发展的基础，是地球生命共同体的血脉和根基，为人类提供了丰富多样的生产生活必需品、健康安全的生态环境和独特别致的景观文化。中国是世界上生物多样性最丰富的国家之一，生物多样性保护已取得长足成效，但仍面临诸多挑战。为贯彻落实党中央、国务院有关决策部署，切实推进生物多样性保护工作，中共中央办公厅、国务院办公厅在 2021 年 10 月印发了《关于进一步加强生物多样性保护的意见》。

总体目标：到 2025 年，持续推进生物多样性保护优先区域和国家战略区域的本底调查与评估，构建国家生物多样性监测网络和相对稳定的生物多样性保护空间格局，以国家公园为主体的自然保护地占陆域国土面积的 18% 左右，森林覆盖率提高到 24.1%，草原综合植被盖度达到 57% 左右，湿地保护率达到 55%，自然海岸线保有率不低于 35%，国家重点保护野生动植物物种数保护率达到 77%，92% 的陆地生态系统类型得到有效保护，长江水生生物完整性指数有所改善，生物遗传资源收集保藏量保持在世界前列，初步形成生物多样性可持续利用机制，基本建立生物多样性保护相关政策、法规、制度、标准和监测体系。

到 2035 年，生物多样性保护政策、法规、制度、标准和监测体系全面完善，形成统一有序的全国生物多样性保护空间格局，全国森林、草原、荒漠、河湖、湿地、海洋等自然生态系统状况实现根本好转，森林覆盖率达到 26%，草原综合植被盖度达到 60%，湿地保护率提高到 60% 左右，以国家公园为主体的自然保护地占陆域国土面积的 18% 以上，典型生态系统、国家重点保护野生动植物物种、濒危野生动植物及其栖息地得到全面保护，长江水生生物完整性指数显著改善，生物遗传资源获取与惠益分享、可持续利用机制全面建立，保护生物多样性成为公民自觉行动，形成生物多样性保护推动绿色发展、促进人与自然和谐共生的良好局面，努力建设美丽中国。

七、《关于鼓励和支持社会资本参与生态保护修复的意见》

生态保护修复是守住自然生态安全边界、促进自然生态系统质量整体改善的重要保障。长期以来，我国一些地区生态系统受损退化问题突出、历史欠账较多，生态保护修复任务量大面广，需要动员全社会力量参与。为进一步促进社会资本参与生态建设，加快推进山水林田湖草沙一体化保护和修复，经国务院同意，国务院办公厅在 2021 年 10 月 25 日提出《关于鼓励和支持社会资本参与生态保护修复的意见》。

参与内容：鼓励和支持社会资本参与生态保护修复项目投资、设计、修复、管护等全过程，围绕生态保护修复开展生态产品开发、产业发展、科技创新、技术服务等活动，对区域生态保护修复进行全生命周期运营管护。重点鼓励和支持社会资本参与以政府支出责任为主

（包括责任人灭失、自然灾害造成等）的生态保护修复。对有明确责任人的生态保护修复，由其依法履行义务，承担修复或赔偿责任。

八、《中共中央 国务院关于深入打好污染防治攻坚战的意见》

良好生态环境是实现中华民族永续发展的内在要求，是增进民生福祉的优先领域，是建设美丽中国的重要基础。党的十八大以来，以习近平同志为核心的党中央全面加强对生态文明建设和生态环境保护的领导，开展了一系列根本性、开创性、长远性工作，推动污染防治的措施之实、力度之大、成效之显著前所未有，污染防治攻坚战阶段性目标任务圆满完成，生态环境明显改善，人民群众获得感显著增强，厚植了全面建成小康社会的绿色底色和质量成色。同时应该看到，我国生态环境保护结构性、根源性、趋势性压力总体上尚未根本缓解，重点区域、重点行业污染问题仍然突出，实现碳达峰、碳中和任务艰巨，生态环境保护任重道远。为进一步加强生态环境保护，深入打好污染防治攻坚战，2021年11月2日，中共中央、国务院提出了《中共中央 国务院关于深入打好污染防治攻坚战的意见》。

主要目标：到2025年，生态环境持续改善，主要污染物排放总量持续下降，单位国内生产总值二氧化碳排放比2020年下降18%，地级及以上城市细颗粒物（$PM_{2.5}$）浓度下降10%，空气质量优良天数比率达到87.5%，地表水Ⅰ—Ⅲ类水体比例达到85%，近岸海域水质优良（一、二类）比例达到79%左右，重污染天气、城市黑臭水体基本消除，土壤污染风险得到有效管控，固体废物和新污染物治理能力明显增强，生态系统质量和稳定性持续提升，生态环境治理体系更加完善，生态文明建设实现新进步。

到2035年，广泛形成绿色生产生活方式，碳排放达峰后稳中有降，生态环境根本好转，美丽中国建设目标基本实现。

法律文件

一、《中华人民共和国生物安全法》

2020年10月17日，第十三届全国人民代表大会常务委员会第二十二次会议通过了《中华人民共和国生物安全法》（以下简称《生物安全法》），自2021年4月15日起施行。该法的制定旨在维护国家安全，防范和应对生物安全风险，保障人民生命健康，保护生物资源和生态环境，促进生物技术健康发展，推动构建人类命运共同体，实现人与自然和谐共生。

生物安全，不仅影响个体生命安全，更关乎国家公共安全，关乎人类安全。生物安全的威胁就在我们身边。H1N1流感、埃博拉病毒病、SARS、新型冠状病毒等重大传染病夺去无数人的生命，非洲猪瘟、登革热、高致病性禽流感等给对畜牧业造成了巨大的损失，薇甘菊、巴西龟、罗非鱼等给本地物种带来严重威胁……生物安全形势日益严峻，迫切需要运用法律来防控生物安全风险，维护国家生物安全。

2020年2月14日，习近平总书记在中央全面深化改革委员会第十二次会议上强调：要从保护人民健康、保障国家安全、维护国家长治久安的高度，把生物安全纳入国家安全体系，系统规划国家生物安全风险防控和治理体系建设，全面提高国家生物安全治理能力。同年10月，十三届全国人大常委会第二十二次会议通过了《生物安全法》。《生物安全法》将于2021年4月15日起施行，从法律层面防范和应对生物安全风险，保障人民生命健康，保护生物资源和生态环境，促进生物技术健康发展，推动构建人类命运共同体，实现人类与自然和谐共生。

《生物安全法》科学界定了生物安全的内涵要求，明确了生物安全的重要地位和原则，建立了国家生物安全领导体制，完善了生物安全风险防控基本制度。规定建立生物安全风险监测预警制度、风险调查评估制度、信息共享制度、信息发布制度、名录和清单制度、标准制度、生物安全审查制度、应急制度、调查溯源制度、国家准入制度和境外重大生物安全事件应对制度等11项基本制度，全链条构建生物安全风险防控的"四梁八柱"。

《生物安全法》根据中央有关生物安全的方针和政策，确定了法律适用范围主要包括八个方面：一是防控重大新发突发传染病、动植物疫情；二是生物技术研究、开发与应用；三是病原微生物实验室生物安全管理；四是人类遗传资源与生物资源安全管理；五是防范外来物种入侵与保护生物多样性；六是应对微生物耐药；七是防范生物恐怖袭击与防御生物武器威胁；八是其他与生物安全相关的活动。这八个方面的行为及其相关管理活动，是《生物安全法》规范和调整的范围。

二、《排污许可管理条例》

2021年1月24日，国务院总理李克强签署第736号国务院令，公布《排污许可管理条例》（以下简称《条例》）。《条例》自2021年3月1日起施行。

党中央、国务院高度重视排污许可管理工作。党的十九届四中全会审议通过的《中共中央关于坚持和完善中国特色社会主义制度、推进国家治理体系和治理能力现代化若干重大问题的决定》要求，构建以排污许可制为核心的固定污染源监管制度体系。党的十九届五中全会审议通过的《中共中央关于制定国民经济和社会发展第十四个五年规划和二〇三五年远景目标的建议》提出，全面实行排污许可制。《环境保护法》规定，国家依照法律规定实行排污许可管理制度；实行排污许可管理的企业事业单位和其他生产经营者应当按照排污许可证的要求排放污染物；未取得排污许可证的，不得排放污染物。《大气污染防治法》和《水污染防治法》授权国务院制定排污许可的具体办法。2016年11月，国务院办公厅印发《控制污染物排放许可制实施方案》（国办发〔2016〕81号）明确了目标任务、发放程序等问题，排污许可制度开始实施。

生态环境部在总结实践经验的基础上，起草了《排污许可管理条例（草案送审稿）》。司法部征求了中央有关部门和单位、部分地方人民政府以及有关企业的意见，召开专家论证会和部门座谈会，进行实地调研，会同生态环境部等有关部门对《排污许可管理条例（草案送审稿）》反复研究修改，形成了《排污许可管理条例（草案）》。2020年12月9日，国务院常务会议审议通过了草案。2021年1月24日，李克强总理签署国务院令，正式公布《条例》。

三、《地下水管理条例》

2021年10月21日，国务院印发《地下水管理条例》（以下简称《条例》）。

党中央、国务院高度重视地下水生态环境保护工作，地下水污染防治初见成效。近年来，各地区各部门深入贯彻习近平生态文明思想，认真落实党中央、国务院决策部署，推进地下水生态环境保护取得积极成效。《水污染防治法》修订增加地下水污染防治相关条款，《水污染防治行动计划》《地下水污染防治实施方案》等系列政策文件发布实施，10余项地下水污染防治技术规范陆续印发，地下水污染防治的制度体系建设逐步得到加强。"十三五"期间，完成《水污染防治行动计划》确定的有关目标任务，实现全国1170个地下水考核点位质量极差比例控制在15%左右；全国9.6万座加油站的36.2万个地下油罐完成双层罐更换或防渗池设置。已初步建立了地下水环境"双源"（地下水型饮用水水源和地下水污染源）清单，掌握1862个城镇集中式地下水型饮用水水源、16.3万个地下水污染源的基本信息；构建了地下水环境监测网络，组织开展地级及以上城市集中式生活饮用水水源的水质监测工作；实施"国家地下水监测工程"，建成国家地下水监测站点20469个。

我国地下水生态环境保护仍面临诸多突出问题，依法治污亟须专门法律支持。在习近平生态文明思想引领下，全社会保护生态环境的合力逐步形成。但生态环境保护结构性、根源性、趋势性压力总体上尚未根本缓解，部分污染物排放总量仍处于高位。地下水污染具有隐蔽性、滞后性和不可逆性，目前我国地下水源头预防压力较大，部分污染源周边地下水存在特征污染物超标，并存在向周边扩散的风险；地下水型饮用水水源水质尚未得到全面保障，部分城镇地下水水源水质不达标；地下水污染防治的信息共享机制不健全，没有形成统一的地下水环境监测网络管理体系；地下水资源调查评价、环境状况调查评估、污染防治分区和防控修复等管理机制尚未形成有效衔接，与2035年全面建成美丽中国的目标还存在较大差距。党中央、国务院对"十四五"地下水生态环境保护工作提出明确要求。《中共中央关于党的百年奋斗重大成就和历史经验的决议》强调，要加大生态系统保护和修复力度。《中共中央 国务院关于深入打好污染防治攻坚战的意见》中提出要强化地下水污染协同防治，对新时期地下水污染防治工作作出总体部署。《条例》的出台，是落实党中央、国务院对地下水生态环境保护要求的重要举措，是新时期深入打好污染防治攻坚战、持续改善地下水生态环境质量的有力抓手，能够为推进地下水依法治污提供专门法律保障。

规划方案

一、《"美丽中国，我是行动者"提升公民生态文明意识行动计划（2021—2025年）》

2021年1月，生态环境部、中央宣传部、中央文明办、教育部、共青团中央、全国妇联等六部门联合编制了《"美丽中国，我是行动者"提升公民生态文明意识行动计划（2021—2025年）》（以下简称《行动计划》）。生态环境部有关负责人就《行动计划》出台的背景目的、总体思路、重点举措等，进行了解读。

1. 背景和目的

党的十九大将美丽中国作为建设社会主义现代化强国的重要目标。自2018年起，生态环境部、中央文明办、教育部、共青团中央、全国妇联共同在全国范围部署开展了为期三年的"美丽中国，我是行动者"主题实践活动，倡导社会各界及公众身体力行，从选择简约适度、绿色低碳的生活方式做起，参与美丽中国建设。活动开展三年以来，各部门各单位各条战线坚持以习近平新时代中国特色社会主义思想为指引，生态文明建设主旋律持续高昂，生态环境舆论主动局面更加强化，公众参与环境保护渠道不断拓展，社会共建美丽中国热情显著提升，生态文明宣传工作大格局初步形成。同时要看到，当前我国环境污染和生态保护的严峻形势未根本转变，绿色生活方式的形成需要一个长期过程，生态环境舆论形势复杂严峻，信息技术迅猛发展对宣传工作提出更高要求，"十四五"期间进一步做好生态文明宣传教育工作依然面临巨大压力和挑战。

为深入学习宣传贯彻习近平生态文明思想，进一步加强生态文明宣传教育工作，引导全社会牢固树立生态文明价值观念和行为准则，依据党中央、国务院关于推进生态文明建设、加强生态环境保护的要求和"十四五"时期生态环境保护工作部署，生态环境部、中央宣传部、中央文明办、教育部、共青团中央、全国妇联等6部门联合编制了《行动计划》，明确了"十四五"期间全国生态文明宣传教育工作的指导思想、总体目标、重点任务、具体行动，着力推动构建生态环境治理全民行动体系，更广泛地动员全社会参与生态文明建设，推动形成人人关心、支持、参与生态环境保护的社会氛围，为持续改善生态环境质量、建设美丽中国夯实稳固社会基础。

2. 主要思路

《行动计划》围绕大力宣传习近平生态文明思想这一核心任务，从深化重大理论研究宣传、持续推进新闻宣传、广泛开展社会宣传、加强生态文明教育、推动社会各界参与、创新宣传方式方法等6个方面提出了重点任务安排，具体策划了10大专题行动，着力推进形成人人关心、支持、参与生态环境保护的工作局面。

一是政治坚定，导向鲜明。切实提高政治站位，增强"四个意识"、坚定"四个自信"、做到"两个维护"，坚持党对生态环境宣传教育工作的全面领导，坚持正确舆论导向，坚持正面宣传为主，弘扬主旋律，传播正能量。

二是围绕中心，服务大局。深入学习宣传贯彻习近平生态文明思想，准确把握"两个大局"，紧紧围绕生态文明建设和生态环境保护面临的形势与任务开展宣传教育工作。

三是多方参与，统筹推进。充分发挥相关部门、社会各界的积极性和创造性，搭建合作平台，整合优质宣传资源，广泛凝聚生态文明共识，形成生态文明宣传教育工作大格局。

四是改革创新，精准宣传。全面把握媒体融合发展的趋势和规律，创新宣传手段，提升宣传品质，使生态文明宣传教育更加适应差异化、分众化的传播趋势，不断提高宣传效果。

二、《2030年前碳达峰行动方案》

2021年10月24日，国务院印发《2030年前碳达峰行动方案》。

1. 出台背景

碳达峰，指二氧化碳排放量达到历史最高值，经历平台期后持续下降的过程，是二氧化碳排放量由增转降的历史拐点。实现碳达峰意味着一个国家或地区的经济社会发展与二氧化碳排放实现"脱钩"，即经济增长不再以增加碳排放为代价。因此，碳达峰被认为是一个经济体绿色低碳转型过程中的标志性事件。

为贯彻落实党中央、国务院决策部署，落实《中共中央 国务院关于完整准确全面贯彻新发展理念做好碳达峰碳中和工作的意见》要求，国家发展改革委会同有关部门研究制定了方案，经党中央审议通过，由国务院印发实施。

2. 方案目标

方案聚焦"十四五"和"十五五"两个碳达峰关键期，提出了提高非化石能源消费比重、提升能源利用效率、降低二氧化碳排放水平等方面主要目标。比如，到2025年，非化石能源消费比重达到20%左右，单位国内生产总值能源消耗比2020年下降13.5%，单位国内生产总值二氧化碳排放比2020年下降18%，为实现碳达峰奠定坚实基础。到2030年，非化石能源消费比重达到25%左右，单位国内生产总值二氧化碳排放比2005年下降65%以上，顺利实现2030年前碳达峰目标。

需要指出的是，主要发达经济体均已实现碳达峰，英、法、德以及欧盟早在20世纪70年代即实现碳达峰，美、日分别于2007年、2013年实现碳达峰，且都是随着发展阶段演进和高碳产业转移实现"自然达峰"。作为制造业大国，中国人均碳排放不及美国一半，人均历史累计排放量更是仅有美国的八分之一。作为最大发展中国家，我国工业化、城镇化还在深入发展，发展经济和改善民生的任务还很重，能源消费仍将保持刚性增长。中国的碳达峰、碳中和目标，完全符合《巴黎协定》目标要求，体现了最大的雄心力度。中国的碳达峰行动，将完成碳排放强度全球最大降幅，并为之付出艰苦卓绝的努力。

3. 重点任务

方案提出，将碳达峰贯穿于经济社会发展全过程和各方面，重点实施"碳达峰十大行动"。

一是能源绿色低碳转型行动。推进煤炭消费替代和转型升级，大力发展新能源，因地制宜开发水电，积极安全有序发展核电，合理调控油气消费，加快建设新型电力系统。

二是节能降碳增效行动。全面提升节能管理能力，实施节能降碳重点工程，推进重点用能设备节能增效，加强新型基础设施节能降碳。

三是工业领域碳达峰行动。推动工业领域绿色低碳发展，实现钢铁、有色金属、建材、石化化工等行业碳达峰，坚决遏制高耗能高排放项目盲目发展。

四是城乡建设碳达峰行动。推进城乡建设绿色低碳转型，加快提升建筑能效水平，加快优化建筑用能结构，推进农村建设和用能低碳转型。

五是交通运输绿色低碳行动。推动运输工具装备低碳转型，构建绿色高效交通运输体系，加快绿色交通基础设施建设。

六是循环经济助力降碳行动。推进产业园区循环化发展，加强大宗固废综合利用，健全资源循环利用体系，大力推进生活垃圾减量化资源化。

七是绿色低碳科技创新行动。完善创新体制机制，加强创新能力建设和人才培养，强化应用基础研究，加快先进适用技术研发和推广应用。

八是碳汇能力巩固提升行动。巩固生态系统固碳作用，提升生态系统碳汇能力，加强生态系统碳汇基础支撑，推进农业农村减排固碳。

九是绿色低碳全民行动。加强生态文明宣传教育，推广绿色低碳生活方式，引导企业履行社会责任，强化领导干部培训。

十是各地区梯次有序碳达峰行动。科学合理确定有序达峰目标，因地制宜推进绿色低碳发展，上下联动制定地方达峰方案，组织开展碳达峰试点建设。

三、《黄河流域生态保护和高质量发展规划纲要》

为深入贯彻习近平总书记重要讲话和重要指示批示精神，编制《黄河流域生态保护和高质量发展规划纲要》。规划范围为黄河干支流流经的青海、四川、甘肃、宁夏、内蒙古、山西、陕西、河南、山东9省区相关县级行政区，国土面积约130万平方公里，2019年年末总人口约1.6亿。为保持重要生态系统的完整性、资源配置的合理性、文化保护传承弘扬的关联性，在谋划实施生态、经济、文化等领域举措时，根据实际情况可延伸兼顾联系紧密的区域。

该规划纲要是指导当前和今后一个时期黄河流域生态保护和高质量发展的纲领性文件，是制定实施相关规划方案、政策措施和建设相关工程项目的重要依据。规划期至2030年，中期展望至2035年，远期展望至本世纪中叶。

发展目标：到2030年，黄河流域人水关系进一步改善，流域治理水平明显提高，生态共治、环境共保、城乡区域协调联动发展的格局逐步形成，现代化防洪减灾体系基本建成，水资源保障能力进一步提升，生态环境质量明显改善，国家粮食和能源基地地位持续巩固，以城市群为主的动力系统更加强劲，乡村振兴取得显著成效，黄河文化影响力显著扩大，基本公共服务水平明显提升，流域人民群众生活更为宽裕，获得感、幸福感、安全感显著增强。

到2035年，黄河流域生态保护和高质量发展取得重大战略成果，黄河流域生态环境全面改善，生态系统健康稳定，水资源节约集约利用水平全国领先，现代化经济体系基本建成，黄河文化大发展大繁荣，人民生活水平显著提升。到本世纪中叶，黄河流域物质文明、政治文明、精神文明、社会文明、生态文明水平大幅提升，在我国建成富强民主文明和谐美丽的社会主义现代化强国中发挥重要支撑作用。

四、《农村人居环境整治提升五年行动方案（2021—2025年）》

改善农村人居环境，是实施乡村振兴战略的重点任务，是农民群众的深切期盼。以习近平同志为核心的党中央对此高度重视，习近平总书记亲力亲为部署推进，多次作出重要指示，强调深入开展农村人居环境整治，建设美丽宜居、业兴人和的社会主义新乡村。党的十九大以来，党中央、国务院部署实施《农村人居环境整治三年行动方案》，取得了显著成效。截至2020年年底，三年行动方案目标任务全面完成，农村人居环境得到明显改善，农村长期存在的脏乱差局面得到扭转，村庄环境基本实现干净整洁有序，农民群众环境卫生观念发生可喜变化、生活质量普遍提高，为全面建成小康社会提供了有力支撑。为接续推进新发展阶段农村人居环境整治提升，中央农村工作领导小组办公室、国家发展改革委、农业农村部、国家乡村振兴局会同生态环境部、住房和城乡建设部等有关部门编制了《农村人居环境整治提升五年行动方案（2021—2025年）》（以下简称《行动方案》）。2021年12月，中共中央办公厅、国务院办公厅印发了《行动方案》。这是实施乡村建设行动的有力抓手。《行动方案》明确了农村人居环境整治提升的指导思想、工作原则、总体目标、重点任务、保障措施等，包括5部分27条，是指导"十四五"时期改善农村人居环境工作的重要文件。

对比三年行动方案，新一轮《行动方案》主要有三方面变化。第一，在总体目标上，从推动村庄环境干净整洁向美丽宜居升级。着眼于到2035年基本实现农业农村现代化，使农村基本具备现代生活条件，坚持因地制宜、科学引导，坚持数量服从质量、进度服从实效、求好不求快，坚持为农民而建，着力打造农民群众宜居宜业的美丽家园。到2025年，农村人居环境显著改善，生态宜居美丽乡村建设取得新进步。第二，在重点任务上，从全面推开向整体提升迈进。践行绿水青山就是金山银山的理念，以深入学习浙江"千村示范、万村整治"工程经验为引领，以农村厕所革命、生活污水垃圾治理、村容村貌整治提升、长效管护机制建立健全为重点，巩固拓展三年行动成果，全面提升农村人居环境质量，推动全国农村人居环境从基本达标迈向提质升级。第三，在保障措施上，从探索建立机制向促进长治长效深化。更加突出机制建设，强调完善以质量实效为导向、以农民满意为标准的工作推进机制，构建系统化、规范化、长效化的政策制度，提升农村人居环境治理水平。更加突出农民主体作用，强调进一步调动农民积极性，尊重农民意愿，激发自觉改善农村人居环境的内生动力。

五、《"十四五"时期"无废城市"建设工作方案》

12月15日，生态环境部会同发展改革委、工业和信息化部、财政部、自然资源部、住房和城乡建设部、农业农村部、商务部、文化和旅游部、卫生健康委、人民银行、税务总局、市场监管总局、统计局、国管局、银保监会、邮政局、全国供销合作总社等17个部门和单位联合印发《"十四五"时期"无废城市"建设工作方案》（以下简称《工作方案》）。

1. 出台背景

党中央、国务院高度重视固体废物污染防治工作。党的十八大以来，以习近平同志为核心的党中央把生态文明建设和生态环境保护摆在治国理政的突出位置，对固体废物污染防治工作重视程度前所未有。习近平总书记先后多次作出有关重要指示批示，主持召开会议专题研究部署固体废物进口管理制度改革、生活垃圾分类、塑料污染治理等工作，亲自推动有关改革进程。

为探索建立固体废物产生强度低、循环利用水平高、填埋处置量少、环境风险小的长效体制机制，推进固体废物领域治理体系和治理能力现代化，2018年年初，中央深改委将"无废城市"建设试点工作列入年度工作要点；同年12月，国务院办公厅印发《"无废城市"建设试点工作方案》，"无废城市"建设试点工作正式启动。经过2年多的探索，试点工作取得预期成效。

2021年11月，《中共中央 国务院关于深入打好污染防治攻坚战的意见》明确提出要稳步推进"无废城市"建设。为落实党中央、国务院决策部署，指导各地切实做好"无废城市"建设工作，生态环境部会同发展改革委等17个部门和单位制定了《工作方案》。

2. "无废城市"建设前期试点工作取得的成效

试点工作启动以来，生态环境部会同国家发展改革委等部门和单位认真贯彻党中央、国务院决策部署，指导深圳、包头、铜陵、威海、重庆、绍兴、三亚、许昌、徐州、盘锦、西宁等11个城市和雄安新区、北京经济技术开发区、中新天津生态城、福建省光泽县、江西省瑞金市等5个特殊地区（以下简称"'11+5'试点城市"），扎实推进各项改革任务，主要取得了以下成效。一是实现生态环境效益、社会效益和经济效益共赢。试点城市通过统筹经济社会发展与固体废物管理，提升了固体废物利用处置能力和监管水平，有效防范生态环境风险；加快历史遗留固体废物环境问题解决，推进了城乡基础设施补短板工作进程；带动投资固体废物源头减量、资源化利用，最终处置工程项目562项1200亿元，取得较好的生态环境效益、社会效益和经济效益。二是"无废"理念逐步得到各方认同。试点城市通过开展形式多样的宣传教育活动，推进节约型机关、绿色饭店、绿色学校等"无废细胞"建设，营造了良好的文化氛围，"无废"理念不断深入人心。三是示范带动作用明显。浙江率先在全省域开展"无废城市"建设。广东省提出粤港澳大湾区九城同建"无废湾区"。成渝地区双城经济圈合作建设"无废城市"。

与此同时，通过"无废城市"建设试点，我们构建了一套指标体系，解决一批短板弱项问题，形成一批可复制推广模式，为在全国范围内深入开展"无废城市"建设积累了经验，探索了路径。

3. "无废城市"建设与深入打好污染防治攻坚战之间的关系

"无废城市"建设是深入打好污染防治攻坚战的内在要求。一方面，固体废物污染防治本身是深入打好污染防治攻坚战的重要组成部分，"无废城市"建设又是提升固体废物污染防治水平的有效抓手。我国工业、生活、农业、建筑等领域每年产生的固体废物高达110多亿吨，历史累积的存量更大，污染防治形势严峻。《中共中央 国务院关于深入打好污染防治攻坚战的意见》在主要目标中提出，到2025年，固体废物治理能力明显增强，并对加强固体废物污染治理和稳步推进"无废城市"建设提出具体要求。另一方面，全面加强固体废物污染治理、开展"无废城市"建设也是污染防治攻坚战由"坚决打好"向"深入打好"转变的重要体现，促进攻坚战拓宽治理的广度、延伸治理的深度，既协同推进水、气、土污染治理，又有助于解决这些领域治理后最终污染物的利用和无害化处置。

4. "无废城市"建设与减污降碳之间的关系

固体废物污染防治"一头连着减污，一头连着降碳"。国内外的实践表明，加强固体废物管理对降碳有明显作用。有关机构对全球45个国家和区域的固体废物管理碳减排潜力相关数据的分析结果显示，通过提升工业、农业、生活和建筑领域4类固体废物的全过程管理水平，可以实现相应国家碳排放减量的13.7%—45.2%（平均27.6%）；"十三五"期间，我国以废钢为主要原料的"短流程"炼钢工艺与以天然铁矿石为主要原料的"长流程"炼钢工艺相比，累计减少二氧化碳排放约13.8亿吨。开展"无废城市"建设，在工业、农业、生活领域系统推进固体废物减量化、资源化和无害化，能够更好地推动能源结构根本改变和产业结构、交通运输结构、用地结构的优化调整，从而实现减污降碳协同增效。

5. "十四五"时期"无废城市"建设的工作思路和目标

"十四五"时期，拓展和深化"无废城市"建设的总体思路是：深入贯彻习近平生态文明思想，立足新发展阶段、贯彻新发展理念、构建新发展格局、推动高质量发展，统筹城市发展与固体废物管理，坚持"三化"原则、聚焦减污降碳协同增效，推动100个左右地级及以上城市开展"无废城市"建设。

做好"十四五"时期"无废城市"建设工作要坚持以下原则。一是坚持系统谋划、一体推进，在深入打好污染防治攻坚战和碳达峰碳中和等重大战略部署下系统谋划"无废城市"建设，一体推进。二是坚持问题导向、目标导向，加快补齐相关治理体系和基础设施短板，持续提升固体废物综合治理能力。三是依法治理、深化改革，健全固体废物污染环境防治长效机制，深化体制机制改革。四是坚持党政主导、多元共治，构建党委领导、政府主导、企业主体、社会组织和公众共同参与的"无废城市"建设工作格局。

"无废城市"建设的目标：到2025年，"无废城市"固体废物产生强度较快下降，综合利用水平显著提升，无害化处置能力有效保障，减污降碳协同增效作用充分发挥，基本实现固体废物管理信息"一张网"，"无废"理念得到广泛认同，固体废物治理体系和治理能力得到明显提升。

六、《"十四五"土壤、地下水和农村生态环境保护规划》

2021年12月29日，生态环境部会同发展改革委、财政部、自然资源部、住房城乡建设部、水利部、农业农村部等部门联合印发《"十四五"土壤、地下水和农村生态环境保护规划》（以下简称《规划》）。

1. 编制背景

土壤、地下水和农业农村生态环境保护关系米袋子、菜篮子、水缸子安全，关系美丽中国建设。"十三五"以来，各地区各有关部门深入贯彻习近平生态文明思想，认真落实党中央、国务院决策部署，推进土壤、地下水和农业农村生态环境保护取得积极成效。

但我国生态环境保护结构性、根源性、趋势性压力总体上尚未根本缓解，以重化工为主的产业结构尚未根本改变，部分污染物排放总量仍处于高位。土壤、地下水和农业农村污染防治与美丽中国目标要求还有不小差距，到2035年实现土壤和地下水环境质量稳中向好的目标任务异常艰巨。

"十四五"时期，是开启全面建设社会主义现代化国家新征程、向第二个百年奋斗目标进军的第一个五年，为贯彻落实《中共中央 国务院关于深入打好污染防治攻坚战的意见》，依据《中华人民共和国国民经济和社会发展第十四个五年规划和2035年远景目标纲要》《土壤污染防治行动计划》《水污染防治行动计划》，在总结"十三五"工作成效和经验的基础上，生态环境部会同发展改革委、财政部、自然资源部、住房城乡建设部、水利部、农业农村部等部门编制了该规划。

2. 总体思路

《规划》编制坚持全面规划和突出重点相协调，统筹谋划今后一个时期土壤、地下水和农村生态环境保护的目标指标、重点任务和保障措施。重点突出如下四个方面。

一是突出系统治理。推进解决一批影响土壤和地下水环境质量的水、大气、固体废物污染突出问题。统筹开展农业面源污染防治和农村环境整治，促进乡村生态振兴。

二是聚焦减污降碳。严格涉重金属行业污染物排放，鼓励企业绿色化改造，推进化肥农药减量增效，减少农村生产生活污染物排放。鼓励绿色低碳修复，减少能耗。

三是落实"三个治污"。精准排查识别土壤、地下水污染成因，探索开展农业面源污染负荷评估。因地制宜科学确定农村生活污水、黑臭水体治理模式。严格依法治污。

四是注重现代化手段应用。建设土壤、地下水与农业农村生态环境监管信息平台。探索运用卫星遥感等手段，开展环境监管。

3. 具体目标指标

《规划》分两个阶段设置目标。到2025年，全国土壤和地下水环境质量总体保持稳定，受污染耕地和重点建设用地安全利用得到巩固提升；农业面源污染得到初步管控，农村环境基础设施建设稳步推进，农村生态环境持续改善。到2035年，全国土壤和地下水环境质量稳中向好，农用地和重点建设用地土壤环境安全得到有效保障，土壤环境风险得到全面管控；农业面源污染得到遏制，农村环境基础设施得到完善，农村生态环境根本好转。

《规划》分别从土壤、地下水、农业农村三个方面设置了8项具体指标。到2025年，受污染耕地安全利用率达到93%左右，重点建设用地安全利用得到有效保障，地下水国控点位Ⅴ类水比例保持在25%左右，"双源"点位水质总体保持稳定，主要农作物化肥、农药使用量减少，农村环境整治村庄数量新增 8 万个，农村生活污水治理率达到 40% 等。

4. 主要任务

《规划》分别从土壤、地下水、农业农村污染防治，监管能力提升等 4 个方面，对"十四五"具体任务进行设计和部署。一是推进土壤污染防治，包括加强耕地污染源头控制、防范工矿企业新增土壤污染、深入实施耕地分类管理、严格建设用地准入管理、有序推进建设用地土壤污染风险管控与修复、开展土壤污染防治试点示范等。二是加强地下水污染防治，包括建立地下水污染防治管理体系、加强污染源头预防、风险管控与修复、强化地下水型饮用水水源保护等。三是深化农业农村环境治理，包括加强种植业污染防治、着力推进养殖业污染防治、推进农业面源污染治理与监督指导、整治农村黑臭水体、治理农村生活污水垃圾、加强农村饮用水水源地环境保护等。四是提升生态环境监管能力，包括完善标准体系、健全监测网络、加强生态环境执法、强化科技支撑等。

为支撑主要任务落实，《规划》提出了四个方面的重大工程，包括土壤和地下水污染源头预防工程、土壤和地下水污染风险管控与修复工程、农业面源污染防治工程、农村环境整治工程等。

（本部分由李萌负责编写）

重要会议及研究成果
（2020—2021）

2020年重要会议与研究成果

2020年重要会议

一、【2020年全国生态环境保护工作会议】

2020年1月12日至13日,生态环境部在京召开2020年全国生态环境保护工作会议,以习近平新时代中国特色社会主义思想为指导,深入贯彻党的十九大和十九届二中、三中、四中全会以及中央经济工作会议精神,全面落实习近平生态文明思想和全国生态环境保护大会要求,总结2019年工作进展,分析当前生态环境保护面临的形势,安排部署2020年重点工作。生态环境部部长李干杰出席会议并讲话。他强调,要以习近平新时代中国特色社会主义思想为指导,坚定不移贯彻新发展理念,坚决打好打胜污染防治攻坚战,加快构建现代环境治理体系,以生态环境保护优异成绩决胜全面建成小康社会。

在总结过去一年的工作时,李干杰说,2019年全国生态环境保护系统以改善生态环境质量为核心,攻坚克难、积极作为,污染防治攻坚战取得关键进展,主要污染物排放量持续减少,未达标城市细颗粒物($PM_{2.5}$)浓度继续下降,生态环境质量总体改善。具体来讲,主要是做了以下四个方面工作。

第一,全力以赴打好污染防治攻坚战。一是坚决打赢蓝天保卫战;二是持续打好碧水保卫战;三是扎实推进净土保卫战;四是大力开展生态系统保护和修复。

第二,积极主动服务"六稳"。一是大力推动高质量发展;二是持续深化"放管服"改革;三是支持服务企业绿色发展;四是加大生态环保扶贫力度。

第三,加快推进生态环境治理体系和治理能力现代化。一是深化生态环境领域机构改革;二是完善法律法规标准体系;三是深入推进生态环境保护督察;四是严格依法依规监管;五是完善生态环境监测体系;六是强化宣传引导;七是加强国际合作交流;八是加快信息化建设步伐;九是持续推进基础能力建设。

第四,坚决落实全面从严治党主体责任。一是深入开展"不忘初心、牢记使命"主题教育;二是切实为基层减负;三是加强和改进党的建设;四是加快打造生态环境保护铁军。

李干杰要求,2020年要突出抓重点、补短板、强弱项,扎实做好十二个方面的重点工作。

一要深入贯彻落实新发展理念,大力宣

传贯彻习近平生态文明思想；二要坚决打赢蓝天保卫战；三要着力打好碧水保卫战；四要扎实推进净土保卫战；五要加强生态系统保护和修复；六要积极应对气候变化；七要确保核与辐射安全；八要依法推进生态环境督察执法；九要健全生态环境监测和评价制度；十要着力构建生态环境治理体系；十一要统筹谋划"十四五"生态环境重点工作；十二要推动全面从严治党向纵深发展。

二、【第四届气候行动部长级会议】

2020年7月7日，生态环境部与欧盟等有关方面通过视频形式共同举办第四届气候行动部长级会议。生态环境部部长黄润秋作为中方联席主席出席会议并致辞。

黄润秋首先对参加会议的各国代表表示欢迎与祝福。他表示，2020年以来，突如其来的新冠疫情引发人类对人与自然关系的深刻反思，启示我们不论是面对疫情挑战，还是气候危机，人类是命运共同体，只有团结合作才能有效应对全球性挑战。各方要更加坚定地捍卫多边主义，警惕单边主义和保护主义对全球合作应对气候变化的破坏性影响，全面、准确理解并落实《巴黎协定》，特别是其设定的目标，共同但有区别的责任等原则，以及国家自主决定贡献的"自下而上"制度安排。

黄润秋指出，在疫情后经济复苏过程中，要坚定不移维护全球化进程，维护开放型世界经济和稳定的全球产业链；坚持绿色、低碳、可持续发展的大方向，找到技术、经济上可行的政策路径。中国政府统筹推进疫情防控与经济社会发展，以创新、协调、绿色、开放、共享的新发展理念为引领，探索以生态优先、绿色发展为导向的高质量发展新路子，推动传统产业转型升级和新兴产业发展，推进新型城镇化建设，加速完善气候投融资体系，推广绿色生产方式和生活方式。中方将继续实施积极应对气候变化国家战略，坚定不移支持多边主义，尽最大努力落实国家自主贡献，与各方一道，推动《巴黎协定》全面、平衡、有效实施，共同推动构建人类命运共同体。

气候行动部长级会议是中国与有关方面于2017年共同发起的会议机制。此次会议邀请了二十国集团国家、各谈判集团主席等共39个《巴黎协定》缔约方参加，主要围绕符合《巴黎协定》目标的可持续绿色复苏展开讨论。

会前，黄润秋还应邀与欧盟委员会执行副主席弗兰斯·蒂默曼斯进行了双边视频会谈，就中欧气候与环境合作深入交换意见。

三、【2020年深入学习贯彻习近平生态文明思想研讨会】

2020年7月18—19日，生态环境部宣教司、中宣部理论局、生态环境部环境与经济政策研究中心联合举办了"2020年深入学习贯彻习近平生态文明思想研讨会"。研讨会共设置"全面贯彻落实习近平生态文明思想，决胜全面建成小康社会""以习近平生态文明思想为指导，打赢打好污染防治攻坚战，开创美丽中国建设新局面""习近平生态文明思想与社会主义生态文明观"三个议题。与会专家代表围绕深入学习贯彻落实习近平生态文明思想，广泛开展研讨、分享和交流，形成了一系列有深度、有价值的观点和成果。

四、【第六次金砖国家环境部长会议】

2020年7月30日，第六次金砖国家环境部长会议以视频形式召开。中方在会上呼吁，共同探寻应对生态环境问题的"金砖方案"。

生态环境部部长黄润秋出席会议并致辞。他说，2020年是新一轮金砖国家生态环境合作的开局之年，也是中国"十三五"规划的收官之年。面对新冠疫情对经济社会发展带来的前所未有的冲击，中国政府始终毫不放松对生态环保的要求，坚持走生态优先、绿色发展之路不动摇，坚持依法治理环境污染和保护生态环境不动摇，坚持守住生态环保底线不动摇。

同时，中国努力落实金砖国家生态环境合作共识，深入推进环境可持续城市伙伴关系倡议，积极发挥金砖国家生物多样性合作机制作用，加强与其他金砖国家生态环境领域的交流合作。

黄润秋指出，自2015年首次会议以来，金砖国家环境部长会议机制已逐渐成为金砖国家加强生态环保交流、共谋环境治理、共商应对全球环境挑战的重要平台。当前，各国正在积极推动落实《金砖国家环境合作谅解备忘录》，深入实施环境合作三大倡议，在金砖国家生物多样性合作机制下开展沟通交流，金砖国家生态环境合作正向务实、纵深方向发展。

黄润秋强调，金砖国家都面临统筹推进疫情防控、经济社会发展与生态环境保护多重任务，在推动可持续发展方面拥有共同愿景。金砖国家生态环境合作正处于承前启后的关键节点，希望继续发扬金砖合作伙伴精神，推动合作倡议落地见效。中国愿与其他金砖国家一道，为实现2030年可持续发展目标、构建人类命运共同体和建设清洁美丽世界共同努力。

会议审议通过了《第六次金砖国家环境部长会议联合声明》。

俄罗斯自然资源和生态部部长德米特里·科贝尔金，印度环境、森林和气候变化部部长普拉卡什·贾瓦德卡尔，南非环境、森林和渔业部部长芭芭拉·克里西，巴西环境部部长里卡多·萨列斯出席会议。

五、【2020中国环境技术大会与2020中国环博会】

"2020中国环境技术大会"于8月12日在沪举办。这届大会由中国环境科学学会、全国工商联环境商会、生态环境部对外合作与交流中心、生态环境部环境发展中心等单位共同主办。

"十四五"期间，生态环境规划将着眼长远，协同推动经济的高质量发展和生态环境的高水平保护，科学技术将发挥更加重要的作用，为决策、管理、治理等提供更加强有力的支撑。

"2020中国环境技术大会"的主题为展望"十四五"——科技助力生态环境产业高质量发展。大会分析解读"十四五"环境产业政策，探讨生态环境技术创新方向和产业模式，共谋全球疫情下经济复苏转型，为业内人士搭建一个政府、环境企业、科研院所、金融机构及媒体等多方互动交流的平台。

生态环境部气候变化事务特别顾问解振华表示，疫情之后，世界各国都在实施以绿色低碳为特征的高质量复苏。中国政府坚持推动绿色低碳高质量发展，推进生态文明建设，积极发展包括5G、大数据、人工智能等在内的"新基建"，培育经济增长的新动能。在这个过程当中，技术创新和应用至关重要，亟须找到成本低、经济效益好、减排效果明显、安全可控、具有推广前景的技术发展路线。他还表示，发展这些技术，将为节能环保等新兴产业带来广阔的市场空间，带动几十万亿元的投资，同时也将带来环境保护、卫生健康、社会进步等一系列协同效应。

2020中国环博会于8月13—15日在上海新国际博览中心举行。展会同期，2020中国环境技术大会举办近40场分论坛，并邀请到680余位业界领袖、技术专家、科研学者等演讲嘉宾，带来超过400场次主题对话。

六、【2020海洋生态文明（长岛）论坛】

2020年9月19—20日，由中国海洋发展研究会、中国生态学学会主办，自然资源部第一海洋研究所、长岛海洋生态文明综合试验区管委会、烟台市生态环境局承办的2020海洋生态文明（长岛）论坛在山东长岛海洋生态文明综合试验区举办。

这届论坛以绿水青山就是金山银山的海洋实践为主题，深入探讨我国海陆统筹体制下海洋生态文明建设的理论、科学与政策，交流海洋生态文明建设的新经验、新模式、新路径、新理念。

论坛设有"生态产品核算与价值实现""海洋自然保护地与国家公园建设""胶东半岛生态环境保护一体化发展机制与路径"三个分论坛。大会上，来自数十个单位的近百名海洋生态领域专家代表进行深入探讨交流，最终形成了《2020海洋生态文明长岛共识》，提出了探索绿水青山就是金山银山的海岛模式、建立海岛生态文明战略体系、探索以国家公园为主体的海洋保护地体系等重要共识。

这是长岛第三次举办海洋生态文明论坛，前两届论坛分别围绕"生态文明新时代的海洋智慧""陆海统筹体制下海洋生态文明建设"进行了研讨，并向自然资源部、国家林业和草原局与山东省委、省政府等部门提交了政策建议。长岛经验受到社会各界的高度关注和积极评价。

七、【第三届数字中国建设峰会数字生态分论坛】

2020年10月12日，由生态环境部、福建省人民政府主办的第三届数字中国建设峰会数字生态分论坛在福州举办。生态环境部党组成员、副部长庄国泰作视频致辞，福建省人民政府副省长李德金出席会议并讲话。

此次论坛以"大数据助推治理现代化 云智慧赋能美丽中国建设"为主题，同时开设"生态环境大数据助力打好污染防治攻坚战"和"大数据赋能'十四五'规划，智能化引领高质量发展"两个子论坛，邀请生态环境部、福建省领导，相关领域专家，各省、自治区、直辖市生态环境部门领导，优秀企业代表等进行交流研讨，进一步探路新时期和新常态下数字化助力生态环境治理的新模式、新思路、新方向。

这届数字生态分论坛首次增设数字生态典型应用案例发布环节，现场发布由生态环境部评选产生的典型案例。

自2019年部省共建"数字生态"示范省战略合作协议签订以来，在生态环境部的指导和帮助下，福建省围绕协议框架，以生态云为主要载体，坚持全省一盘棋、突出一体化，优化一中台、一张图、一标准，各项工作取得阶段性成效。

2020年，部省合作进一步深化，论坛期间，福建省生态环境厅与生态环境部土壤与农业农村生态环境监管技术中心签署土壤、地下水与农业农村污染综合防治战略合作框架协议。根据协议，双方将运用先进的物联网、云计算、大数据、移动互联和空间信息等先进技术与理念，依托"生态云"平台，打造土壤生态环境数字化、信息化、智慧化监管系统，实现对土壤重点监管企业的实时、可视化智慧监管，建设用地开发利用全生命周期的"云端"联动监管，以及地下水污染防治、农村生活污水治理的智能研判、精准管控，助推福建省土壤、地下水和农业农村生态环境监管实现科学治污、精准治污、智慧治污。

据了解，这届论坛在展览举办的内容和形式方面又进行了创新，同期布设数字生态成果展区，集中展示政府部门、行业龙头企业、高校和科研机构在数字生态领域的创新实践成果和应用案例。展区还开辟体验专区，观众可以通过生态云驾驶舱，"零距离"体验生态环境部门线上协调指挥、线下精准施治的实际成效。

八、【2020年全国扶贫日生态环保扶贫论坛】

2020年10月14日，作为2020年扶贫日系列论坛之一，由生态环境部主办的以"决战决胜脱贫攻坚，协同打赢精准脱贫和污染防治攻坚战"为主题的生态环保扶贫论坛在北京召开。国务院扶贫办党组成员、副主任欧青平出席论坛并致辞，生态环境部副部长庄国泰出席论坛并讲话。

欧青平指出，党的十八大以来，在以习近平同志为核心的党中央的坚强领导下，我国脱贫攻坚取得了决定性进展和历史性成就，经济社会发展取得巨大进步。脱贫攻坚通过组织实施易地扶贫搬迁工程、开展退耕还林还草等重大生态工程等极大地促进了贫困地区的生态建设，通过发展特色种养业、生态旅游、提供就业等为脱贫攻坚和巩固脱贫成效提供了扎实基础，实现了贫困地区一个战场、协同打赢打好脱贫攻坚和生态保护两场战役的胜利。

生态环境部表示，2020年既要打赢精准脱贫攻坚战、污染防治攻坚战、全面建成小康社会，又要乘势而上开启全面建设社会主义现代化国家新征程，生态环境部要在前期工作的基础上，进一步学习贯彻习近平总书记关于扶贫工作的重要论述和习近平生态文明思想，积极践行"绿水青山就是金山银山"

的理念，多措并举巩固脱贫攻坚成果，培育壮大生态优势推动绿色发展，持续推进全面脱贫与乡村振兴有效衔接，努力讲好生态环保扶贫故事，让良好生态成为巩固脱贫和乡村振兴的重要支点。

会上，专家学者介绍了生态环保、污染防治助力精准扶贫与乡村振兴的现状与实施路径，中国生态扶贫理论内涵与实践经验，构建生态扶贫长效机制等内容。

论坛还设置了对话环节，8位地方和企业代表围绕主题"以美丽乡村建设为导向提升生态宜居水平、以产业生态化和生态产业化为重点促进产业兴旺、以生态文化培育为基础增进乡风文明、以生态环境共建共治共享为目标推动取得治理实效的路径和经验"进行了交流研讨。

来自国务院扶贫办、生态环境部机关、派出机构和部直属单位、13个扶贫工作小组、高校科研院所、地方和企业的代表及媒体记者共计150余人参加了论坛。

九、【全球适应中心理事会第二次会议】

2020年10月23日，全球适应中心理事会第二次会议以视频方式召开，理事会主席、原联合国秘书长潘基文和荷兰皇家帝斯曼集团荣誉主席菲克·谢白曼在线致辞，近20位理事会成员出席视频会议。生态环境部部长黄润秋应邀为会议录制视频讲话。

黄润秋表示，面对新冠肺炎疫情带来的困难和挑战，全球适应中心积极开展工作，发布《关于新冠肺炎疫情背景下气候韧性复苏的行动倡议》、非洲提升气候韧性的政策简报，成立南亚区域、非洲区域办公室，持续推动具体适应合作，为推动各国协同推进疫情后经济复苏和增强适应行动、提升全球气候韧性发挥了积极作用。中方对此表示赞赏。

黄润秋强调，中国为抗击新冠肺炎疫情付出巨大努力，在取得抗击疫情斗争重大战略成果的同时，中国一以贯之高度重视、积极开展应对气候变化工作。习近平主席在第七十五届联合国大会一般性辩论上郑重宣布，中国将提高国家自主贡献力度，二氧化碳排放力争于2030年前达到峰值，努力争取2060年前实现碳中和。中国正在编制《国家适应气候变化战略2035》，进一步统筹强化国内适应气候变化工作，全面提高气候风险抵御能力。

黄润秋指出，中方支持全球适应中心建设成为全球范围内具有重要影响力和领导力的适应平台，赞同聚焦非洲提升气候脆弱和敏感地区韧性、加强适应知识分享与提升、拓展合作伙伴关系等计划。希望全球适应中心中国办公室进一步发挥桥梁纽带作用，在传播适应知识、促进交流互鉴、分享中国案例等方面提供有效支持。

据悉，全球适应中心理事会旨在提出前瞻性的适应气候变化战略愿景，促进大规模、变革性的适应行动和伙伴关系，以推动全球提升适应能力、实现可持续发展目标，并对全球适应中心的工作进行战略指导。

十、【2020·长江保护与发展论坛】

2020年11月2日，由民进中央、全国政协人口资源环境委员会、水利部长江水利委员会主办的"2020·长江保护与发展论坛"开幕。来自生态环境部、水利部、国家林业和草原局、民进中央、世界自然基金会等相关部门、机构的负责人和相关领域专家学者，围绕"聚焦绿色转型和发展"的主题展开探讨交流，为推进长江经济带建设建言献策。

全国人大常委会副委员长、民进中央主席蔡达峰在开幕式上强调，希望各位专家学者围绕主题和议题，发表高见，开展研讨，建言献策，贡献智慧。希望大家共同关注体制机制改革创新，及时总结经验，加快改革创新，为长江经济带绿色发展、东部高质量绿色发展、中部绿色转型升级、西部高质量保护与生态产品价值实现提供有力保障，激发更大动能。希望大家共同关注长江保护法立法进程，各方共同努力，顾全大局，求同存异，为科学确定权责关系献计出力，促进保护体制机制的完善。

全国政协人口资源环境委员会副主任黄跃金表示，中共十九届五中全会对生态文明建设作出重要部署，提出促进经济社会发展全面绿色转型，建设人与自然和谐共生的现代化。相信此次论坛的举办将对加快推进长江流域生态环境保护、推动长江经济带高质量发展起到积极促进作用。

安徽省副省长何树山指出，实践证明，生态环境保护和经济发展不是矛盾对立关系，而是辩证统一关系，这更增强了我们践行"绿水青山就是金山银山"的理念，坚定不移地走生态优先、绿色发展道路的坚定性和自觉性。

2007年民进中央与水利部长江水利委员会在湖北武汉共同主办了首届长江保护与发展研讨会。此后，研讨会隔年或每年举办一次，2014年更名"长江保护与发展论坛"，已连续举办7届。

十一、【黄河流域生态保护和高质量发展国际论坛】

2020年11月7日，主题为"构建共谋共治共建共享新格局，谱写黄河流域生态保护和高质量发展新篇章"的黄河流域生态保护和高质量发展国际论坛在山东省济南市举行。十二届全国人大常委会副委员长张宝文，山东省委副书记、省长李干杰，中国社会科学院副院长蔡昉出席，山东省委常委、常务副省长王书坚主持论坛。

会上，中国社会科学院副院长蔡昉、山东省副省长凌文分别代表中国社会科学院和山东省人民政府签订了战略合作框架协议，有关部门负责人推介了山东黄河流域重点项目。生态环境部气候变化事务特别顾问解振华、生态环境部副部长庄国泰、欧盟驻华大使郁白等作主旨演讲。

会议还举办了黄河文化论坛、黄河流域国家战略理论研讨会、黄河流域脱贫攻坚与生态振兴研讨会等分论坛。《中国环境监察》杂志社社长王进明出席黄河文化论坛，杂志社山东中心主任贾乾芝在"黄河流域生态文明理论与实践研讨会"上就媒体如何助力黄河流域生态环保和高质量发展作主旨发言。

十二、【"一带一路"绿色发展国际联盟政策研究专题发布暨研究院启动活动】

2020年12月1日，"一带一路"绿色发展国际联盟（以下简称"绿色联盟"）政策研究专题发布暨研究院启动活动以线上线下相结合的方式在北京举行。绿色联盟咨询委员会主任委员、生态环境部副部长赵英民出席活动并致辞。会议正式启动了"一带一路"绿色发展国际研究院，发布了联盟《"一带一路"绿色发展案例报告（2020）》《"一带一路"项目绿色发展指南》基线研究报告以及"一带一路"与生物多样性、绿色能源、碳市场、绿色供应链等报告。

会议强调，当前全球疫后经济高质量发展的迫切需求和共识使共建绿色"一带一路"的重要性更加凸显。绿色联盟将秉持绿色、开放、廉洁理念，积极分享绿色低碳发展实践，为推动实现韧性、包容和可持续发展提供交流与合作的平台，为共建国家落实联合国2030年可持续发展议程作出更加积极的贡献。

会议指出，在绿色联盟联合主席和咨询委员会委员的积极推动和中外合作伙伴的支持下，绿色联盟各项工作不断推进，通过构建绿色发展国际合作网络，开展对话交流、政策研究、绿色发展示范和能力建设等活动，不断凝聚环境治理共识和合力，为推进"一带一路"绿色和高质量发展作出了积极贡献。

会上，"一带一路"绿色发展国际研究院正式启动。"一带一路"绿色发展国际研究院旨在为绿色联盟提供全方位支撑，打造"一带一路"绿色发展领域的高端国际智库，搭建推动"一带一路"绿色发展开放、包容的国际合作平台。

绿色联盟联合主席、世界自然基金会总干事兰博蒂尼，绿色联盟咨询委员会主任委员、世界资源研究所高级顾问索尔海姆，绿色联盟咨询委员会主任委员、儿童投资基金会首席执行官韩佩东，绿色联盟咨询委员会委员和合作伙伴代表，以及来自外交部、国家发展改革委、科技部、商务部、国家国际发展合作署等有关部门和国内外研究机构的代表近300人参加活动。

十三、【推动黄河流域生态保护和高质量发展领导小组全体会议】

2020年12月9日，中共中央政治局常委、国务院副总理、推动黄河流域生态保护和高质量发展领导小组组长韩正主持召开推动黄河流域生态保护和高质量发展领导小组全体会议，深入学习贯彻习近平总书记有关重要讲话和重要指示批示精神，贯彻落实党的十九届五中全会精神，落实《黄河流域生态保护和高质量发展规划纲要》，审议有关文件，研究部署下一阶段重点工作。

韩正表示，黄河是中华民族的母亲河，黄河流域生态保护和高质量发展是事关中华民族伟大复兴的千秋大计，是重大国家战略。要切实把思想认识和行动统一到党中央决策部署上来，贯彻"重在保护，要在治理"的要求，着力改善黄河流域生态环境，促进人与自然和谐共生，让母亲河永葆生机活力。要把水资源作为最大的刚性约束，坚持以水定城、以水定地、以水定人、以水定产，合理规划人口、城市和产业发展，坚定走绿色、可持续的高质量发展之路。

韩正强调，要抓住关键，突出重点，扎实做好黄河流域生态保护和高质量发展各项工作。要围绕涵养水源，大力保护修复生态系统。聚焦提升水质，加大环境污染综合治理力度。紧紧抓住水沙关系调节这个"牛鼻子"，增强抵御洪涝灾害能力。要转变用水方式，实施最严格的水资源保护利用制度。强化生态环境、水资源等约束，高质量高标准建设沿黄城市群，建设特色优势现代产业体系。要加大统筹协调力度，建立健全工作机制，形成推动黄河流域生态保护和高质量发展的强大合力。

十四、【中央生态环境保护督察工作领导小组会议】

2020 年 12 月 15 日，中共中央政治局常委、国务院副总理、中央生态环境保护督察工作领导小组组长韩正主持召开中央生态环境保护督察工作领导小组会议，深入学习贯彻习近平生态文明思想和党的十九届五中全会精神，落实《中央生态环境保护督察工作规定》，审议有关文件，研究部署后续生态环境保护督察工作。

韩正指出，习近平生态文明思想是习近平新时代中国特色社会主义思想的重要组成部分，内涵丰富、深入人心，我们要全面学习领会，增强美丽中国建设的思想自觉、政治自觉和行动自觉。要坚持系统观念，提高生态环境保护工作的科学性、有效性，协同推进经济高质量发展与生态环境高水平保护。要坚持问题导向，对破坏生态环境行为"零容忍"，加快改善生态环境质量，不断满足人民群众日益增长的优美生态环境需要。

韩正强调，要持之以恒做好中央生态环境保护督察工作，为推动高质量发展作出更大贡献。要进一步改进方法，通过明查暗访，保持常态化压力，聚焦普遍性、系统性、人民群众反映强烈的问题，提高发现问题的针对性。要坚持依法依规督察，完善督察制度规范体系，继续深化探讨式督察，推动部门完善政策规划体系。要推动突出问题整改落实，严肃查处虚假整改和顶风作案。要加强能力建设和廉政建设，将督察队伍打造成为生态环境保护铁军中的"排头兵"。

十五、【2020 中国雄安生态文明论坛】

2020 年 12 月 28 日，2020 中国雄安生态文明论坛在雄安新区召开。会议由雄安新区生态环境保护协会、生态环境频道主办，近 500 人参会。

此届大会，主办方特别邀请了生态保护科技领域的相关院长、专家，与企业家、工程建设者、教育工作者、艺术工作者等社会各界代表，共同发布《雄安新区生态文明自律公约》，将生态文明的思想意识，融入全社会各行各业之中，为雄安新区与中国所有城市的绿色未来助力。

2020 年研究成果

一、《习近平谈治国理政》第三卷

《习近平谈治国理政》第三卷由中央宣传部（国务院新闻办公室）会同中央党史和文献研究院、中国外文局编辑，收入了习近平总书记在2017年10月18日至2020年1月13日的报告、讲话、谈话、演讲、批示、指示、贺信等92篇，分为19个专题。为了便于读者阅读，该书作了必要注释。该书还收入习近平总书记这段时间内的图片41幅。

2020年6月，《习近平谈治国理政》第三卷由外文出版社以中英文版出版，面向海内外发行。7月29日，《习近平谈治国理政》第三卷出版座谈会在京召开，中共中央政治局常委、中央书记处书记王沪宁出席会议并讲话。

中共中央办公厅转发《中央宣传部、中央组织部关于认真组织学习〈习近平谈治国理政〉第三卷的通知》，要求各地区各部门结合实际认真贯彻落实。通知提出，要将《习近平谈治国理政》第三卷与第一卷、第二卷作为一个整体，引导广大党员、干部读原著、学原文、悟原理。

《习近平谈治国理政》第三卷的出版发行，对于推动广大党员、干部和群众学懂弄通做实习近平新时代中国特色社会主义思想具有重要意义。我们要把学好用好《习近平谈治国理政》第三卷作为一项重大政治任务，与习近平生态文明思想和习近平总书记重要指示批示精神一体学习、一体领会、一体贯彻，在知行合一、学以致用上下功夫，坚决打赢打好污染防治攻坚战，大力推进生态文明建设，努力打造青山常在、绿水长流、空气常新的美丽中国，让广大人民群众望得见山、看得见水、记得住乡愁，在优美生态环境中生产生活。

深入学习领会《习近平谈治国理政》第三卷有关生态文明建设和生态环境保护的重要论述。

《习近平谈治国理政》第三卷生动记录了党的十九大以来习近平总书记在领导和推进党和国家各项事业取得新的重大进展的伟大实践中发表的一系列重要论述，是全面系统反映习近平新时代中国特色社会主义思想的权威著作。其中，习近平总书记对生态文明建设和生态环境保护提出一系列新理念、新思想、新战略，与时俱进，丰富、拓展和深化了习近平生态文明思想，为做好新时代生态环境保护工作提供了重要指引和根本遵循。

坚持加强党的领导，切实担负起生态环境保护的政治责任。习近平总书记指出："生态环境是关系党的使命宗旨的重大政治问题，也是关系民生的重大社会问题。"近年来，我国生态文明建设和生态环境保护之所以取得历史性成就、发生历史性变革，最根本的在于有习近平总书记掌舵领航，有党中央权威和集中统一领导，有习近平新时代中国特色社会主义思想和习近平生态文明思想的科学指引。必须不断提高政治站位，增强"四个意识"、坚定"四个自信"、做到"两个维护"，坚决扛起生态文明建设的政治责任，确保党中央关于生态环境保护的决策部署落到实处。

贯彻落实新发展理念，协同推进经济高质量发展与生态环境高水平保护。习近平总书记强调，绿水青山就是金山银山。这深刻揭示了生态环境保护与经济社会发展之间辩证统一的关系，阐明了保护生态环境就是保护生产力、改善生态环境就是发展生产力的道理，丰富和拓展了马克思主义生产力基本原理的内涵，已成为新发展理念的重要组成部分。必须牢固树立和践行绿水青山就是金山银山的理念，坚持走生态优先、绿色发展之路不动摇，推动形成人与自然和谐发展的现代化建设新格局。

坚持以人民为中心，满足人民日益增长的优美生态环境需要。习近平总书记强调："良好生态环境是最普惠的民生福祉""环境就是民生，青山就是美丽，蓝天也是幸福""发展经济是为了民生，保护生态环境同样也是为了民生"。这些重要论述，阐明了生态环境在民生改善中的重要地位，是对人民日益增长的优美生态环境需要的积极回应。必须坚持以人民为中心的发展思想，加快改善生态环境质量，提供更多优质生态产品，还老百姓蓝天白云、繁星闪烁，清水绿岸、鱼翔浅底，鸟语花香、田园风光。

统筹山水林田湖草系统治理，按照生态系统的整体性、系统性及其内在规律开展生态文明建设。习近平总书记强调，生态是统一的自然系统，是相互依存、紧密联系的有机链条；山水林田湖草是生命共同体，这个生命共同体是人类生存发展的物质基础。这些重要论述，为推进生态文明建设提供了重要的思想论和方法论。这要求我们必须从系统工程和全局角度推进生态环境治理，统筹兼顾、整体施策、多措并举，全方位、全地域、全过程开展生态文明建设，推动长江经济带发展要坚持"共抓大保护，不搞大开发"，推进黄河流域生态保护和高质量发展要做到"共同抓好大保护，协同推进大治理"。

完善生态文明制度体系，提升生态环境治理效能。习近平总书记指出："保护生态环境必须依靠制度、依靠法治""让制度成为刚性的约束和不可触碰的高压线"。生态文明制度体系建设，是坚持和完善中国特色社会主义制度、推进国家治理体系和治理能力现代化的重要组成部分。必须加快构建源头预防、过程控制、损害赔偿、责任追究的生态环境保护体系以及党委领导、政府主导、企业主体、社会组织和公众共同参与的现代环境治理体系，把建设美丽中国转化为全民自觉行动。

共谋全球生态文明建设，深度参与全球生态环境治理。习近平总书记指出："建设美丽家园是人类的共同梦想。面对生态环境挑战，人类是一荣俱荣、一损俱损的命运共同体，没有哪个国家能独善其身""加快构筑尊崇自然、绿色发展的生态体系"。当今世界正面临百年未有之大变局，新冠肺炎疫情全球蔓延，保护主义、单边主义抬头，逆全球化思潮进一步加剧，对全球生态环境保护造成不利影响。必须秉持人类命运共同体理念，坚决维护多边主义，建设性参与全球环境治理，为实现全球可持续发展贡献中国智慧和中国方案。

二、《中国应对气候变化的政策与行动2020年度报告》

2021年7月13日，在2021年生态文明贵阳国际论坛"碳达峰碳中和与生态文明建设"主题论坛上，生态环境部发布了《中国应对气候变化的政策与行动2020年度报告》（以下简称《2020年度报告》）。

《2020年度报告》内容涵盖2019年我国有关部门、地方在应对气候变化、推动绿色低碳循环发展方面所做的工作，包括强化顶层设计、减缓气候变化、适应气候变化、完善制度建设、加强基础能力、全社会广泛参与，以及积极开展国际交流与合作等7个方面，全面展示了我国控制温室气体排放、适应气候变化、战略规划制定、体制机制建设、社会意识提升和能力建设等方面取得的积极成效。同时，阐述了中国政府坚持"共同但有区别的责任"等原则，坚定推动多边进程，在气候国际谈判中发挥积极建设性作用，推动气候变化南南合作的有关情况，以及为推动构建公平合理、合作共赢的全球气候治理体系作出的中国贡献。

下一步，生态环境部将与有关部门一道，坚决贯彻落实党中央、国务院决策部署，深入推进实施积极应对气候变化国家战略，加快推动我国经济社会发展全面绿色转型，统筹推进应对气候变化国内国际两方面工作。

三、《新时代的中国能源发展》白皮书

2020年12月21日，国务院新闻办公室发布《新时代的中国能源发展》白皮书。

中国坚定不移推进能源革命，能源生产和利用方式发生重大变革，能源发展取得历史性成就。能源生产和消费结构不断优化，能源利用效率显著提高，生产生活用能条件明显改善，能源安全保障能力持续增强，为服务经济高质量发展、打赢脱贫攻坚战和全面建成小康社会提供了重要支撑。

2019年，我国在调整产业结构、节能提高能效、优化能源结构、控制非能源活动温室气体排放、增加碳汇、加强温室气体与大气污染物协同控制、推动低碳试点和地方行动等方面

采取一系列措施，取得显著成效。2019年中国碳排放强度同比降低3.9%，相比2015年降低了17.9%。

截至2020年6月，有34个低碳省市试点编制"十三五"时期的低碳发展相关规划36份，将低碳发展融入地区发展规划体系，明确本地区低碳发展的主要目标、重点领域任务与保障措施，以低碳发展理念引领城镇化进程和城市空间优化。

1. 能源供应保障能力不断增强

基本形成了煤、油、气、电、核、新能源和可再生能源多轮驱动的能源生产体系。初步核算，2019年中国一次能源生产总量达39.7亿吨标准煤，为世界能源生产第一大国。煤炭仍是保障能源供应的基础能源，2012年以来原煤年产量保持在34.1亿—39.7亿吨。努力保持原油生产稳定，2012年以来原油年产量保持在1.9亿—2.1亿吨。天然气产量明显提升，从2012年的1106亿立方米增长到2019年的1762亿立方米。电力供应能力持续增强，累计发电装机容量20.1亿千瓦，2019年发电量7.5万亿千瓦时，较2012年分别增长75%、50%。可再生能源开发利用规模快速扩大，水电、风电、光伏发电累计装机容量均居世界首位。截至2019年年底，在运在建核电装机容量6593万千瓦，居世界第二，在建核电装机容量居世界第一。

能源输送能力显著提高。建成天然气主干管道超过8.7万公里、石油主干管道5.5万公里、330千伏及以上输电线路长度30.2万公里。

能源储备体系不断健全。建成9个国家石油储备基地，天然气产供储销体系建设取得初步成效，煤炭生产运输协同保障体系逐步完善，电力安全稳定运行达到世界先进水平，能源综合应急保障能力显著增强。

2. 能源节约和消费结构优化成效显著

能源利用效率显著提高。2012年以来单位国内生产总值能耗累计降低24.4%，相当于减少能源消费12.7亿吨标准煤。2012年至2019年，以能源消费年均2.8%的增长支撑了国民经济年均7%的增长。

能源消费结构向清洁低碳加快转变。初步核算，2019年煤炭消费占能源消费总量比重为57.7%，比2012年降低10.8个百分点；天然气、水电、核电、风电等清洁能源消费量占能源消费总量的比重为23.4%，比2012年提高8.9个百分点；非化石能源消费占能源消费总量的比重达15.3%，比2012年提高5.6个百分点，已提前完成到2020年非化石能源消费的比重达到15%左右的目标。新能源汽车快速发展，2019年新增量和保有量分别达120万辆和380万辆，均占全球总量一半以上；截至2019年年底，全国电动汽车充电基础设施达120万处，建成世界最大规模充电网络，有效促进了交通领域能效提高和能源消费结构优化。

3. 能源科技水平快速提升

持续推进能源科技创新，能源技术水平不断提高，技术进步成为推动能源发展动力变革的基本力量。建立完备的水电、核电、风电、太阳能发电等清洁能源装备制造产业链，成功研发制造全球最大单机容量 100 万千瓦水电机组，具备最大单机容量达 10 兆瓦的全系列风电机组制造能力，不断刷新光伏电池转换效率世界纪录。建成若干应用先进三代技术的核电站，新一代核电、小型堆等多项核能利用技术取得明显突破。油气勘探开发技术能力持续提高，低渗原油及稠油高效开发、新一代复合化学驱油等技术世界领先，页岩油气勘探开发技术和装备水平大幅提升，天然气水合物试采取得成功。发展煤炭绿色高效智能开采技术，大型煤矿采煤机械化程度达 98%，掌握煤制油气产业化技术。建成规模最大、安全可靠、全球领先的电网，供电可靠性位居世界前列。"互联网+"智慧能源、储能、区块链、综合能源服务等一大批能源新技术、新模式、新业态正在蓬勃兴起。

4. 能源与生态环境友好性明显改善

中国把推进能源绿色发展作为促进生态文明建设的重要举措，坚决打好污染防治攻坚战、打赢蓝天保卫战。煤炭清洁开采和利用水平大幅提升，采煤沉陷区治理、绿色矿山建设取得显著成效。落实修订后的《大气污染防治法》，加大燃煤和其他能源污染防治力度。推动国家大气污染防治重点区域内新建、改建、扩建用煤项目实施煤炭等量或减量替代。能源绿色发展显著推动空气质量改善，二氧化硫、氮氧化物和烟尘排放量大幅下降。能源绿色发展对碳排放强度下降起到重要作用，2019 年碳排放强度比 2005 年下降 48.1%，超过了 2020 年碳排放强度比 2005 年下降 40%—45% 的目标，扭转了二氧化碳排放快速增长的局面。

5. 能源治理机制持续完善

全面提升能源领域市场化水平，营商环境不断优化，市场活力明显增强，市场主体和人民群众办事创业更加便利。进一步放宽能源领域外资市场准入，民间投资持续壮大，投资主体更加多元。发用电计划有序放开、交易机构独立规范运行、电力市场建设深入推进。加快推进油气勘查开采市场放开与矿业权流转、管网运营机制改革、原油进口动态管理等改革，完善油气交易中心建设。推进能源价格市场化，进一步放开竞争性环节价格，初步建立电力、油气网络环节科学定价制度。协同推进能源改革和法治建设，能源法律体系不断完善。覆盖战略、规划、政策、标准、监管、服务的能源治理机制基本形成。

6. 能源惠民利民成果丰硕

把保障和改善民生作为能源发展的根本出发点，保障城乡居民获得基本能源供应和服务，在全面建成小康社会和乡村振兴中发挥能源供应的基础保障作用。2016 年至 2019 年，农网改造升级总投资达 8300 亿元，农村平均停电时间降低至 15 小时左右，农村居民用电条件明显改善。2013年至2015年，实施解决无电人口用电行动计划，2015年年底完成全部人口都用上电的历史性任务。实施光伏扶贫工程等能源扶贫工程建设，优先在贫困地区进行能源开发项目布局，实施能源惠民工程，促进了贫困地区经济发展和贫困人口收入增加。完善天然气利用基础设施建设，扩大天然气供应区域，提高民生用气保障能力。北方地区清洁取暖取得明显进展，改善了城乡居民用能条件和居住环境。截至2019年年底，北方地区清洁取暖面积达116亿平方米，比2016年增加51亿平方米。

四、《2019年林业和草原应对气候变化政策与行动》白皮书

2020年11月24日，国家林业和草原局办公室印发《2019年林业和草原应对气候变化政策与行动》白皮书。

2019年，国家林业和草原局及地方各级林业和草原主管部门坚持以习近平生态文明思想为指导，深入贯彻落实习近平总书记等中央领导同志重要指示批示精神，深入践行绿水青山就是金山银山理念，认真落实国家应对气候变化总体部署，紧紧围绕《"十三五"控制温室气体排放工作方案》《强化应对气候变化行动——中国国家自主贡献》《林业应对气候变化"十三五"行动要点》《林业适应气候变化行动方案（2016—2020年）》确定的目标任务，切实履行部门职责，强化组织领导，加强政策保障，采取有力措施，努力推进林业和草原应对气候变化高质量发展，各项工作取得新进展。为进一步宣传林业和草原应对气候变化方针政策，充分展示林业和草原应对气候变化工作成效，积极营造共同应对气候变化的良好氛围，国家林业和草原局组织编制了《2019年林业和草原应对气候变化政策与行动》白皮书。

五、《2020—2021年中国生态环境形势分析与预测》

该书由生态环境部宣传教育中心社会蓝皮书课题组编著，社会科学文献出版社2020年3月出版。

该书指出，2019年，全国生态环境质量总体改善，"十三五"规划纲要确定的生态环境保护主要指标均达到年度目标和进度要求。2020年是打赢污染防治攻坚战的决胜之年，也是"十四五"规划启航奠基之年，中国即将进入向第二个百年奋斗目标进军和全面推进社会主义现代化强国建设、美丽中国建设的新发展阶段。"十四五"时期，中国生态环境保护将坚持以习近平生态文明思想为指引，以科技创新催生绿色发展新动能，加快建立生态产品价值实现机制，广泛形成绿色生产生活方式，为全球生态文明建设贡献中国智慧、中国理念、中国方案。

六、《中国环保产业发展状况报告（2020）》

2020年，生态环境部科技与财务司、中国环境保护产业协会联合发布《中国环保产业发展状况报告（2020）》（以下简称《报告》）。这是继2017年以来，连续第四年发布此报告。报告数据来源于生态环境部科技与财务司委托中国环境保护产业协会开展的全国环保产业重点企业调查及全国环境服务业财务统计，涉及近12000家环保企业样本，包括环保上市公司和新三板环保公司。

《报告》显示，2019年全国环保产业营业收入约17800亿元，较2018年增长约11.3%，其中环境服务营业收入约11200亿元，同比增长约23.2%。

1. 受益于环境治理市场需求快速释放，环保产业总体仍保持较快发展态势，但呈现营收增速有所放缓、盈利水平有所下滑的趋势

2019年，统计范围内企业环保业务营业收入9864.4亿元，同比增长了13.5%。对2016年、2017年、2018年、2019年统计范围内相同样本企业数据进行分析可知，上述企业环保业务营业收入年均增长率在15%以上，但近三年环保业务营业收入同比增幅逐年收窄；营业利润年均增长率3.9%，2017年、2018年利润率连续下滑，2019年保持稳定。具体到细分领域，与2018年相比，除土壤修复外，水污染防治、大气污染防治、固废处置与资源化、环境监测领域企业的环保业务营业收入、营业利润均有不同程度的增长。

2. 环保产业行业集中度逐步提升，集聚化趋势凸显

从企业规模看，列入统计范围的环保企业，大、中型企业数量占比分别为3.4%、24.3%；小、微型企业数量占比为72.2%。其中，营业收入在1亿元以上的企业，以9.8%的企业数量占比（较2018年降低了0.6个百分点），贡献了超过92%的营业收入和利润。

从地域分布看，统计范围内企业有近半数集聚于东部地区，东部地区环保企业的营业收入、营业利润占比分别为67.4%、67.6%，远远超过中、西部和东北三个地区企业的营业收入、营业利润。长江经济带11省（直辖市）以45.6%的企业数量占比贡献了近一半的产业营业收入，对我国环保产业发展支撑能力较强。

3. 环保产业对国民经济及就业的贡献逐步提升

2004—2019年，我国环保产业营业收入与国内生产总值（GDP）的比值从2004年的0.4%逐步扩大到2019年的1.8%。环保产业对国民经济直接贡献率从2004年的0.3%上升到2019年的3.1%，尽管其间出现过一些波动，但环保产业对国民经济的贡献总体呈逐步加大的趋势。

2004—2011年，我国环保产业从业人员年均增长率6.8%，2011—2019年年均增长率为13.6%。2019年环保产业从业人员占全国就业人员年末人数的0.33%，比2011年提高0.21个百分点，比 2004 年提高 0.25 个百分点，对全国就业的贡献呈逐步扩大的趋势。

4. 产业创新能力进一步提高，竞争力持续增强

2019 年，被调查企业研发经费支出占营业收入的比重为 3.4%，明显高于 2018 年全国规模以上工业企业研发经费支出占营业收入的比重（1.2%）。与 2018 年相比，2019 年环保企业平均研发经费支出同比增长 15.6%。各细分领域均有所提高，其中，固废处理处置与资源化、土壤修复、环境监测领域增幅均在 20.0% 左右。

相同样本企业平均专利授权数量小幅增长。2019 年统计范围内企业平均专利授权数 4.6 项，其中发明专利 1.1 项。与 2018 年相比，2019 年企业平均专利授权数从 4.0 项增长到 4.7 项，平均发明专利授权数由 0.9 项增长到 1.0 项。

5. 环保企业资产收益能力及获利水平同比基本持平，资产营运能力有待提升，回款压力依然较大

从盈利能力看，统计范围内企业净资产收益率平均值为 10.5%，利润率平均值为 9.6%。与 2018 年相比，2019 年相同样本企业净资产收益率和利润率同比基本持平。

从资产营运能力看，统计范围内企业总资产周转率平均值为 0.5、应收账款周转率平均值为 3.1，均较低，与 2018 年相比，2019 年相同样本企业的总资产周转率、应收账款周转率变动幅度在 0.1 以内，反映环保企业的资产营运能力基本保持稳定，回款问题仍较突出。

从偿债能力看，统计范围内企业资产负债率平均值为 60.6%，与 2018 年相比，2019 年相同样本企业资产负债率上升了 2 个百分点，说明环保企业财务风险有上升趋势，但总体处于合理区间。

6. 2021 年我国环保产业营业收入总额有望超过 2 万亿元

受疫情影响，IMF 预测 2020 年我国 GDP 增速大约为 1%，2021 年 GDP 增速大约为 8%。采用环保投资拉动系数法、产业贡献率和产业增长率三种方法预测 2020 年环保产业营业收入规模为 1.6 万亿—2 万亿元，2021 年环保产业规模有望超过 2 万亿元。"十三五"以来，我国经济发展进入新常态，特别是 2020 年以来，国内外环境发生深刻复杂变化，不稳定、不确定性增多，GDP 增速预计放缓，若按照 5% 测算，2025 年环保产业营业收入有望突破 3 万亿元。

根据统计数据，《报告》同期发布了环保营业收入 10 亿元以上、5 亿—10 亿元、1 亿—5 亿元企业名单。

七、《中国气候变化蓝皮书（2020）》

2020 年 8 月 24 日，为满足低碳发展和绿色发展的时代需求，科学推进防灾减灾、应对气候变化和生态文明建设，中国气象局气候变化中心发布《中国气候变化蓝皮书（2020）》

（以下简称《蓝皮书（2020）》）。

《蓝皮书（2020）》显示，气候系统多项关键指标呈加速变化趋势。中国是全球气候变化的敏感区，气候极端性增强，降水变化区域差异明显、暴雨日数增多。生态气候总体趋好，区域生态环境不稳定性加大。

1. 大气圈：全球变暖趋势持续

《蓝皮书（2020）》显示，全球变暖趋势在持续。2019年，全球平均温度较工业化前水平高出约1.1℃，是有完整气象观测记录以来的第二暖年份，过去五年（2015—2019年）是有完整气象观测记录以来最暖的五个年份；20世纪80年代以来，每个连续十年都比前一个十年更暖。2019年，亚洲陆地表面平均气温比常年值（该报告使用1981—2010年气候基准期）偏高0.87℃，是20世纪初以来的第二高值。

《蓝皮书（2020）》指出，中国是全球气候变化的敏感区和影响显著区。气温方面，1951—2019年，中国年平均气温每10年升高0.24℃，升温速率明显高于同期全球平均水平。20世纪90年代中期以来，中国极端高温事件明显增多，2019年，云南元江（43.1℃）等64站日最高气温达到或突破历史极值。

2. 水圈：全球海平面呈加速上升趋势

《蓝皮书（2020）》显示，全球平均海平面呈加速上升趋势，上升速率从1901—1990年的1.4毫米/年，增加至1993—2019年的3.2毫米/年；2019年，为有卫星观测记录以来的最高值。

1980—2019年，中国沿海海平面变化总体呈波动上升趋势，上升速率为3.4毫米/年，高于同期全球平均水平。2019年，中国沿海海平面为1980年以来的第三高位，较1993—2011年平均值高72毫米，较2018年升高24毫米。

3. 陆地生物圈：中国植被覆盖稳定增加

《蓝皮书（2020）》显示，2000—2019年，中国年平均归一化差植被指数（NDVI）呈显著的上升趋势，全国整体的植被覆盖稳定增加，呈现变绿趋势；2019年，中国平均NDVI为0.373，较2000—2018年平均值上升5.7%；2015—2019年为2000年以来植被覆盖度最高的五年。

八、《应对气候变化报告（2020）——提升气候行动力》（气候变化绿皮书）

2020年11月27日，中国社会科学院生态文明研究所、中国气象局国家气候中心（中国社会科学院—中国气象局气候变化经济学模拟联合实验室）与社会科学文献出版社联合在京发布2020年气候变化绿皮书《应对气候变化报告（2020）——提升气候行动力》并召开"绿色低碳发展"高峰论坛。

皮书发布会暨高峰论坛分别由中国社会科学院生态文明研究所所长张永生研究员和国家气候中心主任宋连春研究员主持。会议邀请了来自中国科学院科技战略咨询研究院、生态环境部、国家发展和改革委员会能源研究所、中国社会科学院、中国气象局、北京大学、国家应对气候变化战略研究和国际合作中心等单位的专家学者与会，就绿色低碳发展、全球应对气候变化和国际气候进程等相关问题进行深入研讨和交流。来自中央电视台、《光明日报》、中新社、中国国际广播电台、《科技日报》、《经济参考报》、《北京晚报》、《解放日报》、《广州日报》、《新民晚报》、《南方日报》、《中国社会科学报》、《中国环境报》、《中国气象报》、央广网、中国经济网、中国青年网等主流媒体的记者到会。

中国社会科学院副院长蔡昉代表皮书联合主编、中国社会科学院院长谢伏瞻到会祝贺。蔡昉指出，2020年新冠疫情肆虐，对全球经济社会发展造成严重冲击，也引发对人与自然关系以及人类不可持续的发展方式的深刻反思，凸显了应对气候变化和生态文明建设的重要性。在以习近平同志为核心的党中央坚强领导下，我们团结一心，众志成城，取得了抗击疫情的重大胜利。据国际货币基金组织（IMF）的预测，中国将是2020年全球唯一实现正增长的主要经济体，中国已成为后疫情时代全球经济绿色复苏的倡导者、实践者和引领者。9月22日，习近平主席在联大发言中倡导各国"迈出决定性步伐"履行《巴黎协定》，提出"中国将提高国家自主贡献力度，采取更加有力的政策和措施，二氧化碳排放力争于2030年前达到峰值，努力争取2060年前实现碳中和"，得到国际社会的普遍赞誉。中国作为发展中国家、全球人口最多、碳排放总量最大和经济总量第二的国家，在应对气候变化和绿色低碳发展上坚定了战略方向，明确了发展目标，不仅可以保障国内气候行动持续高效开展，也必将为全球气候治理、构建人类命运共同体作出重要贡献。

中国气象局副局长宇如聪代表皮书联合主编、中国气象局局长刘雅鸣到会祝贺。宇如聪指出，全球气候系统变暖趋势进一步持续，气候变暖对自然生态系统和经济社会的影响正在加速，气候风险持续上升，并可能引发系统性风险发生，对全球社会经济发展造成深远影响。各国政府及人类社会都已经从频发的高影响气候事件及其影响中认识到气候变化的严峻性。同时，世界百年未有之大变局正进入加速演变期，国际环境日趋错综复杂，全球性挑战日益上升，加之新冠疫情等因素，全球气候治理进程形势更加复杂。2020年12月12日是《巴黎协定》通过5周年之日，全球落实《巴黎协定》面临重大考验。但新冠疫情的发生也让国际社会进一步反思人与自然的和谐关系，反思绿色低碳发展的重要性。全球共同抗击疫情的行动，也给国际合作应对气候变化提供了有益的启示。截至2020年11月8日，已有126个国家加入碳中和国际承诺，22个国家以立法、政策等形式确立了碳中和目标，包括瑞典、英国等欧洲国家，日本、韩国、新加坡等亚洲国家，哥斯达黎加、智利等发展中国家，以及斐济、马绍尔群岛等气候脆弱性国家。党的十八大以来，以习近平同志为核心的党中央把生态文明建设纳入中国特色社会主义"五位一体"总体布局,生态文明建设被提到新的历史高度。党的十九届五中全会进一步强调了推动绿色发展,促进人与自然和谐共生。最近发布的《中共中央关于制定国民经济和社会发展第十四个五年规划和二〇三五年远景目标的建议》中强调,要积极参与和引领应对气候变化等生态环保国际合作。中国已经取得抗击新冠疫情重大战略成果,经济发展稳定向好,生产生活秩序稳定恢复,成为疫情发生以来第一个恢复增长的主要经济体。新形势下,中国将继续坚守生态文明建设的战略定力,增强社会经济系统韧性,化"危"为"机",抓住低碳转型机遇,以新型基础设施建设引领绿色发展,为经济高质量发展提供新动能。

九、《新中国生态文明建设70年》

2020年5月,蔡昉等著的《新中国生态文明建设70年》,由中国社会科学出版社出版。

新中国的生态文明建设,经历了新中国成立之初生产力低下的农耕文明、改革开放后的工业文明和迈向新时代的生态文明三个阶段,已经逐渐融入经济建设、政治建设、社会建设和文化建设的各个方面和全过程。《新中国生态文明建设70年》系统梳理和分析了1949年以来中国生态文明建设走过的路径、遇到的问题和挑战、实施的政策措施,并从时间的深度和领域的广度提炼和总结了新中国生态文明建设的经验、成就,展望了新时代生态文明建设的重点任务和愿景。

十、《可持续发展蓝皮书:中国可持续发展评价报告(2020)》

该报告由中国国际经济交流中心、美国哥伦比亚大学地球研究院和阿里研究院共同研创,社会科学文献出版社2020年11月出版。

报告基于中国可持续发展评价指标体系的基本框架,对2019年中国国家、省及大中城市的可持续发展状况进行了全面系统的数据验证分析,并进行了排名,得出了对实践有重要指导意义的结论。研究显示,从国家层面来看,中国可持续发展状况继续稳步得到改善,经济发展较为平稳,社会民生进步明显,治理保护成效逐渐显现,明显的短板则是资源环境承载能力仍旧较弱,消耗排放存在对经济社会活动的负面影响。

课题组开展了国际比较研究,并探讨国际可持续发展指标框架融合的价值。课题组把纽约、东京、伦敦、巴黎等国际化城市作为基准,以发现中国70个城市与世界其他国家或地区发达城市之间在城市可持续发展方面存在的差距,并为中国城市可持续发展进程提供了国际参考。

报告认为,鉴于新冠疫情仍在蔓延,要高质量推进联合国2030年可持续发展议程,中国仍需系统的应对方案,动态地保持经济、社会、环境三者相互作用下有质量的平衡,推动中国经济实现强劲、包容、可持续的增长。

十一、2020年度中国生态环境十大科技进展

2020年度中国生态环境十大科技进展是由两院院士和中国科协生态环境产学联合体成员单位推荐，由15位院士专家组成评委会评议投票产生的。此次是连续第二年开展。2020年度入选的进展内容，涉及碳达峰碳中和、大气污染防治、水环境保护、绿色GEP核算方法、新冠病毒监测等生态环境领域的热点问题，反映了我国生态环境科技领域前沿发展动态，在引领生态环境领域技术创新、鼓励生态环境科学研究、营造社会创新氛围、提高公众环保意识方面起到了积极的作用，影响深远，意义重大。

中国科协生态环境产学联合体是为贯彻落实习近平生态文明思想和全国生态环境保护大会精神，在中国科协指导下，由环境、生态、气象、地理、农、林、土壤、地质、海洋、水利、可再生能源11家全国学会，生态环境领域知名企业、学术研究机构和社会组织共同发起成立的协同创新组织。自2018年成立以来，联合体坚持"一智库三平台"定位，不断加强自身建设，探索机制创新，促进科技经济融合，为构建新发展格局、打好打赢污染防治攻坚战、建设生态文明作出了积极贡献。生态环境部部长、中国环境科学学会理事长黄润秋担任首届主席，联合体秘书处设在中国环境科学学会。

2020年度中国生态环境十大科技进展项目如下：

1

【支撑碳达峰碳中和目标决策的我国长期低碳发展战略研究】
主要完成单位：清华大学气候变化与可持续发展研究院

清华大学气候变化与可持续发展研究院牵头组织了国内24家著名研究机构共130余位专家学者，开展了覆盖经济、社会、产业、环境、气候、政策等多领域低碳发展战略和转型路径研究。在此基础上，项目综合报告课题组在研究中采用了"自下而上"和"自上而下"相结合的研究方法，既有"自下而上"对各部门能源消费和二氧化碳排放部门模型的情景分析和技术评价，又有"自上而下"宏观模型的计算和政策模拟，以多个模型产出软连接方式，实现各部门分析与宏观模型间的协调衔接。

该研究首次全面系统地提出了包含碳中和目标在内的四种长期发展情景下的转型路径（当前政策、强化政策、2℃和1.5℃）及其碳排放路径、技术需求、经济成本和环境影响的定量评价，揭示了转型目标、行动时机和措施力度与转型效果及其经济成本间的综合作用机制和规律，阐释了我国同时实现新时代社会主义现代化建设目标与《巴黎协定》下控制全球温升目标的一致性，提出了实现碳达峰碳中和的路径选择建议。2020年10月12日，该院联合各研究单位向国内外发布了这项研究成果，以系统的思想框架和翔实的研究成果，回答了

国内外的关切和质疑，引导和促进了国际社会对习近平主席宣示的目标和决心的理解和肯定，帮助国际国内社会加深对这一决策的意义和需要付出艰苦卓绝努力的理解，引起了巨大反响。研究结果不仅被国内外研究机构广泛引用，更为我国政府部门、地方、行业、企业制定碳达峰碳中和规划提供了重要参考。

2

【面向未来的中国污水处理概念厂创建】

主要完成单位：清华大学、中国人民大学、中国21世纪议程管理中心、中国科学技术大学、中持水务股份有限公司

建设面向未来的中国污水处理概念厂是由以曲久辉院士为首的中国科学家提出的行业前进方向，以"水质永续、能量自给、资源循环、环境友好"为目标，旨在建立污水处理资源化、能源化、生态化的工程范例，探索污水处理在技术、工程建设等方面跨越式发展路径。经过近7年的研究和探索，概念厂技术团队构建了包括40余项关键核心技术的技术体系，包括高效极限脱氮除磷技术（LOT）、紫外催化高级氧化（UV/AOP）新兴污染物氧化阻断集成技术与装备、以高干厌氧为核心的有机固废能量高效回收与资源深度转化集成技术与装备、以再生水为单一水源的大尺度水环境构建技术、污水处理设施生态综合体构建理念与技术等。

2020年，河南睢县第三污水处理厂建成并投入运行，数项关键核心技术得以工程验证，实现了污水再生和有机废物（生活垃圾、污泥、畜禽粪便等）综合处理、湿地—海绵一体化、超过50%电能的自供给和营养物回收利用。

中国污水处理概念厂的建设将推动中国污水处理事业走向循环、低碳、生态的发展之路，为污水处理行业碳达峰、碳中和作出贡献。

3

【黄金航道开发与河流生态保护协同的理论与方法体系】

主要完成单位：北京大学、国家内河航道整治工程技术研究中心、南京水利科学研究院、中国科学院战略咨询研究院

北京大学等单位在开展国家重点研发计划项目"长江黄金航道整治技术研究与示范"与中国科学院院士咨询项目"长江经济带生态环境保护与可持续发展"研究过程中，探索了全球黄金航道的可持续发展之路，构建了基于航道自然和社会经济双重属性的黄金航道识别方法；提出了黄金航道发展三阶段理论，明确了各阶段的划分标准和发展特征。进一步针对河流航运与生态系统功能协调发展的关键问题，构建了长江黄金航道评价方法体系，在多个典

型航道治理中得到应用。建立了河流全要素监测—检测方法体系,揭示了长江全物质通量(水、沙、无机元素、生源物质、新兴污染物、温室气体、底栖动物、藻类、鱼类、微生物等)变化的驱动机制,提出了生态航道规划、建设、运营、维护全过程开展长期生态环境监察与审核的方案。

研究成果凝练形成了中国科学院科技智库报告和院士咨询报告,为国家"十四五"规划及未来航道开发长远发展战略决策提供了重要科技支撑。

4

【大气污染与气候变化协同治理路径优化关键技术】

主要完成单位:清华大学

科学认识大气污染和气候变化的相互作用与协同效益,高质量的源排放数据是科学基础,气候评价模型与空气质量模型精准耦合是技术关键。团队在三个方面取得重大突破。其一,开发了排放源强对经济、能源、治理措施的动态响应模型,建立了面向详细行业和技术的多尺度耦合大气污染物与温室气体源排放清单。其二,开发了环境空气质量对分行业分物种排放控制措施的实时响应模型,突破了大气环境质量改善目标下污染物减排量的反算技术。其三,构建了能源经济—空气质量—气候健康的跨学科综合评估模型(GCAM-ABaCAS),实现了大气污染与气候变化协同治理措施的成本效益评估和路径优化,评估了实现空气质量达标路径下温室气体的协同减排效益,量化了低碳能源政策的健康和气候影响。

研究结果支撑了开展大气污染物与温室气体的协同减排,揭示了能源政策措施对二者协同减排的重要效应,为开展大气污染控制与气候变化应对提供了科技支撑。

5

【生态系统生产总值(GEP)核算方法与应用】

主要完成单位:中国科学院生态环境研究中心、生态环境部环境规划院

中国科学院生态环境研究中心欧阳志云研究员和IUCN朱春全研究员于2013年提出了"生态系统生产总值"(GEP)的概念,简称为生态产品总值,即生态系统为人类福祉和经济社会可持续发展提供的最终产品与服务价值的总和。欧阳志云研究团队随后从物质产品、调节服务产品与非物质产品三个方面构建了GEP核算体系与核算模型,发展了刻画自然对社会经济贡献的评估方法,并将这一方法应用于青海省生态系统生产总值核算。该研究表明,GEP核算可以定量揭示生态系统产品和服务提供者与受益者之间的生态关联,并能为生态保护成效评估、生态补偿政策制定,以及将生态效益纳入经济社会评价体系提供科学依据。该核算方法及其在青海省的应用成果发表在 *PNAS*(2020)。此外,GEP的概念2020年也被联

合国统计署采纳为生态系统核算指标之一，GEP核算方法还受到广泛关注和应用，目前有青海、贵州、海南、内蒙古等省（自治区、直辖市），深圳、丽水、抚州、甘孜、普洱、兴安盟等23个市（州、盟）以及阿尔山、开化、赤水等100多个县（市、区）的GEP核算及其应用试点。

6

【国家地表水环境质量自动监管关键技术与工程应用】

主要完成单位：中国环境监测总站

针对"国家建设、国家监测、国家考核"水环境管理的重大需求，项目组研究构建了自动监管技术体系并进行了工程应用与推广，主要取得以下创新成果：（1）率先将质控关键环节实现了自动化，质控技术手段不断完善、时效性大幅度提高；（2）首次研发了国家水环境自动监测信息管理应用系统，实现了监测全过程留痕，构建了基于聚类分析、回归分析、相关性分析模型等方法的数据分析处理系统，实现了海量数据的自动预审、智能审核；（3）研究确定了网络设计、仪器装备选型、系统集成等关键环节的技术参数与技术要求，首次系统建立了国家地表水环境自动监管规范化、标准化技术体系，支撑了国家水质自动监测网络的建设和运行管理。经鉴定，该项目在国际上率先实现了主要指标自动监测数据用于国家水质评价的研究目标，技术整体达到国际领先水平。

基于以上技术成果该项目已建成以国产自主知识产权仪器为主，由1794个水站组成的国家地表水环境质量自动监测网络，覆盖全国31个省级行政区、七大流域，成为目前国际上幅员最辽阔、规模最大、功能最完备的地表水水质自动监测网络。该网络可预警水环境风险，监测数据可用于国家水环境质量评价考核，为国家地表水环境质量评价、考核、排名提供强有力的技术支持。

7

【第三次青藏高原科学试验——边界层与对流层观测】

主要完成单位：中国气象科学研究院、中国气象局成都高原气象研究所、西藏自治区气象台、中国科学院大气物理研究所、国家卫星气象中心、国家气象信息中心、中国科学院青藏高原研究所、陕西省气象科学研究所、国家气象中心、国家气候中心、中国气象局气象探测中心、中山大学、青海省气象科学研究所、云南省气象科学研究所、南京信息工程大学、北京大学

经过8年攻坚克难，科学试验创新发展了青藏高原陆面—边界层—对流层多尺度过程和云—降水物理过程的综合观测技术，实现青藏高原天—地—空一体化综合观测技术的重要突破，填补多项青藏高原地区气象观测业务空白，在发展关键水循环变量遥感反演算法和模型

参数化方案、揭示重要观测事实和物理过程等方面取得重要创新成果。

揭示出夏季青藏高原低温环境下独特的陆面—边界层—对流层云降水物理特征以及青藏高原通过全球大尺度垂直环流和遥相关产生的全球气候效应；提出用最大熵增模型降低数值预报模式在青藏高原及周边地区冷偏差的观点，通过改进高原地区陆面模式物理过程参数化方法及同化技术明显提升了数值预报模式在青藏高原及下游地区的降水模拟能力。

按照"边研发边应用"的发展理念推动成果向业务转化，实现26项主要成果在国家级和省级气象业务中应用，支撑了中国气象局的青藏高原冰冻圈与生态系统观测站网布局设计，提升了青藏高原气象观测业务能力，使我国卫星大气可降水量业务产品在青藏高原地区的质量达到国际先进水平；提升了国家级、区域中心和省级天气预报业务能力，西藏、青海、四川和云南区域降水预报和预警水平得到明显提高。科学试验成果有力支撑了减灾防灾工作，对于认识青藏高原空中水资源状况有重要科学价值，产生了明显的社会经济效益。

8

【发现食用蔬菜和作物吸收微塑料的通道与机制】

主要完成单位：中国科学院烟台海岸带研究所、中国科学院南京土壤研究所

中国科学院烟台海岸带研究所/南京土壤研究所骆永明研究员带领团队率先开展了高等植物吸收积累微塑料的研究，发现营养液培养条件下 0.2 μm 聚苯乙烯微球可被生菜根部大量吸收和富集，并从根部向地上迁移，积累和分布在可被直接食用的茎叶之中。研究团队进一步通过废水水培和模拟废水灌溉的砂培、土培试验，发现亚微米级甚至是微米级的塑料颗粒都可以穿透小麦和生菜根系进入植物体，并在蒸腾拉力的作用下，通过导管系统随水流和营养流进入作物地上部。同时，还发现一种塑料颗粒进入植物体的通道与机制：在植物新生侧根边缘存在狭小的缝隙，塑料颗粒可以通过该"通道"跨过屏障而进入根部木质部导管并进一步传输到茎叶组织。相关成果发表在《自然·可持续性》和《科学通报》，首次报道并证实了蔬菜和作物对亚微米级甚至微米级塑料颗粒的吸收、传输及分布，发现了植物吸收微塑料的侧根缝隙通道与机制。打破了科学家对微塑料颗粒不可能进入蔬菜和农作物的传统认识，为研究高等植物对微塑料吸收和积累机制、食物链传递和人体健康风险提供了科学依据。该研究被誉为陆地生态系统微塑料研究的重要里程碑，为陆地微塑料研究打开了一扇新的大门。

成果发表后，《中国科学报》（头版要闻）、《科技日报》，美国科学促进会（AAAS）主办的新闻网 EurekAlert，以及 *The Daily Mail*、*Daily Express*、*The Daily Telegraph*、*New York Times Post*、Yahoo 新闻、搜狐网、腾讯网等上百家国内外媒体进行了报道转载。研究成果提高了人类社会对陆地环境微塑料的食物链污染与潜在健康危害的认知。

9

【流域农业面源污染分区协同防控】

主要完成单位：中国农业科学院农业资源与农业区划研究所、上海交通大学、云南省农业科学院农业环境资源研究所、湖北省农业科学院植保土肥研究所、昆明理工大学、中国农业科学院农业环境与可持续发展研究所、江西省农业科学院土壤肥料与资源环境研究所、湖南省农业环境生态研究所、北京博瑞环境工程有限公司、云南顺丰洱海环保科技股份有限公司

该项目针对富营养化湖泊集中、面源污染突出的云贵高原、南方丘陵山区和南方平原水网区，历经20余年实践，取得三方面创新：创建了流域农业面源污染监测方法和防控理论；突破了污染治理与资源利用结合的关键技术；创新了大理模式、兴山模式和宜兴模式等农业面源污染防控技术模式并制定了3项农业行业标准。

2013年以来，农业农村部先后举行了6场全国现场观摩会，将大理、兴山和宜兴模式推广应用到云贵高原、南方丘陵山区和南方平原水网区118个国家面源污染治理项目县。

研究成果已列入国家面源污染防治规划。近两年推广应用9740万亩，氮磷减施35万吨，氮磷减排4万吨，综合效益88亿元。制定国家农业行业标准7项、地方标准7项；授权发明专利25件，实用新型31件（已转化2件）；出版著作6部；发表论文115篇，其中SCI论文37篇。

10

【新冠病毒气溶胶采集与监测的研究】

主要完成单位：北京大学、北京市朝阳区疾病预防控制中心、江苏省疾病预防控制中心

要茂盛教授与其合作团队在新冠病毒气溶胶采集与监测方面取得突破进展，获得了气溶胶传播新冠病毒的直接证据。（1）负责人通过集成自主研发的大流量空气采样（每分钟可采集400升空气）与商业化机器人、核酸扩增等技术创建了现场空气中新冠病毒快速检测系统Air-nCov-Watch（ACW），利用此系统发现疫情初期武汉医疗环境空气中新冠病毒浓度可达每立方米空气9—219个，在部分卫生间空气中监测到新冠病毒浓度高达每立方米6000个病毒。该系统无须人员进入被测环境即可进行程序化扫描式地采集气溶胶样本，将采集到的样本送到设置好的地点，减少采样人员感染风险，识别空气中新冠病毒感染风险，有效保护医疗环境和生命财产安全，研究成果被专业刊物 *J Aerosol Sci* 选为封面文章发表。（2）利用自主研发的呼出气采集系统，揭示了人体呼吸也是新冠肺炎传播的重要方式，为通风、戴口罩、保持社交距离等防护气溶胶传播新冠疫情的措施提供直接科学依据，这项研究成果发表在传染病领域顶级刊物 *Clin Infect Dis* 上。

在国家自然科学基金委专项项目的支持下，要茂盛教授研发的技术方法 ACW 在新冠疫情防控中发挥了突出作用，研究成果为全世界科学防控气溶胶传播新冠疫情提供了重要的科学依据，被美国科学院院士在 *Science* 刊物中引用作为气溶胶传播新冠疫情的关键证据之一，同时也被美国哈佛大学教授在 *The New England Journal of Medicine* 上开篇引用，作为新冠病毒人体排放的关键文献。

2021年重要会议与研究成果

2021年重要会议

一、【2021年全国生态环境保护工作会议】

2021年1月21日,生态环境部在京召开2021年全国生态环境保护工作会议,总结2020年和"十三五"生态环境保护工作,分析当前生态环境保护面临的形势,谋划"十四五"工作,安排部署2021年重点工作。

会议指出,党的十九届五中全会对"十四五"国民经济和社会发展作出重大战略部署,核心要义集中体现在"三个新",即把握新发展阶段、贯彻新发展理念、构建新发展格局。全国生态环境系统要深刻认识和把握"三个新"的丰富内涵和战略考量,把思想和行动统一到党中央的重大判断、决策部署上来,认真谋划做好"十四五"生态环境保护工作。2021年是我国现代化建设进程中具有特殊重要性的一年,要坚持稳中求进工作总基调,坚持系统观念,更好统筹常态化疫情防控、经济社会发展和生态环境保护,更加突出精准治污、科学治污、依法治污,深入打好污染防治攻坚战,加快推动绿色低碳发展,持续改善生态环境质量,推进生态环境治理体系和治理能力现代化,为"十四五"生态环境保护起好步、开好局,以优异成绩庆祝中国共产党成立100周年。

二、【2021年生态文明贵阳国际论坛】

2021年7月12—13日,2021年生态文明贵阳国际论坛在贵州省会贵阳市以线上线下相结合的方式举办。

2021年生态文明贵阳国际论坛的主题是"低碳转型 绿色发展——共同构建人与自然生命共同体"。主办单位为外交部、自然资源部、生态环境部和贵州省人民政府,国家有关部门为论坛的指导单位。论坛邀请中外领导人、国内外一流专家、国际组织和知名企业负责人出席,嘉宾规模500人左右。

2021年参与论坛的各国政要与前政要的数量为历届之最,通过线上与线下相结合的方式,进一步扩大了论坛的朋友圈,论坛也形成了新的建议和共识,为三个世界性自然保护与生态治理大会做了预热和铺垫。来自78个国家和地区500余名代表参加2021年生态文明贵阳国际论坛,就生态文明建设领域共同关心的全球性、行业性话题,开展务实探讨,并取得了丰硕成果。

会上发布了《2021贵阳共识》,现场签约一批绿色产业项目,签约总金额超500亿元。《2021贵阳共识》指出，生态文明贵阳国际论坛全面服务于生态文明建设、联合国2030年可持续发展目标以及《联合国气候变化框架公约》等全球议程，积极致力于参与并贡献全球生态环境治理。

三、【《生物多样性公约》缔约方大会第十五次会议】

《生物多样性公约》缔约方大会第十五次会议（CBD COP15），是联合国首次以生态文明为主题召开的全球性会议。大会以"生态文明：共建地球生命共同体"为主题，旨在倡导推进全球生态文明建设，强调人与自然是生命共同体，强调尊重自然、顺应自然和保护自然，努力达成公约提出的到2050年实现生物多样性可持续利用和惠益分享，实现"人与自然和谐共生"的美好愿景。会议于2021年10月11—15日和2022年上半年分两阶段在中国昆明举行。

2021年10月12日，国家主席习近平以视频方式出席《生物多样性公约》第十五次缔约方大会领导人峰会并发表主旨讲话。10月13日，联合国《生物多样性公约》第十五次缔约方大会第一阶段会议通过《昆明宣言》。同月，2020年联合国生物多样性大会中国馆线上展上线。

四、【2021年深入学习贯彻习近平生态文明思想研讨会】

2021年12月28日，2021年深入学习贯彻习近平生态文明思想研讨会在四川成都举行。研讨会以"深入学习贯彻习近平生态文明思想 努力建设人与自然和谐共生的美丽中国"为主题，通过线上线下相结合的方式开展理论研讨和实践交流，深入学习贯彻党的十九届六中全会精神，深化对习近平生态文明思想重大意义、丰富内涵、核心要义、实践要求的理解和把握，指导推动生态文明和美丽中国建设。

生态环境部党组书记孙金龙，四川省委书记、省人大常委会主任彭清华出席主论坛并作主题报告。四川省委副书记、省长黄强出席主论坛并致辞。

孙金龙在报告中指出，党的十八大以来，以习近平同志为核心的党中央以前所未有的力度抓生态文明建设，生态文明战略地位显著提升，绿色发展成效不断显现，生态环境质量明显改善，生态文明制度体系更加健全，全球环境治理贡献日益凸显，美丽中国建设迈出重大步伐，我国生态环境保护发生历史性、转折性、全局性变化。这些成就的取得，根本在于以习近平同志为核心的党中央坚强领导，在于习近平新时代中国特色社会主义思想尤其是习近平生态文明思想的科学指引。习近平生态文明思想是党领导人民推进生态文明建设取得的标志性、创新性、战略性重大理论成果，内涵丰富、博大精深，主要体现在坚持党对生态文明建设的全面领导、坚持人与自然是生命共同体、坚持绿水青山就是金山银山、坚持全面推动绿色发展、坚持良好生态环境是最普惠的民生福祉、坚持山水林田湖草沙一体化保护和系统治理、坚持用最严格制度最严密法治保护生态环境、坚持建设美丽中国全民行动、坚持共谋全球生态文明建设等方面。要在学思用贯通、知信行统一上下功夫,更加自觉推动发展与保护协同共进,更加自觉深入打好污染防治攻坚战,更加自觉建立健全现代环境治理体系,更加自觉推动构建地球生命共同体,勇做习近平生态文明思想的坚定信仰者、忠实践行者、不懈奋斗者。

五、【第22届中国环博会与2021中国环境技术大会】

2021年4月20—22日,第22届中国环博会在上海新国际博览中心举行,这届环博会由慕尼黑博览集团、中国环境科学学会、全国工商联环境商会、中贸慕尼黑展览(上海)有限公司主办。展会规模预计达180000平方米,汇聚2200家知名环保企业参展,全面展示全球市政、工业、农村领域的水、固废、大气、土壤、噪声污染治理解决方案。

展会同期还举办2021中国环境技术大会,来自生态环境部、住建部、国家发改委、水利部等政策制定部门,中国科学院、中国环境研究院、同济大学、清华大学等科研院所和高校,欧洲水协、世界水环境联盟、国际固体废弃物协会、德国市政环卫车辆和设备工业协会与德国水、污水和废弃物处理协会等国际组织及技术企业的百余名业内专家全程参与400多场专业会议论坛,致力于打造一个政、产、学、研一站式环境技术交流平台。

"中国环博会IE expo"是由德国慕尼黑国际博览集团主办的世界领先环保展IFAT中国展与由上海中贸国际展览有限公司、中国环境科学学会举办十多年的"上海国际环保水展EPTEE&CWS"联姻整合而成,新品牌英文IE expo分别取原品牌首字母,于2012年举办首秀。

六、【黄河流域生态保护和高质量发展领导小组全体会议】

2021年7月6日,中共中央政治局常委、国务院副总理、推动黄河流域生态保护和高质量发展领导小组组长韩正在济南主持召开推动黄河流域生态保护和高质量发展领导小组全体会议,深入学习贯彻习近平总书记有关重要讲话和重要指示批示精神,总结前一阶段工作情况,审议有关文件,研究部署下一阶段重点工作。

会前,韩正专门要求生态环境部和中央广播电视总台组织力量,历时近3个月、覆盖52个地市、行程近30万公里,深入沿黄9省区开展暗查暗访暗拍,编辑形成黄河流域生态环境警示片,对黄河流域进行了一次专业化的"体检"。会上播放了警示片,沿黄9省区和有关部门负责同志在观看后作了发言。

韩正强调,要坚持以习近平生态文明思想为指导,进一步提高思想认识,深刻领会推动黄河流域生态保护和高质量发展的重大意义,坚持问题导向,发现问题、直面问题、及时解决问题。要全面落实以水定城、以水定地、以水定人、以水定产的要求,坚决遏制违规取水用水,坚决遏制"两高"项目盲目发展。着力解决生态破坏和环境污染问题,持续改善生态环境质量,切实加强黄河流域文化遗产资源的保护。

韩正指出,要狠抓问题整改,确保党中

央决策部署真正落地生根。要创新发现问题和解决问题的工作机制，落实整改主体责任，加强督办和指导，依法严肃处理环境违法行为，在推进整改中加快完善规划和政策体系，鼓励社会和公众积极参与，做好黄河流域生态保护和高质量发展这篇大文章。

七、【第七次金砖国家环境部长会议】

2021年8月27日，第七次金砖国家环境部长会议以视频形式召开。会议主题是"为持续、巩固和共识而合作"。生态环境部部长黄润秋出席会议并致辞。

黄润秋表示，在习近平生态文明思想的指引下，中国"十三五"规划纲要确定的生态环境9项约束性指标和污染防治攻坚战阶段性目标任务圆满完成。2021年是中国"十四五"开局之年。面对新冠疫情对经济社会发展的冲击，中国坚定不移走生态优先、绿色低碳的发展道路，推动深入打好污染防治攻坚战，持续改善生态环境质量，建设人与自然和谐共生的现代化。中国已宣布二氧化碳排放力争于2030年前达到峰值、努力争取2060年前实现碳中和，将承担与国情、发展阶段和能力相适应的国际责任，继续为应对气候变化付出艰苦努力。

黄润秋指出，随着金砖国家合作不断深入发展，金砖国家环境部长会议机制已成为金砖国家共谋环境治理、共商应对全球环境挑战的重要平台，金砖国家生态环境合作日趋务实和深入，已成为推进全球生态文明建设不可或缺的重要力量。中国积极参与全球生态环境治理，切实落实金砖国家生态环境合作共识，进一步拓展金砖国家环境可持续城市伙伴关系倡议，积极落实金砖国家环境友好技术平台倡议，推动金砖国家生态环境合作取得积极成效。

黄润秋表示，《生物多样性公约》缔约方大会第十五次会议第一阶段会议即将在中国昆明召开。中国作为大会东道国，欢迎金砖国家各方代表届时出席大会，共商全球生物多样性治理新战略，推动达成兼具雄心和务实的"2020年后全球生物多样性框架"。

会议由印度环境、森林和气候变化部部长布潘德尔·亚达夫主持。南非环境、森林和渔业部部长芭芭拉·克里西，巴西环境部气候与国际事务国务秘书马库斯·恩里克·莫雷斯·巴拉那瓜，俄罗斯自然资源和生态部部长亚历山大·科兹洛夫出席会议。

会上，各方就近年来合作成果和各自国家生态环境保护工作进展进行交流分享，并就金砖国家未来生态环境合作方向达成共识。

会议审议通过了《第七次金砖国家环境部长会议联合声明》。

八、【主要经济体能源与气候论坛】

2021年9月17日，"主要经济体能源与气候论坛"（MEF）以视频形式举办。习近平主席特使、中国气候变化事务特使解振华出席论坛并发言。

中方指出，在习近平生态文明思想指引下，中国坚定不移走生态优先、绿色低碳发展道路，提前超额完成2020年气候行动目标，坚决遏制"高耗能""高排放"项目盲目发展，启动全球最大碳市场上线交易，积极开展气候变化南南合作。中国已宣布碳达峰目标、碳中和愿景,展现了气候行动的雄心。为此,中国将付出艰苦努力,进行广泛而深刻的经济社会变革。中国将持续加强甲烷等非二氧化碳温室气体管控。

中方强调,各方要坚持《联合国气候变化框架公约》在全球气候治理中主渠道作用,全面均衡落实《巴黎协定》的目标和各项原则。要加强承诺落实,发达国家应率先大幅减排并切实兑现资金、技术、能力建设等承诺。要根据国情,尊重"国家自主决定贡献"的制度安排,在减排力度和步伐上不搞"一刀切"。要加速绿色转型,实现应对气候变化与经济社会可持续发展的双赢。

中方表示,愿与各方一道,共促《联合国气候变化框架公约》第二十六次缔约方会议(COP26)取得积极成果,推动《巴黎协定》全面有效持续实施。

此次论坛由美国发起。美国总统约瑟夫·拜登、COP26主席国英国首相鲍里斯·约翰逊、联合国秘书长安东尼奥·古特雷斯在线致辞,来自17个国家和国际组织的代表出席论坛。

生态环境部、外交部、发改委有关司局代表参加论坛。

九、【中国—东盟绿色与可持续发展高层论坛暨2021年中国—东盟环境合作论坛】

2021年10月25日,中国—东盟绿色与可持续发展高层论坛暨2021年中国—东盟环境合作论坛以线上线下相结合的方式在广西南宁开幕。生态环境部副部长赵英民以视频形式出席开幕式并致辞。老挝自然资源与环境部副部长普冯·栾赛山、东盟秘书长林玉辉、中国驻东盟使团大使邓锡军、广西壮族自治区人民政府代表分别致辞。

会议交流了中国生态文明建设和生态环保工作最新进展,强调愿同东盟国家聚焦优先领域,实施好《中国—东盟环境合作战略及行动框架2021—2025》;加强政策沟通,促进立场协调,共同为推进全球环境治理进程作出积极贡献;抓住绿色复苏机遇,深挖合作潜力,为区域绿色低碳发展提供新动力。

参会代表高度评价中国—东盟环境合作论坛和中国—东盟环保合作中心启动10年来取得的丰硕成果,希望以此次论坛为契机,继续深化双方战略伙伴关系,使绿色发展伙伴理念更加深入人心,推动中国—东盟环境保护合作走深走实。

2021年为中国—东盟可持续发展合作年,全年共实施中国—东盟环境合作周、中国—东盟气候投融资对话、中国—东盟区域红树林保护实践研讨会等19项活动。此次论坛为合作年主要活动之一,包括主论坛和4个平行分论坛,以线上和线下结合的方式举行。来自东盟国家环境部门、驻华使领馆、中国地方生态环境部门,以及相关国际组织、研究机构、企业等领域的300余名代表参会。

十、【"一带一路"绿色发展圆桌会暨绿色联盟2021年政策研究专题发布活动】

2021年10月26日,"一带一路"绿色发展圆桌会暨"一带一路"绿色发展国际联盟2021年政策研究专题发布活动在北京举行。活动由中国生态环境部和新加坡永续发展与环境部联合主办,"一带一路"绿色发展国际联盟(以下简称"绿色联盟")承办,能源基金会支持。生态环境部部长黄润秋、新加坡永续发展与环境部部长傅海燕、世界自然基金会总干事兰博蒂尼三位绿色联盟联合主席以视频方式出席活动并致辞。生态环境部国际合作司司长周国梅主持开幕致辞和主旨发言环节。

黄润秋在开幕致辞中指出,共建"一带一路"倡议提出八年来,中国与共建国家和地区加强绿色发展交流合作,绿色"一带一路"建设取得务实成效。在中外合作伙伴积极推动和支持下,绿色联盟围绕应对气候变化、生物多样性保护等重点议题开展了一系列专题研讨和联合研究,与"一带一路"绿色投资原则、"一带一路"绿色发展伙伴关系倡议等形成协同增效效应。未来,要继续携手中外合作伙伴,充分发挥绿色联盟平台作用,聚焦气候变化、产业升级和循环经济等重点领域,推动绿色发展成果共享共用,促进基础设施、能源、交通、金融等领域的绿色低碳合作,助力共建国家和地区疫后绿色复苏与全球可持续发展。

傅海燕表示,气候变化在为人类社会带来危机与挑战的同时,也为经济发展模式的可持续转型提供了窗口机遇期。绿色联盟为政府、企业、研究机构和社会团体参与"一带一路"建设提供了重要平台。新加坡愿与共建国家分享更多经验和知识,推动区域合作,也期待共建国家能够加强在碳市场、低碳排放解决方案等领域的国际合作。

兰博蒂尼表示,气候变化与生物多样性保护协同治理是"一带一路"绿色发展的重要内容。中国正在这一领域积极行动,承诺2060年前实现碳中和,不再新建境外煤电项目,并出资15亿元人民币设立昆明生物多样性基金。绿色联盟也从绿色低碳转型、绿色投融资、可持续基础设施建设等方面出发,开展了大量工作,并取得了许多积极进展。期待绿色联盟与中外合作伙伴共同开发的《"一带一路"项目绿色发展指南》能够为"一带一路"绿色投资指明方向,为实现碳中和目标和全球生态文明建设作出积极贡献。

十一、【中央生态环境保护督察工作领导小组会议】

2021年11月19日,中共中央政治局常委、国务院副总理、中央生态环境保护督察工作领导小组组长韩正主持召开中央生态环境保护督察工作领导小组会议,深入学习贯彻习近平生态文明思想和党的十九届六中全会精神,审议第二轮第四批中央生态环境保护督察报告和有关文件,研究部署第二轮第五批督察工作。

韩正指出,要全面贯彻落实习近平总书记重要指示批示精神,以解决人民群众反映强烈的突出生态环境问题为重点,坚持系统谋划、源头治理,持续改善生态环境质量,推动高质量发展。要坚持服务大局,完整准确全面贯彻新发展理念,推进经济社会发展全面绿色转型。要坚持问题导向,加强分析论证,帮助被督察对象找准问题,强化督察结果运用，切实推动问题解决。要坚持精准科学依法，查深查透查实存在的问题，确保督察结果经得起检验。

韩正强调，要坚持不懈抓好督察整改工作，确保取得实实在在的成效。对于敷衍整改、虚假整改的，一经查实要严肃问责。要曝光典型案例，充分发挥舆论监督作用，推动问题得到彻底解决。要进一步压实督察整改责任，不断完善工作长效机制，形成发现问题、解决问题的督察整改管理闭环。要加强工作统筹，坚持严的基调，聚焦重点任务，在做好疫情防控前提下，再接再厉开展好第五批督察工作。

中央生态环境保护督察工作领导小组成员、中央生态环境保护督察组组长、副组长，中央生态环境保护督察办公室有关负责同志参加会议。

十二、【2021 长江论坛】

2021年12月8—9日，由国务院参事室指导、国务院参事室长江经济带发展研究中心主办、江苏省人民政府参事室承办的"2021长江论坛"在南京举行。江苏省副省长陈星莺、国务院参事室副主任赵冰出席开幕式并致辞。

陈星莺在致辞中表示，"共抓大保护、不搞大开发"，推动长江经济带高质量发展，是以习近平同志为核心的党中央作出的重大战略决策。在发展中保护、在保护中发展。近几年来，江苏大力推进长江生态环境系统保护修复，生态环境主要指标创21世纪以来最好水平。她强调，走出以生态优先、绿色低碳为导向的长江经济带高质量发展新路子任重道远，区域协同工作机制有待进一步完善。国务院参事室组织全国相关领域的参事、专家齐聚一堂，以"协同合作，推动长江经济带高质量发展"为主题，开展头脑风暴、迸发智慧火花，将为有效破解长江大保护面临的具体实践问题、有力推动长江经济带高质量发展助一臂之力。

赵冰表示，在党中央、国务院坚强领导下，经过各方共同努力，长江大保护和长江经济带建设成效显著。2021年前三个季度全国城市GDP排名前十中，有上海、重庆、苏州、成都、杭州、武汉、南京7个城市位于长江经济带。他指出，要以习近平总书记关于推动长江经济带发展重要讲话和重要指示批示精神为根本遵循谋划建言献策，立足新发展阶段，贯彻新发展理念，构建新发展格局，坚持生态优先、绿色发展战略定位和共抓大保护、不搞大开发战略导向，锚定生态环保、绿色低碳、创新驱动、综合交通、区域协调、对外开放、长江文化等重大任务，拿出更多务实管用的对策建议，助力"五新三主"战略部署落地见效。

国务院参事、中国科学院院士朱彤在演讲中表示，从长江经济带高质量发展的角度看，降低空气污染、保护公众健康非常重要。"全球每年因空气污染死亡的人数达400多万人。"他指出，近年来，中国建立了大气污染防治的相关政策措施，长三角空气质量基本达标，空气质量改善取得令人鼓舞的进步。他建议，在实现"双碳"目标的同时，也要把健康目标放在重要位置。

论坛期间，长三角三省一市政府参事室共同举办"第二届长三角政府参事专题研讨会"，沪苏浙皖和南京、徐州的政府参事开展主题演讲、组织交流对话，为长三角地区实现更高质量一体化、服务全国构建新发展格局、率先探索形成现代化建设的战略路径等贡献智慧、提供思路。

十三、【黄河生态文明国际论坛】

2021年12月17日，黄河生态文明国际论坛开幕。全国人大常委会副委员长丁仲礼，中国社会科学院院长、党组书记谢伏瞻，山东省委副书记、省长周乃翔分别在北京和济南出席开幕式。

丁仲礼指出，黄河流域在中国经济社会发展和生态安全方面具有十分重要的地位。要深入贯彻落实习近平生态文明思想，按照党中央决策部署，遵循系统思维和科学治理，统筹考虑黄河流域的生态保护和修复工作，与时俱进、实事求是解决重大资源环境问题，加快产业转型升级，着力提升对外开放水平，多措并举推动产业高质量发展，更好地保护和治理黄河。山东作为东部沿海大省，一定能够在推动黄河流域生态保护和高质量发展、促进与绿色"一带一路"建设融合发展、建设好黄河流域对外开放门户中发挥引领带动作用。

谢伏瞻在致辞中说，习近平总书记高度重视黄河流域生态保护和高质量发展，亲自部署、亲自推动将黄河流域生态保护和高质量发展上升为重大国家战略。我们要深入学习贯彻习近平总书记重要讲话精神，深刻把握黄河流域生态保护和高质量发展的形势、发展战略和重点任务，加快构建人与自然生命共同体，坚定不移走生态优先、绿色发展的现代化道路，有效统筹山水林田湖草沙系统治理，从世界大河文明交流互鉴中汲取智慧和力量，为实现黄河永远造福中华民族的奋斗目标作出应有贡献。

周乃翔在致辞中说，习近平总书记在深入推动黄河流域生态保护和高质量发展座谈会上的重要讲话，从新的战略高度深刻阐述了一系列重大理论和实践问题，为我们落实黄河战略指明了前进方向、提供了根本遵循。我们要坚定落实总书记重要指示要求，着力完善规划政策体系，着力推动生态环境保护治理，着力落实"四水四定"原则，着力推动高质量发展，全力办好黄河的事情，推动总书记重要指示要求和党中央决策部署在山东落地生根、开花结果。面向未来，我们将坚定践行习近平生态文明思想，坚持生态优先、绿色发展，深入打好污染防治攻坚战，一体推进山水林田湖草沙保护和治理，切实筑牢黄河下游生态安全保障防线，全力打造黄河流域生态保护样板区，为国家重大战略实施贡献更多山东力量。

论坛通过云会场方式在北京和济南同时举行。来自中国政府、非盟成员国以及国内外高等院校、科研院所、智库、企业等领域的200余人参加活动。

十四、【推动长江经济带发展领导小组全体会议】

2021年12月23日，中共中央政治局常委、国务院副总理、推动长江经济带发展领导小组组长韩正主持召开推动长江经济带发展领导小组全体会议，深入学习贯彻习近平总书记重要讲话和重要指示批示精神，贯彻落实党的十九届六中全会精神和中央经济工作会议部署，审议有关文件，研究部署推动长江经济带高质量发展重点工作。

会前，韩正要求生态环境部与中央广播电视总台第4次组成联合调查组，通过暗查暗访暗拍和明查核实，制作了2021年长江经济带生态环境警示片。会上播放了警示片，长江经济带11省市有关负责同志作了发言。

韩正表示，近年来各有关部门和沿江省市认真贯彻落实党中央、国务院决策部署，推动长江生态环境保护取得了阶段性成效，成绩值得充分肯定。下一步，要完整、准确、全面贯彻新发展理念，牢牢把握共抓大保护、不搞大开发的战略导向，坚持问题导向的工作方法，以重点突破带动整体工作有力有序有效推进，扎实推动长江经济带高质量发展。

韩正强调，要高质量编制好长江国土空间规划，形成管用、可操作的"底图"。要抓好水污染防治和水生态修复，做好长江"十年禁渔"工作，加强河湖岸线保护，探索建立生态产品价值实现机制。要加快长江黄金水道建设，推进航道、船舶、港口和通关管理"四个标准化"，大力发展多式联运。要加强城乡区域协调联动发展，谋划好产业协同发展。要推动高水平对外开放，强化长三角引领带动作用，提高中上游地区开放水平，深度融入"一带一路"建设。要加强调查研究，切实提高解决问题的针对性和有效性。

刘鹤、李强、陈敏尔、何立峰出席会议，推动长江经济带发展领导小组成员、领导小组办公室以及有关部门单位负责同志参加会议。会议以电视电话会议形式召开，长江经济带11省市设分会场。

2021年资源与环境经济研究综述

一、2021年生态环境领域研究的总体特征

1. 生态环境领域的研究情况

2021年生态环境研究领域出现了一个典型特点，就是前几年研究热点的文献数量陡然下降，碳达峰碳中和方面的研究文献数量快速上升。

在中国知网中，分别以"生态文明""生态环境""生态""污染""碳达峰""碳中和""碳达峰碳中和"为关键词进行标题搜索，通过学术期刊2012—2021年发表的相关文献

数量变化可以发现，相较于 2020 年，2021 年以"生态文明""生态环境""生态""污染"为标题关键词的研究文献数量均陡然下降，近年来相关领域研究整体上持续增加的态势不在。而以"碳达峰""碳中和""碳达峰碳中和"为标题关键词的研究文献数量快速上升。尽管以"碳达峰""碳中和""碳达峰碳中和"为标题关键词进行搜索，中间存在重复统计问题，但也可以看出其快速上升的趋势。

前几年研究热点的文献数量陡然下降，同碳达峰碳中和成为研究热点有密切关联。另外，一些生态环境领域的专家学者从新发展格局、双循环、流域、区域合作及生物安全等角度研究生态环境问题，也减少了传统研究热点方面的成果。

具体参见表 1。

表 1　生态环境领域 2012—2021 年研究走势　　　　　　　　（单位：篇）

关键词\时间	2012 年	2013 年	2014 年	2015 年	2016 年	2017 年	2018 年	2019 年	2020 年	2021 年
生态文明	1105	3051	2810	2506	2329	2274	2561	2599	2205	1750
生态环境	1710	1791	1967	2129	2247	2263	2815	3062	3422	2670
生态	24200	29100	29700	31100	32900	30800	30400	33500	34100	21000
污染	11700	12600	13300	14500	15700	14900	16900	20200	21200	13600
碳达峰								1	8	790
碳中和	116	121	118	139	133	110	113	193	240	1919
碳达峰碳中和									3	534

2. 生态环境与资源经济领域的研究情况

在中国知网中，分别以"生态+经济""环境+经济""资源+经济""排污权""水权""用能权""电力交易""碳交易""碳市场""碳金融""绿色金融"为关键词进行标题搜索，可以发现，在学术期刊发表的文献中，生态环境与资源经济领域的研究文献数量尽管有所波动，但整体较为平稳，这说明研究界对生态环境与资源经济一直有较高的关注度，且研究队伍较为稳定。主要原因在于经济领域的研究需要一定的专业素养，跨学科或跨专业研究有一定难度。而从生态文明、碳达峰碳中和等方面进行的研究具有综合性及交叉性特点，特别是生态文明就是一个"大筐"，同各学科均有关联，跨学科或跨专业研究比较容易，这也导致相关研究的文献数量快速增加。

表 2 生态环境与资源经济领域 2012—2021 年研究走势　　　（单位：篇）

时间 关键词	2012 年	2013 年	2014 年	2015 年	2016 年	2017 年	2018 年	2019 年	2020 年	2021 年
生态 + 经济	681	717	770	690	760	694	742	800	839	636
环境 + 经济	888	921	919	970	973	900	1002	1037	952	809
资源 + 经济	811	775	762	735	721	682	742	689	696	560
排污权	321	261	352	278	252	248	246	309	289	180
水权	180	163	253	201	230	186	232	174	147	111
用能权	—	—	—	—	3	9	8	11	9	9
电力交易	45	73	85	79	92	148	147	216	224	174
碳交易	186	188	227	247	235	240	243	269	329	328
碳市场	192	184	245	332	415	219	250	244	244	296
碳金融	163	136	106	74	76	65	66	82	84	84
绿色金融	46	57	62	108	291	462	526	581	506	609

二、碳达峰碳中和研究的进展及主要观点

2020 年 9 月 22 日，习近平主席在第七十五届联合国大会上宣示，我国二氧化碳排放力争在 2030 年前达到峰值，努力争取在 2060 年前实现碳中和。这就使碳达峰碳中和议题成为 2021 年中国社会各界关注的焦点，也是重要的研究前沿。

1. 以碳达峰碳中和为目标的研究

近年来，随着气候变化问题成为研究的重点对象，碳达峰碳中和问题引起较多学者的关注。中国明确提出碳达峰碳中和目标后，相关研究成果大量增加，并在 2021 年达到一个新的峰值。中国知网的检索数据显示，在标题中带有关键字"碳中和"的研究性文献方面，2020 年为 240 篇，2021 年则陡增到近 2000 篇。

实现碳达峰碳中和是党中央统筹国内国际两个大局作出的重大战略决策，也是国家的战略目标。大量相关研究都是基于"力争在 2030 年前达到峰值，努力争取在 2060 年前实现碳中和"这一目标进行研究，探讨实现这一目标的意义、可行性、路径及方法等。

张永生研究了把碳中和纳入生态文明建设整体布局的政策含义。该研究认为，由于经济发展的内在机制，仅靠技术进步和能源转型并不足以实现可持续发展，更为根本的是要依靠生活方式的深刻转变，否则会像杰文斯悖论一样加剧不可持续；同时，碳中和还必须

跳出单一的减碳思维，在生态文明的整体布局下大力推动生产和生活方式的全面深刻转变。气候危机根源于传统工业化模式的不可持续，而这种不可持续不仅表现在气候危机，还表现在资源消耗、环境污染、生态危机等多方面。只有将碳中和纳入生态文明整体布局，让降碳目标和其他可持续目标之间形成相互促进的关系，才是解决气候变化和实现可持续发展的充分条件。①

庄贵阳与魏鸣昕研究了城市引领碳达峰、碳中和的理论和路径。该研究认为，"双碳"目标下的城市引领机制，首先要以长效性、持续性政策支持的差异化达峰路径为基础，消费主导型、工业主导型、综合发展型和生态优先型城市各有侧重；其次要以城市间竞争—合作机制为保障，包括对考核评比、对口帮扶、信息披露的创新优化；最后要以区域协同政策为支撑，强化政策协同、产业协同、技术协同、能源协同和生态协同。②

蔡博峰等研究了中国碳中和目标下的二氧化碳排放路径。该研究认为，结合中国中长期规划研究成果和国内外学术文献，充分考虑中国现阶段以工业为主的产业结构、以煤为主的能源结构，以及新技术研发和投入使用周期，利用中国高空间分辨率排放网格数据库（China High Resolution Emission Gridded Database，CHRED），自上而下（基于中国中长期排放和强度目标并参考 IPCC-SSPs 排放情景）和自下而上（基于 CHRED 50km 网格分部门排放，利用空间公平趋同模型），建立中国碳中和目标下的 2020—2060 年二氧化碳排放路径（CAEP-CP1.1）。CAEP-CP1.1 表明，中国 2027 年前后达峰，二氧化碳排放峰值为 106 亿吨，达峰后经历 5—7 年平台期，2030 年二氧化碳排放量为 105 亿吨。CAEP-CP1.1 空间格局（50km）在 2030 年和 IPCC 排放情景基本一致，但 2060 年差异较为显著，主要由于 CAEP-CP1.1 是基于中国 2060 年碳中和的目标，相比 IPCC 情景减排力度更强。2060 年排放格局下，中国基本实现超低排放，绝大部分区域（50km×50km）排放量都低于 100 万吨，而在 IPCC 的情景下，中国 2060 年仍有不少区域排放量超过 1000 万吨。③

2. 2022 年研究重点展望

2021 年 12 月 8—10 日，中央经济工作会议在北京举行。中共中央总书记、国家主席、中央军委主席习近平，中共中央政治局常委李克强、栗战书、汪洋、王沪宁、赵乐际、韩正出席会议。会议发布的通稿中特别指出，"在充分肯定成绩的同时，必须看到我国经济发展面临需求收缩、供给冲击、预期转弱三重压力"。

2021 年中央经济工作会议提出，要正确认识和把握碳达峰碳中和并提出七点要求。首要

---

① 张永生：《为什么碳中和必须纳入生态文明建设整体布局——理论解释及其政策含义》，《中国人口·资源与环境》2021 年第 9 期。
② 庄贵阳、魏鸣昕：《城市引领碳达峰、碳中和的理论和路径》，《中国人口·资源与环境》2021 年第 9 期。
③ 蔡博峰等：《中国碳中和目标下的二氧化碳排放路径》，《中国人口·资源与环境》2021 年第 1 期。

一点即是，实现碳达峰碳中和是推动高质量发展的内在要求，要坚定不移推进，但不可能毕其功于一役。不同于 2020 年提出的要"推动煤炭消费尽早达峰"，2021 年多地经历的煤荒、电荒使得煤炭的主体地位被再次确认。在 2021 年中央经济工作会议中，有关煤炭的表述是"要立足以煤为主的基本国情，抓好煤炭清洁高效利用，增加新能源消纳能力，推动煤炭和新能源优化组合"。

概括起来，2021 年中央经济工作会议在碳达峰碳中和方面的精神是："三个纠偏 + 一个定调"。三个纠偏：纠前期运动式减碳的偏；纠未立足我国以煤为主国情的偏；纠前期不合理控能的偏。一个定调：正确认识和把握我国能源形势与推进双碳工作的调。

根据 2021 年中央经济工作会议在碳达峰碳中和方面的精神，2022 年的相关研究，将重点围绕"'双碳'工作不可能毕其功于一役""尽早实现能耗'双控'向碳排放总量和强度'双控'转变，新增可再生能源和原料用能不纳入能源消费总量控制"等精神展开。

三、生物安全研究的主要内容及进展

自从 2002 年 SARS 病毒出现后，生物安全问题就逐步成为世界学界关注的重点。2019 年发现新型冠状病毒后，又迅速出现了大量相关研究。2021 年，新型冠状病毒依然肆虐，为探索应对的理论与方法，从中总结经验、吸取教训，生物安全问题依然是中国学界研究的热点。从生态经济及环境经济的视角来看，中文文献的研究热点主要集中在生物安全的法律问题、国家安全及生物安全的体制机制建设等方面。

1. 生物安全的法律问题研究

2020 年 10 月 17 日，第十三届全国人民代表大会常务委员会第二十二次会议通过了《中华人民共和国生物安全法》(以下简称《生物安全法》)，自 2021 年 4 月 15 日起施行。随着《生物安全法》的实施，2021 年出版与发表的相关研究较多。

2021 年，在知网收录的论文文献中，标题中带有关键词"生物安全"的文献有近 500 篇，其中，有近 50 篇是有关生物安全法律问题的文献，大部分研究主要是对生物安全法进行诠释，也有部分文献研究生物安全法的法理依据等理论。有文献研究中国《生物安全法》的宪法逻辑问题。该研究认为，在《生物安全法》的实施路径上，体现出从理念到制度再到机制的宪法逻辑。"中国生物安全法的制度设计中贯穿着的'人类与生态共同利益中心'的宪法理念；以广义生物安全内涵为制度的逻辑起点，注重对个体生命健康权的保障；将生物安全纳入国家安全体系之中，制定高位阶的生物安全法并实现体系化；强化预警机制和应急响应机制对生物风险的有效防控。"[①] 也有文献研究中国《生物安全法》的困境与突破问题。该文

---

① 魏健馨：《〈生物安全法〉的宪法逻辑》，《上海政法学院学报（法治论丛）》，网络首发时间：2021 年 7 月 26 日。

认为，我国在该领域还存在因立法滞后而难以调控各项生物安全法律关系、生物安全保障体系未同步现代技术、行政机构和人力配置不精细等现实问题。① 有一些文献探讨《生物安全法》的应用问题。例如，有文献研究《生物安全法》实施背景下对合成生物学的监管问题。该研究介绍了合成生物学的定义和发展现状，并分析了合成生物学面临的生态安全、生物防御和生物伦理三大风险，综述了合成生物学在各国的监管现状，并就如何在法律层面和技术层面更好地加强合成生物学风险的预防及管控提出了一些观点。②

2. 生物安全与国家安全问题研究

在新发展格局下，中国面临更加复杂多变的国际局势。以新型冠状病毒为代表的生物安全问题成为一些国家威胁、攻击与打压中国的重要手段，加强生物安全管理工作是中国提升公共安全与国家安全能力的重要一环。

2020年2月14日，习近平总书记在中央全面深化改革委员会第十二次会议上指出，要把生物安全纳入国家安全体系，系统规划国家生物安全风险防控和治理体系建设，全面提高国家生物安全治理能力。2021年9月29日，中共中央政治局就加强我国生物安全建设进行第三十三次集体学习。中共中央总书记习近平在主持学习时强调，生物安全关乎人民生命健康，关乎国家长治久安，关乎中华民族永续发展，是国家总体安全的重要组成部分，也是影响乃至重塑世界格局的重要力量。要深刻认识新形势下加强生物安全建设的重要性和紧迫性，贯彻总体国家安全观，贯彻落实生物安全法，统筹发展和安全，按照以人为本、风险预防、分类管理、协同配合的原则，加强国家生物安全风险防控和治理体系建设，提高国家生物安全治理能力，切实筑牢国家生物安全屏障。

习近平总书记在2020年提出"把生物安全纳入国家安全体系"，2020年相关的研究文献较多，2021年延续了这一热度。但由于把生物安全与国家安全结合起来，属于较新的研究领域，缺乏专门研究该领域的专家，所以尽管相关论文数量较多，但较少在高质量期刊上发表。

---

① 郭仕捷、吴菁敏：《我国〈生物安全法〉的困境与突破》，《河北工业大学学报（社会科学版）》2021年第2期。

② 王盼娣、熊小娟、付萍、吴刚、刘芳：《〈生物安全法〉实施背景下对合成生物学的监管》，《华中农业大学学报》2021年第6期。

2021年研究成果

一、《中国应对气候变化的政策与行动》白皮书

为介绍中国应对气候变化进展，分享中国应对气候变化实践和经验，增进国际社会了解，2021年10月27日，国务院新闻办公室发表《中国应对气候变化的政策与行动》白皮书。

中国高度重视应对气候变化。作为世界上最大的发展中国家，中国克服自身经济、社会等方面困难，实施一系列应对气候变化战略、措施和行动，参与全球气候治理，应对气候变化取得了积极成效。

中共十八大以来，在习近平生态文明思想指引下，中国贯彻新发展理念，将应对气候变化摆在国家治理更加突出的位置，不断提高碳排放强度削减幅度，不断强化自主贡献目标，以最大努力提高应对气候变化力度，推动经济社会发展全面绿色转型，建设人与自然和谐共生的现代化。2020年9月22日，中国国家主席习近平在第七十五届联合国大会一般性辩论上郑重宣示：中国将提高国家自主贡献力度，采取更加有力的政策和措施，二氧化碳排放力争于2030年前达到峰值，努力争取2060年前实现碳中和。中国正在为实现这一目标而付诸行动。

作为负责任的国家，中国积极推动共建公平合理、合作共赢的全球气候治理体系，为应对气候变化贡献中国智慧、中国力量。面对气候变化严峻挑战，中国愿与国际社会共同努力、并肩前行，助力《巴黎协定》行稳致远，为全球应对气候变化作出更大贡献。

二、《中国的生物多样性保护》白皮书

2021年10月8日，国务院新闻办公室发表《中国的生物多样性保护》白皮书。

生物多样性为人类提供了丰富多样的生产生活必需品、健康安全的生态环境和独特别致的自然景观文化等，是人类赖以生存和发展的重要基础，关系人类的福祉。国际生物多样性日某一年的主题就是"生物多样性是生命，生物多样性是我们的生命"。这句话非常形象地说明了人类和生物多样性之间的关系，说明了保护生物多样性的重要意义。

随着人口增长和人类经济活动的扩张，全球生物多样性正面临严重威胁。2019年5月联合国公布的全球评估报告指出，人类活动已经改变了75%的陆地环境，66%的海洋环境受到影响，全球四分之一的物种正遭受灭绝的威胁。2020年9月18日，《生物多样性公约》秘书

处发布了第五版《全球生物多样性展望》(GBO-5)。报告指出，尽管在多个领域生物多样性保护取得积极进展，但自然界仍遭受着沉重打击，全球生物多样性情况仍日益恶化。

中国幅员辽阔，陆海兼备，地貌和气候复杂多样，孕育了丰富而又独特的生态系统、物种和遗传多样性，是世界上生物多样性最丰富的国家之一，中国的传统文化积淀了丰富的保护和利用生物多样性智慧。作为最早签署和批准《生物多样性公约》的缔约方之一，中国一贯高度重视生物多样性保护，不断推进生物多样性保护与时俱进，创新发展，取得显著成效，走出了一条中国特色生物多样性保护之路。《中国的生物多样性保护》白皮书全面总结了我国在习近平生态文明思想指引下，以建设美丽中国为目标，积极适应新形势新要求，不断加强和创新生物多样性保护举措。从四个方面系统阐述了努力促进人与自然、人与人、人与社会和谐共生、良性循环、全面发展、持续繁荣的中国生物多样性保护理念、行动和成效。

联合国《生物多样性公约》缔约方大会第十五次会议即将召开。《联合国2030年可持续发展议程》也已迈入实现全球目标的"行动十年"。与此同时，中国全面建成小康社会，开启全面建设社会主义现代化国家新征程。国际社会正站在保护生物多样性、实现全球可持续发展的历史性节点，在这个时刻，发布《中国的生物多样性保护》白皮书，旨在向国际社会介绍我国在生物多样性保护领域的理念与实践，增进国际社会对中国生物多样性保护的了解，为全球生物多样性保护贡献中国智慧，具有重要的现实意义。

回顾过去、展望未来，保护生物多样性，国际社会必须携手合作。中国将持续加大生物多样性保护力度，积极参与全球生物多样性治理进程，与国际社会一道，共商全球生物多样性治理新战略，开启更加公正合理、各尽所能的2020年后全球生物多样性治理新进程。

三、《中国环保产业发展状况报告（2021）》

2022年1月17日，由中国环境保护产业协会与中国环境报社共同主办的新闻媒体座谈会在京举行。会上发布了由生态环境部科技与财务司、中国环境保护产业协会共同编制的《中国环保产业发展状况报告（2021）》。这是自2017年以来连续发布的第5份报告。报告数据来源于生态环境部委托中国环境保护产业协会开展的2020年度全国环保产业重点企业调查及全国环境服务业财务统计，涉及近16000家环保企业样本。2020年全国生态环保产业发展呈现以下特点。

1. 生态环保产业总体规模保持增长，产业对国民经济发展及就业的贡献进一步提升

据统计测算，2020年全国生态环保产业（环境治理）营业收入约1.95万亿元，较2019年增长约7.3%，其中环境服务营业收入约1.2万亿元，同比增长约9.7%。统计范围内水、气、固废、监测、噪声领域环保营业收入同比分别增长7.4%、2.3%、10.0%、6.9%、9.1%，土壤修复领域环保营业收入同比下降4.8%。

2020年全国环境治理营业收入总额与国内生产总值（GDP）的比值为1.9%，较2011年增长1.14个百分点，对国民经济直接贡献率为4.5%，较2011年增长3.35个百分点。生态环保产业从业人员约320万人，占全国就业人员总数的0.43%，比2011年提升0.31个百分点。预计2021年环境治理营业收入规模约达2.2万亿元。"十四五"期间将保持10%左右的复合增速，2025年，环境治理营业收入有望突破3万亿元。

2. 受疫情等因素影响，2020年生态环保产业发展增速回落明显，盈利能力小幅下降

"十三五"期间，我国环境治理营业收入年均复合增长率约为14.0%，其中，2016—2018年同比增速相对稳定，约为18.0%。2019年以来，受去杠杆紧缩和新冠疫情等影响，营收增幅同比连续下滑，2020年首次下滑至个位数（10%以下）。2020年环保企业的盈利能力小幅下降，资产营运能力基本保持稳定，企业财务风险总体处于合理区间，回款问题仍较突出。

3. 我国环保企业仍以小微型企业为主，产业集中度低，小微企业抗风险能力相对较差

2020年列入统计的企业中，小微型企业占比为72.9%，大、中型企业占比分别为3.1%、24.0%。其中，大型企业贡献了超过行业80%的营业收入和营业利润。大、中型企业营业收入和利润同比均保持增长，小微型企业则双双出现下滑，且呈现企业规模越小，降幅越大的特点。反映出当前我国环保企业仍以小、微型企业为主，产业集中度较低；与大中型企业相比，小微型企业受新冠疫情和经济波动的影响较大。

4. 产业技术创新能力不断提升，技术水平不断提高，为污染防治攻坚战提供了重要支撑

2020年环保企业平均研发支出同比增长16.8%，研发支出占营业收入的比重为3.2%，高于2020年全国规模以上工业企业研发支出占营业收入的比重（1.41%）。其中，环境监测领域研发支出占营业收入的比重最高，达6.7%。研发人员数量占从业人数的比重为17.1%，同比增长0.6%。企业平均专利授权数从2019年的4.5件增长到4.8件。

我国环保技术装备水平不断提升，电除尘、袋式除尘、脱硫脱硝等烟气治理技术已达到国际先进水平；城镇污水和常规工业废水处理，已形成多种成熟稳定的成套工艺技术和装备；污水深度处理、VOCs治理、固废处理和资源化以及土壤修复领域技术装备水平快速提升；环境监测技术在自动化、成套化、智能化、立体化和支撑精准监管方面进步显著。

5. 华东地区产业集聚度高，华北、华中、华南地区产业效益优势明显

统计范围内有约45%的企业集聚于华东地区，该地区贡献了全国38%的环保营收，吸纳了37%的从业人员。其次为华南地区，以14%的企业数量占比贡献了18%的环保营收，吸纳了19%的从业人员。华北、华中、华南地区人均营业收入均高于全国平均值（105.2万元/人）。华东、西南、西北、东北地区则低于全国平均水平。2020年数据显示，广东、北京、湖北、浙江、江苏、山东6省（直辖市）企业营收总额均超过1000亿元，6省（直辖市）环保企业营收总额占全国的 2/3 以上。长江经济带 11 省（直辖市）以 36.7% 的企业数量占比贡献了近一半的产业营收。

6. 四大问题突出，制约生态环保产业健康高质量发展

一是环保项目自身造血能力差，过度依赖政府投入，环境治理需求向产业市场转化难；二是价费机制不完善，投资回报机制不健全，社会资本和金融机构参与难；三是自主创新能力不强，缺乏基础性、原创性、颠覆性技术创新，在垃圾渗滤液处理、高盐工业废水处理等领域，以及部分关键设备、功能材料、核心部件、高端装备仪器等方面存在短板，亟待解决和突破；四是行业集中度较低，市场规范性有待加强。

7. 碳达峰碳中和目标和深入打好污染防治攻坚战为生态环保产业提出新的更高要求

"十四五"时期，全面贯彻党的十九届六中全会精神，深入落实《中共中央 国务院关于完整准确全面贯彻新发展理念做好碳达峰碳中和工作的意见》和《中共中央 国务院关于深入打好污染防治攻坚战的意见》，将带动生态环保产业进一步拓展服务范围、延伸服务深度，面向绿色低碳循环发展体系实现全面升级。一是加强产业技术创新，提升服务深入打好污染防治攻坚战的支撑保障能力；二是推进新业态、新模式发展，大力发展提供环境问题系统解决方案的综合环境服务、智慧化、数字化服务等，推动以 EOD 为代表的商业模式创新；三是与清洁能源产业、清洁生产产业和节能节水等绿色产业进一步融合发展。

四、《中国气候变化蓝皮书（2021）》

2021 年 8 月 4 日，中国气象局气候变化中心正式发布《中国气候变化蓝皮书（2021）》（以下简称《蓝皮书》）。该书研究显示，气候系统变暖仍在持续，极端天气气候事件风险进一步加剧。中国气候风险指数呈升高趋势，2020 年中国气候风险指数为 1961 年以来的第三高值。

1. 全球变暖影响加剧

《蓝皮书》指出，2020 年，全球平均温度较工业化前水平（1850—1900 年平均值）高出 1.2℃，是有完整气象观测记录以来的 3 个最暖年份之一，是 20 世纪初以来的最暖年份。

国家气候中心副主任、《中国气候变化蓝皮书》副主编巢清尘指出，由于海洋变暖加速，全球平均海平面加速上升。1990—2020 年，全球海洋热含量增加速率是 1958—1989 年增暖速率的 5.6 倍。全球海平面的平均上升速率，从 1901—1990 年的 1.4 毫米 / 年，增加至 1993—2020 年的 3.3 毫米 / 年。

冰冻圈方面，全球山地冰川整体处于消融退缩状态，1985 年以来消融加速。中国天山乌鲁木齐河源 1 号冰川、阿尔泰山区木斯岛冰川和长江源区小冬克玛底冰川均呈加速消融趋势。2020 年，乌鲁木齐河源 1 号冰川东、西支末端分别退缩了 7.8 米和 6.7 米。

"青藏高原多年冻土退化明显。"巢清尘说。1981—2020年,青藏公路沿线多年冻土区活动层厚度呈显著的增加趋势,平均每10年增厚19.4厘米;2004—2020年,活动层底部温度呈显著的上升趋势,多年冻土退化明显。

2. 极端天气事件增多

《蓝皮书》指出,随着全球变暖,高温、强降水等极端事件增多增强,中国气候风险水平趋于上升。1961—2020年,中国极端强降水事件呈增多趋势,极端低温事件减少,极端高温事件自20世纪90年代中期以来明显增多;20世纪90年代后期以来登陆中国台风的平均强度波动增强。

从当前研究看,全球气候变暖加剧气候系统的不稳定,平均气温升高使极端高温等事件发生概率明显增加。理论上讲,气温每升高1℃,大气的持水能力会增加7%,会导致强降水事件增多。

除了极端高温,全球变暖也增加了全球极端天气的强度和频率,并且使得极端天气在不常出现的区域出现。这种变化已经开始影响我们的生活,2021年年初的极寒天气、春季北方反复的沙尘暴、初夏武汉和苏州的龙卷风、夏季河南的极端暴雨,灾害天气给我们留下了深深的伤痕。2000年,大气中CO_2浓度达到360ppm,比工业革命前高30%,到2021年中期,大气中CO_2浓度达到415ppm以上,这比工业革命前高45%以上,比过去80万年任何时候都高,甚至会是过去300万—500万年以来的最高值。

五、《应对气候变化报告(2021)——碳达峰碳中和专辑》(气候变化绿皮书)

2021年12月16日,第13部气候变化绿皮书——《应对气候变化报告(2021)——碳达峰碳中和专辑》(以下简称绿皮书)在北京发布。绿皮书全景式展现了我国实现碳达峰、碳中和目标面临的挑战机遇、发展路径、关键技术、政策行动,以及主要国家碳中和政策进展等,指出落实碳达峰碳中和目标,重点在减排,难点在能源转型,要以科技创新引领工业、建筑、交通等各部门绿色低碳发展,发挥企业主力军的作用,同时警惕和化解转型过程中的风险。

绿皮书由中国社会科学院—中国气象局气候变化经济学模拟联合实验室及社会科学文献出版社权威发布。该书联合主编中国社会科学院院长、党组书记谢伏瞻,中国气象局党组书记、局长庄国泰出席发布仪式并致辞。

绿皮书表明,我国大部分城市绿色低碳发展水平有了实质性提高,低碳试点城市的整体低碳水平明显高于非试点城市,通过历年低碳评估的分数聚类发现,达峰基本呈现5个梯队。

1. 部分城市的绿色低碳水平显著提升

绿皮书对182个城市进行了系统评估，并对比分析了2010年、2015年至2020年这些城市的绿色低碳动态变化情况，认为我国部分城市的绿色低碳水平有了显著提升。在总体评估中，深圳市以总分96.17排名第一。

中国社会科学院生态文明研究所构建了中国城市绿色低碳指标体系，这些指标包括了宏观、能源低碳、产业低碳、生活低碳、环境低碳、政策创新等六方面，每个方面涵盖2—3个指标。如宏观方面包括碳排放总量下降率、单位GDP碳排放、人均碳排放3个指标，生活低碳包含了新能源汽车数量、绿色建筑数量、人均垃圾日产生量等。

2020年，182个城市的绿色低碳总分集中在62.55—96.17分，整体水平有所提高。其中，90分及以上的城市有18个，80—89分的城市有115个，70—79分的城市有44个，60—69分的城市有5个，无不及格城市。相对于2019年，大部分城市出现二氧化碳排放总量下降等特征。

在2010年，试点建立之初，未出现90分及以上城市，2020年，90分及以上城市达到18个，接近评估城市的10%；80—89分城市从12个增加到115个，占评估城市的63.19%，60—69分城市减少到2.75%。

2. 服务型城市、试点城市低碳水平高

2020年，四类不同类型城市中，服务型城市绿色低碳水平最高，其次是生态优先型、综合型、工业型。"服务型城市在能源结构转型、政策创新、绿色建筑以及新能源汽车等方面的表现最优，但存在高碳消费现象；综合型城市产业综合得分最高；工业型城市生态环境有所好转……生态优先型城市宏观综合得分最高，其余领域与上年持平。"绿皮书披露，与2010年相比，四类城市得分均值都有显著提高，服务型城市提高最多，其次为综合型、工业型、生态优先型。跟踪评估发现，四类城市排名前三的基本都是低碳试点城市，且名次相对稳定。

低碳试点城市的绿色低碳效果明显优于非试点城市。2020年，试点城市中，80分及以上城市接近80%，60—69分的城市已减少至1.37%，而非试点城市80分及以上城市达到68.81%。历年跟踪评估发现，试点城市对"双控"指标的完成以及能源结构的调整优势最为明显，且城市内部收敛性更好。

三批试点城市已经较为稳定地表现出第一批优于第二批，第二批优于第三批的特点。截至2020年，第一批试点已无80分以下的城市，特别是在宏观、产业和能源领域的优势全面超过第三批试点且拉开了一定差距；第二批试点在产业领域得分高于第三批；不过，第三批试点城市自身分数提高得更快。

3. 衔接好碳达峰与碳中和的阶段性目标

绿皮书建议，抓住"双碳"目标的机遇，差异性布局相关产业。衔接好碳达峰与碳中和的阶段性目标，尽量压缩峰值水平和时间，为碳中和做好准备。

"对全国许多城市而言，绿色建筑、低碳交通仍是较为薄弱的环节，同时也具有较大的减排潜力。在能源利用上，未来风能、太阳能将在城市电网中占较大比重。由于不同地区的风、光资源在全天时间上形成互补的程度不同，高比例风电和光电接入时对储能或其他电源的配比需求也不同。特别是在持续出现静稳天气时，将导致风电、光电供给下降，未来城市电网需要防范类似的风险，保障电网安全运行。目前一些能源企业已利用新能源大数据平台开展监测预警，这将有助于发挥可再生能源最大效能，推动实现碳中和。"国家气候中心气候变化战略研究室副主任黄磊说。

绿皮书建议，加强零碳示范城市、工程的建设。对于部分低碳试点成绩不俗的城市，可以率先探索城市一级、街区、园区或者重点工程、项目的零碳示范，充分发挥先行先试作用；深化减污降碳协同工作。推动创新驱动，实现跨区域、跨部门、跨领域的协同增效，在全社会加快形成绿色生产生活方式，促进绿色低碳循环发展。

六、2021年度中国生态环境十大科技进展

2022年6月5日世界环境日之际，中国科协生态环境产学联合体（以下简称联合体）在北京举行了2021年度中国生态环境十大科技进展发布会。会议由中国科协生态环境产学联合体主办，中国科协生态环境产学联合体学术工作委员会、中国环境科学学会、中国生态学学会、北京大学环境科学与工程学院承办。

1

【国产超光谱卫星痕量气体遥感及应用】

主要完成单位：中国科学技术大学、中国科学院合肥物质科学研究院、
生态环境部卫星环境应用中心

项目团队围绕"痕量气体时空分布表征"关键科学问题，研制了我国分辨率最高的紫外—可见超光谱卫星载荷，研发了从超光谱卫星发射前定标、在轨定标到多组分痕量气体反演的完整遥感算法。

在载荷关键部件遭到国际禁运的不利客观条件下，实现国产卫星多组分痕量气体反演精度达到国际同类最先进卫星的同等水平。数据结果被广泛应用于我国的大气污染防治工作，并成为生态环境部卫星环境应用中心大气环境遥感监测和分析的业务化标准产品。

2

【空气污染全组分暴露表征及健康效应机制：从科学认知到政策建议】

主要完成单位：北京大学环境科学与工程学院、北京大学公共卫生学院

为科学、精准治理空气污染，聚焦从污染源到健康效应的证据链及因果关系，开发暴露组学技术识别关键危害组分，量化生物质燃烧源颗粒物的全球健康风险，揭示臭氧非均相氧化对室内污染的影响；发展多组学技术，揭示空气污染显著影响脂质代谢，提出臭氧造成氨基酸代谢紊乱的机制，发现空气污染导致的新型健康结局；建立以"准实验"评价大气污染治理健康效益的新范式。

结果发表于 *PNAS*、《自然通讯》、《柳叶刀》子刊等，并向国家提交多份咨询报告。

3

【新型功能性工程纳米材料研发关键技术与环境应用】

主要完成单位：中国环境科学研究院、广东省科学院生态环境与土壤研究所

水污染治理关键新材料和技术创新突破是打好碧水保卫战的重要科技保障。研究团队以"纳米材料可控制备—原理与关键技术突破—工程示范应用"为主线，在可控制备和高效利用技术方面取得了突破，在制备原理、高效水处理技术应用和工程示范、推广等方面取得了重要进展。

实现了新型功能性工程纳米材料的自主研发、环境应用和工程示范的有机融合，成果推动了绿色纳米环保科学技术发展，提升了行业科技水平，为深入打好碧水保卫战提供科技支撑。

4

【大气污染时空变化驱动力研究】

主要完成单位：清华大学地球系统科学系、清华大学环境学院

该研究研制了高分辨率大气污染时空变化近实时追踪数据集，突破了大气污染多驱动因素解耦技术，解析了我国 $PM_{2.5}$ 污染长期变化趋势及主要驱动因素，定量了社会经济发展、能源环境政策、气象条件变化和人群脆弱性等4个方面共8项因素对 $PM_{2.5}$ 污染和健康风险的影响，揭示了近年来污染治理和能源结构转型措施对推动 $PM_{2.5}$ 浓度下降的决定性作用。

成果支撑了国家清洁空气行动计划实施效果评估和冬奥会空气质量保障工作，研制的数据集被学术界广泛使用。

5

【中国生物多样性观测网络的关键技术与标准体系】

主要完成单位：生态环境部南京环境科学研究所、中国科学院成都生物研究所、北京大学

建立了生物多样性观测网络设计的理论和方法以及观测技术、标准体系和信息管理平台，累计在31个省（自治区、直辖市）建立了749个观测样区、1.1万余条样线，涵盖森林、草地、荒漠、湿地、农田和城市等代表性生态系统。

2021年，Nature 杂志对中国生物多样性观测网络（China BON）进行专题报道，国务院新闻办公室发布的《中国的生物多样性保护》白皮书将该网络作为重要成果进行重点推介。

项目成果已应用于《生物多样性公约》第十五次缔约方大会。

6

【农畜牧业氨排放污染高效控制技术】

主要完成单位：中国科学院遗传与发育生物学研究所农业资源研究中心、中国科学院生态环境研究中心、中国科学院南京土壤研究所、中国农业科学院农业环境与可持续发展研究所、浙江大学、中国农业大学、湖南农业大学、中国科学院亚热带农业生态研究所、北京市农林科学院、上海市环境科学研究院、北京大学、中国科学院合肥物质科学研究院、河北地质大学、中国科学院沈阳应用生态研究所、河北省农业机械化研究所有限公司

针对农畜牧业氨减排的技术与模式瓶颈，编制了我国高精度动态氨排放清单，建立了氨排放评估与预警平台；提出了"减、抑、控、固"氨减排理论框架；创新了普适和前瞻多层次氨减排技术，实现了密闭堆肥反应器等设备的产业化；创建了以目标为导向的分步式氨减排模式。集成了全国可复制的县域畜牧业全链条氨减排"射阳模式"和农牧双循环氨减排"南小吾模式"。为我国氨减排提供了创新的技术路径、可落地的技术方案和可复制的运行模式。

7

【卫星遥感碳核算系统和中国碳卫星全球高精度碳产品】

主要完成单位：中国科学院大气物理研究所

中国碳卫星 TanSat 是我国首颗、国际第三颗温室气体监测卫星。中国科学院大气物理研究所团队，自主研发了碳反演数据分析系统 IAPCAS。反演获取了 TanSat 全球 XCO_2 数据，精度达国际先进水平，被列入欧空局第三方卫星计划；研究我国碳通量时空格局，揭示了我国陆地生态系统碳汇的巨大潜力；计算获得了首个 TanSat 通量产品，降低不确定性30%—50%。

为基于我国碳卫星研究碳排放、碳汇等碳中和重大科学问题奠定基础，利用该系统设计论证我国下一代碳卫星。

8

【大气重污染硫酸盐快速形成的化学原理】

主要完成单位：中国科学院化学研究所、北京大学

硫酸盐是颗粒物的重要组分，对我国北方冬季重污染形成起到重要作用。中国科学院化学所与北京大学等国内多家单位合作，首次揭示 SO_2 气溶胶表界面锰催化反应主导重污染硫酸盐的快速生成，北方冬季低温、高湿、高离子强度等会使表界面化学生成速率相比传统反应高 2—3 个量级。结合外场观测和区域数值模式，发现新机制可解释超过九成的硫酸盐生成。

研究结果为我国推进清洁能源使用和区域联防联控等提供科学依据，也为其他国家空气污染控制提供借鉴。

9

【污泥全链条处理处置与资源化关键技术及工程应用】

主要完成单位：同济大学、上海市政工程设计研究总院（集团）有限公司、北京城市排水集团有限责任公司、上海城投污水处理有限公司、郑州市污水净化有限公司、上海交通大学、重庆市风景园林科学研究院、深圳市水务（集团）有限公司、景津环保股份有限公司、上海复洁环保科技股份有限公司

围绕我国污泥处理处置难题，项目团队突破了适合我国泥质特征的污泥高级厌氧消化、沼液厌氧氨氧化、高效好氧稳定、深度脱水减量、热化学高效转化、产物土地/建材资源化等关键技术和装备；编制了覆盖我国污泥处理处置主流技术路线的工艺包，发布了污泥处理处置与资源化系列标准、指南、规程；推动建成了北京"高级厌氧消化＋土地利用"、上海"干化焚烧＋建材利用"两大全链条综合示范区，初步构建了我国污泥处理处置与资源化技术标准体系，为我国污泥处理处置高质量发展打下了坚实基础。

10

【中国旱区生态系统结构与功能随环境梯度的变化规律及其调控机制】

主要完成单位：兰州大学

在对我国旱区生态系统进行 8 年大规模野外调查基础上，取得了系列创新成果。建立了调控植物生物量分配规律的一般性理论模型；揭示了不同环境下植物根茎叶生物量与元素含量等功能性状的变化规律；解析了我国旱区不同生活型植物多样性的时空动态格局及其形成

机制;提出并验证了环境胁迫—植物与微生物多样性—生态系统功能关系互作原理及其转变机制的理论假说。

成果发表在 *Nature Communications*、*National Science Review* 等国际顶级期刊上,且被遴选为 Editors' Highlights 对象和 Top50。

2021年度中国生态环境十大科技进展是由两院院士、联合体成员单位、高校和科研院所推荐,由15位院士组成评委会评议投票产生的。此次是连续第三年开展。

2021年度入选的进展内容反映了我国生态环境科技领域前沿发展动态,在引领生态环境领域技术创新、鼓励生态环境科学研究、营造社会创新氛围、提高公众环保意识方面起到了积极的作用,影响深远,意义重大。

(本部分由李萌、薛亚玲负责编写)

碳达峰与碳中和

碳达峰与碳中和工作综述

国际碳达峰与碳中和工作

一、二氧化碳与气候变化

国际社会普遍认为，二氧化碳过度排放是引起气候变化的主要因素。人类活动排放的二氧化碳等温室气体导致全球变暖，加剧气候系统的不稳定性，导致一些地区干旱、台风、高温热浪、寒潮、沙尘暴等极端天气频繁发生，强度增大。碳排放与能源种类及其加工利用方式密切相关。目前，全球范围内能源及产业发展低碳化的大趋势已经形成，各国纷纷出台碳中和时间表。

温室气体主要包括《京都议定书》限排的二氧化碳、甲烷、氧化亚氮、六氟化硫、氢氟碳化物、全氟化碳，以及《蒙特利尔议定书》限排的部分卤代气体。2000—2019年，长寿命温室气体造成的总辐射强迫（升温效应）增加了0.674W/㎡，其中，二氧化碳占增量的83.5%、甲烷占增量的5.2%、氧化亚氮占增量的7.6%、其他占增量的3.9%。2019年，全球二氧化碳年平均浓度为410.5ppm，是1750年的148%，与早期人类出现的300万年前大体相同。2019年与2010年相比，大气中平均二氧化碳浓度年均增长了2.37ppm；2021年2月14日，大气中平均二氧化碳浓度达到414.2ppm。由此可见，控制二氧化碳排放是抑制全球气候变暖的关键措施。《巴黎协定》从生态环境和人类永续发展的角度出发，提出全球升温比工业化前不高于1.5℃的努力目标、不高于2.0℃的控制目标。

2018年，联合国政府间气候变化专门委员会发布了《关于全球升温高于工业化前1.5℃的影响报告》。报告第三章论述了升温1.5℃对自然环境和人类社会的影响，认为1.5℃是综合多方面分析后的升温阈值，超过该值后，较多系统可能会处于不可逆状态。报告称，要实现全球升温比工业化前不高于1.5℃，到2030年，全球二氧化碳净排放量须比2010年减少约45%，到2050年应实现碳中和（"净零"排放）。2019年，联合国气候行动峰会提出倡议：到2030年，全球二氧化碳排放要在2010年的基础上减少45.0%，到2050年实现碳中和。

联合国环境规划署发布的《2020年排放差距报告》指出,2010年以来,全球温室气体排放量平均每年增长1.4%,2019年全球温室气体排放(包括土地利用变化所导致的排放)总量达到591亿吨二氧化碳当量,创下历史新高,预计到21世纪末,全球气温将上升3℃以上,亟待各国强化气候保护行动。

二、碳达峰

碳达峰指二氧化碳排放量在某一年达到了最大值,之后进入下降阶段。碳排放达峰是实现碳中和的基础和前提,达峰时间的早晚和峰值的高低直接影响碳中和实现的时长和难度。世界资源研究所(WRI)认为,碳排放达峰并不单指碳排放量在某个时间点达到峰值,而是一个过程,即碳排放首先进入平台期并可能在一定范围内波动,然后进入平稳下降阶段。碳排放达峰是碳排放量由增转降的历史拐点,标志着碳排放与经济发展实现脱钩。碳排放达峰的目标包括达峰时间和峰值。一般而言,碳排放峰值指在所讨论的时间周期内,一个经济体温室气体(主要是二氧化碳)的最高排放量值。联合国政府间气候变化专门委员会(IPCC)第四次评估报告中将峰值定义为"在排放量降低之前达到的最高值"。

1990年、2000年、2010年和2020年碳排放达峰国家的数量分别为18、31、50和54个,其中大部分属于发达国家。这些国家占当时全球碳排放量的比例分别为21%、18%、36%和40%。2020年,排名前十五的碳排放国家中,美国、俄罗斯、日本、巴西、印度尼西亚、德国、加拿大、韩国、英国和法国已经实现碳排放达峰。中国、马绍尔群岛、墨西哥、新加坡等国家承诺在2030年以前实现达峰。届时全球将有58个国家实现碳排放达峰,占全球碳排放量的60%。

三、碳中和

碳中和(Carbon Neutrality)最早是一个商业策划概念,由英国未来森林公司(Future Forests)在1997年提出,主要从能源技术角度关注在交通旅游、家庭生活和个人行为等领域实现碳中和的路径,通过购买经认证的碳信用来抵消碳排放(Carbon Offset)。英国标准协会(BSI)在产品层面将碳中和进一步定义为,标的物产品(或服务)全生命周期内并未导致排放到大气中的温室气体产生净增量。

作为节能减排术语,碳中和是指一段时间内,特定组织或整个社会活动产生的二氧化碳,通过植树造林、海洋吸收、工程封存等自然、人为手段被吸收和抵消掉,实现人类活动二氧化碳相对"零排放"。"碳"即二氧化碳,"中和"即正负相抵。排出的二氧化碳或温室气体被植树造林、节能减排等形式抵消,这就是所谓的"碳中和"。

自1997年问世以来,"碳中和"的概念在西方逐渐走红,实现了从"前卫"到"大众"

的转变。

2006年,《新牛津美国字典》将"碳中和"评为当年年度词。获选主要原因在于它已经从最初由环保人士倡导的一项概念,逐渐获得越来越多民众支持,并且成为受到美国政府当局所重视的实际绿化行动。

2007年1月29日,联合国政府间气候变化问题研究小组(IPCC)在巴黎举行会议,历时五天的会议计划在2月2日结束后发表一份评估全球气候变化的报告。报告的初期版本预测,到2100年,全球气温将升高2—4.5℃,全球海平面将比现在上升0.13—0.58米。报告的初期版本中还提到,过去50年来的气候变化现象,有90%的可能是由人类活动导致的。也有专家表示,有可能在报告的最终版本中改变措辞,把可能性改写为99%。

"Carbon Neutral"这个词正式被编列到2007年版《新牛津英语字典》中。"碳中和"这个词是通过指计算二氧化碳的排放总量,然后通过植树等方式把这些排放量吸收掉,以达到环保的目的。

2013年7月,国际航空运输协会提出的航空业"2020年碳中和"方案浮出水面。该方案提出航空业三大承诺目标:2009—2020年,年均燃油效率提高1.5%;2020年实现碳排放量以2020年为顶峰,不再增长;在2050年将排放量削减至2005年的一半。该方案对各国各航空公司最实质的影响是要为2020年后超过排放指标的部分买单,缴纳实际上的"碳税"。

自1990年以后,IPCC连续发布了四次评估报告,指出气候变化的问题日趋严重,尤其是2013年地球大气层中二氧化碳的浓度超过了40ppm,科学家们要求达成一项更加严格的减排协议。在中国、美国、法国及欧盟等缔约方的共同努力下,各方终于在2015年12月在法国巴黎达成了一项协议,即《巴黎协定》,要求在21世纪末将全球的温升,与工业化之前相比较,控制在2℃以内,并为控制在1.5℃以内而努力,并提出了在21世纪下半叶全球实现碳中和的要求。《巴黎协定》还要求各缔约方于2016年提交面向2030年的自主贡献目标并于2020年予以更新,2020年年底之前向《公约》秘书处提交面向21世纪中叶的基于温室气体排放控制的国家低排放发展战略,共同推动碳中和进程。

IPCC于2018年发布的《全球升温1.5℃特别报告》指出,碳中和是指一个组织在一年内的二氧化碳排放通过二氧化碳消除技术达到平衡,或称为净零二氧化碳排放。联合国政府间气候变化专门委员会呼吁各国采取行动,为把升温控制在1.5℃之内而努力。为实现这一目标,需要在土地、能源、工业、建筑、运输和城市领域展开快速和深远的改革。

减少二氧化碳排放量的手段,一是碳封存,主要由土壤、森林和海洋等天然碳汇吸收储存空气中的二氧化碳,人类所能做的是植树造林;二是碳抵消,通过投资开发可再生能源和低碳清洁技术,减少一个行业的二氧化碳排放量来抵消另一个行业的排放量,抵消量的计算单位是二氧化碳当量吨数。一旦彻底消除二氧化碳排放,人类就能进入净零碳社会。

一般来说，碳中和属自愿行为，个人和企业认识到气候变化的危害，出于道德考量，为了树立公众形象而采取碳补偿和碳抵消行动，计算直接或间接造成的碳排放量以及抵消所需的经济成本，出资植树造林，或通过购买一定的碳信用（Carbon Credit）等碳交易方式来抵消生产和消费过程中产生的碳排放。

在宏观层面，碳中和强调经济结构与能源结构转型，加快低碳与零碳技术创新应用，注重节能与提高能效，加快可再生能源应用，扩大森林与碳汇建设，推动实现地球温室气体排放量与吸收量的平衡。

总体来看，对碳中和的研究有宏观与微观两种视角。自上而下的宏观研究视角偏重总量目标与能源部门的研究，从节能、提高能效、发展可再生能源、增加森林碳汇等方面来设计实现碳中和的路径，对总体目标的具体落实措施及微观主体的落实机制等方面研究不足。自下而上的微观研究视角主要探讨企业或个体的碳中和路径与措施，优势在于可以促进排放主体开展行动，但是对碳中和行动的整体环境效果缺乏分析与评估。

四、国家层面的碳中和目标

2007年，哥斯达黎加提出到2021年建设成为全球第一个碳中和国家。为实现该目标，哥斯达黎加政府采取了一系列政策措施，例如成立碳排放交易管理委员会，加大风力、水力、地热等低碳能源的开发和利用，将征收的燃油税用于环境保护和森林保护补偿等；在农业领域，积极推广碳中和咖啡园种植模式，有效减少农药化肥使用而产生的碳排放；在旅游业等支柱产业中，将实现碳中和作为行业发展的重要目标。

2008年，联合国副秘书长兼环境规划署执行主任施泰纳明确提出碳中和国家概念，挪威、冰岛、新西兰、葡萄牙、马尔代夫和梵蒂冈等国积极响应，制定了碳中和国家建设的战略目标及行动计划。为落实《巴黎协定》提出的到21世纪后半叶实现净零排放的远期目标，越来越多的国家（地区）制定了低排放发展战略。

欧盟制定了明确的碳中和建设方略——《绿色新政》（*European Green Deal*）。欧盟是全球气候治理的领导者之一，在碳中和领域也处于引领地位。2019年12月，欧盟委员会发布《绿色新政》，提出2050年前实现碳中和的目标。《绿色新政》是一项应对气候变化的经济社会发展长期战略及投资计划，涵盖了农业、工业、交通、建筑等领域的全面转型，欧盟希望借此更好地应对气候变化，最大限度降低碳排放，推动实现2050年碳中和目标。为确保《绿色新政》得以实施，欧盟制定了一系列配套措施。2020年3月，欧盟委员会公布了《欧洲气候法》草案，将碳中和的政治意愿转化为法律约束。启动"欧盟气候公约"，鼓励公民参与。确立了气候税制度，提高传统能源生产部门和运输企业的纳税额。改革现行税制，取消化石能源补贴。2014—2017年，欧盟每年对煤炭、石油、天然气等化石燃料生产与消费的补贴高达550亿欧元。

由于各国绿色经济发展水平不同，应对气候变化需要设置过渡期，为促进各国经济转型，欧盟投入1000亿欧元建立了公平供给机制，帮助依赖化石能源的国家加快能源结构转型，为相关行业的从业人员提供技能培训，确保他们获得新的就业机会。欧盟不断完善减排目标与政策体系，为实现2050年碳中和目标奠定了重要基础。2011年，欧盟先后制定《2050年能源路线图》《2050年低碳经济转型路线图》《2050年交通白皮书》等政策文件。

2014年，欧盟提出到2030年碳排放比1990年降低40%，可再生能源占能源消费总量的比重达到30%，能源效率提升30%。围绕这些目标，欧盟加快推进排放交易体系（EU-ETS）、电力、交通、建筑等领域的改革。

2017年，欧盟制定了《强化创新战略》，提出通过提升智能化建设水平来应对气候变化的挑战，推进低碳转型。

2018年，欧盟对排放交易体系、土地利用、能源与科技政策等作出调整。第一，调整排放交易体系，促进第四阶段（2021—2030）工作的推进。进一步提高能源及工业领域碳排放下降目标，2030年要在2005年的基础上下降43%。第二，调整土地利用政策。欧盟提出将土地利用融入碳交易体系，各国将加强碳交易与土地利用、林业、工业排放等领域的协同，并推动不同领域之间的交易。第三，提出部门层面的低排放发展战略。交通部门是低碳排放战略的重点领域，欧盟通过制定《欧盟能源效率指令》，推动交通领域加强能源节约行为，增加可再生能源投资，提升能效。第四，技术创新战略。欧盟出台《哥白尼计划》，监测土地利用、毁林以及温室气体排放等活动，积极推动碳捕获与封存技术（CCS）的商业化利用。

与此同时，欧盟开展积极的气候外交，利用《联合国气候变化框架公约》缔约方会议开展外交活动。2017年，欧盟发起结成《巴黎协定》战略伙伴关系，呼吁各国落实《巴黎协定》，利用双边、多边外交平台开展气候外交。欧盟借助G7峰会、G20峰会以及各类国际公约、双边条约等平台呼吁各国强化气候行动，推动落实《绿色新政》。

德国将能源转型作为碳中和国家建设的重要方略。2013年，德国联邦环境署（UBA）提出德国在2050年实现碳中和目标在技术上完全可行。德国是工业大国，在1990—2050年用60年时间实现95%的温室气体减排目标完全可行，向100%可再生能源转型是实现碳中和目标的关键。根据德国联邦环境署《能源目标2050：100%可再生能源电力供应》，德国要实现2050年温室气体减排95%的目标，需要将人均二氧化碳排放量从11吨降至1吨，到2050年德国可实现完全依靠可再生能源发电，可再生能源可满足德国全部能源供应。

截止到2021年，已经有数十个国家和地区提出了"零碳"或"碳中和"的气候目标，Energy & Climate Intelligence Unit的净零排放跟踪表统计了各个国家进展情况，其中包括已实现的2个国家、已立法的6个国家、处于立法中状态的包括欧盟（作为整体）和其他3个国家。另外，有12个国家（包括欧盟国家）发布了政策宣示文档。

具体统计如图1所示。

进展情况	国家和地区（承诺年）
已实现	苏里南共和国、不丹
已立法	瑞典（2045）、英国（2050）、法国（2050）、丹麦（2050）、新西兰（2050）、匈牙利（2050）
立法中	欧盟（2050）、西班牙（2050）、智利（2050）、斐济（2050）
政策宣示	芬兰（2035）、奥地利（2040）、冰岛（2040）、德国（2050）、瑞士（2050）、挪威（2050）、爱尔兰（2050）、葡萄牙（2050）、哥斯达黎加（2050）、斯洛文尼亚（2050）、马绍尔群岛（2050）、南非（2050）
	另外，东亚三国未在上述跟踪表格中 韩国（2050）、中国（2060）、日本（21世纪下半叶尽早实现）

图1 世界主要国家碳中和进展情况

2015年，《巴黎协定》设定了21世纪后半叶实现净零排放的目标。越来越多的国家政府正在将其转化为国家战略，提出了无碳未来的愿景。根据Climate News网站汇总的信息，以下国家和地区设立了净零排放或碳中和的目标。

奥地利

目标日期：2040年

承诺性质：政策宣示

奥地利联合政府在2020年1月宣誓就职，承诺在2040年实现气候中立，在2030年实现100%清洁电力，并以约束性碳排放目标为基础。右翼人民党与绿党合作，同意了这些目标。

不丹

目标日期：目前为碳负，并在发展过程中实现碳中和

承诺性质：《巴黎协定》下自主减排方案

不丹人口不到100万人，收入低，周围有森林和水电资源，平衡碳账户比大多数国家容易。但经济增长和对汽车需求的不断增长，正给排放增加压力。

美国加利福尼亚州

目标日期：2045年

承诺性质：行政命令

加利福尼亚的经济体量是世界第五大经济体。前州长杰里·布朗在2018年9月签署了碳中和令，该州几乎同时通过了一项法律，在2045年前实现电力100%可再生，但其他行业的绿色环保政策还不够成熟。

加拿大

目标日期：2050年

承诺性质：政策宣示

特鲁多总理于2019年10月连任，其政纲是以气候行动为中心的，承诺净零排放目标，并制定具有法律约束力的五年一次的碳预算。

智利

目标日期：2050年

承诺性质：政策宣示

皮涅拉总统于2019年6月宣布，智利努力实现碳中和。2020年4月，政府向联合国提交了一份强化的中期承诺，重申了其长期目标。已经确定在2024年前关闭28座燃煤电厂中的8座，并在2040年前逐步淘汰煤电。

中国

目标日期：2060年

承诺性质：政策宣示

中国在2020年9月22日向联合国大会宣布，努力在2060年实现碳中和，并采取"更有力的政策和措施"，在2030年之前达到排放峰值。

哥斯达黎加

目标日期：2050年

承诺性质：提交联合国

2019年2月，总统奎萨达制定了一揽子气候政策，12月向联合国提交的计划确定2050年净排放量为零。

丹麦

目标日期：2050年

承诺性质：法律规定

丹麦政府在2018年制订了到2050年建立"气候中性社会"的计划，该方案包括从2030年起禁止销售新的汽油和柴油汽车，并支持电动汽车。气候变化是2019年6月议会选举的一大主题，获胜的"红色集团"政党在6个月后通过的立法中规定了更严格的排放目标。

欧盟

目标日期：2050年

承诺性质：提交联合国

根据2019年12月公布的"绿色协议"，欧盟委员会正在努力实现整个欧盟2050年净零排放目标，该长期战略于2020年3月提交联合国。

斐济

目标日期：2050年

承诺性质：提交联合国

作为2017年联合国气候峰会COP23的主席，斐济为展现领导力做出了额外努力。2018年，这个太平洋岛国向联合国提交了一份计划，目标是在所有经济部门实现净零排放。

芬兰

目标日期：2035年

承诺性质：执政党联盟协议

作为组建政府谈判的一部分，五个政党于2019年6月同意加强该国的气候法。预计这一目标将要求限制工业伐木，并逐步停止燃烧泥炭发电。

法国

目标日期：2050年

承诺性质：法律规定

法国国民议会于2019年6月27日投票将净零目标纳入法律。新成立的气候高级委员会建议法国必须将减排速度提高三倍，以实现碳中和目标。

德国

目标日期：2050年

承诺性质：法律规定

德国第一部主要气候法于2019年12月生效，这项法律的导言说，德国将在2050年前"追求"温室气体中立。

匈牙利

目标日期：2050年

承诺性质：法律规定

匈牙利在2020年6月通过的气候法中承诺到2050年气候中和。

冰岛

目标日期：2040年

承诺性质：政策宣示

冰岛已经从地热和水力发电获得了几乎无碳的电力和供暖，2018年公布的战略重点是逐步淘汰运输业的化石燃料、植树和恢复湿地。

爱尔兰

目标日期：2050 年

承诺性质：执政党联盟协议

在 2020 年 6 月敲定的一项联合协议中，三个政党同意在法律上设定 2050 年的净零排放目标，在未来十年内每年减排 7%。

日本

目标日期："本世纪后半叶尽早的时间"

承诺性质：政策宣示

日本政府于 2019 年 6 月在主办 20 国集团领导人峰会之前批准了一项气候战略，主要研究碳的捕获、利用和储存，以及作为清洁燃料来源的氢的开发。值得注意的是，逐步淘汰煤炭的计划尚未出台，预计到 2030 年，煤炭仍将供应全国四分之一的电力。

马绍尔群岛

目标日期：2050 年

承诺性质：提交联合国的自主减排承诺

在 2018 年 9 月提交给联合国的最新报告提出了到 2050 年实现净零排放的愿望，尽管没有具体的政策来实现这一目标。

新西兰

目标日期：2050 年

承诺性质：法律规定

新西兰最大的排放源是农业。2019 年 11 月通过的一项法律为除生物甲烷（主要来自绵羊和牛）以外的所有温室气体设定了净零目标，到 2050 年，生物甲烷将在 2017 年的基础上减少 24%—47%。

挪威

目标日期：2050 年/2030 年

承诺性质：政策宣示

挪威议会是世界上最早讨论气候中和问题的议会之一，努力在 2030 年通过国际抵消实现碳中和，2050 年在国内实现碳中和。但这个承诺只是政策意向，而不是一个有约束力的气候法。

葡萄牙

目标日期：2050 年

承诺性质：政策宣示

葡萄牙于 2018 年 12 月发布了一份实现净零排放的路线图，概述了能源、运输、废弃物、农业和森林的战略。葡萄牙是呼吁欧盟通过2050年净零排放目标的成员国之一。

新加坡

目标日期:"在本世纪后半叶尽早实现"

承诺性质:提交联合国

与日本一样,新加坡也避免承诺明确的脱碳日期,但将其作为2020年3月提交联合国的长期战略的最终目标。到2040年,内燃机车将逐步淘汰,取而代之的是电动汽车。

斯洛伐克

目标日期:2050年

承诺性质:提交联合国

斯洛伐克是第一批正式向联合国提交长期战略的欧盟成员国之一,目标是在2050年实现"气候中和"。

南非

目标日期:2050年

承诺性质:政策宣示

南非政府于2020年9月公布了低排放发展战略(LEDS),概述了到2050年成为净零经济体的目标。

韩国

目标日期:2050年

承诺性质:政策宣示

韩国执政的民主党在2020年4月的选举中以压倒性优势重新执政。选民们支持其"绿色新政",即在2050年前使经济脱碳,并结束煤炭融资。这是东亚地区第一个此类承诺,对全球第七大二氧化碳排放国来说也是一件大事。韩国约40%的电力来自煤炭,一直是海外煤电厂的主要融资国。

西班牙

目标日期:2050年

承诺性质:法律草案

西班牙政府于2020年5月向议会提交了气候框架法案草案,设立了一个委员会来监督进展情况,并立即禁止新的煤炭、石油和天然气勘探许可证。

瑞典

目标日期:2045年

承诺性质:法律规定

瑞典于2017年制定了净零排放目标,根据《巴黎协定》,将碳中和的时间表提前了五年。至少 85% 的减排要通过国内政策来实现，其余由国际减排来弥补。

瑞士

目标日期：2050 年

承诺性质：政策宣示

瑞士联邦委员会于 2019 年 8 月 28 日宣布，打算在 2050 年前实现碳净零排放，深化了《巴黎协定》规定的减排 70%—85% 的目标。议会正在修订其气候立法，包括开发技术来去除空气中的二氧化碳（瑞士这个领域最先进的试点项目之一）。

英国

目标日期：2050 年

承诺性质：法律规定

英国在 2008 年已经通过了一项减排框架法，因此设定净零排放目标很简单，只需将 80% 改为 100%。议会于 2019 年 6 月 27 日通过了修正案。苏格兰的议会正在制定一项法案，在 2045 年实现净零排放，这是基于苏格兰强大的可再生能源资源和在枯竭的北海油田储存二氧化碳的能力。

乌拉圭

目标日期：2030 年

承诺性质：《巴黎协定》下的自主减排承诺

根据乌拉圭提交联合国公约的国家报告，加上减少肉牛养殖、废弃物和能源排放的政策，预计到 2030 年，该国将成为净碳汇国。

五、重要概念和指标

- 碳达峰：指二氧化碳排放总量的增长在某一个时点达到历史最高值，之后逐步回落。中国承诺在 2030 年前实现碳达峰。

- 碳中和：指二氧化碳或温室气体净排放为零，即通过碳汇，碳捕集、利用与封存等方式抵消全部的二氧化碳或温室气体排放量，实现正负抵消，达到相对"零排放"。

- 碳标签：碳标签是把商品在生产过程中所排放的温室气体排放量在产品标签上用量化的指数标示出来，告知消费者产品的碳信息，以便推广低碳排放技术。

- 碳捕集、利用与封存（Carbon Capture, Utilization and Storage，缩写为 CCUS）技术：指将二氧化碳（CO_2）从工业或者能源生产相关源中分离并捕集，加以地质、化工或生物利用，或输送到适宜的场地封存，使 CO_2 与大气长期隔离的技术体系，该技术被认为是削减温室气体排放的有效途径。

- 碳抵消：为实现 2060 年碳中和目标，受资源、技术、经济性等因素影响，到 2055 年前后，我国能源生产、消费以及工业非能利用领域还有约14亿吨碳排放需要通过自然碳汇吸收、碳捕集等机制予以抵消。

● 碳核算：自1997年《京都议定书》通过以来，世界各国均开展了一系列的减排措施，以应对由工业化带来的气候变化。但不同国家、不同地区、不同企业等控排主体，都需要依托于科学数据来明确减碳目标、度量减碳成效。碳核算即是一种测量工业活动向地球生物圈直接和间接排放二氧化碳及其当量气体的措施。可以看到，从核算对象来说，开展碳核算至少需要包含以下两点条件：一是划定造成温室效应的气体，二是确定工业活动主体。温室气体是大气中吸收和重新放出红外辐射的自然和人为的气态成分，包括二氧化碳（CO_2）、甲烷（CH_4）、氧化亚氮（N_2O）、氢氟碳化物（HFCs）、全氟化碳（PFCs）、六氟化硫（SF_6）和三氟化氮（NF_3）等。由于不同气体对温室效应的影响程度有所不同，联合国政府间气候变化专门委员会（Intergovernmental Panel on Climate Change，缩写为IPCC）提出了二氧化碳当量（CO_{2e}）这一概念，以统一衡量这些气体排放对环境的影响。而基于全球变暖潜能值（GWP），可以看到不同气体相对于二氧化碳而言对温室效应的影响程度。另外，仅对于能源活动和工业生产过程而言，根据《省级温室气体清单编制指南》，HFCs、PFCs和SF_6等主要涉及铝、镁等少数工业生产过程，而N_2O早已被纳入空气污染监控范围，故对多数企业的碳核算主要对象是CO_2和CH_4。又根据《2017年中国温室气体公报》，二氧化碳（CO_2）和甲烷（CH_4）分别是影响地球辐射平衡的主要和次要长寿命温室气体，在全部长寿命温室气体浓度升高所产生的总辐射强迫中的贡献率分别约为66%、17%。从工业活动主体来说，根据《IPCC国家温室气体排放清单指南》和《省级温室气体清单编制指南》，碳核算主要覆盖五种活动：能源活动、工业生产、农业生产、林业和土地利用变化以及废弃物处理。针对上述核算主体对象，碳核算可以具体根据数据来源、测量方式、数据形式、数据质量、测量地域及时间范围等因素，生成不同类型的碳核算结果产出。

● 碳核查：是指第三方服务机构对参与碳排放权交易的碳排放单位提交的温室气体排放报告进行核查，以确定提交的排放数据有效。碳交易是实现碳中和的重要一环，参与碳交易的企业主动申报碳排放量，然后根据国家给予的碳排放配额进行交易。为确保企业申报的碳排放量真实有效，必须由具有第三方资质的机构对其进行核查，因此碳核查是碳交易的必要前置工作。

● 碳汇：指通过植树造林、植被恢复等措施，吸收大气中的二氧化碳，从而减少温室气体在大气中浓度的过程、活动或机制。在林业中主要是指植物吸收大气中的二氧化碳并将其固定在植被或土壤中，从而减少该气体在大气中的浓度。森林碳汇是指森林植物通过光合作用将大气中的二氧化碳吸收并固定在植被与土壤当中，从而减少大气中二氧化碳浓度的过程。林业碳汇是指利用森林的储碳功能，通过植树造林、加强森林经营管理、减少毁林、保护和恢复森林植被等活动，吸收和固定大气中的二氧化碳，并按照相关规则与碳汇交易相结合的过程、活动或机制。

● 碳计量："无计量，无以管理"，碳计量或碳排放量计量即计算碳排放量，和碳盘查或编制温室气体排放清单含义相近。在企业层面，碳计量是指将企业生产活动划分为若干流程，在给定参数下，按照不同方法计算每个流程中的碳排放量，并加总得到企业碳排放总量，进一步计算排放因子，以此为根据设定未来的碳配额。

● 碳价格：即界定碳排放的社会成本。将碳排放的外部性通过价格内在化，使得原来隐性的社会成本转为显性的生产成本，进而促使生产主体降低排放动机。

● 碳监测：碳监测是指通过综合观测、数值模拟、统计分析等手段，获取温室气体排放强度、环境中浓度、生态系统碳汇以及对生态系统影响等碳源汇状况及其变化趋势信息，以服务于应对气候变化研究和管理工作的过程。目前国际上主要存在两种监测温室气体排放的方法，即核算法和测量法。核算法主要通过燃烧原料的量计算温室气体排放量，而测量法主要通过使用烟气在线监测系统（CEMS）直接测量排放量。相比于碳计量的阶段式计算方法，碳监测对企业碳排放量的统计更具连续性和准确性。此外，监测系统还可以将企业排放数据上传至云端，更易于监管部门进行监测和管理。目前中国比较完善的碳排放核算方法为碳计量，同时，部分省份已开始推进碳监测的建设。

● 碳交易：指对二氧化碳排放权的交易。利用市场化的机制对碳资产进行优化配置，提高了市场效率。碳交易是温室气体排放权交易的统称，在《京都议定书》要求减排的6种温室气体中，二氧化碳为最大宗，因此，温室气体排放权交易以每吨二氧化碳当量为计算单位。在通常情况下，政府确定一个碳排放总额，并根据一定规则将碳排放配额分配至企业。如果未来企业排放高于配额，需要到市场上购买配额。与此同时，部分企业通过采用节能减排技术，最终碳排放低于其获得的配额，则可以通过碳交易市场出售多余配额。2021年7月16日，全国碳排放权交易市场正式启动线上交易。

● 碳排放：主要是指人类生产经营活动过程中向外界排放温室气体的过程。碳排放是目前被认为导致全球变暖的主要原因之一。

● 碳市场：即碳排放权的交易市场。

● 碳排放配额：是政府分配给控排企业指定时期内的碳排放额度，1单位配额相当于1吨二氧化碳当量。配额分为免费分配和有偿分配。目前我国碳市场配额采取的是以强度控制为基本思路的行业基准法，实行免费配额。免费配额主要分为历史法和基准法，在历史法中又包含历史强度和历史总量。历史总量法是跟企业自身进行对标，如果历史年份的碳排放量较多，其配额同理会多；历史强度法则将产量的影响纳入考量，按照历史年份单位产品的排放强度去乘以实际产量再去乘以下降的减排系数得到总体配额量。基准法则需要根据所在的行业进行比较，将所有纳管企业对标，形成一个基准线进行配额分配。

●碳排放强度：也称为碳强度（Carbon Intensity，缩写为 C.I.），是指单位 GDP 增长所带来的二氧化碳排放量。例如，每生产兆焦耳能量释放的二氧化碳克数，或生产的温室气体排放量与国内生产总值（GDP）的比率。排放强度用于根据燃烧的燃料量、畜牧业中的动物数量、工业生产水平、行驶距离或类似活动数据得出空气污染物或温室气体排放量的估计值。排放强度也可用于比较不同燃料或活动的环境影响。在某些情况下，相关术语排放系数和碳强度可以互换使用。对于不同的领域／工业部门，使用的术语可能不同；通常，"碳"一词不包括其他污染物，如微粒排放。一个常用的数字是每千瓦时碳强度（Carbon Intensity Per Kilowatt-hour，缩写为 CIPK），用于比较不同电力来源的排放。

●碳排放转移：即强调从国际贸易的角度来正确理解一些隐含的碳排放责任重要性。中国作为制造业大国，它的碳排放总量的 20%—30% 源于为美国、欧洲和其他国家提供相关产品与服务。西方国家把它的二氧化碳排放转移到其他国家（如中国、印度、巴西等一些新兴经济体国家）的份额当中。通过"碳排放转移"这一概念，可以更客观地评价目前中国碳排放情况。

●碳泡沫：若要实现全球温度变化的给定目标，一部分现有化石能源就不能再燃烧，这种超出气候极限的超标碳被称为不可燃碳（Unburnable Carbon）。碳泡沫（Carbon Bubble）是基于不可燃碳概念的观念，其认为，随着世界开始转向低碳经济，大量化石燃料将不得不被留在地下，这将使得投资于开采、加工、运输或使用这些燃料的企业、金融机构和个人投资者很容易遭遇资产搁浅风险。

●碳普惠：是指为小微企业、社区家庭和个人的节能减碳行为进行具体量化和赋予一定价值，并建立起以各种商业和政策激励以及与核证减排量交易相结合的正向引导机制，从而推动个人行为低碳化。

●碳嵌入（Carbon Insetting）：被认为是在碳抵消的基础上进行的一种商业创新，可在推动商业价值的同时减少排放。一些人认为，单纯以购买与企业业务不直接相关的植树、可再生能源项目来实现的"碳抵消"，不一定能真正促进商业模式或生活方式的结构性改革。碳嵌入概念则用来改进这一过程，使企业或组织的"碳抵消"行为更接近其自身的直接活动范围。例如，需要农林产品作为原材料的企业可以对自身供应链进行投资，向上游的农业粮食行为者提供供资机制，激励其采用更多对环境友善、可持续的农业生产做法，以此实现提高生产力、减少生产碳足迹、增加原材料稳定供应的多项目标。

●碳审计：指在定义的空间和时间边界内进行碳足迹计算的过程，它是审计机构接受政府授权或其他有关机构委托，依据国家政策、法律和有关规章、制度、标准，遵循审计准则，对被审计单位或部门的低碳生产经营、资源利用、财务信息、职责履行等活动进行的特殊管理。碳审计的作用在于建立碳足迹，以此作为衡量温室效应的一种工具。从这个意义上来说，碳审计立足于国家战略和全局高度，将审计融入经济社会发展，间接参与资源环境保护。因此它是通过审计监督促进节约资源、保护环境政策目标落实的一种重要手段。碳审计作为能源审计的一个重要分支，对地球环境具有直接影响。一方面，碳审计能够通过自己特有的手段和方法，直接评价能源使用的投入产出关系，揭露能源利用中的有效性以及对地球"体温"存在的影响等问题；另一方面，碳审计对能源使用标准的建立和使用情况、计量器具的选择、节能技术研究等进行量化评价，从更加广泛的范围促使资源的科学利用。同时加速产业结构合理升级，实现社会和谐发展。

- 碳税：即对二氧化碳排放征税。政府通过对燃煤和石油等化石燃料产品按其碳含量的比例征税，从而把二氧化碳排放带来的环境成本转化为生产经营成本，以达到降低二氧化碳排放量的目的。

- 碳锁定效应：也可称为高碳锁定效应，指的是高碳技术、基础设施体系、经济结构和社会结构之间存在的相辅相成的关系。社会技术系统领域的研究认为，化石燃料体系已经深深地根植于社会之中，并且已经形成一种惯性，即便有可行的低碳替代技术出现，由于这种惯性的存在，化石能源的消耗与排放仍会持续。例如，当前投资的一座燃煤电厂一经建成，就意味着其可能会因运行而带来长达几十年的碳排放，这显然不利于同一时期的人们推进碳中和目标的实现。碳锁定效应具体可以表现在三个方面：一是对传统技术的依赖；二是能源消费受经济发展条件和生产生活习惯影响，高碳结构短期内难以发生根本性改变，高碳能耗路径依赖较为明显；三是绿色消费理念尚在起步发展阶段，目前仍然存在的高碳消费模式不适用于低碳经济的发展。

- 碳循环：碳在自然界许多碳库之间的输送过程叫作碳循环。碳循环主要是通过 CO_2 来进行。生物（包括人和其他动物）吸入氧，使食物中摄取的碳进一步氧化，变成 CO_2 呼出。维持生命所需要的能量就是以这种方式进行。燃烧、木材腐烂以及土壤和其他有机物的分解，都与此相同。抵消这种将碳转变为 CO_2 呼吸过程的则有，以相反方式运转的植物光合作用：植物吸收 CO_2，把碳用于机体的生长，并将氧释放回大气。在海洋中也存在这种呼吸和光合作用。

- 碳源：《联合国气候变化框架公约》(UNFCCC)将碳源定义为向大气中释放二氧化碳的过程、活动或机制。

- 碳足迹：指企业机构、活动、产品或个人通过交通运输、食品生产和消费以及各类生产过程等引起的温室气体排放的集合（由个人、事件、组织、服务、场所或产品引起的温室气体排放总量），用二氧化碳当量表示。温室气体，包括含碳气体二氧化碳和甲烷，可通过燃烧矿物燃料、清理土地以及生产和消费食品、制成品、材料、木材、道路、建筑物、运输和其他服务而排放。英国石油公司（BP）斥资2.5亿美元的广告宣传推广了这个词，试图将公众注意力从限制化石燃料公司的活动转移到解决气候变化的个人责任上。在大多数情况下，总碳足迹无法准确计算，因为对贡献过程之间的复杂相互作用（包括储存或释放二氧化碳的自然过程的影响）的知识和数据不足。为此，Wright、Kemp和Williams提出了碳足迹的以下定义：对某一特定种群、系统或活动的二氧化碳（CO_2）和甲烷（CH_4）排放总量的度量，考虑到相关种群、系统或活动的空间和时间边界内的所有相关源、汇和储存。使用相关的100年全球变暖潜能值（GWP100）计算二氧化碳当量。2014年，全球人均年碳足迹约为5吨二氧化碳当量。

• 地球工程：也被称为气候工程，是指为了应对全球气候变化及其影响，人类根据认知水平和相应能力，以工程和技术手段在较大尺度范围对气候状况加以调节或修正的各种努力和行为。其定位是在减缓和适应气候变化不力情况下的应急措施，目标是解决气候变化带来的全球升温问题。随着全球气候变暖持续，联合国政府间气候变化专门委员会（IPCC）在2011年第一次召开了以"地球工程"为主题的会议，同时IPCC第四次和第五次评估报告中也开始不断关注地球工程的内容，并探讨地球工程在气候变化应对中的技术和治理问题。IPCC将地球工程分为两大类：第一种类型是碳移除地球工程，其主要原理和路径是通过植树造林、土壤固碳、生物质碳捕获、土地利用管理、岩石圈和海洋碳封存等各种碳捕获、封存和转化技术，来降低大气中的温室气体浓度。第二种类型是太阳辐射管理地球工程，是通过影响进入大气层的太阳辐射，为地球"直接降温"。然而，由于地球工程包含大量持久存在的不确定性，鲁莽实施可能会加剧气候的不稳定性，乃至可能对人类和生态系统产生副作用。目前正在考虑的各种地球工程技术多处于不同的发展阶段，大部分都未经验证，也未大规模部署。

• 低碳消费：是从满足生态需要出发，以有益健康和保护生态环境为基本内涵，符合人的健康和环境保护标准的各种消费行为和消费方式的统称，不仅包括绿色产品的使用，还包括物资的回收利用、能源的有效利用、对生存环境和物种的保护等，是一种以适度节制消费避免或减少对环境的破坏、崇尚自然和保护生态等为特征的新型消费行为和过程。

• 二氧化碳当量或二氧化碳排放当量（Carbon Dioxide Equivalent，缩写为CO_{2e}）：二氧化碳当量简称为CO_2当量，是一种度量方法，用于根据各种温室气体的全球变暖潜能值（Global-warming Potential，缩写为GWP），将其他气体的量转换为具有相同全球变暖潜能值的二氧化碳当量（Million Metric Tonnes of Carbon Dioxide Equivalents，缩写为MMTCDE），来比较其排放量。二氧化碳当量通常表示为百万公吨二氧化碳当量。气体的二氧化碳当量：MMTCDE=（百万公吨天然气）×（天然气的GWP）。例如，甲烷的全球变暖潜能值为25，一氧化二氮的全球变暖潜能值为298，这意味着分别排放100万公吨甲烷和一氧化二氮相当于排放 2500 万公吨和 2.98 亿公吨二氧化碳。

- 二氧化碳排放（Carbon Dioxide Emissions）：二氧化碳（Carbon Dioxide，缩写为 CO_2）是一种无色、无味、无毒的气体，由碳的燃烧和生物体的呼吸作用形成，被认为是温室气体。排放是指温室气体和/或其前体在特定区域和时间段内释放到大气中。二氧化碳排放或二氧化碳排放是指燃烧矿物燃料和制造水泥产生的排放；它们包括固体、液体和气体燃料以及气体燃烧过程中产生的二氧化碳。

- 化石燃料（Fossil Fuel）：是不可再生能源的总称，如煤、煤产品、天然气、衍生天然气、原油、石油产品和不可再生废物。这些燃料来源于地质历史上（例如，数百万年前）存在的植物和动物。化石燃料也可以通过工业过程从其他化石燃料中提取（例如在炼油厂，原油被转化为车用汽油）。几十年来，化石燃料满足了人类的大部分能源需求。化石燃料是以碳为基础的，它们的燃烧会导致碳释放到地球大气中（数亿年前储存的碳）。据估计，大约 80% 的人造二氧化碳和温室气体排放源于化石燃料燃烧。

- 减排：为减少温室气体排放源，或增加碳吸收增汇而采取的行动。

- 可再生能源（Renewable Energy）：可再生能源是从可再生资源中收集的有用能源，这些资源在人类时间尺度上自然得到补充，包括太阳光、风、雨、潮汐、波浪和地热等碳中性能源。这种能源与化石燃料形成对比，它们的使用速度远远快于它们的补充速度。尽管大多数可再生能源是可持续能源，但有些是不可持续的，例如一些生物能量是不可持续的。可再生能源通常在四个重要领域提供能源：发电、空气和水加热/冷却、运输和农村（离网）能源服务。

- 蓝碳："蓝碳"是利用海洋活动及海洋生物吸收大气中的二氧化碳，并将其固定、储存在海洋中的过程、活动和机制。海洋储存了地球上约 93% 的二氧化碳，据估算为 40 万亿吨，是地球上最大的碳汇体，并且每年清除 30% 以上排放到大气中的二氧化碳。海岸带植物生物量虽然只有陆地植物生物量的 0.05%，每年的固碳量却可与陆地植物相当。海草床、红树林、盐沼被认为是 3 个重要的海岸带蓝碳生态系统，大型海藻、贝类乃至微型生物也能高效固定并储存碳。2009 年，联合国发布相关报告，确认了海洋在全球气候变化和碳循环过程中的重要作用。"蓝碳"作为一个新鲜名词，逐步被认可并得到重视。相关专家认为，发展蓝碳是应对气候变化的重要途径。发展蓝碳将有利于分担和缓解碳排放压力，对生态系统的健康和稳定可起促进作用，也有利于保护海洋生态环境，提升海洋生态养护水平，并促进各国海洋经济的健康发展。

- 理论碳价（碳成本）：诺贝尔经济学奖获得者 William D. Nordhaus 定义的碳的各期社会成本的折现值。

- 绿色溢价：产生碳排放的产品（化石能源）与不会产生碳排放的替代品（清洁能源）

之间的成本差异。

- 能源强度（Energy Intensity）：是衡量一个经济体能源效率低下的指标。它是按每单位国内生产总值（GDP）的能源单位计算的。高能源强度意味着将能源转化为 GDP 的高价格或高成本。低能源强度意味着将能源转化为 GDP 的价格或成本较低。高能源强度意味着高工业产值占 GDP 的比重。能源强度低的国家意味着劳动密集型经济。许多因素影响一个经济体的整体能源强度。

- 人均碳排放：二氧化碳排放量/总人数。

- 清洁能源（Clean Energy）：是指通过不释放温室气体或任何其他污染物的方法生产的能源。清洁能源可以由太阳能和气流等可再生能源产生。清洁能源最重要的方面是作为全球能源未来一部分的环境效益。清洁、可再生的资源在保护世界自然资源的同时，也减少了环境灾害的风险，如燃料泄漏、天然气泄漏。可再生能源和清洁能源这两个术语是不能互换的。并非所有用可再生能源产生的能源都是清洁能源。例如，地热能是可再生能源，但它的某些处理方式可能对环境产生负面影响时，有关能源就不能算是清洁能源。清洁能源的好处是，它减少了人们对化石燃料的依赖，并能缓解气候变化。在美国，超过三分之一的排放来自煤炭和其他化石燃料。改用可再生能源将减少这一点，到 2030 年其将提供美国 40% 的能源需求。

- 全球变暖潜能值（Global-warming Potential，缩写为 GWP）：是一个用来描述温室气体分子间相对能量的术语，考虑到它在大气中保持活跃的时间。目前使用的全球变暖潜能值是经过 100 年计算得出的。二氧化碳作为参考气体，100 年 GWP 为 1。

- 温室气体（Greenhouse Gas，缩写为 GHG）：是导致全球变暖和气候变化的一组气体。《京都议定书》是 1997 年《联合国气候变化框架公约》（UNFCCC）许多缔约方为遏制全球变暖而通过的一项环境协议，如今涵盖了两大类七种温室气体。其中，大类一，非氟化气体，包括二氧化碳（CO_2）、甲烷（CH_4）、一氧化二氮（N_2O）；大类二，氟化气体，包括氢氟碳化合物、全氟化碳、六氟化硫（SF_6）、三氟化氮（NF_3）。把它们转换成二氧化碳当量，就有可能对它们进行比较，并确定它们对全球变暖的个别和全部贡献。

- 新能源：即以太阳能、风能、潮汐能、地热能、氢能等为代表的可再生能源。相较于传统化石能源，新能源的优势：（1）可再生性与永续利用；（2）资源丰富且分布广泛，不依赖矿藏；（3）不含碳，减轻碳排放。新能源的不足：（1）能源密度低，开发利用单位成本高；（2）间断式供应，波动性大，对持续供能不利，更需要及时储能。

- 自然碳汇：是指通过植树造林、植被恢复等措施，增加森林植物吸收大气中二氧化碳的含量，从而减少该气体在大气中的浓度，实现一定程度的抵消。像人们平时参加的蚂蚁森林，种植的树木就是一种通过自然碳汇抵消碳排放的表现。

- 3060目标：2020年9月22日，国家主席习近平在第七十五届联合国大会一般性辩论上表示，中国将提高国家自主贡献力度，采取更加有力的政策和措施，二氧化碳的碳排放力争于2030年前达到峰值，努力争取到2060年前实现"碳中和"。

- CCER：为缓解碳交易推广后给部分控排企业可能造成的压力，生态环境部允许碳交易体系外的温室气体减排项目产生的减排量冲抵，这也就是国家核证自愿减排量（Chinese Certified Emission Reduction）抵消机制。

- CCS：是指碳捕获与封存（Carbon Capture and Storage，CCS），即将 CO_2 从工业或相关排放源中分离出来，输送到封存地点，并长期与大气隔绝的过程。这种技术被认为是未来大规模减少温室气体排放、减缓全球变暖最经济、最可行的方法。对于CCS的定义有许多，被广泛接受的定义是"一个从工业和能源相关的生产活动中分离二氧化碳，运输到储存地点，长期与大气隔绝的过程"。CCS的产业链由四部分组成，即捕集、运输、存储和监测及用于增加石油采收率（EOR）。

- ESG：环境、社会和公司治理的缩写，是一种关注企业环境、社会、治理绩效的投资理念和企业评价标准。基于ESG绩效，能评估企业在促进经济可持续发展、履行社会责任方面的贡献而非单纯的财务情况。相对来说，ESG评分表现良好的公司对于社会价值最大化的追求更为强烈，更具有竞争优势和长期投资价值。目前该评价体系仍在不断完善中。

- MRV：是监测（Monitoring）、报告（Reporting）、核查（Verification）的简称，即碳排放的量化与数据质量保证的过程，是碳交易体系的实施基础。

中国碳达峰碳中和工作

一、中国碳达峰碳中和工作历程

随着气候变化问题日趋严峻，全球各国对气候变化问题也日益重视。作为一个负责任的发展中大国，中国也根据自身国情国力，在过去的十余年中持续不断地规划设计本国的低碳发展路径和战略目标。由于世界发展格局的不断变化，中国从全球应对气候变化事业的积极参与者逐步转变为引领者和主导者，中国的低碳发展战略目标也随之发生变化。碳达峰、碳中和的提出为中国低碳发展战略确立了新目标、注入了新动力。

2006年，中国发布的第十一个五年规划首次明确提出了节能减排约束性指标，即在2005年的水平上，2010年单位GDP能源消费量下降20%，主要污染物排放总量下降10%，这可被视为中国正式启动低碳发展战略的标志。众所周知，碳排放主要来源于化石能源消耗，而中国的能源消耗又以煤炭为主，因此节能在本质上也意味着减缓碳排放，节能目标的提出实质上就是实施低碳发展战略。从此，节能减排便成为中国从中央到地方各级政府的一项常规性工作，并延续至今。

2009年，在联合国气候变化哥本哈根大会上，中国向世界首次提出2020年相对减排目标，即争取到2020年单位国内生产总值二氧化碳排放比2005年下降40%—45%，非化石能源占一次能源消费比重达到15%左右，森林面积比2005年增加4000万公顷，森林蓄积量比2005年增加13亿立方米，大力发展绿色经济，积极发展低碳经济和循环经济。这是中国首次提出自己的碳减排目标，表明了中国应对气候变化和参与全球气候保护的积极态度。这一表态意味着碳排放的减缓正式成为中国低碳发展战略的主要目标之一。

2011年，第十二个五年规划提出，单位GDP能源消耗在"十二五"期间降低16%的同时，单位GDP碳排放降低17%。随后国家发展和改革委员会根据全国碳强度下降目标，确定了各省市区的碳强度下降任务，而各省市区也依次向下分解任务。从此，碳强度减排目标与节能目标一并作为发展的约束性指标进入公众视野，并成为各级政府工作考核的一个重点。碳强度减排目标的确定，使中国的低碳发展战略更加清晰地展现在世人眼前，也意味着碳强度减排目标与节能目标具有差异性。特别是第十二个五年规划还专门提出，"十二五"期间全国非化石能源占一次能源消费比重要提升3.1个百分点，相当于对碳强度减排目标作了进一步强化，因为碳强度下降幅度主要取决于节能幅度和能源结构调整幅度。

2014年，中国与美国签订《中美气候变化联合声明》，提出中国将在2030年前后实现碳达峰并争取尽早实现、非化石能源占一次能源消费比重达到20%左右的声明。这是中国首次提及与碳总量控制相关的低碳发展战略目标，标志着中国的低碳发展即将迈入新阶段。在2015年召开的联合国气候变化巴黎大会上，中国将上述声明以"国家自主贡献"的形式提出，并进一步提出2030年单位GDP碳排放比2005年下降60%—65%的目标，向世界展现了中国将更加积极应对气候变化的决心和意志。

2016年，第十三个五年规划提出，单位GDP能源消耗和单位GDP碳排放在"十三五"期间分别下降15%和18%、非化石能源占一次能源消费比重上升3%，同时进一步提出全国能源消费总量要控制在50亿吨标准煤以内，并支持优化开发区域率先实现碳达峰。由于能源消费总量和能源消费结构决定了碳排放总量，因而第十三个五年规划提出的能源消费总量控制目标和能源结构优化目标，基本上就确定了"十三五"期间的碳排放总量控制目标。或者说，在提出2030年碳达峰这一较长期碳总量控制目标后，中国又确定了一个隐性的五年碳排放总量控制目标，从而为长期目标的实现打下坚实基础。进一步而言，支持优化开发区域率先碳达峰，十分有助于为其他地区碳达峰提供可借鉴的经验，并促成全国总体碳达峰目标的顺利实现。

截至2019年,我国单位国内生产总值二氧化碳排放比2015年和2005年分别下降约18.2%和48.1%,已超过了中国对国际社会承诺的2020年下降40%—45%的目标,基本扭转了温室气体排放快速增长的局面,也明显优于同期印度碳强度下降20%。此外,我国非化石能源占一次能源消费比重从2005年的7.4%提高到2019年的15.3%;可再生能源总消费量占世界比重从2005年的2.3%上升至2019年的22.9%,已经超过美国比重(20.1%)。森林面积比2005年增加了4500万公顷,森林蓄积量也增加了51亿立方米。当今人类社会应对全球气候变化已成为世界共识。正如习近平主席所言,应对气候变化《巴黎协定》代表了全球绿色低碳转型的大方向,是保护地球家园需要采取的最低限度行动,各国必须迈出决定性步伐。

在2020年9月举行的联合国一般性辩论上,习近平主席代表中国提出了碳达峰、碳中和目标。党的十九届五中全会还将制定2030年前碳排放达峰行动方案作为"推动绿色发展,促进人与自然和谐共生"的一项重要任务提出来。在2020年12月的气候雄心峰会上,习近平主席进一步代表中国提出,中国不仅要力争实现上述碳达峰、碳中和目标,还要实现2030年单位GDP碳排放比2005年下降65%以上、非化石能源占一次能源消费比重达到25%左右的目标。碳中和目标的提出意味着中国碳排放达到峰值后,不能一直维持在高位水平,而应逐步下降,同时大力开展碳汇、碳捕捉等工作,这样才可能达到净零排放的水平。碳中和当然也就是比碳达峰更积极的低碳发展目标,此次峰会上提出的2030年碳强度下降目标和能源结构优化目标,也明显比之前提出的目标更积极。

2021年3月11日,第十三届全国人民代表大会第四次会议批准"十四五"规划和2035年远景目标纲要,提出要积极应对气候变化,落实2030年应对气候变化国家自主贡献目标,制定2030年前碳排放达峰行动方案。完善能源消费总量和强度双控制度,重点控制化石能源消费。实施以碳强度控制为主、碳排放总量控制为辅的制度,支持有条件的地方和重点行业、重点企业率先达到碳排放峰值。推动能源清洁低碳安全高效利用,深入推进工业、建筑、交通等领域低碳转型。加大甲烷、氢氟碳化物、全氟碳化物等其他温室气体控制力度。提升生态系统碳汇能力。锚定努力争取2060年前实现碳中和,采取更加有力的政策和措施。

从国际来看,2016年全球178个缔约方共同签署《巴黎协定》,成为继1992年《联合国气候变化框架公约》、1997年《京都议定书》之后,人类历史上应对气候变化的第三个里程碑式的国际法律文本,形成了2020年后的全球气候治理格局。《巴黎协定》提请所有缔约方在2020年前提交21世纪中叶长期温室气体低排放发展战略(MCS),以推动全球尽早实现深度减排。我国提出2060年实现碳中和的目标,高度契合《巴黎协定》要求,是全球实现1.5℃温控目标的关键,展示了我国负责任大国的担当,体现了我国推动完善全球气候治理的决心,是对构建人类命运共同体的重要贡献。

二、《中国应对气候变化的政策与行动》

《中国应对气候变化的政策与行动》白皮书

（2021年10月）

中华人民共和国

国务院新闻办公室

前言

气候变化是全人类的共同挑战。应对气候变化，事关中华民族永续发展，关乎人类前途命运。

中国高度重视应对气候变化。作为世界上最大的发展中国家，中国克服自身经济、社会等方面困难，实施一系列应对气候变化战略、措施和行动，参与全球气候治理，应对气候变化取得了积极成效。

中共十八大以来，在习近平生态文明思想指引下，中国贯彻新发展理念，将应对气候变化摆在国家治理更加突出的位置，不断提高碳排放强度削减幅度，不断强化自主贡献目标，以最大努力提高应对气候变化力度，推动经济社会发展全面绿色转型，建设人与自然和谐共生的现代化。2020年9月22日，中国国家主席习近平在第七十五届联合国大会一般性辩论上郑重宣示：中国将提高国家自主贡献力度，采取更加有力的政策和措施，二氧化碳排放力争于2030年前达到峰值，努力争取2060年前实现碳中和。中国正在为实现这一目标而付诸行动。

作为负责任的国家，中国积极推动共建公平合理、合作共赢的全球气候治理体系，为应对气候变化贡献中国智慧中国力量。面对气候变化严峻挑战，中国愿与国际社会共同努力、并肩前行，助力《巴黎协定》行稳致远，为全球应对气候变化作出更大贡献。

为介绍中国应对气候变化进展，分享中国应对气候变化实践和经验，增进国际社会了解，特发布本白皮书。

一、中国应对气候变化新理念

中国把应对气候变化作为推进生态文明建设、实现高质量发展的重要抓手，基于中国实现可持续发展的内在要求和推动构建人类命运共同体的责任担当，形成应对气候变化新理念，以中国智慧为全球气候治理贡献力量。

（一）牢固树立共同体意识

坚持共建人类命运共同体。地球是人类唯一赖以生存的家园，面对全球气候挑战，人类是一荣俱荣、一损俱损的命运共同体，没有哪个国家能独善其身。世界各国应该加强团结、推进合作，携手共建人类命运共同体。这是各国人民的共同期待，也是中国为人类发展提供的新方案。

坚持共建人与自然生命共同体。中华文明历来崇尚天人合一、道法自然。但人类进入工业文明时代以来，在创造巨大物质财富的同时，人与自然深层次矛盾日益凸显，当前的新冠肺炎疫情更是触发了对人与自然关系的深刻反思。大自然孕育抚养了人类，人类应该以自然为根，尊重自然、顺应自然、保护自然。中国站在对人类文明负责的高度，积极应对气候变化，构建人与自然生命共同体，推动形成人与自然和谐共生新格局。

（二）贯彻新发展理念

理念是行动的先导。立足新发展阶段，中国秉持创新、协调、绿色、开放、共享的新发展理念，加快构建新发展格局。在新发展理念中，绿色发展是永续发展的必要条件和人民对美好生活追求的重要体现，也是应对气候变化问题的重要遵循。绿水青山就是金山银山，保护生态环境就是保护生产力，改善生态环境就是发展生产力。应对气候变化代表了全球绿色低碳转型的大方向。中国摒弃损害甚至破坏生态环境的发展模式，顺应当代科技革命和产业变革趋势，抓住绿色转型带来的巨大发展机遇，以创新为驱动，大力推进经济、能源、产业结构转型升级，推动实现绿色复苏发展，让良好生态环境成为经济社会可持续发展的支撑。

（三）以人民为中心

气候变化给各国经济社会发展和人民生命财产安全带来严重威胁，应对气候变化关系最广大人民的根本利益。减缓与适应气候变化不仅是增强人民群众生态环境获得感的迫切需要，而且可以为人民提供更高质量、更有效率、更加公平、更可持续、更为安全的发展空间。中国坚持人民至上、生命至上，呵护每个人的生命、价值、尊严，充分考虑人民对美好生活的向往、对优良环境的期待、对子孙后代的责任，探索应对气候变化和发展经济、创造就业、消除贫困、保护环境的协同增效，在发展中保障和改善民生，在绿色转型过程中努力实现社会公平正义，增加人民获得感、幸福感、安全感。

（四）大力推进碳达峰碳中和

实现碳达峰、碳中和是中国深思熟虑作出的重大战略决策，是着力解决资源环境约束突出问题、实现中华民族永续发展的必然选择，是构建人类命运共同体的庄严承诺。中国将碳达峰、碳中和纳入经济社会发展全局，坚持系统观念，统筹发展和减排、整体和局部、短期和中长期的关系，以经济社会发展全面绿色转型为引领，以能源绿色低碳发展为关键，加快形成节约资源和保护环境的产业结构、生产方式、生活方式、空间格局，坚定不移走生态优先、绿色低碳的高质量发展道路。

（五）减污降碳协同增效

二氧化碳和常规污染物的排放具有同源性，大部分来自化石能源的燃烧和利用。控制化石能源利用和碳排放对经济结构、能源结构、交通运输结构和生产生活方式都将产生深远的影响，有利于倒逼和推动经济结构绿色转型，助推高质量发展；有利于减缓气候变化带来的不利影响，减少对人民生命财产和经济社会造成的损失；有利于推动污染源头治理，实现降碳与污染物减排、改善生态环境质量协同增效；有利于促进生物多样性保护，提升生态系统服务功能。中国把握污染防治和气候治理的整体性，以结构调整、布局优化为重点，以政策协同、机制创新为手段，推动减污降碳协同增效一体谋划、一体部署、一体推进、一体考核，协同推进环境效益、气候效益、经济效益多赢，走出一条符合国情的温室气体减排道路。

二、实施积极应对气候变化国家战略

中国是拥有14亿多人口的最大发展中国家，面临着发展经济、改善民生、污染治理、生态保护等一系列艰巨任务。尽管如此，为实现应对气候变化目标，中国迎难而上，积极制定和实施了一系列应对气候变化战略、法规、政策、标准与行动，推动中国应对气候变化实践不断取得新进步。

（一）不断提高应对气候变化力度

中国确定的国家自主贡献新目标不是轻而易举就能实现的。中国要用30年左右的时间由碳达峰实现碳中和，完成全球最高碳排放强度降幅，需要付出艰苦努力。中国言行一致，采取积极有效措施，落实好碳达峰、碳中和战略部署。

加强应对气候变化统筹协调。应对气候变化工作覆盖面广、涉及领域众多。为加强协调、形成合力，中国成立由国务院总理任组长，30个相关部委为成员的国家应对气候变化及节能减排工作领导小组，各省（区、市）均成立了省级应对气候变化及节能减排工作领导小组。2018年4月，中国调整相关部门职能，由新组建的生态环境部负责应对气候变化工作，强化了应对气候变化与生态环境保护的协同。2021年，为指导和统筹做好碳达峰碳中和工作，中国成立碳达峰碳中和工作领导小组。各省（区、市）陆续成立碳达峰碳中和工作领导小组，加强地方碳达峰碳中和工作统筹。

将应对气候变化纳入国民经济社会发展规划。自"十二五"开始，中国将单位国内生产总值（GDP）二氧化碳排放（碳排放强度）下降幅度作为约束性指标纳入国民经济和社会发展规划纲要，并明确应对气候变化的重点任务、重要领域和重大工程。中国"十四五"规划和2035年远景目标纲要将"2025年单位GDP二氧化碳排放较2020年降低18%"作为约束性指标。中国各省（区、市）均将应对气候变化作为"十四五"规划的重要内容，明确具体目标和工作任务。

建立应对气候变化目标分解落实机制。为确保规划目标落实，综合考虑各省（区、市）发展阶段、资源禀赋、战略定位、生态环保等因素，中国分类确定省级碳排放控制目标，并对省级政府开展控制温室气体排放目标责任进行考核，将其作为各省（区、市）主要负责人和领导班子综合考核评价、干部奖惩任免等重要依据。省级政府对下一级行政区域控制温室气体排放目标责任也开展相应考核，确保应对气候变化与温室气体减排工作落地见效。

不断强化自主贡献目标。2015年,中国确定了到2030年的自主行动目标:二氧化碳排放2030年左右达到峰值并争取尽早达峰。截至2019年底,中国已经提前超额完成2020年气候行动目标。2020年,中国宣布国家自主贡献新目标举措:中国二氧化碳排放力争于2030年前达到峰值,努力争取2060年前实现碳中和;到2030年,中国单位GDP二氧化碳排放将比2005年下降65%以上,非化石能源占一次能源消费比重将达到25%左右,森林蓄积量将比2005年增加60亿立方米,风电、太阳能发电总装机容量将达到12亿千瓦以上。相比2015年提出的自主贡献目标,时间更紧迫,碳排放强度削减幅度更大,非化石能源占一次能源消费比重再增加五个百分点,增加非化石能源装机容量目标,森林蓄积量再增加15亿立方米,明确争取2060年前实现碳中和。2021年,中国宣布不再新建境外煤电项目,展现中国应对气候变化的实际行动。

加快构建碳达峰碳中和"1+N"政策体系。中国制定并发布碳达峰碳中和工作顶层设计文件,编制2030年前碳达峰行动方案,制定能源、工业、城乡建设、交通运输、农业农村等分领域分行业碳达峰实施方案,积极谋划科技、财政、金融、价格、碳汇、能源转型、减污降碳协同等保障方案,进一步明确达峰碳中和的时间表、路线图、施工图,加快形成目标明确、分工合理、措施有力、衔接有序的政策体系和工作格局,全面推动碳达峰碳中和各项工作取得积极成效。

(二)坚定走绿色低碳发展道路

中国一直本着负责任的态度积极应对气候变化,将应对气候变化作为实现发展方式转变的重大机遇,积极探索符合中国国情的绿色低碳发展道路。走绿色低碳发展的道路,既不会超出资源、能源、环境的极限,又有利于实现碳达峰、碳中和目标,把地球家园呵护好。

实施减污降碳协同治理。实现减污降碳协同增效是中国新发展阶段经济社会发展全面绿色转型的必然选择。中国2015年修订的大气污染防治法专门增加条款,为实施大气污染物和温室气体协同控制和开展减污降碳协同增效工作提供法治基础。为加快推进应对气候变化与生态环境保护相关职能协同、工作协同和机制协同,中国从战略规划、政策法规、制度体系、试点示范、国际合作等方面,明确统筹和加强应对气候变化与生态环境保护的主要领域和重点任务。中国围绕打好污染防治攻坚战,重点把蓝天保卫战、柴油货车治理、长江保护修复、渤海综合治理、城市黑臭水体治理、水源地保护、农业农村污染治理七场标志性重大战役作为突破口和"牛鼻子",制定作战计划和方案,细化目标任务、重点举措和保障条件,以重点突破带动整体推进,推动生态环境质量明显改善。

加快形成绿色发展的空间格局。国土是生态文明建设的空间载体,必须尊重自然,给自然生态留下休养生息的时间和空间。中国主动作为,精准施策,科学有序统筹布局农业、生态、城镇等功能空间，开展永久基本农田、生态保护红线、城镇开发边界"三条控制线"划定试点工作。将自然保护地、未纳入自然保护地但生态功能极重要生态极脆弱的区域，以及具有潜在重要生态价值的区域划入生态保护红线，推动生态系统休养生息，提高固碳能力。

大力发展绿色低碳产业。建立健全绿色低碳循环发展经济体系，促进经济社会发展全面绿色转型，是解决资源环境生态问题的基础之策。为推动形成绿色发展方式和生活方式，中国制定国家战略性新兴产业发展规划，以绿色低碳技术创新和应用为重点，引导绿色消费，推广绿色产品，提升新能源汽车和新能源的应用比例，全面推进高效节能、先进环保和资源循环利用产业体系建设，推动新能源汽车、新能源和节能环保产业快速壮大，积极推进统一的绿色产品认证与标识体系建设，增加绿色产品供给，积极培育绿色市场。持续推进产业结构调整，发布并持续修订产业指导目录，引导社会投资方向，改造提升传统产业，推动制造业高质量发展，大力培育发展新兴产业，更有力支持节能环保、清洁生产、清洁能源等绿色低碳产业发展。

坚决遏制高耗能高排放项目盲目发展。中国持续严格控制高耗能、高排放（以下简称"两高"）项目盲目扩张，依法依规淘汰落后产能，加快化解过剩产能。严格执行钢铁、铁合金、焦化等13个行业准入条件，提高在土地、环保、节能、技术、安全等方面的准入标准，落实国家差别电价政策，提高高耗能产品差别电价标准，扩大差别电价实施范围。公布12批重点工业行业淘汰落后产能企业名单，2018年至2020年连续开展淘汰落后产能督查检查，持续推动落后产能依法依规退出。中国把坚决遏制"两高"项目盲目发展作为抓好碳达峰碳中和工作的当务之急和重中之重，组织各地区全面梳理摸排"两高"项目，分类提出处置意见，开展"两高"项目专项检查，严肃查处违规建设运行的"两高"项目，对"两高"项目实行清单管理、分类处置、动态监控。建立通报批评、用能预警、约谈问责等工作机制，逐步形成一套完善的制度体系和监管体系。

优化调整能源结构。能源领域是温室气体排放的主要来源，中国不断加大节能减排力度，加快能源结构调整，构建清洁低碳安全高效的能源体系。确立能源安全新战略，推动能源消费革命、供给革命、技术革命、体制革命，全方位加强国际合作，优先发展非化石能源，推进水电绿色发展，全面协调推进风电和太阳能发电开发，在确保安全的前提下有序发展核电，因地制宜发展生物质能、地热能和海洋能，全面提升可再生能源利用率。积极推动煤炭供给侧结构性改革，化解煤炭过剩产能，加强煤炭安全智能绿色开发和清洁高效开发利用，推动煤电行业清洁高效高质量发展，大力推动煤炭消费减量替代和散煤综合治理，推进终端用能领域以电代煤、以电代油。深化能源体制改革，促进能源资源高效配置。

强化能源节约与能效提升。为进一步强化节约能源和提升能效目标责任落实，中国实施能源消费强度和总量双控制度，设定省级能源消费强度和总量控制目标并进行监督考核。把节能指标纳入生态文明、绿色发展等绩效评价指标体系，引导转变发展理念。强化重点用能单位节能管理，组织实施节能重点工程，加强先进节能技术推广，发布煤炭、电力、钢铁、有色、石化、化工、建材等13个行业共260项重点节能技术。建立能效"领跑者"制度，健全能效标识制度，发布15批实行能源效率标识的产品目录及相关实施细则。加快推行合同能源管理，强化节能法规标准约束，发布实施340多项国家节能标准，积极推动节能产品认证，已颁发节能产品认证证书近5万张，助力节能行业发展。加强公共机构节能增效示范引领，35%左右的县级及以上党政机关建成节约型机关，中央国家机关本级全部建成节约型机关，累计创建5114家节约型公共机构示范单位。加强工业领域节能，实施国家工业专项节能监察、工业节能诊断行动、通用设备能效提升行动及工业节能与绿色标准化行动等。加强需求侧管理，大力开展工业领域电力需求侧管理示范企业（园区）创建及参考产品（技术）遴选工作，实现用电管理可视化、自动化、智能化。

推动自然资源节约集约利用。为推进生态文明建设，中国把坚持节约资源和保护环境作为一项基本国策。大力节约集约利用资源，推动资源利用方式根本转变，深化增量安排与消化存量挂钩机制，改革土地计划管理方式，倒逼各省（区、市）下大力气盘活存量。严格土地使用标准控制，先后组织开展了公路、工业、光伏、机场等用地标准的制修订工作，严格依据标准审核建设项目土地使用情况。开展节约集约用地考核评价，大力推广节地技术和节地模式。积极推动矿业绿色发展。加大绿色矿山建设力度，全面建立和实施矿产资源开采利用最低指标和"领跑者"指标管理制度，发布360项矿产资源节约和综合利用先进适用技术。加强海洋资源用途管制，除国家重大项目外，全面禁止围填海。积极推进围填海历史遗留问题区域生态保护修复，严格保护自然岸线。

积极探索低碳发展新模式。中国积极探索低碳发展模式，鼓励地方、行业、企业因地制宜探索低碳发展路径，在能源、工业、建筑、交通等领域开展绿色低碳相关试点示范，初步形成了全方位、多层次的低碳试点体系。中国先后在10个省（市）和77个城市开展低碳试点工作，在组织领导、配套政策、市场机制、统计体系、评价考核、协同示范和合作交流等方面探索低碳发展模式和制度创新。试点地区碳排放强度下降幅度总体快于全国平均水平，形成了一批各具特色的低碳发展模式。

（三）加大温室气体排放控制力度

中国将应对气候变化全面融入国家经济社会发展的总战略，采取积极措施，有效控制重点工业行业温室气体排放，推动城乡建设和建筑领域绿色低碳发展，构建绿色低碳交通体系，推动非二氧化碳温室气体减排，统筹推进山水林田湖草沙系统治理，严格落实相关举措，持续提升生态碳汇能力。

有效控制重点工业行业温室气体排放。强化钢铁、建材、化工、有色金属等重点行业能源消费及碳排放目标管理，实施低碳标杆引领计划，推动重点行业企业开展碳排放对标活动，推行绿色制造，推进工业绿色化改造。加强工业过程温室气体排放控制，通过原料替代、改善生产工艺、改进设备使用等措施积极控制工业过程温室气体排放。加强再生资源回收利用，提高资源利用效率，减少资源全生命周期二氧化碳排放。

推动城乡建设领域绿色低碳发展。建设节能低碳城市和相关基础设施，以绿色发展引领乡村振兴。推广绿色建筑，逐步完善绿色建筑评价标准体系。开展超低能耗、近零能耗建筑示范。推动既有居住建筑节能改造，提升公共建筑能效水平，加强可再生能源建筑应用。大力开展绿色低碳宜居村镇建设，结合农村危房改造开展建筑节能示范，引导农户建设节能农房，加快推进中国北方地区冬季清洁取暖。

构建绿色低碳交通体系。调整运输结构，减少大宗货物公路运输量，增加铁路和水路运输量。以"绿色货运配送示范城市"建设为契机，加快建立"集约、高效、绿色、智能"的城市货运配送服务体系。提升铁路电气化水平，推广天然气车船，完善充换电和加氢基础设施，加大新能源汽车推广应用力度，鼓励靠港船舶和民航飞机停靠期间使用岸电。完善绿色交通制度和标准，发布相关标准体系、行动计划和方案，在节能减碳等方面发布了221项标准，积极推动绿色出行，已有100多个城市开展了绿色出行创建行动，每年在全国组织开展绿色出行宣传月和公交出行宣传周活动。加快交通燃料替代和优化，推动交通排放标准与油品标准升级，通过信息化手段提升交通运输效率。

推动非二氧化碳温室气体减排。中国历来重视非二氧化碳温室气体排放，在《国家应对气候变化规划（2014—2020年）》及控制温室气体排放工作方案中都明确了控制非二氧化碳温室气体排放的具体政策措施。自2014年起对三氟甲烷（HFC-23）的处置给予财政补贴。截至2019年，共支付补贴约14.17亿元，累计削减6.53万吨HFC-23，相当于减排9.66亿吨二氧化碳当量。严格落实《消耗臭氧层物质管理条例》和《关于消耗臭氧层物质的蒙特利尔议定书》，加大环保制冷剂的研发，积极推动制冷剂再利用和无害化处理。引导企业加快转换为采用低全球增温潜势（GWP）制冷剂的空调生产线，加速淘汰氢氯氟碳化物（HCFCs）制冷剂，限控氢氟碳化物（HFCs）的使用。成立"中国油气企业甲烷控排联盟"，推进全产业链甲烷控排行动。中国接受《〈关于消耗臭氧层物质的蒙特利尔议定书〉基加利修正案》，保护臭氧层和应对气候变化进入新阶段。

持续提升生态碳汇能力。统筹推进山水林田湖草沙系统治理，深入开展大规模国土绿化行动，持续实施三北、长江等防护林和天然林保护，东北黑土地保护，高标准农田建设，湿地保护修复，退耕还林还草，草原生态修复，京津风沙源治理，荒漠化、石漠化综合治理等重点工程。稳步推进城乡绿化，科学开展森林抚育经营，精准提升森林质量，积极发展生物质能源，加强林草资源保护，持续增加林草资源总量，巩固提升森林、草原、湿地生态系统碳汇能力。构建以国家公园为主体的自然保护地体系，正式设立第一批5个国家公园，开展自然保护地整合优化。建立健全生态保护修复制度体系，统筹编制生态保护修复规划，实施蓝色海湾整治行动、海岸带保护修复工程、渤海综合治理攻坚战行动、红树林保护修复专项行动。开展长江干流和主要支流两侧、京津冀周边和汾渭平原重点城市、黄河流域重点地区等重点区域历史遗留矿山生态修复，在青藏高原、黄河、长江等7大重点区域布局生态保护和修复重大工程，支持25个山水林田湖草生态保护修复工程试点。出台社会资本参与整治修复的系列文件，努力建立市场化、多元化生态修复投入机制。中国提出的"划定生态保护红线，减缓和适应气候变化案例"成功入选联合国"基于自然的解决方案"全球15个精品案例，得到了国际社会的充分肯定和高度认可。

（四）充分发挥市场机制作用

碳市场为处理好经济发展与碳减排关系提供了有效途径。全国碳排放权交易市场（以下简称全国碳市场）是利用市场机制控制和减少温室气体排放、推动绿色低碳发展的重大制度创新，也是落实中国二氧化碳排放达峰目标与碳中和愿景的重要政策工具。

开展碳排放权交易试点工作。碳市场可将温室气体控排责任压实到企业，利用市场机制发现合理碳价，引导碳排放资源的优化配置。2011年10月，碳排放权交易地方试点工作在北京、天津、上海、重庆、广东、湖北、深圳7个省、市启动。2013年起，7个试点碳市场陆续开始上线交易，覆盖了电力、钢铁、水泥20多个行业近3000家重点排放单位。截至2021年9月30日，7个试点碳市场累计配额成交量4.95亿吨二氧化碳当量，成交额约119.78亿元。试点碳市场重点排放单位履约率保持较高水平，市场覆盖范围内碳排放总量和强度保持双降趋势，有效促进了企业温室气体减排，强化了社会各界低碳发展的意识。碳市场地方试点为全国碳市场建设摸索了制度，锻炼了人才，积累了经验，奠定了基础，为全国碳市场建设积累了宝贵经验。

持续推进全国碳市场制度体系建设。制度体系是推进碳市场建设的重要保障，为更好地推进完善碳交易市场，先后印发《全国碳排放权交易市场建设方案（发电行业）》，出台《碳排放权交易管理办法（试行）》，印发全国碳市场第一个履约周期配额分配方案。2021年以来，陆续发布了企业温室气体排放报告、核查技术规范和碳排放权登记、交易、结算三项管理规则，初步构建起全国碳市场制度体系。积极推动《碳排放权交易管理暂行条例》立法进程，夯实碳排放权交易的法律基础，规范全国碳市场运行和管理的各重点环节。

启动全国碳市场上线交易。2021年7月16日，全国碳市场上线交易正式启动。纳入发电行业重点排放单位2162家，覆盖约45亿吨二氧化碳排放量，是全球规模最大的碳市场。全国碳市场上线交易得到国内国际高度关注和积极评价。截至2021年9月30日，全国碳市场碳排放配额累计成交量约 1765 万吨，累计成交金额约 8.01 亿元，市场运行总体平稳有序。

建立温室气体自愿减排交易机制。为调动全社会自觉参与碳减排活动的积极性，体现交易主体的社会责任和低碳发展需求，促进能源消费和产业结构低碳化，2012 年，中国建立温室气体自愿减排交易机制。截至 2021 年 9 月 30 日，自愿减排交易累计成交量超过 3.34 亿吨二氧化碳当量，成交额逾 29.51 亿元，国家核证自愿减排量（CCER）已被用于碳排放权交易试点市场配额清缴抵销或公益性注销，有效促进了能源结构优化和生态保护补偿。

（五）增强适应气候变化能力

广大发展中国家由于生态环境、产业结构和社会经济发展水平等方面的原因，适应气候变化的能力普遍较弱，比发达国家更易受到气候变化的不利影响。中国是全球气候变化的敏感区和影响显著区，中国把主动适应气候变化作为实施积极应对气候变化国家战略的重要内容，推进和实施适应气候变化重大战略，开展重点区域、重点领域适应气候变化行动，强化监测预警和防灾减灾能力，努力提高适应气候变化能力和水平。

推进和实施适应气候变化重大战略。为统筹开展适应气候变化工作，2013 年，中国制定了国家适应气候变化战略，明确了 2014 年至 2020 年国家适应气候变化工作的指导思想和原则、主要目标，制定实施基础设施、农业、水资源、海岸带和相关海域、森林和其他生态系统、人体健康、旅游业和其他产业七大重点任务等。2020 年，中国启动编制《国家适应气候变化战略 2035》，着力加强统筹指导和沟通协调，强化气候变化影响观测评估，提升重点领域和关键脆弱区域适应气候变化能力。

开展重点区域适应气候变化行动。在城市地区，制定城市适应气候变化行动方案，开展海绵城市以及气候适应型城市试点，提升城市基础设施建设的气候韧性，通过城市组团式布局和绿廊、绿道、公园等城市绿化环境建设，有效缓解城市热岛效应和相关气候风险，提升国家交通网络对低温冰雪、洪涝、台风等极端天气适应能力。在沿海地区，组织开展年度全国海平面变化监测、影响调查与评估，严格管控围填海，加强滨海湿地保护，提高沿海重点地区抵御气候变化风险能力。在其他重点生态地区，开展青藏高原、西北农牧交错带、西南石漠化地区、长江与黄河流域等生态脆弱地区气候适应与生态修复工作，协同提高适应气候变化能力。

推进重点领域适应气候变化行动。在农业领域，加快转变农业发展方式，推进农业可持续发展，启动实施东北地区秸秆处理等农业绿色发展五大行动，提升农业减排固碳能力。大力研发推广防灾减灾增产、气候资源利用等农业气象灾害防御和适应新技术，完成农业气象灾害风险区划 5000 多项。在林业和草原领域，因地制宜、适地适树科学造林绿化，优化造林模式，培育健康森林，全面提升林业适应气候变化能力。加强各类林地的保护管理，构建以国家公园为主体的自然保护地体系，实施草原保护修复重大工程，恢复和增强草原生态功能。

在水资源领域，完善防洪减灾体系，加强水利基础设施建设，提升水资源优化配置和水旱灾害防御能力。实施国家节水行动，建立水资源刚性约束制度，推进水资源消耗总量和强度双控，提高水资源集约节约利用水平。在公众健康领域，组织开展气候变化健康风险评估，提升中国适应气候变化保护人群健康能力。启动实施"健康环境促进行动"，开展气候敏感性疾病防控工作，加强应对气候变化卫生应急保障。

强化监测预警和防灾减灾能力。强化自然灾害风险监测、调查和评估，完善自然灾害监测预警预报和综合风险防范体系。建立了全国范围内多种气象灾害长时间序列灾情数据库，完成国家级精细化气象灾害风险预警业务平台建设。建立空天地一体化的自然灾害综合风险监测预警系统，定期发布全国自然灾害风险形势报告。发布综合防灾减灾规划，指导气候变化背景下防灾减灾救灾工作。实施自然灾害防治九项重点工程建设，推动自然灾害防治能力持续提升，重点加强强对流天气、冰川灾害、堰塞湖等监测预警和会商研判。发挥国土空间规划对提升自然灾害防治能力的基础性作用。实现基层气象防灾减灾标准化全国县（区）全覆盖。

（六）持续提升应对气候变化支撑水平

中国高度重视应对气候变化支撑保障能力建设，不断完善温室气体排放统计核算体系，发挥绿色金融重要作用，提升科技创新支撑能力，积极推动应对气候变化技术转移转化。

完善温室气体排放统计核算体系。建立健全温室气体排放基础统计制度，提出涵盖气候变化及影响等5大类36个指标的应对气候变化统计指标体系，在此基础上构建应对气候变化统计报表制度，持续对统计报表进行整体更新与修订。编制国家温室气体清单，在已提交中华人民共和国气候变化初始国家信息通报的基础上，提交两次国家信息通报和两次两年更新报告。推动企业温室气体排放核算和报告，印发24个行业企业温室气体排放核算方法与报告指南，组织开展企业温室气体排放报告工作。碳达峰碳中和工作领导小组办公室设立碳排放统计核算工作组，加快完善碳排放统计核算体系。

加强绿色金融支持。中国不断加大资金投入，支持应对气候变化工作。加强绿色金融顶层设计，先后在浙江、江西、广东、贵州、甘肃、新疆等六省（区）九地设立了绿色金融改革创新试验区，强化金融支持绿色低碳转型功能，引导试验区加快经验复制推广。出台气候投融资综合配套政策，统筹推进气候投融资标准体系建设，强化市场资金引导机制，推动气候投融资试点工作。大力发展绿色信贷，完善绿色债券配套政策，发布相关支持项目目录，有效引导社会资本支持应对气候变化。截至2020年末，中国绿色贷款余额11.95万亿元，其中清洁能源贷款余额为3.2万亿元，绿色债券市场累计发行约1.2万亿元，存量规模达8000亿元，位于世界第二。

强化科技创新支撑。科技创新在发现、揭示和应对气候变化问题中发挥着基础性作用，在推动绿色低碳转型中将发挥关键性作用。中国先后发布应对气候变化相关科技创新专项规划、技术推广清单、绿色产业目录，全面部署了应对气候变化科技工作，持续开展应对气候变化基础科学研究，强化智库咨询支撑，加强低碳技术研发应用。国家重点研发计划开展10余个应对气候变化科技研发重大专项，积极推广温室气体削减和利用领域143项技术的应用。鼓励企业牵头绿色技术研发项目，支持绿色技术成果转移转化，建立综合性国家级绿色技术交易市场，引导企业采用先进适用的节能低碳新工艺和技术。成立二氧化碳捕集、利用与封存（以下简称CCUS）创业技术创新战略联盟、CCUS专委会等专门机构，持续推动CCUS领域技术进步、成果转化。

三、中国应对气候变化发生历史性变化

中国坚持创新、协调、绿色、开放、共享的新发展理念，立足国内、胸怀世界，以中国智慧和中国方案推动经济社会绿色低碳转型发展不断取得新成效，以大国担当为全球应对气候变化作出积极贡献。

（一）经济发展与减污降碳协同效应凸显

中国坚定不移走绿色、低碳、可持续发展道路，致力于将绿色发展理念融汇到经济建设的各方面和全过程，绿色已成为经济高质量发展的亮丽底色，在经济社会持续健康发展的同时，碳排放强度显著下降。2020年中国碳排放强度比2015年下降18.8%，超额完成"十三五"约束性目标，比2005年下降48.4%，超额完成了中国向国际社会承诺的到2020年下降40%—45%的目标，累计少排放二氧化碳约58亿吨，基本扭转了二氧化碳排放快速增长的局面。与此同时，中国经济实现跨越式发展，2020年GDP比2005年增长超4倍，取得了近1亿农村贫困人口脱贫的巨大胜利，完成了消除绝对贫困的艰巨任务。中国生态环境保护工作也取得历史性成就，环境"颜值"普遍提升，美丽中国建设迈出坚实步伐。"十三五"规划纲要确定的生态环境约束性指标均圆满超额完成。其中，全国地级及以上城市优良天数比率为87%（目标84.5%）；$PM_{2.5}$未达标地级及以上城市平均浓度相比2015年下降28.8%（目标18%）；全国地表水优良水质断面比例提高到83.4%（目标70%）；劣Ⅴ类水体比例下降到0.6%（目标5%）；二氧化硫、氮氧化物、化学需氧量、氨氮排放量和单位GDP二氧化碳排放指标，均在2019年提前完成"十三五"目标基础上继续保持下降。污染防治攻坚战阶段性目标任务高质量完成。蓝天、碧水、净土保卫战，七大标志性战役取得决定性成效。重污染天数明显减少。

（二）能源生产和消费革命取得显著成效

中国坚定不移实施能源安全新战略，能源生产和利用方式发生重大变革，能源发展取得历史性成就，为服务高质量发展、打赢脱贫攻坚战和全面建成小康社会提供重要支撑，为应对气候变化、建设清洁美丽世界作出积极贡献。

非化石能源快速发展。中国把非化石能源放在能源发展优先位置，大力开发利用非化石能源，推进能源绿色低碳转型。初步核算，2020年，中国非化石能源占能源消费总量比重提高到15.9%，比2005年大幅提升了8.5个百分点；中国非化石能源发电装机总规模达到9.8亿千瓦，占总装机的比重达到44.7%，其中，风电、光伏、水电、生物质发电、核电装机容量分别达到2.8亿千瓦、2.5亿千瓦、3.7亿千瓦、2952万千瓦、4989万千瓦，光伏和风电装机容量较2005年分别增加了3000多倍和200多倍。非化石能源发电量达到2.6万亿千瓦时，占全社会用电量的比重达到三分之一以上。

能耗强度显著降低。中国是全球能耗强度降低最快的国家之一，初步核算，2011年至2020年中国能耗强度累计下降28.7%。"十三五"期间，中国以年均2.8%的能源消费量增长支撑了年均5.7%的经济增长，节约能源占同时期全球节能量的一半左右。中国煤电机组供电煤耗持续保持世界先进水平，截至2020年底，中国达到超低排放水平的煤电机组约9.5亿千瓦，节能改造规模超过8亿千瓦，火电厂平均供电煤耗降至305.8克标煤/千瓦时，较2010年下降超过27克标煤/千瓦时。据测算，供电能耗降低使2020年火电行业相比2010年减少二氧化碳排放3.7亿吨。2016年至2020年，中国发布强制性能耗限额标准16项，实现年节能量7700万吨标准煤，相当于减排二氧化碳1.48亿吨；发布强制性产品设备能效标准26项，实现年节电量490亿千瓦时。

能源消费结构向清洁低碳加速转化。为应对化石能源燃烧所带来的环境污染和气候变化问题，中国严控煤炭消费，煤炭消费占比持续明显下降。2020年中国能源消费总量控制在50亿吨标准煤以内，煤炭占能源消费总量比重由2005年的72.4%下降至2020年的56.8%。中国超额完成"十三五"煤炭去产能、淘汰煤电落后产能目标任务，累计淘汰煤电落后产能4500万千瓦以上。截至2020年底，中国北方地区冬季清洁取暖率已提升到60%以上，京津冀及周边地区、汾渭平原累计完成散煤替代2500万户左右，削减散煤约5000万吨，据测算，相当于少排放二氧化碳约9200万吨。

能源发展有力支持脱贫攻坚。中国实施能源扶贫工程，通过合理开发利用贫困地区能源资源，有效提升了贫困地区自身"造血"能力，为贫困地区经济发展增添新动能。中国累计建成超过2600万千瓦光伏扶贫电站，成千上万座"阳光银行"遍布贫困农村地区，惠及约6万个贫困村、415万贫困户，形成了光伏与农业融合发展的创新模式，助力打赢脱贫攻坚战。

（三）产业低碳化为绿色发展提供新动能

中国坚持把生态优先、绿色发展的要求落实到产业升级之中，持续推动产业绿色低碳化和绿色低碳产业化，努力走出了一条产业发展和环境保护双赢的生态文明发展新路。

产业结构进一步优化。应对气候变化为中国产业绿色低碳发展赋予新使命，带来新机遇。2020年中国第三产业增加值占GDP比重达到54.5%，比2015年提高3.7个百分点，高于第二产业16.7个百分点。节能环保等战略性新兴产业快速壮大并逐步成为支柱产业，高技术制造业增加值占规模以上工业增加值比重为15.1%。"十三五"期间，中国高耗能项目产能扩张得到有效控制，石化、化工、钢铁等重点行业转型升级加速，提前两年完成"十三五"化解钢铁过剩产能1.5亿吨上限目标任务，全面取缔"地条钢"产能1亿多吨。据测算，截至2020年，中国单位工业增加值二氧化碳排放量比2015年下降约22%。2020年主要资源产出率比2015年提高约26%，废钢、废纸累计利用量分别达到约2.6亿吨、5490万吨，再生有色金属产量达到1450万吨。

新能源产业蓬勃发展。随着新一轮科技革命和产业变革孕育兴起，新能源汽车产业正进入加速发展的新阶段。中国新能源汽车生产和销售规模连续6年位居全球第一，截至2021年6月，新能源汽车保有量已达603万辆。中国风电、光伏发电设备制造形成了全球最完整的产业链，技术水平和制造规模居世界前列，新型储能产业链日趋完善，技术路线多元化发展，为全球能源清洁低碳转型提供了重要保障。截至2020年底，中国多晶硅、光伏电池、光伏组件等产品产量占全球总产量份额均位居全球第一，连续8年成为全球最大新增光伏市场；光伏产品出口到200多个国家及地区，降低了全球清洁能源使用成本；新型储能装机规模约330万千瓦，位居全球第一。

绿色节能建筑跨越式增长。以绿色发展理念为牵引，中国全面深入推进绿色建筑和建筑节能，充分释放建筑领域巨大的碳减排潜力。截至2020年底，城镇新建绿色建筑占当年新建建筑比例高达77%，累计建成绿色建筑面积超过66亿平方米。累计建成节能建筑面积超过238亿平方米，节能建筑占城镇民用建筑面积比例超过63%。"十三五"期间，城镇新建建筑节能标准进一步提高，完成既有居住建筑节能改造面积5.14亿平方米，公共建筑节能改造面积1.85亿平方米。可再生能源替代民用建筑常规能源消耗比重达到6%。

绿色交通体系日益完善。中国坚定不移推进交通领域节能减排，走出了一条能耗排放做"减法"、经济发展做"加法"的新路子。综合运输网络不断完善，大宗货物运输"公转铁"、"公转水"、江海直达运输、多式联运发展持续推进；铁路货运量占全社会货运量比例较2017年增长近两个百分点，水路货运量较2010年增加了38.27亿吨，集装箱铁水联运量"十三五"期间年均增长超过23%。城市低碳交通系统建设成效显著，截至2020年底，31个省（区、市）中有87个城市开展了国家公交都市建设，43个城市开通运营城市轨道交通。"十三五"期间城市公共交通累计完成客运量超4270亿人次，城市公共交通机动化出行分担率稳步提高。

（四）生态系统碳汇能力明显提高

中国坚持多措并举，有效发挥森林、草原、湿地、海洋、土壤、冻土等的固碳作用，持续巩固提升生态系统碳汇能力。中国是全球森林资源增长最多和人工造林面积最大的国家，成为全球"增绿"的主力军。2010年至2020年，中国实施退耕还林还草约1.08亿亩。"十三五"期间，累计完成造林5.45亿亩、森林抚育6.37亿亩。2020年底，全国森林面积2.2亿公顷，全国森林覆盖率达到23.04%，草原综合植被覆盖度达到56.1%，湿地保护率达到50%以上，森林植被碳储备量91.86亿吨，"地球之肺"发挥了重要的碳汇价值。"十三五"期间，中国累计完成防沙治沙任务1097.8万公顷，完成石漠化治理面积165万公顷，新增水土流失综合治理面积31万平方公里，塞罕坝、库布齐等创造了一个个"荒漠变绿洲"的绿色传奇；修复退化湿地46.74万公顷，新增湿地面积20.26万公顷。截至2020年底，中国建立了国家级自然保护区474处，面积超过国土面积的十分之一，累计建成高标准农田8亿亩，整治修复岸线1200公里，滨海湿地2.3万公顷，生态系统碳汇功能得到有效保护。

（五）绿色低碳生活成为新风尚

践行绿色生活已成为建设美丽中国的必要前提，也正在成为全社会共建美丽中国的自觉行动。中国长期开展"全国节能宣传周""全国低碳日""世界环境日"等活动，向社会公众普及气候变化知识，积极在国民教育体系中突出包括气候变化和绿色发展在内的生态文明教育，组织开展面向社会的应对气候变化培训。"美丽中国，我是行动者"活动在中国大地上如火如荼展开。以公交、地铁为主的城市公共交通日出行量超过2亿人次，骑行、步行等城市慢行系统建设稳步推进，绿色、低碳出行理念深入人心。从"光盘行动"、反对餐饮浪费、节水节纸、节电节能，到环保装修、拒绝过度包装、告别一次性用品，"绿色低碳节俭风"吹进千家万户，简约适度、绿色低碳、文明健康的生活方式成为社会新风尚。

四、共建公平合理、合作共赢的全球气候治理体系

面对复杂形势和诸多挑战，应对气候变化任重道远，需要全球广泛参与、共同行动。中国呼吁国际社会紧急行动起来，全面加强团结合作，坚持多边主义，坚定维护以联合国为核心的国际体系、以国际法为基础的国际秩序，坚定维护《联合国气候变化框架公约》及其《巴黎协定》确定的目标、原则和框架，全面落实《巴黎协定》，努力推动构建公平合理、合作共赢的全球气候治理体系。

（一）全球应对气候变化面临严峻挑战

工业革命以来的人类活动，特别是发达国家大量消费化石能源所产生的二氧化碳累积排放，导致大气中温室气体浓度显著增加，加剧了以变暖为主要特征的全球气候变化。世界气象组织发布的《2020年全球气候状况》报告表明，2020年全球平均温度较工业化前水平高出约1.2℃，2011年至2020年是有记录以来最暖的10年。2021年政府间气候变化专门委员会发布的第六次评估报告第一工作组报告表明，人类活动已造成气候系统发生了前所未有的变化。1970年以来的50年是过去两千年以来最暖的50年。预计到本世纪中期，气候系统的变暖仍将持续。

气候变化对全球自然生态系统产生显著影响，全球许多区域出现并发极端天气气候事件和复合型事件的概率和频率大大增加，高温热浪及干旱并发，极端海平面和强降水叠加造成复合型洪涝事件加剧。2021年，有的地区遭遇强降雨，并引发洪涝灾害，有的地区气温创下历史新高，有的地区森林火灾频发。全球变暖正在影响地球上每一个地区，其中许多变化不可逆转，温度升高、海平面上升、极端气候事件频发给人类生存和发展带来严峻挑战，对全球粮食、水、生态、能源、基础设施以及民众生命财产安全构成长期重大威胁，应对气候变化刻不容缓。

（二）中国为全球气候治理注入强大动力

中国一贯高度重视应对气候变化国际合作，积极参与气候变化谈判，推动达成和加快落实《巴黎协定》，以中国理念和实践引领全球气候治理新格局，逐步站到了全球气候治理舞台的中央。

领导人气候外交增强全球气候治理凝聚力。习近平主席多次在重要会议和活动中阐释中国的全球气候治理主张，推动全球气候治理取得重大进展。2015年，习近平主席出席气候变化巴黎大会并发表重要讲话，为达成2020年后全球合作应对气候变化的《巴黎协定》作出历史性贡献。2016年9月，习近平主席亲自交存中国批准《巴黎协定》的法律文书，推动《巴黎协定》快速生效，展示了中国应对气候变化的雄心和决心。在全球气候治理面临重大不确定性时，习近平主席多次表明中方坚定支持《巴黎协定》的态度，为推动全球气候治理指明了前进方向，注入了强劲动力。2020年9月，习近平主席在第七十五届联合国大会一般性辩论上宣布中国将提高国家自主贡献力度，表明了中国全力推进新发展理念的坚定意志，彰显了中国愿为全球应对气候变化作出新贡献的明确态度。2020年12月，习近平主席在气候雄心峰会上进一步宣布到2030年中国二氧化碳减排、非化石能源发展、森林蓄积量提升等一系列新目标。2021年9月，习近平主席出席第七十六届联合国大会一般性辩论时提出，中国将大力支持发展中国家能源绿色低碳发展，不再新建境外煤电项目，展现了中国负责任大国的责任担当。2021年10月，习近平主席出席《生物多样性公约》第十五次缔约方大会领导人峰会并发表主旨讲话，强调为推动实现碳达峰、碳中和目标，中国将陆续发布重点领域和行业碳达峰实施方案和一系列支撑保障措施，构建起碳达峰、碳中和"1+N"政策体系；中国将持续推进产业结构和能源结构调整，大力发展可再生能源，在沙漠、戈壁、荒漠地区加快规划建设大型风电光伏基地项目，第一期装机容量约1亿千瓦的项目已于近期有序开工。

积极建设性参与气候变化国际谈判。中国坚持公平、共同但有区别的责任和各自能力原则，坚持按照公开透明、广泛参与、缔约方驱动和协商一致的原则，引导和推动了《巴黎协定》等重要成果文件的达成。中国推动发起建立了"基础四国"部长级会议和气候行动部长级会议等多边磋商机制，积极协调"基础四国""立场相近发展中国家""七十七国集团和中国"应对气候变化谈判立场,为维护发展中国家团结、捍卫发展中国家共同利益发挥了重要作用。积极参加二十国集团（G20）、国际民航组织、国际海事组织、金砖国家会议等框架下气候议题磋商谈判,调动发挥多渠道协同效应,推动多边进程持续向前。

为广大发展中国家应对气候变化提供力所能及的支持和帮助。中国秉持"授人以渔"理念,积极同广大发展中国家开展应对气候变化南南合作,尽己所能帮助发展中国家特别是小岛屿国家、非洲国家和最不发达国家提高应对气候变化能力,减少气候变化带来的不利影响,中国应对气候变化南南合作成果看得见、摸得着、有实效。2011年以来,中国累计安排约12亿元用于开展应对气候变化南南合作,与35个国家签署40份合作文件,通过建设低碳示范区、援助气象卫星、光伏发电系统和照明设备、新能源汽车、环境监测设备、清洁炉灶等应对气候变化相关物资,帮助有关国家提高应对气候变化能力,同时为近120个发展中国家培训了约2000名应对气候变化领域的官员和技术人员。

建设绿色丝绸之路为全球气候治理贡献中国方案。中国坚持把绿色作为底色,携手各方共建绿色丝绸之路,强调积极应对气候变化挑战,倡议加强在落实《巴黎协定》等方面的务实合作。2021年,中国与28个国家共同发起"一带一路"绿色发展伙伴关系倡议,呼吁各国应根据公平、共同但有区别的责任和各自能力原则,结合各自国情采取气候行动以应对气候变化。中国同有关国家一道实施"一带一路"应对气候变化南南合作计划,成立"一带一路"能源合作伙伴关系,促进共建"一带一路"国家开展生态环境保护和应对气候变化。

（三）应对气候变化中国倡议

应对气候变化是全人类的共同事业,面对全球气候治理前所未有的困难,国际社会要以前所未有的雄心和行动,勇于担当,勠力同心,积极应对气候变化,共谋人与自然和谐共生之道。

坚持可持续发展。气候变化是人类不可持续发展模式的产物,只有在可持续发展的框架内加以统筹,才可能得到根本解决。要把应对气候变化纳入国家可持续发展整体规划,倡导绿色、低碳、循环、可持续的生产生活方式,不断开拓生产发展、生活富裕、生态良好的文明发展道路。

坚持多边主义。国际上的事要由大家共同商量着办,世界前途命运要由各国共同掌握。在气候变化挑战面前,人类命运与共,单边主义没有出路,只有坚持多边主义,讲团结、促合作,才能互利共赢,福泽各国人民。要坚持通过制度和规则来协调规范各国关系,反对恃强凌弱,规则一旦确定,就要有效遵循,不能合则用、不合则弃,这是共同应对气候变化的有效途径,也是国际社会的基本共识。

坚持共同但有区别的责任原则。这是全球气候治理的基石。发达国家和发展中国家在造成气候变化上历史责任不同,发展需求和能力也存在差异,用统一尺度来限制是不适当的,也是不公平的。要充分考虑各国国情和能力,坚持各尽所能、国家自主决定贡献的制度安排,不搞"一刀切"。发展中国家的特殊困难和关切应当得到充分重视,发达国家在应对气候变化方面要多作表率,为发展中国家提供资金、技术、能力建设等方面支持。

坚持合作共赢。当今世界正经历百年未有之大变局,人类也正处在一个挑战层出不穷、风险日益增多的时代,气候变化等非传统安全威胁持续蔓延,没有哪个国家能独善其身,需要同舟共济、团结合作。国际社会应深化伙伴关系,提升合作水平,在应对全球气候变化的征程中取长补短、互学互鉴、互利共赢,实现共同发展,惠及全人类。

坚持言出必行。应对气候变化关键在行动。各方共同推动《巴黎协定》实施,要持之以恒,不要朝令夕改;要重信守诺,不要言而无信。要积极推动各国落实已经提出的国家自主贡献目标,将目标转化为落实的政策、措施和具体行动,避免把提出目标变成空喊口号。

结束语

当前,中国已经全面建成小康社会,正开启全面建设社会主义现代化国家、实现中华民族伟大复兴的新征程。应对气候变化是中国高质量发展的应有之义,既关乎中国人民对美好生活的期待,也关系到各国人民福祉。

面对新征程,中国将立足新发展阶段,贯彻新发展理念,构建新发展格局,推动高质量发展,将碳达峰、碳中和纳入经济社会发展全局,以降碳为生态文明建设的重点战略方向,推动减污降碳协同增效,促进经济社会发展全面绿色转型,推动实现生态环境质量改善由量变到质变,努力建设人与自然和谐共生的现代化。

气候变化带给人类的挑战是现实的、严峻的、长远的。把一个清洁美丽的世界留给子孙后代,需要国际社会共同努力。无论国际形势如何变化,中国将重信守诺,继续坚定不移坚持多边主义,与各方一道推动《联合国气候变化框架公约》及其《巴黎协定》的全面平衡有效持续实施,脚踏实地落实国家自主贡献目标,强化温室气体排放控制,提升适应气候变化能力水平,为推动构建人类命运共同体作出更大努力和贡献,让人类生活的地球家园更加美好。

碳达峰碳中和政策法规

一、《国家应对气候变化规划(2014—2020年)》

我国作为发展中国家,正处于工业化、城镇化加快发展的历史阶段。我国是温室气体排放第一大国,能源消费和温室气体排放持续增长,而国际碳排放空间进一步约束。为了积极应对气候变化,2014年9月,国家发改委印发《国家应对气候变化规划(2014—2020年)》

（以下简称《规划》）。

通过《规划》实施，到 2020 年，实现单位国内生产总值二氧化碳排放比 2005 年下降 40%—45%、非化石能源占一次能源消费的比重达到 15% 左右、森林面积和蓄积量分别比 2005 年增加 4000 万公顷和 13 亿立方米的目标，低碳试点示范取得显著进展，适应气候变化能力大幅提升，能力建设取得重要成果，国际交流合作广泛开展。

二、《中美气候变化联合声明》

《中美气候变化联合声明》，2014 年 11 月 12 日于北京发布。中华人民共和国、美利坚合众国在应对全球气候变化这一人类面临的最大威胁上具有重要作用。

在实现碳达峰方面，中国计划 2030 年前后二氧化碳排放达到峰值且将努力早日达峰，并计划到 2030 年非化石能源占一次能源消费比重提高到 20% 左右。

这次声明首次明确了 2020 年后中美的减排目标和时间表，既使中美两国未来实施低碳发展的国家战略高度契合，又能对全球温室气体减排产生实质性的推动作用，同时还能对其他国家产生强大的示范效应，最终为 2015 年在巴黎举行的国际气候谈判注入强大推动力。

中美气候变化联合声明
2014 年 11 月 12 日于中国北京

一、中华人民共和国和美利坚合众国在应对全球气候变化这一人类面临的最大威胁上具有重要作用。该挑战的严重性需要中美双方为了共同利益建设性地一起努力。

二、为此，中国国家主席习近平和美国总统贝拉克·奥巴马重申加强气候变化双边合作的重要性，并将携手与其他国家一道努力，以便在 2015 年联合国巴黎气候大会上达成在公约下适用于所有缔约方的一项议定书、其他法律文书或具有法律效力的议定成果。双方致力于达成富有雄心的 2015 年协议，体现共同但有区别的责任和各自能力原则，考虑到各国不同国情。

三、今天，中美两国元首宣布了两国各自 2020 年后应对气候变化行动，认识到这些行动是向低碳经济转型长期努力的组成部分并考虑到 2℃ 全球温升目标。美国计划于 2025 年实现在 2005 年基础上减排 26%—28% 的全经济范围减排目标并将努力减排 28%。中国计划 2030 年左右二氧化碳排放达到峰值且将努力早日达峰，并计划到 2030 年非化石能源占一次能源消费比重提高到 20% 左右。双方均计划继续努力并随时间而提高力度。

四、中美两国希望，现在宣布上述目标能够为全球气候谈判注入动力，并带动其他国家也一道尽快并最好是 2015 年第一季度提出有力度的行动目标。两国元首决定来年紧密合作，解决妨碍巴黎会议达成一项成功的全球气候协议的重大问题。

五、全球科学界明确提出，人类活动已在改变世界气候系统。日益加速的气候变化已经造成严重影响。更高的温度和极端天气事件正在损害粮食生产，日益升高的海平面和更具破坏性的风暴使我们沿海城市面临的危险加剧，并且气候变化的影响已在对包括中美两国在内的世界经济造成危害。这些情况迫切需要强化行动以应对气候挑战。

六、与此同时，经济证据日益表明现在采取应对气候变化的智慧行动可以推动创新、提高经济增长并带来诸如可持续发展、增强能源安全、改善公共健康和提高生活质量等广泛效益。应对气候变化同时也将增强国家安全和国际安全。

七、技术创新对于降低当前减排技术成本至关重要，这将带动新的零碳和低碳技术发明和推广，并增强各国减排的能力。中国和美国是世界上两个最大的清洁能源投资国，并已建立了成熟的能源技术合作计划。除其他外，双方还开展了如下工作：

——建立了中美气候变化工作组（气候变化工作组），并在此工作组下启动了关于汽车、智能电网、碳捕集利用和封存、能效、温室气体数据管理、林业和工业锅炉的行动倡议；

——同意就全球削减氢氟碳化物这种强效温室气体携手合作；

——成立了中美清洁能源研究中心，促进双方在碳捕集和封存技术、建筑能效和清洁汽车方面的合作；

——同意在二十国集团下就低效化石能源补贴进行联合同行审议。

八、双方计划继续加强政策对话和务实合作，包括在先进煤炭技术、核能、页岩气和可再生能源方面的合作，这将有助于两国优化能源结构并减少包括产生自煤炭的排放。为进一步支持落实两国富有雄心的气候目标，双方于今天宣布了通过现有途径特别是中美气候变化工作组、中美清洁能源研究中心和中美战略与经济对话加强和扩大两国合作的进一步措施。这些措施包括：

——扩大清洁能源联合研发：继续支持中美清洁能源研究中心，包括继续为建筑能效、清洁汽车和先进煤炭技术等三大现有研究领域提供资金支持，并开辟关于能源与水相联系的新研究领域；

——推进碳捕集、利用和封存重大示范：经由中美两国主导的公私联营体在中国建立一个重大碳捕集新项目，以深入研究和监测利用工业排放二氧化碳进行碳封存，并就向深盐水层注入二氧化碳以获得淡水的提高采水率新试验项目进行合作；

——加强关于氢氟碳化物的合作：以习主席与奥巴马总统在安纳伯格庄园就氢氟碳化物这种强效温室气体达成的历史性共识为基础，两国将在开始削减具有高全球增温潜势的氢氟碳化物方面加强双边合作，并按照两国元首于2013年9月6日圣彼得堡会晤所达成共识在多边框架下携手合作；

——启动气候智慧型/低碳城市倡议：为了解决正在发展的城镇化和日益增大的城市温室气体排放，并认识到地方领导人采取重大气候行动的潜力，中美两国将在气候变化工作组下建立一个关于气候智慧型/低碳城市的新倡议。作为第一步，中美两国将召开一次气候智慧型/低碳城市峰会，届时两国在此领域领先的城市将分享其最佳实践、设立新的目标并展示城市层面在减少碳排放和构建适应能力方面的领导力；

——推进绿色产品贸易：鼓励在可持续环境产品和清洁能源技术方面的双边贸易，包括由美国能源部长莫尼兹和商务部长普里茨克率领以智慧低碳城市和智慧低碳增长技术为主题的贸易代表团于2015年4月访华；

——实地示范清洁能源：在建筑能效、锅炉效率、太阳能和智能电网方面开展更多试验活动、可行性研究和其他合作项目。

三、《中华人民共和国国民经济和社会发展第十四个五年规划和2035年远景目标纲要》

2021年3月，《中华人民共和国国民经济和社会发展第十四个五年规划和2035年远景目标纲要》发布，其中就碳达峰与碳中和作出了详细规划，在2035年远景目标中提出要广泛形成绿色生产生活方式，碳排放达峰后稳中有降，生态环境根本好转，美丽中国建设目标基本实现。

并就持续改善环境质量，积极应对气候变化提出，要落实2030年应对气候变化国家自主贡献目标，制定2030年前碳排放达峰行动方案。完善能源消费总量和强度双控制度，重点控制化石能源消费。实施以碳强度控制为主、碳排放总量控制为辅的制度，支持有条件的地方和重点行业、重点企业率先达到碳排放峰值。推动能源清洁低碳安全高效利用，深入推进工业、建筑、交通等领域低碳转型。加大甲烷、氢氟碳化物、全氟化碳等其他温室气体控制力度。提升生态系统碳汇能力。锚定努力争取2060年前实现碳中和，采取更加有力的政策和措施。加强全球气候变暖对我国承受力脆弱地区影响的观测和评估，提升城乡建设、农业生产、基础设施适应气候变化能力。加强青藏高原综合科学考察研究。坚持公平、共同但有区别的责任及各自能力原则，建设性参与和引领应对气候变化国际合作，推动落实联合国气候变化框架公约及其巴黎协定，积极开展气候变化南南合作。

四、《中共中央 国务院关于完整准确全面贯彻新发展理念做好碳达峰碳中和工作的意见》

2021年9月22日，《中共中央 国务院关于完整准确全面贯彻新发展理念做好碳达峰碳中和工作的意见》发布。

意见提出了构建绿色低碳循环发展经济体系、提升能源利用效率、提高非化石能源消费比重、降低二氧化碳排放水平、提升生态系统碳汇能力等五个方面主要目标。

到 2025 年，绿色低碳循环发展的经济体系初步形成，重点行业能源利用效率大幅提升。单位国内生产总值能耗比 2020 年下降 13.5%；单位国内生产总值二氧化碳排放比 2020 年下降 18%；非化石能源消费比重达到 20% 左右；森林覆盖率达到 24.1%，森林蓄积量达到 180 亿立方米，为实现碳达峰、碳中和奠定坚实基础。

到 2030 年，经济社会发展全面绿色转型取得显著成效，重点耗能行业能源利用效率达到国际先进水平。单位国内生产总值能耗大幅下降；单位国内生产总值二氧化碳排放比 2005 年下降 65% 以上；非化石能源消费比重达到 25% 左右，风电、太阳能发电总装机容量达到 12 亿千瓦以上；森林覆盖率达到 25% 左右，森林蓄积量达到 190 亿立方米，二氧化碳排放量达到峰值并实现稳中有降。

到 2060 年，绿色低碳循环发展的经济体系和清洁低碳安全高效的能源体系全面建立，能源利用效率达到国际先进水平，非化石能源消费比重达到 80% 以上，碳中和目标顺利实现，生态文明建设取得丰硕成果，开创人与自然和谐共生新境界。

这一系列目标，立足于我国发展阶段和国情实际，标志着我国将完成碳排放强度全球最大降幅，用历史上最短的时间从碳排放峰值实现碳中和，体现了最大的雄心力度，需要付出艰苦卓绝的努力。

为实现中国碳达峰、碳中和，意见坚持系统观念，提出 10 方面 31 项重点任务，明确了碳达峰碳中和工作的路线图、施工图。

一是推进经济社会发展全面绿色转型，强化绿色低碳发展规划引领，优化绿色低碳发展区域布局，加快形成绿色生产生活方式。

二是深度调整产业结构，加快推进农业、工业、服务业绿色低碳转型，坚决遏制高耗能高排放项目盲目发展，大力发展绿色低碳产业。

三是加快构建清洁低碳安全高效能源体系，强化能源消费强度和总量双控，大幅提升能源利用效率，严格控制化石能源消费，积极发展非化石能源，深化能源体制机制改革。

四是加快推进低碳交通运输体系建设，优化交通运输结构，推广节能低碳型交通工具，积极引导低碳出行。

五是提升城乡建设绿色低碳发展质量，推进城乡建设和管理模式低碳转型，大力发展节能低碳建筑，加快优化建筑用能结构。

六是加强绿色低碳重大科技攻关和推广应用，强化基础研究和前沿技术布局，加快先进适用技术研发和推广。

七是持续巩固提升碳汇能力，巩固生态系统碳汇能力，提升生态系统碳汇增量。

八是提高对外开放绿色低碳发展水平，加快建立绿色贸易体系，推进绿色"一带一路"建设，加强国际交流与合作。

九是健全法律法规标准和统计监测体系，完善标准计量体系，提升统计监测能力。

十是完善投资、金融、财税、价格等政策体系，推进碳排放权交易、用能权交易等市场化机制建设。

此外，意见在碳达峰碳中和"1+N"政策体系中定位与作用也十分重要。党中央、国务院印发的意见，作为"1"，是管总管长远的，在碳达峰碳中和"1+N"政策体系中发挥统领作用；意见与《2030年前碳达峰行动方案》共同构成贯穿碳达峰、碳中和两个阶段的顶层设计。"N"则包括能源、工业、交通运输、城乡建设等分领域分行业碳达峰实施方案，以及科技支撑、能源保障、碳汇能力、财政金融价格政策、标准计量体系、督察考核等保障方案。一系列文件将构建起目标明确、分工合理、措施有力、衔接有序的碳达峰碳中和政策体系。

为做好意见的贯彻落实工作，意见作出了以下三方面要求。

一是加快建立碳达峰碳中和政策体系。指导地方科学制定碳达峰实施方案，推动各方统筹有序做好碳达峰碳中和工作。

二是强化统筹协调和督察考核。国家发展改革委将切实履行碳达峰碳中和工作领导小组办公室职责，及时跟踪、定期调度各地区各领域工作进展，做好各项目标任务落实情况的督察考核工作。

三是组织开展碳达峰碳中和先行示范。支持有条件的地方和重点行业、重点企业积极探索，形成一批可复制、可推广的有效模式，为如期实现全国层面碳达峰碳中和目标提供有益经验。

五、《2030 年前碳达峰行动方案》

2021年10月24日，国务院印发《2030年前碳达峰行动方案》（以下简称《方案》）。《方案》围绕贯彻落实党中央、国务院关于碳达峰碳中和的重大战略决策，按照《中共中央 国务院关于完整准确全面贯彻新发展理念做好碳达峰碳中和工作的意见》工作要求，聚焦2030年前碳达峰目标，对推进碳达峰工作作出总体部署。

《方案》以习近平新时代中国特色社会主义思想为指导，全面贯彻党的十九大和十九届二中、三中、四中、五中全会精神，深入贯彻习近平生态文明思想，立足新发展阶段，完整、准确、全面贯彻新发展理念，构建新发展格局，坚持系统观念，处理好发展和减排、整体和局部、短期和中长期的关系，统筹稳增长和调结构，把碳达峰、碳中和纳入经济社会发展全局，有力有序有效做好碳达峰工作，加快实现生产生活方式绿色变革，推动经济社会发展建立在资源高效利用和绿色低碳发展的基础上,确保如期实现2030年前碳达峰目标。

《方案》聚焦"十四五"和"十五五"两个碳达峰关键期,提出了提高非化石能源消费比重、提升能源利用效率、降低二氧化碳排放水平等方面主要目标。比如,到2025年,非化石能源消费比重达到20%左右,单位国内生产总值能源消耗比2020年下降13.5%,单位国内生产总值二氧化碳排放比2020年下降18%,为实现碳达峰奠定坚实基础。到2030年,非化石能源消费比重达到25%左右,单位国内生产总值二氧化碳排放比2005年下降65%以上,顺利实现2030年前碳达峰目标。

《方案》强调,要坚持"总体部署、分类施策,系统推进、重点突破,双轮驱动、两手发力,稳妥有序、安全降碳"的工作原则,强化顶层设计和各方统筹,加强政策的系统性、协同性,更好发挥政府作用,充分发挥市场机制作用,坚持先立后破,以保障国家能源安全和经济发展为底线,推动能源低碳转型平稳过渡,稳妥有序、循序渐进推进碳达峰行动,确保安全降碳。《方案》提出了非化石能源消费比重提高、能源利用效率提升、二氧化碳排放强度降低等主要目标。

《方案》提出,将碳达峰贯穿于经济社会发展全过程和各方面,重点实施"碳达峰十大行动"。一是能源绿色低碳转型行动。推进煤炭消费替代和转型升级,大力发展新能源,因地制宜开发水电,积极安全有序发展核电,合理调控油气消费,加快建设新型电力系统。二是节能降碳增效行动。全面提升节能管理能力,实施节能降碳重点工程,推进重点用能设备节能增效,加强新型基础设施节能降碳。三是工业领域碳达峰行动。推动工业领域绿色低碳发展,实现钢铁、有色金属、建材、石化化工等行业碳达峰,坚决遏制高耗能高排放项目盲目发展。四是城乡建设碳达峰行动。推进城乡建设绿色低碳转型,加快提升建筑能效水平,加快优化建筑用能结构,推进农村建设和用能低碳转型。五是交通运输绿色低碳行动。推动运输工具装备低碳转型,构建绿色高效交通运输体系,加快绿色交通基础设施建设。六是循环经济助力降碳行动。推进产业园区循环化发展,加强大宗固废综合利用,健全资源循环利用体系,大力推进生活垃圾减量化资源化。七是绿色低碳科技创新行动。完善创新体制机制,加强创新能力建设和人才培养,强化应用基础研究,加快先进适用技术研发和推广应用。八是碳汇能力巩固提升行动。巩固生态系统固碳作用,提升生态系统碳汇能力,加强生态系统碳汇基础支撑,推进农业农村减排固碳。九是绿色低碳全民行动。加强生态文明宣传教育,推广绿色低碳生活方式,引导企业履行社会责任,强化领导干部培训。十是各地区梯次有序碳达峰行动。科学合理确定有序达峰目标,因地制宜推进绿色低碳发展,上下联动制定地方达峰方案,组织开展碳达峰试点建设。

《方案》要求,要强化统筹协调,加强党中央对碳达峰、碳中和工作的集中统一领导,碳达峰碳中和工作领导小组对碳达峰相关工作进行整体部署和系统推进，领导小组办公室要加强统筹协调，督促将各项目标任务落实落细；要强化责任落实，着力抓好各项任务落实，确保政策到位、措施到位、成效到位；要严格监督考核，逐步建立系统完善的碳达峰碳中和综合评价考核制度，加强监督考核结果应用，对碳达峰工作成效突出的地区、单位和个人按规定给予表彰奖励，对未完成目标任务的地区、部门依规依法实行通报批评和约谈问责。

碳达峰碳中和大事记

1994 年

《联合国气候变化框架公约》生效，目标是控制温室气体水平（这应该是最早的关于全球气候控制的共识）。

1997 年

联合国气候大会在东京通过《京都议定书》。这是人类第一部限制各国温室气体排放的国际法案，需要占 1990 年全球温室气体排放量 55% 以上的至少 55 个国家批准后生效，2005 年生效。

2008 年

12 月，中国首个官方碳补偿标识——中国绿色碳基金补偿标识发布。

2009 年

3 月 5 日，温家宝总理在两会中特别强调，要毫不松懈地加强节能减排和生态环保工作。

11 月 25 日，国务院总理温家宝主持召开国务院常务会议，研究部署应对气候变化工作，决定到 2020 年我国控制温室气体排放的行动目标，并提出相应的政策措施和行动。会议决定，到 2020 年我国单位国内生产总值二氧化碳排放比 2005 年下降 40%—45%，作为约束性指标纳入国民经济和社会发展中长期规划，并制定相应的国内统计、监测、考核办法。

2011 年

3 月，"十二五"规划纲要提出逐步建立碳排放交易市场。

10 月，在北京、天津、上海、重庆、广东、湖北、深圳开展碳排放权交易试点工作。

2012 年

国家发改委发布《温室气体自愿减排交易管理暂行办法》《温室气体自愿减排项目审定与核证指南》，经核证的自愿减排量可交易，即 CCER。

2014 年

11月,习近平主席与美国总统奥巴马发表《中美气候变化联合声明》,宣布了中美两国各自2020年后应对气候变化行动。

2015 年

11月,习近平主席在第二十一届联合国气候变化大会(COP21)的首脑峰会上,代表拥有14亿人口的中国阐述了对巴黎气候大会的期待以及对于全球治理的看法。中国第二次提出2030年相对减排行动目标,即二氧化碳排放2030年前后达到峰值并争取尽早达峰;单位国内生产总值二氧化碳排放比2005年下降60%—65%,非化石能源占一次能源消费比重达到20%左右,森林蓄积量比2005年增加45亿立方米左右。

2016 年

《巴黎协定》生效。《巴黎协定》对2020年后全球应对气候变化行动做出统一安排,期望在2051—2100年,全球达到碳中和,同时把全球平均气温较工业化前水平升高控制在2℃以内,并为把升温控制在1.5℃努力。美国在2017年退出,2021年重返。

第十三个五年规划提出,单位GDP能源消耗和单位GDP碳排放在"十三五"期间分别下降15%和18%、非化石能源占一次能源消费比重上升3%,同时进一步提出全国能源消费总量要控制在50亿吨标准煤以内,并支持优化开发区域率先实现碳达峰。因为能源消费总量和能源消费结构决定了碳排放总量,所以第十三个五年规划提出的能源消费总量控制目标和能源结构优化目标,基本上确定了"十三五"期间的碳排放总量控制目标。或者说,在提出2030年碳达峰这一较长期碳总量控制目标后,中国又确定了一个隐性的五年碳排放总量控制目标,从而为长期目标的实现打下坚实基础。进一步而言,支持优化开发区域率先实现碳达峰,十分有助于为其他地区碳达峰提供可借鉴的经验,并促成全国总体碳达峰目标的顺利实现。

"十三五"规划纲要提出建立全国碳排放权交易制度,出台相关条例及实施细则,建立国家和地方两级管理制度,完善部门协作机制,实施碳排放配额管理制度。

2017 年

《全国碳排放权交易市场建设方案(发电行业)》印发实施,要求建设全国统一的碳排放权交易市场。

2020 年

9月22日,中国国家主席习近平在第七十五届联合国大会上提出,中国将提高国家自主贡献力度,采取更加有力的政策和措施,二氧化碳排放力争于2030年前达到峰值,努力争取2060年前实现碳中和。这一重大宣示,是党中央、国务院面对严峻复杂的国际形势,构建以国内大循环为主体、国内国际双循环相互促进的新发展格局作出的重大战略抉择,影响深远,意义重大。从国内来讲，这一重大宣示为我国当前和今后一个时期，乃至 20 世纪中叶应对气候变化工作、绿色低碳发展和生态文明建设提出了更高的要求、擘画了宏伟蓝图、指明了方向和路径。从国际上来看这一重大宣示展示了中国应对全球气候变化作出的新努力、新贡献，体现了中国对多边主义的坚定支持，不仅涉及应对气候变化和生态环境保护问题，更涉及能源革命和发展方式问题，彰显了中国积极应对气候变化、走绿色发展道路的决心和信心，为推动疫情后全球经济可持续和韧性复苏提供了重要政治动能和市场动能，充分展现了中国作为负责任大国推动各国树立创新、协调、绿色、开放、共享的新发展理念，建设全球生态文明，凝聚全球可持续发展强大合力，推动构建人类命运共同体的大国担当，受到国际社会广泛认同和高度赞誉。

9 月 30 日，习近平主席在联合国生物多样性峰会上的讲话中也提及，中国积极参与全球环境治理。中国切实履行气候变化、生物多样性等环境相关条约义务，已提前完成 2020 年应对气候变化和设立自然保护区相关目标。作为世界上最大发展中国家，我们也愿承担与中国发展水平相称的国际责任，为全球环境治理贡献力量。中国将秉持人类命运共同体理念，继续作出艰苦卓绝努力，提高国家自主贡献力度，采取更加有力的政策和措施，二氧化碳排放力争于 2030 年前达到峰值，努力争取 2060 年前实现碳中和，为实现应对气候变化《巴黎协定》确定的目标作出更大努力和贡献。

11 月 12 日，习近平主席在第三届巴黎和平论坛上强调，绿色经济是人类发展的潮流，也是促进复苏的关键。中欧都坚持绿色发展理念，致力于落实应对气候变化《巴黎协定》。中国将提高国家自主贡献力度，力争 2030 年前二氧化碳排放达到峰值，2060 年前实现碳中和，中方将为此制定实施规划。中方愿同欧方、法方以 2021 年分别举办生物多样性、气候变化、自然保护国际会议为契机，深化相关合作。

12 月 12 日，习近平主席在气候雄心峰会上进一步提高国家自主贡献力度的新目标，到 2030 年，中国单位国内生产总值二氧化碳排放将比 2005 年下降 65% 以上，非化石能源占一次能源消费比重将达到 25% 左右，森林蓄积量将比 2005 年增加 60 亿立方米，风电、太阳能发电总装机容量将达到 12 亿千瓦以上，这是世界上最为雄心勃勃"2030 中国减排目标"，将带动全球减排提前达峰，并发动空前未有的全球性绿色能源革命，充分展现了中国在应对全球气候变化实现世界 2050 年零碳排放目标，发挥全球领导作用。

12 月 16—18 日，习近平总书记在中央经济工作会议上指出要做好碳达峰、碳中和工作。我国二氧化碳排放力争 2030 年前达到峰值，力争 2060 年前实现碳中和。要抓紧制定 2030 年前碳排放达峰行动方案，支持有条件的地方率先达峰。要加快调整优化产业结构、能源结构，推动煤炭消费尽早达峰，大力发展新能源，加快建设全国用能权、碳排放权交易市场，完善能源消费双控制度。要继续打好污染防治攻坚战，实现减污降碳协同效应。要开展大规模国土绿化行动，提升生态系统碳汇能力。

12月24日，中国第一家从事碳中和基础研究的机构"中国科学院大气物理研究所碳中和研究中心"在北京正式挂牌成立。

12月，生态环境部以部令的形式印发《碳排放权交易管理办法（试行）》，内容包括总则、温室气体重点排放单位、分配与登记、排放交易、排放核查与配额清缴、监督管理、罚则、附则。

"十四五"规划提出全面实行排污许可制，推进排污权、用能权、用水权、碳排放权市场化交易。

2021年

1月25日，习近平主席在世界经济论坛"达沃斯议程"对话会上发表特别致辞：中国将全面落实联合国2030年可持续发展议程。加强生态文明建设，加快调整优化产业结构、能源结构，倡导绿色低碳的生产生活方式。力争于2030年前二氧化碳排放达到峰值、2060年前实现碳中和。

2月2日，《国务院关于加快建立健全绿色低碳循环发展经济体系的指导意见》，意见指出：要深入贯彻党的十九大和十九届二中、三中、四中、五中全会精神，全面贯彻习近平生态文明思想，认真落实党中央、国务院决策部署，坚定不移贯彻新发展理念，全方位全过程推行绿色规划、绿色设计、绿色投资、绿色建设、绿色生产、绿色流通、绿色生活、绿色消费，使发展建立在高效利用资源、严格保护生态环境、有效控制温室气体排放的基础上，统筹推进高质量发展和高水平保护，建立健全绿色低碳循环发展的经济体系，确保实现碳达峰、碳中和目标，推动我国绿色发展迈上新台阶。

3月5日，国务院总理李克强在《2021年国务院政府工作报告》中指出，扎实做好碳达峰、碳中和各项工作，制定2030年前碳排放达峰行动方案，优化产业结构和能源结构。中国碳达峰、碳中和目标的提出，在国内国际社会引发关注。

3月15日，习近平总书记主持召开中央财经委员会第九次会议并发表重要讲话强调，实现碳达峰、碳中和是一场广泛而深刻的经济社会系统性变革，要把碳达峰、碳中和纳入生态文明建设整体布局，拿出抓铁有痕的劲头，如期实现2030年前碳达峰、2060年前碳中和的目标。会议指明了"十四五"期间要重点做好的七方面工作。在业内专家看来，这次会议明确了碳达峰、碳中和工作的定位，尤其是为今后5年做好碳达峰工作谋划了清晰的"施工图"。

4月22日，习近平主席在"领导人气候峰会"上讲道，在2020年，中国正式宣布将力争2030年前实现碳达峰、2060年前实现碳中和。这是中国基于推动构建人类命运共同体的责任担当和实现可持续发展的内在要求作出的重大战略决策。中国承诺实现从碳达峰到碳中和的时间，远远短于发达国家所用时间，需要中方付出艰苦努力。中国将碳达峰、碳中和纳入生态文明建设整体布局，正在制订碳达峰行动计划，广泛深入开展碳达峰行动，支持有条件的地方和重点行业、重点企业率先达峰。

7月16日，习近平主席在亚太经合组织领导人非正式会议上讲道，地球是人类赖以生存的唯一家园。我们要坚持以人为本，让良好生态环境成为全球经济社会可持续发展的重要支撑，实现绿色增长。中方高度重视应对气候变化，将力争2030年前实现碳达峰、2060年前实现碳中和。中方支持亚太经合组织开展可持续发展合作，完善环境产品降税清单，推动能源向高效、清洁、多元化发展。

7月，全国碳排放权交易市场正式启动，2000多家发电行业公司纳入全国市场，目前全国碳排放权登记结算中心设立在湖北，交易中心设立在上海环境交易所。

9月，中共中央、国务院印发的《中共中央 国务院关于完整准确全面贯彻新发展理念做好碳达峰碳中和工作的意见》提出，推进市场化机制建设，依托公共资源交易平台，加快建设完善全国碳排放权交易市场，逐步扩大市场覆盖范围，丰富交易品种和交易方式，完善配额分配管理。将碳汇交易纳入全国碳排放权交易市场，建立健全能够体现碳汇价值的生态保护补偿机制。健全企业、金融机构等碳排放报告和信息披露制度。完善用能权有偿使用和交易制度，加快建设全国用能权交易市场。加强电力交易、用能权交易和碳排放权交易的统筹衔接。发展市场化节能方式，推行合同能源管理，推广节能综合服务。

10月12日，习近平主席在《生物多样性公约》第十五次缔约方大会领导人峰会上的讲话中指出，为推动实现碳达峰、碳中和目标，中国将陆续发布重点领域和行业碳达峰实施方案和一系列支撑保障措施，构建起碳达峰、碳中和"1+N"政策体系。中国将持续推进产业结构和能源结构调整，大力发展可再生能源，在沙漠、戈壁、荒漠地区加快规划建设大型风电光伏基地项目，第一期装机容量约1亿千瓦的项目已于近期有序开工。

节能减排

中国节能减排政策的发展历程

一、"节能减排"的概念内涵

中国提出并实施节能减排工作由来已久。以前称为节能降耗战略,进入21世纪,随着国际社会对由能源生产消费引发的环境问题,特别对大气污染和温室气体排放日益关注,故称为节能减排战略。节能减排,字面含义是降低能源消耗和减少污染物排放,前者是资源问题,后者是环境保护问题。因此,节能减排是与资源利用和环境保护紧密相连的重要概念。

节能减排定义有广义和狭义之分,广义而言,节能减排是指节约物质资源和能量资源,减少废弃物和环境有害物(包括三废和噪声等)排放;狭义而言,节能减排是指节约能源和减少环境有害物排放。本部分研究的对象——节能减排,指的是降低能源消耗、减少污染物排放。

对于节能的概念,世界能源委员会定义为,节能是指"采取技术上可行、经济上合理、环境和社会可接受的一切措施,来提高能源的利用效率。"也就是说,节能是指一切为降低能源强度(单位生产总值能耗)所作的努力。因此,节能是一个非常广泛的概念。一是节能范围十分广泛,从能源生产到消费终端,在能源系统的各个环节,都存在减少能源损失和浪费、提高能源使用效率的可能。二是节能手段非常丰富,如经济、行政、法律等都是节能可以采取的措施。

《中华人民共和国节约能源法》对节能的定义是,"加强用能管理,采取技术上可行、经济上合理以及环境和社会可以承受的措施,减少从能源生产到消费各个环节中的损失和浪费,更有效、合理地利用能源"。这个概念目标更加明确,对节能活动有指导意义。

20世纪90年代,国际上普遍用"能源效率"来代替70年代能源危机后提出的"节能"一词。1995年,世界能源理事会把"能源效率"定义为"减少提供同等能源服务的能源投入"。从国际权威机构给出的"节能"和"能源效率"定义来看,两者是一致的。能源的利用是为了满足人类的需要,能源效率应根据它所提供的服务来测度,而不是以消耗能源的总量来表示。

从节能的方式来看,节能包括直接节能和间接节能。直接节能又称为技术节能,是指通过技术进步和科学管理,提高能源效率,降低能源物理效率,是看得见的能源消耗量的减少;间接节能是指通过减少原材料投入、延长产品和设备的使用寿命、提高劳动生产率、提高经济效益等间接途径实现节能,主要表现在调整经济结构,优化企业、行业系统等。

"减排"是指减少有害环境的物质,包括总的污染物排放量,也包括排放物的污染种类。通常所说的"减排"分为狭义和广义:狭义是指减少温室气体排放,如二氧化碳、一氧化氮等;广义是指减少气体污染物、温室气体、固体废弃物、废水、重金属以及放射性物质等环境有害物的排放。减排的对象主要有二氧化硫、悬浮颗粒、氮氧化物、一氧化碳、重金属、温室气体等。减排的方式主要通过减少化石能源消耗、提高能源效率、使用清洁能源、利用森林碳汇机制、废物资源化等。[①]

二、初始形成阶段(1980—1994)

在初始形成阶段,我国节能减排主要以行政手段为主,重点关注节约能源领域。我国节能政策体系初步形成的开端是1980年《关于加强节约能源工作的报告》的颁布,强调把能源的节约放在优先地位,加强能源管理,自此节能被作为专项工作纳入国家的宏观管理范畴。

自1981年起,为了更好地应对节能减排,发布了《对工矿企业和城市节约能源的若干具体要求(试行)》《超定额耗用燃料加价收费实施办法》《关于按省、市、自治区实行计划用电包干的暂行管理办法》《征收排污费暂行办法》,结合实际,有效地推动了当时的节能减排工作。

此外,为保护人民健康、保证社会物质财富和维持生态平衡,城乡建设环境保护部为有效治理环境污染,在1983年颁布了《中华人民共和国环境保护标准管理办法》,对大气、水、土壤等环境质量制定了相应的标准,为环境保护提供了具体的参考指标。

为使节能减排的工作能再次得到有力的推行,并深入影响到各行各业,节能技术的推广显得尤为重要,因而在1984年,在国家纪委、国家经委和国家科委的协商下,《节能技术政策大纲》出炉,这一政策对节能技术的发展产生了极为深远的影响。

此外,说到管理污染问题,影响最大、要求最紧迫的,就是工业企业。据统计,当时我国80%以上的工业企业都存在能源资源利用率低下、浪费资源现象严重、污染物排放量高、为追求经济效益的最大化而忽略自然环境的状况。为了更好地解决这一现状,1985年,国务院环保委员会、国家经委颁布了《工业企业环境保护考核制度实施办法(试行)》,明确了各工业企业要以经济效益、社会效益、环境效益的协调发展为目标,充分利用一切能源资源,

---

① 王海霞:《节能减排的国际比较研究》,东北林业大学,硕士学位论文,2011年。

尽可能地采用无污染工艺，最大限度地减少污染物的排放。

另外，1986年，国务院还发布了《节约能源管理暂行条例》，对促进能源的合理开发和使用、经济的持续稳定发展，起到了十分显著的作用。暂行条例在1998年《节约能源法》施行前为我国的节能减排工作作出了全方位的指导。

随着宪法确立了环境保护在社会生活中的重要地位，20世纪90年代初，国务院相继发布了系列法律法规，在污染治理方面初步建立了配套的政策体系。

这一时期是我国的经济体制转型期，我国政府主要依靠行政手段加强节能管理，在节能技术升级、环境污染治理方面取得了成效，在一定程度上调动了企业节能的积极性，推动了能源的开发和节约，我国单位GDP能源使用量呈现逐年递减的态势。然而，政府和企业在节能减排工作中责任定位模糊，政府包揽了政策制定和实施管理工作，且行政措施的强制性不足，节能减排成为政府单方面的行为和责任，企业未能充分发挥作用。同时，我国能源的发展过程中也存在利用效率低下、经济效益不佳等问题，例如钢铁、建材、化工等主要工业产品单位能耗较高，与其他发达国家相比差距较大，规模经济效益也不够理想，节能潜力巨大。[1]

在政策建设方面，初始形成阶段确定了节能的战略地位，我国从节能和环保两方面入手，初步建成节能减排体系，致力于加强节能技术改造和治理环境污染。

一是建立以节能管理为基础的综合性法规体系。我国节能政策体系初步形成的开端是1980年《关于加强节约能源工作的报告》的颁布，强调把能源的节约放在优先地位，加强能源管理，自此节能被作为专项工作纳入国家的宏观管理范畴。1986年，国务院发布了《节约能源管理暂行条例》，对我国的节能工作作出了全方位的指导。国家出台了一系列有关节能的政策法规，对企业的节能水平制定了综合性的考核标准，并实施能源利用状况的监督，推进了节能管理法规体系的建设。

二是颁布节能技术政策及改造措施。节能技术的推广和改造能够有力推行节能工作，1984年出炉的《节能技术政策大纲》提出依靠技术进步来降低能源消耗，将大力开展节能技术改造作为长期途径。我国节能工作以提高用热和用电效率为重点，实施热电联产、集中供热、提高工业锅炉和窑炉效率、余热回收利用，推广省能设备、节能建筑等技术政策要点，改造耗能工艺设备，提高了用能技术水平。

三是推进环保立法和污染防治工作。随着宪法确立了环境保护在社会生活中的重要地位，20世纪90年代初，国务院相继发布了《中华人民共和国水污染防治法实施细则》《中华人民共和国大气污染防治实施细则》《征收排污费暂行办法》等法律法规，在污染治理方面初步

---

[1] 沈雯华：《我国节能减排政策的演变历程与发展趋势研究》，中国石油大学（华东），硕士学位论文，2014年。

建立了配套的政策体系。《中国 21 世纪议程——中国 21 世纪人口、环境与发展白皮书》也在 1994 年颁布，指出经济发展不应以牺牲资源环境为代价，必须坚持可持续发展。

在政策机理方面，主要有以下特点。

一是以行政命令强制推行节能减排措施。此阶段处于从计划经济到市场经济的转型期，我国政府主要采取了节能指令、加价收费、许可证制度等行政措施和强制性命令来推动节能减排工作。1980—1982 年，为实现年均节能量 4000 万吨标准煤的目标，国务院先后发布了压缩工业锅炉和工业窑炉烧油、节约用电、节约成品油、节约工业锅炉用煤、发展煤炭洗选加工合理用能等 5 个节能指令，开始在行政法规层面规制节约能源。在国家宏观政策的引导下，上海、浙江、辽宁等各地也制定了相应节能管理办法，对不合理利用能源的行为进行限制。1981 年《超定额耗用燃料加价收费实施办法》规定，对燃料消耗超过定额的企业收取 50% 的加价费用，作为节能措施费用的补充。1989 年，国家环境保护局发布了《中华人民共和国水污染防治法实施细则》，对超过国家或地方规定的污染物排放标准的企业事业单位，在限期治理后给予排污许可证。

二是使用有限的市场化手段助力企业节能减排。从节能降耗的实践来看，我国政府也曾采取市场激励手段加强企业的节能基建和技术改造，包括节能投资和信贷优惠，为节能减排的市场化机制奠定了基础。例如，1983 年实行了节能技术改造专项贷款的"拨改贷"，即将最初由财政拨款的节能基建投资改为年息仅为 2.4% 的低息贷款，低于当时 5% 的一般商业贷款年利率，鼓励企业以节能降耗为重点研究和开发节能技术。另外，《征收排污费暂行办法》明确了要对超过国家规定的标准排放污染物的收取排污费，促进企事业单位加强经营管理，节约和综合利用资源。

三、发展变革阶段（1995—2006）

发展变革阶段，节能减排成为基本国策，坚持节能优先，开始将能源作为经济发展的战略重点，重视能源结构的调整。我国形成了以节能法律法规为主体、以相关能源单行法和节能措施为支撑的节约能源法律框架体系。

1996 年 5 月 13 日，国家计委、国家经贸委、国家科委印发了《中国节能技术政策大纲》，要求国务院有关部门根据大纲的基本原则研究制定相应的实施细则和配套政策，各省、自治区、直辖市根据本地区实际情况，以大纲为指导，在各项工作中认真贯彻落实。该大纲 2005 年由国家发改委和科技部共同组织进行了修订。

1997 年，《中华人民共和国节约能源法》颁布实施，该法强调，节能是国家发展经济的一项长远战略方针。该法实施 10 年后，2007 年 10 月 28 日，十届全国人大常委会第三十次会议修订通过新的节能法，自 2008 年 4 月 1 日起施行。新节能法明确规定：节约资源是我国的基本国策,国家实施节约与开发并举、把节约放在首位的能源发展战略,为顺利实现"十一五"规划提出的节能减排目标提供了法律保障。

2003—2005年,中共中央总书记胡锦涛连续三年在中央人口资源环境工作座谈会上发表重要讲话,指出:切实做好人口资源环境工作。国土资源工作,要坚持开发和节约并举,把节约放在首位,在保护中开发,在开发中保护,最大限度地发挥资源的经济效益、社会效益和环境效益。要牢固树立节约资源的观念。自然资源只有节约才能持久利用。要在全社会树立节约资源的观念,培育人人节约资源的社会风尚。要在资源开采、加工、运输、消费等环节建立全过程和全面节约的管理制度,建立资源节约型国民经济体系和资源节约型社会。全面落实科学发展观,进一步调整经济结构和转变经济增长方式,是缓解人口资源环境压力、实现经济社会全面协调可持续发展的根本途径。要加快调整不合理的经济结构,彻底转变粗放型的经济增长方式,使经济增长建立在提高人口素质、高效利用资源、减少环境污染、注重质量效益的基础上,努力建设资源节约型、环境友好型社会。

2004年11月25日,经国务院批准,国家发改委发布了《节能中长期专项规划》,全面规划了"十一五"能源节约目标和发展重点,并设计提出了2020年节能的目标要求。

2005年5月,国家成立了以温家宝总理为组长的国家能源领导小组,统筹规划全国能源发展战略和协调全国能源工作。同年6月21日,温家宝总理主持召开国务院常务会议,研究建设节约型社会和发展循环经济问题,会后国务院发布《关于做好建设节约型社会近期重点工作的通知》和《关于加快发展循环经济的若干意见》。同年6月30日,温家宝总理发表了题为《高度重视　加强领导　加快建设节约型社会》的电视讲话,从战略高度阐述了建设节约型社会的意义,将建设节约型社会作为树立和落实科学发展观的一个重要战略举措。

2005年6月27日,胡锦涛总书记在主持中共中央政治局第二十三次集体学习时,针对我国能源资源问题强调指出:节约能源资源,走科技含量高、经济效益好、资源消耗低、环境污染少、人力资源优势得到充分发挥的路子,是坚持和落实科学发展观的必然要求,也是关系到我国经济社会可持续发展全局的重大问题。各级党委和政府要从树立和落实科学发展观、实现全面建设小康社会宏伟目标和中华民族伟大复兴的战略高度,充分认识做好能源资源工作的重要性和紧迫性。要全面分析能源资源形势,深入研究能源资源问题,全面做好能源资源工作。

2005年10月11日,党的十六届五中全会通过了《中共中央关于制定国民经济和社会发展第十一个五年规划的建议》。建议明确提出:要把节约资源作为基本国策,发展循环经济,保护生态环境,加快建设资源节约型、环境友好型社会,促进经济发展与人口、资源、环境相协调。之后,在国家"十一五"规划纲要中,正式确立了节能减排的基本国策地位。至此,以节能为重要内容的资源节约被提升到基本国策的战略高度,建设节约型社会这一关系我国经济社会发展和中华民族兴衰、具有战略意义的重大决策,在党和国家文献中被正式确立。

2006年1月1日,《中华人民共和国可再生能源法》施行。这是一部关系国家能源和环境安全、关系国家可持续发展的重要法律。其实施对于促进可再生能源的开发利用、增加能源供应、改善能源结构、保障能源安全、保护环境、实现经济社会的可持续发展等均具有重要的促进作用。

2006年8月6日,国务院颁发了《国务院关于加强节能工作的决定》,进一步强调必须把节能摆在更加突出的战略地位,必须把节能工作作为当前的紧迫任务。同年12月,国家发改委、科技部联合发布了《中国节能技术政策大纲(2006)》。大纲从实际出发,根据节能技术的成熟程度、成本和节能潜力,采用"研究、开发""发展、推广""限制、淘汰、禁止"等措施,规范了工业节能、建筑节能、交通节能、城市与民用节能、农业与农村节能、可再生能源利用等节能技术政策。

2006年,中国在"十一五"规划中首次提出节能减排目标,并推出了一系列行动和政策。

发展变革阶段,节能减排成为基本国策,坚持节能优先,开始将能源作为经济发展的战略重点,重视能源结构的调整。我国形成了以节能法律法规为主体、以相关能源单行法和节能措施为支撑的节约能源法律框架体系。

在政策建设方面主要具有以下特点。

一是加强节能管理的政策体系建设。坚持节能先行。我国于1997年通过了《中华人民共和国节约能源法》(以下简称《节约能源法》),明确节约能源是国家经济发展的一项长远战略方针,要求加强节能工作,合理调整产业结构和能源消费结构,挖掘节能的市场效益。《节约能源法》是我国社会经济史上的里程碑,自此节能减排成为我国的基本国策,为节能提供了法律保障。

二是开始出台长期能源规划。制定能源规划。我国已建立起较为成熟的节能工作体系,对未来能源的发展作出了长远规划。2004年出台的《能源中长期发展规划纲要(2004—2020年)(草案)》是我国能源领域的第一个中长期规划,强调必须坚持把能源作为经济发展的战略重点,以能源的可持续发展和有效利用支持我国经济社会的可持续发展。

开始重视新能源和可再生发展,调整能源结构。我国节能减排政策的发展变革阶段以1995年颁布的《新能源和可再生能源发展纲要(1996—2010)》为开端,鼓励开发风能、太阳能和地热能等清洁能源,积极发展可再生能源事业,促进了能源结构的优化。

三是污染控制和防治政策加码。完善环保立法体系。2004年修订的《中华人民共和国固体废物污染环境防治法》是我国环境保护立法的重大突破,针对工业固体废物污染提出治理措施，首次将限期治理决定权由人民政府赋予环保行政主管部门。2002年出台的《中华人民共和国清洁生产促进法》鼓励企业参与研发和推广清洁生产技术的工作，提高清洁生产水平和技术改造能力，达到减少污染排放的效果。

丰富控污手段。2003年施行的《排污费征收使用管理条例》指出，加强对排污费征收、使用工作的指导、管理和监督。不同于上一阶段的《征收排污费暂行办法》，所有排污企业都需缴纳一定数额的排污费，排污费的征收、使用必须严格实行收支两条线。

在政策机理方面，本阶段，我国节能减排的政策工具保留了行政手段的运用，并逐渐向市场化机制迈进。

一是实施指令控制型政策推进节能减排工作。加大淘汰落后产能力度，严控"双高"行业过快增长。我国于2005年启动了以节能降耗为起点的产业新政策体系，明确下达了淘汰落后产能的任务，强制公布淘汰落后产能企业名单，严控高耗能高排放和产能过剩行业扩大产能项目。同时，加强对淘汰落后产能的核查，对未按期完成淘汰落后产能任务的企业，依法吊销排污许可证、生产许可证、安全生产许可证，不予审批和核准新的投资项目。此举有利于推动产业结构转型升级，对于我国产业结构的优化调整起重要作用。

加强重点耗能单位节能管理。自1999年《重点用能单位节能管理办法》颁布以来，我国政府不断加强对重点用能单位的节能管理，要求省级节能主管部门加强对年耗能5000吨标准煤以上重点用能单位的节能监管，对节能考核结果为未完成等级的重点用能单位，应当责令其实施能源审计、报送能源审计报告、提出整改措施并限期整改。做好节能监测、产品能耗限额管理和限期淘汰等工作，有助于控制能源消费总量，提高能源使用效率。

强化节能减排目标责任制度。2006年，《国务院关于加强节能工作的决定》对各地区的节能任务进行了部署，落实节能减排目标责任制，要求将单位GDP能耗下降指标纳入各地经济社会发展综合考核体系，对地方各级人民政府实行节能工作问责制。目标责任制度将节能目标按地区进行分解，是中国政府推进节能的创新性举措之一，加强了节能责任意识，为依靠行政手段推进节能进一步夯实了法律基础。

二是依靠市场激励型政策治污减排。使用排污收费制度提升企业排污成本。自2003年《排污费征收使用管理条例》实施以来，我国政府不断加强对排污费征收工作的监督管理，进一步明确了排污收费的范围和标准，促进了污染治理和排污单位的经营管理。排污费的收取减轻了政府在节能减排、环境治理财政支出上的负担，同时也使企业的排污行为受到了市场机制的调节。一方面，影响了企业的决策，特别是对于高耗能高排放企业来说，主动减少产量、治理污染能够促进节能环保，若选择缴纳排污费，也会作为专项资金用于节能减排；另一方面，能够促进污染减排技术的创新，排污费是根据企业的排污量来征收的，所以企业必须考虑减少排污量，这将促使企业不断开发新技术，减少污染物的排放。

四、深化改革阶段（2007— ）

全球气候变化形势严峻，过多的能源消耗、较高的碳排放使得发展低碳能源和低碳减排工作成为重要任务，同时对节能减排政策的科学性也提出了更高的要求。深化改革阶段加大节能体系的改革力度，开发利用可再生能源以进一步优化能源结构，鼓励利用低碳技术提高减排效率，全面完善节能政策体系，调整能源战略，倡导低碳减排。

2007年，国务院发布了两个重要通知：《国务院关于印发节能减排综合性工作方案的通知》和《国务院关于印发中国应对气候变化国家方案的通知》。《节能减排综合性工作方案》从明确目标、优化结构、加大投入、创新模式、依靠科技、强化责任、健全法制、完善政策、加强宣传、政府带头等十个方面对节能减排工作进行了全面设计，成为我国开展节能减排工作最重要的指导文件之一。同时，为贯彻落实节能减排工作方案，同年11月17日，国务院又批转了由发展改革委、统计局和环保总局分别会同有关部门制定的《单位GDP能耗统计指标体系实施方案》、《单位GDP能耗监测体系实施方案》、《单位GDP能耗考核体系实施方案》和《主要污染物总量减排统计办法》、《主要污染物总量减排监测办法》、《主要污染物总量减排考核办法》，即"三个方案"和"三个办法"。《中国应对气候变化国家方案》明确指出，气候变化既是环境问题，也是发展问题，但归根到底是发展问题。该方案明确提出了到2010年我国应对气候变化的具体目标、基本准则、重点领域及政策措施。一年后的2008年10月，国务院新闻办公室又发布了《中国应对气候变化的政策与行动》白皮书。再次就全球关注的气候变化问题，向全世界阐明中国的原则立场和基本政策。

党的十七大报告提出："坚持节约资源和保护环境的基本国策，关系人民群众切身利益和中华民族生存发展。必须把建设资源节约型、环境友好型社会放在工业化、现代化发展战略的突出位置，落实到每个单位、每个家庭。"

2008年8月1日，国务院分别以第530号令、第531号令颁布了《民用建筑节能条例》和《公共机构节能条例》。两个条例作为《中华人民共和国节约能源法》的重要配套法规，自2008年10月1日起施行。

2008年8月29日，十一届全国人大常务委员会第四次会议通过了《中华人民共和国循环经济促进法》，该法于2009年1月1日起施行。该法确立的包括循环经济规划制度、抑制资源浪费和污染物排放的总量控制制度、循环经济评价和考核制度、以生产者为主的责任延伸制度、对高耗能高耗水企业重点监管制度、强化经济措施制度等方面的制度和政策框架，对于促进生产、流通和消费过程中能源资源的减量化、再利用和资源化活动具有重要的作用。[1]

---

[1] 吴国华：《中国节能减排战略研究》，经济科学出版社2009年版。

2011年发布的《"十二五"控制温室气体排放工作方案》明确了我国控制温室气体排放的总体要求和重点任务，指出要综合运用各种手段加强低碳技术的研发，推广一批具有良好减排效果的低碳技术和产品，大力推进节能降耗。

2014年政府工作报告中明确规定了当年能源消耗强度要降低3.9%以上，二氧化硫、化学需氧量排放量减少2%，进一步加大了节能减排工作的力度。同年，国务院办公厅发布的《能源发展战略行动计划（2014—2020年）》提出以电力为中心的能源消费结构调整，降低煤炭消费比重，提高天然气消费比重，重视和大力发展风电、太阳能、地热能等可再生能源。

2016年出台的《"十三五"节能减排综合性工作方案》也明确了日后节能减排的重点领域，要确保完成"十三五"节能减排约束性目标，经济发展不以环境恶化为代价，为建设生态文明提供有力支撑。

在政策建设方面，重视深化改革阶段加大节能体系的改革力度，开发利用可再生能源以进一步优化能源结构，鼓励利用低碳技术提高减排效率。

一是完善节能减排政策体系。修订《节约能源法》，完善节能制度。2007年修订后的《节约能源法》制定了节能管理的一系列具体化方针，进一步明确了节能执法主体和重点用能单位的节能义务，强化了节能法律责任。政府机构也被列入监管重点，我国的节能政策体系得到了完善。

升级节能减排目标。2014年政府工作报告中明确规定了当年能源消耗强度要降低3.9%以上，二氧化硫、化学需氧量排放量减少2%，进一步加大了节能减排工作的力度。2016年出台的《"十三五"节能减排综合性工作方案》也明确了日后节能减排的重点领域，要确保完成"十三五"节能减排约束性目标，经济发展不以环境恶化为代价，为建设生态文明提供有力支撑。

推进节能减排市场化。随着市场化机制的加强，排污权交易平台开始在我国投入使用，2007年，国内第一个排污权交易中心在浙江嘉兴挂牌成立。排污权交易在我国部分省份开展试点，逐步走向制度化和规范化。

二是调整能源发展战略。以能源结构优化为突破口调整能源战略，强调积极发展低碳能源，并作出了长期规划。继2008年《可再生能源发展"十一五"规划》指出要加强清洁可再生能源的研发和推广后，2014年年底，国务院办公厅发布的《能源发展战略行动计划（2014—2020年）》提出以电力为中心的能源消费结构调整，降低煤炭消费比重，提高天然气消费比重，重视和大力发展风电、太阳能、地热能等可再生能源。

三是鼓励低碳发展模式。大气污染带来的碳排放问题日益严峻，2007年，国务院发布了《中国应对气候变化国家方案》，将严格控制温室气体排放作为重要任务，国家十分重视低碳发展。

积极发展低碳技术。2011年发布的《"十二五"控制温室气体排放工作方案》明确了我国控制温室气体排放的总体要求和重点任务，指出要综合运用各种手段加强低碳技术的研发，推广一批具有良好减排效果的低碳技术和产品，大力推进节能降耗。

开展低碳发展试验试点。《"十二五"控制温室气体排放工作方案》要求各低碳试点地区因地制宜探索低碳发展模式，研究制定支持试点的财税、金融、价格等方面的配套政策，形成低碳发展的政策体系，推动了我国的低碳化进程。

在政策机理方面，主要有以下特点。

一是推行市场化的经济激励政策。

财政政策：用于促进节能降耗和污染防治的最主要措施

加大节能和环保财政投入，用于支持重点节能工程和环保设施项目的建设。"十一五"期间，中央在节能技术改造资金上投入了超过300亿元，支持重点节能工程项目，形成了约1.6亿吨标准煤的节能能力，对实现我国的节能目标发挥了重要作用。2007年，中央财政设立了节能减排专项资金，安排预算235亿元，2008年增加至270亿元，主要投入于节能技术升级和淘汰落后产能上。

强化政府采购在节能中的作用。推行政府绿色采购，完善强制采购和优先采购制度，逐步提高节能环保产品比重，实行节能环保服务政府采购。2007年，列入政府强制采购清单的节能产品总计33种类别，涉及539家企业和14551个产品型号，加大了政府对节能新产品的倾斜力度，有效激励企业向生产节能产品的方向发展。

税收政策：实行税收优惠和推进税费改革

加大节能项目税收优惠的范围和力度。新《节约能源法》明确表示，对列入推广目录的节能技术、节能产品实行税收优惠，促进了我国节能目标的实现。过去的节能减排税收优惠政策局限于企业所得税、消费税等环节，2010年起，为鼓励企业加大节能技术改造的工作力度，对于节能服务公司实施的合同能源管理项目，暂免征收营业税和增值税。

增加高耗能、高排放领域的税负。《"十二五"节能减排综合性工作方案》明确了积极推进资源税费改革，将原油、天然气和煤炭资源税计征办法由从量征收改为从价征收并适当提高税负水平；积极推进环境税费改革，选择防治任务重、技术标准成熟的税目开征环境保护税；调整进出口税收政策，控制高耗能、高排放产品的出口。

价格政策：加强价格机制的激励约束作用

强化价格约束引导，深入实施差别电价，提升高耗能企业生产成本。2010年，我国在实施差别电价政策的基础上，进一步提高了限制类和淘汰类企业电价，并首次提出对能源消耗超过规定限额标准的企业实行"惩罚性电价"，各地可在国家规定基础上，按程序加大差别电价、惩罚性电价实施力度。例如，河北省对钢铁、水泥行业实施的差别电价和惩罚性电价政策，高于国家规定的标准，并执行更加严格的能耗限额标准，起到了抑制高耗能行业过快增长和淘汰落后产能的作用。2013 年，国家开始对电解铝企业依据铅液电解交流电耗实行阶梯电价，超过最低标准每吨 13700 千瓦时的加收电价。次年，再次运用价格手段促进水泥行业进行产业结构调整，实行基于可比熟料（水泥）综合电耗水平标准的阶梯电价政策。

深化价格激励作用，支持可再生能源发展。我国对可再生能源价格实施了价格激励政策，如对可再生能源发电按照规定的上网价格实行全额强制性收购，保证适当的投资回报。此类政策引导了大量的社会资本积极进入新能源领域，在风电领域，到 2016 年，中国风力发电装机容量已经达到了 1.49 亿千瓦，从 2010 年起年复合增长率接近 31%，风电装机容量跃居全球第一。

金融政策：增强绿色信贷支持和能效指引

监管机构鼓励各类金融机构加大对节能减排项目的信贷支持力度，金融机构推出适合节能减排项目特点的信贷管理模式。2010 年，央行、银监会提出意见，严控高耗能、高污染企业的信贷投入，加大对环保企业和项目的信贷支持，改善环保领域的直接金融服务等。各大银行纷纷主动把握产业结构调整中的业务机遇，支持绿色信贷项目和节能环保项目。比如建行积极贯彻银监会有关支持绿色信贷的要求，对于符合节能减排、绿色信贷要求的客户和项目开放绿色通道，在贷款价格上给予适当优惠，在贷款指标上优先保障。此外，2015 年，银监会、国家发改委联合印发《能效信贷指引》，指导银行业金融机构通过提供信贷融资支持用能单位提高能效、降低能耗。金融政策是国家要求开拓创新的节能减排政策之一，能够助推企业创新绿色信贷产品，强化绿色信贷与市场化的互补机制。

二是市场机制下节能减排政策的阻力。

我国节能减排政策从只采取单一的命令控制方法过渡到重视市场化调节机制，注重经济增长与环境治理协同发展，且政策工具开始多元化，但市场化调控方式中依然存在不足。首先，政策实施力度不统一，专项资金的扶持更多面向重点企业的项目，对于不同行业、地区、企业存在资金补助上的失衡；其次，政府调控与市场机制协调性不足，如电力市场的市场化程度不足，导致电价不能准确反映资源稀缺程度和产品供求关系；最后，政策制定缺乏系统性和长期布局，存在"变相达标"风险，地方政府可能采取非常规措施来强行达到节能减排目标，可能会对经济运行产生影响。①

---

① 《推动能源转型 赋能绿色发展》，国家能源局网站，http://www.nea.gov.cn/2022-01/14/c_1310424510.htm。

节能减排政策法规

一、《关于加强节约能源工作的报告》

1980年2月，国家经济委员会发布了《关于加强节约能源工作的报告》，其中指出能源问题，已成为当时国民经济发展中的一个突出矛盾。报告提出："1980年计划全国工业生产增长百分之六，但煤炭、石油产量大体维持现有水平，发电量的增长幅度也不大。近几年工业生产增长所需要的能源，必须主要靠合理利用和节约来解决，以节能求增产。"

为了解决好四个现代化所需的能源问题，必须加强能源的开发和建设，注意做好煤炭、石油工业生产调整和电力工业的完善配套工作，为能源生产迅速发展积极创造条件。要突出抓节能工作，特别要抓好节约用油。经与有关部门研究，对1980年的节能工作，做以下安排。

1. 坚决压缩不合理的烧油。重点是加快烧油锅炉改烧煤的工作，1980年安排改炉压缩烧油规模500万吨，当年完成400万吨。

2. 努力减少成品油的消耗。主要靠加强机具、设备的管理，开展汽车的合理运输，进一步做好凭证定量供应工作等，坚决把不合理的消耗压下来。1980年汽油和柴油的供应量，比1979年压缩300万吨。

3. 节约煤炭、燃料油、焦炭。一方面，加强燃料的使用管理，把各种燃料的消耗定额降下来；另一方面，发展余热利用、集中供热，加速低效锅炉的改造等。1980年安排节约煤炭2300万吨、燃料油150万吨、焦炭150万吨。

4. 节约用电。进一步加强计划用电和产品耗电定额管理。认真整顿农业用电，限期取消民用电包费制，克服各种浪费电力的现象。1980年安排节约电力70亿度。

5. 降低能源生产部门的自用量和损耗。煤炭部门统配矿的自用煤要降到3.8%以下，同时要大力降低商品煤灰分、含矸率和洗精煤的水分。石油部门要加强落地油和污油的回收，充分利用油田伴生气和炼厂废气，油田自用和损耗要降到3.2%以下，炼厂综合商品率要达到90.5%。电力部门要努力减少自用电，降低线路损失，节约电力10亿度。

报告的发布意味着我国的现代节能减排体系初步形成。

二、《节约能源管理暂行条例》

为贯彻国家对能源实行开发和节约并重的方针，合理利用能源，降低能源消耗，提高经济效益，保证国民经济持续、稳定、协调发展，1986年1月12日国务院发布《节约能源管理暂行条例》。这是全面指导我国节能工作的一个行政法规，在1998年《中华人民共和国节能法》正式施行前起到了法规的作用。该条例写道，国务院建立节能工作办公会议制度，研究和审查有关节能的方针、政策、法规、计划和改革措施，部署和协调节能工作任务。省、自治区、直辖市人民政府和国务院有关部门，应指定主要负责人主管节能工作，并可建立节能工作办公会议制度。2001年该条例废止。

三、《中华人民共和国节约能源法》

《中华人民共和国节约能源法》于1997年11月1日第八届全国人民代表大会常务委员会第二十八次会议通过，2007年10月28日第十届全国人民代表大会常务委员会第三十次会议修订，2007年10月28日中华人民共和国主席令第七十七号公布，自2008年4月1日起施行。2016年7月与2018年10月进行两次修正。制定《中华人民共和国节约能源法》（以下简称《节约能源法》）是为了推动全社会节约能源，提高能源利用效率，保护和改善环境，促进经济社会全面协调可持续发展。

2007年10月，十届全国人大常委会第三十次会议审议通过了修订后的《节约能源法》，于2008年4月1日起正式施行。这是一部推动全社会节约能源、提高能源利用效率的重要法律，对于实现"十一五"节能目标，建设资源节约型、环境友好型社会，产生了重大而深远的影响。审议通过的修订后的《节约能源法》与原《节约能源法》相比，最主要的进步是完善了促进节能的经济政策。其主要特点有五个方面。

一是扩大了法律调整的范围。修订后的《节约能源法》增加了建筑节能、交通运输节能、公共机构节能等内容，对加强这些领域的节能工作必将起到积极的促进作用。

二是健全了节能管理制度和标准体系。修订后的《节约能源法》设立了一系列节能管理制度，如节能目标责任评价考核制度、能效标识管理制度、节能奖励制度等。

三是完善了促进节能的经济政策。修订后的《节约能源法》规定中央财政和省级地方财政要安排节能专项资金支持节能工作，对生产、使用列入推广目录需要支持的节能技术和产品实行税收优惠，对节能产品的推广和使用给予财政补贴，引导金融机构增加对节能项目的信贷支持等，从总体上构建了推动节能的政策框架。

四是明确了节能管理和监督主体。修订后的《节约能源法》规定了统一管理、分工协作、相互协调的节能管理体制，理顺了节能主管部门与各相关部门在节能监督管理中的职责。

五是强化了法律责任。修订后的《节约能源法》规定了19项法律责任，明确了相应的处罚措施，加大了处罚范围和力度。

此外，修订后的《节约能源法》还确立刚性化的节能管理问责制，主要表现在以下几个方面。

一是节能目标责任制和节能考核评价制度。修订后的《节约能源法》规定，实行节能目标责任制和节能评价考核制度，将节能目标完成情况作为对地方政府及其负责人考核评价的内容，省级地方政府每年要向国务院报告节能目标责任的履行情况。这使节能问责制的要求刚性化、法定化，有利于增强各级领导干部的节能责任意识，强化政府的主导责任。

二是固定资产投资项目节能评估和审查制度。规定建立固定资产投资项目节能评估和审查制度，通过项目评估和节能评审，控制不符合强制性节能标准和节能设计规范的投资项目。

三是落后高耗能产品、设备和生产工艺淘汰制度。这既把住了高耗能产品、设备和生产工艺的市场入口关，也加大了淘汰力度。

四是重点用能单位节能管理制度。明确了重点用能单位的范围，对重点用能单位和一般用能单位实行分类指导和管理，规定重点用能单位必须设立能源管理岗位，聘任能源管理负责人。

五是能效标识管理制度。将能效标识管理作为一项法律制度确立下来，明确了能效标识的实施对象，并对违规使用能效标识等行为规定了具体的处罚措施。

六是节能表彰奖励制度。规定各级人民政府对在节能管理、节能科学技术研究和推广应用中有显著成绩以及检举严重浪费能源行为的单位和个人，给予表彰和奖励。

四、《节能中长期专项规划》

《节能中长期专项规划》（以下简称《规划》）是 2004 年 11 月 25 日中华人民共和国国家发展和改革委员会组织编写并经国务院同意发布的规划。《规划》的制定是为贯彻落实党的十六大和十六届三中、四中全会精神，树立和落实科学发展观，推动全社会大力节能降耗，提高能源利用效率，加快建设节能型社会，缓解能源约束矛盾和环境压力，保障全面建设小康社会目标的实现。

《规划》是改革开放以来我国制定和发布的第一个节能中长期专项规划，其分析了我国能源消费特点、能源利用状况、节能工作存在的主要问题、节能工作面临的形势和任务，提出了节能的指导思想、原则和目标，节能的重点领域、重点工程及保障措施。

《规划》提出四个方面的目标。一是宏观节能量指标。到 2010 年每万元 GDP（1990 年不变价，下同）能耗由 2002 年的 2.68 吨标准煤下降到 2.25 吨标准煤，2003—2010 年年均节能率为 2.2%，形成的节能能力为 4 亿吨标准煤。2020 年每万元 GDP 能耗下降到 1.54 吨标准煤，2003—2020 年年均节能率为 3%，形成的节能能力为 14 亿吨标准煤，相当于同期规划新增能源生产总量 12.6 亿吨标准煤的 111%，相当于减少二氧化硫排放 2100 万吨。二是主要产品（工作量）单位能耗指标。2010 年总体达到或接近 20 世纪 90 年代初期国际先进水平，其中大中型企业达到本世纪初国际先进水平；2020年达到或接近国际先进水平。三是主要耗能设备能效指标。2010年新增主要耗能设备能源效率达到或接近国际先进水平，部分汽车、电动机、家用电器等达到国际领先水平。四是宏观管理目标。2010年初步建立与社会主义市场经济体制相适应的比较完善的节能法规标准体系、政策支持体系、监督管理体系、技术服务体系。

根据我国当时的节能潜力和未来能源需求的特点，《规划》提出"十一五"节能的重点领域是工业、交通运输、建筑、商用和民用。其中，工业节能的重点是电力、钢铁、有色金属、石油石化、化学、建材、煤炭和机械等高耗能行业，交通节能的重点是新增机动车，建筑节能的重点是严格执行节能设计标准，商用和民用节能的重点是提高用能设备能效标准。同时提出"十一五"期间组织实施十项节能重点工程，包括燃煤工业锅炉（窑炉）改造工程、区域热电联产工程、余热余压利用工程、节约和替代石油工程、电机系统节能工程、能量系统优化工程、建筑节能工程、绿色照明工程、政府机构节能工程以及节能监测和技术服务体系建设工程等。

为了实现我国的节能减排目标，《规划》提出了十项保障措施。

一是坚持和实施节能优先的方针。节能优先要体现在制定和实施发展战略、发展规划、产业政策、投资管理以及财政、税收、金融和价格等政策中。编制专项规划要把节能作为重要内容加以体现，各地区都要结合本地区实际制定节能中长期规划；建设项目的项目建议书、可行性研究报告应强化节能篇的论证和评估；要在推进结构调整和技术进步中体现节能优先；要在国家财政、税收、金融和价格政策中支持节能。

二是制定和实施统一协调促进节能的能源和环境政策。煤炭应主要用于发电，不断提高煤炭用于发电的比重，提高电力占终端能源消费的比例。石油应主要用于交通运输、化工原料和现阶段无法替代的用油领域。城市大气污染治理应以改造后达标排放和污染物总量控制为原则，城市燃料构成要从实际出发，不宜硬性规定燃煤锅炉必须改燃油锅炉。对中小型燃煤锅炉，在有天然气资源的地区应鼓励使用天然气进行替代；在无天然气或天然气资源不足的地区，应鼓励优先使用优质洗选加工煤或其他优质能源，并采用先进的节能环保型锅炉，减少燃煤污染。

三是制定和实施促进结构调整的产业政策。研究制定促进服务业发展的政策措施，加快发展低能耗、高附加值的第三产业。加快制定《产业结构调整指导目录》，鼓励发展高新技术产业，运用高新技术和先进适用技术改造和提升传统产业，促进产业结构优化和升级。国家对落后的耗能过高的用能产品、设备实行淘汰制度。制定钢铁、有色、水泥等高耗能行业发展规划、政策，提高行业准入标准。制定限制用油的领域以及国内紧缺资源及高耗能产品出口的政策。

四是制定和实施强化节能的激励政策。抓紧制定《节能设备（产品）目录》（以下简称

《目录》），对生产或使用《目录》所列节能产品实行鼓励政策；将节能产品纳入政府采购目录。国家对一些重大节能项目和重大节能技术开发、示范项目给予投资和资金补助或贷款贴息支持。政府节能管理、政府机构节能改造等所需费用，纳入同级财政预算。深化能源价格改革，形成有利于节能、提高能效的价格激励机制。研究鼓励发展节能车型和加快淘汰高耗油车辆的财政税收政策，择机实施燃油税改革方案。取消一切不合理的限制低油耗、小排量、低排放汽车使用和运营的规定。

五是加大依法实施节能管理的力度。加快建立和完善以《节约能源法》为核心，配套法规、标准相协调的节能法律法规体系，依法强化监督管理。研究完善节约能源的相关法律，抓紧制定配套法规、规章。制定和实施强制性、超前性能效标准。组织修订和完善主要耗能行业节能设计规范、建筑节能标准等。制定机动车燃油经济性标准，建立和实施机动车燃油经济性申报、标识、公布三项制度。建立和完善节能监督机制，加大监督执法力度。

六是加快节能技术开发、示范和推广。组织对共性、关键和前沿节能技术的科研开发，实施重大节能示范工程，促进节能技术产业化。引进国外先进的节能技术，并消化吸收。组织先进、成熟节能新技术、新工艺、新设备和新材料的推广应用。修订《中国节能技术政策大纲》，引导企业和金融机构投资方向。在国家中长期科技发展规划、国家高技术产业发展项目计划中加大对重大节能技术开发和产业化的支持力度。建立节能共性技术和通用设备基地（平台）。

七是推行以市场机制为基础的节能新机制。建立节能信息发布制度，及时发布国内外各类能耗信息、先进的节能技术和管理经验。推行综合资源规划和电力需求侧管理，引导资源合理配置。大力推动节能产品认证和能效标识管理制度的实施，引导用户和消费者购买节能型产品。推行合同能源管理，建立节能投资担保机制，促进节能技术服务体系的发展。推行节能自愿协议。

八是加强重点用能单位节能管理。组织对重点用能单位能源利用状况的监督检查和主要耗能设备、工艺系统的检测，定期公布重点用能单位能源利用状况及与国内外同类企业先进水平的比较情况。重点用能单位应设立能源管理岗位，聘用符合条件的能源管理人员，建立节能工作责任制，健全能源计量管理、能源统计和能源利用状况分析制度。

九是强化节能宣传、教育和培训。广泛开展节能宣传，提高全民能源忧患意识和节能意识。充分发挥新闻媒体优势，宣传节能典型，曝光严重浪费资源、污染环境的企业和现象。深入持久开展全国节能宣传周活动。将节能纳入中小学教育、高等教育、职业教育和技术培训体系。各级政府有关部门和企业，要组织开展经常性的节能宣传、技术和典型交流，以及节能管理和技术人员的培训。

十是加强组织领导，推动规划实施。各地区、有关部门及企事业单位要加强对节能工作的领导，明确专门的机构、人员和经费，制定规划，组织实施。

五、《"十二五"节能减排综合性工作方案》

2011年9月，国务院印发《"十二五"节能减排综合性工作方案》（以下简称《方案》）。《方案》提出了"十二五"节能减排的总体要求，即以邓小平理论和"三个代表"重要思想为指导，深入贯彻落实科学发展观，坚持降低能源消耗强度、减少主要污染物排放总量、合理控制能源消费总量相结合，形成加快转变经济发展方式的倒逼机制；坚持强化责任、健全法制、完善政策、加强监管相结合，建立健全激励和约束机制；坚持优化产业结构、推动技术进步、强化工程措施、加强管理引导相结合，大幅度提高能源利用效率，显著减少污染物排放；进一步形成政府为主导、企业为主体、市场有效驱动、全社会共同参与的推进节能减排工作格局，确保实现"十二五"节能减排约束性目标，加快建设资源节约型、环境友好型社会。

《方案》细化了"十二五"规划纲要确定的节能减排目标。在节能方面，提出到2015年，全国万元国内生产总值能耗下降到0.869吨标准煤（按2005年价格计算），比2010年的1.034吨标准煤下降16%，比2005年的1.276吨标准煤下降32%；"十二五"期间，实现节约能源6.7亿吨标准煤。在减排方面，提出2015年，全国化学需氧量和二氧化硫排放总量分别控制在2347.6万吨、2086.4万吨，比2010年的2551.7万吨、2267.8万吨分别下降8%；全国氨氮和氮氧化物排放总量分别控制在238.0万吨、2046.2万吨，比2010年的264.4万吨、2273.6万吨分别下降10%。

《方案》还以附件形式，明确了"十二五"各地区节能目标、各地区化学需氧量排放总量控制计划、各地区氨氮排放总量控制计划、各地区二氧化硫排放总量控制计划、各地区氮氧化物排放总量控制计划。

《方案》从三个方面提出强化节能减排目标责任的任务。一是合理分解节能减排指标。综合考虑经济发展水平、产业结构、节能潜力、环境容量及国家产业布局等因素，将全国节能减排目标合理分解到各地区。如节能目标分解：天津、上海、江苏、浙江、广东下降18%；北京、河北、辽宁、山东下降17%；山西、吉林、黑龙江、安徽、福建、江西、河南、湖北、湖南、重庆、四川、陕西下降16%；内蒙古、广西、贵州、云南、甘肃、宁夏下降15%；海南、西藏、青海、新疆下降10%。二是健全节能减排统计、监测和考核体系。加强能源生产、流通、消费统计，建立和完善建筑、交通运输、公共机构能耗统计制度，完善节能减排统计核算、监测方法及考核办法，继续做好全国和各地区单位国内生产总值能耗、主要污染物排放指标公报工作。三是加强目标责任评价考核。把地区目标考核与行业目标评价相结合，把落实五年目标与完成年度目标相结合,把年度目标考核与进度跟踪相结合,以解决节能减排工作前松后紧等问题。国务院每年组织开展省级人民政府节能减排目标责任评价考核,考核结果作为领导班子和领导干部综合考核评价的重要内容,纳入政府绩效和国有企业业绩管理,实行问责制,并对做出突出成绩的地区、单位和个人给予表彰奖励。

《方案》在推进调整优化产业结构上提出:一要抑制高耗能、高排放行业过快增长。严格控制高耗能、高排放和产能过剩行业新上项目,进一步提高行业准入门槛,强化节能、环保、土地、安全等指标约束。严格控制高耗能、高排放产品出口。中西部地区承接产业转移必须坚持高标准,严禁污染产业和落后生产能力转入。二要加快淘汰落后产能。将任务按年度分解落实到各地区,完善退出机制,指导、督促淘汰落后产能企业做好职工安置工作,中央财政统筹支持各地区淘汰落后产能工作。三要推动传统产业改造升级。加快运用高新技术和先进适用技术改造提升传统产业,促进信息化和工业化深度融合,重点支持对产业升级带动作用大的重点项目和重污染企业搬迁改造。四要调整能源消费结构。在做好生态保护和移民安置的基础上发展水电,在确保安全的基础上发展核电,加快发展天然气,因地制宜发展风能、太阳能、生物质能、地热能等可再生能源。到2015年,非化石能源占一次能源消费总量比重达到11.4%。五要提高服务业和战略性新兴产业在国民经济中的比重。到2015年,服务业增加值和战略性新兴产业增加值占国内生产总值比重分别达到47%和8%左右。

《方案》还列出了三项节能减排重点工程。一是节能重点工程。包括节能改造工程、节能技术产业化示范工程、节能产品惠民工程、合同能源管理推广工程,形成3亿吨标准煤的节能能力。二是污染物减排重点工程。包括城镇污水处理设施及配套管网建设工程、脱硫脱硝工程,形成化学需氧量、氨氮、二氧化硫、氮氧化物削减能力420万吨、40万吨、277万吨、358万吨。三是循环经济重点工程。包括资源综合利用、废旧商品回收体系、"城市矿产"示范基地、再制造产业化、产业园区循环化改造工程等。《方案》还明确要多渠道筹措节能减排资金,节能减排重点工程所需资金主要由项目实施主体通过自有资金、金融机构贷款、社会资金解决,各级人民政府应安排一定的资金予以支持和引导。

《方案》在加强节能减排管理方面提出了八项要求。一是合理控制能源消费总量。建立能源消费总量控制目标分解落实机制,制定实施方案。将固定资产投资项目节能评估审查作为控制地区能源消费增量和总量的重要措施。建立能源消费总量预测预警机制,对能源消费总量增长过快的地区及时预警调控。在工业、建筑、交通运输、公共机构以及城乡建设和消费领域全面加强用能管理。二是强化重点用能单位节能管理。依法加强年耗能万吨标准煤以上用能单位节能管理,开展万家企业节能低碳行动,实现节能2.5亿吨标准煤。三是加强工业节能减排。重点推进电力、煤炭、钢铁、有色金属、石油石化、化工、建材、造纸、纺织、印染、食品加工等行业节能减排,明确目标任务,加强行业指导,推动技术进步,强化监督管理。四是推动建筑节能。制定并实施绿色建筑行动方案，从规划、法规、技术、标准、设计等方面全面推进建筑节能。五是推进交通运输节能减排。积极发展城市公共交通，开展低碳交通运输专项行动，加速淘汰老旧交通运输工具。六是促进农业和农村节能减排。加快淘汰老旧农用机具，推广农用节能机械、设备和渔船。治理农业面源污染，加强农村环境综合整治，实施农村清洁工程。七是推动商业和民用节能。在零售业等商贸服务和旅游业开展节能减排行动，在居民中推广使用高效节能家电、照明产品，鼓励购买节能环保型汽车。减少一次性用品使用，限制过度包装。八是加强公共机构节能减排。新建建筑实行更加严格的建筑节能标准，加快办公区节能改造。国家机关供热实行按热量收费。推进公务用车制度改革。建立完善公共机构能源审计、能效公示和能耗定额管理制度。

《方案》提出要加快节能减排技术开发和推广应用。一要加快节能减排共性和关键技术研发。组织高效节能环保共性、关键和前沿技术攻关。二要加大节能减排技术产业化示范。重点支持节能减排关键技术与装备产业化，加快产业化基地建设。三要加快节能减排技术推广应用，建立技术遴选、评定及推广机制。重点推广一批先进适用技术。四要加强与有关国际组织、政府在节能环保领域的交流合作，积极引进、消化、吸收国外先进技术，加大推广力度。

《方案》从价格、财政、税收、金融四个方面提出了有利于节能减排的经济政策。

关于价格和收费政策。一是深化资源性产品价格改革，理顺煤、电、油、气、水、矿产等资源产品价格关系。推行居民用电、用水阶梯价格。完善电力峰谷分时电价办法。深化供热体制改革，全面推行供热计量收费。二是对能源消耗超过国家和地区规定的单位产品能耗（电耗）限额标准的企业和产品，实行惩罚性电价。各地可在国家规定基础上，按程序加大差别电价、惩罚性电价实施力度。三是严格落实脱硫电价，研究制定燃煤电厂烟气脱硝电价政策。四是进一步完善污水处理费政策，研究将污泥处理费用逐步纳入污水处理成本问题。五是改革垃圾处理收费方式，加大征收力度，降低征收成本。

关于财政政策。一是加大中央预算内投资和中央财政节能减排专项资金的投入力度，加快重点工程实施和能力建设。地方财政也要加大节能减排投入。深化"以奖代补""以奖促治"以及采用财政补贴方式推广高效节能产品等支持机制，强化财政资金的引导作用。二是国有资本经营预算要继续支持企业实施节能减排项目。三是推行政府绿色采购，完善强制采购和优先采购制度，逐步提高节能环保产品比重，研究实行节能环保服务政府采购。

关于税收政策。一是落实国家支持节能减排所得税、增值税等优惠政策。二是积极推进资源税费改革，将原油、天然气和煤炭资源税计征办法由从量征收改为从价征收并适当提高税负水平，依法清理取消涉及矿产资源的不合理收费基金项目。三是积极推进环境税费改革，选择防治任务重、技术标准成熟的税目开征环境保护税。四是完善和落实资源综合利用和可再生能源发展的税收优惠政策。五是调整进出口税收政策，遏制高耗能、高排放产品出口。

关于金融政策。一是加大各类金融机构对节能减排项目的信贷支持力度，鼓励金融机构创新适合节能减排项目特点的信贷管理模式。二是引导各类创业投资企业、股权投资企业、社会捐赠资金和国际援助资金对节能减排的投入。三是提高高耗能、高排放行业贷款门槛，将企业环境违法信息纳入人民银行企业征信系统和银监会信息披露系统，与企业信用等级评定、贷款及证券融资联动。四是推行环境污染责任保险。建立银行绿色评级制度。

《方案》在强化节能减排监督检查方面提出：一要健全节能环保法律法规。加快制定城镇排水和污水处理条例、排污许可证管理条例、畜禽养殖污染防治条例。二要严格节能评估审查和环境影响评价制度。把污染物排放总量指标作为环评审批的前置条件，对年度减排目标未完成、重点减排项目未按目标责任书落实的地区和企业，实行阶段性环评限批。三要加强重点污染源和治理设施运行监管。列入国家重点环境监控的电力、钢铁、造纸、印染等重点行业的企业要安装运行管理监控平台和污染物排放自动监控系统，定期报告运行情况及污染物排放信息，推动污染源自动监控数据联网共享。四要加强节能减排执法监督。开展节能减排专项检查和对重点用能单位、重点污染源的执法检查。实行节能减排执法责任制。

《方案》提出充分发挥节能减排市场化机制作用，主要包括加大能效标识和节能环保产品认证实施力度，建立"领跑者"标准制度，加强节能发电调度和电力需求侧管理，加快推行合同能源管理，推进排污权和碳排放权交易试点，推行污染治理设施建设运行特许经营等。

《方案》在加强节能减排基础工作和能力建设方面，有如下具体要求。一是加快节能环保标准体系建设。制（修）订重点行业单位产品能耗限额、产品能效和污染物排放等强制性国家标准，以及建筑节能标准和设计规范，提高准入门槛。建立满足氨氮、氮氧化物控制目标要求的排放标准。鼓励地方依法制定更加严格的节能环保地方标准。二是强化节能减排管理能力建设。建立健全节能管理、监察、服务"三位一体"的节能管理体系。继续推进能源统计能力建设。推动重点用能单位按要求配备计量器具，推行能源计量数据在线采集、实时监测。

《方案》还就动员全社会参与节能减排提出了三项任务。一是加强节能减排宣传教育。组织好全国节能宣传周、世界环境日等主题宣传活动，加强日常性节能减排宣传教育。二是深入开展节能减排全民行动。抓好家庭社区、青少年、企业、学校、军营、农村、政府机构、科技、科普和媒体等十个专项行动，加强节能减排宣传教育。三是政府机关带头节能减排。

六、《"十三五"节能减排综合工作方案》

2016年12月20日，国务院印发《"十三五"节能减排综合工作方案》（以下简称《方案》）。《方案》明确了"十三五"节能减排工作的主要目标和重点任务，对全国节能减排工作进行全面部署。

《方案》指出,要落实节约资源和保护环境基本国策,以提高能源利用效率和改善生态环境质量为目标,以推进供给侧结构性改革和实施创新驱动发展战略为动力,坚持政府主导、企业主体、市场驱动、社会参与,加快建设资源节约型、环境友好型社会。到2020年,全国万元国内生产总值能耗比2015年下降15%,能源消费总量控制在50亿吨标准煤以内。全国化学需氧量、氨氮、二氧化硫、氮氧化物排放总量分别控制在2001万吨、207万吨、1580万吨、1574万吨以内,比2015年分别下降10%、10%、15%和15%。全国挥发性有机物排放总量比2015年下降10%以上。

《方案》从十一个方面明确了推进节能减排工作的具体措施。一是优化产业和能源结构,促进传统产业转型升级,加快发展新兴产业,降低煤炭消费比重。二是加强重点领域节能,提升工业、建筑、交通、商贸、农村、公共机构和重点用能单位能效水平。三是深化主要污染物减排,改变单纯按行政区域为单元分解控制总量指标的方式,通过实施排污许可制,建立健全企事业单位总量控制制度,控制重点流域和工业、农业、生活、移动源污染物排放。四是大力发展循环经济,推动园区循环化改造,加强城市废弃物处理和大宗固体废弃物综合利用。五是实施节能、循环经济、主要大气污染物和主要水污染物减排等重点工程。六是强化节能减排技术支撑和服务体系建设,推进区域、城镇、园区、用能单位等系统用能和节能。七是完善支持节能减排的价格收费、财税激励、绿色金融等政策。八是建立和完善节能减排市场化机制,推行合同能源管理、绿色标识认证、环境污染第三方治理、电力需求侧管理。九是落实节能减排目标责任,强化评价考核。十是健全节能环保法律法规标准,严格监督检查,提高管理服务水平。十一是动员全社会参与节能减排,推行绿色消费,强化社会监督。

《方案》加强重点领域节能,提出要加强工业、建筑、交通运输、商贸流通、农业农村、公共机构等领域节能,强化重点用能单位、重点用能设备节能管理。包括实施工业能效赶超行动,到2020年规模以上工业企业单位增加值能耗比2015年降低18%以上,电力、钢铁、有色、建材、石油石化、化工等重点耗能行业能源利用效率达到或接近世界先进水平;编制绿色建筑建设标准,到2020年城镇绿色建筑面积占新建建筑面积比重提高到50%,强化既有居住建筑节能改造,实施5亿平方米以上改造面积,2020年前基本完成北方采暖地区有改造价值城镇居住建筑节能改造;推进综合交通运输体系建设;推动零售、批发、餐饮、住宿、物流等企业建设能源管理体系;推进农业农村节能;加强公共机构节能,2020年公共机构单位建筑面积能耗和人均能耗比2015年分别降低10%和11%;强化重点用能单位节能管理,开展重点用能单位"百千万"行动;加强高耗能特种设备节能审查和监管,构建安全、节能、环保三位一体的监管体系等。

《方案》从健全节能减排计量、统计、监测和预警体系,合理分解节能减排指标,加强目标责任评价考核三个方面落实节能减排目标责任。《方案》强调，实施能源消耗总量和强度双控行动，改革完善主要污染物总量减排制度，强化约束性指标管理，加强目标责任评价考核。按照国务院要求，每年组织开展省级人民政府节能减排目标责任评价考核，将考核结果作为领导班子和领导干部考核的重要内容，开展领导干部自然资源资产离任审计试点。对未完成强度降低目标的省级人民政府实行问责，对未完成国家下达能耗总量控制目标任务的予以通报批评和约谈，实行高耗能项目缓批限批。对环境质量、总量减排目标均未完成的省（自治区、直辖市），采取约谈、暂停新增排放重点污染物的建设项目环评审批，暂停或减少中央财政资金支持等措施，必要时列入环境保护督查范围。对重点单位节能减排考核结果进行公告并纳入社会信用记录系统，对未完成目标任务的暂停审批或核准新建扩建高耗能项目。落实国有企业节能减排目标责任制，将节能减排指标完成情况作为企业绩效和负责人业绩考核的重要内容。对节能减排贡献突出的地区、单位和个人以适当方式给予表彰奖励。

国务院要求，加强对节能减排工作的组织领导。发挥国家应对气候变化及节能减排工作领导小组（以下简称"领导小组"）的统筹协调作用，发展改革委负责承担领导小组的具体工作，负责节能减排工作的综合协调，组织推动节能降耗工作；环境保护部负责污染减排方面的工作；国资委负责加强对国有企业节能减排的监督考核工作；统计局负责加强能源统计和监测工作；其他各有关部门要切实履行职责，密切协调配合。各省级人民政府要立即部署本地区"十三五"节能减排工作，进一步明确相关部门责任、分工和进度要求。

七、《"十四五"节能减排综合工作方案》

2021年12月28日，国务院印发《"十四五"节能减排综合工作方案》（以下简称《方案》）。为认真贯彻落实党中央、国务院重大决策部署，大力推动节能减排，深入打好污染防治攻坚战，加快建立健全绿色低碳循环发展经济体系，推进经济社会发展全面绿色转型，助力实现碳达峰、碳中和目标，特制定《方案》。

《方案》要求，以习近平新时代中国特色社会主义思想为指导，全面贯彻党的十九大和十九届历次全会精神，深入贯彻习近平生态文明思想，坚持稳中求进工作总基调，立足新发展阶段，完整、准确、全面贯彻新发展理念，构建新发展格局，推动高质量发展，完善实施能源消费强度和总量双控、主要污染物排放总量控制制度，组织实施节能减排重点工程，进一步健全节能减排政策机制，推动能源利用效率大幅提高、主要污染物排放总量持续减少，实现节能降碳减污协同增效、生态环境质量持续改善，确保完成"十四五"节能减排目标，为实现碳达峰、碳中和目标奠定坚实基础。

《方案》明确，到2025年，全国单位国内生产总值能源消耗比2020年下降13.5%，能源消费总量得到合理控制，化学需氧量、氨氮、氮氧化物、挥发性有机物排放总量比2020年分别下降8%、8%、10%以上、10%以上。节能减排政策机制更加健全，重点行业能源利用效率和主要污染物排放控制水平基本达到国际先进水平，经济社会发展绿色转型取得显著成效。

《方案》面向碳达峰碳中和目标愿景，坚持系统观念，突出问题导向，聚焦重点行业领域和关键环节，部署开展节能减排十大重点工程。

一是重点行业绿色升级工程。以钢铁、有色金属、建材、石化化工等行业为重点，推进节能改造和污染物深度治理。推广一批先进节能减排技术，推进钢铁、水泥、焦化行业及燃煤锅炉超低排放改造。实施涂装类、化工类等产业集群分类治理，开展重点行业清洁生产和工业废水资源化利用改造。加快绿色数据中心建设。

二是园区节能环保提升工程。推动工业园区能源系统整体优化和污染综合整治，鼓励工业企业、园区优先利用可再生能源。推进供热、供电、污水处理、中水回用等公共基础设施共建共享，加强一般固体废物、危险废物集中贮存和处置，推动挥发性有机物、电镀废水及特征污染物集中治理等"绿岛"项目建设。

三是城镇绿色节能改造工程。推动低碳城市、韧性城市、海绵城市、"无废城市"建设。加快发展超低能耗建筑，积极推进既有建筑节能改造、建筑光伏一体化建设。因地制宜推动北方地区清洁取暖，加快工业余热、可再生能源等在城镇供热中的规模化应用。实施绿色高效制冷行动，实施公共供水管网漏损治理工程。

四是交通物流节能减排工程。提高城市公交、出租、城市物流、环卫清扫等车辆使用新能源汽车的比例。大力发展多式联运。全面实施汽车国六排放标准和非道路移动柴油机械国四排放标准。加强船舶清洁能源动力推广应用，提升铁路电气化水平。大力发展智能交通。加快绿色仓储建设，全面推广绿色快递包装。

五是农业农村节能减排工程。加快可再生能源在农业生产和农村生活中的应用。推广应用农用电动车辆、节能环保农机和渔船，推进农房节能改造和绿色农房建设。推进农药化肥减量增效、秸秆综合利用，加快农膜和农药包装废弃物回收处理。深入推进规模养殖场污染治理。整治提升农村人居环境。

六是公共机构能效提升工程。加快公共机构既有建筑围护结构、供热、制冷、照明等设施设备节能改造，鼓励采用能源费用托管等合同能源管理模式。率先淘汰老旧车，率先采购使用节能和新能源汽车，新建和既有停车场要配备电动汽车充电设施或预留充电设施安装条件。推行能耗定额管理，全面开展节约型机关创建行动。

七是重点区域污染物减排工程。持续推进大气污染防治重点区域秋冬季攻坚行动。推进挥发性有机物和氮氧化物协同减排，加强细颗粒物和臭氧协同控制。持续打好长江保护修复攻坚战，扎实推进城镇污水垃圾处理和污染治理工程。着力打好黄河生态保护治理攻坚战，实施深度节水控水行动。

八是煤炭清洁高效利用工程。立足以煤为主的基本国情，抓好煤炭清洁高效利用，推进存量煤电机组节煤降耗改造、供热改造、灵活性改造"三改联动"，持续推动煤电机组超低排放改造。稳妥有序推进大气污染防治重点区域煤炭减量。推广大型燃煤电厂热电联产改造，加大落后燃煤锅炉和燃煤小热电退出力度。

九是挥发性有机物综合整治工程。推进原辅材料和产品源头替代工程。以工业涂装、包装印刷等行业为重点，推进使用低挥发性有机物含量的涂料、油墨、胶粘剂、清洗剂。深化石化化工等行业挥发性有机物污染治理。对易挥发有机液体储罐实施改造。加强油船和原油、成品油码头油气回收治理。

十是环境基础设施水平提升工程。加快构建环境基础设施体系，推动形成由城市向建制镇和乡村延伸覆盖的环境基础设施网络。推进城市生活污水管网建设和改造，加快补齐处理能力缺口，推行污水资源化利用和污泥无害化处置。建设分类投放、分类收集、分类运输、分类处理的生活垃圾处理系统。

《方案》不仅部署了节能减排十大重点工程，明确了要开展的各项工作，同时对每项重点工程提出了目标要求。比如，重点行业绿色升级工程明确，"十四五"时期，规模以上工业单位增加值能耗下降13.5%，万元工业增加值用水量下降16%。到2025年，通过实施节能降碳行动，钢铁、电解铝、水泥、平板玻璃、炼油、乙烯、合成氨、电石等重点行业和数据中心达到能效标杆水平的产能比例超过30%；完成5.3亿吨钢铁产能超低排放改造，大气污染防治重点区域燃煤锅炉全面实现超低排放。再如，农业农村节能减排工程明确，到2025年，农村生活污水治理率达到40%，秸秆综合利用率稳定在86%以上，主要农作物化肥、农药利用率均达到43%以上，畜禽粪污综合利用率达到80%以上。

《方案》从八个方面健全政策机制。

一是优化完善能耗双控制度。坚持节能优先，强化能耗强度降低约束性指标管理，有效增强能源消费总量管理弹性。合理确定各地区能耗强度降低目标，完善能源消费总量指标确定方式。新增可再生能源电力消费量不纳入地方能源消费总量考核。原料用能不纳入全国及地方能耗强度和总量双控考核。有序实施国家重大项目能耗单列，支持国家重大项目建设。

二是健全污染物排放总量控制制度。坚持精准治污、科学治污、依法治污，形成有效减排能力。优化总量减排指标分解方式，将重点工程减排量分解下达地方，污染治理任务较重的地方承担相对较多的减排任务。改进总量减排核算方法，制定核算技术指南。完善污染物排放总量减排考核体系，健全激励约束机制，强化总量减排监督管理。

三是坚决遏制高耗能高排放低水平项目盲目发展。依法依规对在建、拟建、建成的"两高"项目开展评估检查，建立工作清单，明确处置意见，严禁违规"两高"项目建设、运行，坚决拿下不符合要求的"两高"项目。加强对"两高"项目节能审查、环评审批程序和结果执行的监督评估。严肃财经纪律,指导金融机构完善"两高"项目融资政策。

四是健全法规标准。推动修订节约能源法、循环经济促进法、清洁生产促进法、环境影响评价法等法律法规,完善固定资产投资项目节能审查等部门规章。对标国际先进水平制定、修订一批强制性节能标准。制定修订重点行业大气污染物排放标准,进口非道路移动机械执行国内排放标准。研究制定下一阶段轻型车、重型车排放标准和油品质量标准。

五是完善经济政策。各级财政加大节能减排支持力度,统筹安排相关专项资金支持节能减排重点工程建设。建立农村生活污水处理设施运维费用地方各级财政投入分担机制。扩大政府绿色采购覆盖范围。健全绿色金融体系,大力发展绿色信贷,用好碳减排支持工具和支持煤炭清洁高效利用专项再贷款。加快绿色债券发展,支持符合条件的节能减排企业上市融资和再融资。落实环境保护、节能节水、资源综合利用税收优惠政策。研究适时将挥发性有机物纳入环境保护税征收范围。强化电价政策与节能减排政策协同,持续完善高耗能行业阶梯电价等绿色电价机制。

六是完善市场化机制。深化用能权有偿使用和交易试点。培育和发展排污权交易市场。推广绿色电力证书交易。全面推进电力需求侧管理。推行合同能源管理。规范开放环境治理市场,推行环境污染第三方治理。强化能效标识管理制度。推行节能低碳环保产品认证。

七是加强统计监测能力建设。严格实施重点用能单位能源利用状况报告制度。加强重点用能单位能耗在线监测系统建设和应用。完善工业、建筑、交通运输等领域能源消费统计制度和指标体系。优化污染源统计调查范围。构建覆盖排污许可持证单位的固定污染源监测体系,加强工业园区污染源监测。强化统计数据审核,防范统计造假、弄虚作假。

八是壮大节能减排人才队伍。健全省、市、县三级节能监察体系。重点用能单位按要求设置能源管理岗位和负责人。加强县(市、区)及乡镇基层生态环境监管队伍建设。加大政府有关部门及监察执法机构、企业等节能减排工作人员培训力度。开发节能环保领域新职业,组织制定相应职业标准。

为了抓好贯彻落实工作,《方案》提出了三点要求。

一是加强组织领导。地方各级人民政府对本行政区域节能减排工作负总责,主要负责同志是第一责任人,要切实加强组织领导和部署推进,将本地区节能减排目标与国民经济和社会发展五年规划及年度计划充分衔接,科学明确下一级政府、有关部门和重点单位责任。要科学考核,防止简单层层分解。中央企业要带头落实节能减排目标责任,鼓励实行更严格的目标管理。

二是强化监督考核。开展"十四五"省级人民政府节能减排目标责任评价考核,科学运用考核结果。完善能耗双控考核措施,统筹目标完成进展、经济形势及跨周期因素,优化考核频次。继续开展污染防治攻坚战成效考核,压实减排工作责任。完善中央生态环境保护督察制度,深化例行督察,强化专项督察。

三是开展全民行动。深入开展绿色生活创建行动。增强全民节约意识,坚决抵制和反对奢侈浪费。推行绿色消费,加大绿色低碳产品推广力度。组织开展全国节能宣传周、世界环境日等主题宣传活动。加大先进节能减排技术研发和推广力度。发挥行业协会、商业团体、公益组织的作用,支持节能减排公益事业。畅通群众参与生态环境监督渠道。开展节能减排自愿承诺。

节能减排大事记

1979 年

国务院转发《关于提高我国能源利用效率的几个问题的通知》。该通知对我国在能源利用效率方面作出了具体规定,国家经委决定把每年 11 月定为"节能月"。

1980 年

2 月,国家经济委员会发布《关于加强节约能源工作的报告》。报告的发布意味着我国的现代节能减排体系初步形成,节能作为一项专门工作被纳入国家宏观管理的范畴,同时国家成立了专门的节能管理机构,制定并实施了我国资源节约与综合利用工作"开发与节约并重,近期把节约放在优先地位"的长期指导方针。

从 1980 年开始,原国家计委、经委组织编制五年节能规划和年度节能计划,开始把节能工作纳入国民经济规划。

1981 年

国家计委、国家经委、国家能源委员会联合发布《对工矿企业和城市节约能源的若干具体要求(试行)》。同年 11 月,国家计委、国家经委、国家能源委、财政部、国家物资局颁发了《超定额耗用燃料加价收费实施办法》。这些指令性规定结合实际,要求全社会节能,具有很强的操作性。当年,国家经委等部门还陆续颁布了有关能源计量的法律条例。在国家大的宏观政策下,各地方也开始重视节能,上海市和浙江、辽宁等省,也制定了相应的能源管理办法。

1982 年

2 月 5 日,国务院发布《征收排污费暂行办法》。该办法的制定是根据《中华人民共和国环境保护法(试行)》第十八条关于"超过国家规定的标准排放污染物,要按照排放污染物的数量和浓度,根据规定收取排污费"的规定。征收排污费的目的,是促进企业、事业单位加强经营管理，节约和综合利用资源，治理污染，改善环境。

5月，为了保证电力的合理分配使用、提高电能利用的经济效益，国务院批转水利电力部《关于按省、市、自治区实行计划用电包干的暂行管理办法》。

1980—1982年国务院先后发布了关于各种工业锅炉和工业窑炉烧油、节约用电、节约成品油、节约工业锅炉用煤、发展煤炭洗选加工合理用能等五个节能指令。上述政策举措有力地支持和推动了当时的节能工作。

1986年

为贯彻国家对能源实行开发和节约并重的方针，合理利用能源，降低能源消耗，提高经济效益，保证国民经济持续、稳定、协调发展，1986年1月12日国务院发布《节约能源管理暂行条例》（以下简称《条例》）。《条例》中称：国务院建立节能工作办公会议制度，研究和审查有关节能的方针、政策、法规、计划和改革措施，部署和协调节能工作任务。省、自治区、直辖市人民政府和国务院有关部门，应当指定主要负责人主管节能工作，并可建立节能工作办公会议制度。2001年该条例废止。《条例》是全面指导我国节能工作的一个行政法规，在1998年《节约能源法》正式施行前起到了法规的作用。

1997年

为了推动全社会节约能源，提高能源利用效率，保护和改善环境，促进经济社会全面协调可持续发展，中国政府从1995年起开始制定节约能源法。1997年11月全国人大通过了《中华人民共和国节约能源法》（以下简称《节约能源法》），自1998年1月1日起施行。

《节约能源法》指出，节能是国家发展经济的一项长远战略方针。国务院和省、自治区、直辖市人民政府应当加强节能工作，合理调整产业结构、企业结构、产品结构和能源消费结构，推进节能技术进步，降低单位产值能耗和单位产品能耗，改善能源的开发、加工转换、输送和供应，逐步提高能源利用效率，促进国民经济向节能型发展。要求"采取技术上可行、经济上合理以及环境和社会可以承受的措施，减少从能源生产到消费各个环节中的损失和浪费，更加有效、合理地利用能源"，"国家对落后的耗能过高的用能产品、设备实行淘汰制度"。《节约能源法》的公布和实施确定了节能在中国经济社会建设中的重要地位，用法律的形式明确了"节能是国家发展经济的一项长远战略方针"，为中国的节能行动提供了法律保障。

1998年

1月1日，我国开始实施《中华人民共和国节约能源法》。

11月29日，国务院发布《建设项目环境保护管理条例》。

1999年

为节约能源、保护环境，有效开展节能产品的认证工作，保障节能产品的健康发展和市场公平竞争，促进节能产品的国际贸易，根据《中华人民共和国产品质量法》《中华人民共和国产品质量认证管理条例》《中华人民共和国节约能源法》，1999年2月11日，国家经贸委出台了《中国节能产品认证管理办法》。该办法中确定了"节能产品"的定义：符合与该种产品有关的质量、安全等方面的标准要求，在社会使用中与同类产品或完成相同功能的产品相比，它的效率或能耗指标相当于国际先进水平或达到接近国际水平的国内先进水平。

同年3月10日，国家经济贸易委员会发布《重点用能单位节能管理办法》。该办法明确，重点用能单位是指年综合能源消费量1万吨标准煤以上（含1万吨）的用能单位；各省、自治区、直辖市经济贸易委员会指定的年综合能源消费量5000吨标准煤以上（含5000吨）、不足1万吨标准煤的用能单位。重点用能单位应遵守《中华人民共和国节约能源法》及该办法的规定，按照合理用能的原则，加强节能管理，推进技术进步，提高能源利用效率，降低成本，提高效益，减少环境污染。

2000年

为了加强节能管理，提高能效，促进电能的合理利用，改善能源结构，保障经济持续发展，2000年12月，国家经济贸易委员会、国家发展计划委员会印发《节约用电管理办法》。其中规定："加强用电管理，采取技术上可行、经济上合理的节电措施，减少电能的直接和间接损耗，提高能源效率和保护环境。""电力用户应当根据本办法的有关条款，积极采取经济合理、技术可行、环境允许的节约用电措施，制定节约用电规划和降耗目标，做好节约用电工作。"

2004年

6月30日，国务院总理温家宝主持召开国务院常务会议，讨论并原则通过《能源中长期发展规划纲要（2004—2020年）》（草案）。

会议认为，能源是经济社会发展和提高人民生活水平的重要物质基础。制定并实施能源中长期发展规划，解决好能源问题，直接关系到中国现代化建设的进程。必须坚持把能源作为经济发展的战略重点，为全面建设小康社会提供稳定、经济、清洁、可靠、安全的能源保障，以能源的可持续发展和有效利用支持我国经济社会的可持续发展。

会议强调，从根本上解决中国能源问题，必须牢固树立和认真贯彻科学发展观，切实转变经济增长方式，坚定不移走新型工业化道路。要大力调整产业结构、产品结构、技术结构和企业组织结构，依靠技术创新、体制创新和管理创新，在全国形成有利于节约能源的生产模式和消费模式，发展节能型经济，建设节能型社会。

2006年

8月6日，国务院发布《国务院关于加强节能工作的决定》（以下简称《决定》）。《决定》指出，能源问题已经成为制约中国经济和社会发展的重要因素，要从战略和全局的高度，充分认识做好能源工作的重要性，高度重视能源安全，实现能源的可持续发展。

《决定》提出，解决中国能源问题，根本出路是坚持开发与节约并举、节约优先的方针，大力推进节能降耗，提高能源利用效率。必须把节能工作作为当前的紧迫任务，列入各级政府重要议事日程，切实下大力气，采取强有力措施，确保实现"十一五"能源节约的目标，促进国民经济又快又好发展。

《决定》明确，到"十一五"期末，万元国内生产总值（按2005年价格计算）能耗下降到0.98吨标准煤，比"十五"期末降低20%左右，平均年节能率为4.4%。重点行业主要产品单位能耗总体达到或接近21世纪初国际先进水平。

《决定》强调，要建立节能目标责任制和评价考核体系。《决定》还规定，建立固定资产投资项目节能评估和审查制度。对未进行节能审查或未能通过节能审查的项目一律不得审批、核准，从源头杜绝能源的浪费。

2007年

5月23日，国务院印发《节能减排综合性工作方案》。《节能减排综合性工作方案》提出，要对新建建筑实施建筑能效专项测评，节能不达标的不得办理开工和竣工验收备案手续，不准销售使用。同时，该方案还透露中国将适时出台燃油税，研究开征环境税。

《节能减排综合性工作方案》打响了节能减排的发令枪，其体现了国家对环保的重视。在政策监督下，未来遏制高耗能高污染行业过快增长，加快淘汰落后生产能力，加快能源结构调整将成为节能减排重要工作内容。

6月26日，建设部印发《建设部关于落实〈国务院关于印发节能减排综合性工作方案的通知〉的实施方案》（以下简称《实施方案》），并要求各地建设行政主管部门结合本地区实际，认真抓好落实。

在建立政府节能减排工作问责制方面，《实施方案》要求，建立和完善节能减排指标体系、监测体系。首先，要完善城乡建设统计报表制度，强化城镇节约用水、污水处理、垃圾处理和公共交通指标，探索新的数据调查方式。其次，建设部还将制定并实施《民用建筑能耗统计报表制度》《民用建筑能耗数据采集标准》《"十一五"主要污染物减排统计和监测办法》等一系列标准、办法，进一步改进统计工作方式，完善统计和监测制度。

10月28日，全国人大常委会表决通过修改后的《节约能源法》，国家主席胡锦涛签署主席令予以公布。修改后的《节约能源法》自2008年4月1日起施行。新的《节约能源法》由原来的6章50条增加为7章87条，分别为总则、节能管理、合理使用与节约能源、节能技术进步、激励措施、法律责任、附则。与1998年1月1日开始施行的《节约能源法》相比，新的《节约能源法》进一步明确了节能执法主体，强化了节能法律责任。

修改后的《节约能源法》进一步完善了我国的节能制度，规定了一系列节能管理的基本制度。修改后的《节约能源法》进一步明确了重点用能单位的节能义务,强化了监督和管理。在新法中,政府机构也被列入监管重点。

2011 年

6 月,财政部发布《节能减排财政政策综合示范指导意见》。

11 月,国家发改委下发《关于开展碳排放权交易试点工作的通知》,批准 7 个省市开展碳排放权交易试点工作。

2012 年

8 月 6 日,国务院印发《节能减排"十二五"规划》。该规划是推动"十二五"节能减排工作的纲领性文件,对确保实现节能减排约束性目标具有十分重要的作用和意义。

2013 年

1 月 1 日,《能源发展"十二五"规划》正式公布,提出 2015 年"能源消费总量 40 亿吨标煤、单位国内生产总值能耗比 2010 年下降 16%、非化石能源消费比重提高到 11.4%"三项约束性指标。

6 月 18 日,深圳市碳排放权交易平台上线,深圳成为我国首个正式启动碳排放交易的试点城市。随后,上海、北京碳排放权交易相继开市。2013 年正式成为中国碳交易元年,碳效益市场版图在国内逐步扩大。

8 月 1 日,国务院对外发布《关于加快发展节能环保产业的意见》,提出到 2015 年,节能环保产业总产值达到 4.5 万亿元,年均增速 15% 以上;节能环保产业将成为国民经济新的支柱产业。

8 月 16 日,发改委印发《关于加大工作力度确保实现 2013 年节能减排目标任务的通知》。通知要求切实做好节能减排工作,确保完成 2013 年目标任务,并为实现"十二五"节能减排约束性目标奠定基础。

为加快新能源汽车产业发展,推进节能减排,促进大气污染治理,报经国务院批准同意,2013 年至 2015 年继续开展新能源汽车推广应用工作。2013 年 9 月 13 日,财政部、科技部、工业和信息化部、发展改革委联合发布了《关于继续开展新能源汽车推广应用工作的通知》。

2014 年

1 月 6 日,发改委印发《节能低碳技术推广管理暂行办法》,该办法要求加快节能低碳技术进步和推广普及,引导用能单位采用先进适用的节能低碳新技术、新装备、新工艺,促进能源资源节约集约利用,缓解资源环境压力,减少二氧化碳等温室气体排放。

为进一步贯彻落实国务院《节能减排"十二五"规划》和《"十二五"节能减排综合性工作方案》的部署,全面推进节能减排科技工作,2014 年 2 月 19 日,科技部、工业和信息化部发布了《2014—2015 年节能减排科技专项行动方案》。

5月15日,国务院印发《2014—2015年节能减排低碳发展行动方案》。该方案是为确保全面完成"十二五"节能减排降碳目标,加强节能减排,实现低碳发展,是生态文明建设的重要内容,是促进经济提质增效升级的必由之路。"十二五"规划纲要明确提出了单位国内生产总值(GDP)能耗和二氧化碳排放量降低、主要污染物排放总量减少的约束性目标,但2011—2013年部分指标完成情况落后于时间进度要求,形势十分严峻。

2016年

12月20日,国务院印发《"十三五"节能减排综合工作方案》。

2021年

12月28日,国务院印发《"十四五"节能减排综合工作方案》。该方案明确,到2025年,全国单位国内生产总值能源消耗比2020年下降13.5%,能源消费总量得到合理控制,化学需氧量、氨氮、氮氧化物、挥发性有机物排放总量比2020年分别下降8%、8%、10%以上、10%以上。该方案部署了十大重点工程,包括重点行业绿色升级工程、园区节能环保提升工程、城镇绿色节能改造工程、交通物流节能减排工程、农业农村节能减排工程、公共机构能效提升工程、重点区域污染物减排工程、煤炭清洁高效利用工程、挥发性有机物综合整治工程、环境基础设施水平提升工程,明确了具体目标任务。该方案提出,要深入开展绿色生活创建行动,组织开展节能减排主题宣传活动,营造绿色低碳社会风尚。

新能源与可再生能源

中国可再生能源开发利用综述

一、基本情况

近代世界历史上的大部分战争都与争夺能源有关，中东和北非的石油产区历来都是一触即发的战争火药桶，可再生能源的开发利用则打破了这一规律。同化石能源资源分布在少数区域不同，太阳能、风能等可再生能源资源广泛分布在世界各地，不同区域只是在资源类型与丰盈程度上有些区别，但大都有开发利用可再生能源的潜力，不需要也无法掠夺他国的阳光、风能。在这种背景下，同传统能源争夺资源的竞争方式不同，可再生能源领域的竞争主要是核心技术竞争，谁掌握了核心技术，谁就掌握了能源。加快本土生产技术的开发[①]是各国在开发利用可再生能源时的共性。

可再生能源是指来自大自然的能源，会自动再生，是相对于会穷尽的不可再生能源而言的一种能源。可再生能源技术涵盖面较广，可以从不同角度进行划分。从一次能源角度划分，包括小水电技术、太阳能技术、风能技术、现代生物质能技术、地热能技术、海洋能技术等。从二次能源角度划分，包括可再生能源电力技术、可再生能源热力技术、可再生能源燃料技术等。从可再生能源应用领域角度划分，包括可再生能源交通应用技术、可再生能源建筑应用技术，以及可再生能源工业应用技术。

在工业革命之前，人民社会经济活动所使用的能源基本都是以薪柴为主的可再生能源。19 世纪中叶，随着工业革命的发展，煤炭开始占据一次能源的主导地位，实现了能源结构第一次变革。到 20 世纪中叶，在化石能源面临日益紧迫的资源枯竭及环境污染等问题背景下，可再生能源才又重新引起人们的关注。现代可再生能源开发利用不是传统模式的再现，而是

---

① Alrashed F, Asif M., "Prospects of Renewable Energy to Promote Zero-energy Residential Buildings in the KSA", *Energy Procedia*, Vol. 18, 2012, p. 1103.

利用新技术、新方法对可再生能源进行开发利用,是"新可再生能源",可再生能源技术也主要是指现当代技术。

近年来,我国开发利用可再生能源的规模迅速扩大,技术创新能力及市场竞争力也不断提升,技术创新也逐步从技术仿制走向创造性模仿,目前正向自主创新模式转换。根据我国国民经济"九五"计划至"十四五"规划,国家对新能源行业的支持政策经历了从"开发出具有自主知识产权的技术"到"大力发展"再到"加快壮大"的变化。"九五"计划(1996—2000)时期,国家层面提倡开发具有自主知识产权的技术;"十五"计划(2001—2005)时期,国家层面提倡因地制宜发展新能源;"十一五"规划(2006—2010)至"十二五"规划(2011—2015)时期,规划明确了要大力发展新能源产业;"十三五"规划(2016—2020)时期明确了加快突破新能源领域核心技术的发展方针。到"十四五"时期,根据"十四五"规划和2035年远景目标纲要,加快壮大新能源产业成为新的发展方向。

在研究方面,综述中国可再生能源技术发展历程的相关文献基本都是中文文献,主要包括以下几类研究:一是针对性地研究可再生能源技术的发展历程,例如,综述我国风能技术的发展历程、太阳能发电技术的发展历程、太阳能建筑技术的发展历程、生物质能技术的发展情况等,不过,这类文献主要是介绍当前的技术状况;二是综述可再生能源行业及可再生能源产业的发展历程,如,《中外能源》在2009年第3期中介绍了1958年至2005年中国可再生能源领域发生的大事,也有文献介绍世界及我国太阳能光伏市场的发展状况,以及改革开放三十年我国可再生能源产业的发展情况;三是回顾或综述改革开放四十年(1978—2018)能源领域发展成就的文献,既有从能源角度(包含了可再生能源)回顾四十年的成就,从新能源角度回顾四十年的成就,从电力设备角度回顾四十年成就,也有文献从风电等角度针对性地回顾我国可再生能源产业及技术在四十年间取得的成就;四是回顾或综述新中国成立七十年(1949—2019)能源领域发展成就的文献,例如,回顾中国能源工业七十年取得成就的文献,这类文献目前较少,且缺少针对性研究我国可再生能源技术七十年成就的研究性成果。尽管以上文献中的大多数并没有专门讨论可再生能源技术的发展历程,但无论是能源产业的发展,还是新能源产业及可再生能源产业的发展都包含有可再生能源技术方面的内容,可以为研究我国可再生能源技术七十年成就提供有力的支撑。

二、中国可再生能源的发展阶段(1949—2019)

可再生能源技术的发展同可再生能源开发利用的历程密不可分,可再生能源开发历史也是可再生能源技术的发展史。根据各个时期的发展重点及特点,可把1949—2019年我国可再生能源的开发利用及可再生能源技术的发展划分为以下三个阶段。

（一）以沼气、水力发电为主阶段（1949—1994）：独立自主的渐进性创新

这一阶段的主要特点是，我国可再生能源的开发利用以生物质能及水能为主，新型生物质能的开发利用主要是指沼气，水能的开发利用主要是水电。太阳能、风能、地热能、海洋能等其他类型的可再生能源则较少涉及。

1958年，毛泽东主席指示"要好好推广沼气"，1965年，中共中央、国务院发布《关于解决农村烧柴问题的指示》，根据中央精神，各地大力推进沼气建设。一直到2000年之前，我国生物质能的开发利用都是以沼气为主。

中国的水电[①]行业已经历了百年发展历程。中国第一座水电站1910年开工，但受多种因素的制约，当时的发展较慢，截至1949年年底，全国水电装机容量仅为36万千瓦，年发电量18亿千瓦时。新中国成立后，水电行业开始快速发展。截至1978年年底，全国水电装机容量达到1867万千瓦，年发电量496亿千瓦时。1978年以后，水电依然保持快速发展态势，在多个领域都处于世界领先位置。

1978年，党的十一届三中全会提出了以经济建设为中心的方针并把农业和能源建设列为发展重点。可再生能源的开发利用得到了相应的重视，除水电自20世纪50年代开始蓬勃发展外，自1978年开始，风电、太阳能、现代生物质能等技术应用和产业也在政府的支持下稳步发展，小水电、太阳能热水器、小风电等一些可再生能源技术和产业已经走在世界的前列。

1994年国务院审议通过《中国21世纪议程——中国21世纪人口、环境与发展白皮书》，自此可持续发展战略成为我国的基本国策之一，其中推进新能源发展是我国可持续发展战略的重要内容。"八五""九五"计划相继对新能源技术研发和推广提出要求，明确发展新能源产业的战略意义。在此阶段，新能源行业主要是培育产业制造、推进规模化发展、保障能源安全、促进经济社会持续健康发展。

苏塞克斯大学的科学政策研究所把技术创新划分为渐进性创新、根本性创新、技术系统的变革、技术—经济范式的变更等几种类型。按照这种划分模式，这一时期，我国以沼气、水力发电为主的可再生能源技术主要是通过渐进性创新不断发展，基本是从白手起家，直至达到世界先进水平。到目前，我国沼气及小水电技术依然处在世界相关技术的前列。

（二）全面发展的起步阶段（1995—2007）：以太阳能、风能技术为主的技术创新从技术仿制到创造性模仿，技术推广及扩散主要面向生产制造业

20世纪90年代初，我国开始重视太阳能、风能、地热能的开发利用工作。《中共中央关于制定国民经济和社会发展"九五"计划和2010年远景目标的建议》要求，"积极发展新能

[①] 在一般的可再生能源分类中，可再生能源只考虑小水电。实质上，无论是大中规模的水电，或是小水电，都属于可再生能源。这里所说的水电是指所有水电。

源，改善能源结构"。《新能源和可再生能源发展纲要（1996—2010年）》也提出，"要加快新能源的发展和产业建设步伐"。

"十五"和"十一五"期间，我国进入了可再生能源的快速发展时期，水电建设大中小并举，开发建设速度显著加快：通过采取特许权招标等措施，积极推进风电规模化发展以送电到乡和解决无电人口生活用电为契机，发展太阳能光伏发电、小型风电，推动分散式可再生能源发电技术的发展围绕改善农村环境卫生条件和增加农民收入，积极发展农村户用沼气；通过市场推动，大力推广普及太阳能热水器；以技术研发和试点示范为先导，积极推动了生物质能发电和生物液体燃料开发利用。

由于可再生能源开发利用工作刚刚起步，不仅缺乏经验，相关政策法规特别是法律也处于空白状态。应时代发展的需要，有关部门开始重视制定相关法律。1998年《中华人民共和国节约能源法》施行。2006年1月1日《中华人民共和国可再生能源法》（以下简称《可再生能源法》）的实施，标志着我国可再生能源发展进入了一个新的历史阶段。通过《可再生能源法》的实施，初步消除了可再生能源投资的风险，各类投资主体纷纷增加了对可再生能源产业的投入。近年来，可再生能源企业上市开始成为企业成功融资的标志，太阳能光伏发电、风力发电和太阳能热利用企业开始纷纷上市。民营资本和风险投资的介入，也给可再生能源制造业注入了新的活力，装备制造业特别是风电和太阳能制造业发展迅速，吸引了国外大型装备制造集团的介入。我国可再生能源装备制造产业开始形成，并且在各个领域形成了一批具有国际竞争力的大企业和企业集团。同时，在规划方面也开始细化，任务、目标等要素越来越完善。如，2007年印发的《可再生能源中长期发展规划》，提出了从当时到2020年我国可再生能源发展的指导思想、主要任务、发展目标、重点领域和保障措施等。

这一时期，我国可再生能源技术取得了长足的进步，但由于发展时间短，技术创新主要处于从技术仿制到创造性模仿过渡阶段，技术推广与扩散以生产制造领域为主，重视产品及设备的生产。技术方面存在的问题主要有以下几点。一是相关技术尚不成熟，缺乏核心技术，没有独立的知识产权，经济效益不高。新技术在成熟之前需要经历一个很长的过程，我国可再生能源技术起步晚，同国外存在一定的差距。例如，在太阳能光伏电池和风能设备制造领域，没有掌握核心技术，与国际先进水平相比，国产设备和装置的能源转化效率较低，国产风电设备的稳定性差，可发电区间小等。二是研究开发与产业脱离，基础研究较多，转化能力较弱，应用滞后。我国新能源技术的研究开发以政府投入为主，大部分国家科技计划项目由大学与科研院所承担，但单位间合作研发的发展状况并不乐观。三是新能源技术被社会及市场排斥。公众普遍认为新能源的成本过高，新能源技术广泛应用不能在近期实现。各级政府对新能源技术的发展支持不够，投资太少。有研究认为，导致新技术被排斥的因素主要有市场机制不完善、需求缺乏、技术不成熟、调查不足、由公司控制市场、网络不足、沟通性差、错误地指导未来市场、立法失败、教育系统的失败、扭曲的资本市场、落后的组织和政治管制等，这一时期，我国可再生能源技术被排斥的主要因素是技术不成熟及市场竞争力弱。

（三）不断调整过程中的快速全面发展（2008—2019）：技术创新从创造性模仿到重视自主创新，技术推广与扩散重点由生产制造领域向应用转变

"十二五""十三五"规划纲要相继把非化石能源比重增加、生态环境质量总体改善和碳减排作为经济社会发展目标，并首次提出绿色是永续发展的必要条件。党的十八大、十九大将生态文明建设放在更加突出的战略位置，提出推进能源生产与消费革命，加快能源产业转型升级，发展新能源成为加快能源结构调整和打赢防范化解重大风险、精准脱贫、污染防治三大攻坚战的中坚力量。

我国可再生能源产业在快速发展的同时，也开始不断出现新的问题，如，产能过剩、弃风弃光弃水问题等。这一阶段我国可再生能源开发利用的主要特点是，边快速发展边调整。2008年，我国多晶硅产能2万吨，产量4000吨左右，在建产能约8万吨[①]，产能已明显过剩，风电产业也出现了重复引进和重复建设现象。为抑制可再生能源产业的产能过剩问题，有关部门出台了一系列的政策措施。如，2009年，国务院批转了发展改革委等部门《关于抑制部分行业产能过剩和重复建设引导产业健康发展若干意见的通知》。

为消化可再生能源产业中的产品、设备产能过剩问题，国家加大了对可再生能源开发利用的支持力度，于是一大批风力发电、光伏发电，以及生物质发电等可再生能源发电项目纷纷上马，但很快又出现了弃风弃光弃水问题。如，2016年1—10月全国弃风弃光弃水电量达到980亿千瓦时，超过三峡电站全年发电量，其中，新疆、甘肃弃风分别高达41%和46%。再加上云南、四川等地的弃水问题，形成了各方关注的弃风弃光弃水问题。为应对这一问题，从2016年开始，国家有关部门密集出台了《可再生能源发电全额保障性收购管理办法》《关于做好风电、光伏发电全额保障性收购管理工作有关要求的通知》《解决弃水弃风弃光问题实施方案》《关于促进西南地区水电消纳的通知》等政策文件，以确保弃水弃风弃光电量和限电的比例逐年下降，计划到2020年在全国范围内有效解决弃水弃风弃光问题。

这一时期，我国技术创新主要处于创造性模仿阶段，但也开始重视自主创新，由于生产制造领域的产能过剩，技术推广与扩散开始重视向应用转变。技术方面存在的问题主要有以下几点。一是自主创新能力不足。由于缺少自主创新能力，虽然研究开发投入和专利不少，但是大都是外围技术和非核心技术，核心技术和关键设备还需要依靠进口，技术水平和生产能力与国外先进技术差距较大。二是存储技术亟待发展。要应对弃风弃光弃水问题，除加大

---

① 《关于抑制部分行业产能过剩和重复建设引导产业健康发展若干意见的通知》，2009年。

电力消纳力度外,存储技术也是重要的应对选项。由于不同的存储技术适用于不同的可再生能源,没有一种存储技术适用于所有的可再生能源,存储技术的发展面临诸多挑战。三是产品质量问题。评价可再生能源技术可持续性指标主要有能源生产能力、技术成熟度、可靠性、安全等,目前我国可再生能源产品及安装均存在较多的质量问题,有机构在对国内容量3.3吉瓦的425个包括大型地面电站和分布式光伏电站所用设备检测后发现,光伏组件主要存在热斑、隐裂、功率衰减等问题。

三、中国主要可再生能源的开发利用情况（1949—2019）

（一）中国生物质能的开发利用及技术发展

我国生物质资源丰富,生物质资源总量每年约4.6亿吨标准煤[1],随着造林面积的扩大和经济社会的发展,生物质资源转换为能源的潜力可达10亿吨标准煤[2]。1949年至2019年,我国生物质能开发利用经历了以下四个阶段。

1. 重点发展沼气阶段（1949—1999）。由于从20世纪五六十年代开始,我国就重视开发利用沼气,到20世纪80年代,我国沼气技术进入成熟阶段。沼气工艺不断完善,综合效益开始显现。2000年以后,随着技术的完善,我国沼气产业进入快速发展阶段,项目规模也开始从过去的以家庭小沼气池为主逐步转向大规模的企业化运作模式。

2. 重视发展燃料乙醇阶段（2000—2004）。1999年前后,中国粮食严重积压,推广燃料乙醇以解决陈化粮问题成了选项之一。2002年,国家计委等五部委颁布了《陈化粮处理若干规定》,确定陈化粮的用途主要用于生产酒精、饲料等。国家批准建立了吉林燃料乙醇公司等4个燃料乙醇企业。随着陈化粮被消化掉,又产生了一个粮食安全问题。2007年,国家发改委明确表示,将不再利用粮食作为生物质能源的生产原料,取代粮食的将是非粮作物。

3. 关注生物质发电阶段（2005—2008）。早在20世纪80年代,我国就开始尝试利用生物质发电,2005年则是我国生物质发电的重要节点。国家发改委在2005年批复了山东单县、江苏如东、河北晋州等3个地区若干生物质发电示范工程。随后几年里,江苏海安、黑龙江庆安等地的一大批生物质发电项目陆续获得批准。

4. 综合快速发展阶段（2009—2019）。2007年,我国出台了《可再生能源中长期发展规划》,随后又出台了《可再生能源发展"十二五"规划》《生物质能发展"十三五"规划》等。到2019年,在生物质能技术方面,我国生物质发电技术基本成熟,生物质成型燃料供热技术也日益成熟,正积极发展生物质管道天然气技术。

---

[1]《生物质能发展"十三五"规划》,2016年。
[2]《可再生能源中长期发展规划》,2007年。

（二）中国水能的开发利用及技术发展

我国水能资源可开发装机容量约 6.6 亿千瓦，年发电量约 3 万亿千瓦时，按利用 100 年计算，相当于 1000 亿吨标煤，在常规能源资源剩余可开采总量中仅次于煤炭[1]。新中国成立以来，面对电力紧张局面，我国大力发展水电。特别是 1978 年以来，中国水电开始进行市场化改革，相继引进了业主制、招投标制、监理制等机制，一大批水电站相继建成投产。到 2000 年年底，中国水电装机容量达 7700 万千瓦，超过加拿大成为世界第二。

近年来，中国水电行业在技术方面开始赶超世界先进水平：2008 年全面投产的水布垭水电站拥有世界最高的混凝土面板堆石坝；2009 年全面投产的龙滩水电站拥有世界最高的碾压混凝土坝；2010 年全面投产的小湾水电站拥有当时世界最高的混凝土拱坝；2014 年全面投产的糯扎渡水电站是目前亚洲第一、世界第三高的黏土心墙堆石坝。同时，水电行业的装机规模也开始领先世界。2004 年，以公伯峡水电站 1 号机组投产为标志，中国水电装机容量突破 1 亿千瓦，超越美国成为世界第一。

（三）中国太阳能的开发利用及技术发展

我国 2/3 的国土面积年日照小时数在 2200 个小时以上，年太阳辐射总量大于每平方米 5000 兆焦[2]，属于太阳能利用条件较好的地区。1949 年以来，我国开发利用太阳能的工作主要经过了三个阶段。

1. 太阳能热水器及太阳能设备生产为主阶段（1949—2007）。20 世纪 70 年代初，受世界开发利用太阳能热潮的影响，我国一些科研单位及科技人员开始研究太阳能的开发利用技术。20 世纪八九十年代，主要研究太阳能热水器技术，早期主要研究平板式太阳能热水器技术。2000 年以后，太阳能热水器行业进入高速发展时期。1998 年，中国开始关注太阳能发电技术，2007 年，中国成为生产太阳能光伏电池最多的国家。

2. 太阳能发电产业化阶段（2008—2012）。在这一阶段，由于多晶硅等产品开始出现产能过剩问题，我国政府开始引导企业把建设重点由设备产品的生产转向应用。在应用领域，并网技术开始取代离网技术，2011 年以后，并网型光伏项目已经成为主流，离网型比例几乎可以忽略。

3. 太阳能产业规模化稳定发展阶段（2013—2019）。在《可再生能源法》的基础上，国务院于 2013 年发布《关于促进光伏产业健康发展的若干意见》，进一步从价格、补贴、税收、并网等多个层面明确了光伏发电的政策框架，地方政府相继制定了支持光伏发电应用的政策措施。到 2019 年，在太阳能技术方面，光伏制造的大部分关键设备已实现本土化并逐步推行智能制造。

---

[1] 《水电发展"十三五"规划》，2016 年。

[2] 《可再生能源中长期发展规划》，2007 年。

（四）中国风能的开发利用及技术发展

我国陆地可利用风能资源3亿千瓦，加上近岸海域可利用风能资源，共计约10亿千瓦[①]。中国风能的开发利用特别是风电的发展可分为三个阶段。

1. 早期示范阶段（1949—1993）。中国的风力发电开始于20世纪50年代后期，最初的发展重点是离网小型风力发电，主要是为了解决海岛和偏远农村牧区的用电问题。70年代末，开始进行并网大型风力发电场的建设。从20世纪70年代末到80年代末，我国各地相继开始研制或引进国外风电机组，建设示范风电场，开展试验研究、示范发展。

2. 产业化探索阶段（1994—2002）。1994年，电力工业部发布了《风力发电场并网运行管理规定（试行）》，出台了电网公司应允许风电场就近上网、全额收购风电场上网电量、对高于电网平均电价部分实行全网分摊的鼓励政策。同年，汕头福澳风力发电有限公司开始运作我国第一个按商业化模式开发的风电项目。

3. 产业化发展阶段（2003—2019）。从2003年起，随着国家连续五年组织风电特许权招标，规划大型风电基地，开发建设大型风电场措施的出台，特别是在2006年施行《可再生能源法》，我国风电开发建设进入了跨越式的发展阶段。在大力推进陆上风电开发建设的同时，以国家能源局2008年核准的上海东海大桥10万千瓦海上风电示范项目开工建设为标志，我国开始大规模开发利用海水风电。到2019年，风电已成为我国继煤电、水电之后的第三大电源，在技术方面，风电设备的技术水平和可靠性不断提高，基本达到世界先进水平。

（五）中国地热能的开发利用及技术发展

初步估算，我国可采地热资源量约为33亿吨标准煤。其中，发电方面的可装机潜力约为600万千瓦[②]。我国地热能开发主要经历了两个阶段。

1. 地热发电为主阶段（1949年至20世纪80年代末）。我国从20世纪70年代开始地热普查、勘探和利用，先后在广东丰顺、河北怀来、江西宜春等7个地方建设了中低温地热发电站。1977年，我国在西藏羊八井建设了24兆瓦中高温地热发电站。在地热发电方面，高温干蒸汽发电技术最成熟、成本最低，高温湿蒸汽次之，中低温地热发电的技术成熟度和经济性有待提高。根据我国地热资源特征及其他热源发电需求，全流发电技术在我国取得快速发展，干热岩发电技术还处于研发阶段。

2. 供暖与制冷为主阶段（20世纪90年代初至2019年）。20世纪90年代以来，北京、天津、保定、咸阳、沈阳等城市开展中低温地热资源供暖、旅游疗养、种植养殖等直接利用工作。21世纪初以来，逐步加快发展热泵供暖（制冷）等浅层地热能开发利用技术。到2019

[①] 《可再生能源中长期发展规划》，2007年。
[②] 《可再生能源中长期发展规划》，2007年。

年,浅层和水热型地热能供暖(制冷)技术已基本成熟,应用范围扩展至全国,其中80%集中在华北和东北南部,包括北京、天津、河北、辽宁、河南、山东等地区。

截止到2019年,我国水电、风电、太阳能发电装机和核电在建规模连续多年稳居世界第一。根据国际能源署(IEA)、国际可再生能源机构(IRENA)及国内机构、学者的相关研究,到2020年前后,我国可再生能源电力将具有市场竞争力。尽管受化石能源价格波动等因素的影响,光电、风电及生物质发电等可再生能源电力具有市场竞争力的时间点具有一定的不确定性,但在"十四五"期间,大部分可再生能源电力将拥有市场竞争力,我国可再生能源的开发利用面临跨越式发展的节点。

积极推动自主创新,是我国保持可再生能源开发利用优势的关键要素。在可再生能源开发利用过程中,谁占据了技术优势,谁就取得了开发利用的优势。在可再生能源技术创新发展阶段方面,我国整体上尚处于创造性模仿阶段,但在诸多技术领域已处在世界科技前沿,跟踪式的技术发展路径已不适应现实发展的需要,积极推动自主创新,是我国占据可再生能源开发利用优势位置必然选择。未来一段时期,可再生能源技术创新的重点是能源转换及存储技术。

在技术扩散方面依然面临一些挑战。有研究者认为,影响可再生能源技术扩散的因素有宏观因素,如,全球气候变化制定环境、国家政策环境及社会经济发展水平、科技实力,也有微观环境,如,技术供给者因素、技术采用者因素,甚至养老诉求对可再生能源技术的扩散都有影响[1]。也有研究者研究了108个国家可再生能源技术扩散后认为,电力消费增长和高的化石燃料生产不利于可再生能源技术的扩散[2]。我国能源结构中,化石能源占绝对地位,这对可再生能源技术的扩散产生较大排斥力,同时,科技实力的增长也需要较长的发展过程,无论是自主创新还是技术扩散,我国可再生能源技术在发展进步过程中都需要克服诸多挑战。

四、中国可再生能源开发利用成就

新能源与可再生能源是中国多轮驱动能源供应体系的重要组成部分,对于改善能源结构、保护生态环境、应对气候变化、实现经济社会可持续发展具有重要意义。新中国成立以来,在党中央、国务院高度重视下,我国新能源与可再生能源产业从无到有、从小到大、从大到强,走过了不平凡的发展历程。

近年来,特别是党的十八大以来,在党中央坚强领导下,全国能源行业深入贯彻习近平生态文明思想和"四个革命、一个合作"能源安全新战略,齐心协力、攻坚克难,大力推动

---

[1] Freitas I. M. B., Dantas E., Iizuka M., "The Kyoto Mechanisms and the Diffusion of Renewable Energy Technologies in the BRICS", *Energy Policy*, Vol. 42, 2012, p. 119.

[2] Pfeiffer B., Mulder P., "Explaining the Diffusion of Renewable Energy Technology in Developing Countries", *Energy Economics*, Vol. 40, 2013, p. 285.

新能源与可再生能源实现跨越式发展，取得了举世瞩目的伟大成就。主要包括以下几点。

1. 开发利用规模稳居世界第一，为能源绿色低碳转型提供强大支撑。发电装机实现快速增长，截至2020年年底，我国可再生能源发电装机总规模达到9.3亿千瓦，占总装机的比重达到42.4%，较2012年增长14.6个百分点。其中，水电3.7亿千瓦、风电2.8亿千瓦、光伏发电2.5亿千瓦、生物质发电2952万千瓦，分别连续16年、11年、6年和3年稳居全球首位。利用水平持续提升，2020年，我国可再生能源发电量达到2.2万亿千瓦时，占全社会用电量的比重达到29.5%，较2012年增长9.5个百分点，有力支撑我国非化石能源占一次能源消费比重达15.9%，如期实现2020年非化石能源消费占比达到15%的庄严承诺。我国的装机现在40%左右是可再生能源，发电量的30%左右是可再生能源，全部可再生能源装机是世界第一。

截至2021年10月底，中国可再生能源发电累计装机容量达到10.02亿千瓦，突破10亿千瓦大关，比2015年年底实现翻番，占全国发电总装机容量的比重达到43.5%，比2015年年底提高10.2个百分点。其中，水电、风电、太阳能发电和生物质发电装机分别达到3.85亿千瓦、2.99亿千瓦、2.82亿千瓦和3534万千瓦，均持续保持世界第一。

我国可再生能源发电累计装机容量突破10亿千瓦，占全国发电总装机容量比重达43.5%。其中，水电、风电、太阳能发电和生物质发电装机均持续保持世界第一。跟国内比，世界最大水电站三峡电站总装机容量2250万千瓦，10亿千瓦可再生能源装机相当于新建45座三峡电站。跟国外比，以世界第一大经济体美国为例，其所有煤电、气电、可再生能源发电加起来不足12亿千瓦，我国仅可再生能源装机容量就接近美国发电装机总容量。单纯从装机数字来看，这个世界第一名副其实。对我国而言，能源安全矛盾突出体现在油气安全上，2020年我国石油、天然气对外依存度分别攀升至73%和43%。而我国每平方米可再生能源潜力要远高于世界上大多数国家，当前已开发的可再生能源不到技术可开发量的1/10，潜力巨大，且没有对外依存问题。随着能源清洁低碳转型深入推进，我国将逐步摆脱对煤炭、石油等化石能源的依赖。据研究机构测算，到2060年，我国非化石能源消费占比将由目前的16%左右提升到80%以上，非化石能源发电量占比将由目前的34%左右提高到90%以上，建成以非化石能源为主体、安全可持续的能源供应体系，将实现能源本质安全。2020年，我国可再生能源开发利用规模达到6.8亿吨标准煤，相当于替代煤炭近10亿吨，减少二氧化碳、二氧化硫、氮氧化物排放量分别约达17.9亿吨、86.4万吨与79.8万吨，为打好大气污染防治攻坚战提供了坚强保障。截至2020年年底，我国可再生能源累计装机占全球可再生能源总装机规模的1/3，成为全球可再生能源中坚力量，有力促进了风电、光伏等新能源技术快速进步、成本大幅下降，加速了全球能源绿色转型进程。既然装机屡创新高，"拉闸限电"为何还会上演？事实上，很多人对能源转型速度的认识仍存在误区，对能源转型的量化通常仅根据新增装机容量规模，忽略了可再生能源的实际产出。由于发电可利用小时数远低于燃煤机组经济运行小时数，可再生能源装机容量占比尽管超过40%，但是发电量占比不足总发电量的30%。尤其是装机增速更快的风电和光伏，装机容量占比接近25%，但发电量占比不足10%。再加上光照、来风、来水等情况还要"靠天吃饭"，可再生能源的不稳定性导致其目前在能源体系中尚难成为中流砥柱。未来，随着智能电网、大规模储能技术进步，可再生能源将不再"听天由命"。①

截至2021年11月底，全国发电装机容量约23.2亿千瓦，同比增长9%。其中，风电装机容量约3亿千瓦，同比增长29%；太阳能发电装机容量约2.9亿千瓦，同比增长24.1%。与此同时，利用水平不断提升。前10月，全国风电利用率为97%，光伏发电利用率为98%。2021年，风电、光伏和水能利用率分别达到96.9%、97.9%和97.8%左右。度电成本进一步下降。2020年，我国陆上风电、光伏发电平均度电成本分别降至0.38元和0.36元左右，同比分别下降10%和18%，接近或达到全国平均燃煤标杆基准电价水平，为下一步高比例、低成本、大规模发展创造了有利条件。②

2021年前11个月，我国新能源发电量达到10355.7亿千瓦时，年内首次突破1万亿千瓦时，同比增长32.97%，占全国全社会用电量的比例达到13.8%，同比提高2.14个百分点。10355.7亿千瓦时，基本相当于2021年同期的全国城乡居民生活用电量数据。前11个月，全国风电发电量、太阳能发电量、生物质发电量分别达到5866.7亿千瓦时、3009亿千瓦时、1480亿千瓦时，同比分别增长40.8%、24.3%、23.4%，新能源发电量对全国电力供应的贡献不断提升。与此同时，新能源消纳取得新进展，风电、光伏利用率分别达到96.9%、97.9%。我国风电、太阳能发电累计装机容量稳居世界首位，2021年海上风电装机容量跃居世界首位。③

据国家能源局介绍，2022年要推进东中南部地区风电光伏就近开发消纳，积极推动海上风电集群化开发和"三北"地区风电光伏基地化开发，抓好沙漠、戈壁、荒漠风电光伏基地建设。此外，要积极稳妥发展水电，核准开工一批重大工程项目。有序推进生物质能开发利用。

"十四五"规划纲要提出，"建设清洁低碳、安全高效的能源体系""非化石能源占能源消费总量比重提高到20%左右"。"十四五"时期，风电光伏要成为清洁能源增长的主力。要加快发展风电光伏产业，优先推进东中南部地区风电光伏就近开发消纳，积极推动东南沿海地区海上风电集群化开发和"三北"地区风电光伏基地化开发。同时，因地制宜开发水电，积极安全有序发展核电，因地制宜发展生物质能等其他可再生能源。

---

① 《10亿千瓦可再生能源装机意味着什么》，国家能源局网站，http://www.nea.gov.cn/2021-12/03/c_1310350120.htm。
② 《推动能源转型 赋能绿色发展》，国家能源局网站，http://www.nea.gov.cn/2022-01/14/c_1310424510.htm。
③ 《我国新能源发电量年内首超一万亿千瓦时》，国家能源局网站，http://www.nea.gov.cn/2021-12/31/c_1310404016.htm。

2. 技术装备水平大幅提升，为可再生能源发展注入澎湃动能。我国已形成较为完备的可再生能源技术产业体系。水电领域具备全球最大的百万千瓦水轮机组自主设计制造能力，特高坝和大型地下洞室设计施工能力均居世界领先水平。低风速风电技术位居世界前列，国内风电装机90%以上采用国产风机，10兆瓦海上风机开始试验运行。光伏发电技术快速迭代，多次刷新电池转换效率世界纪录，光伏产业占据全球主导地位，光伏组件全球排名前十的企业中我国占据7家。全产业链集成制造有力推动风电、光伏发电成本持续下降，近10年来陆上风电和光伏发电项目单位千瓦平均造价分别下降30%和75%左右，产业竞争力持续提升，为可再生能源新模式、新业态蓬勃发展注入强大动力。

3. 减污降碳成效显著，为生态文明建设夯实基础根基。可再生能源既不排放污染物，也不排放温室气体，是天然的绿色能源。2020年，我国可再生能源开发利用规模达到6.8亿吨标准煤，相当于替代煤炭近10亿吨，减少二氧化碳、二氧化硫、氮氧化物排放量分别约达17.9亿吨、86.4万吨与79.8万吨，为打好大气污染防治攻坚战提供了坚强保障。同时，我国积极推进城乡有机废弃物等生物质能清洁利用，促进人居环境改善；积极探索沙漠治理、光伏发电、种养殖相结合的光伏治沙模式，推动光伏开发与生态修复相结合，实现可再生能源开发利用与生态文明建设协调发展、相得益彰。

4. 惠民利民成果丰硕，为决战脱贫攻坚贡献绿色力量。在推进无电地区电网延伸的同时，我国积极实施可再生能源独立供电工程，累计让上百万无电群众用上绿色电力，圆满解决无电人口用电问题。2012年以来，贫困地区累计开工建设大型水电站31座6478万千瓦，为促进地方经济发展和移民脱贫致富作出贡献。创新实施光伏扶贫工程，累计建成2636万千瓦光伏扶贫电站，惠及近6万个贫困村415万户贫困户、每年产生发电收益180亿元，相应安置公益岗位125万个，光伏扶贫已成为我国产业扶贫的精品工程和十大精准扶贫工程之一。

5. 国际合作不断拓展，为携手应对气候变化作出中国贡献。作为全球最大的可再生能源市场和设备制造国，我国持续深化可再生能源领域国际合作。水电业务遍及全球多个国家和地区，光伏产业为全球市场供应了超过70%的组件。可再生能源在中国市场的广泛应用，有力促进和加快了可再生能源成本下降，进一步推动了世界各国可再生能源开发利用，加速了全球能源绿色转型进程。与此同时，近年来我国在"一带一路"共建国家和地区可再生能源项目投资额呈现持续增长态势，积极帮助欠发达国家和地区推广应用先进绿色能源技术，为高质量共建绿色"一带一路"贡献了中国智慧和中国力量。

五、改革开放以来中国电力体制改革

改革开放以来，我国从发展的阶段性特征出发，不断推进电力体制改革。

——20世纪80年代，电力短缺成为制约经济发展的"瓶颈"，而电力建设资金长期不

足，发电装机增长缓慢是造成这一问题的主要原因。

1979年8月经国务院批准，国内部分地区开始试点电力等基础设施投资由国家拨款改为银行贷款。1985年5月，国务院批转《关于鼓励集资办电和实行多种电价的暂时规定》，把国家统一建设电力和统一电价的办法，改为鼓励地方、部门和企业投资建设电厂。实施"拨改贷"、鼓励"集资办电"，拓宽了电力建设资金渠道，也打破了单一的电价模式。

——1987年，"政企分开，省为实体，联合电网，统一调度，集资办电"的电力改革与发展"二十字方针"提出。

按照这一方针，1993年1月中国华北、东北、华东、华中、西北五大电力集团组建成立。1996年6月，国家电网建设有限公司成立，次年1月16日，中国国家电力公司在北京正式成立。这个按现代企业制度组建的大型国有公司的诞生，标志着我国电力工业管理体制由计划经济向社会主义市场经济的历史性转折。

此后，随着原电力工业部撤销，其行政管理和行业管理职能分别被移交至国家经贸委和中电联，电力工业比较彻底地实现了在中央层面的政企分开。

——2002年，国务院正式批准《电力体制改革方案》，决定对电力工业实施以"厂网分开、竞价上网、打破垄断、引入竞争"为主要内容的新一轮市场化改革。根据该方案，国内有关电力行业管理、厂网分开、电价机制等一系列改革逐步落地。

2002年3月中央决定设立国家电力监管委员会，负责全国电力监管工作。当年12月，国务院正式批复《发电资产重组划分方案》，在原国家电力公司的基础上成立了国家电网和南方电网两家电网公司，中国华能、大唐、华电、中国国电和中国电力投资集团公司5家发电集团公司和4家辅业集团公司。

理顺电价机制是电力体制改革的核心内容。2003年7月，国务院发布电价改革方案，确定电价改革的目标、原则及主要改革措施。此后，随着煤电价格联动机制、阶梯电价、直购电改革试点等陆续出台，价格改革不断细化，配套政策也日趋完善。

六、风电、光伏发电的平价上网

随着风电、光伏发电规模化发展和技术快速进步，在资源优良、建设成本低、投资和市场条件好的地区，已基本具备与燃煤标杆上网电价平价（不需要国家补贴）的条件。2019年1月，国家发展改革委、国家能源局印发《关于积极推进风电、光伏发电无补贴平价上网有关工作的通知》（发改能源〔2019〕19号，简称"19号文"），从优化投资环境、保障优先发电和全额保障性收购、鼓励通过绿证交易获得合理收益补偿、落实电网企业接网工程建设责任、降低就近直接交易输配电价及收费、创新金融支持方式等12个方面提出了推进风电、光伏发电平价上网试点项目建设的有关要求和支持政策措施，同时明确各省（自治区、直辖市）

能源主管部门将有关项目信息报送国家能源局；国家发展改革委、国家能源局将及时公布平价上网项目名单，协调督促有关方面做好相关支持政策的落实工作。2019年5月，国家发展改革委、国家能源局汇总各省（自治区、直辖市）能源主管部门上报的平价项目信息，经过严格梳理，公布了2019年第一批风电、光伏发电平价上网项目清单，总规模2076万千瓦。

2020年3月，国家能源局印发《关于2020年风电、光伏发电项目建设有关事项的通知》（国能发新能〔2020〕17号），明确2020年各省级能源主管部门按照19号文要求，积极组织、优先推进无补贴风电、光伏发电平价上网项目建设，项目信息报国家能源局并抄送所在地派出机构，国家能源局及时统计并适时公布。对2019年印发的第一批项目名单，如需调整一并报送。截至2020年6月28日，国家能源局收到21个省级能源主管部门和新疆生产建设兵团报来的2020年风电、光伏发电平价上网项目，经认真梳理，形成了平价项目清单并以《关于公布2020年风电、光伏发电平价上网项目的通知》的形式正式向社会公布。

七、全国统一电力市场体系

2021年11月24日，中共中央总书记、国家主席、中央军委主席、中央全面深化改革委员会主任习近平主持召开中央全面深化改革委员会第二十二次会议，审议通过了《关于加快建设全国统一电力市场体系的指导意见》。2022年1月18日，国家发展改革委、国家能源局印发该意见。

该意见指出，要健全多层次统一电力市场体系，加快建设国家电力市场，引导全国、省（自治区、直辖市）、区域各层次电力市场协同运行、融合发展，规范统一的交易规则和技术标准，推动形成多元竞争的电力市场格局。

近年来，我国电力市场化改革取得显著成效，电力市场建设稳步有序推进，市场化交易电量比重大幅提升。但也要看到，随着改革不断深入，一些制约电力市场健康可持续发展的深层次、根本性、全局性问题逐步暴露出来，诸如电力市场顶层设计欠缺、实施路径不清晰、清洁能源消纳困难等问题，亟须在改革中加以突破。

建设全国统一电力市场体系，是电力市场改革的重要抓手之一。2015年，相关文件明确提出"在全国范围内逐步形成竞争充分、开放有序、健康发展的市场体系"。2020年，中央提出"到2025年底前基本建成全国统一的电力交易组织体系"的目标。此次会议更是对全国统一电力市场体系建设提出明确要求：遵循电力市场运行规律和市场经济规律，实现电力资源在全国更大范围内共享互济和优化配置，加快形成统一开放、竞争有序、安全高效、治理完善的电力市场体系。

加快全国统一电力市场体系建设，要改革完善煤电价格市场化形成机制，完善电价传导机制，促进电力供需之间实现有效平衡。当前，我国煤炭生产进一步向西北地区集中，风光等资源大部分分布在"三北"地区,水能资源主要集中在西南地区,但电力消费大部分流向了东部及南部地区。我国能源供需这种逆向分布的特征,决定了能源资源需要在全国范围内流通和配置,而加快全国统一电力市场体系建设,正是对我国资源分布实际做出的综合考量,也有助于电力供需趋向平衡。

加快全国统一电力市场体系建设,要推进适应能源结构转型的电力市场机制建设,通过市场化手段,有序推动新能源参与市场交易,发挥电力市场对能源清洁低碳转型的支撑作用。市场化的电力价格体系是我国完成能源转型的必经之路,只有在市场化的基础上,才能让新、老能源进行有效平稳的转换。在这个过程中,充分发挥统一电力市场的平台作用,引入清洁能源优先交易、水火置换等市场化机制,在为清洁能源消纳争取空间的同时,也为构建以新能源为主体的新型电力体系提供有力保障。

电力事关国计民生,电力市场改革牵一发而动全身。虽然建设全国统一电力市场体系是我国电力体制改革的既有任务,但近期出现的煤炭、电力供应问题显示了这一工作的紧迫性,提醒我们必须尽快建立全国统一电力市场,在遵循市场化运行规律的基础上,科学运用价格信号,优化电力资源配置,还原电力的商品属性。需要指出的是,全国统一电力市场建设是一个不断深化、逐步完善的过程,无论是顶层设计还是基层实践,都要在充分尊重市场差异的基础上,推动各层级市场之间融合开放、协调发展。

八、"十四五"能源的高质量发展目标

《"十四五"现代能源体系规划》(以下简称《规划》)对"十四五"时期推动能源高质量发展作出以下部署。

1. 增强能源供应链安全性和稳定性

"清洁低碳、安全高效,是现代能源体系的核心内涵,也是对能源系统如何实现现代化的总体要求。"国家能源局有关负责人介绍,《规划》主要从3个方面推动构建现代能源体系。

增强能源供应链安全性和稳定性。"十四五"时期将从战略安全、运行安全、应急安全等多个维度,加强能源综合保障能力建设。《规划》提出,到2025年,国内能源年综合生产能力达到46亿吨标准煤以上,原油年产量回升并稳定在2亿吨水平,天然气年产量达到2300亿立方米以上,发电装机总容量达到约30亿千瓦。

推动能源生产消费方式绿色低碳变革。"十三五"时期,我国能源结构持续优化,煤炭消费比重下降至56.8%,非化石能源发电装机容量稳居世界第一。"十四五"时期,重点做好增加清洁能源供应能力的"加法"和减少能源产业链碳排放的"减法",推动形成绿色低碳的能源消费模式。

提升能源产业链现代化水平。进一步发挥好科技创新引领和战略支撑作用,增强能源科

技创新能力，加快能源产业数字化和智能化升级，推动能源系统效率大幅提高，全面提升能源产业基础高级化和产业链现代化水平。《规划》提出，锻造能源创新优势长板，强化储能、氢能等前沿科技攻关，实施科技创新示范工程。

2. 加强能源自主供给能力建设

"十三五"时期我国能源供应保障基础不断夯实，原油产量稳步回升，天然气产量年均增量超100亿立方米，油气管道总里程达17.5万公里，发电装机容量达22亿千瓦，西电东送能力达2.7亿千瓦。但还是出现电力、煤炭、天然气等供应时段性偏紧的情况。

国家能源局有关负责人分析，"十四五"时期，能源消费仍将刚性增长，能源保供的压力持续存在，"下一步将坚持'立足国内、补齐短板、多元保障、强化储备'的原则，加强能源自主供给能力建设，确保能源供需形势总体平稳有序。"

一是着力增强能源供应能力。一方面，做好增量，把风、光、水、核等清洁能源供应体系建设好，加快实施可再生能源替代行动。另一方面，稳住存量，发挥好煤炭、煤电在推动能源绿色低碳发展中的支撑作用，有序释放先进煤炭产能，根据发展需要合理建设支撑性、调节性的先进煤电，着力提升国内油气生产水平。

二是加快完善能源产供储销体系。提升能源资源配置能力，做好电网、油气管网等能源基础设施建设，特别是加强电力和油气跨省跨区输送通道建设。建立健全煤炭储备体系，加大油气增储上产力度，重点推进地下储气库、LNG（液化天然气）接收站等储气设施建设，提升能源供应能力弹性。

根据《规划》，"十四五"期间，存量通道输电能力提升4000万千瓦以上。到2025年，全国油气管网规模达到21万公里左右；全国集约布局的储气能力达到550亿—600亿立方米，占天然气消费量的比重约13%。

三是加强能源应急安全保障能力。既要加强风险预警，建立健全煤炭、油气、电力供需预警机制，还要做好预案、加强演练，提高快速响应和能源供应快速恢复能力。

受能源资源禀赋影响，我国能源生产消费逆向分布特征明显。我国中东部地区能源消费量占全国比重超70%，生产量占比不足30%，重要能源基地主要分布在西部地区。长期以来，形成了"西电东送、北煤南运、西气东输"的能源流向格局。《规划》从推进西部清洁能源基地绿色高效开发、提升东部和中部地区能源清洁低碳发展水平等方面对能源生产布局和输送格局作出统筹安排。

西部地区化石能源和可再生能源资源比较丰富，要坚持走绿色低碳发展道路，把发展重心转移到清洁能源产业，重点建设多能互补的清洁能源基地，加快推进以沙漠、戈壁、荒漠地区为重点的大型风电光伏基地项目建设。以京津冀及周边地区、长三角等为重点，加快发展分布式新能源、沿海核电、海上风电等，依靠清洁能源提升本地能源自给率。

3. 到 2025 年非化石能源发电量比重达到 39% 左右

《规划》提出，到 2025 年，非化石能源消费比重提高到 20% 左右。如何落实好这一目标？

从能源消费侧看，《规划》着力推动形成绿色低碳消费模式。完善能耗"双控"与碳排放控制制度，严格控制能耗强度，坚决遏制高耗能高排放低水平项目盲目发展，推动"十四五"能源资源配置更加合理，利用效率大幅提高；实施重点行业领域节能降碳行动，着力提升工业、建筑、交通、公共机构、新型基础设施等重点行业和领域的能效水平，实施绿色低碳全民行动；大力推动煤炭清洁高效利用，严格控制钢铁、化工、水泥等主要用煤行业煤炭消费，大力推动煤电节能降碳改造、灵活性改造、供热改造"三改联动"，全面深入拓展电能替代，提升终端用能低碳化、电气化水平。

例如，《规划》提到积极推动新能源汽车在城市公交等领域应用，到 2025 年，新能源汽车新车销量占比达到 20% 左右。优化充电基础设施布局，全面推动车桩协同发展，开展光、储、充、换相结合的新型充换电场站试点示范。

能源供给侧看，考虑到非化石能源主要以电的形式利用，为了支撑非化石能源消费比重 20% 左右的目标，《规划》提出，到 2025 年非化石能源发电量比重达到 39% 左右，"十四五"期间提高 5.8 个百分点。

展望 2035 年，《规划》还提出，非化石能源消费比重在 2030 年达到 25% 的基础上进一步大幅提高，可再生能源发电成为主体电源，新型电力系统建设取得实质性成效，碳排放总量达峰后稳中有降。

主要新能源与可再生能源发展情况

一、太阳能

（一）光伏发电

1. 发展阶段

我国光伏发展经历了五个阶段。

初步导入期：1997 年 12 月《京都议定书》获得通过，德国、美国等发布相关扶持可再生能源计划，以天合光能为代表的中国第一批光伏企业应运而生。

快速发展期：在欧美光伏政策的刺激下，中国光伏制造业利用国外的市场、技术、资本，迅速形成规模。全国先后建立了几十个光伏产业园，太阳能电池产量年均复合增速高达

143.72%。2010年我国太阳能电池产量占全球份额的56.86%。

产业挫折期：前几年的狂热实际造成了大量产能过剩，且九成以上的原材料依赖进口，因此在2008年国际金融危机的冲击下，欧盟开始降低政策支持力度，需求端逐渐疲软，又叠加美国和欧盟对中国光伏企业的"双反"调查，国内光伏产业受到沉重打击。

国家补贴期：2012年12月，国务院常务会议确定了促进光伏产业发展的五项措施，2013年8月，《关于发挥价格杠杆作用促进光伏产业健康发展的通知》正式下发，实行三类资源区光伏上网电价及分布式光伏度电补贴。由此我国光伏需求由国外转向国内，企业经营得以好转。

补贴退坡期：在上述的前四个时期，光伏的发展与政策息息相关，政策力度大产业发展就快，但是补贴只能作为一个辅助，不是长远之计。2020年，进入补贴退坡阶段。光伏技术进步使成本降低，实现了平价化，带来光伏大规模发电的时代。所以光伏的规模化可以总结为，从扶持中来，到平价中去。降本增效才是最大驱动力。

2. 发展规模

我国于1958年开始对太阳能应用进行研究，最初主要是用于宇宙空间技术，1971年首次应用于东方红2号卫星，而后逐渐扩大到地面形成光伏产业。

我国的光伏工业在20世纪80年代以前尚处于雏形，太阳电池的年产量一直徘徊在10千瓦以下，价格也很昂贵。80年代以后，国家开始对光伏工业和光伏市场的发展给予支持，中央和地方政府在光伏领域投入了一定资金，使得我国十分弱小的太阳电池工业得到了巩固并在许多应用领域建立了示范，如微波中继站、部队通信系统、水闸和石油管道的阴极保护系统、农村载波电话系统、小型户用系统和村庄供电系统以及并网发电系统等。同时，国内先后从国外引进了多条太阳电池生产线，到2001年，我国太阳电池的生产能力已经达到6.5兆瓦/年，售价也由"七五"初期80元/瓦下降到当时的40元/瓦左右，这对于光伏市场的开拓起到了积极的推动作用。2002年政府启动了"光明工程"重点发展太阳能光伏发电。2007年，中国成为生产太阳能光伏电池最多的国家。

截至2008年年底，光伏发电累计装机仅14.5万千瓦。近年来，为促进光伏发电发展，国家制订了多项计划。2009年3月，财政部同住房和城乡建设部推出了促进光伏屋顶应用和光伏建筑一体化的补贴计划；2009年7月推出了"金太阳示范工程"，批准了201兆瓦的项目；2009年年底，国家能源局举行了敦煌10兆瓦并网光伏发电项目特许权招标；2010年，国家对"金太阳示范工程"相关政策进行调整，涉及补贴标准、项目并网等多个关键环节。中国有色金属工业协会硅业分会的统计显示，从2002年至2010年，中国光伏装机容量从20.3兆瓦增加到500兆瓦，增长了23.6倍，年均增长49.3%；光伏发电累计容量从45兆瓦增加到797.5兆瓦，增加了16.7倍。

2009年光伏新增装机达160兆瓦，超过2008年年底累计安装总量，2010年新增装机超过500兆瓦。[1] 半导体设备暨材料协会（SEM）的统计显示，2011年中国国内新增光伏装机容量2.7吉瓦，占到2011年全球新增光伏装机容量的10%左右。水利水电规划总院的数据显示，截至2012年年底，中国光伏发电容量已经达到了7982.68兆瓦，超越美国占居第三；但是最重要的还是集中在西部地区。中国19个省（自治区）共核准了484个大型并网光伏发电项目，核准容量是11543.9兆瓦；中国15个主要省（自治区）已累计建成233个大型并网光伏发电项目，总的建设容量为4193.6兆瓦，2012年兴建98个。其中青海、宁夏、甘肃3省（自治区）的建设容量和市场份额都占据了半壁江山。为了解决这种光伏发电集中的情况，从2012年12月开始了分布式光伏发电示范项目的一个技术评审，到2013年5月，中国26个省份共上报了140个示范区，每一个示范区项目不是一个独立项目，可能涵盖了若干个市、县或镇。OFweek行业研究中心的最新数据显示，2013年上半年中国新增光伏装机2.8吉瓦，其中1.3吉瓦为大型光伏电站。截至2013年上半年，中国光伏发电累计建设容量已经达到10.77吉瓦，其中大型光伏电站5.49吉瓦，分布式光伏发电系统5.28吉瓦。[2]

到2019年，在太阳能技术方面，光伏制造的大部分关键设备已实现本土化并逐步推行智能制造。同德国、美国等太阳能技术较发达的国家比较，中国的优势在于产业化的规模方面，但在基础研究方面的差距依然明显。

（二）太阳能光热

在太阳能光热应用上，我国主要是在城乡中太阳能热水器的利用和推广与太阳能热发电两方面。中国自从在2005年"新农村建设"和2009年"太阳能热水器下乡"等一系列优惠政策出台后，在农村地区太阳能光热利用技术得到了普及和推广，并已超过了城市太阳能热水器的使用量。2006年年底全国太阳能热利用保有量约为9000万平方米，2015年全国太阳能热利用保有量增加到了4.42亿平方米。我国已经名副其实地成为最大的太阳能热水器销售国，太阳能热水器产量也排名世界第一。

在太阳能热发电方面，随着政策的变化，我国太阳能热发电市场的发展也经历了起伏。2009年3月，中国首座1兆瓦太阳能光热塔式发电站在北京建设动工，2015年在甘肃敦煌建设10兆瓦太阳能光热熔盐塔式发电站。[3] 在首批太阳能热发电示范项目中，只有3个示范项目在2018年年底投产，而对于逾期投产的示范项目将实施何种电价政策一直悬而未决；至

---

[1] 胡云岩、张瑞英、王军：《中国太阳能光伏发电的发展现状及前景》，《河北科技大学学报》2014第1期。

[2] 胡云岩、张瑞英、王军：《中国太阳能光伏发电的发展现状及前景》，《河北科技大学学报》2014第1期。

[3] 夏轶捷：《中国太阳能产业发展的困境与路径研究》，上海财经大学，硕士学位论文，2020年。

于国家对太阳能热发电项目的后续政策也无明显迹象。于是，因示范项目培养起来的建设团队处于无事可干的状态，整个太阳能热发电产业也处于"沉寂"状态。行业内参加太阳能热发电相关会议的人数较前两年也有所减少，因此，我国太阳能热发电产业在经历了 2016 年的热潮后于 2019 年陷入了发展的低迷期。

2020—2021 年，国家首批太阳能热发电示范项目基本画上句点，面临"十三五"结束和"十四五"即将开局的节点，在多方因素驱动下，关于太阳能热发电的相关规划、政策将逐步明晰；如果相关激励政策出台，2022 年将是太阳能热发电大规模产业化发展的起始年。[①]

二、水能

新中国成立以来，我国水电行业开始了摸索和发展征程。位于钱塘江上游的新安江水电站是一个特殊的历史标志，新安江水电站是我国第一个以当地设计、设备和施工工艺为特色的大型电站，被视为当时我国水电工业的地标。与此同时，广东新丰河大型水电项目、湖南柘溪水电站也相继建成，福建、云南、四川、贵州、北京等地的中小型梯级水库开发工程也已开始。

福建古田溪站是我国第一座梯级水电站，也是第一个地下发电站。该站配有两套 6000 千瓦的涡轮机和四台 1.25 万千瓦的水轮发电机组，其中第一套 6000 千瓦的发电机组于 1956 年 3 月运行。同时，位于黄河流域的三门峡水电站与新安江水电站启动，三门峡水电站的建设为我国水电技术人员提供了良好的平台并积累了丰富经验，我国开始了一个逐步科学的水电发展道路。随着经济社会的进一步发展，水电技术发展成了政策关注的焦点之一，在我国第一个五年计划期间，被称为"黄河明珠"的柳家峡水电站（我国第一个百万千瓦级设施）已开工建设。

1971 年 5 月，长江流域第一个大型水电项目——葛洲坝水电站建设工程开工。随后，拥有当时世界上最大五个船闸、最高的混凝土拱坝和最高的混凝土面板堆石坝的三峡工程也于 1994 年开始动工。在本发展阶段，通过技术转让、消化吸收、自主创新的发展理念，我国水电行业在大型水电设备装机容量方面取得了显著进步，在此阶段自主研发的大量新型材料也成功运用于水电站的建设中。

21 世纪是我国水电开发加速发展的时期，我国在原有基础上继续推进电力系统改革，充分调动了各级地方政府和各种类型水电开发的积极性。2004 年，我国水电装机容量超过 100 吉瓦，成为世界上最大的水力发电基地。随后，大量的大型水电站开始建设。到 2010 年，我

---

① 王志峰、杜凤丽：《2015～2022 年中国太阳能热发电发展情景分析及预测》，《太阳能》2019 年第 11 期。

国的水电装机容量已经超过了 200 吉瓦。2015 年，我国水电装机容量超过 300 吉瓦。除了拥有世界上最大的水电装机容量外，我国还是世界上最大、发展最快的发展中国家，已逐渐成为世界水电创新的中心。[①]

三、风能

中国风能资源利用起步较早，20 世纪 50 年代末，人们使用各种木结构的风篷式风车，1959 年仅江苏省就有木风车 20 多万台，到 60 年代中期主要是发展风力提水机。但此时只是对风能的利用，直到 70 年代中后期风能开发利用被列入"六五"国家重点项目后，风电得到迅速发展。进入 80 年代中后期，中国先后从丹麦、比利时、瑞典、美国、德国引进一批大中型风力发电机组。在新疆、内蒙古的风口及山东、浙江、福建、广东的岛屿建立了 8 座示范性风力发电场。

1989 年到 2004 年，是我国风电产业发展的积累阶段。这 15 年间，我国风电产业从无到有，从小到大，经历了既艰难又辉煌的发展历程。在政策、技术等方面，我国经历了学习引进国外经验、结合实际积极消化吸收、创造性地提出适合中国国情的各类决策举措的过程。积累阶段为中国风电的腾飞打下了坚实的基础，准备了良好的条件。其中 1992 年风电装机容量已达 8 兆瓦。1994 年，电力工业部制定下发了《风力发电场并网运行管理规定（试行）》，为解决当时普遍存在的风电上网难、确定电价的困扰及推动风电发展等问题起到了关键作用。此后国家颁布的《可再生能源中长期发展规划》和《国家应对气候变化行动方案》等一系列政策和法律成为风电发展的重要动力。同时，我国风电产业发展充分吸收了汽车工业和通信产业发展的经验和教训，坚持以我为主、国产为主的方针。[②]

进入 21 世纪后，中国在风能的开发利用上加大投入力度，使高效清洁的风能在中国能源的格局中占据应有的地位。2003 年发改委下放 5 万千瓦以下风电项目审批，扶持鼓励风电发展，使风电进入高速发展阶段。到 2003 年年底，中国已经在 14 个省、自治区建立了 40 个风电场，累计安装风电机组 1061 台，总装机容量达到 568.41 兆瓦。除去已经拆除和不能运行的机组，2003 年年底实际装机 1017 台，总装机容量为 564.45 兆瓦，约占中国电力总装机容量的 0.15%，约占世界风电总装机容量的 1.4%。

2006 年施行《中华人民共和国可再生能源法》后，中国风电开发建设进入了进一步的发展阶段。这既是应对全球能源与环境新形势的历史要求，反映了国家和全社会对发展可再生

---

① 李锐、杜治洲、杨佳刚、何思源、张凌：《中国水电开发现状及前景展望》，《水科学与工程技术》2019 年第 6 期。

② 李俊峰、童建栋、于午铭、王斯成、殷志强、王仲颖：《可再生能源三十年》，《中国报道》2008 年第 10 期。

能源事业的重视与认同；也拉动了产业发展，是行业长期积累能量的合理释放。

并网风电新增装机容量在2006—2009年连续4年实现翻倍增长的基础上继续保持高速增长。中国2009年新增风电装机容量13800兆瓦（0.138亿千瓦），同比增长高达124%，新增市场容量超过美国居全球第一；累计装机容量连续第四年翻番，超越德国和西班牙，规模排在美国的35159兆瓦之后，位居世界第二。

国际环保组织绿色和平和中国资源综合利用协会可再生能源专业委员会于2011年6月16日共同发布的《风光无限——中国风电发展报告2011》显示，中国风电经济性提升，产业进一步成熟。随着风电设备单位投资水平的下降、风场选址水平的提高以及风电机组效率的提高，风电成本将进一步降低。中国已经颁布的风电区域上网电价为0.51—0.61元/瓦时，比常规价格高出30%左右。风电装备制造在成本和质量上的竞争日益激烈，风电装备价从2010年年初的4000元/千瓦下降到2011年的3500元/千瓦左右，降幅高达12.5%。这一局面进一步提高开发商的积极性，大力推动风电的发展。2011年第一季度风力发电量达188亿千瓦时，同比增长60.4%，比同期火电、水电、核电增速高出30—50个百分点，风电总装机连续5年实现翻番。中国2013年新增风电装机容量75335兆瓦（0.75335亿千瓦）。[1]

2015年，中国风力发电累计并网容量达到12.9×10^4兆瓦，其中海上风力发电累计并网容量达到560兆瓦。2015年，全国风力发电累计上网电量为1.8×10^8兆瓦时，其中海上风力发电量为100×10^4兆瓦时。在正常情况下，由于电网容量等问题导致部分风力发电不能并网利用，该部分损失电量称为弃风电量。2015年，全国弃风电量为3400×10^4兆瓦时。风力发电装置按照发电量折合全年满负荷运行时间称为风力发电装置的平均利用时间。2015年，陆上风力发电机组平均利用时间为1728小时，海上风力发电机组平均利用时间为2268小时。[2]

到2016年，中国成为第一个风电累计装机容量突破160吉瓦的国家，累计风电装机容量达到了168.73吉瓦。截至2018年风电累计装机容量209.533吉瓦，较2004年装机容量增加了208.79吉瓦，增长281倍；新增装机容量21.143吉瓦，较2004年增加了20.946吉瓦，增长106倍。"十三五"规划规定，2020年风电累计容量将达到210吉瓦以上。

中国清洁能源版图中，水电占据着重要地位。从1994年建设三峡，到开发金沙江下游的向家坝、溪洛渡、白鹤滩、乌东德四大电站，国家在千万千瓦级水电站的开发利用上，基本已触到天花板，所以必须寻找新的出路。近20年来，中国清洁能源进入"风光"时代，海上风电也开始发展。

---

[1] 张海龙：《中国新能源发展研究》，吉林大学，博士学位论文，2014年。

[2] 姜鑫、乔佳、张雄君、石书强：《可再生能源发电现状及发展建议》，《煤气与热力》2018年第1期。

我国国内第一座海上风力发电站是由中国海洋石油公司于 2007 年 11 月投资兴建的中海油绥中 36-1 钻井平台试验机组。在此之前，中国海上风电还处于环境营造阶段，国家关于海上风电的专项政策较少。2009 年 1 月，国家发改委、能源局正式启动了沿海地区海上风电的规划工作。2010 年 6 月，亚洲第一个海上风电场——上海东海大桥 100 兆瓦海上风电场示范工程并网发电，标志着中国基本掌握了海上风电的工程建设技术，为此后大规模发展海上风电积累了经验。在相关政策的大力推动下，中国海上风电场建设取得突破性进展。到 2013 年年底，中国已陆续完成的海上风电项目共有 17 个。截至 2010 年年底，海上风电装机容量为 13.8 万千瓦，位居全球第七。2012 年 1 月，专家审批通过了河北唐山乐亭县菩提岛海上风电场示范项目 300 兆瓦工程可行性报告，方案推荐为 100 台单机容量 3000 千瓦的风力发电机组，使其成为当时我国规模最大的海上风电项目。这是我国风电技术不断趋于完善的又一里程碑。

2014 年是中国"海上风电元年"，中国海上风电产业经历了爆发式增长，进入快速发展期，海上风电政策导向也逐步明确，逐渐由风电政策细分至海上风电政策。2016 年之后，中国海上风电进入全面加速阶段。在此期间，中国海上风电政策出台更加密集、细化。2016 年 11 月，国家能源局正式印发《风电发展"十三五"规划》，其中提出，到 2020 年年底，中国海上风电并网装机容量达到 5 吉瓦以上，重点推动江苏、浙江、福建、广东等省的海上风电建设。2016 年 12 月，国家能源局、国家海洋局印发《海上风电开发建设管理办法》，在总结过往经验的基础上，根据中国海上风电开发的新形势和新要求，围绕通过简政放权推动海上风电开发。2018 年 5 月，国家能源局下发《关于 2018 年度风电建设管理有关要求的通知》，推行竞争方式配置风电项目，竞价上网将开启中国海上风电的新发展时代。[①] 彭博新能源最新发布的 2021 年全球海上风电报告显示，2021 年全球新增海上风电装机容量约 13.4 吉瓦，最大的贡献来自中国，占四分之三强，约 10.8 吉瓦。

截至 2019 年，风电已成为中国继煤电、水电之后的第三大电源。近几年来，我国对于风力发电十分重视，使得我国的风力发电规模有所提升，但是整体的发电量还是相对较低的。目前我国在风能资源的开发利用上，还存在较多现实性的问题，未来的发展空间仍非常广阔。

四、地热能

（一）浅层地热能

我国浅层地热能的开发利用起步较晚，20 世纪 90 年代开始尝试应用地源热泵技术，进

[①] 黄海龙、胡志良、代万宝、辛娟、施汶娟：《海上风电发展现状及发展趋势》，《能源与节能》2020 年第 6 期。

入21世纪以后，伴随绿色奥运、节能减排和应对气候变化行动，浅层地热能利用进入快速发展阶段，在全国普遍推广，其中以京津地区发展最快。自2015年起，浅层地热能利用规模开始居世界第一。"十三五"期间，我国建设了一批重大的浅层地热能开发利用项目，浅层地热能技术的成熟性和可靠性得到验证和认可。北京世界园艺博览会采用深层地热+浅层地热+水蓄能+锅炉调峰方式，为29万平方米建筑提供供热制冷服务；北京城市副中心办公区利用地源热泵+深层地热+水蓄能+辅助冷热源，通过热泵技术，率先创建"近零碳排放区"示范工程，为237万平方米建筑群提供夏季制冷、冬季供暖以及生活热水；北京大兴国际机场地源热泵系统作为"绿色机场"的重要组成部分，为大兴机场257万平方米建筑提供冷、热能源等。截至2019年年底，全国浅层地热能开发利用规模为8.4亿平方米，主要分布在北京、天津、河北、辽宁、山东、湖北、江苏、上海等省市的城区。

中国地热直接利用的年利用能量世界第一，占世界的29.7%；地热直接利用的设备容量世界第一，占世界的25.4%；地源热泵年利用浅层地热能量世界第一，占世界的30.9%；地热供暖年利用量世界第一，占世界的38.2%。

（二）水热型地热能

水热型地热能利用是中国地热产业主力军。我国开发利用水热型地热供暖已有上千年的历史，改革开放后尤其是近年来，水热型地热供暖的开发利用在规模、深度和广度上都有很大发展。近10年来，中国水热型地热能直接利用以年均10%的速度增长，已连续多年居世界首位。中国地热能直接利用以供暖为主，其次为康养、种养殖等。据不完全统计，截至2017年年底，全国水热型地热能供暖建筑面积超过1.5亿平方米，其中山东、河北、河南增长较快。

中国地热能发电始于20世纪70年代，1970年12月，第一台中低温地热能发电机组在广东省丰顺县邓屋发电成功。目前，我国地热发电已建总装机容量53.45兆瓦，运行容量46.46兆瓦，已停运容量5.79兆瓦，已拆除容量1.2兆瓦。

（三）干热岩型地热能

干热岩型地热能是未来地热能发展的重要领域。美国、德国、法国、日本等国经过20—40年不等的探索研究，在干热岩型地热能勘查评价、热储改造和发电试验等方面取得了重要进展，积累了一定经验。相比而言中国起步较晚，2012年科技部设立国家高新技术研究发展计划（"863"计划），开启了中国关于干热岩的专项研究。2013年以来中国地质调查局与青海省联合推进青海重点地区干热岩型地热能勘查，2017年在青海共和盆地3705米深处钻获236℃的干热岩体，是中国在沉积盆地区首次发现高温干热岩型地热能资源。[①]

---

① 周博睿：《我国地热能开发利用现状与未来趋势》，《能源》2022年第2期。

五、生物质能

（一）沼气

中国农村户用沼气的大规模建设开始于20世纪50年代末期，但是受技术落后等因素限制，沼气建设很快回落。1979年国务院批转农业部等《关于当前农村沼气建设中几个问题的报告》，中国沼气工作开始回升，并在20世纪80年代初期出现了农村户用沼气建设的小高峰。总的来看，从20世纪50年代末到80年代初，中国沼气建设经历了"两起两落"的曲折发展历程。20世纪80年代到2000年，中国农村户用沼气发展较为平稳，1983年中国农村户用沼气发展触底后开始反弹，1983年到2000年农村户用沼气年均增长率为4.6%，2000年年底，农村户用沼气池达到848万户。

自2000年以来，中国沼气事业进入快速发展的新阶段。2003年，国家颁布了《农村沼气建设国债项目管理办法（试行）》，中央用国债对农村沼气建设项目进行补贴，大大刺激了中国农村户用沼气的建设。2007年以来，中央有关部委密集出台了一系列鼓励、规范沼气发展的政策法规，其中《可再生能源中长期发展规划》的颁布，更是将沼气列为中国重点发展的生物质能源。《中国农村能源年鉴》统计显示，2001—2009年中央对沼气建设的累计投资达196.1亿元，其中对农村户用沼气的投资额度达到156.3亿元，累计补贴农户1453.4万户，占建池户数的41.4%。在对农村户用沼气投资的同时，国家对沼气服务网点的投资也从无到有逐步增加。2007年国家开始对沼气服务网点进行投资。2009年，中央对服务网点的投资已达到7亿元。2000—2009年，中国农村户用沼气池从848万户发展到3507万户，年均增长率高达17.1%，沼气占农村生活能源的比例由2000年的0.4%，上升到2009年的1.9%，已经成为重要的农村生活能源。[①]

（二）燃料乙醇

2000年，为解决库存过多的陈化粮问题，我国在9个省份全部和部分区域启动了燃料乙醇试点工作。按2007年提出的《可再生能源中长期发展规划》，到2020年燃料乙醇年利用量应达1000万吨。受诸多因素影响，中国燃料乙醇产业发展并不顺利，尽管产能有明显增加，从102万吨增加至680万吨，但总体产量并没有大幅增加。国内燃料乙醇2018年、2019年、2020年三年总产量分别为235万吨、284万吨、274万吨，离产业规划的总体目标还有很大差距。

在燃料乙醇的推广使用过程中，国家能源局评估认为，燃料乙醇推广使用成熟可靠、安全可行，试点初期确定的拉动农业、解决人畜不可食用粮食库存问题，保护环境，替代能源

[①] 王飞、蔡亚庆、仇焕广：《中国沼气发展的现状、驱动及制约因素分析》，《农业工程学报》2012年第1期。

三大战略初见成效,社会效益、经济效益、生态效益显著。

为充分发挥生物燃料乙醇调控粮食市场、优化能源结构、改善生态环境、促进农业发展的重要作用,国家发展改革委、国家能源局会同有关部门,于2017年、2018年先后印发了《关于扩大生物燃料乙醇生产和推广使用车用乙醇汽油的实施方案》、《全国生物燃料乙醇产业总体布局方案》(以下简称《布局方案》)。根据上述文件要求,2018年京津冀及周边、长三角、珠三角等大气污染防治重点区域开始推广,2019年实现全覆盖;2020年,除军队特需、国家和特种储备、工业生产用油外,全国基本实现全覆盖。为更好地服务大局,助力玉米市场调控,国家发展改革委、国家能源局根据党中央、国务院有关精神,按照"优先服务粮食市场调控、以量定产、集中连片、递次推进"原则,对《布局方案》进行了调整,提出了稳妥推进玉米燃料乙醇项目建设,合理把握乙醇汽油推广节奏,不强调全国推广时限,不急于进行全面覆盖。明确了保障粮食安全的基本原则,确保燃料乙醇产业无条件服从服务于国家粮食安全,按照调整后的推广范围和节奏有序推广使用乙醇汽油,稳妥推进产业发展。[①]

(三)生物质发电

生物质发电主要包括农林生物质发电、垃圾焚烧发电和沼气发电。我国对生物质能发电技术进行研究起始于1987年,1998年和1999年分别建成了1兆瓦谷壳气化发电示范工程项目和1兆瓦木屑气化发电示范工程项目,为发展生物质能发电打下了坚实基础。[②]

2003年以来,国家先后核准批复了河北晋州、山东单县和江苏如东3个秸秆发电示范项目。

2005年年底,中国生物质发电装机容量约为2吉瓦,其中,蔗渣发电约1.7吉瓦,垃圾发电约0.2吉瓦,其余为稻壳等农林废弃物气化发电和沼气发电等。2006年《可再生能源法》施行后,中国的生物质能发电产业迅速发展,同时期实施了生物质发电优惠上网电价等有关配套政策,使生物质发电,特别是秸秆发电迅速发展,截至2008年年底,农林生物质发电项目达170多个,装机容量为4600兆瓦,50个项目并网发电。

2007年,国家核准生物质能发电项目87个,总装机220万千瓦,已建成投产生物质直燃发电项目超过15个,在建30多个;截至2010年年底,生物质能发电装机50万千瓦,是2007年的2.5倍,生物质发电渐入佳境。

到2012年年底,我国生物质发电累计并网容量为5819兆瓦,其中,直燃发电技术类型项目累计并网容量为3264兆瓦,占全国累计并网容量的55%;垃圾焚烧发电技术类型项目累计并网容量为2427兆瓦,占全国累计并网容量的41.71%;沼气发电技术类型项目并网容量

[①] 王纲、曾静、杨卓妮、吕天一:《中国燃料乙醇发展现状及展望》,《酿酒》2021年第4期。

[②] 丁晓雯、李薇、唐阵武:《生物质能发电技术应用现状及发展前景》,《现代化工》2008年第S2期。

为 206 兆瓦，占全国累计并网容量的 3.54%。[1]

截至 2020 年年底，全国已投产生物质发电项目 1353 个；并网装机容量 2952 万千瓦，年发电量 1326 亿千瓦时，年上网电量 1122 亿千瓦时。我国生物质发电装机容量已经是连续第三年位列世界第一。截至 2020 年年底，我国共新增装机 543 万千瓦，装机容量较上年增长 22.6%。

过去若干年，生物质能产业获得了一定的发展，但规模仍然相对较小，尤其是在发电领域的市场竞争中，生物质发电明显处于下风。国家能源局的统计显示，截至 2021 年年底，我国生物质能发电装机 3798 万千瓦，仅占可再生能源发电装机总量的 3.57%，相比之下，光伏和风电装机已分别达到 3.06 亿千瓦和 3.28 亿千瓦。

截至 2030 年，我国生物质发电总装机容量有望达到 5200 万千瓦，提供的清洁电力超过 3300 亿千瓦时，碳减排量超过 2.3 亿吨。到 2060 年，我国生物质发电总装机容量达到 10000 万千瓦，提供的清洁电力超过 6600 亿千瓦时，碳减排量超过 4.6 亿吨。

在生物质能技术方面，中国生物质发电技术基本成熟，生物质成型燃料供热技术也日益成熟，同时也正在积极研发生物质管道天然气技术。但与欧美发达国家比较，相关领域的研发能力相对落后，技术设备有待升级。

六、核能

我国核电产业起步于 20 世纪 70 年代末 80 年代初，1983 年国家制定了发展核电的政策，决定重点发展压水堆核电厂。通过引进、吸收、消化国外先进技术，1985 年和 1987 年分别开始建设秦山和大亚湾核电站。1991 年 12 月 15 日，我国第一座自行设计自主建设的核电站——秦山核电站并网发电成功。秦山核电站的建成使我国具备了独立设计建造小功率核电站的能力，结束了我国大陆无核电的历史。我国成为世界上第七个能够自行设计建造核电站的国家。此后，大亚湾核电站于 1994 年投入运营，它的正式商业运行为以后发展核电打下了良好基础。

随着我国工业的快速发展，电力供应开始感受压力，同时出于环境保护的需要，清洁能源的比例开始逐渐加大，核电地位上升。2007 年 10 月，国务院正式批准了国家发展改革委上报的《国家核电发展专题规划（2005—2020 年）》，这标志着我国核电发展进入了新的阶段。该规划明确提出"积极推进核电建设"，确立了核电在我国经济与能源可持续发展中的战略地位。自此，我国核电进入规模化发展的新阶段。截至 2010 年年底，已建成投运核电机组 13 台，在建 28 台。

---

[1] 蒋大华等：《我国生物质发电产业现状及建议》，《可再生能源》2014 年第 4 期。

2011年发生在邻国日本的福岛核事故直接冲击到正处在高峰阶段的中国核电发展，使得我国核电行业发展暂时受挫。随着2012年10月国务院常务会议讨论并通过《核电安全规划（2011—2020年）》和《核电中长期发展规划（2011—2020年）》，一度停滞的中国核电行业开始重新启动，并在之后得到了长足的发展。

2018年1—6月，我国商业运行核电机组累计发电量为1299.94亿千瓦时，约占全国累计发电量的4.07%，比2017年同期上升12.5%。核电设备平均利用小时数为3546.59小时，设备平均利用率为81.64%。中国核能行业协会统计报告显示，2018年，我国大陆共有44台商运核电机组总装机容量4464.516万千瓦，占全国电力总装机容量的2.35%；全年核发电为2865.11亿千瓦时，约占全国累计发电量的4.22%，全年核电设备平均利用小时数为749.22小时，设备平均利用率为85.61%，与燃煤发电相比，核发电相当于减少燃烧标准煤82454万吨，减少排放二氧化碳23120.29万吨，减少排放二氧化硫75.01万吨，减少排放氮氧化物65.30万吨。[1]

截至2019年6月30日，我国大陆运行核电机组共47台分布在浙江、广东、福建、江苏、辽宁、山东、广西、海南等8个沿海省区13个核电基地装机容量4873万千瓦，在建机组11台装机容量约134万千瓦，多年来保持全球首位。

能源转型是一项长期而复杂的工程，需在能源系统稳定性、经济性、清洁性之间维持平衡。过于激进地向光伏、风电等新能源转变，不仅推高了能源价格，也引发了阶段性能源危机。为在不大幅拖累经济增速的前提下，如期实现碳中和，各国迫切需要寻求新路径。核电不仅能够降低用能成本和能源领域碳排放，还可降低一国能源对外依存度，越来越多的国家和地区意识到需要核电来补齐能源系统缺口。打造清洁低碳的新型能源系统，核能的优势显而易见。其一，它可以在不用燃烧的情况下产生热量，也不会产生烟尘、二氧化硫和氮氧化物等污染。其二，尽管新建核电站成本高昂，但是运营成本较低，因为铀资源充足且不贵。其三，核能的能量密度远高于可再生能源。数据显示，1千克铀235的全部核裂变将产生20吉瓦小时的能量，相当于释放2000吨煤的能量。其四，核能运转更可靠和高效，可全天候发电，风电、光伏等新能源则需"看天吃饭"，年发电利用小时数不及核电的四分之一。对于中国而言，积极发展核电还可有效带动出口，助力经济稳增长。供给端，我国已具备先进核电设备规模化制造能力，且造价仅为海外同类机组价格的60%左右，具备明显比较优势。需求端，据预测到2030年仅"一带一路"共建国家将新建上百台核电机组，共计新增核电装机1.15亿千瓦。每出口1台核电机组需要8万余台套设备、200余家企业参与制造和建设，可创造约15万个就业机会，单台机组投资约300亿元。事实表明，安全如期达成"双碳"目

---

[1]《中国核电行业发展现状》，《水泵技术》2019年第5期。

标，核电"蓄能"势在必行。除了优选厂址，新建核电机组外，目前我国核电的"单一供电"模式尚无法适应新的能源体系。"十四五"规划和2035年远景目标纲要提出，开展山东海阳等核能综合利用示范，为我国核能产业发展开辟了新赛道。下一步，核能还需要扮演电力调峰、核能制氢、核能供汽、核能供暖、海水淡化等多种角色。[1]

七、氢能

氢能被视为21世纪最具发展潜力的清洁能源，20世纪70年代以来，世界上许多国家和地区广泛开展氢能研究。而氢燃料电池技术，一直被认为是利用氢能解决未来人类能源危机的终极方案。中国对氢能的研究与发展可以追溯20世纪60年代初，中国科学家为发展中国的航天事业，对作为火箭燃料的液氢燃料电池的研制与开发进行了大量有效的工作。将氢能作为能源载体和新的能源系统进行开发，则是从20世纪70年代开始的。

进入21世纪以来，为进一步开发氢能，推动氢能利用的发展，氢能技术已被列入《科技发展"十五"计划和2015年远景规划（能源）》。2016年4月，国家发展改革委和国家能源局联合发布《能源技术革命创新行动计划（2016—2030年）》，明确提出把可再生能源制氢、氢能与燃料电池技术创新作为重点发展内容。同年8月，先是国务院印发《"十三五"国家科技创新规划》，有关发展氢能技术入选。同年10月，中国标准化研究院和全国氢能标准化技术委员会联合组织编著《中国氢能产业基础设施发展蓝皮书（2016）》，首次提出我国氢能产业基础设施的发展路线图和技术发展路线图，对我国中长期加氢站和燃料电池车辆发展目标进行了规划。《中国制造2025》明确提出燃料电池汽车发展规划，将发展氢燃料电池提升到了战略高度。目前不论是国内的氢能技术，还是氢能产业基础，都具有一定的战略规模，但是与国际最先进水平还有一定的差距。[2]

2017年5月，科技部和交通运输部出台《"十三五"交通领域科技创新专项规划》，明确提出推进氢气储运技术发展、加氢站建设和燃料电池汽车规模示范，形成较完整的加氢设施配套技术与标准体系。8月，我国首条自动化氢燃料电池发动机大批量生产线在位于河北省张家口市的生产基地正式投产，规划项目全部完工后，该基地燃料电池发动机年产能可达到1万台。9月，上海市规划到2020年建设5—10座加氢站，燃料电池汽车示范运营3000辆，2025年建设50座加氢站，运营燃料电池车3万辆，2030年实现产业年产值3000亿元。

2019年3月召开的两会上，氢能源首次被写入当年的政府工作报告。报告提出要推进充电、加氢等设施的建设，使氢能产业发展又上了一个新的台阶。12月，中国石化经济技术研

---

[1]《核电"蓄能"正当时》，国家能源局网站，http://www.nea.gov.cn/2022-02/28/c_1310491751.htm。
[2] 邵志刚、衣宝廉：《氢能与燃料电池发展现状及展望》，《中国科学院院刊》2019年第4期。

究院在《2020中国能源化工产业发展报告》中指出，我国氢能产业正步入快速发展机遇期。我国规划了氢能产业核心的七大氢燃料电池产业聚集区，包括有京津冀产业聚集区、华东产业聚集区、华南产业聚集区、华中产业聚集区、华北产业聚集区、东北产业聚集区和西北产业聚集区等。

2020年，尽管疫情重创全球经济，但我国氢能发展势头不减。在中国，"碳中和""碳达峰"目标的提出以及相关规划政策的出台，助推氢能产业快速发展。全国共有超过30个地方政府发布了氢能发展相关规划，涉及加氢站数量超过1000座、燃料电池车数量超过25万辆，不论是规划数量还是发展目标，均比2019年有大幅提升。特别是2020年9月，北京市发布了《北京市氢燃料电池汽车产业发展规划（2020—2025年）》，提出了到2025年推广1万辆氢燃料电池汽车的目标，并补齐了京津冀氢能产业集群的"最后一块拼图"。国家及各地方政府涉氢产业支持政策频出，我国氢能产业进入规模化发展前夜，央企加快氢能产业链业务布局，积极与珠三角、长三角、京津冀等产业先发地区展开战略合作，抢占产业发展高地。

2021年，我国各个省市政府不断出台关于发展氢能源的红利政策，各大企业也在不断攻克氢能储运、加氢站、车载储氢等氢燃料电池汽车应用支撑技术。提高氢燃料制储运经济性。因地制宜开展工业副产氢及可再生能源制氢技术应用。开展多种形式储运技术示范应用，逐步降低氢燃料储运成本。健全氢燃料制储运、加注等标准体系。加强氢燃料安全研究，强化全链条安全监管。推进加氢基础设施建设。完善加氢基础设施的管理规范，引导企业根据氢燃料供给、消费需求等合理布局加氢基础设施，提升安全运行水平。

2022年3月23日，备受关注的《氢能产业发展中长期规划（2021—2035年）》正式发布，为我国氢能产业有序高质量发展，描绘了更多值得期待的美好图景。氢能是一种来源丰富、绿色低碳、应用广泛的二次能源，推动氢能产业健康、可持续发展，对于构建清洁低碳安全高效的能源体系、实现碳达峰碳中和目标，意义重大。该规划提出，"十四五"时期，初步建立以工业副产氢和可再生能源制氢就近利用为主的氢能供应体系；燃料电池车辆保有量约5万辆，部署建设一批加氢站，可再生能源制氢量达到10万—20万吨/年，实现二氧化碳减排100万—200万吨/年。到2030年，形成较为完备的氢能产业技术创新体系、清洁能源制氢以及供应体系，产业布局合理有序，有力支撑碳达峰目标实现。到2035年，形成氢能多元应用生态，可再生能源制氢在终端能源消费中的比例明显提升，对能源绿色转型发展起到重要支撑作用。

截至2022年，我国加氢站数量位居世界第一。我国在氢能加注方面获得新突破，已累计建成加氢站超过250座，约占全球数量的40%，加氢站数量位居世界第一。全国20多个省份已发布氢能规划和指导意见共计200余份。在国家和各地政府鼓励下，国企、民企、外企对发展氢能产业都展现了极大的热情，长三角、粤港澳大湾区、环渤海三大区域的氢能产业呈现集群化发展态势。在氢能制备方面，可再生能源制氢项目在华北和西北等地积极推进，电解水制氢成本稳中有降；在氢能储运方面，以20兆帕气态高压储氢和高压管束拖车输运为主，积极拓展液态输氢和天然气管网掺氢运输。在多元化应用方面，除传统化工、钢铁等工业领域，氢能在交通、能源、建筑等其他领域正稳步推进试点应用。在交通领域，我国现阶段以客车和重卡为主，正在运营的以氢燃料电池为动力的车辆数量超过6000辆，约占全球运营总量的12%。[①]

八、储能

截至2020年年底，我国风电、太阳能发电装机约5.3亿千瓦，占总装机容量的24%。未来新能源仍将保持快速发展势头，预计2030年风电和太阳能发电装机达到12亿千瓦以上，规模超过煤电，成为装机主体。无论是集中式新能源规模化集约化开发，还是分布式新能源就近消纳，都离不开储能技术的支持。

为鼓励储能产业发展，利好政策密集出台。"十三五"以来，有关部门先后印发了《关于促进储能技术与产业发展的指导意见》和配套的行动方案，储能技术和产业快速发展，同时新型储能发展尤为迅猛，其助力能源转型的作用初步显现。"十三五"以来，我国新型储能实现由研发示范向商业化初期过渡，实现了实质性进步。锂离子电池、压缩空气储能等技术已达到世界领先水平，2021年年底新型储能累计装机超过400万千瓦。[②]

探索中发现，亟须进一步加强顶层设计，完善宏观政策，创新市场机制，加强项目管理，大力推动新型储能高质量发展。为解决新型储能发展新阶段的突出矛盾，2021年8月，国家发展改革委、国家能源局发布《关于加快推动新型储能发展的指导意见》明确，到2025年，实现新型储能从商业化初期向规模化发展转变。到2030年，实现新型储能全面市场化。指导意见还从国家层面首次提出装机规模目标：预计到2025年，新型储能装机规模达3000万千瓦以上，接近当前新型储能装机规模的10倍。

抽水蓄能是目前技术最为成熟的大容量储能方式，是电力系统安全防御体系的重要组成部分。抽水蓄能具有调峰、调频、调相、储能、系统备用和黑启动等功能，以及容量大、工况多、速度快、可靠性高、经济性好等技术经济优势，在保障大电网安全、促进新能源消纳、提升全系统性能中发挥基础作用，有显著的基础性、综合性、公共性特征，具备"源网荷储"全要素特性，是电网的基本单元，是能源互联网的重要组成部分，是推动能源转型发展的重

[①]《国家能源局：我国加氢站数量位居世界第一》，新华社北京2022年4月13日电，国家能源局网站，http://www.nea.gov.cn/2022-04/15/c_1310559924.htm。

[②]《新型储能，大型"充电宝"怎么建？》，国家能源局网站，http://www.nea.gov.cn/2022-04/02/c_1310545318.htm。

要支撑。

2021年8月,国家能源局发布《抽水蓄能中长期发展规划(2021—2035年)》提出,到2025年,抽水蓄能投产总规模较"十三五"翻一番,达到6200万千瓦以上;到2030年,抽水蓄能投产总规模较"十四五"再翻一番,达到1.2亿千瓦左右。用电低谷时通过电力将水从下水库抽至上水库,用电高峰再放水发电,抽水蓄能电站好比大型"充电宝",有利于弥补新能源存在的间歇性、波动性短板,是当前技术最成熟、经济性最优、最具备大规模开发条件的电力系统灵活调节电源。看总量,目前我国已投产抽水蓄能电站总规模3249万千瓦、在建总规模5513万千瓦,均居世界首位;但看比例,我国抽水蓄能在电力系统中的比例仅占1.4%,与发达国家相比仍有较大差距。按照此前一轮的规划,目前剩余抽水蓄能项目储备仅有约3000万千瓦,难以有效满足新能源大规模高比例发展和构建以新能源为主体的新型电力系统的需要。根据规划,到2035年,要形成满足新能源高比例大规模发展需求的、技术先进、管理优质、国际竞争力强的抽水蓄能现代化产业,培育形成一批抽水蓄能大型骨干企业。[①]

《2030年前碳达峰行动方案》规定,到2025年,新型储能装机容量达到3000万千瓦以上。到2030年,抽水蓄能电站装机容量达到1.2亿千瓦左右,省级电网基本具备5%以上的尖峰负荷响应能力。2021年年底,世界装机容量最大的抽水蓄能电站——丰宁抽水蓄能电站投产发电。用电低谷时将水从下水库抽至上水库,用电高峰期再放水至下水库发电。12台机组全部投运后,每年可消纳过剩电能约88亿千瓦时,年设计发电量约66亿千瓦时,可满足260万户家庭一年的用电需求。

丰宁电站位于河北省承德市丰宁县,紧邻京津冀负荷中心和冀北千万千瓦级新能源基地。电站安装12台单机容量30万千瓦机组,总装机规模360万千瓦,年设计发电量66.12亿千瓦时,年抽水电量87.16亿千瓦时。电站一期工程(180万千瓦装机)于2013年5月开工,二期工程(180万千瓦装机)在北京冬奥申办成功不久的2015年9月开工建设,2016年5月两期工程实现同期建设,工程建设进入"快车道"。丰宁电站实现了世界最大抽蓄电站自主设计和建设,书写了我国抽水蓄能发展史上的多个纪录,打造了抽蓄建设的新丰碑。

丰宁电站建设创造了抽水蓄能电站四项"第一"。装机容量世界第一。共安装12台30万千瓦单级可逆式水泵水轮发电电动机组,总装机360万千瓦,为世界抽水蓄能电站之最。储能能力世界第一。12台机组满发利用小时数达到10.8小时,是华北地区唯一具有周调节性

[①]《抽水蓄能中长期发展规划发布 2030年投产总规模将达1.2亿千瓦左右》,国家能源局网站,http://www.nea.gov.cn/2021-09/10/c_1310180480.htm。

能的抽蓄电站。地下厂房规模世界第一。地下厂房单体总长度414米，高度54.5米，跨度25米，是最大的抽蓄地下厂房。地下洞室群规模世界第一。丰宁抽蓄电站地下洞室多达190条，总长度50.14千米，地下工程规模庞大。

丰宁电站建设实现了三个"首次"。首次实现抽蓄电站接入柔性直流电网。电站接入张北柔直换流站，发挥负荷调节和区域稳定协调控制作用，有效实现新能源多点汇集、风光储多能互补、时空互补、源网荷协同，支撑具有网络特性的直流电网高可靠高效率运行，开创了抽水蓄能发展史上的"先河"，为破解新能源大规模开发利用难题提供了宝贵的"中国方案"。首次在国内采用大型变速抽水蓄能机组技术。电站二期工程采用2台交流励磁变速机组，与传统定速机组相比，具有水泵功率有效调节、运行效率更高、调度更灵活等优越性。首次系统性攻克复杂地质条件下超大型地下洞室群建造关键技术，为今后抽蓄大规模开发建设提供了技术保障和工程示范。

新能源与可再生能源政策法规

一、《新能源和可再生能源发展纲要（1996—2010年）》

1995年1月，国家计委、国家科委、国家经贸委制定的《新能源和可再生能源发展纲要（1996—2010年）》，明确了要按照社会主义市场经济的要求，加快新能源和可再生能源的发展和产业建设步伐。

纲要分析了我国当时新能源与可再生能源的基本情况与存在的问题，分两阶段提出了新能源与可再生能源发展的总目标，并针对不同的可再生能源类型提出了具体的工作任务。最后，针对政府开发利用新能源和可再生能源提出了五项措施：提高认识，加强领导；制定优惠政策；加强新能源和可再生能源的科研和示范；加强产业化建设；开展国际合作，引进国际先进技术和资金。

二、《新能源基本建设项目管理的暂行规定》

《新能源基本建设项目管理的暂行规定》由国家计划委员会于1997年5月27日发布，规定详细列出了太阳能、地热能、生物质能等多项新能源项目的经济规模指标，具体为：风力发电装机3000千瓦及其以上、太阳能发电装机100千瓦、地热发电装机1500千瓦及其以上、潮汐发电装机2000千瓦及其以上、垃圾发电装机1000千瓦及其以上、沼气工程日产气5000

立方米及其以上及投资 3000 万元人民币以上其他新能源项目。达到经济规模的为大中型新能源基本建设项目，达不到的为小型项目。

同时，规定还对申报新能源建设项目进行了明确的指导。申报新能源建设项目需要经过项目建议书和可行性研究报告两个阶段。项目建议书由申请项目的企业法人提出；项目建议书批准后由企业法人委托有资格的设计单位编制可行性研究报告。

三、《中华人民共和国可再生能源法》

《中华人民共和国可再生能源法》是为了促进可再生能源的开发利用，增加能源供应，改善能源结构，保障能源安全，保护环境，实现经济社会的可持续发展而制定。由中华人民共和国第十届全国人民代表大会常务委员会第十四次会议于 2005 年 2 月 28 日通过，自 2006 年 1 月 1 日起施行。此外，《中华人民共和国可再生能源法》于 2009 年进行修改并于 12 月 26 日通过，自 2010 年 4 月 1 日起施行。

该法共有总则、资源调查与发展规划、产业指导与技术支持、推广与应用、价格管理与费用分摊、经济激励与监督措施、法律责任和附则八章三十三条。总体来看，该法体现了以下三方面的立法原则：国家责任和全社会支持相结合，政府引导和市场运作相结合，当前需求和长远发展相结合。该法力求通过行政规制和市场激励措施，为可再生能源同常规能源竞争创造公平的市场环境，引导和激励各类经济主体积极参与到可再生能源的开发利用中来，以有效加快我国可再生能源的开发利用进程。

该法明确规定了政府有关部门和社会有关主体在可再生能源开发利用方面的责任与义务，确立了一系列重要制度和措施，包括制定可再生能源中长期总量目标与发展规划，鼓励可再生能源产业发展和技术开发，支持可再生能源并网发电，实行可再生能源优惠上网电价和全社会分摊费用，设立可再生能源财政专项资金等。在我国当时能源和环境形势均相当严峻的情况下，该法的通过和实施，将引导和激励各类经济主体积极参与到可再生能源的开发利用中来，大大加快我国可再生能源的开发利用进程，长期来看，这将使可再生能源在能源结构中逐步占有重要的地位，有效改善中国不合理的能源结构，增强国家的能源安全。同时，通过可再生能源这种清洁能源的开发利用，也将有效减缓矿物燃料特别是煤炭开发利用所带来的各种环境问题，有效促进经济社会的可持续发展。

四、《可再生能源中长期发展规划》

2007 年 9 月，国家发展和改革委员会发布了《可再生能源中长期发展规划》（以下简称《规划》）。《规划》指出，此后的 15 年中，我国可再生能源发展的总目标是，提高可再生能源在能源消费中的比重，解决偏远地区无电人口用电问题和农村生活燃料短缺问题，推行有机废弃物的能源化利用,推进可再生能源技术的产业化发展。《规划》还提出了3个具体目标,其中最重要的一个是,力争到2010年,可再生能源消费量占到能源消费总量的10%,2020年提高到15%。

近年来,世界经济发展加快,全球能源需求迅速增长,能源、环境和气候变化问题日益突出。大力开发利用可再生能源资源,减少化石能源消耗,保护生态环境,减缓全球气候变暖,共同推进人类社会可持续发展,已成为世界各国的共识。进入21世纪以来,中国的工业化、城镇化进程加快,经济持续较快增长,能源需求不断增加。2006年,能源消费总量为24.6亿吨标准煤,其中煤炭消费量占69%,能源消耗和环境污染成为制约中国发展的重要因素。为了促进可再生能源发展,增加能源供应,优化能源结构,保护环境,积极应对气候变化,中国颁布实施了《可再生能源法》,制定了《可再生能源中长期发展规划》,提出了可再生能源发展的指导思想、基本原则、发展目标、重点领域和保障措施。今后一个时期,中国可再生能源发展的重点是水能、生物质能、风能和太阳能。将加快可再生能源电力建设步伐,到2020年建成水电3亿千瓦、风电3000万千瓦、生物质发电3000万千瓦、太阳能发电180万千瓦。积极鼓励太阳能热利用技术的应用,到2020年建成太阳能热水器总集热面积3亿平方米。继续推广户用沼气和畜禽养殖场沼气工程,加快生物质成型燃料的推广应用,到2020年,实现沼气年利用440亿立方米、生物质成型燃料5000万吨。积极发展非粮生物液体燃料,到2020年形成年替代1000万吨石油的能力。中国政府将采取强制性市场份额、优惠电价和费用分摊、资金支持和税收优惠、建立产业服务体系等政策和措施,积极支持可再生能源的技术进步、产业发展和开发利用,努力实现《规划》提出的,到2020年可再生能源消费量达到总能源消费量15%的目标。

国家为了确保规划目标的实现,主要采取以下五个方面的措施。第一,政策上加以积极引导,包括价格政策。政府鼓励使用风能和太阳能,成本高出常规能源的部分在全国分摊,这就是费用分摊机制。第二,采取财政和税收的优惠政策,包括建立专项基金给予补助,也包括减免税收。第三,培育市场。市场是十分关键的,市场的培育也包括对市场份额的强制和对市场环境的改善。比如,建筑商、房地产开发商要逐步在房地产开发中,安装一些利用太阳能的构件等。第四,加强可再生能源开发的能力建设,主要是指对这个方面的科研的投入、教育的投入以及人才的培养。第五,加强对可再生能源的意义和利用方法、途径的宣传,提高全社会公民的意识,提高全民参与的程度。

五、《可再生能源发展"十二五"规划》

《可再生能源发展"十二五"规划》(以下简称《规划》)于2012年8月发布。《规划》确定的可再生能源发展的基本原则是，市场机制与政策扶持相结合、集中开发与分散利用相结合、规模开发与产业升级相结合、国内发展与国际合作相结合。

"十二五"时期可再生能源发展的总体目标：到2015年，可再生能源年利用量达到4.78亿吨标准煤，其中商品化可再生能源年利用量达到4亿吨标准煤，在能源消费中的比重达到9.5%以上。各类可再生能源的发展指标：到2015年，水电装机容量达到2.9亿千瓦，其中常规水电2.6亿千瓦，抽水蓄能电站3000万千瓦；累计并网运行风电达到1亿千瓦，其中海上风电500万千瓦；太阳能发电达到2100万千瓦，太阳能热利用累计集热面积4亿平方米；生物质能年利用量5000万吨标准煤；各类地热能开发利用总量达到1500万吨标准煤，各类海洋能电站5万千瓦。

《规划》围绕2020年国家非化石能源发展目标和国家关于发展战略性新兴产业的工作部署，高度重视可再生能源发展。水电发展要重点做好生态保护和移民安置工作，统筹协调发展，推进水电电价市场化改革，完善水电开发的政策。风电发展重点是解决好接入电网和并网运行消纳问题，要通过开展电力需求响应管理，完善电力运行技术体系和运行方式，改进风电与火电协调运行，特别是要通过风电发展与当地供热、居民用电等民生工程、农田水利等农业工程相结合，扩大风电本地消纳量。同时，要加快发展没有电网制约的中部、东南部地区的风电，以及分散式接入风电，开辟风电发展更多途径。太阳能发电发展主要方式是就近接入、当地消纳，特别是要发展分布式太阳能发电。电网企业要为分布式太阳能发电做好并网运行服务，通过发展智能电网等技术为分布式太阳能发电提供支撑。生物质能利用要因地制宜、综合利用，做好资源评价、合理规划，有序发展生物质发电，积极推广生物质成型燃料，完善生物质气化供气，更主要的是进行生物质梯级综合利用，发展以生物质为原料的燃料乙醇、生物化工，并结合生物质发电、沼气等形成生物质综合利用体系。

六、《可再生能源发展"十三五"规划》

2016年12月，国家发改委印发了《可再生能源发展"十三五"规划》（以下简称《规划》）。《规划》具有以下几个特点。

一是坚持了目标导向。可再生能源技术种类很多，发展进程差别也很大，《规划》提出到2020年，水电装机达到3.8亿千瓦（其中含抽水蓄能电站4000万千瓦）、风电装机达到2.1亿千瓦以上、太阳能发电装机达到1.1亿千瓦以上、生物质能发电装机达到1500万千瓦、地热供暖利用总量达到4200万吨标准煤的发展目标，是紧紧围绕2020年非化石能源在一次能源消费总量中占15%的比重目标要求，综合考虑了各类非化石能源的资源潜力、重大项目前期工作进度、经济性指标改善等多种因素，经过严格测算之后才确定的。上面这些目标加起来，到2020年商品化可再生能源年利用量将达到5.8亿吨标准煤，再加上核电，基本上可以确保完成2020年15%的非化石能源发展目标，并为2030年实现非化石能源占一次能源消费比重20%的目标奠定扎实的基础。

若将这些总目标分解到每年的话，"十三五"期间，中国可再生能源发电装机总量年均增长4250万千瓦，包括常规水电（不含抽水蓄能）约800万千瓦、抽水蓄能约350万千瓦、风电约1600万千瓦以上、光伏发电约1200万千瓦以上、太阳能热发电约100万千瓦、生物质发电约200万千瓦，占"十三五"年均新增装机规模的一半左右。此外，太阳能热水器利用规模年均增长0.72亿平方米；地热能热利用规模年均增长约合710万吨标准煤；生物液体燃料利用规模年均增长约合60万吨标准煤。从以上数字可以看出，可再生能源整体在"十三五"时期实现快速发展，并成为"十三五"中国能源和电力增量的主要构成部分。

初步测算，整个"十三五"期间，可再生能源总的投资规模将达到2.5万亿元，届时可再生能源年利用量相当于减少二氧化碳排放量约14亿吨，减少二氧化硫排放量约1000万吨，减少氮氧化物排放约430万吨，减少烟尘排放约580万吨，年节约用水约38亿立方米，带动就业人口将超过1300万人，经济效益、环境效益和社会效益都非常突出。

二是《可再生能源发展"十三五"规划》体现了问题导向。可再生能源经过了这么多年的发展，取得的成绩举世瞩目，面临的问题与挑战也日益突出。因此在《规划》的编制过程中，针对不同品种的可再生能源的各自发展阶段以及面临的问题也提出了一些新的思路。水电除了继续以西南地区主要河流为重点，积极有序推进大型水电基地建设以及合理优化中小流域开发以外，为了满足电力系统调峰填谷的需要和安全稳定运行的要求，提出了统筹规划、合理布局，加快抽水蓄能电站的建设。"十三五"期间，中国新开工抽水蓄能电站约6000万千瓦，管理体制更加完善，届时局部地区电网调节功能将大大改善，会进一步促进新能源电力的消纳能力。

风电方面体现了布局的优化和消纳的要求，风电项目进一步向具备消纳条件的地区转移，同时针对部分地区弃风限电情况比较严重的情况提出了解决风电消纳问题的明确要求。太阳能发电的发展重心主要体现在加强分布式利用和推动技术进步方面，特别是积极鼓励在工商业基础好的城市推广屋顶分布式光伏项目，对于西部地区的大型光伏电站项目明确要求在解决弃光问题的基础上有序建设。同时要开展市场化配置资源的尝试，实施光伏领跑者计划，促进先进光伏技术和产品的应用。

生物质能"十三五"期间要坚持分布式开发，大力推动形成就地收集原料、就地加工转化、就地消费的分布式利用格局，大力推进生物天然气产业化示范和生物质成型燃料供热。

《规划》明确提出要在开展资源勘查的基础上加强地热能开发利用。加强地热能规划与城市总体规划进行衔接,电热供暖纳入城镇基础设施建设,在土地、用电、财税价格等方面给予扶持,全面促进地热能的合理有效利用。

三是力求创新管理和应用机制。当前,可再生能源已成为新增电源的重要组成部分,在融入能源系统过程中,必须解决可再生能源所面临的体制机制等方方面面的制约,同时挖掘可再生能源在实际应用中的潜力。为此,《规划》提出了几项重要的制度创新和集成应用创新示范。

第一,创新机制。一是要建立可再生能源开发利用目标导向的管理体系,主要是明确各级政府及主要能源企业在清洁能源发展方面的责任,建立以可再生能源利用指标为导向的能源发展指标考核体系。二是按照《可再生能源法》的要求,贯彻落实可再生能源发电全额保障性收购制度,在完成最低保障性收购小时数基础上,鼓励可再生能源参与市场竞争。三是建立可再生能源绿色证书交易机制,通过市场化方式,补偿新能源发电的环境效益和社会效益,减少可再生能源对中央财政补贴资金的需求。

第二,坚持示范引领。要结合各项改革措施积极开展示范,一是开展可再生能源供热应用示范,加快太阳能、生物质能、地热能及清洁电力供热等;二是开展区域能源转型示范,促进新能源技术集成、应用方式和体制机制等多层面的创新,建设一批能源转型示范省、能源转型示范城市、农村能源转型示范县、高比例可再生能源示范区等;三是开展新能源微电网应用示范,探索电力能源服务的新型商业运营模式和新业态等。此外,《规划》还提出了海洋能、储能等新技术应用示范等任务。为加快推动可再生能源利用、替代化石能源消费打下坚实基础。

第三,积极推广可再生能源供热。习近平总书记提出要大力推动北方地区的清洁能源供暖,可再生能源热利用是清洁供暖的一个重要组成部分。《规划》提出按照优先利用、经济高效、多重互补、综合集成的原则开展规模化应用可再生能源供热示范,加快推动太阳能利用、生物质利用等。

第四,努力提高可再生能源经济性和竞争力。近几年中国可再生能源技术进步明显,成本下降幅度很大,但从全球范围看,短期内可再生能源还无法做到完全不需要补贴。不过,也有一些国家的风电、光伏发电招标项目价格,已经低于当地的化石能源发电价格,显示出了一定的市场竞争性,特别是用户侧的分布式光伏项目,与销售电价已经比较接近。中国开展的"光伏领跑者"示范项目招标价格也大大低于预期,表明可再生能源技术创新和技术进步的潜力巨大。因此,《规划》提出"到2020年,风电项目电价可与当地燃煤发电同平台竞争,光伏项目电价可与电网销售电价相当"这样的目标,也是向行业传递出这样的一个信号,就是一定要进一步通过科技创新和技术进步,加快成本下降步伐,尽早使行业摆脱对政策补贴的依赖。

七、《关于完善能源绿色低碳转型体制机制和政策措施的意见》

为全面推动能源绿色低碳发展，2022年1月30日，国家发展改革委、国家能源局出台了《关于完善能源绿色低碳转型体制机制和政策措施的意见》（以下简称《意见》）。

1. 以新能源为主体

电力来源清洁化和终端能源消费电气化，是供给侧、消费侧结构调整的重要方向。随着用能体系中电力占比的提升以及新能源发电项目规模化接入，亟须构建以新能源为主体的新型电力系统。《意见》从电网建设、关键技术提升以及运行体制机制方面提出具体措施。一方面，要对现有电力系统进行绿色低碳发展适应性评估，在电网架构、电源结构、源网荷储协同、数字化智能化运行控制等方面提升技术水平和优化系统。另一方面，充分发挥电力市场机制作用，调动系统灵活性煤电机组、天然气调峰机组、水电等调节性电源，以及用户侧储能、电动汽车充电设施、分布式发电等电力需求侧负荷参与电力系统调节的积极性，通过市场机制的优化设计，充分挖掘电力系统清洁能源消纳潜力。

此外，《意见》还在降低非技术成本方面作了系统部署。国家能源局有关负责人表示，能源绿色低碳转型，实质是生产要素从高碳领域流向低碳领域的过程。实现先立后破、打破路径依赖，需要强有力的政策支持引导。《意见》系统提出完善有利于能源绿色低碳转型的土地、财税、金融、价格以及数据资源等政策，引导土地、资金、数据等生产要素投入清洁低碳能源领域，加强要素协同配置，加快推进能源绿色低碳转型。

2. 推进电力市场化改革

电力市场化改革为新型电力系统赋能，是促进电力系统绿色低碳发展，实现电力系统灵活高效、多元互动的助推器。针对现行电网基础设施及电力系统运行机制不适应清洁低碳能源大规模发展的问题，《意见》提出了电力市场化解决方案，将为新型电力系统建设和运行的关键领域提供体制机制和政策保障，体系性支撑清洁低碳能源大规模发展。

大电网是我国实现能源资源全国优化配置的重要平台，需要进一步发挥作用。我国能源资源与需求逆向分布，客观上需要在全国范围内自西向东、自北向南大规模、远距离调配能源。

《意见》提出，进一步完善跨省跨区电价形成机制，促进可再生能源在更大范围内消纳。鼓励各地区通过区域协作或开展可再生能源电力消纳量交易等方式，满足国家规定的可再生能源消费最低比重等指标要求。

过去几年的发展经验表明，清洁低碳能源快速发展在为缓解能源资源约束和生态环境压力作出突出贡献的同时，发展不平衡不充分产生的清洁能源消纳问题严重制约着电力行业健康可持续发展。《意见》提出，建立全国统一电力市场体系，加快电力辅助服务市场建设。

"十四五"期间我国新能源不仅装机规模将进一步扩大,对新能源电量消纳利用水平也提出更高要求。为保障新能源电量高水平消纳利用,需要形成适应高比例可再生能源、完整统一的高标准电力市场体系。

3. 创新农村新能源开发利用

农村地区能源绿色转型发展,是构建现代能源体系的重要组成部分,对巩固拓展脱贫攻坚成果、促进乡村振兴,实现"双碳"目标和农业农村现代化具有重要意义。

农村能源消费主要包括炊事、取暖、照明等生活用能,以及农林牧渔业等生产用能。自1979年以来,农业领域能源消耗的碳排放量一直呈上升趋势,能源消耗碳排放量从1979年的3002万吨持续上升至2018年的2.37亿吨,增长了近7倍。在"双碳"目标与乡村振兴战略的双重历史责任下,农村能源转型迫在眉睫。

《意见》明确,创新农村可再生能源开发利用机制。鼓励利用农村地区适宜分散开发风电、光伏发电的土地,探索统一规划、分散布局、农企合作、利益共享的可再生能源项目投资经营模式。鼓励农村集体经济组织依法以土地使用权入股、联营等方式与专业化企业共同投资经营可再生能源发电项目。

农村能源转型是一个复杂的大课题,要防止一哄而上、重复建设。大面积推进前,可在乡村振兴重点帮扶县优先推进农村能源绿色低碳试点,充分结合各地资源禀赋,选择合适的新能源品种和发展模式,优先就地、就近消纳,减少能源输送距离和转化环节,提高农村能源资源综合利用效率。

八、《关于促进新时代新能源高质量发展的实施方案》

经国务院同意,2022年5月14日,国务院办公厅转发国家发展改革委、国家能源局《关于促进新时代新能源高质量发展的实施方案》(以下简称《实施方案》)。

1. 出台的背景及主要内容

2020年9月,习近平总书记作出碳达峰、碳中和重大宣示,12月又明确提出到2030年我国非化石能源占一次能源消费比重达到25%左右,风电、太阳能发电总装机容量达到12亿千瓦以上。2021年12月,习近平总书记在中央经济工作会议上强调传统能源逐步退出要建立在新能源安全可靠的替代基础上。2022年1月,习近平总书记在中央政治局第三十六次集体学习中明确提出,要加大力度规划建设以大型风光电基地为基础、以其周边清洁高效先进节能的煤电为支撑、以稳定安全可靠的特高压输变电线路为载体的新能源供给消纳体系。习近平总书记的重要讲话和指示为新时代新能源发展提出了新的更高要求,提供了根本遵循。

近年来,我国以风电、光伏发电为代表的新能源发展成效显著,装机规模稳居全球首位,发电量占比稳步提升，成本快速下降，已基本进入平价无补贴发展的新阶段。同时，新能源开发利用仍存在电力系统对大规模高比例新能源接网和消纳的适应性不足、土地资源约束明显等制约因素。为深入贯彻落实习近平总书记的重要讲话和指示精神，促进新时代新能源高质量发展，必须坚持以习近平新时代中国特色社会主义思想为指导，完整、准确、全面贯彻新发展理念，统筹发展和安全，坚持先立后破、通盘谋划，历时近两年，围绕新能源发展的难点、堵点问题，在创新开发利用模式、构建新型电力系统、深化"放管服"改革、支持引导产业健康发展、保障合理空间需求、充分发挥生态环境保护效益、完善财政金融政策等七个方面完善政策措施，重点解决新能源"立"的问题，更好发挥新能源在能源保供增供方面的作用，为我国如期实现碳达峰碳中和奠定坚实的新能源发展基础。

2. 开发利用模式

《实施方案》坚持统筹新能源开发和利用，坚持分布式和集中式并举，突出模式和制度创新，在四个方面提出了新能源开发利用的举措，推动全民参与和共享发展。

一是加快推进以沙漠、戈壁、荒漠地区为重点的大型风电光伏发电基地建设。加大力度规划建设以大型风光电基地为基础、以其周边清洁高效先进节能的煤电为支撑、以稳定安全可靠的特高压输变电线路为载体的新能源供给消纳体系。在基地规划建设运营中，要推动煤炭和新能源优化组合，鼓励煤电与新能源企业开展实质性联营。

二是促进新能源开发利用与乡村振兴融合发展。要充分调动农村农民发展新能源的积极性，加大力度支持农民利用自有建筑屋顶建设户用光伏，积极推进乡村分散式风电开发。要加强模式创新，培育农村能源合作社等新型市场主体，鼓励村集体依法利用存量集体土地通过作价入股、收益共享等机制，参与新能源项目开发，共享新能源发展红利。

三是推动新能源在工业和建筑领域应用。开发利用新能源是我国工业和建筑领域实现碳达峰碳中和的重要举措，要在具备条件的工业企业、工业园区加快发展分布式光伏和分散式风电等新能源项目，积极推进工业绿色微电网、源网荷储一体化、新能源直供电等模式创新；推动太阳能与既有和新建建筑深度融合发展，完善光伏建筑一体化技术体系，显著扩大光伏安装覆盖率，提高终端用能的新能源电力比重。

四是引导全社会消费新能源等绿色电力。目前绿色电力消费已经成为全球潮流，我国亟待健全相关制度体系、打通堵点，满足市场需求。要开展绿色电力交易试点，推动绿色电力在交易组织、电网调度、价格形成机制等方面体现优先地位。通过建立完善新能源绿色消费认证、标识体系和公示制度，推广绿色电力证书交易，加强与碳排放权交易市场的有效衔接，有效引导各类工商业企业利用新能源等绿色电力制造产品和提供服务，鼓励各类用户购买新能源等绿色电力制造的产品。

新能源与可再生能源大事记

1958 年

4 月 11 日，毛泽东主席指示，要好好推广沼气。

1965 年

8 月 31 日，中共中央、国务院发布《关于解决农村烧柴问题的指示》。

1974 年

8 月 30 日，周恩来总理亲自过问新能源开发的情况，指示国防科工委和中国科学院等单位，就利用太阳能的问题写出一个比较详细的材料。

1979 年

1 月 20 日，国家科委新能源专业组筹备组在北京成立。国家科委指定由水电部牵头，张彬任组长，齐明、林汉雄、朱伯方、崔璇、白凡任副组长。五个专业组分别是太阳能、风能、生物质能（沼气）、地热和磁流体发电，海洋能分组问题待定。

9 月 6 日，中国太阳能学会成立暨全国第二次太阳能利用经验交流会在西安召开。

9 月 27 日，北京市太阳能研究所成立。

9 月 28 日，中国共产党第十一届四中全会通过的《中共中央关于加快农业发展若干问题的决定》中指出，大力推广沼气。

1980 年

3 月 5 日，中共中央、国务院发布《关于大力开展植树造林的指示》，要求在烧柴困难的地区，大办沼气和积极发展薪炭林。

8 月，由中国太阳能学会主编的《太阳能》杂志创刊，正式在全国发行。

10 月 18 日，全国第一次农村能源学术讨论会在京召开，中国沼气协会成立。

1981 年

1 月 7 日，第二次能源政策研究座谈会和中国能源研究会成立大会在北京召开。

3 月 20 日，中国太阳能学会生物质能专业组成立大会在成都召开，与会代表 44 人。

4 月 2—10 日，国家科委和地矿部联合在天津举办中美地热技术座谈会和美国地热展览会，与会代表 200 人。

8 月 10—21 日，联合国新能源和可再生能源会议在肯尼亚内罗毕召开。国家科委副主任武衡率团参加会议。

1984 年

10 月 31 日，国务院农村能源领导小组第一次会议在北京召开。

11 月，中国电机工程学会成立风能专业委员会。

1985 年

3 月，《风力发电》杂志创刊，第一期印刷出版。

1986 年

平板型太阳能集热器产品技术条件国家标准颁布实施。

1987 年

5 月 11 日，我国引进加拿大的太阳能热水器板芯生产线，在北京市太阳能研究所举行开工典礼。

12 月 2 日，第三次农村能源学术讨论会在安徽召开，会议向国务院提出了加强农村能源工作的意见。

12 月 9 日，国际省柴灶推广基金会（FWD）中国中心点在北京成立。

1988 年

地矿部德州石油钻井研究所技术装备室副主任、高级工程师的黄鸣利用业余时间，研制成功了第一台太阳能热水器。

1991 年

9 月 5 日，水利部、能源部、中国能源研究会农村能源专业委员会联合对国内最大的新疆柴沟堡大型风力发电场进行验收鉴定。

1994 年

3 月 25 日，《中国 21 世纪议程——中国 21 世纪人口、环境与发展白皮书》经国务院第十六次常务会议审议通过。议程将可再生能源发展内容纳入其中。

1995 年

1 月，国家计委、国家科委、国家经贸委制定的《新能源和可再生能源发展纲要（1996—2010 年）》，明确了要按照社会主义市场经济的要求，加快新能源和可再生能源的发展和产业建设步伐。

1997 年

5 月 7 日，国家计委制定的"光明工程"进入实施阶段，同年国家经贸委启动第二期"双加工程"，分别支持风电和光伏示范项目，国家电力总公司也启动相关项目，利用光伏发电解决西藏无电县城的供电问题，通过项目计划支持了一批风电和光伏发电企业。

2000 年

国家经贸委资源节约与综合利用司于 8 月颁布《2000—2015 年新能源和可再生能源产

业发展规划》，系统地分析了中国新能源和可再生能源产业化发展的基础、市场开发的潜力、预期效益、制约因素和存在的问题。

2002 年

9月3日，中国政府核准了《京都议定书》，承诺通过提高能源效率、发展可再生能源、植树造林等措施，减缓和适应气候变化。

2004 年

6月，在波恩国际可再生能源大会上，中国代表团向世界承诺将制定法律和发展规划，支持可再生能源的规模化发展。

12月，我国《可再生能源法（草案）》首次提请全国人大常委会审议。

2005 年

4月，我国第一个大型沼气工程（沼气动力机组）获得国家专利。

5月1日，《电力监管条例》开始实施，该条例在2005年2月2日经国务院第80次常务会议通过。

5月，我国首家太阳能企业在美国上市（德利太阳能）。

6月，北京举办首届节能展，力促推广新能源。

11月7日，国际可再生能源大会在北京召开。

2006 年

1月1日，《中华人民共和国可再生能源法》实施。该法是为了促进可再生能源的开发利用，增加能源供应，改善能源结构，保障能源安全，保护环境，实现经济社会的可持续发展制定。由中华人民共和国第十届全国人民代表大会常务委员会第十四次会议于2005年2月28日通过，自2006年1月1日起施行。此外，《中华人民共和国可再生能源法》于2009年进行修改并于12月26日通过，自2010年4月1日起施行。

2008 年

9月，作为国家发展改革委管理的国家局，"三定"方案正式获批，国家能源局开始运行。

2010 年

我国风电新增装机1890万千瓦，累计装机达4470万千瓦，超过美国跃居世界第一。

2013 年

10月23日，国家发改委、财政部、工信部共同发布《关键材料升级换代工程实施方案》，提出到2016年，推动包括石墨烯在内的20种重点新材料实现批量稳定生产和规模应用。

2014 年

6月5日，国家发展改革委下发《关于海上风电上网电价政策的通知》，首次明确海上风电价格政策，确定 2017 年以前投运的非招标的海上风电项目上网电价，并鼓励通过特许权招标等市场竞争方式确定海上风电项目开发业主和上网电价。海上风电政策在业界的期盼和政府部门的详细调研及决策下最终出台，对启动清洁能源开发新领域将起到直接推动作用。

10 月 28 日，国家能源局向各省及相关单位下发特急文件《关于规范光伏电站投资开发秩序的通知》。该通知指出，在光伏发电市场快速扩大的情况下，在项目投资开发环节也出现了资源配置不公正、管理不规范和不同程度的投机获利现象，对光伏电站建设造成了不良影响。在此之前，国家能源局已连发两条加强项目监管的通知，"路条"买卖利益链被指将受重创。规范市场的目的，是要让光伏电站市场良性发展。

2014 年，新能源汽车政策密集出台。国家机关事务管理局等部门对政府机关及公共机构购买新能源汽车制定了具体实施方案；国家发改委明确了对电动汽车充电给予优惠的政策导向；财政部等对新能源汽车实行免征购置税；工信部、发改委等加强了对乘用车企业平均燃料消耗量管理；七部委联合印发京津冀公交等领域新能源汽车推广方案等。2014 年全年生产新能源汽车 8.39 万辆，同比增长近 4 倍，其中 12 月生产 2.72 万辆，创造了全球新能源汽车单月产量最高纪录。新能源汽车正朝着一条健康的道路发展。

2016 年

3 月 24 日，为贯彻落实《中共中央、国务院关于进一步深化电力体制改革的若干意见》（中发〔2015〕9 号）及相关配套文件要求，根据《可再生能源法》，国家发展改革委印发了《可再生能源发电全额保障性收购管理办法》。

2017 年

9 月 22 日，国家发展改革委、国家能源局等五部门联合印发《关于促进储能技术与产业发展的指导意见》。

11 月 8 日，国家发展改革委、国家能源局印发《解决弃水弃风弃光问题实施方案》（发改能源〔2017〕1942 号）。

2018 年

10 月 30 日，国家发改委和国家能源局印发《清洁能源消纳行动计划（2018—2020 年）》。

2019 年

5 月 10 日，国家发展改革委、国家能源局印发《关于建立健全可再生能源电力消纳保障机制的通知》（发改能源〔2019〕807 号）。

2021 年

3 月 17 日，为深入贯彻《可再生能源法》，全面落实"碳达峰、碳中和"战略目标和中央生态环境保护督察要求，促进清洁能源消纳，根据国家能源局《2021 年能源监管重点任务清单》(国能发监管〔2021〕5号)安排,国家能源局综合司印发了《清洁能源消纳情况综合监管工作方案》。

7月15日,国家发展改革委、国家能源局印发《关于加快推动新型储能发展的指导意见》。意见指出:实现碳达峰碳中和,努力构建清洁低碳、安全高效能源体系,是党中央、国务院作出的重大决策部署。抽水蓄能和新型储能是支撑新型电力系统的重要技术和基础装备,对推动能源绿色转型、应对极端事件、保障能源安全、促进能源高质量发展、支撑应对气候变化目标实现具有重要意义。

主要目标:到2025年,实现新型储能从商业化初期向规模化发展转变。新型储能技术创新能力显著提高,核心技术装备自主可控水平大幅提升,在高安全、低成本、高可靠、长寿命等方面取得长足进步,标准体系基本完善,产业体系日趋完备,市场环境和商业模式基本成熟,装机规模达3000万千瓦以上。新型储能在推动能源领域碳达峰碳中和过程中发挥显著作用。到2030年,实现新型储能全面市场化发展。新型储能核心技术装备自主可控,技术创新和产业水平稳居全球前列,标准体系、市场机制、商业模式成熟健全,与电力系统各环节深度融合发展,装机规模基本满足新型电力系统相应需求。新型储能成为能源领域碳达峰碳中和的关键支撑之一。

7月16日,全国碳排放权交易市场上线交易正式启动,全国碳市场第一个履约周期纳入2000多家发电行业企业,覆盖约45亿吨二氧化碳排放量,成为全球规模最大的碳市场。截至12月20日,碳排放配额累计成交量达1.3亿吨,累计成交额突破55亿元。

9月10日,国家发改委等八部门联合发布《关于促进地热能开发利用的若干意见》,就我国地热产业近中长期发展目标、重点任务以及管理体制和保障措施作了翔实的阐释。

发展目标:到2025年,各地基本建立起完善规范的地热能开发利用管理流程,全国地热能开发利用信息统计和监测体系基本完善,地热能供暖(制冷)面积比2020年增加50%,在资源条件好的地区建设一批地热能发电示范项目,全国地热能发电装机容量比2020年翻一番;到2035年,地热能供暖(制冷)面积及地热能发电装机容量力争比2025年翻一番。

9月24日,《新型储能项目管理规范(暂行)》发布。为规范新型储能项目管理,推动新型储能积极稳妥健康有序发展,促进以新能源为主体的新型电力系统建设,支撑碳达峰、碳中和目标实现,国家能源局组织编制了该规范。

11月2日,交通运输部印发了《综合运输服务"十四五"发展规划》。该规划提出加快充换电、加氢等基础设施规划布局和建设。

11月26日,国家能源局官网连刊两文就进一步优化光伏电站开发建设管理公开征求意见,其中《光伏发电开发建设管理办法(征求意见稿)》提出,光伏电站年度开发建设方案可视国家要求,分为保障性并网规模和市场化并网规模。

11月29日,《"十四五"能源领域科技创新规划》发布。为深入贯彻落实"四个革命、一个合作"能源安全新战略和创新驱动发展战略,加快推动能源科技进步,根据"十四五"现代能源体系规划和科技创新规划工作部署,国家能源局、科学技术部联合编制了该规划。

12月29日,国家能源局、农业农村部、国家乡村振兴局发布《关于印发〈加快农村能源转型发展助力乡村振兴的实施意见〉的通知》。农村地区能源绿色转型发展,是满足人民美好生活需求的内在要求,是构建现代能源体系的重要组成部分,对巩固拓展脱贫攻坚成果、促进乡村振兴,实现碳达峰、碳中和目标和农业农村现代化具有重要意义。为深入贯彻落实党中央、国务院决策部署,加快推动农村能源转型发展,根据《中共中央 国务院关于全面推进乡村振兴加快农业农村现代化的意见》《中共中央 国务院关于实现巩固拓展脱贫攻坚成果同乡村振兴有效衔接的意见》,制定该实施意见。

主要目标:到2025年,建成一批农村能源绿色低碳试点,风电、太阳能、生物质能、地热能等占农村能源的比重持续提升,农村电网保障能力进一步增强,分布式可再生能源发展壮大,绿色低碳新模式新业态得到广泛应用,新能源产业成为农村经济的重要补充和农民增收的重要渠道,绿色、多元的农村能源体系加快形成。

2022年

1月18日,国家发展改革委、国家能源局印发《关于加快建设全国统一电力市场体系的指导意见》。

1月29日,国家发展改革委、国家能源局印发《"十四五"现代能源体系规划》。经过数十年的发展,特别是党的十八大以来,我国能源发展取得了历史性的成就,能源生产和利用方式发生重大变革,已进入新的发展阶段。规划名称的变化,实质上是反映了新阶段发展形势、发展要求的变化。从全球发展的大趋势看,世界能源正在全面加快转型,推动能源和工业体系形成新格局,绿色低碳发展提速,能源产业信息化、智能化水平持续提升,能源生产逐步向集中式与分散式并重转变,全球能源发展呈现出明显的低碳化、智能化、多元化、多极化趋势。我国要加快构建的,就是顺应世界大趋势、大方向的"现代能源体系"。

从新阶段新要求看,党的十九届五中全会提出了"十四五"时期经济社会发展的总体目标,强调现代化经济体系建设要取得重大进展,并明确了加快发展现代产业体系的任务。能源对于促进经济社会发展至关重要,我国要加快构建的也是顺应现代化经济体系内在要求的"现代能源体系"。习近平总书记在中央财经委员会第九次会议和中央政治局第三十六次集体学习时,就碳达峰碳中和工作作出重要指示,强调的第一项重点任务就是构建清洁低碳安全高效的能源体系。"清洁低碳安全高效"八个字,就是现代能源体系的核心内涵,同时也是对能源系统如何实现现代化的总体要求。规划主要从3个方面,推动构建现代能源体系。一是增强能源供应链安全性和稳定性。保障安全是能源发展的首要任务，"十四五"时期我国将从战略安全、运行安全、应急安全等多个维度，加强能源综合保障能力建设。到2025年，综合生产能力达到46亿吨标准煤以上，更好满足经济社会发展和人民日益增长的美好生活用能需求。二是推动能源生产消费方式绿色低碳变革。"十四五"是碳达峰的关键期、窗口期，能源绿色低碳发展是关键，重点就是做好增加清洁能源供应能力的"加法"和减少能源产业链碳排放的"减法"，推动形成绿色低碳的能源消费模式，到2025年，将非化石能源消费比重提高到20%左右。三是提升能源产业链现代化水平。科技创新是能源发展的重要动力，"十四五"时期将进一步发挥好科技创新引领和战略支撑作用，增强能源科技创新能力，加快能源产业数字化和智能化升级，推动能源系统效率大幅提高，全面提升能源产业基础高级化和产业链现代化水平。

1月29日，国家发展改革委、国家能源局印发《"十四五"新型储能发展实施方案》。为深入贯彻落实"四个革命、一个合作"能源安全新战略，实现碳达峰碳中和战略目标，支撑构建新型电力系统，加快推动新型储能高质量规模化发展，根据《中华人民共和国国民经济和社会发展第十四个五年规划和2035年远景目标纲要》《国家发展改革委、国家能源局关于加快推动新型储能发展的指导意见》有关要求，组织编制了《"十四五"新型储能发展实施方案》。

1月30日，国家发展改革委、国家能源局印发《关于完善能源绿色低碳转型体制机制和政策措施的意见》。能源生产和消费相关活动是最主要的二氧化碳排放源，大力推动能源领域碳减排是做好碳达峰碳中和工作，以及加快构建现代能源体系的重要举措。党的十八大以来，各地区、各有关部门围绕能源绿色低碳发展制定了一系列政策措施，推动太阳能、风能、水能、生物质能、地热能等清洁能源开发利用取得了明显成效，但现有的体制机制、政策体系、治理方式等仍然面临一些困难和挑战，难以适应新形势下推进能源绿色低碳转型的需要。为深入贯彻落实《中共中央 国务院关于完整准确全面贯彻新发展理念做好碳达峰碳中和工作的意见》和《2030年前碳达峰行动方案》有关要求，经国务院同意，就完善能源绿色低碳转型的体制机制和政策措施提出了该意见。

主要目标："十四五"时期，基本建立推进能源绿色低碳发展的制度框架，形成比较完善的政策、标准、市场和监管体系，构建以能耗"双控"和非化石能源目标制度为引领的能源绿色低碳转型推进机制。到2030年，基本建立完整的能源绿色低碳发展基本制度和政策体系，形成非化石能源既基本满足能源需求增量又规模化替代化石能源存量、能源安全保障能力得到全面增强的能源生产消费格局。

3月23日，《氢能产业发展中长期规划（2021—2035年）》正式发布。氢能是一种来源丰富、绿色低碳、应用广泛的二次能源，对构建清洁低碳安全高效的能源体系、实现碳达峰碳中和目标，具有重要意义。《中共中央 国务院关于完整准确全面贯彻新发展理念做好碳达峰碳中和工作的意见》要求，统筹推进氢能"制储输用"全链条发展，推动加氢站建设，推进可再生能源制氢等低碳前沿技术攻关，加强氢能生产、储存、应用关键技术研发、示范和规模化应用。《国务院关于印发 2030 年前碳达峰行动方案的通知》明确，加快氢能技术研发和示范应用，探索在工业、交通运输、建筑等领域规模化应用。"十四五"规划纲要提出，在氢能与储能等前沿科技和产业变革领域，组织实施未来产业孵化与加速计划，谋划布局一批未来产业。为促进氢能产业规范有序高质量发展，经国务院同意，国家发展改革委、国家能源局联合制定了《氢能产业发展中长期规划（2021—2035 年）》。

主要目标：到 2025 年，基本掌握核心技术和制造工艺，燃料电池车辆保有量约 5 万辆，部署建设一批加氢站，可再生能源制氢量达到 10 万—20 万吨 / 年，实现二氧化碳减排 100 万—200 万吨 / 年。到 2030 年，形成较为完备的氢能产业技术创新体系、清洁能源制氢及供应体系，有力支撑碳达峰目标实现。到 2035 年，形成氢能多元应用生态，可再生能源制氢在终端能源消费中的比例明显提升。

5 月 14 日，国务院办公厅转发国家发展改革委、国家能源局《关于促进新时代新能源高质量发展的实施方案》。近年来，我国以风电、光伏发电为代表的新能源发展成效显著，装机规模稳居全球首位，发电量占比稳步提升，成本快速下降，已基本进入平价无补贴发展的新阶段。同时，新能源开发利用仍存在电力系统对大规模高比例新能源接网和消纳的适应性不足、土地资源约束明显等制约因素。要实现到 2030 年风电、太阳能发电总装机容量达到 12 亿千瓦以上的目标，加快构建清洁低碳、安全高效的能源体系，必须坚持以习近平新时代中国特色社会主义思想为指导，完整、准确、全面贯彻新发展理念，统筹发展和安全，坚持先立后破、通盘谋划，更好发挥新能源在能源保供增供方面的作用，助力扎实做好碳达峰、碳中和工作。按照党中央、国务院决策部署，就促进新时代新能源高质量发展制定了该实施方案。

森林碳汇

中国森林保护工作综述

森林资源是林地以及其生长的森林有机体的总称，这里以林木资源为主，还包括林中和林下植物、野生动物、土壤微生物及其他自然环境因子。由此可见其资源内容是相当丰富的。除此之外，森林资源还有其他的重要作用，它还能够保护环境、净化大气、涵养水源、为人类生产提供大量的木材资源、药用资源等，并且还为动植物提供生存和栖息的场所，对于人类社会的发展具有重要意义。因此人类对于森林资源的保护有着十分积极且重要的意义和极大的必要性。

新中国成立前，就进行过森林保护的相关工作活动，如1949年4月发布的《保护与发展林木林业暂行条例（草案）》中规定，已开垦而又荒芜了的林地应该还林；森林附近已开林地，如易于造林，应停止耕种而造林。

1952年12月，由周恩来总理签发的《关于发动群众继续开展防旱抗旱运动并大力推行水土保持工作的指示》中指出，由于过去山林长期遭受破坏和无计划地在陡坡开荒，使很多山区失去涵蓄雨水的能力，首先应在山区丘陵和高原地带有计划地封山、造林、种草和禁开陡坡，以涵蓄水流和巩固表土。

1955年，毛泽东主席向全国人民发出了"绿化祖国""实行大地园林化"的号召。中国政府也确定了"普遍护林、重点造林"的方针。

中国于1956年建立了第一个自然保护区——广东省鼎湖山自然保护区，同年10月林业部发布了《天然森林禁伐区划定草案》和《狩猎管理办法》。1957年5月，国务院通过的《中华人民共和国水土保持暂行纲要》中规定："原有陡坡耕地在规定坡度以上的，若是人少地多地区，应该在平缓和缓坡地增加单位面积产量的基础上，逐年停耕，进行造林种草。"1963年，国务院颁布了中国第一部相对完整的森林资源保护法规——《森林保护条例》，明确提出了保护稀有珍贵林木和狩猎区的森林以及自然保护区的森林。

1978年，中国政府批准了"三北"防护林体系建设工程规划，该工程横跨中国13个省

（自治区、直辖市）的551个县，总面积为406.9万平方公里，占国土面积的42.4%。

1979年2月23日，全国人大常委会颁布了新中国第一部森林保护方面的综合性法律——《森林法（试行）》。1981年，中共中央、国务院发布了《关于保护森林发展林业若干问题的决定》，全国人大也发布了《关于开展全民义务植树运动的决议》。针对全国人大的决议，1982年国务院发布了《关于开展全民义务植树运动的实施办法》。植树造林、绿化国家的热潮在全国迅速掀起，这对遏制森林资源锐减的势头、扭转资源危急的局面起到了重要作用。从此，从中国最高领导人到亿万民众，年年履行植树义务。

在《森林法（试行）》实施的基础上，1984年9月第六届全国人大常委会第七次会议通过了《森林法》，1985年6月国务院颁布了《风景名胜区管理暂行条例》，1986年国务院批准、林业部发布了《森林法实施细则》。1988年，第七届全国人大常委会第四次会议还通过了有利于保护森林生态的《野生动物保护法》。尽管如此，森林资源总体增长仍然缓慢，据第3次和第4次全国森林资源清查统计数据，1988—1993年，森林面积从1.25亿公顷仅增加到1.33亿公顷，森林覆盖率从12.98%上升到13.92%。

根据联合国环发大会《关于森林问题原则声明》的要求，从我国林业的实际情况出发，中国提出了20世纪90年代林业发展战略，总的奋斗目标是：全国造林总面积达到3593.3万公顷，提前1—2年完成《1989—2000年全国造林绿化规划纲要》确定的任务。

1992年6月，联合国环境与发展大会召开，会议通过了《里约环境与发展宣言》《21世纪议程》《关于森林问题的原则声明》，签署了《联合国气候变化框架公约》《生物多样性公约》。自此，可持续发展的思想开始全面、系统地影响中国的森林立法，减缓全球气候变化的思想延伸到了造林和森林保护的领域。1993年3月修订的《中华人民共和国宪法》明确宣布："国家实行社会主义市场经济"。自此，市场因素开始逐步融入中国森林法律制度的建设进程之中。

1993年到1997年，《中国环境保护行动计划（1991—2000年）》《中国21世纪议程林业行动计划》《中国自然保护区发展规划纲要（1996—2010年）》《中国生物多样性保护林业行动计划》《全国林业生态建设规划》《执行〈关于森林问题的原则声明〉的实施方案》《大熊猫及其栖息地保护工程计划》《城市园林生态系统和生态环境多样性保护计划》《城市珍贵园林植物品种资源的集中保护计划》等计划或者规划的发布，为21世纪中国林业的发展描绘了宏伟蓝图。此外，国家制定了《自然保护区条例》《风景名胜区建设管理规定》《加强古树名木保护和管理的通知》等，在自然保护区建设、湿地保护、荒漠化防治、植树造林、珍稀濒危物种的就地和异地保护方面取得了进展。但总的来说，在这一时期，国家对林业建设与发展的扶持力度仍然不够，林业仍然在"自我振兴"。

1998年特大洪灾，全国人民切实地体会到森林保护的重要性。在痛定思痛后，国家作出了"封山育林、退耕还林、恢复植被、保护生态"的决策，并颁布了政策和资金上的配合措施。国家林业局按照国家的部署启动了"天然林保护工程"，在重大灾害之后，封山育林、退耕还林、让森林休养生息的决策，得到了全国民众的理解和支持。这无疑是一次历史性的转变。国家也随即加强了相关的森林保护工作。

1998年8月，国务院发布《关于保护森林资源制止毁林开垦和乱占林地的通知》，要求"对毁林开垦的林地，限期全部还林"。同月修订的《中华人民共和国土地管理法》第三十九条规定："禁止毁坏森林、草原开垦耕地……根据土地利用总体规划，对破坏生态环境开垦、围垦的土地，有计划有步骤地退耕还林、还牧、还湖。"

1998年，我国启动天然林保护工程，此举标志着中国林业进入了新的发展阶段。"发达的林业产业体系和完备的林业生态体系"的提法把产业和生态并重，我国开始实行"公益林"和"商品林"分类经营。

1999年，国务院提出"退耕还林、封山绿化、以粮代赈、个体承包"的综合性森林培育措施。四川、陕西、甘肃3省1999年率先启动了退耕还林试点工作。

进入21世纪以后，随着中国的经济快速发展，生态环境问题凸显，人们对美好生态环境的需要不断增长，森林保护成为全民共识，"绿水青山就是金山银山"的重要理念深入人心，标志着中国林业发展进入新时代。

2000年1月，国务院发布《中华人民共和国森林法实施条例》，该法在《森林法》规定框架范围内，考虑了当时退耕还林、封山绿化的实际需要，作了一些新的规定，如25度以上的坡耕地应当按照当地人民政府制定的规划，逐步退耕，植树和种草。

2000年3月，经国务院批准，国家林业局、国家计委、财政部联合发出《关于开展2000年长江上游、黄河上中游地区退耕还林（草）试点示范工作的通知》，退耕还林试点工作正式启动，范围涉及17个省（自治区、直辖市）和新疆生产建设兵团，共安排退耕地造林任务564.9万亩，宜林荒山荒地造林任务701.3万亩。

2000年9月，国务院发布《关于进一步做好退耕还林还草试点工作的若干意见》。2000年10月，国务院批准《长江上游、黄河上中游地区天然林资源保护工程实施方案》和《东北、内蒙古等重点工业国有林区天然林资源保护工程实施方案》，西部地区的天然林保护工作逐步展开。

2001年3月，第九届全国人民代表大会第四次会议通过的《中华人民共和国国民经济和社会发展第十个五年计划纲要》正式将退耕还林列入中国国民经济和社会发展"十五"计划。

2001年8月，在历经几年的严重沙尘暴灾害后，第九届全国人民代表大会常务委员会第二十三次会议通过了《中华人民共和国防沙治沙法》，该法的目的是"预防土地沙化，治理沙化土地，维护生态安全，促进经济和社会的可持续发展"。该法提出了以下几个基本原则：

统一规划，因地制宜，分步实施，坚持区域防治与重点防治相结合；预防为主，防治结合，综合治理；保护和恢复植被与合理利用自然资源相结合；遵循生态规律，依靠科技进步；改善生态环境与帮助农牧民脱贫致富相结合；国家支持与地方自力更生相结合，政府组织与社会各界参与相结合，鼓励单位、个人承包防治；保障防沙治沙者的合法权益。这些原则，是对《森林法》基本原则的创新。

2001年11月，中国加入世界贸易组织，林业环境保护的全球性和林产品贸易的国际性成为中国林业发展必须攻克的课题。

2002年12月，国务院为了规范退耕还林活动，保护退耕还林者的合法权益，巩固退耕还林成果，优化农村产业结构，改善生态环境，发布实施了《退耕还林条例》。自此，退耕还林由国家的决定和政策发展成了法治事项。

2003年6月5日，中共中央、国务院联合发布《关于加快林业发展的决定》。该决定重申了"实现人与自然的和谐相处"的重要性，提出"林业是一项重要的公益事业和基础产业，承担着生态建设和林产品供给的重要任务，做好林业工作意义十分重大"。

2004年8月，第十届全国人大常务委员会第十一次会议修订了《种子法》，为保证人工林业的健康发展起了基础性的作用。

2004年11月，为了贯彻落实国务院《全面推进依法行政实施纲要》，国家林业局5日印发了《全面推进依法治林实施纲要》。其全面规定了推进依法治林的指导思想、基本方针、主要目标、主要任务和具体措施。该文件的颁布，标志着中国林业的管理步入了法治的轨道。

2006年3月，第十届全国人大第四次会议批准了《中华人民共和国国民经济和社会发展第十一个五年规划纲要》，该规划纲要提出了"努力实现国民经济又好又快发展"的要求。从"又快又好"到"又好又快"，是贯彻落实科学发展观的新体会，是对经济发展规律认识的深化。规划纲要结合当时的实际，指出："生态保护和建设的重点要从事后治理向事前保护转变，从人工建设为主向自然恢复为主转变，从源头上扭转生态恶化趋势。"并要求"按照谁开发谁保护、谁受益谁补偿的原则，建立生态补偿机制"。为了落实林业科学发展观，规划纲要还列举了需要发展的几个重点林业工程。可以看出，在"十一五"时期，国家高度重视林业工作的科学性、公平性、针对性。

2006年9月，为了加强对风景名胜区的管理，有效保护和合理利用包括森林资源在内的风景名胜资源，国务院发布了《风景名胜区条例》。该条例规定了保护林木和林业产权等内容。

2007年8月以后，农民享受退耕还林补助的期限开始陆续届满，一些地方又开始出现毁林垦田的现象，对此，国务院出台了《关于完善退耕还林政策的通知》，决定在现行退耕还林粮食和生活费补助期满后，中央财政安排资金继续对退耕农户进行直接补助，其中还生态林再补8年，还经济林再补5年，还草再补2年。同时，中央财政安排资金建立巩固退耕还林成果专项资金。这项政策消除了农民的误会，退耕还林的成果得以巩固和发展。[①]

2008年，党中央、国务院颁布《关于全面推进集体林权制度改革的意见》，集体林权制度改革进入了全面推进的新阶段。

2010年，国务院审议通过《全国林地保护利用规划纲要（2010—2020年）》《长江上游、黄河上中游地区天然林资源保护工程二期实施方案》《东北、内蒙古等重点国有林区天然林资源保护工程二期实施方案》，为保护和拓展林业发展空间奠定了坚实基础。森林采伐管理制度进一步完善，全国森林采伐限额制度执行情况持续好转。

2011年，全国绿化委员会、国家林业局发布《全国造林绿化规划纲要（2011—2020年）》，国家林业局发布《林业发展"十二五"规划》。规划共分15章，明确了"十二五"时期现代林业发展的主要任务、发展目标和重要措施。"十二五"时期，林业发展的主要任务是加快建设国土生态安全体系、加快发展林业产业体系、加快推进生态文化体系建设、加强林地保护与管理、着力提高造林质量和森林质量、深化林业改革、加快林业科技创新、加快改善林区民生、建立健全林业防灾减灾和应急体系、加快推进林业信息化、扩大林业对外开放、加强林业法制建设。规划确定"十二五"林业发展目标是：5年内我国将完成新造林3000万公顷、森林抚育经营3500万公顷、全民义务植树120亿株。到2015年，我国森林覆盖率将达21.66%，森林蓄积量达143亿立方米，森林植被总碳储量力争达到84亿吨，重点区域生态治理取得显著成效，国土生态安全屏障初步形成；林业产业总产值达3.5万亿元，特色产业和新兴产业在林业产业中的比重大幅度提高，产业结构和生产力布局更趋合理；生态文化体系初步构成，生态文明观念广泛传播。规划还从加大林业建设投入、建立健全生态补偿和林业补贴制度、完善林业发展的市场体系、加强林业机构队伍建设、实行林业生态建设目标责任制、建立全国动员全民动手全社会办林业新机制等方面，提出了保障林业发展的政策措施。

2013年，国家林业局编制印发《推进生态文明建设规划纲要（2013—2020年）》，划定了森林、湿地、沙区植被、物种4条生态红线；出台《关于进一步加强森林资源保护管理的通知》《关于切实加强和严格规范树木采挖移植管理的通知》，严格规范树木采挖管理，遏制偷采盗挖、私收滥购树木行为。

2014年，我国退耕还林工程全年完成造林34.8万公顷。国务院批准实施《新一轮退耕还林还草总体方案》，国家林业局及时部署，启动新一轮退耕还林工程。

2015年，我国修订出台《建设项目使用林地审核审批管理办法》，依法审批建设项目使用林地，强化林地监督管理。下发了《关于进一步加强森林资源监督工作的意见》，对强化监督职能、创新监督机制、提升监督能力等提出要求。出台了《关于光伏电站建设使用林地

---

① 常纪文：《中国的森林立法及其文化背景》，《中国政法大学学报》2009年第2期。

有关问题的通知》,规范光伏电站建设使用林地行为。

2017年,我国修订出台《国家级公益林区划界定办法》《国家级公益林管理办法》,积极推进国家级公益林区划落界工作。开展"2017利剑行动",打击破坏森林和野生动植物资源违法犯罪。

2018年,国家林业和草原局印发《国家储备林建设规划(2018—2035年)》。该规划提出,到2020年,规划建设国家储备林700万公顷,继续划定一批国家储备林,国家储备林管理制度体系基本建立。到2035年,规划建设国家储备林2000万公顷,年平均蓄积净增2亿立方米,年均增加乡土珍稀树种和大径材蓄积6300万立方米,一般用材基本自给。

该规划提出,国家储备林建设将以满足人民美好生活对优质木材的需求为主要任务,以创新投融资机制为动力,坚持政府引导、市场运作、平台承贷、项目管理、持续经营,建设功能多样的国家储备林。国家储备林建设涉及29个省(自治区、直辖市)、5个森工(林业)集团、新疆生产建设兵团,共1897个县(市、区、旗)、国有林场(局)和兵团团场。按照自然条件、培育树种和培育方式相似的原则,共划分为东南沿海地区、长江中下游地区、黄淮海地区、西南适宜地区、京津冀地区、东北地区、西北地区等七大区域,并确定不同发展方向和重点。综合考虑七大区域水光热等自然特点,提出了重点建设的浙闽武夷山北部国家储备林建设工程等20个国家储备林建设工程。

该规划提出,创新和推广国家储备林投融资机制和模式,发挥财政资金引领带动作用和开发性政策性金融积极作用,形成财政金融政策合力。推广"林权抵押+政府增信"、PPP、"龙头企业+林业合作社+林农"、企业自主经营等融资新模式,进一步拓展多元化融资渠道,引入多样化融资工具,进一步建立和完善国家储备林金融服务市场,积极创新国家储备林建设融资机制,吸引社保基金、养老基金、商业银行、证券公司、保险公司等各类机构投资者参与国家储备林项目建设,逐渐形成多元化的市场融资结构。

2019年,国家出台《天然林保护修复制度方案》。全面停止天然林商业性采伐,国有天然商品林全部纳入停伐管护补助,实行天然林保护与公益林管理并轨,安排停伐补助的非国有天然商品林面积扩大到1446.7万公顷。国务院批准扩大贫困地区退耕还林还草规模138万公顷,2019年完成退耕还林还草任务80.3万公顷。"三北"工程完成营造林58.3万公顷,黄土高原综合治理建设项目稳步推进,新启动陕西子午岭和内蒙古呼伦贝尔沙地两个百万亩防护林基地建设,工程区基地建设数量达13个。长江、珠江、沿海和太行山绿化等重点防护林工程完成建设任务30万公顷。启动实施河北省张家口市及承德市坝上地区植树造林项目。完成冬奥会赛区周边及张家口全域绿化12.4万公顷。国家储备林完成建设任务62.1万公顷。

2020年12月12日,习近平主席在气候雄心峰会上对外庄严宣布,到2030年,中国森林蓄积量将比2005年增加60亿立方米,为全球应对气候变化作出更大贡献。第九次全国森林资源清查结果显示，全国森林植被碳储量91.86亿吨，比第八次清查结果增加7.59亿吨。我国政府对外承诺到2020年森林面积、森林蓄积量"双增"目标如期完成。为如期实现2030年森林蓄积量增加目标，编制了《实现2030年森林蓄积量目标实施方案》。完成政府间气候变化专门委员会第六次评估报告相关报告政府评审。

2021年是全民义务植树40周年。4月2日，习近平总书记在参加首都义务植树活动时强调，要牢固树立绿水青山就是金山银山理念，坚定不移走生态优先、绿色发展之路，增加森林面积、提高森林质量，提升生态系统碳汇增量，为实现我国碳达峰碳中和目标、维护全球生态安全作出更大贡献。要深入开展好全民义务植树，坚持全国动员、全民动手、全社会共同参与，加强组织发动，创新工作机制，强化宣传教育，进一步激发全社会参与义务植树的积极性和主动性。广大党员、干部要带头履行植树义务，践行绿色低碳生活方式，呵护好我们的地球家园，守护好祖国的绿水青山，让人民过上高品质生活。

2021年10月9日，国家林业和草原局印发了修订后的《国有林场管理办法》。该办法就森林资源保护与监管、森林资源培育与经营、对森林资源的相关保障措施作出了详细的规定。

此外，我国还印发《贯彻落实〈关于全面推行林长制的意见〉实施方案》，制定《林长制督查考核办法（试行）》，出台《林长制激励措施实施办法（试行）》。31个省（自治区、直辖市）和新疆生产建设兵团已基本建立组织体系和制度体系，由党委、政府主要领导担任总林长。27个省份建立林长会议、部门协作、工作督查等配套制度，17个省份出台林长制考核评价办法，多地创新推出"林长+"、总林长令、巡林督查等做法。安徽省出台林长制条例，江西省构建覆盖全域的网格化管护体系。

同时，2021年的森林草原资源保护管理全面加强。依法批准实施全国"十四五"期间年森林采伐限额。开展森林质量精准提升，完成退化林修复93.33万公顷。推进全国森林经营方案制度体系建设。开展林草生态综合监测评价。出台《建设项目使用林地审核审批管理规范》。开展全国打击毁林专项行动和森林督查。

此外，我国近些年的林业扶贫与林草碳汇工作也成果显著，这些都充分体现了我国在林业保护上所做出的努力。

中国森林碳汇

自从1997年《京都议定书》在联合履约、排放贸易和清洁发展机制中允许各国通过人工造林、森林及农田管理等人为活动导致的"碳汇"用于抵消本国承诺的碳减排指标后，全球碳源汇分布特征、机理及其对碳减排的贡献等一系列的研究得以迅速发展。而我国作为世界上最大的碳排放国，在应对气候变化上，以创新、协调、绿色的发展理念，积极落实节能减排和低碳发展的政策，把恢复陆地生态系统的碳汇能力作为绿色发展的重要途径。尤其是森林碳汇在区域和全球碳循环中起着关键作用。研究中国森林生物量变化对于估算区域碳收支和制定应对气候变化的森林管理政策有重要意义。

为应对气候变化，中国不仅提出了一系列的温室气体减排承诺目标，而且制定了相应的植树造林及环境保护的政策，在这些政策影响下，我国整体森林面积有了较大的提升，截至2018年，我国森林覆盖率达到22.96%，比2005年增加了5.74%，高于世界平均增速水平，森林蓄积量达到112.7亿立方米，比2005年增加45.6亿立方米，森林蓄积量的增大对减排增汇起到了积极的推动作用。利用《中国统计年鉴》和地方统计年鉴中关于各省森林资源的清查资料及卫星遥感等数据，并参考联合国粮食和农业组织中关于生态系统碳汇核算的方法，对中国5大区域（把地域界定为东部、中部、东北、西南及西北五大区域，具体参见表1）2000—2015年中国森林的碳汇量及单位面积碳汇进行了核算（如表2所示）。

表1 中国五大区域的划分[①]

区域	省份
东部	北京、天津、河北、上海、江苏、浙江、山东、广东、海南、福建
中部	河南、湖南、湖北、安徽、江西、山西
东北	黑龙江、吉林、辽宁
西南	西藏、四川、重庆、贵州、云南、广西
西北	新疆、青海、宁夏、内蒙古、陕西、甘肃

表2 中国五大区域碳汇核算

区域	年均碳汇量（亿吨）			单位面积碳汇（千克/平方米）		
	2000—2005年	2006—2010年	2011—2015年	2000—2005年	2006—2010年	2011—2015年
东部	0.44	0.79	1.05	0.15	0.23	0.29
中部	0.74	0.45	0.88	0.22	0.12	0.22
东北	0.54	0.67	0.91	0.17	0.21	0.27
西南	1.07	0.85	1.86	0.19	0.14	0.29
西北	0.38	0.74	0.94	0.08	0.15	0.18

---

① 西藏在地理位置上属于西南，但气候等地理环境特征同西南其他各省又有很大的差异，且大量相关数据不详，因此，在此研究中，在计算西南部的碳排放达峰及森林碳汇时，未包含西藏在内。

碳汇核算结果显示，2000—2015年森林生态系统碳汇量累计增加了61.63亿吨，年均碳汇量达到4.1亿吨。这在一定程度上反映了我国陆地生态系统正在逐渐修复过程中。分区域碳汇结果显示，从西南、东部、西北、东北到中部地区的碳汇总量逐渐降低，且单位面积的碳汇量也是西南和东部地区最高，尤其是东部地区在国家减排政策的指引下森林储蓄量得到了较大的提升，单位面积的碳汇量由2000年的0.15千克/平方米提升到2015年0.29千克/平方米；其次为东北地区，单位面积的碳汇量达到0.27千克/平方米；中部地区紧随其后，单位面积的碳汇量为0.22千克/平方米；而西北地区单位面积的碳汇量最低，2000—2015年虽然碳汇量也有了一定的提升，但单位面积的碳汇量仅为0.18千克/平方米，这主要是西北地区的陕甘宁等省份气候干燥、降水不足、大面积植树造林难以成活、森林覆盖率低导致的。

森林碳汇政策法规

一、《中华人民共和国森林法》

党的十一届三中全会以来，我国社会主义法制建设不断加强和完善。为了保护森林，制止乱砍滥伐，国家强化了林业法制建设，加快了林业立法步伐。1979年2月23日，第五届全国人民代表大会常务委员会第六次会议通过《中华人民共和国森林法（试行）》，这是新中国第一部林业大法。

《中华人民共和国森林法（试行）》经过五年的实施，《中华人民共和国森林法》于1984年9月20日第六届全国人民代表大会常务委员会第七次会议通过，并于之后的几十年中经历了多次修改，最近一次于2019年12月28日第十三届全国人民代表大会常务委员会第十五次会议修订。

旧版的《中华人民共和国森林法》是在总结多年来的经验教训广泛征求各方面的意见，并借鉴国外有益的经验的基础上制定的，共七章四十二条。其主要内容和特点有以下六点：一是稳定林木、林地的权属。二是严格控制采伐量。三是扭转重采伐、轻造林倾向，贯彻以营林为基础的林业建设方针。四是对林业实行经济扶持。五是给民族自治地方林业建设以更多的自主权。六是规定了明确的、严格的法律责任。

2019年12月28日，第十三届全国人民代表大会常务委员会第十五次会议表决通过了新修订的《中华人民共和国森林法》（以下简称《森林法》），国家主席习近平同日签署第39号主席令予以发布，自2020年7月1日起施行。新修订的《森林法》对于践行绿水青山就是金山银山的理念，保护、培育和合理利用森林资源，加快国土绿化，保障森林生态安全，建设生态文明，实现人与自然和谐共生将发挥重要作用。

新修订的《森林法》在结构上作了较大调整，从1998年《森林法》7章扩展至9章，条文数从49条增加到84条。在修改总体思路上，把握国有林和集体林、公益林和商品林两条主线，建立和完善了森林资源保护管理制度。主要有以下几个方面。

一是森林权属制度。按照明确森林权属、加强产权保护的立法思路，根据国有森林资源产权制度改革的要求和国有林区、国有林场、集体林权制度改革的实践经验，"森林权属"一章明确了森林、林木、林地的权属，确定了国有森林资源的所有权行使主体，规定了国家所有和集体所有的森林资源流转的方式和条件，强调了国家、集体和个人等不同主体的合法权益。

二是分类经营管理制度。按照充分发挥森林多种功能，实现资源永续利用的立法思路，修订后的《森林法》将"国家以培育稳定、健康、优质、高效的森林生态系统为目标，对公益林和商品林实行分类经营管理"首次作为基本法律制度写入"总则"一章。同时，还在"森林保护""经营管理"等章节，对公益林划定的标准、范围、程序等进行了细化，对公益林、商品林具体经营制度作了规定，体现了公益林严格保护和商品林依法自主经营的立法原则。

三是森林资源保护制度。按照生态优先、保护优先，实行最严格的法律制度保护森林、林木和林地的立法思路，修订后的《森林法》规定，在具有特殊保护价值的林区建立以国家公园为主体的自然保护地，加强保护；将党中央关于天然林全面保护的决策转化为法律制度，严格限制天然林采伐。进一步完善森林火灾科学预防、扑救以及林业有害生物防治制度，明确了人民政府、林业等有关部门、林业经营者的职责。为确保林地保有量不减少，形成了占用林地总量控制、建设项目占用林地审核、临时占用林地审批、直接为林业生产经营服务的工程设施占用林地审批的林地用途管制制度体系。

四是造林绿化制度。按照着力推进国土绿化，着力提高森林质量的立法思路，修订后的《森林法》强调了科学保护修复森林生态系统，坚持自然恢复为主、自然恢复和人工修复相结合，对新造幼林地和其他应当封山育林的地方，组织封山育林，对国务院确定的需要生态修复的耕地，有计划地组织实施退耕还林还草；坚持数量和质量并重、质量优先，在大规模推进国土绿化的同时，应当科学规划、因地制宜、优化林种、树种结构，鼓励使用乡土树种和林木良种、营造混交林。造林绿化离不开各行各业、公民的广泛参与，修订后的《森林法》将"每年三月十二日为植树节"写入法中，并鼓励公民通过植树造林、抚育管护、认建认养等方式参与造林绿化，进一步丰富了履行植树义务的方式。同时，根据森林城市建设多年来取得的成绩，修订后的《森林法》规定统筹城乡造林绿化，推动森林城市建设。

五是林木采伐制度。按照既要有效保护森林资源，又要充分保障林业经营者合法权益的立法思路，根据"放管服"改革要求，修订后的《森林法》在坚持森林采伐限额制度的基础上，规定重点国有林区以外的森林采伐限额由省级林业主管部门编制，经征求国家林草局意见，报省级人民政府批准后公布实施，并报国务院备案。回应实践需求，完善了林木采伐许可证核发范围、条件和申请材料，规范了自然保护区林木采伐和采挖移植林木管理。强化了森林经营方案的法律地位，国有林业企业事业单位必须编制森林经营方案，国家支持、引导其他林业经营者编制。删除了木材生产计划、木材运输许可等制度。

六是监督保障制度。按照加强宏观调控，加大扶持和监督保障力度，落实目标责任的立法思路，修订后的《森林法》明确了国家实行森林资源保护发展目标责任制和考核评价制度，对人民政府完成森林资源保护发展目标和森林防火、重大林业有害生物防治工作情况进行考核，地方人民政府可以建立林长制。并在新增的"发展规划"一章规定县级以上人民政府应当通过合理规划森林资源保护利用结构和布局，实现提高森林覆盖率、森林蓄积量等保护发展目标。为加大扶持力度，修订后的《森林法》规定国家采取财政、税收、金融等方面的措施，支持森林资源保护发展，人民政府应当保障森林生态保护修复的投入。完善森林生态效益补偿制度，明确加大公益林保护支持力度，支持重点生态功能区转移支付，指导地区间横向生态效益补偿等内容。新增森林保险制度，鼓励引导金融机构开展林业信贷业务。为加大监督力度，修订后的《森林法》明确了林业主管部门监督检查职权，以及为履行监督检查有权采取行政强制措施、约谈等，对破坏森林资源造成生态环境损害的，自然资源、林业主管部门可以依法提起诉讼，向侵权人提出损害赔偿要求。

新修订的《森林法》还根据林业行政执法、复议和诉讼案件中反映出的问题，对法律责任规定的违法行为种类、处罚幅度、代为履行等作了修改完善。明确执法裁量标准，增加省级以上林业主管部门制定恢复植被和林业生产条件、树木补种标准的规定，加强执法的可操作性，提高法律威慑力。

此外，新修订的《森林法》还和《土壤污染防治法》进行衔接，对向林地排放重金属或者其他有毒有害物质含量超标的污水、污泥等作出了禁止性规定。

二、《中国自然保护纲要》

1987年国务院环境保护委员会发布的《中国自然保护纲要》是由国务院17个部委、16个学科、200多位专家历时3年集体研制而成，是我国第一部在保护自然资源和自然环境方面较为系统的、具有宏观指导作用和较高科学性的文件。

这部纲要提出的开发利用自然资源的指导原则和保护自然环境的方针、政策，适用于农、林、水、环境保护、地质矿产等各有关部门，对各级经济计划部门制订国民经济和社会发展计划有重要的参考价值。这部纲要也为各级政府制定保护资源和环境政策提供了科学依据。它代表了我国在自然保护政策和管理研究方面的最高水平。这部纲要与《世界自然资源保护大纲》相比，具有自己的特色，内容上也更加全面。它推动了我国自然保护理论的研究和工作的开展。

三、《森林采伐更新管理办法》

《森林采伐更新管理办法》是国家关于林业的行政法规之一，于1987年8月25日经国务院批准，同年9月10日由林业部发布，自发布之日起施行。全文共5章27条，并有"用材林主要树种主伐年龄表""林木采伐许可证格式""更新验收合格证格式"附后。2010年12月29日，国务院第138次常务会议通过《国务院关于废止和修改部分行政法规的决定》，对该办法部分条款予以修正，于2011年1月8日中华人民共和国国务院令第588号发布施行。

制定该办法的目的，是合理采伐利用森林，及时更新采伐迹地，执行森林经营方案，实行限额采伐，恢复和扩大森林资源，以提高森林的生态效益、经济效益和社会效益。在办法中，为了全面经营利用好森林，全民、集体和个人所有森林、林木的采伐和更新，都必须遵守该办法的规定。此外，办法中对森林采伐范围、采伐不准超过限额及不准超过采伐证的规定数量等，作了具体规定。

根据国外经验，结合我国的生产实践，对《森林法》中规定的择伐、皆伐和渐伐采伐方式，办法在标准上作了明确的规定。对皆伐面积，根据《森林法》皆伐要严格控制的规定，按两种不同情况，分别确定为五公顷和二十公顷。为防止皆伐后造成的不良后果，在采伐带、采伐块之间，做了均应保留相当于采伐面积的林带、林块的规定。

四、《中华人民共和国森林法实施条例》

《中华人民共和国森林法实施条例》是为了保护森林资源而制定的法规。2000年1月29日国务院发布《中华人民共和国森林法实施条例》，自2000年1月29日起施行。2016年2月6日，根据《国务院关于修改部分行政法规的决定》，修改了《中华人民共和国森林法实施条例》，自2016年2月6日起施行。2018年3月19日，根据《国务院关于修改和废止部分行政法规的决定》修改了《中华人民共和国森林法实施条例》，自2018年3月19日起施行。条例就森林经营管理、森林保护、植树造林、森林采伐和法律责任五部分作出明确规定。

条例明确集体所有的森林、林木和林地，由所有者向所在地的县级人民政府林业主管部门提出登记申请，由该县级人民政府登记造册，核发证书，确认所有权。单位和个人所有的林木，由所有者向所在地的县级人民政府林业主管部门提出登记申请，由该县级人民政府登记造册，核发证书，确认林木所有权。使用集体所有的森林、林木和林地的单位和个人，应当向所在地的县级人民政府林业主管部门提出登记申请，由该县级人民政府登记造册，核发证书，确认森林、林木和林地使用权。

五、《全国生态环境保护纲要》

2000年11月26日，国务院发布了《全国生态环境保护纲要》，要求各地区、各有关部门要根据《全国生态环境保护纲要》，制定本地区、本部门的生态环境保护规划，积极采取措施，加大生态环境保护工作力度，扭转生态环境恶化趋势，为实现祖国秀美山川的宏伟目标而努力奋斗。

按照分类指导、重点突破的原则，纲要针对不同区域生态破坏的原因，提出了"三区"推进生态环境保护的战略，以预防为重点，全面落实保护优先、预防为主、防治结合的方针，以期从根本上遏制我国生态环境不断恶化的趋势。

纲要明确对森林、草原资源开发利用的生态环境保护。对具有重要生态功能的林区、草原，应划为禁垦区、禁伐区或禁牧区，严格管护；已经开发利用的，要退耕退牧，育林育草，使其休养生息。实施天然林保护工程，最大限度地保护和发挥好森林的生态效益；要切实保护好各类水源涵养林、水土保持林、防风固沙林、特种用途林等生态公益林；对毁林、毁草开垦的耕地和造成的废弃地，要按照"谁批准谁负责，谁破坏谁恢复"的原则，限期退耕还林还草。加强森林、草原防火和病虫鼠害防治工作，努力减少林草资源灾害性损失；加大火烧迹地、采伐迹地的封山育林育草力度，加速林区、草原生态环境的恢复和生态功能的提高。大力发展风能、太阳能、生物质能等可再生能源技术，减少樵采对林草植被的破坏。

纲要要求加大立法执法力度，强化监管，防止重要自然资源开发时对生态环境造成新的重大破坏，把资源开发对环境的破坏降到最低限度。并提出要加强生态功能保护区的建设。根据国内重要生态功能区的生态环境退化现状和急需加强保护的需要，参考国际上日益强调对完整生态系统和重要生态功能区域、流域实施系统的、全方位保护的发展趋势，纲要提出了生态功能保护区建设的新任务，作为对重要生态功能区实施抢救性保护的根本措施。同时，鉴于我国人口、资源和环境的压力，在重要生态功能保护区保护措施上，特别强调通过规范监督管理，限制破坏生态功能的开发建设活动，允许在严格保护下进行适度的开发利用，要求科学地开展自然与人工相结合的生态恢复，遏制或防止生态功能的退化。

林业大事记（1963—2018）

1963 年

国务院发布了中国第一个综合性的森林法规《森林保护条例》。

1978 年

4 月 24 日，国家林业总局成立。

11 月 25 日，国务院批转国家林业总局《关于在三北风沙危害和水土流失的重点地区建设大型防护林的规划》，规定从 1978 年至 1985 年，在此地区建设 8000 万亩的防护林。8 年规划实现以后，加上原有的造林保存面积，使"三北"防护林达到 1.2 亿亩。

1979 年

2 月，第五届全国人民代表大会常务委员会第六次会议原则通过《中华人民共和国森林法（试行）》，根据国务院的提议，决定 3 月 12 日为我国的植树节。

1984 年

1 月 13 日，国务院常务委员会议审议通过《森林法（修改草案）》。

9 月 20 日，第六届全国人民代表大会常务委员会第七次会议通过了《中华人民共和国森林法》。

1990 年

4 月 30 日，全国林业科技工作会议在武汉召开。会议提出和明确了科技兴林的任务和措施。

9 月 1 日，国务院批复《1989—2000 年全国造林绿化规划纲要》并对实施规划纲要提出四点要求。纲要提出了到 20 世纪末我国造林绿化的指导思想、奋斗目标、总体布局、建设重点和实施措施，是我国造林绿化工作的重要指导性文件。

1993 年

1 月 5—9 日，全国林业厅局长会议在北京召开。会议提出进一步做好林业工作，更快地"绿起来、活起来、富起来"的号召。

2 月 22 日，林业部印发《关于在东北、内蒙古国有林区森工企业全面推行林木生产商品化改革的意见》。这项改革的主要内容是，全面推行林价制度，改革营林资金管理体制。

2 月 24 日，国务院决定，适当调整农林特产税税率，以适应农村社会主义经济发展的需求。

1995 年

10 月 26—30 日，国务院扶贫开发领导小组和林业部在广西联合召开全国山区林业综合开发暨扶贫开发现场经验交流会。会议强调了山区林业综合开发在国民经济和社会发展中的地位与作用，进一步明确了山区林业综合开发与扶贫开发的路子与措施，要求把山区林业综合开发与山区扶贫开发结合起来，统筹安排。

2002 年

1 月 18 日，国务院副总理温家宝在中南海主持召开会议，审定《中国可持续发展林业战略研究总论》。

4 月 9—13 日，国务院总理朱镕基在海南省考察时指出：保护生态环境是我国的一项基本国策，是可持续发展战略的重要内容。保护和改善环境，就是保护和发展生产力。必须把生态环境保护放在更加突出的位置。

9 月 28 日，国务院副总理温家宝在中南海主持召开会议，听取中国可持续发展林业战略研究项目阶段性成果汇报。温家宝指出：林业是经济和社会可持续发展的重要基础，是生态建设最根本、最长期的措施。在可持续发展中，应该赋予林业以重要地位；在生态建设中，应该赋予林业以首要地位。

2010 年

1 月 21—22 日，国家林业局在广州市召开全国林业厅（局）长会议，提出林业改革发展的总体要求，确保 2020 年比 2005 年新增森林面积 4000 万公顷，新增森林蓄积量 13 亿立方米，森林覆盖率达到 23% 以上，林业产业总产值达到 4 万亿元。

6 月 9 日，国务院总理温家宝主持召开国务院常务会议，审议并原则通过《全国林地保护利用规划纲要（2010—2020 年）》。

2011 年

1 月 4 日，国家林业局发布第四次全国荒漠化和沙化监测成果。截至 2009 年年底，全国荒漠化土地面积 262.37 万平方公里，沙化土地面积 173.11 万平方公里，分别为国土总面积的 27.33% 和 18.03%。2005—2009 年，全国荒漠化土地面积年均减少 2491 平方公里，沙化土地面积年均减少 1717 平方公里。

6 月 16 日，全国绿化委员会、国家林业局印发《全国造林绿化规划纲要（2011—2020 年）》。

8 月 30 日，国家林业局印发《林业发展"十二五"规划》。

2013 年

3 月 8 日，国家林业局、国家发展改革委、财政部、国土资源部、环境保护部、水利部印发《全国防沙治沙规划（2011—2020 年）》。

12月31日，国家林业局印发《全国林业知识产权事业发展规划（2013—2020年）》。

2014年

1月9—10日，2014年全国林业厅（局）长会议在北京召开。会议提出：认真实施《推进生态文明建设规划纲要》，创新林业体制机制，完善生态文明制度，推进国家林业治理体系和治理能力建设，增强生态林业民生林业发展内生动力，为全面建成小康社会、实现中华民族伟大复兴的中国梦创造更好的生态条件。

4月29日，国家林业局印发《关于推进林业碳汇交易工作的指导意见》。

7月16—18日，《联合国防治荒漠化公约》关于联合国可持续发展大会（"里约+20"）后续行动政府间工作组第二次磋商在北京举行。

7月28—29日，国家林业局在湖北省宜昌市召开全国推进林业改革座谈会，着重研究推进林业改革问题。

12月25日，国家林业局印发《全国集体林地林下经济发展规划纲要（2014—2020年）》。

2017年

7月18日，国家林业局印发《关于加快培育新型林业经营主体的指导意见》，鼓励和引导社会资本积极参与林业建设，培育林业发展生力军，释放农村发展新动能，实现林业增效、农村增绿、农民增收。

9月19日，中共中央办公厅、国务院办公厅印发《建立国家公园体制总体方案》。方案提出按照"科学定位、整体保护，合理布局、稳步推进，国家主导、共同参与"的原则，到2020年，基本建立完成国家公园体制试点，整合设立一批国家公园，分级统一的管理体制基本建立，初步形成国家公园的总体布局。

2018年

1月18日，国家发改委、国家林业局等六部委印发《生态扶贫工作方案》。11月16日，国家林业和草原局生态扶贫暨扶贫领域监督执纪问责专项工作会议在贵州省黔南州荔波县召开。国家林业和草原局局长张建龙在会上要求，深入贯彻落实习近平总书记关于生态扶贫的重要论述，着力推进生态补偿扶贫、国土绿化扶贫、生态产业扶贫、林草科技扶贫，着力强化定点扶贫工作，做好扶贫领域监督执纪问责，为坚决打赢脱贫攻坚战作出更大贡献。

3月11日，全国绿化委员会办公室印发《2017年中国国土绿化状况公报》。公报显示，2017年我国国土绿化事业取得新成绩，全国共完成造林736.2万公顷，森林抚育830.2万公顷。天然林资源保护管护森林面积1.3亿公顷，新增天然林管护补助资金面积近1333万公顷。退耕还林造林91.2万公顷，"三北"及长江流域等重点防护林体系工程造林99.1万公顷。全国城市建成区绿地率达36.4%，人均公园绿地面积达13.5平方米。完成公路绿化里程5万公里。沙化土地治理221.3万公顷，新建自然保护区50.3万公顷，草原综合植被盖度55.3%。

全国年均种子产量2700万公斤，苗木410亿株，全国经济林产品产量1.8亿吨，经济林种植和采集业实现产值1.3万亿元。

9月22日，国家林业和草原局与北京大学共同召开绿水青山就是金山银山有效实现途径研讨会，深入贯彻落实习近平总书记关于绿水青山就是金山银山的重要理念，分享各地将绿水青山打造为金山银山的成功经验，进一步从理论上、实践上探索绿水青山就是金山银山的有效实现路径，更好推动生态文明和美丽中国建设。

11月5日，第二届世界生态系统治理论坛在浙江杭州举办。论坛主题为树立生态命运共同体发展理念，健全全球生态系统治理体系，推进治理能力现代化，促进全球生态系统治理知识和经验的国际分享。

2020年林草大事记

一、2020年中国野生动植物保护十件大事

第1件

【全面禁止滥食野生动物，引领健康饮食新风尚】

全国人大常委会于2020年2月24日作出《关于全面禁止非法野生动物交易、革除滥食野生动物陋习、切实保障人民群众生命健康安全的决定》（以下简称《决定》），凡《野生动物保护法》和其他有关法律禁止猎捕、交易、运输、食用野生动物的，必须严格禁止；全面禁止食用国家保护的"有重要生态、科学、社会价值的陆生野生动物"以及其他陆生野生动物，包括人工繁育、人工饲养的陆生野生动物。《决定》出台后，各地区、各部门全力组织力量，坚决推进《决定》各项规定的贯彻实施，妥善处置禁食在养野生动物，推动落实对养殖户的补偿兑现，分类指导、帮扶养殖户转产转型。截至2020年12月9日，在养禁食野生动物得以处置，完成养殖户补偿任务，工作总体平稳有序。革除滥食野生动物陋习初见成效，文明健康的生活方式逐步养成，拒食野味、爱护生灵、树立生态文明新风尚正在成为全社会共识。

第2件

【全国人大常委会开展野生动物"全覆盖"执法检查】

2020年5—7月，由中共中央政治局常委、全国人大常委会委员长栗战书同志担任组长

的全国人大常委会执法检查组，采取赴地方检查与委托省级人大常委会检查相结合的方式，对全国31个省份开展了《全国人民代表大会常务委员会关于全面禁止非法野生动物交易、革除滥食野生动物陋习、切实保障人民群众生命健康安全的决定》和《中华人民共和国野生动物保护法》"全覆盖"执法检查，并进行了审议。通过检查，有力促进了各地区各部门对禁食野生动物、加强野生动物保护的高度重视，统一了思想认识；有力推动了各地区各部门主动作为，及时完成禁食野生动物的处置和养殖户补偿任务；有力增强了人民群众保护野生动物的意识，形成了加强野生动物保护的良好氛围。此外，执法检查还促使国家重点保护野生动物名录的调整发布，制定依法惩治非法交易野生动物范围指导意见，解决了一些长期问题，对我国加强野生动物保护、推进生态文明建设将产生重要而深远的影响。

第3件

【六部门首次联合开展打击整治破坏野生植物资源专项行动】

2020年7月30日，打击野生动植物非法贸易部际联席会议第三次会议在北京召开。国家林业和草原局、农业农村部、中央政法委、公安部、市场监管总局和国家网信办六部门联合启动打击整治破坏野生植物资源专项行动。通过成立整治行动协调机制、加强野外巡护值守、强化网上违法违规行为治理、集中清理整顿非法经营市场和商户等措施，严厉打击乱采滥挖野生植物、破坏野生植物生长环境、违法经营利用野生植物等违法犯罪行为。

第4件

【互联网平台聚力阻击野生植物非法贸易】

打击网络野生动植物非法贸易互联网企业联盟2020年有效阻击了野生植物网络非法贸易活动。截至12月底，共删除、封禁了超过300万条濒危物种及其制品非法贸易信息。该联盟探索出了一套行之有效预防网络野生动植物非法贸易的技术规范。

第5件

【9家行业协会倡议成立抵制野生动植物非法交易行业自律联盟】

2020年7月30日，抵制野生动植物非法交易行业自律倡议活动在北京举行。中国野生动物保护协会、中国野生植物保护协会、中国中药协会、中国饭店协会、中国花卉协会、中国快递协会、中国烹饪协会、中国肉类协会、中国水产流通与加工协会等9家单位联合倡议各行业组织成立抵制野生动植物非法交易自律联盟，制定行业自律规范，以实际行动共同抵制乱捕滥采滥食、非法交易野生动植物行为。

第6件

【穿山甲升为国家一级保护动物】

2020年6月5日,国家林草局发出公告,将穿山甲属所有种由国家二级保护野生动物调整为一级。国家林业和草原局还专门印发通知,要求各地严格落实责任,对野外种群及其栖息地实施高强度保护;强化执法监管,严厉打击违法犯罪行为;加强科学研究,积极推进放归自然;加强宣传教育,提高公众保护意识。在打击野生动植物非法贸易部际联席会议第三次会议上,将打击穿山甲及其制品非法贸易列入2020年多部门联合开展打击野生动物违规交易执法行动工作重点。6月18日,建立了国家林业和草原局穿山甲保护研究中心。截至2020年12月底,全国穿山甲资源调查中,8个省110处多次拍摄到穿山甲视频和照片,广东、江西、安徽、福建等省野外救护并放归穿山甲20余只。

第7件

【依法惩治非法野生动物交易犯罪,"两高"两部印发指导意见】

为依法惩治非法野生动物交易犯罪,革除滥食野生动物的陋习,有效防范重大公共卫生风险,切实保障人民群众生命健康安全,最高人民法院、最高人民检察院、公安部、司法部于2020年12月18日联合印发《关于依法惩治非法野生动物交易犯罪的指导意见》(公通字〔2020〕19号)。意见提出依法严厉打击非法猎捕、杀害野生动物的犯罪行为,从源头上防控非法野生动物交易;要求依法严厉打击非法收购、运输、出售、进出口野生动物及其制品的犯罪行为,切断非法野生动物交易的利益链条;强调依法严厉打击以食用或者其他目的非法购买野生动物的犯罪行为,坚决革除滥食野生动物的陋习。同时明确了对涉案野生动物及其制品价值,可以根据国务院野生动物保护主管部门制定的价值评估标准和方法核算。

第8件

【大熊猫人工繁育取得新进展,圈养总数达到633只】

截至2020年12月,我国全年繁育成活大熊猫幼崽44只,大熊猫圈养总数达到633只。9只人工繁育大熊猫放归自然并成功融入野生种群,圈养大熊猫自然栖息地生存和区域濒危小种群复壮取得突破。野外引种产下7只带有野生大熊猫基因的幼崽,圈养大熊猫遗传种群结构更加优化。

第9件

【加大海南长臂猿保护力度,成立保护研究中心】

2020年8月,国家林业和草原局依托海南国家公园研究院成立国家林草局海南长臂猿保护研究中心，旨在吸引和汇集全球范围内的顶尖人才和科研力量，共同致力于海南长臂猿保护。海南长臂猿是中国特有的长臂猿，也是世界上现存最古老的长臂猿之一，目前仅存1个野外种群（5个家庭群），数量30余只。

第10件

【全国132支"护飞行动"志愿者队伍3300余次为候鸟迁飞护航】

2020年，全国132支志愿者团队开展保护候鸟"护飞行动"，涉及31个省（自治区、直辖市），开展活动3300余次，参与行动的志愿者2.2万余人次。巡护村庄4336个，救助野鸟2.22多万只，拆除猎捕网具2.03万余件，开展科普、普法讲座及展览155场，发放宣传材料11.4万多份，举报违法信息263条，查封非法经营野生鸟类网络账号68个，与196个村屯和社区签订《共建爱鸟护鸟文明乡村协约》，共建爱鸟护鸟文明乡村771个。[①]

二、2020年中国自然保护地十件大事

第1件

【自然保护地建设受到高度重视，设立自然保护地建设国家重大工程】

习近平总书记高度重视自然保护地建设。2020年3月31日，习近平总书记考察杭州西溪国家湿地公园；4月20日，习近平总书记考察陕西秦岭牛背梁国家级自然保护区；6月9日，习近平总书记到宁夏贺兰县稻渔空间乡村生态观光园、贺兰山东麓葡萄种植园考察，了解加强贺兰山生态保护等情况。

2020年4月27日，中央全面深化改革委员会第十三次会议审议通过了《全国重要生态系统保护和修复重大工程总体规划（2021—2035年）》，6月3日由国家发展改革委和自然资源部正式印发。总体规划设立了9项具体重大工程，"自然保护地建设及野生动植物保护重大工程"位列第八项，是唯一覆盖全国重要生态系统保护和修复的重大工程。

第2件

【国家公园体制试点完成第三方评估验收工作】

2020年，国家林业和草原局督促指导各试点区完成试点任务，全面启动国家公园体制试点第三方评估验收工作，组织院士领衔的专家组对评估验收结果进行论证评议。专家组认为，国家公园体制试点任务基本完成，为我国建成统一规范高效的中国特色国家公园体制积累了经

[①]《2020年中国野生动植物保护十件大事》，国家林业和草原局政府网，http://www.forestry.gov.cn/main/60/20210407/195014849222230.html。

验，探索了自然生态系统保护的新体制、新模式，推动了以国家公园为主体的自然保护地体系建设。

第3件

【自然保护地整合优化预案编制取得阶段性成果】

2020年3月16日，自然资源部、国家林业和草原局联合启动全国自然保护地整合优化前期工作，摸清了全国自然保护地的底数，优化了自然保护地空间分布格局，提出了各类矛盾冲突的解决方案和整合优化预案，完成了全国自然保护地整合优化预案编制和审查工作。

第4件

【多地出台自然保护地体系建设实施意见，示范取得实质性进展】

2020年，北京、河北、吉林、黑龙江、江苏、浙江、安徽、福建、江西、山东、湖南、广西、重庆、四川、云南、西藏、甘肃、青海、宁夏、新疆等20个省（自治区、直辖市）先后出台了自然保护地体系建设实施意见（方案）。

青海省是以国家公园为主体的自然保护地体系建设示范省，在自然保护地管理机构职级设置、环境综合执法体系赋权与建设等重点领域取得了实质性进展，发挥了引领和示范作用。

第5件

【央视原生态动物视频《秘境之眼》融合传播38.29亿人次】

《秘境之眼》是中央广播电视总台与国家林业和草原局合作的原生态动物视频全媒体节目，2020年融合传播总触达38.29亿人次。其中电视节目触达35.7亿人次；在"央视一套"微博、微信、秒拍等新媒体平台发布内容，累计覆盖人数超2.5亿；在央视频App推出白头叶猴、河狸等8路慢直播，首推VR长、短动物纪录片及"乐在秘境""爱在秘境""奇在秘境"等精彩视频1.9万条，总播放量达908.7万，形成较大的社会影响力，已成为宣传生态文明和美丽中国的重要品牌。

《秘境之眼》于2019年推出已制作播出770多期，最高收视率1.05，涵盖200多个自然保护地，多周位居全国创新节目收视率前三，屡次获奖，落地香港地区，并有两路慢直播纳入了中央广播电视总台的三个海外传播窗口。

第6件

【5项国家公园的国家标准发布，统一规范国家公园管理机构设置的文件出台】

2020年，国家标准化管理委员会立项并审核发布了《国家公园设立规范》《自然保护地勘界立标规范》《国家公园总体规划技术规范》《国家公园考核评价规范》《国家公园监测规范》等 5 项国家标准，进一步充实完善了国家公园标准化体系，推动实现国家公园标准化建设。

中央出台了统一规范国家公园管理机构设置的文件，明确了国家公园管理模式以及管理机构主要职责、设置原则、人员编制配备等具体工作要求，为进一步完善国家公园管理体制机制、科学设置国家公园管理机构、明晰功能定位、合理配置职能、理顺职责关系、统筹使用编制资源指明了方向、提供了遵循，为建立统一规范高效的中国特色国家公园管理体制提供有力组织保障。

第 7 件

【广西崇左白头叶猴国家级自然保护区成为践行"两山"理念典范】

广西崇左白头叶猴国家级自然保护区于 2020 年 10 月被中央宣传部等选为践行"两山"理念宣传典型。白头叶猴自然保护区实施栖息地修复工程，恢复白头叶猴栖息地面积 700 多亩，建成白头叶猴生态廊道、食源植物园、科普长廊、白头叶猴馆、远程视频监控系统等，解决了白头叶猴栖息地破碎化严重、管护难度大等问题。通过自然教育和生态旅游等可持续发展举措，助力实现生态扶贫和农民增收，实现了生态保护和社区可持续发展的有机统一。

第 8 件

【我国首次设立草原自然公园，首批 39 处试点】

草原是重要的自然生态系统，在构建以"两屏三带"为主体的生态安全战略格局中占有重要地位，是重要的生态安全屏障。2020 年，我国首次设立 39 处草原自然公园试点。通过开展草原自然公园建设试点，加强草原保护修复，促进草原科学利用，对进一步筑牢我国生态安全屏障、完善以国家公园为主体的自然保护地体系、践行"绿水青山就是金山银山"理念具有重要意义。

第 9 件

【中国世界地质公园增至 41 处，以占全球四分之一的数量居世界第一】

2020 年 7 月 7 日，在法国巴黎召开的联合国教科文组织执行局第 209 次会议，我国湖南湘西、甘肃张掖两处地质公园正式被批准为联合国教科文组织世界地质公园。至此，我国世界地质公园数量升至 41 处，占全球 161 处的四分之一，居世界首位。

第 10 件

【中国新增 28 处国家自然公园】

经国家林业和草原局国家级自然公园评审委员会评审，2020 年，我国新增 28 处国家自然公园。其中，国家湿地公园 3 处，国家森林公园 9 处，国家地质公园 11 处，国家沙漠（石漠）公园 5 处，涉及新增面积约 15.7 万公顷。①

三、2020 年退耕还林还草十件大事

作为中国乃至世界上投资最大、政策性最强、涉及面最广、群众参与程度最高的一项重大生态工程，退耕还林还草工程创造了世界生态建设史上的奇迹。2020 年，这一超级生态工程稳步推进，持续发力，生态、经济、社会效益不断显现，在决胜全面建成小康社会决战脱贫攻坚中发挥重要作用，作出重要贡献。回望砥砺奋进的 2020 年，梳理退耕还林还草十件大事，有许多蓬勃力量让人们面对未来信心满怀，激励人们在高质量发展新征程上奋勇向前。

第 1 件

【党中央、国务院高度重视退耕还林还草工作，习近平总书记多次作出重要指示】

习近平总书记多次对退耕还林还草工作作出重要指示，强调要坚持不懈开展退耕还林还草。2020 年中央一号文件《中共中央 国务院关于抓好"三农"领域重点工作确保如期实现全面小康的意见》提出"扩大贫困地区退耕还林还草规模"。《中共中央 国务院关于新时代推进西部大开发形成新格局的指导意见》提出，要深入实施重点生态工程，进一步加大水土保持、天然林保护、退耕还林还草等重点生态工程实施力度。

第 2 件

【20 年为全球增绿贡献 4 个百分点，成为全球生态治理典范】

21 世纪以来，我国绿色净增长面积占全球净增长总面积的 25%，相当于俄罗斯、美国和澳大利亚之和，其中植树造林占比达 42%。据推算，退耕还林还草贡献了全球绿色净增长面积的 4% 以上，已经成为全球生态治理的典范，极大彰显了中国致力于全球生态保护的国家形象。《自然》杂志发表文章，对我国实施退耕还林还草、应对气候变化的举措作了详细介绍，呼吁全球学习中国的经验。

---

① 《2020 年中国自然保护地十件大事》，国家林业和草原局政府网，http://www.forestry.gov.cn/main/60/20210407/195901921746534.html。

第 3 件

【工程建设稳步推进，退耕还林还草成为"美丽中国"建设的"压舱石"】

2014 年以来，国务院先后批准新一轮退耕还林还草总规模 1 亿多亩，已安排实施 7450 万亩，其中 2020 年完成年度任务 1000 多万亩。从整体看，我国仍然是一个缺林少绿、生态脆弱的国家，要建成美丽中国，实现全国森林覆盖率预定目标，这就要求我国必须继续稳步实施退耕还林还草。

第 4 件

【直接投向贫困农户补助资金近 88 亿元，助力 477 万人顺利脱贫】

2020 年，各工程省区在贫困地区实施新一轮退耕还林还草 797.59 万亩，工程直接投入补助资金 87.58 亿元，惠及贫困户 136.4 万户 477 万人。实施新一轮退耕还林还草以来，累计向贫困地区（含三区三州）安排新一轮退耕还林还草任务 5852.65 万亩，占全国总任务的 78.6%；812 个贫困县实施了退耕还林还草，占全国贫困县总数的 97.6%。贫困户因新一轮退耕还林还草解放劳动力产生的劳务收入累计 38.84 亿元，退耕还经济林收入共计 4.90 亿元，林下养殖、种植菌类等其他收入累计 2.59 亿元，户均累计增收 9000 多元。

第 5 件

【深入贯彻落实新发展理念，开启退耕还林还草高质量发展新征程】

面向全社会开展了"退耕还林还草高质量发展大讨论"，发挥社会力量，集思广益，为退耕还林还草高质量发展建言献策。组织进行专题调研，形成《关于推动退耕还林还草高质量发展的调研报告》。研究起草了《关于科学有序推进退耕还林还草的指导意见》。同时充分发挥"外脑智慧"，依托中国科学院院士团队，开展退耕还林还草发展战略研究。在江西赣州成功举办全国退耕还林还草高质量发展培训班，进一步统一了思想，明确了退耕还林还草高质量发展的思路和对策。

第 6 件

【推进制度体系建设，不断完善退耕还林还草制度机制保障】

全面梳理了 20 多年来退耕还林还草各项政策制度，研究制定了《退耕还林还草信息管理办法》《退耕还林还草工程管理办法（征求意见稿）》，修订出台了《退耕还林还草作业设计技术规定》《退耕还林还草档案管理办法》《退耕还林还草合同范本》《退耕还林还草群众举报办理规定》《退耕还林还草责任书》等一系列规章制度，基本建立起适应新时期退耕还林还草高质量发展的制度体系。

第 7 件

【创新开展退耕还林还草文化建设，大力弘扬生态文明理念】

全面启动退耕还林还草文化建设和研究。召开两次退耕还林还草文化研究座谈会，赴陕西、云南、江西等地开展退耕还林还草文化建设专题调研，完成《退耕还林还草文化构建与传播》。完成"退耕还林还草标识（Logo）"征集和发布活动，印发《退耕还林还草标识使用管理办法》。出版《退耕还林在中国——回望 20 年》，发布《中国退耕还林还草二十年（1999—2019）》白皮书。

第 8 件

【坚持"用数据说话，向人民报账"，退耕还林还草核查验收和效益监测迈上新台阶】

修订《退耕还林还草检查验收办法》，组织召开专家评审会，对国家级检查验收成果进行评审，统筹推进核查验收工作不断完善。全面启动全国退耕还林还草综合效益监测评价工作，制定出台《全国退耕还林还草综合效益监测评价总体方案》，开展《退耕还林工程建设效益监测评价》国家标准修订，为林草重点生态工程效益监测评价提供了新方案，创造了新经验。

第 9 件

【内蒙古自筹资金 17 亿元，启动已垦林地草原退耕还林还草试点】

2020 年，内蒙古自治区人民政府自筹资金 17 亿元，在大兴安岭及周边地区启动已垦林地草原退耕还林还草试点，克服各种困难全面完成了 60 万亩试点建设任务。这是内蒙古自治区落实党中央、国务院退耕还林还草战略决策，践行"两山"理念的生动实践，对保护和建设好我国北方重要生态安全屏障具有重要的战略意义。

第 10 件

【认真践行"绿水青山就是金山银山"理念，全国各地涌现出一批典型样板】

各工程省区结合自身条件，因地制宜、积极探索，将生态建设与产业发展有机结合，取得重大成果，涌现出陕西延安、云南临沧、湖南湘西、江西赣南、内蒙古乌兰察布等一批退耕还林还草高质量发展的典型样板，这些地区率先进行了退耕还林还草高质量发展探索和实践。[1]

---

[1]《2020 年退耕还林还草十件大事》，国家林业和草原局政府网，http://www.forestry.gov.cn/main/60/20210407/200325067945638.html。

2021年林草大事记

一、2021年中国野生动植物保护十件大事

第1件

【亚洲象北移南归赢得广泛赞誉】

2021年5月,云南亚洲象长距离北移引起国内外广泛关注。国家林草局第一时间派出专家组并成立由分管局领导为组长的北移大象处置工作指导组,始终蹲守第一线指导工作,会同云南省按照"柔性干预、诱导南返、把握节奏"的原则,及时组织国内外专家研判象群行进趋势,加强科普宣传和正面引导,成功引导北移象群全部返回适宜栖息地,象群迁回活动1400多公里未发生人象伤亡事件,并指导督促云南省对象群沿途肇事损失申报案件1634件予以全部赔付,保障了受损群众的合法权益。

全球180多个国家和地区的3000家以上媒体对此进行了报道,社交平台点击量超过110亿次,向全世界生动、翔实地讲述了保护亚洲象、促进人与自然和谐共生的中国故事,赢得广泛赞誉。

2021年10月12日,习近平主席在《生物多样性公约》第十五次缔约方大会领导人峰会上指出,中国生态文明建设取得了显著成效。云南大象的北上及返回之旅,让我们看到了中国保护野生动物的成果。

云南亚洲象北移南归故事促进了进一步保护管理的行动,成立了亚洲象保护专家委员会,统筹开展了亚洲象及其栖息地调查与监测、种群结构与遗传特性、人象冲突机制、栖息地容纳量等基础研究项目。

第2件

【调整发布国家重点保护野生动植物名录】

2021年,我国相继调整发布了国家重点保护野生动物名录、野生植物名录,它们的出台有利于拯救濒危野生动植物,维护生物多样性和生态平衡,是我国积极践行生态文明、建设美丽中国的重要举措。

2021年2月1日,经国务院批准,国家林草局会同农业农村部调整发布了《国家重点保护野生动物名录》。此次调整是自1989年《野生动物保护法》施行同时发布保护名录以来,

第一次开展系统、全面的调整。与原名录相比，调整后的名录新增 517 种（类）野生动物，总数达 988 种（类），包括国家一级保护野生动物 235 种（类）、国家二级保护野生动物 753 种（类）。

2021 年 9 月 7 日，经国务院批准，修订后的《国家重点保护野生植物名录》正式公布。此次修订是自 1999 年名录发布以来第一次大幅度调整，修订后的名录保护范围显著扩大，所列物种是原来的 3 倍多。共收录 455 种和 40 类，总计约 1101 种野生植物。

第 3 件

【国家植物园正式批复设立】

2021 年 10 月 12 日，习近平主席在《生物多样性公约》第十五次缔约方大会领导人峰会上宣布，本着统筹就地保护与迁地保护相结合的原则，启动北京、广州等国家植物园体系建设。

2021 年 12 月，国务院批复同意在北京市建立国家植物园，拉开了国家植物园体系建设序幕。建立国家植物园体系，将按照统筹谋划、保护优先、科学布局、分步实施的原则，突出植物迁地保护和科学研究的核心功能，逐步实现我国 85% 以上野生本土植物、全部重点保护野生植物种类得到迁地保护的目标。

第 4 件

【首次成功实现野生东北虎放归自然】

2021 年 5 月 18 日，黑龙江省救护的野生东北虎在黑龙江省穆棱林业局有限公司管区被放归自然。

2021 年 4 月 23 日，该野生东北虎闯入黑龙江省密山市一村庄，黑龙江省林草局立即会同当地人民政府对其组织实施救助。国家林草局积极指导黑龙江省林草局组织各方专家对东北虎健康状况、疫病风险等各项指标进行充分评估。经评估，确认这只野生东北虎生理指标正常，不存在异常行为和疫病风险，适宜放归自然。经科学选定适宜栖息地后，对其成功实施了放归；其后，持续对该虎的野外生存情况、活动规律等实时监测预警，确保人、虎安全。目前，该虎在东北虎豹国家公园区域内活动正常。

第 5 件

【解决野猪致害试点工作取得成效】

近年来，全国多地野猪致害事件时有发生，已成为社会关注的热点问题之一。

2021 年，在前期摸底和深入调研的基础上，国家林草局部署在 14 个重点省（自治区）

开展防控野猪危害综合试点，组织开展猎捕调控、落实主动预防措施、完善致害补偿政策。印发《防控野猪危害工作技术要点》等系列文件，明确种群调控指标方法、猎获物处置方式、阻隔预警设施建设、安全知识宣传要点、损害补偿建议以及有关工作要求，提高防控工作的科学性和规范化。系列措施的实施，使一些区域损失情况有所缓解，致害补偿逐步到位，多种主动预警防控措施有效运用，试点工作取得阶段性成效，截至10月底，各试点省（自治区）成立117支狩猎队，在173个受损乡镇（地区）猎捕野猪1982头；积极探索野生动物致害综合保险业务，多渠道筹措补偿资金，累计为5960户群众补偿损失376.23万元。

第6件

【妥善解决鹦鹉、蛇类等养殖出路问题】

坚持问题导向，聚焦群众急难愁盼问题，着力破解鹦鹉、蛇类养殖出路难题。针对鹦鹉养殖户养不起、卖不掉、放不了的困局，国家林草局印发《关于妥善解决人工繁育鹦鹉有关问题的函》，指导河南省有关部门主动对接养殖户，面对面宣讲政策，点对点进行审核，简化鹦鹉人工繁育许可证件核发程序，规范鹦鹉养殖活动；开展费氏牡丹鹦鹉、紫腹吸蜜鹦鹉、绿颊锥尾鹦鹉、和尚鹦鹉4种鹦鹉专用标识管理试点，解决鹦鹉交易困难问题，推动人工繁育鹦鹉行业规范、健康、良性发展。其他省份积极借鉴河南省商丘市鹦鹉养殖销售模式，推动解决长期以来存在的鹦鹉养殖出路问题。针对蛇类养殖户希望明确以非食用为目的销售出路问题，国家林草局与工业和信息化部、农业农村部、卫生健康委、市场监管总局、乡村振兴局、药监局、中医药局等部门沟通协调，印发了《关于妥善解决人工繁育蛇类有关问题的通知》，明确已列入《按照传统既是食品又是中药材的物质目录》的乌梢蛇、尖吻蝮可按照食品安全法等法律法规规定用作保健食品原料，扩大养殖户销售出路，协调乡村振兴局支持将养殖户纳入巩固拓展脱贫攻坚成果同乡村振兴有效衔接扶持范围，进一步指导广西落实人工繁育眼镜王蛇、灰鼠蛇、滑鼠蛇原料进药店，基本实现转产就业。

第7件

【大熊猫保护繁育及国际合作成效显著】

2021年，我国通过持续加强大熊猫保护繁育工作，不断完善大熊猫栖息地保护，人工圈养和野外种群数量持续稳定增长，大熊猫保护繁育工作实现了高质量发展。2021年共繁育成活大熊猫幼崽32胎46只，全球圈养种群总数达到673只，野外种群数量恢复至1800余只，9只人工繁育大熊猫被放归自然并成功融入野生种群。国际合作成果丰硕，旅居马来西亚、日本、法国、新加坡、西班牙的大熊猫成功繁育成活8只大熊猫幼崽，成为开展国际合作研究以来海外产崽数量历年之最。12月29日，中国国务院副总理韩正和新加坡副总理王瑞杰在中新双边合作联合委员会第十七次会议上,共同揭晓了旅新大熊猫"沪宝"产下的首只大熊猫宝宝的名字"叻叻",意为聪明能干,充分表达了中新两国人民对熊猫宝宝健康快乐成长、延续两国友谊的祝愿和期许。

第8件

【中国加入《濒危野生动植物种国际贸易公约》(CITES)40周年】

2021年4月8日,中国加入《濒危野生动植物种国际贸易公约》(CITES)40周年座谈会在北京举行。会议总结了我国40年来的履约成果,明确了下一步工作思路和举措,将携手各国共同推进保护全球生物多样性。

40年来,我国坚定履行公约义务,积极推进履约行动,履约成效瞩目。目前,我国建立了以《野生动物保护法》《野生植物保护条例》《濒危野生动植物进出口管理条例》为主体的履约立法体系,在CITES秘书处组织的履约国内立法评估中被评为最高等级。进一步完善了我国的履约管理和执法体制机制,建立了较为高效的监管体系,在实施国际贸易监管以及参加全球联合打击行动中得到国际社会充分肯定。同时,采取对进口CITES附录Ⅱ、Ⅲ所列野生动植物及其制品实施进出口证明书制度,对食用陆生野生动物和以食用为目的猎捕、交易和运输陆生野生动物予以严格禁止,对商业性进口和国内加工销售象牙及其制品持续实施严格禁止措施等,采取比CITES更为严厉的举措。建立部际联席执法协调机制,强化执法监管,开展专项打击行动,组织行业协会、民间团体、相关企业成立互联网联盟,共同打击非法野生动植物贸易。

此外,我国还积极利用"世界野生动植物日""爱鸟周"等重要节点广泛开展宣传教育,不断增强公众履行公约和保护野生动植物的意识。深度参与国际规则制定,多次当选CITES常委会亚洲区域代表、植物委员会委员或候补委员,代表亚洲国家发声。我国与18个国家和11个国际组织建立了合作关系,支持有关国家加强履约能力建设,多次获得CITES秘书长表彰证书、克拉克·巴文奖以及联合国环境署亚洲环境执法奖等。

第9件

【野生动物疫病监测预警不断强化】

2021年,全国各级野生动物疫源疫病监测站累计上报日报告15万余份,妥善处理了400多起异常情况,有效阻断疫病扩散传播。印发《2021年重点野生动物疫病主动监测预警实施方案》,在全国野生动物集中分布区、生物安全高风险区组织开展禽流感、非洲猪瘟等重点野生动物疫病主动监测预警,共采集野鸟、野猪等野生动物样品32479份,对禽流感、禽副黏病毒、非洲猪瘟等重点疫病进行主动预警监测。经实验室病毒分离鉴定,共分离到H1N1、

H4N6、H11N9等亚型禽流感病毒47株、副黏病毒3株，初步掌握我国野生动物重点疫病流行病学动态，为有序高效开展野生动物疫病防控工作奠定了科学基础。

第10件

【全国持续开展"爱鸟周"活动40年】

1981年，国务院批准每年在全国开展"爱鸟周"科普宣传活动。40年来，各地持续开展鸟类保护科普宣传教育进乡村、进社区、进学校、进市场等多种形式活动，倡导科学、文明、规范的保护理念，弘扬尊重自然、顺应自然、保护自然的新风尚，吸引越来越多的公众参与到鸟类保护工作中。鸟类种群数量得以增长。据统计，江西鄱阳湖越冬候鸟总数量由2000年的30万—40万只增长到70万只以上，湖南洞庭湖越冬候鸟数量达到30万只左右，比2015年的14.9万只增加了1倍。

2021年4月13日，以"爱鸟护鸟，万物和谐"为主题的纪念"爱鸟周"40周年暨北京市2021年"爱鸟周"活动启动仪式在北京植物园举行，拉开了全国"爱鸟周"系列科普宣传活动的帷幕。活动仪式上，聘请敬一丹、六小龄童为中国野生动物保护协会公益形象大使，发布了《北京市陆生野生动物名录——鸟类》，六小龄童宣读爱鸟护鸟倡议书，并在北京植物园举办了为期一个月的"爱鸟周"展览。[①]

二、2021年中国自然保护地十件大事

第1件

【我国正式设立首批国家公园】

2021年10月12日，习近平主席在《生物多样性公约》第十五次缔约方大会领导人峰会上宣布：中国正式设立三江源、大熊猫、东北虎豹、海南热带雨林、武夷山等第一批国家公园，保护面积达23万平方公里，涵盖近30%的陆域国家重点保护野生动植物种类。

我国正式设立首批国家公园，标志着国家公园体制这一具有全局性、引领性、标志性的重大制度创新落地生根，也标志着我国国家公园事业从试点阶段转向了建设阶段。首批5个国家公园涉及青海、西藏、四川、陕西、甘肃、吉林、黑龙江、海南、福建、江西等10个省份，实现了重要生态区域大尺度整体保护，保护了最具影响力的旗舰物种、典型自然生态系统和珍贵的自然景观、自然文化遗产，体现我国"生态保护第一、国家代表性、全民公益性"的国家公园理念，对建立以国家公园为主体的自然保护地体系具有重要的示范引领作用。这

---

① 《2021年中国野生动植物保护十件大事》，国家林业和草原局政府网，http://www.forestry.gov.cn/main/586/20220429/091414539527498.html。

是我国生态建设史、林草发展史上的里程碑事件。

第 2 件

【编制实施《国家公园等自然保护地建设及野生动植物保护重大工程建设规划（2021—2035 年）》】

为贯彻落实中办国办印发的《关于建立以国家公园为主体的自然保护地体系的指导意见》、中央全面深化改革委员会第十三次会议审议通过的《全国重要生态系统保护和修复重大工程总体规划（2021—2035 年）》，国家林草局会同国家发展改革委、财政部、自然资源部、农业农村部组织编制了《国家公园等自然保护地建设及野生动植物保护重大工程建设规划（2021—2035 年）》，规划内容涵盖国家公园建设、国家级自然保护区建设、国家级自然公园建设、野生动物保护、野生植物保护、野生动物疫源疫病监测防控、外来入侵物种防控等 7 项工程，明确了推进自然保护地生态系统整体保护、提升国家重点物种保护水平、增强生态产品供给能力、维护生物安全和生态安全的主要思路和重点措施，将作为统筹推进自然保护地生态系统稳定和质量提升、国家重点物种保护等工作的重要依据。

第 3 件

【首次完成黄河流域国家级保护区管理成效评估】

为贯彻落实习近平总书记对黄河流域生态保护重要指示批示精神，规范自然保护区建设与管理、提升自然保护区管理成效，推动黄河流域高质量发展，国家林草局于 2020—2021 年组织第三方开展了黄河流域国家级自然保护区管理成效评估。评估结果显示，保护区总体优良率达 91.5%，其中，97.6% 的保护区设有专门的管理部门并建立了较全面的规章制度，23.2% 的保护区开展了"一区一法"建设，92.7% 的保护区已建立了基础设施，89% 的保护区建立了长期固定监测样地，98.8% 的保护区近 10 年内开展过科学考察或专项调查，39% 的保护区在近 5 年内开展了"天空地一体化"监测网络体系建设。评估期内，40.2% 的保护区主要保护对象状况改善较为明显，超 89% 的保护区内植被盖度保持稳定或有所提升。

第 4 件

【国家林草局与中国科学院联合成立国家公园研究院】

2021 年 6 月 8 日，国家林业和草原局与中国科学院共建的国家公园研究院揭牌成立。国家公园研究院汇聚中国科学院系统、林草系统的多领域专家学者智慧力量和科技资源，建设国家公园领域最具权威性和公信力的研究机构，为国家公园的科学化、精准化、智慧化建设与管理提供科技支撑。

第 5 件

【国家林草局与国家文物局签署加强世界遗产保护传承利用合作协议】

2021年12月17日，国家林业和草原局与国家文物局在京签署《关于加强世界遗产保护传承利用合作协议》。为深入贯彻落实习近平总书记重要指示批示精神，探索符合我国国情的世界遗产保护利用道路，加强自然遗产和文化遗产协同保护，推动我国的世界自然遗产和文化遗产走在世界前列，国家林业和草原局、国家文物局将在相关领域开展紧密合作。

第 6 件

【自然保护地系列标准出台】

2021年10月，国家林业和草原局批准发布《自然保护地分类分级》《自然保护地生态旅游规范》等系列标准。《自然保护地分类分级》以中办国办印发的《关于建立以国家公园为主体的自然保护地体系的指导意见》为遵循，提出了自然保护地划定条件及分类分级系统，同时还明确了自然保护地分类条件与分级要求；《自然保护地生态旅游规范》规定了自然保护地生态旅游的基本要求、范围与分区、游憩活动、设施建设和管理等内容。前者从技术角度明确了中国特色的自然保护地体系的分类分级体系，后者则明确了自然保护地生态旅游科学化发展和规范化管理的技术要求。两项标准的发布与实施，促进了标准化在我国自然保护地管理改革中的应用和融合，对于推动我国以国家公园为主体的自然保护地体系建设、促进自然保护地生态产品价值实现有着深远的意义。

第 7 件

【全国自然保护地网上培训28.9万人次】

2021年2月1日，全国自然保护地在线培训系统正式运行，同步上线微信小程序。3月2日，邀请行业专家参与"自然保护区整体规划编制"视频直播，各级自然保护地管理机构和技术支撑单位数万人在线观看。5月25日起，推出"社区共建月"直播活动，相关专家与保护地一线管理人员分享经验，推动保护区社区共建能力提升。截至12月，培训平台已录制课程104节，系统注册人数达2.9万人，累计学习时长24万个小时，学习人次达28.9万人次。

第 8 件

【自然保护地生态转移支付资金力度进一步加大】

2021年，多省出台重点生态功能区转移支付办法，明确资金支持自然保护地的范围和标准，加强自然保护地建设管理。山东省印发《山东省自然保护区生态补偿办法》《山东省省级及以上自然保护区考核指标》,明确提出对省级及以上自然保护区(含国家公园)实施生态补偿,2019—2021年,累计落实自然保护区生态补偿资金2亿元。江西省出台《江西省重点生态功能区转移支付办法》,明确对国家级自然保护区所在地按每个1500万元进行补助,对国家级自然公园所在地按每个750万元进行补助。2022年预计按定额分配补助资金2.5亿元。四川省制定《林业国家级自然保护区国家重点生态功能区转移支付禁止开发区补助资金管理办法(暂行)》《国家森林公园国家重点生态功能区转移支付禁止开发区补助资金管理办法(暂行)》,明确对国家级自然保护区、国家级森林公园按每个360万元标准进行补助,并规定了使用方向。重点生态功能区转移支付资金支持保护管理工作,激发了各级党委政府加强自然保护地建设管理的积极性,对推进自然保护地高质量发展具有重要意义。

第9件

【《秘境之眼》高峰时段观看人数超过5.5亿人次】

2021年,中央广播电视总台与国家林业和草原局合作的原生态动物视频全媒体节目《秘境之眼》每期播出时长从1分40秒增加到两分钟,节目内容更丰富、故事性更强。全年节目围绕热点、把握节点,双屏联动、多样展示,新闻性、时效性增强,受到社会各界的广泛关注。

助力国家公园建设与宣传,年初推出10期国家公园体制试点区特辑,首播平均收视率0.859,第一季度观看人数超过96亿人次。首批国家公园名单公布前,新媒体矩阵式宣传,大屏制作11期预热节目,观看人数超过5亿人次。首批国家公园宣布设立当天推出国家公园特辑,连播10期,观看人数超过5.5亿人次。12月每周末播出国家公园特辑。在世界野生动植物日等有关自然保护日和国庆节等节日及重大事件的时间节点,编排具有时效性、多元性、多样性的系列主题节目,大大增加了《秘境之眼》的传播力和影响力。如5月配合"国际生物多样性日"宣传,开展精彩影像点赞活动,在往届评选活动基础上增加了面向自然保护地的"我为野生动物代言"和直击G拍视频等全新宣传方式,视频总播放量达423万次,点赞达4.87亿人次。

第10件

【《一方水土》微电影在世界地质公园网络电影节获奖】

2021年12月16日,在国家林业和草原局的指导下,福建龙岩地质公园提交的微电影《一方水土》从全球27个国家的62件入围作品中脱颖而出,荣获第一届世界地质公园网络电影节第二名,这也是我国17件参赛作品中唯一获奖作品。《一方水土》讲述父女两代林业人成长与传承的故事,在朴实的场景中歌颂客家人温暖的亲情与乡情,同时展现龙岩地质公园的地学、文化和生态特色,可持续发展成就,以及人与自然和谐共存的美好愿景。

2018年1月,龙岩地质公园被正式确定为2020年中国向联合国教科文组织报送的世界地质公园候选地。2019年2月,因机构改革调整,申报工作移交至龙岩市林业局。龙岩市林业局成为机构改革后,全国范围内第一个承担申报世界地质公园工作的林业部门。[①]

[①] 《2021年中国自然保护地十件大事》,国家林业和草原局政府网,http://www.forestry.gov.cn/main/5541/20220525/145959100439440.html。

工业行业节能减排

中国工业行业节能减排工作综述

一、工业节能减排政策历程

绝大部分节能减排政策都适用于工业领域，针对工业领域出台的节能减排政策相对较少。从工业节能政策发展看，其经历了从"十一五"期间的重点领域节能，到"十四五"期间的新兴领域节能的转变。"十一五"规划期间，强调钢铁、有色、煤炭等行业的节能。"十二五"期间，开始关注合同能源管理、节能技术及产品的发展。"十三五"期间，重点实施锅炉（窑炉）、照明、电机系统升级改造及余热暖民等重点工程。到"十四五"规划，工业节能已经从传统领域扩大到5G、大数据中心等新兴行业的节能减排。

近年来，我国工业能效水平不断提升。"十三五"期间，规模以上工业单位增加值能耗在"十二五"大幅下降基础上进一步下降16%，钢铁、石化化工、建材、有色、轻工行业强制性能耗限额标准限定值达标率分别达到92%、97%、96%、96%、97%。但工业领域仍然面临重点行业节能挖潜难度日益加大、用能结构绿色化水平不高、节能提效技术创新及装备推广存在短板等问题。

2021年10月18日，国家发展改革委等五部门联合印发《关于严格能效约束推动重点领域节能降碳的若干意见》，对钢铁、电解铝、水泥、平板玻璃等重点行业和数据中心节能降碳及绿色低碳转型提出明确目标任务。相关部门配套发布《高耗能行业重点领域能效标杆水平和基准水平（2021年版）》，让能效约束有了参照标准，也让节能降碳变得"有章可循"。该意见明确指出，到2025年，上述重点行业及数据中心达到标杆水平的产能比例超过30%，行业整体能效水平明显提升，碳排放强度明显下降，绿色低碳发展能力显著增强。到2030年，重点行业能效基准水平和标杆水平进一步提高，达到标杆水平企业比例大幅提升，行业整体能效水平和碳排放强度达到国际先进水平。

2021年12月3日，工信部发布《"十四五"工业绿色发展规划》。该规划明确了工业领域绿色低碳发展的一系列具体目标：到2025年，单位工业增加值二氧化碳排放降低18%，钢铁、有色金属、建材等重点行业碳排放总量控制取得阶段性成果；重点行业主要污染物排放强度降低10%；规模以上工业单位增加值能耗降低13.5%；大宗工业固废综合利用率达到57%，单位工业增加值用水量降低16%；推广万种绿色产品，绿色环保产业产值达到11万亿元。

"十四五"时期，工信部将坚持系统观念，更加重视系统效率，组织实施国家工业能效提升计划，坚持节能优先方针，把节能提效作为实现碳达峰碳中和目标的重点支撑，作为促进工业领域合理高效绿色用能的重要途径，重点开展四项工作。

一是统筹传统行业和新兴领域，进一步严格能效约束。钢铁、建材、石化、化工、有色金属等重点行业是国民经济的重要组成部分，其产品性质和工艺特点，决定了其高能耗属性，但是这些行业对于健全产业体系、稳定市场供给、促进经济发展具有重要支撑作用。"十四五"期间，将聚焦重点行业，突出标准引领作用，分类推动提标达标，大力推进行业全链条节能改造升级，持续推进典型流程工业能量系统优化，扎实推进重点用能设备系统化节能提效，探索推进信息化、数字化、智慧化能效管理。同时，在新兴领域，也将积极推进新型基础设施等节能提效和绿色升级，进一步降低数据中心、移动基站等新型基础设施的功耗能耗。

二是统筹节能提效和降碳去碳，进一步加快用能高效化、低碳化、绿色化。要把调整优化用能结构作为推动实现节能降碳的重要举措。"十四五"时期，有序推进工业领域减量高效利用化石能源，大幅提升可再生能源利用比例，积极推进工业终端用能电气化。特别是在有条件的园区、企业，积极推动建设工业绿色微电网，进一步加快厂房光伏、分布式风电、多元储能、高效热泵、余热余压利用、智慧能源管控等一体化系统开发运行，推进多能高效互补利用。

三是统筹研发创新和推广应用，进一步加大节能提效技术驱动力。要以需求为导向，聚焦重点行业、重点产品、重点设备、重点工序，进一步加大节能提效工艺技术装备攻关力度。要以应用为导向，进一步加大先进节能提效工艺技术装备遴选和推广力度，广泛开展"节能服务进企业"活动，打造重点用能行业能效"领跑者"，系统组织实施电机、变压器等重点用能设备能效提升计划。

四是统筹节能重点监管和节能普遍服务，进一步强化"节能监察+节能诊断"双轮驱动机制。聚焦高耗能行业、高耗能工序、高耗能产品、高耗能领域，持续开展国家工业专项节能监察。以能源管理基础薄弱的行业和企业为重点，面向大中小企业进一步深化工业节能诊断服务。努力打造有利于工业企业依法依规、合理高效用能的市场环境，营造全行业全领域以能效水平引领节能降碳去碳的良好氛围。

二、国家层面工业节能政策类别

自2016年以来，国务院、国家发改委、工业和信息化部、国家能源局等多部门都陆续印发了支持、规范工业节能行业的发展政策，内容涉及促进节能服务发展，大力发展工业节能设备等，鼓励高耗能行业使用节能环保装备。

一是财税金融政策。为推动工业领域使用节能设备，进行节能改造等，国家层面从税收，金融支持等角度发布了一系列的政策，主要包括提供节能项目的税收优惠、便利工业绿色项目融资等。

二是节能服务政策。节能服务是工业节能的重要组成部分，为了规范和推动工业节能服务相关产业的发展，国家专门制定了《工业节能诊断服务行动计划》等政策。

三是节能装备政策。节能装备是工业领域节能改造的一大利器，工信部不定期发布节能技术装备，鼓励工业企业推广使用。2021年国家在《关于加快建立健全绿色低碳循环发展经济体系的指导意见》等政策文件中明确提出积极推广应用温拌沥青、智能通风、辅助动力替代和节能灯具、隔声屏障等节能环保先进技术和产品。

四是国家层面工业节能行业发展目标和重点任务。2021年7月1日，国家发改委发布《"十四五"循环经济发展规划》，明确提出了到2025年的节能目标和工业节能重点任务。为达成节能目标，《"十四五"循环经济发展规划》主要从资源循环、废旧处理等角度出发，提出制订工业行业的清洁改造计划，提升固废、金属的再利用水平，开发农业新产品、新材料等。

五是"碳达峰、碳中和"目标。2020年9月22日，中国在联合国大会上表示："将提高国家自主贡献力度，采取更加有力的政策和措施，二氧化碳排放力争于2030年前达到峰值，争取在2060年前实现碳中和。"2021年3月5日，"碳达峰、碳中和"被首次写进政府工作报告，政府工作报告要求制定2030年前碳排放达峰行动方案。为达成2030年前实现碳达峰、2060年前实现碳中和，"十四五"是我国履行这一庄严承诺的关键期，也是促进绿色低碳高质量发展的深刻变革期。构建新发展格局，工业行业既是主战场、主力军，又是排头兵和第一方阵。

工业行业节能减排政策法规

一、《工业节能"十二五"规划》

为贯彻落实《国民经济和社会发展第十二个五年规划纲要》，按《工业转型升级规划

（2011—2015 年）》《国务院"十二五"节能减排综合性工作方案》《节能减排规划（2011—2015 年）》总体部署和要求，2012 年 2 月，工业和信息化部发布《工业节能"十二五"规划》（以下简称《规划》）。该《规划》分现状与形势、指导思想与主要目标、重点行业节能途径与措施、重点节能工程、保障措施 5 部分。

《规划》提出工业节能"十二五"规划的总目标是：到 2015 年，规模以上工业增加值能耗比 2010 年下降 21% 左右，"十二五"实现节能量 6.7 亿吨标准煤。

主要行业目标：到 2015 年，钢铁、有色金属、石化、化工、建材、机械、轻工、纺织、电子信息等重点行业单位工业增加值能耗分别比 2010 年下降 18%、18%、18%、20%、20%、22%、20%、20%、18%。

主要产品单位能耗下降目标：主要产品单位能耗持续下降，与国际先进水平差距逐步缩小，能源利用效率明显提升。

淘汰落后产能目标：加快淘汰炼铁、炼钢、焦炭、铁合金、电石、电解铝、铜冶炼、铅冶炼、锌冶炼、水泥（熟料及磨机）、平板玻璃、造纸、酒精、味精、柠檬酸、制革、印染、化纤、铅酸蓄电池等工业行业落后产能，促进产业结构调整和技术进步。具体淘汰任务按淘汰落后产能工作部际协调小组确定的"十二五"期间淘汰落后产能目标执行。

二、《工业领域应对气候变化行动方案（2012—2020 年）》

为贯彻落实《中华人民共和国国民经济和社会发展第十二个五年规划纲要》、国务院《工业转型升级规划（2011—2015 年）》和《"十二五"控制温室气体排放工作方案》，明确工业领域应对气候变化目标和任务，全面提升应对气候变化能力，推动工业低碳发展，工业和信息化部、国家发展改革委、科技部、财政部制定了《工业领域应对气候变化行动方案（2012—2020 年）》，并于 2012 年 12 月 31 日印发。

主要目标：到 2015 年，全面落实国家温室气体排放控制目标，单位工业增加值二氧化碳排放量比 2010 年下降 21% 以上，钢铁、有色金属、石化、化工、建材、机械、轻工、纺织、电子信息等重点行业单位工业增加值二氧化碳排放量分别比 2010 年下降 18%、18%、18%、17%、18%、22%、20%、20%、18% 以上，主要工业品单位二氧化碳排放量稳步下降，工业碳生产力大幅提高。工业过程二氧化碳和氧化亚氮、氢氟碳化物、全氟化碳、六氟化硫等温室气体排放得到有效控制。产业结构进一步优化，战略性新兴产业快速发展，建设一批低碳产业示范园区和低碳工业示范企业，推广一批具有重大减排潜力的低碳技术和产品。重点用能企业温室气体排放计量监测体系基本建立，工业应对气候变化的体制机制与政策进一步完善。到 2020 年，单位工业增加值二氧化碳排放量比 2005 年下降 50% 左右，基本形成以低碳排放为特征的工业体系。

三、《中国制造2025》

2015年3月5日，李克强总理在全国两会上作《政府工作报告》时首次提出"中国制造2025"的宏大计划。2015年3月25日，李克强组织召开国务院常务会议，部署加快推进实施"中国制造2025"，实现制造业升级。也正是这次国务院常务会议，审议通过了《中国制造2025》。2015年5月19日，国务院正式印发《中国制造2025》。

2021年11月4日，中国工业和信息化部等四部门对外发布《智能制造试点示范行动实施方案》，提出到2025年，建设一批技术水平高、示范作用显著的智能制造示范工厂。

《中国制造2025》提出绿色发展。坚持把可持续发展作为建设制造强国的重要着力点，加强节能环保技术、工艺、装备推广应用，全面推行清洁生产。发展循环经济，提高资源回收利用效率，构建绿色制造体系，走生态文明的发展道路。

四、《工业节能与绿色标准化行动计划（2017—2019年）》

为贯彻落实《中国制造2025》，推进实施《工业绿色发展规划（2016—2020年）》和《工业绿色制造工程实施指南（2016—2020年）》，充分发挥工业节能与绿色标准的规范和引领作用，促进工业企业能效提升和绿色发展，依据《国务院关于印发深化标准化工作改革方案的通知》（国发〔2015〕13号）和《国务院办公厅关于加强节能标准化工作的意见》（国办发〔2015〕16号）精神，工业和信息化部制定了《工业节能与绿色标准化行动计划（2017—2019年）》，于2017年5月发布。

工作目标：到2020年，在单位产品能耗水耗限额、产品能效水效、节能节水评价、再生资源利用、绿色制造等领域制修订300项重点标准，基本建立工业节能与绿色标准体系；强化标准实施监督，完善节能监察、对标达标、阶梯电价政策；加强基础能力建设，组织工业节能管理人员和节能监察人员贯标培训2000人次；培育一批节能与绿色标准化支撑机构和评价机构。

五、《"十三五"节能环保产业发展规划》

节能环保工业并不是在"十三五"时期初次提出的。早在2009年，国务院初次提出发展"战略性新兴产业"时，节能环保产业就是战略性新兴工业之一。在2010年国务院发布的《关于加快培育和发展战略性新兴产业的决定》中，节能环保产业作为七个战略性新兴产业之首，被视为拉动经济增长的新引擎。"十二五"期间，国务院接连发布了《"十二五"国家战略性新兴产业发展规划》《"十二五"节能环保产业发展规划》等多个文件，推进节能产业加速发展。通过几年的发展，节能环保产业现已从2010年时总产值2万亿元、从业人数 2800 万人，增长到 2015 年年底的 4.5 万亿元，从业人数超过 3000 万人，涌现出 70 余家年营收入超过 10 亿元的龙头企业，在我国经济发展和生态文明建设中发挥了重要的支撑作用。

"十三五"时期，绿色发展上升成为"五大发展理念"之一，2016 年 12 月 22 日，国家改革发展委等四部门印发《"十三五"节能环保产业发展规划》。《"十三五"节能环保产业发展规划》的发布，进一步向全社会阐明了国家加快推动绿色发展的战略意图。

六、《工业节能管理办法》

《工业节能管理办法》（工信部第 33 号令，以下简称《办法》）于 2016 年 4 月 20 日经工业和信息化部第 21 次部务会议审议通过，于 2016 年 4 月 27 日公布，自 2016 年 6 月 30 日起施行。

1. 制定背景

《办法》是在贯彻落实绿色发展理念和全面推进依法治国的时代背景下制定的。一方面，制定《办法》是落实绿色发展理念的必然要求。党的十八届五中全会提出了绿色发展理念，工业是我国国民经济的主体和能源消耗的主要领域，是落实绿色发展理念的重点领域。制定《办法》，完善工业节能管理机制、措施，提升工业企业能源利用效率，加快工业绿色低碳发展和转型升级，是当前工业经济实现"稳增长、调结构、增效益"的重要举措。另一方面，制定《办法》是依法履行工业节能管理职责的迫切要求。2007 年修订的《节约能源法》对工业节能作出了原则规定。中央明确要求推进能源生产和消费革命，把节能贯穿于经济社会发展全过程和各领域。工业和信息化部作为工业节能管理部门，通过制定工业节能规章制度，指导和规范新形势下工业节能工作，有利于推进工业节能领域依法行政，保障工业节能管理职责的履行。

2. 主要内容

《办法》共七章、四十二条，主要规定了以下内容。

第一章总则，明确工业节能的概念和管理职责。《办法》依据《节约能源法》关于节能的定义，对"工业节能"进行了界定。根据《节约能源法》和工业和信息化部"三定"规定，《办法》明确了各级工业和信息化主管部门的工业节能管理职责，并对工业企业的责任、行业协会的作用作出了相应的规定。

第二章节能管理。《办法》规定了工业和信息化主管部门的节能管理措施，包括编制并组织实施工业节能规划；运用价格、金融等手段推动绿色化改造；发布高效节能设备推荐目录、达不到强制性能效标准的工艺技术装备淘汰目录；编制工业能效指南；依据职责开展有关节能审查工作。《办法》还确立了工业节能标准制定、工业能源消费总量控制目标管理、工业能耗预警机制、节能培训宣传等制度。

第三章节能监察。节能监察是促进工业企业加强节能管理的重要手段。《办法》明确了工业和信息化部指导全国的工业节能监察工作,地方工业和信息化主管部门组织实施本地区工业节能监察工作。《办法》规定:各级工业和信息化主管部门应当加强节能监察队伍建设,组织节能监察机构对工业企业开展节能监察。同时,《办法》对工业节能监察的方式、程序和结果公开等作出了规定。

第四章工业企业节能。《办法》结合《节约能源法》等法律法规,明确了工业企业的节能要求,包括加强节能工作组织领导,建立健全能源管理制度;完善节能目标考核奖惩制度;对能源消耗实行分级分类计量;禁止购买、使用和生产明令淘汰的用能产品和设备;定期对员工进行节能教育培训等。

第五章重点用能工业企业节能。重点用能工业企业是工业耗能大户,是工业节能管理的重点。《办法》结合《节约能源法》的规定,明确了重点用能工业企业的范围,并对其设立能源管理岗位、开展能源审计、报送能源利用状况报告、履行企业社会责任、开展能效对标达标、能源管理信息化等作出了规定。

此外,《办法》还依据《节约能源法》等法律规定,对工业企业用能不符合强制性能耗限额和能效标准等行为规定了法律责任,对工业和信息化主管部门及节能监察机构工作人员的违法责任追究作出了相应的规定。

3. 主要亮点

《办法》提出几大制度创新亮点,是落实《节约能源法》相关规定和"十三五"绿色发展理念的重要举措。归纳起来主要有五大亮点。

亮点一:强调用能权交易制度。《办法》第十六条规定,"科学确立用能权、碳排放权初始分配,开展用能权、碳排放权交易相关工作"。四川省作为开展用能权有偿使用和交易试点之一,2016年试点顶层设计和准备工作,2017年开始试点,到2019年试点任务取得阶段性成果,2020年开展试点效果评估。

亮点二:明确节能管理手段。《办法》"第二章 节能管理"规定了工业节能管理的规划编制、绿色改造、目录编制、能效指南等手段。还确立了工业节能标准制定、工业能源消费总量控制目标管理、工业能耗预警机制、节能培训宣传等制度。

亮点三:建立健全节能监察体系。《办法》"第三章 节能监察"明确了工业和信息化部指导全国的工业节能监察工作,地方工业和信息化主管部门组织实施本地区工业节能监察工作。明确了工业节能监察的方式、程序和结果公开等制度性规定。

亮点四:突出企业主体地位。《办法》"第四章 工业企业节能"明确了对工业企业的节能要求,如建立健全能源管理制度,完善节能目标考核奖惩制度,对能源消耗实行分级分类计量等。

亮点五：重点抓用能大户。《办法》"第五章 重点用能工业企业节能"明确了重点工业用能企业的范围，并对其设立能源管理岗位、开展能源审计、报送能源利用状况报告、履行企业社会责任、开展能效对标达标、能源管理信息化等作出了规定。

七、《工业绿色发展规划（2016—2020年）》

2016年，工信部印发《工业绿色发展规划（2016—2020年）》（以下简称《发展规划》），提出到2020年，绿色制造产业成为经济增长新引擎和国际竞争新优势，工业绿色发展整体水平显著提升，我国绿色制造体系初步建立。

过去5年取得不错成绩，未来5年是实现工业绿色发展的攻坚阶段。资源能源利用效率是衡量国家制造业竞争力的重要因素，推进绿色发展是提升国际竞争力的必然途径。

过去5年节能6.9亿吨标准煤，要加快补齐绿色发展短板

"十二五"期间，我国工业能效和水效大幅提升，规模以上企业单位工业增加值能耗累计下降28%，相当于实现节能量6.9亿吨标准煤，单位工业增加值用水量累计下降35%，提前一年完成"十二五"淘汰落后产能任务。

工业清洁生产先进适用工艺技术大范围示范推广，开展了有毒有害原料替代，工业产品绿色设计推进机制初步建立。工业资源综合利用产业规模稳步壮大，技术装备水平不断提高，5年内利用大宗工业固体废物约70亿吨、再生资源12亿吨。节能环保产业快速增长，2015年节能环保装备、资源综合利用、节能服务等节能环保产业产值约4万亿元。

尽管"十二五"成绩斐然，但我国工业总体上尚未摆脱高投入、高消耗、高排放的发展方式，资源能源消耗量大，生态环境问题比较突出，形势依然十分严峻，迫切需要加快构建科技含量高、资源消耗低、环境污染少的绿色制造体系。

此次工信部发文要求加快推进工业绿色发展，也是推进供给侧结构性改革、促进工业稳增长调结构的重要举措，有利于推进节能降耗、实现降本增效，有利于增加绿色产品和服务有效供给，补齐绿色发展短板。

综合能耗（千克标准油/吨）炼油降到63，乙烯降到790

《发展规划》确立了未来5年的目标：到2020年，绿色发展理念成为工业全领域全过程的普遍要求，工业绿色发展推进机制基本形成，绿色制造产业成为经济增长新引擎和国际竞争新优势，工业绿色发展整体水平显著提升。

这当中包括能源利用效率显著提升、资源利用水平明显提高、清洁生产水平大幅提升等5个方面。

能源利用效率显著提升方面，《发展规划》要求，能源消耗增速减缓，六大高耗能行业占工业增加值比重继续下降，部分重化工业能源消耗出现拐点，主要行业单位产品能耗达到或接近世界先进水平，部分工业行业碳排放量接近峰值，绿色低碳能源占工业能源消费量的比重明显提高。

根据《发展规划》，到2020年，规模以上企业单位工业炼油综合能耗要从2015年的65千克标准油/吨降至63千克标准油/吨，乙烯综合能耗从816千克标准油/吨降为790千克标准油/吨。

2016年8月2日，工信部公布了2016年度能效"领跑者"企业名单，乙烯行业领跑者有4家企业，分别为中国石油独山子石化、中海壳牌石油化工公司、中国石化镇海炼化和福建联合石化，单位产品能耗分别为525.69千克标准油/吨、526.83千克标准油/吨、542.46千克标准油/吨、543.01千克标准油/吨。

减少温室气体排放，10项重点任务推动绿色发展

按照《发展规划》，未来5年着重有10项重点任务，包括大力推进能效提升，加快实现节约发展；扎实推进清洁生产，大幅减少污染排放；加强资源综合利用，持续推动循环发展；削减温室气体排放，积极促进低碳转型；提升科技支撑能力，促进绿色创新发展；加快构建绿色制造体系，发展壮大绿色制造产业；充分发挥区域比较优势，推进工业绿色协调发展；实施绿色制造+互联网，提升工业绿色智能水平；着力强化标准引领约束，提高绿色发展基础能力；积极开展国际交流合作，促进工业绿色开放发展。

工业是应对气候变化的重点领域，要想实现2030年碳排放达峰目标，必须在加大工业节能力度的同时，多措并举，推动部分行业、部分园区率先达峰。

我国"十三五"期间将继续开展工业低碳发展试点示范，结合新型工业化产业示范基地建设，加大低碳工业园区建设力度，制定国家低碳工业园区指南，推进园区碳排放清单编制工作，推动园区企业参与碳排放权交易，鼓励建材、化工等行业实施碳捕集、利用与封存试点示范，促进二氧化碳资源化利用。

为落实《中美气候变化联合声明》相关宣示，我国计划于2017年启动全国碳排放权交易体系，将覆盖钢铁、电力、化工、建材、造纸和有色金属等重点工业行业。

八、《关于加快推进工业节能与绿色发展的通知》

2019年3月19日，工业和信息化部办公厅、国家开发银行办公厅联合印发《关于加快推进工业节能与绿色发展的通知》（以下简称《通知》）。《通知》明确将进一步发挥部行合作优势，重点围绕工业能效提升、清洁生产改造、资源综合利用、绿色制造体系建设等领域，发挥绿色金融手段对工业节能与绿色发展的支撑作用，加强开发性金融支持、完善配套支持政策，大力支持工业节能降耗、降本增效，实现绿色发展。

《通知》指出，将支持重点高耗能行业应用高效节能技术工艺，推广高效节能锅炉、电机系统等通用设备，实施系统节能改造。促进产城融合，推动利用低品位工业余热向城镇居民供热。支持推广高效节水技术和装备，实施水效提升改造。支持工业企业实施传统能源改造，推动能源消费结构绿色低碳转型，鼓励开发利用可再生能源。支持建设重点用能企业能源管控中心，提升能源管理信息化水平，加快绿色数据中心建设。

《通知》强调，支持实施大宗工业固废综合利用项目。重点推动长江经济带磷石膏、冶炼渣、尾矿等工业固体废物综合利用。在有条件的城镇推动水泥窑协同处置生活垃圾，推动废钢铁、废塑料等再生资源综合利用。重点支持开展退役新能源汽车动力蓄电池梯级利用和再利用。重点支持再制造关键工艺技术装备研发应用与产业化推广，推进高端智能再制造。

九、《"十四五"工业绿色发展规划》

2021年12月3日，工信部发布《"十四五"工业绿色发展规划》（以下简称《规划》）。

《规划》明确了工业领域绿色低碳发展的一系列具体目标：到2025年，单位工业增加值二氧化碳排放降低18%，钢铁、有色金属、建材等重点行业碳排放总量控制取得阶段性成果；重点行业主要污染物排放强度降低10%；规模以上工业单位增加值能耗降低13.5%；大宗工业固废综合利用率达到57%，单位工业增加值用水量降低16%；推广万种绿色产品，绿色环保产业产值达到11万亿元。

"十四五"期间将全力推动工业领域自身的碳达峰。在产业结构方面，构建有利于碳减排的产业布局，坚决遏制高耗能、高排放项目盲目发展。在节能降碳方面，着力提升能源利用效率，调整优化用能结构，强化节能监督管理。在绿色制造方面，通过典型示范带动生产模式绿色转型，推动全产业链低碳发展。在循环经济方面，强化工业固废综合利用，减少资源消耗，促进协同降碳。在技术变革方面，加快绿色低碳科技变革，以技术工艺革新、生产流程再造促进工业减碳去碳。

为进一步发展绿色低碳产业，要发展绿色环保技术装备，加大绿色低碳产品供给，创新绿色服务供给模式。如实施智能光伏产业发展行动计划并开展试点示范，持续推动风电机组稳步发展，攻克核心元器件；推广节能与新能源汽车，加快充电桩建设及换电模式创新；构建工业领域从基础原材料到终端消费品全链条的绿色产品供给体系。

技术是推动实现双碳目标的关键力量。工信部节能与综合利用司副司长尤勇表示，工信部将坚持问题和需求导向，创新突破一批"卡脖子"的绿色环保共性关键技术，大力研发和推广应用高效加热、余热回收等工业节能装备，着力在低能耗、模块化、烟气、固废处理等工业环保装备发力，在源头分类分解、过程管控、末端治理等工艺装备方面，为工业固废智能化设备研发提供支持。同时也将加快发展工程机械、机床、内燃机等再制造装备,加快先进适用节能环保装备推广应用,满足工业绿色发展的持续需求。

"十四五"时期将更加注重数字化技术对工业绿色发展的引领作用,夯实数据基础、建立绿色低碳基础数据平台,加快数字化改造,培育应用场景、推进"工业互联网+绿色制造",推动数字经济的新优势转化成为工业绿色低碳转型的新动能。

交通行业节能减排

中国新能源汽车发展综述

一、新能源汽车的定义与分类

中国新能源汽车是一个相对新生的事物,其定义是一个不断变化的过程。近年,中国新能源汽车的定义逐渐变得清晰起来,是指采用新型动力系统,完全或主要依靠新型能源驱动的汽车。其包括纯电动汽车、插电式混合动力汽车、燃料电池汽车。

与定义一样,中国新能源汽车包括的类型也是在不断发展中清晰起来的。早在 2001 年就出现了新能源汽车的原型电动汽车,它包括混合动力汽车、燃料电池汽车、纯电动汽车三种。2006 年,根据"863"计划,提出"节能与新能源汽车"这个新名词。2009 年,根据《新能源汽车生产企业及产品准入管理规则》,"节能与新能源汽车"正式被"新能源汽车"代替。新能源汽车包括混合动力汽车、纯电动汽车(BEV,包括太阳能汽车)、燃料电池电动汽车(FCEV)、氢发动机汽车、其他新能源(如高效储能器、二甲醚)汽车等各类别产品。定义指采用非常规的车用燃料作为动力来源,综合车辆的动力控制和驱动方面的先进技术,形成的技术原理先进,具有新技术、新结构的汽车。2012 年至今,根据《节能与新能源汽车产业发展规划(2012—2020 年)》,新能源汽车名字继续使用,对它的分类继续简化为纯电动汽车、插电式混合动力汽车和燃料电池汽车。

纯电动汽车(BEV)是完全由蓄电池(如铅酸电池、锂离子电池、镍氢电池、镍镉电池)提供动力源的汽车。它的动力系统分为动力电池组和电动机两部分,其中动力电池组是电能存储系统,为汽车提供能量。电动机负责将能量转变为动能驱动车辆行驶。其他结构基本与传统汽车相同。因此纯电动汽车是最先被想到代替传统燃料汽车的新能源汽车,但它仍有一定的局限性,比如动力电池组的体积、质量过大,使用寿命短,充电时间长,二次污染严重等问题限制了纯电动车的批量生产。

插电式混合动力汽车(PHEV)是新型的混合动力电动汽车。简单来说就是装有发动机的电动汽车,它有传统汽车的发动机、变速箱、传动系统、油路、油箱,同时兼备电动车的电池、电机、控制电路。插电式混合动力汽车正常情况下可用纯电模式行驶，当电池电量耗尽后改以混合动力模式（以发动机为主）行驶，并向电池充电。插电式混合动力汽车配有较大电池，可以进行外部充电。

燃料电池汽车（FCV）是利用氧气和氢气在催化剂的催化下，在燃料电池中经电化学反应产生电能作为主要动力源驱动的汽车。燃料电池汽车与纯电动汽车的主要区别在于产生电能的工作原理不同。一般来说，燃料电池是通过电化学反应将化学能转化为电能，电化学反应所需的还原剂一般采用氢气，氧化剂则采用氧气，生成的产物是水，对环境没有危害，这解决了纯电动车废电池的回收难题，但是燃料电池汽车多是直接采用氢燃料，如何获取氢气，如何安全运输氢气也是要解决的问题。

二、新能源汽车的发展阶段

我国新能源汽车技术水平不断进步、产品性能明显提升，产销规模连续六年居世界首位。中国新能源汽车行业取得的成就离不开国家政策的支持。为支持中国新能源汽车行业发展，国家出台了一系列政策。早在2001年，科技部就发布了新能源汽车的战略规划，并通过电动汽车专项的方式进行了研究。2001年9月，科技部在"十五"期间的国家"863"计划中，特别设立了电动汽车重大专项。在科技部组织召开的"十五"国家"863"计划电动汽车重大专项可行性研究论证会上，与会专家同意通过专项可行性研究报告。这标志着对我国汽车产业发展具有重大战略意义的电动汽车专项正式启动。

到2004年电动汽车专项建立了"三纵三横"总的研发布局，以燃料电池汽车、混合动力电动汽车、纯电动汽车为"三纵"，多能源动力总成控制、驱动电机、动力蓄电池为"三横"，按照汽车产品开发规律，全面构筑我国电动汽车自主开发的技术平台。

2005年12月15日，首次在海外生产的丰田PRIUS普锐斯混合动力汽车在长春正式下线，正式进入中国市场，打开了中国新能源市场的大门。之后不到一个月，通用便宣布与上汽联手，合作在中国进行第一个混合动力系统项目，联手开发混合动力汽车，随后2006年11月通用汽车宣布2008年将有一款混合动力车在上海通用量产。德国大众也宣布将赶在2008年北京奥运会之前，在中国推出混合动力车。

与此同时，奇瑞、长安、吉利、江淮、比亚迪等国内厂商亦纷纷表示要进入混合动力车领域。中国正式拉开新能源汽车发展的大幕，当时业内甚至一致认为"谁攻克了新能源汽车，谁就可能引领未来"。

大约从2007年开始，新能源汽车在国内迎来了较快的发展。这一年，《新能源汽车生产准入管理规则》出台，多款新能源汽车被批准量产，并很快获得了一次世界级的展示机会。2008年北京国际车展上，新能源汽车技术再次成为跨国车企和自主品牌展示重点。差不多同一时间，发改委在新车公告中一次性批准了 7 款新能源汽车的生产，给广大车企打了一针"强心剂"。

借助 2008 年北京奥运会的良好契机，各家汽车企业和高校合作开发了一批新能源汽车，相关报道显示，奥运期间投入使用的新能源汽车包括 55 辆纯电动客车、25 辆混合动力客车、75 辆混合动力轿车、20 辆氢燃料轿车、400 多辆纯电动场地车，此外还有 240 台地面充电机投入使用。

自 2009 年起，我国就开始给予新能源汽车政策支持，先后经历了示范推广、推广应用、量质兼顾和高质量发展四大阶段。

一是示范推广阶段（2009—2012）。为推动新能源汽车由研发向产业化转型，2009 年 1 月，我国开始启动新能源汽车"十城千辆"的推广工程，计划通过提供财政补贴形式，用 3 年左右的时间，每年发展 10 个城市，每个城市推出 1000 辆新能源汽车开展示范运行，力争使全国新能源汽车的运营规模到 2012 年占到汽车市场份额的 10%。之后，国家又将示范城市数目进一步增加到了 25 个。虽然决心很大，动作也很大，但最终的效果并不是很理想，暴露的问题很多，于是市场渐渐趋于冷静，但投入依旧没有终止。2012 年发布的新能源汽车专项规划，明确了新能源汽车的战略目标、任务和措施。

到 2010 年年底，相关统计显示我国新能源汽车销量不到 1 万辆，仅为 0.72 万辆，这个时期最大的问题是新能源汽车的技术水平实在是太弱，没有那么多企业能够将汽车做好，由于技术问题比较多，市场难以得到有效运营。所以国家特别大的补贴政策发布以后，还是不能有效提高市场销量。

截至 2012 年 12 月，全国 25 个试点城市共示范推广各类节能与新能源汽车 2.74 万辆。其中，公共服务领域 2.3 万辆，私人领域 0.44 万辆；建成充（换）电站 174 个，建成充电桩 8107 个。

二是推广应用阶段（2013—2015）。在第一阶段示范推广经验基础上，2013 年我国将推广应用城市范围扩大到 39 个城市和城市群，大幅提高了推广应用的数量要求，将推广车型聚焦于新能源汽车，并明确提出政府机关、公共服务等领域要优先采购新能源汽车。

到 2015 年，中国新能源汽车产量已经达到了 37.9 万辆，销售 33.1 万辆，成为全球最大的新能源汽车产销市场。之后两年，在相关政策的推动下，中国新能源市场进一步爆发。

三是量质兼顾阶段（2016—2018）。为稳定行业预期、确保补贴政策延续性，2015 年我国发布了 2016—2020 年新能源汽车补贴政策。但受骗补事件影响，2016 年我国重新调整优化了补贴政策，2017 年，我国发布双积分政策，以建立补贴退出后的市场化机制。2018 年，根据行业发展情况，我国进一步提高了补贴技术要求，并完善了补贴标准。其中，2017—2018 年补助标准在 2016 年基础上下降 20%，2019—2020 年补助标准在 2016 年基础上下降

40%。新能源补贴逐步退坡也给新能源汽车发展带来了不小的冲击。

中国新能源汽车在2016年和2017年分别卖出了50.7万辆和77.7万辆的好成绩,连续三年销量全球第一,增速均超过50%。虽然接下来随着补贴的退坡、双积分政策的实施,加之技术、市场方面的成熟度欠缺,新能源汽车再次进入一个冷静期,但长远来看一定是未来的大趋势,还将迎来更大的暴发。

四是高质量发展阶段(2019年开始)。2019年以来,新能源汽车产业发展不确定因素明显增多,受多重不利因素叠加影响,我国新能源汽车销量出现了10年来首次同比下滑,2020年年初暴发的新冠疫情更是"雪上加霜"。在此背景下,国家将新能源汽车购置补贴延续到2022年年底,对于稳定消费和促进产业长期高质量发展都具有重要意义,也为我国完善非补贴等承接政策提供了难得的时间"窗口期",有利于在补贴退出后实现市场化平稳过渡,夯实产业长远高质量发展基础。

充电基础设施是电动汽车用户绿色出行的重要保障,是促进新能源汽车产业发展、推进新型电力系统建设、助力"双碳"目标实现的重要支撑。"十三五"时期,我国充电基础设施实现了跨越式发展,在充电技术、设施规模、标准体系、产业生态等方面均取得显著成效。截至2021年年底,全国充电设施规模达到261.7万台,换电站1298座,服务近800万辆新能源汽车,为我国新能源汽车产业发展提供了有力支撑。然而在快速发展的同时,仍有许多突出问题不容忽视。例如:部分存量小区电力改造施工协调难度大,无法实现固定车位建桩;公共充电设施发展不均衡,城市公共充电场站冷热不均;充电平台数量多,多平台启停及多渠道支付尚未全面覆盖,充电路径规划、站桩导航功能不完善,用户找桩难、找桩慢,充电的便捷性仍需提升;部分充电桩运维不及时,缺乏充电保障预案,节假日高速公路充电排队长问题日益凸显;监管体系尚不健全,安全管理责任、管理机制亟待完善。为此有必要进一步加强顶层设计,明确相关责任,形成工作合力,推动解决充电基础设施建设运维中存在的问题,助力电动汽车行业高质量发展。2022年1月10日,国家发展改革委、国家能源局等多部门联合印发《国家发展改革委等部门关于进一步提升电动汽车充电基础设施服务保障能力的实施意见》(以下简称《实施意见》),对于指导"十四五"时期充电基础设施发展具有重要意义。《实施意见》提出要继续加大新技术研发,持续完善标准体系。要充分发挥动力电池的储能特性,探索推广有序充电、V2G等形式,实现电动汽车与电网的协同互动。在矿场、港口、城市转运等场景因地制宜推广换电模式。《实施意见》要求加强配套电网建设和供电监管。要求电网企业加大配套电网建设,相关部门要对配套电网建设用地、廊道空间等资源予以保障。要求电网企业提升"获得电力"服务水平,落实"三零""三省"服务举措。国家能源局派出机构要加大供电和价格政策执行监管,规范转供电行为。

中国新能源汽车发展历程:

2008年以前，新能源汽车处于研发即小规模示范阶段。

2009年，新能源汽车开始规模化进入公共领域。

2013年，新能源汽车开始规模化进入私人领域。

2016年，新能源汽车保有量达到100万辆。

2018年，新能源汽车产销进入百万辆时代。

三、纯电动汽车发展历程

我国在电动汽车领域的研究探索始于20世纪六七十年代，系统研发起步于"九五"时期，比美国、日本、欧盟等国家和地区至少晚20年的时间。然而，在近10年内，通过国家"863"计划持续、有序、系统的研发支持，我国电动汽车行业取得了快速发展，不仅攻克了一系列关键技术，而且自主研发的电动汽车整车产品已实现小批量进入市场，在部分领域已实现与国外同步发展。国内电动汽车行业的发展大致经历了三个历史阶段。

第一阶段，20世纪60年代到2001年的萌芽阶段。这一时期，我国并没有系统地支持电动汽车领域的技术研发，国内各企业集团也没有将电动汽车作为研发投入的重要方面。我国汽车制造企业几乎没有推出一款电动汽车整车产品。而在同时期，国外大汽车公司已开发生产了100多种型号的电动汽车，其中，已有10多种纯电动汽车车型投入商业化生产。两相对比，我国的电动汽车发展至少落后发达国家20年。然而，可喜的是，自"八五"时期电动汽车被列入国家科技攻关计划以来，到"九五"时期，我国政府已经意识到发展电动汽车的重要性，正式将其列入国家重大科技产业工程项目，这为电动汽车的进一步研发奠定了基础。

第二阶段，2001年9月至2007年11月的研发培育阶段。该时期的划分是以两个标志性事件为起点的。首先，2001年9月，科学技术部组织召开了"十五"国家高技术研究发展计划（"863"计划）"电动汽车重大科技专项"可行性研究论证会。会议通过了专项可行性研究报告，标志着电动汽车专项正式启动，这是我国第一次系统支持电动汽车的研发。其次，2007年11月，《新能源汽车生产准入管理规则》正式实施，该规则的实施为电动汽车在我国正式上市销售铺平了道路。这一时期，我国的电动汽车取得了一系列关键技术突破，三类电动汽车分别完成了功能样车、性能样车和产品样车试制；以幸福使者微型轿车为基础开发的纯电动轿车实现了小批量生产和出口；若干个品牌的纯电动客车、混合动力客车和混合动力轿车在北京、武汉等城市进行了小规模示范运行；部分自主研发的混合动力轿车已基本完成了商品化的前期准备工作。这一时期，我国电动汽车行业取得了重要的研发进展，缩短了与发达国家间的差距，为形成电动汽车产业打下了坚实的基础。

第三阶段，《新能源汽车生产准入管理规则》正式实施以来的产业培育阶段。这一时期，随着"863"计划取得成果的陆续产业化，我国汽车制造企业的电动汽车整车产品开发能力大幅提升，一批具有自主品牌的混合动力轿车产品获国家发改委汽车新产品公告批准，长安汽车、奇瑞汽车和比亚迪汽车的自主创新混合动力轿车上市销售。同时，通过先期在北京、天津、武汉、深圳等7个城市及国家电网公司开展了电动汽车小规模示范运行考核，在北京奥运会期间，我国成功地实现了595辆自主研发电动汽车的集中、高强度商业化示范运行，表明国内电动汽车行业已具备形成产业的能力。

我国电动汽车行业已建立起较为合理的行业创新体系，取得了动力系统技术平台构建、关键零部件和新技术开发、整车产品上市、示范运行等多方面的突破，已基本形成了未来产业发展的雏形，在国家产业政策和财政补贴政策的支持下，即将迎来规模发展阶段。

四、燃料电池汽车发展历程

燃料电池汽车与纯电动汽车的区别：燃料电池汽车以氢气等为能源，通过燃烧燃料产生电，然后用电动机来驱动；纯电动汽车的原理是依靠电池储备能源，用电机驱动汽车行驶，最核心部分就是电池、电控、电机的三电技术。

整体上看，我国燃料电池汽车产业先后经历了经验摸索、发展实践和协同创新三个发展阶段。

一是经验摸索阶段（2009—2015），燃料电池汽车补贴政策车型划分相对简单、支持力度最大。2013—2015年，还曾对符合要求的新建加氢站给予400万元/座补贴。但受限于当时的技术成熟度、成本、推广环境等因素，燃料电池汽车产业发展十分缓慢，重点是开展小规模示范运行，初步解决了可靠性、实用化等问题。

二是发展实践阶段（2016—2019），燃料电池汽车补贴政策进一步将车型细化为乘用车，轻型客车、货车，大中型客车、中重型货车三类，分别给予20万元/辆、30万元/辆和50万元/辆的高额补贴，且新增和提高了相关技术指标要求。2019年以来，我国对燃料电池汽车的支持力度持续加大，《政府工作报告》首次列入了加氢等设施建设，李克强总理多次提到要发展氢能产业，万钢副主席也建议要及时把新能源汽车产业化重点向燃料电池汽车拓展。2019年补贴政策提出燃料电池汽车补贴政策将另行公布，并规定过渡期内按照2018年对应标准的0.8倍补贴，且继续允许地方给予地补支持。该阶段燃料电池车型和推广数量开始大幅增多，产业投资热度日益提升，但行业发展问题和障碍也逐渐凸显。

三是示范创新阶段（2020年开始），随着产业快速发展，消费端的补贴政策对推动产业链和基础设施建设的局限性日益显现。2020年4月，财政部等发布了最新的补贴政策，将当前对燃料电池汽车的购置补贴，调整为选择有基础、有积极性、有特色的城市或区域，重点围绕关键零部件的技术攻关和产业化应用开展示范。这一阶段的发展重点转向了关键核心技术研发产业化，政策更加注重培育产业发展环境，鼓励企业加大研发创新力度，着力破除政策、标准和管理体系等障碍，推动完善氢能供应链和燃料电池汽车产业链，将通过示范应用为下一步规模化产业化发展奠定基础。

五、车辆购置税

第十三届全国人民代表大会常务委员会第七次会议通过了《中华人民共和国车辆购置税法》(以下简称《车辆购置税法》)。该法自2019年7月1日起施行。与此同时，《中华人民共和国车辆购置税暂行条例》(以下简称《暂行条例》)废止。车辆购置税对组织财政收入、促进交通基础设施建设以及引导汽车产业健康发展，发挥着重要作用。

《暂行条例》规定，自2001年1月1日起，对购置汽车、摩托车等车辆的单位和个人征收车辆购置税。车辆购置税实行从价计征，税率为10%。《暂行条例》施行以来，车辆购置税运行比较平稳。此前，车辆购置税曾多次被调整。2009年1月，我国首次推出1.6L及以下排量车型购置税减半政策，2009年中国车市销量同比大涨46.15%，但该优惠政策从2011年开始予以取消。2015年10月底，1.6升以下排量乘用车购置税减半政策出炉，同年车市同比增幅达到14.93%。2017年开始，我国车辆购置税优惠政策逐步取消，即从5%加到7.5%，2019年1月开始再由7.5%加回至原来10%的水平。

六、新能源汽车补贴

2009年发布的《汽车产业调整和振兴规划》中提到"启动国家节能和新能源汽车示范工程，由中央财政安排资金给予补贴"，同年财政部发布《关于开展节能和新能源汽车示范推广试点工作的通知》，明确对试点城市公共服务领域购置新能源汽车给予补助，由此拉开了新能源汽车补贴时代的序幕。

2009—2012年国家开始"十城千辆"工程，全称为"十城千辆节能与新能源汽车示范推广应用工程"，由科技部、财政部、发改委、工业和信息化部于2009年1月共同启动。工程主要内容是，通过提供财政补贴，计划用3年左右的时间，每年发展10个城市，每个城市推出1000辆新能源汽车开展示范运行，涉及这些大中城市的公交、出租、公务、市政、邮政等领域，力争使全国新能源汽车的运营规模到2012年占到汽车市场份额的10%。

此时的新能源汽车推广以25个大中型城市为主体，局部地区以新能源商用车为主的推广，其中推荐车型目录里24种车型，只有7款乘用车。

1. 新能源汽车企业的暴发——前补贴时代

补贴范围从试点向全国，推广范围由公共领域向私人领域。

2013年9月17日，工信部网站发布了财政部、科技部、工信部、发改委四部委联合出台的《关于继续开展新能源汽车推广应用工作的通知》(财建〔2013〕551号，以下简称

《通知》)。

通过"十城千辆"工程的实行,国家坚定支持新能源汽车行业发展的决心,2013年新能源汽车补贴政策就像火箭助推剂一般,新能源汽车行业开始全力前进,也开始由乘用车领域延伸到商用车领域快速推进,2013年商用车的销量即突破10000辆。

《通知》规定,2014年和2015年,纯电动乘用车、插电式混合动力(含增程式)乘用车、纯电动专用车、燃料电池汽车补助标准在2013年标准基础上分别下降10%和20%。

也正是国家大力补贴新能源汽车产业的同时,出现了一大波新成立的新能源汽车企业,不为卖车只为骗补。

2016年《新能源汽车蓝皮书》显示,部分新能源产品的推广应用车型与《道路机动车辆生产企业及产品公告》(以下简称《公告》)参数不一致,部分企业产品性能虚标,部分电池生产厂家的电池组数"缺斤少两",个别车辆甚至缺失电池。但部分车辆少装电池仍然可以按照《公告》信息获得中央和地方财政补贴。

恶意骗补情节最严重的是苏州吉姆西客车制造有限公司。该公司主要通过编造虚假材料采购、车辆生产销售等原始凭证和记录,上传虚假合格证,违规办理机动车行驶证的方式,虚构新能源汽车生产销售业务,虚假申报2015年销售新能源汽车1131辆,涉及中央财政补助资金26156万元。

财政部已取消该企业申报中央财政补贴资格,2015年生产的全部车辆中央财政不予补助,追回2015年度预拨的全部中央财政补助资金,同时,由工业和信息化部取消其整车生产资质。

其余被曝光的4家企业分别是金龙联合汽车工业(苏州)有限公司、深圳市五洲龙汽车有限公司、河南少林客车股份有限公司、奇瑞万达贵州客车股份有限公司,主要涉及部分车辆未完工就提前办理机动车行驶证,多申报财政补助资金,涉及金额从5000多万元到5亿多元不等。

而且这只是国家发布的冰山一角,还有很多难以被发现的骗补事件,也正是这些骗补企业促使国家对部分居心不良的企业进行查处,驱逐了市场上的劣币。

2. 推动技术发展为目标细化补贴

2017年的补贴政策,逐渐转向推动续航里程的进步,以解决新能源汽车最大的短板——续航里程。技术门槛逐年提高的同时,补贴基准逐年退坡,近几年更是频繁出台政策持续推进补贴退坡,在《关于调整新能源汽车推广应用财政补贴政策的通知》中,注明"有关部委将根据新能源汽车技术进步、产业发展、推广应用规模等因素,不断调整完善",为后续补贴政策的调整埋下伏笔。

从乘用车看,续航里程及动力电池能量密度较高的车型,过渡期所取得的补贴虽然仅有

2017 年标准的 0.7 倍，却普遍高于补贴新政实施后所能获得的补贴款。政策调整背后的意图显而易见。2018 年调整完善的政策更是体现了补贴政策"扶优扶强"政策导向，技术门槛大幅提高的同时，提高了高水平产品的补贴额度，突出对技术进步的撬动作用。

这样单纯地依靠补贴来引导市场盲目地增加续航里程也为电池安全埋下了一定的安全隐患，新能源汽车企业为了拿到最高补贴，盲目地增加电池数量、提高能量密度，忽视电池安全问题，时不时地有新能源汽车自燃新闻，也导致了公众对新能源汽车依然持怀疑态度。

3. 新能源汽车企业的暴发——后补贴时代

2019 年补贴逐渐退出，"国补"几乎减半，"地补"全面取消，具体到新能源汽车的补贴标准和技术要求方面，新能源乘用车补贴标准设置两档补贴，续航 250km 以下的车型取消补贴，$250km \leq R < 400km$ 的车型补贴 1.8 万元，补贴下滑 60%；$R \geq 400km$ 的车型补贴 2.5 万元，补贴下滑 50%；插电式混动车型补贴 1 万元，下滑 55%。

以 2009 年的"十城千辆"工程为开端，到 2019 年年底，新能源汽车补贴政策推行 10 年已累计发放超千亿元补贴资金。巨额的投入换来了中国新能源汽车市场"保有量从 0 到 380 万 +""全球产销第一"等斐然成绩。

工信部《新能源汽车产业发展规划（2021—2035 年）》发布，继续推进汽车的电动化、智能化、网联化。

2025 年，纯电动乘用车新车平均电耗降至 12.0 千瓦时 / 百公里，新能源汽车新车销售量达到汽车新车销售总量的 20% 左右，高度自动驾驶汽车实现限定区域和特定场景商业化应用。

到 2035 年，纯电动汽车成为新销售车辆的主流，公共领域用车全面电动化，燃料电池汽车实现商业化应用，高度自动驾驶汽车实现规模化应用，有效促进节能减排水平和社会运行效率的提升。

2021 年起，国家生态文明试验区、大气污染防治重点区域的公共领域新增或更新公交、出租、物流配送等车辆中新能源汽车比例不低于 80%。

新能源汽车财政补贴一直都褒贬不一，但的确是培育了一个全球最大的新能源汽车市场，培养了一大批的新能源汽车企业，蔚来、威马、小鹏、理想等，从 2019 年新能源汽车的销量可以看出国内销量前三十的车型以国内车企产品为主，新能源汽车产业的结构在持续优化，落后的企业退出了市场，无论是造车新势力还是传统车企都在布局新能源汽车更加智能、更加高端的产品。

七、电动汽车的安全问题

2016 年 1 月至 2018 年 12 月，我国新能源汽车起火事故共发生了 59 起。其中，新能源乘用车起火 33 起；新能源商用车起火 26 起。电动车起火主要原因是碰撞、自燃、浸水等。《电动汽车安全指南》指出，电动车安全性事故原因比较复杂，具体与材料选择、电芯和模块结构、系统集成、连接结构、整车匹配设计、生产管控、产品试验验证、售后服务、充电设备和工程电子、充电运维管理、回收再利用过程安全管理、火灾管控方法等多种因素有关。

为提升电动汽车的安全性，2020年5月，工信部组织制定，国家市场监督管理总局、国家标准化管理委员会批准发布GB 18384—2020《电动汽车安全要求》、GB 38032—2020《电动客车安全要求》和GB 38031—2020《电动汽车用动力蓄电池安全要求》三项强制性国家标准，于2021年1月1日起开始实施。

此前我国已有相关推荐性国家标准：《电动汽车安全要求》《电动汽车用动力蓄电池安全要求及实验方法》《电动汽车用锂离子动力蓄电池包和系统 第3部分：安全性要求与测试方法》《电动客车安全技术条件》。新规定是在此基础上制定的，并首次进行强制技术要求。电动车老国标属于推荐性，而新国标则是强制执行，这是因为电动车的质量问题以及交通安全问题日渐增多，强制执行后将会使电动车市场以及交通规则变得更加规范。而新国标对电动车提出了很多质量要求，以后买车也可以更放心。新国标是对整个行业的一次彻底清洗，而真正为用户着想有实力有技术的品牌，则会有机会获得更好的发展。

2020年5月29日，工业和信息化部装备工业发展中心发布了《关于实施电动汽车强制性国家标准的通知》。以下为通知原文。

关于实施电动汽车强制性国家标准的通知

各车辆生产企业及检测机构：

为进一步推动新能源产业技术进步，促进新能源汽车行业整体安全水平提升，平稳有序的贯彻落实国家强制性标准，经请示工业和信息化部同意，在《公告》产品准入管理中提前实施《电动汽车安全要求》《电动客车安全要求》《电动汽车用动力蓄电池安全要求》三项强制性国家标准。即在标准实施日期2021年1月1日之前，允许企业根据自身情况提前执行以上强制性国家标准。具体要求如下：

一、2021年1月1日前，《公告》管理中GB 18384—2020《电动汽车安全要求》、GB 38031—2020《电动汽车用动力蓄电池安全要求》、GB 38032—2020《电动客车安全要求》与《新能源汽车生产企业及产品准入管理规定》（第39号部令）中相关新能源汽车产品专项检验项目依据标准并行。企业申请产品准入时，可依据以上三项电动汽车强制性标准进行检验检测，相关检验检测报告作为产品准入的依据。

二、在并行期间，实施以上三项电动汽车强制性标准时，应分别按照标准规定的替代关系执行，即：

1、GB 18384—2020《电动汽车安全要求》代替 GB/T 18384.1—2015《电动汽车 安全要求 第1部分：车载可充电储能系统（REESS）》、GB/T 18384.2—2015《电动汽车 安全要求 第2部分：操作安全和故障防护》、GB/T 18384.3—2015《电动汽车 安全要求 第3部分：人员触电防护》三项标准；

2、GB 38031—2020《电动汽车用动力蓄电池安全要求》代替 GB/T 31485—2015《电动汽车用动力蓄电池安全要求及试验方法》、GB/T 31467.3—2015《电动汽车用锂离子动力蓄电池包和系统 第3部分：安全性要求与测试方法》两项标准。同时，不再执行装备中心〔2019〕869号《关于实施〈电动汽车用动力蓄电池系统热扩散乘员保护测试规范（试行）〉有关事项的通知》的文件要求；

3、GB 38032—2020《电动客车安全要求》代替《电动客车安全技术条件》（工信部装〔2016〕377号《关于进一步做好新能源汽车推广应用安全监管工作的通知》），考虑到 GB 38032—2020《电动客车安全要求》不适用于燃料电池电动客车，现阶段燃料电池电动客车仍参照执行原《电动客车安全技术条件》。

三、2021年1月1日起，以上三项电动汽车强制性国家标准正式实施，并替代相关新能源汽车产品专项检验项目依据标准以及《关于实施〈电动汽车用动力蓄电池系统热扩散乘员保护测试规范（试行）〉有关事项的通知》（装备中心〔2019〕869号）的文件要求。

四、相关检测机构应尽快健全完善检验检测能力，完成检测资质认定和相关备案工作，为提前实施上述电动汽车强制性国家标准做好准备。

工业和信息化部装备工业发展中心
2020年5月29日

交通行业节能减排政策法规

一、《新能源汽车生产准入管理规则》

2007年，在经过半年时间征询意见之后，中国国家发展和改革委员会发布《新能源汽车生产准入管理规则》。该政策首次界定了新能源汽车的概念和范围，并定制了各类新能源汽车生产的统一标准。

发改委在其网站上发布的公告称，新能源汽车包括五大类型混合动力电动汽车（HEV）、纯电动汽车（BEV，包括太阳能汽车）、燃料电池电动汽车（FCEV）、其他新能源（如超级电容器、飞轮等高效储能器）汽车等。非常规的车用燃料指除汽油、柴油、天然气（NG）、液化石油气（LPG）、乙醇汽油（EG）、甲醇、二甲醚之外的燃料。

发改委表示，将组建一个新能源汽车专家委员会，根据技术成熟程度的不同，将新能源汽车产品分成三类。根据规定，技术成熟的成熟期产品将不受特定标准限制，而技术尚处于前期研究阶段的起步期产品则必须受到严格监管。

发改委称，起步期产品只能进行小批量生产，在批准的区域、范围和条件下进行示范运行。而对于技术基本明确，但尚未完善的发展期产品，发改委允许进行批准生产，但只能在批准的区域、期限、条件下销售和使用，并以适当的方式对销售车辆以不低于20%的比例进行运行状态实时监控。

二、《关于开展节能与新能源汽车示范推广试点工作的通知》

2009年1月，财政部、科技部发出了《关于开展节能与新能源汽车示范推广试点工作的通知》。

该通知指出，根据国务院关于"节能减排"、"加强节油节电工作"和"着力突破制约产业转型升级的重要关键技术，精心培育一批战略性产业"战略决策精神，为扩大汽车消费，加快汽车产业结构调整，推动节能与新能源汽车产业化，财政部、科技部决定，在北京、上海、重庆、长春、大连、杭州、济南、武汉、深圳、合肥、长沙、昆明、南昌等13个城市开展节能与新能源汽车示范推广试点工作，以财政政策鼓励在公交、出租、公务、环卫和邮政等公共服务领域率先推广使用节能与新能源汽车，对推广使用单位购买节能与新能源汽车给予补助。其中，中央财政重点对购置节能与新能源汽车给予补助，地方财政重点对相关配套设施建设及维护保养给予补助。为加强财政资金管理，提高资金使用效益，制定了《节能与新能源汽车示范推广财政补助资金管理暂行办法》。

为保证试点工作的顺利进行，各试点地区财政部门要会同科技主管部门等切实加强组织领导，依据该通知及财政部、科技部有关文件规定，抓紧制定节能与新能源汽车示范推广实施方案报财政部、科技部。同时，试点城市要跟踪节能与新能源汽车示范运行情况，定期将实际节能效果、财政补助资金安排使用情况以及试点工作中发现的问题函告财政部、科技部。

《关于开展节能与新能源汽车示范推广试点工作的通知》的附件《节能与新能源汽车示范推广财政补助资金管理暂行办法》明确，中央财政重点对试点城市购置混合动力汽车、纯电动汽车和燃料电池汽车等节能与新能源汽车给予一次性定额补助。补助标准主要依据节能与新能源汽车与同类传统汽车的基础差价，并适当考虑规模效应、技术进步等因素确定，参与示范推广试点的低排放、低能耗混合动力汽车，视车型以及最大电功率比和节油率不同，可以得到0.4万元到42万元不等的成本差价财政补贴；而参与示范推广试点的零排放纯电动和燃料电池汽车也会得到 6 万元到 60 万元不等的成本差价财政补贴。该财政补贴办法同时要求地方财政安排一定资金，对节能与新能源汽车配套设施建设及维护保养等相关支出给予适当补助，保证试点工作顺利进行。这一财政补贴措施对我国节能与新能源汽车的市场培育、投资拉动和产业发展正在产生重大影响。

首批确定的试点城市有 13 个，分别是北京、上海、重庆、长春、大连、杭州、济南、武汉、深圳、合肥、长沙、昆明、南昌；第二批确定的城市有 7 个，分别是天津、海口、郑州、厦门、苏州、唐山、广州；第三批确定的试点城市有成都、沈阳、南通、襄樊和呼和浩特。

三、《节能与新能源汽车产业发展规划（2012—2020 年）》

汽车产业是国民经济的重要支柱产业，在国民经济和社会发展中发挥着重要作用。随着我国经济持续快速发展和城镇化进程加速推进，未来较长一段时期汽车需求量仍将保持增长势头，由此带来的能源紧张和环境污染问题将更加突出。加快培育和发展节能汽车与新能源汽车，既是有效缓解能源和环境压力，推动汽车产业可持续发展的紧迫任务，也是加快汽车产业转型升级、培育新的经济增长点和国际竞争优势的战略举措。为落实国务院关于发展战略性新兴产业和加强节能减排工作的决策部署，加快培育和发展节能与新能源汽车产业，特制定该规划。规划期为 2012—2020 年。

1. 技术路线

以纯电驱动为新能源汽车发展和汽车工业转型的主要战略取向，当前重点推进纯电动汽车和插电式混合动力汽车产业化，推广普及非插电式混合动力汽车、节能内燃机汽车，提升我国汽车产业整体技术水平。

2. 主要目标

（1）产业化取得重大进展。到 2015 年，纯电动汽车和插电式混合动力汽车累计产销量力争达到 50 万辆；到 2020 年，纯电动汽车和插电式混合动力汽车生产能力达 200 万辆、累计产销量超过 500 万辆，燃料电池汽车、车用氢能源产业与国际同步发展。

（2）燃料经济性显著改善。到 2015 年，当年生产的乘用车平均燃料消耗量降至 6.9 升/百公里，节能型乘用车燃料消耗量降至 5.9 升/百公里以下。到 2020 年，当年生产的乘用车平均燃料消耗量降至 5.0 升/百公里，节能型乘用车燃料消耗量降至 4.5 升/百公里以下；商用车新车燃料消耗量接近国际先进水平。

（3）技术水平大幅提高。新能源汽车、动力电池及关键零部件技术整体上达到国际先进水平，掌握混合动力、先进内燃机、高效变速器、汽车电子和轻量化材料等汽车节能关键核心技术，形成一批具有较强竞争力的节能与新能源汽车企业。

（4）配套能力明显增强。关键零部件技术水平和生产规模基本满足国内市场需求。充电设施建设与新能源汽车产销规模相适应，满足重点区域内或城际间新能源汽车运行需要。

（5）管理制度较为完善。建立起有效的节能与新能源汽车企业和产品相关管理制度，构建市场营销、售后服务及动力电池回收利用体系，完善扶持政策，形成比较完备的技术标准和管理规范体系。

3. 主要任务

（1）实施节能与新能源汽车技术创新工程。

增强技术创新能力是培育和发展节能与新能源汽车产业的中心环节，要强化企业在技术创新中的主体地位，引导创新要素向优势企业集聚，完善以企业为主体、市场为导向、产学研用相结合的技术创新体系，通过国家科技计划、专项等渠道加大支持力度，突破关键核心技术，提升产业竞争力。

（2）科学规划产业布局。

我国已建设形成完整的汽车产业体系，发展节能与新能源汽车既要利用好现有产业基础，也要充分发挥市场机制作用，加强规划引导，以提高发展效率。

（3）加快推广应用和试点示范。

新能源汽车尚处于产业化初期，需要加大政策支持力度，积极开展推广试点示范，加快培育市场，推动技术进步和产业发展。节能汽车已具备产业化基础，需要综合采用标准约束、财税支持等措施加以推广普及。

（4）积极推进充电设施建设。

完善的充电设施是发展新能源汽车产业的重要保障。要科学规划，加强技术开发，探索有效的商业运营模式，积极推进充电设施建设，适应新能源汽车产业化发展的需要。

（5）加强动力电池梯级利用和回收管理。

制定动力电池回收利用管理办法，建立动力电池梯级利用和回收管理体系，明确各相关方的责任、权利和义务。引导动力电池生产企业加强对废旧电池的回收利用，鼓励发展专业化的电池回收利用企业。严格设定动力电池回收利用企业的准入条件，明确动力电池收集、存储、运输、处理、再生利用及最终处置等各环节的技术标准和管理要求。加强监管，督促相关企业提高技术水平，严格落实各项环保规定，严防重金属污染。

四、《电动汽车科技发展"十二五"专项规划》

为进一步贯彻落实《国家中长期科学和技术发展规划纲要（2006—2020年）》和《国家"十二五"科学和技术发展规划》，加快推动电动汽车科技发展，2012年3月27日，中华人民共和国科学技术部以国科发计〔2012〕195号印发《电动汽车科技发展"十二五"专项规划》。该规划分形势与需求、发展战略与目标、科技创新的重点任务、组织与保障4部分。

1. "三纵三横"

三纵即混合动力汽车、纯电动汽车、燃料电池汽车；三横即电池、电机、电控。"电池"包括动力电池和燃料电池；"电机"包括电机系统及其与发动机、变速箱总成一体化技术等；"电控"包括"电转向"、"电空调"、"电制动"和"车网融合"等在内的电动汽车电子控制系统技术。

2. "十一五"期间，电动汽车科技取得的成果

"十一五"期间，科技部组织实施了"863"计划节能与新能源汽车重大项目，聚焦动力系统技术平台和关键零部件研发。经过两个五年计划的科技攻关以及北京奥运会、上海世博会、深圳大运会、"十城千辆"示范工程等的实施，我国电动汽车从无到有，在关键零部件、整车集成技术以及技术标准、测试技术、示范运行等方面都取得重大进展，初步建立了电动汽车技术体系，已申请专利3000余项，颁布电动汽车国家和行业标准56项，建成30多个节能与新能源汽车技术创新平台。

3. 我国电动汽车发展中存在的问题

我国电动汽车发展中还存在很多需要解决的问题，例如核心技术还不具竞争优势，企业投入不足，政府的协调统筹潜力还没有充分发挥，等等。总体上看，我国电动汽车研发起步不晚，发展不慢，但由于传统汽车及相关产业基础相对薄弱、投入不足，差距仍在，中高端技术竞争压力越来越大。紧紧把握汽车动力系统电气化的战略转型方向，重点突破电池、电机、电控等关键核心技术，以及电动汽车整车关键技术和商业化瓶颈。

4. 电动汽车的分类

电动汽车按动力系统电气化水平分为两类：一类是全部或大部分工况下主要由电机提供驱动功率的电动汽车，称为"纯电驱动"电动汽车，例如纯电动汽车、插电式电动汽车、增程式电动汽车以及燃料电池电动汽车；另一类是动力电池容量较小，大部分工况下主要由内燃机提供驱动功率的电动汽车，称为常规混合动力电动汽车。

5. 电动汽车科技创新发展的路线图

电动汽车科技创新支撑新能源汽车战略性新兴产业发展的路线图，具体可概括为技术平台"一体化"、车型开发"两头挤"、产业化推进"三步走"。

为了应对电动汽车技术多元化和车型多样化问题，紧紧抓住"电池、电机、电控"三大共性关键技术，以关键零部件模块化为基础，推进动力总成模块化，促进动力系统平台化，实现电动汽车技术平台"一体化"。

我国中高级别以上轿车的纯电驱动平台技术需要继续深入研究开发，并作为科技跨越的重点研究内容。与此同时，对于电动汽车科技发展，充分发挥我国技术特色、产业优势和市场潜力，在城市公共用大客车和私人小型轿车上优先发展"纯电驱动"电动汽车，然后逐步

从两端向中间发展,形成"两头挤"格局,启动大规模市场,并滚动发展,逐步挤占中高档燃油轿车这一市场空间。

电动汽车产业化初期,电动汽车产业化推进按照"三步走"的战略,结合不同阶段的技术进步程度和市场需求状况,把握节奏,分步实施。第一阶段 2008—2010 年,第二阶段 2010—2015 年,第三阶段 2015—2020 年。

6. "十二五"电动汽车科技发展的重点任务

"十二五"电动汽车科技发展重点任务:紧紧围绕电动汽车科技创新与产业发展的三大需求,继续坚持"三纵三横"的研发布局,突出"三横"共性关键技术,着力推进关键零部件技术、整车集成技术和公共平台技术的攻关与完善、深化与升级,形成"三横三纵三大平台"(三纵,即混合动力汽车、纯电动汽车、燃料电池汽车;三横,即电池、电机、电控;三大平台,即标准检测、能源供给、集成示范)战略重点与任务布局。

五、《关于加快新能源汽车推广应用的指导意见》

为全面贯彻落实《国务院关于印发节能与新能源汽车产业发展规划(2012—2020 年)的通知》(国发〔2012〕22 号,以下简称《规划》),工业和信息化部、财政部、发展改革委、科技部等部门编制了《关于加快新能源汽车推广应用的指导意见》(以下简称《指导意见》)。

2014 年 7 月 14 日,国务院办公厅以国办发〔2014〕35 号印发《关于加快新能源汽车推广应用的指导意见》。

2014 年 7 月 21 日,工业和信息化部、财政部、发展改革委、科技部在北京召开新闻发布会,工业和信息化部副部长苏波主持会议并介绍了《指导意见》的出台背景、主要内容等相关情况。

1. 出台背景

党中央、国务院高度重视新能源汽车产业发展,将新能源汽车确定为战略性新兴产业。2012 年 6 月,国务院发布了《节能与新能源汽车产业发展规划(2012—2020 年)》。国务院有关部门积极推动新能源汽车产业发展和推广应用,研究制定了一系列政策措施。一是建立节能与新能源汽车产业发展规划部际联席会议制度,并召开了第一次部际联席会议,对新能源汽车发展和推广应用工作进行了研究部署。二是实施了新能源汽车产业技术创新工程。2012 年启动了 25 个新能源汽车产业技术创新项目,包括 11 个乘用车、6 个商用车、8 个动力电池项目。三是实施新能源汽车示范推广补贴政策。对消费者购买新能源汽车给予补贴。已经发布了两批示范城市或地区,累计有 88 个城市。四是实施车船税优惠政策,对符合要求的新能源汽车免征车船税。五是国务院审议通过了免征新能源汽车车辆购置税方案,对纯电动汽车、插电式混合动力汽车和燃料电池汽车从 2014 年 9 月 1 日到 2017 年年底,免征车购税。六是出台了《政府机关及公共机构购买新能源汽车实施方案》。七是加强企业平均燃料消耗量考核管理。2013年3月,发布了《乘用车企业平均燃料消耗量核算办法》,对国产、进口汽车统一考核企业平均燃料消耗量,并对新能源汽车给予优惠。八是完善新能源汽车标准体系。已经出台了电动汽车标准61项,涉及电动汽车整车、动力电池、充电接口及通信协议等。成立了电动汽车国际标准法规制定与协调工作组,参与电动汽车国际标准制定。九是完善新能源汽车企业准入政策。研究制定新建新能源汽车企业的准入方案,拟择优选择具有一定基础和能力的企业进入新能源汽车生产领域。

我国新能源汽车已经有了较大发展,汽车企业和相关行业加大了研发投入,关键技术攻关取得一定突破,试点城市推广应用取得积极进展。我国新能源汽车推广应用已经取得初步成效。2013年全国推广新能源汽车2万辆,比过去4年的总和翻了近一番,2014年上半年全国生产新能源汽车超过2万辆。与此同时,在国际上,美国、德国、日本等发达国家也都将发展新能源汽车产业确定为国家战略,并正在形成具有竞争力的品牌产品。

我国新能源汽车发展虽然取得一定成效,但与《规划》目标还有很大差距,在新能源汽车推广应用中还存在一系列问题,有些地方对发展新能源汽车心存疑虑、充电设施建设滞后、企业盈利模式尚未形成、扶持政策有待完善、存在不同形式的地方保护、产品性能需要进一步提高等。为了进一步加快新能源汽车发展和推广应用,进一步加大政策措施力度,切实解决新能源汽车推广应用中的突出问题,国务院办公厅发布了《指导意见》。

2. 主要内容

《指导意见》从总体要求、加快充电设施建设、积极引导企业创新商业模式、推动公共服务领域率先推广应用、进一步完善政策体系、坚决破除地方保护、加强技术创新和产品质量监管、进一步加强组织领导等八个方面提出三十条具体政策措施。

第一方面总体要求包括指导思想和基本原则。指导思想明确指出,发展新能源汽车,必须以纯电驱动为新能源汽车发展的主要战略取向,重点发展纯电动汽车、插电式混合动力汽车和燃料电池汽车,以市场主导和政府扶持相结合,建立长期稳定的新能源汽车发展政策体系。并提出四项基本原则:坚持创新驱动,产学研用结合;政府引导,市场竞争拉动;双管齐下,公共服务带动;因地制宜,明确责任主体。

第二方面加快充电设施建设。充电设施是新能源汽车发展的重要基础。新能源汽车从以公共服务领域用车为主逐渐向公共服务和个人使用并重扩展,加快充电设施建设已经成为当前一项十分重要而紧迫的任务。《指导意见》制定了充电设施建设和运营、充电标准和服务、用地和用电价格等政策体系,并要求将充电设施建设纳入城市总体规划,允许充电设施经营企业可以依法向电动汽车用户收取电费和充电服务费。

第三方面积极引导企业创新商业模式。要重视营造良好环境,创造有利条件,引导和支持企业创新商业模式,形成一批优质的新能源汽车服务企业。《指导意见》进一步完善了新能源汽车发展的市场竞争机制,明确进一步放宽市场准入,明确提出鼓励社会资本进入新能源充电设施建设和运营,支持社会资本和具有技术创新能力的企业参与新能源汽车科研生产,通过市场竞争更好地引导新能源汽车发展和推广应用。

第四方面推动公共服务领域率先推广应用。要充分发挥政府采购的导向作用,扩大公共机构采购新能源汽车规模,通过示范使用增强社会信心、引导私人购买,促进企业扩大生产、降低成本,形成良性循环。《指导意见》要求,2014年至2016年,中央国家机关以及新能源汽车推广应用城市的政府机关及公共机构购买的新能源汽车占当年配备更新车辆总量的比例不低于30%,以后要逐年提高。

第五方面进一步完善政策体系。在新能源汽车产业成长初期和推广应用关键阶段,各级政府要给予必要的政策支持。各有关部门要围绕《规划》目标,进一步加强战略谋划,完善政策体系,形成政策合力。《指导意见》进一步完善了鼓励新能源汽车消费的财税政策,要求落实好新能源汽车免征车辆购置税、车船税、消费税等税收优惠政策,同时要求有关部门抓紧研究确定2016—2020年新能源汽车推广应用的财政支持政策,给企业和消费者稳定的政策预期。

第六方面坚决破除地方保护。公平有效的竞争,是促进产业健康持续发展的重要推动力量。只有通过竞争才能推动技术进步,提高产品质量,降低生产成本。地方保护既不利于促进本地企业长远发展,也损害了消费者利益。《指导意见》明确要求严格执行全国统一的新能源汽车和充电设施国家标准和行业标准。执行全国统一的新能源汽车推广目录,各地不得阻碍外地生产的新能源汽车进入本地市场,不得限制消费者购买某一类新能源汽车。建立统一开发、有序竞争市场环境,进一步促进汽车企业和充电服务企业的公平竞争,促进新能源汽车健康可持续发展。

第七方面加强技术创新和产品质量监管。新能源汽车产业发展和推广应用的关键是要有高品质、有竞争力的产品。我国新能源汽车及充电设施在性能、质量、价格等方面还有待完善和提高,在很大程度上影响了新能源汽车的推广应用。《指导意见》指出要通过国家科技计划、新能源汽车产业技术创新工程等政策措施,不断提高新能源汽车技术水平、产品质量和服务能力,不断完善科技创新和产业创新体系。通过建立行业性技术支撑平台以及市场抽检制度,完善新能源汽车产品质量保障体系。

第八方面进一步加强组织领导。《指导意见》要求各有关地方政府要加强组织推动工作,结合本地实际制定细化支持政策和配套措施,建立以实际运营车辆为主要指标的考核体系。国务院有关部门要加强对各地区的督促考核,建立新能源汽车推广应用城市退出机制,要及时总结成功经验,全国推广借鉴。要通过媒体宣传、专家解读和舆论监督,形成有利于新能源汽车消费的氛围。

六、《新能源汽车产业发展规划（2021—2035 年）》

2020 年 10 月 20 日，国务院办公厅正式发布《新能源汽车产业发展规划（2021—2035 年）》（以下简称《规划》）。《规划》提出，到 2025 年，纯电动乘用车新车平均电耗降至 12.0 千瓦时/百公里，新能源汽车新车销售量达到汽车新车销售总量的 20% 左右，高度自动驾驶汽车实现限定区域和特定场景商业化应用。到 2035 年，纯电动汽车成为新销售车辆的主流，公共领域用车全面电动化，燃料电池汽车实现商业化应用，高度自动驾驶汽车实现规模化应用，有效促进节能减排水平和社会运行效率的提升。

《规划》要求，要充分发挥市场机制作用，促进优胜劣汰，支持优势企业兼并重组、做大做强，进一步提高产业集中度。落实新能源汽车相关税收优惠政策，优化分类交通管理及金融服务等措施，对作为公共设施的充电桩建设给予财政支持，给予新能源汽车停车、充电等优惠政策。2021 年起，国家生态文明试验区、大气污染防治重点区域的公共领域新增或更新公交、出租、物流配送等车辆中新能源汽车比例不低于 80%。

1. 新能源汽车产销量连续五年居全球首位

新能源汽车是全球汽车产业转型升级、绿色发展的主要方向，也是我国汽车产业高质量发展的战略选择。

我国新能源汽车产销量连续五年居全球首位，新能源汽车已经成为我国经济社会发展的新动能之一。新能源汽车产业发展仍然存在关键核心技术创新能力不强、基础设施建设滞后等突出问题，急需更高质量的发展。

此次的《规划》与《2012 年规划》的不同之处在于，《2012 年规划》聚焦节能与新能源汽车两个方面，提出了 5 项重点任务、6 项保障措施。经过近 10 年的发展这些目标绝大多数已经顺利实现。而此次的《规划》把重点聚焦到了新能源汽车产业发展上，在提高技术创新能力、构建新型产业生态、推动产业融合发展、完善基础设施体系、深化开放合作方面提出了新要求。

此次的《规划》的亮点可以总结为"四个新"：顺应新形势，适应新要求，明确新方向，提出新路径。如今全球新一轮科技革命和产业变革蓬勃发展，新能源汽车发展既有新挑战，也迎来了难得的发展机遇，要抢抓机遇，推动新能源汽车产业发展再上新台阶。

2. 进一步完善充换电基础设施

对于新能源汽车车主以及观望者来说，充电问题始终是最大的焦虑之一。未来如何让充电变得更方便，也是此次的《规划》关注的重点。

数据显示，截至 2020 年 9 月，全国累计建设的充电站已达 4.2 万座，换电站 525 座，各类充电桩 142 万个，车桩比约为 3.1∶1。财政部经济建设司司长孙光奇指出，虽然我国的充电网络规模为全球最大，但相比新能源汽车保有量来说，现有的充电基础设施与市场需求相比还有一定差距。

此次的《规划》不仅提出要加强与城乡建设规划、电网规划及物业管理等的统筹协调，加快形成适度超前、快充为主、慢充为辅的高速公路和城乡公共充电网络。同时还要加快技术和商业模式创新，积极推动产业融合创新发展。

例如正在探索的换电技术，就可以大幅降低消费者购车成本，同时通过对电池的安全运营，减少消费者对电池安全方面的忧虑。辛国斌强调，换电是一种观念的转变问题，大家买传统能源汽车，油箱是空的，消费者到加油站加油之后到处跑是很正常的事。如果新能源汽车车电分离，电池箱是空的，消费者可以租用电池，这种方式其实和汽油车没有本质区别。

换电还会催生出一些新的服务模式、服务业态，可能会出现一些专门的电池银行、电池运营公司。在这种模式下，大家可能会开发很多 App，到时候新能源汽车换电池可能就像现在叫快递、送外卖一样方便、快捷。

3. 创新驱动促进新能源汽车技术进步

《规划》提出，要力争经过 15 年的持续努力，使我国新能源汽车核心技术达到国际先进水平。为了达到这个目标，各行各业持续的科技创新必不可少。科技创新在新能源汽车发展中的支撑和引领作用明显，在这次规划的制定中，新能源汽车产业发展的基本原则之一就是创新驱动。

通过多年发展，在新能源汽车的动力电池上，我国单体能量密度已经达到了 300 瓦时/公斤，处于国际领先水平。此外，驱动电机的功率密度达到了 4.9 千瓦/公斤，处于国际先进水平，燃料电池发动机也取得了很好的进展。科技部将按照《规划》提出的电动化、智能化、网联化的发展方向，进一步加大对新能源汽车科技创新的支持力度。

此外，在交通运输领域，新能源汽车也将进一步推广应用。数据显示，截至 2019 年年底，交通运输行业已经推广应用了接近 100 万辆的新能源汽车，提前超额实现了"十三五"的规划目标，2020 年年底这个数字将达到 120 万辆。

交通运输行业作为新能源汽车推广应用的"试验田"，及时向新能源汽车的上下游企业反馈使用意见，特别是电池、电控、电机使用的可靠性、安全性，有力促进了新能源汽车的技术进步。

未来，交通运输部将持续在公交、出租、物流配送以及港口码头、枢纽场站等领域推广新能源汽车，并将积极稳妥推进新能源汽车自动驾驶技术在交通运输行业的应用，促进新能源汽车的进一步推广应用。

新能源汽车大事记

2000 年

电动汽车被列入"863 计划"12 个重大专项之一。

2001 年

1 月 1 日起,《中华人民共和国车辆购置税暂行条例》开始施行,对购置汽车、摩托车等车辆的单位和个人征收车辆购置税。

"863"计划电动汽车重大专项确定"三纵三横"战略。以纯电动、混合动力和燃料电池汽车为"三纵",以多能源动力总成控制、驱动电机、动力蓄电池为"三横"。

2004 年

5 月 21 日,国家发展和改革委员会发布《汽车产业发展政策》,强调要重点发展混合动力汽车技术。

2005 年

国家发改委将电动大客车列入《车辆生产企业及产品公告》,并出台了相关国家标准。

国家"863"计划节能与新能源汽车重大项目,确定北京、武汉、天津、株洲、威海、杭州 6 个城市为电动汽车示范运营城市。

2006 年

2 月 9 日,国务院公布了《国家中长期科学和技术发展规划纲要(2006—2020 年)》,其中第 36 项为低能耗与新能源汽车。

6 月 7 日,国家在北京召开了"十一五"863 计划节能与新能源汽车重大项目论证会。在会上,专家组听取了项目实施方案编写组的汇报。经讨论,专家组认为该项目对我国汽车工业可持续发展具有重要战略意义,项目总体实施方案合理可行,建议尽快启动。

9 月,科技部 863 重大项目组又启动了"节能与新能源汽车"重大项目的课题征集活动。

12 月 26 日,由万向集团承担的"863"计划"电动汽车示范运营综合信息管理系统"项目在节能与新能源汽车研究方面取得了新的成果。

12 月,科技部公布了"十一五"国家 863 计划节能与新能源汽车重大项目的总体专家组,专家组由 13 名成员组成,这些专家来自企业、高校和科研单位的比例为 6:3:4,涵盖了节能与新能源汽车整车技术研究开发、车用动力蓄电池、驱动电机、燃料电池发动机等关键零部件技术研究方面,以及技术标准和试验测试技术研究应用方面,这一构成将有利于对项目整体技术方向的把握并促进项目实现产学研结合。专家组将对现代交通技术领域办负责，主要负责落实节能与新能源汽车重大项目的总体集成和技术协调工作。

年底，PHEV（Plug-in Hybrid Electric Vehicle，可外接充电式混合动力电动汽车）技术研讨会在北京召开。

2007年

11月1日，国家发改委颁布执行《新能源汽车生产准入管理规则》，首次界定了新能源汽车的概念和范围，并制定了各类新能源汽车生产的统一标准。可以说该规则是我国新能源汽车发展史的一座里程碑，是我国真正鼓励发展新能源汽车及市场化的开始。

12月18日，国家发改委发布了《产业结构调整指导目录（2007年本）》，新能源汽车正式进入国家发改委鼓励发展的产业目录。这为未来开发新能源汽车铺平了道路。删除"先进的轿车用柴油发动机开发制造"。新能源汽车正式进入国家发展和改革委员会的鼓励产业目录。新能源汽车整车及关键零部件的开发及制造，均被列入了国家鼓励范围，享受鼓励政策。

国家能源办正式对外发布了能源法征求意见稿，以法规的形式明确了能源市场定价原则。

有观点将2007年定为新能源汽车年。

2008年

1—12月，新能源汽车的销量增长主要是乘用车的增长。1—12月新能源乘用车销售899台，同比增长117%；而商用车的新能源车共销售1536台，1月至12月同比下滑17%。

3月31日，2008（首届）中国绿色能源汽车发展高峰论坛。科技部部长首次提出新能源汽车发展的明确目标：到2012年，国内10%新生产的汽车是节能与新能源汽车。

年底，科技部、财政部、发改委、工业和信息化部等四部委联合发布了"十城千辆"工程。这标志着中国开始进入新能源量产车时代。"十城千辆"由科技部、财政部、发改委、工业和信息化部共同启动。通过提供财政补贴，计划用3年左右的时间，每年发展10个城市，每个城市推出1000辆新能源汽车开展示范运行，涉及这些大中城市的公交、出租、公务、市政、邮政等领域，力争使全国新能源汽车的运营规模到2012年占到汽车市场份额的10%。

2008年，比亚迪推出我国第一辆新能源汽车F3DM。

2009年

1月14日，国务院原则通过汽车产业振兴规划，首次提出新能源汽车战略。

1月23日，财政部、科技部发出了《关于开展节能与新能源汽车示范推广试点工作的通知》，在北京、上海、重庆、长春、大连、杭州、济南、武汉、深圳、合肥、长沙、昆明和南昌等13个城市开展节能与新能源汽车示范推广试点工作。

同日，《节能与新能源汽车示范推广财政补助资金管理暂行办法》出台，公共服务用乘用车和轻型商用混合动力车最低补贴4000元，最高补贴5万元，燃料电池乘用车和轻型商用车的补贴最高为25万元。2010年4月，工信部推出电动车"国家标准"，为电动汽车产业化发展提供保障。

1月至11月，新能源商用车——主要是液化石油气客车、液化天然气客车、混合动力客车等，销量同比增长178.98%，至4034辆。

3月20日，国务院办公厅发布《汽车产业调整和振兴规划》。该规划提出，要减征乘用车购置税、开展"汽车下乡"、加快老旧汽车报废更新、清理取消限购汽车的不合理规定、促进和规范汽车消费信贷、规范和促进二手车市场发展、加快城市道路交通体系建设、完善汽车企业重组政策、加大技术进步和技术改造投资力度、推广使用节能和新能源汽车、落实和完善《汽车产业发展政策》首次提出新能源汽车战略，安排100亿元支持新能源汽车及关键零部件产业化。

6月17日，工业和信息化部发布《新能源汽车生产企业及产品准入管理规则》。该规则提出了对新能源汽车按照不同技术阶段实行不同的管理方式，进一步明确了企业和产品准入条件。

7月11日，《电动汽车发展共同行动纲要》签署，汽车工业协会把发展电动汽车作为一项专项行动来开展工作，组织召开上汽、东风、广汽、北汽、华晨、奇瑞、江淮等行业前十位整车企业一把手会议，讨论新能源汽车的联合行动问题。

11月3日，温家宝总理发表题为《让科技引领中国可持续发展》的讲话。讲话强调，尽快确定技术路线和市场推进措施，推动新能源汽车工业的跨越发展。

11月17日，奥巴马访华，未来5年内各出资一半，合作建立中美清洁能源联合研究中心。启动中美电动汽车倡议，使两国在未来数年有几百万辆电动汽车投入使用，启动煤炭高效利用技术合作协议、再生能源伙伴关系、中美能源合作项目等。

12月4日，标准审查。全国汽车标准化技术委员会、电动车辆分技术委员会，审查《纯电动乘用车技术条件》《电动汽车用动力蓄电池规格尺寸》等7项新能源汽车国家标准和行业标准。

12月9日，国务院总理温家宝主持召开国务院常务会议，决定2010年将节能与新能源汽车示范推广试点城市由13个扩大到20个，选择5个城市进行对私人购买节能与新能源汽车给予补贴试点，补贴幅度和标准将接近公共服务领域购买新能源车的补贴办法。

2010年

5月31日，多部委联合出台《关于开展私人购买新能源汽车补贴试点的通知》，对于私人购买新能源汽车正式进行财政补贴。

7月，国家将"十城千辆"节能与新能源汽车示范推广试点城市由20个增至25个，选择

5个城市进行对私人购买节能与新能源汽车给予补贴试点。新能源汽车进入全面政策扶持阶段。

2011年

2月25日，第十一届全国人民代表大会常务委员会第十九次会议通过《中华人民共和国车船税法》。该法第四条中规定，"对节约能源、使用新能源的车船可以减征或者免征车船税"。车船税法第四条所称的节约能源、使用新能源的车辆包括纯电动汽车、燃料电池汽车和混合动力汽车。纯电动汽车、燃料电池汽车和插电式混合动力汽车免征车船税，其他混合动力汽车按照同类车辆适用税额减半征税。

6月28日，《中德关于建立电动汽车战略伙伴关系的联合声明》发表。该声明鼓励双方企业、研究机构建立合作伙伴关系；鼓励两国地方政府和企业参与合作，如共同在示范项目、商业运营和电动汽车推广方面开展合作等。

7月4日，科技部印发《国家"十二五"科学和技术发展规划》，新能源汽车被摆在重要位置。规划明确，全面实施"纯电驱动"技术转型战略，实施新能源汽车科技产业化工程。重点推进关键零部件技术（电池—电机—电控）、整车集成技术（混合动力—纯电驱动—下一代纯电驱动）和公共平台技术（技术标准法规—基础设施—测试评价技术）的研究。继续实施"十城千辆"工程。到2015年，突破23个重点技术方向，在30个以上城市进行规模化示范推广、5个以上城市进行新型商业化模式试点应用、电动汽车保有量达100万辆、产值预期超过1000亿元。发展与电动汽车关系密切的智能电网。

7月16日，温家宝发表文章——《关于科技工作的几个问题》。文中谈到，培育和发展战略性新兴产业，首先必须选择好方向和技术路线，其次对具有战略方向性关键共性技术，要集中资金和研究力量实施重点突破。

9月7日，财政部、改革委、工信部联合发布《关于调整节能汽车推广补贴政策的通知》。该通知明确，现行节能汽车推广补贴政策执行到2011年9月30日，从2011年10月1日起调整并实施新的节能汽车补贴政策。纳入补贴范围的节能汽车门槛提高，百公里平均油耗从6.9升降到6.3升；补贴标准不变，即对消费者购买节能汽车继续给予一次性3000元定额补助，由生产企业在销售时兑付给购买者。

9月8日，商务部、发展改革委、科技部、工业和信息化部、财政部、环境保护部、海关总署、税务总局、质检总局、知识产权局印发《关于促进战略性新兴产业国际化发展的指导意见》（商产发〔2011〕310号）。该指导意见指出，国际化是培育和发展战略性新兴产业的必然选择。推动传统汽车制造企业向新能源汽车领域发展，培育本土龙头企业和新能源汽车跨国公司；鼓励境外申请专利；鼓励参与国际标准制定，逐步与国际标准接轨；建立产业联盟和行业中介组织，规范市场秩序；鼓励新能源汽车零部件企业"走出去"，在海外投资建厂。

10月14日，财政部办公厅、科技部办公厅、工信部办公厅及国家发展改革委办公厅联合发布《关于进一步做好节能与新能源汽车示范推广试点工作的通知》（财办建〔2011〕149号）。该通知要求，严格执行新能源汽车企业及产品准入管理制度，对进入推广目录的产品，定期进行市场销售量核查，对1年内未销售的产品，取消该产品目录；并将对目录产品在试点城市的实际运行状态进行抽样测试。如果不达标，车企将面临取消产品目录及参与试点的资格。通知还要求车企配备相应的售后服务体系、回收处理体系等。要加大自主创新产品示范推广力度，确保实现年度车辆推广目标。充电桩与新能源车辆的配比不得低于1∶1，充电网络要覆盖住宅小区、工作场所停车位，在政府机关和商场、医院等地设置专用停车位及充电桩。

11月14日，工信部发布《"十二五"产业技术创新规划》。该规划对节能与新能源汽车在技术开发上有了更高的要求，其关键核心技术等都被列为重点开发项目之中。重点围绕战略性新兴产业的培育和发展需要，加大重大关键技术研究开发力度，突破产业核心关键技术，推动重大科技成果应用，支撑战略性新兴产业的发展壮大。

12月22日，电动汽车四项标准以"中华人民共和国国家标准公告2011年第21号"批准发布，自2012年3月1日起实施。按照我国电动汽车充电设施标准化总体部署，在国家标准委协调和支持下，由工业和信息化部、国家能源局组织，全国汽标委牵头，汽研中心、电力企业联合会和电器科学研究院共同起草了《电动汽车传导充电用连接装置 第1部分：通用要求》《电动汽车传导充电用连接装置 第2部分：交流充电接口》《电动汽车传导充电用连接装置 第3部分：直流充电接口》三项国家标准；由国家能源局、工业和信息化部组织，电力企业联合会和汽研中心共同起草了《电动汽车非车载传导式充电机与电池管理系统之间的通信协议》国家标准。四项国家标准的发布实施，为电动汽车基础设施建设提供了重要的技术和标准支撑，对健全我国新能源汽车标准体系、推动新能源汽车示范试点、促进我国新能源汽车协调发展具有重要意义。

从2011年开始，新能源汽车开始进入产业化阶段，在全社会推广新能源城市客车、混合动力轿车、小型电动车。

2012年

3月27日，科学技术部以国科发计〔2012〕195号印发《电动汽车科技发展"十二五"专项规划》。该规划明确指出，以"战略引领、科技支撑、重点突破、协调发展"为战略方针，拟安排专项经费超过30亿元，重点支持29个任务方向，着力推进关键零部件技术、整车集成技术和公共平台技术的攻关与完善、深化与升级，形成"三横三纵三大平台"（三纵即混合动力汽车、纯电动汽车、燃料电池汽车；三横即电池、电机、电控；三大平台即标准检测、能源供给、集成示范）战略重点与任务布局。

3月,财政部、国家税务总局、工业和信息化部联合印发《关于节约能源 使用新能源车船车船税政策的通知》。通知规定,自2012年1月1日起,对节约能源的车船,减半征收车船税;对使用新能源的车船,免征车船税。

4月,南方电网公布的《"十二五"节能减排规划》中提出,"十二五"期间,南方电网支持电动汽车发展,以"换电为主、充换结合"为发展模式建设电动汽车接入平台。

5月,全国财政节能减排工作会议召开。在会上,财政部表示,为了加快培育发展新能源汽车,新能源汽车项目每年将会获得国家给予的10亿元至20亿元资金支持。

6月28日,国务院印发《节能与新能源汽车产业发展规划(2012—2020年)》。文件对技术路径、产业目标、基础设施、财政补贴、金融支持等进行了系统的规划。同年,财政部等四部委颁布《关于继续开展新能源汽车推广应用工作的通知》。该通知对2013—2015年的新能源汽车补贴标准进行调整。

7月9日,国务院印发《"十二五"国家战略性新兴产业发展规划》。

2014年

6月11日,国家发改委等五部委联合印发《政府机关及公共机构购买新能源汽车实施方案》,明确了政府机关和公共机构公务用车"新能源化"的时间表和路线图。该方案指出,2014年至2016年,中央国家机关以及纳入新能源汽车推广应用城市的政府机关和公共机构,购买的新能源汽车占当年配备更新总量的比例不低于30%,以后逐年提高。该方案还规定了各省区市其他政府机关和公共机构这几年内购买新能源车的占比,尤其指出2014年,京津冀、长三角、珠三角细微颗粒物治理任务较重区域的政府机关及公共机构购买比例不低于当年的15%。

7月14日,国务院办公厅印发《关于加快新能源汽车推广应用的指导意见》。该指导意见明确,以纯电驱动为新能源汽车发展的主要战略取向,重点发展纯电动汽车、插电式(含增程式)混合动力汽车和燃料电池汽车,以市场主导和政府扶持相结合,建立长期稳定的新能源汽车发展政策体系,创造良好发展环境,加快培育市场,促进新能源汽车产业健康快速发展。

7月22日,国家发改委发布《关于电动汽车用电价格政策有关问题的通知》。为贯彻落实国务院办公厅《关于加快新能源汽车推广应用的指导意见》精神,利用价格杠杆促进电动汽车推广应用,国家发展改革委下发《关于电动汽车用电价格政策有关问题的通知》,确定对电动汽车充换电设施用电实行扶持性电价政策。

8月1日,财政部、国家税务总局、工业和信息化部发布公告,自2014年9月1日至2017年12月31日,对购置的新能源汽车免征车辆购置税。

2015年

2月16日,科技部发布《国家重点研发计划新能源汽车重点专项实施方案(征求意见稿)》，计划在现有技术基础之上，到 2020 年，建立起完善的电动汽车动力系统科技体系和产业链，为 2020 年实现新能源汽车保有量达到 500 万辆提供技术支撑。

3 月 13 日，交通运输部发布《关于加快推进新能源汽车在交通运输行业推广应用的实施意见》。意见指出，至 2020 年，新能源汽车在交通运输行业的应用粗具规模，在城市公交、出租汽车和城市物流配送等领域的总量达到 30 万辆；新能源汽车配套服务设施基本完备，新能源汽车运营效率和安全水平明显提升。意见提出，城市公交车、出租汽车运营权优先授予新能源汽车，并向新能源汽车推广应用程度高的交通运输企业倾斜或成立专门的新能源汽车运输企业。争取当地人民政府支持，对新能源汽车不限行、不限购，对新能源出租汽车的运营权指标适当放宽。

3 月 24 日，工信部发布《汽车动力蓄电池行业规范条件》。该规范条件明确了企业基本要求：依据国家法律法规成立，符合汽车产业发展政策要求，具有独立法人资格，取得工商行政管理部门核发的企业法人营业执照。符合国家关于安全生产、环境保护、节能、消防等方面的法律、法规等要求，并通过环境管理体系及职业健康安全管理体系等方面的认证。具有生产场所用地的合法土地使用权，生产用地面积、厂房应与企业生产的产品品种和规模相适应。锂离子动力蓄电池单体企业年产能力不得低于 2 亿瓦时，金属氢化物镍动力蓄电池单体企业年产能力不得低于 1 千万瓦时，超级电容器单体企业年产能力不得低于 5 百万瓦时。系统企业年产能力不得低于 10000 套或 2 亿瓦时等。

4 月 22 日，《关于 2016—2020 年新能源汽车推广应用财政支持政策的通知》印发。新能源汽车推广应用工作实施以来，销售数量快速增加，产业化步伐不断加快。为保持政策连续性，促进新能源汽车产业加快发展，按照《国务院办公厅关于加快新能源汽车推广应用的指导意见》(国办发〔2014〕35 号) 等文件要求，财政部、科技部、工业和信息化部、发展改革委将在 2016—2020 年继续实施新能源汽车推广应用补助政策。

5 月 7 日，财政部、国家税务总局和工业和信息化部发布《关于节约能源使用新能源车船车船税优惠政策的通知》。该通知规定，自 5 月 7 日起，对新能源车船免征车船税，对节能车船减半征收车船税。

5 月，国务院印发《中国制造 2025》。这是中国实施制造强国战略第一个十年的行动纲领。文件显示，到 2025 年，中国新能源汽车年销量将达到汽车市场需求总量的 20%，自主新能源汽车市场份额达到 80% 以上。为了实现这个目标，国家层面将形成产业间联动的新能源汽车自主创新发展规划，并推出持续可行的新能源汽车财税鼓励政策等。该路线图显示，随着新能源汽车在家庭用车、公务用车和公交客车、出租车、物流用车等领域的大量普及，2020 年中国新能源汽车的年销量，将达到汽车市场需求总量的 5% 以上，2025 年增至 20% 左右。在国家碳排放总量目标和一次能源替代目录需求下，2030 年新能源汽车年销量占比将继续大幅提高，规模超过千万辆。路线图显示，2020年，初步建成以市场为导向、以企业为主体、产学研用紧密结合的新能源汽车产业体系。自主新能源汽车年销量突破100万辆，市场份额达到70%以上；打造明星车型，进入全球销量排名前十，新能源客车实现规模化出口，整车平均故障间隔里程达到2万公里；动力电池、驱动电机等关键系统达到国际先进水平，在国内市场占有率达到80%。至2025年，形成自主可控完整的产业链，与国际先进水平同步的新能源汽车年销300万辆，自主新能源汽车市场份额达到80%以上；产品技术水平与国际同步，拥有两家在全球销量进入前十的一流整车企业，海外销售占总销量的10%。

6月2日，发改委和工信部联合发布《新建纯电动乘用车企业管理规定》。该规定明确，新建企业可生产纯电动乘用车，不能生产任何以内燃机为驱动动力的汽车产品，新建企业需具备与项目投资相适应的自有资金规模和融资能力，且具有整车试制能力。该规定自2015年7月10日起施行。

9月29日，国务院办公厅印发《关于加快电动汽车充电基础设施建设的指导意见》，加快推进电动汽车充电基础设施建设工作。该意见指出，到2020年，基本建成适度超前、车桩相随、智能高效的充电基础设施体系，满足超过500万辆电动汽车的充电需求。原则上，新建住宅配建停车位应100%建设充电设施或预留建设安装条件，大型公共建筑物配建停车场、社会公共停车场建设充电设施或预留建设安装条件的车位比例不低于10%，每2000辆电动汽车至少配套建设一座公共充电站。

10月9日，国家发改委、国家能源局、工业和信息化部、住房和城乡建设部印发《电动汽车充电基础设施发展指南（2015—2020年）》。根据各应用领域电动汽车对充电基础设施的配置要求，经分类测算，2015年到2020年需要新建公交车充换电站3848座，出租车充换电站2462座，环卫、物流等专用车充电站2438座，公务车与私家车用户专用充电桩430万个，城市公共充电站2397座，分散式公共充电桩50万个，城际快充站842座。

11月3日，交通运输部、财政部、工业和信息化部联合发布《新能源公交车推广应用考核办法（试行）》。考核办法明确，2016—2020年，新能源公交车推广应用考核工作每年按程序进行一次。考核办法规定了各省（自治区、直辖市）每年度新增及更换比重的具体数值，其中，北京、上海等10省市的新增及更换比重要求相对较高，2015年至2019年应分别达到40%、50%、60%、70%和80%。

12月7日，为加快推进城市电动汽车充电基础设施规划建设，促进电动汽车推广应用，住房和城乡建设部发布《关于加强城市电动汽车充电设施规划建设工作的通知》。该通知指出，当前我国电动汽车已经进入快速推广应用时期，到2020年，全国电动汽车保有量将超过500万辆，充电设施严重不足与电动汽车快速增长的矛盾将进一步加剧，加快充电设施规划建设已成为十分重要而紧迫的任务。因此，该通知指出，要大力推进充电设施建设，推动形成以使用者居住地基本充电设施为主体，以城市公共建筑配建停车场、社会公共停车场、路内临时停车位附建的公共充电设施为辅助，以集中式充、换电站为补充，布局合理、适度超前、车桩相随、智能高效的充电设施体系。原则上，每辆电动汽车要有一个基本充电车位，每个公共建筑配建停车场、社会公共停车场具有充电设施的停车位不少于总车位的10%，每2000辆电动汽车至少配套建设一座快速充换电站，满足不同领域、不同层次电动汽车充电需求，支持和促进电动汽车推广应用。

2016年

1月5日，国家发展改革委、工信部、环保部、商务部、质检总局联合印发《电动汽车动力蓄电池回收利用技术政策（2015年版）》。该文件对电动汽车动力电池的设计生产、回收主体、梯次利用及可再生利用等作出了具体规定。

1月11日，财政部、科技部、工信部、发改委和国家能源局发布《关于"十三五"新能源汽车充电基础设施奖励政策及加强新能源汽车推广应用的通知》。该通知指出，为加快推动新能源汽车充电基础设施建设，培育良好的新能源汽车应用环境，2016—2020年中央财政将继续安排资金对充电基础设施建设、运营给予奖补，并制定了奖励标准。

1月14日，工信部发布《新能源汽车推广应用推荐车型目录》（第1批），共有247款车型进入此次目录。原《节能与新能源汽车示范推广应用工程推荐车型目录》的车型，自2016年1月1日起废止。除特殊说明外，已核准更改产品技术参数、注册商标、企业名称、注册及生产地址的企业，允许其所生产的相应产品在核准更改后6个月内按照原公告内技术参数生产、销售。

1月20日，《四部门关于开展新能源汽车推广应用核查工作的通知》发布。工信部联合财政部、科技部、发改委四部委启动相应的新能源骗补调查。通知内容显示，此次的核查对象包括获得2013年度、2014年度和申请2015年度中央财政补助资金的新能源汽车有关情况。

2月4日，为加强新能源汽车废旧动力蓄电池综合利用行业管理，规范行业和市场秩序，促进新能源汽车废旧动力蓄电池综合利用产业规模化、规范化、专业化发展，提高新能源汽车废旧动力蓄电池综合利用水平，工业和信息化部发布了《新能源汽车废旧动力蓄电池综合利用行业规范条件》和《新能源汽车废旧动力蓄电池综合利用行业规范公告管理暂行办法》。

2月24日，《关于推进"互联网+"智慧能源发展的指导意见》正式发布。该指导意见被业界誉为能源互联网的顶层设计。"互联网+"智慧能源（以下简称"能源互联网"）是一种互联网与能源生产、传输、存储、消费以及能源市场深度融合的能源产业发展新形态，具有设备智能、多能协同、信息对称、供需分散、系统扁平、交易开放等主要特征。在全球新一轮科技革命和产业变革中，互联网理念、先进信息技术与能源产业深度融合，正在推动能源互联网新技术、新模式和新业态的兴起。能源互联网是推动我国能源革命的重要战略支撑，对提高可再生能源比重、促进化石能源清洁高效利用、提升能源综合效率、推动能源市场开放和产业升级、形成新的经济增长点、提升能源国际合作水平具有重要意义。

2月29日，工信部发布《新能源汽车推广应用推荐车型目录》（第2批），共有466款车型，进入此次目录。在纯电动轿车/乘用车方面，比亚迪、东风、风神、启辰、莲花、迈迪、之诺、中华、吉利、知豆、康迪、腾势、众泰、江南、力帆、长安、奇瑞、凯翼、开瑞、江铃、海马、野马、宝马21个品牌的车型入选。插电式混合动力轿车/乘用车方面，比亚迪、野马、荣威3个品牌的车型入选。另外，传祺GAC7100SHEVD5增程式混合动力轿车、比亚迪BYD7150WTHEV3和沃尔沃VCC7204C13PHEV混合动力轿车入选。纯电动客车方面，海格、东风、青年、福田、黄海、金杯、申沃、畅达、亚星、安凯、宇通、比亚迪、野马、金龙、金旅、中通、申龙、大马、开沃、山西、黑龙江、象牌、常隆、陆地方舟、星凯龙、舒驰、江西、飞燕、扬子江、南车时代、广通、蜀都、万达等品牌的车型入选。插电式混合动力客车方面，亚星、安凯、晶马、中通等品牌的车型入选。混合动力客车方面，宇通、万达、南车时代、中通、金旅、金龙、海格、比亚迪、福田等品牌的车型入选。值得注意的是，纯电动专用车都未进入第一批和第二批新能源汽车推广应用推荐车型目录中。

3月11日，为进一步完善汽车生产企业及产品准入管理体系，强化事中事后监管，保护消费者利益，保障道路交通安全，促进汽车产业健康可持续发展，工业和信息化部发布了《关于进一步加强汽车生产企业及产品准入管理有关事项的通知》。

4月1日，工信部发布《新能源汽车推广应用推荐车型目录》（第3批），共有309款新能源车型入选。纯电动轿车/乘用车方面，首望、东南、领志、海马、红星五款车型入选。另外，传祺的增程式混合动力轿车和插电式混合动力轿车入选此次目录。此次目录入选的纯电动客车增多，一汽、东风、福田、长安、黄海、申沃、亚星、安凯、宇通、楚风、桂林、野马、海格、金龙、金旅、中通、少林、恒通客车、申龙、大马、开沃、春洲、卡威、金马、山西、常隆、陆地方舟、友谊、钻石、长江、星凯龙、黄河、飞燕、扬子江、南车时代、白云、广通、蜀都、万达等车型入选。插电式混合动力客车方面，安凯、楚风、中通、恒通客车、飞驰等车型入选。值得注意的是，福田燃料电池城市客车入选。另外，在《道路机动车辆生产企业及产品》（第282批）的第五部分公布了"撤销企业及产品"的信息，南京铭汇车辆制造有限公司、烟台汽车制造厂、嘉陵工业有限公司、山鹰集团乌江机械厂这四家企业的生产资质被撤销。

4月6日，国家能源局发布《关于开展电动汽车充电基础设施安全专项检查的通知》。该通知指出，国家能源局在4—6月开展电动汽车充电基础设施安全专项检查，重点对电动汽车充电基础设施建设运营企业及相关充换电设施进行检查,包括电动汽车充电基础设施安全管理、设备设施及监控系统安全运行、建设标准执行等情况。

2017 年

1 月 16 日,工信部印发《新能源汽车生产企业及产品准入管理规定》。从企业设计开发能力、生产能力、产品生产一致性保证能力、售后服务及产品安全保障能力等方面提高了准入门槛,并强化了安全监管要求。该管理规定提高了企业的准入门槛,加强了新能源汽车产品的安全监管,这将促使企业提高技术,倒逼企业围绕产品品质展开竞争,加速落后企业的淘汰出局。

2 月 20 日,工业和信息化部、国家发展和改革委员会、科学技术部、财政部印发《促进汽车动力电池产业发展行动方案》。该行动方案明确了目标。其中,到 2020 年动力电池系统比能量力争达到 260 瓦时/公斤、成本降至 1 元/瓦时以下,到 2025 年动力电池单体比能量达 500 瓦时/公斤。2020 年行业总产能 1000 亿瓦时、形成产销规模 400 亿瓦时以上的龙头企业。新能源汽车的续航能力,取决于动力电池的能量密度,该行动方案的出台让动力电池行业发展有了更明确的发展目标与方向。同时也将促进企业加大对动力电池的研发力度,从而促进新能源汽车快速发展。

3 月 8 日,国家发展改革委公布《企业投资项目核准和备案管理办法》。该管理办法包含了项目核准的申请文件、基本程序、审查及效力、项目备案、监督管理、法律责任等方面的内容。新建纯电动乘用车资质申请要按照该管理办法进行项目申报。已有北汽新能源、长江汽车、前途汽车、奇瑞新能源、江苏敏安、万向集团、江铃新能源、重庆金康、国能新能源、云度新能源、知豆、速达、合众、陆地方舟、江淮大众 15 家企业的纯电动乘用车新建项目获得发改委批复。而仅有 5 家企业及产品进入工信部公告,分别是北汽新能源、云度新能源、江铃新能源、知豆、长江汽车。

4 月 5 日,商务部印发《汽车销售管理办法》。国家鼓励发展共享型、节约型、社会化的汽车销售和售后服务网络,加快城乡一体的汽车销售和售后服务网络建设,加强新能源汽车销售和售后服务网络建设,推动汽车流通模式创新。该管理办法从根本上打破了汽车销售品牌授权单一体制,为打破品牌垄断、充分市场竞争、创新流通模式创造了条件。未来,汽车供应商将能够通过多种渠道售卖汽车,而经销商也可以销售多个品牌的汽车,汽车超市、汽车卖场、汽车电商等模式都将进入社会化销售体系。

6 月 28 日,发改委、商务部印发《外商投资产业指导目录(2017 年修订)》。在汽车整车、专用汽车制造方面,中方股比不低于 50%,同一家外商可在国内建立两家及两家以下生产同类(乘用车类、商用车类)整车产品的合资企业,如与中方合资伙伴联合兼并国内其他汽车生产企业以及建立生产纯电动汽车整车产品的合资企业可不受两家的限制。该指导目录给新能源汽车产业带来重大影响的是解除纯电动汽车合资企业限制以及取消动力电池的股比限制。

9月27日，工信部、财政部、商务部、海关总署、质检局发布《乘用车企业平均燃料消耗量与新能源汽车积分并行管理办法》。该管理办法对传统能源乘用车年度生产量或者进口量不满3万辆的乘用车企业，不设定新能源汽车积分比例要求；达到3万辆以上的，从2019年度开始设定新能源汽车积分比例要求。2019年度、2020年度，新能源汽车积分比例要求分别为10%、12%。双积分政策历经三年多时间终落地。其是2017年度新能源汽车行业最重要的一项政策，决定了未来中国汽车产业新格局。

12月27日，财政部、税务局、工信部、科技部印发《关于免征新能源汽车车辆购置税的公告》。该公告明确，自2018年1月1日至2020年12月31日，对购置的新能源汽车免征车辆购置税。对免征车辆购置税的新能源汽车，通过发布《免征车辆购置税的新能源汽车车型目录》实施管理。2017年12月31日之前已列入目录的新能源汽车，对其免征车辆购置税政策继续有效。免购置税政策延续三年，是对新能源企业重大的利好，有利于企业减负，有利于新能源车市平稳较快发展。

2018年

1月26日，工信部等七部委联合发布《新能源汽车动力蓄电池回收利用管理暂行办法》，办法明确动力电池生产企业产品的设计要求、生产要求和回收责任等。旨在加强新能源汽车动力蓄电池回收利用管理，规范行业发展，推进资源综合利用，保护环境和人体健康，保障安全，促进新能源汽车行业持续健康发展。

2月13日，财政部、工信部、科技部、发改委四部委发布《关于调整完善新能源汽车推广应用财政补贴政策的通知》。该通知主要对以下三方面作出了调整。第一，对非个人购买新能源汽车申请财政补贴的运营里程要求从"3万公里"调整为"2万公里"。同时，车辆销售上牌后将按申请拨付一部分补贴资金，达到运营里程要求后全部拨付，补贴标准和技术要求按照车辆获得行驶证年度执行。第二，破除地方保护，建立统一市场。各地不得采取任何形式的地方保护措施，包括但不限于设置地方目录或备案、限制补贴资金发放、对新能源汽车进行重复检验、要求生产企业在本地设厂、要求整车企业采购本地零部件等措施。第三，除了燃料电池汽车补贴力度保持不变之外，新能源客车、专用车补贴标准均有所下降，而新能源乘用车的补贴标准则按照成本变化等情况进行优化。该通知从2018年2月12日起实施，2018年2月12日至2018年6月11日为过渡期。过渡期期间上牌的新能源乘用车、新能源客车按照《财政部、科技部、工业和信息化部、发展改革委关于调整新能源汽车推广应用财政补贴政策的通知》（财建〔2016〕958号）对应标准的0.7倍补贴，新能源货车和专用车按0.4倍补贴，燃料电池汽车补贴标准不变。

3月30日，为进一步加强《免征车辆购置税的新能源汽车车型目录》（以下简称《目录》）管理，建立健全动态管理机制，工业和信息化部、财政部、国家税务总局发布公告。该公告指出：（一）为加强《目录》动态管理，工业和信息化部、税务总局对2017年1月1日以前列入《目录》后截至公告发布之日无产量或进口量的车型、2017年1月1日及以后列入《目录》后12个月内无产量或进口量的车型，经公示5个工作日无异议后，从《目录》中予以撤销。（二）从《目录》撤销的车型，自公告发布之日起，机动车合格证信息管理系统将不再接收带有免税标识的撤销车型信息，税务机关不再为其办理免征车辆购置税优惠手续。（三）已从《目录》撤销但需恢复资格的车型，企业要按政策要求重新申报，经审查通过后列入《目录》。（四）购置新车时已享受购置税优惠的车辆，后续转让、交易时不再补缴车辆购置税。（五）工业和信息化部将对《目录》内企业、车型加强事后监督检查，如发现存在违反相关标准法规的，工业和信息化部、税务总局将按照相关要求予以处理处罚。

4月1日，由工信部发布的《乘用车企业平均燃料消耗量与新能源汽车积分并行管理办法》正式施行。该办法将针对在中国境内销售乘用车的企业（含进口乘用车企业）的平均燃料消耗量（CAFC积分）及新能源乘用车生产情况（NEV积分）进行积分考核，并对于未达标的车企进行相应的处罚。4月1日，《乘用车企业平均燃料消耗量与新能源汽车积分并行管理办法》（双积分）正式施行，并在2019年进行积分核算。这就意味着，新能源汽车发展较好的整车企业可以通过出售多余的积分赚钱，来解决补贴不足情况下的资金短缺问题；而对于发展不足的整车企业，就会面临花钱买积分以及燃油汽车停产等重大损失，唯有大力发展新能源才是出路。

4月19日，财政部、工信部、科技部、发改委发布《关于开展2017年及以前年度新能源汽车推广应用资金清算申报的通知》。该通知明确，各级牵头部门提交本地汽车生产企业2017年1月1日至12月31日中央财政补贴资金清算申请报告。对于2015年度、2016年度销售上牌但未获补贴的车辆按照对应年度补贴标准执行。除私人购买新能源乘用车、作业类专用车、党政机关公务车、民航机场场内车辆外，其他类型新能源汽车累计行驶里程须达到2万公里（截至2017年12月31日）即可获得补贴。

9月25日，工信部发布《关于开展新能源乘用车、载货汽车安全隐患专项排查工作的通知》。该通知明确，将排查重点锁定在新能源乘用车和载货汽车上，要求生产企业尽快对所生产的新能源乘用车及物流车产品开展安全隐患专项排查工作。

同日，工信部发布《关于2017及以前年度新能源汽车推广应用补助资金（补充）清算审核初审的报告》通知。根据财政部、工业和信息化部、科技部、发展改革委《关于2016—2020年新能源汽车推广应用财政支持政策的通知》《关于调整新能源汽车推广应用财政补贴政策的通知》《关于开展2017年及以前年度新能源汽车推广应用补助资金清算申报的通知》的要求，工业和信息化部装备工业司委托工业和信息化部通信清算中心，开展2016年及2017年新能源汽车推广应用补助资金补充清算审核工作。9月20日，工业和信息化部通信清算中心组织专家对上次未审核的浙江省、陕西省、深圳市上报的新能源汽车补助资金申请材料进行了技术审查，形成了《关于2017及以前年度新能源汽车推广应用补助资金（补充）清算审核初审的报告》。

11月9日，国家发展改革委、国家能源局、工业和信息化部、财政部联合下发《关于印发〈提升新能源汽车充电保障能力行动计划〉的通知》。为加快推进充电基础设施规划建设，全面提升新能源汽车充电保障能力，推动落实《电动汽车充电基础设施发展指南（2015—2020年）》，根据《国务院办公厅关于加快电动汽车充电基础设施建设的指导意见》的要求，国家发展改革委、国家能源局、工业和信息化部、财政部制定了《提升新能源汽车充电保障能力行动计划》。该行动计划明确，力争用3年时间大幅提升充电技术水平，提高充电设施产品质量，加快完善充电标准体系，全面优化充电设施布局，显著增强充电网络互联互通能力，快速升级充电运营服务品质，进一步优化充电基础设施发展环境和产业格局。该行动计划提出，充分发挥中国充电联盟等行业组织的作用，积极促进充电设施行业向规模化、规范化、多元化方向发展，促进创新，提质增效。通过开展自愿性产品检测认证、行业白名单制定等工作，配合政府部门严格产品准入和事中事后监督，引导充电技术进步，提升充电设施产品质量和服务水平，强化企业社会责任和行业自律。推动国家充电基础设施信息服务平台建设，加快与国家新能源汽车监管平台的信息互联互通。

11月22日，财政部、工信部、科技部、发改委联合发布《关于开展2016年及以前年度新能源汽车推广应用补助资金清算的通知》。通知指出，对2015年度、2016年度销售上牌、此前未获得中央财政补助的车辆，将开展报补助资金清算。通知还强调，其他类新能源车辆需在2018年10月31日前满足行驶里程2万公里要求，对2015年闲置车辆进行重点核查；同时申请补助资金运营车辆原则上应安装车载终端等远程监控设备，并且按照国家有关要求上传运行数据。

12月30日，生态环境部、国家发展和改革委员会、工业和信息化部、公安部、财政部、交通运输部、商务部、国家市场监督管理总局、国家能源局、国家铁路局、中国铁路总公司11部门联合印发《柴油货车污染治理攻坚战行动计划》。至2020年年底，将初步形成绿色低碳、清洁高效的交通运输体系。文件指出，推广使用新能源和清洁能源汽车，壮大绿色运输车队。文件强调的"提前实施机动车国六排放标准""积极推广应用新能源物流配送车""加快老旧车辆淘汰""加大资金支持和能力建设力度"等政策对新能源汽车发展起到重大推动作用。

2019 年

1 月 10 日，由中汽协、中国汽车动力电池产业创新联盟、中国电动汽车充电基础设施促进联盟联合组织行业编制的《电动汽车安全指南》在北京发布。该指南的推出将对提高我国新能源汽车安全性、促进我国新能源汽车健康发展起到重要作用。

同日，《汽车产业投资管理规定》开始施行。为贯彻落实好党中央、国务院关于深化"放管服"改革、全面放开一般制造业的决策部署，主动适应汽车产业发展新形势，深化汽车产业投资管理改革，加大简政放权力度，强化事中事后监管，国家发展改革委印发实施《汽车产业投资管理规定》。该规定明确，《政府核准的投资项目目录（2016 年本）》中新建中外合资轿车生产企业项目、新建纯电动乘用车生产企业（含现有汽车企业跨类生产纯电动乘用车）项目及其他由省级政府核准的汽车投资项目均不再实行核准管理，调整为备案管理。

1 月 28 日，国家发展改革委等部门印发《进一步优化供给推动消费平稳增长 促进形成强大国内市场的实施方案（2019 年）》。该方案要求，持续优化新能源汽车补贴结构，坚持扶优扶强的导向，将更多补贴用于支持综合性能先进的新能源汽车销售，鼓励发展高技术水平新能源汽车。加快繁荣二手车市场，对二手车经销企业销售二手车，落实适用销售旧货的增值税政策，依照 3% 征收率减按 2% 征收增值税。

3 月 19 日，工业和信息化部办公厅、国家开发银行办公厅正式发布了《关于加快推进工业节能与绿色发展的通知》。通知明确，为服务国家生态文明建设战略，推动工业高质量发展，工业和信息化部、国家开发银行将进一步发挥部行合作优势，充分借助绿色金融措施，大力支持工业节能降耗、降本增效，实现绿色发展，重点支持开展退役新能源汽车动力蓄电池梯级利用和再利用。

3 月 26 日，财政部、工业和信息化部、科技部、发展改革委联合发布《关于进一步完善新能源汽车推广应用财政补贴政策的通知》。通知内容为五点：一是优化技术指标，坚持"扶优扶强"；二是完善补贴标准，分阶段释放压力；三是完善清算制度，提高资金效益；四是营造公平环境，促进消费使用；五是强化质量监管，确保车辆安全。

4 月 23 日，国新办举行一季度工业通信业发展情况发布会。工业和信息化部新闻发言人、运行监测协调局局长黄利斌在回答记者提问时介绍，一季度我国新能源汽车产销分别完成 30.4 万辆和 29.9 万辆，产销增幅同比分别达到 102.7% 和 109.7%。近年来，我国新能源汽车发展取得显著成效，技术水平显著提升，整车和关键零部件均取得长足进步，充电基础设施建设顺利推进，新能源汽车市场化发展的长效机制不断完善，已建立起全球最为完备的新能源汽车发展支持体系，市场结构逐步优化。基于 2020 年以后补贴政策全面退出，根据新能源汽车规模效益、成本等因素，以及补贴政策退坡退出的规定，财政补贴政策作出调整。

5月20日，交通运输部、中央宣传部、国家发展改革委、工业和信息化部、公安部、财政部、生态环境部、住房城乡建设部、国家市场监督管理总局、国家机关事务管理局、中华全国总工会、中国铁路总公司12部门和单位联合印发《绿色出行行动计划（2019—2022年）》，旨在深入贯彻落实党的十九大关于开展绿色出行行动等决策部署，进一步提高绿色出行水平。行动计划共分为8个部分，提出了21条具体行动措施。

5月24日，财政部、交通运输部发布《关于印发〈车辆购置税收入补助地方资金管理暂行办法〉的补充通知》。该通知指出，为贯彻落实党中央、国务院关于支持深度贫困地区脱贫攻坚、国有林场林区改革等决策部署，适应交通运输行业发展需求，对《财政部　交通运输部　商务部关于印发〈车辆购置税收入补助地方资金管理暂行办法〉的通知》（财建〔2014〕654号）、《财政部　交通运输部关于进一步明确车辆购置税收入补助地方资金补助标准及责任追究有关事项的通知》（财建〔2016〕879号）中车辆购置税资金补助范围和标准进行调整。

6月3日，国家发改委等三部门发布《推动重点消费品更新升级　畅通资源循环利用实施方案（2019—2020年）》。该方案提出，加快提升新能源汽车竞争优势，创新发展智能汽车，严禁各地出台新的汽车限购规定，大力推动二手车流通消费。方案针对汽车消费提出了多项要求。其中在增强市场消费活力、积极推动更新消费方面，方案提出如下要求：严禁各地出台新的汽车限购规定，各地不得对新能源汽车实行限行、限购，已实行的应当取消。鼓励地方对无车家庭购置首辆家用新能源汽车给予支持。鼓励有条件的地方在停车费等方面给予新能源汽车优惠，探索设立零排放区试点。

6月28日，财政部、税务总局发布《关于继续执行的车辆购置税优惠政策的公告》。公告称，回国服务的在外留学人员用现汇购买1辆个人自用国产小汽车和长期来华定居专家进口1辆自用小汽车免征车辆购置税。防汛部门和森林消防部门用于指挥、检查、调度、报汛（警）、联络的由指定厂家生产的设有固定装置的指定型号的车辆免征车辆购置税。公告明确，自2018年1月1日至2020年12月31日，对购置新能源汽车免征车辆购置税。自2018年7月1日至2021年6月30日，对购置挂车减半征收车辆购置税。此外，根据公告，中国妇女发展基金会"母亲健康快车"项目的流动医疗车免征车辆购置税。北京2022年冬奥会和冬残奥会组织委员会新购置车辆免征车辆购置税。原公安现役部队和原武警黄金、森林、水电部队改制后换发地方机动车牌证的车辆（公安消防、武警森林部队执行灭火救援任务的车辆除外），一次性免征车辆购置税。该公告自2019年7月1日起施行。

7月1日，《中华人民共和国车辆购置税法》开始施行。与此同时，已实行了约18年的《中华人民共和国车辆购置税暂行条例》也将废止。车辆购置税对组织财政收入、促进交通基础设施建设以及引导汽车产业健康发展，发挥着重要作用。

8月16日，国务院办公厅发布《关于加快发展流通促进商业消费的意见》。该意见提出20条提振消费信心措施，包括逐步放宽或取消汽车限购，支持商品以旧换新，扩大成品油市场准入，鼓励金融机构创新消费信贷产品和服务，加大对新消费等金融支持等，针对流通消费领域存在的一些瓶颈和短板进行了完善，并进行了部门分工，培育消费热点。

8月，"双积分"一词再度进入公众的视野当中。自7月公布的双积分修正案短短两个月，工信部就《关于修改〈乘用车企业平均燃料消耗量与新能源汽车积分并行管理办法〉的决定（征求意见稿）》再次向社会公开征求意见。而此次修改，新增车企新能源与传统能源乘用车独立核算制度，提出低油耗乘用车概念等。将醇醚燃料车型纳入传统乘用车；新能源汽车不参与企业传统能源乘用车平均燃料消耗量核算，提出低油耗乘用车概念；放宽小规模企业核算要求；给予低油耗车型新能源汽车积分达标值核算优惠；更新2021—2023年新能源汽车积分比例要求；修改新能源汽车正积分交易规则；修改新能源车型积分计算方法。

10月30日，《产业结构调整指导目录（2019年本）》公布，自2020年1月1日起施行。该目录明确，逆变控制系统开发制造、电动汽车充电设施、轨道车辆交流牵引传动系统、新能源汽车关键零部件等属于国家鼓励类产业。

2020年

4月16日，财政部、税务总局、工业和信息化部联合发布《关于新能源汽车免征车辆购置税有关政策的公告》。该公告明确，自2021年1月1日至2022年12月31日，对购置的新能源汽车免征车辆购置税。免征车辆购置税的新能源汽车是指纯电动汽车、插电式混合动力（含增程式）汽车、燃料电池汽车。

4月23日，财政部等四部委发布《关于完善新能源汽车推广应用财政补贴政策的通知》。该通知延长了补贴期限，将新能源汽车推广应用财政补贴政策实施期限延长至2022年年底。另外，平缓补贴退坡力度和节奏，即原则上2020—2022年补贴标准分别在上一年基础上退坡10%、20%、30%。城市公交、道路客运、出租（含网约车）、环卫、城市物流配送、邮政快递等领域符合要求的车辆，2020年补贴标准不退坡，2021—2022年补贴标准分别在上一年基础上退坡10%、20%。原则上每年补贴规模上限约200万辆。通知还对新能源乘用车的补贴设置了价格"门槛"，即通知提出，新能源乘用车补贴前售价须在30万元以下（含30万元），为鼓励"换电"新型商业模式发展，加快新能源汽车推广，"换电模式"车辆不受此规定。通知还将燃料电池汽车的补贴范围进行了调整，将对燃料电池汽车的购置补贴，调整为选择有基础、有积极性、有特色的城市或区域，重点围绕关键零部件的技术攻关和产业化应用开展示范，中央财政将采取"以奖代补"方式对示范城市给予奖励。争取通过4年左右时间，建立氢能和燃料电池汽车产业链，关键核心技术取得突破，形成布局合理、协同发展的良好局面。

4月28日，国家发展改革委等11个部门印发《关于稳定和扩大汽车消费若干措施的通知》。该通知调整了国六排放标准实施时间，轻型汽车（总质量不超过3.5吨）国六排放标准颗粒物数量限值生产过渡期截止时间，由2020年7月1日前调整为2021年1月1日前。此外，该通知还提出加快淘汰报废老旧柴油货车、畅通二手车流通交易、用好汽车消费金融等举措。在新能源汽车方面，通知提出，要完善新能源汽车购置相关财税支持政策。将新能源汽车购置补贴政策延续至2022年年底，并平缓2020—2022年补贴退坡力度和节奏，加快补贴资金清算速度。加快推动新能源汽车在城市公共交通等领域推广应用。将新能源汽车免征车辆购置税的优惠政策延续至2022年年底。

5月12日，工业和信息化部组织制定的《电动汽车用动力蓄电池安全要求》、《电动汽车安全要求》和《电动客车安全要求》三项强制性国家标准（以下简称"三项强标"）由国家市场监督管理总局、国家标准化管理委员会批准发布，于2021年1月1日起实施。《电动汽车用动力蓄电池安全要求》增加了电池系统热扩散试验，要求电池单体发生热失控后，电池系统在5分钟内不起火不爆炸，为乘员预留安全逃生时间。《电动汽车安全要求》增加了电池系统热事件报警信号要求，需要第一时间给驾乘人员安全提醒；另外强化了整车防水、绝缘电阻及监控要求，以降低车辆在正常使用、涉水等情况下的安全风险。《电动客车安全要求》对电动客车电池仓部位碰撞、充电系统、整车防水试验条件等提出了更为严格的安全要求，增加了高压部件阻燃要求和电池系统最小管理单元热失控考核要求，提升电动客车火灾事故风险防范能力。

5月29日，工业和信息化部装备工业发展中心发布《关于实施电动汽车强制性国家标准的通知》。工业和信息化部宣布其组织制定的GB18384—2020《电动汽车安全要求》、GB38032—2020《电动客车安全要求》和GB38031—2020《电动汽车用动力蓄电池安全要求》三项强制性国家标准由国家市场监督管理总局、国家标准化管理委员会批准发布，于2021年1月1日起实施。三项强标以我国原有推荐性国家标准为基础，与我国牵头制定的联合国电动汽车安全全球技术法规（UN GTR 20）全面接轨，进一步提高和优化了对电动汽车整车和动力电池产品的安全技术要求。

7月15日，工信部办公厅、农业农村部办公厅、商务部办公厅联合发布《关于开展新能源汽车下乡活动的通知》。该通知提出在2020年7月至12月，由中国汽车工业协会负责组织实施，各地工信部、农业农村部、商务主管部门做好配合，开展新能源汽车下乡活动。新能源汽车下乡安排1场启动活动（山东省青岛市）、4场专场活动（分别位于海南省海口市、云南省昆明市、四川省成都市、山西省太原市）、系列企业活动。活动期间地方人民政府发布本地区支持新能源汽车下乡等有关政策，参与下乡的汽车企业发布活动车型和优惠措施。

12月，新能源汽车下乡活动收官，中国汽车工业协会共发布3批下乡车型名单，据初步统计，新能源汽车下乡车型销量已超过18万辆，对比前11个月新能源车市整体销量，新能源汽车下乡拉动了新能源乘用车市场近五分之一的销量。

7月24日，工信部发布《关于修改〈新能源汽车生产企业及产品准入管理规定〉的决定》。该决定提出，为更好适应我国新能源汽车产业发展需要，进一步放宽准入门槛，激发市场活力，加强事中事后监管，促进我国新能源汽车产业高质量发展，需要对上述《新能源汽车生产企业及产品准入管理规定》(以下简称《准入规定》)部分条款进行修改，自2020年9月1日起施行。一是删除申请新能源汽车生产企业准入有关"设计开发能力"的要求。为更好激发企业活力，降低企业准入门槛，删除了第五条以及《新能源汽车生产企业准入审查要求》等附件中有关"设计开发能力"的相关内容。二是将新能源汽车生产企业停止生产的时间由12个月调整为24个月。《道路机动车辆生产企业及产品准入管理办法》(工业和信息化部令第50号)第三十四条第三款规定生产企业连续两年不能维持正常生产经营的，需要特别公示。《准入规定》关于新能源汽车生产企业特别公示的要求应与其保持一致。三是删除有关新能源汽车生产企业申请准入的过渡期临时条款。过渡期临时条款主要适用于《准入规定》实施前已获得准入的新能源汽车生产企业和产品，要求其在2017年7月1日至2019年6月30日期间遵守有关过渡性规定，目前过渡期已经结束。

9月16日，财政部等五部门联合发布《关于开展燃料电池汽车示范应用的通知》。该通知明确了我国燃料电池汽车产业发展四个方面内容。一是支持方式。采取"以奖代补"方式，对入围示范的城市群，按照其目标完成情况核定并拨付奖励资金。二是示范内容。示范城市群应找准应用场景，完善政策环境，聚焦关键核心技术创新，构建完整产业链。三是示范城市群选择。采取地方自愿申报、专家评审方式确定示范城市群。鼓励申报城市群打破行政区域限制，强强联合，自愿组队，取长补短。四是组织实施。示范城市群应确定牵头城市，明确任务分工，强化沟通协调，统筹推进示范。五部门将依托第三方机构和专家委员会，全程跟踪指导示范工作，并实施节点控制和里程碑考核。

10月20日，国务院办公厅印发《新能源汽车产业发展规划（2021—2035年）》。该规划明确了未来15年新能源汽车产业的发展方向，进一步表明了国家推动新能源汽车产业发展的决心。该规划提出了新能源汽车产业的发展愿景，即到2025年，我国新能源汽车市场竞争力明显增强，动力电池、驱动电机、车用操作系统等关键技术取得重大突破，安全水平全面提升。纯电动乘用车新车平均电耗降至12.0千瓦时/百公里，新能源汽车新车销售量达到汽车新车销售总量的20%左右，高度自动驾驶汽车实现限定区域和特定场景商业化应用，充换电服务便利性显著提高。到2035年，纯电动汽车成为新销售车辆的主流，公共领域用车全面电动化，燃料电池汽车实现商业化应用，高度自动驾驶汽车实现规模化应用，充换电服务网络便捷高效，氢燃料供给体系建设稳步推进，有效促进节能减排水平和社会运行效率的提升。

10月27日，《节能与新能源汽车技术路线图2.0》正式发布。2.0版技术路线图分别以2025年、2030年、2035年为关键节点，设立了产业总体发展里程碑。根据上述路线图，预计到2035年节能汽车与新能源汽车年销售量占比达到50%，汽车产业实现电动化转型；燃料电池汽车保有量将达到100万辆左右，商用车将实现氢动力转型，各类网联式高度自动驾驶汽车车辆在国内广泛运行。中国方案智能网联汽车与智慧能源、智慧交通、智慧城市深度融合。

12月31日，财政部、工业和信息化部、科技部、发展改革委印发《关于进一步完善新能源汽车推广应用财政补贴政策的通知》。该通知明确，2021年新能源汽车补贴标准在2020年基础上退坡20%，对公共交通等领域车辆电动化，城市公交、道路客运、出租（含网约车）、环卫、城市物流配送、邮政快递、民航机场以及党政机关公务领域符合要求的车辆，补贴标准在2020年基础上退坡10%；自2021年1月1日执行；对补贴的技术门槛不变。

2021年

2月2日，国务院发布《关于加快建立健全绿色低碳循环发展经济体系的指导意见》。该意见指出，推广绿色低碳运输工具，淘汰更新或改造老旧车船，港口和机场服务大巴、城市物流配送、邮政快递等领域要优先使用新能源或清洁能源汽车，要加强新能源汽车充换电等配套基础设施建设。

4月9日，工业和信息化部装备工业发展中心发布《关于实施四项新能源汽车国家标准的通知》。该通知指出，将新发布的GB/T 18386.1—2021《电动汽车能量消耗量和续驶里程试验方法 第1部分：轻型汽车》、GB/T 19753—2021《轻型混合动力电动汽车能量消耗量试验方法》、GB/T 26779—2021《燃料电池电动汽车加氢口》、GB/T 32694—2021《插电式混合动力电动乘用车 技术条件》四项标准列为新能源汽车产品准入专项检验项目的依据标准，与《新能源汽车生产企业及产品准入管理规定》（工信部令第39号）中新能源汽车产品专项检验项目依据标准并行实施。

4月19日，国家能源局发布《2021年能源工作指导意见》。该意见要求按照"源网荷储一体化"工作思路，持续推进城镇智能电网建设，推动城镇电动汽车充换电基础设施高质量发展，加快推广供需互动用电系统，适应高比例可再生能源、电动汽车等多元化接入需求。

5月10日，科技部发布《国家重点研发计划》。该计划要求，坚持纯电驱动发展战略，夯实产业基础研发能力，解决新能源汽车产业"卡脖子"关键技术问题，突破产业链核心瓶颈技术，实现关键环节自主可控，形成一批国际前瞻和领先的科技成果，巩固我国新能源汽车先发优势和规模领先优势，并逐步建立技术优势。专项实施周期为5年。

6月1日，国家机关事务管理局、国家发展和改革委员会发布《"十四五"公共机构节约能源资源工作规划》。该规划提出，"十四五"期间规划推广应用新能源汽车约26.1万辆，建设充电基础设施约18.7万套。同时，推动公共机构带头使用新能源汽车，新增及更新车辆中新能源汽车比例原则上不低于30%；更新用于机要通信和相对固定路线的执法执勤、通勤等车辆时，原则上配备新能源汽车；提高新能源汽车专用停车位、充电基础设施数量，鼓励单位内部充电基础设施向社会开放。

6月28日，工信部发布《2021年汽车标准化工作要点》。该要点提出，要加快战略性新兴领域汽车标准研制，持续完善传统汽车与基础领域标准以及开展绿色低碳及智能制造相关标准研究。特别是在新能源汽车领域，工作重点主要包括强化电动汽车安全保障、聚焦燃料电池电动汽车使用环节、支撑换电模式创新发展以及支撑电动汽车绿色发展等。

8月19日，工信部、科技部、生态环境部、商务部、市场监管总局发布《新能源汽车动力蓄电池梯次利用管理办法》。该文件提出，要鼓励梯次利用企业与新能源汽车生产、动力蓄电池生产及报废机动车回收拆解等企业协议合作，加强信息共享，利用已有回收渠道，高效回收废旧动力蓄电池用于梯次利用。鼓励动力蓄电池生产企业参与废旧动力蓄电池回收及梯次利用。

9月22日，《中共中央 国务院关于完整准确全面贯彻新发展理念做好碳达峰碳中和工作的意见》发布。该意见提出，要加快发展新一代信息技术、生物技术、新能源、新材料、高端装备、新能源汽车、绿色环保以及航空航天、海洋装备等战略性新兴产业。

12月31日，为进一步支持新能源汽车产业高质量发展，做好新能源汽车推广应用工作，财政部、工业和信息化部、科技部、发展改革委印发了《关于2022年新能源汽车推广应用财政补贴政策的通知》。该通知明确，2022年保持现行购置补贴技术指标体系框架及门槛要求不变。2022年，新能源汽车补贴标准在2021年基础上退坡30%；城市公交、道路客运、出租（含网约车）、环卫、城市物流配送、邮政快递、民航机场以及党政机关公务领域符合要求的车辆，补贴标准在2021年的基础上退坡20%。

2022年

1月10日，国家发展改革委等部门联合印发《国家发展改革委等部门关于进一步提升电动汽车充电基础设施服务保障能力的实施意见》。其对于指导"十四五"时期充电基础设施发展具有重要意义。

建筑节能减排

中国建筑节能减排工作综述

一、世界绿色建筑工作的发展情况

20世纪60年代,美国建筑师保罗·索勒瑞率先提出了生态建筑的新理念,从此,绿色建筑开始活跃于人们的视野中。绿色建筑是指在建筑的全寿命周期内,最大限度地节约资源、能源,有效地保护环境、减少污染,与自然和谐共生的建筑。进入21世纪后,我国的绿色建筑开始了快速发展阶段。

绿色建筑也称生态建筑、生态化建筑、可持续建筑。我国《绿色建筑评价标准》(GB/T50378—2006)将绿色建筑定义为,在建筑的全寿命周期内,最大限度地节约资源(节能、节地、节水、节材)、保护环境和减少污染,为人们提供健康、适用和高效的使用空间,与自然和谐共生的建筑。

绿色建筑首先从建筑节能起步,建筑节能工作始于20世纪80年代,伴随建筑节能工作的深入推进,绿色建筑概念也被引入和应用。

1963年,维克多奥戈雅的《设计结合气候:建筑地方主义的生物气候研究》一书概括总结了20世纪60年代以前建筑设计与气候地域关系的研究成果,提出了"生物气候地方主义"设计理论与方法。

美籍意大利著名建筑师保罗把生态学和建筑学概念综合在一起,提出了著名的"绿色建筑"理念,使得人们对建筑的本质又有了新的认识,建筑领域的生态意识逐渐被唤醒。

20世纪70年代,面对日趋恶化的生存条件和能源危机,尤其是阿拉伯石油公司石油禁运事件发生之后,更是激发了工业发达国家对建筑节能的研究兴趣,太阳能、地热、风能和节能围护结构等新技术应运而生。

80年代开始,建筑家就将目光逐渐聚焦在建筑的历史性和地区性。他们基于实际情况,结合当地的自然条件、气候、经济状况、技术水平以及历史文化传统等方面的因素,来研究和设计人类的生存空间。

进入 90 年代，世界各国关于可持续建筑的研究与发展又有了新的进展。1990 年，英国率先制定了世界首个绿色建筑评估标准。1992 年，在巴西召开的"联合国环境与发展大会"使"可持续发展的概念"被国际社会广泛接受，并首次提出了绿色建筑概念。

21 世纪，绿色建筑迎来了蓬勃兴盛期，它的内涵与外延得到了极大的丰富。日本在绿色建筑方面提出了"建筑的节能与环境共存设计"与"环境共生住宅"的概念。

继 20 世纪 90 年代英、美等国之后，全球引发了对绿色建筑评估的热潮，相继出台了符合地域特点的绿色建筑评估体系。

英国的 BREEAM

美国的 CASBEE

德国的 DGNB

加拿大的 GBTOOL

澳大利亚的 NABERS

挪威的 Ecoprofile

法国的 ESCALE

日本的 CASBEE

世界绿色建筑发展史

1969 年，美籍意大利建筑师保罗综合生态学与建筑学概念，提出了"绿色建筑"理念。

1969 年，美国建筑师伊安·麦克哈格著《设计结合自然》一书，标志着生态建筑学的正式诞生。20 世纪 70 年代的石油能源危机，使人们意识到耗用自然资源最多的建筑产业必须走可持续发展的道路。

20 世纪 80 年代，随着节能建筑体系的逐渐完善，以健康为中心的建筑环境研究成为发达国家建筑研究所的新热点，并在德、英、法、加拿大等发达国家广泛应用。

1987 年，联合国环境署发表《我们共同的未来》报告，确立了可持续发展的思想。

1990 年，世界首个绿色建筑标准在英国发布。

1992 年，巴西的里约热内卢"联合国环境与发展大会"上，与会者第一次提出"绿色建筑"概念，绿色建筑由此逐渐成为兼顾环境与健康的研究体系，并在越来越多的国家实施和推广，成为当今世界建筑发展的重要方向。

1993 年，美国创建绿色建筑协会。

1996 年，中国香港地区推出自己的标准。

1999 年，中国台湾地区推出自己的标准。

2000 年，加拿大推出绿色建筑标准。

为了使绿色建筑的概念具有切实的可操作性，发达国家在1997—2006年还相继开发了适应不同国家绿色建筑评估体系，从而定量地描述了绿色建筑中节能、节水效果、减少二氧化碳等温室气体对环境的影响，3R材料的生态环境性能评估以及绿色建筑的经济性能指标。这些标准是绿色建筑发展的有力保障。

二、中国绿色建筑工作的发展历程

我国节能建筑发展较早，早在1986年，国家就颁布实施了《北方地区居住建筑节能设计标准》，后续陆续出台了《节能中长期专项规划》、《中华人民共和国节约能源法》、《中华人民共和国可再生能源法》、《民用建筑节能设计标准》、《夏热冬冷地区居住建筑节能设计标准》、《夏热冬暖地区居住建筑节能设计标准》和《公共建筑节能设计标准》等法规政策。

中国绿色建筑工作起步于21世纪初，相对于发达国家晚30年左右，但发展的速度非常快。自20世纪90年代绿色建筑概念开始引入中国，1992年巴西里约热内卢联合国环境与发展大会以来，中国政府相续颁布了若干相关纲要、导则和法规，大力推动绿色建筑的发展。从2006年第一版《绿色建筑评价标准》到2019版《绿色建筑评价标准》的十余年间，我国绿色建筑法规、标准持续完善，先后推出了《绿色建筑行动方案》、《绿色建筑评价标准》（GB/T50378—2006）、《绿色建筑评价技术细则（试行）》、《绿色建筑评价标识管理办法》、《绿色工业建筑评价导则》、《绿色工业建筑评价标准》、《绿色建筑评价管理办法》及《民用建筑绿色设计规范》等。目前已基本形成了目标清晰、政策配套、标准较为完善的推进体系。经过各地共同努力，我国绿色建筑标准规范体系日趋完善，绿色建筑发展也取得了显著成效。

2019年，对2014版的《绿色建筑评价标准》进行了修订。修订后的标准评价目的由节地、节水、节材、节能和环境保护转变为安全耐久、健康舒适、生活便利、资源节约、环境宜居；标准适用于所有的新建、扩建与改建的住宅建筑或公共建筑。新的标准则是采用国际通用的计分方式，评定基本级、一星级、二星级、三星级，使得评价阶段更加明确，评价方法更加科学合理，提高了绿色建筑的实际价值，整体具有创新性。

从时间维度上看，2012年以前，我国绿色建筑的发展整体较缓和，2012年以来政府在绿色建筑领域的补贴政策和强制措施的双管齐下，我国进入绿色建筑狂飙突进和爆发式增长的阶段，绿色建筑发展效益明显，全社会对绿色建筑的理念、认识和需求逐步提高。

截至2017年12月，全国共评出10927个绿色建筑标识项目，建筑面积超过10亿平方米。从区域层面看，以江苏、广东、山东、上海为首的东南沿海优势明显，项目分布较为集中，排名前十地区的项目数量占全国总数的70.8%。从项目分布来看，项目数量在100个以上的地区占 40.6%，项目数量在 30—100 个的地区占 34.4%，项目数量在 10—30 个的地区占 15.6%，项目数量不足 10 个的地区占 9.4%。从项目类型分布看，公共建筑略高于住宅建筑，工业建筑不足 0.6%。我国部分省市正在陆续开展"绿色建筑专项规划"工作。根据不同城市发布的绿色建筑专项规划，统计了不同城市近期绿色建筑发展目标。

截至 2020 年年底，全国累计绿色建筑面积达到了 66.45 亿平方米。但是绿色建筑在发展过程中，仍存在技术要求落实还不够充分、地域发展还不够平衡、市场推动机制还不够完善等问题。

未来，新技术与新材料将会为绿色建筑的发展提供新的技术支撑；而 5G、人工智能与物联网也会促使绿色建筑更加智慧；同时，更多的政策也会为绿色建筑提供更公平更人性化的发展保障。

中国清洁供热采暖工作综述

一、全球供热采暖市场基本情况

（一）供热采暖市场总体情况

供热和采暖两者的概念不同。供热注重的是供，特指人工管道供热、供暖的方法，一般是指集中供热、集中供暖。采暖侧重的是用户使用，特指人工和天然及太阳光的采暖。制冷即致冷，又称冷冻，将物体温度降低到或维持在自然环境温度以下，实现制冷的途径有两种，一是天然冷却，二是人工制冷。我国城市供热热源的型式有热电厂、锅炉房（集中/分散）、工业余热、核能、地热、太阳能、热泵、家庭用电暖器和小燃煤（油、气）炉等。

从世界范围来看，住宅、工业部门以及其他用途的供热约占全球总能耗的 50%。供热消费中，工业部门（如生产用热、干燥、工业热水等用途）占比略高于 50%，建筑物房屋（空间采暖、热水供应、烹饪等用途）占比约 46%，其余是农业部门供热消费。

国际能源署发布的数据显示，自 2010 年以来，全球供热领域的能源消耗基本保持稳定。供热能源强度每年下降约 2.6%，与建筑面积的增长速度大致相同。加拿大、中国、欧盟、俄罗斯和美国等主要供热市场的能源强度都有所改善。化石燃料仍是大部分建筑物空间采暖和热水供应的主要能量来源。这一时期，全球与建筑物供热相关的碳排放量总体基本保持不变。

2010—2017 年，全球热泵和可再生能源供热设备的销量以每年 5% 左右的速度持续增长，到 2017 年，已占到当年供热设备总销量的 10%，但还无法企及化石燃料供热设备的销售规模。碳密集型和低效率的加热技术仍为全球供热市场的主流。化石燃料供热设备占供热设备总销量的50%左右，效率较低的传统电供热设备销量约占25%。

在中国、欧洲和俄罗斯的很多地区，区域供热系统在满足建筑物供暖需求（特别是空间采暖）方面继续发挥重要作用。区域供热在能源价值链中的灵活性更强，拥有更多的低碳发展空间，可为建筑物供热低碳化积极贡献力量。此外，最近几年效率高于90%的冷凝式燃气锅炉逐渐取代效率低于80%的燃煤、燃油锅炉和传统燃气锅炉。但这并不足以实现国际能源署可持续发展情景（SDS）目标（即将全球平均温升控制在2℃以内的气候目标）。为达成SDS目标，到2030年，全球热泵、太阳能供热和现代的区域供热所占比例应达到新增供热规模的1/3以上。

已有3个国家在配合《巴黎协定》提交的国家自主贡献文件中明确提到在其民用建筑或商业建筑中使用热泵用于水的加热。加勒比海地区、中东地区和撒哈拉以南非洲地区的22个国家提到将太阳能作为其可持续能源行动的一部分，用于建筑物的供热和制冷。

（二）可再生能源供热情况

REN21发布的《全球可再生能源现状报告2018》（GSR）指出，2017年全球可再生能源发电占全球发电量净增加值的70%，然而供热和制冷领域对于可再生能源的使用却远远落后于电力行业。报告数据显示，2015年，现代可再生能源为全球供暖体系提供了10%左右的总热量，相比于146个国家在电力行业制定了可再生能源目标，世界上只有48个国家制定了供热和制冷领域的可再生能源国家目标。

国际能源署的数据显示，近年来，全球可再生能源供热保持约2.6%的年均增长率，2010—2017年从393Mtoe（百万吨油当量）增至472Mtoe（百万吨油当量），涨幅接近20%。2017年，可再生能源供热占全球供热的9%。

在欧洲，可再生能源在供热和制冷方面较为领先。欧洲环境署（EEA）发布的《2018欧洲可再生能源发展报告》认为，从绝对值来看，用于供暖和制冷的可再生能源是欧洲主要的可再生能源消费市场。根据相关报告的数据和EEA的初步估算，在欧盟层面，可再生能源在供热和制冷领域的能源消费量中占到了1/5（2016年为19.1%，2017年为19.3%）。自2005年以来，尽管沼气和热泵具有最快的复合年增长率，但固体生物质技术在该市场领域仍占主导地位。

从热源类型看，尽管近年来太阳能供热、地热能供热及可再生能源电力供热得到了大力的推广，但目前全球大部分可再生能源供热还是来自生物质能源。

从消费部门看，建筑物房屋和农业部门的可再生能源供热增速（27%）是工业部门可再生能源供热增速（13%）的两倍有余。工业部门可再生能源供热绝大部分是生物质能供热。对于建筑物房屋和农业部门，生物质能供热约占可再生能源供热的一半，可再生能源电力供热也占据相当大的比重。

从消费地区看，欧盟是全球可再生能源供热的最大消费地区，其次是美国和中国。作为全球主要的可再生能源供热消费国家/地区，巴西、中国、欧盟、印度和美国的可再生能源供热消费量加起来，约占全球总量的2/3。

国际能源署预计，2018—2023年全球可再生能源供热将增长20%，其中，供热增长的2/3来自中国、欧盟、印度和美国，生物质能供热对供热增长的贡献最大。按照上述增幅计算，到2023年，全球供热来源中可再生能源占比将增至12%。目标和政策是可再生能源供热增长的重要驱动力，各国政府尚需采取更加积极的措施和行动来部署可再生能源供热。

（三）供热技术发展情况

1. 生物质能供热

在各种可再生能源供热中，生物质能供热的增长速度略低（9%），但生物质能供热的效率提升空间很大。此外，生物质能源的传统应用，比方说明火烹饪，可以被现代的可再生能源供热方式取代，如沼气池和各种炊具。

国际能源署发布的数据显示，2017年，全球可再生能源直接供热中约70%来自生物质能源（不包括传统方式应用的生物质能源）。工业部门的生物质能供热比例高于建筑物房屋的生物质能供热比例。目前，生物质能源可满足全球约8%的工业供热需求，这主要集中在制造生物质废料和残渣的工业部门。

预计到2023年，工业部门的生物质能源消耗将增长13%。尤其在水泥制造部门以及糖和乙醇制造部门，生物质能源还有很大的开发潜力。对建筑物而言，到2023年，生物质能供热预计将增长8%，低于过去6年期间16%的增长速度。欧盟民用建筑的生物质能供热消费在全球的占比最高（54%），其中以法国、德国和意大利的消费最多。意大利引领欧洲颗粒炉市场。美国仍然是建筑物房屋消费生物质能供热最多的国家。

在欧洲，生物质能主要用于供热、交通和电力，其中，供热占总使用比例的75%。生物质能在欧洲的供热主要用于三个领域。一是用于分散式民用供热，德国、意大利、法国、奥地利应用较多。二是用于集中式区域供热，代表国家有丹麦、瑞典、立陶宛、芬兰。三是用于工业供热，典型的国家有比利时、芬兰、爱尔兰、葡萄牙、瑞典、斯洛文尼亚。在政府的推动之下，丹麦对生物质能的应用度最高。

2. 太阳能供热

太阳能供热是增长最快的可再生能源供热技术，在过去10年中累计装机容量增加了250%，但近年来增速有所放缓。全世界太阳能供热装机容量大部分由小型家用太阳能供热装机（用于为单户住宅提供热水）构成，同时，太阳能供热也越来越多地出现在区域供热系统以及一些工业应用中。

国际能源署发布的数据显示，2017年，全球太阳能供热总装机同比增长3.5%，达到472吉瓦（热），比全球太阳能光伏发电总装机高出20%。到2023年，全球建筑物房屋的太阳能供热消费预计将增加40%以上，达到46Mtoe（百万吨油当量）。

虽然独立的太阳能热水器装置在全球市场占主导地位，但在以丹麦为首的若干国家，大型太阳能供热系统与区域供热系统或大型建筑物相连接的案例获得推广。截至2017年年底，全球大约有300个装机大于350千瓦（热）的大型太阳能供热系统处于运行状态，总容量为1140兆瓦（热）。这种大规模的太阳能供热系统在经济性上通常优于小型系统。

太阳能供热的工业应用潜力巨大，特别是在食品饮料、纺织、农业和化学品等低温供热需求增长的工业部门。2017年是工业部门太阳能供热应用创纪录的一年，17个国家的124个项目共增加了超过130兆瓦（热）的太阳能供热装机（涨幅46%），其中最大的是阿曼Miraah项目1期100兆瓦（热）太阳能供热工程，该项目主要用于提高石油采收率。

3. 地热能供热

目前全球只有少数国家将地热能直接用于供热。国际能源署数据显示，2017年，仅中国和土耳其就占全球地热能供热消费的80%。2012—2017年，全球地热能供热消费几乎翻番，这主要得益于中国地热能供热的快速增长。预计2018—2023年，地热能供热消费增长率将降至24%，但在许多国家和行业仍将发挥重要作用。

地热能供热大部分用于沐浴（45%）和空间采暖（34%），但在一些国家，农业部门（主要用于温室保温）也是地热能供热的重要应用部门。近年来，在强有力的政策支持下，荷兰的能源密集型温室部门扩大了地热利用，该国成为继中国、土耳其和日本之后的第四大（农业部门）地热供热消费国。

在其他地区，新增地热能供热主要应用于区域供热系统。2017年欧盟共有9座地热供热站投运，其中有75兆瓦（热）新增装机位于法国、意大利和荷兰。

4. 电力供热

电力保障了全球约7%的供热需求，其中主要是建筑物的供热需求。工业部门的电力供热正在得到推广，而建筑物房屋的热泵应用已经越来越普及。国际能源署发布的数据显示，2012—2017年，全球热泵销量增长了一倍以上，从2012年的180万套增至2017年的400多万套，年均增长约30%。其中90%以上的增长来自中国，其余增长大部分来自欧盟、日本和美国。

随着电力消费中可再生能源电力比例增加，以及供热用电比例增加，2010—2017年，用于供热的可再生能源电力消费增加了约25%。全球建筑部门的供热用电增长尤其显著，涨幅为27%，其中近一半是来自中国的贡献。到2023年，工业部门和建筑物房屋的供热用电预计将分别增长20%和11%。

5. 热电联产

热电联产是采用不同类型的化石能源和可再生能源，在统一的作业环节实现电力热力联合生产的技术。在能源领域，无论是发达国家，还是发展中国家，能源系统的发展方向都是在减少能源消费总量的前提下有效地满足能源需求，热电联产正是未来能源行业发展的趋势之一。

2016年，全球热电联产总装机达到755.2吉瓦。其中亚太地区装机占比46%（以中国、印度和日本的热电联产装机为主），欧洲地区装机占比39%（尤其是俄罗斯的热电联产装机较大），中东、非洲和其他地区占比15%（主要集中在非洲北部和南部）。欧洲是热电联产的传统市场，亚太地区是热电联产的主要增长市场，其装机占比已接近50%。

欧洲热电联产装机主要集中在德国，热电联产在国内电力结构中占比最大的是斯洛伐克。欧盟热电联产中可再生能源占比已从2010年的15%增至2015年的21%，使用的主要燃料依旧是天然气。2015年，天然气在欧盟热电联产燃料中的占比为44%。同年，热电联产在欧洲发电和制热结构中的占比分别为11%和15%（最近几年欧洲热电联产的发电制热比例较为稳定）。根据欧洲热电联产路线图，到2030年，热电联产将满足欧洲20%的发电和25%的制热需求。欧盟发展热电联产的侧重点是应用可再生能源和小型分布式能源来满足分散的用户需求，同时达到最佳的经济效益和能源效率指标。

世界各国对热电联产的关注正在不断增长。预计2025年前全世界热电联产装机的年均增长速度将维持在2.8%的水平，到2025年热电联产总装机容量有望增至972吉瓦。从全球热电联产发展趋势来看，使用清洁能源的小型热电联产项目将成为主流，当然也有俄罗斯等国，将以建设大型热电联产项目为主。

（四）《欧洲100%可再生能源供热与制冷2050年愿景》

欧洲可再生能源供热制冷技术创新平台（RHC-ETIP）[1] 发布的《欧洲100%可再生能源供热与制冷2050年愿景》报告提出，到2050年实现欧洲供热和制冷完全使用可再生能源的发展目标。该愿景从城市、区域能源网络、建筑、工业等不同应用领域，确定了到2050年实现完全可再生能源供热和制冷的技术发展战略框架，总结了欧盟用于供热和制冷的各种可再生能源技术最新现状及开发潜力。欧盟委员会于2016年在《战略能源技术规划》（SET-Plan）框架下建立了RHC-ETIP，汇集了生物质、地热、太阳能热利用和热泵等行业的利益相关方，涉及区域供热和制冷、储热及混合系统等技术领域，旨在加强可再生能源在供热和制冷领域

---

[1] 欧盟委员会于2016年在《战略能源技术规划》（SET-Plan）框架下建立了欧洲可再生能源供暖与制冷技术创新平台（RHC-ETIP），汇集了生物质、地热、太阳能热利用和热泵等行业的利益相关方，涉及区域供暖和制冷、储热及混合系统等技术领域，旨在加强可再生能源在供暖和制冷领域的应用。

的应用。报告要点如下。

实现 100% 可再生能源供热和制冷的技术发展战略框架

1. 城市可再生能源供热和制冷

为了实现城市的 100% 可再生能源供热和制冷，需要整合当地能源系统的不同组成部分和参与者并建立协同效应。具体的技术目标：①改善建筑物和区域的智能电器和能量管理系统，将其完全整合于整个能源系统中，实现以智能方式管理供热和制冷的供应、储热、可再生能源电力及其输送；②开发接口技术以连接（近）零能耗建筑，以建立零能耗建筑群和负能耗区域；③向城市提供可满足所有供热、制冷和热水需求的可再生能源供热和制冷技术及系统的相关信息。

2. 区域可再生能源供热和制冷

通过使用生物质、太阳能、地热能、余热和环境热以及非化石燃料发电，区域可再生能源供热和制冷可实现完全脱碳。将可再生能源集成到区域供热和制冷系统需要开发和示范以下解决方案：①将系统与当地无碳和低碳能源相匹配，建立具有较低和极低供应温度的新型区域供热和制冷网络，降低现有网络的温度，系统设计和运行适应更低温度，并集成热泵、制冷设备和储能设备；②从能源系统整体角度，在不同规模上与不同终端用能部门（电力、热/冷、燃气、交通）相关联，有效供应、管理和利用高比例可再生能源。

数字化技术对于实现 100% 区域可再生能源供热和制冷起关键作用，需从 4 个方面发挥其作用。①供应。通过数字化技术获得更低成本、更高效和使用更多可再生能源的系统，如通过智能网络控制器等先进解决方案集成波动性可再生能源，通过削峰等智能控制手段提高可再生能源系统的运行效率。②区域。通过低成本、可靠且可扩展的数据收集和通信系统管理实时能源数据，通过机器学习和数据挖掘优化能量分配，最大限度提升系统与温度、流量、压力、热需求和电网损失相关的性能。③用户。数字化技术可帮助用户了解其用能情况，调整用能需求以提高区域供热和制冷系统的效率，智能电表和远程控制可以细化数据的时间颗粒度，供需双向数据流将有助于改善系统运营。④设计与规划。通过开发和应用数字解决方案优化市政规划，如大数据分析、映射算法、过程计划工具、复杂优化和仿真方法等，开发和测试技术和运行模型对多能源系统进行仿真和优化。

3. 100% 可再生能源建筑

在建筑物中使用可再生能源供热和制冷将最终实现如下目标：①通过能效措施将所需设备的尺寸/功率/容量降至最低；②尽可能使用太阳能或被动地热供热及制冷；③必要时使用生物能或可再生能源电力补充供热和制冷需求。

储热技术可优化不同可再生能源的组合，显著改善与可再生能源间歇性相关的问题。集成现场供热和制冷、储能、可再生能源电力和燃气网的解决方案将提供更优质的能源服务，使用热泵进行空间供热和制冷,并将其与太阳能热利用结合用于生活热水和空间供热。

系统化方案和用户参与将越来越重要:建筑物供热和制冷向系统化方案演变,根据建筑的设计标准进行优化。系统将变得更智能和用户友好,可进行远程操作或控制。物联网技术、智能电表和建筑能量智能管理系统将使用户更深入参与到能源系统中,成为产消合一者。

4. 100%使用可再生能源供热和制冷的工业

在工业领域实现完全使用可再生能源供热和制冷需要设计新的工艺,以及对现有设备进行改造。通过创新过程技术实现持续的过程管理,可实现在120℃以下使用可再生能源,并能极大降低能源需求。储热对于整合不同的供热和电气至关重要,可应对价格波动和季节性变化。到2050年,可再生能源可以完全满足工业的供热和制冷需求,太阳能、地热能等将用于低温过程热,可再生能源电力则将主要用于高温过程热,通过可再生能源生产的氢气和氨可用于生产钢铁、水泥等高温过程。用于制造的工业能量管理系统主要针对单一供应,只能在有限范围内对需求和供应(热、电)的波动做出响应,因此需利用数字化技术优化工业能量管理系统的设计和运行,利用基于过程需求和供应的(近似)实际生产数据、历史数据和预测数据,开发整体优化方法。将利用数字化模型,针对实例开发和验证高效过程的解决方案,并在制造行业(如印刷电路板行业)中实施。

二、中国清洁能源供热采暖现状分析

(一)中国供热采暖领域能源消费及结构分析

供热采暖是主要的能源消费领域之一,特别是随着我国民众生活质量的提高,对供热采暖也有了更多的需求,导致该领域的能源消费在我国能源消费总量中占比越来越高。传统供热采暖主要依赖煤炭,而煤炭消费特别是散煤消费排放的污染物是我国雾霾等环境问题产生的重要元凶之一,这倒逼我国在包括供热采暖领域在内的能源消费领域进行能源结构变革——利用清洁能源替代煤炭等污染较大的能源。

我国房屋建筑面积总量大,且增长迅速,"作为当前全球第一建筑大国,我国每年新增建筑面积超过20亿平方米,新建房屋占全球一半以上"[1]。我国住房和城乡建设部计划财务与外事司与中国建筑业协会联合发布的《2016年建筑业发展统计分析》指出,"2016年,全国建筑业企业房屋施工面积126.42亿平方米,比上年增长1.98%;竣工面积42.24亿平方米,比上年增长0.38%"[2]。这还是在两项指标增速均连续4年下降的基础上。

---

[1] 鲁欢、邢飞、桂瑰、潘秀林:《绿色改变地产》,《京华时报》2015年3月27日第C06版。
[2] 中华人民共和国住房和城乡建设部计划财务与外事司、中国建筑业协会:《2016年建筑业发展统计分析》,2017年。

庞大的建筑面积基数也带来巨大的能源消费。住建部统计数据显示，"我国建筑能耗总量逐年上升，已占全社会总能耗的33%。到2020年，我国建筑耗能将达到1089亿吨标准煤，空调夏季高峰负荷将相当于10个三峡电站满负荷能力"[①]。

在建筑总能耗中，供热采暖是最大组成部分。在北方城市中，供热采暖能耗占建筑总能耗的30%左右，如果再加上空调制冷，用能接近建筑总能耗的一半（大型商场、写字楼类大型建筑占比更高）。南方城市供热采暖能耗占建筑总能耗的比值相对低一些，但随着人们生活的改善，占比在逐步上升。

供热采暖的模式主要包括集中供热采暖与分散式供热采暖两种形式，其中，集中式供热采暖模式主要应用在北方大中城市，分散式供热采暖模式则广泛分布在中国南北方小城市（城镇）及农村中。

由于便于统计的因素，城市集中供热方面的数据较为完整。《2015年城乡建设统计公报》显示，"2015年年末，城市蒸汽供热能力8.1万吨/小时，比上年减少4.7%，热水供热能力47.3万兆瓦，比上年增长5.7%，供热管道20.4万公里，比上年增长9.2%，集中供热面积67.2亿平方米，比上年增长10.0%"[②]。参见表3。不过，中国城市集中供热主要集中在大中城市，县城集中供热所占比例较低，"2015年年末，蒸汽供热能力1.4万吨/小时，比上年增加5.1%，热水供热能力12.6万兆瓦，比上年减少2.8%，供热管道4.6万公里，比上年增长5.4%，集中供热面积12.3亿平方米，比上年增长7.8%"[③]。

表3　中国2006—2015年城市集中供热情况

年份	供热能力 蒸汽（吨/小时）	供热能力 热水（兆瓦）	供热总量 蒸汽（万吉焦）	供热总量 热水（万吉焦）	集中供热面积（万平方米）
2006	95204	217699	67794	148011	265853
2007	94009	224660	66374	158641	300591
2008	94454	305695	69082	187467	348948
2009	93193	286106	63137	200051	379574
2010	105084	315717	66397	224716	435668
2011	85273	338742	51777	229245	473784
2012	86452	365278	51609	243818	518368

---

① 邱玥：《建筑节能发展迎来"窗口期"》，《光明日报》2017年1月3日第7版。
② 中华人民共和国住房和城乡建设部：《2015年城乡建设统计公报》，2016年。
③ 中华人民共和国住房和城乡建设部：《2015年城乡建设统计公报》，2016年。

续表

年份	供热能力 蒸汽（吨/小时）	供热能力 热水（兆瓦）	供热总量 蒸汽（万吉焦）	供热总量 热水（万吉焦）	集中供热面积（万平方米）
2013	84362	403542	53242	266462	571677
2014	84664	447068	55614	276546	611246
2015	80699	472556	49703	302110	672205

资料来源：中华人民共和国住房和城乡建设部，《2015年城乡建设统计公报》，2016年。

2020年，国务院发布了《新时代的中国能源发展》白皮书。书中提出，要使用天然气、电力和可再生能源等替代低效和高污染煤炭，推动太阳能多元化的利用以及大力推进北方各地区冬季清洁供暖工作。

2020年出版的《中国清洁供热产业发展报告2020》显示，截至2019年年底我国北方地区供暖总面积211亿平方米。其中，城镇供暖面积141亿平方米，农村供暖面积70亿平方米；清洁供暖面积为116亿平方米，清洁供暖率为55%。全国清洁供热相关企业8200家，实现总收入8900亿元，从业人员超过117万人，清洁供热产业正成为快速成长的新兴产业和国民经济的组成部分。截至2019年年底，北方地区冬季清洁供暖率达55%，略高于2019年清洁供暖率50%的中期目标，散烧煤替代约1亿吨，超额完成散煤削减7400万吨的中期目标，清洁供暖工程实施力度很大。

2020年我国供热供暖事业继续飞速发展，无论是热电联产集中供热，还是煤改电采暖、煤改气、地热供暖、南方供暖、空气源热泵、地源热泵、生物质供暖等，都有很好的表现。

在大比例发展风电、光电背后，仍需要8亿—10亿千瓦的火电厂来解决冬季电力不足的问题。北方地区利用4亿—5亿千瓦的火电装机余热就可以满足供暖基础负荷，再用燃气末端调峰，发展热电联产和工业余热为主要热源的城市集中供热系统是低碳能源结构的选择。

不仅能耗总量大，我国建筑供热采暖的单位面积能耗也大。如，"北方城镇单位面积采暖平均能耗折合标准煤为20千克/平方米·年，为北欧等同纬度条件下建筑采暖能耗的2—4倍。能耗高的主要原因有3个。一是围护结构保温不良。二是供热系统效率不高，各输配环节热量损失严重。三是热源效率不高。由于大量小型燃煤锅炉效率低下，热源目前的平均节能潜力在15%—20%"[①]。

我国能源结构是以煤炭为主，供热采暖领域也是这样。集中式供热采暖主要利用燃煤锅

---

① 江亿：《我国建筑能耗趋势与节能重点》，《中国建设报》2006年4月24日第4版。

炉，分布式供热采暖的能源类型相对多元化，但在小城市（城镇）及农村，利用散煤情况比较普遍。《中国建筑节能年度发展研究报告2015》显示，"2013年，仅北方城镇采暖能耗达1.81亿吨标准煤，占中国建筑运行总能耗的比例为24%；到2030年，我国北方区域城镇建筑面积规模可能会增加到150亿平方米，如果维持在目前采暖能耗强度水平，仅采暖一项将每年消耗2.5亿吨标准煤"[①]。

煤炭的大量使用带来较严重的环境污染问题，特别是在散煤的使用方面，由于基本没有除污设备及流程，污染问题更加严重。以京津冀农村为例，"煤是京津冀地区农村主要的生活用能来源，其占生活能源消耗的55%以上，且在煤消耗中散煤所占比例最高，比例最低的北京也接近50%"[②]。环境保护部华北督查中心进行的专项督查数据显示，"三地农民生活和农业生产煤炭消费量总计为4224.04万吨，占三地全社会总耗煤量的11%。污染物的排放占到同期环境统计烟尘总排放量的23.2%，二氧化硫总排放量的15.2%，氮氧化物总排放量的4.4%"[③]。

利用清洁能源替代煤炭是环境保护的需要，近年来，我国积极推动相关工作。如，《重点地区煤炭消费减量替代管理暂行办法》[④]要求，"到2017年，北京市煤炭消费量要比2012年减少1300万吨，天津市减少1000万吨，河北省减少4000万吨，山东省减少2000万吨"[⑤]。供热采暖属于清洁能源替代煤炭的重点领域之一。

在供热采暖领域利用清洁能源替代煤炭主要有煤改电、煤改气、可再生能源开发利用等模式。这几种模式各有优缺点。电采暖的优点是相关工作操作起来最方便，并且可以缓解我国已开始出现的电力过剩问题；缺点主要是成本较高，且难以兼顾中国人的做饭习惯。煤改气的优点是可以兼顾做饭问题，相对用电其成本也低一些；缺点是天然气资源有限，不可能在太大面积内推广使用，且偏远地区铺设管道的成本也很高。可再生能源的优点是更加具备可持续性；缺点也是成本较高。但由于可再生能源最符合低碳环保的需要，受到的关注也越来越多。

国家能源局2017年4月发布的《关于促进可再生能源供热的意见（征求意见稿）》指出，"到2020年，全国可再生能源取暖面积要达到35亿平方米左右，比2015年增加约28亿平方米，可再生能源供热总计约1.5亿吨标准煤。在京津冀及周边地区，可再生能源供暖面积要

---

① 清华大学建筑节能研究中心:《中国建筑节能年度发展研究报告2015》，中国建筑工业出版社2015年版。
② 罗国亮、王明明:《京津冀协同发展中农村能源清洁利用问题》，《中国能源》2015年第7期。
③ 钱永涛:《京津冀需重点治理农村散烧煤》，《中国环境报》2013年6月7日第2版。
④ 该办法所称煤炭替代，是指利用可再生能源、天然气、电力等优质能源替代煤炭消费。
⑤ 国家发展改革委、工业和信息化部、财政部、环境保护部、统计局、能源局:《重点地区煤炭消费减量替代管理暂行办法》，2014年。

达到10亿平方米，长三角地区可再生能源供暖（制冷）面积要达到5亿平方米。在城镇和农村地区实现较大规模的可再生能源替代民用散煤取暖"[1]。如表4所示。

表4　2020年可再生能源供热开发利用主要指标

内容	利用规模 数量	利用规模 单位	折标煤（万吨/年）
1. 地热能供暖制冷	16	亿平方米	7000
2. 生物质能供热	10	亿平方米	3000
3. 可再生能源电力供暖	5	亿平方米	1500
4. 太阳能供暖	4	亿平方米	1200
5. 空气源、水源热泵、工业供热、种植养殖供热等			2300
合计	35		15000

资料来源：国家能源局，《关于促进可再生能源供热的意见（征求意见稿）》，2017年。

（二）中国北方清洁能源供热采暖情况分析——以京津冀为例

煤炭是京津冀供热采暖的重要能源，在每年冬季的供暖季节，供热采暖过程中使用的煤炭特别是散煤带来很大的污染，是京津冀雾霾天气频发的一个重要成因。为减少煤炭燃烧带来的污染，京津冀区域近年来积极利用清洁能源替代燃煤特别是散煤进行供热采暖，其中，"煤改气""煤改电"是主要模式。

2013年以来，北京市积极实施大气污染防治行动计划，全面实施城市供暖"煤改气"，支持"地源热泵""空气源热泵""风电""太阳能""生物质能""大型热电联产机组循环水和工业余热利用"等清洁能源供热采暖方式。"截至2016年年底，全市共淘汰了2.44万蒸吨燃煤锅炉，完成了近1万蒸吨燃气锅炉低氮改造，在核心城区取消了9.5万户居民采暖用煤，在朝阳、海淀、丰台、石景山四区城乡接合部地区实现了7.5万户民用散煤清洁能源替代，在农村地区完成了663个村散煤改清洁能源，全市共完成43.5万户散煤治理。"[2]《北京市国民经济和社会发展第十三个五年规划纲要》明确提出，"城六区全境、远郊各区新城建成区的80%区域和市级及以上开发区建成禁燃区，实现无煤化。加快实施郊区燃煤设施清洁能源改造和城乡接合部与农村地区散煤治理，着力加快推进农村采暖用能清洁化，平原地区所有村庄实现无煤化。2020年全市建成以电力和天然气为主体、地热能和太阳能等可再生能源为

---

[1] 中华人民共和国能源局：《关于促进可再生能源供热的意见（征求意见稿）》，2017年。
[2] 骆倩雯：《本市"清煤降氮"4年减排二氧化硫6.3万吨》，《北京日报》2017年6月21日第2版。

补充的清洁能源体系，优质能源消费比重力争提高到90%以上，可再生能源比重达到8%左右"①。另根据北京市供热规划，到"十三五"末期，"北京市城六区供热将实现'无煤化'，燃气供热面积将达到40232万平方米。2020年，北京市清洁能源、新能源和可再生能源供热比重将达到95%"②。

天津市也不断推进清洁能源在供热采暖中的使用。"截至2015年底，天津市燃煤锅炉供热比重占全市供热面积的35%，比'十一五'（68%）降低33个百分点；热电联产占31%，比'十一五'（28%）提高3个百分点；燃气、可再生及其他清洁能源比重占34%，比'十一五'（4%）提高30个百分点。"③ "优先发展可再生能源，继续推进热电联产，积极利用电采暖等清洁能源"是天津市"十三五"供热规划三大原则之一。《天津市供热发展"十三五"规划》明确，到"十三五"末期，实现可再生及其他清洁能源供热比例大于8.5%，热电联产供热比例大于50%，燃煤供热比例小于20%。

河北省生活用散煤数量较大，其排放量占全省燃煤排放总量的50%以上④。尤其是设区市主城区、城乡接合部人口密集、用煤量大，是冬季污染最严重的区域。经过几年的燃煤替代努力，"到2015年底，全省热电联产热源供热面积4.72亿平方米，占总用热面积的44.19%；区域锅炉房热源供热面积2.78亿平方米，占26.04%；清洁和可再生能源供热面积2.35亿平方米，占22.01%；燃煤小锅炉、户用燃煤炉具及其他热源供热面积为8270万平方米，占7.74%"⑤。《河北省城镇供热"十三五"规划》明确，到"十三五"末期，"全省县城及以上城市集中供热和清洁能源供热基本全覆盖，清洁供热率达到95%以上（约束性指标）。其中2017年达到75%以上（约束性指标），大气污染防治传输通道城市20万人口以上县城基本实现集中供热和清洁能源供热全覆盖"。《河北省可再生能源发展"十三五"规划》指出，"十三五"期间，河北省将"创新开发利用模式，开展太阳能集热、电供暖、地热供暖、干热岩供暖、跨季节储热、生物质能供暖等工程。加快煤改电、煤改地热、煤改太阳能等替代模式推广，有效减少煤炭消耗。到2020年，可再生能源供暖总面积达到1.6亿平方米，可再生能源供热、供气、燃料等总计可替代化石燃料约900万吨，减少二氧化碳、二氧化硫、氮氧化物、烟尘排放分别约2500万吨、25万吨、4万吨和125万吨"。

在利用清洁能源进行供热采暖方面，京津冀主要面临以下问题与挑战。

一是煤改电、煤改气政策的可持续性问题。根据煤改电、煤改气政策，需要对农村用户

---

① 《北京市国民经济和社会发展第十三个五年规划纲要》。
② 刘晓慧：《北京城六区供热"十三五"末实现"无煤化"》，《中国矿业报》2016年7月14日第2版。
③ 《天津市供热发展"十三五"规划》。
④ 巩志宏：《散煤使用量大面广成治霾难点》，《经济参考报》2016年4月25日第6版。
⑤ 《河北省城镇供热"十三五"规划》。

给予补贴，不仅补助安装费用，对每年的气采暖、电采暖也要给予补助。按河北省的规定是要补助5年，那5年以后呢？如不补助，大量农村居民将重新使用相对便宜的燃煤，这是市场规律，不以人的意志为转移。但如果长期补贴，地方政府将面临非常大的财政压力。

同时，天然气气源也难以持续保障。根据初步测算，廊坊市市县两级建成区及禁煤区农村地区实施"气代煤"后约新增天然气消费10亿立方米，冬季采暖期气源恐将难以得到持续性的保障。如果冬季采暖期间天然气得不到保障，将不可避免地带来一些社会问题。

二是行政命令下产生的应付及脱离原目标行为。当前，在京津冀很多区域，采取行政命令手段，实施"一刀切"式的煤改电、煤改气，以及燃煤清零等措施。固然，这是京津冀区域治理雾霾、建设生态文明的迫切需要，但政策如果完全不顾及社会经济及自然规律，政策效果将大打折扣。

以廊坊市为例。目前，廊坊市很多地方都在埋设天然气管道，其目的主要是完成河北省的行政命令，至于未来政府面临的财政压力、天然气的短缺问题，以及这些工作的初衷——治理雾霾的实际效果，则无从考虑。这种工作模式实际上就是政府花钱买政绩，产生诸多后遗症的风险极大。

同时，有些行政命令也有些激进，有需要商榷之处。如，京津冀一些区域为实现"燃煤清零"目标，把一些燃烧效率已经很高的大型燃煤锅炉也列入清理范围，这种"一刀切"的做法有些偏激，原因在于，燃煤替代是一个长期的过程，应先从污染较大的散煤着手，同时，我国很多电力都属于火电，煤改电只是污染转移，煤改气不仅面临资源短缺问题，也有臭氧增加等环境问题，因此，短期内不应轻易取缔效率相对较高的大型燃煤锅炉，而是提高其环保标准。

三是北方城市适用集中式供热采暖模式，但冷热电联供模式在清洁能源中难以大规模推广。冷热电联供模式适用于天然气发电，但由于成本高且天然气资源有限，很难大面积推广。垃圾焚烧发电也适用热电联供模式，但由于垃圾回收难且品质差（由于未进行分类，可燃物所占比例不高，二噁英的污染问题难以解决）、公众反对较激烈，也很难大范围推广。因此，现有冷热电联供本质上还是利用燃煤。

四是北方农村适用分布式供热采暖模式，但成本较高。北方农村冬季使用电力、天然气进行供热采暖时，操作较为简单，居民的初始投入也不大，但后期使用成本高，且面临天然气的资源短缺及使用电力的不经济问题。在可再生能源方面，使用地源热泵较为经济，但面临初始投入大问题。加上农村居民的经济承受力相对较低，这在很大程度上制约了清洁能源在供热采暖领域中的应用。

五是建筑节能改造工作的弱化。推动建筑物的节能改造也是推动清洁能源供热采暖应用的重要环节，特别是对农村建筑物来说，保暖效果大都很差。如果提高保暖标准，不仅有利于节约能源，也有利于降低用户的能耗成本继而有利于推动煤改电、煤改气等工作的开展。

但近年来，京津冀地区推动已有建筑物节能改造工作逐步开始弱化，如，在廊坊市，相关工作已处于停滞状态。按照这种政策模式执行起来，就容易出现"按下葫芦浮起瓢"的问题。

要推动清洁能源特别是可再生能源在京津冀供热采暖中的应用，建议重视以下方面。

一是政策制定实施方面，应冷静思考，稳步落实，避免冒进。对于京津冀的雾霾问题，各方都很焦躁，但焦躁不能成为政策冒进的理由。出台政策应着眼于长远，着眼于可持续。否则，若干年后，即使治理了雾霾问题，可能又会出现其他社会经济问题，最差的状况是雾霾与不当治理带来的社会经济问题同时存在，葫芦没按下去瓢又浮起来。

二是以环境质量改善为目标导向，至于具体措施，更多地交由各市县政府因地制宜。京津冀区域广阔，各地情况差别很大，在利用清洁能源供热采暖模式上应各有侧重点。利用清洁能源供热采暖的核心目标是改善环境，治理雾霾，因此，政策引导方面，应以环境质量改善情况为主要抓手，而对具体的措施手段特别是技术措施，省级部门不宜进行过多的行政干涉。当然，由于大气污染具有流动性，以环境质量为考核标准容易出现责任主体不明的问题，这需要在评价技术标准方面予以完善。

三是政策引导方向上，给农村居民送"鸡蛋"不如送"鸡"。违背市场规律的行为只能局限在小范围、短时间内，却难以长期持续。在京津冀农村清洁能源供热采暖方面，要避免陷入政府长期补贴的困局，就需要降低农村居民的用能成本，增加其自身造血机能。

比如，把清洁能源供热采暖与光伏屋顶扶贫结合起来，与虚拟电网结合起来等，不仅能通过良性循环降低农村居民的能源成本，也能减小政府长期补贴的压力。再比如，鼓励农村发展规模化的沼气产业，既可解决自身用能问题，又能增加收入来源。

四是持续推进已有建筑物的节能减排改造工作。没有建筑物节能减排改造的配合，现有清洁能源供热采暖方面的诸多政策措施的实施效果将大打折扣。特别是对京津冀农村而言，与其望不到时间尽头地在用能方面对农村居民进行补贴，还不如把部分补贴用在建筑物的节能改造方面，特别是推动新型可再生能源技术在建筑物上的应用，把用能成本降下来。随着农村居民收入的增加，利用清洁能源习惯的养成，以及用能成本的降低，政府补贴才有可能被逐步取消，沉重的财政压力才能得到缓解。

（三）中国南方清洁能源供热采暖情况分析

随着社会经济的发展，公众对提高生活质量的需求也随之增加，加之极端气候不断出现，中国南方的供热采暖问题也开始引起多方关注。尽管南方大部分区域并不适用北方那种大规模集中式供热采暖模式，但同样也有利用清洁能源进行供热采暖的需求，只不过利用的方式及重点要有所区别，比如，南方更适用分布式开发利用的可再生能源。

在利用清洁能源供热特别是可再生能源进行供热采暖方面，中国南方主要面临以下问题与挑战。

一是传统的集中供暖南北区域划分已不符合时代发展的需要。传统意义上的中国集中供暖南北区域划分的分界线，即秦岭淮河一线是1908年由中国地学会（现在的中国地理学会）从自然地理分区的角度出发提出的，时称"北岭淮水"线，从海滨到江苏淮安，再到河南信阳，一直到陕西安康。

"国家标准《民用建筑热工设计规范》（GB50176—93）用累年最冷月和最热月平均温度作为主要指标，累年日平均温度≤5℃和≥25℃的天数作为辅助指标，将全国划分为严寒、寒冷、夏热冬冷、夏热冬暖和温和五个地区。近年来，大家关注的'要求集中供暖的南方地区'主要指夏热冬冷地区。这一地区累年日平均温度稳定低于或等于5℃的日数为60天至89天，以及累年日平均温度稳定低于或等于5℃的日数不足60天，但累年日平均温度稳定低于或等于8℃的日数大于或等于75天。其气候特点是夏季酷热，冬季湿冷，空气湿度较大，当室外温度5℃以下时，如没有供暖设施，室内温度低、舒适度差。"[①]

在南方很多区域对供热采暖的需求日益迫切的背景下，南北供暖分界线已不符合我国供暖需求的现状，需由中央牵头，研究出新的应对方案。

二是区域情况复杂。对于南方很多省来说，在省内，一些地方冬天不需要供热采暖，而有些较寒冷地区则需要。以云南省为例，香格里拉、丽江、昭通、曲靖等地区需要集中式的供热采暖，而其他地区则对集中式供热采暖缺乏需求，分布式供热采暖足以满足需要。

在这种背景下，很难也没有必要采取传统的"一条线"式的南北分界线，应根据各省的不同情况进行"精准化"的区分。

三是南方供热采暖基础差，且市场需求有限。出于气候因素，供热采暖设备在中国南方很多地方的使用时间短，应用范围非常小。同时，还存在消费习惯问题。在南方各省的城市中使用燃煤锅炉问题比较突出，这种消费习惯导致可再生能源等清洁能源的推广难度较大。

四是南方城市也适用分布式开发利用的可再生能源，但同建筑结合面临诸多困难。农村居民大都有独立住房，比较适合以分布式开发利用为主要特点的可再生能源，只要解决好成本问题，就能迅速大规模推广。但在城市中，居民大都居住在楼房中，对可再生能源建筑一体化的要求较高。

要推动清洁能源特别是可再生能源在中国南方供热采暖中应用，应重视以下方面。

---

① 杜宇：《如何看待南方供暖——访住房城乡建设部有关负责人》，新华社北京2013年1月23日电，新华网。

一是坚持需求导向，尊重市场规律。一个地方需要不需要供热采暖，需要采用何种模式，不是政府说了算，而应是市场、民众说了算。由于南方民用供热采暖市场空间大，政府的主要工作是通过政策进行规范引导，充分发掘市场的需求潜力。

二是区域供热采暖坚持因地制宜精准划分，逐步取消原有的南北机制供暖分界线模式。对于各省来说，不同的区域在气候、地理环境等方面千差万别，对于是否需要强制集中供热采暖、采用什么样的标准等，中央很难准确把握，只有把采暖区域划分等相关政策的制定权下放给各省，才能制定更细化、更切合实际的政策。因此，原有的南北机制供暖分界线模式应逐步取消，由各省进行更加精准化的区域划分。对于南方一些冬季寒冷的区域，可采取高效率的集中供热采暖模式，建议国家或省的有关部门把这些区域列入集中供热采暖地区，对于大多数南方区域主要实施分布式能源模式。

三是积极推动可再生能源建筑一体化。可再生能源与建筑物的一体化结合是近年来建筑、能源等领域的研究热点，且不断有突破性的研究成果出现。在政策上应鼓励与引导相关技术及产品的应用。同时，在推动可再生能源建筑一体化过程中，需要多种模式的尝试。比如，对于太阳能资源丰富的建筑，可采取空气源热泵与太阳能光热相结合；对于水电丰富区域，可采取天然气与水电相结合模式，丰水季用水电，其他季节用天然气；等等。

四是同城市市政管网建设结合起来。考虑到未来将有越来越多的南方城市要推动供热采暖工作，南方城市在进行城市规划及市政管网规划时应把供热供暖管线考虑进来。同时，也要重视把供热供暖工作与地下管廊建设结合起来。应充分利用地下管廊进行地源热泵与空气源热泵建设，该技术路径既能解决城市空间狭小问题，又能为热泵提供稳定的热源。

三、中国民用清洁采暖

我国民用采暖有着漫长的发展历程，从远古的篝火取暖，到古代的传统生物质能采暖，再到20世纪五六十年代的"蜂窝煤时代"，以及80年代以来的集中采暖、空调采暖、水暖及电采暖等，民用采暖的技术路径也随着社会的发展而不断发生变化。近年来，为应对日益严重的雾霾等空气污染问题，我国积极推进民用采暖的清洁化。随着我国"2060碳中和"目标的提出，民用采暖需要从"清洁化阶段"向"低碳化化阶段"转换。

为推进民用采暖的清洁化，我国陆续出台了《北方地区冬季清洁取暖规划（2017—2021年）》《关于开展中央财政支持北方地区冬季清洁取暖试点工作的通知》等一系列的政策措施。

我国清洁采暖政策应对的重点是煤炭特别是散煤消费带来的空气污染问题。煤炭在燃烧过程中要释放大量的灰尘、二氧化硫、一氧化碳等有害物质污染大气，并带来严重的雾霾问题。随着我国大气污染治理政策的主要导向从应对雾霾向实现碳中和转化，民用采暖政策引导规范的重点也需要从"清洁化"向"低碳化"甚至"零碳化"转换。

民用采暖的低碳化，意味着采暖工作将面临更高的标准及要求。碳中和是指企业、团体或个人通过植树造林、碳捕获与封存（CCS）及节能减排等形式，抵消自身产生的二氧化碳排放，实现二氧化碳的"零排放"。民用采暖领域以能源消费为主，缺少碳汇及CCS等"抵消"路径，其碳中和路径实质上是逐步零碳的过程。在碳中和背景下，天然气、清洁化燃煤（超低排放）均不符合零碳能源要求，理论上，只有太阳能、地热能、生物质能等可再生能源，以及核能、氢能等少量新能源才符合标准。

从国际上来看，主要发达国家或区域也主要以可再生能源作为采暖领域实现碳中和的解决方案。国际能源署（IEA）发布的《2050年净零排放：全球能源行业路线图》[1] 提出，要实现2050年净零排放情景（NZE2050），需要大力推广太阳能、生物质能（生物质锅炉）、氢能及区域集中供热等采暖模式。从2020年到2050年，全球使用天然气采暖的比例需要从接近30%下降到0.5%以下，使用电力采暖（以热泵为主）的比例需要从接近20%上升到55%左右，区域集中采暖比例需要从略高于10%发展到超过20%，生物质能源需要满足20%的建筑采暖需求，使用太阳能热水的比例需要从7%上升到35%。

欧洲在可再生能源采暖方面较为领先，并制定了标准较高的发展目标。欧洲环境署（EEA）发布的《2018欧洲可再生能源发展报告》[2] 认为，在欧盟层面，可再生能源主要应用在采暖领域，已占采暖能源消费量的五分之一。欧洲可再生能源供热制冷技术创新平台（RHC-ETIP）发布的《欧洲100%可再生能源供热与制冷2050年愿景》提出，到2050年，欧洲采暖和制冷要完全使用可再生能源。该报告从城市、区域能源网络、建筑、工业等不同应用领域，确定了到2050年实现完全可再生能源供热和制冷的技术发展战略框架。[3]

但从世界采暖市场的发展来看，受技术、经济等因素的影响，采暖领域对于可再生能源的使用远远落后于电力行业。REN21发布的《全球可再生能源现状报告2018》认为，2015年，现代可再生能源只为全球采暖领域提供了10.3%的总热量。[4] 国际能源署发布的《可再生能源：2025年分析预测》认为，2025年的全球可再生能源供热消费将比2019年高出20%，其中建筑行业的增幅将超过工业。尽管如此，到2025年，可再生能源只占全球供热能源消费的12%，与热量相关的二氧化碳排放总量预计仅比2019年减少2%。要实现国际能源署提出的可持续发展情景（SDS）目标（即将全球平均温升控制在2℃以内的气候目标），必须加

---

[1] IEA，Net Zero by 2050: A Roadmap for the Global Energy Sector，2021，pp.144-145.
[2] EEA，Renewable Energy in Europe-2018，2018，pp.1-80.
[3] RHC-ETIP，2050 Vision for 100% Renewable Heating and Cooling in Europe，2019，pp.1-40.
[4] REN21，Renewables 2018 Global Status Report，2018，p.35.

大开发利用可再生能源的力度。[①] 在可再生能源采暖设备方面,国际能源署发布的研究报告《采暖》显示,2010—2017年,全球热泵和可再生能源采暖设备的销量以每年5%左右的速度持续增长,到2017年,已占到当年采暖设备总销量的10%,但同化石燃料采暖设备的销售规模相比,依然有较大差距,要达成SDS目标,到2030年,清洁采暖技术设备(热泵、集中供热、可再生能源和氢能采暖)的份额需要增加一倍以上,达到销售额的50%。[②]

近年来,我国不仅大力推动集中供热、煤改电、热泵及可再生能源采暖工作,并积极探索氢能及核能在采暖领域的应用,这同国际上的发展方向基本一致。但在可再生能源采暖方面,我国同欧盟存在一定的差距。截至2018年年底,北方地区城镇供热热源结构为燃煤热电联产集中供热占45%,电供暖、燃气热电联产、可再生能源供暖均为3%。[③] 同欧洲国家相比,我国对生物质能的开发利用严重不足。在欧洲,生物质能主要用于采暖领域,并形成了三种成熟的应用模式:一是用于分散式民用采暖,德国、意大利、法国、奥地利等国家较多应用这种模式;二是用于集中式区域供暖,代表国家有丹麦、瑞典、立陶宛、芬兰等;三是用于工业供热,典型的国家有比利时、芬兰、爱尔兰、葡萄牙、瑞典、斯洛文尼亚等。

综合来看,由于能源结构及社会经济发展基础不同,各国民用采暖领域的碳中和路径也有所不同。欧盟国家能源结构中的煤炭比例较低,其民用采暖的碳中和路径是从低碳阶段向净零排放阶段迈进;天然气在美国民用采暖领域所占比例较高,尽管比较清洁,但其民用采暖领域要实现碳中和,也需要从高碳阶段向低碳阶段转化;我国以煤为主的能源结构,决定了民用采暖的碳中和之路更加复杂,需要经过三个阶段——清洁化阶段、低碳化阶段及零碳化阶段,目前正处于从"清洁化阶段"向"低碳化阶段"转化时期。要推动我国民用低碳采暖工作的可持续发展,低碳采暖措施的经济可持续是重要前提条件。

四、热电联产供热采暖

1. 热电联产的兴起和发展时期

热电联产机组是指同时生产电、热能的工艺过程。发电厂既生产电能,又利用汽轮发电机作过功的蒸汽对用户供热,较之分别生产电、热能方式节约燃料。我国的热电联产始于20世纪50年代,第一个五年计划时期苏联援建的156个建设项目,就包括北京、西安、吉林等城市的热电厂建设项目,这一时期也是各地电网发展的初期。当时的热电厂以工业生产用蒸

[①] IEA,Renewables 2020: Analysis and Forecast to 2025,2020,pp.135-137.
[②] IEA,Heating,https://www.iea.org/reports/heating,2021-11.
[③] 齐琛冏:《热电联产、工业余热是城市低碳能源重要选择》,《中国能源报》2020年9月7日第27版。

汽为主要负荷，但由于工业热负荷误差较大，热电厂投产后热负荷很长时间上不来，致使热电厂的经济效益未能充分发挥。这一时期，绝大多数热电厂选了抽凝机组，以保证供汽供电；我国新投产6000千瓦及以上的供热机组容量占火电机组总容量的20%，仅次于苏联，居世界第二位。

2. 1971年至1980年，自备热电厂建设增加

1971年至1975年，由于中央和其他影响，工业布局分散，没有中长期的工业建设和城市规划，因而制定热电厂的发展规划没有基础，只能在短期计划中作些安排。1976年至1980年，仍然没有相对稳定的国民经济中长期发展规划，但后期国民经济恢复发展较快，热电厂建设开始增加，投产供热机组97.5万千瓦，占新增火电装机6.8%。投产供热机组中，公用的供热机组只占23%，该阶段以工业企业自备热电厂为主，仅满足本厂生产用蒸汽和建筑采暖的需要。

3. 1981年至2005年，热电联产行业快速发展

在改革开放的强大推动下，我国热电联产业务得以快速发展。1981年以后，中央提出到2000年工农业总产值翻两番，人民生活提高到小康水平的宏伟战略目标；在能源政策上提出了节约和开发并重方针，在节约能源上采取一系列措施，积极鼓励热电联产集中供热，中央及各地方政府中设置了节能机构，国务院建立了节能办公会议制度，国家计委在计划安排上专列了"重大节能措施"投资，支持热电厂项目建设。1981年至1990年，国家能源投资公司节能公司共参与节能基建热电项目291个，总容量688万千瓦（其中小热电221万千瓦），总投资91.6亿元，其中节约基建投资52.6亿元。

由于市场经济的稳步发展，1990年至2010年，很多城市和县镇均编制有热力规划，将热电建设纳入长期发展计划，有的城市在市区周边和开发区已建起十多个热电厂，形成当地重要的热能动力供应系统。同时区域热电厂也从城市的工业区，蔓延到了乡镇工业开发区，并且出现私营企业家看好热电联产行业并投资建设热电厂。在此期间，国家出台的政策对热电联产与集中供热工作的影响是巨大的，1998年《关于发展热电联产的若干规定》出台之前，热电联产工作出现阶段性进展缓慢的局面，该规定发布之后，克服了发展中的障碍，热电联产工作再次加快发展，1999年和2000年都分别比上一年有较大的增长。2000年，国家计委、国家经贸委、建设部和国家环保总局等部委进一步对《关于发展热电联产的若干规定》加以补充和修订，联合印发《关于发展热电联产的规定》，对发展热电联产和集中供热的问题做出更加行之有效的具体规定，到2001年，全国集中供热面积比2000年的增长高达32%，其后我国热电联产的发展走上了快车道。

4. 2006年至今，热电联产行业注重能源清洁高效利用

"十一五"以来，国家在火电领域执行"上大压小"的行业政策，即在建设大容量、高参数、低消耗、少排放机组的同时，相应关停一部分小火电机组，引起了我国煤电行业新建超临界、超超临界等大机组的热潮。我国燃煤发电技术不断创新，装备制造水平不断提升，达到世界先进水平，百万千瓦级超超临界机组、超低排放燃煤发电技术广泛应用，60万千瓦级、百万千瓦级超超临界二次再热机组和世界首台60万千瓦级超临界循环流化床机组投入商业运行，25万千瓦整体煤气化联合循环发电系统（IGCC）、10万吨二氧化碳捕集装置示范项目建成。美国发展中心（Center for American Progress）2017年5月发布的报告显示，其所列的中美各自前100位的最高效煤电厂名单中，美国前100所最高效燃煤电厂建于1967年至2012年，而中国的则建于2006年至2015年。中国这100所电厂里有90所是超超临界参数的，而美国只有1所是超超临界的。

我国热电联产行业主要以煤炭为原料，热电联产技术在"十一五""十二五"时期均入选十大节能减排重点工程。随着城市和工业园区经济发展，热力需求不断增加，热电联产集中供热稳步发展，总装机容量不断增长，截至"十二五"期末规模以上热电联产机组容量在火电装机容量中的比例达37.04%，装机容量及增速均已处于世界领先水平。

"十三五"期间，我国城市和工业园区供热已形成"以燃煤热电联产和大型锅炉房集中供热为主、分散燃煤锅炉和其他清洁（或可再生）能源供热为辅"的供热格局。在"三北"等采暖地区，热电厂通过新建或技术改造，20万千瓦、30万千瓦大型抽汽冷凝两用机组成为城市集中供热的主力军；在工业园区供热方面，由于电力相关装备制造业的进步，加之政府行业政策引导和环保政策的加强，匹配下游热用户需求、调峰方便的中小机组也在向高参数方向发展。

2013—2018年，北方供热热源结构中，热电联产增加了7%，截至2018年年底，燃煤热电联产集中供热在北方城镇供热热源中占比达45%。

五、集中供热采暖

集中供热是指由集中热源所产生的蒸汽、热水，通过管网供给一个城市（镇）或部分区域生产、采暖和生活所需的热量的方式。集中供热是现代化城市的基础设施之一，也是城市公用事业的一项重要设施。集中供热不仅能给城市提供稳定、可靠的高品位热源，改善人民生活，而且能节约能源，减少城市污染，有利于城市美化，有效地利用城市有效空间。所以，集中供热具有显著的经济效益和社会效益。

我国供热行业发展经历四个阶段，由工业企业供热走向城市集中供热。第一阶段：新中国成立以后，我国城市基础设施建设落后，人民生活水平低下，供热企业绝大多数以向工业企业提供生产用蒸汽为主要业务。第二阶段：热电厂数量增加，仍以向工业企业供热为主，热力行业缺乏长期规划。第三阶段：经过几十年的发展，我国城市集中供热得到快速普及，增速远超工业用热力。第四阶段：以 2003 年发布的《关于城镇供热体制改革试点工作的指导意见》为标志点，实行用热商品化、货币化，供热市场化进程正式启动。

目前，我国城市集中供热主要分布于"三北"（东北、华北、西北）13 个省、自治区和直辖市，以及山东、河南两省。其中，寒冷区域（华北、山东、河南等区域）采暖季一般为每年的 11 月中旬至次年的 3 月中旬之间，严寒地区（东北、西北等区域）采暖季一般为每年 10 月中旬至次年 4 月中旬。

随着城镇化进程不断加快，城市容量持续增大，城市集中供热行业得到较快发展，集中供热面积逐年扩大。数据显示，截至 2020 年，我国城市集中供热面积已达 98.8 亿平方米，其中住宅集中供热 74.3 亿平方米，公共建筑集中供热 21.6 亿平方米。同时，以蒸汽和热水为媒介的供热能力与供热范围均明显增长，2020 年国内城市集中供热行业中拥有蒸汽、热水供热能力分别达 10.3 万吨/小时、566 吉瓦。此外，我国集中供热建设投资额从 2012 年的 798.07 亿元至 2020 年的 523.61 亿元，常年保持了较高的资金投入水平。

目前欧盟已部署了 6000 多个区域热网，满足欧盟 11%—12% 的供热需求，北欧、东欧等气候较冷国家对区域热网的应用较多。第四代区域热网正开始取代第三代技术，这是一种低温区域热网，其在热量分配过程中可减少热损失，改善热量供应和需求的热品质匹配，降低热应力和烫伤风险。低温区域热网还有助于提高热电联产电厂的电热比，并通过烟气冷凝回收废热，提高热泵效率，增强对低温余热和可再生能源的利用。

预计到 2050 年，区域热网可以满足欧洲近一半的供热需求。城市将是区域热网的最佳应用地区，可收集城市景观中的低等级废热作为区域热网的热源。区域制冷是技术成熟的新兴行业，具备强劲的增长潜力。可再生能源电力驱动的大型热泵将越来越多用于区域热网。工业和商业产生的大量余热也可作为区域热网的热源，提高能源利用率。区域热网还可作为一种有效的储能方案，吸收过剩的可再生能源电力以平衡电网。

六、核能供热采暖

核能供热是指以核能为热源，通过换热站进行多级换热，最后经市政供热管网，将热量传递至最终用户的城市集中供暖方式。核能供暖中，用户与核电机组之间采取多重隔离屏障，在换热过程中，只有热能的传递，不存在介质的直接接触。在换热首站热水出厂前，在线监测和隔离装置会进行检测，回路间采取压差设计，可确保供暖安全。

目前，全世界 400 余台在运核反应堆中有超过 1/10 的机组已实现热电联供，且已累计约 1000 堆年的安全运行业绩。中核集团的数据显示，核能是热值最高的能源，一座 400MWt 池堆，可以每年供给相当于 20 万户三居室的建筑面积，并同时达成二氧化碳、氧化氮零排放。核能供暖池堆放射性约 0.005 毫克/人年，低于传统燃煤锅炉的放射性 0.013 毫克/人年。

近年来，随着中国对清洁能源的重视，核电供热也迎来多项政策利好。

2017年，国家发改委、国家能源局等十部委联合印发的《北方地区冬季清洁取暖规划（2017—2021年）》指出，加强清洁供暖科技创新，研究探索核能供暖，推动现役核电机组向周边供暖，安全发展低温泳池堆供暖示范。

2017年11月28日，中核集团发布其自主研发的"燕龙"池式低温供热堆。

2018年2月7日，中广核对外宣布，国家能源局组织召开的北方地区核能供暖专题会议，已经同意由中广核联合清华大学开展国内首个核能供暖示范项目前期工作，要求深入开展规划选址、用地用水、应急方案、公众沟通等论证工作，积极推进项目实施。

但最先落地的是国家电投海阳核电项目。2019年5月，海阳核电站首批启动的70万平方米供热项目正式落地，进入全面实施阶段。作为国内首个核能供热商用工程，被国家能源局命名为"国家能源核能供热商用示范工程"。

2021年9月发布的《中共中央 国务院关于完整准确全面贯彻新发展理念做好碳达峰碳中和工作的意见》，提出"积极稳妥开展核电余热供暖"。

2021年9月26日，浙江省发改委官网发布《关于公开征求〈海盐县集中供热规划（2021—2030年）〉意见的公告》，表示海盐县的集中供热规划，已由海盐县发展和改革局、浙江城建煤气热电设计院有限公司编制完成，并上报浙江发改委审批。

2022年4月1日，国家"十四五"规划重点工程、山东海阳核能综合利用示范项目——国家电投"暖核一号"超额完成首个供暖季任务，持续安全稳定供热143天，供热面积近500万平方米，各项指标达到设计要求，系统运行良好，减碳效益显著，空气质量和海洋生态得到有效改善，惠及海阳城区20万居民。"暖核一号"供热项目从核电机组抽取高压缸排汽作为热源，在物理隔绝的情况下，进行多次热量交换，最终通过市政供热管网将热量送到用户家中。自2021年11月投运以来，该项目首个供暖季累计对外提供清洁热量200万吉焦，同比核能供热前，节约原煤消耗18万吨，减排二氧化碳33万吨、氮氧化物2021吨、二氧化硫2138吨、烟尘1243吨，提升了区域供暖季空气质量，同时减少向环境排放热量150万吉焦，有效改善了周边海洋生态环境，为中国核电基地海洋生态环境建设提供了新示范。山东海阳核能综合利用示范——三期900兆瓦核能供热工程，作为国内最大的单台机组抽汽供热项目，计划于年内开工，2023年供暖季前建成，并同步开展与储热、新能源结合，解决新能源消纳和跨区域清洁供暖问题。项目建成后可满足100万居民的取暖需求，还可开展核能工业供汽，减碳及减排效果是二期项目的5倍。[①]

[①] 《"暖核一号"超额完成首个供暖季任务》，国家能源局网站，http://www.nea.gov.cn/2022-04/08/c_1310549517.htm。

可再生能源供热采暖

一、综述

（一）可再生能源供热采暖原理

1. 太阳能供暖：光照条件较好情况下，当太阳能循环控制系统启动循环水泵进行循环，把太阳能集热板收集的热量带入高温蓄热水箱通过紫铜盘管进行加热，并保温储存，以备使用。

2. 风电供暖：利用风力所发电量对固体电蓄能锅炉内部的合金蓄热材料进行加热，再通过循环风机将热风吹热水进行供暖。

3. 地热供暖：在冬季，利用地源热泵把地能中的热量"取"出来，提高温度后，供给室内采暖；夏季，利用地源热泵把室内的热量取出来，释放到地能中去。

4. 生物质供暖：首先将农林废物进行粉碎、混合、挤压、烘干等工艺，然后制成各种成型（如块状、颗粒状等）的可直接燃烧的新型清洁燃料，将其燃烧放出的热量用于供热发电。

（二）可再生能源供热采暖目标及实现情况

供热采暖制冷是全球最大的能源终端消费领域，中国要实现碳达峰碳中和目标，需要加强可再生能源在供热采暖制冷领域中的应用。中国在可再生能源供热采暖制冷领域，同欧盟存在一定的差距。截至2016年年底，地热和生物质能在中国北方地区的供暖面积分别约为5亿平方米、2亿平方米；太阳能主要以辅助供暖的形式存在，供暖面积较小。截至2019年年底，北方供热热源结构中，可再生能源供暖仅为3%。中国要实现碳达峰碳中和目标，需要加大可再生能源在供热采暖制冷领域的应用。

为推动可再生能源在供热采暖制冷领域的应用，我国在2017年提出了可再生能源供热目标，但规划目标落实情况很不理想。《北方地区冬季清洁取暖规划（2017—2021年）》提出的可再生能源供暖发展目标是，供暖面积将从2016年年底的约7亿平方米增至2021年的31.5亿平方米，相当于4年净增3.5倍。其中，地热能具有储量大、分布广、清洁环保、稳定可靠等特点，到2021年，供暖面积要达到10亿平方米；生物质能清洁供暖布局灵活，适应性强，可用于北方生物质资源丰富地区的县城及农村取暖，在用户侧直接替代煤炭，到2021年，供暖面积要达到21亿平方米；太阳能热利用技术成熟，已广泛用于生活及工业热水供应，到2021年要实现供暖面积5000万平方米。

但规划目标的落实情况却很不理想,除地热供暖完成情况较好外,生物质、太阳能供暖均推进缓慢。2019年,国家能源局等四部委组织规划中期评估时发现,规划时间过半,地热、生物质和太阳能供暖各完成2.6亿平方米、1亿平方米、0.1亿平方米,实际面积还不到规划目标的12%。2020年,生物质供暖面积约4.8亿平方米,完成率为23%;太阳能供暖只有500万平方米,仅为目标的1/10;可再生能源供暖总面积约16.08亿平方米,完成率只有51%。

中国可再生能源供热采暖制冷工作进展相对较慢是多种因素导致的,既有使用成本高、初始投资高及技术短板等因素带来的可再生能源市场竞争力相对较弱问题,也有政策目标设定不合理、政策缺乏具体细化的落地措施、财政补贴压力大、资源评估不精细、政策导向与规划目标不匹配等政策及体制机制因素。

一是可再生能源供热采暖制冷的市场竞争力较弱。相比较化石能源,可再生能源的优势主要是低碳,劣势主要表现在经济性与方便性方面。可再生能源供热采暖制冷要么面临成本高问题,要么面临使用不方便问题,要么两方面问题都存在。

可再生能源供热采暖制冷主要有两种实现途径。第一种模式是利用二次能源——可再生能源电力,但能源形态多次转换不仅带来浪费问题,也导致利用成本相对较高。尽管蓄热式供热采暖设备的推广,有利于利用低谷电价来降低成本,热泵技术的使用也能通过提升电力的利用效率进而降低使用成本,但整体来看,利用可再生能源电力进行供热采暖制冷的成本依然较高。第二种模式是直接利用太阳能、地热能及生物质能等可再生能源产生热能,但这种方法往往面临后期维护等因素带来的使用不方便及舒适度不高问题,再加上初始投入高及使用成本优势不明显等因素的影响,导致这种模式的市场竞争力也较弱。

以太阳能热水器为例。尽管一些城市规定了12层以下的建筑需要安装太阳能热水设备,但由于分散式太阳能热水器面临后期维护不便问题,集中式使用则需要付出后期维护费,再加上冬季需要用电来弥补太阳能的不足,实际使用成本并不低。相比较燃气热水器,太阳能热水器的市场竞争优势不明显,特别是在有天然气可供选择的城市高楼中,太阳能热水器处于绝对劣势。

再以生物质能为例。理论上,农村地区把农林废弃物作为燃料最为方便,也比较经济,传统上,农村使用的热能也主要来源于农林废弃物。但直接燃烧农林废弃物不仅带来较严重的环境污染问题,同时,相比较散煤取暖,以秸秆为代表的农业废弃物的热值也不高,用作冬季取暖极为不便。固体生物质颗粒有利于解决农林废弃物热值不高的劣势,却面临成本增加问题,农民把农林废弃物很便宜地卖出去,再以高几倍的价格把生物质固体颗粒买回来,不仅经济压力大,在心理上也很难接受。

二是可再生能源供热采暖制冷的目标设定与政策导向不匹配。"十三五"期间,我国在大气污染防治方面主要是治理雾霾问题，推动清洁能源的使用也就成了供热采暖制冷政策的主要导向。尽管煤改电、煤改气对于国家整体降低碳排放的作用有限，但对于局部区域治理雾霾问题确实有效，且容易操作。作为地方政府，更愿意从这两个方面着手。

2017年12月，国家发改委、国家能源局等十部委联合发布的《北方地区冬季清洁取暖规划（2017—2021年）》提出，到2019年，北方地区清洁取暖率达到50%，替代散烧煤（含低效小锅炉用煤）7400万吨。到2021年，北方地区清洁取暖率达到70%，替代散烧煤（含低效小锅炉用煤）1.5亿吨。该规划针对"2+26"重点城市提出了更高的要求，2021年，城市城区全部实现清洁取暖，县城和城乡接合部清洁取暖率达到80%以上，农村地区清洁取暖率60%以上。

国家能源局统计显示，截至2019年年底，我国清洁供暖面积已达到120亿平方米、清洁供暖率为55%，两者分别较2016年增加51亿平方米和21个百分点，累计替代散烧煤约1亿吨，超额完成散煤消减7400万吨的中期目标，"2+26"重点城市清洁取暖率达75%。《中国清洁供热产业发展报告2020》显示，截至2019年年底，我国北方地区供暖总面积211亿平方米。其中，城镇供暖面积141亿平方米，农村供暖面积70亿平方米；清洁供暖面积为116亿平方米，清洁供暖率为55%。全国清洁供热相关企业8200家，实现总收入8900亿元，从业人员超过117万人。北方地区冬季清洁供暖率达55%，略高于2019年清洁供暖率50%的中期目标。

在清洁能源供暖目标完成的背后，主要是煤改电、煤改气的功劳，可再生能源所占的比例并不高。煤改气方面，大量集中燃煤锅炉改为燃气锅炉，燃气壁挂炉在新建建筑占比不断增加，但这种模式并不能很好地解决碳排放问题，且面临天然气供给不足及国际天然气价格大幅度上涨的风险。煤改电方面，空气源热泵（热风机）等方式在北方遍地开花，这种模式在碳减排方面要发挥更大的作用，取决于两个前提条件，其一是提升可再生能源电力的比例，其二是降低用电成本，但由于可再生能源电力在中国电力消费总量中所占的比例并不高，煤改电大量用的还是煤电。以清洁能源供暖为方向的政策导向，对实现可再生能源供热采暖制冷目标来说实际上是不友好的。

一些政策也不利于可再生能源在供热采暖制冷领域的应用，以地热能的供热采暖为例。《中华人民共和国资源税法》于2020年9月1日施行，该法明确将地热纳入能源矿产类别税目，税率为从价计征1%—20%或者从量计征每立方米1—30元。这将导致地热能的利用成本大幅度上升。另外，由于一些企业的社会责任不高，地热能的回灌技术和要求不达标，也导致一些地方比如河北省开始大规模地关停地热井，这就给地热能的供热采暖制冷应用带来很大的不确定性。

三是可再生能源开发利用与可再生能源供热采暖系统的协同性不足。从全球范围来看，供热采暖有三个趋势：其一是从单独供热到集中供热；其二是从纯供热到热电联产；其三是从化石能源到生物质等可再生能源。由于可再生能源电力不稳定，需要利用火电及水电等进行调峰。在布局具有调峰功能的煤电厂及生物质发电厂的同时，就应该考虑热电联产问题，利用发电厂余热进行供热。

在我国大规模发展风电、光电的同时，也需要布局调峰电厂，理论上，如果调峰电厂布局合理，能满足各地特别是城市供暖的基础负荷，例如，北方地区利用4亿—5亿千瓦的火电或生物质发电装机余热就可以满足供暖基础负荷。但我国可再生能源电力主要布局在西部且面临西电东送难题，其他区域的生物质发电工作又停滞不前，导致我国的热电联产供热并没有同可再生能源发电密切联系起来。

2013—2018年，北方供热热源结构中，热电联产增加了7%，截至2018年年底，燃煤热电联产集中供热在北方城镇供热热源中占比达45%，这些热电联产的火电很少发挥调峰的功能。在可再生能源电力集中的西部地区，由于人烟稀少，用作调峰的火电又缺乏供热的市场需求。针对这一问题，在规划布局项目时，就需要把可再生能源发电、火电调峰及供热几项功能统筹起来进行考虑。同时，由于生物质的全生命周期具有碳中和的特性，应重视发挥生物质发电的调峰及供热功能，这既有利于降低生物质发电的成本，扭转生物质发电企业靠补贴生存的不利局面，也有利于减少碳排放。

2021年1月27日，国家能源局印发《关于因地制宜做好可再生能源供暖相关工作的通知》。该通知主要是对地方推进可再生能源供暖提出了一些要求，同时还提出了一些配套支持政策。具体要求方面，通知提出一是要科学统筹规划相关工作，合理布局可再生能源供暖项目；二是因地制宜推广各类可再生能源供暖技术，充分发挥各类可再生能源在供暖中的积极作用；三是继续推动试点示范工作和重大项目建设，探索先进的项目运行和管理经验；四是进一步完善政府管理体系，加强关键技术设备研发支持。支持政策方面，通知提出制定供暖价格时应综合考虑可再生能源与常规能源供暖成本、居民承受能力等因素，明确了生物质热电联产、地热能开发利用方面的支持内容，并鼓励地方对地热能供暖和生物质能清洁供暖等项目积极给予支持。

二、太阳能供热采暖

（一）太阳能供热采暖方式

太阳能热利用是以热—电的形式转化太阳辐射能量，热能占国家能源总消耗的50%—55%，利用太阳能转化为热能即太阳能热利用是实现能源替代、保障能源安全和减少排放的重大保障。太阳能供热供暖是一种利用太阳能集热器收集太阳辐射并转化为热能供暖的技术。太阳能供热采暖的方式可分为直接利用和间接利用，直接利用主要是主动式太阳能供热与被动式太阳能供热，间接利用可包括太阳能蓄热—热泵联合供热等。

1. 主动式太阳能供热

主动式太阳能系统由太阳能集热器、蓄热装置、用热设备、辅助热源及相关的辅助设备与阀门组成。通过太阳能集热器收集的太阳辐射能，沿管道可送入室内提供采暖与生活热水供应，剩余部分可储存于蓄热装置中，当太阳能集热器提供的热量不足时可取出使用，在不足时可采用辅助加热装置进行补充。

2. 被动式太阳能

被动式太阳能供热是通过集热蓄热墙、附加温室、蓄热屋面等向室内供暖的方式。被动式太阳能的特点是不需要专门的太阳能集热器、辅助加热器、换热器、泵等主动式太阳能系统所必需的部件，而是通过建筑的朝向与周围环境的合理布局，内部空间与外部形体的巧妙处理，以及建筑材料和结构构造的恰当选择，使建筑在冬季充分地收集、存储与分配太阳辐射，因而使建筑室内可以维持一定温度，达到采暖的目的。

3. 太阳能—热泵式供热

单纯利用太阳能集热器供热在目前的技术条件是毫无问题的，但受经济条件制约，还是有一定限制的。夏季利用太阳能向地源、水源蓄热，作为冬季采暖的热源，并通过热泵的原理，可大大节约电能的消耗。

（二）技术现状与开发潜力

太阳能热利用技术具有极强的可扩展性，目前主要提供 40—70℃范围的生活热水和空间供热，太阳能区域供热系统功率可超过 100 兆瓦（热）。光热发电已经在工业过程供热方面有了大规模的应用，其成本低于燃气锅炉且在整个生命周期中基本恒定，因此可避免燃油价格波动的风险。主动式太阳能房屋将太阳能用于生活热水，可实现 70%—80% 的能源需求由太阳能供应。工业过程太阳能供热可满足 150℃要求的供热，需要进一步示范和可行性验证。

太阳能区域供热是一种创新的解决方案，比基于燃气的区域供热成本更低。太阳能热利用可实现夏季的需求削峰和补充冬季热量供应，与季节性储热和其他低温热源集成能够发挥良好的效果。工业过程太阳能供热将需要解决标准化、系统验证和风险评估等问题以实现规模化应用。数字化将有助于不同技术和设备间的集成，物联网、工业 4.0、智能家居及电力和热力设备的整体集成将使太阳能热利用解决方案更为智能。

（三）中国太阳能供热采暖发展情况

自 1979 年清华大学殷志强教授改良全玻璃真空管开始，我国太阳能热利用技术开始走出实验室，并且逐步得到了国家政策的重视，这不仅因为它相对于传统化石能源更为节能环保，也因为其分布广泛、随处可得，开发利用价值高，而且普及起来也相对简单。从 1983 年国务院提出加强农村能源发展的建议，几乎每年都有关于可再生能源包括太阳能的鼓励政策出台。

"六五"时期（1981—1985），我国农村太阳灶由1979年的2000台发展到1985年的10万台；太阳能热水器发展到50万平方米，太阳房发展到8万平方米；太阳能干燥器发展到53处，4000多平方米。

1996年，中国太阳能热利用行业年销售额首次突破10亿元达到12亿元，1997年达到16亿元。2003年，我国太阳能热水器行业总产值达120亿元，太阳能集热器运行面积5000万平方米，为国家节约上千万吨煤，减排约2000万吨二氧化碳温室气体及粉煤。2012年，太阳能热水系统的生产量和保有量分别达到6390万平方米和25770万平方米，分别约占世界总量的80%和60%。

受新冠疫情的影响，2020年太阳能热利用行业的整体发展经历了严峻的考验。《2020中国太阳能热利用行业运行状况报告》显示，2020年，中国太阳能热利用集热系统总销量为2703.7万平方米（折合18926MWth），与2019年的2852.1万平方米相比下降5.2%。集热器的年度销量在连年下跌后，已经回到2008年的规模水平。不过，2020年，太阳能供暖却是行业最有活力的增长点之一，太阳能热利用集热系统行业总产值432.6亿元，新增太阳能供暖面积突破1000万平方米，工程市场占比74.3%，零售市场占25.7%。

2020年12月21日，国务院新闻办公室发布《新时代的中国能源发展》白皮书，白皮书称要通过示范项目建设推进太阳能热发电产业化发展，为相关产业链的发展提供市场支撑，推动太阳能热利用不断拓展市场领域和利用方式，在工业、商业、公共服务等领域推广集中热水工程，开展太阳能供暖试点。

（四）大事记

1979年

8月，北京市计委、市革委会财贸办公室、市科委共同决定成立北京市太阳能研究所，同年10月建所，龚堡担任所长。

9月，中国太阳能学会（中国可再生能源学会的前身）在西安成立，王补宣院士担任第一届理事长；同期召开了全国第二次太阳能利用经验交流会。

1980年

7月，中国太阳能学会加入国际太阳能学会。

1982年

国务院多次发布专项节能指令，提出各省须加强电量节控，节约能源。

1983年

国务院提出加强农村能源发展的建议。

1984年

3月，《中共中央 国务院关于深入扎实地开展绿化祖国运动的指示》提出，解决缺柴地区农民和部分城镇居民的燃料问题,对于保护好林草植被至关重要。某些以木材为能源的企业,生产规模必须严加控制。要大力开发小水电、沼气、太阳能、风能,推广以煤代木及节柴灶等,解决群众的实际困难。

一种新型涂层的全玻璃真空太阳能集热管在清华大学诞生。

1986 年

5月,国家标准GB6424—86《平板型太阳集热器产品技术条件》发布(1987年4月实施,后被GB/T 6424—1997代替)。该项国家标准作为全国平板型太阳集热器生产企业和经营管理部门控制产品质量并进行有效管理的重要技术依据,对推动我国太阳热水器行业的发展发挥了积极的作用。

9月,农牧渔业部在北京召开了全国家用太阳能热水器、农村太阳灶评选交流会。在中国农业工程研究设计院和北太所的组织下,全国各地617个单位的250多名代表参加了评选交流会。参加送评共有129台家用太阳能热水器和29台太阳灶。这项活动对我国家用太阳能热水器和太阳灶的技术进步、产业建设以及推广工作起到了积极作用。

1987 年

5月,我国从加拿大引进的铜铝复合太阳能吸热板生产线在北太所开工,使我国平板集热器技术跨上一个新的台阶。

1991 年

5月,国家技术监督局批准GB/T 12915—1991《家用太阳能热水器热性能试验方法》。

国家制定发展可再生能源的专项规划,提出可再生能源规划的制定应在国家总体规划下进行。

1992 年

8月,联合国环境与发展大会之后,按照联合国环发大会精神,我国根据具体国情提出了《中国环境与发展十大对策》,明确"要逐步改变我国以煤为主的能源结构,因地制宜地开发和推广太阳能、风能、地热能等清洁能源"。

1994 年

3月,国务院第十六次常务会议讨论通过了《中国21世纪议程——中国21世纪人口、环境与发展白皮书》,进一步强调了"可持续的能源生产和消费",明确了太阳能重点发展项目。

国家计委制定"光明工程"和"乘风计划",提出利用太阳能、风能等可再生能源进行发电,解决我国的能源问题。

1995 年

1月,国家计委、国家科委和国家经贸委联合发布了《新能源和可再生能源发展纲要

（1996—2010）》。该纲要指出，要扩大太阳能的开发利用，把推广应用节能型太阳能建筑、太阳能热水器和光伏发电系统作为重点来抓。发挥太阳能等新能源和可再生能源的作用。该文件的制定和实施，对进一步推动我国太阳能技术和产业发展发挥了重要作用。

《中华人民共和国电力法》和《中华人民共和国节约能源法》提出了"国家鼓励开发利用新能源和可再生能源"，使可再生能源产业纳入法治轨道。

1996 年

第八届全国人民代表大会第四次会议审议通过《中华人民共和国国民经济和社会发展"九五"计划和2010年远景目标纲要》。

国家计委、国家科委、国家经贸委编制的《中国节能技术政策大纲》提出"依靠技术进步来降低能源消耗是实现节能的根本途径"。

国家计委编制的《节能和新能源发展"九五"计划和2010年发展规划》提出以后15年我国可再生能源的发展总目标。

1997 年

11月，国家标准GB/T 17049—1997《全玻璃真空太阳集热管》发布（1998年4月实施，现行标准号GB/T 17049—2005）。该标准对保证全玻璃真空太阳集热管的产品质量、促进太阳热水器产业的健康发展、与国际市场接轨起到了重要作用。

国家计委发布《新能源基本建设项目管理的暂行规定》。该规定指出新能源作为商品能源开发和利用尚处于起步阶段，需要国家加以扶持和引导，以促进其健康发展。

1998 年

《中华人民共和国节约能源法》开始正式施行。该法规定"从能源的生产到消费各个阶段，减少消费，减少损失和污染物的排出，制止浪费，有效且合理地利用能源"。

国务院发布《建设项目环境保护管理条例》。该条例要求"建设产生污染的建设项目，必须遵守污染物排放的国家标准和地方标准"。

国家发展计划委员会和科技部出台《可再生能源技术国产化奖励政策》。

1999 年

国家发展计划委员会和科技部发布《关于进一步支持可再生能源发展有关问题的通知》，提出加速可再生能源发电设备国产化进程。

中国节能产品认证管理委员会出台《中国节能产品认证管理办法》，确定了"节能产品"的定义。

2000 年

《中华人民共和国大气污染防治法》（修正版）提出为防治大气污染，应大力发展可再生能源。

建设部发布的《民用建筑节能管理规定》规定："对不符合节能标准的项目，不得批准建设""建设单位应当按照节能要求和建筑节能强制性标准委托工程项目的设计"。

2001年

国家经贸委制定的《新能源和可再生能源产业发展"十五"规划》，进一步确立了鼓励可再生能源发展的政策。

财政部和国家税务总局对部分资源综合利用产品增值税进行调整。

2004年

国务院出台《基本能源政策》，强调为了更大程度保障能源供应安全，将进一步寻求能源多样化。

2005年

2月，《中华人民共和国可再生能源法》公布，自2006年1月1日起施行。该法的出台为包括太阳能热利用在内的可再生能源发展提供了法律保障。该法规定国家将可再生能源的开发利用列为能源发展的优先领域，通过制定可再生能源开发利用总量目标和采取相应措施，推动可再生能源市场的建立和发展。

12月，GB 50364—2005《民用建筑太阳能热水系统应用技术规范》发布。

2006年

国家发改委、科技部出台的《中国节能技术政策大纲（2006年）》，指出着重发展太阳能热利用技术。

2007年

国家发改委、建设部发布《关于加快太阳能热水系统推广应用工作的指导意见》。该指导意见提出提高对推广应用太阳能热水系统重要性的认识，大力促进太阳能热水系统的推广应用，积极支持太阳能热水系统的技术进步和产业发展，完善太阳能热水系统技术和产品质量监督体系。

国家发改委出台《推进全国太阳能热利用工作实施方案》。该方案明确提出我国即将制定太阳能热水器的强制安装政策。

财政部、商务部、工信部等部门制定家电下乡操作细则。

海南省率先出台太阳能热水器强制安装政策。

2008年

国务院第18次常务会议通过《民用建筑节能条例》。该条例规定"有关地方人民政府及其部门应当采取有效措施，鼓励和扶持单位、个人安装使用太阳能热水系统、照明系统、供热系统、采暖制冷系统等太阳能热利用系统"。

对退耕还林的农户，安装太阳能热水器进行财政补贴。

2009 年

财政部、住建部发布《可再生能源建筑应用城市示范实施方案》。该方案提出为贯彻国务院关于节能减排战略部署,深入做好建筑节能工作,加快可再生能源在城市建筑领域应用,将开展可再生能源建筑应用城市示范工作。

太阳能热水器被纳入家电下乡政策,享受 13% 财政补贴。

2012 年

国务院通过《"十二五"国家战略性新兴产业发展规划》。

财政部、国家发改委、工信部发布《节能产品惠民工程高效节能家用热水器推广实施细则》。

国家能源局发布《关于鼓励和引导民间资本进一步扩大能源领域投资的实施意见》。

2017 年

9 月 6 日,住建部、发改委、财政部和国家能源局四部委联合下发《关于推进北方采暖地区城镇清洁供暖的指导意见》。该意见指出,要大力发展可再生能源供暖,大力推进风能、太阳能、地热能、生物质能等可再生能源供暖项目,将可再生能源供暖作为城乡能源规划的重要内容,重点推进,建立可再生能源与传统能源协同的多源互补和梯级利用的综合能源利用体系。

12 月 5 日,发改委、能源局等十部委共同印发了《北方地区冬季清洁取暖规划(2017—2021 年)》。该规划强调,坚持清洁替代,减少大气污染物。该规划指出,太阳能供暖是利用太阳能资源,使用太阳能集热装置,配合其他稳定性好的清洁供暖方式向用户供暖。太阳能供暖主要以辅助供暖形式存在,配合其他供暖方式使用,目前供暖面积较小。

2020 年

9 月 9 日,国家能源局公布《对十三届全国人大三次会议第 3406 号建议的答复》。该答复表示,国家积极鼓励推动各地因地制宜利用太阳能等可再生能源进行供暖,下一步,国家能源局将指导地方积极探索建立符合市场化原则的可再生能源供热项目开发运营模式、在具备条件的地区开展可再生能源供暖试点示范工作和重大项目建设,探索先进的项目运行和管理经验;并将指导地方进一步在财政贴息、税费减免、融资优先及建设用地等方面研究出台可操作性强的可再生能源供暖支持政策。

2021 年

1 月 27 日,国家能源局印发《关于因地制宜做好可再生能源供暖工作的通知》。该通知对地方推进可再生能源供暖提出要求,并明确配套支持政策。鼓励大中型城市有供暖需求的民用建筑优先使用太阳能供暖系统;鼓励在小城镇和农村地区使用户用太阳能供暖系统;在农业大棚、养殖等用热需求大且与太阳能特性相匹配的行业充分利用太阳能供暖;在集中供暖网未覆盖、有冷热双供需求的地区试点使用太阳能热水、供暖和制冷三联供系统;鼓励采用太阳能供暖与其他供暖方式相结合的互补供暖系统。

10月28日，国家发改委、国家能源局、生态环境部等17部门联合发布《2021—2022年秋冬季大气污染综合治理攻坚方案》。该方案要求，全力做好气源电源等供应保障。鼓励各地积极采用生物质能、太阳能、地热能等可再生能源供暖方式，大力支持新型储能、储热、热泵、综合智慧能源系统等技术应用，探索推广综合能源服务，提高能源利用效率。

12月29日，国家能源局、农业农村部、国家乡村振兴局联合印发《加快农村能源转型发展助力乡村振兴的实施意见》。该意见指出：大力推广太阳能、风能供暖。利用农房屋顶、院落空地和具备条件的易地搬迁安置住房屋顶发展太阳能供热。在大气污染防治重点地区的农村，整县域开展"风光+蓄热电锅炉"等集中供暖。在青海、西藏、内蒙古等农牧区，采用离网型光伏发电+蓄电池供电，利用户用蓄热电暖气供暖。积极推动生物质能清洁供暖。合理发展以农林生物质、生物质成型燃料等为主的生物质锅炉供暖，因地制宜推广生物质热解气等集中供暖，鼓励采用大中型锅炉，在乡村、城镇等人口聚集区进行集中供暖。在大气污染防治非重点地区乡村，因地制宜推广户用成型燃料+清洁炉具供暖模式。因地制宜推进地热能供暖。在地热资源丰富、面积较大的乡镇，优先开展地热能集中供暖。利用地源热泵，加快推广浅层地温能和中深层地热资源开发利用，打造地热能高效开发利用示范区。

三、生物质能供热采暖

（一）基本情况

目前国外生物质能供热普遍，生物质占欧盟终端用能的10.5%，占可再生能源消耗量的59%，75%的生物质被用于供热。特别是生物质能供热已成为北欧中小型区域主要供热来源，生物质能供热量占北欧供热能源消费总量的42%，是城镇供热的主力。丹麦生物质能消费占全国能源消费比重超过60%，72.8%的城镇区域供暖来自生物质热电联产，670个生物质热电联产项目为60%家庭提供热力。瑞典生物质能供热占全部供热能源消费的70%，人均消费生物质成型燃料约270公斤，居世界第一，生物质锅炉供热比较发达。

生物质用于空间供热的典型规模是千瓦级，而几十兆瓦的生物质锅炉则用于集中供热，并且用来供应热水。沼气和生物燃料可在锅炉中直接燃烧供热也可用于热电联产，生物甲烷则可注入天然气网中。生物能可提供工业过程所需低温热、蒸汽和高温热，是最便捷的解决方案之一。燃烧木柴、木片或生物质颗粒的小型加热系统易于使用、成本低，正取代欧洲许多地区的燃油取暖。生物质既可用于区域供热又可用在热电联产系统中发电，能源利用效率高达85%—90%。用于家庭的微型热电联产尚处于起步阶段，但具备增加使用生物质的潜力。

除立法、监管和产业等因素，生物质能在供热市场的发展潜力取决于：开发高品质生物燃料；发展技术以降低成本；智能系统集成，通过数字和人工智能技术降低规划、安装和运行的复杂性。预计2050年以后欧洲利用生物质进行能源生产的潜力为7—30艾焦。

（二）中国生物质能供热采暖情况

我国生物质清洁供热产业于2006年前后起步，目前技术条件已成熟，但产业发展缓慢，仍处起步阶段。截至2019年年底，我国生物质清洁供暖面积约3亿平方米，仅相当于同期北方地区供暖面积的1.4%、北方地区清洁供暖面积的2.6%。生物质能作为清洁能源，相对于风光发电更具稳定性，在一些县域供电、供暖方面可以发挥大作用，但由于各界对生物质能长期认识不足，产业亟待打破发展藩篱。

从2017年发布《北方地区冬季清洁取暖规划（2017—2021年）》开始到现在，生物质能清洁供热有了一个里程碑式的发展。清洁取暖在推动过程中已经吸取了一些经验教训，也处于一个新的攻坚阶段。从最初煤改气煤改电、"一刀切"的方式，逐渐向灵活、理性的方式转变。

《促进生物质能供热发展指导意见的通知》《关于开展"百个城镇"生物质热电联产县域清洁供热示范项目建设的通知》等陆续发布。从国家主管部门发布的政策来看，产业发展方向和趋势是非常明确的，有很强的一个指引信号，但欠缺财政支持政策。从五年规划来看，从直辖市到一级、二级、三级城市都有相应的补贴，但补贴力度和发展规模、发展目标还有一定差距，存在中央的补贴和地方的配套不平衡问题，这是未来产业发展面临的困难。

2018年年底，国家能源局发布的《关于做好2018—2019年采暖季清洁供暖工作的通知》再次明确了清洁供暖的原则，同时提出积极扩大可再生能源供暖规模。其中，重点强调积极推进生物质能供暖，扎实做好生物质资源量评估分析，重点发展生物质热电联产或生物质锅炉供暖，以及分散式生物质成型燃料供暖，并落实规划关于生物质热电超低排放改造、城市城区生物质锅炉达到天然气锅炉排放标准的要求。在具备资源条件的城镇和农村地区，鼓励以"农户收集、就近加工、就地使用"的模式大力推进生物质成型燃料替代散烧煤，积极推进生物沼气等其他生物质能供暖。

2019年6月，国家能源局综合司下发《征求〈关于解决"煤改气""煤改电"等清洁供暖推进过程中有关问题的通知〉意见的函》。该函明确，因地制宜拓展多种清洁供暖方式，在农村地区，重点发展生物质能供暖，同时解决大量农林废弃物直接燃烧引起的环境问题。

由生态环境部、国家发展改革委等联合印发的《2021—2022年秋冬季大气污染综合治理攻坚方案》明确提出，鼓励各地积极采用生物质能、太阳能、地热能等可再生能源供暖方式，提高能源利用效率。该方案明确，生物质锅炉应采用专用锅炉，配套旋风+布袋等高效除尘设施，禁止掺烧煤炭、垃圾、工业固体废物等其他物料，氮氧化物浓度超过排放标准限值的应配备脱硝设施；推进重点地区城市建成区生物质锅炉超低排放改造；采用SCR脱硝工艺的，秋冬季前要对催化剂使用状况开展检查，确保脱硝系统良好稳定运行。

国家发改委印发《"十四五"生物经济发展规划》，这是我国首部生物经济五年规划。其中指出，开展新型生物质能技术研发与培育，推动化石能源向绿色低碳可再生能源转型；要培育壮大生物经济支柱产业，推动生物能源产业发展；要有序发展生物质发电，推动向热电联产转型升级。

2022年1月5日，国家能源局网站发布消息称，国家能源局、农业农村部、国家乡村振兴局三部门联合印发《加快农村能源转型发展助力乡村振兴的实施意见》。该意见指出，继续实施农村供暖清洁替代。积极推动生物质能清洁供暖。合理发展以农林生物质、生物质成型燃料等为主的生物质锅炉供暖，因地制宜推广生物质热解气等集中供暖，鼓励采用大中型生物质锅炉，在乡村、城镇等人口聚集区进行集中供暖。在大气污染防治非重点地区乡村，因地制宜推广户用成型燃料+清洁炉具供暖模式。

到2018年年底，生物质能的总利用量已经达到5200万吨标准，约占能源消费总量的1.1%。其中，生物质发电仍占据生物质能商品化利用的主要地位。截至2019年6月，生物质发电装机容量已接近2000万千瓦，其中热电联产达到788万千瓦，意味着新增的生物质热电联产项目的供暖面积接近4.8亿平方米，约占《关于促进生物质供热发展的指导意见》提出的发展目标的50%。显然，生物质热电联产在生物质清洁供暖领域占有重要地位，在"十四五"期间的县域清洁供暖中仍将发挥至关重要的作用。

从县域环境发展来看，生物质热电、供热、生物天然气可以在消费侧直接替代散煤等传统化石能源，因地制宜地利用生物质资源，对推动乡村生产生活用能方式具有革命性影响，为农村居民提供稳定价廉的清洁可再生能源，享受与城市居民无差别的用能服务。

根据清洁供暖工作的持续推进，预计未来生物质清洁取暖面积将超过10亿平方米。在工业生产领域，根据对全国燃煤锅炉的统计，目前额定蒸发量≤130吨每小时的燃煤锅炉数量超过1.7万台，总额定蒸发量达到52万吨每小时，假设到2030年生物质清洁供热能够替代燃煤锅炉的50%，生物质锅炉总蒸发量将超过34万吨。综合各类数据进行推算，预计2030年生物质年供热量将超过24亿吉焦，碳减排量超过2.4亿吨。

四、地热能供热采暖

（一）中国地热能资源

地热能是一种绿色低碳、可循环利用的可再生能源，具有储量大、分布广、清洁环保、稳定可靠等特点。我国地热资源丰富，市场潜力巨大，发展前景广阔。开发利用地热能不仅对调整能源结构、节能减排、改善环境具有重要意义，而且对培育新兴产业、促进新型城镇化建设、增加就业均具有显著的拉动效应。地热能通常分为浅层地热能、水热型地热能、干热岩型地热能。

中国地热能发展报告显示，中国336个主要城市浅层地热能年可采资源量折合7亿吨标准煤，可实现供暖（制冷）建筑面积320亿平方米，其中黄淮海平原和长江中下游平原地区最适宜浅层地热能开发利用。

我国水热型地热资源总量折合标准煤1.25万亿吨，中国大陆水热型地热能年可采资源量折合18.65亿吨标准煤（回灌情景下）。我国水热型地热资源以中低温为主，高温为辅。受构造、岩浆活动、地层岩性、水文地质条件等因素的控制，水热型地热资源分布有明显的规律性和地带性，依据构造成因可分为沉积盆地型和隆起山地型地热资源。

隆起山地型中低温地热资源主要分布在东南沿海、胶东、辽东半岛等山地丘陵地区。隆起山地型高温地热资源主要分布在我国台湾和藏南、滇西、川西等地区。由于我国地处环太平洋板块地热带的西太平洋岛弧型板缘地热带以及地中海—喜马拉雅陆—陆碰撞型板缘地热带的交会部位，受构造活动的控制，该区域孕育有大量的水热活动，是我国最主要的高温温泉密集带。西南地区水热型地热资源年可采量折合标准煤1530万吨，高温地热资源发电潜力712万千瓦。

干热岩在地球内部普遍存在，但有开发潜力的干热岩资源分布在新火山活动区、地壳较薄地区等板块或构造体边缘。我国陆区地下3—10千米范围内干热岩资源量折合标准煤856万亿吨。根据国际干热岩标准，以其2%作为可开采资源量计，约为2015年全国能源总消耗量的4000倍。鉴于干热岩型地热能勘查开发难度和技术发展趋势，埋深在5500米以浅的干热岩型地热能将是未来15—30年中国地热能勘查开发研究的重点领域。

（二）开发现状

地热能是一种储量丰富、分布较广、稳定可靠的可再生能源。截至2020年年底，中国地热直接利用装机容量达40.6吉瓦，占全球38%，连续多年居世界首位。其中，地热供暖装机容量7.0吉瓦，地热热泵装机容量26.5吉瓦，分别比2015年增长138%、125%。

国务院发布的《2030年前碳达峰行动方案》提出，要探索深化地热能以及波浪能、潮流能、温差能等海洋新能源开发利用，进一步为地热能开发利用高质量发展提供坚强的政策保障。

1. 浅层地热能开发情况

中国浅层地热能利用起步于20世纪末，伴随绿色奥运、节能减排和应对气候变化行动，浅层地热能利用进入快速发展阶段，2015年起浅层地热能利用规模开始位居世界第一。"十三五"期间，我国建设了一批重大的浅层地热能开发利用项目，浅层地热能技术的成熟性和可靠性得到验证和认可。

截至2019年年底，全国浅层地热能开发利用规模为8.4亿平方米，主要分布在北京、天津、河北、辽宁、山东、湖北、江苏、上海等省市的城区。地热直接利用的年利用能量世界第一，占世界的29.7%；地热直接利用的设备容量世界第一，占世界的25.4%；地源热泵年利用浅层地热能量世界第一，占世界的30.9%；地热供暖年利用量世界第一，占世界的38.2%。

2. 水热型地热能开发情况

水热型地热能利用是中国地热产业主力军。我国开发利用水热型地热供暖已有上千年的历史，改革开放后尤其是近年来，水热型地热供暖的开发利用在规模、深度和广度上都有很大发展。近10年来，中国水热型地热能直接利用以年均10%的速度增长，已连续多年居世界首位。中国地热能直接利用以供暖为主，其次为康养、种养殖等。据不完全统计，截至2017年年底，全国水热型地热能供暖建筑面积超过1.5亿平方米，其中山东、河北、河南增长较快。

中国地热能发电始于20世纪70年代，1970年12月第1台中低温地热能发电机组在广东省丰顺县邓屋发电成功。目前，我国地热发电已建总装机容量53.45兆瓦，目前运行容量46.46兆瓦，已停运容量5.79兆瓦，已拆除容量1.2兆瓦。

3. 干热岩型地热能资源勘查开发情况

干热岩型地热能是未来地热能发展的重要领域。美国、德国、法国、日本等国经过20—40年不等的探索研究，在干热岩型地热能勘查评价、热储改造和发电试验等方面取得了重要进展，积累了一定经验。相比而言中国起步较晚，2012年科技部设立国家高新技术研究发展计划（"863"计划），开启了中国关于干热岩的专项研究。2013年以来中国地质调查局与青海省联合推进青海重点地区干热岩型地热能勘查，2017年在青海共和盆地3705米深处钻获236℃的干热岩体，是中国在沉积盆地区首次发现高温干热岩型地热能资源。

（三）开发利用方式

地热资源的开发利用可分为发电和直接利用两个方面。高温地热资源主要用于发电；中温和低温地热资源则以直接利用为主；对于25℃以下的浅层地热能，可利用地源热泵进行供暖和制冷。

1. 浅层地热能供暖制冷

2015年起我国浅层地热年利用率总量位列世界第一。2017年地源热泵装机容量达2万兆瓦，年利用浅层地热能这和标准煤1900万吨。我国浅层地热能利用发展速度快、应用面积大，各地区利用发展程度不同，覆盖面广，系统类型多样。

2. 中低温地热直接利用

我国中低温地热直接利用主要在地热供暖、医疗保健、温泉、洗浴和旅游度假、养殖、农业温室种植和灌溉、工业生产、矿泉水生产等方面，并逐步开发了地热资源梯级利用技术、地下含水层储能技术等。

开发利用60—100℃的中低温地热水、热尾水和浅层地热能。一些有温泉出露的地区，尤其是北方，都在不同程度上利用地热采暖，已取得良好效果。天津利用地热进行区域供暖已成为我国的典范，正在带动北方地热区域供热的发展。利用地热水供暖，以其清洁、对大气污染极小、运行成本低、资源综合利用收益高等优点，再加上热泵技术，在常规能源比较短缺有条件开发地热资源的地区，受到了普遍重视，并收到了明显经济效益和社会效益，其发展前景广阔。

地热流体中具有较高的温度、含有特殊的化学成分与气体成分、少量生物活性离子及放射性物质等，对人体各系统器官功能调节具有明显的医疗和保健作用。在各温泉疗养院中，利用地热可以进行水疗、气疗和泥疗等。随着经济发展和人民生活水平提高，全国相继在许多地区建立了一批集医疗、洗浴、保健、娱乐、旅游度假于一体的"温泉度假村"或"医疗康复中心"。

在温泉、洗浴和旅游度假方面，利用地热水进行洗浴，几乎遍及全国各省（自治区、直辖市）。据不完全统计，全国已建温泉地热水疗养院200余处，突出医疗利用的温泉浴疗有430处。我国许多温泉区既是疗养地，又是旅游观光区，我国藏南、滇西、川西及台湾一些高温温泉和沸泉区，不仅拥有高能位地热资源，同时还拥有绚丽多彩的地热景观，为世人所瞩目。如云南省腾冲是我国大陆唯一的一处保存完好的火山温泉区，拥有罕见的火山、地热景观及珍贵的医疗矿泉水价值；台湾省的大屯火山温泉区也是温泉疗养和旅游观光胜地。

在养殖方面，北京、天津、福建、广东等地起步较早，现已遍及20多个省（自治区、直辖市）的47个地热田。主要养殖罗非鱼、鳗鱼、甲鱼、青虾、牛蛙、观赏鱼等以及鱼苗越冬。由于各地温泉养殖业迅速发展，新鲜鱼类畅销海内外，取得显著经济效益。此外，还有地热孵化禽类、地热烘干蔬菜、地热水加温沼气池与牲畜洗浴池等，也取得良好效果。

在农业温室种植和灌溉方面，地热是一种复合型资源，非常适合生物的反季节、异地养殖与种植。利用地热能可以为温室供暖，利用地热水可以进行温带水生物的养殖，地热水中的矿物质还可以为生物提供所需的养分。在我国北方，地热主要用于种植较高档的瓜果类、菜类、食用菌、花卉等；在南方，主要用于育秧。

在工业生产方面，目前主要用于纺织印染、洗涤、制革、造纸与木材、粮食烘干等，其中温泉区地下热水在纺织工业及化工工业方面均获得较好的利用和效益。同时，部分地热水还可提取工业原料，如腾冲热海硫磺塘采用淘洗法取硫磺，洱源县九台温泉区挖取芒硝和自然硫，台湾自明清以来就已经在大屯火山温泉区开采自然硫，等等。

3. 高温地热发电

在地热发电方面，20世纪70年代初，我国在江西、广东等地开发中低温地热能，建设了一批地热示范电站。1977年，我国开始开发中高温地热能，并在西藏羊八井建设了第一个中高温地热发电示范电站。此后羊八井地热电站历时14年建成7台3兆瓦机组和1台3.18引进机组，持续运行至2020年。2018年9月，羊易地热电站16兆瓦双工质地热发电引进机组首次并网，于2019年正常运行，成为截至目前我国单机功率最大的地热发电机组。

虽然我国高温地热发电规模落后于世界，但高温地热发电的地面设备技术还是一直处于跟随状态的，其主要由于一些钢厂、化工厂等高温余热资源需要加以利用，所以从余热发电角度一直在发展。

高温地热发电根据地面发电设备原理不同，一般分为单极闪蒸地热发电技术、两极闪蒸地热发电技术、双工质发电技术、全流发电技术（螺杆膨胀动力机技术）几大类，目前双工质发电技术应用最多。高温地热发电技术中地面发电设备技术有多种解决方案，技术相对成熟，其最难的技术属于高温地热资源勘查技术，如何勘查到高温地热资源，如何将地下的高温地热资源提出地表是较难的技术。若能够从地下提取出高温地热流体，高温地热发电相对容易实现。

"地热能+"多能互补。以"多能互补、智能耦合"为特色的"地热+"绿色风暴正在各地悄悄形成。"地热能+"多种清洁能源互补供热技术，创新设计了地热梯级利用工艺，地热高温部分进行发电，低温部分进行供热，提高地热利用率。在京津冀和东南沿海地区初步建立发电、供暖二级地热能梯级开发利用示范基地。

"地热能+"的出发点和着力点就是以地热资源禀赋和分布特征为基础，因地制宜，加强地热与其他可再生能源的互补综合利用，以实现较高的能源使用效率。大力发展"地热能+"，是未来新能源和可再生能源的一个发展方向。

（四）2019年中国地热能行业十大要闻

1

【我国首次成功申办世界地热大会】

新闻回顾：2019年11月28日，从新西兰奥克兰召开的国际地热协会上传来喜讯，由国家地热中心指导委员会主任、中国地源热泵产业联盟名誉理事长、中国工程院院士曹耀峰带领的中国代表团在新西兰举办的国际地热协会理事大会上，经过激烈的角逐，成功取得了2023年世界地热大会的主办权，这是我国首次获得世界地热大会主办权。世界地热大会由国际地热协会主办，是世界地热领域规模最大、水平最高的盛会，享有"地热界奥林匹克大会"之称。中国申办2023年世界地热大会国家代表团于2019年12月1日抵达北京首都机场，《地源热泵》杂志及业界代表在现场举行了欢迎仪式。

2

【西藏羊八井地热发电项目合作开发顺利推进】

新闻回顾：2019年12月27日，中核坤能与国网西藏电力有限公司在拉萨顺利召开了西藏羊八井地热发电有限公司股东会第一次会议、第一届董事会第一次会议和第一届监事会第一次会议。2018年10月以来，中核坤能积极对接国网西藏电力，先后完成《西藏羊八井地热发电项目合作协议》签署、现场收资，《西藏羊八井地热田资源评价报告》和《西藏羊八井地热发电项目开发方案》编制和专家审查等前期工作。2019年12月26日，西藏羊八井地热发电有限公司名称预核准通过。此次新设公司三会的召开为羊八井地热发电项目开发工作的全面启动创造了良好条件、提供了坚实保障，圆满完成了中国核电部署和年度节点目标。

3

【《地热回灌技术要求》发布会暨回灌技术交流会召开】

新闻回顾：2019年1月14日，中华人民共和国能源行业标准《地热回灌技术要求》发布会暨回灌技术交流会在北京召开。来自北京、山东、辽宁、河北等省市的业内专家及企业代表就地热回灌技术示范工程推广及应用作了专题报告。大会发布了中华人民共和国能源行业标准NB/T 10099—2018《地热回灌技术要求》，该标准于2019年3月1日起正式实施。《地热能术语》《地热能直接利用项目可行性研究报告编制要求》也于2019年3月1日起实施。会议由能源行业地热能专业标准化技术委员会主办，中国石化集团新星石油有限责任公司、《地源热泵》杂志社承办。

4

【当雄县城地热供暖建设项目一期实现供暖】

新闻回顾：西藏自治区当雄县城地热供暖建设项目是拉萨市重点项目之一，该项目由当雄县康盛新能源综合开发有限责任公司建设，总投资1.6亿元。当雄县城地热供暖项目分三期建设，总供暖面积70万平方米，一期投资3000余万元，供暖面积约4万平方米，现已为当雄县中学、县法院、县公安局、县检察院等单位进行供暖。二期供暖面积约13万平方米，投资约1.3亿元，供暖单位有30余个，2019年4月底开工建设，二期工程将覆盖一些行政单位和企业单位。三期工程将会对民宅供暖，总面积40万平方米左右。

5

【两会聚焦：以地热利用破题打赢蓝天保卫战】

新闻回顾：2019年3月11日，2019年全国两会老杨会客厅夜话"打赢蓝天保卫战"沙龙在人民日报社新媒体大厦举办。主持人杨建国与曹耀峰、多吉、陈泽民、庞忠和、梁海军等院士、专家、地热从业者，梁静、蒋毓勤、李东艳、葛树芹、刘丽、王萌萌、刘岩、薛红星等全国人大代表、委员、企业、机构代表等嘉宾，以及20余家中央媒体代表，从地热利用角度切入，探寻清洁能源供暖和利用的方式和路径。

6

【雄安新区打出华北第一地热井】

新闻回顾：2019 年，由河北省地矿局水文三队负责施工的雄安新区地热勘查 D35 孔，该井无论是水温还是水量在华北地区都是最高的，被专家称为华北地区第一地热井。该地热井井深 3853 米，井口水温 108.9℃，孔底温度 116℃，仅这一口深层地热井就可以满足 50 多万平方米的供暖需求。地热勘查 D35 孔是由新装备的 ZJ50LDB 钻机施工完成，该孔于 2018 年 9 月 18 日正式开钻，纯钻井时间 112 天。该孔设计孔深为 4000 米，实际钻井深度为 3853 米，热储层为蓟县系雾迷山组白云岩。

7

【北京发布《关于进一步加快热泵系统应用推动清洁供暖的实施意见》】

新闻回顾：2019 年 1 月 21 日，经北京市政府同意，北京市发展改革委等 8 部门联合制定发布了《关于进一步加快热泵系统应用推动清洁供暖的实施意见》（京发改规〔2019〕1 号）。实施意见的发展目标："第一阶段：到 2020 年，本市新增热泵系统利用面积 1000 万平方米，累计利用面积达到 7000 万平方米，热泵系统利用规模稳步增长，清洁供暖结构更加优化。第二阶段：到 2022 年，本市新增热泵系统利用面积 2000 万平方米，累计利用面积达到 8000 万平方米，占全市供热面积的比重达到 8% 左右，热泵系统应用水平得到显著提升。"

8

【天津东丽湖第二口地热科学钻井实现新突破】

新闻回顾：2019 年 11 月 19 日，自然资源部中国地质调查局水文地质环境地质调查中心相关负责人携专家组赴天津东丽湖开展 CGSD-02 井完井野外验收工作。CGSD-02 井是水环中心在自然资源部中国地质调查局统一部署下组织实施的天津东丽湖地区地热科学钻井，完井深度 4103.48 米，是天津地区目前最深的地热井。专家组在听取汇报、查阅原始资料及对野外工作现场核验后，一致同意通过此次野外验收。项目的成功实施为深部地热勘查开发利用提供基础数据。

9

【"华清荣益·2019 第十一届中国国际地源热泵行业高层论坛"召开】

新闻回顾：2019 年 8 月 19—21 日，国内地热能与地源热泵行业规模最大的专业会议——"华清荣益·2019 第十一届中国国际地源热泵行业高层论坛"在北京召开。来自国内外 43 位知名院士、专家、企业领导为大会发言和发表了主旨演讲，以及来自全国各地的地源热泵企业、行业协会、大专院校、房地产开发商、设计院和研究机构的代表出席了这届大会。与会人员围绕"与世界对话 促地热腾飞"的论坛主题,通过与会嘉宾的主旨演讲与对话、科研成果交流与分享,深入交流探讨地源热泵行业及地热能发展面临的机遇和挑战。会议同期还举办了2019第六届中国国际地热能技术与装备展览会。论坛和展览会由北京快能帮展览有限公司主办,《地源热泵》杂志社、地源热泵网、地热能网承办。

10

【羊易地热电站一期机组首次满负荷试验运行成功】

新闻回顾:2019年2月21日,羊易一期16兆瓦地热电站满负荷试验运行成功。通过自然条件最艰苦的3个月的整改与优化,羊易地热ORC机组达到稳定运行条件,地热发电机组首次进入满负荷试验运行,各项运行指标参数优良,开创了地热发电历史的新征程。此前,据业内人士表示,羊易地热电站成功并网发电是我国地热发电史上继羊八井地热电站之后又一具有里程碑意义的事件,其将引领中国步入地热发电的新时代,对我国地热能未来发展也将产生深远的影响。(由地热能网、《地源热泵》杂志与地源热泵网联合主办,快能帮App冠名赞助的"快能帮·2019年中国地热能行业十大要闻评选"活动评选结果)

(五)2020年中国地热十大要闻

1

【我国开征地热资源税】

摘要:经中华人民共和国第十三届全国人民代表大会常务委员会第十二次会议通过后的《中华人民共和国资源税法》,于2020年9月1日起正式施行。明确将地热列为能源矿产,要求"按原矿1%—20%或每立方米1—30元"的税率标准征税。

介绍:由于目前的地热开发技术以"水热型"中深层地热为主,即通过抽灌深层地下水实现取热。因此,各地在制定地热资源税征收实施细则时,都不约而同采取了以水量计征方式。据不完全统计,截至8月20日,北京、河北、山西、广东、浙江、江苏、江西、甘肃、宁夏等20个地区公布了当地地热资源税适用税率,与《中华人民共和国资源税法》同步施行,各地实际执行税率每立方米1—30元不等。

2

【我国多地严格管控抽采地热水】

摘要:2020年7月15日,河北省自然资源厅、河北省水利厅联合印发《关于严格管控抽采地热水的通知》,要求严格控制抽采地热水,鼓励取热不取水,强制实施回灌。除山区自流温泉外，原则上不再新立以抽采地热水方式开发利用地热的采矿权。全省各地也纷纷出台了相关举措，对违规凿井、取水、开采现象进行管控。上述乱象不单发生在河北，在陕西、天津、山东等地也加强严格管控抽采地热水行为。

介绍：2018年中央环保督察"回头看"反馈意见中明确指出，河北省地热资源违规开发问题突出。河北省实施的"史上最严、力度最大"的地热专项整治行动，始于2019年4月河北省自然资源厅发布的《关于加强地热开发利用管理的通知》，要求2020年9月30日前依法查处并取缔不符合地热规划违法开采的地热井。河北地热无序违规开发现状，直接或间接反映出目前我国地热行业多头管理、开发秩序较乱、市场监管缺位的局面。河北多地对违规开采地热井的"亮剑"，有序规范了行业发展环境，引导地热产业健康发展，促进地热市场理性回归。

3

【健全行业标准规范，助力地热高质量发展】

摘要：2020年以来，我国制定修订多项地热能行业标准。截至2020年年底，能源行业地热能专业标准化技术委员会制定发布了19项地热标准，21项地热标准正在报批中。为更好地规范地热能技术应用，黑龙江、宁夏、浙江、湖南、天津等地发布了地方版地热能技术应用标准。

介绍：2020年业界对国标《地源热泵系统工程技术规范》GB 50366-2005进行了局部修订；《中深层地热热泵技术规程》送审稿审查会圆满召开；团体标准《地源热泵系统运行技术规程》自2020年12月1日起实施；国家标准《浅层地热能利用通用技术要求》自2020年10月1日起实施。浙江发布地方标准《地源热泵系统工程技术规程》、宁夏发布地方标准《宁夏浅层地温能勘察施工技术规程》、黑龙江发布地方标准《黑龙江省地热能供暖系统技术规程》。通过科学化、规范化、标准化的管理，促进地热产业高质量发展。

4

【国家能源局征集"十四五"能源发展意见建议】

摘要：2020年4月，国家能源局综合司发布了《关于做好可再生能源发展"十四五"规划编制工作有关事项的通知》。2020年11月，国家能源局发布《关于征集"十四五"能源发展意见建议的公告》，包括但不限于，支撑"二氧化碳排放力争于2030年前达到峰值"的阶段性目标和任务举措，能源清洁低碳安全高效利用，用能权、碳排放权市场化交易，节能减排等；能源数字化、智能化发展，智慧能源创新示范等。

介绍：能源是现代化建设的重要基础和动力，谋划好"十四五"能源发展至关重要。国家能源局公开征求对"十四五"能源规划研究编制工作的意见建议,在更高起点上推动"四个革命、一个合作"能源安全新战略走深走实,全面构建清洁低碳、安全高效的能源体系。作为国家层面的首个地热产业规划,《地热能开发利用"十三五"规划》于2017年由国家发改委等三部门联合发布。《可再生能源发展"十四五"规划》地热部分的编制工作,目前初稿已经编制完成,预计2021年3月形成国家《可再生能源发展"十四五"规划(送审稿)》,经合法性审查等程序后上报或印发。

5

【中国地热正阔步走向世界大舞台】

摘要:2020年6月4日,国家地热能中心应国际地热协会(IGA)邀请,参加了面向全球直播的在线大会。作为2023年世界地热大会中国组织承办单位,国家地热能中心主任、中国工程院院士、中国地源热泵产业联盟名誉理事长曹耀峰在会上发表了题为"2023年世界地热大会,北京欢迎你!"的精彩演讲,这是国家地热能中心首次作为2023年世界地热大会的主办方在国际上发表演讲。2020年11月11日,世界地热协会指导委员会与2023年世界地热大会组织委员会以视频方式召开第一次联席会议。

介绍:世界地热大会由国际地热协会主办,是世界地热领域规模最大、水平最高的盛会,享有"地热界奥林匹克大会"之称,是全球地热资源领域政、产、学、研各方交流最新研究成果、最新进展的重要平台。2019年11月,中国在世界地热大会2023申办国家竞选中脱颖而出,确定了2023世界地热大会将在北京举办。在2021年的世界地热大会上,中国将与冰岛举行主办权签约仪式、与国际地热协会签署主办协议,届时,世界地热大会将正式进入"北京时间"。

6

【"李四光倡导中国地热能开发利用50周年纪念大会"召开】

摘要:2020年5月28日,"李四光倡导中国地热能开发利用50周年纪念大会暨首届中国地热前沿技术与应用在线研讨会"成功召开。来自国内外的19位地热知名专家和政府以及协会领导出席了此次大会并作发言。大会从不同角度展示了李四光部长倡导地热开发利用50年来,我国地热能行业取得的巨大成就,充分体现了我国地热能开发利用的崭新面貌和发展的大好前景。

介绍:地热之火,星星燎原。2020年是李四光先生倡导中国地热能开发利用50周年,李四光先生在中国首先倡导研究、开发、利用地热能源,他以巨大的热情和精力致力于推动我国地热能事业的发展。汪集暘院士、曹耀峰院士、郑克棪主任、方肇洪教授、王贵玲主任、李宁波主任等业界大咖及企业领导出席了纪念李四光倡导中国地热能开发利用50周年大会,众多专家学者对地热能在中国的发展历程、发展现状进行了回顾并展望未来发展趋势。"中国地热的星星之火"已点燃了服务社会经济发展、促进民生改善的"燎原之势",而这也正是李四光先生毕生之心愿。

7

【中国科学院启动"长三角地区地热资源及其综合利用研究"】

摘要:2020年7月28日,中国科学院学部咨询评议项目"长三角地区地热资源及其综合利用研究"启动会在北京召开,会议采用线上线下同步举行。该课题由18个单位共同参与,该研究成果将于2021年年底完成。项目组成员分别于2020年9月、10月、11月,三次赴长三角地区实地调研地热资源情况并召开座谈会。

介绍:中国科学院学部咨询评议项目"长三角地区地热资源及其综合利用研究"为国家级课题,该项目立项旨在针对长江三角洲地区"一体化"和"高质量"发展理念,系统厘清地热资源家底、开发利用现状与需求、梳理存在的问题、探索长三角地区地热开发利用发展道路,提出战略与对策,为长三角一体化发展提供支撑。"长三角地区地热资源及其综合利用研究"内容包括六大课题,分别为地热资源分布特征与开发潜力评估、地热资源开发利用现状与需求预测、地热勘查评价创新技术、地热综合利用创新技术、地热产业发展创新模式、地热产业发展战略建议。

8

【挪宝集团·2020第十二届中国国际地源热泵行业高层论坛圆满召开】

摘要:2020年9月14—15日,"挪宝集团·2020第十二届中国国际地源热泵行业高层论坛"在江苏省苏州市召开。大会以"新需求 新思路 新发展,探索地热行业高质量发展之路"为主题,采用线下+线上VR直播,并同步举办了线下CIGEE中国地热展+线上中国地热展VR云展会。据悉,这是国内地热行业首个采用VR技术进行大会直播和展览的专业会议,700余名嘉宾现场出席了这届大会。

介绍:这届论坛同期举办了地热开发百人论坛首届论坛——地热发电前景暨第五届中国中深层地热能可持续开发利用研讨会,夏热冬冷地区地热开发技术与应用研讨会,海利丰·区域智慧能源清洁供暖(制冷)发展分论坛,CIGEE2020第七届中国国际地热能技术与装备展等。中国国际地源热泵高层论坛自2009年8月创办以来,已连续成功举办了十二届,现已发展成为业界规模最大、规格最高、影响最广的行业盛会。论坛的举办旨在更好地推动地热能应用扩大规模、优化布局、提质增效,实现高比例、高质量发展,开创我国地热开发利用新局面。

9

【地热发电项目被纳入可再生能源发电补贴项目清单】

摘要：2020年11月25日，财政部办公厅发布《关于加快推进可再生能源发电补贴项目清单审核有关工作的通知》，对我国可再生能源发展相关规划项目补贴清单审核、公布等有关事项作出要求。其中，地热发电项目被纳入补贴清单。财政部要求，按照项目全容量并网时间先后顺序，成熟一批，公布一批，尽快完成补贴清单的公布。

介绍：业内人士认为，地热发电项目被纳入可再生能源发电补贴项目清单，这是行业重大利好消息。地热发电在各方奔走呼吁多年后，终于迎来了明确的政策指引，中国地热发电将以崭新的面貌迎接"十四五"。地热能作为一种环保的可再生能源，地热阶梯供热或者地热发电技术都需可持续化、规范化运行管理，尤其地热发电，保证发电的稳定性、持续性才能真正实现并网运行。业内人士表示，接下来重点是落实有吸引力的补贴价格，"十四五"地热发电产业才有可能迎来井喷式发展。

10

【中国技术监督情报协会地热产业工作委员会筹备成立大会举行】

摘要：2020年12月12日，中国技术监督情报协会地热产业工作委员会筹备成立大会在北京举行。大会宣读了中国技术监督情报协会关于筹备成立地热产业工作委员会、党建标准化推进工作委员会的决定，对地热产业工作委员会、党建标准化推进工作委员会的组织架构及委员人选进行了提名与表决。会上，与会全体会员举手正式表决通过了"中国地源热泵产业联盟"更名为"中国地热产业联盟"的决议。

介绍：中国技术监督情报协会地热产业工作委员会是由国内从事地热研究与开发的优秀企业、设计研究和服务机构等单位和行业知名人士自愿发起创立的全国性、行业性非营利组织。以推进地热产业的技术研发和高质量工程应用，通过标准引领和规范地热产业自律与诚信体系建设为宗旨。

（六）2021年中国地热能行业大事件

1

【国管局：推动公共机构使用地热能等新能源技术】

2月8日，国管局发布《关于2021年公共机构能源资源节约和生态环境保护工作安排的通知》。通知要求，各地区、各部门大力推广应用节约能源资源新技术、新产品，开展新一批公共机构节能节水技术集编制和公共机构能源资源节约示范案例征集。继续推动公共机构使用太阳能、地热能、风能等新能源，推广应用绿色低碳、先进适用的新技术和新产品，助力公共机构率先实现碳达峰。

2

【2021 年中央一号文件：实施乡村清洁能源建设工程】

2月21日，《中共中央 国务院关于全面推进乡村振兴加快农业农村现代化的意见》发布，这是21世纪以来第18个指导"三农"工作的中央一号文件。把全面推进乡村振兴作为实现中华民族伟大复兴的一项重大任务，举全党全社会之力加快农业农村现代化。该意见明确加强乡村公共基础设施建设。继续把公共基础设施建设的重点放在农村，着力推进往村覆盖、往户延伸。"实施乡村清洁能源建设工程"成为2021年中央一号文件中关于加强乡村公共基础设施建设的重要组成部分。

3

【《中国地热能产业发展报告（2021）》编写组正式成立】

1月22日，《中国地热能产业发展报告（2021）》编写启动在线会议召开。该报告全面梳理和总结中国地热行业发展现状、科技创新和技术研发方向、存在的问题及采取的对策，并展望和揭示未来发展趋势，为今后地热能产业发展提供理论指导和实践经验借鉴，规范和推动地热能行业全面、高质量发展。近百位来自地热能领域的知名专家学者及行业组织、高等院校、科研院所、地热企业的相关从业人员出席了在线会议。

4

【"十四五"规划纲要：开发利用地热能，积极应对气候变化】

3月12日，《中华人民共和国国民经济和社会发展第十四个五年规划和2035年远景目标纲要》正式发布。该纲要指出"十四五"及未来时期，我国要加快构建现代能源体系。推进能源革命，建设清洁低碳、安全高效的能源体系，提高能源供给保障能力。因地制宜开发利用地热能。加快发展非化石能源，建设一批多能互补的清洁能源基地，非化石能源占能源消费总量比重提高到20%左右。

5

【国家能源局："十四五"将积极推进地热能多元化开发利用】

国家能源局新能源司副司长任育之3月16日表示，"十四五"期间，我国将积极推进地热能多元化开发利用。他指出，为深入落实"碳达峰、碳中和"目标任务，"十四五"及今后一段时期，我国可再生能源将以更大规模、更高比例发展，步入高质量跃升发展新阶段，进入大规模、高比例、低成本、市场化发展新时代。

6

【中央财政支持北方地区冬季清洁取暖项目】

3月16日，财政部办公厅、住房城乡建设部办公厅、生态环境部办公厅、国家能源局综合司联合发布《关于组织申报北方地区冬季清洁取暖项目的通知》，中央财政对纳入支持范围的城市给予清洁取暖改造定额奖补，连续支持3年，每年奖补标准为省会城市7亿元、一般地级市3亿元。资金主要支持有关城市开展"煤改气""煤改电"，以及地热能、太阳能、工业余热等多种方式清洁取暖改造。

7

【国家能源局印发《2021年能源工作指导意见》】

4月19日，国家能源局发布《2021年能源工作指导意见》。该指导意见明确，加快清洁低碳转型发展，大力发展非化石能源。研究启动在西藏等地的地热能发电示范工程。因地制宜实施清洁取暖改造，建立健全清洁取暖政策体系，确保取暖设施安全稳定运行，实现北方地区清洁取暖率达到70%。研究探索南方地区清洁取暖，在长江流域和南方发达地区，鼓励以市场化方式为主，因地制宜发展清洁取暖，培育产品制造和服务企业。

8

【15部门联合发文：县城试点开展地热能清洁供暖】

5月25日，住房和城乡建设部等15部门联合发布《关于加强县城绿色低碳建设的意见》。该意见要求各地大力发展适应当地资源禀赋和需求的可再生能源，因地制宜开发利用地热能、生物质能、空气源和水源热泵等，推动区域清洁供热和北方县城清洁取暖。

9

【地热能被纳入国家碳中和路线图，明晰发展方向】

6月25日，第十八届长三角科技论坛"碳达峰/碳中和背景下的地热资源利用"专题分论坛在上海举行。中国科学院院士汪集暘在会上表示，五大非碳基能源包括水电、地热能、太阳能、风能、核能，作为五大非碳基能源之一的地热能将被纳入国家碳中和路线图。

10

【全国碳排放权交易市场上线交易正式启动】

7月16日，全国碳排放权交易市场上线交易启动仪式以视频连线形式举行。全国碳市场的碳排放权注册登记系统由湖北省牵头建设、运行和维护，交易系统由上海市牵头建设、运行和维护，数据报送系统依托全国排污许可证管理信息平台建成。全国碳市场第一个履约周期为2021年全年，纳入发电行业重点排放单位2162家，覆盖约45亿吨二氧化碳排放量，是全球规模最大的碳市场。

11

【《关于促进地热能开发利用的若干意见》发布】

9月10日，国家能源局发布《关于促进地热能开发利用的若干意见》（以下简称《意见》），明确了五大重点任务及三项保障措施，进一步规范地热能开发利用管理，推动地热能产业持续高质量发展。《意见》自发布之日起施行，有效期5年。《意见》提出，到2025年，各地基本建立起完善规范的地热能开发利用管理流程，全国地热能开发利用信息统计和监测体系基本完善，地热能供暖（制冷）面积比2020年增加50%，在资源条件好的地区建设一批地热能发电示范项目，全国地热能发电装机容量比2020年翻一番；到2035年，地热能供暖（制冷）面积及地热能发电装机容量力争比2025年翻一番。

12

【中国地热直接利用装机容量连续多年居世界首位】

第六届世界地热大会显示，2020年，中国地热直接利用装机容量占全球的38%，连续多年居世界首位。其中，地热供暖装机容量7.0吉瓦，地热热泵装机容量26.5吉瓦，分别比2015年增长138%、125%。此次北京冬奥会场馆也采用空气能热泵机组进行供暖。

13

【《中深层地埋管地源热泵供暖技术规程》发布】

根据中国工程建设标准化协会《关于印发〈2018年第二批协会标准制订、修订计划〉的通知》的要求，由中国建筑科学研究院有限公司、陕西四季春清洁热源股份有限公司等单位编制的《中深层地埋管地源热泵供暖技术规程》，经协会建筑环境与节能专业委员会组织审查，获批准发布，编号为T/CECS 854-2021。该标准自2021年10月1日起施行。

14

【《2030年前碳达峰行动方案》正式发布】

国务院印发的《2030年前碳达峰行动方案》10月26日正式发布。该方案提出，到2030年，非化石能源消费比重达到25%左右，单位国内生产总值二氧化碳排放比2005年下降

65%以上，顺利实现2030年前碳达峰目标。

15

【中共中央、国务院：有序扩大清洁取暖试点城市范围】

11月7日，新华社受权发布《中共中央 国务院关于深入打好污染防治攻坚战的意见》。该意见指出，"十四五"时期，严控煤炭消费增长，非化石能源消费比重提高到20%左右。有序扩大清洁取暖试点城市范围，稳步提升北方地区清洁取暖水平。

16

【《地下水管理条例》公布】

10月21日，《地下水管理条例》公布，自2021年12月1日起施行。该条例针对水热型地热开发利用专门作了规定和说明，内容集中在第五十一条的表述中。

17

【21项地热能标准获国家能源局批准】

2021年11月16日，国家能源局批准《地热井井身结构设计方法》等21项地热能行业标准，实施日期为2022年5月16日。截至目前，国家能源局共批准了40项地热标准。

18

【"地热能"成全国两会焦点，代表委员发出"最强音"】

国务院总理李克强在政府工作报告中说，2021年"北方地区清洁取暖率达到70%"。地热能作为一种清洁能源，近年来在打好节能减排和大气治理攻坚战中发挥了积极而重要的作用。全国人大代表刘宝增、周洪宇、韩峰、吴永利，全国政协委员李子颖、王建明、南存辉等代表委员围绕地热产业发展提出了"加大地热产业扶持力度 优化能源供给格局""我国地热发电产业急需政策支持""完善地热资源开发管理制度，降低地热利用成本"等诸多议案、提案，为推动地热能行业高质量发展发出了"最强音"，这在地热领域引起了强烈共鸣和热烈反响。

19

【十部委联合发布《"十四五"全国清洁生产推行方案》】

国家发改委等十部委联合发布的《"十四五"全国清洁生产推行方案》提出，加快燃料原材料清洁替代，加大清洁能源推广应用，提高工业领域非化石能源利用比重。

20
【《全国可再生能源供暖典型案例汇编》发布】

国家能源局开展全国可再生能源供暖典型案例征集工作，整理形成《全国可再生能源供暖典型案例汇编》，于12月2日发布。案例汇编收录了北京市、安徽省、陕西省、贵州省、江苏省、天津市等多省份地热能推广应用案例。

21
【四部门发文：开展公共机构绿色低碳引领行动】

11月16日，国管局、国家发展改革委、财政部、生态环境部印发了《深入开展公共机构绿色低碳引领行动促进碳达峰实施方案》。该方案要求公共机构加快能源利用绿色低碳转型，着力推进终端用能电气化。

22
【国内首个《中深层地热井下换热供热工程技术标准》出炉】

河北省《中深层地热井下换热供热工程技术标准》12月1日起实施。地热开发专家、中国科学院地质与地球物理研究所研究员庞忠和认为，作为目前国内出台的第一个井下换热地方技术标准，先于国标出炉，将对京津冀等华北地区、陕西乃至全国的地热开发产生深远影响。

五、风能供热采暖

风电供热从宏观意义上讲，是指电力供需一时难以平衡，原本可用来发电的风一时用不起来，"多余"的风弃之可惜，而将其发电用于产热供热，则电力系统可达到新的供需平衡的工程应用措施。其中关键是风不可弃之，是物尽其用。在风电供热的过程中，风多不多余是相对于电网的，热产多产少是通过电网实现的，风电和供热之间有一个中间介质——电网。所以说，风电供热本质上是电力供热，而电网始终是其间消纳风电、引导供热负荷、平衡电力供需的基础角色。丹麦是较早开展风电供热的国家。

我国能源资源和能源需求有着逆向分布的特点，"三北"地区同是风能资源和煤炭资源丰富地域，但区域内能源消纳空间有限，远距离跨区域输送又面临很多技术障碍，而电网还没有形成必要的适应能力，这种情形下，风电清洁供暖对提高北方风能资源丰富地区消纳风电能力，缓解北方地区冬季供暖期电力负荷低谷时段风电并网运行困难，促进城镇能源利用清洁化，减少化石能源低效燃烧带来的环境污染，改善北方地区冬季大气环境质量意义重大。

我国"三北"地区多属于冬季供暖区域，而冬季产热供暖需求恰好可与风电消纳形成契合，若冬季产热供暖能够通过风电部分解决，还能够缓解困扰我国北方地区传统采暖季燃煤污染问题。由此，风电供热就成为了一个解决风电消纳和采暖减排两面问题的抓手。为解决电网低谷时段风电机组"弃风限电"问题，我国从2011年起开始加大风电清洁供热的推进力度。国家能源局综合司于2015年印发了《关于开展风电清洁供暖工作的通知》。国家能源局对内蒙古"十三五"风电清洁供暖规划报告复函称，"支持内蒙古地区开展风电清洁供暖项目建设"。内蒙古实施风电供暖具有一定优势，但仍存在一些问题亟待解决。

近年来，我国先后要求吉林、内蒙古、辽宁、黑龙江、河北、新疆、山西等省区编制风电清洁供暖年度工作方案，并将内蒙古自治区作为风电清洁供暖示范区，目前国家已批复内蒙古供热方案，新增风电供暖面积470万平方米，到2020年累计达到800万平方米。据测算，内蒙古风能资源储量达13.8亿千瓦，技术可开发量3.8亿千瓦，占全国一半以上。到2016年，全区风电并网规模有望达2425万千瓦。同时，新疆、吉林、河北都规划了上百万平方米的风电供暖面积。

相比燃煤供暖投资，风电投资增幅明显。以10万平方米供暖能力测算，建设燃煤锅炉仅需投资100万元，而建设电热锅炉设施约需1500万元。在运行成本方面，风电供暖项目属创新型项目，用电量较大、用电价格偏高，风电供暖项目运营成本至少比燃煤项目高出4倍。这些因素都影响风电供暖的经济效益，制约其推广实施。随着风电供暖实施规模增大、比例提高，电网公司难以保障供暖风电供应。

要使风电供暖"一帆风顺"，还要突破三道关。一是协同关。供暖和环保是惠及千家万户的民生工程，政府应及时制定土地、财政补贴等优惠政策，电网公司应负责建设配套的电网工程。二是科技关。鼓励电网公司做好供热电力调度创新，更多消纳风电，鼓励探索应用风电供热新技术。三是模式关。目前，内蒙古风电供暖运营模式为风电企业投资，既负责建设供暖设施还要承担运营，加重了风电企业负担。优化运营模式，就要对新建项目实施供暖公司负责相关设施建设与运行，支付购电费、收取热费；风电场负责提供供热电力、收取售电费，电网公司相应收取输配电费。

六、热泵供热采暖

（一）基本情况

热泵是一种充分利用低品位热能的高效节能装置。热量可以自发地从高温物体传递到低温物体中去，但不能自发地沿相反方向进行。热泵的工作原理就是以逆循环方式迫使热量从低温物体流向高温物体的机械装置，它仅消耗少量的逆循环净功，就可以得到较大的供热量，可以有效地把难以应用的低品位热能利用起来达到节能目的。按热源种类不同分为空气源热泵、水源热泵、地源热泵及双源热泵（水源热泵和空气源热泵结合）等。

19世纪早期法国科学家萨迪·卡诺（Sadi Karnot）在1824年首次以论文提出"卡诺循环"理论，这成为热泵技术的起源。1852年英国科学家L.开尔文（L. Kelvin）提出，冷冻装置可以用于加热，将逆卡诺循环用于加热的热泵设想。他第一个提出了一个正式的热泵系统，当时称为"热量倍增器"。之后许多科学家和工程师对热泵进行了大量研究，研究持续80年之久。1912年在瑞士的苏黎世，人们成功安装一套以河水作为低位热源的热泵设备用于供暖，这是早期的水源热泵系统，也是世界上第一套热泵系统。热泵工业在20世纪40年代到50年代早期得到迅速发展，家用热泵和工业建筑用的热泵开始进入市场，热泵进入了早期发展阶段。20世纪70年代以来，热泵工业进入了黄金时期，世界各国对热泵的研究工作都十分重视，诸如国际能源机构和欧洲共同体，都制订了大型热泵发展计划，热泵新技术层出不穷，热泵的用途也在不断开拓，广泛应用于空调和工业领域，在能源的节约和环境保护方面起着重大的作用。21世纪，随着"能源危机"出现，燃油价格忽升，经过改进发展成熟的热泵以其高效回收低温环境热能、节能环保的特点，重新登上历史舞台，成为当前最有价值的新能源科技。国际热能署专门成立国际热泵中心，设立热泵推广工程（Heat Pump Programme），向世界各国推广协调热泵技术的应用和发展。美国、加拿大、瑞典、德国、日本、韩国等国政府均发出专门官方指引，促进热泵技术的社会应用。

在《经济学人》发表的《下一个是什么？2022年值得关注的22项新兴技术》中，就提到与人们生活息息相关的热泵技术。文章中指出，冬季采暖大约占全球能源消耗的四分之一。多数采暖手段需要燃烧煤炭、天然气或石油。在实现遏制世界气候变化目标上，最具替代潜力的产品是热泵。

（二）中国热泵供热采暖情况

相对世界热泵的发展，中国热泵的研究工作起步晚20—30年。新中国成立后，随着工业建设新高潮的到来，热泵技术才开始引入中国。进入21世纪后，由于中国沿海地区的快速城市化、人均GDP的增长、2008年北京奥运会和2010年上海世博会等因素拉动了中国空调市场的发展，促进了热泵在中国的应用越来越广泛，热泵的发展十分迅速，热泵技术的研究不断创新。从2001年热泵起步开始，经过20年的培育与发展，中国热泵行业开始从导入期转入成长期。热泵行业快速发展，一方面得益于能源紧张使得热泵节能优势越来越明显，另一方面与多方力量的加入推动行业技术创新有很大关系。

热泵市场的大规模应用也获得了相关政策支持。《北方地区冬季清洁取暖规划（2017—2021年）》提出，要因地制宜选择供暖热源，大力推动太阳能供暖。国家能源局发布的《关于因地制宜做好可再生能源供暖工作的通知》提出，继续推进太阳能、风电供暖，鼓励大中型城市有供暖需求的民用建筑优先使用太阳能供暖系统，鼓励在小城镇和农村地区使用户用太阳能供暖系统。国务院新闻办公室的《新时代的中国能源发展》白皮书提出，要通过示范项目建设推进太阳能热发电产业化发展，为相关产业链的发展提供市场支撑，推动太阳能热利用不断拓展市场领域和利用方式，在工业、商业、公共服务等领域推广集中热水工程，开展太阳能供暖试点。

住房和城乡建设部印发的《"十四五"建筑节能与绿色建筑发展规划》明确表示，在寒冷地区、夏热冬冷地区积极推广空气源热泵技术应用，在严寒地区开展超低温空气源热泵技术及产品应用。《国管局关于2022年公共机构能源资源节约和生态环境保护工作安排的通知》明确，因地制宜推广热泵、太阳能等可再生能源使用，2022年达成新增热泵供热（制冷）200万平方米总目标。

在国家政策支持力度的加大和生产企业增多的因素影响下，我国热泵行业取得了较快发展。智研咨询数据显示，2021年我国热泵行业市场规模达211.06亿元，同比增长5.68%。从细分市场来看，目前，空气源热泵仍占据着主导地位。数据显示，2021年我国空气源热泵市场规模193.9亿元，水地源热泵市场规模12.9亿元，其他热泵规模4.26亿元。

《产业在线》相关数据显示，2021年国内热泵出口额约为50亿元，同比增长超过100%，其中，法国出口额约1.5亿美元，同比增长约80%；意大利出口额约0.98亿美元，同比增长约207%；澳大利亚出口额约0.8亿美元，同比增长约103%；德国出口额约0.61亿美元，同比增长约213%；荷兰出口额约0.5亿美元，同比增长约115%。出口额的增长不仅表明市场走上了正确的轨道，而且也在一定程度上反映了行业的发展未来可期。

（三）地源热泵

热泵是一种利用高位能使热量从低位热源流向高位热源的节能装置，在建筑当中有丰富的类型。地源热泵系统指以岩土体、地下水或地表水为低位热源，由水源热泵机组、地热能交换系统、建筑物内系统组成的供热空调系统，是一种既可供热又可制冷的地热能利用系统。根据开发利用区域深度和热源品位，地热能分为地下1000米内的浅层地热能资源、1000—5000米的中层地热能资源与5000米以下的深层地热能资源。

目前地源热泵技术可根据利用的地热能深度分为浅层地热能地源热泵技术与中深层地热能地源热泵技术。早期的地源热泵以利用浅层地热能为主，由于浅层地热能几乎完全不受资源限制并且应用技术不断优化更为成熟稳定，能量来源于地下能源，系统不向外界排放任何废气、废水、废渣，是一种理想的"绿色空调"，可广泛应用在办公楼、宾馆、学校、宿舍、医院、饭店、商场、别墅、住宅等领域，这些年来在我国各个地区得到了广泛推广和应用。相比之下，利用中深层地热能对热泵技术要求更高，在近几年才迎来研究热潮。

地热能储量丰富，能够充分满足我国的能源需求，是优质的清洁能源。根据相关分析可知，地源热泵能够充分利用地热能，并带来经济效益与生态效益是理想的节能减排技术。预估地源热泵以 7% 的年增速增长,"十四五"期间年均新增地热能供暖制冷面积 1.12 亿平方米,2025—2030 年每年平均新增 1.57 亿平方米。估计 2020 年单位面积综合平均工程造价 360 元/平方米,以造价年均下降 2% 的速度估算,地源热泵在"十四五"期间每年将有约 379 亿市场空间,2026—2030 年每年将有约 481 亿市场空间。地热资源存量丰富,据粗略估算,全球地热资源是化石能源所提供能量的 5 万倍。

地热储量为 140×10^6 艾焦耳/年,相当于 4968×10^{12} 吨标准煤,可满足人类数十万年的能源需要。我国的地热能也非常丰富,年储量达到 11×10^6 艾焦耳,占世界总储量 7.9%。具体来说,根据我国勘查统计,我国浅层地热资源可达 94.86 亿吨标准煤,水热型地热能资源可达 8.53×10^3 亿吨标准煤,而干热型地热资源可达 8.6×10^6 亿吨标准煤,相当于我国大陆 2014 年能源消耗总量的 20 万倍。

地源热泵已经得到国家层面的认可,在"十四五"期间成为明确推广对象。国家住建部出台的《"十四五"建筑节能与绿色建筑发展规划》(下文简称《规划》)中明确提出加强地热能等可再生能源利用,推广应用地热能、空气热能等解决建筑采暖、生活热水、炊事等用能需求。鼓励各地根据地热能资源及建筑需求,因地制宜推广使用地源热泵技术。对地表水资源丰富的长江流域等地区,积极发展地表水源热泵,在确保 100% 回灌的前提下稳妥推广地下水源热泵。在满足土壤冷热平衡及不影响地下空间开发利用的情况下,推广浅层土壤源热泵技术。在进行资源评估、环境影响评价基础上,采用梯级利用方式开展中深层地热能开发利用。《规划》明确设立要在"十四五"期间新增地热能建筑应用面积 1 亿平方米以上的具体指标。

现阶段,地热能利用仍以供暖制冷为主。国家发改委等八部门联合发布的《关于促进地热能开发利用的若干意见》提出,到 2025 年,各地基本建立起完善规范的地热能开发利用管理流程,全国地热能开发利用信息统计和监测体系基本完善,地热能供暖制冷面积比 2020 年增加 50%,到 2035 年,地热能供暖制冷面积及地热能发电装机容量力争比 2025 年翻一番。亦有主要地热能利用省市的行业专家在年初预测,"十四五"期间,地热能供暖增长速度为 7%—10%,总量增加幅度 40%—60%。2021 年 10 月 27 日,国家地热能中心第四届"两委会"公布,截至 2020 年年底,我国地热能供暖制冷面积累计达到 13.9 亿平方米。其中水热型地热能供暖 5.8 亿平方米,浅层地热能供暖制冷 8.1 亿平方米。但是《规划》却将增长目标定在 1 亿平方米,主要是统计的口径问题,未统计工、商、物流业等的部分。综合上述信息,以 13.9 亿平方米为 2020 年的基数,保守取 7% 的年增长率,估算 2020—2030 年的地热能供暖制冷面积,预计"十四五"期间平均每年新增 1.12 亿平方米供暖制冷面积,2025—2030 年每年平均新增 1.57 亿平方米供暖制冷面积。

地源热泵技术在我国的发展可大致分为四个阶段:起步、推广、快速增长与平稳发展阶段。阶段一：20世纪80年代至21世纪初为起步阶段，地源热泵技术逐渐进入我国科研工作者、暖通空调技术界人士的视野，但尚未被市场接受。阶段二：21世纪初至2004年为推广阶段，地源热泵系统推广到全国各个地区，制造水源热泵机组的厂家和系统集成商在2004年年底达到80余家，相关科学研究剧增，但培训系统尚未构建，建筑的环境效益也尚未引起人们重视，地源热泵系统整体的市场较小。阶段三：2005年至2013年地源热泵迎来了快速增长阶段，受我国节能减排工作不断加强的影响，利好地源热泵技术的政策大量出台，整个行业爆发式增长，相关企业在2012年年底超4000余家，新技术不断涌现，2013年年底地源热泵应用总面积达到4亿平方米。阶段四：2013年至今为平稳发展阶段，相关补贴政策逐步取消，地源热泵技术缺陷、运行费用高的问题日益凸显，行业增长放缓，市场趋于理性，但随着近几年地源热泵的技术更迭，"双碳"目标推动大量利好绿色建筑政策出台，地源热泵有望迎来新的发展机遇。

（四）空气源热泵

1. 空气源热泵的发展史

空气源热泵（空气能热泵）是一种利用少量的电来驱动压缩机工作，吸收空气中的低温热量，再将这些低温热量释放到冷水中，将冷水加热，用水管将热水转移到建筑物内，最后通过采暖末端（地暖、地暖机、风机盘管等），为室内提供暖气的设备。

1824年，卡诺发表论文并提出"卡诺循环"理论。卡诺循环（Carnot cycle）是只有两个热源（一个高温热源温度 T_1 和一个低温热源温度 T_2）的简单循环，包括四个步骤：等温吸热，在这个过程中系统从高温热源中吸收热量；绝热膨胀，在这个过程中系统对环境作功，温度降低；等温放热，在这个过程中系统向环境中放出热量，体积压缩；绝热压缩，系统恢复原来状态，在等温压缩和绝热压缩过程中系统对环境作负功。而这就是空气能热泵的起源。

1852年，英国科学家开尔文，提出冷冻装置可以用于加热，将逆卡诺循环用于加热的热泵设想。提出了首个正式热泵系统"热量倍增器"。这就是世界上第一个空气能热泵机。

1912年，在瑞士苏黎世，人们成功安装了一套水源热泵系统，揭示着世界上第一套热泵系统面世。

发展到20世纪70年代，伴随着"能源危机"的出现，低温废热、节能减排的热泵被大众所发现，由此迅速发展，并快速走进中国市场。但是有人也指出，早在50年代，我国就有学者研究空气能热泵了，在60年代时已经得以应用，80年代初至90年代末我国出现"热泵热"。由于它的高效节能与全天候的优势，空气能热泵迅速应用到酒店、校园、工厂、体育馆等企事业单位设施中。

2. 欧洲空气源热泵市场发展概况

基于空气源热泵技术体现出的高效的节能减排效益，欧洲提供了良好的政策环境支持空气源热泵的发展。2009年，欧盟通过《欧盟可再生能源指令》，空气源热泵被纳入可再生能源范围，计划在2020年将热泵在新能源构成的比例提升至5%—20%。

2016年10月，《蒙特利尔议定书》缔约方大会通过了旨在削减用于HVAC/R领域氢氟碳化物的《基加利修正案》，规定了发达国家应在其2011年至2013年氢氟碳化物使用量的平均值基础上，自2019年起削减氢氟碳化物的生产与消费，在2036年后将氢氟碳化物使用量削减至其基准值的15%以内；发展中国家应在其2020—2022年氢氟碳化物使用量的平均值基础上，2024年冻结氢氟碳化物的生产与消费，在2045年后将氢氟碳化物使用量削减至其基准值的20%以内。2020年9月，欧盟委员会发布了《2030年气候目标计划》及政策影响评估报告，提出将2030年温室气体减排目标从40%提高为至少55%，2030年可再生能源占终端能源消费量的比重由32%提高至38%—40%。

欧洲对于节能减排目标的不断提升以及对于可再生能源的大力支持，有效促进了空气源热泵市场需求的持续增长。在新增市场领域，欧洲多国对于新建建筑要求添装新能源设备，空气源热泵产品符合欧洲对新建建筑新能源设备添装要求。在存量市场领域，对于存量的燃油锅炉和低效燃气锅炉，欧洲多国亦陆续出台了以新能源设备替代的政策和补贴。另外，空气源热泵产品因其具备节能环保、恒温舒适、智能化操控等方面的优势，欧洲市场消费者对空气源热泵产品认可度较高。欧洲热泵协会（EHPA）数据统计显示，欧洲热泵产品销量由2016年的1.0百万台增加至2020年的1.6百万台，年均复合增长率达12.47%。

3. 中国空气源热泵市场发展概况

在我国，空气能热水器于2002年前后进入，首先登陆广东。由于它的超级节能和全天候的特点，在60℃以下的热水市场中，迅速普及酒店、校园、工厂、体育馆等企事业单位设施中。

其实，热泵的研究在我国起步比较早，20世纪50年代，天津大学的学者开始研究热泵，60年代开始在我国应用暖通空调中，70年代末期，热泵空调的发展和应用机遇来临，80年代初至90年代末我国暖通空调出现热泵热。

2008年，空气能热水器得到了国家政策的支持，得到了较大的发展，被业界人士称为迎来了"空气能热水器的青春期"。2008年5月1日，《商业或工业用及类似用途的热泵热水机》国家标准颁布施行，给商用热泵热水器的产品生产和工程安装提供了参考依据，对行业内的企业行为起到引导和规范作用，同时，提高了行业的准入门槛，有助于整体提升行业技术水平，促进行业的健康发展。各级政府对空气能热泵热水等节能环保项目在资金上给予补贴支持。因为得到政府政策性鼓励和支持，社会各界对空气能热泵热水产品节能效果逐渐认可，空气能热泵热水器经历了几年的起步阶段，开始步入快速成长期。

在"碳中和"与"碳达峰"的战略发展背景下，随着我国环境保护门槛逐步提高以及"煤改电""清洁供暖"等政策的积极推动，清洁供热产业构成了我国低碳循环发展体系的重要组成部分,以空气源热泵为代表的清洁供暖产品迎来了良好的发展机遇。

2017年12月,国家发改委等十部委发布的《北方地区冬季清洁取暖规划(2017—2021年)》指出,到2021年,北方地区清洁取暖率达70%,替代散烧煤1.5亿吨。

2018年6月,国务院发布《关于印发打赢蓝天保卫战三年行动计划的通知》,提出"大幅减少主要大气污染物排放总量,协同减少温室气体排放,进一步明显降低细颗粒物($PM_{2.5}$)浓度"的总体目标,并指出"加快调整能源结构、构建清洁低碳高效能源体系""鼓励推进蓄热式等电供暖""统筹协调'煤改电'、'煤改气'建设用地"等发展规划。

在我国城镇化加速、清洁取暖大力推广、"蓝天保卫战"深入推进的背景下,通过实施"煤改电",利用空气能热泵等清洁采暖的方式替代煤炭的燃烧采暖,可避免煤炭燃烧产生的废气污染,有效降低细颗粒物($PM_{2.5}$)浓度,提升空气质量,是有效实现"清洁取暖"、积极响应"蓝天保卫战"的重要举措。

此外,在工业及农业领域,热泵烘干产品温湿度调控方便,可保证物料烘干的品质与均匀度,通过替代烧柴、煤锅炉、油锅炉等传统干燥方式,避免了烘干废气带来的环境污染,随着国家对于节能环保理念的持续倡导、节能改造工程的稳步推进,热泵烘干产品陆续获得了各地政府的政策支持与财政补贴,在养殖业、畜牧业、粮草业等细分领域逐步得到广泛应用。近年来,以空气源热泵为代表的清洁供暖产品的市场需求呈稳步发展趋势。

(五)大事记

1. 2005年,国家发展和改革委员会实施了中国第一个关于建筑节能的文件——《节能中长期专项规划》。该规划明确指出扶持加快热泵、太阳能等可再生能源在建筑物的利用。

2. 2006年8月,国务院发布了《关于加强节能工作的决定》:大力发展风能、太阳能、生物质能、热泵能、水能等可再生能源和替代能源。

3. 颁布《中国应对气候变化国家方案》:积极推进地热能和海洋能的开发利用,推广满足环境和水资源保护要求的地热供暖、供热水和地源热泵技术。

4.《关于进一步加强中央国家机关节能减排工作的通知》:实施地热源、水源、空气源热泵技术试点示范工程,积极推广空调和采暖系统变频调速技术、空气热回收技术等新技术的应用,扩大太阳能等新能源的使用范围。

5. 财政部、建设部印发《可再生能源建筑应用示范项目评审办法》。

6. 财政部、建设部印发《可再生能源建筑应用专项资金管理暂行办法》:建筑物供热、采暖和制冷可再生能源开发利用,重点支持热泵技术、地热能等在建筑物中的推广应用。

7.《建设部、财政部关于推进可再生能源在建筑中应用的实施意见》:重点支持领域一共8个,其中,与热泵有关系的有4个。

8. 国家发展和改革委员会2008年5月发布了《国家重点节能技术推广目录(第一批)》[2008

（36）号文件］，其第 47 项为"热泵节能技术"，其中包括水源热泵技术和地源热泵技术。

9. 国家发改委、环境保护部联合发布 2010 年第 6 号文件《当前国家鼓励发展的环保产业设备（产品）目录（2010 年版）》。该版目录第六大项"节能与可再生能源利用设备"中的第 83 项"水源热泵机组"是属于国家鼓励发展的环保产业设备（产品）。

10.《当前优先发展的高技术产业化重点领域指南（2011 年度）》已经国家发展改革委、科学技术部、商务部、国家知识产权局联合修订，其中第五大项中的能源中"水源、地源、空气源热泵与采暖、空调、热水联供系统技术"作为国家优先发展的领域。

11.《产业结构调整指导目录（2011 年本）》第一类鼓励类 51、制冷空调设备及关键零部件：热泵、复合热源（空气源与太阳能）热泵热水机、二级能效及以上制冷空调压缩机；使用环保制冷剂（ODP 为 0、GWP 值较低）的制冷空调压缩机。

12.《国务院办公厅关于转发发展改革委　住房城乡建设部绿色建筑行动方案的通知》（国办发〔2013〕1 号）明确："加快普及高效节能照明产品、风机、水泵、热水器、办公设备、家用电器及节水器具等"。

13. 国家能源局、财政部、国土资源部、住房和城乡建设部印发的《关于促进地热能开发利用的指导意见》指出："优先发展再生水源热泵，提高浅层地温能在城镇建筑用能中的比例。鼓励具备应用条件的城镇新建建筑或既有建筑节能改造中，同步推广应用热泵系统，鼓励政府投资的公益性建筑及大型公共建筑优先采用热泵系统，鼓励既有燃煤、燃油锅炉供热制冷等传统能源系统，改用热泵系统或与热泵系统复合应用""鼓励各省、区、市结合实际出台具体支持政策"。

14. 2014 年 5 月 1 日起实施的《热泵热水器压缩机》作为国家标准，更注重不同工况下对压缩机的评价，从而提升整机性能。国家发展和改革委员会、国家质检总局和国家认监委联合制定了《热泵热水机（器）能源效率标识实施规则（修订）》，新实施规则于 2015 年 1 月 1 日起实施，而作为已成长为中国空气能行业十大品牌的德能，其研发生产的家用空气能热水器全系列能效等级均为国家一级能效，走在行业能效的最前端。

15. 2015 年年中，根据国家发改委、环保部、国家能源局联合印发《煤电节能减排升级与改造行动计划》，各地各区"空气能热泵采暖补贴政策"相继落实，认真严格执行国家建筑节能标准，公共机构性质的节能技术改造项目奖励率最高达投资额 50%。

七、储热与可再生能源供热采暖

（一）储热技术

地球上的能量从根本上来说都来自太阳，能源的利用形式主要包括电和热两种，也因之产生了储电和储热两种技术。尤其需要关注的事实是，热能占终端能源的消费需求高于 50%，也就是说,储热的价值和发展空间并不比储电小。国际可再生能源署(IRENA)于2020年发布的储热专项报告《创新展望:热能存储》指出,当前全球约有234GWh的储热系统正在发挥着重要的灵活性调节作用。到2030年,全球储热市场规模将扩大三倍。从全球的发展趋势来看,中国作为能源大国,发展储热技术应该提到更高的战略层面上,这既是长期的国际储热技术竞争的需要,更是实现3060碳达峰碳中和目标的要求。

1.技术现状。在目前各种储热技术中,采用水作为储热介质的显热存储技术最简单、成本最低,广泛用于住宅、区域供热和工业,采用液体和固体介质的地下显热存储也是常用的大规模储热方式。潜热存储方式能量密度更高,存储温度范围更广且可用于制冷。热化学存储基于放热和吸热的可逆化学反应,理论存储密度比水基储热系统高十倍,且没有热量损失,但该技术较新,尚需开发各种适用于市场的产品。地下储热主要用于平衡季节性供需,还可储存中温余热,提高可再生能源和废热的利用率以及能源系统的灵活性。

2.开发潜力。未来将进一步开发或改进大规模储热技术,包括长寿命、低成本的耐高温衬里材料;不同地质环境下大容量、深坑或储罐存储的施工技术;可降低热损失并提高存储性能的隔热材料和技术;浮式或自带盖子的结构,可有效利用储罐的顶部空间;改进系统集成、液压和控制,以优化系统性能;开发工作温度在5—15℃的相变材料,将冷库集成到冷却系统中;开发集成热交换器的储罐,缩小储罐体积并提高能量传输率,如使用纳米相变材料;通过材料开发(如中孔材料和复合材料)和组件优化等,降低技术成熟度达到5—6级的紧凑型储热技术的成本;开发测试和评估方法,并将材料整合到反应器组件中;开发新型传感器技术以优化控制;进行下一代紧凑型储热技术的示范;开发新型相变材料和钛复合材料、反应器和系统集成技术,用于工业中、高温储热。

欧盟在2009年通过法令将空气源热泵纳入可再生能源范围。在EC/28/2009第二章定义中将可再生能源范围认定为"各种可再生非化石能源,比如:风能、太阳能、空气热能、地热能、水热能和海洋能、水能、生物质能、沼气、垃圾填埋气、污水处理厂天然气"。其中空气热能被定义为"在环境空气中存在的能量"。欧盟之后出台了一系列法规为空气源热泵制定具体的发展目标,并规范核算和报告方式。

空气能作为目前市场上广泛应用的清洁能源形式,不仅在近两年的清洁取暖领域大显神威,在制冷、热水等领域也得到了很好的应用。

(二)中国储热行业的发展

储热价值现在已经扩展到工业蒸汽、火电厂灵活性改造等市场,在解决弃风弃光、促进可再生能源消纳,参与电网调峰、负荷侧调节等电力辅助服务市场,以及综合能源服务等市场,储热技术均有应用价值和市场空间。其中储热技术在电供暖、工业蒸汽、余热回收等热能利用市场,还拥有储电技术无法参与的应用场景。在中国每年消耗的约40亿吨标煤的能源中，超过50%被浪费掉了，其中大部分是以余热的形式排放到环境中，支撑中国经济发展的部分能源需求可以通过采用节能技术提高能源利用效率来解决，储能特别是储热技术在未来节能增效方面的作用不可小觑。

在清洁供暖领域，储热技术已经实现了广泛应用，且实际效果与运行成本在众多供暖技术路线中占据优势；在工业用热领域，在峰谷电价等配套政策较好的地方，储热电锅炉应用于工业蒸汽领域，成本已经可以与燃气相当；在高温发电领域，多个配套长时间低成本熔盐储热技术的光热发电项目已投入运行；在火电灵活性改造方面，两批国家试点项目中有一半以上采用了储热相关技术路线；在源网荷储一体化和多能互补综合能源服务项目开发中，储热更是不可或缺。

我国储热技术已经具备了产业化发展的基础，但总体来看，这些年储热在中国是受冷落的。虽然目前已经有多家储热企业崛起，但储热行业在舆论引导、资本渗透等方面相较电储能差距太远。储热行业仍然缺失类似宁德时代这种在社会和资本市场甚至政策层面都有较大影响力的龙头企业。

未来灵活性电源、需求侧响应能力的建设是一个持续的且必要的巨大需求，储热是大规模储能的一种，必须参与。目前，储热（冷）技术在火电灵活性改造、需求侧管理措施、可再生能源消纳及其他形式的应用具有重要的作用。随着储热应用技术的进步，成本的进一步降低，其布局灵活、能量效率高、规模大等优势将不断凸显。目前储热仍略显孤单，与目前一些现实状况有关：目前储热供暖成本依然较高，附加值有限、参与电力辅助服务领域较少、标准体系缺失等问题，需要在未来发展中进一步攻关。

针对储热供暖成本偏高问题，需要完善供暖价格体系，加大政策支持力度。具体而言，要建立清洁供暖的价格体系，包括供暖电价补贴、峰谷电价机制、取暖价格收费标准等，此外明确建设补贴，包括初投资补贴、管网建设费、接口费（两部制价格）等，与此同时，推进可再生能源清洁供暖的配套政策。

2021年7月19日，《国家发展改革委、国家能源局关于加快推动新型储能发展的指导意见》发布。该意见明确，到2025年，实现新型储能从商业化初期向规模化发展转变。新型储能技术创新能力显著提高，核心技术装备自主可控水平大幅提升，在高安全、低成本、高可靠、长寿命等方面取得长足进步，标准体系基本完善，产业体系日趋完备，市场环境和商业模式基本成熟，装机规模达3000万千瓦以上。新型储能在推动能源领域碳达峰碳中和过程中发挥显著作用。到2030年，实现新型储能全面市场化发展。新型储能核心技术装备自主可控，技术创新和产业水平稳居全球前列，标准体系、市场机制、商业模式成熟健全，与电力系统各环节深度融合发展，装机规模基本满足新型电力系统相应需求。新型储能成为能源领域碳达峰碳中和的关键支撑之一。

《关于加快推动新型储能发展的指导意见》指出，"坚持储能技术多元化"，即以需求为导向，探索开展储氢、储热及其他创新储能技术的研究和示范应用。值得一提的是，在2021年4月21日国家发改委、国家能源局联合印发该意见的征求意见稿中，储热技术并未被明确提及。这在当时引发了储热行业的广泛关注与讨论，多位行业专家联合呼吁在该文件中增加储热发展的相关内容。此次正式文件将储热作为储能产业体系建设的内容表明，储热产业未来建设迎来了一个更好的开端。

2022年1月29日，国家发改委、国家能源局印发了《"十四五"新型储能发展实施方案》。该方案指出，到2025年，新型储能由商业化初期步入规模化发展阶段，具备大规模商业化应用条件。新型储能技术创新能力显著提高，核心技术装备自主可控水平大幅提升，标准体系基本完善，产业体系日趋完备，市场环境和商业模式基本成熟。其中，电化学储能技术性能进一步提升，系统成本降低30%以上；火电与核电机组抽汽蓄能等依托常规电源的新型储能技术、百兆瓦级压缩空气储能技术实现工程化应用；兆瓦级飞轮储能等机械储能技术逐步成熟；氢储能、热（冷）储能等长时间尺度储能技术取得突破。到2030年，新型储能全面市场化发展。新型储能核心技术装备自主可控，技术创新和产业水平稳居全球前列，市场机制、商业模式、标准体系成熟健全，与电力系统各环节深度融合发展，基本满足构建新型电力系统需求，全面支撑能源领域碳达峰目标如期实现。

建筑节能减排政策法规

一、《余热暖民工程实施方案》

为贯彻落实《国务院关于印发大气污染防治行动计划的通知》（国发〔2013〕37号）、国家发展改革委等部门《关于印发〈重点地区煤炭消费减量替代管理暂行办法〉的通知》（发改环资〔2014〕2984号）、住房城乡建设部《关于印发"十二五"绿色建筑和绿色生态城区发展规划的通知》（建科〔2013〕53号）等有关规定，充分回收利用低品位余热资源用于城镇供热，提高能源利用效率，减少煤炭消耗，改善空气质量，国家发展改革委、住房城乡建设部研究制定了《余热暖民工程实施方案》，并于2015年10月印发。

《国家发展改革委 住房城乡建设部关于印发〈余热暖民工程实施方案〉的通知》中提到相关地区要全面调查掌握余热资源利用情况，优化设计余热利用方案，建设余热高效利用体系，创新项目运行机制，大力推进余热暖民工程实施。

二、《热电联产管理办法》

为推进大气污染防治，提高能源利用效率，促进热电产业健康发展，解决我国北方地区冬季供暖期空气污染严重、热电联产发展滞后、区域性用电用热矛盾突出等问题，2016年3月，国家发展改革委、国家能源局、财政部、住房城乡建设部、环保部联合下发了《关于印发〈热电联产管理办法〉的通知》（以下简称《办法》）。《办法》从规划建设、机组选型、网源协调、环境保护、政策措施、监督管理等方面对发展热电联产作出了若干规定，对推进大气污染防治、提高能源利用效率、促进热电产业健康发展具有重要的指导意义和作用。

目前，我国城市和工业园区供热已基本形成"以燃煤热电联产和大型锅炉房集中供热为主、分散燃煤锅炉和其他清洁（或可再生）能源供热为辅"的供热格局。随着城市和工业园区经济发展，热力需求不断增加，热电联产集中供热稳步发展，总装机容量不断增长，截至2014年年底热电联产机组容量在火电装机容量中的比例达30%左右，装机容量及增速均已处于世界领先水平。

热电联产集中供热具有能源综合利用效率高、节能环保等优势，是解决城市和工业园区集中供热主要热源和供热方式之一，也是解决我国城市和工业园区存在供热热源结构不合理、热电供需矛盾突出、供热热源能效低污染重等问题的主要途径之一。但是，当前我国热电联产发展也正面临严峻挑战。一是供暖平均能耗高、污染重，热电联产在各类热源中占比低，热电机组供热能力未充分发挥。二是用电增长乏力，用热需求持续增加，大型抽凝热电联产发展方式受限。三是大型抽凝热电比例过大，影响供电供热安全，不利于清洁能源消纳和城市环境进一步改善。四是背压热电占比低，运行效益较差，企业投资积极性不高。

为此，《办法》中明确：一是优先对现有热电机组实施技术改造，最大限度地发挥其供热能力，如实施低真空供热改造、增设热泵等，充分回收利用余热，进一步提高供热能力，满足新增热负荷需求。二是应优先对城市或工业园区周边具备改造条件且运行未满15年的现役纯凝发电机组实施供热改造，以实现兼顾供热。三是鼓励具备条件的机组改造为背压热电联产机组。

在此基础上，《办法》进一步明确了合理确定热电联产机组的供热范围并鼓励技术经济合理时扩大供热范围。供热范围内，原则上不再重复规划建设热电联产项目。

此外，《办法》还明确：热电联产机组与配套热网工程要同步规划、建设和投运；强调了调峰锅炉与热电联产机组联合运行，热电机组承担基本热负荷，调峰锅炉承担尖峰热负荷。积极推进热电联产机组与供热锅炉协调规划、联合运行。支持热电联产项目投资主体配套建设或兼并、重组、收购大型供热锅炉作为调峰锅炉。各地方政府要着力优化供热管理体制和热网运行方式，整合当地供热资源，鼓励"网源一体"的建设模式和热力管网互联互通，等等。

三、《关于开展中央财政支持北方地区冬季清洁取暖试点工作的通知》

2017年5月16日，财政部等印发《关于开展中央财政支持北方地区冬季清洁取暖试点工作的通知》。为贯彻落实习近平总书记在中央财经领导小组第14次会议上关于"推进北方地区冬季清洁取暖"重要讲话精神和2017年政府工作报告"坚决打好蓝天保卫战"重点工作任务，财政部、住房城乡建设部、环境保护部、国家能源局决定开展中央财政支持北方地区冬季清洁取暖试点工作。

1. 支持方式

中央财政支持试点城市推进清洁方式取暖替代散煤燃烧取暖，并同步开展既有建筑节能改造，鼓励地方政府创新体制机制、完善政策措施，引导企业和社会加大资金投入，实现试点地区散烧煤供暖全部"销号"和清洁替代，形成示范带动效应。

试点示范期为三年，中央财政奖补资金标准根据城市规模分档确定，直辖市每年安排10亿元，省会城市每年安排7亿元，地级城市每年安排5亿元。

2. 试点城市选择

采取地方自愿申报、竞争性评审方式确定试点城市。申报试点的城市按三年滚动预算要求编制实施方案，并由省级财政、住房城乡建设、环保、发展改革（能源）主管部门联合向财政部、住房城乡建设部、环保部、国家能源局（以下简称"四部门"）申报，具体申报指南见附件。四部门对申报城市进行资格审核，对通过资格审核的城市，将组织公开答辩，由专家进行现场评审，现场公布评审结果。

试点工作将重点支持京津冀及周边地区大气污染传输通道"2+26"城市，优先支持工作基础好、资金落实到位、计划目标明确、工作机制创新较为突出的城市。

3. 改造范围和内容

试点城市应因地制宜，多措并举，重点针对城区及城郊，积极带动农村地区，从"热源侧"和"用户侧"两方面实施清洁取暖改造，尽快形成"企业为主、政府推动、居民可承受"的清洁取暖模式，为其他地区提供可复制、可推广的范本。一是加快热源端清洁化改造，重点围绕解决散煤燃烧问题，按照"集中为主，分散为辅""宜气则气，宜电则电"的原则，推进燃煤供暖设施清洁化改造，推广热泵、燃气锅炉、电锅炉、分散式电（燃气）等取暖，因地制宜推广地热能、空气热能、太阳能、生物质能等可再生能源分布式、多能互补应用的新型取暖模式。二是推进用户端建筑能效提升，严格执行建筑节能标准，实施既有建筑节能改造，积极推动超低能耗建筑建设，推进供热计量收费。具体改造内容由试点城市自主确定。

四、《关于北方地区清洁供暖价格政策的意见》

2017年9月,国家发展改革委印发《关于北方地区清洁供暖价格政策的意见》(以下简称《意见》)。《意见》指出,要建立有利于清洁供暖价格机制,综合运用完善峰谷价格、阶梯价格,扩大市场化交易等价格支持政策,促进北方地区加快实现清洁供暖。

在上述总体要求的基础上,《意见》提出要完善"煤改电"电价政策,具体来说将完善峰谷分时价格制度,优化居民用电阶梯价格政策,大力推进市场化交易机制;完善"煤改气"气价政策,明确"煤改气"门站价格政策,完善销售价格政策,灵活运用市场化交易机制;因地制宜健全供热价格机制:完善集中供热价格政策,试点推进市场化原则确定区域清洁供暖价格,加强供热企业成本监审和价格监管;统筹协调相关支持政策,加大财政支持力度,探索多元化融资方式,扩大市场准入,做好供应保障。

五、《关于推进北方采暖地区城镇清洁供暖的指导意见》

2017年9月,住建部、发改委、财政部和国家能源局四部委联合下发《关于推进北方采暖地区城镇清洁供暖的指导意见》。指导意见指出,要大力发展可再生能源供暖,大力推进风能、太阳能、地热能、生物质能等可再生能源供暖项目,将可再生能源供暖作为城乡能源规划的重要内容,重点推进,建立可再生能源与传统能源协同的多源互补和梯级利用的综合能源利用体系。

住房和城乡建设部、国家发展改革委、财政部和国家能源局四部门发布指导意见,旨在要求加快推进北方采暖地区城镇清洁供暖,以保障群众采暖需求并减少污染物排放。

根据指导意见,京津冀及周边地区"2+26"城市重点推进"煤改气""煤改电"及可再生能源供暖工作,减少散煤供暖,加快推进"禁煤区"建设。其他地区要进一步发展清洁燃煤集中供暖等多种清洁供暖方式,加快替代散烧煤供暖,提高清洁供暖水平。

推进北方地区冬季清洁取暖是中央提出的一项重要战略部署,对保障人民群众温暖过冬、改善大气环境具有重要现实意义。经过多年发展,我国北方采暖地区城镇已基本形成"以集中供暖为主,多种供暖方式为补充"的格局,但还存在热源供给不足、清洁热源比重偏低、供暖能耗偏高等问题,不利于保障群众的采暖需求和减少污染物排放。

四部门要求,各地区要根据经济发展水平、群众承受能力、资源能源状况等条件,科学选择清洁供暖方式,加快燃煤供暖清洁化,因地制宜推进天然气、电供暖,在可再生能源资源富集的地区,鼓励优先利用可再生能源等清洁能源,满足取暖需求。同时,要加强对清洁供暖工作的引导和指导,加强统筹协调,制定完善支持政策。发挥企业主体作用,引入市场机制,鼓励和引导社会资本投资建设运营供暖设施。

加快推进燃煤热源清洁化。有计划、有步骤地实施燃煤热源清洁化改造，逐步提高清洁热源比例。具备改造条件的燃煤热源应当逐步实施超低排放改造，鼓励采取第三方提供改造、运营、维护一体化服务的合同能源管理模式实施改造；不具备改造条件的燃煤热源，应当因地制宜采用工业余热、"煤改气"、"煤改电"、可再生能源、并入城市集中供暖管网等其他清洁热源进行替代。

大力发展可再生能源供暖。大力推进风能、太阳能、地热能、生物质能等可再生能源供暖项目。将可再生能源供暖作为城乡能源规划的重要内容，重点推进，建立可再生能源与传统能源协同的多源互补和梯级利用的综合能源利用体系。加快推进生物质成型燃料锅炉建设，为城镇社区和农村清洁供暖。

全面取消燃煤取暖。城市主城区、城乡接合部及城中村要结合旧城改造、棚户区改造以及老旧小区改造等工作全面取消散煤取暖，采用清洁热源供暖。其他尚未进行改造或暂不具备改造条件的地区，鼓励以"清洁型煤 + 环保炉具"替代散煤。

加快供暖老旧管网设施改造。建立老旧管网运行状况检测评估机制，及时摸底排查，制订改造计划，重点加快改造严重漏损或存在安全隐患的管网和热力站设施，降低供暖输配损耗，解决影响供暖安全、节能和节费方面的突出问题。

大力提高热用户端能效。进一步推进供热计量收费，严格执行供热计量相关规定和标准，做好供热计量设施建设、使用、收费等工作，促进热用户端节能降耗。推进建筑节能，新建建筑严格执行建筑节能标准，在有条件的地区推行超低能耗建筑和近零能耗建筑示范，加快推进既有居住建筑节能改造，优先改造采取清洁供暖方式的既有建筑。

四部门强调，省级住房城乡建设主管部门要会同有关部门，建立有效的督查制度，加强对本地区城镇清洁供暖工作的监督检查。住房城乡建设部制定城镇清洁供暖评估考核体系，组织第三方机构对各地实施情况和效果进行评估，确保清洁供暖工作顺利推进。

六、《北方地区冬季清洁取暖规划（2017—2021年）》

2017年12月，由国家能源局等十部委印发的《北方地区冬季清洁取暖规划（2017—2021年）》（以下简称《规划》），对北方地区清洁能源取暖工作进行了整体部署，包括清洁取暖现状、存在问题、热源选择等，并特别对煤改气工作提出了具体要求。

由于我国以煤为主的资源禀赋特点，长期以来，北方地区冬季取暖以燃煤为主。截至2016年年底，我国北方地区城乡建筑取暖总面积约206亿平方米，其中燃煤取暖面积约83%，取暖用煤年消耗约4亿吨标煤，其中散烧煤（含低效小锅炉用煤）约2亿吨标煤，主要分布在农村地区。同样1吨煤，散烧煤的大气污染物排放量是燃煤电厂的10倍以上，散烧煤取暖已成为我国北方地区冬季雾霾的重要原因之一。通过各种清洁取暖方式全面替代散烧煤，对于缓解我国北方特别是京津冀地区冬季大气污染问题具有重要作用。

在我国当前国情下，清洁取暖绝非简单地"一刀切"去煤化，而是对煤炭、天然气、电、可再生能源等多种能源形式统筹谋划，范围也不仅局限于热源侧的单方面革新，而是整个供暖体系全面清洁高效升级。

对于社会广泛关注的煤炭、天然气、生物质清洁利用等问题，《规划》明确指出，只有集中使用、达到超低排放、接近天然气洁净水平的才是清洁化燃煤供暖，而且必须安装在线监测设施；天然气锅炉和壁挂炉要重点降低氮氧化物排放浓度；生物质热电联产应实现超低排放，在城市城区生物质锅炉要达到天然气锅炉排放标准。

《规划》提出，到2019年，北方地区清洁取暖率达到50%，替代散烧煤（含低效小锅炉用煤）7400万吨。到2021年，北方地区清洁取暖率达到70%，替代散烧煤（含低效小锅炉用煤）1.5亿吨。供热系统平均综合能耗、热网系统失水率、综合热损失明显降低，高效末端散热设备广泛应用，北方城镇地区既有节能居住建筑占比达到80%。力争用5年左右时间，基本实现雾霾严重城市化地区的散煤供暖清洁化，形成公平开放、多元经营、服务水平较高的清洁供暖市场。

此外，鉴于北方地区冬季大气污染以京津冀及周边地区最为严重，"2+26"重点城市作为京津冀大气污染传输通道城市，其所在省份经济实力相对较强，有必要、有能力率先实现清洁取暖。《规划》针对这些城市也提出了更高的要求，2021年，城市城区全部实现清洁取暖，县城和城乡接合部清洁取暖率达到80%以上，农村地区清洁取暖率60%以上。

推动北方地区清洁取暖工作的原则有以下几点：一是坚持清洁替代，安全发展。以清洁化为目标，重点替代取暖用散烧煤，减少大气污染物排放，同时也必须统筹热力供需平衡，保障民生取暖安全。民生和环保两方面都要抓，不可顾此失彼。二是坚持因地制宜，居民可承受。清洁取暖不是"一刀切"，应立足本地资源禀赋、经济实力、基础设施等条件及大气污染防治要求，结合区域特点和居民消费能力，做到"资源用得好、财政补得起、设施跟得上、居民可承受"，用合理经济代价获取最大的整体污染物减排效果。三是坚持全面推进，重点先行。取暖是北方基本民生需求，雾霾天气是大范围区域性污染，"抓大放小""以点带面"的方式不适用于取暖散烧煤治理。因此，清洁取暖工作要综合考虑大气污染防治紧迫性、经济承受能力、工作推进难度等因素，全面统筹推进城市城区、县城和城乡接合部、农村三类地区的清洁取暖工作，应当"分类施策"，不可"挑肥拣瘦"。"2+26"重点城市位于京津冀大气污染传输通道，人口总量大、供暖用能多，这些地区的清洁取暖是重点优先解决的问题。四是坚持企业为主，政府推动。实践经验表明，单纯以政府为主的清洁取暖面临巨大补贴压力，难以在北方地区全面推广。必须充分调动企业和用户的积极性，鼓励企业发挥自身优势，发现市场机遇，优化资源配置，降低整体成本。同时，各级政府也要推动体制机制改革，构建科学高效的政府推动责任体系，为清洁取暖市场体系的建立创造良好条件。五是坚持军民一体，协同推进。地方政府与驻地部队要加强相互沟通，建立完善清洁取暖军地协调机制，确保军地一体衔接，同步推进实施。军队清洁取暖一并纳入国家《规划》，享受有关支持政策。

清洁取暖方式多样，适用于不同条件和地区，且涉及热源、热网、用户等多个环节，应科学分析，精心比选，全程优化，有序推进。《规划》从"因地制宜选择供暖热源""全面提升热网系统效率""有效降低用户取暖能耗"三个方面系统总结了清洁取暖的推进策略。热源方面，全面梳理了天然气、电、地热、生物质、太阳能、工业余热、清洁化燃煤（超低排放）等各种清洁取暖类型，对每种类型的特点、适宜条件、发展路线、关键问题等进行了重点阐述。热网方面，明确有条件的城镇地区优先采用清洁集中供暖，加大供热系统优化升级力度。用户方面，强调了提升建筑用能效率，完善高效供暖末端系统，推广按热计量收费方式。此外，《规划》对热源、热网和用户侧的重点任务也设立了相应的发展目标。

总体而言，清洁取暖的推进策略必须突出一个"宜"字，宜气则气，宜电则电，宜煤则煤，宜可再生则可再生，宜余热则余热，宜集中供暖则管网提效，宜建筑节能则保温改造。即使农村偏远山区等暂时不能通过清洁供暖替代散烧煤供暖的，也要重点利用"洁净型煤+环保炉具""生物质成型燃料+专用炉具"等模式替代散烧煤。

当前国情下，应充分认识到煤炭清洁利用的主体地位和"兜底"作用，不能将散煤治理等同于"无煤化"。清洁燃煤集中供暖是实现环境保护与成本压力平衡的有效方式，未来较长时期内，在多数北方城市城区、县城和城乡接合部应作为基础性热源使用。对于资源总量有限、补贴需求较大的天然气、电等取暖能源，应该多用在清洁集中燃煤不能胜任的，或者环保要求最严格的地区，"好钢用在刀刃上"。

七、《关于扩大中央财政支持北方地区冬季清洁取暖城市试点的通知》

2018年7月，财政部、住房城乡建设部、生态环境部、国家能源局联合发布《关于扩大中央财政支持北方地区冬季清洁取暖城市试点的通知》。文件中明确，"2+26"城市奖补标准按照《关于开展中央财政支持北方地区冬季清洁取暖试点工作的通知》执行。张家口市比照"2+26"城市标准。汾渭平原原则上每市每年奖补3亿元。

2017年发布的《关于开展中央财政支持北方地区冬季清洁取暖试点工作的通知》规定，"2+26"城市"试点示范期为三年，中央财政奖补资金标准根据城市规模分档确定，直辖市每年安排10亿元，省会城市每年安排7亿元，地级城市每年安排5亿元。"

而现在，试点的"2+26"城市增加了张家口市，标准也是每年5亿元。而汾渭平原则原则上每市每年奖补3亿元。

"2+26"城市：北京市，天津市，河北省石家庄（含辛集）、唐山、保定（含定州）、廊坊、沧州、衡水、邯郸、邢台市，山西省太原、阳泉、长治、晋城市，山东省济南、淄博、聊城、德州、滨州、济宁、菏泽市，河南省郑州（含巩义）、新乡（含长垣）、鹤壁、安阳（含滑县）、焦作（含济源）、濮阳、开封市（含兰考）。

汾渭平原11城市：山西省吕梁、晋中、临汾、运城市，河南省洛阳、三门峡市，陕西省西安、咸阳、宝鸡、铜川、渭南市以及杨凌示范区。

八、《关于因地制宜做好可再生能源供暖工作的通知》

为推动我国能源结构调整实现节能减排、做好可再生能源供暖工作，2021年1月，国家能源局发布了《关于因地制宜做好可再生能源供暖工作的通知》（以下简称《通知》）。

1. 出台背景和目的

近年来，随着"生态优先、绿色发展"的发展理念逐步深入人心，大力发展可再生能源、加快能源转型发展已成为全球共识。2020年9月，习近平主席在第七十五届联合国大会一般性辩论上提出"二氧化碳排放力争于2030年前达到峰值，努力争取2060年前实现碳中和"，为我国能源发展描绘了新的宏伟蓝图。在鼓励倡导可再生能源开发利用的发展形势下，利用可再生能源供暖成为我国调整能源结构、应对气候变化、合理控制能源消费总量的迫切需要和完成非化石能源利用目标、建设清洁低碳社会、实现能源可持续发展的必然选择。

2. 主要内容

《通知》主要是对地方推进可再生能源供暖提出了一些要求，同时还提出了一些配套支持政策。具体要求方面，《通知》提出：一是要科学统筹规划相关工作，合理布局可再生能源供暖项目；二是因地制宜推广各类可再生能源供暖技术，充分发挥各类可再生能源在供暖中的积极作用；三是继续推动试点示范工作和重大项目建设，探索先进的项目运行和管理经验；四是进一步完善政府管理体系，加强关键技术设备研发支持。支持政策方面，《通知》提出制定供暖价格时应综合考虑可再生能源与常规能源供暖成本、居民承受能力等因素，明确了生物质热电联产、地热能开发利用方面的支持内容，并鼓励地方对地热能供暖和生物质能清洁供暖等项目积极给予支持。

3. 对相关规划的要求

一是各地在区域能源规划中应当将可再生能源供暖作为一项重要内容，明确发展目标，根据当地资源禀赋和用能需求推广可再生能源供暖技术，合理布局项目，在现有供暖方式的基础上做好与可再生能源供暖的衔接工作，支持建设可再生能源与其他供暖方式相结合的互补供暖体系。二是做好城市更新、城镇新区、产业园（区）规划建设过程中的可再生能源供暖与城市发展规划衔接工作，关注城镇供暖体系和热力管网的规划设计和改造，根据可再生能源的特点优化设计供热管网。三是提出应做好可再生能源供暖与乡村振兴战略规划的衔接。"十四五"期间国家将全面实施乡村振兴战略，各地应将可再生能源作为满足乡村取暖需求的重要方式之一。

4. 对各类可再生能源供暖技术的要求

（1）地热能供暖

地热能是一种绿色低碳、可循环利用的可再生能源，具有储量大、分布广、清洁环保、稳定可靠等特点。我国地热资源丰富，市场潜力巨大，发展前景广阔。开发利用地热能不仅对调整能源结构、节能减排、改善环境具有重要意义，而且对培育新兴产业、促进新型城镇化建设、增加就业均具有显著的拉动效应。

《通知》提出：一是重点推进中深层地热能供暖，按照"以灌定采、采灌均衡、水热均衡"的原则，根据地热形成机理、地热资源品位和资源量、地下水生态环境条件，实施总量控制，分区分类管理，以集中与分散相结合的方式推进中深层地热能供暖。在条件适宜的地区加大"井下换热"技术推广应用力度。鼓励开展中深层地热能集中利用示范工作，示范不同地热资源品位的供暖利用模式和应用范围，探索有利于地热能开发利用的新型管理技术和市场运营模式。二是积极开发浅层地热能供暖，经济高效替代散煤供暖，在有条件的地区发展地表水源、土壤源、地下水源供暖制冷等。

《通知》还提出了一些支持地热能开发利用的建议措施，如在地热资源禀赋较好的地区可实施地热能供暖重大项目建设和重点项目推广；宜采取地热区块整体开发的方式推进地热供暖；支持参与地热勘探评价的企业优先获得地热资源特许经营资格；地热能供暖不受供热特许经营权限制；鼓励利用油田采出水开展地热能供暖、地下水资源与所含矿物质资源综合利用等。对于高温型热泵可靠运行、井下高效换热、中深层地下水采灌均衡等关键技术研发，《通知》明确应积极予以支持。

此外，《通知》还明确了地热能开发利用有关要求。在地下水饮用水水源地及其保护区范围内，禁止以保护的目标含水层作为热泵水源。在地下水禁限采区、深层（承压）含水层以及地热水无法有效回灌的地区或对应含水层，禁止以地下水作为热泵水源。地下水回灌不得造成地下水污染。

（2）生物质供暖

生物质能供暖具有布局灵活、适应性强的特点，适宜就近收集原料、就地加工转换、就近消费、分布式开发利用，可用于资源丰富地区的县城及农村取暖，在用户侧直接实现煤炭替代。

《通知》提出：一是有序发展生物质热电联产，因地制宜加快生物质发电向热电联产转型升级，为具备资源条件的县城、人口集中的农村提供民用供暖，以及为中小工业园区集中供热。同等条件下，生物质发电补贴优先支持生物质热电联产项目。二是合理发展以农林生物质、生物质成型燃料、生物天然气等为燃料的生物质供暖，鼓励采用大中型锅炉，在农村、城镇等人口聚集区进行区域集中供暖。三是在大气污染防治非重点地区农村，可按照就地取材原则因地制宜推广户用成型燃料炉具供暖，户用成型燃料炉具供暖可不受供热特许经营权限制。

运行管理模式方面，《通知》鼓励以县为单位推进生物质清洁供暖运行管理，一个县域由一个项目单位统一推进，统筹规划布局、完善建设方案、强化项目运营、协调资源收储、完善终端服务，破解生物质供暖小而散的问题，规范管理体系，提升经济竞争力。《通知》提出，应积极探索分散型农村生物质资源利用管理模式，鼓励在居住分散、集中供暖供气困难、生物质资源丰富的农村地区，以县域为单位统筹考虑开展生物质能加工站建设试点，对当地生物质资源实行统一开发、运营、服务和管理，有效降低农村地区生物质能取暖成本，提高农村生物质资源综合利用水平。

此外，《通知》还对生物质供暖提出了一些要求，包括生物质锅炉不得掺烧煤炭、垃圾、工业固体废物等其他物料，配套建设布袋除尘等高效治污设施，确保达标排放，鼓励达到超低排放；鼓励优先建设生物质热电联产项目，从严控制只发电不供热项目；应出台体现生物质特点和清洁取暖要求的生物质成型燃料标准和生物质炉具产品标准等。

（3）太阳能供暖

太阳能供热采暖是可再生能源利用的重要领域，技术成熟，经济性较好，已广泛应用于生活及工业热水供应，为推进清洁供暖、改善大气环境质量发挥了积极作用。在资源丰富地区，太阳能适合与其他能源结合，实现热水、供暖复合系统的应用。

结合其技术特点，《通知》建议将太阳能供暖与其他供暖方式相结合，明确鼓励在以下几种场景利用太阳能供暖。一是大中型城市有供暖需求的民用建筑优先使用太阳能供暖系统；二是小城镇和农村地区使用户用太阳能供暖系统；三是在条件适宜的中小城镇、民用及公共建筑上推广太阳能供热系统，采取集中式与分布式结合的方式进行建筑供暖；四是在农业大棚、养殖等用热需求大且与太阳能特性相匹配的行业充分利用太阳能供暖；五是在集中供暖网未覆盖、有冷热双供需求的地区试点使用太阳能热水、供暖和制冷三联供系统。

九、《关于开展风电清洁供暖工作的通知》

为推进大气污染防治和风电产业健康发展，国家能源局2015年6月对外发布通知，要求内蒙古、辽宁、吉林、黑龙江、河北、新疆、山西等省份及相关电网企业研究探索风电清洁供暖工作，有条件开展的地区要编制2015年度风电清洁供暖工作方案。

国家能源局发布的《关于开展风电清洁供暖工作的通知》提出，风电清洁供暖对提高北方风能资源丰富地区消纳风电能力、缓解北方地区冬季供暖期电力负荷低谷时段风电并网运行困难、改善北方地区冬季大气环境质量意义重大。各相关省区要研究利用冬季夜间风电进行清洁供暖的可行性，制定促进风电清洁供暖应用的实施方案和政策措施。

通知明确，风电清洁供暖项目以替代现有的燃煤小锅炉或解决分散建筑区域以及热力管网或天然气管网难以到达的区域的供热需求为主要方向，按照每1万千瓦风电配套制热量满足2万平方米建筑供暖需求的标准确定参与供暖的装机规模，鼓励新建建筑优先使用风电清洁供暖技术。鼓励风电场与电力用户采取直接交易的模式供电。

通知还提出，风电清洁供暖项目安排原则上以解决目前已有风电项目的弃风限电问题为主，山西、辽宁、新疆达坂城地区、蒙西可以酌情按照不高于100万千瓦的规模适度安排新建项目参与风电清洁供暖。

通知要求，各省区能源主管部门要积极制定和督促落实促进风电清洁供暖工作的配套措施，特别是协调好风电制暖设备与热力管网的衔接工作，力争于2015年年底前建成并发挥效益。电网企业要加快开展适应风电清洁供暖发展的配套电网建设，研究制定适应风电清洁供暖应用的电力运行管理措施，保障风电清洁供暖项目的可靠运行。

十、《关于完善风电供暖相关电力交易机制扩大风电供暖应用的通知》

2019年4月，国家能源局发布《关于完善风电供暖相关电力交易机制扩大风电供暖应用的通知》。

通知明确六点：

1. 做好风电清洁供暖试点工作总结和发展规划工作。结合北方地区清洁供暖规划总体目标和当地实际情况，在2019年6月底前完成各地区2019—2021年的风电清洁供暖发展规划（或实施方案），明确2021年前分年度发展目标、主要任务和重点工程，特别是要明确在2019年度供暖季前可完工投入使用的近期重点工程。

2. 做好风电清洁供暖技术论证工作。结合本地区风能资源、供暖需求情况，合理论证并选择适宜本地区的技术方案。做好风电清洁供暖项目配套电网建设与改造工作，保障风电供暖项目可靠供电，同时深入研究电力与热力协同调度运行机制以及保障对应风电项目并网消纳的技术措施，并实现风电供暖与风电消纳相互促进。

3. 研究完善风电供暖项目投资运营机制。探索建立符合市场化原则的风电清洁供暖投资运营模式，对风电清洁供暖项目落实相应的投资补助等政策，建立促进风电取暖的电价机制，落实好谷段输配电价按平段输配电价减半执行的支持政策。鼓励对风电企业收取的居民个人采暖费、风电供暖项目的建设用地等提供税收优惠政策。

4. 完善风电供暖的电力市场化交易机制。鼓励风电企业与清洁供暖电力用户进行电力直接交易，交易价格由风电企业与用户自主协商或者竞价的方式确定。在2020年前暂时低于保障性收购小时数开展可再生能源电力市场化交易地区，按 10% 左右的电量优先开展风电供暖交易。

5. 做好风电清洁供暖组织协调和建设管理工作。明确风电供暖重点项目建设单位和年度开发建设方案，统筹做好风电、接网工程、供热站的衔接工作。要组织相关单位及时签订风电供暖电力交易协议，加强对项目建设和运行情况的监测管理，保证工程建设进度、工程质量和工程顺利实施。

6. 请有关省（自治区、直辖市）监管机构会同省级能源主管部门和电网企业加快完善风电清洁供暖电力交易机制。在 2019 年 9 月 30 日前，结合本地区 2019—2021 年的风电清洁供暖发展规划（或实施方案）以及 2019 年度供暖季前可完工投入使用的重点工程情况，报送本地区风电清洁供暖专项电力交易机制建设实施方案。

十一、《关于促进生物质能供热发展的指导意见》

2017 年 12 月，国家发改委、国家能源局印发了《关于促进生物质能供热发展的指导意见》的通知。指导意见指出，到 2020 年，生物质热电联产装机容量超过 1200 万千瓦，生物质成型燃料年利用量约 3000 万吨，生物质燃气年利用量约 100 亿立方米，生物质能供热合计折合供暖面积约 10 亿平方米，年直接替代燃煤约 3000 万吨。到 2020 年，形成以生物质能供热为特色的 200 个县城、1000 个乡镇，以及一批中小工业园区。指导意见强调，要大力发展县域农林生物质热电联产，稳步发展城镇生活垃圾焚烧热电联产，加快常规生物质发电项目供热改造，推进小火电改生物质热电联产，建设区域综合清洁能源系统，加快生物质热电联产技术进步等。

指导意见将生物质能供热的主要应用范围集中在区域民用供暖和中小型工业园区上，特别是减少县域及农村燃煤供热，力求构建分布式绿色低碳清洁环保供热体系。

生物质能供热将遵循统筹兼顾、因地制宜、市场驱动、政策支持、清洁利用、绿色低碳、循环发展、扩大规模、部分替代、局部主导的基本原则。统筹全面淘汰存量散煤以及为新增用户清洁供热，并推进公平竞争。同时，培育发展壮大生物质能供热企业，推动规模化、专业化、市场化发展，尽快形成战略性新兴产业。此外，积极发挥生物质能供热环保和经济优势，在具备竞争优势的中小工业园区热力市场，以及缺乏大型化石能源热电联产项目的县城及农村，加快普及应用，在终端供热消费领域替代化石能源，在局部地区形成生物质能供热主导地位。

在生物质热电联产方面，大力发展县域农林生物质热电联产，新建农林生物质发电项目实行热电联产，为三百万平米以下县级区域供暖。城镇地区稳步发展生活垃圾焚烧热电联产。同时，加快常规生物质发电项目供热改造，推进小火电改生物质热电联产，建设区域综合清洁能源系统并加快生物质热电联产技术进步。

在生物质锅炉供热方面,将主要燃料集中在农林生物质、生物质成型燃料和生物质燃气上。指导意见要求大力推进城镇生物质成型燃料锅炉民用供暖。在工业供热上,中小工业园区以及天然气管网覆盖不到的工业区积极推广生物质成型燃料锅炉供热,重点建设10蒸吨/小时以上的大型先进低排放生物质锅炉。积极推进生物质燃气供热。同时,形成专业化、市场化生物质锅炉供热商业模式,加快形成投资、建设、运营、服务一体化生物质锅炉供热可持续商业模式。由专业企业投资建设生物质锅炉供热项目,为用户提供热力服务,形成以分布式可再生能源热力服务为特征的生物质锅炉供热新兴产业。此外,建立分布式生产消费体系,着力提高环保水平,生物质锅炉污染物排放应满足国家或地方大气污染物排放标准,达到燃气锅炉排放水平。

指导意见还完善了八项促进生物质能供热的政策措施。其主要措施有以下方面。第一,加强组织领导,将生物质能供热与治理散煤、"煤改气"、"煤改电"等一起纳入工作部署和计划。第二,强化规划指导,要求各省(自治区、直辖市)能源主管部门编制生物质发电规划,并在汇总各省(自治区、直辖市)规划基础上编制全国生物质发电规划,申请国家可再生能源基金补贴的热电联产项目,应纳入国家及省级规划。第三,示范带动,全面推进,2017年在东北、华北等北方地区以及京津冀大气污染传输通道"2+26"个重点城市组织县域生物质能供热示范建设,在南方地区组织生物质能工业供热示范。第四,完善支持政策,在锅炉置换、终端取暖补贴、供热管网补贴等方面享受与"煤改气""煤改电"相同的支持政策,国家可再生能源电价附加补贴资金优先支持生物质热电联产项目。按照有关规定,生物质热电联产以及成型燃料生产和供热等享受国家税收优惠政策,原料收集加工机械纳入国家农机具补贴范围。同时,将支持生物质能供热参与电力体制改革,并加强监督管理、产业体系建设和相关宣传工作。

十二、《关于开展"百个城镇"生物质热电联产县域清洁供热示范项目建设的通知》

为全面贯彻党的十九大精神,以习近平新时代中国特色社会主义思想为指导,落实中央经济工作会议、中央农村工作会议和中央财经领导小组第14次会议精神,推进区域清洁能源供热,减少县域(县城及农村)散煤消费,有效防治大气污染和治理雾霾,根据北方地区清洁取暖工作总体部署及国家发展改革委、国家能源局《关于印发促进生物质能供热发展指导意见的通知》(发改能源〔2017〕2123号),国家能源局在2018年1月印发了《关于开展"百个城镇"生物质热电联产县域清洁供热示范项目建设的通知》。

通知指出,"百个城镇"生物质热电联产县域清洁供热示范项目建设的主要目的是,建立生物质热电联产县域清洁供热模式,构建就地收集原料、就地加工转化、就地消费的分布式清洁供热生产和消费体系，为治理县域散煤开辟新路子；形成100个以上以生物质热电联产清洁供热为主的县城、乡镇，以及一批中小工业园区，达到一定规模替代燃煤的能力；为探索生物质发电全面转向热电联产、完善生物质热电联产政策措施提供依据。

通知强调，"百个城镇"生物质热电联产县域清洁供热示范项目力争2018年年底前建成（或完成技改），为河北省广宗县等70个县城、河北省宽城县龙须门镇等63个乡镇提供民用清洁供暖，供暖面积约9000万平方米，惠及县城及乡镇居民约400万人；为76个中小工业园区提供清洁热力，合计约6900万吉焦。示范项目供热部分每年替代散煤约660万吨，区域内相应规模的燃煤供热设施关停。相当于每年节约天然气约40亿立方米。

十三、《关于加快浅层地热能开发利用促进北方采暖地区燃煤减量替代的通知》

近年来，一些地区积极发展浅层地热能供热（冷）一体化服务，在减少燃煤消耗、提高区域能源利用效率等方面取得明显成效。为贯彻落实《国务院关于印发大气污染防治行动计划的通知》（国发〔2013〕37号）、《国务院关于印发"十三五"节能减排综合工作方案的通知》（国发〔2016〕74号）、《国务院关于印发"十三五"生态环境保护规划的通知》（国发〔2016〕65号）以及国家发展改革委等部门《关于印发〈重点地区煤炭消费减量替代管理暂行办法〉的通知》（发改环资〔2014〕2984号）和《关于推进北方采暖地区城镇清洁供暖的指导意见》（建城〔2017〕196号），因地制宜加快推进浅层地热能开发利用，推进北方采暖地区居民供热等领域燃煤减量替代，提高区域供热（冷）能源利用效率和清洁化水平，改善空气环境质量，2017年12月，国家发改委等六部委发布了《关于加快浅层地热能开发利用促进北方采暖地区燃煤减量替代的通知》。通知指出要因地制宜加快推进浅层地热能开发利用，推进北方采暖地区居民供热等领域燃煤减量替代，提高区域供热（冷）能源利用效率和清洁化水平，改善空气环境质量。

所谓浅层地热能（亦称地温能），是指自然界江、河、湖、海等地表水源、污水（再生水）源及地表以下200米以内、温度低于25℃的岩土体和地下水中的低品位热能，可经热泵系统采集提取后用于建筑供热（冷）。通知指出，在浅层地热能开发利用中应坚持因地制宜、安全稳定、环境友好、市场主导与政府推动相结合等原则。

主要目标：以京津冀及周边地区等北方采暖地区为重点，到2020年，浅层地热能在供热（冷）领域得到有效应用，应用水平得到较大提升，在替代民用散煤供热（冷）方面发挥积极作用，区域供热（冷）用能结构得到优化，相关政策机制和保障制度进一步完善，浅层地热能利用技术开发、咨询评价、关键设备制造、工程建设、运营服务等产业体系进一步健全。

十四、《关于促进地热能开发利用的若干意见》

2021年9月,国家发改委等八部门联合发布《关于促进地热能开发利用的若干意见》(以下简称《意见》)。《意见》就我国地热产业近中长期发展目标、重点任务以及管理体制和保障措施作了翔实的阐释。《意见》是继2013年《关于促进地热能开发利用的指导意见》、2017年《地热能开发利用"十三五"规划》之后又一针对地热发展的重磅文件,对新时代我国地热产业发展具有重要的指导意义。结合目前我国经济社会发展的大环境以及地热产业发展现状判断,此次《意见》出台具有如下几个特点和积极影响。

1. 出台时机

自2020年以来,国内一些地区开始对地热产业重点是地热供暖说"不",关停了一些运行数年的地热井,曾导致之前依靠地热供暖的部分住户冬季供暖出现问题。地方政府关停这些地热井无可厚非,主要是因为被关停的地热井基本都是问题井,这些地热井开采不回灌,导致环境污染和地面沉降等系列环境事件。生态保护是一道红线,也是发展的底线,不能触碰。

2021年依然有地方政府在加大力度整改关停地热井。大规模的关停地热井容易造成地热产业发展的负面舆论,容易让地热事业走向低潮。关停地热井期间,关于地热产业究竟还能走多远的悲观情绪一度在地热人心中弥漫。尽管国内有很多地热开发利用的成功案例比如地热开发利用的"雄县模式"及"雄安模式",但负面舆论一旦出现,成功案例的正面形象往往会被负面潮流所淹没,舆论不讲道理,只喜欢抓眼球。在这一特殊时期,《意见》出台可以说是"及时雨"。

《意见》提出各级能源主管部门在会同各相关部门编制可再生能源发展规划时,要将地热能开发利用有关情况包含在内。要根据水资源保护要求、地热资源禀赋、清洁能源需求和生态环境保护要求,确定本地区地热能开发利用目标、布局和实施方案。《意见》的出台犹如拨开迷雾见青天,给地热产业一颗定心丸,稳定了地热发展大局。

2. 发展目标和方向

《意见》明确提出了地热今后五年的发展目标,地热供暖和发电规模均较之前有大幅提升。《意见》提出到2025年,各地基本建立起完善规范的地热能开发利用管理流程,全国地热能开发利用信息统计和监测体系基本完善;地热能供暖(制冷)面积比2020年增加50%;在资源条件好的地区建设一批地热能发电示范项目,全国地热能发电装机容量比2020年翻一番;到2035年,地热能供暖(制冷)面积及地热能发电装机容量力争比2025年翻一番。2020年全国地热供暖制冷面积大致在14亿平方米。按照《意见》规划,到2025年预期达到21亿平方米,那么到2035年要达到42亿平方米。2020年全国地热装机容量为50兆瓦,按照规划，到 2025 年预期达到 100 兆瓦，到 2035 年达到 200 兆瓦。

首先是管理流程规范被作为发展目标提出来非常有深意和现实意义。可以说是对当前地热发展"乱象"的一个回应，也可以说是警示。地热产业要发展，但不是无原则、无条件地发展，需要规制，需要建立科学的信息平台，优化决策流程程序，助推地热产业走上健康轨道。

其次是借势发展地热供暖产业。"十三五"时期地热产业发展目标的核心指标是供暖面积较 2015 年增加 11 亿平方米，其中浅层供暖面积增加 7 亿平方米，中深层增加 4 亿平方米，发电装机达到 500 兆瓦。2020 年的统计数据显示，"十三五"期间我国中深层地热供暖面积超额完成目标，达到 4.8 亿平方米；浅层供暖新增面积由于种种原因只完成了规划目标的 60%，发展形势总体尚可接受。此次《意见》提出 2025 年供暖面积在 2020 年基础上增长 50%，可以说是借力"十三五"期间的发展惯性，让地热供暖的发展保持必要的速度。

最后是补地热发电的"课"。发电新增装机容量较规划目标差距较大，"十三五"期间仅增加了 20 兆瓦的装机容量。地热发电不及预期一方面受资源条件影响，另一方面受适合地热发电的地区电力供应相对充分不重视发电影响，比如青海、西藏和云南在"十三五"期间电力供应平稳，还有稳定的电力输出。地方政府出于发展经济的需要，更有意发展地热旅游，对于地热发电并未投入更多的注意力。不过"十四五"时期的外部环境会发生较大变化。新型电力系统的构建、"双碳"目标下各省的碳减排任务落实以及近两年发生的电力供应紧张会促使各地重视可再生电力系统稳定性建设。

作为可再生能源家族的一员，地热发电具有运行小时稳定、不受季节和气象条件影响的优势，是建设新型电力系统较为现实的选择。新型电力系统若想"打铁必须自身硬"，得重视核电、地热发电、储能以及火电调峰等稳定性电源。《意见》就地热发电提出了较 2020 年翻番的目标，同时提出在西藏、川西、滇西等高温地热资源丰富地区组织建设中高温地热能发电工程，鼓励有条件的地方建设中低温和干热岩地热能发电工程。支持地热能发电与其他可再生能源一体化发展。目标紧扣时代需要，路线立足产业发展实际，具有现实意义，发展干热岩发电事业体现出一定的前瞻性。

3. 发展路线

《意见》在阐述地热产业发展重点任务时对地热产业各环节均有涉及，体现了发展的均衡性与系统性。关于地热勘查，《意见》提出根据资源环境承载能力和水资源开发利用条件，会同水行政主管部门对地热资源开发利用的可行性、适宜性、开发利用总量和开发强度进行总体评价，以地热田为单元确定地热资源开发利用规模的思路。同时提到跨省级行政区域的大型地热田调查评价由国家公益性地质调查机构组织实施。要求在此基础上，科学合理确定开采限量、矿业权，引入企业开展后续勘查和开发利用工作。《意见》专门强调了资源承载力，同时要求勘查部门会同水行政部门就地热开发关键问题进行系统总体评价，提出地热开发利用过程中须遵循"等量同层回灌""取热不耗水""最大程度减少对地下土壤、岩层和水体的干扰""资源落实、永续利用"的原则，体现了尊重自然、和谐发展的基本理念。

关于开发路线，《意见》分浅层和中深层两个层次，从因地制宜开发利用角度对地热在全国的发展路径作了规划。首先是浅层地热开发利用，《意见》强调了京津冀地区的深浅结合，旨在扩大地热在北方的利用范围；提出在长江中下游地区发展地表水水源热泵形式的供暖制冷，在有条件的地区发展土壤源地源热泵供暖制冷，同时推进云贵地热开发利用，高质量满足不断增长的南方地区供暖需求。《意见》描述的发展地热供暖是对近年南方地区发展冬季供暖呼声的有力回应，体现了以人为本的民生情怀。其次是中深层地热开发利用，《意见》提出在京津冀、山西、山东、陕西、河南、青海、黑龙江、吉林、辽宁等区域继续稳妥推进中深层地热能供暖。鼓励开展中深层地热能集中利用示范工作，示范不同地热资源品位的供暖利用模式和应用范围，探索有利于地热能开发利用的新型管理技术和市场运营模式，鼓励推广"地热能+"多能互补的供暖形式。

《意见》强调推广新技术，体现了坚持科技兴地热的发展思路。《意见》鼓励各地在进行资源评估、环境影响评价和经济性测算的基础上，根据实际情况选择"取热不耗水、完全等量同层回灌"或"密封式、无干扰井下换热"技术，避免对地下水资源和环境造成损害。这些技术都是近些年地热行业在探索和发展中形成的新技术。关于新技术运营的形式，《意见》提出在有条件地区建设地热项目示范区的思路，本着提及综合利用原则，鼓励各地开展地热能与旅游业、种养殖业及工业等产业的多层次地热利用，坚持地热能梯次开发利用以及地热能开发运营与数字化、智能化发展相结合，鼓励总结各地区可复制、效果好的地热能开发实践经验，及时推广典型案例。

4. 管理举措

地热产业在长期的发展过程中遇到了诸多问题，其中地热水既作为矿产管理也作为水管理的矛盾比较突出，比较有代表性。中深层地热的特殊性决定了矿产管理部门和水行政管理部门必须对地热同时进行管理。由于对地热矿业权和水资源管理条款的理解存在分歧，导致地热矿业权申请、审批等程序复杂，一定程度上影响到地热产业的良性发展。此次《意见》就此问题作出明确说明，提出对于涉及地热能登记、取水许可审批项目，要求各有关主管部门采取数据共享、集中审批、多部门审批协同联动等方式，优化审批流程，提高审批效能。

《意见》同时提出满足地下水保护与管理政策要求，涉及取水的应开展水资源论证，向具有管辖权的水行政部门申领取水许可证。鼓励地方优化地热矿业权和取水许可的办理流程、精简审批要件。为促进地热产业快速发展，《意见》鼓励各级政府和发改、财政、自然资源、水行政、住房和城乡建设、生态环境、能源主管部门等出台有利于地热能开发利用的财政、金融政策等；研究利用现有渠道对地热能供暖项目给予财政支持；鼓励和支持企业加强技术创新，共同营造有利于地热能开发利用的政策环境。

双碳目标的出台以及相关举措的跟进，地热开发利用的空间理论上被拓宽，但地热产业的发展同时面临新挑战、新要求，迫切需要地热人撸起袖子加油干，发挥好地热资源的可再生及绿色优势，不断提升地热产业的发展水平与效率，为地热产业赢得更为广阔的发展空间。

十五、《关于加快推动新型储能发展的指导意见》

新型储能是除抽水蓄能外，以电力为主要输出形式的储能技术。为推动新型储能快速发展，支撑以新能源为主体的新型电力系统构建，促进碳达峰碳中和目标实现，国家发展改革委、国家能源局在2021年7月联合印发了《关于加快推动新型储能发展的指导意见》（以下简称《指导意见》）。

1. 出台背景

《指导意见》是解决新型储能发展新阶段突出矛盾的客观需要和重要应对举措。"十三五"以来，相关部门先后印发了《关于促进储能技术与产业发展的指导意见》和配套的行动方案，储能技术和产业快速发展，同时新型储能发展尤为迅猛，其助力能源转型的作用初步显现。探索中发现，亟须进一步加强顶层设计，完善宏观政策，创新市场机制，加强项目管理，大力推动新型储能高质量发展。

《指导意见》是加快"十四五"新型储能发展、构建新型电力系统、实现碳达峰碳中和等目标的重要部署。为贯彻落实习近平总书记关于碳达峰碳中和的目标要求，必须加快调整优化能源结构，构建以新能源为主体的新型电力系统，而新型储能具有可以突破传统电力供需时空限制、精准控制和快速响应的特点，是应对新能源间歇性、波动性的关键技术之一，且具有选址布局灵活等多方面优势，因此加快新型储能规模化发展势在必行。为确保碳达峰碳中和工作顺利开局，应牢牢抓住"十四五"战略窗口期，加快出台顶层规划，完善政策体系和市场环境，为加速技术迭代创造条件，实现新型储能规模化发展。

《指导意见》是凝聚各方共识、统筹行业发展的顶层设计。此次《指导意见》着力顶层设计，梳理总结了"十三五"新型储能行业发展的问题和经验，广泛听取行业意见，充分衔接《中华人民共和国国民经济和社会发展第十四个五年规划和2035年远景目标纲要》《关于促进储能技术与产业发展的指导意见》等文件精神，旨在以此为纲领，统筹指导新型储能行业新阶段、新目标下的发展。

2. 主要内容

《指导意见》编制坚持问题导向和目标导向，主要包括总体要求、强化规划引导、推动技术进步、完善政策机制、规范行业管理、加强组织领导等六大部分。

（1）总体要求。一是指导思想中明确碳达峰碳中和目标下新型储能的功能定位，提出新型储能是提升能源电力系统调节能力、综合效率和安全保障能力，支撑新型电力系统建设的重要举措。二是基本原则中贯穿以技术革新为驱动、政策环境为保障、市场机制为依托、保障安全为底线的科学发展思路，明确统筹规划、多元发展，创新引领、规模带动，政策驱动、市场主导，规范管理、保障安全四大发展原则。三是主要目标中坚持分阶段、分层次的发展理念，"十四五"期间聚焦高质量规模化发展，锚定3000万千瓦作为基本规模目标，兼顾技术、成本等方面的进步；"十五五"期间实现全面市场化发展，以满足新型电力系统需求、支撑碳达峰碳中和作为目标，留足充分的预期空间。

（2）主要任务。《指导意见》聚焦四大方向，明确了14项主要任务和工作要点，贯彻执行发展原则，推动发展目标落实。

强化规划引导方面"由面及点，突出重点"。国家和地方层面开展新型储能规划研究，引导新型储能建设规模和布局；电源侧着力于系统友好型新能源电站和多能互补的大型清洁能源基地等重点方向，电网侧围绕提升系统灵活调节能力、安全稳定水平、供电保障能力合理布局，用户侧鼓励围绕跨界融合和商业模式探索创新。

推动技术进步方面"逐层推进，明确举措"。技术研发要坚持核心技术自主可控和路线多元化，统筹开展关键短板技术攻关；加强产学研融合，推动创新资源培育和优化配置；加大各类示范力度，促进成果转化落地；着力产业链培育和壮大，推动产业化基地建设。

完善政策机制方面"指明方向，稳定预期"。明确储能市场主体身份，推动储能进入并允许同时参与各类电力市场。在具体方向上指明后续要研究建立独立储能电站、电网替代性储能设施的成本疏导机制，要完善峰谷电价扩大用户侧储能获利空间，采用政策倾斜的方式激励配套建设或共享模式落实新型储能的新能源发电项目。

规范行业管理方面"瞄准痛点，压实责任"。要求健全新建电力装机配套储能政策，电网企业优化调度机制，从建设、运行两个角度充分发挥储能功能和效益。要求明确储能备案和并网等管理程序，破解管理无序的问题。围绕技术标准、检测认证、安全管理等方面加强标准体系建设，提升新型储能本质安全。

（3）保障措施。《指导意见》为确保主要任务落地有效，规定了5项具体措施。从统筹领导角度，明确以国家发展改革委、国家能源局为牵头部门，围绕价格机制、国家储能技术产教融合创新平台等重大问题推动工作。从责任落实角度，要求地方上配套制定政策和发展方案，开展先行先试，落实发展目标。从行业监管角度，提出建立闭环监管机制，建设国家级储能大数据平台，提升行业管理信息化水平；强调压实安全主体责任，强化风险防范。

从标准化安全方面加强储能标准和现有电力系统标准的融合衔接，加强新型储能标准体系的建设和健全。

十六、《"十四五"新型储能发展实施方案》

为推动"十四五"新型储能高质量规模化发展，国家发展改革委、国家能源局在 2022 年 1 月联合印发了《"十四五"新型储能发展实施方案》(以下简称《方案》)。《方案》提出，到 2025 年，新型储能由商业化初期步入规模化发展阶段，具备大规模商业化应用条件。新型储能技术创新能力显著提高，核心技术装备自主可控水平大幅提升，标准体系基本完善，产业体系日趋完备，市场环境和商业模式基本成熟。其中，电化学储能技术性能进一步提升，系统成本降低 30% 以上；火电与核电机组抽汽蓄能等依托常规电源的新型储能技术、百兆瓦级压缩空气储能技术实现工程化应用；兆瓦级飞轮储能等机械储能技术逐步成熟；氢储能、热（冷）储能等长时间尺度储能技术取得突破。

到 2030 年，新型储能全面市场化发展。新型储能核心技术装备自主可控，技术创新和产业水平稳居全球前列，市场机制、商业模式、标准体系成熟健全，与电力系统各环节深度融合发展，基本满足构建新型电力系统需求，全面支撑能源领域碳达峰目标如期实现。

此外，《方案》要求，加大力度发展电源侧新型储能。推动系统友好型新能源电站建设。在新能源资源富集地区，如内蒙古、新疆、甘肃、青海等，以及其他新能源高渗透率地区，重点布局一批配置合理新型储能的系统友好型新能源电站，推动高精度长时间尺度功率预测、智能调度控制等创新技术应用，保障新能源高效消纳利用，提升新能源并网友好性和容量支撑能力。

新型储能是建设新型电力系统、推动能源绿色低碳转型的重要装备基础和关键支撑技术，也是实现碳达峰、碳中和目标的重要支撑。2021 年 4 月，国家发展改革委、国家能源局已在《关于加快推动新型储能发展的指导意见（征求意见稿）》中提出，到 2025 年，实现新型储能从商业化初期向规模化发展转变，装机规模达 3000 万千瓦以上。到 2030 年，实现新型储能全面市场化发展，装机规模基本满足新型电力系统相应需求，成为能源领域碳达峰碳中和的关键支撑之一。

根据 CNESA 全球储能项目库统计，截至 2020 年年底，中国已投运储能项目累计装机规模 35.6 吉瓦（1 吉瓦 =1 百万千瓦），占全球市场总规模的 18.6%，同比增长 9.8%。2020 年新增投运项目中，储能在新能源发电侧中的装机规模最大，超过 58 万千瓦，同比增长 438%。

以下为国家能源局发布的《"十四五"新型储能发展实施方案》解读。

1. 出台背景

（1）"十三五"以来，我国新型储能实现由研发示范向商业化初期过渡，实现了实质性进步。电化学储能、压缩空气储能等技术创新取得长足进步，2021 年年底新型储能累计装机超过 400 万千瓦，"新能源 + 储能"、常规火电配置储能、智能微电网等应用场景不断涌现，商业模式逐步拓展，国家和地方层面政策机制不断完善，对能源转型的支撑作用初步显现。

（2）"十四五"时期是我国实现碳达峰目标的关键期和窗口期，也是新型储能发展的重要战略机遇期。随着电力系统对调节能力需求提升、新能源开发消纳规模不断加大，尤其是沙漠戈壁荒漠大型风电光伏基地项目集中建设的背景下，新型储能建设周期短、选址简单灵活、调节能力强，与新能源开发消纳的匹配性更好，优势逐渐凸显，加快推进先进储能技术规模化应用势在必行。我国在锂离子电池、压缩空气储能等技术方面已达到世界领先水平，面向世界能源科技竞争，支撑绿色低碳科技创新，加快新型储能技术创新体系建设机不容发。新型储能是催生能源工业新业态、打造经济新引擎的突破口之一，在构建国内国际双循环相互促进新发展格局背景下，加速新型储能产业布局面临重大机遇。

（3）《方案》是推动"十四五"新型储能规模化、产业化、市场化发展的总体部署。2021年，国家发展改革委、国家能源局联合印发了《关于加快推动新型储能发展的指导意见》（以下简称《指导意见》）。《指导意见》提纲挈领指明了新型储能发展方向，要求强化规划的引领作用，加快完善政策体系，加速技术创新，推动新型储能高质量发展。此次在《指导意见》的基础上，《方案》进一步明确发展目标和细化重点任务，提升规划落实的可操作性，旨在把握"十四五"新型储能发展的战略窗口期，加快推动新型储能规模化、产业化和市场化发展，保障碳达峰、碳中和工作顺利开局。

2. 主要内容和政策亮点

《方案》分为八大部分，包括总体要求、六项重点任务和保障措施。其中，六项重点任务分别从技术创新、试点示范、规模发展、体制机制、政策保障、国际合作等重点领域对"十四五"新型储能发展的重点任务进行部署。

（1）总体要求。一是指导思想中明确坚持以技术创新为内生动力、以市场机制为根本依托、以政策环境为有力保障，稳中求进推动新型储能高质量、规模化发展的总体思路。二是基本原则中充分体现了以规划为引领、以创新为驱动、以市场为主导、以机制为保障、以安全为底线的发展思路，明确统筹规划、因地制宜，创新引领、示范先行，市场主导、有序发展，立足安全、规范管理四项发展原则。三是在发展目标中，更注重通过支持技术和商业模式创新、健全标准体系、完善政策机制等措施，充分激发市场活力，推动构建以需求为导向、以充分发挥新型储能价值为目标的高质量、规模化发展格局。

（2）主要任务。《方案》聚焦六大方向，明确了"十四五"期间的重点任务。

一是注重系统性谋划储能技术创新。《方案》对新型储能技术创新加强战略性布局和系统性谋划，从推动多元化技术开发、突破全过程安全技术、创新智慧调控技术三个层面部署集中技术攻关的重点方向，提出研发储备技术方向，鼓励不同技术路线"百花齐放"，同时兼顾创新资源的优化配置；强调推动产学研用的融合发展，以"揭榜挂帅"等方式推动创新平台建设,深化新型储能学科建设和复合人才培养;建立健全以企业为主体、市场为导向、产学研用相结合的绿色储能技术创新体系,充分释放平台、人才、资本的创新活力,增加技术创新的内生动力。

二是强化示范引领带动产业发展。《方案》聚焦新型储能多元化技术路线、不同时间尺度技术和各类应用场景,以稳步推进、分批实施的原则推动先进储能技术试点示范,加快首台(套)重大技术装备等重点技术的创新示范,以工程实践加速技术迭代和更新,促进成本下降;推动重点区域开展区域性储能示范区建设,结合应用场景积极推动制定差异化政策,在一些创新成果多、体制基础好、改革走在前的地区实现重点突破。结合新型储能处于商业化初期阶段实际,《方案》鼓励各地在新型储能发展工作中,坚持"示范先行"原则,避免"一刀切"上规模,积极开展技术创新、健全市场体系和政策机制方面的试点示范。通过示范应用带动技术进步和产业升级,推动完善储能上下游产业链条,支持储能高新技术产业基地建设。

三是以规模化发展支撑新型电力系统建设。《方案》坚持优化新型储能建设布局,推动新型储能与电力系统各环节融合发展。在电源侧,加快推动系统友好型新能源电站建设,以新型储能支撑高比例可再生能源基地外送、促进沙漠戈壁荒漠大型风电光伏基地和大规模海上风电开发消纳,通过合理配置储能提升煤电等常规电源调节能力。在电网侧,因地制宜发展新型储能,在关键节点配置储能提高大电网安全稳定运行水平,在站址走廊资源紧张等地区延缓和替代输变电设施投资,在电网薄弱区域增强供电保障能力,围绕重要电力用户提升系统应急保障能力。在用户侧,灵活多样地配置新型储能支撑分布式供能系统建设、为用户提供定制化用能服务、提升用户灵活调节能力。同时,推动储能多元化创新应用,推进源网荷储一体化、跨领域融合发展,拓展多种储能形式应用。

四是强调以体制机制促进市场化发展。《方案》提出明确新型储能独立市场主体地位,推动新型储能参与各类电力市场,完善与新型储能相适应的电力市场机制,为逐步走向市场化发展破除体制障碍。面向新型储能发展需求和电力市场建设现状,分类施策、稳步推进推动新型储能成本合理疏导。对发挥系统调峰作用的新型储能,经调峰电源能力认定后,参照抽水蓄能管理并享受同样的价格政策。努力拓宽新型储能收益渠道,助力规模化发展。拓展新型储能商业模式,探索共享储能、云储能、储能聚合等商业模式应用,聚焦系统价值、挖掘商业价值,创新投资运营模式,引导社会资本积极投资建设新型储能项目。

五是着力健全新型储能管理体系。《方案》强化标准的规范引领和安全保障作用,完善新型储能全产业链标准体系,加快制定安全相关标准,开展多元化应用技术标准制修订。要求加快建立新型储能项目管理机制,规范行业管理,强化安全风险防范。鼓励各地加大新型储能技术创新和项目建设支持力度,完善相关支持政策。加快建立新型储能项目管理机制,强化安全风险防范,规范项目建设和运行管理。

六是推进国际合作提升竞争优势。《方案》提出完善新型储能领域国际能源合作机制,搭建合作平台,拓展合作领域;推动新型储能技术和产业的国际合作,实现新型储能技术和产业的高质量引进来和高水平走出去。

(3)保障措施。为保障《方案》有效落地,提出系列具体保障措施。在协调保障方面,提出建立包含国家发展改革委、国家能源局与有关部门的多部门协调机制,做好与各项规划统筹衔接;在行业管理方面,提出建设国家级新型储能大数据平台,开展实施方案各项重点任务监测,提升行业管理信息化水平;在责任落实方面,要求各省级能源主管部门编制新型储能发展方案,明确各项任务进度和考核机制。同时,国家能源局根据监督评估情况,适时对实施方案进行优化调整。

建筑节能大事记

一、代表性事件

1994年

3月25日,《中国21世纪议程——中国21世纪人口、环境与发展白皮书》发布,首次提出"促进建筑可持续发展,建筑节能与提高住区能源利用效率"。1994年同时启动了"国家重大科技产业工程——2000年小康型城乡住宅科技产业工程"。

1996年

发表《中华人民共和国人类居住发展报告》,对进一步改善和提高居住环境质量提出了更高要求和保障措施。

1997年

11月1日,《中华人民共和国建筑法》由中华人民共和国第八届全国人民代表大会常务委员会第二十八次会议通过,自1998年3月1日起施行。

2001年

9月,《中国生态住宅技术评估手册》公布。

2004年

4月1日,建设部与科技部发布了国家科技攻关计划重点项目申报指南,启动了"十五"国家科技重大攻关项目——"绿色建筑关键技术研究"。

8月27日,建设部设立全国绿色建筑创新奖项,制定《全国绿色建筑创新奖管理办法》,

标志着我国的绿色建筑进入了全面发展阶段。

11月25日，国家发展和改革委员会发布了中国第一个关于建筑节能的文件——《节能中长期专项规划》。

12月3—5日，胡锦涛在中央经济工作会议上明确指出："要大力发展节能省地型住宅，全面推广和普及节能技术，制定并强制推行更严格的节能节材节水标准"。

2005年

3月，首届国际智能与绿色建筑技术研讨会暨技术与产品展览会（每年一次）在北京举行，公布"全国绿色建筑创新奖"获奖项目及单位。

5月31日，建设部发布《关于发展节能省地型住宅和公共建筑的指导意见》。

10月27日，建设部与科技部联合发布了《绿色建筑技术导则》。

2006年

2月7日，国务院颁布《国家中长期科学和技术发展规划纲要（2006—2020年）》，首次将"城镇化与城市发展"作为十一个重点领域之一。在"城镇化与城市发展"领域中"建筑节能与绿色建筑"是其中的一个优先发展主题。

3月1日，《住宅性能评定标准》开始实施，倡导一次装修，引导住宅开发和住房理性消费，鼓励开发商提高住宅性能等。

3月5日，温家宝在十届全国人大四次会议上作政府工作报告时提出：抓紧制定和完善各行业节能、节水、节地、节材标准，推进节能降耗重点项目建设，促进土地集约利用。鼓励发展节能降耗产品和节能省地型建筑。

3月7日，建设部与国家质检总局联合发布了工程建设国家标准《绿色建筑评价标准》，这是我国第一部从住宅和公共建筑全寿命周期出发，多目标、多层次对绿色建筑进行综合性评价的国家标准。

3月，科技部和建设部签署了"绿色建筑科技行动"合作协议，为绿色建筑技术发展和科技成果产业化奠定基础。

6月1日，《绿色建筑评价标准》开始实施，并于2007年启动"100项绿色建筑示范工程与100项低能耗建筑示范工程"。

2007年

7月27日，建设部决定在"十一五"期间启动"100项绿色建筑示范工程与100项低能耗建筑示范工程"（简称"双百工程"）。

8月21日，建设部颁布《绿色建筑评价标识管理办法》，规定了绿色建筑等级由低至高分为一星、二星和三星三个星级。

8月，建设部发布了《绿色建筑评价技术细则（试行）》。

9月10日，建设部颁布《绿色施工导则》。

10月15日，建设部科技发展促进中心印发了《绿色建筑评价标识实施细则》。

2008年

3月，成立中国城市科学研究会节能与绿色建筑专业委员会，对外以中国绿色建筑委员会的名义开展工作。

4月14日，绿色建筑评价标识管理办公室正式设立。

6月24日，住房和城乡建设部发布《绿色建筑评价技术细则补充说明（规划设计部分）》。

7月23日，国务院第18次常务会议审议通过了《民用建筑节能条例》，并于2008年10月1日起正式实施。这标志着中国建筑节能法规体系进一步完善。

11月27日，由住房和城乡建设部科技发展促进中心绿色建筑评价标识管理办公室筹备组建的绿色建筑评价标识专家委员会正式成立。

2009年

6月18日，住房和城乡建设部印发《关于推进一二星级绿色建筑评价标识工作的通知》。该通知明确有一定的发展绿色建筑工作基础并出台了当地绿色建筑评价相关标准的省、自治区、直辖市、计划单列市均可开展本地区一、二星级绿色建筑评价标识工作。

7月20日，中国城市科学研究会绿色建筑研究中心成立。主要负责开展绿色建筑评审工作；促进绿色建筑领域的国内外交往；培养绿色建筑的各类人才；收集绿色建筑的相关数据，建立国家绿色建筑数；据库开展绿色建筑的其他相关工作。

8月27日，第十一届全国人民代表大会常务委员会第十次会议通过了《关于积极应对气候变化的决议》。决议提出要立足国情发展绿色经济、低碳经济。

9月24日，住房和城乡建设部印发《绿色建筑评价技术细则补充说明（运行使用部分）》并开始执行。

10月13日，住房和城乡建设部科技发展促进中心绿色建筑评价标识管理办公室印发《关于开展一二星级绿色建筑评价标识培训考核工作的通知》。

10月19—20日，中国城市科学研究会绿色建筑评审专家委员会成立暨绿色建筑评审会议在北京召开。

2010年

6月11日，住房和城乡建设部科技发展促进中心组织专家在北京召开了"绿色建筑评价标准体系研究课题"验收会。验收组一致同意该课题通过验收，认为该课题研究完成了预定的任务目标要求，研究成果达到了国际先进水平。

8月23日，住房和城乡建设部印发《绿色工业建筑评价导则》，拉开了我国绿色工业建筑评价工作的序幕。

11月3日，住房和城乡建设部发布《建筑工程绿色施工评价标准》。

11月17日，住房和城乡建设部发布《民用建筑绿色设计规范》。

12月21日，中国绿色建筑委员会、中国绿色建筑与节能（香港）委员会联合发布《绿色建筑评价标准（香港版）》。

12月28日，中国建筑节能协会成立。

12月，住房和城乡建设部在全国范围内开展了住房和城乡建设领域节能减排的专项监督检查。违反《节约能源法》《民用建筑节能条例》及有关标准的在建工程项目，将责令停工整改。

2011年

1月21日，财政部、住房和城乡建设部联合印发《关于进一步深入开展北方采暖地区既有居住建筑供热计量及节能改造工作的通知》。

3月15日，中国城市科学研究会绿色建筑委员会在北京召开《绿色商场建筑评价标准》课题启动会。

5月4日，财政部、住房和城乡建设部联合印发《关于进一步推进公共建筑节能工作的通知》。

6月3日，财政部、住房和城乡建设部决定"十二五"期间开展绿色重点小城镇试点示范，制定并印发了《关于绿色重点小城镇试点示范的实施意见》。

同日，由住房和城乡建设部科技发展促进中心主编的国家标准《绿色办公建筑评价标准》开始在全国范围内广泛征求意见。

6月4日，住房和城乡建设部印发《住房和城乡建设部低碳生态试点城（镇）申报管理暂行办法》。

8月22日，中国城市科学研究会绿色建筑委员会发布由中国城科会绿色建筑委员会、中国医院协会联合主编的《绿色医院建筑评价标准》，自2011年9月1日起正式施行。

8月29日，《绿色建筑检测技术标准》编制组成立暨第一次工作会议在上海召开，并于11月8—10日在广州召开第二次工作会议，讨论标准初稿。

8月31日，国务院印发《"十二五"节能减排综合性工作方案》。

9月13日，住房和城乡建设部、财政部、国家发展改革委联合印发《绿色低碳重点小城镇建设评价指标（试行）》和《绿色低碳重点小城镇建设评价指标试行（解释说明）》。

12月5日，11家单位共同承担的住房和城乡建设部2011年科技项目《低碳住宅与社区应用技术导则》，在北京召开评审会并通过验收。

2012年

1月6日，住房和城乡建设部发布《被动式太阳能建筑技术规范》，自2012年5月1日起施行。

4月27日，财政部和住建部联合发布《关于加快推动我国绿色建筑发展的实施意见》。该意见明确，将通过多种手段，全面加快推动我国绿色建筑发展。推出奖励政策推进绿色建筑的发展：

（1）二星级绿色建筑45元/平方米，三星级绿色建筑80元/平方米。

（2）申请绿色生态城区，新建建筑全面执行《绿色建筑评价标准》中的一星级及以上的评价标准，其中二星级及以上绿色建筑达到30%以上，2年内绿色建筑开工建设规模不少于200万平方米，资金补助基准为5000万元。

5月9日，住房和城乡建设部印发《"十二五"建筑节能专项规划》。该规划提出要新建绿色建筑8亿平方米，规划末期，城镇新建建筑20%以上达到绿色建筑标准要求。

5月14日，住房和城乡建设部印发《绿色超高层建筑评价技术细则》。

6月28日，"十二五"国家科技支撑计划"绿色建筑评价体系与标准规范技术研发"项目和"既有建筑绿色化改造关键技术研究与示范"项目启动会暨课题实施方案论证会分别在北京召开。

7月15—16日，《绿色校园评价标准》编制研讨会议在上海同济大学召开，会议就标准的规划和绿色校园的发展方向制订了详细的编写计划。

8月14—15日，中国城科会绿色建筑研究中心在北京召开了绿色工业建筑评审研讨会暨国家首批"绿色工业建筑设计标识"评审会，实现了我国绿色工业建筑标识评价的零的突破。

8月19日，"中国绿色校园与绿色建筑知识普及教材编写研讨工作会议"在同济大学召开。此次会议确定将组织编写初小、高小、初中、高中和大学共五本教材。

12月27日，住房和城乡建设部办公厅发布《关于加强绿色建筑评价标识管理和备案工作的通知》。该通知指出各地应本着因地制宜的原则发展绿色建筑，并鼓励业主、房地产开发、设计、施工和物业管理等相关单位开发绿色建筑。

2013年

1月1日，国务院办公厅以国办发〔2013〕1号转发国家发展和改革委员会、住房和城乡建设部制定的《绿色建筑行动方案》。

4月，住建部发布《"十二五"绿色建筑与绿色生态城区发展规划》。该规划将发展绿色建筑与绿色生态城区建设相结合，进一步加强绿色建筑推广力度。

12月16日，住房和城乡建设部发布《住房城乡建设部关于保障性住房实施绿色建筑行动的通知》。该通知要求各地要高度重视，把实施绿色建筑行动作为转变住房发展方式、加强保障性住房质量管理、提升保障性住房品质的重点内容，积极推进。

12月18日,工信部与住建部联合发布《关于开展绿色农房建设的通知》。该通知提出加快推进"安全实用、节能减废、经济美观、健康舒适"的绿色农房建设,推动"节能、减排、安全、便利和可循环"的绿色建材下乡。

12月31日,住房和城乡建设部发布《绿色保障性住房技术导则》(试行)。

2014年

3月4日,住建部节能司发布《住房城乡建设部建筑节能与科技司2014年工作要点》。2014年建筑节能与科技工作,按照党中央国务院关于深化改革的总体要求,围绕贯彻落实党的十八大、十八届三中全会关于生态文明建设的战略部署和住房城乡建设领域中心工作,创新机制、整合资源、提高效率、突出重点、以点带面,积极探索集约、智能、绿色、低碳的新型城镇化发展道路,着力抓好建筑节能和绿色建筑的发展,努力发挥科技对提升行业发展水平的支撑和引领作用。

二、2019年中国清洁供热行业十大新闻

1

【清洁取暖试点城市再扩容,2019年中央财政总计安排资金152亿元】

2019年6月,财政部下发《关于下达2019年度大气污染防治资金预算的通知》,明确了北方地区冬季清洁取暖试点补助资金试点城市名单及资金额,其中新增8个城市被纳入第三批试点范围,分别为河北省的定州、辛集,河南省的三门峡和济源,陕西省的铜川、渭南、宝鸡、杨凌示范区。

至此,清洁取暖试点城市总数增至43个,2019年43个试点城市共计安排中央财政资金152亿元。

2

【清洁取暖补贴即将到期 多地出台补贴退坡政策】

近些年来,中央政府和地方各级政府在政策规划上基本都明确以三年为补贴期,三年后不再补贴,而2019年即首批清洁取暖试点城市补贴期的最后一年,关于清洁取暖补贴到期后是否继续,若无补贴后续如何发展的问题引发行业广泛讨论,为维护现有清洁取暖成果,部分示范地区经过研究已经出台了相关补贴延期和退坡政策。

11月22日,天津市印发文件明确,将延长"煤改电"和"煤改气"的运行补贴政策,暂定三年。随后,河北唐山发布《关于农村地区清洁取暖财政补助政策有关事项的通知》称,采取逐年退坡方式给予补助,第一年退坡50%,第二年退坡至25%,第三年市级不再补助。

综合来看，在资金压力下，补贴退坡可能将成为各地政府的主要选择，清洁取暖后续发展将面临更多资金压力。

3

【农村清洁煤供暖中毒事件频发 清洁煤取暖引广泛质疑】

2019年取暖季，河北唐山、承德、保定等多地农村疑似发生使用清洁煤取暖后中毒甚至死亡的事件，到底是煤的问题，还是人的问题，清洁煤供暖作为清洁取暖重要的兜底保障方案引来各方争议。

当前，相关单位已经开始加强排查炉具排烟通风设施，派发一氧化碳报警器，引导村民科学安全使用清洁煤取暖，对清洁煤和配套炉具的生产、销售等各个环节，实行全过程监控，确保让群众用上放心煤、安全炉。

4

【清洁取暖目标超额完成5% 地方政府工作问题尚存】

12月16日，2020年全国能源工作会议于北京召开，公布了2019年清洁取暖成绩单。会上宣布，2019年，新增清洁取暖面积约15亿平方米，清洁取暖率达55%，累计替代散烧煤约1亿吨，"2+26"重点城市清洁取暖率达75%，超额完成中期目标，比《北方地区冬季清洁取暖规划（2017—2021年）》的规划目标超额完成5%。

但在2019年的清洁取暖工作中，山西、河北等地方政府因不作为、慢作为等导致煤改电补贴不兑现、部分群众无法取暖而被国务院通报，山东等部分乡镇因清洁取暖工作弄虚作假而被问责。

2019年全国清洁取暖工作虽超额完成，但在清洁取暖任务压力下，部分地方政府工作存在的问题仍然不容忽视。

5

【河北多地天然气"限购" 煤改气问题爆发】

2019年采暖季，煤改气后遗症依旧存在。在刚刚进入2019年供暖季时，河北多地就传出天然气限购的消息，中国燃气控股有限公司的多家下属公司向农村煤改气采暖用户发布通知，限购事件成为舆论焦点。

分析称，这次限购的矛盾点在于上游气价上涨而搞煤改气的燃气企业又无法直接向煤改气用户顺价，不得不采取限购政策，以间接迫使居民少用气，企业少亏损。

对于煤改气居民用户，一方面天然气采暖本身就比原来的煤采暖成本要高不少，在经济上面临较大压力；另一方面还面临采暖温度不足、燃气限购的困扰。

6

【我国电力现货试点交易首次出现负电价 利好蓄热市场】

2019年是电力现货市场建设的突破年，广东、蒙西、浙江、山西、山东、福建、四川、甘肃8个试点积极开展电力现货市场模拟试运行、调电试运行和结算试运行。

12月9—15日，山东省进行了第二次电力现货的连续调电运行及试结算，其中，11日13时出清电价首次出现了-40元/兆瓦时的负电价。

这将利好储热市场的发展，储热技术在负电价时间段吸收电能用于供暖、供蒸汽等多个供热场景，将具有更大的经济可行性。2020年，我国电力现货市场交易将全面开放，蓄热技术将迎来市场发展元年。

7

【燃煤锅炉整治持续推进 南方工业清洁供热市场加速开启】

11月12日，生态环境部发布《长三角地区2019—2020年秋冬季大气污染综合治理攻坚行动方案》，要求依法依规加大燃煤小锅炉淘汰力度，加快农业大棚、畜禽舍燃煤设施淘汰。

2019年12月底前，上海、江苏行政区域内和浙江、安徽城市建成区内基本淘汰35蒸吨/小时以下燃煤锅炉。与此同时，四川、江苏、福建、浙江等地工业产业园区供热整治也持续开展，南方地区散煤治理和工业用热清洁化市场正加速开启。

8

【国家推动生物质能由发电向清洁供热加速转型发展】

2019年12月，国家能源局下发《国家能源局综合司关于请报送生物质锅炉清洁供热有关情况的通知》。该通知要求各地方相关单位报送生物质锅炉清洁供热相关情况。

该通知要求，积极推进生物质锅炉清洁供热在中小工业园区、中小城镇的应用，减少燃煤消耗、节约天然气。同月，多部委联合发布《关于促进生物天然气产业化发展的指导意见》，进一步推动生物质向非电领域发展。

这表明，国家层面有意将"十四五"期间生物质能源的发展重心转向清洁供热，即支持生物质由发电向清洁供热领域转型发展，生物质供热或将加速发展。

9

【全国首个核能供暖项目落地山东海阳 核能供热发展加速】

2019年11月15日,山东海阳核电核能供热项目正式投入商运,标志着国内首个核能供热商用示范项目正式落地,该项目覆盖山东核电有限公司员工宿舍、海阳30多个居民小区共计70万平方米的区域。

与此同时,国内一些核电站也已经启动了相关项目,中核集团、中广核和国家电投已经开发出自己的核能供热反应堆技术,中核集团海南昌江的玲龙一号示范工程,吉林白山核能供热项目等更多核能供热项目正在积极推进中,未来核能供热项目有望在国内多地开花。

10

【应用泛在电力物联网技术 清洁取暖转型智慧高效】

12月11日,国网冀北电力发布泛在电力物联网虚拟电厂示范工程,泛(FUN)电平台和虚拟电厂正式投入运行。

这个具备秒级感传算用、可聚合亿级用户能力的示范工程,依托泛(FUN)电平台,将蓄热式电采暖、智能楼宇、智能家居、储能、电动汽车充电站、分布式光伏等11类泛在可调资源组合在一起,参与电力系统实时柔性互动,打造出泛在可调资源创新参与电力市场的市场机制和商业模式。

2019年年初,国家电网首次提出泛在电力物联网概念,取代大规模电网投资时代的电网信息化建设时代来临,与以往煤改电工作不同,清洁供暖应用了越来越多的泛在电力物联网技术。未来,泛在电力物联网感知数据价值将助力清洁取暖工程建设、运维、服务更加智慧高效。

三、2020年中国清洁供热行业十大新闻

1

【抗击新冠 保障民生供暖】

2020年年初,新冠疫情肆虐,时逢冬季供暖关键期,电力、燃气、煤炭等能源保障都面临挑战,"战疫情、保供暖"成为供热企业在疫情防控期间的关键词。

彼时疫情在全国蔓延,不少供暖企业纷纷捐款捐物,在抗击疫情的艰难环境下,多地开始新建或扩建定点医院,供暖企业始终积极参与设备供应以及项目调试和维护,与疫情赛跑,彰显了行业的社会担当。

2

【第一批清洁取暖试点城市示范到期运行补贴持续】

自2017年以来，全国共计43个城市曾入选中央财政支持北方地区冬季清洁取暖试点城市。天津、石家庄、唐山、保定、廊坊、衡水、太原、济南、郑州、开封、鹤壁、新乡共12个城市入围第一批清洁取暖试点城市，2019—2020年采暖期结束，上述12个城市三年示范期已满，清洁取暖工作在2020年接受了最终考核。

三年示范期满后，原则上中央补贴政策相应中断。在首批示范城市中，天津、济南等地出台明确政策将延续清洁取暖运行补贴至2023年，唐山等河北范围内的试点城市，分三年逐步取消运行补贴，去补贴趋势明显。

2020年9月，生态环境部发布的《京津冀及周边地区、汾渭平原2020—2021年秋冬季大气污染综合治理攻坚行动方案（征求意见稿）》指出，中央大气污染防治专项资金继续支持清洁取暖试点地区农村"煤改气""煤改电"运营补贴。由此来看，在维护既有清洁取暖改造成果的现实压力下，多数地方清洁取暖运行补贴目前尚不会直接取消，但清洁取暖去补贴发展将是一大趋势。

3

【南方供暖市场潜力巨大发展模式还需探索】

2020年，南方百城供暖备受关注，市场统计显示，南方城市已经成为暖气片销量增长主力。

《南方百城供暖市场：模式、潜力与影响》报告预计，2025年，我国南方地区将共有7006万户居民可享受到经济可承受的供暖服务，上海、武汉和南京分列前三；到2030年，这一数字将会增加到9823万。届时，将可带动我国居民消费逾千亿元，发展潜力巨大。

但不同于北方，南方供暖周期短、居民供暖需求差异明显，在供暖模式上，还需各城市根据经济水平、居民区集中度、资源禀赋等因素探索适宜的供暖模式，建立长效管理运营机制。当前，武汉、合肥、贵阳等多地已经逐渐形成了各具特色的供暖发展模式。

4

【清洁供热和综合能源服务行业企业开展竞争与合作】

2020年，国家电网综合能源服务收入达240亿元。当前，以国家电网、南方电网领衔，"五大四小"等能源央企重点布局的综合能源服务市场正在吸引更多的企业入局。

综合能源服务横向打通冷、热、电、气等多种能源供应，其涌入的市场主体也涵盖了电力、热力、燃气、石油石化、配售电、节能服务、新能源领域的众多企业，这也意味着，在综合能源服务发展概念下，进军综合能源服务的电力、燃气等能源企业将把业务延伸至供热领域，这无疑将挤占供热企业的市场空间，甚至成为供热企业的强劲对手。

进入2020年，综合能源服务行业快速发展，越来越多的供热企业已经意识到主动合作的必要性，应积极加强与供热、燃气、电力等企业的联系，在综合能源市场的大发展下，通过抱团合作实现发展。

5

【农村秸秆利用加速利好生物质供热】

2020年是实现全面小康的决战之年，各地引导农村脱贫攻坚，推动农村经济发展的相关政策陆续出台，农村秸秆综合利用被列为重点之一。

2020年2月，农业农村部办公厅发布《关于印发〈2020年农业农村科教环能工作要点〉的通知》，要求因地制宜推广秸秆打捆直燃供暖、生物质成型燃料、沼气供气供热和太阳能利用等技术模式，打造一批农村能源多能互补、清洁供暖示范点。

2020年10月，农业农村部在答复相关建议时表示，已在辽宁、黑龙江、河北、山西等地建成秸秆打捆直燃供暖试点178处，供暖户数23万户，供暖面积达到700多万平方米。同时，重点在"煤改电""煤改气"难以覆盖的地区，推动生物质成型燃料利用，配套推广清洁炉具，全国已建成成型燃料厂及加工点2360处，年产量约1000万吨。

6

【空气源热泵产品应用领域延伸】

在近几年北方地区冬季清洁取暖工作中，空气源热泵发挥了巨大的作用。伴随清洁供暖热潮的逐渐冷却，空气源热泵应用领域逐渐延伸，进入2020年以后，空气源热泵在烟草加工、粮食烘干、禽类养殖等多个行业的应用更加广泛，行业相关标准也陆续完善。在北方地区煤改电逐渐趋于理性后，空气源热泵在工农业、南方两联供等市场依旧具有较大的发展空间。

7

【第二轮监管周期峰谷电价差进一步拉大利好蓄能发展】

2020年，第二轮监管周期全国各省级电网销售电价陆续出台，多地峰谷电价差进一步扩大，最新调整的电价将从2021年起开始实施。

2020年11月，江苏省发改委发布了《关于江苏电网2020—2022年输配电价和销售电价有关事项的通知》。这是第二轮监管周期全国首个省级电网公布销售电价，江苏此次调整电价，聚焦降低大工业电价，旨在减轻制造业用电成本，优化电价结构，促进增量配电网项目的发展。同时，进一步降低谷期电价，拉大峰谷价差，充分发挥峰谷电价移峰填谷作用，鼓励蓄能产业发展。

随后，安徽、浙江、山东、甘肃、湖北等地纷纷出台最新销售电价政策，各地峰谷分时电价政策得以进一步完善。

8

【蓄热采暖参与电力辅助服务市场机会进一步扩大】

2020年10月29日，华北能源监管局会议消息称，2019年12月，第三方独立主体参与华北电力调峰辅助服务试点工作正式启动，初期试点包括国网华北分部组织的充电桩、电动汽车换电站等第三方独立主体和冀北电力公司虚拟电厂聚合的智能楼宇、蓄热式电锅炉等项目，试点运行情况成效显著。

在此基础上，2020年10月，华北能监局发文称计划在河北南部电网试点开展第三方独立主体参与电力调峰辅助服务市场试点，2020年12月，山西亦出台用户侧参与电力辅助服务市场交易实施细则，用户侧资源参与电力辅助服务市场机会将进一步扩大，对蓄热式电采暖等行业将形成进一步利好。

9

【智慧供热成普遍趋势企业纷纷入局平台开发】

基于物联网技术应用的供热管控一体化的智慧供热平台，不仅能够实现管网到热用户的整个供热系统的监控，而且可以实现整个供热系统的过程管理和运行管理，有效提高供热系统的管理效率，实现供热系统的整体节能。

2020年，新基建等概念兴起，在人工智能、物联网、大数据等新兴技术的支持下，智慧供热已成为行业普遍追寻的目标。当前，不少供热企业正在自主研发智慧供热平台系统，以便进一步降低运行成本，提高运行效能和安全性能，更加精准地满足居民需求。此外，智慧供热依赖于数字化、网络化、智能化的信息技术，华为、阿里巴巴等互联网技术公司也已纷纷入局智慧供热平台业务。

10

【今冬多地用电负荷创新高电采暖保供压力大】

受低温天气和"煤改电"等因素影响，今冬供暖季，北方多地用电负荷创新高，南方部分地区开始拉闸限电，供暖用电保障压力大。

以北京为例，2020年度冬期间，北京地区供暖保障用户数量大幅增加，不仅"煤改电"

用户较去年增加130万户，政府还首次将市政供热站、用户供热站、壁挂炉用户、"煤改电"用户、"煤改气"用户及医院、学校、养老院等六大类用户供暖纳入度冬保障范围，北京电网负荷不断刷新冬季负荷纪录。

四、2021年中国清洁供热行业十大新闻

1

【中央财政支持清洁取暖试点城市范围再扩大】

3月16日，财政部办公厅、住建部办公厅、生态环境部办公厅及国家能源局综合司联合印发《关于组织申报北方地区冬季清洁取暖项目的通知》。该通知明确除2017—2019年已纳入中央财政冬季清洁取暖试点的43个城市外，再次扩大中央财政支持清洁取暖城市范围。

4月21日，财政部等四部门共同发布《2021年北方地区冬季清洁取暖项目竞争性评审结果公示》，山东烟台、潍坊、泰安，山西忻州、大同、朔州，河北承德、秦皇岛，河南许昌，陕西榆林、延安，北京，辽宁阜新，黑龙江佳木斯，内蒙古包头，青海海西，新疆乌鲁木齐，吉林辽源，甘肃兰州，宁夏吴忠20个城市新纳入2021年大气污染防治资金支持的北方地区冬季清洁取暖项目，中央财政连续支持3年，每年奖补标准为省会城市7亿元，一般地级市3亿元。

我国已先后四批共63个城市开展试点示范工作，试点城市已经从"2+26"城市逐步扩展至汾渭平原，甚至非重点区域的东北和西北城市。

2

【部分地方清洁取暖"一刀切"引发舆论关注】

取暖是重要的民生问题，在清洁取暖推进过程中，部分地方时有曝出"一刀切"等情况，严重影响居民采暖。2021年采暖季，央媒报道河北省秦皇岛市山海关区古城在推进清洁取暖工程中忽视取暖效果，甚至采取禁止烧柴、封炕封灶等极端手段，导致部分群众挨冷受冻，引发舆论关注。

当地多位居民向媒体反映，近两年当地推进清洁取暖，为全面禁止烧煤、烧柴火，甚至采取了封堵炉灶等措施。虽然当地政府为推进清洁取暖集中免费配发了电暖器、电褥子，但一方面取暖效果不佳，"暖气片开了，温度也上不来""光是炕热乎了，屋里还是冷"，另一方面24小时用电取暖成本较高，即使给予电费补贴，仍然难以承受。

相关消息发出后，受到政府和社会的广泛关注，当地政府已启动整改，将对居民取暖改造方式以及补贴政策进行优化调整。清洁取暖改造是系统性工程，需要因地制宜，精准规划，

提前布局，稳步推进，真正实现"百姓用得起、政府补得起"。

3

【可再生能源供暖获更多政策支持】

利用可再生能源供暖是我国调整能源结构、应对气候变化、合理控制能源消费总量的迫切需要和完成非化石能源利用目标、建设清洁低碳社会、实现能源可持续发展的必然选择。1月27日国家能源局印发《关于因地制宜做好可再生能源供暖相关工作的通知》。

通知提出一是要科学统筹规划相关工作，合理布局可再生能源供暖项目；二是因地制宜推广各类可再生能源供暖技术，充分发挥各类可再生能源在供暖中的积极作用；三是继续推动试点示范工作和重大项目建设，探索先进的项目运行和管理经验；四是进一步完善政府管理体系，加强关键技术设备研发支持。

在支持政策方面，通知提出制定供暖价格时应综合考虑可再生能源与常规能源供暖成本、居民承受能力等因素，明确了生物质热电联产、地热能开发利用方面的支持内容，并鼓励地方对地热能供暖和生物质能清洁供暖等项目积极给予支持。

4

【全国多地"十四五"相关规划持续推进清洁取暖】

2021年是"十四五"开局之年，在"十三五"清洁取暖规划目标完成后，多地发文表示"十四五"期间将持续推进清洁取暖，扩大集中供热范围。

3月12日，新华社发布正式版《中华人民共和国国民经济和社会发展第十四个五年规划和2035年远景目标纲要》。其中提到持续改善京津冀及周边地区、汾渭平原、长三角地区空气质量，因地制宜推动北方地区清洁取暖、工业窑炉治理。

在地方规划上，例如陕西省《全省国民经济和社会发展第十四个五年规划和二〇三五年远景目标纲要》指出，要求按照宜气则气、宜电则电、尽可能利用清洁能源的原则，推进农村清洁取暖；《包头市国民经济和社会发展第十四个五年规划和2035年远景目标纲要》提出，将推广多种清洁取暖技术代替常规火电供热，包括蓄热蓄冷技术、热泵、太阳能等，并将开始实施城市低温供热堆示范工程。

5

【2021—2022年秋冬季大气污染综合治理攻坚重点区域范围扩大】

2017—2020年，是《北方地区冬季清洁取暖规划（2017—2021年）》有效执行的重要四年，是民用散煤治理的起始阶段和快速落地阶段。

2021年9月,生态环境部起草了《重点区域2021—2022年秋冬季大气污染综合治理攻坚方案(征求意见稿)》并公开征求意见,要求全面完成发改委等十部委《北方地区冬季清洁取暖规划(2017—2021年)》任务目标。此外,考虑重点区域秋冬季攻坚范围在京津冀及周边地区"2+26"城市和汾渭平原城市基础上,增加河北北部,山西北部,山东东、南部,河南南部部分城市。

10月29日,生态环境部、发改委、工信部、公安部等联合发布《关于印发〈2021—2022年秋冬季大气污染综合治理攻坚方案〉的通知》,正式确认扩大实施范围,鼓励各地积极采用生物质能、太阳能、地热能等可再生能源供暖方式,大力支持新型储能、储热、热泵、综合智慧能源系统等技术应用,探索推广综合能源服务,提高能源利用效率。

6

【一南一北两座城市进入核能供热时代】

南方要不要供暖、南方如何供暖、南方供暖有什么难点,是长期以来备受关注的焦点话题。12月3日,由中核集团秦山核电供热的我国南方首个核能供热示范工程(一期)正式投运,供暖面积达46万平方米,惠及浙江嘉兴海盐县的近4000户居民。到"十四五"末项目全部建成,能够满足海盐约400万平方米供暖需求。该项目开南方核能供热之先河,探索形成了江南地区集中供暖的"海盐方案"。

更早之前,山东海阳已经迈出国内首例核能商业供热的第一步。2019年11月,国家电投集团山东核电公司70万平方米供热项目投运。而在2021年11月9日,国家能源核能供热商用示范工程二期项目在山东省海阳市正式投用,海阳市整个城区将全部实现核能供暖,成为全国首个"零碳"供暖城市,海阳城区450万平方米的20万居民全部用上核能供热。

至此,北有山东海阳,南有浙江海盐,国内两大核电基地所在地都相继进入了核能供热时代。

7

【北京、张家口多个清洁供暖项目助力2022绿色冬奥】

北京、张家口多个重点配套清洁取暖项目纷纷落成,为2022年冬奥的顺利召开保驾护航。

秉承科技、智慧、绿色、节俭的理念,冬奥配套设施项目京礼高速北京段,其起点管理所、妫水河隧道管理所、阪泉服务区、山区隧道管理所利用地源热泵、太阳能进行建筑供暖、供冷及提供生活热水,通过可再生能源助力冬奥。

此外,冬奥会张家口赛区山地转播中心蓄热供暖项目、冬奥重点配套崇礼二道沟热源厂固体蓄热煤改电项目、崇礼奥雪小镇清洁能源电供暖项目等多个配套项目为冬奥送去温暖。

8

【"双碳"目标助推清洁供热产业发展】

2020年9月，习近平主席在第七十五届联合国大会一般性辩论上宣示"二氧化碳排放力争于2030年前达到峰值，努力争取2060年前实现碳中和"，为我国能源发展描绘了新的宏伟蓝图。在"双碳"目标助推下，清洁取暖迎来更大的发展空间。

一方面，清洁取暖工作仍需要不断巩固取得的成果；另一方面，未来应以减碳为发展方向和重要抓手，推动减污降碳协同增效，促进全社会绿色转型发展，供热将是碳达峰碳中和目标的重要领域。

2021年，清洁供热产业仍处于快速发展阶段，化石能源供热比例有所下降，电、地热、生物质等清洁能源供热比例进一步提高。在能耗双控背景下，供热企业进一步挖潜增效，提高系统供热效率，深度回收低碳热源、开发零碳热源，加快调整热源结构，越来越多供热企业通过数字化手段实现高效、智慧、精细化运营。

9

【源网荷储一体化和多能互补发展推动清洁取暖】

2021年3月，国家发改委、能源局共同印发《关于推进电力源网荷储一体化和多能互补发展的指导意见》。其中提到，结合清洁取暖和清洁能源消纳工作开展市（县）级源网荷储一体化示范，研究热电联产机组、新能源电站、灵活运行电热负荷一体化运营方案。

目前，安徽、河南、辽宁、内蒙古等多地均已启动电力源网荷储一体化和多能互补项目的申报和实践，清洁取暖和清洁能源消纳工作结合将更加紧密。

10

【峰谷电价差进一步扩大，利好蓄热供暖发展】

7月26日，国家发改委印发《关于进一步完善分时电价机制的通知》。该通知要求各地要统筹考虑当地电力系统峰谷差率、新能源装机占比、系统调节能力等因素，合理拉大峰谷电价价差，其中上年或当年预计最大系统峰谷差率超过40%的地方，峰谷电价价差原则上不低于4∶1；其他地方原则上不低于3∶1。

此外，通知提出，鼓励北方地区研究制定季节性电采暖电价政策，通过适当拉长低谷时段、降低谷段电价等方式，推动进一步降低清洁取暖用电成本，有效保障居民冬季清洁取暖需求。

几乎与此同时，国家发改委、国家能源局联合印发《关于加快推动新型储能发展的指导意见》。其中明确要坚持储能技术多元化，探索开展储氢、储热及其他创新储能技术的研究和示范应用。在两项重要政策的加持下，蓄热供暖发展前景进一步明晰。

（本部分由李萌、李叔豪负责编写）

环境外交

环境外交综述

中国环境外交工作的发展历程

环境外交是指主权国家作为主体,通过正式代表国家的机构和人员的官方行为,运用谈判、交涉等各种外交形式,处理和调整环境领域国家关系的一切活动。环境外交是个广义的概念,涵盖相关所有正式外交与非正式外交活动,所涉及的事务不仅是环境问题,也包含生态问题。既包括针对生态环境议题开展的外交活动,也囊括利用环境保护问题实现特定的政治目的或其他战略意图。环境外交有单边、双边及多边之分,并以相关国际公约、条约、协定、议定书、宪章、盟约、规约、换文、宣言、最后议定书、附加议定书、联合公报、联合声明、合作计划等为主要活动依据。

气候变化、水资源短缺和能源安全等环境挑战影响着人类的可持续发展,并成为诱发国家间冲突的一个重要原因。协调国家间的环境利益关系成为环境外交出现的外在驱动力,环境治理国家化则是环境外交缘起的内生性原因。环境问题进入国际外交领域始于19世纪末,早期的工作主要围绕水域保护及相关资源分配或某种动物保护展开,如《莱茵河沿岸关于腐蚀性和有毒物质运输管理的公约》(1900)、《保护农业益鸟公约》(1902)等。1972年,113个国家的代表出席了在斯德哥尔摩召开的联合国人类环境会议,并提出了"我们只有一个地球"的口号。国际社会普遍认为,这次会议开启了现代环境外交工作,但当时国际上对环境问题的认知刚刚起步,这次会议本身并没有引起太多的关注。直到20世纪90年代前后,才形成第一次环境外交的高潮,仅在1990年召开的有关环境问题的国际会议就不下500次。联合国环境规划署(UNEP)统计数据显示,在联合国成立后的五十多年中,世界各国领导人签署了500多项国际公认的协定,其中,61项与大气有关,155项与生物多样性有关,179项与化学品、危险物质和废弃物有关,46项属于土地公约,196项与水问题密切相关,是继贸易之后,全球制定规则最普遍的领域。

"环境外交"这一概念最初是由日本提出的,1989年,日本外务省开始把环境问题作为日本外交的一项重要课题,并首先提出要开展"环境外交",日本政府为此专门成立了环境问题特别工作组。1992年召开的联合国环境与发展大会掀起了世界环境外交的浪潮，[①]加深了世界各国对环境议题的进一步关注。日本敏锐地捕捉到这一发展趋势，并通过对外环境援助等形式加强了环境外交工作，20世纪90年代是日本环境外交的全面活跃时期。

自1971年中华人民共和国恢复联合国合法席位之后，中国就积极参与同环境相关的国际事务。参加1972年召开的斯德哥尔摩联合国人类环境会议是中国环境外交工作的起点，1973年联合国环境规划署正式成立，中国当选为理事国，并于1976年在内罗毕设立了常驻联合国环境规划署代表处。1989年，国务院环境保护委员会第十六次会议中首次明确提出要开展环境外交。外交部被吸收进入国家环境保护委员会，参与对外环境政策的决策，外交部国际司、条法司设专人负责相关事务。经过几十年的努力，中国在环境外交领域取得了丰硕的成果。截至2020年年底，中国已与100多个国家在生态环境领域开展国际合作与交流，与60多个国家、国际及地区组织签署了约150项生态环境保护合作文件，签约或签署加入了50多项与生态环境有关的国际公约、议定书。

在中国环境外交工作的阶段划分方面，国内学者有多种划分方法。一是以中国环境外交活动的典型事件为划分依据。张海滨在1998年的一篇文章中，把中国环境外交划分为萌芽期（1972—1988）与迅速成长期（1989年至今）两个阶段，主要依据是1989年中国政府首次明确提出要开展环境外交。也有研究把中国环境外交划分为萌芽期（1972—1988）、迅速成长期（1989—1998）及主动发展期（1999年至今）三个阶段，"主动发展期"的标志是制定和发布了《全国环保国际合作工作（1999—2002）纲要》。二是以代表性的国际环境会议为划分依据。有研究把中国环境外交划分为开辟阶段（1972—1978）、深入发展阶段（1979—1992）及渐趋成熟阶段（1992年至今），后两个阶段分别以《蒙特利尔议定书》及巴西联合国环境与发展大会为标志。三是从全球环境治理的演进与转型角度进行划分，例如，有研究认为，以2012年联合国"里约+20"可持续发展峰会大会、2014年首届联合国环境大会和2015年巴黎气候大会等为标志，全球环境治理进入了转型时期，从西方发达国家主导向发达国家与发展中国家共同参与引领转变。

该研究采用国内与国际时代背景相结合的方式，从范式转换的角度着手，把中国的环境外交工作划分为"积极防御型环境外交范式（1972—2011）"与"主动作为型环境外交范式（2012年以来）"两个阶段。"主动作为型环境外交范式"以"主动性"为典型特征；"积极防御型环境外交范式"也重视发挥主动性，但整体上以"被动应对"为核心特征。之所以把2012年以来的中国环境外交活动称为"主动作为型环境外交范式"，主要源于中国生态文

[①] 联合国于1992年6月3—14日在巴西里约热内卢召开环境与发展大会，这是继1972年6月瑞典斯德哥尔摩联合国人类环境会议之后，环境与发展领域中规模最大、级别最高的一次国际会议。

明制度的确立、中国特色大国外交战略的形成及新发展格局等三大要素，2012年召开的中国共产党十八大及联合国"里约+20"可持续发展峰会均属于划分阶段的标志性活动。托马斯·库恩认为，一个稳定的范式如果不能提供解决问题的适当方式，它就会变弱，从而出现范式转换，范式转换通常由现有范式中被证明是反常的重大事件所引发。生态文明建设从内部改变了中国环境外交工作的基本立场，中国特色大国外交战略及新发展格局改变了中国环境外交的国际政治环境，这些因素成为推动中国环境外交范式转换的"重大事件"及核心驱动力。

在学术研究方面，国际上有大量文献从多个角度探讨环境外交的理论、方法及实践。有一些综述性的研究，例如《地球谈判：三十年环境外交分析》等，有利于读者快速把握国际环境外交的历史及脉络。从历届联合国可持续发展大会、气候变化谈判会议及联合国环境大会等角度进行的研究更是浩如烟海。国际上也有一些专门研究中国环境外交的文献，例如《中国的环境外交》《中国智囊团和环境外交》等，但由于利益竞争及政治立场的不同，国外学者往往带有一定的偏见，例如国外学者提出"中国环境威胁论""中国环境威权主义"等观点。中国学者对环境外交的研究开始于20世纪80年代末期，早期的研究主要是介绍相关概念及意义，介绍发达国家的环境外交经验，并探讨中国的环境外交政策等。在中文研究成果方面，同环境外交相关的研究文献数量庞大，例如，全球环境治理、生态安全、生物安全、气候变化、碳达峰碳中和、可再生能源、水资源及灾难外交等领域的研究较丰富，但专门研究环境外交理论与方法的文献数量相对较少，而且选题重复率高，仅介绍日本、美国及德国等少数国家经验的文献就占了相当大的比例，对在世界气候变化问题上立场一致的"基础四国"中的印度、巴西、南非三个发展中国家，以及墨西哥、巴西等较多开展环境外交研究及实践的国家则较少涉及。在中国知网数据库中，在标题中同时带有"外交"与"范式"两个关键词的中文文献有近30篇，但这些文献大都没有从本体论、认识论及方法论的角度进行细化研究，且从范式转换角度研究环境外交的文献一篇也没有。包括环境外交在内的任何活动都有其对象、本质、思想理论及方法，在新发展格局下，从范式转换的角度研究中国的环境外交问题，不仅具有合理性，也具有现实意义与理论价值。

联合国组织召开的重要生态环境会议

联合国人类环境会议（1972）、联合国环境与发展大会（1992）及可持续发展问题世界首脑会议（2002）是全球环保史上的三次里程碑会议。

一、联合国人类环境会议

（一）基本情况

1972年6月5—16日，联合国人类环境会议（United Nations Conference on Human Environment）在瑞典斯德哥尔摩召开，这是人类第一次将环境问题纳入世界各国政府和国际政治事务的议程，是人类历史上第一次以环境问题为主题召开的政府间国际会议，此次会议被人们称为"斯德哥尔摩会议"。参加这次会议的有113个国家，1300多名代表。周恩来总理派遣中国代表团参加了这次会议。

在这次会议上，国际社会第一次规定了人类对全球环境的权利与义务的共同原则，标志着人类共同环保历程的开始，环境问题自此列入国际议事日程。会议通过了《联合国人类环境会议宣言》和《人类环境行动计划》，呼吁各国政府和人民为维护和改善人类环境，造福全体人民，造福后代而共同努力。

会议的目的是促使人们和各国政府注意人类的活动正在破坏自然环境，并给人们的生存和发展造成了严重的威胁。会议筹建并随后成立了联合国环境规划署，大会召开的这一天，即6月5日被联合国定为"世界环境日"，"人类环境会议"开启并初步奠定了全球环境治理的体系，从此，人类进入了全球性环境治理的新时代。联合国人类环境会议开创了人类社会环境保护事业的新纪元，这是人类环境保护史上的第一座里程碑。

（二）《联合国人类环境会议宣言》

《联合国人类环境会议宣言》（Declaration of United Nations Conference on Human Environment）又称《斯德哥尔摩人类环境会议宣言》。1972年6月16日，在联合国人类环境会议上通过该宣言。该宣言阐明了与会国和国际组织所取得的七点共同看法和二十六项原则，以鼓舞和指导世界各国人民保护和改善人类环境。

宣言明确宣布："按照联合国宪章和国际法原则，各国具有按照其环境政策开发其资源的主权权利，同时亦负有责任，确保在其管辖或控制范围内的活动，不致对其他国家的环境或其本国管辖范围以外地区的环境引起损害。""有关保护和改善环境的国际问题，应当由所有国家，不论大小在平等的基础上本着合作精神来加以处理。"这项宣言对于促进国际环境法的发展具有重要作用。

七点共同看法的大意如下。

1. 由于科学技术的迅速发展，人类能在空前规模上改造和利用环境。人类环境的两个方面，即天然和人为的两个方面，对于人类的幸福和对于享受基本人权，甚至生存权利本身，都是必不可少的。

2. 保护和改善人类环境是关系到全世界各国人民的幸福和经济发展的重要问题；也是全

世界各国人民的迫切希望和各国政府的责任。

3. 在现代，如果人类明智地改造环境，可以给各国人民带来利益和提高生活质量；如果使用不当，就会给人类和人类环境造成无法估量的损害。

4. 在发展中国家，环境问题大半是由发展不足造成的，因此，必须致力于发展工作；在工业化的国家里，环境问题一般同工业化和技术发展有关。

5. 人口的自然增长不断给保护环境带来一些问题，但采用适当的政策和措施，可以解决。

6. 我们在解决世界各地的行动时，必须更审慎地考虑它们对环境产生的后果。为现代人和子孙后代保护和改善人类环境，已成为人类一个紧迫的目标。这个目标将同争取和平和全世界的经济与社会发展两个基本目标共同和协调实现。

7. 为实现这一环境目标，要求人民和团体以及企业和各级机关承担责任，大家平等地作出共同的努力。各级政府应承担最大的责任。国与国之间应进行广泛合作，国际组织应采取行动，以谋求共同的利益。会议呼吁各国政府和人民为着全体人民和他们的子孙后代的利益而作出共同的努力。

以这些共同的观点为基础的二十六项原则包括：人的环境权利和保护环境的义务，保护和合理利用各种自然资源，防治污染，促进经济和社会发展，使发展同保护和改善环境协调一致，筹集资金，援助发展中国家，对发展和保护环境进行计划和规划，实行适当的人口政策，发展环境科学、技术和教育，销毁核武器和其他一切大规模毁灭手段，加强国家对环境的管理，加强国际合作，等等。

这些原则申明了共同的信念。

1. 人类有权在一种能够过尊严和福利的生活环境中，享有自由、平等和充足的生活条件的基本权利，并且负有保护和改善这一代和将来的世世代代的环境的庄严责任。在这方面，促进或维护种族隔离、种族分离与歧视、殖民主义和其他形式的压迫及外国统治的政策，应该受到谴责和必须消除。

2. 为了这一代和将来的世世代代的利益，地球上的自然资源，其中包括空气、水、土地、植物和动物，特别是自然生态类中具有代表性的标本，必须通过周密计划或适当管理加以保护。

3. 地球生产非常重要的再生资源的能力必须得到保护，而且在实际可能的情况下加以恢复或改善。

4. 人类负有特殊的责任保护和妥善管理由于各种不利的因素而受到严重危害的野生动物后嗣及其产地。因此，在计划发展经济时必须注意保护自然界，其中包括野生动物。

5. 在使用地球上不能再生的资源时，必须防范将来把它们耗尽的危险，并且必须确保整个人类能够分享从这样的使用中获得的好处。

6. 为了保证不使生态环境遭到严重的或不可挽回的损害，必须制止在排除有毒物质或其他物质以及散热时其数量或集中程度超过环境能使之无害的能力。应该支持各国人民反对污染的正义斗争。

7. 各国应该采取一切可能的步骤来防止海洋受到那些会对人类健康造成危害的、损害生物资源和破坏海洋生物舒适环境的或妨害对海洋进行其他合法利用的物质的污染。

8. 为了保证人类有一个良好的生活和工作环境，为了在地球上创造那些对改善生活质量所必要的条件，经济和发展是非常必要的。

9. 由于不发达和自然灾害的原因而导致环境破坏造成了严重的问题。克服这些问题的最好办法，是移用大量的财政和技术援助以支持发展中国家本国的努力，并且提供可能需要的及时援助，以加速发展工作。

10. 对于发展中的国家来说，由于必须考虑经济因素和生态进程，因此，使初级产品和原料有稳定的价格和适当的收入是必要的。

11. 所有国家的环境政策应该提高，而不应该损及发展中国家现有或将来发展潜力，也不应该妨碍大家生活条件的改善。各国和各国际组织应当采取适当步骤，以便应对因实施环境措施所可能引起的国内或国际的经济后果达成协议。

12. 应筹集基金来维护和改善环境，其中要照顾到发展中国家的实际情况和特殊性，照顾他们由于在发展计划中列入环境保护项目的任何费用，以及应他们的请求而供给额外的国际技术和财政援助的需要。

13. 为了实现更合理的资源管理从而改善环境，各国应该对他们的发展计划采取统一、和谐的做法，以保证为了人民的利益，使发展同保护和改善人类环境的需要相一致。

14. 合理的计划是协调发展的需要和保护与改善环境的需要相一致的。

15. 人的定居和城市化工作必须加以规划，以避免对环境的不良影响，并为大家取得社会、经济和环境三方面的最大利益。在这方面，必须停止为殖民主义和种族主义统治而制定的项目。

16. 在人口增长率或人口过分集中可能对环境或发展产生不良影响的地区，或在人口密度过低可能妨碍人类环境改善和阻碍发展的地区，都应采取不损害基本人权和有关政府认为适当的人口政策。

17. 必须委托适当的国家机关对国家的环境资源进行规划、管理或监督，以期提高环境质量。

18. 为了人类的共同利益，必须应用科学和技术以鉴定、避免和控制环境恶化并解决环境问题，从而促进经济和社会发展。

19. 为了广泛地扩大个人、企业和基层社会在保护和改善人类各种环境方面提出开明舆论和采取负责行为的基础，必须对年青一代和成人进行环境问题的教育，同时应该考虑到对不能享受正当权益的人进行这方面的教育。

20. 必须促进各国，特别是发展中国家的国内和国际范围内从事有关环境问题的科学研究及其发展。在这方面，必须支持和促使最新科学情报和经验的自由交流以便解决环境问题；应该使发展中的国家得到环境工艺，其条件是鼓励这种工艺的广泛传播，而不成为发展中国家的经济负担。

21. 按照联合国宪章和国际法原则，各国有自己的环境政策开发自己资源的主权；并且有责任保证在其管辖或控制之内活动，不致损害其他国家的或在国家管辖范围以外地区的环境。

22. 各国应进行合作，以进一步发展有关其管辖或控制之内的活动对其管辖以外的环境造成的污染和其他环境损害的受害者承担责任和赔偿问题的国际法。

23. 在不损害国际大家庭可能达成的规定和不损害必须由一个国家决定的标准的情况下，必须考虑各国的价值制度和考虑对最先进的国家有效，但是对发展中国家不适合或具有不值得的社会代价的标准可行程度。

24. 有关保护和改善环境的国际问题应当由所有的国家，不论其大小，在平等的基础上本着合作精神来加以处理，必须通过多边或双边的安排或其他合适途径的合作，在正当地考虑所有国家的主权和利益的情况下，防止、消灭或减少和有效地控制各方面的行动所造成的对环境的有害影响。

25. 各国应保证国际组织在保护和改善环境方面起协调的、有效的和能动的作用。

26. 人类及其环境必须免受核武器和其他一切大规模毁灭性手段的影响。各国必须努力在有关的国际机构内就消除和彻底销毁这些武器迅速达成协议。

（三）人类环境行动计划

人类环境行动计划（Action Plan for the Human Environment）是关于在环境问题方面今后采取国际行动的方针。

联合国人类环境会议于1972年6月16日通过。该计划关系到人类的居住计划和管理、自然资源的管理、查明和规定国际性的污染物质、从社会和文化方面进行环境问题的教育和收集情报、开发和保护环境等5个重点方面，由设立人类居住基金、制定国际条约等109项具体建议组成，均列入联合国环境计划的议事日程。

（四）中方态度

1972年6月10日，中华人民共和国代表团团长、燃料化学工业部副部长唐克在联合国人类环境会议全体会议上发言。他指出，维护和改善人类环境，是关系到世界各国人民生活和经济发展的一个重要问题，中国政府和人民积极支持这个会议。他强烈谴责了美帝国主义在侵略越南、柬埔寨和老挝的战争中野蛮地屠杀人民、严重地污染和破坏环境的罪行。他还阐述了中国代表团在维护和改善人类环境问题上的主张，揭露了有人无视超级大国大量制造和储存核武器，却不加区分地反对一切核试验的伪善行径，并且重申了中国政府关于全面禁止和彻底销毁核武器的一贯主张。

（五）世界环境日

1972年6月5—16日，在瑞典首都斯德哥尔摩召开了联合国人类环境会议，会议通过了《联合国人类环境会议宣言》，并提出将每年的6月5日定为"世界环境日"。同年10月，第27届联合国大会通过决议接受了该建议。世界环境日（World Environment Day），是联合国促进全球环境意识、提高政府对环境问题的注意并采取行动的主要媒介之一。

历届主题如下。

1974年：只有一个地球（Only One Earth）

1975年：人类居住（Human Settlements）

1976年：水，生命的重要源泉（Water：Vital Resource for Life）

1977年：关注臭氧层破坏、水土流失、土壤退化和滥伐森林（Ozone Layer Environmental Concern；Lands Loss and Soil Degradation；Firewood）

1978年：没有破坏的发展（Development Without Destruction）

1979年：为了儿童的未来——没有破坏的发展（Only One Future for Our Children – Development Without Destruction）

1980年：新的十年，新的挑战——没有破坏的发展（A New Challenge for the New Decade：Development without Destruction）

1981年：保护地下水和人类食物链，防治有毒化学品污染（Ground Water；Toxic Chemicals in Human Food Chains and Environmental Economics）

1982年：纪念斯德哥尔摩人类环境会议10周年——提高环保意识（Ten Years after Stockholm：Renewal of Environmental Concerns）

1983年：管理和处置有害废弃物，防治酸雨破坏和提高能源利用率（Managing and Disposing Hazardous Waste：Acid Rain and Energy）

1984年：沙漠化（Desertification）

1985年：青年、人口、环境（Youth：Population and the Environment）

1986年：环境与和平（A Tree for Peace）

1987年：环境与居住（Environment and Shelter：More Than A Roof）

1988年：保护环境、持续发展、公众参与（When People Put the Environment First,

Development Will Last）

1989 年：警惕全球变暖（Global Warming; Global Warning）

1990 年：儿童与环境（Children and the Environment）

1991 年：气候变化——需要全球合作（Climate Change – Need for Global Partnership）

1992 年：只有一个地球——关心与共享（Only One Earth, Care and Share）

1993 年：贫穷与环境——摆脱恶性循环（Poverty and the Environment – Breaking the Vicious Circle）

1994 年：同一个地球，同一个家庭（One Earth, One Family）

1995 年：各国人民联合起来，创造更加美好的世界（We the Peoples: United for the Global Environment）

1996 年：我们的地球、居住地、家园（Our Earth, Our Habitat, Our Home）

1997 年：为了地球上的生命（For Life on Earth）

1998 年：为了地球的生命，拯救我们的海洋（For Life on Earth – Save Our Seas）

1999 年：拯救地球就是拯救未来（Our Earth – Our Future – Just Save It!）

2000 年：环境千年，行动起来（2000 The Environment Millennium – Time to Act）

2001 年：世间万物，生命之网（Connect with the World Wide Web of life）

2002 年：让地球充满生机（Give Earth a Chance）

2003 年：水——二十亿人生于它！二十亿人生命之所系！（Water – Two Billion People are Dying for It!）

2004 年：海洋存亡，匹夫有责（Wanted! Seas and Oceans–Dead or Alive?）

2005 年：营造绿色城市，呵护地球家园！（Green Cities–Plan for the Planet）

中国主题：人人参与 创建绿色家园

2006 年：莫使旱地变为沙漠（Deserts and Desertification–Don't Desert Drylands!）

中国主题：生态安全与环境友好型社会

2007 年：冰川消融，后果堪忧（Melting Ice–A Hot Topic?）

中国主题：污染减排与环境友好型社会

2008 年：促进低碳经济（Kick the Habit!Towards a Low Carbon Economy）

中国主题：绿色奥运与环境友好型社会

2009 年：地球需要你，团结起来应对气候变化（Your Planet Needs You–Unite to Combat Climate Change）

中国主题：减少污染——行动起来

2010 年：多样的物种，唯一的地球，共同的未来（Many Species, One Planet, One Future）

中国主题：低碳减排·绿色生活

2011 年：森林——大自然为您效劳（Forests：Nature at Your Service）

中国主题：共建生态文明，共享绿色未来

2012 年：绿色经济，你参与了吗？（Green Economy：Does It Include You?）

中国主题：绿色消费，你行动了吗？

2013 年：思前，食后，厉行节约（Think Eat Save）

中国主题：同呼吸，共奋斗

2014 年：提高你的呼声，而不是海平面（Raise Your Voice not the Sea Level）

2015 年：可持续消费和生产（Sustainable Consumption and Production）

中国主题：践行绿色生活

2016 年：为生命呐喊（Go Wild for Life）

中国主题：改善环境质量，推动绿色发展

2017 年：人与自然，相联相生（Connecting People to Nature）

中国主题：绿水青山就是金山银山

2018 年：塑战速决（Beat Plastic Pollution）

中国主题：美丽中国，我是行动者

2019 年：蓝天保卫战，我是行动者（Beat Air Pollution）

（中国是 2019 年世界环境日主办国，全球主场活动在我国浙江省杭州市举办）

2020 年：关爱自然，刻不容缓（Time for Nature）

2021 年：人与自然和谐共生（Harmonious Development between Man and Nature）

二、联合国水事会议

（一）联合国水事会议

联合国水事会议（United Nations Water Conference）是联合国人类环境会议后，联合国为研究全球水环境状况、探讨水资源保护及合理开发利用而召开的专业会议。

第一届联合国水事会议 1977 年在阿根廷举行。会议目的：考察地球上有限的水资源，并考虑将其用于生活、工业和农业方面的策略；通过宣传使水问题的重要性达到家喻户晓；制定解决水问题所必需的国内、地区及国际标准应采纳的行动建议。在行动建议中规定，为了掌握水资源的可能利用量，应配备观测体制来评价水资源，制订长远确保安全的饮用水计划；为确保农业用水并配备灌溉设施，实现工业用水的循环使用及下水处理，应制订水环境计划。

（二）联合国水管理机制

1. 水和联合国

长期以来，联合国一直致力于应对由供水不足导致的全球危机，满足基本人类需求以及人类、商业和农业对世界水资源日益增长的需求。

联合国水事会议（1977）、国际饮水供应和卫生十年（1981—1990）、水与环境问题国际会议（1992）和地球问题首脑会议（1992）全部专注于解决这一重要资源短缺问题。

2005—2015年"生命之水"国际行动十年帮助发展中国家约13亿人获得了安全饮用水，推动了环境卫生取得进展，为实现千年发展目标作出了贡献。

近期具有里程碑意义的协定包括《2030年可持续发展议程》《2015—2030年仙台减少灾害风险框架》，2015年为解决发展筹资问题而达成的《亚的斯亚贝巴行动议程》以及《联合国气候变化框架公约》下的2015年的《巴黎协定》。

2. 与水有关的挑战

——22亿人无法获得安全的饮用水服务。（世卫组织/儿基会，2019）

——近20亿人依赖没有基本供水服务的医疗卫生机构。（世卫组织/儿基会，2020）

——全球超过半数的人（42亿）缺乏安全的卫生设施服务。（世卫组织/儿基会，2019）

——每年有29.7万名五岁以下儿童因为恶劣的环境卫生、个人卫生或是不安全的饮用水死于腹泻病。（世卫组织/儿基会，2015）

——20亿人居住在面临严重水资源压力的国家。（联合国，2019）

——90%的自然灾害都与天气有关，包括水灾和旱灾。（联合国减少灾害风险办公室）

——80%的废水未经处理就排入生态系统或未得到循环利用。（联合国教科文组织，2017）

——世界上约三分之二的跨界河流缺乏合作管理框架。（斯德哥尔摩国际水研究所）

——农业取水量占全球取水量的70%。（粮农组织）

3. 世界水日

世界水日宗旨是唤起公众的节水意识，加强水资源保护。为满足人们日常生活、商业和农业对水资源的需求，联合国长期以来致力于解决因水资源需求上升而引起的全球性水危机。1977年召开的"联合国水事会议"，向全世界发出严重警告：水不久后将成为一个深刻的社会危机，石油危机之后的下一个危机便是水。1993年1月18日，第四十七届联合国大会作出决议，确定每年的3月22日为"世界水日"。

历届主题如下。

1994年：关心水资源是每个人的责任（Caring for Our Water Resources Is Everyone's Busines）

1995 年：女性和水（Women and Water）

1996 年：为干渴的城市供水（Water for Thirsty Cities）

1997 年：水的短缺（Is there Enough）

1998 年：地下水——正在不知不觉衰减的资源（Groundwater – The Invisible Resource）

1999 年：我们（人类）永远生活在缺水状态之中（Everyone Lives Downstream）

2000 年：卫生用水（Water and Health–Taking Charge）

2001 年：21 世纪的水（Water for the 21St Century）

2002 年：水与发展（Water for Development）

2003 年：水——人类的未来（Water for the Future）

2004 年：水与灾害（Water and Disasters）

2005 年：生命之水（Water for Life）

2006 年：水与文化（Water and Culture）

2007 年：应对水短缺（Water Scarcity）

2008 年：涉水卫生（International Year of Sanitation）

2009 年：跨界水——共享的水、共享的机遇（Transboundary Water–The Water Sharing, Sharing Opportunities）

2010 年：关注水质、抓住机遇、应对挑战（Communicating Water Quality Challenges and Opportunities）

2011 年：城市水资源管理（Water for Cities）

2012 年：水与粮食安全（Water and Food Security）

2013 年：水合作（Water Cooperation）（2013 年 3 月 22 日是第 21 届"世界水日"，第 26 届"中国水周"的宣传活动同日也拉开帷幕。2013 年我国纪念"世界水日"和"中国水周"活动的主题是"节约保护水资源，大力建设生态文明"。）

2014 年：水与能源（Water and Energy）（水利部确定 2014 年我国纪念"世界水日"和"中国水周"活动的宣传主题为"加强河湖管理，建设水生态文明"。）

2015 年：水与可持续发展（Water and Sustainable Development）

2016 年：水与就业（Water and Jobs）

2017 年：废水（Wastewater）

2018 年：借自然之力，护绿水青山（Nature for Water）

2019 年：不让任何一个人掉队（Leaving No One behind）

2020 年：水与气候变化（Water and Climate Change）

2021 年：珍惜水、爱护水（Valuing Water）

2022年：珍惜地下水，珍视隐藏的资源（Groundwater–Making the Invisible Visible）

4. 世界厕所日

2001年11月9日，来自芬兰、英国、美国、中国、印度、日本、韩国、澳大利亚和马来西亚等30多个国家的代表，在新加坡举行了第一届厕所峰会，一直难登大雅之堂的厕所问题，首次可以像贸易问题一样登上高级别议事厅，并受到全世界的关注。

会议讨论了有关厕所的广泛议题，包括厕所设计、卫生、舒适，以及解决排泄物污染和发展中国家厕所缺乏等问题。决定从2001年起，每年世界厕所组织都会在不同的地方举行世界厕所峰会（World Toilet Summit），以提供一个联系、交流、共享信息和合作的平台。

2013年7月24日，在第67届联合国大会上，世界厕所组织协同新加坡外交部向联合国提交了一份名为"Sanitation for All"（《为了全人类的厕所卫生》）的议案，提议通过庆祝每年的"世界厕所日"来号召公众一起行动来解决全球厕所卫生危机。议案获得联大全体成员的一致赞同。联大会议决定，每年的11月19日为"世界厕所日"。

2014年世界厕所日的主题是"平等与尊严"，旨在为两个突出问题寻求关注：妇女和女童因失去如厕隐私而面临的性暴力威胁，厕所使用权中出现的不平等。

2015年11月19日是第三个"世界厕所日"。2015年世界厕所日的主题是"发掘公厕历史，弘扬公厕文化"。

2020年世界厕所日的主题是"可持续环境卫生与气候变化"。气候变暖、疫情病毒、人类健康、可持续发展这些问题都与厕所息息相关。2020年世界厕所日的主题表明了"可持续环境卫生与气候变化"的重要性。

2021年11月19日，第九个世界厕所日的主题是"重视厕所"。该主题旨在提醒上厕所玩手机容易传播疾病；冲马桶要盖马桶盖，否则马桶内的细菌在空气中停留，可能会粘在毛巾、牙刷上；卫生巾放在厕所容易受潮变质，不拆封也有污染风险。

三、联合国防治荒漠化会议

（一）联合国防治荒漠化会议的基本情况

联合国防治荒漠化会议（United Nations Conference on Desertification）是联合国于1977年在肯尼亚内罗毕召开的以防治荒漠化为主题的会议。会议的现实背景是土地荒漠化、沙漠化问题日趋严重，业已威胁到人类生存。与会者有95个国家的代表及国际组织，联合国荒漠化会议正式提出了土地荒漠化这个世界上最严重的环境问题。

1992年联合国环境与发展大会提出荒漠化的定义是："荒漠化是由于气候变化和人类不合理的经济活动等因素使干旱、半干旱和具有干旱灾害的半湿润地区的土地发生了退化"。这个荒漠化定义已得到联合国多次荒漠化国际公约政府间谈判会议的确认，重申在国际公约中采取这一定义，并将这个定义列入《21世纪议程》的第12章中，还进一步补充了定义释文中出现的"土地退化"含义："由于一种或多种营力结合以及不合理土地利用，导致旱农地、灌溉农地、牧场和林地生物或经济生产力和复杂性下降及丧失，其中包括人类活动和居住方式所造成的土地生产力下降，例如土地的风蚀、水蚀，土壤的物理化学和生物特性的退化和自然植被的长期丧失"。

1992年6月，100多位国家元首和政府首脑与会、170多个国家派代表参加的巴西里约环境与发展大会上，荒漠化被列为国际社会优先采取行动的领域。之后，联合国通过了47/188号决议，成立了《联合国关于在发生严重干旱和/或荒漠化的国家特别是在非洲防治荒漠的公约》政府间谈判委员会。公约谈判从1993年5月开始，历经5次谈判，于1994年6月17日完成。

（二）联合国防治荒漠化机制

1994年12月19日，第49届联合国大会根据联大第二委员会（经济和财政）的建议，通过了49/115号决议，决定从1995年起把每年的6月17日定为"世界防治荒漠化与干旱日"（World Day to Combat Desertification），旨在进一步提高世界各国人民对防治荒漠化重要性的认识，唤起人们防治荒漠化的责任心和紧迫感。

历届主题如下。

2005年：妇女与荒漠化

2006年：沙漠之美——荒漠化的挑战

2007年：荒漠化与气候变化——一个全球性挑战

2008年：防治土地退化以促进可持续农业

2009年：节约土地和水资源，保护我们共同的未来

2010年：改善土壤 改善生活

2011年：森林为民

2012年：健康土壤维系生命：让我们遏制土地退化

2013年：不要让我们的未来枯竭

2014年：土地是人类的未来，免受气候危害为先

2015年：通过可持续粮食系统实现所有人的粮食安全

2018年：绿水青山就是金山银山

2019年：联合国确定的主题是"让我们一起种未来"，中国的主题是"防治土地荒漠化，推动绿色发展"

2020年：全球宣传主题是"粮食、饲料、纤维"，中国的主题是"携手防沙止漠 共护绿

水青山"

2021年：恢复生态、保护土地、复苏经济

四、联合国环境与发展大会

（一）会议的基本情况

联合国环境与发展大会（United Nations Conference on Environment and Development, UNCED），又名"地球高峰会议"，于1992年6月3—14日在巴西里约热内卢召开。这是继1972年6月瑞典斯德哥尔摩联合国人类环境会议之后，环境与发展领域中规模最大、级别最高的一次国际会议，183个国家代表团、70个国际组织的代表参加了会议，102位国家元首或政府首脑到会讲话。中国国务院总理李鹏出席大会并作了发言。

这次大会是在全球环境持续恶化、发展问题更趋严重的情况下召开的。会议围绕环境与发展这一主题，在维护发展中国家主权和发展权、发达国家提供资金和技术等根本问题上进行了艰苦的谈判。会议通过了关于环境与发展的《里约环境与发展宣言》（又称《地球宪章》）和《21世纪议程》，154个国家签署了《联合国气候变化框架公约》，148个国家签署了《生物多样性公约》。大会还通过了有关森林保护的非法律性文件《关于森林问题的原则声明》。这些会议文件和公约有利于保护全球环境和资源，要求发达国家承担更多的义务，同时也照顾到发展中国家的特殊情况和利益。这次会议的成果具有积极意义，在人类环境保护与持续发展进程上迈出了重要的一步。

这届大会的会徽是一只巨手托着插着一支鲜嫩树枝的地球，告诉人们："地球在我们手中。"这次大会的宗旨是回顾第一次人类环境大会召开后20年来全球环境保护的历程，敦促各国政府和公众采取积极措施，协调合作，防止环境污染和生态恶化，为保护人类生存环境而共同作出努力。

"里约宣言"指出：和平、发展和保护环境是互相依存、不可分割的，世界各国应在环境与发展领域加强国际合作，为建立一种新的、公平的全球伙伴关系而努力。

（二）《里约环境与发展宣言》

《里约环境与发展宣言》（*Rio Declaration*）又称《地球宪章》（*Earth Charter*）。全文如下。

联合国环境与发展大会于1992年6月3—14日在里约热内卢召开，重申了1972年6月16日在斯德哥尔摩通过的联合国人类环境会议的宣言，并谋求以之为基础。

目标是通过在国家、社会重要部门和人民之间建立新水平的合作来建立一种新的和公平的全球伙伴关系，为签订尊重大家的利益和维护全球环境与发展体系完整的国际协定而努力，认识到我们的家园地球的大自然的完整性和互相依存性，谨宣告：

原则一：人类处在关注持续发展的中心。他们有权同大自然协调一致从事健康的、创造

财富的生活。

原则二：各国根据联合国宪章和国际法原则有至高无上的权利按照它们自己的环境和发展政策开发它们自己的资源，并有责任保证在它们管辖或控制范围内的活动不对其他国家或不在其管辖范围内的地区的环境造成危害。

原则三：必须履行发展的权利，以便公正合理地满足当代和世世代代的发展与环境需要。

原则四：为了达到持续发展，环境保护应成为发展进程中的一个组成部分，不能同发展进程孤立开看待。

原则五：各国和各国人民应该在消除贫穷这个基本任务方面进行合作，这是持续发展必不可少的条件，目的是缩小生活水平的悬殊和更好地满足世界上大多数人的需要。

原则六：发展中国家，尤其是最不发国家和那些环境最易受到损害的国家的特殊情况和需要，应给予特别优先的考虑。在环境和发展领域采取的国际行动也应符合各国的利益和需要。

原则七：各国应本着全球伙伴关系的精神进行合作，以维持、保护和恢复地球生态系统的健康和完整。鉴于造成全球环境退化的原因不同，各国负有程度不同的共同责任。发达国家承认，鉴于其社会对全球环境造成的压力和它们掌握的技术和资金，它们在国际寻求持续发展的进程中承担着责任。

原则八：为了实现持续发展和提高所有人的生活质量，各国应减少和消除不能持续的生产和消费模式和倡导适当的人口政策。

原则九：各国应进行合作，通过科技知识交流提高科学认识和加强包括新技术和革新技术在内的技术的开发、适应、推广和转让，从而加强为持续发展形成的内生能力。

原则十：环境问题最好在所有有关公民在有关一级的参加下加以处理。在国家一级，每个人应有适当的途径获得有关公共机构掌握的环境问题的信息，其中包括关于他们的社区内有害物质和活动的信息，而且每个人应有机会参加决策过程。各国应广泛地提供信息，从而促进和鼓励公众的了解和参与。应提供采用司法和行政程序的有效途径，其中包括赔偿和补救措施。

原则十一：各国应制定有效的环境立法。环境标准、管理目标和重点应反映它们所应用到的环境和发展范围。某些国家应用的标准也许对其他国家，尤其是发展中国家不合适，对它们造成不必要的经济和社会损失。

原则十二：各国应进行合作以促进一个支持性的和开放的国际经济体系，这个体系将导致所有国家的经济增长和持续发展，更好地处理环境退化的问题。为环境目的采取的贸易政策措施不应成为一种任意的或不合理的歧视的手段，或成为一种对国际贸易的社会科学限制。应避免采取单方面行动去处理进口国管辖范围以外的环境挑战。处理跨国界的或全球的环境问题的环境措施，应该尽可能建立在国际一致的基础上。

原则十三：各国应制定有关对污染的受害者和其他环境损害负责和赔偿的国家法律。各国还应以一种迅速的和更果断的方式进行合作，以进一步制定有关对在它们管辖或控制范围之内的活动对它们管辖范围之外的地区造成的环境损害带来的不利影响负责和赔偿的国际法。

原则十四：各国应有效地进行合作，以阻止或防止把任何会造成严重环境退化或查明对人健康有害的活动和物质迁移和转移到其他国家去。

原则十五：为了保护环境，各国应根据它们的能力广泛采取预防性措施。凡有可能造成严重的或不可挽回的损害的地方，不能把缺乏充分的科学肯定性作为推迟采取防止环境退化的费用低廉的措施的理由。

原则十六：国家当局考虑到造成污染者在原则上应承担污染的费用并适当考虑公共利益而不打乱国际贸易和投资的方针，应努力倡导环境费用内在化和使用经济手段。

原则十七：应对可能会对环境产生重大不利影响的活动和要由一个有关国家机构作决定的活动作环境影响评估，作为一个国家手段。

原则十八：各国应把任何可能对其他国家的环境突然产生有害影响的自然灾害或其他意外事件立即通知那些国家。国际社会应尽一切努力帮助受害的国家。

原则十九：各国应事先和及时地向可能受影响的国家提供关于可能会产生重大的跨边界有害环境影响的活动的通知和信息，并在初期真诚地与那些国家磋商。

原则二十：妇女在环境管理和发展中起着极其重要的作用。因此，她们充分参加这项工作对取得持续发展极其重要。

原则二十一：应调动全世界青年人的创造性、理想和勇气，形成一种全球的伙伴关系，以便取得持续发展和保证人人有一个更美好的未来。

原则二十二：本地人和他们的社团及其他地方社团，由于他们的知识和传统习惯，在环境管理和发展中也起着极其重要的作用。各国应承认并适当地支持他们的特性、文化和利益，并使他们能有效地参加实现持续发展的活动。

原则二十三：应保护处在压迫、统治和占领下的人民的环境和自然资源。

原则二十四：战争本来就是破坏持续发展的。因此各国应遵守规定在武装冲突时期保护环境的国际法，并为在必要时进一步制定国际法而进行合作。

原则二十五：和平、发展和环境保护是相互依存的和不可分割的。

原则二十六：各国应根据联合国宪章通过适当的办法和平地解决它们所有的环境争端。

原则二十七：各国和人民应真诚地本着伙伴关系的精神进行合作，贯彻执行本宣言中所体现的原则，进一步制定持续发展领域内的国际法。

（三）《21世纪议程》

1. 制定过程

《21世纪议程》是1992年6月3—14日在巴西里约热内卢召开的联合国环境与发展大

会通过的重要文件之一,是"世界范围内可持续发展行动计划",它是全球范围内各国政府、联合国组织、发展机构、非政府组织和独立团体应对人类活动对环境产生影响的重要行动蓝图。

《21世纪议程》是一份没有法律约束力、800页的旨在鼓励发展的同时保护环境的全球可持续发展计划的行动蓝图。会议的组织者说,这项计划若实施,每年将耗资1250亿美元。文件包括有关妇女、儿童、贫困和其他通常与环境无关联的发展不充分等方面问题的章节。

2. 基本内容

《21世纪议程》目录

1. 序言

第一部分　社会和经济方面

2. 加速发展中国家可持续发展的国际合作和有关的国内政策

3. 消除贫穷

4. 改变消费形态

5. 人口动态与可持续能力

6. 保护和增进人类健康

7. 促进人类住区的可持续发展

8. 将环境与发展问题纳入决策过程

第二部分　保存和管理资源以促进发展

9. 保护大气层

10. 统筹规划和管理陆地资源的方法

11. 制止砍伐森林

12. 脆弱生态系统的管理:防沙治旱

13. 管理脆弱的生态系统:可持续的山区发展

14. 促进可持续的农业和农村发展

15. 养护生物多样性

16. 对生物技术的无害环境管理

17. 保护大洋和各种海洋,包括封闭和半封闭海以及沿海区,并保护、合理利用和开发其生物资源

18. 保护淡水资源的质量和供应:对水资源的开发、管理和利用采用综合性办法

19. 有毒化学品的无害环境管理包括防止在国际上非法贩运有毒的危险产品

20. 对危险废料实行无害环境管理,包括防止在国际上非法贩运危险废料

21. 固体废物的无害环境管理以及同污水有关的问题

22. 对放射性废料实行安全和无害环境管理

第三部分　加强各主要群组的作用

23. 序言

24. 为妇女采取全球性行动以谋求可持续的公平的发展

25. 儿童和青年参与持续发展

26. 确认和加强土著人民及其社区的作用

27. 加强非政府组织作为可持续发展合作者的作用

28. 支持《21世纪议程》的地方当局的倡议

29. 加强工人和工会的作用

30. 加强商业和工业的作用

31. 科学和技术界

32. 加强农民的作用

第四部分　实施手段

33. 财政资源和机制

34. 转让无害环境技术、合作和能力建议

35. 科学促进可持续发展

36. 促进教育、公众认识和培训

37. 促进发展中国家能力建设的国家机制和国际合作

38. 国际体制安排

39. 国际法律文书和机制

40. 决策资料

3. 意义与目标

《21世纪议程》是一份关于政府、政府间组织和非政府组织所应采取行动的广泛计划，旨在实现朝着可持续发展的转变。《21世纪议程》为采取措施保障人类共同的未来提供了一个全球性框架。这项行动计划的前提是所有国家都要分担责任，但承认各国的责任和首要问题各不相同，特别是在发达国家和发展中国家之间。该计划承认，没有发展，就不能保护人类的生息地，从而也就不可能期待在新的国际合作的气候下对于发展和环境总是同步进行处理。《21世纪议程》的一个关键目标，是逐步减轻和最终消除贫困，同样还要就保护主义和市场准入、商品价格、债务和资金流向问题采取行动，以取消阻碍第三世界进步的国际性障碍。为了符合地球的承载能力，特别是工业化国家，必须改变消费方式；而发展中国家必须降低过高的人口增长率。为了采取可持续的消费方式，各国要避免在本国和国外以不可

持续的水平开发资源。文件提出以负责任的态度和公正的方式利用大气层和公海等全球公有财产。

4. 对世界的影响

各国要求联合国支持它们促使《21世纪议程》生效的努力,联合国也采取步骤将可持续发展的思想运用到所有相关的政策和计划中。增加收入的一些项目越来越多地考虑到环境影响。由于妇女是物品、服务、食物的生产者和环境的照料者,发展援助计划越来越多地偏向她们。由于认识到贫穷和环境质量密切相关,人们从道义上更加迫切地认识到减少贫穷的社会责任。

5. 对中国的影响

在1992年6月3—14日在巴西里约热内卢召开的联合国环境与发展大会上李鹏总理代表中国政府作出了履行《21世纪议程》等文件的庄严承诺。中国根据《21世纪议程》制定了《中国21世纪议程——中国21世纪人口、环境与发展白皮书》,以此作为中国可持续发展总体战略、计划和对策方案,这是中国政府制定国民经济和社会发展中长期计划的指导性文件。

五、可持续发展问题世界首脑会议

2002年8月26日至9月4日,可持续发展问题世界首脑会议在南非约翰内斯堡召开,有192个政府代表团、104位国家元首和政府首脑出席了此次会议,会议通过了两份重要文件——《可持续发展问题世界首脑会议执行计划》和作为政治宣言的《约翰内斯堡可持续发展声明》。

2002年约翰内斯堡首脑会议(可持续发展问题世界首脑会议)使各国国家元首和政府首脑、国家代表和非政府组织、工商界和其他主要群体的领导人聚集一堂,将全世界的注意力集中在可持续发展的各项行动之上。

可持续发展要求改善全世界人民的生活质量,即使增加利用自然资源,也不能超出地球的承受能力。虽然每个区域应采取不同的行动,但为了确定真正可持续的生活方式,需要在以下三个关键领域统筹行动:经济增长和公平,保护自然资源和环境,社会发展。

1992年联合国环境与发展大会通过的《21世纪议程》,是前所未有的可持续发展全球行动计划。《21世纪议程》载有2500多条各式各样的行动建议,包括如何减少浪费性消费、消除贫穷、保护大气层、海洋和生物多样性以及促进可持续农业的详细建议。约翰内斯堡首脑会议则为各国领导人提供了一个作出具体承诺的重要机会,以便采取行动执行《21世纪议程》并实现可持续发展。

联合国环境大会

联合国环境大会综述

一、联合国环境大会

联合国环境大会（The United Nations Environment Assembly）是全球环境问题的最高决策机制，其前身是联合国环境规划署理事会。2013年联合国大会通过决议，将环境规划署理事会升格为各成员国代表参加的联合国环境大会，每两年举办一届，旨在激发全球应对气候变化、污染、生态系统退化等挑战的集体行动，首届联合国环境大会于2014年6月在内罗毕召开。

二、联合国环境规划署

（一）机构简介

20世纪五六十年代环境污染和生态破坏日益严重，如酸雨、海洋污染等越来越呈现全球化、国际化的趋势。1972年6月在瑞典首都斯德哥尔摩召开了第一次人类环境会议，发表了《联合国人类环境会议宣言》。这是国际社会第一次共同召开的环境会议，标志着人类对于全球环境问题及其对于人类发展所带来影响的认识与关注。会议作出决议，在联合国框架下成立一个负责全球环境事务的组织，统一协调和规划有关环境方面的全球事务。

1973年1月，作为联合国统筹全世界环保工作的组织，联合国环境规划署（United Nations Environment Programme，UNEP）正式成立。环境规划署的临时总部设在瑞士日内瓦，后于1973年10月迁至肯尼亚首都内罗毕。成立之初，环境规划署在世界各地设有7个地区办事处和联络处，拥有约200人的科学家、事务官员和信息处理专家具体实施计划。

1995年5月，环境署第18届理事会在内罗毕召开。会议主要讨论了环境署改革的方向、地位和作用、工作重点，并审议了1996—1997年环境基金方案。6月，"六·五"世界环境日活动在南非举行。

1996年7月17日,环境署第56届常驻代表委员会会议在其总部内罗毕召开,会议主要听取了环境署本年度财政状况报告和常驻代表委员会下设临时工作组关于审议环境署理事结构的报告。12月3日,环境署常驻代表委员会特别委员会在环境署总部召开。会议主要审议了《1996—1997年工作方案》,并就第19届理事会的议程及其他准备情况作了讨论。

在环境与发展、环境与人口、环境与贸易等方面,环境规划署与联合国可持续发展委员会、联合国开发计划署、世贸组织等有关国际机构密切合作,促进了环境保护在这些领域的发展。作为一个常设机构,环境规划署主要负责处理联合国在环境方面的日常事务,促进环境问题的调查研究,协调联合国内外的环境保护和环境管理工作。联合国环境规划署自成立以来,为保护地球环境和区域性环境举办了各项国际性的专业会议,召开了多次学术性讨论会,协调签署了各种有关环境保护的国际公约、宣言、议定书,并积极敦促各国政府对这些宣言和公约的兑现,促进了环保的全球统一步伐。联合国环境规划署的成立,显示了人类社会发展的趋同性,是人类环境保护史上重要的一页。

联合国环境规划署的使命是"激发、推动和促进各国及其人民在不损害子孙后代生活质量的前提下提高自身生活质量,领导并推动各国建立保护环境的伙伴关系"。任务是"作为全球环境的权威代言人行事,帮助各政府设定全球环境议程,以及促进在联合国系统内协调一致地实施可持续发展的环境层面"。

联合国环境规划署的宗旨是,促进环境领域内的国际合作,并提出政策建议;在联合国系统内提供指导和协调环境规划总政策,并审查规划的定期报告;审查世界环境状况,以确保可能出现的具有广泛国际影响的环境问题得到各国政府的适当考虑;经常审查国家和国际环境政策和措施对发展中国家带来的影响和费用增加的问题;促进环境知识的取得和情报的交流。

联合国环境规划署的主要职责是,贯彻执行环境规划理事会的各项决定;根据理事会的政策指导提出联合国环境活动的中、远期规划;制订、执行和协调各项环境方案的活动计划;向理事会提出审议的事项以及有关环境的报告;管理环境基金;就环境规划向联合国系统内的各政府机构提供咨询意见等。

(二)组织机构

1. 理事会

由58个成员组成,任期四年,可以连任。理事会席位按区域分配如下:亚洲13个,非洲16个,东欧6个,拉美10个,西欧及其他国家13个。每年改选理事会成员中的半数。理事会每年举行一次会议,审查世界环境状况,促进各国政府间在环境保护方面的国际合作,为实现和协调联合国系统内各项环境计划进行政策指导等。

2013年,联合国大会通过决议,将环境规划署理事会升格为各成员国代表参加的联合国环境大会（UNEA）。

2. 环境基金

环境基金是国际环境活动的主要经费，主要来自成员国自愿认捐。主要用途是为该署提供正常预算外资金，用来支付联合国机构从事环境活动所需的全部或部分经费，以及与其他联合国机构、国际机构、各国政府和非政府组织进行合作的费用。联合国系统以外的非政府组织等机构，也可以接受基金的资助来完成某些项目，但基金不包揽所有国际各项环境保护活动所需的一切费用。

3. 秘书处

联合国系统内环境活动和协调中心。

4. 协调机构

环境协调委员会负责协调联合国各机构和有关组织之间关于环境的各项活动，已精简撤销。

（三）主要任务

建立全球伙伴关系。

1. 利用现有最佳科技能力来分析全球环境状况并评价全球和区域环境趋势，提供政策咨询，并就各类环境威胁提供早期预警，促进和推动国际合作和行动。

2. 促进和制定旨在实现可持续发展的国际环境法，其中包括在现有的各项国际公约之间建立协调一致的联系。

3. 促进采用商定的行动以应对新出现的环境挑战。

4. 利用环境署的相对优势和科技专长，加强在联合国系统中有关环境领域活动的协调作为，并加强其作为全球环境基金执行机构的作用。

5. 促进人们提高环境意识，为参与执行国际环境议程的各阶层行动者之间进行有效合作提供便利，并在国家和国际科学界决策者之间担当有效的联络人。

6. 在环境体制建设的重要领域中为各国政府和其他有关机构提供政策和咨询服务。

（四）主要活动

环境规划署成立以后，其活动主要涉及以下方面。

1. 环境评估：具体工作部门包括全球环境监测系统、全球资料查询系统、国际潜在有毒化学品中心等。

2. 环境管理：包括人类住区的环境规划和人类健康与环境卫生、陆地生态系统、海洋、能源、自然灾害、环境与发展、环境法等。

3. 支持性措施：包括环境教育、培训、环境情报的技术协助等。此外，环境规划署和有关机构还经常举办同环境有关的各种专业会议。

4.环境管理和环境法：沙漠化是世界上最严重的环境问题之一，所以经过环境规划署的筹备，于1977年召开了联合国防治荒漠化会议，在环境规划署内设立了防治荒漠化的工作部门。人类居住区问题一直是环境规划署工作的一个重要方面，因此环境规划署设立了同其平行的机构——联合国人类居住委员会和人类居住中心，总部也设在内罗毕。

（五）环境奖项

地球卫士奖：1987年，联合国环境规划署（UNEP）发起了表彰"全球500佳"（Globe 500）的活动，以表彰在环境保护及促进提高环境质量方面有特殊贡献和成绩的组织和个人。颁奖仪式在每年"6·5"世界环境日期间的国际性会议或国家组织的庆祝活动中举行。1992年，在UNEP 20周年之际，增加设立了"全球500佳青少年环境奖"（Global 500 Youth Environment Award），以表彰在环保领域作出突出贡献的10—21岁的青少年。截至2002年，"全球500佳"共产生了727个先进个人和组织（含青少年奖30个）。从2004年起，联合国环境规划署停止"全球500佳"奖的评选和颁奖工作，设立新奖项——"地球卫士奖"，代替"全球500佳"奖项。

三、联合国环境规划署大事记

1972年，联合国大会决定成立联合国环境规划署。

1973年1月，联合国环境规划署正式成立。

1973年，《濒危野生动植物种国际贸易公约》通过。

1975年，环境规划署执行地中海行动计划来推动区域海洋协议。

1979年，《波恩移栖物种公约》签订。

1985年，《保护臭氧层维也纳公约》制定。

1987年，《关于消耗臭氧层物质的蒙特利尔议定书》通过。

1988年，政府间气候变化专门委员会建立。

1989年，关于危险废物越境转移的《巴塞尔公约》通过。

1992年，联合国环境与发展大会通过《21世纪议程》。

1992年，《生物多样性公约》通过。

1995年，为保护海洋环境免受陆地污染而发起全球行动纲领。

1997年，重新定义并加强了环境规划署的作用和任务。

1998年，《鹿特丹公约》通过。

2000年，根据Cartagena生物安全协议采取措施以解决转基因生物体问题。

2000年，第一届全球部长级环境论坛通过《马尔默宣言》，呼吁国际社会进行环境管理。

2000年,《千禧年宣言》发表,可持续性环境发展列为8项千禧年发展计划之一。

2001年,《关于持久性有机污染物的斯德哥尔摩公约》(POPs)通过。

2002年,可持续发展问题世界首脑会议召开。

2004年,制定关于技术支持和能力建设的《巴厘战略计划》。

2005年,千年生态系统评估报告中强调了生态系统对人类的重要性,并且指出此重要性正在下降。

2005,世界首脑会议公布的文件中强调了环境在可持续发展中的重要性。

四、中国参与联合国环境规划署工作大事记

中国自1973年以来一直是环境署理事会成员。1976年中国在内罗毕设立驻联合国环境规划署代表处,由中国驻肯尼亚大使兼任代表。

自1976年起,中国开始向环境署基金捐款,并于1982年起改为每年定期捐款。1987年,环境规划署同中国就在中国设立"国际沙漠化治理研究培训中心"达成协议,该中心总部设在兰州。

1990年9月,环境规划署执行主任托尔巴访华,出席在杭州举行的第四届世界湖泊环境管理及保护大会。

1991年8月,托尔巴执行主任访华、出席在北京召开的发展中国家与国际环境法研讨会。

在联合国环境与发展大会上,环境署将1993年度国际环境保护"笹川奖"授予了原中国国家环保局局长曲格平同志。1993年,环境署在中国举行了"六·五"环境日活动。

1994年,宁夏卫固沙林场获得"全球500佳"称号。

1995年,武汉市大兴路小学红领巾环境观测站获得"全球500佳"青少年环境奖。1995年9月,环境署执行主任道德斯维尔女士参加世界妇女大会期间访华。

1996年5月19—23日,由联合国环境署和国家环保局共同主办的"全球环境展望"第二次会议在北京召开。

2003年9月19日,联合国环境规划署驻华代表处在北京正式揭牌成立,这是该机构在全球发展中国家设立的第一个国家级代表处。该代表处的建立是在应对中国这个世界上最大的发展中国家正面临和将出现的环境挑战中所取得的重大进展。代表处将与中国国家环保总局及相关政府部门和组织机构在环境评价、环境法规、教育和培训、环境管理、技术转让和创新以及预防自然灾害等方面开展密切合作。联合国环境规划署驻华代表处首任主任是夏堃堡,第二任主任是张世钢。

历届联合国环境大会的基本情况

一、第一届联合国环境大会（2014）

（一）首届联合国环境大会在肯尼亚内罗毕召开：以"可持续发展目标和2015年后发展议程，包括可持续消费和生产"为主题

根据2012年联合国可持续发展大会的呼吁，联合国大会于2013年通过决议，把由58个成员国参与的联合国环境规划署理事会升级成为普遍会员制的联合国环境大会（UNEA），使联合国193个成员国共同在部长级层面商讨全球环境和可持续发展议题并作出决策。

2014年6月23日，第一届联合国环境大会在肯尼亚首都内罗毕联合国环境规划署总部开幕。各国政府代表、主要团体和利益攸关方代表等1200多人将出席会议，共同讨论2015后的环境保护和发展、非法野生动植物贸易、绿色经济融资等议题。

此次大会于23—27日举行，主题是"可持续发展目标和2015年后发展议程，包括可持续消费和生产"，旨在商讨和确定一系列目标和指标，推动联合国千年发展目标的成功实现。中国环境保护部部长周生贤率领环境保护部、外交部和常驻环境署代表处人员组成的中国政府代表团参会。来自160多个国家、20多个国际组织和非政府组织的1000多名代表出席会议，其中包括90余名部长级官员。肯尼亚总统肯雅塔、摩纳哥阿尔贝二世亲王、第68届联合国大会主席约翰·阿什出席开幕式并致辞，联合国环境规划署执行主任施泰纳就全球环境问题以及科学与政策的联结向大会作政策报告。此次联合国环境大会是环境规划署理事会更名后的首次会议，是为加强和提升环境规划署，使其成为环境事务的全球权威组织所迈出的重要一步。会议围绕可持续发展目标、野生动植物非法贸易、联合国环境大会议事规则等议题进行讨论，通过了23项决议/决定。

施泰纳说，对于40年来把环境问题与和平、安全、财政、卫生和贸易等挑战置于同等地位的努力来说，此次大会是一个里程碑。

联合国所有成员国均派代表出席联合国环境大会，这在历史上是第一次，意味着更强的合法性和更全面的意见表达，并使各国环境部长拥有更大的权力。

此次会议的战略讨论，决定联合国环境规划署的未来发展方向和2015年后联合国发展议程。

大会期间，由各国部长和国际组织领导人参与的高级别会议将重点探讨可持续发展目标

和非法野生动植物贸易两大问题。大会还举办法律和金融方面的研讨会，分别讨论环境法治问题和金融在绿色经济中的作用。

蒙古国自然环境和绿色发展部部长桑扎苏伦·奥云当选此次大会主席，比利时、乌干达和罗马尼亚等国代表被选为大会副主席。

（二）中国代表的发言

中国环境保护部部长的周生贤针对"可持续发展目标与2015年后发展议程，可持续消费与生产"主题作了专门发言。

周生贤指出，贫困和环境问题，究其本质都是发展问题，而环境问题的本质是发展方式、经济结构、消费模式问题。因此，必须通过推进绿色、低碳和可持续发展来解决。作为可持续发展战略的坚定支持者和积极实践者，中国是最早实现联合国千年发展目标中"贫困人口比例减半"的国家。2010年至2013年，中国农村贫困人口从1.66亿减少到8249万。同时，中国注重统筹兼顾经济发展、社会进步和环境保护，在贫困地区开展生态补偿，通过中央财政转移支付和补贴，推进生态环境和自然资源保护；加强贫困地区人力资源培训，实施生态移民政策，缓解人地矛盾，促进了人与自然和谐发展。2015年后，有关政策应保持连续性，继续深入推进。

他强调，构建可持续生产和消费模式是实现经济发展与环境保护双赢的必由之路。中国政府正大力推进生态文明建设，努力形成节约资源和保护环境的空间格局、产业结构、生产方式、生活方式。过去三年中国单位国内生产总值能耗和二氧化碳排放强度分别下降9.03%、10.68%，相当于减少二氧化碳排放8.4亿吨，化学需氧量、二氧化硫排放总量分别下降7.8%、9.9%。通过倡导绿色低碳生活，适度合理消费的社会风尚正在形成。

他表示，面对新形势新问题，中国政府正着力构建推进生态文明建设和环境保护的四梁八柱，不断推进国家生态环境治理体系和治理能力现代化。一是以积极探索环保新路为实践主题，进一步丰富环境保护的理论体系；二是以新修订的《环境保护法》实施为龙头，形成有力保护生态环境的法律法规体系；三是以深化生态环保体制改革为契机，建立严格监管所有污染物的环境保护组织制度体系；四是坚决向污染宣战，以打好大气、水、土壤污染防治三大战役为抓手，构建改善环境质量的工作体系。

最后，周生贤表示，四梁八柱是一个开放的体系，中国将继续学习借鉴各国的先进理念和成熟技术，不断丰富和完善这一体系。中国愿加强与环境规划署和世界各国的合作，与国际社会携手推进可持续生产与消费。希望发达国家率先垂范，改变不合理的生产和消费模式，同时为发展中国家提供技术、资金和能力建设等方面支持。

（三）金砖国家环境部长非正式会议在肯尼亚首都内罗毕举行

为落实金砖国家领导人第五次会晤相关后续工作，2014年6月25日，金砖国家环境部长非正式会议于联合国环境大会期间在肯尼亚首都内罗毕举行。应中华人民共和国环境保护部部长周生贤邀请，巴西联邦共和国环境部部长伊萨贝拉·特谢拉女士、印度共和国环境与森林部部长什里·加瓦得卡先生、俄罗斯联邦自然资源与生态部部长代表伊纳莫夫先生、南非共和国环境事务部部长代表莫洛伊先生出席了会议。中国驻肯尼亚大使兼常驻联合国环境规划署代表刘显法出席了会议。

周生贤部长在致辞中表示，金砖国家是新兴市场国家中最具代表性的国家，人口总数近30亿，占全球的43%，在全球经济总量中所占比重不断提高，五国在走可持续发展之路方面有许多共通之处，大家可以借助国际合作舞台，开展政策对话交流，择机举行金砖国家环境部长级会晤。

周生贤部长在致辞中对未来中非环境合作提出三点倡议。一是积极打造中非环境合作升级版，构建环境政策对话平台。促进双方在城市环境治理、生态环境保护、绿色贸易与投资等多领域的对话与合作，推动中非环境合作再上新台阶。二是持续深化中非环境合作，构建中非绿色使者计划平台。中非应围绕绿色发展战略问题加强交流与对话，相互学习，彼此借鉴。中方倡议开展"中国南南环境合作—中非绿色使者计划"，促进环境治理经验共享，推进环保能力建设，提升公众环境意识。三是务实开展中非生态环保合作工程，构建环境技术交流平台。强化中非环境技术交流合作，充分发挥合作试点示范项目的带动作用，共同探索绿色发展解决方案。

此次会议旨在增进金砖国家间的环境共识，促进相互理解，探讨合作领域，建立机制和渠道，沟通协调立场。五国部长及代表分享了各国环境政策最新进展，并就全球与区域环境问题交换了意见。各方一致认为环境对话与合作应成为金砖国家合作框架中的重要组成部分，并将共同努力推进金砖国家环境务实合作。

与会各方对中国环境保护部成功举办金砖国家环境部长非正式会议所做出的努力表示高度赞赏。中国环境保护部在联合国环境大会期间还通过举办中非环境合作图片展、发放宣传册等形式，积极宣传我国生态文明理念以及环境保护工作，展现我负责任发展中大国的良好形象。

二、第二届联合国环境大会（2016）

2016年5月23日，为期5天的第二届联合国环境大会在肯尼亚首都内罗毕联合国环境规划署总部召开。来自联合国173个成员国的代表，联合国气候变化框架公约（UNFCCC）、联合国欧洲经济委员会（UNECE）、联合国开发计划署（UNDP）、联合国妇女署（UNWomen）等重要国际组织以及非政府组织等的代表近2000人出席此次会议。联合国环境规划署执行主任施泰纳向与会代表致欢迎辞，联合国秘书长潘基文向大会发来书面致辞。

作为全球最高环境决策机构,此次环境大会是继 2015 年联合国可持续发展峰会通过《2030 年可持续发展议程》、巴黎气候变化大会通过《巴黎协定》后,联合国召开的又一次以全球环境为议题的重大会议。在为期 5 天的会议中,代表们以"落实 2030 年可持续发展议程中的环境目标"为主题,共同探讨全球环境治理和可持续发展等议题,并通过了一系列决议,号召各国采取共同行动应对当今世界面临的环境挑战。

潘基文在向大会发来的致辞中指出,大会为提升全球绿色发展和可持续发展搭建了对话平台,大会应努力推进巴黎气候变化大会成果和《2030 年可持续发展议程》环境目标的落实。他呼吁联合国成员国加快采取低碳与包容发展的措施。

施泰纳在大会开幕式致辞中说:"世界各国要利用《2030 年可持续发展议程》和《巴黎协定》之后首个全球环境问题决策平台,重新审视和加快环保进程,为所有人创造一个更加绿色、更加美好的未来。"他表示,要以此次大会为契机,"展示我们能足够快速、足够坚决地创造一个健康人类生活的健康星球"。

中国常驻联合国环境规划署副代表刘宁表示,中国是最早提出并实施可持续发展战略的国家之一。中国政府高度重视此次大会,中国政府代表团出席大会,全面阐述中国政府如何采取行动推动《2030 年可持续发展议程》(以下简称《议程》)实施并实现可持续发展目标,国家层面如何支持《议程》中环境目标的落实与整合到国家整体发展中。

中国环境保护部部长陈吉宁率领由外交部、环境保护部和常驻环境署代表处人员组成的中国政府代表团参加了第二届联合国环境大会高级别会议。应大会邀请,陈吉宁围绕中国落实《议程》环境目标相关情况作主题发言。高级别会议是联合国环境大会为各成员国环境部长提供的交流和沟通平台。会上,各国环境部长就全球环境重点议题及 2030 年可持续发展议程下的环境目标阐述了各自立场,并就如何发挥协同效应推动 2030 年可持续发展议程进行商讨。会议期间,陈吉宁分别会见了哥斯达黎加环境部部长、第二届联合国环境大会主席埃德加,联合国环境规划署执行主任施泰纳,联合国环境规划署候任执行主任索尔海姆,肯尼亚环境部部长瓦克洪古,美国国务院助理国务卿加布尔以及联合国副秘书长兼内罗毕办事处主任泽维德,就加强未来合作进行交流和探讨。

三、第三届联合国环境大会(2017)

2017 年 12 月 4 日,第三届联合国环境大会在联合国环境规划署位于肯尼亚内罗毕的总部开幕。此次会议从 4 日持续至 6 日。数千名代表参加会议,讨论共同解决全球性的污染威胁。

此次环境大会的主题是"迈向零污染地球",大会讨论了空气污染等 10 多项决议。根据联合国环境规划署报告《迈向零污染地球》，地球上的每个人都受到污染的影响，会议将该报告作为确定问题和制定新行动领域的基础。报告称，环境恶化导致全世界每年1260万人死亡，占全球每年死亡人口的1/4，还对主要生态系统造成破坏。《柳叶刀》污染与健康委员会发表的报告认为，污染造成的福利损失估计每年超过4.6万亿美元，相当于全球经济产出的6.2%。

四、第四届联合国环境大会（2019）

第四届联合国环境大会于2019年3月11—15日在肯尼亚内罗毕联合国环境规划署总部召开，来自170多个国家、国际组织和非政府组织的5000余名代表出席会议。肯尼亚、法国、斯里兰卡、马达加斯加总统，卢旺达总理，联合国常务副秘书长出席高级别会议开幕式并致辞。由生态环境部、外交部、国家发展改革委和常驻环境署代表处人员组成的中国政府代表团参会。

大会主题是"寻求创新解决办法，应对环境挑战并实现可持续消费与生产"，讨论海洋塑料污染和微塑料、一次性塑料产品、化学品和废物无害化管理等全球环境政策和治理进程，听取全球环境状况最新评估报告，对推进后续工作作出25项决议。会议通过部长宣言，呼吁各国加快全球对自然资源管理、资源效率、能源、化学品和废物管理、可持续商业发展及其他相关领域的治理进程。

大会主席、爱沙尼亚环境部部长西姆·基斯勒在致辞中说："我们深知自己有能力建立更可持续、更加繁荣和更具包容性的社会，我们能够通过推广可持续的消费和生产模式来应对环境挑战，并不让任何一个人掉队。但我们需要为此创造有利条件，创新我们的做事方式。"联合国环境规划署代理执行主任乔伊丝·姆苏亚呼吁各国加紧推动变革。"我们需要改变经济运作方式，以及衡量消费品价值的方式"，姆苏亚说，"我们的目标是打破经济增长与资源使用量增加之间的联系，并结束我们的一次性消费文化"。

中国代表团团长、生态环境部有关负责同志在高级别会上发言。他指出，中国政府将形成可持续消费和生产方式作为推动生态文明建设和绿色发展的重要内容，发布实施了一系列政策措施，取得积极进展。他呼吁各方携手努力共同构建人类命运共同体，建设清洁美丽的地球家园。代表团全面参与各议题谈判，为促进达成共识发挥积极、建设性作用。

会议期间，生态环境部有关负责同志与环境署代理执行主任共同宣布，中国将主办2019年世界环境日，聚焦"空气污染"主题，并会见了环境署候任执行主任以及欧盟、美国、挪威、智利、巴基斯坦、罗马尼亚、日本、韩国等代表团团长，就双方关心议题及加强未来合作进行交流和探讨。此外，还应邀出席了法国政府和肯尼亚政府联合举办的"一个星球"峰会和金砖国家环境协调会议。

大会期间，联合国环境规划署发布了一系列研究报告，包括新版"全球环境展望"报告。这份报告由来自70多个国家的252名专家编写，对全球环境进行全面评估。此外，大会期间还举办了可持续创新博览会、"同一个星球"峰会等活动。

五、第五届联合国环境大会（2021）

（一）第五届联合国环境大会在肯尼亚内罗毕召开：以"加大力度保护自然，实现可持续发展"为主题

2021年2月22日，第五届联合国环境大会在肯尼亚首都内罗毕开幕。来自全球的政要、商界人士和民间机构代表"云聚"一堂，共议新冠疫情下的全球环境政策。这届环境大会于22日至23日以线上会议形式召开，大会主题为"加大力度保护自然，实现可持续发展"。联合国秘书长古特雷斯在致辞中说，新冠疫情仍在全球肆虐，当下人类面临三重环境危机：气候变化，生物多样性丧失，每年导致约900万人死亡的环境污染问题。为实现联合国2030年目标，必须不遗余力地采取行动解决荒漠化、海洋垃圾、粮食和水安全问题。必须把地球的生态健康放在制定计划和政策的核心位置。

大会主席、挪威环境大臣洛特瓦能说，这届大会的一个核心内容是讨论如何让疫情后的社会恢复强劲活力。未来社会是否能抵御气候危机和致命病原体传播，关键在于政策和监管改革、充足的资金，以及技术和创新手段的运用。联合国环境规划署执行主任安诺生表示，在社会经济和生态剧变的大背景下，第五届联合国环境大会的召开更具意义，与自然和谐共处是可持续发展的关键。

2021年2月23日，第五届联合国环境大会在肯尼亚首都内罗毕闭幕。与会代表呼吁各国政府采纳专家建议，以防止全球失去更多野生动物、损失更多自然资源。这届大会的一大亮点是各国部长和高级别代表参与的高级别讨论"领导力对话"，对话聚焦可持续发展的环境维度，着重讨论如何通过保护及恢复环境来重建更具复原力和包容性的后疫情世界。

（二）第五届联合国环境大会的特点

联合国环境大会作为世界最高级别环境决策机构，每两年举办一届，旨在激发全球应对气候变化、污染、生态系统退化等挑战的集体行动。与前四届大会有所区别的一点是，第五届联合国环境大会（UNEA-5）由于受新冠疫情的影响，在与会员国和利益相关方进行广泛磋商的基础上，联合国环境大会主席团于2020年10月8日决定，会议分两步进行：第一阶段会议于2021年2月22—23日举行，会议议程经过修订和精简，将重点放在紧急和程序性决策上；需要深入谈判的实质性事项推迟至2022年2月续会。

尽管会议时间线拉长，但大会的效率并没有降低。大会审议并批准了联合国环境规划署2022—2025年中期战略及2022—2023年工作计划和预算。会上，各国代表再次肯定了"环

境外交"在应对气候变化、环境污染和生物多样性丧失三重危机方面的关键作用。会议认为,未来社会是否能抵御气候危机和致命病原体传播,关键在于政策和监管改革、充足资金,以及技术和创新手段的运用。

"2020年是值得反思的一年,人类经历了新冠疫情蔓延,以及气候、自然和污染危机持续恶化等多重挑战。2021年,各国和地区必须采取有力行动转危为安。自然的恢复对于地球及人类生存而言至关重要。全球领导人加快履行在《联合国气候变化框架公约》等全球倡议中作出的承诺,减少温室气体排放。"联合国环境规划署执行主任英厄·安诺生在会议期间表示。

除了会议形式和时间与往届有所不同,另一不同点是这届大会将"自然"设置为议程核心——大会着重探讨如何通过"自然为本"的方式推动实现可持续发展目标,同时确保"自然"在各国的COVID-19疫情后经济复苏计划中占据前沿位置。

联合国可持续发展大会

可持续发展综述

一、可持续发展的基本情况

如果从 1972 年斯德哥尔摩人类环境会议算起,全球可持续发展进程已经走过了 40 多年的坎坷历程。1987 年发表的《我们共同的未来》,1992 年里约召开的联合国环境与发展大会,2002 年约翰内斯堡召开的"里约+10"环境大会,2012 年"里约+20"联合国可持续发展大会,以及 2015 年纽约联合国大会通过"改变我们的世界:2030 年全球可持续发展议程",都是这一进程中重要的里程碑。可持续发展理念逐渐深入人心,成为世界各国的发展战略。各国也致力于可持续发展的实践。[①]

20 世纪 60 年代末,人类开始关注环境问题。1972 年 6 月 5 日,联合国召开了人类环境会议,提出了"人类环境"的概念,并通过了《联合国人类环境会议宣言》。次年,成立了环境规划署。

1980 年 3 月,联合国大会首次使用了"可持续发展"概念。

1987 年,世界环境与发展委员会公布了题为《我们共同的未来》的报告。报告提出了可持续发展战略,标志着一种新发展观的诞生。报告把可持续发展定义为"持续发展是在满足当代人需要的同时,不损害人类后代满足其自身需要的能力"。它明确提出了可持续发展战略,指出保护环境的根本目的在于确保人类的持续存在和持续发展。这份文件于 1987 年在联合国第 42 届大会通过。

1992 年 6 月,在巴西的里约热内卢召开了"联合国环境与发展大会"(里约地球首脑会议),183 个国家和 70 多个国际组织的代表出席了大会,其中有 102 位国家元首或政府首脑。大会通过了《21 世纪议程》。该议程阐述了可持续发展的 40 个领域的问题,提出了 120 个实施项目。这是可持续发展理论走向实践的一个转折点。

---

① 陈迎:《可持续发展:中国改革开放 40 年的历程与启示》,《人民论坛·学术前沿》2018 年第 20 期。

1994年，中国政府为落实联合国大会决议，通过了《中国21世纪议程——中国21世纪人口、环境与发展白皮书》。该文件指出"走可持续发展之路，是中国在未来和下世纪发展的自身需要和必然选择"。

1996年3月，我国八届人大四次会议通过了《中华人民共和国国民经济和社会发展"九五"计划和2010年远景目标纲要》。该纲要明确把"实施可持续发展，推进社会主义事业全面发展"作为我国的战略目标。

2002年，可持续发展问题世界首脑会议通过了《约翰内斯堡实施计划》。这个计划是建立在从地球首脑会议以来所取得的进展和经验教训的基础上，提供更有针对性的办法和具体步骤，以及可量化的和有时限的指标和目标。

2012年，在具有里程碑意义的地球首脑会议20年后，世界各国领导人再次聚集在里约热内卢：(1)达成新的可持续发展政治承诺；(2)对现有的承诺评估进展情况和实施方面的差距；(3)应对新的挑战。联合国可持续发展大会集中讨论了两个主题：(1)绿色经济在可持续发展和消除贫困方面的作用；(2)可持续发展的体制框架。

2015年是全球可持续发展承上启下的关键年。千年发展目标于2015年到期，2015年9月，在美国纽约召开的联合国可持续发展首脑峰会通过了《改变我们的世界：2030年可持续发展议程》。该议程制定了一套包含17个领域169个具体目标的可持续发展目标（SDGs）。由此，全球可持续治理掀开新的篇章，中国可持续发展也步入一个新时代。

目前，可持续发展已成为全球长期发展的指导方针。可持续发展由三大支柱组成，旨在以平衡的方式，实现经济发展、社会发展和环境保护。

二、可持续发展的概念

可持续发展（Sustainable Development）的概念，最先是1972年在斯德哥尔摩举行的联合国人类环境会议上被正式讨论。自此以后，各国致力于界定可持续发展的含义，已拟出的定义有几百个之多，涵盖范围包括国际、区域、地方及特定界别的层面。

可持续发展的概念的明确提出，最早可以追溯到1980年由世界自然保护联盟（IUCN）、联合国环境规划署（UNEP）、野生动物基金会（WWF）共同发表的《世界自然保护大纲》："必须研究自然的、社会的、生态的、经济的以及利用自然资源过程中的基本关系，以确保全球的可持续发展。"

1981年，美国布朗出版的《建设一个可持续发展的社会》一书，提出以控制人口增长、保护资源基础和开发再生能源来实现可持续发展。

1987年，以布伦特兰夫人为主席的世界环境与发展委员会（WCED）发表了报告《我们共同的未来》。这份报告正式使用了可持续发展概念，并对其作出了比较系统的阐述，产生了广泛的影响。《我们共同的未来》将可持续发展定义为"既满足当代人的需求，又不对后代人满足其需求的能力构成危害的发展"。它们是一个密不可分的系统，既要达到发展经济的目的，又要保护好人类赖以生存的大气、淡水、海洋、土地和森林等自然资源和环境，使子孙后代能够永续发展和安居乐业。可持续发展与环境保护既有联系，又不等同。环境保护是可持续发展的重要方面。可持续发展的核心是发展，但要求在严格控制人口、提高人口素质和保护环境、资源永续利用的前提下进行经济和社会的发展。发展是可持续发展的前提；人是可持续发展的中心体；可持续长久的发展才是真正的发展。使子孙后代能够永续发展和安居乐业。

1992年6月，联合国在里约热内卢召开的"环境与发展大会"，通过了以可持续发展为核心的《里约环境与发展宣言》《21世纪议程》等文件。随后，中国政府编制了《中国21世纪议程——中国21世纪人口、环境与发展白皮书》，首次把可持续发展战略纳入我国经济和社会发展的长远规划。1997年中共十五大把可持续发展战略确定为我国"现代化建设中必须实施"的战略。2002年中共十六大把"可持续发展能力不断增强"作为全面建设小康社会的目标之一。

由于可持续发展涉及自然、环境、社会、经济、科技、政治等诸多方面，所以，由于研究者所站的角度不同，对可持续发展所作的定义也就不同。大致归纳如下。

1. 侧重于自然方面的定义

"持续性"一词首先是由生态学家提出来的，即所谓"生态持续性"（ecological sustainability）。其意在说明自然资源及其开发利用程序间的平衡。1991年11月，国际生态学联合会（INTECOL）和国际生物科学联合会（IUBS）联合举行了关于可持续发展问题的专题研讨会。该研讨会的成果发展并深化了可持续发展概念的自然属性，将可持续发展定义为："保护和加强环境系统的生产和更新能力"。其含义为可持续发展是不超越环境系统更新能力的发展。

2. 侧重于社会方面的定义

1991年，由世界自然保护同盟（IUCN）、联合国环境规划署（UNEP）和世界野生生物基金会（WWF）共同发表《保护地球——可持续生存战略》（Caring for the Earth：A Strategy for Sustainable Living），将可持续发展定义为"在生存于不超出维持生态系统涵容能力之情况下，改善人类的生活品质"，并提出了人类可持续生存的九条基本原则。

3. 侧重于经济方面的定义

爱德华·B. 巴比尔在其著作《经济、自然资源：不足和发展》中，把可持续发展定义为"在保持自然资源的质量及其所提供服务的前提下，使经济发展的净利益增加到最大限度"。皮尔斯认为，"可持续发展是今天的使用不应减少未来的实际收入""当发展能够保持当代人的福利增加时,也不会使后代的福利减少"。

4. 侧重于科技方面的定义

斯帕思认为:"可持续发展就是转向更清洁、更有效的技术——尽可能接近'零排放'或'密封式',工艺方法——尽可能减少能源和其他自然资源的消耗"。

5. 综合性定义

《我们共同的未来》将可持续发展定义为"既满足当代人的需求,又不对后代人满足其自身需求的能力构成危害的发展"。

江泽民在1996年3月召开的中央计划生育工作座谈会上指出,所谓可持续发展,就是既要考虑当前发展的需要,又要考虑未来发展的需要,不要以牺牲后代人的利益为代价来满足当代人的利益。

1989年"联合国环境发展会议"(UNEP)专门为"可持续发展"的定义和战略通过了《关于可持续发展的声明》。该声明认为可持续发展的定义和战略主要包括四个方面的含义:(1)走向国家和国际平等;(2)要有一种支援性的国际经济环境;(3)维护、合理使用并提高自然资源基础;(4)在发展计划和政策中纳入对环境的关注和考虑。

总之,可持续发展就是建立在社会、经济、人口、资源、环境相互协调和共同发展的基础上的一种发展,其宗旨是既能相对满足当代人的需求,又不能对后代人的发展构成危害。可持续发展注重社会、经济、文化、资源、环境、生活等各方面协调"发展",要求这些方面的各项指标组成的向量的变化呈现单调增态势(强可持续性发展),至少其总的变化趋势不是单调减态势(弱可持续性发展)。

三、联合国可持续发展委员会

1992年6月,联合国环境与发展大会通过《21世纪议程》。该议程决定于1992年第47届联大上审议建立联合国可持续发展委员会(Commission on Sustainable Development, CSD)。在1993年2月,该委员会正式成立,属于联合国经济和社会理事会下设的职司委员会。联合国可持续发展委员会的主要任务是增进国际合作和使政府间决策过程合理化,使其有能力兼顾环境发展问题。并在《里约环境与发展宣言》原则的指导下,审查在国家、区域和国际各级实施《21世纪议程》的进展情况,以便在所有国家实现持续发展。

可持续发展委员会的具体职能包括:追踪联合国系统在实施《21世纪议程》、将环境与发展密切结合方面取得的进展;考虑各国提供的关于实施议程情况的信息,包括各国在此方面面临的资金、技术转让等问题;审议执行议程的进展情况,包括提供资金和技术转让,以及发达国家的官方发展援助是否达到了占其国民生产总值0.7%的水平;通过经社理事会向联大提出报告。

该委员会由各大洲分别选出的53个国家组成，遵循"地域公平分配原则"，从联合国会员国及专门机构成员国中产生，任期三年。亚洲11国、非洲13国、拉美10国、东欧6国、西欧和其他地区13国。中国是成员国之一。委员会每年举行一次会议讨论与环发有关的问题。

组织机构：（1）委员会。由53个成员国组成。（2）秘书处。秘书处是一个明确的实体，由秘书长任命的高级官员领导。（3）高级咨询委员会。其主要职能是就实施《21世纪议程》向可持续发展委员会提供专家咨询。

四、联合国可持续发展目标

（一）基本介绍

联合国可持续发展目标（Sustainable Development Goals，SDGs），是17个新发展目标，在2000—2015年联合国千年发展目标（MDGs）到期之后继续指导2015—2030年的全球发展工作。2015年9月25日，联合国可持续发展峰会在纽约总部召开，联合国193个成员国在峰会上正式通过17个可持续发展目标。可持续发展目标旨在从2015年到2030年以综合方式彻底解决社会、经济和环境三个维度的发展问题，转向可持续发展道路。

可持续发展目标（SDGs）被用于指导2015年至2030年的全球发展政策和资金使用。可持续发展目标作出了历史性的承诺：首要目标是在世界每一个角落永远消除贫困。

（二）千年发展目标（MDGs）

2000年9月，世界各国通过为期15年的千年发展目标，团结协作，应对贫困问题。自那以来，联合国发展集团一直致力于落实八大千年发展目标。2015年是千年发展目标（MDGs）的收官之年。

千年发展目标设立了明确的具体目标，促使人们关注贫困问题并调动资金用于减贫。在2000年到2015年中，超过6亿人摆脱了贫困。千年发展目标还动员了政治意愿，提高公众意识，关注发展问题，支持落实以人类发展为重点的议程，规模空前。千年发展目标已经取得了巨大进展，中国在实现减贫目标等多项千年发展目标上发挥了重要作用。

（三）可持续发展目标（SDGs）

2015年是关键的转折点——千年发展目标（MDGs）的收官之年，也是新的可持续发展目标（SDGs）启动之年。联合国193个会员国在2015年9月举行的历史性首脑会议上一致通过了可持续发展目标，这些目标述及发达国家和发展中国家人民的需求并强调不会落下任何一个人。

《2030年可持续发展议程》（*Transforming Our World：The 2030 Agenda for Sustainable*

Development）于 2015 年在联合国大会第七十届会议上通过，2016 年 1 月 1 日正式启动。旨在转向可持续发展道路，解决社会、经济和环境三个维度的发展问题。新议程呼吁各国采取行动，为此后 15 年实现 17 项可持续发展目标而努力。

联合国秘书长潘基文指出："这 17 项可持续发展目标是人类的共同愿景，也是世界各国领导人与各国人民之间达成的社会契约。它们既是一份造福人类和地球的行动清单，也是谋求取得成功的一幅蓝图。"

中国与世界可持续发展

一、中国参与世界可持续发展活动情况

可持续发展是人类对工业文明进程进行反思的结果，是人类为了克服一系列环境、经济和社会问题，特别是全球性的环境污染和广泛的生态破坏，以及它们之间关系失衡所作出的理性选择。经济发展、社会发展和环境保护是可持续发展的相互依赖互为加强的组成部分，中国共产党和中国政府对这一问题也极为关注。

1987 年，世界环境与发展委员会在《我们共同的未来》报告中第一次阐述了可持续发展的概念。

1991 年，中国发起召开了"发展中国家环境与发展部长会议"，发表了《北京宣言》。

1992 年 6 月，在里约热内卢世界首脑会议上，中国政府庄严签署了环境与发展宣言。

8 月，继联合国环境与发展大会之后，我国在世界上率先制定了《中国环境与发展十大对策》，第一次明确提出要转变传统发展模式，走可持续发展道路，将可持续发展作为一项国家战略明确下来。

1994 年 3 月 25 日，中华人民共和国国务院通过了《中国 21 世纪议程——中国 21 世纪人口、环境与发展白皮书》。议程共 20 章，可归纳为总体可持续发展、人口和社会可持续发展、经济可持续发展、资源合理利用、环境保护 5 个组成部分，70 多个行动方案领域。该议程是世界上首部国家级可持续发展战略。它的编制成功，不但反映了中国自身发展的内在需求，而且也表明了中国政府积极履行国际承诺、率先为全人类的共同事业作贡献的姿态与决心。在 1992 年联合国环境与发展大会之后不久，1994 年 7 月，来自 20 多个国家、13 个联合国机构、20 多个外国有影响企业的 170 多位代表在北京聚会，制订了"中国 21 世纪议程优

先项目计划",用实际行动推进可持续发展战略的实施。

1995年,党中央、国务院把可持续发展作为国家的基本战略,号召全国人民积极参与这一伟大实践。中共十四届五中全会通过的《中共中央关于制定国民经济和社会发展"九五"计划和2010年远景目标的建议》明确提出:"经济增长方式从粗放型向集约型转变"。江泽民在该全会闭幕式的讲话中强调:"在现代化建设中,必须把实现可持续发展作为一个重大战略。要把控制人口、节约资源、保护环境放到重要位置,使人口增长与社会生产力的发展相适应,使经济建设与资源、环境相协调,实现良性循环。"此次会议正式把可持续发展作为我国的重大发展战略提了出来。此后中央的许多重要会议都对可持续发展战略作了进一步肯定,使之成为我国长期坚持的重大发展战略。

1997年,党的十五大报告指出:"我国是人口众多、资源相对不足的国家,在现代化建设中必须实施可持续发展战略。坚持计划生育和保护环境的基本国策,正确处理经济发展同人口、资源、环境的关系。资源开发和节约并举,把节约放在首位,提高资源利用效率。统筹规划国土资源开发和整治,严格执行土地、水、森林、矿产、海洋等资源管理和保护的法律。实施资源有偿使用制度。加强对环境污染的治理,植树种草,搞好水土保持,防治荒漠化,改善生态环境。控制人口增长,提高人口素质,重视人口老龄化问题。"

1998年10月,中共十五届三中全会通过的《中共中央关于农业和农村工作若干重大问题的决定》指出:"实现农业可持续发展,必须加强以水利为重点的基础设施建设和林业建设,严格保护耕地、森林植被和水资源,防治水土流失、土地荒漠化和环境污染,改善生产条件,保护生态环境。"

2000年11月,中共十五届五中全会通过的《中共中央关于制定国民经济和社会发展第十个五年计划的建议》指出:"实施可持续发展战略,是关系中华民族生存和发展的长远大计。"

2002年6月29日,第九届全国人民代表大会常务委员会第二十八次会议通过《中华人民共和国清洁生产促进法》,自2003年1月1日起施行,标志着我国进入依法推行清洁生产的新阶段,是实施可持续发展战略的标志性进展。

11月,中共十六大报告把"可持续发展能力不断增强,生态环境得到改善,资源利用效率显著提高,促进人与自然的和谐,推动整个社会走上生产发展、生活富裕、生态良好的文明发展道路"作为"全面建设小康社会的目标"之一,并对如何实施这一战略进行了论述。可持续发展是以保护自然资源环境为基础、以激励经济发展为条件、以改善和提高人类生活质量为目标的发展理论和战略。它是一种新的发展观、道德观和文明观。

2012年6月1日，国家发改委副主任杜鹰出席国务院新闻办举办的新闻发布会并介绍了《中华人民共和国可持续发展国家报告》总体情况，对外正式发布《中华人民共和国可持续发展国家报告》并就有关问题回答了记者的提问。报告除前言外共分八章，5.5万字。在前言和第一章里，国家报告概述了中国在可持续发展领域的总体进展情况，客观分析了中国在可持续发展方面面临的挑战和存在的压力，明确提出了我们国家进一步推进可持续发展的总体思路。第二章至第五章围绕可持续发展的三大支柱，也就是经济发展、社会进步、生态环境保护，详尽阐述了在可持续发展各个领域所做的工作和取得的进展。第六章介绍了中国增强可持续发展能力有关情况。第七章介绍了中国在可持续发展领域里广泛开展国际合作，包括双边和多边合作的有关情况。同时也介绍了我国履行有关国际公约的情况。第八章阐述了中国对大会两大主题的原则立场和若干分领域问题的一些基本看法，同时呼吁大会能够取得积极的成果。

2019年10月24日，首届可持续发展论坛在北京召开。

二、中国落实《2030年可持续发展议程》

《中国落实2030年可持续发展议程国别自愿陈述报告》（2021-07-14）

《消除绝对贫困 中国的实践》（2020-09-27）

《地球大数据支撑可持续发展目标报告（2020）》（2020-09-27）

《中国落实2030年可持续发展议程进展报告（2019）》（2019-09-24）

《地球大数据支撑可持续发展目标报告》（2019-09-24）

《中国落实2030年可持续发展议程进展报告》（中文）（2017-08-24）

《中国落实2030年可持续发展议程国别方案》（中文）（2017-04-14）

《落实2030年可持续发展议程中方立场文件》（2016-04-22）

《变革我们的世界：2030年可持续发展议程》（2016-01-13）[1]

---

[1] 参见外交部网站：https://www.fmprc.gov.cn/web/ziliao_674904/zt_674979/dnzt_674981/qtzt/2030kcxfzyc_686343/。

历届可持续发展大会的基本情况

一、联合国千年首脑会议（2000）

（一）联合国千年首脑会议

召开联合国千年首脑会议的建议是联合国秘书长安南在1997年提出的，并于1998年12月17日第53届联大上获得通过，指定2000年9月6日开幕的大会第五十五届会议为"联合国千年大会"，并且召开"联合国千年首脑会议"（United Nations Millennium Summit）。1999年至2000年，联合国举办了一系列千年活动，其中包括2000年4月3日，安南秘书长在纽约联合国总部作千年报告《我们民众》。

2000年9月6—8日，联合国千年首脑会议在纽约联合国总部举行，会议的主题是"21世纪联合国的作用"。大会由千年首脑会议的两位主席纳米比亚总统努乔马和芬兰总统哈洛宁共同主持。在为期3天的会议中，与会国家元首和政府首脑围绕"21世纪联合国的作用"这一主题，就在新形势下维护世界和平、促进发展、建立国际政治经济新秩序、加强联合国作用等问题交换了意见。中国国家主席江泽民出席会议并在会上发表了重要讲话。

这次联合国千年首脑会议规模空前，180多个国家的代表，其中包括150多个国家的元首或政府首脑出席了会议，与会各国领导人数量超过1995年举行的联合国成立50周年庆典。与会的各国领导人着重讨论了和平与发展、强化联合国机构的职能、经济全球化、南北矛盾加剧、非洲地区被边缘化等问题。与会者除在千年首脑会议上阐述各国政府在重大国际问题上的立场外，还按地区划分出席同时进行的4个圆桌会议，重点讨论安南于2000年4月向这届联大提交的关于联合国21世纪工作计划的报告。千年首脑会议期间还召开了安理会成员国首脑会议、安理会5个常任理事国首脑会议以及联合国经济和社会理事会关于信息技术的非正式高级别会议等重要会议。

（二）会议成果

会议闭幕时发表了宣言，宣言长达9页，共分8个部分，包括价值和原则，和平、安全与裁军，发展与消除贫穷，保护共同环境，人权、民主和善政，保护易受伤害者，满足非洲的特殊需要和加强联合国的作用。其中加强联合国的作用是核心内容。各国领导人还具体承诺，在2015年年底前，将世界上日均收入不足1美元的人口比例、挨饿人口的比例以及无法得到或负担安全饮用水的人口比例都降低一半，使世界儿童都能完成小学教育，将产妇死亡率降低 3/4。各国领导人还承诺要努力制止艾滋病的蔓延；切实保护环境，实现可持续发展；设法满足非洲的特殊需要。

最后各国领导人庄严重申，联合国是整个人类大家庭不可或缺的共同殿堂，今后将全力支持联合国为谋求和平、合作和发展所做的一切努力。会议期间，85 个国家响应秘书长安南的号召，在 40 项多边条约上签了字。

（三）会议目的

安南秘书长的千年报告中多次涉及普通民众及其参与联合国事务对于联合国的存在和发展的重要意义。尽管联合国是国家组成的组织，但《联合国宪章》是以"我联合国人民"的名义制定的。《联合国宪章》重申人的尊严与价值，尊重人权和男女平等权利，致力于实现以更高生活水平为尺度、免于匮乏和恐惧的社会进步。归根结蒂，联合国是为全世界人民的需要和希望而建立的，必须为此服务。

我们思想或行动的方法最重要的转变莫过于：我们的一切工作必须以人为本。让世界各地城镇乡村的男女老少都有能力改善自己的生活，没有任何号召比这更崇高，没有任何责任比这更重大。只有这样，我们才能确信全球化确实具有了包容性，能让每个人都分享它带来的机遇。

对联合国而言，要成功地迎接全球化的挑战，最终意味着要满足人民的需要。《联合国宪章》就是以人民的名义制定的；展望 21 世纪，我们的任务仍然是实现人民的愿望。

二、可持续发展问题世界首脑会议（2002）

（一）以可持续发展为主题的联合国成员国首脑会议

可持续发展问题世界首脑会议（World Summit on Sustainable Development，WSSD）是根据 2000 年 12 月第五十五届联大第 55/199 号决议，于 2002 年 8 月 26 日至 9 月 4 日在南非约翰内斯堡召开的会议，是继 1992 年在巴西里约热内卢举行的联合国环境与发展大会和 1997 年在纽约举行的第十九届特别联大之后，全面审查和评价《21 世纪议程》执行情况，重振全球可持续发展伙伴关系的重要会议。192 个国家的国家元首、政府首脑或代表出席。

（二）会议目的

可持续发展问题世界首脑会议的召开对于人类进入 21 世纪所面临和解决的环境与发展问题有着重要的意义。在 20 世纪，人类在经济、社会、教育、科技等众多领域取得了显著的成就，但在环境与发展的问题上始终面临严峻的挑战。

20 世纪下半叶，在国家、区域或世界范围内召开了众多有关环境与发展的会议，相关的双边、多边条约或国际公约陆续产生。其中最具有里程碑意义的就是 1992 年在巴西里约热内卢召开的联合国环境与发展大会，会议通过了《里约宣言》和《21世纪议程》等重要文件，确定了相关环境责任原则，可持续发展（Sustainable Development）的观念也逐渐形成。

但是由于国际环境发展领域中的矛盾错综复杂，利益相互交错，以全球可持续发展为目标的《21世纪议程》等重要文件的执行情况并不良好，全球的环境危机没有得到扭转。一方面，发展中国家实现经济发展和环境保护的目标由于自身经济不发达而困难重重；另一方面，发达国家并没有履行公约中向发展中国家提供技术资金支持的义务。因而，全球贫困现象还普遍存在，南北差距不断增大，大多数国家认为召开新的国际会议，总结回顾里约会议的精神，讨论里约会议建立的全球伙伴关系所面临的新问题有着极大的必要性，2002年的首脑会议也是基于此目的筹备召开的。

2002年首脑会议涉及政治、经济、环境与社会等广泛的问题，全面审议1992年环境与发展大会所通过的《里约宣言》《21世纪议程》等重要文件和其他一些主要环境公约的执行情况，并在此基础上就此后的工作形成面向行动的战略与措施，积极推进全球的可持续发展，并协商通过《约翰内斯堡可持续发展声明》和《可持续发展问题世界首脑会议执行计划》。

为了筹备这次会议，联合国成立了筹备委员会，并呼吁各国政府成立国家级筹备委员会，尽早开展有关的筹备工作，确保对《21世纪议程》审评进程做出高质量的投入。

联合国还安排了一系列的区域和全球级别的筹备会。

（三）执行计划与政治宣言

为了孩子和地球的未来，人类迫切需要建立一个充满希望的新世界。在各国领导人的这一承诺中，可持续发展问题世界首脑会议4日落下了帷幕。在4日晚举行的闭幕式上，代表们通过了两份重要文件——《可持续发展问题世界首脑会议执行计划》和作为政治宣言的《约翰内斯堡可持续发展声明》。

《可持续发展问题世界首脑会议执行计划》，亦称《约翰内斯堡实施计划》，2002年8月26日至9月4日在约翰内斯堡举行的联合国可持续发展问题世界首脑会议上制订，中国在会上签署了该计划。该计划为进一步实施《21世纪议程》，对一些重要领域如消除贫困、水和卫生、可持续的生产和消费、能源、化学品、自然资源管理、公司的责任、健康等领域的活动作出了新的承诺，提出了具体目标、时间表、实施手段和机构安排。

《约翰内斯堡可持续发展声明》

从人类的发源地走向未来

1. 我们，世界各国人民的代表，于2002年9月2日至4日在南非约翰内斯堡的可持续发展问题世界首脑会议上聚集一堂，重申我们对可持续发展的承诺。

2. 我们承诺建立一个崇尚人性、公平和相互关怀的全球社会，这个社会认识到人人都必须享有人的尊严。

3. 在首脑会议开幕时，全世界的儿童用简单而明确的声音告诉我们，未来属于他们。这些话语激励我们每一个人一定要通过我们的行动，使儿童继承一个美好的世界，在这个世界里不会因为贫穷、环境恶化和不可持续的发展格局，而使人的尊严受到伤害、行为有失体统。

4. 儿童代表了我们共同的未来。我们来自世界各个角落，了解各种不同人生经历的所有人必须团结起来，我们迫切需要有一种强烈的使命感，促使我们创造一个充满希望、更加光明的崭新世界，这是我们对子孙的部分答复。

5. 为此，我们担负起一项共同的责任，即在地方、国家、区域和全球各级促进和加强经济发展、社会发展和环境保护这几个相互依存、相互增强的可持续发展支柱。

6. 我们在人类的摇篮非洲大陆宣布，我们通过《可持续发展问题世界首脑会议执行计划》和本《宣言》彼此承担责任，并对更大的人生大家庭及子孙后代负有责任。

7. 我们认识到人类正处于十字路口。我们因共同的决心而团结在一起，坚定不移地积极响应需要，以制订一项消除贫穷和人类发展的切实可行的计划。

从斯德哥尔摩到里约热内卢和约翰内斯堡

8. 30年前在斯德哥尔摩，我们认为迫切需要应对环境恶化问题。10年前在里约热内卢举行的联合国环境与发展大会上，我们认为环境保护和社会及经济发展是按照里约原则推动可持续发展的基石。为了实现可持续发展，我们通过了题为《21世纪议程》的全球性方案和《关于环境与发展的里约宣言》，对此，我们再次表示我们的承诺。里约会议是一个重大里程碑，它提出了可持续发展的新议程。

9. 从里约到约翰内斯堡之间的这段时间内，世界各国在联合国主持下举行了若干次重要会议，其中包括发展筹资问题国际会议和多哈部长级会议。这些会议为世界勾画了人类未来的广阔前景。

10. 在约翰内斯堡首脑会议期间，我们在将世界各国人民聚集起来和综合各种不同意见，以积极寻求一条共同道路方面取得了重大进展，这条共同道路就是创造一个尊重和推行可持续发展愿景的世界。约翰内斯堡首脑会议还证实，在使我们星球上的人民达成全球共识和建立伙伴关系方面也取得了重大进展。

我们面临的挑战

11. 我们确认，消除贫穷、改变消费和生产格局、保护和管理自然资源基础以促进经济和社会发展，是压倒一切的可持续发展目标和根本要求。

12. 在人类社会筑起穷富不可跨越的鸿沟以及发达国家与发展中国家之间的差距日益扩大，对全球的繁荣、安全和稳定构成了重大威胁。

13. 全球环境继续遭殃。生物多样性仍在丧失；鱼类继续耗竭，荒漠化吞噬了更多的良田；气候变化已产生明显的不利影响；自然灾害更加频繁、毁灭性更大；发展中国家更易受害；空气、饮水和海洋污染继续毁灭了无数人安逸的生活。

14. 全球化为上述挑战增加了新的方面。在全世界范围内，市场迅速一体化、资本积极调动、投资流量大大增强，为促进可持续发展带来新挑战，创造新机会。但是，全球化产生的利益和付出的代价没有得到均衡分配，发展中国家在应对这一挑战方面遇到了特殊困难。

15. 我们担当着在全球范围铸造这种鸿沟的风险。如果我们不采取行动从根本上改变穷人的生活，全世界的穷人可能对他们的代表和我们坚持承诺的民主制度丧失信心，认为他们的代表人物不过是一些喜欢吹嘘的空谈家而已。

我们对可持续发展的承诺

16. 我们丰富的多样性是我们的共同实力，我们决心保证将它用来建立建设性伙伴关系，以促成变革和实现可持续发展的共同目标。

17. 我们认识到加强人类团结的重要性，要求促进世界不同文明和各国人民之间的对话与合作，不论种族、是否残疾、宗教、语言、文化或传统等因素。

18. 我们欢迎约翰内斯堡首脑会议将重点集中于人的尊严的不可分割性。我们决心通过关于目标、时间表和伙伴关系的各项决定，加快步伐进一步满足享有清洁饮水、公共卫生、适当的住房、能源、保健、粮食安全和保护生物多样性等方面的基本要求。与此同时，我们将共同努力，彼此帮助，以获得财政资源、利用开放的市场、确保能力建设、使用现代技术实现发展，并确保为永远消除不发达状况，进行技术转让、人力资源开发、教育和培训。

19. 我们再次誓言要特别集中精力和优先注意打击在全球范围对我们人民的可持续发展构成严重威胁的各种状况，其中包括：长期饥饿；营养不良；外国占领；武装冲突；非法贩毒问题；有组织犯罪；腐败；自然灾害；非法武器贩运；人口贩运；恐怖主义、不容忍、煽动种族、族裔、宗教和其他仇恨；仇外心理；以及地方病、传染性疾病和慢性病，特别是艾滋病毒／艾滋病、疟疾和结核病。

20. 我们致力于确保将赋予妇女权力、妇女解放和两性平等融入《21世纪议程》、《千年发展目标》和《首脑会议执行计划》所列的各项活动。

21. 我们承认，全球社会有办法也有资源去应对全人类在消除贫穷和可持续发展方面所面临的挑战。我们将共同采取进一步步骤，确保利用这些可得资源造福于人类。

22. 在这方面，为了促成实现我们的发展目标和指标，我们敦请尚未作出具体努力的发达国家作出努力，使官方发展援助达到国际商定的水平。

23. 为了促进区域合作、改进国际合作和推动可持续发展，我们欢迎和支持建立像非洲发展新伙伴这样的更强大的区域集团和联盟。

24. 我们将继续特别注意小岛屿发展中国家和最不发达国家的发展需要。

25. 我们重申土著人民可在可持续发展中发挥重大作用。

26. 我们确认，可持续发展需要具有长远观点，需要对各个级别的政策拟定、决策和实施过程广泛参与。作为社会伙伴，我们将继续努力与各主要集团建立稳定的伙伴关系，尊重每一个集团的独立性和重要作用。

27. 我们认为，私营部门，包括大小公司，在从事合法活动时，有义务为发展公平和可持续的社区和社会作出贡献。

28. 我们还同意为增加产生收入的就业机会提供协助，同时考虑到国际劳工组织《关于工作中的基本原则和权利宣言》。

29. 我们还认为，私营部门公司有必要加强公司问责制，这应当在一个透明和稳定的制度环境下执行。

30. 我们承诺加强和改善各级政府的管理工作，以有效执行《21世纪议程》、《千年发展目标》和《首脑会议执行计划》。

多边主义是未来

31. 为实现我们的可持续发展目标，我们需要有更讲究实效、更加民主和更加负责的国际和多边机构。

32. 我们重申维护《联合国宪章》的原则和宗旨、国际法以及致力于加强多边主义。我们支持联合国发挥领导作用，它是世界上最具有普遍性和代表性的组织，是最能促进可持续发展的机构。

33. 我们还承诺定期监测在实现可持续发展目标方面所取得的进展。

力求实现目标！

34. 我们一直认为，这必须是一个包容性的过程，应让参加约翰内斯堡历史性首脑会议的所有主要集团和政府都参加进来。

35. 我们承诺采取联合行动，为共同的决心团结起来，以拯救我们的地球、促进人类发展、实现普遍繁荣与和平。

36. 我们承诺执行《可持续发展问题世界首脑会议执行计划》及加速实现其中所列规定时限的社会经济和环境指标。

37. 我们在人类的摇篮非洲大陆，向全世界人民和向地球的当然继承人我们的子孙后代庄严宣誓，我们决心一定要实现可持续发展的共同希望。

注：

* 2002年9月4日在第17次全体会议上通过，讨论情况见第八章。

1.《联合国人类环境会议的报告》，斯德哥尔摩，1972年6月5日至16日（联合国出版物，出售品编号 E.73.11.A.14 和更正），第一章。

2.《联合国环境与发展大会的报告》，里约热内卢，1992 年 6 月 3 日至 14 日（联合国出版物，出售品编号 E.93.I.8 和更正），第一至三卷。

3. 同上，第一卷：《会议通过的决议》，决议 1，附件一和二。

4.《发展筹资问题国际会议的报告》，蒙特雷，墨西哥，2002 年 3 月 18 日和 22 日（联合国出版物，出售品编号 E.02.11.A.7），第一章，决议 1，附件。

5. 见 A/C.2/56/7，附件。

6. 见大会第 55/2 号决议。

7. 见《国际劳工组织大会第八十六届会议通过的劳工组织关于工作中的基本原则和权利宣言以及其后续行动，日内瓦，1998 年 6 月 16 日》（日内瓦，国际劳工局，1998 年）。

（四）中国参会情况

1992 年，李鹏率领中国政府代表团出席了里约热内卢环境与发展大会，签署了《里约宣言》《21 世纪议程》等文件，向国际社会表明了我国政府积极推进可持续发展的立场，提高了我国的国际地位。

里约会议以后，我国从国情出发，制定了《中国 21 世纪议程——中国 21 世纪人口、环境与发展白皮书》，将可持续发展战略作为实现现代化的一项重大战略，在纳入计划、能力建设、宣传教育、地方试点等方面做了大量工作。在 1997 年召开第十九届特别联大，评估里约大会五年来执行《21 世纪议程》的进展时，宋健率团出席，并向大会提交了《中国可持续发展国家报告》，我国在推进可持续发展方面取得的成就受到国际社会高度评价。

为进一步推进可持续发展战略的实施，2000 年，国务院批准成立全国推进可持续发展战略领导小组。

2001 年 4 月，为启动我国参加首脑会议的筹备工作，国务院批准成立可持续发展问题世界首脑会议中国筹委会。筹委会由国家计委、外交部、科技部、国家环保总局等部门组成。秘书处设在国家计委地区司和外交部国际司。

可持续发展问题世界首脑会议的一般性会议于 2002 年 8 月 26 日在约翰内斯堡拉开帷幕，9 月 2 日会议进入首脑级会议阶段。包括 104 个国家元首和政府首脑在内的 192 个国家的代表与会。各国领导人在一般性辩论中发言，并出席 4 场圆桌会议，就环境与发展问题阐述各自立场。中国国务院总理朱镕基阐明了中国政府促进可持续发展的五点主张。一是深化对可持续发展的认识；二是实现可持续发展要靠各国共同努力；三是加强可持续发展中的科技合作；四是营造有利于可持续发展的国际经济环境；五是推进可持续发展离不开世界的和平稳定。

三、联合国千年发展目标高级别会议（2010）

2010年9月20日，联合国千年发展目标高级别会议在纽约联合国总部开幕。189个成员国一致通过了《千年宣言》，承诺建立一个以消除贫困和可持续发展作为最优先目标的世界，为全世界清晰勾勒出要在2015年前取得具体进展的8个重要领域，包括将世界贫困人口减半。

第65届联大主席、瑞士前联邦主席戴斯和他的前任、第64届联大主席图里基担任大会共同主席。联合国秘书长潘基文和大约140个国家的元首或政府首脑出席会议。戴斯在开幕致辞中援引了瑞士联邦宪法序言中的一句话——"一个群体的力量要通过其最弱势成员的福祉来衡量"。他说，这句话表明，每个人都在道义上承担着关心他人福祉的责任，而实现千年发展目标就是国际社会所承担的这样一种责任。戴斯说，2000年举行的千年峰会通过了千年发展目标，向世界表明联合国大家庭内的每一个成员都不会对他人的痛苦和贫困视而不见。各国领导人应重申在千年峰会上作出的承诺，为2015年按期实现千年发展目标创造有利条件。

潘基文在讲话中说，千年发展目标确立以来，已经取得了不可否认的巨大成就，但也面临严峻挑战，"尽管遇到许多困难和质疑，而2015年的最后期限也即将到来，但千年发展目标是能够实现的"。潘基文呼吁世界各国领导人发挥政治领导能力，兑现承诺，致力于实现千年发展目标。

此次会议为期3天。与会各国领导人和国际组织的负责人在全体会上发表讲话，就千年发展目标执行现状以及如何加快实现目标阐明观点。大会还召开多场圆桌会议，分别讨论贫困、性别平等、健康和教育、可持续发展和加强伙伴关系等问题。

2010年9月22日，历时3天的联合国千年发展目标高级别会议在纽约联合国总部闭幕。会议闭幕前，与会各国领导人通过了一份《成果文件》，承诺将"尽一切努力实现千年发展目标"。《成果文件》指出，尽管遭受许多挫折，千年发展目标正在取得进展，但仍然面临许多严峻挑战。各国领导人承诺加强全球发展伙伴关系，为发展中国家特别是最不发达国家提供支持。

联大主席戴斯在总结性发言中说，实现千年发展目标是世界各国承担的道义责任，对世界和平、安全和繁荣具有重要意义。他对各国领导人承诺落实官方发展援助、探索创新型融资手段以及动员国内资源表示欢迎。但他也强调，发展不能仅靠财政资源，国际和国内政策、开放的市场、良政以及扩大公共支出也都非常重要。

联合国秘书长潘基文在会议闭幕前表示，会议为2015年实现千年发展目标奠定了坚实的基础。目前距最后期限仅剩5年时间，国际社会必须落实承诺，否则将会导致"死亡、疾病、绝望和不必要的痛苦，亿万人将因此失去机会"。他强调联合国将尽最大努力促进各方落实承诺。

四、联合国可持续发展大会："里约＋20"峰会（2012）

（一）基本情况

2012 年联合国可持续发展大会召开，由于此次大会距 1992 年联合国环境与发展大会正好时隔 20 年，因此又被称为"里约 +20"峰会。

1992 年，国际社会聚集在巴西里约热内卢，讨论实施可持续发展的具体方法。世界各国领导人通过了《21 世纪议程》——一个在国家、区域和国际各级具体实现可持续发展的行动计划。2002 年，可持续发展问题世界首脑会议通过了《约翰内斯堡实施计划》。这个计划是建立在从地球首脑会议以来所取得的进展和经验教训的基础上，提供更有针对性的办法和具体步骤，以及可量化的和有时限的指标和目标。

2012 年，在具有里程碑意义的地球首脑会议 20 年后，世界各国领导人再次聚集在里约热内卢。联合国的希望是在 2015 年以后，将此前的《21 世纪议程》、千年发展目标（MDGs）等，能逐步整合到可持续发展目标（SDGs）中，但这一目标实现起来也困难重重。

联合国大会的各成员国已经达成了共识，2012 年联合国可持续发展会议由三个目标和两个主题构成。

目标

第一个目标是重拾各国对可持续发展的承诺。

第二个目标是找出目前我们在实现可持续发展过程中取得的成就与面临的不足。

第三个目标是继续面对不断出现的各类挑战。

主题

联合国可持续发展大会集中讨论两个主题：

（1）绿色经济在可持续发展和消除贫困方面的作用；

（2）可持续发展的体制框架。

（二）各方立场

总体来看，"里约 +20"峰会各利益方在大会任务、主题、目标，经济、社会发展和环境保护三大支柱相统筹，坚持"共同但有区别的责任"原则，发展模式多样化、多方参与、协商一致等基本原则上均具有共识。很多国家也提出了设立可持续发展目标、研究设计可持续发展衡量新指标等建议。但各国在两大议题的一些具体立场上仍存在一定差异。

总体态势方面，大会各方大致可分为两大阵营。

1. 美国、欧盟、日本等发达国家或地区分别对绿色经济和可持续发展机制框架提供了各自的设计方案，积极为未来可持续发展谋划布局，力图在领导世界未来可持续发展和绿色技术发展方向上争取主动，抢占先机，总体处于主导地位。

2. 发展中国家则更多地从维护自身发展权益的角度，继续强调"共同但有区别的责任"原则和多边主义精神，强调绿色发展的公平性，要求发达国家率先改变其不可持续的消费和生产方式，并在资金、技术等方面继续给予发展中国家帮助，反对贸易保护主义，支持联合国机构改革，总体处于应对地位。

在机制框架设计立场上，可分为三类。

1. 美国、日本、印度、GEF 基本倾向于在已有治理结构上进行改进，维持已有的以美国为主导的 GEF 等资金机制的领导地位，不赞成立即成立新的联合国机构。

2. 欧盟、巴西、南非、UNEP、UNDP 等则倾向于对已有机构进行较大改革，例如欧盟和 UNEP 提出考虑成立 UNEO 或 WEO，巴西和 UNDP 支持成立 SDC，南非建议成立高级别部长委员会等新机构，负责可持续发展统筹管理。

3. 中国、77 国集团、世界银行等态度比较中立，支持加强联合国领导作用，加强 UNEP 等职能，但对是否成立新的联合国机构未表明态度或相对谨慎。

五、联合国可持续发展峰会（2015）

（一）会议的基本情况

2015 年 9 月 25 日，联合国可持续发展峰会在纽约联合国总部开幕。2015 年是联合国于 2000 年设立的实现千年发展目标的终止年。千年发展目标帮助百万人摆脱贫穷，证明了设立目标的有效性。新设立的 17 项可持续发展目标将在未来 15 年内，应对世界在可持续发展方面的三个相互联系的元素，即经济增长、社会包容性和环境可持续性。

会议期间，150 多位国家元首和政府首脑聚集联合国大会厅，讨论推动世界和平和繁荣、促进人类可持续发展的全球性议题。联合国总部举行了六场互动对话会议，围绕消除贫困和饥饿、解决不平等、妇女赋权、促进可持续的经济增长和转型、推动可持续消费和生产、保护地球和抗击气候变化等一系列热点议题展开讨论。

会议正式通过了 9 月初由 193 个会员国共同达成的成果性文件，即《2030 年可持续发展议程》。这一包括 17 项可持续发展目标和 169 项具体目标的纲领性文件将推动世界在此后 15 年内实现 3 个史无前例的非凡创举——消除极端贫困、战胜不平等和不公正及遏制气候变化。

联合国秘书长潘基文在峰会开幕式上所发表的致辞中指出，2030 年可持续发展议程对未来所提供的承诺和机会为世界各国人民点亮了一盏明灯。这是一个为了追求更好的未来的具有"普世价值"、推动变革和完整的愿景。他说:"《2030年可持续发展议程》促使我们必须以超越国界和短期利益的眼光,为长远大计采取团结一致的行动。联合国将坚定地为成员国在这一宏大和崭新的领域提供支持。"潘基文还呼吁世界各地的每一个人以该议程的17项可持续发展目标为指导行动起来,以前所未有的方式建立高级别的政治承诺和崭新的全球伙伴关系。

(二)《2030年可持续发展议程》

联合国193个会员国在2015年9月举行的历史性首脑会议上一致通过了可持续发展目标,这些目标述及发达国家和发展中国家人民的需求并强调不会落下任何一个人。新议程范围广泛且雄心勃勃,涉及可持续发展的三个层面:社会、经济和环境,以及与和平、正义和高效机构相关的重要方面。该议程还确认调动执行手段,包括财政资源、技术开发和转让以及能力建设,以及伙伴关系的作用至关重要。

《2030年可持续发展议程》提出了17个可持续发展目标。

SDGs第1项:在世界各地消除一切形式的贫困。(No Poverty)

SDGs第2项:消除饥饿,实现粮食安全、改善营养和促进可持续农业。(Zero Hunger)

SDGs第3项:确保健康的生活方式、促进各年龄段人群的福祉。(Good Health and Wellbeing)

SDGs第4项:确保包容、公平的优质教育,促进全民享有终身学习机会。(Quality Education)

SDGs第5项:实现性别平等,为所有妇女、女童赋权。(Gender Equality)

SDGs第6项:人人享有清洁饮水及用水是我们所希望生活的世界的一个重要组成部分。(Clean Water and Sanitation)

SDGs第7项:确保人人获得可负担、可靠和可持续的现代能源。(Affordable and Clean Energy)

SDGs第8项:促进持久、包容、可持续的经济增长,实现充分和生产性就业,确保人人有体面工作。(Decent Work and Economic Growth)

SDGs第9项:建设有风险抵御能力的基础设施、促进包容的可持续工业,并推动创新。(Industry, Innovation and Infrastructure)

SDGs第10项:减少国家内部和国家之间的不平等。(Reduced Inequalities)

SDGs第11项:建设包容、安全、有风险抵御能力和可持续的城市及人类住区。(Sustainable Cities and Communities)

SDGs第12项:确保可持续消费和生产模式。(Sustainable Consumption and Production)

SDGs第13项:采取紧急行动应对气候变化及其影响。(Climate Action)

SDGs 第 14 项：保护和可持续利用海洋及海洋资源以促进可持续发展。（Life Under Water）

SDGs 第 15 项：保护、恢复和促进可持续利用陆地生态系统、可持续森林管理、防治荒漠化、制止和扭转土地退化现象、遏制生物多样性的丧失。（Life on Land）

SDGs 第 16 项：促进有利于可持续发展的和平和包容社会、为所有人提供诉诸司法的机会，在各层级建立有效、负责和包容的机构。（Institutions, good governance）

SDGs 第 17 项：加强执行手段、重振可持续发展全球伙伴关系。（Partnerships for the goals）

六、联合国可持续发展目标峰会（2019）

（一）峰会的基本情况

联合国可持续发展目标峰会于 2019 年 9 月 24、25 日在纽约召开，各国元首和政府首脑就落实 2030 年可持续发展议程进展情况进行全面审议。因为致命冲突、气候危机、经济增长不平衡等原因，人类在推动实现可持续发展目标的道路上已经偏离了既定轨道。为此，大会通过了一项政治宣言，联合国成员国承诺在未来十年筹措资金，努力在 2030 年之前实现 17 项可持续发展目标（SDGs, Sustainable Development Goals），并且不让任何人掉队。

第 74 届联大主席穆罕默德 - 班迪在会议开幕式上致辞说，2030 年可持续发展议程是多边主义的成果，而推动多边主义是人类应对当前及未来复杂的全球性挑战的唯一选择。联合国秘书长古特雷斯表示，目前人类在推动实现可持续发展目标的道路上已偏离了轨道。致命冲突、气候危机、基于性别的暴力、经济增长不平衡、债务水平不断上升、全球贸易紧张局势加剧等因素都为目标的实现制造新的障碍。古特雷斯呼吁全球采取行动，包括结束目前的冲突，防止进一步的暴力行为，扩大针对可持续发展的长期投资，打击非法资本流动、洗钱和逃税，以更好地支持发展中国家进行政治和经济改革等。

习近平主席特别代表、国务委员兼外长王毅出席这一峰会，并发表了题为"高举发展旗帜，共创美好未来"的演讲。他表示中国政府一直致力于实现高质量发展，并将可持续发展作为基本国策，全面深入落实 2030 年议程。近年来，中国政府一直围绕着可持续发展目标持续发力，在脱贫、教育、医疗等方面进展明显，有力地推动了 SDG1、SDG4、SDG6、SDG15 等目标的发展，并有望提前实现多项目标。中国政府通过实行"精准扶贫"等政策，在过去 6 年年均减贫人口达到 1300 万人，对全球消除贫困的贡献累计超过了 70%，并计划于 2020 年彻底消除绝对贫困，预计提前 10 年实现 SDG1。

（二）王毅在联合国可持续发展目标峰会上的发言

习近平主席特别代表、国务委员兼外交部长王毅 25 日在纽约联合国总部出席联合国可持续发展目标峰会并发言。发言全文如下。

高举发展旗帜，共创美好未来
——在联合国可持续发展目标峰会上的发言

习近平主席特别代表、国务委员兼外交部长　王毅

（2019年9月25日，联合国总部）

主席先生，

女士们，先生们：

发展是人类社会的永恒追求。2030年可持续发展议程开启了全球发展合作的新篇章，不让任何一个人掉队，我们重任在肩。

要真正重视发展中国家关切，促进经济环境社会协同发展。要坚定支持多边主义，支持联合国在国际体系中发挥核心作用。要切实采取有效行动，合力深化全球发展伙伴关系。

女士们，先生们！

今年是中华人民共和国成立70周年，中国发展正站在新的历史起点。

我们致力于在明年全面建成小康社会，在建国一百年时建成富强民主文明和谐美丽的社会主义现代化强国。

我们坚持以人为本，贯彻创新、协调、绿色、开放、共享的新发展理念，全力实现高质量发展。

我们将可持续发展作为基本国策，全面深入落实2030年议程。

我们下决心打赢脱贫攻坚战，连续6年年均减贫超过1300万人，对全球减贫贡献累计超过70%。我们将于明年消除绝对贫困，提前10年实现第一项可持续发展目标。

我们崇尚教育为本。2017年全球儿童和青少年失学率近20%，而中国小学和初中教育完成率接近100%。

我们加快健康中国建设，基本实现全民医保覆盖。2018年婴幼儿、孕产妇死亡率分别降到千分之6.1和万分之1.83，提前实现相关可持续发展目标。

我们全面推进国土绿化行动，2012年以来每年完成营造林近7万平方公里，治理沙化土地3万多平方公里。2000年至2017年，全球新增绿化面积有四分之一来自中国。

我们清楚地认识到，中国仍是发展中国家，发展不平衡、不充分问题仍然突出，同发达国家相比仍有不小差距。

我们将集中精力办好自己的事，让14亿人都过上幸福生活，这是中国对全球发展事业的最大贡献。

我们将推进共建"一带一路"，加大南南合作投入，在开放合作中促进共同发展，构建

人类命运共同体。

女士们，先生们！

2030年议程描绘的世界梦，同中华民族伟大复兴的中国梦息息相通。中国将同国际社会一道，为实现2030可持续发展目标，为创造人类更加美好的未来不懈努力！

谢谢大家。

气候变化会议

气候变化谈判历程

一、综述

气候变化是人类面临的严峻挑战，必须各国共同应对。自1992年《联合国气候变化框架公约》诞生以来，各国围绕应对气候变化进行了一系列谈判，这些谈判表面上是为了应对气候变暖，本质上还是各国经济利益和发展空间的角逐，气候谈判总体呈现发达国家和发展中国家两大阵营对立的格局。

气候变化谈判不像联合国大会投票那样依票数多寡通过决议，而是要获取全体参会方的认可才能达到满意结果。但世界如此大，各国的国情和诉求各不相同，谈判面临的困难重重。这也是每一年的联合国气候变化大会都备受人们关注的重要原因。

30年来的气候谈判是极为艰难的，关乎全人类的共识与命运，谈判大致分为以下五个阶段。

第一阶段：1991年启动国际气候公约谈判开始。发展中国家团结一致，强调发达国家在气候变化问题上的历史责任，要求在公约有关对策实施条款中明确体现南北间的公平和"共同但有区别责任"的原则。1992年在巴西里约热内卢签署《联合国气候变化框架公约》（以下简称《公约》）以来，国际社会围绕细化和执行该公约开展了持续谈判。

第二阶段：1995—2005年，是《京都议定书》谈判、签署、生效阶段。《京都议定书》是《公约》通过后的第一个阶段性执行协议。由于《公约》只是约定了全球合作行动的总体目标和原则，并未设定全球和各国不同阶段的具体行动目标，因此1995年缔约方大会授权开展《京都议定书》谈判，明确阶段性的全球减排目标以及各国承担的任务和国际合作模式。《京都议定书》于2005年正式生效，首次明确了2008—2012年《公约》下各方承担的阶段性减排任务和目标。

第三阶段：2006—2010年，谈判确立了2013—2020年国际气候制度。2007年在印度尼西亚通过了"巴厘路线图",开启了后《京都议定书》国际气候制度谈判进程,覆盖执行期为2013—2020年。根据"巴厘路线图"授权,缔约方大会应在2009年结束谈判,但当年大会未能全体通过《哥本哈根协议》,而是在次年即2010年坎昆大会上,将《哥本哈根协议》主要共识写入2010年大会通过的《坎昆协议》中。其后两年,通过缔约方大会"决定"的形式,逐步明确各方减排责任和行动目标,从而确立了2012年后国际气候制度。

第四阶段:2011—2015年,谈判达成《巴黎协定》,基本确立2020年后国际气候制度。2011年南非德班缔约方大会授权开启"2020年后国家气候制度"的"德班平台"谈判进程。根据美国奥巴马政府在《哥本哈根协议》谈判中确立的"自上而下"的行动逻辑,2015年《巴黎协定》不再强调区分南北国家,法律表述为一致的"国际自主决定的贡献",仅能通过贡献值差异看出国家间自我定位差异,形成多个国家共同行动的全球气候治理范式。

第五阶段:2016年至今,主要就细化和落实《巴黎协定》的具体规则开展谈判,将影响全球应对气候变化的行动,是人类经济社会可持续发展的关键节点。其间,国际气候治理进程再次经历美国、巴西等政府换届产生的负面影响,艰难前行。2018年波兰卡托维兹缔约方大会就《巴黎协定》关于自主贡献、减缓、适应、资金、技术、能力建设、透明度全球盘点等内容涉及的机制与规则达成基本共识,并对落实《巴黎协定》、加强全球应对气候变化的行动力度做出进一步安排。

历史会议及成果

1992年,里约联合国环境与发展大会,也叫地球首脑会议,于1992年6月在巴西里约热内卢举行。这次会议取得了一系列重要成果,其中一项便是签署了《联合国气候变化框架公约》。该公约是1992年5月22日联合国政府间谈判委员会达成的,是世界上第一个应对全球气候变暖的国际公约,也是国际社会在应对全球气候变化问题上进行国际合作的一个基本框架。

1994年3月21日,《联合国气候变化框架公约》正式生效。

1995年,第一次缔约方大会在德国柏林举行,之后缔约方每年都召开会议(2020年例外)。

1997年,第三次缔约方会议,举办地日本京都,会议通过《京都议定书》。《京都议定书》于2005年2月16日正式生效。

2001年,第七次缔约方会议,举办地摩洛哥马拉喀什,会议通过《马拉喀什协定》。

2005年,第十一次缔约方会议,举办地加拿大蒙特利尔,会议通过"蒙特利尔路线图"。

2007年,第十三次缔约方会议,举办地印度尼西亚巴厘岛,会议通过"巴厘路线图"。

2009年,哥本哈根会议成果寥寥,最后只达成了无法律约束力的《哥本哈根协议》。

2010年,第十六次缔约方大会,举办地墨西哥坎昆,会议通过《坎昆协议》。

2015年,举办地法国巴黎,会议达成《巴黎协定》。《巴黎协定》是继1992年《联合国气候变化框架公约》、1997年《京都议定书》之后，人类历史上应对气候变化的第三个里程碑式的国际法律文本，形成2020年后的全球气候治理格局。

19世纪50年代以来发生的全球变暖相关重要事件

1898年——瑞典科学家斯万特·阿伦尼乌斯（Svante Arrhenius）推测，燃烧煤炭和石油产生的二氧化碳将导致地球变暖。

1955年——美国科学家查尔斯·基林（Charles Keeling）发现，大气中二氧化碳含量从工业革命前的280ppm（1ppm为百万分之一）升至315ppm。

1972年——联合国在瑞典首都斯德哥尔摩举行首次人类环境会议，通过《人类环境宣言》。

1986年——大气中二氧化碳含量达到350ppm。

1988年——联合国政府间气候变化专门委员会成立。

1990年——联合国政府间气候变化专门委员会发布首次评估报告，称地球正在变暖。

1992年——《联合国气候变化框架公约》在巴西里约热内卢举行的联合国环境与发展大会上通过，鼓励发达国家采取具体措施限制温室气体排放。

1995年——联合国政府间气候变化专门委员会发布第二次评估报告，称"总的来说，人类对于全球气候变化的影响可以察觉"。

1997年——《联合国气候变化框架公约》第三次缔约方大会在日本京都举行，会议通过《京都议定书》，为发达国家设定强制性减排目标。

1998年——自19世纪中期开始气象记录以来全球最热年份。

2001年——美国总统布什宣布美国退出《京都议定书》。

2001年——联合国政府间气候变化专门委员会发布第三次评估报告，称"新的更强有力证据"显示，人类正在改变气候。

2007年——联合国政府间气候变化专门委员会发布第四次评估报告，称全球变暖大部分原因"非常可能"为人类活动。报告显示，全球气温在1906年至2005年上升0.74℃。

2007年——联合国气候大会通过"巴厘路线图"，确定缔约方于2009年年底前完成《京都议定书》第一承诺期到期后全球应对气候变化的新一轮谈判并签署相关协议。

2009年——大气中二氧化碳含量升至390ppm。

2009年——来自190多个国家和地区的代表参加联合国哥本哈根气候变化大会，旨在寻求达成《京都议定书》第一承诺期到期后新的减排协议。

二、1992年《联合国气候变化框架公约》诞生

为了促使各国共同应对气候变暖，在1990年IPCC发布了第一次气候变化评估报告后不

久，1990年12月21日，第45届联合国大会通过第212号决议，决定设立气候变化框架公约政府间谈判委员会。这个委员会成立后共举行了6次谈判，1992年5月9日在纽约通过了世界上第一个控制温室气体排放、应对全球变暖的国际公约——《联合国气候变化框架公约》（以下简称《公约》），同年6月在巴西里约热内卢召开的首届联合国环境与发展大会上，提交参会各国签署。以后召开的气候变化大会谈论的气候问题，都是以这个公约为基础的，而且该公约具有法律效力。《公约》于1994年3月21日正式生效。

《公约》的主要目标是控制大气温室气体浓度升高，防止由此导致的对自然和人类生态系统带来的不利影响。根据大气中温室气体浓度升高主要是发达国家早先排放的结果这一事实，《公约》明确规定了发达国家和发展中国家之间负有"共同但有区别的责任"，即各缔约方都有义务采取行动应对气候变暖，但发达国家对此负有历史和现实责任，应承担更多义务，但大会未能就发达国家应提供的资金援助和技术转让等问题达成具体协议；而发展中国家首要任务是发展经济、消除贫困。

三、1997年通过了《京都议定书》

到1995年，各国开始进行谈判，以加强全球应对气候变化的措施，于1997年在日本通过了《京都议定书》。《京都议定书》对签署的发达国家规定了具有约束力的减排目标。《京都议定书》规定了第一承诺期（2008—2012）主要工业发达国家的温室气体量化减排指标，并要求它们向发展中国家提供减排所需的资金及技术支持。

1997年12月，《联合国气候变化框架公约》第三次缔约方会议在日本京都举行。会议通过的《京都议定书》对2012年前主要发达国家减排温室气体的种类、减排时间表和额度等作出了具体规定，也是设定强制性减排目标的第一份国际协议。根据这份议定书，从2008年到2012年，主要工业发达国家的温室气体排放量要在1990年基础上平均减少5.2%。

1998年11月，《联合国气候变化框架公约》第四次缔约方会议在阿根廷首都布宜诺斯艾利斯举行。会议决定进一步采取措施，促使上次会议通过的《京都议定书》早日生效，同时制订了落实议定书的工作计划。

1999年10月底至11月初，《联合国气候变化框架公约》第五次缔约方会议在德国波恩举行。会议通过了商定《京都议定书》有关细节的时间表，但在议定书所确立的三个重大机制上尚未取得重大进展。

2000年11月，《联合国气候变化框架公约》第六次缔约方会议在荷兰海牙举行。会议无法达成预期的协议，只得中断会议给与会各方更多时间继续商讨谈判，以争取在复会后能够最终达成应对全球变暖具体措施的议定书。

2001年10月底至11月初，《联合国气候变化框架公约》第七次缔约方会议在摩洛哥中部历史名城马拉喀什举行。会议结束了"波恩政治协议"的技术性谈判,从而朝着具体落实《京都议定书》迈出了关键的一步。

2002年10月底至11月初,《联合国气候变化框架公约》第八次缔约方会议在印度新德里举行。会议通过了《德里宣言》,强调应对气候变化必须在可持续发展的框架内进行,明确指出了应对气候变化的正确途径。宣言强烈呼吁那些尚未批准《京都议定书》的国家批准该议定书。会议在发展中国家的要求下,敦促发达国家履行《气候变化框架公约》所规定的义务,在技术转让和提高应对气候变化能力方面为发展中国家提供有效的帮助。

2003年12月,《联合国气候变化框架公约》第九次缔约方会议在意大利米兰举行。会议取得的成果十分有限,在推动《京都议定书》尽早生效并付诸实施方面未能取得实质性进展。会议最后没有发表宣言或声明之类的最后文件,有关气候变化领域内的技术转让等核心问题也推迟到下次大会继续磋商。

2004年12月,《联合国气候变化框架公约》第十次缔约方会议在阿根廷首都布宜诺斯艾利斯举行。会议同前几次相比成效甚微,在几个关键议程上的谈判进展不大,而这些议程主要涉及国际社会为应对全球气候变化而做的具体工作。其中,资金机制的谈判最为艰难。

2001年,美国总统布什宣布美国退出《京都议定书》。在缓慢的进展后,2005年2月16日《京都议定书》正式生效。但美国等极少数发达国家以种种理由拒签该议定书。

四、2005年启动了议定书二期谈判

2005年11月底至12月初,《联合国气候变化框架公约》第十一次缔约方会议暨《京都议定书》缔约方第一次会议在加拿大蒙特利尔市举行。会议达成了40多项重要决定。对于此次大会取得的成果,大会主席、加拿大环境部部长斯特凡·迪翁予以高度评价,将之称为"控制气候变化的蒙特利尔路线图"。"蒙特利尔路线图"确定的实际上是条双轨路线:在《京都议定书》框架下,157个缔约方正式启动了2012年后的议定书二期减排谈判,主要是确定2012年后发达国家减排指标和时间表,建立了议定书二期谈判工作组,并于2006年5月开始工作;在《联合国气候变化框架条约》的基础上,189个缔约方也同时就探讨控制全球变暖的长期战略展开对话,计划举行一系列范围广泛的专题讨论会,以确定应对气候变化所必须采取的行动。但欧洲发达国家以美国、中国等主要排放大国未加入议定书减排为由,对议定书二期减排谈判态度消极,此后的议定书二期减排谈判一直进展缓慢。

五、2007年确立了"巴厘路线图"

2007年12月,在印度尼西亚巴厘岛举行的《联合国气候变化框架公约》第十三次缔约方会议暨《京都议定书》缔约方第三次会议上,187个国家一致同意继续进行谈判,以期加

强国际努力，处理全球变暖问题。此次大会取得了里程碑式的突破，确立了"巴厘路线图"，为气候变化国际谈判的关键议题确立了明确议程。各方同意所有发达国家（包括美国）和所有发展中国家应当根据公约的规定，共同开展长期合作，应对气候变化，重点就减缓、适应、资金、技术转让等主要方面进行谈判，在2009年年底达成一揽子协议，并就此建立了公约长期合作行动谈判工作组。自此，气候谈判进入了议定书二期减排谈判和公约长期合作行动谈判并行的"双轨制"阶段。

"巴厘路线图"建立了双轨谈判机制，即以《京都议定书》特设工作组和《联合国气候变化框架公约》长期合作特设工作组为主进行气候变化国际谈判。按照"双轨制"要求，一方面，签署《京都议定书》的发达国家要执行其规定，承诺2012年以后的大幅度量化减排指标；另一方面，发展中国家和未签署《京都议定书》的发达国家则要在《联合国气候变化框架公约》下采取进一步应对气候变化的措施。

六、2009年年底产生了《哥本哈根协议》

2009年12月，《联合国气候变化框架公约》第十五次缔约方会议暨《京都议定书》第五次缔约方会议在丹麦首都哥本哈根举行。当100多个国家元首和政府首脑史无前例地聚集到丹麦哥本哈根参加《公约》第十五次缔约方大会，期待着签署一揽子协议时，终因各方在谁先减排、怎么减、减多少、如何提供资金、转让技术等问题上分歧太大，各方没能就议定书二期减排和"巴厘路线图"中的主要方面达成一揽子协议，只产生了一个没有被缔约方大会通过的《哥本哈根协议》。

协议虽然没有被缔约方大会通过，也不具有法律效力，却对2010年后的气候谈判进程产生了重要影响，主要体现在发达国家借此加快了此前由议定书二期减排谈判和公约长期合作行动谈判并行的"双轨制"模式合并为一，即"并轨"的步伐。哥本哈根气候大会虽以失败告终，但各方仍同意2010年继续就议定书二期和巴厘路线图涉及的要素进行谈判。表达了各方共同应对气候变化的政治意愿，锁定了已达成的共识和谈判取得的成果，推动谈判向正确方向迈出了第一步。这项协议规定发展中国家和发达国家都必须进行减排，还必须建立筹资机制来支持发展中国家的减排努力，同时提出建立帮助发展中国家减缓和适应气候变化的绿色气候基金。

七、2010年年底通过了《坎昆协议》

2010年年底，《联合国气候变化框架公约》第十六次缔约方大会在墨西哥坎昆召开。尽管会议未能完成"巴厘路线图"的谈判，发达国家推进并轨的步伐也继续加快，但关于技术转让、资金和能力建设等发展中国家关心问题的谈判取得了不同程度的进展。

《哥本哈根协议》虽然没有被缔约方大会通过，但欧美等发达国家在2010年谈判中，则借此公开提出对发展中国家重新分类，重新解释"共同但有区别责任"原则，目的是加快推进议定书二期减排谈判和公约长期合作行动谈判的"并轨"，但遭到发展中国家强烈反对。经过多次谈判，在2010年年底墨西哥坎昆召开的气候公约第十六次缔约方大会上，在玻利维亚强烈反对下，缔约方大会最终强行通过了《坎昆协议》。《坎昆协议》汇集了进入"双轨制"谈判以来的主要共识，总体上还是维护了议定书二期减排谈判和公约长期合作行动谈判并行的"双轨制"谈判方式，增强国际社会对联合国多边谈判机制的信心，同意2011年就议定书二期和巴厘路线图所涉要素中未达成共识的部分继续谈判，但《坎昆协议》针对议定书二期减排谈判和公约长期合作行动谈判所作决定的内容明显不平衡。发展中国家推进议定书二期减排谈判的难度明显加大，发达国家推进"并轨"的步伐明显加快。

八、2015年年底达成《巴黎协定》

2015年12月12日，《联合国气候变化框架公约》近200个缔约方在巴黎气候变化大会上达成《巴黎协定》。这是继《京都议定书》后第二份有法律约束力的气候协议，为2020年后全球应对气候变化行动作出了安排。按规定，《巴黎协定》将在至少55个《联合国气候变化框架公约》缔约方（其温室气体排放量占全球总排放量至少约55%）交存批准、接受、核准或加入文书之日后第30天起生效。

2016年4月22日，《巴黎协定》高级别签署仪式在纽约联合国总部举行。联合国秘书长潘基文宣布，在《巴黎协定》开放签署首日，共有175个国家签署了这一协定，创下国际协定开放首日签署国家数量最多纪录。承诺将全球气温升高幅度控制在2℃的范围之内。中国国务院副总理张高丽作为习近平主席特使出席签署仪式，并代表中国签署《巴黎协定》。

在秘书长潘基文正式发表讲话前，邀请一位来自坦桑尼亚的青年代表发言。这一程序的改变体现了气候变化对人类未来将产生深远影响的意义，并强调年轻一代在未来所肩负的责任。

2016年10月5日，联合国秘书长潘基文宣布，《巴黎协定》达到生效所需的两个门槛，并于2016年11月4日正式生效。

国际社会强有力的支持不仅证明了需要对气候变化采取行动的紧迫性，而且显示出各国政府一致认为应对气候变化需要强有力的国际合作。潘基文呼吁各国政府及社会各界全面执行《巴黎协定》，立即采取行动减少温室气体排放，增强对气候变化的应对能力。

2016年11月4日，欧洲议会全会以压倒性多数票通过了欧盟批准《巴黎协定》的决议，欧洲理事会当天晚些时候通过书面程序通过了这一决议。这意味着《巴黎协定》已经具备正式生效的必要条件。联合国气候大会组委会在摩洛哥城市马拉喀什发布新闻公报，庆祝《巴黎协定》生效，强调这是人类历史上一个值得庆祝的日子，也是一个正视现实和面向未来的时刻，需要全世界坚定信念，完成使命。

2021年11月13日夜间，《联合国气候变化框架公约》第二十六次缔约方大会在"加时"一天后，在英国格拉斯哥闭幕。大会达成《巴黎协定》实施细则一揽子决议，开启国际社会全面落实《巴黎协定》的新征程。

《联合国气候变化框架公约》缔约方大会

《联合国气候变化框架公约》缔约方大会（Conference of the Parties，COP），是《联合国气候变化框架公约》的最高机构，由拥有选举权并已批准或加入公约的国家组成。《联合国气候变化框架公约》缔约方大会负责监督和评审该公约的实施情况。缔约方大会将签订该框架公约的各缔约方联合在一起，共同致力于公约的实施。缔约方大会自1995年起每年召开一次会议（2020年例外）。

一、COP1·德国柏林（1995）

1995年3月底至4月初，《联合国气候变化框架公约》第一次缔约方会议在德国柏林举行。会议决定成立一个工作小组，就减少全球温室气体排放量继续进行谈判，在两年内草拟一项对缔约方有约束力的保护气候议定书。会议通过了工业化国家和发展中国家《共同履行公约的决定》，要求工业化国家和发展中国家"尽可能开展最广泛的合作"，以减少全球温室气体排放量。

会议通过了《柏林授权书》等文件，同意立即开始谈判，就2000年后应该采取何种适当的行动来保护气候进行磋商，以期最迟于1997年签订一项议定书，议定书应明确规定在一定期限内发达国家所应限制和减少的温室气体排放量。

二、COP2·瑞士日内瓦（1996）

1996年7月，《联合国气候变化框架公约》第二次缔约方会议在瑞士日内瓦举行。会议发表声明，呼吁各国加速谈判，争取在1997年12月前缔结一项"有约束力的"的法律文件，减少2000年以后工业化国家温室气体的排放量。

会议就"柏林授权"所涉及的"议定书"起草问题进行讨论，未获一致意见，决定由全体缔约方参加的"特设小组"继续讨论，并向COP3报告结果。通过的其他决定涉及发展中国家准备开始信息通报、技术转让、共同执行活动等。

三、COP3·日本京都（1997）

1997年12月在日本京都，参加第三次缔约方会议的代表们达成了UNFCCC的补充协议，承诺工业化国家与向市场经济过渡的国家联手，实现温室气体减排目标。149个国家和地区的代表在大会上通过了《京都议定书》，它规定从2008年到2012年，主要工业发达国家的温室气体排放量要在1990年的基础上平均减少5.2%，其中欧盟将6种温室气体的排放削减8%，美国削减7%，日本削减6%。

四、COP4·阿根廷布宜诺斯艾利斯（1998）

1998年11月，《联合国气候变化框架公约》第四次缔约方会议在阿根廷首都布宜诺斯艾利斯举行。大会上，发展中国家集团分化为3个集团，一是易受气候变化影响，自身排放量很小的小岛国联盟（AOSIS），它们自愿承担减排目标；二是期待CDM的国家，期望以此获取外汇收入；三是中国和印度，坚持在此时不承诺减排义务。

五、COP5·德国波恩（1999）

1999年10月底至11月初，《联合国气候变化框架公约》第五次缔约方会议在德国波恩举行。会议通过了公约附件一所列缔约方国家信息通报编制指南、温室气体清单技术审查指南、全球气候观测系统报告编写指南，并就技术开发与转让、发展中国家及经济转型期国家的能力建设问题进行了协商。

六、COP6·荷兰海牙（2000）

2000年11月，《联合国气候变化框架公约》第六次缔约方会议在荷兰海牙举行。谈判形成欧盟—美国—发展中大国（中、印）的三足鼎立之势。美国等少数发达国家执意推销"抵消排放"等方案，并试图以此代替减排；欧盟则强调履行《京都议定书》，试图通过减排取得优势；中国和印度坚持不承诺减排义务。

七、COP7·摩洛哥马拉喀什（2001）

2001年10月底至11月初，在摩洛哥马拉喀什召开的《联合国气候变化框架公约》第七次缔约方会议上，通过了有关《京都议定书》履约问题（尤其是CDM）的一揽子高级别政治决定，形成马拉喀什协议文件。该协议为《京都议定书》附件一缔约方批准《京都议定书》并使其生效铺平了道路。

八、COP8·印度新德里（2002）

2002年10月底至11月初，《联合国气候变化框架公约》第八次缔约方会议在印度新德里举行。会议通过的《德里宣言》强调减少温室气体的排放与可持续发展仍然是各缔约国今后履约的重要任务。"宣言"重申了《京都议定书》的要求，敦促工业化国家在2012年年底以前把温室气体的排放量在1990年的基础上减少5.2%。

九、COP9·意大利米兰（2003）

2003年12月，《联合国气候变化框架公约》第九次缔约方会议在意大利米兰举行。在美国退出《京都议定书》的情况下，俄罗斯不顾许多与会代表的劝说，仍然拒绝批准其议定书，致使该议定书不能生效。为了抑制气候变化，减少由此带来的经济损失，会议通过了约20条具有法律约束力的环保决议。

十、COP10·阿根廷布宜诺斯艾利斯（2004）

2004年12月，《联合国气候变化框架公约》第十次缔约方会议在阿根廷首都布宜诺斯艾利斯举行。来自150多个国家的与会代表围绕《联合国气候变化框架公约》生效10周年以来取得的成就和未来面临的挑战、气候变化带来的影响、温室气体减排政策以及在公约框架下的技术转让、资金机制、能力建设等重要问题进行了讨论。

十一、COP11·加拿大蒙特利尔（2005）

2005年2月16日，《京都议定书》正式生效。同年11月，在加拿大蒙特利尔市举行的《联合国气候变化框架公约》第十一次缔约方会议达成了40多项重要决定。其中包括启动《京都议定书》新二阶段温室气体减排谈判。此次大会取得的重要成果被称为"蒙特利尔路线图"。

会议根据《京都议定书》第3.9项条款——至少在第1个承诺期结束之前七年开始审议缔约方后续承诺，决定成立《京都议定书》特设工作组（AWG-KP）。

第十一次缔约方会议还创立新流程，通过4个统称为"会议对话"的研讨会，考虑缔约方之间的长期合作。

十二、COP12·肯尼亚内罗毕（2006）

2006年11月，《联合国气候变化框架公约》第十二次缔约方会议在肯尼亚首都内罗毕举行，大会的主要议题是"后京都"问题，即2012年之后如何进一步降低温室气体的排放。大会取得了 2 项重要成果：一是达成包括"内罗毕工作计划"在内的几十项决定，以帮助发展中国家提高应对气候变化的能力；二是在管理"适应基金"的问题上取得一致，将其用于支持发展中国家具体的适应气候变化活动。

十三、COP13·印度尼西亚巴厘岛（2007）

2007 年 12 月，在印度尼西亚巴厘岛举行《联合国气候变化框架公约》第十三次缔约方会议暨《京都议定书》第三次缔约方会议。会议着重讨论《京都议定书》一期承诺在 2012 年到期后如何进一步降低温室气体的排放。会议通过了"巴厘路线图"，致力于在 2009 年年底前完成"后京都"时期全球应对气候变化新安排的谈判并签署有关协议。会议通过了巴厘岛行动计划（BAP），并建立长期合作特设工作组（AWG-LCA）。而在 AWG-KP 框架下，附件一缔约方后续承诺问题继续协商进行。这份双轨谈判的最后达成期限是在 2009 年的哥本哈根。

十四、COP14·波兰波兹南（2008）

2008 年 12 月，《联合国气候变化框架公约》第十四次缔约方会议暨《京都议定书》第四次缔约方会议在波兰波兹南举行。会议总结了"巴厘路线图"一年来的进程，正式启动 2009 年气候谈判进程，同时决定启动帮助发展中国家应对气候变化的适应基金。

十五、COP15·丹麦哥本哈根（2009）

2009 年 12 月，192 个国家的谈判代表在哥本哈根召开《联合国气候变化框架公约》第十五次缔约方会议，商讨《京都议定书》一期承诺到期后的后续方案。这是继《京都议定书》后又一具有划时代意义的全球气候协议书，被喻为"拯救人类的最后一次机会"。

在高级别会议阶段，世界主要经济体、区域性与其他谈判小组的代表们进行了非正式谈判。12 月 18 日深夜，会谈达成一项政治协议，即《哥本哈根协定》，并随即递交 COP 全体会议等待通过。由于各方在减排目标、"三可"问题（可测量、可报告和可核实）、长期目标、资金等问题上分歧较大。经过 13 个小时的讨论，没有被缔约方大会通过，《哥本哈根协议》实际上不具有法律效力，代表们最终同意"关注"该协议。会议各国还分别将 AWG-LCA 与 AWG-KP 的期限延长到 2010 年的第十六次 COP 会议和第六次 CMP 会议。

十六、COP16·墨西哥坎昆（2010）

2010 年 11 月底至 12 月初，《联合国气候变化框架公约》第十六次缔约方会议暨《京都议定书》第六次缔约方会议在墨西哥海滨城市坎昆举行。此次会议的成果体现在，一是坚持了《联合国气候变化框架公约》《京都议定书》和"巴厘路线图",坚持了"共同但有区别的责任"原则,确保了2011年的谈判继续按照"巴厘路线图"确定的双轨方式进行;二是就适应、技术转让、资金和能力建设等发展中国家所关心问题的谈判取得了不同程度的进展,谈判进程继续向前,向国际社会发出了比较积极的信号。

这次谈判仍旧是失败而归,气候大会已经成为政治筹码,各方都不愿意在经济发展问题上进行妥协。但第十六次COP会议第1决议也认识到,有必要深入削减全球温室气体的排放,以便将全球平均温度限定在比工业化前升高2℃以内。各方同意到2015年回顾时,考虑加强全球长期目标,包括被提议的1.5℃目标。《坎昆协议》还创建了多个新机构与流程,例如全球气候大会金融机制的指定经营实体——绿色气候基金会(GCF)。按照协议规定,CMP敦促附件一缔约方提高总体减排的目标,并采用第六次CMP中关于土地使用、土地使用变化与森林学的第2次决议。同时,两个AWG的期限均再次延长1年。

十七、COP17·南非德班(2011)

2011年11月28日,德班气候大会开幕,共有约200个国家和机构的代表参会。大会通过决议,同意建立德班增强行动平台特设工作组,决定实施《京都议定书》第二承诺期并启动绿色气候基金。194个与会方一致同意再延长5年《京都议定书》的法律效力,原协约于2012年失效。

大会通过的4份决议,体现了发展中国家的两个根本诉求:发达国家在《京都议定书》(以下简称《议定书》)第二承诺期进一步减排;启动绿色气候基金。《议定书》1997年签署,是气候谈判进程中关于减排唯一一个有法律约束力的国际文件,第一承诺期于2012年年末到期。

大会要求《议定书》附件一缔约方(主要由发达国家构成)从2013年起执行第二承诺期,并在2012年5月1日前提交各自的量化减排承诺。会议决定正式启动"绿色气候基金",成立基金管理框架。2010年坎昆气候变化大会确定创建这一基金,承诺到2020年发达国家每年向发展中国家提供至少1000亿美元,帮助后者适应气候变化。

同时,大会也照顾到欧盟的主张,即成立"德班增强行动平台特设工作组"(ADP),授权"提出一项新协议,即一份适用于会议各方的法律文书,或取得具有法律效力的成果"。ADP预计到2015年完成磋商,2020年新协议正式生效。此外,ADP还受命研究采取适当行动,以填补在2020年前达到2℃目标的差距。不过,对于欧盟要求在最后决议中加入"有法律约束力的框架"等强硬措辞,大会主席建议采用更加灵活的词语,如"进程"和"议定书、法律工具"等。最终,各方接受了这个妥协方式。

南非国际关系与合作部部长马沙巴内坦言，这些决议"并不完美"，但它们是"里程碑式"的。

十八、COP18·卡塔尔多哈（2012）

2012年11月底至12月初，《联合国气候变化框架公约》第十八次缔约方大会暨《京都议定书》第八次缔约方大会在卡塔尔首都多哈举行。会议达成了统称为"多哈气候通关"的一揽子决议，其中包括修订《京都议定书》，创建第二承诺期，并同意终止AWG-KP在多哈的工作。各方还一致通过结束AWG-LCA与BAP的谈判。

大会通过的决议中包括《京都议定书》修正案，从法律上确保了《议定书》第二承诺期在2013年实施。此外，大会还通过了有关长期气候资金、《联合国气候变化框架公约》长期合作工作组成果、德班平台以及损失损害补偿机制等方面的多项决议。从决议内容看，多哈大会收获的成果有限。加拿大、日本、新西兰及俄罗斯已明确不参加《议定书》第二承诺期。

十九、COP19·波兰华沙（2013）

2013年11月11—23日，《联合国气候变化框架公约》第十九次缔约方会议暨《京都议定书》第九次缔约方会议在波兰首都华沙举行。会议谈判的重点是此前各次会议达成协议的实施，包括加快ADP的工作。此次会议还通过了ADP决议，请求各国提出或加强国家自主贡献方案（INDCs）的准备工作，决心推进BAP与2020年前目标的全力实施，等等。

这次大会要解决的三个问题，第一个是资金问题，也就是发达国家要向发展中国家承诺提供资金援助问题；第二个是建立损失损害补偿机制；第三个是2020年之后，新气候条约确定明确的时间表和路线图。

此次会议主要取得三项成果：一是德班增强行动平台基本体现"共同但有区别的原则"；二是发达国家再次承认应出资支持发展中国家应对气候变化；三是就损失损害补偿机制问题达成初步协议，同意开启有关谈判。

二十、COP20·秘鲁利马（2014）

2014年12月，《联合国气候变化框架公约》第二十次缔约方会议暨《京都议定书》第十次缔约方会议在秘鲁首都利马举行，大会通过的最终决议就2015年巴黎气候大会协议草案的要素基本达成一致。最终决议进一步细化了2015年协议的各项要素，为各方进一步起草并提出协议草案奠定了基础。

这届大会共有三个主要成果：一是重申各国须在2015年早些时候制定并提交2020年之

后的国家自主决定贡献，并对2020年后国家自主决定贡献所需提交的基本信息作出要求；二是在国家自主决定贡献中，适应被提到更显著的位置，国家可自愿将适应纳入自己的国家自主决定贡献中；三是会议就2015年巴黎大会协议草案的要素基本达成一致。

二十一、COP21·法国巴黎（2015）

2015年11月30日至12月12日，《联合国气候变化框架公约》第二十一次缔约方大会暨《京都议定书》第十一次缔约方大会在法国巴黎召开。《联合国气候变化框架公约》近200个缔约方一致同意通过《巴黎协定》，协定为2020年后全球应对气候变化行动作出安排。

《巴黎协定》指出，各方将加强对气候变化威胁的全球应对，把全球平均气温较工业化前水平升高控制在2℃之内，并为把升温控制在1.5℃之内而努力。全球将尽快实现温室气体排放达峰，21世纪下半叶实现温室气体净零排放。根据协定，各方将以"自主贡献"的方式参与全球应对气候变化行动。发达国家将继续带头减排，并加强对发展中国家的资金、技术和能力建设支持，帮助后者减缓和适应气候变化。从2023年开始，每5年将对全球行动总体进展进行一次盘点，以帮助各国提高力度、加强国际合作，实现全球应对气候变化长期目标。

二十二、COP22·摩洛哥马拉喀什（2016）

2016年11月，《联合国气候变化框架公约》第二十二次缔约方会议（COP22）、《京都议定书》第十二次缔约方会议（CMP12）及《巴黎协定》第一次缔约方会议（CMA1）在摩洛哥马拉喀什开幕。此次气候大会是应对气候变化的里程碑式文件《巴黎协定》正式生效后的第一次缔约方大会，也是一次落实行动的大会。与会各方主要谈判落实《巴黎协定》规定的各项任务，提出框架性安排，并督促各国落实2020年前应对气候变化承诺以及各国落实"国家自主贡献"的行动情况。

此次气候大会旨在解决以下几个问题：一是要加强2020年之前应对气候变化的行动力度，兑现、落实《公约》《京都议定书》及多哈修正案所确定达成的共识、作出的决定和各国的承诺，为落实《巴黎协定》奠定政治基础；二是明确各国应对气候变化自主贡献的落实情况；三是就《巴黎协定》实施的后续谈判给出"时间表"和"路线图"，通过一系列机制和制度安排落实该协定的所有规定；四是资金问题，即发达国家应把2020年前每年向发展中国家提供1000亿美元资金支持以应对气候变化的承诺落实到位；五是对如何走绿色低碳发展道路作出安排。

这届气候大会是《巴黎协定》生效后的首次缔约方会议。《联合国气候变化框架公约》的

196个缔约方一致通过了《马拉喀什行动宣言》，并就落实《巴黎协定》的议程达成一致，向国际社会展示了各国的决心。《马拉喀什行动宣言》的发布标志着全球进入"落实和行动"的新时代。针对落实的具体安排，《马拉喀什行动宣言》体现了鲜明立场。宣言呼吁各方作出最大政治承诺，把应对气候变化作为当务之急，帮助最易受气候变化影响的国家提高应对能力，同时支持消除贫困，保障粮食安全。宣言还重申发达国家在气候治理问题上应兑现向发展中国家提供资金、技术和能力建设的承诺。

二十三、COP23·德国波恩（2017）

2017年11月6—17日，《联合国气候变化框架公约》第二十三次缔约方会议在德国波恩召开。会议达成了全面、均衡反映各方关切的《巴黎协定》实施细则案文草案，为2018年完成实施细则谈判奠定了好的基础；进一步明确了2018年促进性对话的组织方式，通过了加速关于2020年前实施的一系列安排。

会议期间，近200个国家的谈判代表就《巴黎协定》实施细则案文草案、2018年促进性对话如何开展、是否在《联合国气候变化框架公约》缔约方大会框架内设置专门议题，对各国2020年应对气候变化行动承诺落实情况进行盘点、督促等问题展开磋商。

这是一届各方预期相对轻松的大会，但谈判中依然不乏激烈交锋。在2020年前行动等议题上，发达国家和发展中国家曾有明显分歧。第二周进入高级别谈判后，多个议题有了转机，逐渐向符合发展中国家要求的方向结题，但资金问题依然是"老大难"。在此情况下，会议陷入习惯性加时，原定于17日下午开始的闭幕会直到18日凌晨4时许才举行，"最后一天"的会议连续开了20多个小时。在各方努力下，波恩气候大会终于取得成功。

在此次大会中，发展中国家体现出空前的团结，发达国家也展现了灵活性，使会议最终取得成功。发展中国家的要求基本上得到了满足，发达国家的诉求也得到了一些满足，应该说这次会议是个平衡的结果。波恩气候大会是"做加法"，比较容易，2018年气候大会要"做减法"，谈判任务相当艰巨。

二十四、COP24·波兰卡托维兹（2018）

2018年12月2日，联合国在波兰卡托维兹举行为期两周的气候变化会议，即《联合国气候变化框架公约》第二十四次缔约方会议。这届大会的议题包括:《联合国气候变化框架公约》第二十四次缔约方大会（COP 24）;《京都议定书》第十四次缔约方会议（CMP 14）;《巴黎协定》第一次缔约方会议第三部分（CMA 1-3）;《巴黎协定》特设工作组第一届七次会议（APA 1-7）；公约附属履行机构第四十九次会议（SBI 49）；公约附属科学咨询机构第四十九次会议（SBSTA 49）。

此次会议围绕《巴黎协定》的实施细则展开谈判与磋商，为2020年后《巴黎协定》的实施奠定基础。另外，大会通过"塔拉诺阿对话"（Talanov Dialogue），促进各国在2020年前加大行动力度，弥补目前的排放差距，加速和增强2020年前的气候行动。

2018年是《巴黎协定》签署方商定通过履行《巴黎协定》承诺工作方案的最后期限。这需要一个重要的因素：所有国家之间相互信任。气候行动面临许多问题，其中重要的一项是为全球气候行动筹措资金。世界不能再浪费更多时间：必须共同商定一个大胆、果断、雄心勃勃和可以问责的前进道路。

这届会议的讨论基于多年来收集并由专家评估的科学证据。主要包括政府间气候变化专门委员会（IPCC）10月关于1.5℃全球变暖"敲响警钟"的报告、2018年联合国环境署（UNEP）编写的排放差距报告、2018年世界气象组织（WMO）关于温室气体浓度的公报和2018年WMO和UNEP做出的臭氧层空洞评估。

为什么上升1.5℃是一条临界线？根据IPCC评估的科学研究，将全球升温平均值保持在不超过工业化前水平之上1.5℃的范围内，将有助于避免对地球及其人民造成毁灭性的永久性损害，包括：北极和南极动物栖息地不可逆转的丧失；致命的热浪更频繁地发生；可能影响3亿多人的缺水问题；对沿海社区和海洋生物至关重要的珊瑚礁消失；威胁着所有岛屿国家经济和未来的海平面上升。联合国估计，如果我们能够坚持1.5℃而不是2℃的升温控制，受气候变化影响的人数会减少4.2亿。将气候变化限制在1.5℃仍然是可能的，但是机会之窗正在关闭，这要求社会各个方面要发生前所未有的变化。

二十五、COP25·西班牙马德里（2019）

2019年12月2日，接连被巴西和智利拒绝的《联合国气候变化框架公约》第二十五次缔约方会议几经周折在西班牙首都马德里正式开幕。该次会议是2020年《巴黎协定》进入正式落实阶段前的最后一次相关会议，而在第二十四次缔约方大会中未达成一致的碳排放第六条，成为此次会议中最难啃的骨头之一。很多与会代表认为，比起开会，更重要的是需要世界各个国家马上为减少碳排放做出行动。在世界各国联系越来越紧密的当下，减少碳排放必须依靠全世界人民共同出力才有可能实现。指望着某一个或几个国家竭尽全力减少碳排放，对世界环境变化的影响并不能起到决定性作用。在开幕式上，联合国秘书长古特雷斯用掷地有声的话语警示世人："不采取行动将是投降之路。我们真的要被当成把头埋进沙子里、在地球燃烧时无动于衷的一代人吗？"

《联合国气候变化框架公约》（UNFCC）是世界上第一个旨在控制温室气体排放、减缓气候变化给人类带来不利影响的国际公约，确立了国际社会在气候变化问题上进行合作的基本框架。自该条约于1994年生效以来，每年都举行一次《联合国气候变化框架公约》缔约方大会，评估公约实施的进展与机制，并讨论如何向前推进行动。此次在马德里举行的第二十五次缔约方会议（COP25）有196个缔约国参加，主要目标是谈判解决《巴黎协定》实施细则的遗留问题，推动《巴黎协定》的落实。

在2015年COP21上通过的《巴黎协定》要求缔约方需在2020年提出应对气候变化行动的更新计划，即国家自主贡献（NDC），以确保实现《巴黎协定》控制温室气体排放的目标。因此，COP25是进入2020年这一决定性年份前的最后一届缔约方会议。而就在COP25举行前夕，联合国环境规划署发布了2019年《碳排放差距报告》。报告指出，为实现未来十年全球升温控制在1.5℃的减排目标，各国的集体目标必须比当前水平提高5倍以上。为此，2020年各国需要提出修订后的更雄心勃勃的NDC目标，并采取后续政策和战略来达成目标。

继续完成《巴黎协定》实施细则的谈判是COP25的关键任务，其中落实《巴黎协定》第六条相关规则是重中之重。《巴黎协定》第六条提出缔约方间可通过国际合作、建立国际碳市场机制以达成减排目标。此项条款为降低各国减排成本，实现更有雄心的减排目标创造了可能。然而，如何制定完整而严谨的市场机制和实施细则，并满足各方的利益诉求，是落实该条款面临的主要挑战。

谈判分歧主要存在于以下几个方面。

全球碳市场2.0时代：《巴黎协定》第六条第四款（6.4）提出了"可持续发展机制"（Sustainable Development Mechanism，SDM），将取代《京都议定书》下的清洁发展机制（CDM）。随着《京都议定书》第二承诺期即将在2020年年底结束，《巴黎协定》下的市场机制有望开启国际碳市场的"2.0版本"。而此过渡也面临一系列的问题，包括CDM项目将如何转移、转移的减排信用额如何计入2020年后NDC的减排承诺中、SDM具体的要求和执行框架等，都是COP25各方关注的重点。

双重计算（Double Counting）：《巴黎协定》第六条允许减排量的国际转移，而减排量转移的核算方式仍存在许多争议。由于各国的自主减排承诺（NDC）的指标形式和完成时间各不相同，使核算减排量转移变得尤为困难。如何避免减排量的重复计算，将是COP25亟须解决的问题。

尽管联合国秘书长发出警告，亿万全球公民呼吁采取雄心勃勃的行动，但此次缔约方大会几乎没有做出决定，也没有制定采取具体行动的措施就结束了谈判。

二十六、COP26·英国苏格兰格拉斯哥（2021）

2020年4月1日位于德国波恩的《联合国气候变化框架公约》（UNFCCC）秘书处宣布，基于新冠疫情因素，原定11月在英国格拉斯哥召开的第二十六届联合国气候变化大会延期至

2021年举行。

2021年10月31日，《联合国气候变化框架公约》缔约方大会第二十六次会议（COP26）在英国格拉斯哥开幕。这是《巴黎协定》进入实施阶段以来的首次气候大会，按议程会议将一直持续到11月12日。2021年11月13日晚，《联合国气候变化框架公约》第二十六次缔约方大会在会期延长一天之后，在英国格拉斯哥闭幕。大会达成决议文件，就《巴黎协定》实施细则达成共识。

COP26是《巴黎协定》进入实施阶段后召开的首次缔约方会议。在约两周时间内，各缔约方共同努力弥合分歧、扩大共识，最终达成《巴黎协定》实施细则，为落实《巴黎协定》奠定了良好基础。大会还通过了《关于森林和土地利用的格拉斯哥领导人宣言》等多个文件。

此外，各方同意将长期资金的议程延续至2027年，发达国家在2025年前将继续承担现有义务，并在2024年完成2025年后新的资金量化目标安排；大会决定建立并立刻启动"格拉斯哥－沙姆沙伊赫全球适应目标两年工作计划"，以落实《巴黎协定》关于全球适应目标的要求，并增进各方关于全球适应目标的理解。

虽然此次大会在适应、资金支持等议题方面取得一定进展，但发展中国家的一些核心关切并未得到很好的回应。早在2009年哥本哈根气候变化大会上，发达国家就集体承诺，在2020年前每年提供至少1000亿美元，帮助发展中国家应对气候变化。然而12年过去了，发达国家从未能真正兑现这一承诺。不少发展中国家在大会期间对此表达了失望。有关资金落实的谈判还有很长的路要走。在适应方面，发达国家对全球适应目标态度持续消极，仍然反对为其设立正式谈判议题。

作为负责任大国，中国高度重视应对气候变化，为推动全球气候治理发挥了重要作用，也为此次大会贡献了中国智慧和中国方案。大会开幕前，中方发布了《关于完整准确全面贯彻新发展理念做好碳达峰碳中和工作的意见》和《2030年前碳达峰行动方案》，未来还将陆续发布能源、工业、建筑、交通等重点领域和煤炭、电力、钢铁、水泥等重点行业的实施方案，出台科技、碳汇、财税、金融等保障措施，形成碳达峰、碳中和"1+N"政策体系，明确时间表、路线图、施工图。

COP26期间，中美、中欧双边的有关联合文件，为大会起到了关键的推动作用。在谈判进入胶着状态时，中美联合发表了强化气候行动联合宣言，明确双方将进一步加强合作，进一步按照"共同但有区别的责任"原则双方开展各自的国内行动、加强双边合作，共同推动气候变化多边进程。中美强化气候行动联合宣言"给大会进程注入了强大的正能量"。

此外，在会议期间，中国代表团有力地坚持了《联合国气候变化框架公约》和《巴黎协定》所明确的"公平""共同但有区别的责任""基于各自能力"原则，切实维护了广大发展中国家的权益，为大会的成功贡献了中国智慧、中国力量。中方认为，"这次会议在加强气候适应、落实和加大对发展中国家的气候资金方面虽然有一些进展，但是我们认为还是没有完全实现广大发展中国家的需求，后续还需要继续努力"。

IPCC 综合评估报告

一、综述

政府间气候变化专门委员会（IPCC）是评估气候变化相关科学的联合国机构。IPCC 于 1988 年由联合国环境规划署（UNEP）和世界气象组织（WMO）建立，旨在为政治领导人提供关于气候变化及其影响和风险的定期科学评估，并提出适应和减缓战略。IPCC 共有 195 个成员国，全球有上千名科学家为 IPCC 的工作作出贡献。IPCC 下属的三个工作组：第一工作组关注气候变化的自然科学基础；第二工作组关注影响、适应和脆弱性；第三工作组则关注减缓气候变化。

每六年左右 IPCC 就会编写出有关气候变化的综合评估报告。除了综合性报告，IPCC 还会根据会员的要求发布有关特定主题的特别报告、方法论报告以及软件，以帮助会员报告温室气体清单（排放量减去清除量）。

IPCC 综合评估报告是政府间气候变化专门委员会不定期发表的总结气候变化信息的系列评估报告。每份报告的决策者摘要反映了对主题的最新认识，并以非专业人士易于理解的方式编写。报告提供有关气候变化、成因、可能产生的影响及有关对策的全面的科学、技术和社会经济信息。《第一次评估报告》于 1990 年发表，确认了气候变化问题的科学基础，促使联合国大会作出制定《联合国气候变化框架公约》的决定。《第二次评估报告》于 1995 年发表，为《京都议定书》谈判作出了贡献。《第三次评估报告》于 2001 年发表，包括有关"科学基础""影响、适应性和脆弱性""减缓"的报告，以及侧重于各种与政策有关的科学与技术问题的综合报告。《第四次评估报告》于 2007 年发布，由于气候变化的明显表现，该报告在世界范围内引起极大反响。《第五次评估报告》于 2014 年正式完成，报告由 800 多名科学家参与编写，包括《自然科学基础》《影响、适应和脆弱性》《减缓气候变化》，《综合报告》是对这些报告成果的提炼和综合，这也使其成为有史以来最全面的气候变化评估报告。

第六次评估报告（AR6）第一工作组报告《气候变化 2021：自然科学基础》于 2021 年 8

月6日被批准。2022年2月28日，政府间气候变化专门委员会（IPCC）发布了第六次评估报告（AR6）第二工作组报告《气候变化2022：影响、适应和脆弱性》。2022年4月4日，政府间气候变化专门委员会（IPCC）发布了第六次评估报告（AR6）第三工作组报告《气候变化2022：减缓气候变化》。

政府间气候变化专门委员会历次评估报告在不断地警醒国际社会，应当尽快大幅减少温室气体排放。否则，全球气温升高将导致海平面上升、粮食减产、传染病增加、水资源短缺、濒危物种灭绝等严重后果，对自然生态系统和人类社会产生相当不利的影响。因此，必须积极行动起来，应对气候变暖。

过去的30余年里，IPCC已经发布过6次气候变化评估报告及多个特别报告，我们可以从时间线上看到IPCC报告关注的重点产生了哪些变化。

1990年：第一次评估报告

IPCC第一次评估报告明确检测到温室效应增强，并指出"应该关注因为全球温室气体排放导致的可能的气候变化"。

1995年：第二次评估报告

在这次评估报告中，IPCC得出结论"人类活动对气候有'明显'的影响"。

2001年：第三次评估报告

IPCC第三次评估报告提出"有新的有力证据表明，过去50年观察到的大部分变暖都归因于人类活动"。在极端天气频发的情况下，发展中国家和穷人最容易受到气候变化的影响。

2007年：第四次评估报告

这次报告的有力发现包括，全球变暖是不容置疑的事实，并且由于一些极端天气事件的频率和强度增加，气候变化的影响很可能会扩大。

2013—2014年：第五次评估报告

IPCC第五次报告指出，我们对于气候的破坏会带来更加广泛、不可逆转的影响，但同时，我们有办法控制气候变化并建立一个更加繁荣、可持续的未来。

2018年：全球温升1.5℃特别报告

这是IPCC最广为人知的一份特别报告，它明确指出1.5℃是全球变暖的温控底线。报告认为与此前《巴黎协定》制定的2℃温升目标相比，将全球变暖控制在1.5℃，能够降低许多不可逆转的气候变化风险。

2021—2022年：第六次评估报告

距离1.5℃温控目标，我们可能只有20年时间。报告发现，自1850—1900年以来，人类活动产生的温室气体排放造成了约1.1℃的升温。在IPCC的研究情境中，2021—2040年达到或超过1.5℃温控目标的可能性超过50%，而在高排放情景下，达到这一目标的速度则会更快（2018—2037）。1.5℃是防止最恶劣气候影响的"红线"，只有大力减排，全球温升才能保持在1.5℃以内，防止更严重的气候影响。

二、IPCC 第五次评估报告（AR5）

随着《综合报告》的发布，IPCC 便完成了第五次评估报告（AR5）。AR5 是现今最全面的气候变化评估报告。来自 80 多个国家的 830 多名科学家经推选组成了报告的编写作者团队。随后，又有 1000 多名供稿作者和 2000 多名评审专家参与了报告的编写工作。AR5 评估了 3 万多篇科学论文。

2013 年 9 月完成并发布的第一工作组第五次评估报告（自然科学基础），总计 1535 页。2014 年 3 月完成并发布的第二工作组第五次评估报告（影响、适应和脆弱性），分为两个部分。其中，A 部分是全球和部门方面（1132 页），B 部分是区域方面（688 页）。2014 年 3 月，完成并发布的第三工作组第五次评估报告（减缓气候变化），约为 1500 页。

第一工作组的技术支持小组由瑞士伯尔尼大学主办，由瑞士政府支持。第一工作组联合主席是秦大河（中国）和托马斯·斯托克（瑞士）。第二工作组的技术支持小组由加利福尼亚斯坦福大学卡内基科学研究所主办，由美国政府支持。第二工作组的联合主席是维森特·巴罗斯和克里斯·菲尔德。第三工作组的技术支持小组由波茨坦气候影响研究所（PIK）主办，由德国政府支持。第三工作组的联合主席是 Ottmar Edenhofer（德国）、Ramón Pichs-Madruga（古巴）和 Youba Sokona（马里）。

三、全球升温 1.5℃特别报告

2018 年 10 月 1—6 日，联合国政府间气候变化专门委员会（IPCC）第四十八次全会在韩国仁川召开，会议审议通过了《全球升温 1.5℃特别报告》（以下简称《报告》），并于 10 月 8 日正式发布。

IPCC 在《报告》中表示，与将全球变暖限制在 2℃相比，限制在 1.5℃对人类和自然生态系统有明显的益处，同时还可确保社会更加可持续和公平。将全球变暖限制在 1.5℃需要社会各方进行快速、深远和前所未有的变革。它将为 12 月在波兰卡托维兹举行的气候变化大会提供重要科学文件，届时各国政府将审查《巴黎协定》以应对气候变化。

这份重要的报告引用了超过 6000 篇科学文献，全球数千名专家和政府审稿人为其贡献了力量。来自 40 个国家的 91 位作者和评审编辑应《联合国气候变化框架公约》（UNFCCC）在 2015 年通过《巴黎协定》时发出的邀请，编写了《报告》。

《报告》释放的一个强烈信息是，更多的极端天气、海平面上升、北极海冰减少以及其他变化已经让我们目睹了全球升温 1℃的后果。《报告》强调了将全球变暖限制在 1.5℃而不是2℃或更高的温度，可以避免一系列气候变化影响。例如，到2100年，将全球变暖限制在1.5℃而非2℃，全球海平面上升将减少10厘米。与全球升温2℃导致夏季北冰洋没有海冰的可能性为至少每10年一次相比，全球升温1.5℃则为每世纪一次。随着全球升温1.5℃，珊瑚礁将减少70%—90%，而升温2℃珊瑚礁将消失殆尽（>99%）。

"温度每额外升高一点都非常重要，特别是因为升温1.5℃或更高，会增加与长期或不可逆转变化相关的风险，如一些生态系统的损失。"IPCC第二工作组联合主席Hans-Otto Portner说。限制全球变暖也会给人类和生态系统提供更大的适应空间，并可保持低于相关的风险阈值。《报告》还研究了可用于将升温限制在1.5℃的各种路径、实现这些路径需采取的行动以及可能产生的后果。

"好消息是，在全球范围内已开展了一些将全球变暖限制在1.5℃所需的行动，但需要加速开展。"IPCC第一工作组联合主席Valerie Masson-Delmotte说。《报告》发现，将全球变暖限制在1.5℃需要在土地、能源、工业、建筑、交通和城市方面进行"快速而深远的"转型。到2030年，全球二氧化碳排放量需要比2010年的水平下降约45%，到2050年前后达到"净零"排放。这意味着需要通过从空气中去除二氧化碳平衡剩余的排放。

IPCC第三工作组联合主席Jim Skea说："在化学和物理定律范围内有可能将升温限制在1.5℃，但这样做需要有前所未有的变革。"

允许全球温度暂时超过或"无意间超过"1.5℃意味着需更多依赖可从空气中去除二氧化碳的技术，到2100年将全球温度恢复到1.5℃以下。《报告》指出，这些技术的有效性尚未得到大规模验证，有些可能会给可持续发展带来大风险。

"与将全球变暖限制在2℃相比，将其限制在1.5℃将减少对生态系统、人类健康和福祉的挑战性影响，从而更容易实现联合国可持续发展目标。"IPCC第三工作组联合主席Priyardarshi Shukla说。

IPCC第二工作组联合主席Debra Roberts表示，"今天作出的决定对于确保现在和将来为每个人实现一个安全和可持续的世界至关重要。""该报告为政策制定者和从业者提供了所需的信息，以便他们可以在考虑当地境况和人们需求的同时作出应对气候变化的决策。接下来的几年有可能是历史上最重要的几年。"

四、IPCC第六次评估报告（AR6）

（一）第六次评估报告（AR6）第一工作组报告《气候变化2021：自然科学基础》

联合国第六次气候变化评估报告的第一工作组报告《气候变化2021：自然科学基础》，原定于2021年4月发布，但由于受新冠疫情影响，推迟了数月。在经过195个IPCC成员国的政府代表为期两周（从 2021 年 7 月 26 日开始）的线上会议评审后，报告于 8 月 6 日被批准。这也是 IPCC 第一次通过线上会议审议批准评估报告。

"这份报告体现了大家在特殊情况下的卓绝努力。"IPCC 主席 Hoesung Lee 说，"这份报告中的创新，以及它所反映的气候科学的进步，为气候谈判和决策提供了宝贵的支持"。

1. 以前所未有的速度变暖

报告基于改进的观测数据集，对历史变暖进行了评估，并且在科学理解气候系统对人类活动造成的温室气体排放响应方面取得了进展。

报告提出，受人类活动影响，大气、海洋、冰冻圈和生物圈发生了广泛而迅速的变化。至少在过去的 2000 年中，自 1970 年以来的 50 年，全球地表温度上升速度比其他任何时期的 50 年都要快。报告还明确提出，1750 年前后以来，温室气体浓度的增加主要是人类活动造成的。

报告显示，自 1850—1900 年以来，全球地表平均温度已上升约 1℃，并且从未来 20 年的平均温度变化来看，全球温升预计会达到或超过 1.5℃。报告还对未来几十年内超过 1.5℃ 的全球升温水平的可能性进行了新的估计，指出除非立即、迅速和大规模地减少温室气体排放，否则将升温限制在接近 1.5℃ 甚至是 2℃ 都将是无法实现的。

除了温度，气候变化正在给不同地区带来多种不同的组合性变化，而这些变化都将随着进一步升温而增加，包括干、湿、风、雪、冰的变化。

IPCC 第一工作组联合主席 Valérie Masson-Delmotte 认为，这份报告是对现实情况的检验。"我们对过去、现在和未来的气候有了更清晰的了解，这对把握未来方向、采取行动以及应对方式都至关重要。"

2. 极端高温和降雨更频繁

气候系统的许多变化与日益加剧的全球变暖直接相关。其主要表现包括极端高温事件、海洋热浪和强降水的频率和强度增加，部分地区出现农业和生态干旱，强热带气旋的比例增加，以及北极海冰、积雪和多年冻土的减少。

值得一提的是，报告首次对复合事件进行了分析。报告发现，自 20 世纪 50 年代以来，人类影响可能增加了复合极端天气事件发生的概率。

例如，热浪和干旱事件的发生时间很接近甚至是同时发生。这构成了一种特殊风险，因为受影响的社区在两次极端天气事件之间几乎没有恢复的时间。

报告还显示，北美洲、欧洲、澳大利亚、拉丁美洲、南部非洲的西部和东部、西伯利亚、俄罗斯到整个亚洲……地球上大部分地区已经遭受高温极端天气（包括热浪）的影响。

报告认为，随着全球温度的上升，极端高温天气发生的强度和频率都在迅速增加。此外，极端降雨事件也将变得更加频繁，导致降雨量显著增加。

3. IPCC 中的中国角色

IPCC 是评估气候变化相关科学的联合国机构，旨在为决策者提供关于气候变化及其影响和风险的定期科学评估，并提出适应和减缓战略。

IPCC 有 3 个工作组，分别是第一工作组——气候变化的自然科学基础，第二工作组——影响、适应和脆弱性，第三工作组——气候变化的减缓。其他两个工作组的新报告在 2022 年完成，并在 2022 年下半年完成综合报告。

据了解，IPCC 并不开展研究、不运行模型、不做气候或天气现象观测，其主要评估相关领域科学、技术和经济社会文献。作者团队囊括了来自发达国家和地区、发展中国家和地区的各类作者，以保证报告观点中立、平衡，同时不忽略特定区域。

经历 6 个评估周期，IPCC 评估报告包括的中国主要作者数量大幅增加，从第一次评估报告（1990）的 9 位，增至此次评估报告的 61 位。此外，中国科学家文献的引用数量也显著增加。以第一工作组报告中中国（不含港澳台）作者为第一作者的文献引用为例，第四次评估报告中引文为 87 篇，第五次评估报告则上升到 257 篇。

值得注意的是，截至目前中国专家已连续 4 次担任 IPCC 第一工作组联合主席。

（二）第六次评估报告（AR6）第二工作组报告《气候变化 2022：影响、适应和脆弱性》

2022 年 2 月 28 日，政府间气候变化专门委员会（IPCC）发布了第六次评估报告（AR6）第二工作组报告《气候变化 2022：影响、适应和脆弱性》。该报告较为全面地归纳和总结了第五次评估报告（AR5）发布以来的最新科学进展，阐述了当前和未来气候变化影响和风险、适应措施、气候韧性发展等内容，揭示了气候、生态系统和生物多样性以及人类社会之间的相互依存关系，特别关注陆地、海洋、沿海和淡水生态系统，城市、农村和基础设施，以及工业和社会系统转型的重要性和紧迫性。

第二工作组报告是 AR6 的重要组成部分，共有来自 67 个国家的 270 位作者参加该报告的编写，中国有 10 位专家入选。在 2 月 14—27 日举行的 IPCC 第 55 次全会暨第二工作组第十二次会议上，来自 195 个成员国的政府代表逐行审议批准了决策者摘要（SPM），并接受了该报告。报告将为国际社会和各国政府进一步了解气候变化的影响、风险和适应提供重要的科学依据，为全球应对气候变化提供有力的科学支撑。

1. 气候变化造成危险而广泛的损害

气候变化正给自然界造成危险而广泛的损害，并影响着全球数十亿人的生活。最不具备应对能力的人群和生态系统受到的影响最为严重。这份报告表明，气候变化对人类福祉和对地球健康的威胁日益增加。当前的行动将决定人类和自然如何适应不断增加的气候风险。

更频繁的热浪、干旱和洪水已超过一些动植物的承受极限，导致一些树木和珊瑚物种大量死亡。此类极端天气气候事件的同时发生造成了一系列难以应对的影响。这加剧了数百万人的水和粮食危机,尤其是在非洲、亚洲、中美洲和南美洲、小岛屿以及北极。

随着全球升温,世界面临的多重气候危害不可避免,其中一些影响将不可逆转。基础设施和低洼沿海居住地等的气候风险将加剧。

气候变化会与自然资源的不可持续利用、日益增长的城市化、社会不平等、极端事件和流行病造成的损失和损害等产生相互作用,危及未来发展。

2. 保护自然是保障宜居未来的关键

面对气候变化,我们有多种适应选择。这份报告对自然在减少气候风险并改善人们生活方面的潜力提供了新见解。

"健康的生态系统对气候变化更具韧性,并可提供粮食和清洁的水等重要服务。"IPCC第二工作组联合主席汉斯-奥托·波特纳(Hans-Otto Portner)表示,通过恢复退化的生态系统并有效保护占全球面积约30%—50%的栖息地,人类社会可受益于大自然吸收和储存碳的能力。我们可以加速推进可持续发展,但充分的资金和政治支持至关重要。

"我们的评估报告明确表明,应对所有这些不同的挑战事关每个人,政府、私营部门和公众要共同努力,在决策和投资中优先考虑减少风险以及公平和公正。"IPCC第二工作组联合主席黛布拉·罗伯茨(Debra Roberts)表示。

迄今为止,适应气候变化方面的进展并不均衡,且已采取的行动与应对日益增长的风险所需采取的行动之间的差距越来越大,尤其在低收入人群中差距最大。

3. 城市:既是影响和风险的热点,也是解决方案的关键部分

报告对气候变化对全球半数以上人口所居住的城市的影响、风险和适应进行了详细评估。人类的健康、生活和生计以及财产和重要基础设施,正日益受到因热浪、风暴、干旱和洪水带来的灾害以及海平面上升等的不利影响。

日益增长的城市化和气候变化会带来复合的风险,尤其是对那些规划不善、贫困和失业率居高以及缺乏基本服务的城市。城市也可为气候行动提供机遇,包括绿色建筑、可靠的清洁水和可再生能源供应,以及连接城乡地区的可持续运输系统等。这些都可带来更为包容和更加公平的社会。

也有越来越多的证据表明,不适当的适应会造成意想不到的后果,例如损害自然、使人们的生命处于危险中或增加温室气体排放。要避免这种情况就需要人人参与规划、关注公平和公正并利用本地知识。

4. 行动的窗口在关闭

气候变化是一项全球挑战,需要本地解决方案,因此报告提供了大量区域信息,以实现气候韧性发展。

报告明确指出，在目前的升温水平下，气候韧性发展已面临挑战。如果全球升温超过1.5℃，气候韧性发展将更加受限。而如果全球升温超过2℃，在有些地区这种发展将不可能实现。这一关键发现强调了采取气候行动的紧迫性，重点在公平和公正。充足的资金、技术转让、政治承诺和伙伴关系，可更有效地适应气候变化、减少排放。

（三）第六次评估报告（AR6）第三工作组报告《气候变化2022：减缓气候变化》

2022年4月4日，联合国政府间气候变化专门委员会（IPCC）正式发布了第六次评估报告（AR6）第三工作组报告《气候变化2022：减缓气候变化》。该报告较为全面地归纳和总结了第五次评估报告（AR5）发布以来国际科学界在减缓气候变化领域取得的新进展，阐述了全球温室气体排放状况、将全球变暖限制在不同水平下的减排路径、气候变化减缓和适应行动与可持续发展之间的协同等内容，揭示了为实现不同温升控制水平全行业实施温室气体深度减排，特别是能源系统减排的重要性和迫切性。同时也强调了在可持续发展、公平和消除贫困的背景下开展气候变化减缓行动更容易被接受、更持久和更有效。第三工作组报告是AR6的重要组成部分，共有来自65个国家的278位作者参加该报告的编写，其中包括13位中国作者。在3月21日至4月4日举行的IPCC第56次全会暨第三工作组第14次会议上，来自195个成员国的政府代表逐行审议批准了决策者摘要（SPM），并接受了该报告。报告将为国际社会和各国政府进一步减缓气候变化、实现可持续发展目标提供重要的科学依据，为全球应对气候变化提供有力的科学支撑。

这份报告是IPCC最新气候变化报告的最后一部分。在这份报告中，来自65个国家的278名科学家研究发现，全球温室气体排放量应在未来三年达到峰值，才能实现将全球升温控制在1.5℃的目标。报告指出，2010年至2019年全球温室气体年平均排放量处于人类历史上的最高水平，但增长速度已经放缓。眼下世界未达到控温目标，所有行业尤其是能源业应进行深度温室气体减排，化石燃料必须以前所未有的规模和速度逐步减少，在2030年之前将温室气体排放量减半，在21世纪中叶实现二氧化碳净零排放，同时确保公正和公平的过渡。

尽管挑战巨大，报告也明确表示，将全球气温上升控制在1.5℃仍然是可能的，但前提是我们立即采取行动。随着干旱、洪水、森林大火和其他气候变化的灾难性影响带来的风险不断升级，我们绝不能错过这些最后期限。

1. 未来几年是关键

此次公布的报告是IPCC第六次评估周期中的第三工作组报告，全面地归纳和总结了第五次评估报告（AR5）发布以来国际科学界在减缓气候变化领域取得的新进展，阐述了全球温室气体排放状况、将全球变暖限制在不同水平下的减排路径、气候变化减缓和适应行动与可持续发展之间的协同等内容。

在3月21日至4月4日的两周里,来自195个成员国的政府代表逐行审议批准了该报告。全球共有来自65个国家的278位作者参加了该报告的编写,中国有13位专家入选。报告共引用了59000多篇科学论文,撰写耗时7年。

报告的主要发现包括,在2100年前将全球升温控制在1.5℃以内(且不导致"过冲")的机会窗口短暂且正在迅速关闭。按照目前各国提交的国家自主贡献(NDCs),全球升温仍可能超过1.5℃,并走上到2100年升温达2.8℃的道路。

为实现1.5℃目标且不出现"过冲",这份最新报告多次提到全球温室气体排放需要在2025年前达到峰值。具体来看,二氧化碳年排放量到2030年要下降约48%,2050年实现净零排放;甲烷排放量到2030年减少三分之一,2050年排放量接近减半,实现这一目标的挑战无疑是巨大的。

这份报告指出,全世界目前已偏离了正确轨道,许多不利于积极变革的障碍仍然存在,包括老旧的发展模式、有害的土地管理、化石燃料补贴、采矿业以及化石燃料基础设施持续扩张,都在阻碍全社会紧迫且必要的全面转型。当前,我们正朝着全球升温3℃的未来前行,根据之前发布的第二工作组报告,这一升温水平造成的影响将是毁灭性的。

2. 全行业深度减排

在提出严峻现实和目标的同时,这份报告也勾勒出一幅清晰而充满希望的愿景:一个更安全、更公平的未来,将是由可再生能源驱动,能源可负担且普及度高的电气化世界。

报告指出,为实现《巴黎协定》目标,全行业都需要实施温室气体深度减排,能源系统减排尤其具有重要性和迫切性。同时报告也强调了在可持续发展、公平和消除贫困的背景下开展气候变化减缓行动更容易被接受、更持久和更有效。

其中,城市将是变革的催化剂,政策可以促成需求端行为的积极改变。在未来,可再生能源将保障能源安全,气候政策的制定应周密而迅速,且与可持续发展目标保持一致,同时避免生物多样性遭到进一步破坏。

报告认为,要限制全球变暖,就需要能源部门进行重大转型。这将涉及大幅减少化石燃料的使用、广泛推广电气化、提高能源效率、使用替代燃料(如氢气)。

眼下,能源价格飙升正促使各国政府重新考虑其能源政策。许多国家正在考虑增加化石燃料供应,将之作为其应对措施的一部分,但IPCC报告明确指出,增加化石燃料将使1.5℃的目标变得遥不可及。整个能源系统都需要彻底转型和持续变革,应大幅减少化石燃料的使用,建设由可再生能源驱动的电力系统,广泛推行电气化。

工业领域的碳排放量约占全球排放量的四分之一。实现净零排放将非常困难,将需要新的生产工艺、低排放和零排放的电力、氢气,必要时还需要进行碳捕获与封存技术的应用。

减少工业领域的排放将涉及提高材料使用效率、重复使用和回收产品以及最大限度地减少浪费。对于钢铁、建筑材料和化学品等基本材料，低至零温室气体的生产过程正处于试点到接近商业的阶段。

虽然这是一项艰巨的任务，但IPCC报告也谨慎地指出，在过去十年中，许多低碳发展核心技术的成本大幅下降，尤其是太阳能和风能，这将有助于能源转型和减排。农业、林业和其他利用土地的方式也可以做到大规模的减排，以及大规模清除并储存二氧化碳。

报告还指出，城市和其他都市地区也为减排提供了重要机会。通过降低能源消耗（如创建紧凑、适合步行的城市）、结合低排放能源的交通电气化，以及利用大自然加大碳吸收和储存，就能实现减排。生活方式和行为的改变也在减缓气候变化方面起着重要作用。全球最富有的10%的人贡献了约36%—45%的全球温室气体排放。

中国应对气候变化情况

一、中国参与联合国气候变化大会情况

1992年，中国签署《联合国气候变化框架公约》，1993年批准了这一公约。1998年，中国签署《京都议定书》，2002年核准了这一议定书。《京都议定书》并没有对发展中国家提出减排义务，但对中国调整能源结构、转变经济增长方式影响巨大。

2009年12月7日联合国气候变化哥本哈根大会召开，主要任务是确定全球第二承诺期（2012年到2020年）应对气候变化的安排。会议召开前夕，中国提出，到2020年单位国内生产总值二氧化碳排放比2005年下降40%—45%。这显示了中国继续加大力度、减少经济发展中二氧化碳排放量的坚定决心。

2015年11月30日至12月12日，第二十一届联合国气候变化大会召开。会上，中国不仅提出到2030年前碳排放减少60%—65%等量化目标，而且还与美国、英国、法国等多个国家发表了联合声明，阐释要进行的行动，充分展示了透明、积极的一面。

2016年4月22日，国务院副总理张高丽作为习近平主席特使出席签署仪式，并代表中国签署《巴黎协定》。

二、中国应对气候变化政策

2006年年底，科技部、中国气象局、发改委、国家环保总局等六部委联合发布了我国第

一部《气候变化国家评估报告》。

2007年6月，中国正式发布了《中国应对气候变化国家方案》。该方案是中国第一部应对气候变化的全面的政策性文件，也是发展中国家颁布的第一部应对气候变化的国家方案。

2007年7月，温家宝总理在两天时间里先后主持召开国家应对气候变化及节能减排工作领导小组第一次会议和国务院会议，研究部署应对气候变化工作，组织落实节能减排工作。

2007年9月8日，胡锦涛在亚太经合组织（APEC）第15次领导人会议上，提出了四项建议，明确主张"发展低碳经济"，令世人瞩目。讲话中一共说了4回"碳"："发展低碳经济"、研发和推广"低碳能源技术""增加碳汇""促进碳吸收技术发展"。

2007年12月26日，国务院新闻办发表《中国的能源状况与政策》白皮书，着重提出能源多元化发展，并将可再生能源发展正式列为国家能源发展战略的重要组成部分。

2008年1月，清华大学在国内率先正式成立低碳经济研究院，重点围绕低碳经济、政策及战略开展系统和深入的研究，为中国及全球经济和社会可持续发展出谋划策。

2008年两会，全国政协委员吴晓青明确将"低碳经济"提到议题上来，建议应尽快发展低碳经济，并着手开展技术攻关和试点研究。

2009年5月，《落实巴黎路线图——中国政府关于哥本哈根气候变化会议的立场》明确，发达国家切实兑现向发展中国家提供资金、技术转让和能力建设支持的承诺；发展中国家在可持续发展框架下根据本国国情采取适当的适应和减缓行动。

2009年6月5日，国家应对气候变化领导小组暨国务院节能减排工作领导小组会议召开。会议强调，严控"两高"行业盲目扩张，大力发展循环经济，加快高效节能产品推广。

2009年8月24日，《国务院关于应对气候变化工作情况的报告》发布。该报告要求研究制定《关于发展低碳经济的指导意见》。

2011年，国务院新闻办发表了《中国应对气候变化的政策与行动（2011）》白皮书，此后每年发布中国应对气候变化的政策与行动年度报告。

2016年10月27日，《"十三五"控制温室气体排放工作方案》发布，就应对气候变化、推进低碳发展提出多项目标，明确到2020年单位国内生产总值二氧化碳排放比2015年下降18%。为加快推动绿色低碳发展，中国明确2017年建立全国的碳排放权交易市场。

三、《中国应对气候变化国家方案》

《联合国气候变化框架公约》要求各缔约方都要制定、执行、公布并经常更新应对气候变化的国家方案，中国政府根据中国国情和实现可持续发展的内在要求，以及履行公约的义务，按照中国国务院部署，国家发改委会同17个部门，组织了数十位各个领域的专家，历时两年编制了《中国应对气候变化国家方案》，经国务院批准，于2017年6月正式颁布实施。

这一方案是中国第一部应对气候变化的全面的政策性文件，也是发展中国家颁布的第一部应对气候变化的国家方案。方案的颁布实施，彰显了中国政府负责任大国的态度，对我国的应对气候变化工作产生积极的作用，也对世界应对气候变化作出新的贡献。

"一个结合"和"两个推进"，是贯穿《中国应对气候变化国家方案》的一条主线。

"一个结合"，就是要把应对气候变化和实施可持续发展战略，加快建立资源节约型社会、环境友好型社会和国家创新型社会紧密结合起来。"两个推进"就是要一手抓减缓温室气体排放，一手抓提高适应气候变化的能力。

减缓主要就是控制增量，尽可能少排放一些。适应就是对已经引起的气候变化要提高适应能力，防灾减灾，把它的负面影响控制在最小的范围内。在减缓排放或者是控制增量方面，无非是三条渠道、三个途径：一个是少排放；二是多吸收；三是再利用。

因为二氧化碳主要是由化石燃料的燃烧引起的，所以，要少排放，就必须节能，节能是最大的减排。所以，中国政府提出到2010年单位GDP能源消耗要下降20%，同时还要调整能源结构，尽可能少用化石燃料，多生产一些可再生能源。中国政府的目标是，中国可再生能源的比重从只占不到7%，到2010年提高到10%，到2020年要提高到16%。通过这些措施可相应减少二氧化碳排放。

多吸收，最主要的是植树造林，因为森林可以在光合作用下吸收大量的二氧化碳。排了不要紧，可以吸收，净排放可以减少。"十一五"规划提出，到2010年，全国森林覆盖率要提高到20%。

再利用就是排放了不要紧，如果能够吸收利用，变废为宝也是应对气候变化的一个重要措施。比如说沼气、甲烷排放、煤层气等都可以回收利用，这是一条重要的途径。

四、《中国应对气候变化的政策与行动》白皮书

1. 碳达峰碳中和"1+N"政策体系正在加快形成

《中国应对气候变化的政策与行动》白皮书显示，近年来，中国将应对气候变化摆在国家治理更加突出的位置，不断提高碳排放强度削减幅度，不断强化自主贡献目标，以最大努力提高应对气候变化力度，推动经济社会发展全面绿色转型。同时，中国还积极参与引领全球气候治理。

要把碳达峰、碳中和纳入生态文明建设整体布局，坚定不移走生态优先、绿色低碳的高质量发展道路，坚定不移实施积极应对气候变化国家战略，推动碳达峰、碳中和目标如期实现，持续为应对全球气候变化作出贡献。

《中共中央 国务院关于完整准确全面贯彻新发展理念做好碳达峰碳中和工作的意见》以及《2030年前碳达峰行动方案》已经发布，碳达峰碳中和"1+N"政策体系正在加快形成。

下一步，要将"十四五"碳强度下降18%的约束性指标分解到地方加以落实；推动开展碳达峰行动，推进碳达峰碳中和"1+N"政策体系落实；统筹推进应对气候变化与生态环境保护相关工作，实现减污降碳协同增效；继续完善全国碳市场；加强相关制度建设，实施以碳强度控制为主、碳排放总量控制为辅的制度。

同时，要推动形成绿色低碳的生产生活方式；提升城乡建设、农业生产、基础设施等适应气候变化能力；继续积极参与气候变化国际谈判，推动构建公平合理、合作共赢的全球气候治理体系，持续开展气候变化南南合作。

2. 有效应对风险，确保安全降碳

"未来，实现经济社会可持续发展，能源领域的清洁低碳发展是尤为紧迫的。"生态环境部应对气候变化司负责人孙桢说。

近年来，中国大力推进能源结构的调整和转型升级，能源生产结构由煤炭为主向多元化转变，能源消费结构日趋低碳化。2020年，煤炭消费量占能源消费总量的比重已经由2005年的72.4%下降到56.8%。同时，非化石能源占能源消费的比重达到15.9%。

中国提出，到2030年非化石能源占一次能源消费比重将达到25%左右，风电、太阳能发电总装机容量将达到12亿千瓦以上；中国将大力支持发展中国家能源绿色低碳发展，不再新建境外煤电项目。这充分展示了中国加快能源结构调整、构建清洁低碳安全高效能源体系的决心和魄力。

中国将继续控制煤炭消费增长，加大力度发展可再生能源，加快完善电力体制，构建适应高比例可再生能源的新型电力系统。同时，作为全球最大的清洁能源设备制造国家，中国将帮助发展中国家能源供给向高效、清洁、多元化的方向加速转型。

作为发展中国家，中国当前正面临发展经济、改善民生、维护能源安全等任务，调整能源结构仍然存在诸多的现实困难和挑战，不可能一蹴而就。要坚持系统观念，坚持防范风险，处理好当前与长远的关系，处理好减污降碳与能源安全、产业链供应安全、群众正常生活的关系，有效应对绿色低碳转型可能伴随的风险，确保安全降碳。

国际生态环境条约与环境法

国际生态环境条约与环境法的基本情况

一、综述

条约，既可以是多边的也可以是双边的，一般是确定缔约方权利和义务的协议。公约，其特点一定是多边的，一般是在国际组织主持下或某个多国参加的国际会议上通过的，关于某一个专门领域的规则的多边约定。和约，其特点明显，一定是在有战争状态下的双边或者多边签订，往往是为正式结束战争和武装冲突而签署的条约。协定，一般以双边居多，也有多边的情况，其涉及的内容要小，一般是就某一领域出现的具体问题而订立的条约。广泛意义上来说，公约、和约、协定等都可以称为条约，只是彼此约束的范围不同，要突出的重要性也不同。比如，公约更加突出"公"，即强调约定的范围更广，约定得到公认；和约更加突出"和"，突出约定的目的是实现和平；协定是就某一件事情达成了约定，由于涉及范围不广，所以没有用约，而是用了协定。

联合国环境规划署（UNEP）统计数据显示，在联合国成立后的五十多年中，世界各国领导人签署了500多项同生态环境保护有关的国际条约，其中，61项与大气有关，155项与生物多样性有关，179项与化学品、危险物质和废弃物有关，46项属于土地公约，196项与水问题密切相关，生态环境保护领域是继贸易之后，全球制定规则最普遍的领域。

二、国际环保公约

国际环保公约由一系列国际公约组成。《联合国气候变化框架公约》《生物多样性公约》《联合国防治荒漠化公约》则是1992年联合国环境与发展大会《21世纪议程》框架下的三大重要环境公约。第一个全球性的大气保护公约是《保护臭氧层维也纳公约》。

代表性的国际环境公约如下。

1.《联合国人类环境宣言》，由1972年6月5—16日在瑞典斯德哥尔摩召开的联合国人类环境会议通过,旨在鼓舞和指导世界各国人民共同保护和改善环境。该宣言共提出了7项共同观点和26条共同的原则。

2.《里约环境与发展宣言》,由1992年6月3—14日在巴西里约热内卢召开的联合国环境与发展大会通过,在《联合国人类环境宣言》的基础上更进一步,旨在开辟一个全球各国人民合作解决环境问题的平台,从而在全球范围内建立起全新的合作伙伴关系。宣言提出了包括可持续发展问题在内的27项原则。

3.《保护臭氧层维也纳公约》及《关于消耗臭氧层物质的蒙特利尔议定书》,前者于1985年3月由UNEP制定、22个国家和欧洲经济委员会在维也纳签署,后者于1987年9月由在加拿大蒙特利尔举行的国际会议上通过,之后又经过修正,目的均是要求各国减少破坏臭氧层的污染物的排放,保护臭氧层。

4.《联合国气候变化框架公约》,于1988—1992年逐渐形成,1992年6月由153个国家联合签署。主要目的是要求各国减少CO_2排放量,保护全球气候。

5.《生物多样性公约》,1992年在内罗毕通过,旨在保护生物多样性,保护生物的珍贵基因,合理利用地球上丰富的生物资源。

6.《巴塞尔公约》,于1989年3月起草,主要针对有害物质越境迁移提出了一些条款,限制有毒有害物质的国际贸易和异地生产。

三、国际环境法

(一)基本概念

国际环境法,是指调整国家等国际法主体在利用、保护和改善环境的国际交往过程中形成的国际环境法律关系的原则、规则和规章制度的总体。国际环境法既是国际法的一个分支,又是一个在不断完善和发展着的相对独立的学科体系。

国际环境法是调整国家之间在保护和改善环境的过程中发生的各种国际社会关系的有约束力的规范的总称。其渊源主要是国际环境保护条约和国际习惯。各国所普遍承认的一般法律原则,也是国际环境法的渊源之一。国际组织和国际会议通过的一些决议、宣言、宪章、行动计划等,虽然对各国不具有强制性的约束力,但对各国合作保护全球环境起着"软法"的作用。

国际环境法是由各国为了保护自然环境而缔结的一系列条约组成,1972年在瑞典斯德哥尔摩举行的联合国人类环境会议以后,才真正形成的,因此斯德哥尔摩人类环境会议是国际环境法诞生的标志。国际环境法由大量的多边、双边和区域性国际环境保护公约、条约、议定书、协议等组成,其涉及的方面主要包括国际海洋环境保护和污染防治的公约和条约、保护臭氧层的公约和议定书、防止气候不利变化的公约、保护生物多样性公约、防止危险废物越境转移的公约、防止国际河流污染的公约和条约、防止越境大气污染的公约和条约、防止核污染的国际公约等。

国际环境法的基本原则是指为各国所公认且普遍适用于国际环境关系各个领域的对国际环境保护有指导意义、构成国际环境法基础的根本准则。它是国际环境法规范的一个重要组成部分。国际环境法中有许多为各国所接受的原则,其中自然资源的永久性主权原则、预防环境损害原则、共有资源共享共管原则、合作保护人类环境原则、不损害域外环境原则、共同但有差别的保护全球环境责任原则、和平解决国际争端原则等,这些原则被各国大多数学者认为是国际环境法的基本原则。

国际环境法有以下几个主要特点。一是法律体系尚不够完善。1972年斯德哥尔摩联合国人类环境会议被认为是国际环境法发展史上的转折点,虽然在此以后通过一些文件,但它们来自尚未成为现行的文件,并未具有真正的法律拘束力。二是保护环境措施适用差别待遇原则。由于环境保护要求世界各国普遍参与,但各国的情况又不一样,因此,采取这种原则是必须适用的一种合理的安排。三是国际环境法应通过非强制的协商程序来实施。由于环境损害不只有一个来源,很难确定归因于某个国家,环境条约通常又不包含国家责任条款,而主张通过缔约国定期会议、相互审查、非强制的协商程序保证对环境条约的实施。

(二)发展历程

国际条约是国际环境法规范的最基本和最重要的渊源。而今已经签订了大量保护和合理利用自然环境的国际条约,包括国家间的双边条约、多边条约,国际组织之间以及这些组织与国家之间的条约。这些条约的签订过程,就是国际环境法规范产生和发展的过程。例如,1958年4月日内瓦海洋法会议通过的一系列协定,确定了保护海域和海洋生物资源的某些原则。特别是1982年《联合国海洋法公约》,对海洋环境的保护和保全作了专门规定。

国际惯例也是国际环境法规范的一个渊源。已经签订的保护环境的国际条约,其中有些原则是作为国际惯例发生作用的。又因为国际环境保护是近几十年出现的新问题,至今国际条约尚未作出完整的规定,就更需要各国遵守国际惯例。

有关环境保护的国际会议及国际组织的宣言决议对制定新的国际环境法规范,对确认、固定、发展和解释现有的国际环境法规范,作用十分显著。从20世纪70年代初以来,保护人类环境的思想、原则越来越多地被载入联合国大会的决议和宣言。例如,1972年在斯德哥尔摩通过的《联合国人类环境会议宣言》,列举了在环境保护领域内国际和国内活动所应遵循的26项原则,其中包括一些有关保护环境的确立主权国家的责任和义务的原则,人们曾认为它是国际环境法的基础。1974年召开的联合国世界人口会议、1976年召开第一届联合国人类住区会议、1977年召开的联合国沙漠化问题会议、1977年召开的联合国水源会议、1958年以来召开的3次联合国海洋法会议、1977年召开的国际环境教育大会等,由于许多国家都派遣代表参加会议,这些大会通过的宣言、决议或纲领中所包含的原则,都有发展为国际环境法规范的良好前景。

各种国际环境保护机构就自然环境某些部分的保护而通过的许多具体纲领和决议，则对国际环境法体系的完善起着推动作用。最有代表性的纲领是1980年3月5日在全世界30多个国家的首都同时发表的《世界自然资源保护大纲》。这个大纲经有关5个国际环境保护组织复审通过，被认为是自然资源保护方面的国际环境法的基础。

国际环境法的原则。大量的国际协定、条约、决议以及宣言把保护自然环境某些部分的国际法原则固定了下来，而这些原则综合起来便构成保护人类环境的普遍原则。目前，国际环境法规范基本由两个部分组成。一是把现代国际法的基本原则直接用于国际自然环境的保护。二是根据国际环境保护的特点而提出或加以发展的某些新原则，如国界以外的自然环境是全人类的共同财富，任何国家不能以任何方式据为一国所有；国家对其管辖权内的自然环境享有开发、利用的权利，并负有在其管辖和控制范围内的活动不损害其他国家的环境的义务；各国应合理利用和保护共有的自然环境，控制、预防和减少在利用共有的自然环境时所造成的不利的环境影响；在国际环境保护中照顾发展中国家的利益；环境保护的政策或原则应考虑发展中国家的各种条件和特殊要求，促进它们的经济发展（见国际发展法）；在研究、利用和保护自然环境中促进国际合作，成立国际性的环境管理机构，协调国与国之间的活动；等等。

国际环境法体系。到20世纪80年代，国际环境法体系已粗具规模，正处于发展成为一个独立的国际法部门的阶段。国际环境法包括在其他国际法部门里的有关环境保护的条文、单行的环境保护国际条约、综合性的环境保护国际法律文献以及各国有关国际环境保护的国内法规（经国际认可的部分）。国际环境法既有可列入国际公法的内容，也有可列入国际经济法的内容，它把国际社会的、经济的、海洋的、宇宙的、卫生的等法规中关于保护自然环境方面的内容联结成了一个新的整体。按保护的对象来分组，国际环境法可分为保护国际河流、国际海域、大气和宇宙空间、海洋生物资源和陆上野生动植物等规范。

河流及湖泊保护方面的国际环境法。国际性河流、湖泊是由两国或多国共有的，全世界约有国际性河流200多条。为了解决由于水资源污染所带来的一系列问题，一些国际性河流流域各国相继签订双边或多边条约，设立控制、防治水污染的国际合作委员会。如为了保护流经联邦德国、法国、荷兰、比利时、瑞士等国的莱茵河，1950年成立了国际莱茵河防污染委员会，1976年莱茵河5国在德意志联邦共和国波恩签订了两项对恢复莱茵河水质起重要作用的协定。美国、加拿大为了保护两国间的水域，签订了美、加边界水域条约和大湖协定。苏联与芬兰、捷克斯洛伐克、罗马尼亚、波兰签订的边界河流协定中，也有不少关于防止水污染、保护水资源的规定。

海洋保护方面的国际环境法。国际海洋保护法的对象包括公海和国际性的区域性海洋。

第二次世界大战后，石油对海洋的污染被提到了亟须解决的地位。1954年在伦敦召开了关于石油对海水污染问题的国际会议，缔结了《防止海上油污国际公约》。之后，于1969年签订了《对公海上发生油污事故进行干涉的国际公约》和《油污损害民事责任国际公约》。目前，国际海洋的保护已远远超出防止石油污染的范围。如联合国海洋法会议通过的一些公约已涉及保护海洋生物资源、矿物资源等许多方面。1972年2月，邻接北海的欧洲12国在奥斯陆签署了《防止船舶和飞机倾倒废物造成海洋污染公约》，同年12月在伦敦通过了《防止倾倒废物及其他物质污染海洋的公约》。另外，还签署了许多保护区域性海洋的国际条约，如1976年2月地中海沿岸国家通过的《保护地中海免受污染公约》，1974年3月签订的《保护波罗的海地区海洋环境公约》。

大气及宇宙空间保护方面的国际环境法。大气的变化和海洋的变化一样，是没有政治疆界的。一个国家的大气污染可以直接地，也可以通过气候的变化而间接地影响另一些国家的生物资源及其他方面。例如，英、法、联邦德国等国的大气污染，导致斯堪的纳维亚各国降落酸性雨，致使许多湖泊、河流和森林的生产力降低。鉴于大气污染造成的威胁远远超越一国的范围，许多国家要求签署控制跨国空气污染的国际协定。虽然目前这种世界性的国际协定还未产生，但已经产生了不少控制大气污染的地区性条约。例如，1972年墨西哥的华雷斯城与美国的埃尔帕索城之间签订了一个共同解决边界大气污染的条约，继之又有其他8个城市签订了类似的条约。东西欧国家也已于1979年11月签订了《远距离越境空气污染公约》。

随着空间科学技术的发展，宇宙空间日益受到人类某些活动的危害。由于宇宙空间的利用和保护影响到人类活动的许多领域，各国对和平利用与保护外层空间日益关心。第18届联合国大会在1963年12月13日通过了一项《各国在探索与利用外层空间活动的法律原则的宣言》。至今，不少空间法律文件已涉及宇宙空间保护，如1967年签署的《关于各国探索和利用包括月球和其他天体在内外层空间活动的原则条约》中，第9条就有有关具体规定。此外，1971年通过的《空间物体所造成损害的国际责任公约》、1974年通过的《关于登记射入外层空间物体的公约》、第34届联大通过的《关于各国在月球和其他天体上活动的协定》，也与空间环境保护有关。

自然资源保护方面的国际环境法主要保护那些生存于两国或多国共有的大气、水域和公海之中，以及流动于两国或多国之间的那些生物资源。这些生物资源或是全人类共有的，或是某些区域的国家共有的。各国最为关注的是各种鱼类及其他水产资源。对这些生物资源的保护在许多国际条约、区域性协定中已有规定，其中为数较多的是有关捕鱼的协定。如为了保护南极洲及南冰洋的生物资源，继1959年《南极条约》签订后，1964年又签署了《保护南极动植物协议措施》；1973年波罗的海沿岸国家签订了《波罗的海及其海峡生物资源捕捞及养护公约》。

目前有 40 多个多边条约或协定，直接与生物资源的保护有关。1902 年 3 月 19 日签订的《保护农业益鸟的公约》是这方面的第一个世界性的条约。较重要的全球协定还有 1973 年的《面临灭绝危险的野生动植物国际贸易公约》、1971 年的《关于具有国际意义的湿地，特别是作为水禽栖所的湿地的公约》、1979 年的《野生动物迁徙物种保护公约》等。此外，还有许多区域性协定和双边协定，如 1968 年的《保护自然和自然资源的非洲公约》，1940 年的《西半球自然保护和野生生物保护公约》，1979 年的《保护欧洲野生动物和自然栖所公约》，1973 年的《北极熊保护协定》，1916 年的加、美《候鸟保护公约》等。

国际环境法虽然有了很大进展，但总的看来，目前它仍然处于不太成熟的状态，也还没有形成一门成熟的国际环境法学。有关环境保护的国际条约及国际判例有待于进一步整理、分类，有关国际环境法的基本原则有待于进一步提炼与健全，还有许多理论问题需要深入探讨和研究。从这方面看，认真总结环境保护活动的经验，加强对国际环境法的内容、特征和基本原则的研究，努力建立新的国际环境法学，对于促进环境保护领域的国际合作与交流，加强全世界的环境保护工作，具有十分重要的现实作用与历史意义。

（三）代表性领域

1. 海洋环境的保护

（1）防止陆地来源和来自大气层的污染

（2）防止来自船舶的污染

（3）防止船舶事故的污染

（4）防止海底开发造成的污染

（5）防止倾倒污染：黑名单（毒害最大）禁止倾倒；灰名单（毒害较大）事先获得特别许可证才可倾倒；其他废物，应事先获得一般许可证才可倾倒。

2. 空间环境的保护

（1）防止大气层受污染

（2）保护臭氧层

（3）保护气候系统

3. 保护大气层的原则

（1）缔约国承担共同但有区别的责任

（2）考虑发展中国家的具体要求特殊情况

（3）采取预防措施

（4）促进可持续发展

（5）开放国际经济体系

4. 处置废弃物制度

《控制危险废物越境转移及其处置巴塞尔公约》等

5. 海洋生物和野生动植物的保护

（1）鲸鱼的保护

（2）水禽的保护

（3）濒危野生动植物的保护

（4）生物多样性的保护

四、中国已经缔约或签署的国际环境公约

我国积极参与国际环境保护，缔结或参加了一系列环境保护的公约、议定书和双边协定，主要如下。

（一）危险废物的控制

1.《控制危险废物越境转移及其处置巴塞尔公约》（1989年3月22日）

2.《〈控制危险废物越境转移及其处置巴塞尔公约〉修正案》（1995年9月22日）

（二）危险化学品国际贸易的事先知情同意程序

1.《关于化学品国际贸易资料交换的伦敦准则》（1987年6月17日）

2.《关于在国际贸易中对某些危险化学品和农药采用事先知情同意程序的鹿特丹公约》（1998年9月11日）

（三）化学品的安全使用和环境管理

1.《作业场所安全使用化学品公约》（1990年6月25日）

2.《化学制品在工作中的使用安全公约》（1990年6月25日）

3.《化学制品在工作中的使用安全建议书》（1990年6月25日）

（四）臭氧层保护

1.《保护臭氧层维也纳公约》（1985年3月22日）

2. 经修正的《关于消耗臭氧层物质的蒙特利尔议定书》（1987年9月16日）

（五）气候变化

1.《联合国气候变化框架公约》（1992年6月11日）

2.《〈联合国气候变化框架公约〉京都议定书》（1997年12月10日）

（六）生物多样性保护

1.《生物多样性公约》（1992年6月5日）

2.《国际植物新品种保护公约》（1978年10月23日）

3.《国际遗传工程和生物技术中心章程》（1983年9月13日）

（七）湿地保护、荒漠化防治

1.《关于特别是作为水禽栖息地的国际重要湿地公约》（1971年2月2日）

2.《联合国防治荒漠化公约》（1994年6月7日）

（八）物种国际贸易

1.《濒危野生动植物种国际贸易公约》（1973年6月21日）

2.《濒危野生动植物种国际贸易公约》第二十一条的修正案（1983年4月30日）

3.《1983年国际热带木材协定》（1983年11月18日）

4.《1994年国际热带木材协定》（1994年1月26日）

（九）海洋环境保护

[海洋综合类]

1.《联合国海洋法公约》（第12部分《海洋环境的保护和保全》）（1982年12月10日）

[油污民事责任类]

2.《国际油污损害民事责任公约》（1969年11月29日）

3.《国际油污损害民事责任公约的议定书》（1976年11月19日）

[油污事故干预类]

4.《国际干预公海油污事故公约》（1969年11月29日）

5.《干预公海非油类物质污染议定书》（1973年11月2日）

[油污事故应急反应类]

6.《国际油污防备、反应和合作公约》（1990年11月30日）

[防止海洋倾废类]

7.《防止倾倒废物及其他物质污染海洋公约》（1972年12月29日）

8.《关于逐步停止工业废弃物的海上处置问题的决议》（1993年11月12日）

9.《关于海上焚烧问题的决议》（1993年11月12日）

10.《关于海上处置放射性废物的决议》（1993年11月12日）

11.《防止倾倒废物及其他物质污染海洋公约的1996年议定书》（1996年11月7日）

[防止船舶污染类]

12.《国际防止船舶造成污染公约》（1973年11月2日）

13.《关于1973年国际防止船舶造成污染公约的1978年议定书》（1978年2月17日）

（十）海洋渔业资源保护

1.《国际捕鲸管制公约》（1946年12月2日）

2.《养护大西洋金枪鱼国际公约》（1966年5月14日）

3.《中白令海峡鳕资源养护与管理公约》（1994年6月16日）

4.《跨界鱼类种群和高度洄游鱼类种群的养护与管理协定》(1995年12月4日)

5.《亚洲—太平洋水产养殖中心网协议》(1988年1月8日)

（十一）核污染防治

1.《及早通报核事故公约》(1986年9月26日)

2.《核事故或辐射紧急援助公约》(1986年9月26日)

3.《核安全公约》(1994年6月17日)

4.《核材料实物保护公约》(1980年3月3日)

（十二）南极保护

1.《南极条约》(1959年12月1日)

2.《关于环境保护的南极条约议定书》(1991年6月23日)

（十三）自然和文化遗产保护

1.《保护世界文化和自然遗产公约》(1972年11月23日)

2.《关于禁止和防止非法进出口文化财产和非法转让其所有权的方法的公约》(1970年11月14日)

（十四）环境权的国际法规定

1.《经济、社会和文化权利国际公约》(1966年12月16日)

2.《公民权利和政治权利国际公约》(1966年12月16日)

（十五）其他国际条约中关于环境保护的规定

1.《关于各国探索和利用包括月球和其他天体在内外层空间活动的原则条约》(1967年1月27日)

2.《外空物体所造成损害之国际责任公约》(1972年3月29日)

代表性的国际生态环境公约

一、《濒危野生动植物种国际贸易公约》

因为该条约系于1973年6月21日在美国首都华盛顿所签署，所以世称"华盛顿公约"（以下简称"华约"）。1975年7月1日正式生效。该公约的成立始于国际保育社会鉴于野生动植物国际贸易对部分野生动植物族群已造成直接或间接的威胁，而为能永续使用此项资源，遂由世界最具规模与影响力的国际自然保育联盟（World Conservation Union，IUCN）领衔，在1963年公开呼吁各国政府正视此问题，着手野生动植物国际贸易管制工作。历经十年的光景，终于催生出该公约。

该公约的附录物种名录由缔约国大会投票决定，缔约国大会每两年至两年半召开一次。在大会中只有缔约国有权投票，一国一票。值得一提的是，如果某一物种野外族群濒临绝种，但并无任何贸易威胁时，该物种不会被接受列入附录物种。譬如中国的黑面琵鹭就无贸易的问题，纵然是族群濒临绝种也不会被考虑列入华约的附录。

缔约国大会除了修订附录物种外，也讨论各项相关如何强化或推行华约的议案，譬如各国配合该公约的国内法状况，检讨各主要贸易附录物种的贸易与管制状况，对特别物种如老虎、犀牛、大象、鲸鱼等之保育措施进行讨论与协商，其他会议事项包括改选、调整组织与票选下届大会主办国等。

在大会休会期间，则由常务委员会（Standing Committee）代表大会执行职权。常务委员会系由全球六大区（欧洲、北美洲、亚洲、非洲、大洋洲、加勒比海及南美洲）各区的代表与前后届缔约国大会主办国即公约保存国所共同组成，每年至少召开一次。华约另外有四个委员会：动物委员会（专门讨论相关动物方面的议题）、植物委员会（专门讨论相关植物方面的议题）、命名委员会（拟订国际统一标准的学名）与图鉴委员会（制作鉴定辨识的图鉴手册）。

为了推动执行该公约，除了以上大会与各种委员会外，还设有秘书处来综理各项行政与技术支持事宜。依该公约规定各国应设有管理机构与科学机构：管理机构负责签发审核华约输出入许可证及执法等相关事宜；科学机构则负责收集物种生态族群与分布等数据，并提供各项技术咨询服务。

该公约并不反对贸易，因为野生动物贸易迄今仍为人类所依赖，而部分附录物种的贸易也是支持保育工作的重要助力。属于国际法的该公约本身并无执法的能力，所有该公约的条款均需要各国国内法的配合推动。而各国的法规则有其社会环境的考虑，这反映在缔约国大会的协商与相关的决议案上，因此可以说该公约的标准是大家协调出来的可行标准。也因此可以认知保育事实上与政治及社会人文甚至国际关系有极密切的关联。

濒临绝种野生动植物国际贸易公约是一个国际公约组织，其呼吁各缔约国对某些物种的贸易形式加以限制，并以文件引证方式记载该物种的贸易情形。依公约条款缔约国的义务在于设立一许可证及证明书的凭证制度，以管理华约附录物种之贸易，并采取法律及行政措施以实施其他公约条款。

虽然公约实施的情况持续地进步，但是由华约秘书处对两年举行一次的大会所提出的违反公约案例报告，仍举出许多未遵守公约条款或明显企图规避执行公约条款的例子。如果公约实施的程度仍不足以达到保育的目标时，即需改善，且刻不容缓。这些可经由首先改善各缔约国执行公约之成效，其次改善各缔约国之间执行层面的协调关系而达成。

自地球出现生物以来，经历了30亿年漫长的进化过程。现今地球上共生存着500万—1000万种生物。物种灭绝本是生物发展中的一个自然现象，物种灭绝和物种形成的速率也是平衡的。但是，随着人类经济社会的高速发展，这种平衡遭到了破坏，物种灭绝的速度不断加快，动植物资源正在以前所未有的速度丧失。以高等动物中的鸟类和兽类为例，从1600年至1800年的200年，总共灭绝了25种，而从1800年至1950年的150年则共灭绝了78种。同样，高等植物每年灭绝200种左右，如果再加上其他物种，世界大致上每天就要灭绝一个物种。野生动植物是世界自然历史的遗产，也是全人类的宝贵资源和共同财富。物种一旦灭绝，是不可能再现的。在已经灭绝和行将灭绝的物种中，有许多尚未经过科学家进行分类和仔细研究过，人类对它们的情况几乎一无所知。这些物种所携带的基因中储存的潜在价值是巨大的，很可能成为新的食物、药物、化学原料、病害虫的捕杀物以及建筑材料和燃料等可以持续利用的资源。因此，物种灭绝对整个地球的食物供给所带来的危害和威胁以及对人类社会发展带来的损失和影响是难以预料和挽回的。同时，野生动物灭绝的危机也在警醒人们要保护自然环境，因为一个不能适合野生动物生存的环境也许很快有一天也不再适合人类的生存了。因此，如何有效地保护野生动物，全力拯救珍稀濒危物种，已是摆在人类面前的一个刻不容缓的紧迫任务。

造成物种灭绝的原因是多方面的，其中最主要的一个因素是日趋严重的涉及野生动植物及其产品的各种贸易活动，特别是国际贸易所引起的对野生动植物资源的破坏。为了促使世界各国之间加强合作，控制国际贸易活动，有效地保护野生动植物资源，《濒危野生动植物种国际贸易公约》（CITES）于1973年3月3日在美国首都华盛顿签署。这是一项在控制国际贸易、保护野生动植物方面具有权威、影响广泛的国际公约，其宗旨是通过许可证制度，对国际野生动植物及其产品、制成品的进出口实行全面控制和管理，以促进各国保护和合理开发野生动植物资源。

按照物种的脆弱性程度，公约将受控物种分为三类列入三个附录，并对其贸易进行不同程度的控制。附录一列入了所有受到和可能受到贸易的影响而有灭绝危险的物种800余种，基本上禁止贸易；附录二列入所有那些目前虽未濒临灭绝，但如对其贸易不严加管理，以防止不利于其生存的利用，就可能变成有灭绝危险的35000种物种，应严格限制贸易；附录三列入任一成员方认为属其管辖范围内，应进行管理以防止或限制开发利用，而需要其他成员国合作控制贸易的物种，应对贸易加以管理。这三类物种不断变化，越来越多的物种被纳入第二类和第一类的范围。许多野生动植物物种或其相关产品的贸易受到严重影响。

1980年12月25日，中国决定加入该公约。公约于1981年4月8日对中国正式生效。

我国是公约第 63 个缔约方。多年来，我国坚定履行公约义务，积极推进履约行动，履约成效瞩目。目前，我国建立了以《野生动物保护法》《野生植物保护条例》《濒危野生动植物进出口管理条例》为主体的履约立法体系，在公约秘书处组织的履约国内立法评估中被评为最高等级。

公约主要物种

附录Ⅰ

极危动物：爪哇犀、苏门犀、黑犀等。

濒危动物：藏羚羊、老虎、雪豹、海獭、大熊猫、中美貘、山貘、马来貘、大猩猩、黑猩猩、倭黑猩猩、红毛猩猩、长臂猿、亚洲象、坡鹿等。

易危动物：印度野牛、泽鹿、野牦牛、小熊猫、猎豹、金猫、云豹、马来熊、眼镜熊、印度犀、山魈、懒猴、非洲象、懒熊、云猫等。

非受危物种：小羊驼、斑羚、驼鹿、美洲豹、豹、白犀、黑熊、指猴、鼠狐猴、马鹿等。

附录Ⅱ

濒危动物：倭河马、豺、象龟等。

易危动物：羚牛、河马、狮子、北极熊、南美貘、穿山甲等。

非受危物种：羊驼、麝类、鬃狼、狼、美洲狮、狞猫、兔狲、猞猁、水獭、棕熊、小食蚁兽、松鼠猴、眼镜猴、拇指猴、石猴、巨松鼠等。

附录Ⅲ

全部为非受危物种：蜜獾、果子狸、土狼等。

二、《世界自然宪章》

《世界自然宪章》是 1982 年 10 月 28 日联合国大会通过的全球自然保护的纲领性文件。1982 年 10 月 28 日，在人类环境会议召开十周年之际，联合国大会通过一个全球自然保护的纲领性文件——《世界自然宪章》（以下简称《宪章》）。《宪章》共 3 章 24 条，分为一般原则、自然生态系统的功能、实施三方面内容。具体内容主要如下。（1）人类是自然的一部分；文明根植于自然；地球上的任何生命形式都是独特的，都应予以保护。（2）自然及其生态系统因人类的行为而面临巨大威胁，人类在遵循自然生态规律的前提下进行生存和发展。（3）各国、各国之间应加强立法、监测、评价和合作，采取各种手段，使《宪章》得以发生效力。

《宪章》重申了《斯德哥尔摩宣言》的原则并提出几点进一步的要求。（1）不得损害地球上的遗传活力，要保障必要的生态环境让各种生命必须维持其中以生存繁衍的数量；（2）要求各国把养护自然作为其规划和进行社会经济发展活动的组成部分；（3）要求各国把《宪章》的原则载入其法律中予以执行并提供必要资金、计划和行政机构以实现保护大自然的目的。

《世界自然宪章》

世界自然宪章大会，重申联合国的基本宗旨，特别是维持国际和平与安全、发展各国间友好关系和进行国际合作以解决经济、社会、文化、技术、知识或人道方面的国际问题等宗旨。

认识到：

（a）人类是自然的一部分，生命有赖于自然系统的功能维持不坠，以保证能源和养料的供应；

（b）文明起源于自然，自然塑造了人类的文化，一切艺术和科学成就都受到自然的影响，人类与大自然和谐相处，才有最好的机会发挥创造力和得到休息与娱乐。

深信：

（a）每种生命形式都是独特的，无论对人类的价值如何，都应得到尊重，为了给予其他有机物这样的承认，人类必须受行为道德准则的约束；

（b）人类的行为或行为的后果，能够改变自然，耗尽自然资源；因此，人类必须充分认识到迫切需要维持大自然的稳定和素质，以及养护自然资源。

确信：

（a）从大自然得到持久益处有赖于维持基本的生态过程和生命维持系统，也有赖于生命形式的多种多样，而人类过度开发或破坏生境会危害上述现象；

（b）如果由于过度消耗和滥用自然资源以及各国和各国人民间未能建立起适当的经济秩序而使自然系统退化，文明的经济、社会、政治结构就会崩溃；

（c）争夺稀有的资源会造成冲突，而养护大自然和自然资源则有助于伸张正义和维持和平，但只有在人类学会和平相处、摒弃战争和军备以后才能实现。

重申：

人类必须学会如何维持和增进他们利用自然资源的能力，同时保证能够保存各种物种和生态系统以造福今世和后代。

坚信：

有必要在国家和国际、个人和集体、公共和私人各级上采取适当措施，以保护大自然和促进这个领域内的国际合作。

为此目的，兹通过本《世界自然宪章》，宣布下列养护原则，指导和判断人类一切影响自然的行为。

一般原则

1. 应尊重大自然，不得损害大自然的基本过程。
2. 地球上的遗传活力不得加以损害；不论野生或家养，各种生命形式都必须至少维持其足以生存繁衍的数量，为此目的应该保障必要的生境。

3. 各项养护原则适用于地球上一切地区，包括陆地和海洋；独特地区、所有各种类生态系统的典型地带、罕见或有灭绝危险物种的生境，应受特别保护。

4. 对人类所利用的生态系统和有机体以及陆地、海洋和大气资源，应设法使其达到并维持最适宜的持续生产率，但不得危及与其共存的其他生态系统或物种的完整性。

5. 应保护大自然，使其免于因战争或其他敌对活动而退化。

功能

6. 在决策过程中应认识到，只有确保自然系统适当发挥功能，并遵守本《宪章》载列的各项原则，才能满足人类的需要。

7. 在规划和进行社会经济发展活动时，应适当考虑到养护自然是这些活动的一个组成部分。

8. 在制定经济发展、人口增长和提高生活水平的长期计划时，应适当考虑到自然系统须确有使有关人口的生存和居住的长期能力，同时认识到这种能力可能通过科学和技术加以提高。

9. 应计划地分配地球上各地区作何用途，并应适当考虑到有关地区的实质限制、生物生殖率和多样性以及自然美。

10. 自然资源不得浪费，应符合本《宪章》载列的原则，按照下列规则有节制地加以使用：

（a）生物资源的利用，不得超过其天然再生能力；

（b）应采取措施保持土壤的长期肥力和有机分解作用，并防止侵蚀和一切其他形式的退化，以维持或提高土壤的生产率；

（c）使用时并不消耗的资源，包括水资源，应将其回收利用或再循环；

（d）使用时会消耗的不可再生资源，应考虑到这些资源是否丰富，是否有可能合理地加以加工用于消费，其开发与自然系统的发挥功能是否相容等因素而有节制地开发。

11. 应控制那些可能影响大自然的活动，并应采用能尽量减轻对大自然构成重大危险或其他不利影响的现有最优良技术，特别是：

（a）应避免那些可能对大自然造成不可挽回的损害的活动；

（b）在进行可能对大自然构成重大危险的活动之前应先彻底调查；这种活动的倡议者必须证明预期的益处超过大自然可能受到的损害；如果不能完全了解可能造成的不利影响，活动即不得进行；

（c）在进行可能干扰大自然的活动之前应先估计后果，事先尽早研究发展项目对环境的影响；如确定要进行这些活动，则应周密计划之后再进行，以便最大限度地降低可能造成的不利影响；

（d）农、牧、林、渔业的活动应配合各自地区的自然特征和限制因素；

（e）因人类活动而退化的地区应予恢复，用于能配合其自然潜力并符合受损害居民福利的用途。

12. 应避免向自然系统排放污染物：

（a）如不得不排放污染物，应使用最佳的可行方法，于产生污染物的原地加以处理；

（b）应采取特殊预防措施，防止排放放射性或有毒废料。

13. 旨在预防、控制或限制自然灾害、虫害和病害的措施，应针对这些灾害的成因，并应避免对大自然产生有害的副作用。

实施

14. 本《宪章》载列的各项原则应列入每个国家的以及国际一级的法律中，并予实行。

15. 有关大自然的知识应以一切可能手段广为传播，特别是应进行生态教育，使其成为普通教育的一个组成部分。

16. 所有规划工作都应将拟订养护大自然的战略、建立生态系统的清单、评估拟议的政策和活动对大自然的影响等列为基本要素；所有这些要素都应以适当方式及时公告周知，以便得到有效的咨商和参与。

17. 应提供必要的资金、计划和行政机构以实现保护大自然的目的。

18. 应经常努力进行研究以增进有关大自然的知识，并不受任何限制地广为传播这种知识。

19. 应密切监测自然过程、生态系统和物种的状况，以便尽早察觉退化或受威胁情况，保证及时干预，并便利对养护政策和方法的评价。

20. 应避免进行损及大自然的军事活动。

21. 各国和有此能力的其他公共机构、国际组织、个人、团体和公司都应：

（a）通过共同活动和其他有关活动，包括交换情报和协商，合作进行养护大自然的工作；

（b）制定可能对大自然有不利影响的产品制作程序的标准，以及议定评估这种影响的方法；

（c）实施有关的养护大自然和保护环境的国际法律规定；

（d）确保在其管辖或控制下的活动不损害别国境内或国家管辖范围以外地区的自然系统；

（e）保护和养护位于国家管辖范围以外地区的大自然。

22. 在充分照顾到各国对其自然资源主权的情形下，每个国家均应通过本国主管机构并与其他国家合作，执行《宪章》的各项规定。

23. 人人都应当有机会按照本国法律个别地或集体地参加拟订与其环境直接有关的决定；遇到此种环境受损或退化时，应有办法诉请补救。

24. 人人有义务按照本《宪章》的规定行事；人人都应个别地或集体地采取行动，或通过参与政治生活，尽力保证达到本《宪章》的目标和要求。

三、《保护臭氧层维也纳公约》

臭氧层是地球和人类的保护伞，由于广泛使用氯氟碳化合物（CFCs）和哈龙，臭氧层遭到严重破坏，其结果是损害人类健康、危害农作物和生物资源、破坏生态系统、引起气候变化等。为了保护臭氧层，国际社会签订了一系列国际公约，如1985年3月通过、1988年9月生效的《保护臭氧层维也纳公约》和1987年9月通过、1989年1月生效的《关于消耗臭氧层物质的蒙特利尔议定书》及其修正案（1990年和1992年两次修正）。规定发达国家于1996年、发展中国家于2010年逐步淘汰40多种受控物质（ODS），由于这些多为基本化工原料，涉及的相关产品至少有数千种。

1976年，联合国环境规划署（UNEP）理事会第一次讨论了臭氧层破坏问题。在UNEP和世界气象组织（WMO）设立臭氧层协调委员会（CCOL）定期评估臭氧层破坏后，1977年召开了臭氧层专家会议。1981年开始就淘汰破坏臭氧层物质的国际协议进行政府间的内部讨论，并于1985年3月制定了《保护臭氧层维也纳公约》（以下简称《维也纳公约》）(*Vienna Convention for the Protection of the Ozone Layer*)

1985年《维也纳公约》鼓励政府间在研究、有计划地观测臭氧层、监督CFCs的生产和信息交流方面合作。该公约缔约国承诺针对人类改变臭氧层的活动采取普遍措施以保护人类健康和环境。《维也纳公约》是一项框架性协议，不包含法律约束的控制和目标。

该公约在前言中指出，臭氧层破坏给人类带来了潜在影响，并根据《联合国人类环境宣言》中的原则，呼吁各国采取预防措施，使本国内开展的活动不对全球环境造成破坏。同时呼吁各国加强该领域的研究。这里值得一提的是，该公约在前言中指出在保护臭氧层中应考虑发展中国家的特殊情况和要求，这实际上暗示了发达国家和发展中国家在处理全球环境问题上的合作原则，即1992年联合国环发大会所确定的"共同但有区别的责任"原则。

四、《关于消耗臭氧层物质的蒙特利尔议定书》

为实施《保护臭氧层维也纳公约》，控制和减少消耗臭氧层物质，《关于消耗臭氧层物质的蒙特利尔议定书》于1987年9月16日在蒙特利尔通过。1990年和1991年两次调整和修正，修正后的议定书于1992年8月20日生效。中国于1991年6月13日加入，于1992年8月20日对中国生效。议定书四个附件列举了受控物质和含受控物质的产品，规定了风险预防原则，并对受控物质的削减目标和时间表作了详细的规定。议定书还规定了履约监督程序和资金机制。为了纪念《关于消耗臭氧层物质的蒙特利尔议定书》（以下简称《蒙特利尔议定书》）的签署。1995年1月23日，联合国大会通过决议，确定从1995年开始，每年的9月16日为"国际保护臭氧层日"。

修订信息：2016年10月，《〈关于消耗臭氧层物质的蒙特利尔议定书〉基加利修正案》在卢旺达基加利，将氢氟碳化物（HFCs）纳入《蒙特利尔议定书》管控范围；2021年4月，习近平主席宣布，中国决定接受《〈关于消耗臭氧层物质的蒙特利尔议定书〉基加利修正案》，这是中国为全球臭氧层保护和应对气候变化作出的新贡献；2021年6月17日，中国常驻联合国代表团向联合国秘书长交存中国政府接受《〈关于消耗臭氧层物质的蒙特利尔议定书〉基加利修正案》的接受书。根据有关规定，修正案将于2021年9月15日对中方生效。

到2020年，公约及《蒙特利尔议定书》得到了全球198个国家的普遍参与，在各缔约方和国际社会的共同努力下，全世界成功淘汰了超过99%的消耗臭氧层物质（ODS）。预计到21世纪末将至少避免一亿例皮肤癌和数百万例白内障患者，实现巨大的环境效益和健康效益。议定书的履约实践已成为国际社会协力应对全球环境问题，推动构建人类命运共同体的典范。

三十多年来，中国认真履约，为臭氧层保护和温室气体减排作出了积极贡献。中国建立国家保护臭氧层领导小组，建成国家牵头，省、市、县三级联动的履约管理机制；颁布和实施《消耗臭氧层物质管理条例》等100多项法规和管理政策；先后实施化工生产、消防、制冷、泡沫、清洗、烟草等31项行业削减ODS计划，累计淘汰ODS超过28万吨。特别是2020年以来，中国克服新冠肺炎疫情影响，全面完成了各项履约工作任务。

2021年6月17日，中国常驻联合国代表团向联合国秘书长交存了中国政府接受《〈关于消耗臭氧层物质的蒙特利尔议定书〉基加利修正案》（以下简称《基加利修正案》）的接受书。该修正案将于2021年9月15日对我国生效（暂不适用于中国香港特别行政区）。《基加利修正案》于2016年10月15日在卢旺达基加利通过，将氢氟碳化物（HFCs）纳入《关于消耗臭氧层物质的蒙特利尔议定书》管控范围。HFCs是消耗臭氧层物质（ODS）的常用替代品，虽然本身不是ODS，但HFCs是温室气体，具有高全球升温潜能值（GWP）。《基加利修正案》通过后，《蒙特利尔议定书》开启了协同应对臭氧层耗损和气候变化的历史新篇章。中国政府高度重视保护臭氧层履约工作，扎实开展履约治理行动，取得积极成效。作为最大的发展中国家，虽然面临很多困难，但中国决定接受《基加利修正案》，并将为全球臭氧层保护和应对气候变化作出新贡献。

作为负责任的发展中国家，中国政府坚持共谋全球生态文明建设，积极参与全球环境治理进程。下一步，中国在履行公约和保护臭氧层方面将继续做出积极的努力。第一，坚持多边主义，维护生态环境领域全球合作。第二，严格落实履约各项任务，确保实现履约目标。第三，全面提升治理体系和治理能力现代化，为国际可持续履约贡献中国力量。

五、《控制危险废物越境转移及其处置巴塞尔公约》

随着工业的发展，危险废物的产生与日俱增，逐渐成为世界各国面临的主要公害。据统计，全世界每年产生的危险废物已从1947年的500万吨增加到5亿多吨，其中发达国家占95%。由于处置场地少，技术复杂，代价昂贵，特别是国内制定了严格的环保法规，加上民众环保意识较强，一些发达国家千方百计地将危险废物转移到发展中国家。危险废物越境转移对人类健康和生态环境造成灾难性的危害。为应对这一问题，1989年3月22日，在联合国环境规划署于瑞士巴塞尔召开的世界环境保护会议上通过了《控制危险废物越境转移及其处置巴塞尔公约》（Basel Convention on the Control of Transboundary Movements of Hazardous Wastes and Their Disposal），简称《巴塞尔公约》（Basel Convention），其1992年5月正式生效。1995年9月22日在日内瓦通过了《巴塞尔公约》的修正案。已有100多个国家签署了这项公约，中国于1990年3月22日在该公约上签字。公约控制的危险废物按来源分为18种，按成分分为27种。包括中国在内的64个公约缔约方于1994年通过一个决议，规定立即禁止向发展中国家出口以最终处置为目的的危险废物越境转移。从1998年起，以再循环利用为目的的危险废物出口也被禁止。

六、《联合国气候变化框架公约》

（一）《联合国气候变化框架公约》进程

20世纪80年代以来，人类逐渐认识并日益重视气候变化问题。为应对气候变化，1992年5月9日通过了《联合国气候变化框架公约》（以下简称《公约》）。《公约》于1994年3月21日生效。截至2021年7月，共有197个缔约方。中国于1992年11月7日经全国人大批准《联合国气候变化框架公约》，并于1993年1月5日将批准书交存联合国秘书长处。《公约》自1994年3月21日起对中国生效。《公约》自1994年3月21日起适用于澳门，1999年12月澳门回归后继续适用。《公约》自2003年5月5日起适用于香港特别行政区。

《公约》核心内容如下。

1. 确立应对气候变化的最终目标。《公约》第2条规定："本公约以及缔约方会议可能通过的任何法律文书的最终目标是：将大气温室气体的浓度稳定在防止气候系统受到危险的人为干扰的水平上。这一水平应当在足以使生态系统能够可持续进行的时间范围内实现。"

2. 确立国际合作应对气候变化的基本原则，主要包括"共同但有区别的责任"原则、公平原则、各自能力原则和可持续发展原则等。

3. 明确发达国家应承担率先减排和向发展中国家提供资金技术支持的义务。《公约》附件一国家缔约方（发达国家和经济转型国家）应率先减排。附件二国家（发达国家）应向发展中国家提供资金和技术，帮助发展中国家应对气候变化。

4.承认发展中国家有消除贫困、发展经济的优先需要。《公约》承认发展中国家的人均排放仍相对较低，因此在全球排放中所占的份额将增加，经济和社会发展以及消除贫困是发展中国家首要和压倒一切的优先任务。

主要历程如下。

1992年6月4日，《联合国气候变化框架公约》通过，1994年3月21日生效。自1995年3月28日首次缔约方大会在柏林举行以来，缔约方每年都召开会议（2020年例外）。

1997年12月11日，第三次缔约方大会在日本京都召开。149个国家和地区的代表通过了《京都议定书》，它规定从2008年到2012年，主要工业发达国家的温室气体排放量要在1990年的基础上平均减少5.2%。

2001年10月，第七次缔约方大会在摩洛哥马拉喀什举行。

2002年10月，第八次缔约方大会在印度新德里举行。会议通过的《德里宣言》，强调应对气候变化必须在可持续发展的框架内进行。

2003年12月，第九次缔约方大会在意大利米兰举行。

2004年12月，第十次缔约方大会在阿根廷布宜诺斯艾利斯举行。

2005年2月16日，《京都议定书》正式生效。

2005年11月，第十一次缔约方大会在加拿大蒙特利尔市举行。

2006年11月，第十二次缔约方大会在肯尼亚首都内罗毕举行。

2007年12月，第十三次缔约方大会在印度尼西亚巴厘岛举行，会议着重讨论"后京都"问题，即《京都议定书》第一承诺期在2012年到期后如何进一步降低温室气体的排放。15日，联合国气候变化大会通过了"巴厘路线图"，启动了加强《公约》和《京都议定书》全面实施的谈判进程，致力于在2009年年底前完成《京都议定书》第一承诺期2012年到期后全球应对气候变化新安排的谈判并签署有关协议。

2008年12月，第十四次缔约方大会在波兰波兹南市举行。2008年7月8日，八国集团领导人在八国集团首脑会议上就温室气体长期减排目标达成一致。八国集团领导人在一份声明中说，八国寻求与《联合国气候变化框架公约》其他缔约国共同实现到2050年将全球温室气体排放量减少至少一半的长期目标，并在公约相关谈判中与这些国家讨论并通过这一目标。

2009年12月7日，第十五次缔约方会议暨《京都议定书》第5次缔约方会议在丹麦首都哥本哈根召开，这一会议也被称为哥本哈根联合国气候变化大会。

2018年4月30日，《联合国气候变化框架公约》（UNFCCC）框架下的新一轮气候谈判在德国波恩开幕，缔约方代表就进一步制定实施气候变化《巴黎协定》的相关准则展开谈判。

2021年10月31日，联合国气候变化框架公约缔约方大会第二十六次会议在英国格拉斯哥开幕。大会达成决议文件，就《巴黎协定》实施细则达成共识。

（二）《京都议定书》及其修正案

为加强《公约》实施，1997年《公约》第三次缔约方会议通过《京都议定书》（以下简称《议定书》）。《议定书》于2005年2月16日生效。截至2021年7月，共有192个缔约方。我国于1998年5月29日签署并于2002年8月30日核准《议定书》，《议定书》于2005年2月16日起对中国生效。《议定书》于2005年2月16日起适用于香港特别行政区，2008年1月14日起适用于澳门特别行政区。

2012年多哈会议通过包含部分发达国家第二承诺期量化减限排指标的《〈京都议定书〉多哈修正案》。第二承诺期为期8年，于2013年1月1日起实施，至2020年12月31日结束。2014年6月2日，中国常驻联合国副代表王民大使向联合国秘书长交存了中国政府接受《〈京都议定书〉多哈修正案》的接受书。2020年12月31日，《〈京都议定书〉多哈修正案》正式生效。

《议定书》主要内容如下。

1. 附件一：国家整体在2008年至2012年应将其年均温室气体排放总量在1990年基础上至少减少5%。欧盟27个成员国、澳大利亚、挪威、瑞士、乌克兰等37个发达国家缔约方和一个国家集团（欧盟）参加了第二承诺期，整体在2013年至2020年承诺期内将温室气体的全部排放量从1990年水平至少减少18%。

2. 减排多种温室气体。《议定书》规定的有二氧化碳（CO_2）、甲烷（CH_4）、氧化亚氮（N_2O）、氢氟碳化物（HFCs）、全氟化碳（PFCs）和六氟化硫（SF_6）。《多哈修正案》将三氟化氮（NF_3）纳入管控范围，使受管控的温室气体达到7种。

3. 发达国家可采取"排放贸易""共同履行""清洁发展机制"三种"灵活履约机制"作为完成减排义务的补充手段。

（三）《巴黎协定》

2011年，气候变化德班会议设立"加强行动德班平台特设工作组"，即"德班平台"，负责在《公约》下制定适用于所有缔约方的议定书、其他法律文书或具有法律约束力的成果。德班会议同时决定，相关谈判需于2015年结束，谈判成果将自2020年起开始实施。

2015年11月30日至12月12日，《公约》第二十一次缔约方大会暨《议定书》第十一次缔约方大会（气候变化巴黎大会）在法国巴黎举行。包括中国国家主席习近平在内的150多位国家领导人出席大会开幕活动。巴黎大会最终达成《巴黎协定》，对2020年后应对气候变化国际机制作出安排，标志着全球应对气候变化进入新阶段。截至2021年7月，《巴黎协定》签署方达195个，缔约方达191个。中国于2016年4月22日签署《巴黎协定》，并于2016年9月3日批准《巴黎协定》。2016年11月4日，《巴黎协定》正式生效。

2018年12月，《公约》第二十四次缔约方大会、《议定书》第十四次缔约方大会暨《巴黎协定》第一次缔约方会议第三阶段会议在波兰卡托维兹举行。经艰苦谈判，会议按计划通过《巴黎协定》实施细则一揽子决议，就如何履行《巴黎协定》"国家自主贡献"及其减缓、适应、资金、技术、透明度、遵约机制、全球盘点等实施细节作出具体安排，就履行协定相关义务分别制定细化导则、程序和时间表等，就市场机制等问题形成程序性决议。

《公约》第二十五次缔约方大会于2019年12月在西班牙马德里举行，智利为主席国。《公约》第二十六次缔约方大会于2021年11月在英国格拉斯哥举行。

《巴黎协定》主要内容如下。

1. 长期目标。重申2℃的全球温升控制目标，同时提出要努力实现1.5℃的目标，并且提出在21世纪下半叶实现温室气体人为排放与清除之间的平衡。

2. 国家自主贡献。各国应制定、通报并保持其"国家自主贡献"，通报频率是每五年一次。新的贡献应比上一次贡献有所加强，并反映该国可实现的最大力度。

3. 减缓。要求发达国家继续提出全经济范围绝对量减排目标，鼓励发展中国家根据自身国情逐步向全经济范围绝对量减排或限排目标迈进。

4. 资金。明确发达国家要继续向发展中国家提供资金支持，鼓励其他国家在自愿基础上出资。

5. 透明度。建立"强化"的透明度框架，重申遵循非侵入性、非惩罚性的原则，并为发展中国家提供灵活性。透明度的具体模式、程序和指南将由后续谈判制订。

6. 全球盘点。每五年进行定期盘点，推动各方不断提高行动力度，并于2023年进行首次全球盘点。

七、《生物多样性公约》

（一）概述

《生物多样性公约》（Convention on Biological Diversity）是一项保护地球生物资源的国际性公约，于1992年6月1日由联合国环境规划署发起的政府间谈判委员会第七次会议在内罗毕通过，1992年6月5日，由签约国在巴西里约热内卢举行的联合国环境与发展大会上签署。公约于1993年12月29日正式生效。常设秘书处设在加拿大的蒙特利尔。联合国《生物多样性公约》缔约方大会是全球履行该公约的最高决策机构，一切有关履行《生物多样性公约》的重大决定都要经过缔约方大会的通过。

自1994年起，每两年数千名来自不同国家的代表齐聚缔约方大会，讨论如何保护生物多样性。中国于1992年6月11日签署该公约。公约于1993年12月29日对中国生效。公约适用于香港、澳门特别行政区。2016年12月，中国获得了2020年第十五次缔约方大会主办权。

（二）发展历程

1972年，在斯德哥尔摩召开的联合国人类环境会议决定建立联合国环境规划署，各国政府签署了若干地区性和国际协议以处理如保护湿地、管理国际濒危物种贸易等议题，这些协议与管制有毒化学品污染的有关协议一起减慢了破坏环境的趋势，尽管这种趋势并未被彻底扭转，例如，关于捕猎、挖掘和倒卖某些动物和植物的国际禁令和限制已经减少了滥猎、滥挖和偷猎行为。

1987年，世界环境和发展委员会（Brundtland委员会）得出了发展经济必须减少破坏环境的结论，这份划时代的报告题为《我们共同的未来》。它指出，人类已经具备实现自身需要并且不以牺牲后代实现需要为代价的可持续发展的能力；报告同时呼吁"一个健康的、绿色的经济发展新纪元"。

1992年，在巴西里约热内卢召开了由各国国家领导人参加的最大规模的联合国环境与发展大会，在此次"地球峰会"上，签署一系列有历史意义的协议，包括两项具有约束力的协议：《联合国气候变化框架公约》和《生物多样性公约》。前者目标是工业和其他诸如CO_2等温室效应气体排放；后者是第一项生物多样性保护和可持续利用的全球协议，《生物多样性公约》快速获得广泛接纳。

2016年3月，国务院批准我国申办COP15大会；同年12月，在墨西哥坎昆召开的COP13大会批准了我国的申请。2018年年底，生态环境部组织对北京、海口、昆明、成都4个办会备选城市进行了考察调研。云南省委、省政府对此高度重视，积极向国家争取大会在昆明举办。综合考虑这几个城市的生物多样性、气候和环境空气质量等因素，2019年2月13日，中国生物多样性保护国家委员会会议确定COP15大会的举办地为云南省昆明市。

2019年9月3日，中国生态环境部部长李干杰与《生物多样性公约》执行秘书克里斯蒂娜·帕斯卡·帕梅尔在北京共同发布《生物多样性公约》第十五次缔约方大会（COP15）主题——"生态文明：共建地球生命共同体"（Ecological Civilization: Building a Shared Future for All Life on Earth）。这也是联合国各环境公约缔约方大会首次以"生态文明"为主题，彰显了习近平生态文明思想的鲜明世界意义。这一主题顺应了世界绿色发展潮流，表达了全世界人民共建共享地球生命共同体的愿望和心声。确定这一主题旨在倡导推进全球生态文明建设，强调人与自然是生命共同体，尊重自然，顺应自然和保护自然。努力达成公约提出的到2050年实现生物多样性可持续利用和惠益分享，对实现"人与自然和谐共生"美好愿景具有重要作用。此次公布的缔约方大会主题体现了中国政府推动全球生物多样性保护的主人翁意识和责任意识，对推进全球生物多样性保护、实现全球可持续发展具有重要意义，中国已经在生物多样性保护以及推进生态文明建设方面取得了巨大成功,包括创建了绿色发展倡议,设立了生态红线制度。

联合国《生物多样性公约》(CBD)日内瓦会议暨《2020后全球生物多样性框架》不限成员名额工作组(WG2020-3)会议的续会,暨科学、技术和工艺咨询附属机构第二十四次会议(SBSTTA 24)、执行问题附属机构第三次会议(SBI 3)于2022年3月14—29日在瑞士日内瓦召开。

历届《生物多样性公约》缔约方大会的情况参见表1。

表1 《生物多样性公约》缔约方大会

缔约方大会	主要内容
第一次一般性会议(1994)	财务机制指南,中期工作计划
第二次一般性会议(1995)	海洋和海岸生物多样性,遗传资源的获得,生物多样性的保护和可持续利用,生物安全
第三次一般性会议(1996)	农业生物多样性,财务来源和机制,鉴别、监测和评价,知识产权
第四次一般性会议(1998)	内陆水域生态系统,执行公约的总结,公约第8条j款和相关问题(传统知识)
第五次一般性会议(2000)	旱地、地中海、干旱、半干旱、草原和热带草原生态系统,可持续利用(含旅游业),遗传资源的获取
第六次一般性会议(2002)	森林生态系统,外来物种,惠益共享,2002—2010年战略计划
第七次一般性会议(2004)	山地生态系统,保护区,技术转让和技术合作
第八次一般性会议(2006)	具体执行对转基因生物进出口的管理,保护生物多样性和人体的健康不受潜在的威胁
第九次一般性会议(2008)	遗传资源获取和惠益分享,气候变化与生物多样性
第十次一般性会议(2010)	制定未来十年保护生物多样性的战略计划,合理利用生物资源
第十一次一般性会议(2012)	会议审议了《2011—2020年生物多样性战略计划》的执行情况及实现爱知生物多样性目标所取得的进展、资源筹集、生物多样性和气候变化、海洋和沿海生物多样性等议题
第十二次一般性会议(2014)	主题:"生物多样性的可持续发展"
第十三次一般性会议(2016)	主题:"为了人类福祉:推进生物多样性保护和可持续利用主流化"
第十四次一般性会议(2018)	主题:"为人类和地球福祉保护生物多样性"
第十五次一般性会议(2020)	主题:"生态文明:共建地球生命共同体"

八、《联合国防治荒漠化公约》

《联合国防治荒漠化公约》(*United Nations Convention to Combat Desertification*,UNCCD)

是联合国制定的防治荒漠化公约，全称为《联合国关于在发生严重干旱和/或荒漠化的国家特别是在非洲防治荒漠化的公约》。该公约的宗旨是，在发生严重干旱和/或荒漠化的国家，尤其是在非洲，防治荒漠化，缓解干旱影响，以期协助受影响的国家和地区实现可持续发展。公约的核心目标是由各国政府共同制定国家级、次区域级和区域级行动方案，并与捐助方、地方社区和非政府组织合作，以应对荒漠化的挑战。履约资金匮乏、资金运作机制不畅，一直是困扰该公约发展的难题。

1994年6月17日，《联合国防治荒漠化公约》在法国巴黎外交大会通过。

1996年12月26日，《联合国防治荒漠化公约》生效，中国于1994年10月14日签署该公约，并于1997年2月18日交存批准书。公约于1997年5月9日对中国生效，从1997年至2001年，每年举行一届公约缔约方大会。从2002年以后，每两年举行一届缔约方大会。公约履约审查委员会每年举行一届会议。

2005年5月2日至11日，公约履约审查委员会第3次会议在德国波恩举行，审查了非洲国家的履约情况。该次会议的主要议题包括：审议履约审查委员会第一次会议（CRICI）的报告和科技委员会的建议；审议2004—2005年两年期预算；讨论"可持续发展问题世界首脑会议"与公约有关的成果等。由中国国家林业局副局长祝列克任团长的中国代表团出席了该次会议。祝列克团长在高级别会议上介绍了中国在防治荒漠化方面采取的措施和取得的成就，并表示将进一步加强国际合作。中国肯定履约审查委员会的工作，敦促发达国家真诚履行其义务；并要求协调好公约现有资金机制——"全球机制"和全球环境基金的工作。在预算问题上，中国主张缔约方会议尽快就经费等问题作出决定，以加强区域协调办事处（RCU）的作用。中国支持采取有效措施落实"可持续发展问题世界首脑会议"与公约有关的成果。

2005年10月17—28日，《联合国防治荒漠化公约》第七次缔约方大会（COP7）在肯尼亚首都内罗毕召开。其间还召开了高级别会议、履约审查委员会第四次会议、科技委员会第七次会议和议员圆桌会议。由中国国家林业局副局长李育才任团长，外交部、国家林业局、国家环保总局相关同志组成的中国代表团出席了会议。

2019年2月26日，《联合国防治荒漠化公约》第十三次缔约方大会第二次主席团会议在贵阳举行。联合国防治荒漠化公约执行秘书易卜拉欣·蒂奥对贵州经济发展和石漠化治理取得的成就表示赞赏："贵州在石漠化治理上积累了很多好的经验和做法，非常值得学习借鉴。"美国国家航天局研究结果表明，全球从2000年到2017年新增的绿化面积中，约1/4来自中国，中国贡献比例居全球首位。

2019年9月2日，《联合国防治荒漠化公约》第十四次缔约方大会在印度首都新德里拉开帷幕，近两周的会议重点探讨土地退化和沙漠化问题。

2022年5月9日，《联合国防治荒漠化公约》第十五次缔约方大会（COP15）在西非国家科特迪瓦经济首都阿比让开幕。此次会议为期两周,主题为"土地、生命、传承:从匮乏到富足",重点讨论从现在到2030年期间10亿公顷退化土地的恢复问题。会议期间还组织干旱与土地可持续治理领导人峰会和相关部长级会议,邀请非洲多国元首、政要和企业家等代表,对气候变化、荒漠化及生物多样性等问题进行讨论。

九、《卡塔赫纳生物安全议定书》

《生物多样性公约卡塔赫纳生物安全议定书》,简称《卡塔赫纳生物安全议定书》(Cartagena Protocol on Biosafety)或《生物安全议定书》,其具体侧重点为凭借现代生物技术获得的、可能对生物多样性的保护和可持续使用产生不利影响的任何改性活生物体的越境转移问题。2000年1月29日,《生物多样性公约》缔约方大会通过了《卡塔赫纳生物安全议定书》。该议定书的目标是保护生物多样性不受由转基因活生物体带来的潜在威胁。它建立了事先知情同意(AIA)程序,以确保各国在批准这些生物体入境之前,能够获得作出决定所必需的信息。该协定书也确定了预先防范原则,并重申了里约热内卢环境与发展大会声明关于"预先防范"的第15原则。该议定书建立了生物安全信息交换所,以便就转基因活生物体交换信息,并协助各国实施议定书。《生物安全议定书》是管理转基因生物越境转移的国际性法律框架,于2003年9月生效。

中国于2000年8月8日签署了该议定书。2005年4月27日,国务院决定核准《生物多样性公约卡塔赫纳生物安全议定书》;核准书由国务院总理签署,具体手续由外交部办理。我国于2005年9月6日正式成为议定书缔约方。

转基因技术及其产品迅猛发展的同时也有可能对生物多样性、生态环境和人类健康构成潜在的风险与威胁,一旦出现差错,可能造成灾难性的后果:造成基因污染和破坏生态平衡;产生新的毒性或过敏物质,或扩大了寄主范围,导致病毒灾难性的泛滥;转基因活体及其产品有可能降低动物乃至人类的免疫能力,从而对其健康、安全乃至生存产生影响。

为了防范基因改造生物(Genetically Modified Organism,GMO)对生物安全的影响,规范越境转移问题,《卡特赫纳生物安全议定书》对转基因产品的越境转移的各个方面都作出了明确的规定。这些规定对国际贸易和投资的影响是巨大的:实行风险评估对国际贸易有负面影响;提前知情同意程序规定使得进口程序更加复杂和烦琐,审批的时间较长,一般为270天;资料评估为进口国控制GMOs进口提供了借口,进口方可因资料不完备或缺少可靠和充分的科学依据而拒绝进口或推迟作出进口决定;实行GMO加贴标签制度会增加进口国公众对GMOs及其产品的心理恐惧,从而导致某些GMO产品国际贸易量的下降甚至退出国际市场。另外,一旦采纳赔偿责任和补救措施,对进口方来说是能保护合法权益,但对出口方则是极为不利的。预计进口国与主要出口国将在这一领域展开较量。同时,议定书的签订将大大促进非 GMO 产品有机食品的国际贸易，特别是给绿色—有机食品国际贸易的发展创造了千载难逢的机遇。

中国是生物多样性大国，更是一些重要作物（如大豆及水稻）的生物多样性中心，可是，中国也是进口转基因农作物的主要国家。为此，绿色和平一直呼吁及游说中国尽快加入议定书，并引用议定书的内容对进口转基因生物进行严格管理。加入议定书也意味着中国有义务履行议定书的内容，这将对我国的生物安全管理提出不少挑战，例如对转基因生物进行严格的风险评估、风险管理和增加决策的透明度和公众参与。

十、《世界环境公约》

《世界环境公约》是由法国顶尖法律智库"法学家俱乐部"（The Club des Juristes）发起的，由其环境委员会（Environmental Commission）及委员会主席 Yann Aguila 具体负责的公约，旨在通过确立环境保护的基本原则来巩固全球环境治理的框架。2018 年 5 月 11 日，联合国大会投票通过一项决议，为制定《世界环境公约》建立框架。

该项目缘起于 2015 年气候变化巴黎大会之后，法国法律界人士希望在全球有效实施《巴黎协定》和联合国可持续发展目标。Yann Aguila 先生领导的项目组建立了国际委员会和全球专家网络，联合全球近 40 个国家和地区的约 80 名法学界人士起草。经过多轮磋商后，形成了《世界环境公约》（草案），提交专家组内部会议讨论定稿并通过。《世界环境公约》的目标是成为一项具有法律约束力的公约，旨在通过确立环境保护的基本原则来巩固全球环境治理的框架。项目组期待，该草案能够通过世界各国法学专家的共同努力，获得联合国大会的通过。

从 2017 年 6 月的版本来看，该公约草案文本共包含 26 项条款，重申了"谁污染谁付费"原则、公民享受健康生态环境的权利等，并强调了非国家行为主体的重要角色。最大的意义是环境权的提出。

发展历史

2016 年 7 月，法比尤斯先生提出要搞一个《世界环境公约》。Yann 领导的法学家俱乐部和法比尤斯进行了讨论，决定起草一个文件。当时有多种不同的想法。当时想过几种方案，一是建议制定《世界环境公约》，但是不提供草案；二是提供草案。在法语中这个叫作"劣势文本"，供未来被各方不断修改、充实入新的内容。

2017 年 6 月 1 日，美国总统特朗普宣布美国退出《巴黎协定》。

2017 年 6 月 23—24 日，在法国巴黎索邦大学举行了"《世界环境公约》起草专家组内部会议"。会议主席是曾任 2015 年巴黎气候变化大会主席的法国宪法委员会主席法比尤斯（Laurent Fabius），他在会上正式将该草案提交总统马克龙。来自法国和世界各界人士 400 余人参加了此次会议。会议成果是,确定了《世界环境公约》(草案)。在闭幕致辞中马克龙明确表示,他将把这个公约草案带去9月举办的联合国大会。

2017年7月底,中国绿发会召开会议研究《世界环境公约》(草案)。并号召学界多关注这个公约草案。

2017年9月19日,我国外交部长王毅出席了在纽约联合国总部举办的《世界环境公约》主题峰会。

当地时间2018年5月11日,联合国大会投票通过一项决议,为制定《世界环境公约》建立框架。该决议由法国总统马克龙2017年9月提出。联合国193个成员国中,143个投了赞成票,美国、俄罗斯、叙利亚、土耳其和菲律宾5个国家反对;7个国家弃权,其中包括伊朗。

(本部分由娄伟负责编写)

生态补偿与生态赔偿

生态补偿

中国生态补偿工作综述

生态补偿机制是以保护生态环境、促进人与自然和谐为目的，根据生态系统服务价值、生态保护成本、发展机会成本，综合运用行政和市场手段，调整生态环境保护和建设相关各方之间利益关系的一种制度安排。主要针对区域性生态保护和环境污染防治领域，是一项具有经济激励作用、与"污染者付费"原则并存、基于"受益者付费和破坏者付费"原则的环境经济政策。

从世界范围看，生态补偿的概念为中国特有，在国外相类似的概念是"生态系统服务付费"（Payment for Ecosystem Services，PES）。目前部分国家已有生态系统服务付费的成功范例。需要说明的是，中国实行自然资源国家所有制（即全民所有制），为此多数场合下国家是提供生态系统服务的自然环境要素的所有权主体，同时也是依靠自然资源获益的主体。为此，代表国家行使自然资源管理权和收益权的各级人民政府，在不同生态系统条件下既可能成为生态补偿的支付者，也可能成为生态补偿的受偿者。此外，个人只在少数场合下可能成为生态补偿的支付者（如作为环境税和消费税的缴纳主体），多数场合下他们只会成为生态补偿的受偿者。另外，从侵权责任法的意义上讲，因违法行为破坏生态环境给国家造成重大损失或者侵害当事人合法权益以及依照法律规定应当承担民事赔偿责任等情形，都不属于生态补偿活动的范畴。

一、中国生态补偿机制建设背景

（一）国内生态环境问题日益严峻

从1978年到2000年，随着改革开放的不断深化，工业化进程的不断深入，我国逐渐进入重化工时代。由于以往粗放型增长为主要特点的经济结构没有得到有效调整，经济社会发展与资源环境的矛盾日益突出。尽管相关法律法规的出台从一定程度上遏制了环境逐渐恶劣的趋势，但因对环境问题认识不到位，一些地方政府对环境恶化状况、环境治理成本和治理难度缺乏正确认识，仍将其视为发展的必然结果，继续采取先污染、后治理或边污染、边治理的发展道路，使得政策法规起效甚微，这一时期提出的部分环境治理目标也未能实现，工业污染和生态破坏加剧，流域性和区域性污染开始出现。直至2005年中共十六届五中全会，建立生态补偿制度才被首次提出。鉴于我国土地、淡水、能源、矿产资源和环境状况对经济发展已构成严重制约，以及其他生态环境问题，会议明确提出，要按照谁开发谁保护、谁受益谁补偿的原则，加快建立生态补偿机制，切实保护好自然生态，促进经济发展与人口、资源、环境相协调。

（二）社会主义市场经济优势不断显现

改革开放以来，我国经济开始进入飞速发展的时期，尽管这一时期中环境问题开始显现，但市场在资源配置上的有效性得到了广泛的认可。我国作为社会主义市场经济体，同时有着有效市场和有为政府的两种优势，在充分利用市场灵活性和高效率性等特点配置资源的同时，适时发挥政府的宏观引导作用，可以有效克服市场失灵的问题，更好推进长期经济计划的执行，使社会合理配置社会资源，促进经济全面协调可持续发展。

宪法规定了国家保障自然资源的合理利用、保护和改善环境以及防治污染的义务，赋予了国家对自然资源的所有权。一方面，义务和权利的明晰为国家建立生态补偿机制来保护生态环境确立了合法地位；另一方面，资源所有权的明确为利用政府统筹、市场经济手段进行环境治理奠定了必要基础。我国早期的环保工作主要靠法律法规和各项制度来推进，通过行政命令的方式让社会各方参与到环境保护中，但这种具有强制性的方式缺乏长久性和可持续性，无法调动参与方的积极性。我国幅员辽阔，东西南北生态环境各有特点，资源禀赋各有千秋，中央很难通过一纸文件统筹治理所有生态问题。地方政府虽可因地制宜制定政策，但可能出现因各地制度不同很难进行跨区域、跨流域的协同治理的现象。因此，通过建立生态补偿机制，在政府的长期规划和宏观引导下，可以充分发挥市场优势，利用激励、惩罚等措施来提高社会主动参与的积极性，并且更高效、合理地配置资源来实现区域协同治理。

（三）对外交流与国际合作逐渐增多

1972年6月联合国第一次人类环境会议召开，自此我国开始认识到国内切实存在的环境问题。随后，根据污染者付费理念，我国引进了国外的排污收费制度，并于1979年9月，颁布我国第一部环境保护法律《中华人民共和国环境保护法（试行）》，明确污染防治的谁污染谁治理原则，在法律上确立了排污收费制度。

1992年6月，联合国环境与发展大会召开，我国对履行《21世纪议程》等文件作出了庄严承诺，并在两个月后国务院批准通过《中国环境与发展十大对策》，文件中提出运用经济手段保护环境，并进一步完善适应社会主义市场经济要求的环保法律、法规、管理制度和标准。两年后，我国根据《21世纪议程》制定了《中国21世纪议程——中国21世纪人口、环境与发展白皮书》，继续强调运用市场机制和政府宏观调控相结合的手段，促进资源合理配置，充分运用经济、法律、行政手段实行资源的保护、利用和增值。

二、中国生态补偿机制建构过程

从生态补偿的概念来说，早在新中国成立初期我国就已出台有关政策，如提出设立育林基金等。此后，中央和地方政府陆续出台的相关法律法规和规章制度也对生态补偿有所体现，如1979年施行的第一部环境法——《中华人民共和国环境保护法（试行）》中规定，超过国家规定的标准排放污染物，要按照排放污染物的数量和浓度，根据规定收取排污费；云南省于1983年对磷矿开采征生态补偿费等。虽然生态补偿的思想一直在有关政策中不断体现，但生态补偿机制首次正式提出是在2005年中共十六届五中全会，会议要求按照谁开发谁保护、谁受益谁补偿的原则，加快建立生态补偿机制。2005年，《国务院关于落实科学发展观加强环境保护的决定》（国发〔2005〕39号）提出：要完善生态补偿政策，尽快建立生态补偿机制。中央和地方财政转移支付应考虑生态补偿因素，国家和地方可分别开展生态补偿试点。

2007年，环境保护总局印发的《关于开展生态补偿试点工作的指导意见》（环发〔2007〕130号）进行了响应，探索建立了自然保护区、重要生态功能区、矿产资源开发、流域水环境保护等生态补偿机制，开始试点。而首次明确要系统完整地建立生态补偿制度是在2013年党的十八届三中全会。

经过近十年的试点，制度成形，但收效甚微，生态保护补偿的范围小、标准低，保护者和受益者缺乏良性互动。于是，2016年5月，《国务院办公厅关于健全生态保护补偿机制的意见》（国办发〔2016〕31号）出台，根据"谁受益、谁补偿"原则，明确了责任主体、目标任务以及补偿办法。

随后，河南、吉林、湖北、山西、陕西、四川、广东、海南、广西、北京、天津等多省市纷纷印发实施意见。

2018年，发改委牵头的六部委和人民银行联合下发了《建立市场化、多元化生态保护补偿机制行动计划》，这份计划是在党的十九大机构改革出台的，旨在落实相关改革举措，各种自然资源属于国家，全民共有，生态受益者要对保护者进行补偿，对减排、节水、降碳等生态保护行为都应通过市场化的手段进行补偿，后续便有了各种交易平台。

之后2019年，发改委又印发了《生态综合补偿试点方案》，选了50个县搞试点，创新生态补偿资金使用方式，拓宽资金筹集渠道，调动各方参与生态保护的积极性，转变生态保护地区的发展方式，增强自我发展能力，提升优质生态产品的供给能力，实现生态保护地区和受益地区的良性互动。

回顾我国整个生态补偿机制建构过程，若以1981年首次提出以经济杠杆治理污染，2005年中共十六届五中全会和2013年中共十八届三中全会为时间节点，可以将其分为以下四个时期。

（一）萌芽期（1949—1981）

在这一时期里，我国重点任务在于发展国民经济，解决人民温饱问题，整体环境工作尚处于萌芽阶段，虽然环境工作的重要性日益显现，但这些问题大多被视为经济发展的必然结果，地方政府虽鲜有提出生态补偿相关的实践工作，但开始有意识地将"谁保护，谁受益"的原则纳入实际工作中。如成都市就青城山乱砍滥伐现象，将青城山景区门票收入的30%用于保护山林资源，弥补由于护林人员工资不到位导致的监管不足。

经济基础决定上层建筑，尽管生态补偿的思想在部分法律文件、政策规章上有所体现，但涵盖领域不全，主要针对林业资源和工业"三废"问题。其中林业领域主要通过育林基金的形式展开，如1953年我国在东北国有林区设立育林基金之后，又分别于1962年和1964年，开始对国有林征收每立方米10元的育林基金，并将集体林的林业资源分为甲乙两种分别征收育林基金。《森林保护条例》也于1963年出台，要求在当年或者次年内对采伐的森林按国家标准进行更新。同时，为解决黄河流域的水土流失问题，《国务院关于黄河中游地区水土保持工作的决定》于1963年4月出台，要求对山区伐木切实执行"谁采伐、谁更新"规定，并贯彻"谁治理、谁受益、谁养护"的原则，对管理养护水土保持工程设施的劳动制定合理的劳动定额，并给予应得的劳动报酬。

在工业"三废"问题上，按时间顺序先后出台了《中华人民共和国防止沿海水域污染暂行规定》、《环境保护工作汇报要点》以及《中华人民共和国环境保护法（试行）》。其中1979年9月颁布实施的《中华人民共和国环境保护法（试行）》首次以法律形式明确排污费制度，设立谁污染谁治理的污染治理原则。1981年2月，国务院出台《国务院关于在国民经济调整时期加强环境保护工作的决定》。该决定肯定了环境和自然资源的重要性，谈及了以往对环境问题认识得不到位和经济工作中的失误，并进一步指出国内环境污染和生态失衡已相当严重，强调按照"谁污染、谁治理"的原则，让工厂企业及其主管部门切实负起治理污染的责任，提出利用经济杠杆来促进企业治理污染，如对超标排放的污染物征收排污费等。

（二）探索期（1982—2005）

这一时期里，随着改革开放的不断深入，工业化、城镇化进程不断加快，由于环境保护意识欠缺，人们对经济发展和环境保护之间关系认识得不到位，我国环境问题逐渐显现，各类资源对经济发展的约束压力不断上升。同时，也正因为改革开放的不断进行，我国逐渐与国际接轨，社会主义市场经济不断发展完善，生态补偿的思想也渐渐进入人们视野，生态补偿机制的推广基础也得以奠定，中央对生态补偿的应用也逐渐从针对工业三废的治理上升到建立健全这种制度安排。如1992年8月，根据联合国环发大会精神以及我国实际环境情况《中国环境与发展十大对策》发布，强调要运用经济手段保护环境，并进一步完善适应社会主义市场经济要求的环保法律、法规、管理制度和标准。

在实际工作中，相关配套措施不断跟进，相关法律法规陆续出台、修订，为应用生态补偿来治理环境问题保护自然资源提供了法律保障。以1989年国家林业部门召开有关森林自然保护区生态效益补偿的研讨会为标志，建立生态效益补偿机制的历史进程正式开始。代表性的政府文件有1990年12月发布的《国务院关于进一步加强环境保护工作的决定》、1996年8月发布的《国务院关于环境保护若干问题的决定》等。两者均强调按照"谁开发谁保护，谁破坏谁恢复，谁利用谁补偿"以及"开发利用与保护增殖并重"的原则，其中后者进一步提出"污染者付费、利用者补偿"的原则，要求制定、完善促进环境保护、防止环境污染和生态破坏的经济政策和措施，并首次提出建立并完善有偿使用自然资源和恢复生态环境的经济补偿机制。法律的出台修订如下。1984年颁布实施的《中华人民共和国水污染防治法》，在原《环境法》的基础上将水体排污费从工业企业拓展到所有企事业单位，并进一步以法律的形式明确了超标排放的要肩负治理责任。1986年《中华人民共和国矿产资源法》颁布施行，以法律形式首次明确规定若开采矿产时对耕地、草原、林地造成破坏的，企业应对此进行修复。1998年《中华人民共和国森林法》修订审议通过，第一次以法律形式确定设立森林生态效益补偿，用于对提供生态效益的防护林和特种用途林的森林资源、林木的营造、抚育、保护和管理。2002年8月《中华人民共和国水法》修订审议通过，首次以法律形式确立对因违反规划造成江河和湖泊水域出现生态问题的，应当承担治理责任。2004年8月，《中华人民共和国野生动物保护法》修订，在原有基础上新增对因保护野生动物而对当地农作物或其他造成损失的，由当地政府给予补偿。

此外，以退耕还林为代表的试点工作开始进行，中央也开始逐步推进大型生态补偿工程项目建设。继1983年云南省率先对矿产资源征收生态环境补偿费后，国务院于1993年批准在内蒙古包头和晋陕蒙接壤地区能源基地实行生态环境补偿费政策。随后又于1999年8月至10月，先后视察陕西、云南、四川、甘肃、青海、宁夏，统筹考虑加快生态环境建设、实现可持续发展和解决粮食库存积压等多种目标，提出"退耕还林（草）、封山绿化、以粮代赈、个体承包"总体措施，并在四川、山西、甘肃开展退耕还林试点工作，并于2001年11月20日召开全国森林生态效益补助资金试点启动工作会。6日后，财政部下发《森林生态效益补助资金管理办法》，森林生态效益补助资金开始正式有效实行。与此同时，《关于进一步做好退耕还林还草试点工作的若干意见》《关于进一步完善退耕还林政策措施的若干意见》《退耕还林条例》等相继出台，为更好明确退耕还林试点工作中的责任，落实严格管理，就退耕还林试点工作中出现的问题进行了进一步规范，并明确在两年试点工作的基础上，加快实行"退耕还林、开仓济贫"。随后财政部和国家林业局联合印发《中央森林生态效益补偿基金管理办法》，对中央财政补偿基金管理进一步规范和加强。相比2001年印发的《森林生态效益补助资金管理办法》，此文件对资金补助范围和标准进一步细化：每年每亩5元，其中4.5元用于补偿性支出，0.5元用于森林防火等公共管护支出。

同时，矿产资源开发及其他生态环境问题也得到进一步重视。2005年9月，国务院为全面整顿和规范矿产资源开发秩序，发布《国务院关于全面整顿和规范矿产资源开发秩序的通知》。其中提出，要探索建立矿山生态环境恢复补偿制度，按照"谁破坏、谁恢复"的原则，明确环境治理责任，按照"谁投资、谁受益"的原则，对废弃矿山和老矿山的生态环境恢复与治理，并进一步呼吁财政部、国土资源部等部门尽快制定矿山生态环境恢复的经济政策，积极推进矿山生态环境恢复保证金制度等生态环境恢复补偿机制。同年10月，中共十六届五中全会鉴于我国土地、淡水、能源、矿产资源和环境状况对经济发展已构成严重制约，以及其他生态环境问题，首次提出建立生态补偿制度。同时进一步明确提出，要按照谁开发谁保护、谁受益谁补偿的原则，加快建立生态补偿机制，切实保护好自然生态，促进经济发展与人口、资源、环境相协调。两个月后，国务院颁布《关于落实科学发展观加强环境保护的决定》，强调必须把环境保护摆在更加重要的战略位置，指出当前存在的严峻环境问题和环境保护的法规制度落后的问题，提出要完善生态补偿政策，尽快建立生态补偿机制，国家和地方可分别开展生态补偿试点。

（三）发展期（2006—2013）

随着各类环境保护工作的开展，生态补偿试点工作的稳步进行，我国对生态补偿机制的理解越发深入，对建立怎样的生态补偿机制不断提出进一步的要求，从"谁开发谁保护、谁破坏谁恢复、谁受益谁补偿、谁排污谁付费"过渡到"反映市场供求和资源稀缺程度、体现生态价值和代际补偿"。在制度层面，随着生态文明概念的提出，生态补偿被纳入加强生态文明制度建设的重要制度之一。在实践过程中，生态补偿逐渐被赋予公共政策属性，市场机制对于生态建设工作的重要性得到重视，水资源、土地资源、矿产资源产权交易转让制度开始设立。细分而言，这一时期的生态补偿机制建设呈现以下三个特点。

一是将生态补偿的顶层设计不断完善。2006年3月，"十一五"规划纲要审批通过，其中提出按照"谁开发谁保护、谁受益谁补偿"的原则建立生态补偿机制。随后，国务院总理温家宝在第六次全国环境保护大会上对生态补偿提出新要求，要按照"谁开发谁保护、谁破坏谁恢复、谁受益谁补偿、谁排污谁付费"的原则，完善生态补偿政策，建立生态补偿机制。2007年，生态补偿制度同节能减排工作融合，并在党的十七大报告中，生态环境补偿机制被纳入完善宏观调控体系和促进国民经济发展的一个手段。同年，环保局发布的《关于开展生态补偿试点工作的指导意见》，首次明确生态补偿的基本原则为"谁开发、谁保护，谁破坏、谁恢复，谁受益、谁补偿，谁污染、谁付费"。随后，生态补偿制度的重要性在党的十八大报告中再次得到提升。报告首次单独谈到生态文明建设，提出建设生态文明必须建立完整的生态文明制度体系，并把生态补偿作为加强生态文明制度建设的重要制度之一，明确提出要建立反映市场供求和资源稀缺程度、体现生态价值和代际补偿的资源有偿使用制度和生态补偿制度。2013年11月，中共十八届三中全会召开，会议通过的《中共中央关于全面深化改革若干重大问题的决定》中，将生态文明体制改革纳入五大改革要点之一，在党的十八大报告基础上，针对生态补偿制度新增提出推动地区间建立横向生态补偿制度，建立吸引社会资本投入生态环境保护的市场化机制。

二是试点工作从林业扩展到其他环境领域，试点范围逐步扩大。2006年2月，财政部、国土资源部和环保总局为加强矿山环境治理和生态恢复，促进资源与环境成本合理化，理顺资源价格形成机制，发布《关于逐步建立矿山环境治理和生态恢复责任机制的指导意见》，要求各地从2006年起，在试点的基础上逐步建立矿山环境治理和生态恢复责任机制。2007年8月，环保局发布《关于开展生态补偿试点工作的指导意见》，提出希望通过试点工作探索多样化的生态补偿方法，为全面建立生态补偿机制奠定基础。2011年起，由财政部和环保部牵头组织、每年安排补偿资金5亿元的全国首个跨省流域生态补偿机制试点在新安江启动实施。各方约定，每年中央出资3亿元，安徽省、浙江省各出1亿元，若安徽省出境水质达标，下游的浙江省每年补偿安徽省1亿元，否则由安徽省补偿浙江省1亿元。2011年6月，为更好解决放牧过度和全球气候变暖导致的草场退化问题，农业部联合财政部共同制定了《2011年草原生态保护补助奖励机制政策实施指导意见》，对我国八个主要草原牧区和新疆生产建设兵团提出要全面建立草原生态保护补助奖励机制。

三是法律法规进一步修订完善。2007年3月，《中央财政森林生态效益补偿基金管理办法》出台，该办法是对2004年《中央森林生态效益补偿基金管理办法》的进一步修订。新办法对两类森林生态效益补偿基金的补偿范围进行明晰，界定了中央财政补偿基金的补偿对象和补偿标准，还新增提出地方职责和处罚条款，要求地方政府应按照事权和财权相匹配的原则，建立森林生态效益基金。2008年2月，第二次修订的《水污染防治法》发布，并于同年6月施行。这次修订中，首次以法律的形式，明确规定将以财政转移支付等方式建立健全水环境生态保护补偿机制，涵盖区域包括饮用水水源保护区区域和江河、湖泊、水库上游地区。2009年，《中华人民共和国海岛保护法》颁布，基于破坏者治理的原则，首次以法律形式确立海岛生态系统的生态补偿安排。2010年12月，《中华人民共和国水土保持法》修订通过，将原二十一条国家鼓励农民治理水土流失和相关资金扶持，修改为"国家加强江河源头区、饮用水水源保护区和水源涵养区水土流失的预防和治理工作，多渠道筹集资金，将水土保持生态效益补偿纳入国家建立的生态效益补偿制度",在巩固现行生态补偿法律制度的基础上,新增水土治理领域,进一步丰富了生态补偿的内容。

(四)健全期(2014年至今)

这一时期里,市场化、多元化生态补偿制度的探索进一步深入,以长江和黄河流域为代表的大范围横向生态补偿机制开始构建,试点工作大范围展开,也得到各地政府的积极响应。与前一时期相对比而言,这时期里三项工作任务也有进一步的完善。

首先在顶层设计方面,党的十九大、十九届四中全会等重大会议召开,继续强调加快生态文明体制改革工作,并将此作为加大生态系统保护工作的重要一环。生态补偿措施于2014年1月被考虑纳入完善国家粮食安全保障体系的重要内容,并在同年10月审议通过的《中共中央关于全面推进依法治国若干重大问题的决定》中提出要用严格的法律制度保护生态环境,制定完善生态补偿相关法律法规。随后,《生态文明体制改革总体方案》于2015年9月发布,首次提出探索建立多元化补偿机制,明确到2020年要建立健全生态补偿制度,并把健全生态补偿制度作为方案重点内容之一。《国务院办公厅关于健全生态保护补偿机制的意见》《建立市场化、多元化生态保护补偿机制行动计划》《关于深化生态保护补偿制度改革的意见》等相继出台,进一步强调建立市场化、多元化生态补偿机制,生态补偿制度建设目标得到进一步明确,目标到2020年,初步建立市场化、多元化生态保护补偿机制,初步形成"受益者付费、保护者得到合理补偿"的政策环境;到2022年,市场化、多元化的生态保护补偿水平得到明显提升,市场体系更加完善;到2025年,与经济社会发展状况相适应的生态保护补偿制度基本完备,以受益者付费原则为基础的市场化、多元化补偿格局初步形成,全社会参与生态保护的积极性显著增强,生态保护者和受益者良性互动的局面基本形成;到2035年,适应新时代生态文明建设要求的生态保护补偿制度基本定型。

其次在试点工作方面,中共中央、国务院于2014年1月印发的《关于全面深化农村改革加快推进农业现代化的若干意见》首次针对湿地提出实施生态补偿机制和相关试点工作,强调在继续保持公益林和草原生态保护补偿的同时,建立江河源头区、重要水源地、重要水生态修复治理区和蓄滞洪区生态补偿机制,支持地方开展耕地保护补偿。随后,《关于加强长江黄金水道环境污染防控治理的指导意见》《关于加快建立流域上下游横向生态保护补偿机制的指导意见》《关于建立健全长江经济带生态补偿与保护长效机制的指导意见》《支持引导黄河全流域建立横向生态补偿机制试点实施方案》等相继出台,逐步开始探索建立长江经济带生态保护补偿机制、开展横向生态保护补偿试点,对黄河流域九省区组织开展试点工作(2020—2022),并对如何解决流域横向生态保护补偿试点工作中存在的问题进一步明确,进一步完善长江流域保护和治理多元化的投入机制,健全上下联动协同治理的工作格局,目标在2020年各省(自治区、直辖市)行政区域内流域上下游横向生态保护补偿机制基本建立。

同时，生态补偿体制机制创新方面先行先试被纳入中部地区崛起规划的工作内容中，通过发挥江西全国生态文明示范省，武汉城市圈、长株潭城市群"两型社会"综合配套改革试验区等作用，积极探索创新生态文明建设机制。2019年11月，《生态综合补偿试点方案》发布，希望通过在50个县（市、区）的试点工作探索出补偿资金更加有效的使用方式和更多元化的筹集渠道，目标到2022年，试点工作取得阶段性进展，资金使用效益有效提升，生态保护地区造血能力得到增强，生态保护者的主动参与度明显提升，与地方经济发展水平相适应的生态保护补偿机制基本建立。

最后在法律法规完善方面。2014年5月，财政部和国家林业局联合制定发布《中央财政林业补助资金管理办法》，对集体和个人所有的国家级公益林补偿标准从2007年的每年每亩5元提高到15元，并新增提出林业补贴和湿地补贴。随后，天然林保护全覆盖和森林生态效益补偿于2017年进一步得到扩大补助范围、提高补助标准，国有的国家级公益林平均补偿标准从2014年的每年每亩5元提高到10元。2021年9月，财政部制定印发了《关于全面推动长江经济带发展财税支持政策的方案》。该方案针对长江流域生态环境保护工作，提到要进一步发挥一般性转移支付调节作用，通过加大财政投入和各类基金投入，引导地方建立横向生态保护补偿机制，推进市场化、多元化生态补偿机制建设。

三、中国当前生态补偿机制存在的主要问题及面临的挑战

（一）市场化补偿机制如何有效构建

近几年随着市场化生态补偿机制工作的不断开展，横向转移支付制度不断建立，尽管中央财政直接补贴比例逐渐下降，但纵向补偿仍是全国生态补偿项目的主要资金来源。由于巨额财政补贴和实际需求仍有较大缺口，以财政资金为主导的生态补偿工作或已面临瓶颈。如2019年财政资金调研报告提到，目前资金缺口大，由于财政收支矛盾突出，而生态环境治理任务艰巨，历史欠账较多，可用财力有限与生态环保资金需求的矛盾日益凸显。推动生态补偿机制的市场化和多元化是分担财政压力、调动社会各方参与积极性的好方法，但在实际推进过程中，仍需要注意以下问题。

首先，市场化机制的生态补偿制度需要更加明确各类自然资源的产权安排，需要进一步完善各类资源的登记与交易市场的建立。明晰的产权界定对于开展生态补偿工作是必要条件。从生态资本理论来看，通过生态补偿的形式来对用于价值创造过程中的生态资本进行补偿以达到可持续发展是有必要的，但前提条件为生态资本是一种具有产权归属的生态资源。其次，从外部性理论出发，通过科斯定理来实现外部性内部化时，由于交易成本的存在，必须有明确的产权来保证基于科斯定理的生态补偿机制能有效发挥作用。此外，资源的所有权和使用权的明晰是建立市场化生态补偿机制的基石，作为以个人所有权为基础的市场经济，当资源

所有权和使用权边界模糊时，将不利于市场对其进行有效配置。我国目前已逐步建立全国水权交易市场、碳交易市场、矿业权市场和土地交易市场，但排污权市场和用能权市场仍处于各地试点阶段。其中水权交易市场交易水资源使用权但活跃性不高，碳交易市场交易二氧化碳排放权，仍处于新兴状态，矿业权市场对已登记的、可开采的矿产资源交易矿产资源的探矿权和采矿权。

其次，从地方政府实际工作角度出发，横向生态补偿机制的建立在激活地方政府积极性的同时，也提高了地方政府建立补偿标准、划定补偿范围的自主性，给地方政府留下了可操作空间。一方面，由于目前地方政府主要绩效考核评估体系仍是以 GDP 为主，离任时才对自然资产进行清算，有可能出现地方政府行动和中央政策理念背道而驰的情况。例如，随着各类资源登记完善、自然资源资产交易平台的建立，有可能会出现当地政府通过不当出售自然资源或排放权等而达到"漂亮"的经济目标；或出现企业的寻租行为，通过以勾结出售自然资源或排放权来谋取私利。另一方面，现有研究指出我国的生态环境问题和市场化的地方政府竞争模式有很大的关联，甚至是地方生态环境恶化的重要原因。张华对 2000—2012 年我国 30 个省份环境保护工作研究分析发现，由于我国财政分权和政治集权，环境规制成了地方政府争夺流动性资源的工具。在地方政府仅有执行环境政策的自主性时，就存在将环境规制作为吸引流动性资源的博弈工具和不完全作为的现象，并且由于地方政府的竞争性互动，使这不好的现象具有地区传染性。考虑到流域横向生态补偿制度赋予地方更多自主权和地方政府更多协商空间，这有可能会进一步加剧地方政府对环境规则政策的不完全执行，或者提高地方政府勾结的可能性。

最后，在进行生态补偿机制的市场化改革中，也需注意到市场并不是一个完美的工具。国外诸多研究对市场化生态保护工作进行了批判。一方面，在生态环境保护工作中引入市场机制，是将自然提供的生态服务商品化。这种以出售自然来拯救自然的方法反映出"绿色资本"的逻辑矛盾，忽视了环境退化的最终原因根植于资本主义市场中资本和财富积累过程，以及这一过程中的权力结构不平等。同时，对生态服务的商品化是商品拜物教的进一步体现，用单一的交换价值去简化生态系统的价值，掩盖了生态系统服务中所体现的社会关系，具有经济误导性。因此，利用生态补偿机制来保护环境可能起效甚微，甚至适得其反。另一方面，由于生态系统复杂性高，交易成本高，大多数生态补偿项目不具有市场的高度商品化、高自愿性和高约束的特点，并且生态服务的外溢性可以延续到后代，而后代的偏好却难以衡量，因此，生态付费方案本身就难以市场化。并且作为公共产品或公共池资源的生态服务，也难以在实际中被商品化，即使能够将其商品化并构建相应的市场，可能对部分地区的居民而言并不公平。其次，若出于一种利他情感或道德考量，利用货币支付来诱导个体或企业改变行为时，在很大程度上反而会反向诱导。利用生态补偿机制的目标应该是逐渐培养社会公众自发保护环境的意识，而不是通过市场奖惩让个体趋利避害，然而这种出于经济角度的补偿更有可能助长个体"经济人"行为，而非提高个体保护环境意识。因此，在市场化进程中，如何恰当发挥市场的作用，统筹兼顾代际问题和资本与自然资源合理配置的总体问题，考虑公平和道德问题是未来面临的挑战。

（二）生态扶贫的可持续性

2021 年 2 月，习近平总书记在全国脱贫攻坚总结表彰大会宣布我国脱贫攻坚战取得了全面胜利，消除绝对贫困的艰巨任务圆满完成。"生态补偿脱贫一批"作为扶贫开发战略的重要组成部分，在扶贫工作和生态保护中发挥了重要作用。国家统计局宣布，截至 2020 年年底，累计建档立卡户中有 1111.3 万户享受过生态扶贫帮扶，约占总建档立卡户的 75%。生态帮扶范围广、惠及人群多，但在生态脱贫区域完成脱贫任务以后并没有进一步提出新工作计划，脱贫之后如何在生产力尚未完全发展的生态扶贫地区继续构建绿色发展之路、进一步巩固脱贫成果，如何在财政转移支付逐渐降低后仍保护好绿水青山是未来面对的主要问题。

首先，建立长效生态扶贫机制不能完全依靠生态补偿的转移支付。一方面，无论是国家的直接财政补助还是其他地方政府、企业的补偿性支付或收益支付，过度依靠补偿资金可能助长当地政府和居民的惰性，被补偿方若不能将资金运用到自身能力建设上，当地的经济仍难自我发展。由于开展生态补偿的贫困地区往往难以进行经济开发，这类地区如何利用生态补偿的财政优势来探索自身经济的可持续发展是接下来需要关注的方向。另一方面，由于生态服务质量存在天花板，未来可能出现生态产品需求方不断提出新要求和供给方无法满足的矛盾，此时生态补偿费便存在一个上限。随着补偿方经济不断发展，而被补偿方只接受存在上限的补偿费，就可能出现相对贫困的问题。

尽管国外相关研究肯定了生态补偿对于改善贫困的积极作用，但具有附加战略导向和公共政策属性的生态补偿项目在实际开展过程中可能面临效率损失，甚至不一定能获得目标结果。一方面，如有学者对拉丁美洲的生态补偿项目研究发现，生态付费项目（Payments for Environmental Services，PES）和目标地区的实际特点对 PES 是否有利于扶贫起到重要作用，这意味着只有在政策制定合理并且当地条件适合时，PES 和扶贫项目才会表现出协同作用，否则情况会变得更加糟糕。同时，他们指出 PES 和扶贫之间的逻辑应该是，以是否提供生态服务为主，进一步设计可提高低收入人群收入的补偿机制，而不能以贫困作为首要实施标准，也不能仅仅以低收入人群的可接受标准来挑选特定地区。但我国在首次提出"生态脱贫一批"时，强调的是对贫困地区加大生态保护修复力度，增加重点生态功能区转移支付等。尽管我国扶贫地区多为生态服务提供区（国外也是如此），但生态扶贫开展范围大，覆盖人群比例高达 75%，因此，不能排除在部分地区实际工作中可能存在逻辑颠倒的情况。在未来的工作中，需要格外关注。另一方面，生态保护项目和提高农业生产力之间可能存在权衡关系，而非相互促进的正向关系。我国大多生态扶贫地区不利于开展工业化，因此，发展生态农业、绿色农业是发展的主要思路。通过技术创新和生产方式的转化来提高农产品的价值的同时，间接地提高了农业生产力。在此方式下，生态保护和农业生产力的权衡也就转化为生态保护和绿色发展之间的权衡，看似相互促进的项目却因此在理论上具有了权衡关系。

其次，收入是否真正流向贫困人口是扶贫项目是否具有成效的关键。然而国外研究指出生态补偿政策的补偿支付不一定会流向低收入人群，反而向高收入人群倾斜。如 Kerr 针对印度相关流域管理项目研究发现，即使是在资源保护方面最成功的项目也存在利益向富人倾斜的状况。此外，在实施生态脱贫地区的原非贫困人口也是需要关注的对象。比如，原先依赖在森林采摘草药、菌类为生的非贫困人口，是否会因护林员的出现或新生态保护区的建立而被阻挠进入森林，从而收入减少甚至成为新贫困人口。

（三）流域横向生态补偿矛盾突出

从新安江流域治理，到如今开展长江、黄河的生态补偿试点工作，流域生态补偿一直是水资源治理工作的重要手段，但也一直处于探索状态。作为一种在理论上能平衡流域内经济发展和水资源保护和污染治理工作的措施，尽管在实际项目中我们也见证了流域生态补偿对参与主体的有效激励和对水质的有效改善，但在试点项目探索实施过程中，流域生态补偿的设计问题也愈发突出。

首先是中央权力下放产生的地方政府积极性提高与协议可能失效的矛盾。考虑到各地环境特点，为更好地激励各地方政府参与，通过发挥地方自主性来探索建立横向生态补偿机制，中央对跨流域生态补偿的直接管辖力度小，很多工作包括制定补偿标准等都下放至各地方政府协商解决，并且也没有明确规定奖惩机制。虽然流域水生态系统整体性和行政区域的分割性使流域横向生态补偿成为流域治理的一个重要手段，但也正是行政区域的分割性使流域环境问题长期难以改善。地方政府作为国家的地方代理人，对本地区内的水源具有所有权和管辖权。由于各地方发展阶段、发展目标和发展方式的不同，各地对水资源的要求和使用有不同的偏好，也就形成了各地对水资源的诉求冲突，可以说这种冲突本质上是发展的冲突。在开展横向生态补偿时，补偿的结果很大程度上取决于各地政府之间的相互博弈。对于不同省市的跨区域合作的项目来说，若没有中央强有力的协调管控，由于市场和行政壁垒，处于竞争关系的各地方政府难以达成协调，陷入一个都追求各自利益的囚徒陷阱。曲富国和孙宇飞也通过建立上下游博弈模型发现，在没有约束的情况下，地方政府间横向财政转移支付的生态补偿协议将处于失效状态，流域水资源环境也将陷入恶性循环。

其次是补偿主体和利益主体的矛盾。一方面，地方政府作为当地水资源的所有者，负责牵头行动各类流域生态补偿项目，成了项目的补偿主体。然而，作为水资源的实际污染者和污水处理者的上游企业与居民，和优质水资源的实际使用受益者的下游企业与居民，不仅未参与到补偿协商过程中，而且未完全对自己的外部性行为进行支付或受偿，导致了补偿主体和利益主体的不一致。这种不一致主要来源于水资源产权和使用权的边界模糊，边界的模糊进一步导致市场化的横向生态补偿缺乏内在动力。另一方面，上游政府收到下游政府的补偿资金后，难以保证能将全部受偿资金用于水质保护投入，特别是对于生产力发展水平较低的上游政府而言，它们很可能将资金的一部分用于当地经济发展和自身能力建设。而投入成本和效益之间的缺口将使上游实际水资源保护者降低保护力度，如减弱污水处理力度或偷排等，导致流域生态补偿难以达到预期目标。

最后，补偿客体单一、补偿意愿不高也是当前流域生态补偿工作面临的主要问题。流域管理应以水为重点，伴随考虑物质与生物循环、水资源、水环境、水生态的目标，即考虑流域生态系统所提供的生态服务功能，并以此开展补偿工作。从生态系统功能角度来看，流域生态系统除提供水资源外，还包括水土涵养、生物多样性等功能，但目前大多数项目只以水质为补偿客体，以化学需氧量、氨氮、总磷为衡量依据。虽然这种方式在实际工作中易于操作，目标划定清晰，但由于补偿单一，未考虑如上游过度用水给下游造成的水资源匮乏的负外部性、上游生物多样性改变对下游生态环境造成的恶化等问题，不利于对流域生态的整体保护。而在补偿标准方面，各地方政府出资意愿不高，多数跨省项目的共同出资金额仍与2011年开展的首个横向流域生态补偿项目新安江流域治理出资金额持平，如2021年山东省与河南省对黄河干流流域（豫鲁段）治理共同出资2亿元，2016年广东省和江西省对东江流域上下游横向生态补偿项目共同出资2亿元，等等。而在省内开展的跨市县流域项目，其补偿标准随各地经济发展水平不同而不同，如海南省对试点流域规定补偿标准由上下游市县按照每季度30万元至360万元的最低标准进行自主协商确定，贵州省内对乌江、赤水河、綦江等水系干流规定超出水质目标限值部分按化学需氧量0.4万元/吨、氨氮2万元/吨、总磷2万元/吨计算补偿金额。尽管目前学界对生态补偿标准的确定看法各异，但普遍认同补偿支付要大于上游的机会成本，小于下游的享受到的收益。但从目前我国流域横向补偿项目来看，鉴于各地发展水平不一、各流域状况不同，各上游的机会成本和下游的收益价值应不完全相同，但目前大多数省出资相同，不同省的同行政级项目又差距过大。由此可见，由于缺乏统一计算标准，通过协商所得到的各省级流域项目的补偿标准不尽合理，其项目有效性也存疑。

（四）配套措施不完善

首先是数据不透明和信息不完全的问题。生态补偿项目的有效开展离不开买卖双方、市场中介和监管部门的三方面作用。一方面，数据的不透明不利于对项目更好地监督。中央财政每年对生态补偿项目进行几百亿元的财政拨款，却没有一个公开的官方渠道查阅相关款项的使用情况；各地方政府彼此协商进行的流域横向生态补偿每年也都在进行横向转移支付，但受偿方也未公开补偿资金的使用途径。自然环境作为公共品，它所产生的生态服务由辖区内居民享受，也由辖区内居民的税费进行补偿，补助资金使用渠道的公开透明化，不仅有利于生态补偿项目更好进行，实现补偿资金的专款专用，而且也有利于加大公众参与力度，提高公民民主意识和舆论监督力度。已有研究发现对于环境保护工作而言，社会舆论监督能确保工作开展的有效性，防止地方政府的腐败行为。另一方面，数据的不透明和信息的不完全，不利于市场对资源进行有效配置。完全信息是市场的特征之一，当信息不充分时便会引发逆向选择等问题，造成市场失灵。同时，信息的缺乏也会阻碍第三方进入。例如在引入绿色债券、绿色基金等金融产品来多元化资金渠道时，信息的缺乏将导致成本高于其他融资渠道，反而阻碍资金渠道多元化的效率。

其次是立法不完善与监管、惩罚力度不够的问题。自2011年国务院宣布将《生态补偿条例》纳入立法计划后，尚未出台相关法律法规。作为利用市场力量来配置自然资源、治理环境问题的生态补偿制度，需要以法律的形式来确保各利益主体的合法利益，实现受益与补偿相对应、享受补偿权利与履行保护义务相匹配。加之目前各项生态补偿项目奖惩力度小，无法对参与主体形成有效激励。如在长江全流域横向生态保护补偿工作中，仅针对部分协议中金额规模过小，清算不及时、不到位的情况，减少或不予安排奖励资金，在黄河全流域建立横向生态补偿机制试点工作中，也仅通过资金拨付的方法来实行奖惩。

生态补偿政策法规

一、《关于开展生态补偿试点工作的指导意见》

为贯彻落实《国务院关于落实科学发展观加强环境保护的决定》和第六次全国环境保护大会精神，推动建立生态补偿机制，完善环境经济政策，促进生态环境保护，2007年8月24日，国家环境保护总局发布《关于开展生态补偿试点工作的指导意见》。该意见确立了生态补偿的基本原则，并在自然保护区、重要生态功能区、矿产资源开发和流域水环境保护方面推进生态保护补偿机制建设试点。首次明确的生态补偿的基本原则为"谁开发、谁保护，谁破坏、谁恢复，谁受益、谁补偿，谁污染、谁付费"。

二、《中央财政林业补助资金管理办法》

2014年4月30日，财政部、国家林业局以财农〔2014〕9号印发《中央财政林业补助资金管理办法》(以下简称《办法》)。《办法》分总则、预算管理、森林生态效益补偿、林业补贴、森林公安补助、国有林场改革补助、监督检查、附则8章36条,自2014年6月1日起施行。《中央财政森林生态效益补偿基金管理办法》(财农〔2009〕381号)、《中央财政林业补贴资金管理办法》(财农〔2012〕505号)、《林业国家级自然保护区补助资金管理暂行办法》(财农〔2009〕290号)、《中央财政湿地保护补助资金管理暂行办法》(财农〔2011〕423号)、《林业有害生物防治补助费管理办法》(财农〔2005〕44号)、《林业生产救灾资金管理暂行办法》(财农〔2011〕10号)、《中央财政森林公安转移支付资金管理暂行办法》(财农〔2011〕447号)、《中央财政林业科技推广示范资金管理暂行办法》(财农〔2009〕289号)、《林业贷款中央财政贴息资金管理规定》(财农〔2009〕291号)同时废止。《边境草原森林防火隔离带补助费管理规定》(财农〔2002〕70号)中有关边境森林防火隔离带补助的内容同时废止。

《办法》将以往分门别类的中央财政林业补助政策进行了整合、完善与规范,明确了林业补助资金预算管理以及林业补贴标准等问题。《办法》的发布,标志着我国林业资金补助进入了统一标准和规范管理的新阶段。

1. 主要特点

一是《办法》将原来分散的不同补助资金管理办法整合在一起,可以更为容易和明白地了解国家对相关林业补贴的种类及其管理办法。二是《办法》明确提出采用因素法对中央财政林业补助资金进行分配。三是对林业贴息贷款政策进行调整,强化省级财政和林业主管部门对林业贴息贷款管理的职责,并规定了中央财政对林业贴息贷款的补贴过渡期。四是《办法》将中央财政年贴息率为5%的范围进行了调整,将2009年的《财政部、国家林业局关于印发〈林业贷款中央财政贴息资金管理规定〉的通知》规定的大兴安岭林业集团公司和中国林业集团公司,调整为新疆生产建设兵团、大兴安岭林业集团公司,也就是说中国林业集团公司不再享受5%的中央财政年贴息率,新疆生产建设兵团新近列入。五是增加了"低产低效林改造补贴"。六是强化了省级等地方财政作用,进一步强调地方财政在扶持中的作用。

2. 因素法分配的意义

资金分配形式有项目法和因素法等多种方法,《办法》中的因素包括集体林与国有林、不同省区市、林业重点工程区域和非林业重点工程等,如森林生态效益补偿根据国家级公益林权属实行不同的补偿标准,包括管护补助支出和公共管护支出两个部分;再如森林抚育补贴标准为平均每亩100元,但根据国务院批准的天然林保护工程二期实施范围的国有林森林抚育补贴标准平均每亩120元。

按照因素法分配林业补助资金可以比较好地考虑各种因素对林业不同资金的要求,考虑到不同区域、不同权属形式以及林业重点工程区与非林业重点工程区域之间社会、经济和林业建设重点等方面的差异,从而更为有效地分配林业补助资金,做到更有效率和更加具有针对性。这是林业补助资金分配的有效探索,非常值得肯定。

3. 中央财政补助林业的原因

国家对林业给予补贴是由林业的特殊性所决定的。林业具有收益低、周期长、风险大、效益公共性等特点,国家财政的大力扶持可以对生产者给予补贴或补助,降低林业经营主体的经营风险,有利于更好地调动全社会参与林业生态文明建设的积极性。集体林权制度改革以来,中小规模经营者成为林业发展的主体,他们需要政府的扶持来应对市场的挑战。尤其是国有林场和国有林区,由于历史投资欠账多、地理位置偏远、长期采取以生态功能为主导的经营模式,急需国家财政的支持来促进其改革与发展。

4. 出台的意义

党的十八大以来,我国高度重视生态文明建设,林业是生态文明建设的主体和关键,《办法》的出台有助于激励林业经营主体更好更快地参与森林资源培育。

随着集体林改和国有林场、国有林区改革的不断推进和深化,参与林业发展和生态建设的主体呈现出多元化,无论何种主体参与林业发展和生态建设,都需要获得相应的经济回报,否则就不会积极地经营管理森林资源,我国生态文明建设的坚实的森林资源基础就会发生动摇,有可能成为空中楼阁。我国劳动力、土地和资本的使用成本或者价格呈现上升态势,加之我国经济发展国际化程度加深,国际经济、金融等变化对我国林业发展的影响呈现加强态势,如2008年以来爆发的国际金融危机,对我国森林资源培育及林业加工业产生了消极影响。稳定的、可预期的中央财政林业补助资金,可以增强林业经营主体的盈利能力以及获取资金的能力,尤其是帮助农户、林区职工和中小企业等获取贷款,最终促进生态建设和林业产业又好又快发展。

三、《水土保持补偿费征收使用管理办法》

水土保持补偿是以保护水土资源、维护生态环境、促进人与自然和谐为目的,根据水土保持生态系统服务功能、建设和保护成本、发展机会成本等,综合运用行政和市场手段,调整水土保持生态建设和经济建设相关各方之间利益关系的一种补偿方式。

为了规范水土保持补偿费征收使用管理,促进水土流失预防和治理,改善生态环境,根据《中华人民共和国水土保持法》的规定,2014年1月,财政部、国家发展和改革委员会、水利部等部门制定了《水土保持补偿费征收使用管理办法》(以下简称《办法》)。

《办法》主要对水土保持补偿费的征收、缴库、使用管理等作了具体规定,核心是将水土保持补偿明确为功能补偿,重大突破是明确了矿产资源生产期从量计征补偿费和补偿费要按

1∶9进行中央分成的要求。

1993年国务院颁布的《水土保持法实施条例》第二十条规定企事业单位在建设和生产过程中损坏水土保持设施的,应当给予补偿,让建立生产建设项目水土保持补偿费制度有了法律依据。

水土保持补偿费制度实施20年来,各地逐步形成了成熟做法并积累了较丰富的管理经验,在促进水土保持功能面积占补平衡,增强生产建设单位、个人水土保持意识,减少土地征占、地表扰动和植被破坏,减少生产建设过程中的水土流失,保护土壤资源和土地生产力等方面发挥了积极的作用。但是,由于没有全国统一的水土保持补偿费征收使用管理办法,各省、自治区、直辖市的管理办法在费种名称、征收主体、征收程序、资金使用等方面差异较大,存在补偿制度不完善、执行效率较低、水土保持补偿作用未能充分发挥等问题,一定程度上影响了水土保持补偿费征收工作的正常推进和水土流失预防治理工作的开展。

《办法》明确,水土保持补偿费是水行政主管部门对损害水土保持设施和地貌植被、不能恢复原有功能的生产建设单位和个人征收并专项用于水土流失预防治理的资金,纳入政府性基金管理,专项用于水土流失预防保护、监督管理、综合治理和生态修复。

《办法》指出,在山区、丘陵区、风沙区以及水土保持规划确定的容易发生水土流失的其他区域开办生产建设项目或者从事其他生产建设活动,损坏水土保持设施、地貌植被,不能恢复原有水土保持功能的单位和个人应当缴纳水土保持补偿费。其他生产建设活动包括取土、挖砂、采石(不含河道采砂)、烧制砖、瓦、瓷、石灰,排放废弃土、石、渣等。

《办法》规定,水土保持补偿费由县级以上地方水行政主管部门按照水土保持方案审批权限负责征收。其中,由水利部审批水土保持方案的,水土保持补偿费由生产建设项目所在地省(自治区、直辖市)水行政主管部门征收;生产建设项目跨省(自治区、直辖市)的,由生产建设项目涉及区域各相关省(自治区、直辖市)水行政主管部门分别征收。从事其他生产建设活动的单位和个人应当缴纳的水土保持补偿费,由生产建设活动所在地县级水行政主管部门负责征收。

《办法》明确,开办一般性生产建设项目的,按照征占用土地面积计征水土保持补偿费;开采矿产资源的,在建设期按照征占地土地面积计征,在开采期,石油、天然气以外的矿产资源按照矿产资源开采量计征,石油、天然气按油(气)井占地面积每年计征。

《办法》强调,县级以上地方水行政主管部门征收的水土保持补偿费,按照1∶9的比例分别上缴中央和地方国库。地方各级政府之间水土保持补偿费的分配比例,由各省(自治区、直辖市)财政部门商水行政主管部门确定。

《办法》规定,各级财政、水利部门应当严格按规定使用水土保持补偿费,确保专款专用,严禁擅自减免水土保持补偿费或者改变水土保持补偿费征收范围、对象和标准。

四、《新一轮草原生态保护补助奖励政策实施指导意见（2016—2020年）》

经国务院批准，"十三五"期间，国家在河北、山西、内蒙古、辽宁、吉林、黑龙江、四川、云南、西藏、甘肃、青海、宁夏、新疆等13个省（自治区）以及新疆生产建设兵团和黑龙江省农垦总局，启动实施新一轮草原生态保护补助奖励政策。为切实做好政策贯彻落实工作，2016年3月1日，农业部、财政部共同印发了《新一轮草原生态保护补助奖励政策实施指导意见（2016—2020年）》。

为切实加强草原生态保护，更好推进美丽中国建设，2018年，中央财政安排新一轮草原生态保护补助奖励187.6亿元，支持实施禁牧面积12.06亿亩，草畜平衡面积26.05亿亩，并对工作突出、成效显著的地区给予奖励，由地方政府统筹用于草原管护、推进牧区生产方式转型升级。其中，禁牧补助、草畜平衡奖励要求各地按照"对象明确、补助合理、发放准确、符合实际"的原则，根据补助奖励标准和封顶保底额度，做到及时足额发放。资金发放实行村级公示制，广泛接受群众监督。绩效评价奖励在可统筹支持落实禁牧补助和草畜平衡奖励基础工作的同时，要求各地用于草原生态保护建设和草牧业发展的比例不得低于70%，并因地制宜推进草牧业试验试点，加大对新型农业经营主体发展现代草牧业的支持力度。

下一步，中央财政将深入贯彻落实党的十九大精神，按照关于全面加强生态环境保护坚决打好污染防治攻坚战的决策部署，充分发挥财政职能作用，积极支持全面推行草原禁牧和草畜平衡制度，着力为推动牧区经济与生态环境协调发展提供更加有力的支撑。

五、《关于健全生态保护补偿机制的意见》

实施生态保护补偿是调动各方积极性、保护好生态环境的重要手段，是生态文明制度建设的重要内容。近年来，各地区、各有关部门有序推进生态保护补偿机制建设，取得了阶段性进展。但总体看，生态保护补偿的范围仍然偏小、标准偏低，保护者和受益者良性互动的体制机制尚不完善，一定程度上影响了生态环境保护措施行动的成效。为进一步健全生态保护补偿机制，加快推进生态文明建设，经党中央、国务院同意，2016年4月28日，国务院办公厅印发了《关于健全生态保护补偿机制的意见》。

我国实行自然资源国家所有制，国家是提供生态系统服务的自然环境要素的所有权主体，同时也是依靠自然资源获益的主体。鉴于此，中央在国外"生态服务付费"概念的基础上结合国情创造性地提出了"生态保护补偿"的概念。

所谓生态保护补偿，是指在综合考虑生态保护成本、发展机会成本和生态服务价值的基础上，采用行政、市场等方式，由生态保护受益者通过向生态保护者以支付金钱、物质或提供其他非物质利益等方式，弥补其成本支出以及其他相关损失的行为。其中，"生态保护受益者"，是指从维护和创造生态系统服务价值等生态保护活动中受益的个人、单位和地方人民政府；"生态保护者"，则是指为维护和创造生态系统服务价值投入人力、财力、物力或者发展机会受到限制的个人、单位和地方人民政府。

我国生态保护补偿工作经过了长期的探索和实践。20年来，中央通过纵向财政转移支付、横向财政转移支付以及环境资源保护税费等方式，以国家西部大开发政策为依托，相继在森林、草原、湿地、荒漠、海洋、水流、耕地以及重点生态功能区等领域实施了多项重大生态保护、生态修复和生态建设工程以及生态保护的奖补政策，取得了令人瞩目的成就。各地政府也积极探索在森林、流域设立地方生态保护补偿资金，用于地方生态公益林保护以及水源涵养和水质保护。

随着我国生态保护补偿工作不断深入，其面临的规范化和法治化问题也逐渐凸显。一是有关生态保护补偿的法律规定散见于《环境保护法》和诸多单项环境与资源保护法律之中，仅有原则性、鼓励性规范而无具体的财税和体制机制安排条款。实践中各地实施生态保护补偿所需要的资金主要来源于中央和地方各级政府，由各部门通过向财政申请转移支付资金或者有关生态工程项目拨款来实现，资金供给缺乏连续性和稳定性。二是各部门制定的生态保护补偿政策文件通常只专注本部门职权范围内的生态保护领域，对生态系统的整体性考虑不足，对自然资源的补偿只偏重经济价值而很少考虑其固有的生态价值，导致各部门之间规定的生态保护补偿资金来源、补偿范围和补偿方式等内容各不相同且相互封闭信息不交流，总体补偿范围狭窄、补偿标准偏低，许多不同领域的资金存在重叠使用或者使用不当的现象。三是生态保护补偿主要是以有时效性的生态建设工程为载体，采取以资金补偿为主，以政策补偿、实物补偿、智力补偿等为辅的补偿方式，一旦生态建设工程结束补偿资金就不再发放。这种由政府包干补偿资金而保护者和受益者之间关系脱节、权责落实不到位的方式很难转变人们传统观念和生产生活方式，不能解决生态破坏的根本问题。四是区域间生态保护补偿缺乏指导性规范，省际的补偿方式仍在探索中。此外，本应在生态保护补偿中居重要地位的"受益者付费，保护者受偿"的责权统一的市场化运行机制也未全面构建和形成。

基于上述问题，制定生态保护补偿条例，应当将重点放在确立和明确生态保护补偿的基本原则、主要领域与对象范围、资金来源与补偿标准、补偿方式与补偿效益及其评估机制、相关主体的权利义务关系、监督考评机制以及责任追究机制等具体的制度措施之上。其中，应当着重研究将当前分散于各领域实施的各类补偿费用以及环境保护税收等逐渐统合成为国家生态补偿专项资金并由政府统一分配使用。此外，改变政府单一责任补偿形式，拓展横向生态保护补偿方式，建立保护者和受益者之间良性的互动机制和全社会参与的社会资本投入市场化机制，也是制定生态保护补偿条例应当规定的重要内容。

《关于健全生态保护补偿机制的意见》（以下简称《意见》）是我国首份针对生态保护补

机制的国家文件,是全国各领域健全生态保护补偿机制的行动纲领。《意见》要求推进体制机制创新,推进横向生态保护补偿是其中极为重要的任务之一。

横向生态保护补偿是政策关注焦点

2013年党的十八届三中全会通过的《中共中央关于全面深化改革若干重大问题的决定》第一次提出"推动地区间建立横向生态补偿制度"。2014年、2015年的政府工作报告均明确提到跨区域的流域生态补偿机制。2015年6月,中共中央、国务院印发的《关于加快推进生态文明建设的意见》提出建立地区间横向生态保护补偿机制的要求。同年9月,中共中央、国务院印发的《生态文明体制改革总体方案》要求"制定横向生态补偿机制办法"。2016年2月中办、国办印发的《关于加大脱贫攻坚力度支持革命老区开发建设指导意见》也要求逐步建立地区间横向生态保护补偿机制。横向生态保护补偿机制建设已上升到国家战略层面。

横向生态保护补偿是制度创新热点

作为横向生态保护补偿重要组成的流域上下游横向补偿机制因下游对上游水质保护的迫切需求,自"十一五"以来一直是地方政府进行制度创新的热点领域。2010年年底,皖浙两省的新安江流域水环境补偿试点作为全国首个国家推动的跨省上下游水环境补偿试点正式启动;2016年3月,广东省与福建省、广西壮族自治区分别签署汀江—韩江流域、九洲江流域水环境补偿协议;天津市与河北省关于引滦入津流域的跨省水环境补偿机制也即将建立。目前,我国已有20多个省(自治区、直辖市)相继出台了省域内或跨省域流域上下游横向补偿相关的政策措施。

横向生态保护补偿是制度推进难点

横向生态保护补偿主要是调节不具有行政隶属关系的地区与地区之间生态环境相关利益关系,但此类跨界生态环境保护事务的权责关系往往不够明确,而且不同地区在环保意识、监测能力和经济水平上差异较大。目前,国家没有发布统一的指导文件和统一的技术规范,因此各地区在进行横向生态保护补偿协商时往往难以在补偿标准、补偿方式、资金管理、效果评估等方面达成共识。《意见》针对横向生态保护补偿提出了战略性顶层设计,为有效推进横向生态保护补偿奠定了重要的政策保障。

《意见》明确了横向生态补偿政策地位

《意见》将推进横向生态保护补偿与建立稳定投入机制、完善重点生态区域补偿机制、健全配套制度体系、创新政策协同机制、结合生态补偿推进精准脱贫、加快推进法制建设一起作为健全生态保护补偿机制的体制机制创新重大任务,明确了横向生态保护补偿在我国生态保护补偿机制建设中的重要地位。

《意见》明确了横向生态补偿地方主体

《意见》要求横向生态保护补偿"以地方补偿为主、中央财政给予支持",明确了中央和地方在横向生态保护补偿上的事权关系，同时也指出中央财政将对地方的横向生态保护补偿机制建设提供一定支持，体现了中央的引导鼓励，有利于激励地方政府积极参与横向生态保护补偿机制建设。

《意见》明确了横向生态补偿发展方向

《意见》明确指出横向生态保护补偿的领域除目前实践较多的流域上下游横向补偿外还有受益地区与生态保护地区间的补偿；除常规的资金补偿外，还提出通过对口协作、产业转移、人才培训、共建园区等方式进行补偿，这就为地方政府探索多元化的横向生态保护补偿模式提供了极大的发展空间。

《意见》明确了推进横向补偿试点范围

《意见》不仅明确了横向生态保护补偿机制建设的重点范围，并且明确点出要在长江、黄河、南水北调中线工程水源区、新安江流域、京津冀水源涵养区、广西广东九洲江、福建广东汀江—韩江、江西广东东江、云南贵州广西广东西江等地区开展政策试点，把推进横向生态保护补偿真正落到了实处。

六、《关于进一步明确涉渔工程水生生物资源保护和补偿有关事项的通知》

近年来，流域开发和港口、码头、航道等工程建设，加剧了对水生生物及其生境的威胁，造成水生生物资源受到破坏。国务院印发的《中国水生生物资源养护行动纲要》中明确，"对水生生物资源及水域生态环境造成破坏的，建设单位应当按照有关法律规定，制订补偿方案或补救措施，并落实补偿项目和资金"。2017年，中共中央办公厅、国务院办公厅印发的《生态环境损害赔偿制度改革方案》要求，"进一步明确生态环境损害赔偿范围、责任主体、索赔主体、损害赔偿解决途径等"。为进一步明确水生生物资源保护和补偿有关事项，贯彻落实好生态环境损害赔偿制度有关精神，2018年6月29日，农业农村部办公厅印发了《关于进一步明确涉渔工程水生生物资源保护和补偿有关事项的通知》。

通知指出，建设单位是涉渔工程水生生物资源保护和补偿的主体，应根据环境影响评价报告（涉及水生生物保护区的还包括工程建设对保护区影响专题报告）中所列的水生生物资源保护和补偿内容，制定具体的实施方案。渔业部门要对实施方案编制进行组织协调和指导把关，确保方案合理可行。

通知要求，建设单位应根据实施方案，组织落实水生生物资源保护和补偿措施。无能力落实保护和补偿措施的，可以委托具备相应能力的社会第三方机构实施。补偿资金由建设单位支付给受委托的社会第三方机构。渔业部门要对保护和补偿措施落实情况进行监督管理，组织开展技术审查和调查评估，所需相关费用应纳入补偿资金。

通知强调，渔业部门要加强与建设单位的沟通磋商，可通过协议书等形式与建设单位明确相关责任分工，并视情为其提供职责范围内的组织协调等方面的协助，帮助其解决保护和补偿措施落实过程中存在的困难和问题，推动补偿资金及时到位，使用规范合理，确保各项保护和补偿措施顺利实施、落实到位。

通知明确，各地渔业部门可根据实际情况和工作需要，进一步创新方式方法，开展探索性研究与实践，为更好地开展水生生物资源保护和补偿积累经验。在确保补偿资金使用规范的前提下，可对流域性的水生生物资源保护和补偿措施进行统筹；工程建设对水生生物和水域生态环境影响较大的，保护和补偿措施可与渔民退捕、原有不利影响因素消除以及执法监管能力建设等相结合。

七、《建立市场化、多元化生态保护补偿机制行动计划》

为贯彻落实中共中央办公厅、国务院办公厅印发的《中央有关部门贯彻实施党的十九大报告重要改革举措分工方案》（中办发〔2018〕12号）、中共中央办公厅印发的《党的十九大报告重要改革举措实施规划（2018—2022年）》（中办发〔2018〕39号）和《国务院办公厅关于健全生态保护补偿机制的意见》（国办发〔2016〕31号）等文件要求，积极推进市场化、多元化生态保护补偿机制建设，国家发展改革委、财政部、自然资源部、生态环境部、水利部、农业农村部、人民银行、市场监管总局、林草局于2018年12月28日联合印发了《建立市场化、多元化生态保护补偿机制行动计划》（以下简称《行动计划》）。

随着生态保护补偿范围的日益扩大，以政府补偿为主的财政资金已经难以应对补偿资金需求的不断增加，用市场化、多元化手段推进生态保护补偿，能够有效发挥市场力量，有利于建立补偿的长效机制，提升生态保护补偿的质量和水平，促进生态保护补偿可持续建设，让保护生态环境的地方不吃亏、能受益，有助于协调经济发展与生态环境保护。

1. 总结创新了补偿方式，明确多元主体参与

《行动计划》是对已有生态保护补偿工作成果的继承和发展，主要体现在两个方面。

一是明确补偿主体的多元化。推进国家治理体系和治理能力现代化是全面深化改革的总目标之一，聚焦到生态环境保护领域，就是推进生态环境治理体系和治理能力现代化，要构建以政府为主导、以企业为主体、社会组织和公众共同参与的环境治理体系。《行动计划》很好地呼应了这一点，按照谁受益谁补偿的原则，明确了生态受益者、社会投资者对生态保护者的补偿，除了政府，还需要企业、社会组织和公众的共同参与。

二是明确补偿方式的市场化。《行动计划》提出九大重点任务，是对以往"零碎化"的生态保护补偿方式进行"系统化"总结、提炼与创新。市场化、多元化生态保护补偿涉及面宽，综合性、系统性强，进展不一，对资源开发补偿、污染物减排补偿、水资源节约补偿等已经具有较多试点经验的领域，主要是总结好的做法和经验，完善交易制度。对生态产业、绿色标识、绿色采购、绿色金融、绿色利益分享机制等有利于引导全社会对生态产品投资和消费的领域，提出逐步探索、适时完善推广的工作要求。

2. 给出了多元主体参与的资金来源渠道

《行动计划》给出了生态保护补偿资金来源渠道。

补偿资金来源不断丰富。污染物减排补偿、水资源节约补偿、碳排放权抵消补偿实际上都是对发展权的补偿。生态保护地区放弃的排污剩余指标，减少碳排放，就是放弃的发展权，水权是一个地区的取水权或用水权，属于当地居民的发展权，生态受益地区应当给予合理补偿。《行动计划》注重企业的参与，提出"企业通过淘汰落后和过剩产能、清洁生产、清洁化改造、污染治理、技术改造升级等产生的污染物排放削减量，可按规定在市场交易"等具体手段激励企业参与。《行动计划》还创新性地提出了"在有条件的地方建立省内分行业排污强度区域排名制度，排名靠后地区对排名靠前地区进行合理补偿"的机制。

补偿融资渠道不断完善。生态保护补偿投融资机制有利于引导金融机构对生态保护地区的发展提供资金支持，进而吸引市场投资者参与生态产品的价值转化。绿色金融领域的绿色发展基金、绿色债券等方式可以引入生态保护补偿中。发挥财政种子资金的作用，通过收益优先保障机制吸引金融机构以及社会资本投入，更好地保障生态保护与修复的可持续性，提升区域生态系统服务价值。

3. 阐释了生态产品价值实现路径

《行动计划》提出，通过发展生态产业、完善绿色标识、推广绿色采购和建立绿色利益分享机制，将生态产品的生产者和消费者紧密联系在一起，详细阐释了生态产品价值实现路径。

发展生态产业和绿色利益分享机制都是从生态保护地区和受益地区的资源禀赋和生态保护能力差异的角度建立的补偿机制，是精准扶贫与生态保护补偿机制融合的基础，通过统一规划，结合精准扶贫要求，最大限度发挥其资源、环境及区位优势，建立起生态资源与经济优势有机融合的协作联动机制。

绿色标识和绿色采购实际是生态产品供需的两端，建立生态产品市场交易机制，健全生态保护市场体系，建立健全反映外部性内部化和代际公平的生态产品价格形成机制，使保护者通过生态产品的市场交易获得生态保护效益的充分补偿。

正如《行动计划》中所提到的，我国生态保护补偿机制顺利推进，体制机制建设取得初步成效，但也存在企业和社会公众参与度不高、优良生态产品和生态服务供给不足等矛盾和问题。在新时代，面对新的历史方位、新的社会主要矛盾对生态保护补偿提出的新要求，《行动计划》既对已有经验进行了提炼、总结、推广，又为解决新问题和新现象提出新路径，开启了我国生态保护补偿机制建设新征程。

八、《生态保护红线生态补偿标准核定技术指南（征求意见稿）》

2017年，中办、国办联合印发了《关于划定并严守生态保护红线的若干意见》（以下简称《若干意见》），明确要求"加大生态保护补偿力度"。2018年，生态环境部自然生态保护司和法规与标准司下达了《生态保护红线生态补偿标准核定技术指南》（以下简称《指南》）国家环保标准制修订任务，项目由生态环境部环境规划院负责完成。

按照《国家环境保护标准制修订工作管理办法》（国环规科技〔2017〕1号）的有关要求，项目承担单位组织专家和相关单位成立了指南编制组。指南编制组成员查阅了国内外相关资料，在前期项目研究、文献资料分析和现场调研的基础上，召开了多次研讨会，讨论并确定了开展指南编制工作的原则、程序、步骤和方法，最后形成开题报告。

2018年11月19日，相关单位组织召开《生态保护红线生态补偿标准核定技术指南》（草案）[以下简称《指南》（草案）]开题论证会，《指南》（草案）顺利通过开题论证。

2019年11月6日，生态环境部自然生态保护司组织召开国家环境保护标准征求意见稿技术审查会，《指南》（草案）顺利通过技术审查。编制组根据专家意见，对《指南》（草案）进一步修改完善，形成《生态保护红线生态补偿标准核定技术指南》（征求意见稿）。

制定该标准是落实《关于划定并严守生态保护红线的若干意见》（以下简称《若干意见》）的要求。《若干意见》明确要求，"加大生态保护补偿力度。财政部会同有关部门加大对生态保护红线的支持力度，加快健全生态保护补偿制度，完善国家重点生态功能区转移支付政策。推动生态保护红线所在地区和受益地区探索建立横向生态保护补偿机制，共同分担生态保护任务"。根据生态系统服务价值增长情况、生态环境承载力、生态保护和环境治理投入、机会成本、经济发展等因素，建立生态保护红线生态补偿标准定价体系，可以为构建生态保护红线管控和激励体系提供技术支撑。

制定该标准是完善国家相关标准技术体系的要求。生态保护红线的受关注程度和重要地位不断上升，划定并严守生态保护红线不仅是生态保护领域的重点工作，更是国家生态安全和经济社会可持续发展的基础性保障。由于生态保护红线主要是老少边穷地区，划定范围内的区域需要进行特殊的保护，严格控制不符合主体功能定位的各类开发活动，这些地区面临摆脱贫困和加快发展的迫切需求。建立生态保护红线生态补偿迫在眉睫，其中标准是重中之重。制定适用于我国生态保护红线的生态补偿标准核定技术指南，为国家和地方制定科学合理的生态保护红线生态补偿标准提供指导，可以填补该领域技术标准空白，是国家环境保护标准体系建设的客观要求。

九、《长江流域重点水域禁捕和建立补偿制度实施方案》

为贯彻党中央、国务院关于加强生态文明建设的决策部署，落实党的十九大"以共抓大保护、不搞大开发为导向推动长江经济带发展"的战略布局，根据 2017 年中央一号文件"率先在长江流域水生生物保护区实现全面禁捕"、2018 年中央一号文件"建立长江流域重点水域禁捕补偿制度"等要求，国务院办公厅印发了《关于加强长江水生生物保护工作的意见》，对各项保护政策措施提出了明确的工作任务和目标要求。该意见明确提出，推进重点水域禁捕，科学划定禁捕、限捕区域，加快建立长江流域重点水域禁捕补偿制度，引导长江流域捕捞渔民加快退捕转产，率先在水生生物保护区实现全面禁捕，健全河流湖泊休养生息制度，在长江干流和重要支流等重点水域逐步实行合理期限内禁捕的禁渔期制度，到 2020 年长江流域重点水域实现常年禁捕。

为贯彻落实上述决策部署和工作要求，农业农村部、财政部、人力资源社会保障部在深入调查研究和广泛征求意见的基础上，制定了《长江流域重点水域禁捕和建立补偿制度实施方案》，并于 2019 年 1 月 6 日联合印发。

该方案提出，退捕渔民临时生活补助、社会保障、职业技能培训等相关工作所需资金，主要由各地结合现有政策资金渠道解决。同时，中央财政采取一次性补助与过渡期补助相结合的方式对禁捕工作给予适当支持。一是一次性补助。中央财政一次性补助资金根据各省退捕渔船数量、禁捕水域类型、工作任务安排等因素综合测算，整体切块到各省市，由地方结合实际统筹用于收回渔民捕捞权和专用生产设备报废，并直接发放到符合条件的退捕渔民。二是过渡期补助。中央财政在禁捕期间安排一定的过渡期补助，资金根据禁捕工作绩效评价结果等相关因素以绩效评价奖励形式下达，由各省市统筹用于禁捕宣传动员、提前退捕奖励、加强执法管理、突发事件应急处置等与禁捕直接相关的工作。其中，水生生物保护区过渡期为 2019 年和 2020 年，其他重点水域过渡期为 2020 年和 2021 年。

十、《生态综合补偿试点方案》

为贯彻落实党中央、国务院的决策部署，进一步健全生态保护补偿机制，提高资金使用效益，2019 年 11 月 15 日，国家发展改革委印发《生态综合补偿试点方案》（发改振兴〔2019〕1793 号）（以下简称《方案》）。

《方案》提出，在国家生态文明试验区、西藏及四省藏区、安徽省，选择 50 个县（市、区）开展生态综合补偿试点。试点县应在全国重点生态功能区范围内，优先选择集中连片特困地区和生态保护补偿工作基础较好的地区。

《方案》要求，到 2022 年，生态综合补偿试点工作取得阶段性进展，资金使用效益有效提升，生态保护地区造血能力得到增强，生态保护者的主动参与度明显提升，与地方经济发展水平相适应的生态保护补偿机制基本建立。

《方案》提出四项试点任务。一是创新森林生态效益补偿制度。对集体和个人所有的二级国家级公益林和天然商品林，要引导和鼓励其经营主体编制森林经营方案，在不破坏森林植被的前提下，合理利用其林地资源，适度开展林下种植养殖和森林游憩等非木质资源开发与利用，科学发展林下经济，实现保护和利用的协调统一。要完善森林生态效益补偿资金使用方式，优先将有劳动能力的贫困人口转为生态保护人员。二是推进建立流域上下游生态补偿制度。推进流域上下游横向生态保护补偿，加强省内流域横向生态保护补偿试点工作。完善重点流域跨省断面监测网络和绩效考核机制，对纳入横向生态保护补偿试点的流域开展绩效评价。鼓励地方探索建立资金补偿之外的其他多元化合作方式。三是发展生态优势特色产业。按照空间管控规则和特许经营权制度，在严格保护生态环境的前提下，鼓励和引导地方以新型农业经营主体为依托，加快发展特色种养业、农产品加工业和以自然风光和民族风情为特色的文化产业和旅游业，实现生态产业化和产业生态化。支持龙头企业发挥引领示范作用，建设标准化和规模化的原料生产基地，带动农户和农民合作社发展适度规模经营。四是推动生态保护补偿工作制度化。出台健全生态保护补偿机制的规范性文件，明确总体思路和基本原则，厘清生态保护补偿主体和客体的权利义务关系，规范生态补偿标准和补偿方式，明晰资金筹集渠道，不断推进生态保护补偿工作制度化和法治化，为从国家层面出台生态补偿条例积累经验。

《方案》指出，生态保护与建设中央预算内投资要将试点县作为安排重点，与相关领域生态补偿资金配合使用，共同支持试点县提升生态保护能力和水平。要进一步加大对西藏及四省藏区试点县的支持力度，尽快增强区域发展的内生动力。加强与国开行、农发行、亚行、世行等国内、国际金融机构的沟通与对接，推广产业链金融模式，加大对特色产业发展的信贷支持。

十一、《支持引导黄河全流域建立横向生态补偿机制试点实施方案》

为深入贯彻党的十九大和十九届二中、三中、四中全会以及习近平总书记在黄河流域生态保护和高质量发展座谈会及中央财经委员会第六次会议上的重要讲话精神，探索建立黄河全流域生态补偿机制，加快构建上中下游齐治、干支流共治、左右岸同治的格局，推动黄河流域各省（区）共抓黄河大保护，协同推进大治理，根据《生态文明体制改革总体方案》《关于健全生态保护补偿机制的意见》等要求，结合黄河流域实际，2020年4月，财政部、生态环境部、水利部和国家林草局联合印发了《支持引导黄河全流域建立横向生态补偿机制试点实施方案》。

《支持引导黄河全流域建立横向生态补偿机制试点实施方案》明确，要于2020—2022年开展试点，中央财政每年从水污染防治资金中安排一部分资金，支持引导沿黄九省（区）探索建立横向生态补偿机制，加快构建上中下游齐治、干支流共治、左右岸同治的格局，推动黄河流域各省（区）共抓黄河大保护，协同推进大治理。

根据该方案，黄河全流域横向生态补偿机制实施范围为沿黄九省（区），具体包括山西省、内蒙古自治区、山东省、河南省、四川省、陕西省、甘肃省、青海省、宁夏回族自治区。试点期间，探索建立流域生态补偿标准核算体系，完善目标考核体系、改进补偿资金分配办法，规范补偿资金使用。

该方案提出了建立黄河流域生态补偿机制管理平台、中央财政安排引导资金、鼓励地方加快建立多元化横向生态补偿机制三大举措。

其中，四部门会同有关部门和地方建立黄河流域生态补偿机制工作平台，充分利用现有成果，统筹整合相关数据，服务于机制建设，与有关部门和地方的其他信息系统充分衔接，汇总集成黄河流域森林、草原、湿地、湖泊、生态流量、水土流失治理、生态环境质量、污染排放，以及经济社会发展等情况。探索开展生态产品价值核算计量，逐步推进综合生态补偿标准化、实用化，为市场化、多元化生态补偿机制建设提供有力支撑。

根据该方案，中央财政每年从水污染防治资金中安排一部分资金，资金纳入中央生态环保资金项目储备库管理，采用因素法分配，分配测算的因素主要考虑各省（区）在黄河流域生态环境保护和高质量发展方面所做的工作、努力程度以及取得的成效。资金安排向上中游倾斜，可按照各地机制建设进度、预算执行情况、绩效评价结果等设定调节系数。根据试点工作进展情况，将适时对分配资金相关因素指标和权重进行调整完善，以更好推进流域生态补偿机制运行。

试点初期，中央财政按照"早建早补、早建多补、多建多补"的原则，对开展生态补偿机制建设成效突出的省（区）安排奖励。对推进机制建设不力的省（区），从试点第二、第三年逐步扣减补偿资金并用于奖励先进地区，强化约束作用，体现奖罚分明的原则。

在组织保障方面，该方案强调，要明确部门职责分工，严格落实地方主体责任，强化绩效管理，扎实推进协同治理。

十二、《支持长江全流域建立横向生态保护补偿机制的实施方案》

为深入贯彻习近平总书记在全面推动长江经济带发展座谈会上的重要讲话精神，加快推动长江流域形成共抓大保护工作格局，2021年4月，财政部、生态环境部、水利部、国家林业和草原局联合发布《支持长江全流域建立横向生态保护补偿机制的实施方案》（以下简称《方案》）。

《方案》强调，流域上游承担保护生态环境的责任，同时享有水质改善、水量保障带来利益的权利。流域下游对上游提供良好生态产品付出的努力作出补偿，同时享有水质恶化、上游过度用水的受偿权利。根据流域各省份生态保护和环境治理任务，建立长江全流域横向生态保护补偿机制。

《方案》提出，2022年长江干流初步建立流域横向生态保护补偿机制。2024年主要一级支流初步建立流域横向生态保护补偿机制。2025年长江全流域建立起流域横向生态保护补偿机制体系。同时，补偿的内容更加丰富，方式更加多样，标准更加完善，机制更加成熟，生态环境质量稳步改善。实施范围为涉及长江流域的19个省份。具体为干流流经的青海、西藏、四川、云南、重庆、湖北、湖南、江西、安徽、江苏、上海11个省份，以及支流流经的贵州、广西、广东、甘肃、陕西、河南、福建、浙江8个省份。

《方案》要求各省尽快就各方权责、考核目标、补偿措施、保障机制等达成一致意见并签署补偿协议。财政部等四部门将加强对地方的指导，及时监测、跟踪和督促各项工作，适时对机制建设情况进行评估。

十三、《关于深化生态保护补偿制度改革的意见》

生态保护补偿制度作为生态文明制度的重要组成部分，是落实生态保护权责、调动各方参与生态保护积极性、推进生态文明建设的重要手段。2021年9月，中共中央办公厅、国务院办公厅印发《关于深化生态保护补偿制度改革的意见》，从完善分类补偿制度、健全综合补偿制度、发挥市场机制作用等方面，明确了我国深化生态保护补偿制度改革的路线图和时间表。

1. 坚持系统推进政策协同

我国生态补偿机制建设历经了多年实践，在森林、草原、湿地、荒漠、海洋、水流、耕地7个领域建立了生态补偿机制，取得积极成效。与此同时，也存在补偿覆盖范围有限、政策重点不够突出、奖惩力度偏弱、相关主体协调难度大等问题。2021年5月21日，中央全面深化改革委员会第十九次会议审议通过了《关于深化生态保护补偿制度改革的意见》（以下简称《意见》）。

《意见》集中体现了党和国家构建生态文明制度、落实权责、调动各方积极性的战略意图，是我国提出碳达峰碳中和目标后，又一项面向绿色发展的重要政策文件。

对于改革目标，《意见》明确，到2025年，与经济社会发展状况相适应的生态保护补偿制度基本完备。以生态保护成本为主要依据的分类补偿制度日益健全，以提升公共服务保障能力为基本取向的综合补偿制度不断完善，以受益者付费原则为基础的市场化、多元化补偿格局初步形成，全社会参与生态保护的积极性显著增强，生态保护者和受益者良性互动的局面基本形成。到 2035 年，适应新时代生态文明建设要求的生态保护补偿制度基本定型。

《意见》对分类补偿制度、综合补偿制度提出了较全面的政策框架，并提出逐步探索统筹保护模式，明确要结合空间中并存的多元生态环境要素系统谋划，体现了系统推进的政策思路。针对实践中容易出现的政出多门现象，《意见》提出部门间要加强沟通协调，避免重复补偿；通过法治保障、政策支持和技术支撑，增强改革协同效应。

同时，新政策体现了"强化激励、硬化约束"的导向，清晰界定各方权利义务，实现受益与补偿相对应、享受补偿权利与履行保护义务相匹配。比如，《意见》提出对于一些生态功能重要地区加大支持力度，也提出对生态功能重要地区发展破坏生态环境相关产业的，适当减少补偿资金规模。

2. 重视发挥市场机制作用

《意见》提出，充分发挥政府开展生态保护补偿、落实生态保护责任的主导作用，积极引导社会各方参与，推进市场化、多元化补偿实践；逐步完善政府有力主导、社会有序参与、市场有效调节的生态保护补偿体制机制。

近年来，我国加快建立健全纵向与横向相结合的生态补偿机制。统计显示，2016 年至 2020 年，中央财政安排重点生态功能区转移支付资金 3524 亿元，在对禁止开发区域和限制开发区域实现全覆盖的基础上，加大对"三区三州"等深度贫困地区、京津冀、长江经济带等生态功能重要区域的支持力度。此外，目前已有新安江、赤水河、酉水、滁河等跨省流域建立了省际横向生态保护机制。

《意见》体现了推广经验与探索机制相结合。例如，跨省流域横向生态补偿的"新安江模式"，试点成果已在不少地区推广应用，文件中提出健全横向补偿机制，总结推广成熟经验。同时，《意见》提到，鼓励地方探索大气等其他生态环境要素横向生态保护补偿方式；逐步探索对预算支出开展生态环保方面的评估等。这些创新性探索将会在不同层面推动我国多元化、市场化生态补偿制度的完善。

值得关注的是，《意见》对发挥市场机制作用、加快推进多元化补偿进行了专门规定，明确"合理界定生态环境权利，按照受益者付费的原则，通过市场化、多元化方式，促进生态保护者利益得到有效补偿，激发全社会参与生态保护的积极性"。

比如，对于完善市场交易机制，《意见》要求，在科学合理控制总量的前提下，建立用水权、排污权、碳排放权初始分配制度；逐步开展市场化环境权交易；加快建设全国用能权、碳排放权交易市场。

生态保护补偿制度要实现有效市场和有为政府的更好结合。生态保护补偿本身体现了经济成本和收益，不再完全通过政府手段解决生态保护问题，而是通过更加透明、量化的市场机制实施，建立多方补偿机制。

3.财税金融工具共同发力

《意见》提出了一系列拓展市场化融资渠道的举措。比如，研究发展基于水权、排污权、碳排放权等各类资源环境权益的融资工具，建立绿色股票指数，发展碳排放权期货交易；鼓励银行业金融机构提供符合绿色项目融资特点的绿色信贷服务；鼓励符合条件的非金融企业和机构发行绿色债券；鼓励保险机构开发创新绿色保险产品参与生态保护补偿。

碳排放权交易是以市场手段推动温室气体减排的重要制度，现货市场是对碳排放权配额进行买卖交易的场所。

在进一步完善转移支付制度的基础上，发挥金融市场作用，引入生态产品交易，能够更有效率地体现生态建设的价值。财政政策与金融工具相结合，有利于加快推进多元化补偿。

对于发挥财税政策调节功能，《意见》明确，发挥资源税、环境保护税等生态环境保护相关税费以及土地、矿产、海洋等自然资源资产收益管理制度的调节作用；继续推进水资源税改革；落实节能环保、新能源、生态建设等相关领域的税收优惠政策；实施政府绿色采购政策，建立绿色采购引导机制。

税费调节、政府采购等财政政策的完善和实施，为整个社会的低碳转型发挥有力引导作用，助力实现碳达峰、碳中和目标。

生态补偿大事记

1963 年

4月18日，国务院针对黄河流域水土流失问题发布《国务院关于黄河中游地区水土保持工作的决定》，其中对水土和林业资源规定对现有的各项水土保持工程和设施贯彻"谁治理、谁受益、谁养护"的原则，对管理养护水土保持工程设施的劳动制定合理的劳动定额，并给予应得的劳动报酬；对山区伐木切实执行"谁采伐、谁更新"规定。

5月27日，为进一步保护森林资源，促进林业生产，国务院出台《森林保护条例》，规定森林采伐后，必须按照国家规定标准，在当年或者次年内进行更新。

1974 年

1月30日，为防止我国沿海水域被油性和其他有害物质污染，确保沿海水域和港口的清洁和安全，由交通部起草的《中华人民共和国防止沿海水域污染暂行规定》经国务院批准实行，其中规定对造成海水污染严重的处以人民币2万元以下罚款，且肇事方必须负担消除油类污迹的费用和对所造成的一切损失的赔偿金。

1978 年

12 月 31 日，中共中央批转了国务院环境保护领导小组的《环境保护工作汇报要点》，并表示"向排污单位实行排放污染物的收费制度，由环境保护部门会同有关部门制定具体收费方法"。

1979 年

9 月 13 日，《中华人民共和国环境保护法（试行）》颁布，首次以法律形式明确排污费制度，确立谁污染谁治理的污染治理原则。

1981 年

2 月 24 日，国务院出台《关于在国民经济调整时期加强环境保护工作的决定》。该决定肯定了环境和自然资源的重要性，谈及了以往对环境问题认识的不到位和经济工作中的失误，并进一步指出国内环境污染和生态失衡已相当严重，强调按照"谁污染谁治理"的原则，让工厂企业及其主管部门切实负起治理污染的责任，提出利用经济杠杆来促进企业治理污染，如对超标排放的污染物征收排污费等。

1990 年

12 月 5 日，《国务院关于进一步加强环境保护工作的决定》发布。该文件对经济发展产生的环境污染和生态破坏问题，提出在资源开发和利用中要重视生态环境的保护工作，并按照"谁开发谁保护，谁破坏谁恢复，谁利用谁补偿"以及"开发利用与保护增殖并重"的方针，认真保护、合理利用自然资源，加强资源管理和生态建设。

1992 年

8 月，《中国环境与发展十大对策》发布。根据联合国环发大会精神以及我国实际环境情况，该对策强调要运用经济手段保护环境，并进一步完善适应社会主义市场经济要求的环保法律、法规、管理制度和标准。

1996 年

8 月 3 日，为贯彻"九五"计划纲要，力争实现到 2000 年基本控制环境污染和生态破坏加剧的目标，《国务院关于环境保护若干问题的决定》发布。该决定强调要继续按照"污染者付费、利用者补偿、开发者保护、破坏者恢复"的原则，制定、完善促进环境保护、防止环境污染和生态破坏的经济政策和措施，首次提出建立并完善有偿使用自然资源和恢复生态环境的经济补偿机制。

1998 年

4 月 29 日，《中华人民共和国森林法》修订，第一次以法律形式确定设立森林生态效益补偿，并规定其用途为提供生态效益的防护林和特种用途林的森林资源、林木的营造、抚育、保护和管理。同年，我国长江流域、松花江流域、嫩江流域发生特大洪灾。

1999 年

8—10 月，国务院主要领导先后视察陕西、云南、四川、甘肃、青海、宁夏，统筹考虑加快生态环境建设、实现可持续发展和解决粮食库存积压等多种目标，提出"退耕还林（草）、封山绿化、以粮代赈、个体承包"总体措施，并在四川、山西、甘肃开展进行退耕还林试点工作。

2001 年

11 月 20 日，全国森林生态效益补助资金试点启动工作会召开。为探索社会主义市场经济如何更好协调资源饱和同社会稳定和区域经济协调发展，进一步提高和充分发挥森林资源的生态功能，会议上宣布将对全国 11 个省区的 2 亿亩重点防护林和特种用途林开展试点工作，其中包括 685 个县级单位和 24 个国家级自然保护区。这标志着森林生态效益补偿制度的正式建立，以及我国对森林资源生态价值无偿使用的结束，开始进入有偿使用的新阶段。

11 月 26 日，财政部印发了《森林生态效益补助资金管理办法（暂行）》。根据《中华人民共和国森林法》《中华人民共和国森林法实施条例》和有关规定，中央财政设立森林生态效益补助资金。为规范和加强森林生态效益补助资金管理，提高补助资金使用效益，2001 年 11 月 26 日，特制定该办法。

2002 年

4 月 11 日，国务院印发《关于进一步完善退耕还林政策措施的若干意见》。该意见肯定了退耕还林试点工作对于生态环境保护和建设的重大意义，为保证工作顺利推进，就工作中出现的问题和政策不完善之处，进一步提出如科学制定规划、认真落实林权等规定。

8 月 29 日，《中华人民共和国水法》修订审议通过，首次以法律形式确立对因违反规划造成江河和湖泊水域出现生态问题的，应当承担治理责任。

12 月 14 日，国务院出台《退耕还林条例》，并于 2003 年 1 月 20 日开始施行。

2004 年

8 月 28 日，《中华人民共和国野生动物保护法》修订审议通过，在原有基础上新增对因保护野生动物而对当地农作物或其他造成损失的，由当地政府给予补偿。

10 月 21 日，为规范和加强中央森林生态效益补偿基金管理，提高资金使用效益，根据《中华人民共和国预算法》，财政部和国家林业局联合印发了《中央森林生态效益补偿基金管理办法》。该办法自发布之日起执行。《森林生态效益补助资金管理办法（暂行）》（财农〔2001〕190 号）同时废止。相比 2001 年印发的《森林生态效益补助资金管理办法》，此文件对资金补助范围和标准进一步细化，补助标准为每年每亩 5 元，其中 4.5 元用于补偿性支出，0.5 元用于森林防火等公共管护支出。

2005 年

8月18日，为解决矿产资源开发中的突出问题，国务院发布《国务院关于全面整顿和规范矿产资源开发秩序的通知》。其中提出，要探索建立矿山生态环境恢复补偿制度，按照"谁破坏、谁恢复"的原则，明确环境治理责任，按照"谁投资、谁受益"的原则，对废弃矿山和老矿山的生态环境恢复与治理，并进一步呼吁财政部、国土资源部等部门尽快制定矿山生态环境恢复的经济政策，积极推进矿山生态环境恢复保证金制度等生态环境恢复补偿机制。

10月11日，《中国共产党第十六届中央委员会第五次全体会议公报》审议通过，其中就我国土地、淡水、能源、矿产资源和环境状况对经济发展已构成严重制约，以及其他生态环境问题，首次提出建立生态补偿制度。同时进一步明确提出，要按照谁开发谁保护、谁受益谁补偿的原则，加快建立生态补偿机制，切实保护好自然生态，促进经济发展与人口、资源、环境相协调。

12月13日，国务院颁布《关于落实科学发展观加强环境保护的决定》。该决定强调必须把环境保护摆在更加重要的战略位置，指出当前存在的严峻环境问题和环境保护的法规制度落后的问题，提出要完善生态补偿政策，尽快建立生态补偿机制，国家和地方可分别开展生态补偿试点。

2006 年

2月10日，财政部、国土资源部和环保总局为加强矿山环境治理和生态恢复，促进资源与环境成本合理化，理顺资源价格形成机制，发布《关于逐步建立矿山环境治理和生态恢复责任机制的指导意见》，要求各地从2006年起，在试点的基础上逐步建立矿山环境治理和生态恢复责任机制。

3月14日，"十一五"规划纲要审议通过。纲要提出按照谁开发谁保护、谁受益谁补偿的原则，建立生态补偿机制，指出生态保护和建设的重点要从事后治理向事前保护转变，从以人工建设为主向以自然恢复为主转变，从源头上扭转生态恶化趋势。在污染治理方面，运用经济手段加快污染治理市场化进程；在各类资源管理方面，首次提出充分利用市场机制，如对于水资源要完善取水许可和水资源有偿使用制度，建立国家初始水权分配制度和水权转让制度；对于土地资源要严格执行占用耕地补偿；对于矿产资源要建立矿业权交易制度，健全矿产资源有偿占用制度和矿山环境恢复补偿机制。

4月17—18日，第六次全国环境保护大会于北京召开，国务院总理温家宝在会议上对生态补偿提出新要求，要按照"谁开发谁保护、谁破坏谁恢复、谁受益谁补偿、谁排污谁付费"的原则，完善生态补偿政策，建立生态补偿机制。

2007 年

3月15日，为进一步规范和加强中央财政森林生态效益补偿基金管理，提高资金使用效益，根据《中华人民共和国森林法》和中共中央、国务院《关于加快林业发展的决定》（中发〔2003〕9号），各级政府按照事权划分建立森林生态效益补偿基金，财政部联合国家林业局对2004年出台的《中央森林生态效益补偿基金管理办法》进行修订，制定了《中央财政森林生态效益补偿基金管理办法》（以下简称新《办法》）。新《办法》对两类森林生态效益补偿基金的补偿范围进行明晰，明确森林生态效益补偿基金用于公益林的营造、抚育、保护和管理，而作为森林生态效益补偿基金重要来源的中央财政补偿基金，用于重点公益林的营造、抚育、保护和管理。基于此，新《办法》界定了中央财政补偿基金的补偿对象和补偿标准，同原有中央森林生态效益基金相比，新基金将补偿专职管护人员改为补偿重点公益林的所有者和经营者，将直接管护补偿从每亩4.5元提高到4.75元，用于森林防火的支出从0.5元降为0.25元，进一步保护了直接管护者的利益。此外，还新增提出地方职责和处罚条款，要求地方政府应按照事权和财权相匹配的原则，建立森林生态效益基金。

3月25日，《国务院2007年工作要点》发布。其中将加快建立生态补偿制度纳入抓好节能降耗和污染减排工作的要点之一。

5月23日，为更好完成"十一五"规划纲要中的减排目标，国务院印发《节能减排综合性工作方案》。该方案进一步提到为完善促进节能减排的财政政策，要继续改进和完善资源开发生态补偿机制，开展跨流域生态补偿试点工作。

8月24日，环保局发布《关于开展生态补偿试点工作的指导意见》。该文对落实《国务院关于落实科学发展观加强环境保护的决定》和第六次全国环境保护大会精神，为更好推动建立生态补偿机制，首次明确生态补偿的基本原则为"谁开发、谁保护，谁破坏、谁恢复，谁受益、谁补偿，谁污染、谁付费"，同时提出希望通过试点工作探索多样化的生态补偿方法，为全面建立生态补偿机制奠定基础。

10月15—21日，中共十七大召开。党的十七大报告中将生态环境补偿机制作为完善宏观调控体系和促进国民经济发展的一个手段，提出要进一步建立健全资源有偿使用制度和生态环境补偿机制。

2008年

2月28日，修订后的《中华人民共和国水污染防治法》发布，并于同年6月起施行。此次修订中，首次以法律的形式，明确规定将以财政转移支付等方式建立健全水环境生态保护补偿机制，涵盖区域包括饮用水水源保护区区域和江河、湖泊、水库上游地区。

2009年

12月26日，《中华人民共和国海岛保护法》颁布。该法基于破坏者治理的原则，首次以法律形式确立海岛生态系统的生态补偿安排。

2010 年

12月25日,《中华人民共和国水土保持法》修订通过,将原二十一条国家鼓励农民治理水土流失和相关资金扶持,修改为"国家加强江河源头区、饮用水水源保护区和水源涵养区水土流失的预防和治理工作,多渠道筹集资金,将水土保持生态效益补偿纳入国家建立的生态效益补偿制度",在巩固现行生态补偿法律制度的基础上,新增水土治理领域,进一步丰富了生态补偿的内容。

2011 年

3月28日,财政部发文称由财政部和环保部牵头组织、每年安排补偿资金5亿元的全国首个跨省流域生态补偿机制试点在新安江启动实施。各方约定,每年中央出资3亿元,安徽省、浙江省各出1亿元,若安徽省出境水质达标,下游的浙江省每年补偿安徽省1亿元,否则由安徽省补偿浙江省1亿元。

6月13日,农业部、财政部联合印发了《2011年草原生态保护补助奖励机制政策实施指导意见》。从2011年起,国家在内蒙古、新疆、西藏、青海、四川、甘肃、宁夏和云南8个主要草原牧区省(自治区)及新疆生产建设兵团,全面建立草原生态保护补助奖励机制。为切实做好贯彻落实工作,特制定该指导意见。该意见提出的政策目标:草原禁牧休牧轮牧和草畜平衡制度全面推行,全国草原生态总体恶化的趋势得到遏制。牧区畜牧业发展方式加快转变,牧区经济可持续发展能力稳步增强。牧民增收渠道不断拓宽,牧民收入水平稳定提高。草原生态安全屏障初步建立,牧区人与自然和谐发展的局面基本形成。

9月26日,财政部、环境保护部印发《新安江流域水环境补偿试点实施方案》,标志着我国跨省流域补偿制度建设正式落地。

2012 年

11月8—14日,党的十八大召开。党的十八大报告中首次单独谈到生态文明建设,提出建设生态文明必须建立完整的生态文明制度体系,并把生态补偿作为加强生态文明制度建设的重要制度之一,明确提出要建立反映市场供求和资源稀缺程度、体现生态价值和代际补偿的资源有偿使用制度和生态补偿制度。

2013 年

11月12日,中共十八届三中会议通过的《中共中央关于全面深化改革若干重大问题的决定》中,将生态文明体制改革纳入五大改革要点之一,在党的十八大报告基础上,针对生态补偿制度新增提出推动地区间建立横向生态补偿制度,建立吸引社会资本投入生态环境保护的市场化机制。

2014 年

1月19日,就农村改革发展面临的复杂环境和困难挑战,如资源环境承载能力和粮食供给的矛盾，紧迫的农业现代化要求等，中共中央、国务院印发《关于全面深化农村改革加快推进农业现代化的若干意见》。其中谈到要将生态补偿措施纳入完善国家粮食安全保障体系的重要内容，首次针对湿地提出实施生态补偿机制和相关试点工作。强调在继续保持公益林和草原生态保护补偿的同时，建立江河源头区、重要水源地、重要水生态修复治理区和蓄滞洪区生态补偿机制，支持地方开展耕地保护补偿。

1月29日，为了规范水土保持补偿费征收使用管理，促进水土流失预防和治理，改善生态环境，根据《中华人民共和国水土保持法》的规定，财政部、国家发展和改革委员会、水利部等部门联合印发了《水土保持补偿费征收使用管理办法》。该办法自2014年5月1日起施行。

4月30日，财政部和国家林业局联合制定发布《中央财政林业补助资金管理办法》。该办法对集体和个人所有的国家级公益林补偿标准从2007年的每年每亩5元提高到15元，并新增提出林业补贴和湿地补贴。

10月，中共十八届四中全会召开，会议审议通过《中共中央关于全面推进依法治国若干重大问题的决定》。该决定提出要用严格的法律制度保护生态环境，制定完善生态补偿相关法律法规。

2015年

9月，为加快建立系统完整的生态文明制度体系，加快推进生态文明建设，增强生态文明体制改革的系统性、整体性、协同性，中共中央、国务院印发了《生态文明体制改革总体方案》。方案首次提出探索建立多元化补偿机制，明确到2020年要建立健全生态补偿制度，并把健全生态补偿制度作为方案重点内容之一。

2016年

2月23日，国家发改委、环境保护部联合下发《关于加强长江黄金水道环境污染防控治理的指导意见》。该意见针对当前长江流域部分污染严重的支流、紧张的江湖关系和部分地区突出的生态问题，强调发挥市场机制的作用，建立长江经济带生态保护补偿机制，如加大对重点生态功能区转移支付力度、形成长江干流补偿制度，开展横向生态保护补偿试点等，目标到2017年长江经济带水环境质量有所改善，2020年长江经济带水环境质量持续改善。

3月1日，农业部、财政部共同制定了《新一轮草原生态保护补助奖励政策实施指导意见（2016—2020年）》。该意见提出的任务目标是，通过实施草原补奖政策，全面推行草原禁牧休牧轮牧和草畜平衡制度，划定和保护基本草原，促进草原生态环境稳步恢复；加快推动草牧业发展方式转变，提升特色畜产品生产供给水平，促进牧区经济可持续发展；不断拓宽牧民增收渠道，稳步提高牧民收入水平，为加快建设生态文明、全面建成小康社会、维护民族团结和边疆稳定作出积极贡献。

4月28日，国务院办公厅印发了《关于健全生态保护补偿机制的意见》。该意见提出的目标任务是，到2020年，实现森林、草原、湿地、荒漠、海洋、水流、耕地等重点领域和禁止开发区域、重点生态功能区等重要区域生态保护补偿全覆盖，补偿水平与经济社会发展状况相适应，跨地区、跨流域补偿试点示范取得明显进展，多元化补偿机制初步建立，基本建立符合我国国情的生态保护补偿制度体系，促进形成绿色生产方式和生活方式。

12月7日，《促进中部地区崛起规划（2016—2025年）》审议通过。在生态文明建设方面，该规划提到要通过发挥江西全国生态文明示范省，武汉城市圈、长株潭城市群"两型社会"综合配套改革试验区等作用，积极探索创新生态文明建设机制，强调在生态补偿体制机制创新方面先行先试。

12月20日，为加快建立流域上下游横向生态保护补偿机制，针对流域横向生态保护补偿试点工作中存在的问题，如缺乏有效合作平台、联防共治的长效补偿机制未真正建立等，财政部、环境保护部、发展改革委、水利部联合出台《关于加快建立流域上下游横向生态保护补偿机制的指导意见》。该意见首次明确横向生态保护补偿基准为可选范围内更好的流域跨界断面的水质水量，对国家已确定断面水质目标的，补偿基准应高于国家要求。同时，为更好调动地方积极性，意见指出各地方可因地制宜加入其他监测指标，科学选择补偿方式，合理制定标准，建立联防共治机制。工作目标：到2020年，各省（自治区、直辖市）行政区域内流域上下游横向生态保护补偿机制基本建立；在具备重要饮用水功能及生态服务价值、受益主体明确、上下游补偿意愿强烈的跨省流域初步建立横向生态保护机制，探索开展跨多个省份流域上下游横向生态保护补偿试点。到2025年，跨多个省份的流域上下游横向生态保护补偿试点范围进一步扩大；流域上下游横向生态保护补偿内容更加丰富、方式更加多样、评价方法更加科学合理、机制基本成熟定型，对流域保护和治理的支撑保障作用明显增强。

12月29日，国务院印发了《关于全民所有自然资源资产有偿使用制度改革的指导意见》。该意见指出，推进全民所有自然资源资产有偿使用制度改革，要切实加强与自然资源产权制度、自然资源统一确权登记制度、国土空间用途管制制度、空间规划体系、自然资源管理体制、资源税费制度、生态保护补偿制度、创新政府配置资源方式、统一的公共资源交易平台建设、政府资产报告制度等相关改革的衔接协调，增强改革的系统性、整体性和协同性。

2017年

10月18日，中国共产党第十九次全国代表大会在北京人民大会堂隆重开幕。习近平总书记代表第十八届中央委员会向大会作报告。党的十九大报告提出，加快生态文明体制改革，建设美丽中国。报告提出建立市场化、多元化生态补偿机制。

2018年

2月13日，为更好发挥财政在长江流域生态保护和治理的积极作用，进一步建立健全长江经济带生态补偿与保护长效机制,财政部出台《关于建立健全长江经济带生态补偿与保护长效机制的指导意见》。针对中央和地方职能的不同,该意见对两者明确提出具体要求,目标通过财政支持和引导,能建立起有效的激励引导机制,到2020年,能进一步完善长江流域保护和治理多元化的投入机制,健全上下联动协同治理的工作格局。

6月29日,农业农村部办公厅印发了《关于进一步明确涉渔工程水生生物资源保护和补偿有关事项的通知》。

12月28日,国家发展改革委、财政部、自然资源部、生态环境部、水利部、农业农村部、人民银行、市场监管总局、林草局联合印发了《建立市场化、多元化生态保护补偿机制行动计划》。该计划提出的要求是,到2020年,市场化、多元化生态保护补偿机制初步建立,全社会参与生态保护的积极性有效提升,受益者付费、保护者得到合理补偿的政策环境初步形成。到2022年,市场化、多元化生态保护补偿水平明显提升,生态保护补偿市场体系进一步完善,生态保护者和受益者互动关系更加协调,成为生态优先、绿色发展的有力支撑。

2019年

1月6日,农业农村部、财政部、人力资源社会保障部联合印发了《长江流域重点水域禁捕和建立补偿制度实施方案》。该方案的指导思想是,以习近平新时代中国特色社会主义思想为指导,全面贯彻落实党的十九大报告和中央关于加强生态文明建设、共抓长江大保护和促进就业保障民生等方面决策部署,促进生态、生产、生活有机统一、共赢发展。把修复长江生态环境摆在压倒性位置,在长江流域重点水域实施有针对性的禁捕政策,有效恢复水生生物资源,有力促进水域生态环境修复。按照打赢脱贫攻坚战、全面建成小康社会的总体要求,努力促进退捕渔民就业创业,做好生活困难退捕渔民社会保障工作。

10月28—31日,党的十九届四中全会召开。会议听取并通过了《中共中央关于坚持和完善中国特色社会主义制度 推进国家治理体系和治理能力现代化若干重大问题的决定》。决定就坚持和完善生态文明制度体系指出,要严明生态环境保护责任制度,落实生态补偿和生态环境损害赔偿制度。

11月6日,生态环境部自然生态保护司组织召开国家环境保护标准征求意见稿技术审查会,《生态保护红线生态补偿标准核定技术指南》(草案)[以下简称《指南》(草案)]顺利通过技术审查。编制组根据专家意见,对《指南》(草案)进一步修改完善,形成《生态保护红线生态补偿标准核定技术指南》(征求意见稿)。

11月15日,国家发展改革委印发《生态综合补偿试点方案》。该方案要求,到2022年,生态综合补偿试点工作取得阶段性进展,资金使用效益有效提升,生态保护地区造血能力得到增强,生态保护者的主动参与度明显提升,与地方经济发展水平相适应的生态保护补偿机制基本建立。

2020 年

4月20日，为更好探索建立黄河全流域生态补偿机制，解决黄河流域生态环境质量和水资源约束问题，财政部、生态环境部、水利部、国家林草局联合印发《支持引导黄河全流域建立横向生态补偿机制试点实施方案》，对黄河流域九省区组织开展试点工作。该方案将生态补偿机制作为工作的重要抓手，目标通过建立黄河流域生态补偿机制，进一步完善黄河流域的生态环境治理体系和治理能力，恢复和增强流域内的各项主要生态功能，以及相关地区的自身发展能力。

2021 年

3月12日，国务院办公厅印发了《关于加强草原保护修复的若干意见》。该意见提出，建立健全草原保护修复财政投入保障机制，加大中央财政对重点生态功能区转移支付力度。健全草原生态保护补偿机制。地方各级人民政府要把草原保护修复及相关基础设施建设纳入基本建设规划，加大投入力度，完善补助政策。探索开展草原生态价值评估和资产核算。鼓励金融机构创设适合草原特点的金融产品，强化金融支持。鼓励地方探索开展草原政策性保险试点。鼓励社会资本设立草原保护基金，参与草原保护修复。

4月16日，财政部、生态环境部、水利部、国家林业和草原局联合发布《支持长江全流域建立横向生态保护补偿机制的实施方案》。该方案提出的工作目标是：流域横向生态保护补偿机制逐步健全。2022年长江干流初步建立流域横向生态保护补偿机制。2024年主要一级支流初步建立流域横向生态保护补偿机制。2025年长江全流域建立起流域横向生态保护补偿机制体系。同时，补偿的内容更加丰富，方式更加多样，标准更加完善，机制更加成熟。生态环境质量稳步改善。地表水达到或好于Ⅲ类水体比例不断提高，水资源得到有效保护和节约集约利用，河湖、湿地生态功能逐步恢复，生态系统功能持续改善，珍稀鱼类种群和数量得到有效恢复，生物多样性稳步提高，生态系统质量和稳定性不断提升。

4月，中共中央办公厅、国务院办公厅印发了《关于建立健全生态产品价值实现机制的意见》。该意见提出，要以体制机制改革创新为核心，推进生态产业化和产业生态化，加快完善政府主导、企业和社会各界参与、市场化运作、可持续的生态产品价值实现路径，着力构建绿水青山转化为金山银山的政策制度体系，推动形成具有中国特色的生态文明建设新模式。该意见提出的主要目标是，到2025年，生态产品价值实现的制度框架初步形成，比较科学的生态产品价值核算体系初步建立，生态保护补偿和生态环境损害赔偿政策制度逐步完善，生态产品价值实现的政府考核评估机制初步形成，生态产品"难度量、难抵押、难交易、难变现"等问题得到有效解决，保护生态环境的利益导向机制基本形成，生态优势转化为经济优势的能力明显增强。到2035年，完善的生态产品价值实现机制全面建立，具有中国特色的生态文明建设新模式全面形成，广泛形成绿色生产生活方式，为基本实现美丽中国建设目标提供有力支撑。

8月19日，中共中央办公厅、国务院办公厅印发了《关于进一步加强生物多样性保护的意见》。该意见提出，要制定和完善生物多样性保护相关政策制度。健全自然保护地生态保护补偿制度，完善生态环境损害赔偿制度，健全生物多样性损害鉴定评估方法和工作机制，完善打击野生动植物非法贸易制度。

9月2日，财政部制定印发了《关于全面推动长江经济带发展财税支持政策的方案》。该方案针对长江流域生态环境保护工作，提到要进一步发挥一般性转移支付调节作用，通过加大财政投入和各类基金投入，引导地方建立横向生态保护补偿机制，推进市场化、多元化生态补偿机制建设。

9月23日，国务院就《"十四五"特殊类型地区振兴发展规划》下发批复，原则同意该规划。该规划提出，稳步实施重要生态系统和生态功能重要区域生态保护补偿。建立健全生态产品价值评价机制，完善中央和省级转移支付资金分配机制。鼓励生态产品供给地和受益地按照自愿协商原则，开展横向生态保护补偿。加强对重点生态功能区、自然保护地以及森林、湿地、草原、河湖水域等生态系统保护，维护生物多样性与生态系统功能。推动科学划定禁牧、休牧和草畜平衡草原，引导草地权利人转变生产方式，降低草场利用强度。探索对沙化土地封禁保护主体、水流生态保护主体、自然保护地保护主体等予以适当补偿。在重点水域实行休禁渔制度。划定轮作休耕区域，对耕地权利人因承担轮作休耕任务而造成的收益损失按照规定的标准予以补助。建立重要流域生态保护补偿机制。加强对建立长江、黄河等重要江河生态保护补偿机制的统筹指导、协调和支持。推广新安江水环境补偿机制试点经验，探索开展生态综合补偿试点工作，实现生态保护地区和受益地区的良性互动。鼓励重要湖泊所在地建立生态保护补偿机制，支持重要湖泊及重要湖泊出入湖河流所在的地方各级人民政府积极签订湖泊生态保护合作协议。鼓励地方创新生态补偿资金使用方式，增强自我发展能力，提高生态产品供给能力。建立水能资源开发生态保护补偿机制，鼓励水电资源开发企业积极履行社会职责，与项目所在地人民政府建立帮扶协作机制，推动资源开发成果更多惠及当地。探索建立用水权交易机制，提高资源利用效率，实现资源使用的优化配置。探索建立排污权交易机制，降低污染治理社会成本，激励企业技术创新，提高污染防治效果。

9月，中共中央办公厅、国务院办公厅印发了《关于深化生态保护补偿制度改革的意见》。该意见提出，深化生态保护补偿制度改革目标是，到2025年，与经济社会发展状况相适应的生态保护补偿制度基本完备。以生态保护成本为主要依据的分类补偿制度日益健全，以提升公共服务保障能力为基本取向的综合补偿制度不断完善，以受益者付费原则为基础的市场化、多元化补偿格局初步形成，全社会参与生态保护的积极性显著增强，生态保护者和受益者良性互动的局面基本形成。到2035年，适应新时代生态文明建设要求的生态保护补偿制度基本定型。

10月25日,国务院办公厅出台《关于鼓励和支持社会资本参与生态保护修复的意见》。该意见提出,坚持改革创新、协调推进。加强与自然资源资产产权制度、生态产品价值实现机制、生态保护补偿机制等改革协同,统筹必要投入与合理回报,畅通社会资本参与和获益渠道,创新激励机制、支持政策和投融资模式,激发社会资本投资潜力和创新动力。

生态环境损害赔偿

中国生态环境损害赔偿工作综述

一、发展历程

建立健全生态环境损害赔偿制度是生态文明体制改革的重要组成部分，是党中央、国务院作出的重大决策。生态环境损害赔偿制度以"环境有价、损害担责"为基本原则，以及时修复受损生态环境为重点，是破解"企业污染、群众受害、政府买单"的有效手段，是切实维护人民群众环境权益的坚实制度保障。

2013年《中共中央关于全面深化改革若干重大问题的决定》明确提出实行生态环境损害赔偿制度。2015年开始试点、2017年全方位试行。党中央、国务院于2015年开始部署生态环境损害赔偿制度改革，中办、国办印发《生态环境损害赔偿制度改革试点方案》，在吉林等7个省市开展试点。2016年在全国7个省市实行部分地方试点。经两年试点探索后，2017年，中办、国办印发《生态环境损害赔偿制度改革方案》，从2018年开始在全国全面试行。改革方案要求，到2020年，力争在全国范围内初步构建责任明确、途径畅通、技术规范、保障有力、赔偿到位、修复有效的生态环境损害赔偿制度。

改革试点和全面试行以来，生态环境部会同各有关部门积极推进，各地方组织实施，在全国范围内初步构建了生态环境损害赔偿制度，全面完成了阶段性目标。2021年施行的《中华人民共和国民法典》（以下简称《民法典》），明确规定生态环境损害赔偿责任，将改革成果上升为国家基本法律。生态环境部积极配合立法机关，开展环境法典编纂的前期研究论证，梳理相关制度规范，在此基础之上提出工作部门的立法建议，为环境法典编纂提供了比较有力的专业支持。

截至2021年11月，生态环境损害赔偿制度改革试点和全面试行五年多以来，我国初步构建起了责任明确、途径畅通、技术规范、保障有力、赔偿到位、修复有效的生态环境损害赔偿制度，在推动国家和地方立法、规范诉讼规则、完善技术和资金保障机制、开展损害赔偿的案例实践、推动修复受损的生态环境等方面取得明显成效。生态环境部积极推动地方和有关部门协同发力，所有省份和新疆生产建设兵团以及 388 个地市（含直辖市区、县）印发实施方案。各地针对赔偿纠纷磋商、调查鉴定评估，以及对赔偿资金的使用、管理和监督，共制定了 327 份配套的文件。全国共办理了 7600 余件生态环境赔偿案件，有效推动治理和修复了一批受损的生态环境，包括社会关注的祁连山青海境内木里煤矿的生态破坏案件，正在按照国家规定有序推进生态环境损害赔偿之中。

二、制度和立法建设

在生态环境损害赔偿的制度建设和立法方面，生态环境部门联合最高法、最高检及司法部等国务院相关职能部门，积极推动国家和地方立法，规范诉讼规则，完善技术规范和赔偿资金的使用管理的途径，为生态环境损害赔偿立法奠定了实践的基础。

具体表现有五个方面。

一是在国内法律方面，2000 年 5 月通过的《民法典》及 5 部专项法律都规定了生态环境损害赔偿的责任机制。《民法典》有专章规定，明确规定国家机关包括相关的行政机关和检察机关，或者法定的其他组织，有权就生态环境损害提起索赔，并规定了生态环境损害赔偿的范围，将改革的成果纳入国家法律的内容，从实体化角度保障生态环境损害赔偿制度。

二是在党内法规方面，2019 年中央制定发布了《中央生态环境保护督察工作规定》。该规定第 24 条明确：对于督察过程中发现需要开展生态环境损害赔偿的，督察组将移送省一级的政府，依照有关规定开展索赔。吉林、新疆、安徽等 13 个省级的生态环保督察办法中，专门规定了督察与生态损害赔偿的衔接机制。中央生态环境保护督察特别是第二轮以来，都公布了典型案件。

三是上海、河北、安徽等 19 个省份在地方的生态环保立法中已经明确了生态环境损害赔偿责任的机制。上海市的环保条例第 90 条规定，排污单位或者个人违反法律法规规定，除依法承担相应的行政责任之外，如果造成了生态损害和生态破坏的，还应当承担相应的生态环境损害赔偿责任。

四是司法解释明确了诉讼的规则。2019 年 6 月，最高法发布《关于审理生态环境损害赔偿案件的若干规定（试行）》，对于生态环境损害赔偿案件的受理条件、证据规则、责任范围、诉讼衔接、赔偿协议的司法确认、强制执行等问题予以明确。行政部门在履职过程中发现造成生态环境损害，除了行政责任追究处理之外，对于造成公共的、公益的、国家的生态环境损害应该由政府出面索赔。先是平等磋商，磋商好了达成协议，请法院确认执行；如果磋商不成，直接到法院，通过诉讼解决。2021 年，最高人民检察院发布《人民检察院公益诉讼办案规则（试行）》，对于生态环境损害赔偿案件和公益诉讼案件的办案规则作了明确具体的规定。据了解，检察机关办理的公益诉讼中，生态环境的公益诉讼占了很大部分。

五是关于资金的管理，2020年3月，财政部、生态环境部等9个部门联合印发了《生态环境损害赔偿资金管理办法》。该办法规定了资金的缴纳、使用和监督的具体的规则。

三、生态环境损害赔偿制度改革的问题与挑战

目前，在开展生态环境损害赔偿的工作中还存在责任落实不到位、部门联动不足、程序规则有待规范等问题，而《民法典》关于赔偿启动情形的要求与《生态环境损害赔偿制度改革方案》有所区别，还需要做好衔接，因此，有必要在国家层面出台相关措施，进一步指导实践工作。《生态环境损害赔偿管理规定》提出了下一步工作要求和目标，针对实践中的突出问题进行了相关制度设计和安排，为深化生态环境损害赔偿工作提供了有力的制度保障。

一是制度层面的挑战。生态环境损害赔偿制度在实践运行中还存在一些问题。首先，启动条件不明确。《生态环境损害赔偿制度改革方案》对"其他严重影响生态环境后果"并无统一的界定，实践中各地对此认识不一，影响了生态环境损害赔偿制度的深入推进。其次，实践中还存在公益诉讼与赔偿磋商衔接不到位的问题。最后，环境执法案件与生态环境损害赔偿启动衔接不足。由于基层生态环境部门由不同部门分别开展行政执法和生态环境损害赔偿工作，两项工作间缺乏有效衔接，导致案件线索少、移送难，影响"应赔尽赔"目标实现。

二是技术层面的挑战。生态环境损害鉴定评估是一个全新的领域，缺乏基础性研究和历史积累。我国各类生态系统领域基础研究相对薄弱，底数不清，生态环境损害基线的确定难度大。尽管生态环境部围绕关键环节和环境要素等方面谋划了5个系列的技术标准体系，并印发了总纲等6项国家标准，初步构建了统一的技术标准体系，但森林、湿地等生态类标准尚未建立，制约了生态环境损害鉴定评估工作发展。

三是工作层面的挑战。生态环境损害赔偿制度改革工作涉及生态环境、自然资源等职能部门，从案例实践来看，以生态环境部门办理的环境污染类案件为主，其他部门提起的生态环境损害赔偿案件偏少。此外，基层工作能力尚显不足，各地基本是生态环境局法规部门工作人员兼职承担改革工作，对改革工作投入有限；另外，生态环境损害赔偿工作涉及领域广泛，对专业知识要求较高，基层工作人员实际工作能力难以匹配不断提高的工作要求。

四、生态环境损害赔偿制度的优化路径

（一）推动生态环境损害赔偿制度纳入立法

一是结合环境法典编纂，推动生态环境损害赔偿工作。统一法律专业用语，统筹民事、行政、刑事法律责任的衔接，以及统筹磋商和环境公益诉讼、民事诉讼、行政执法、刑事附带民事诉讼的衔接。二是结合国家公园法等相关法律草案的起草审议，纳入生态环境损害赔

偿的内容。生态环境损害赔偿制度涉及农田、森林、草原等方方面面，目前已有的法律体系还没有完全囊括生态环境损害赔偿制度的具体要求，结合正在制修订的法律推动将改革制度成果纳入法律体系。三是从法律层面统筹各类资金的使用，将部分罚款和罚金纳入生态环境损害修复的资金范围，保证修复资金的充足。

（二）强化行政管理部门的制度建设

一是发挥好生态环境部门的牵头作用，加强与相关部门的联动，统筹开展索赔工作。在部级层面建立重大案件台账式管理制度，通过全国生态环境损害赔偿案件线索筛查与追踪办理数据平台，推动实现索赔工作数字化管理。

二是制定行政主管部门的工作规程，明确行政执法与索赔的衔接机制。执法部门在行政执法同时，应当开展"一案双查"，并将案件线索和相关证据移交生态环境损害赔偿部门。各地生态环境主管部门应发挥牵头作用，负责生态环境损害赔偿工作的组织统筹、督促落实和指导服务。

三是规范鉴定评估机构和人员管理。持续开展生态环境损害鉴定评估机构的推荐和动态管理工作。研究建立生态环境损害鉴定评估推荐机构信用评价制度。完善环境损害司法鉴定收费标准，推进环境损害司法鉴定国家库、地方库的建设，做好专家动态管理。

（三）完善生态环境损害鉴定评估技术体系

一是夯实技术基础。以设立国家重点研发计划、建立部级重点实验室等形式，加强生态环境损害鉴定评估技术基础研发；建设生态环境损害赔偿与鉴定评估基础数据平台，全面提升生态环境损害赔偿工作技术支撑能力。

二是继续完善生态环境损害鉴定评估标准体系。重点针对目前基础薄弱、需求强烈的生态领域开展技术攻关，加快森林、湿地、农田等技术标准的编制发布，补齐标准缺口。

三是提高鉴定评估智能化水平。研发生态环境损害鉴定评估智能化平台以及基线确定、效果评估、毒性判定等重点辅助模块，实现鉴定评估的标准化、规范化、智能化。

（四）提升生态环境损害鉴定评估工作能力

一是加强技术培训。生态环境损害赔偿已成为常态业务化工作，生态环境损害赔偿案例数量快速增长，对鉴定评估人才的需求也更加迫切，开展相关培训对于加强生态环境损害鉴定评估队伍建设、提升各地生态环境损害鉴定评估工作能力具有积极意义。

二是落实业务指导职责。根据职责分工，各有关部门应做好线索筛查、案件办理、诉讼、资金管理、鉴定评估等业务指导工作，对环境损害赔偿工作推进较慢的地方开展有针对性的指导帮扶，派员全过程协助参与案件调查、鉴定评估、磋商与诉讼审判、恢复实施和效果评估等环节，解决地方遇到的索赔工作困难和问题。

三是强化业务交流。通过跨领域跨行业挂职交流学习，扩宽工作人员视野，提升工作能力。定期举办鉴定评估交流研讨活动，分享鉴定评估实践经验，营造专业高效的工作氛围。针对个别地方鉴定评估机构业务能力不足的问题，积极探索机构间合作的方式和途径，在合作中不断强化提升鉴定评估机构业务能力。组织典型案例评选活动，发挥示范引领作用，提高业务人员专业水平。

生态环境损害赔偿政策法规

一、《生态环境损害赔偿制度改革试点方案》

1. 出台背景与基础

一是现行环境损害赔偿"重人身财产，轻生态环境"。环境损害赔偿法律体系由民法、侵权责任法、环境保护基本法与单行法等法律构成，总体来看，主要侧重规制环境污染导致的人身、财产损害赔偿。除海洋环境保护相关法律对海洋生态环境损害有赔偿规定外，此前法律体系中对生态环境损害的救济规定不完善。环境资源具有经济、生态及由生态衍生的精神属性，其中生态和精神属性是环境资源满足人类享受在良好环境中生活和审美情趣的基础，环境资源遭到污染或破坏，其使用价值与生态价值应该予以赔偿，环境公益保护与生态环境责任追究制度缺失的问题急需得到解决。

二是民事法律应对生态环境损害赔偿不足。我国宪法赋予了国家和集体对自然资源的所有权，作为国家（或集体）对其所有的自然资源的损害求偿权的依据。但是，归属国家和集体所有的自然资源仅限于矿藏、水流、森林、山岭、草原、荒地、滩涂等部分环境资源，难以涵盖所有的生态环境类型。同时，所有权理论重在保护自然资源的经济价值，难以对自然资源的生态价值进行保护。而且，民法上的"物"是可支配、排他、有体之物，生态环境公共性、整体性的特点决定了其难以真正被民法之"物"涵盖。

三是环境法律中生态环境损害赔偿制度不健全。为应对我国生态环境损害救济不力，严重制约经济、社会与环境可持续发展的问题，党的十八届三中全会对建立健全生态环境损害赔偿制度提出了要求。2014年修订的《中华人民共和国环境保护法》（以下简称《环境保护法》）确定了损害担责原则，并明确符合条件的环保组织为环境民事公益诉讼主体，客观上为生态环境损害赔偿责任的追究提供了依据。但此法仍规定因污染环境、破坏生态造成损害应承担侵权责任，并未将生态环境损害包含在内。虽然最高人民法院相继出台了关于环境公益诉讼和环境民事侵权纠纷的司法解释，对生态环境损害的赔偿予以认可，但司法解释主要通过诉讼中的法律适用调整个案中的生态环境损害赔偿问题,并非国家法律层面对这一问题的系统规定。

2. 主要内容和特点

《生态环境损害赔偿制度改革试点方案》(以下简称《试点方案》)主要规定了适用范围、试点原则、损害赔偿范围、赔偿权利人和赔偿义务人、赔偿程序、赔偿责任承担方式,以及相应的技术、资金管理等问题。《试点方案》是国家层面首次以制度化的方式对生态环境损害赔偿制度进行的较系统和完善的规定,并且具有诸多亮点与特色。具体如下。

第一,规定了赔偿范围,体现生态环境利益损失。

明确生态环境损害赔偿范围是构建生态环境损害赔偿制度的基点。《试点方案》仅适用于生态环境本身损害的赔偿,污染导致的人身、财产损害的赔偿直接适用民事法律,不在《试点方案》适用范围之内。生态环境损害赔偿范围包括必要合理的污染清除费用、环境修复费用、环境修复期间服务功能的损失以及生态环境功能的永久性损害4个主要方面。调查评估费用和有关公共服务费也应由赔偿义务人承担。

生态环境损害具有特殊性,其补救主要是通过采取生态环境损害清理与修复措施将生态环境恢复到损害发生之前。因此,生态环境的恢复是损害补救的核心目的,赔偿只是保障恢复的手段。生态环境损害赔偿范围也主要取决于相应的清理与修复措施的费用。

第二,规定了赔偿义务人,明确免责情形。

《试点方案》限于追究违法违规造成环境污染和生态破坏的单位和个人,党委和政府有关负责人因决策失误造成生态环境损害的,不适用本《试点方案》。此外,《试点方案》主要适用于有明确责任主体的生态环境损害赔偿责任追究。对于历史遗留的生态环境损害问题,各地可以根据实际情况进行探索,不作硬性要求。因此,《试点方案》规定违法排污污染环境、破坏生态的企事业单位和其他生产经营者是生态环境损害赔偿的主要责任主体。

除一般责任主体外,《试点方案》规定了试点地方可以根据需要扩大生态环境损害赔偿义务人范围。这是因为,在实际的案例中,未尽到注意义务的管理人和实际占有人、违反诚实信用原则滥用公司法人资格的股东、明知环境违法仍向责任者提供贷款的金融机构等,都有可能是对生态环境损害结果有"责任"的主体。但是,如果不加考量地适用于生态环境损害赔偿中,可能导致单纯管理行为或投资行为也被追究生态环境损害赔偿责任,引发有失公平的后果。因此,试点地方可以探索这些主体承担责任的归责原则、构成要件、抗辩事由等,进而提出相关立法建议。

第三,规定了赔偿权利人,授予试点地方省级人民政府损害索赔权。

针对此前生态环境损害主要由环保组织提起环境民事公益诉讼进行救济、政府救济生态环境损害权责缺失的情况,《试点方案》根据《环境保护法》关于地方人民政府对本行政区域环境质量负责的规定,明确赋予地方人民政府保护公共环境利益的职责,在生态环境损害发生后通过与责任者进行磋商，及时开展生态环境损害修复工作，并在磋商不成的情况下及时提起诉讼。在具体实践中，试点地方省级人民政府可以根据环境事件的具体情况，决定由相关部门或机构负责启动磋商或诉讼等赔偿的具体工作。

这种规定的理论基础在于，生态环境为全民所有，政府代表全民对其进行管理与保护。因此，当生态环境受到侵害时，政府有义务为保护公共环境利益不受损害进行索赔。从公共环境利益保护的角度强化了政府及其部门的履责意识。

第四，规定了赔偿的磋商程序，创设救济损害的新途径。

《试点方案》在现有的环境民事诉讼之外，创设了"磋商"这种生态环境损害救济的新途径。根据《试点方案》，赔偿权利人在知悉生态环境损害发生后，应当通过调查、评估等方式确定生态环境损害已经发生且达到需要赔偿的程度，同时，确认生态环境损害赔偿义务人。在具有明确赔偿义务人的情况下，启动与赔偿义务人的磋商程序。磋商的主要内容包括调查评估内容以及修复启动时间期限的确定。赔偿责任的承担方式优先采用修复方式，在修复不能的情况下适用金钱赔偿责任。磋商过程中的关键信息应当向社会公开，邀请专家和公众参与。

在生态环境损害赔偿的诉讼程序之前设计前置的磋商程序，有利于通过责任者、公众与政府的平等对话，实现公共环境利益保护的平等参与。磋商虽有政府参与，但并非行政法律关系而是民事性质的关系，因为在磋商的法律关系中，赔偿权利人不再是命令式治理生态环境损害，而是作为生态环境的代表者参与生态环境损害修复方案的确定。这种方式有利于平衡各方利益，也是欧美发达国家针对生态环境损害赔偿问题普遍采用的做法。

第五，规定了赔偿诉讼程序，拓展已有的损害救济途径。

《试点方案》赋予赔偿权利人直接或在磋商不成情况下提起生态环境损害赔偿诉讼的权利，是对现行环境民事公益诉讼制度的有益补充。提出了赔偿权利人开展生态环境损害赔偿磋商、提起生态环境损害赔偿诉讼以及鼓励环保组织提起生态环境损害赔偿诉讼的要求，设计了针对生态环境损害赔偿诉讼特点的证据保全、先予执行、执行监督及分期执行等制度。

赔偿权利人进行磋商和诉讼中应当注意与其日常行政管理的关系，罚款、责令停产停业等是政府相关部门对违法企事业单位的行政处罚方式。生态环境损害民事赔偿与行政处罚属于不同的法律关系，并行不悖。

第六，规定了试点工作配套措施，保障制度顺利推进。

《试点方案》明确了生态环境损害的技术和公众参与等保障生态环境损害赔偿工作顺利开展的相关措施。

在生态环境损害赔偿过程中，需要以环境损害评估作为技术支撑保障生态环境损害调查、评估与修复方案制定等事实认定工作的顺利开展。为保障评估活动的科学合理、客观中立，《试点方案》对生态环境损害评估机构能力提出了要求，并对评估活动进行规范化管理。

为有效监督生态环境损害修复与赔偿中损害调查、评估、修复方案制定,行政磋商合意过程,以及修复措施与赔偿金执行等工作的开展,《试点方案》强化了信息公开与公众参与的要求。①

二、《生态环境损害赔偿制度改革方案》

中共中央办公厅、国务院办公厅印发《生态环境损害赔偿制度改革方案》(以下简称《方案》)。2018年1月1日起,生态环境损害赔偿制度在全国试行。

1. 破解"企业污染、群众受害、政府买单"的困局

建立健全生态环境损害赔偿制度,由造成生态环境损害的责任者承担赔偿责任,修复受损生态环境,有助于破解"企业污染、群众受害、政府买单"的困局。

2015年11月,中办、国办印发《生态环境损害赔偿制度改革试点方案》(以下简称《试点方案》)。经国务院批准,授权吉林、山东、江苏、湖南、重庆、贵州、云南7个省(直辖市)作为本行政区域内生态环境损害赔偿权利人,开展生态环境损害赔偿制度改革试点工作。

改革试点工作实施两年来,7个省(直辖市)印发本地区生态环境损害赔偿制度改革试点实施方案,深入开展案例实践27件,涉及总金额约4.01亿元,在赔偿权利人、磋商诉讼、鉴定评估、修复监督、资金管理等方面,探索形成相关配套管理文件75项。

7个省(直辖市)的试点实践表明,《试点方案》总体可行,其内容涵盖了在全国开展生态环境损害赔偿工作的基本内容,为《方案》形成提供了实践基础。

建立生态环境损害赔偿制度,需要从立法上明确规定生态环境损害赔偿范围、责任主体、索赔主体、索赔途径、损害鉴定评估机构和管理规范、损害赔偿资金管理等基本问题。目前立法条件尚不成熟,在部分地区开展试点后,需要进一步在全国范围内试行生态环境损害赔偿制度,为下一步立法积累经验。

2. 赔偿权利人范围从省级政府扩大到市地级政府

《方案》在《试点方案》基本框架的基础上,对部分内容进行了补充完善:一是将赔偿权利人范围从省级政府扩大到市地级政府,提高赔偿工作的效率;二是要求地方细化启动生态环境损害赔偿的具体情形,明确启动赔偿工作的标准;三是健全磋商机制,规定了"磋商前置"程序,并明确对经磋商达成的赔偿协议,可以依照民事诉讼法向人民法院申请司法确认,赋予赔偿协议强制执行效力。

实践中,损害赔偿案件主要发生在市地级层面,市地级政府在配备法制和执法人员、建立健全环境损害鉴定机构、办理案件的专业化程度等方面具有一定的基础,能够在开展生态

---

① 王金南:《实施生态环境损害赔偿制度 落实生态环境损害修复责任——关于〈生态环境损害赔偿制度改革试点方案〉的解读》,《中国环境报》2015年12月4日第2版。

环境损害赔偿制度改革工作中发挥积极作用。为提高生态环境损害赔偿工作的效率,《方案》将赔偿权利人由省级政府扩大至市地级政府。

考虑到各地的生态环境现状、经济发展水平、行政司法资源不同,为防止"一刀切",避免出现不符合地方实际情况的规定,《方案》授权各地结合本地区实际情况,综合考虑造成的环境污染、生态破坏程度以及社会影响等因素,明确具体情形。

试点实践发现,赔偿权利人提起的生态环境损害赔偿诉讼,与符合条件的社会组织、法律规定的机关等提起的环境公益诉讼的关系需进一步予以明确。为此,《方案》规定:"生态环境损害赔偿制度与环境公益诉讼之间衔接等问题,由最高人民法院商有关部门根据实际情况制定指导意见予以明确。"

3. 以案例实践为抓手,推进落实地方改革任务

环境损害鉴定评估工作是生态环境损害赔偿制度的技术保障。《方案》明确要规范生态环境损害鉴定评估。环保部将继续完善环境损害鉴定评估技术体系,研究编制土壤和地下水、污染物性质鉴别、替代等值分析法等方面的鉴定评估技术规范;联合司法部规范和加强全国环境损害司法鉴定机构登记评审专家库(国家库)建设。

为做好生态环境损害赔偿制度与国家自然资源资产管理体制改革的衔接,《方案》规定:"在健全国家自然资源资产管理体制试点区,受委托的省级政府可指定统一行使全民所有自然资源资产所有者职责的部门负责生态环境损害赔偿具体工作;国务院直接行使全民所有自然资源资产所有权的,由受委托代行该所有权的部门作为赔偿权利人开展生态环境损害赔偿工作。"

《方案》印发实施后,环保部将推进落实地方改革任务,积极推动各地制定实施方案,明确改革任务、时限,配备专门队伍,以案例实践为抓手,扎实推进生态环境损害赔偿工作。同时,做好业务指导和跟踪督促,会同最高人民法院、最高人民检察院、司法部等相关部门,通过业务指导、实地调研、督促检查、跟踪评价等措施,适时通过召开电视电话会、改革调度会、工作推进会等形式,推进解决各地在改革试行过程中发现的问题和遇到的困难。[①]

三、《生态环境损害赔偿管理规定》

2017年,中办、国办印发了《生态环境损害赔偿制度改革方案》,要求自2018年1月1日起,在全国范围内试行生态环境损害赔偿制度。2020年,《民法典》正式出台,将生态环境损害赔偿制度纳入法律框架。为适应法律和实践的新形势,推动改革工作向法治化、常态化、规范化转化,2022年4月,生态环境部等14家单位印发《生态环境损害赔偿管理规定》(以下简称《规定》),全面、系统规定了生态环境损害赔偿的任务分工、工作程序、保障机制。

[①] 寇江泽:《让生态环境损害者付出应有代价——环保部相关负责人解读〈生态环境损害赔偿制度改革方案〉》,《人民日报》2017年12月18日第6版。

1. 背景与意义

建立健全生态环境损害赔偿制度是生态文明体制改革的重要组成部分，是党中央、国务院作出的重大决策。生态环境损害赔偿制度以"环境有价、损害担责"为基本原则，以及时修复受损生态环境为重点，是破解"企业污染、群众受害、政府买单"的有效手段，是切实维护人民群众环境权益的坚实制度保障，是深入贯彻习近平生态文明思想的具体举措。

2015 年，中办、国办印发《生态环境损害赔偿制度改革试点方案》，在吉林等 7 个省市开展试点。经两年试点探索后，2017 年，中办、国办印发《生态环境损害赔偿制度改革方案》（以下简称《改革方案》），其中提出自 2018 年起，在全国试行生态环境损害赔偿制度；到 2020 年，力争在全国范围内初步构建责任明确、途径畅通、技术规范、保障有力、赔偿到位、修复有效的生态环境损害赔偿制度。

改革试点和全面试行以来，生态环境部会同各有关部门积极推进，各地方组织实施，在全国范围内初步构建了生态环境损害赔偿制度，全面完成了阶段性目标。2021 年施行的《民法典》，明确规定生态环境损害赔偿责任，将改革成果上升为国家基本法律。

目前，在开展生态环境损害赔偿的工作中还存在责任落实不到位、部门联动不足、程序规则有待规范等问题，而《民法典》关于赔偿启动情形的要求与《改革方案》有所区别，还需要做好衔接，因此，有必要在国家层面出台相关措施，进一步指导实践工作。

根据中央改革部署，生态环境部牵头，在总结改革试点、试行实践经验的基础上，经认真研究论证，广泛征求意见，反复修改完善，起草形成《规定》稿。经中央全面深化改革委员会审议通过，生态环境部联合最高法、最高检和科技部、公安部等 11 个相关部门共 14 家单位印发《规定》。《规定》提出了下一步工作要求和目标，针对实践中的突出问题进行了相关制度设计和安排，为深化生态环境损害赔偿工作提供了有力的制度保障。

2. 主要内容

《规定》共 5 章 38 条。第一章为总则，明确了《规定》的制定目的和依据、工作原则、适用范围、赔偿范围等内容。第二章为任务分工，分别规定了中央和国家机关有关部门任务分工、地方党委和政府职责。第三章为工作程序，对生态环境损害赔偿案件线索筛查、案件管辖、索赔启动、损害调查、鉴定评估、索赔磋商、司法确认、赔偿诉讼、修复效果评估等重点工作环节作出规定。第四章为保障机制，对鉴定评估机构建设、鉴定评估技术方法、资金管理、公众参与和信息公开、报告机制、考核和督办机制、责任追究与奖励机制等作出规定。第五章为附则，明确了《规定》的解释权、生效时间等。

《规定》强化了地方党政责任的落实，明确了牵头部门和工作联动，统一规范了赔偿工作程序，有助于促进生态环境损害赔偿工作在法治的轨道上，实现常态化、规范化、科学化，推动生态环境损害赔偿制度全面落地见效。

3. 具体要求

《规定》在明确部门职责分工、压实地方党委和政府责任、规范赔偿工作程序上提出要求，让制度长出牙齿，更加管用好用。

第一，明确部门任务分工。一是明确生态环境部牵头指导实施生态环境损害赔偿制度，会同自然资源部等相关部门，负责指导生态环境损害的调查、鉴定评估、修复方案编制等业务工作；二是明确最高法、最高检和科技部、公安部、司法部等部门根据工作职责，负责指导生态环境损害赔偿的相关业务工作。

第二，压实地方党委和政府责任。一是强化地方党委和政府职责，要求地方党委和政府主要负责人履行第一责任人职责；明确各省级、市地级党委和政府每年至少听取一次生态环境损害赔偿工作汇报，建立严考核、硬约束的工作机制。二是将生态环境损害赔偿的突出问题纳入中央和省级生态环境保护督察、污染防治攻坚战成效考核以及环境保护相关考核。三是要求地方对重大案件建立台账，排出时间表，加快办理进度。

第三，明确奖惩内容。《规定》明确对滥用职权、玩忽职守、徇私舞弊等情形，按照有关规定对有关责任人依纪依法进行处理。同时，对在生态环境损害赔偿工作中有显著成绩，守护好人民群众优美生态环境的单位和个人，按规定给予表彰奖励。

第四，规范统一工作程序。《规定》规范统一了案件线索筛查、损害调查、赔偿磋商、修复效果评估等赔偿工作程序，细化了10个筛查线索渠道，确定了6类不启动和终止索赔的情形，明确了4个关键方面的损害调查重点。

4. 赔多少、怎么赔

根据《改革方案》和《民法典》有关赔偿范围的规定，《规定》明确生态环境损害赔偿范围包括5个方面：清污费用；修复费用；生态环境修复期间服务功能损失；生态环境功能永久性损害；调查、鉴定评估等合理费用。

生态环境损害分为可以修复和无法修复两种情形。对可以修复的，应当修复至生态环境受损前的基线水平或者生态环境风险可接受水平；对无法修复的，赔偿义务人应当依法赔偿相关损失和生态环境损害赔偿范围内的相关费用，或者在符合有关生态环境修复法规政策和规划的前提下，开展替代修复，实现生态环境及其服务功能等量恢复。

5. 损害鉴定评估

生态环境损害鉴定评估是生态环境损害赔偿案件办理的关键，就提高鉴定评估的科学性和规范性，《规定》提出了以下要求。

一是明确职责分工。明确了生态环境部牵头指导实施生态环境损害赔偿制度，会同相关部门负责指导生态环境损害的调查、鉴定评估等业务；科技部负责指导有关生态环境损害鉴定评估技术研究工作；司法部负责指导有关环境损害司法鉴定管理工作；市场监管总局负责指导生态环境损害鉴定评估相关的计量和标准化工作。

二是完善标准体系。《规定》提出，国家建立健全统一的生态环境损害鉴定评估技术标准体系。科技部会同相关部门组织开展生态环境损害鉴定评估关键技术方法研究。生态环境部会同相关部门构建并完善生态环境损害鉴定评估技术标准体系框架。生态环境部负责制定技术总纲和基础性技术标准，与市场监管总局联合发布。国务院相关主管部门可以制定专项技术规范。

三是健全管理制度。《规定》要求，完善从事生态环境损害鉴定评估活动机构的管理制度，健全信用评价、监督惩罚、准入退出等机制，提升鉴定评估工作质量。

四是强化能力建设。《规定》明确，省级、市地级党委和政府根据本地区生态环境损害赔偿工作实际，统筹推进本地区生态环境损害鉴定评估专业力量建设。[①]

四、《关于印发生态环境损害赔偿磋商十大典型案例的通知》

建立健全生态环境损害赔偿制度是生态文明制度体系建设的重要任务，是党中央、国务院作出的重大决策。生态环境损害赔偿制度改革经过两年部分地方的试点后，中共中央办公厅、国务院办公厅于2017年12月印发《生态环境损害赔偿制度改革方案》，部署在全国试行开展生态环境损害赔偿制度改革工作。截至2020年1月，各地共办理赔偿案件945件，已结案586件，其中以磋商方式结案占比超过三分之二。

为总结提炼行之有效、可供借鉴推广的经验做法，充分发挥典型案例的示范引导作用，生态环境部组织开展了"生态环境损害赔偿磋商十大典型案例"评选活动。经过案例征集、专家初选、公众投票，"山东济南章丘区6企业非法倾倒危险废物生态环境损害赔偿案"等10起案件，入选为生态环境损害赔偿磋商十大典型案例。这些案例多数为本行政区域内较早开展的生态环境损害赔偿磋商案件，涉及非法倾倒、超标排放、交通事故与安全事故次生环境事件等多种情形，覆盖了大气、地表水、土壤与地下水等环境要素，为探索生态环境损害赔偿体制机制提供了较好的实践借鉴。

2020年4月30日，生态环境部办公厅印发《生态环境损害赔偿磋商十大典型案例》，并要求相关部门学习借鉴其经验做法，加大力度推进生态环境损害赔偿制度改革工作。

生态环境损害赔偿磋商十大典型案例：

1. 山东济南章丘区6企业非法倾倒危险废物生态环境损害赔偿案；
2. 贵州息烽大鹰田2企业非法倾倒废渣生态环境损害赔偿案；
3. 浙江诸暨某企业大气污染生态环境损害赔偿案；

[①] 《强化地方党政责任落实 统一规范赔偿工作程序——生态环境部有关负责同志就〈生态环境损害赔偿管理规定〉答记者问》，《中国环境报》2022年5月17日第2版。

4. 天津经开区某企业非法倾倒废切削液和废矿物油生态环境损害赔偿案；

5. 江苏苏州高新区某企业渗排电镀废水生态环境损害赔偿案；

6. 湖南郴州屋场坪锡矿"11·16"尾矿库水毁灾害事件生态环境损害赔偿案；

7. 深圳某企业电镀液渗漏生态环境损害赔偿案；

8. 安徽池州月亮湖某企业水污染生态环境损害赔偿案；

9. 上海奉贤区张某等5人非法倾倒垃圾生态环境损害赔偿案；

10. 重庆两江新区某企业非法倾倒混凝土泥浆生态环境损害赔偿案。

五、《关于印发第二批生态环境损害赔偿磋商十大典型案例的通知》

建立健全生态环境损害赔偿制度是生态文明制度体系建设的重要组成部分，是党中央、国务院作出的重大决策。中共中央办公厅、国务院办公厅于2017年12月印发《生态环境损害赔偿制度改革方案》，部署在全国试行开展生态环境损害赔偿制度改革工作。

为总结提炼行之有效、可供借鉴推广的经验做法，充分发挥典型案例的示范引导作用，生态环境部组织开展了"第二批生态环境损害赔偿磋商十大典型案例"评选活动。经过案例征集、形式审查、专家评审、综合评定，"宁夏回族自治区中卫市某公司污染腾格里沙漠生态环境损害赔偿案"等10起案件入选为"第二批生态环境损害赔偿磋商十大典型案例"。这些案件覆盖了地表水、土壤与地下水、环境空气等环境要素，具有一定代表性，可以较好地反映近几年来生态环境损害赔偿制度改革工作的成果。

2021年12月22日，生态环境部办公厅印发《第二批生态环境损害赔偿磋商十大典型案例》，并要求相关部门学习借鉴其经验做法，加大力度推进生态环境损害赔偿制度改革工作。

第二批生态环境损害赔偿磋商十大典型案例：

1. 宁夏回族自治区中卫市某公司污染腾格里沙漠生态环境损害赔偿案；

2. 重庆市南川区某公司赤泥浆输送管道泄漏污染凤咀江生态环境损害赔偿案；

3. 贵州省遵义市某公司未批先建生态环境损害赔偿案；

4. 江苏省南通市33家钢丝绳生产企业非法倾倒危险废物生态环境损害赔偿系列案；

5. 某公司向安徽省颍上县跨省倾倒危险废物生态环境损害赔偿案；

6. 湖南省沅江市3家公司污染大气生态环境损害赔偿案；

7. 北京市丰台区某公司违法排放废水生态环境损害赔偿案；

8. 河北省三河市某公司超标排放污水生态环境损害赔偿案；

9. 山东省东营市某公司倾倒危险废物生态环境损害赔偿案；

10. 浙江省衢州市某公司违规堆放危险废物生态环境损害赔偿案。

（本部分由罗佳负责编写）

资源环境税收与金融

资源与环境税

中国环境保护税工作综述

一、基本概念

环境保护税，又称绿色税、环境税，目前国际上无论是在理论界还是在实践中，都没有形成一个被广泛接受、公认的定义。《国际税收词典》表述"环境保护税"是"对排放污染物的纳税人征收的税收，对环境保护或防止污染的纳税人实施的税收减免，是与节约资源和保护环境有关税收的总称"。欧盟统计局定义"环境保护税"是"针对某种会对环境造成特定的负面影响的物质所征收的税费"。

一般来说，环境税可以从广义和狭义两个层面来理解。广义的环境税是指所有基于环境保护目的而征收的税收以及所采用的相关税收措施。经济合作与发展组织（OECD）对环境相关税收（Environmentally Related Taxes），有如下定义："政府征收的具有强制性、无偿性，针对特别的与环境相关税基的任何税收，相关税基包括能源产品、机动车、废弃物、测量或估算的污染物排放、自然资源等。税种具有无偿性，即政府为纳税人提供的利益与纳税人缴纳的税款之间没有对应关系。"我国的资源税、消费税、车船税、耕地占用税等税种，由于具有环境保护功能，也属于广义上的环境税。

狭义的环境税是针对某种在使用或释放时，会对环境造成特定的负面影响的物质所征收的税，其与生态环境保护政策目标密切相关、调控范围相对较窄。典型的是根据具体征税对象的不同所征收的各种排污税（排污费），如大气污染税、二氧化硫税、氮税、废水税、垃圾税、噪声税、碳税、温室气体排放税等具体税种。我国于2018年1月1日开征的"环境保护税"是一个独立税种，属于狭义的环境税概念。

二、建设背景

我国环境保护税前身为环境保护费，典型代表为排污收费制度。自《中华人民共和国环境保护税法》颁布施行后，我国排污收费制度才正式废止，形成由"费"改"税"的环保税费体系，即按照"税负平移"原则，实现排污费制度向环保税制度的平稳转移。

排污收费制度起源于工业发达国家。1972年OECD环境委员会提出"污染者负担原则"，在此原则指导下，OECD成员国及其他一些国家和地区相继实行了污染征税或排污收费制度。借鉴发达国家的经验，我国在1978年底首次提出实行"排放污染物收费制度"。经过试点后，于1982年2月颁布《征收排污费暂行办法》，标志着我国排污收费制度正式建立。

（一）我国排污费制度的建立与实施

1. 排污费制度的第一阶段（1978—1993）

1979年9月，江苏省苏州市开始在15个企业开展征收排污费的试点工作。10月，云南省在螳螂川流域试行排污收费制度。1980年1月1日起，河北省全省实施排污收费制度，是我国首个在全省范围试行排污收费制度的省份。

1982年2月5日，国务院发布了《征收排污费暂行办法》，并于7月1日起在全国施行，标志着排污收费制度在我国的正式建立。

1984年，第六届全国人大常委会第五次会议通过《中华人民共和国水污染防治法》。该法第十五条规定："企业事业单位向水体排放污染物的，按照国家规定缴纳排污费，超过国家或地方规定的污染物排放标准的，按照国家规定缴纳超标排污费，并负责治理。"这一规定，使我国排污收费制度从超标收费向超标收费与排污收费相结合转变。

1988年，以《污染源治理专项基金有偿使用暂行办法》（国务院令第10号）和1991年第二次全国排污收费工作会议为标志，排污收费制度在内涵和外延上得到全面的挖掘和拓展，初步建立了环境监理执法队伍。

1991年6月24日，国家环境保护局、国家物价局、财政部发布了《关于调整超标污水和统一超标噪声排污费征收标准的通知》。该通知使我国的污水超标排污费收费标准略有提高，同时，统一了噪声超标排污收费标准。

2. 排污费制度的第二阶段（1994—2002）

1994年6月，世界银行环境技术援助项目"中国排污收费制度设计及其实施研究"正式启动，经过三年多的工作，1997年11月完成。其主要成果是建立了我国的总量收费理论体系和实施方案。

1998年5月26日，国家环保总局、国家发展计划委员会、财政部联合发布《关于在杭州等三城市实行总量排污收费试点的通知》。该通知规定从1998年7月1日起，杭州市、郑州市、吉林市开始进行总量收费的试点工作。

3. 排污费制度的第三阶段（2003—2017）

2003年1月2日，国务院发布《排污费征收使用管理条例》（国务院令第369号）。该条例替代了《征收排污费暂行办法》，标志着排污收费制度进入一个新阶段。该条例实现了以下几个转变：由超标收费转变为排污即收费；由浓度收费转变为浓度、总量收费；由单因子收费转变为多因子收费；由高于污染治理设施的运行成本收费转变为高于治理成本收费。

2003年2月28日，国家计委、财政部、环境保护总局、国家经贸委发布了《排污费征收标准管理办法》。该办法用新的总量收费标准，替代了原有的污水处理费、污水超标排污费、废气超标排污费、SO_2排污费，超标噪声排污费等收费标准，自2003年7月1日起施行。2003年还颁布了《关于排污费征收核定有关工作的通知》《排污费资金收缴使用管理办法》《关于减免及缓缴排污费有关问题的通知》。

2014年9月，发展改革委、财政部和环保部发布《关于调整排污费征收标准等有关问题的通知》（发改价格〔2014〕2008号）。该通知要求2015年6月底前要将废气中的二氧化硫和氮氧化物排污费收费标准调整至不低于每污染当量1.2元，将污水中的化学需氧量、氨氮和五项主要重金属（铅、汞、铬、镉、类金属砷）污染物排污费征收标准调整至不低于每污染当量1.4元。

在每一污水排放口，对5项主要重金属污染物均须征收排污费，其他污染物按照污染当量数从多到少顺序，对最多不超过3项污染物征收排污费。

全国31个省、自治区、直辖市已于2015年6月底前，将主要大气和水污染物的排污费标准分别调整至不低于每污染当量1.2元和1.4元，即在2003年基础上上调1倍。

《中华人民共和国环境保护税法》自2018年1月1日起施行。同日起，不再征收排污费。

（二）排污费征收使用管理条例及其主要配套规章

国务院于2003年1月颁布的《排污费征收使用管理条例》，是对排污费征收、使用管理的主体法规。随后，国务院各部委制定并发布了与之配套的排污收费行政规章。主要配套规章如下。

（1）国家计委、财政部、国家环保总局、国家经贸委联合发布的《排污费征收标准管理办法》（2003年2月）。

（2）财政部、国家环保总局发布的《排污费资金收缴使用管理办法》（2003年3月）。

（3）财政部、国家环保总局发布的《关于环保部门实行收支两条线管理后经费安排的实施办法》（2003年4月）。

（4）国家环保总局发布的《关于排污费征收核定有关工作的通知》（2003年4月）。

（5）财政部、国家计委、国家环保总局联合发布的《关于减免及缓缴排污费有关问题的通知》（2003年5月）。

《排污费征收使用管理条例》及其配套规章中所体现的排污收费制度基本原则包括排污即收费（排污者须依法缴费）、强制征收（对不按规定缴纳排污费的违法行为强制征收）、属地分级征收（省、自治区级，直辖市、设区的市级、县级环保部门排污费属地分级征收）、征收程序法定化（排污费征收必须依据法定程序进行）、征收时限固定（按月或者按季属地化收缴）、上级强制补缴追征制（上级环保部门为强制补缴追征主体）、特殊情况下可实行减免缓缴、实行收支两条线管理并专款专用、缴纳排污费不免除其他法律责任等。

（三）排污费制度实施成效及不足

排污收费政策是污染者负担原则在污染防治领域的具体化。在运行中，排污收费制度为环境保护方面的投资提供了部分资金，增强了污染治理能力。同时，环保监测技术逐步成熟，环保系统建设日益完善。

但是，排污费制度在执行过程中无法避免制度本身存在的不足，主要是排污费不具备税收特有的强制性、无偿性和固定性特征，导致排污费在征收上缺乏刚性，"费改税"的呼声越来越高。

三、环境保护税建立与立法过程

党中央、国务院高度重视生态环境保护工作，大力推进大气、水、土壤污染防治，持续加大生态环境保护力度，近年来我国生态环境质量有所改善。但总体上看，我国环境保护仍滞后于经济社会发展，生态环境恶化趋势尚未得到根本扭转，部分地区环境污染问题较为突出，严重影响了正常生产生活和社会可持续发展，加强环境保护已刻不容缓。

党的十八届三中、四中全会文件中明确提出，"推动环境保护费改税""用严格的法律制度保护生态环境"。党的十九大进一步明确提出"坚持节约资源和保护环境的基本国策"。

第十一届全国人民代表大会第四次会议通过的《中华人民共和国国民经济和社会发展第十二个五年规划纲要》在"推进环保收费制度改革"部分提出"积极推进环境税费改革，选择防治任务繁重、技术标准成熟的税目开征环境保护税，逐步扩大征收范围"。

李克强总理2014年、2015年连续两年在《政府工作报告》中要求做好环境保护税相关立法工作。国务院2015年立法工作计划将制定环境保护税法列为"全面深化改革和全面依法治国急需的项目"。国务院2016年立法工作计划将"提请审议环境保护税法草案"列为"力争年内完成的项目"。

（一）提案建议，逐步完善环保税实施战略（2006—2007）

2006年两会期间，全国政协委员郑健龄提交提案，建议将排污费改为环保税，用法律手段保证环境污染物费用的收取，促进污染治理和环境保护事业的发展。2007年5月，国务院发布《节能减排综合性工作方案》，其中一项具体政策措施即为"研究开征环保税"，首次明确将进行环保税立法。同年10月，党的十七大报告提出"实行有利于科学发展的财税制度，建立健全资源有偿使用和生态环境补偿机制"。由此确定将环保税作为重点推进的税收改革工作。至此，环保税的战略构想正式提出。

（二）反复酝酿，广泛开展环保税改革研究（2008—2009）

为落实党中央、国务院决策部署，财政部、税务总局、环境保护总局建立了联合工作机制，明确了环保税研究的工作任务、指导思想、工作目标、工作内容、工作步骤、时间安排和配套措施。工作组先后多次赴全国各地对污染排放行业进行考察研究，并根据调研反馈的情况形成《中国开征环境税报告（初稿）》等数个调研报告。组织多次集中办公，就环保税税制设计、征管协作等问题展开讨论并达成一致意见，最终形成《关于呈请审定拟报送国务院的开征环境税方案的请示》并上报国务院。

（三）多方合力，齐心推动环保税立法进程（2010—2016）

2010年10月，党的十七届五中全会通过的《中共中央关于制定国民经济和社会发展第十二个五年规划的建议》正式提出开征环保税。国家税务总局与财政部、环境保护部、国务院法制办、全国人大法律委员会等部门积极开展联动合作，携手共同推进环保税立法工作，并于2013年3月联合向国务院上报了《中华人民共和国环境保护税法（送审稿）》。2015年6月，《中华人民共和国环境保护税法（征求意见稿）》公开向社会公众征求意见。先后经两次审议，《中华人民共和国环境保护税法》（以下简称《环境保护税法》）于2016年12月25日经第十二届全国人大常委会第二十五次会议通过，自2018年1月1日起施行。

（四）细化落实，各项配套政策出台落地（2017年至今）

1. 研究出台《中华人民共和国环境保护税法实施条例》（以下简称《环境保护税法实施条例》）。2017年6月26日，财政部、税务总局、环境保护部起草完成了《环境保护税法实施条例》（征求意见稿），并正式向社会公开征求意见。2017年12月25日，国务院令第693号公布《中华人民共和国环境保护税法实施条例》。该条例进一步细化了征税对象、计税依据、税收减免、征收管理的有关规定，增强了环境保护税法的可操作性。

2. 联合出台环保税征管准备文件。2017年7月，财政部、税务总局、环境保护部联合发布《关于全面做好环境保护税法实施准备工作的通知》（财税〔2017〕62号）。该文件明确了关于环保税法实施工作的组织基础，配套办法的制定，档案交接的范围、内容、方式、期限，涉税信息的共享及宣传辅导工作，是环保税征管准备工作的标志性文件。

3. 细化环保税征管政策文件。2017年12月27日，国家税务总局、国家海洋局发布《海洋工程环境保护税申报征收办法》（国家税务总局公告2017年第50号）。该办法规范了海洋工程环境保护税征收管理的相关事项。

2017年12月27日，环境保护部发布《关于发布计算污染物排放量的排污系数和物料衡算方法的公告》（环境保护部公告2017年第81号）。该公告包括《纳入排污许可管理的火电等17个行业污染物排放量计算方法（含排污系数、物料衡算方法）（试行）》《未纳入排污许可管理行业适用的排污系数、物料衡算方法（试行）》，明确了环保税应税污染物的排放量计算方法，是环保税重要的计税依据文件。

2018年3月30日，财政部、税务总局、生态环境部发布《关于环境保护税有关问题的通知》（财税〔2018〕23号）。该通知就环境保护税有关政策问题作了进一步的细化明确。

四、环境保护税相对排污费的优化改进

（一）征收范围变化

环境保护税和排污费的征收范围大体一致，但在具体对象上有调整和变化。

1. 缩小了对噪声征税的范围

环境保护税仅对超过国家规定标准的工业噪声进行征税；而排污费对"排污者产生环境噪声，超过国家规定的环境噪声排放标准，且干扰他人正常生活、工作和学习的，按照超标的分贝数征收噪声超标污染费"，如建筑噪声等。

2. 规范应税污染物分类

环境保护税将危险废物归入固体废物中，作为四大类污染物之一进行征收；而排污费将"固体废物及危险废物"作为一类污染物进行征收。且在《中华人民共和国固体废物污染环境防治法》修订实施后，由于该法只明确了缴纳危险废物排污费，未对固体废物缴费进行明确，因而在实践中排污费对固体废物是停止征收的。

3. 挥发性有机物未被整体纳入环境保护税征税对象

之前，根据《财政部、国家发展改革委、环境保护部关于印发〈挥发性有机物排污收费试点办法〉的通知》（财税〔2015〕71号），挥发性有机物排污费由各地试点征收。"费改税"后，挥发性有机物排污收费试点暂停并进行评估。

（二）改变征收程序

根据《环境保护税法》及其实施条例的规定，环境保护税的征收程序为"税务征管、企业申报、环保监测、信息共享、协作共治"，明确了企业的申报主体责任，税务部门及生态环境保护部门则向监管角色转变。

排污费征收则是根据《排污费征收使用管理条例》第三章规定，采取"环保部门核定开单送达、排污者再按规定缴纳"的征收程序。

（三）取消加倍征收

2014年9月1日，国家发展改革委、财政部、环境保护部联合发布的《关于调整排污费征收标准等有关问题的通知》（发改价格〔2014〕2008号）明确，向水体和大气超标或超量排放污染物的，按照各省（自治区、直辖市）规定的征收标准加1倍征收污染费；同时存在上述两种情形的，加2倍征收排污费。考虑到对超标排放污染物应根据《环境保护法》《水污

染防治法》《大气污染防治法》的规定予以行政处罚,税收不应具有惩罚性质,故在《环境保护税法》中对超标排放的污染物没有设置加倍征税规定。

(四)增加复核程序

《环境保护税法》第二十条明确了税务部门提请生态环境主管部门复核的程序,这对推进部门协作、提高征管能力有积极作用。《环境保护税法》规定,税务机关发现纳税人的纳税申报数据资料异常或者纳税人未按照规定期限办理纳税申报的,可以提请生态环境主管部门进行复核,生态环境主管部门应当自收到税务机关的数据资料之日起 15 日内向税务机关出具复核意见。税务机关应当按照生态环境主管部门复核的数据资料调整纳税人的应纳税额。

而排污费征收中的复核工作属于环保部门内部程序。《排污费征收使用管理条例》规定,排污者对核定的污染物排放种类、数量有异议的,自接到通知之日起 7 日内,可以向发出通知的环境保护行政主管部门申请复核;环境保护行政主管部门应当自接到复核申请之日起 10 日内,作出复核决定。

(五)规范税收优惠

一是增设了若干优惠政策。与排污费优惠政策相比,环境保护税增加了排放大气污染物或者水污染物按浓度减免优惠,增加一档减按 75% 征收环境保护税减免政策。同时,增加了对纳税人符合标准综合利用的固体废物免税的政策,还规定了国务院根据特殊需要制定优惠政策的情形。

二是明确了享受减免的判断标准。《环境保护税法实施条例》明确规定:《环境保护税法》第十三条所称应税大气污染物或者水污染物的浓度值,是指纳税人安装使用的污染物自动监测设备当月自动监测的应税大气污染物浓度值的小时平均值再平均所得数值或者应税水污染物浓度值的日平均值再平均所得数值,或者监测机构当月监测的应税大气污染物、水污染物浓度值的平均值。依照《环境保护税法》第十三条的规定减征环境保护税的,前款规定的应税大气污染物浓度值的小时平均值或者应税水污染物浓度值的日平均值,以及监测机构当月每次监测的应税大气污染物、水污染物的浓度值,均不得超过国家和地方规定的污染物排放标准。[①]

广义环境税

中国与资源环境有关的广义税种主要有 7 个,即企业所得税、资源税、消费税、车船税、城市维护建设税、城镇土地使用税和耕地占用税、增值税。

---

① 国家税务总局财产和行为税司编:《环境保护税收政策和征管业务指南》。

一、企业所得税

《中华人民共和国企业所得税法》（以下简称《企业所得税法》）于2007年3月16日由第十届全国人民代表大会第五次会议通过，根据2017年2月24日第十二届全国人民代表大会常务委员会第二十六次会议《关于修改〈中华人民共和国企业所得税法〉的决定》第一次修正，根据2018年12月29日第十三届全国人民代表大会常务委员会第七次会议《关于修改〈中华人民共和国电力法〉等四部法律的决定》第二次修正。《企业所得税法》及其实施条例十分重视利用税收优惠来鼓励企业采取措施节约资源、保护环境，具体的规定有以下方面。

1. 企业从事符合条件的环境保护、节能节水项目的所得，可以免征、减征企业所得税。

2. 企业综合利用资源，生产符合国家产业政策规定的产品所取得的收入，可以在计算应纳税所得额时减计收入。

3. 企业购置用于环境保护、节能节水、安全生产等专用设备的投资额，可以按一定比例实行税额抵免。

二、资源税

资源税是以各种应税自然资源为课税对象、为了调节资源级差收入并体现国有资源有偿使用而征收的一种税。征收资源税的目的主要是调节资源开发者之间因开采资源条件的差别而形成的级差收益，使资源开发者能在大体平等的条件下进行开发，同时促使开发者合理开发和节约使用资源，资源税是对使用资源的单位和个人获得应税资源的使用权而征收的。

1987年4月和1988年11月我国相继建立了耕地占用税制度和城镇土地使用税制度。国务院于1993年12月25日颁布了重新修订的《中华人民共和国资源税暂行条例》（以下简称《条例》），财政部同年还发布了资源税实施细则，自1994年1月1日起执行。修订后的《条例》扩大了资源税的征收范围，由过去的煤炭、石油、天然气、铁矿石少数几种资源扩大到原油、天然气、煤炭、其他非金属矿原矿、黑色金属矿原矿、有色金属矿原矿和盐等七种，其中，原油仅指开采的天然原油，不包括以油母页岩等炼制的原油；天然气，暂不包括煤矿生产的天然气；煤炭，不包括以原煤加工的洗煤和选煤等；金属矿产品和非金属矿产品，均指原矿石；盐，系指固体盐、液体盐。但总的来看，资源税仍只针对矿藏品，对大部分非矿藏品资源都没有征税。《条例》还对开采矿产品或者生产盐的单位和个人征收资源税，实行从量计征。

2010年5月17—19日，中共中央、国务院召开的新疆工作座谈会在北京举行。中央决定，在新疆率先进行资源税费改革，将原油、天然气资源税由从量计征资源税改为从价计征。

2010年，为了加快新疆经济社会发展，中央决定率先在新疆进行石油、天然气资源税改革试点。2010年12月1日起,将在新疆实行的石油、天然气资源税改革推广到西部地区的12个省、自治区、直辖市。

2011年9月21日召开的国务院常务会议决定对《中华人民共和国资源税暂行条例》作出修改,在此前资源税从量定额计征基础上增加从价定率的计征办法,调整原油、天然气等品目资源税税率。该暂行条例的修改意味资源税改革向全国推广的进程有望加快,对于完善税制、调整经济结构、转变经济增长方式、推动节能减排、扩大财政收入、促进地方经济发展等方面有积极意义。实施从价计征将大幅提高石油、天然气行业的资源税成本,相关板块估值将受到冲击,这一影响将较为长远;煤炭未明确表示列入计价征收资源税行列,暂时免于不利影响;新能源板块或将受益;未来如果稀土、水资源、铁矿石等资源品也纳入计价征收行列,影响面将进一步扩大。

2011年9月7日,国务院印发的《"十二五"节能减排综合性工作方案》明确提出,积极推进资源税费改革,将原油、天然气和煤炭资源税计征办法由从量征收改为从价征收并适当提高税负水平。此次修改资源税暂行条例虽然没有像此前市场预期中那样将资源税改革推广到更多地区或全国,从价征收的品种也用了"原油、天然气等品目"的表述,没有明确将煤炭纳入,但无疑仍是资源品价格改革跨出的重大一步。此后从价征收就有了法规政策依据,而不仅是几个地区的试点。

2016年7月1日起,资源税从价计征改革全面推开。2019年8月26日,第十三届全国人民代表大会常务委员会第十二次会议通过《中华人民共和国资源税法》(以下简称《资源税法》),自2020年9月1日起施行。

三、消费税

消费税的环保效应主要是通过对高能耗、高污染的消费品进行征税,进而来影响消费者的消费行为,从而减少对这些产品的消费使用;实现节能减排,保护环境。消费税在征税范围中对环境影响比较大的是四类能源和能源有关产品,即成品油、汽车轮胎、摩托车和小汽车。其中,成品油是直接能源产品,而汽车轮胎、摩托车和小汽车则可视为能源产品的互补产品,以征收消费税手段对其消费加以抑制,从理论上讲,可以间接起到抑制汽油等能源产品消费增长的作用。

1994年征收成品油消费税时,仅涉及汽油和柴油两个品种,汽油税率为0.2元/升,柴油为0.1元/升。此后20年共进行了6次调整。1999年增加了含铅汽油和无铅汽油的税目划分,含铅汽油税率为0.28元/升,比无铅汽油高40%,意在减少加铅对环境的污染,有很强的环保指向。2006年扩大成品油消费税范围,新增石脑油、溶剂油、润滑油、燃料油、航空煤油5个品种,即7个炼油产品列入征收范围。2009年,国家利用布伦特原油价格由2008

年6月最高146美元/桶跌至12月36美元/桶的机会,将养路费等并入成品油消费税,同时提高了成品油各品种的税率,汽油税率首次突破1元/升。2014年11月至2015年1月,国家利用布伦特原油价格由2014年1月110美元/桶跌至年底60美元/桶的机会,连续3次调整成品油消费税,汽油税率为1.52元/升,柴油为1.2元/升,与2009年相比,汽油税率提高52%,柴油提高50%。此后7个品种的消费税率没有再作调整。

从1994年起,国家将轮胎作为"对国家具有财政意义的产品",对轮胎生产企业实行在征收17%增值税的同时,又按销售额加征10%的消费税。此后,2001年起,我国对汽车轮胎税目中的子午线轮胎免征消费税。2014年12月1日起,取消了汽车轮胎消费税目。国家当初对非子午线轮胎征收消费税,主要是为了鼓励轮胎子午线化。现在我国的汽车轮胎子午线化率已超过90%,当初征收消费税的杠杆作用已经得到充分发挥,因此适时取消。

汽车消费税是1994年国家税制改革中新设置的一个税种,被列入1994年1月1日起施行的《中华人民共和国消费税暂行条例》。它是在对货物普遍征收增值税的基础上,选择少数消费品再征收一道消费税,一般体现在生产端,目的在于调节产品结构,引导消费方向。对于小汽车按不同车种排气量的大小设置了3档税率。汽缸容量小于1.0升的轿车税率为3%,汽缸容量大于或等于1.0升、小于2.2升的轿车税率为5%,汽缸容量大于或等于2.2升的轿车税率为8%,轻型越野车汽缸容量小于2.4升的税率为5%。汽车消费税是价内税,针对厂家征收。

财政部、国家税务总局2008年8月13日发布通知,从2008年9月1日起调整汽车消费税政策,提高大排量乘用车的消费税税率,降低小排量乘用车的消费税税率。通知表示,排气量在3.0升以上至4.0升(含4.0升)的乘用车,税率由15%上调至25%,排气量在4.0升以上的乘用车,税率由20%上调至40%;降低小排量乘用车的消费税税率,排气量在1.0升(含1.0升)以下的乘用车,税率由3%下调至1%。

中国摩托车产品的消费税始于1994年1月1日起施行的《中华人民共和国消费税暂行条例》。在2006年4月1日以前,我国摩托车消费税一直保持着10%的高税率。在2006年4月1日至2014年12月1日,我国的摩托车消费税税率分两档征收,气缸容量小于等于250毫升的摩托车按照3%的税率征收,气缸容量大于250毫升的摩托车按照10%征收。2014年12月1日起,取消气缸容量250毫升(不含)以下的小排量摩托车消费税。气缸容量250毫升和250毫升(不含)以上的摩托车继续分别按3%和10%的税率征收消费税。

四、车船税

车船税间接地构成了一种车船能源消费的代价,一定程度上可以起到抑制能源消费的作用。所谓车船税,是指在中华人民共和国境内的车辆、船舶的所有人或者管理人按照《中华人民共和国车船税法》应缴纳的一种税。

车船税的前身是车船使用税，车船使用税的前身又是车船使用牌照税。早在1951年9月13日，政务院发布了《车船使用牌照税暂行条例》，开征了车船使用牌照税。1986年9月15日，国务院发布了《车船使用税暂行条例》，改为车船使用税。2006年12月29日，国务院公布了《车船税暂行条例》，再改为车船税。2011年2月25日，第十一届全国人民代表大会常务委员会第十九次会议通过了《中华人民共和国车船税法》（以下简称《车船税法》），自2012年1月1日起施行，正式将《车船税暂行条例》上升为《车船税法》。这是我国第一部由条例上升的法律，也是我国第一部地方税法律，它具有标志性的意义。

从2007年7月1日开始，拥有车辆的人员需要在投保交强险时缴纳车船税。

2012年，财政部、国家税务总局、工业和信息化部发布《关于节约能源使用新能源车船车船税政策的通知》；2015年，三部门印发《关于节约能源使用新能源车船车船税优惠政策的通知》，该通知明确对节约能源、使用新能源车船的车船税政策优惠。

2018年7月10日，财政部、税务总局、工业和信息化部、交通运输部4部门下发《关于节能新能源车船享受车船税优惠政策的通知》。该通知要求对符合标准的新能源车船免征车船税，对符合标准的节能汽车减半征收车船税。

五、城市建设维护税

城市建设维护税是为了扩大和稳定城市维护资金的来源而开征的一个税种，所征收的税款主要用于城市住宅、道路、桥梁、防洪排水、供热、造林绿化、环境卫生以及公共消防、路灯照明灯公共设施的建设和维护。该税种具有专款专用的特点，因此，已经成为城市环境基础设施建设投资一项重要的资金来源。

城市建设维护税，是指国家对缴纳增值税、消费税、营业税的单位和个人就其缴纳的这"三税"的税额为计税依据而征收的一种税。城市维护建设税始立于1985年2月，立税的宗旨是加强城市的维护建设，扩大和稳定城市维护建设的资金来源。20世纪80年代初，在改革的主旋律推动下，我国城市建设发展很快，与此同时也遇到了城建资金上的困难。很长一段时期，市政、公用设施落后、陈旧，维护经费难以得到妥善解决。为此，国家允许部分地区按上年工商利润计提5%以及按工商税计提1%的地方附加费，并允许各地立项加收一些杂费，该措施虽在一定程度上弥补了维护经费的漏洞，但城建资金的供求矛盾仍未得到解决。为加强城市建设资金的管理，经国务院批准，自1985年起，在全国范围内开征城市维护建设税。城建税对改善城市基础设施，缓解城市市政、公用设施的资金紧张状况发挥重要的作用。

1994年的税制改革，城市维护建设税基本没有变动，仅将计税依据由产品税、增值税、营业税改为增值税、消费税、营业税，其随流转税附加的性质，其按地域确定不同征收税率的办法，丝毫未变。但是，其征管随税种分立，征收机关分设，变为了由国税、地税分别征收。

2010年，下发了《国务院关于统一内外资企业和个人城市维护建设税和教育费附加制度的通知》，通知主要包括以下内容：一是自2010年12月1日起，外资企业适用国务院1985年发布的《中华人民共和国城市维护建设税暂行条例》和1986年发布的《征收教育费附加的暂行规定》，即对外资企业征收城市维护建设税和教育费附加，统一内外资企业城市维护建设税和教育费附加制度；二是1985年及1986年以来国务院及国务院财税主管部门发布的有关城市维护建设税和教育费附加的法规、规章、政策适用于外商投资企业、外国企业及外籍个人；三是明确了与该通知相抵触的各项规定同时废止。至此，在我国现行税收体系中，增值税、消费税、营业税、企业所得税、城镇土地使用税、车船税、耕地占用税、房产税、城市维护建设税和教育费附加制度全部实现内外资企业统一。

在2012年3月5日提请的十一届全国人大五次会议审议的财政预算报告中，2012年，我国税制改革内容达六项，涉及营业税改征增值税、消费税、资源税、房产税、城市建设维护税、环境保护税。根据财政预算报告，这六项内容为，一是完善增值税制度、推进营业税改征增值税试点；二是健全消费税制度，促进节能减排和引导合理消费；三是进一步推进资源税改革，促进资源节约和环境保护；四是研究制定房产保有、交易环节税收改革方案，稳步推进房产税改革试点；五是推进城市建设维护税改革；六是深化环境保护税费改革。除了已经进入视野的营业税改征增值税等五项税制改革之外，2012年将推进城市建设维护税改革。

2016年5月起全面实行营业税改增值税，营业税全面取消。

2019年国务院召开常务会议，通过了《中华人民共和国城市维护建设税法（草案）》，目的是完善税收法律制度，并与营改增改革取消营业税相衔接，草案保持现行城市维护建设税暂行条例的税制框架和税负水平不变。会议决定将草案提请全国人大常委会审议。

2020年8月11日，中华人民共和国第十三届全国人民代表大会常务委员会第二十一次会议通过《中华人民共和国城市维护建设税法》（以下简称《城市维护建设税法》），自2021年9月1日起施行。《城市维护建设税法》共计十一条，按照税制平移的思路，将暂行条例上升为法律，征税范围、税率未发生变化。

根据《城市维护建设税法》第七条、第八条规定，城市维护建设税的纳税义务发生时间与增值税、消费税一致，并与增值税、消费税同时缴纳。其扣缴义务人为负有增值税、消费税扣缴义务的单位和个人，在扣缴增值税、消费税的同时扣缴城市维护建设税。

这一规定，相较于暂行条例，既巩固了城市维护建设税与增值税、消费税同征同管的模式,又进一步明确了扣缴义务人、扣缴时间等具体事项,有利于进一步提高征管效率、优化办税体验。

为延续现行政策,《城市维护建设税法》还对增值税特殊处理等情况单独作了规定:城市维护建设税的计税依据可以扣除期末留抵退税退还的增值税税额;对进口货物或者境外单位和个人向境内销售劳务、服务、无形资产缴纳的增值税、消费税税额,不征收城市维护建设税。

六、城镇土地使用税和耕地占用税

城镇土地使用税的目的在于加强对土地的管理,合理、节约使用城镇土地资源,提高土地使用效益,适当调节城镇土地级差收入。耕地占用税的征收是为了加强对土地的合理利用,保护日益减少的农用耕地。耕地占用税根据不同地区人均占有耕地数量和经济发展状况规定不同的税率。

1951年8月,中央人民政务院颁布实施《中华人民共和国城市房地产税暂行条例》,将房产税和地产税合并。1984年9月,工商税制改革,设立了土地使用税。1988年9月,国务院颁布了《中华人民共和国城镇土地使用税暂行条例》,开始正式征收城镇土地使用税。土地可以有偿使用的法律颁布实施后,在我国房地产行业内引起了一阵建房的狂潮,土地需求迅速加大,土地市场供不应求,导致了土地价格的持续大幅上涨。由于土地市场的发展,1988年国务院所制定的城镇土地使用税的税额标准和征税范围与经济发展水平不相适应。因此,国务院在2006年12月23日对其进行了重新修订,提升了税额标准,扩大了征税范围。之后国务院分别在2011年1月8日、2013年11月7日和2019年3月2日对其进行了三次修订,但都是对细节上的修订,对整体影响不大。

1987年4月1日,国务院发布《中华人民共和国耕地占用税暂行条例》,即日起施行。征税目的在于限制非农业建设占用耕地,建立发展农业专项资金,促进农业生产的全面协调发展。耕地占用税是国家税收的重要组成部分,具有特定性、一次性、限制性和开发性等不同于其他税收的特点。开征耕地占用税是为了合理利用土地资源,加强土地管理,保护农用耕地。其作用主要表现在,利用经济手段限制乱占滥用耕地,促进农业生产的稳定发展;补偿占用耕地所造成的农业生产力的损失;为大规模的农业综合开发提供必要的资金来源。

为进一步规范和加强征收管理,提高耕地占用税管理水平,国家税务总局制定了《耕地占用税管理规程(试行)》,自2016年1月15日起施行。

2018年12月29日,第十三届全国人民代表大会常务委员会第七次会议通过《中华人民共和国耕地占用税法》,并自2019年9月1日起施行。这标志着该税税收法定新时代的开启,耕地占用税以保护耕地为核心追求目标,这从法案第一条"为了合理利用土地资源,加强土地管理,保护耕地,制定本法"中可以看出。耕地占用税的征税是为了抑制对耕地的滥用,从而实现耕地保护的目标。

七、增值税

对于部分货币适用较低的增值税率。与环境有关的货物可分为两种:一种是有利于环境保护的产品,如对销售或进口石油液化气、天然气、煤气等较清洁能源实行13%的低档税率;另一种是对环境不利或可能产生污染的产品,如大量使用的农药、化肥和农膜等。

针对环保企业提供的对垃圾、污泥、污水、废气等废弃物进行专业化处理的服务,财政部颁布新的财税政策,并于2020年5月1日开始执行。

纳税人受托对垃圾、污泥、污水、废气等废弃物进行专业化处理,即运用填埋、焚烧、净化、制肥等方式,对废弃物进行减量化、资源化和无害化处理处置,按照以下规定适用增值税税率。

1. 采取填埋、焚烧等方式进行专业化处理后未产生货物的,受托方属于提供《销售服务、无形资产、不动产注释》(财税〔2016〕36号文件印发)"现代服务"中的"专业技术服务",其收取的处理费用适用6%的增值税税率。

2. 专业化处理后产生货物,且货物归属委托方的,受托方属于提供"加工劳务",其收取的处理费用适用13%的增值税税率。

3. 专业化处理后产生货物,且货物归属受托方的,受托方属于提供"专业技术服务",其收取的处理费用适用6%的增值税税率。受托方将产生的货物用于销售时,适用货物的增值税税率。

环境保护税政策法规

一、《中华人民共和国环境保护税法》

《中华人民共和国环境保护税法》(以下简称《环境保护税法》)于2016年12月25日经第十二届全国人民代表大会常务委员会第二十五次会议审议通过,自2018年1月1日正式施行。《环境保护税法》是贯彻习近平生态文明思想、落实绿色发展理念的重大战略举措,是我国现代环境治理体系的重要组成部分,也是我国第一部专门体现"绿色税制"的单行税法。《环境保护税法》的出台和施行,提高了我国税制的绿色化水平,加快了税制的绿色化改革进程。

环境保护税源于排污收费制度。我国于1979年开始排污收费试点，通过收费促使企业加强环境治理、减少污染物排放，对防治污染、保护环境起到了重要作用，但实际执行中存在着执法刚性不足等问题。为解决这些问题，党的十八届三中、四中全会明确提出，"推动环境保护费改税""用严格的法律制度保护生态环境"。2018年环境保护费改税后，排污单位不再缴纳排污费，改为缴纳环境保护税。开征环境保护税，主要目的不是取得财政收入，而是使排污单位承担必要的污染治理与环境损害修复成本，并通过"多排多缴、少排少缴、不排不缴"的税制设计，发挥税收杠杆的绿色调节作用，引导排污单位提升环保意识，加大治理力度，加快转型升级，减少污染物排放，助推生态文明建设。

《环境保护税法》遵循将排污费制度向环保税制度平稳转移原则，主要表现将排污费的缴纳人作为环境保护税的纳税人；根据现行排污收费项目、计费办法和收费标准，设置环境保护税的税目、计税依据和税额标准。两种制度的不同点在于，《环境保护税法》增加了纳税人减排的税收减免档次，即纳税人排放应税大气污染物或者水污染物的浓度值低于规定标准30%的，减按75%征收环境保护税。

相比部分已有税种，环境保护税所涉技术性相对较强。正因如此，《环境保护税法》明确，"费改税"后，由税务部门征收，环保部门配合，确定"企业申报、税务征收、环保监测、信息共享"的税收征管模式。两部门将在税务登记管理、计税依据确定、纳税申报信息比对、优惠管理等方面开展协作。实际操作层面，一套完整的征税流程将包括纳税人自行申报、环保部门与税务机关涉税信息共享、税务机关将纳税人申报资料与环保部门的监测数据进行比对、异常数据交送环保部门复核、税务机关依据复核意见调整征税等。

二、《中华人民共和国环境保护税法实施条例》

2017年12月25日，国务院总理李克强签署国务院令，公布《中华人民共和国环境保护税法实施条例》（以下简称《实施条例》），并同环境保护税法自2018年1月1日起施行，作为征收排污费依据的《排污费征收使用管理条例》同时废止。

制定环境保护税法，是落实党的十八届三中全会、四中全会提出的"推动环境保护费改税""用严格的法律制度保护生态环境"要求的重大举措，对于保护和改善环境、减少污染物排放、推进生态文明建设具有重要的意义。为保障环境保护税法顺利实施，有必要制定实施条例，细化法律的有关规定，进一步明确界限、增强可操作性。

《实施条例》在环境保护税法的框架内，重点对征税对象、计税依据、税收减免以及税收征管的有关规定作了细化，以更好地适应环境保护税征收工作的实际需要。

1. 细化征税对象

对于征税对象，《实施条例》主要对以下三个方面进行了细化规定。一是明确《环境保护税税目税额表》所称其他固体废物的具体范围依照《环境保护税法》第六条第二款规定的程序确定，即由省、自治区、直辖市人民政府提出，报同级人大常委会决定，并报全国人大常委会和国务院备案。二是明确了"依法设立的城乡污水集中处理场所"的范围。《环境保护税法》规定，依法设立的城乡污水集中处理场所超过排放标准排放应税污染物的应当缴纳环境保护税，不超过排放标准排放应税污染物的暂予免征环境保护税。为明确这一规定的具体适用对象，《实施条例》规定依法设立的城乡污水集中处理场所是指为社会公众提供生活污水处理服务的场所，不包括为工业园区、开发区等工业聚集区域内的企业事业单位和其他生产经营者提供污水处理服务的场所，以及企业事业单位和其他生产经营者自建自用的污水处理场所。三是明确了规模化养殖缴纳环境保护税的相关问题，规定达到省级人民政府确定的规模标准并且有污染物排放口的畜禽养殖场应当依法缴纳环境保护税；依法对畜禽养殖废弃物进行综合利用和无害化处理的，不属于直接向环境排放污染物，不缴纳环境保护税。

2. 确定计税依据

按照《环境保护税法》的规定，应税大气污染物、水污染物按照污染物排放量折合的污染当量数确定计税依据，应税固体废物按照固体废物的排放量确定计税依据，应税噪声按照超过国家规定标准的分贝数确定计税依据。根据实际情况和需要，《实施条例》进一步明确了有关计税依据的两个问题。一是考虑到在符合国家和地方环境保护标准的设施、场所贮存或者处置固体废物不属于直接向环境排放污染物，不缴纳环境保护税，对依法综合利用固体废物暂予免征环境保护税，为体现对纳税人治污减排的激励，《实施条例》规定固体废物的排放量为当期应税固体废物的产生量减去当期应税固体废物的贮存量、处置量、综合利用量的余额。二是为体现对纳税人相关违法行为的惩处，《实施条例》规定，纳税人有非法倾倒应税固体废物，未依法安装使用污染物自动监测设备或者未将污染物自动监测设备与环境保护主管部门的监控设备联网，损毁或者擅自移动、改变污染物自动监测设备，篡改、伪造污染物监测数据以及进行虚假纳税申报等情形的，以其当期应税污染物的产生量作为污染物的排放量。

3. 明确减征界限

《环境保护税法》第十三条规定，纳税人排放应税大气污染物或者水污染物的浓度值低于排放标准30%的，减按75%征收环境保护税；低于排放标准50%的，减按50%征收环境保护税。为便于实际操作，《实施条例》首先明确了上述规定中应税大气污染物、水污染物浓度值的计算方法，即应税大气污染物或者水污染物的浓度值，是指纳税人安装使用的污染物自动监测设备当月自动监测的应税大气污染物浓度值的小时平均值再平均所得数值或者应税水污染物浓度值的日平均值再平均所得数值，或者监测机构当月监测的应税大气污染物、水污染物浓度值的平均值。同时，《实施条例》按照从严掌握的原则，进一步明确限定了适用减税的条件，即应税大气污染物浓度值的小时平均值或者应税水污染物浓度值的日平均值，以及监测机构当月每次监测的应税大气污染物、水污染物的浓度值，均不得超过国家和地方规定的污染物排放标准。

4. 确保征管顺利开展

从实际情况看，环境保护税征收管理相对更为复杂。为保障环境保护税征收管理顺利开展，《实施条例》在明确县级以上地方人民政府应当加强对环境保护税征收管理工作的领导，及时协调、解决环境保护税征收管理工作中重大问题的同时，进一步明确了税务机关和环境保护主管部门在税收征管中的职责以及互相交送信息的范围，并对纳税申报地点的确定、税收征收管辖争议的解决途径、纳税人识别、纳税申报数据资料异常包括的具体情形、纳税人申报的污染物排放数据与环境保护主管部门交送的相关数据不一致时的处理原则，以及税务机关、环境保护主管部门无偿为纳税人提供有关辅导、培训和咨询服务等作了明确规定。

三、《环境保护税纳税申报表》

为贯彻落实《中华人民共和国环境保护税法》及其实施条例，国家税务总局于2018年1月27日发布《环境保护税纳税申报表》，并规定自发布日起施行。

（一）申报表设计遵循的基本原则

1. 有利于税制平稳转换。《环境保护税纳税申报表》吸收和借鉴了原排污收费表单设计的经验，将原来排污费按照行业管理的报表模式优化为根据"水、气、声、渣"四类污染物类型设计的报表模式，不同行业、不同污染物排放量计算方法的纳税人均可方便地完成环境保护税的纳税申报，便于纳税人熟悉报表结构，实现税制平稳转换。

2. 有利于落实税收政策。《环境保护税纳税申报表》是税收政策落实的载体，申报表按照税法及实施条例和相关政策规定进行总体设计，将税收政策融入纳税人计算填报的全过程。特别是在落实税收减免政策上简化了程序，符合税法规定享受环境保护税减免税优惠的纳税人，可在纳税申报同时完成减免税申报，无须专门办理减免税备案手续。

3. 有利于减轻填报负担。纳税申报表设计体现了"放管服"改革精神，较原排污费的报表数量和字段大大减少，减轻了纳税人填报负担。在填报数据项上，纳税人一次性填写基础信息采集表后，若相关基础信息未发生变化，后续申报只需在申报表中填写少量动态数据；在申报方式上，通过优化网上申报功能，整合数据资源，纳税人可依托征管信息系统辅助生成申报主表和自动计算应纳税额。

4. 有利于加强部门协作。部门协作是环境保护税法不同于其他税种的鲜明特点。纳税申报表设计充分考虑部门协作的需要，报表结构和数据项确定，既遵照环境保护税法、环保法律法规和监测管理规范进行科学设计,又能满足信息共享、信息比对、复核等后续管理的需要,助力部门协作。

(二)申报表构成及适用范围

环境保护税报表由两部分构成,分别是《环境保护税纳税申报表》和《环境保护税基础信息采集表》。《环境保护税纳税申报表》适用于纳税人按期申报及按次申报,《环境保护税基础信息采集表》用于一次性采集纳税人基础税源信息。

(三)《环境保护税纳税申报表》

《环境保护税纳税申报表》分为A类申报表与B类申报表。

1. A类申报表。采用主表加附表的结构,包括1张主表和5张附表,适用于通过自动监测、监测机构监测、排污系数和物料衡算法计算污染物排放量的纳税人。

主表是《环境保护税纳税申报表(A类)》,用于纳税人对按月计算的明细数据进行季度汇总申报。

附表用于纳税人分类按月计算应税污染物排放量。纳税人享受减免税优惠的需填报减免税明细计算报表。

附表1适用于对大气污染物按月明细计算排放量;

附表2适用于对水污染物按月明细计算排放量;

附表3适用于对固体废物按月明细计算排放量;

附表4适用于对噪声按月明细计算排放量;

附表5适用于享受减免税优惠纳税人的减免税明细计算申报。

2. B类申报表。《环境保护税纳税申报表(B类)》适用于除A类申报之外的其他纳税人,包括按次申报纳税人、适用环境保护税法所附《禽畜养殖业、小型企业和第三产业水污染物当量值》表的纳税人和采用抽样测算方法计算污染物排放量的纳税人。除按次申报外,纳税人应按月填写B类表,按季申报。

(四)《环境保护税基础信息采集表》

《环境保护税基础信息采集表》用于一次性采集纳税人环境保护税基础信息,包括1张主表和4张附表。

1. 主表是《环境保护税基础信息采集表》,用于采集纳税人基本信息、主要污染物类别以及应税污染物排放口等相关信息项。

2. 附表用于采集纳税人各类应税污染物的相关信息以及污染物排放量计算方法。

附表1用于采集应税大气、水污染物相关基础信息;

附表2用于采集应税固体废物相关基础信息;

附表3用于采集应税噪声相关基础信息;

附表 4 用于采集纳税人产排污系数等相关基础信息。

纳税人应根据实际排放污染物类别，向主管税务机关一次性报送应税污染物的基础信息采集表和相应附表。

纳税人基础信息发生变化的，应在基础信息发生变化当季的纳税申报期结束前，向主管税务机关申报办理变更手续。

（五）关于报表结构设计的主要考虑

环境保护税 A 类纳税申报表与基础信息采集表均采用主表加附表的设计结构，主要有以下考虑。

一是可满足按月计算、按季申报的税法要求。环境保护税 A 类申报表附表主要满足纳税人按月明细计算需求，主表主要满足季度汇总申报需要，主表、附表不仅各自功能定位清晰，而且通过附表数据自动带入主表，既减少纳税人填报数据项，又降低纳税人填报失误率。

二是可有效简化报表内容，减轻纳税人填报负担。由于对不同应税污染物的申报数据项要求各不相同，申报数据归集在一张表上会导致报表结构内容过于复杂。采用主表加附表的设计结构，纳税人只需根据其排放的应税污染物，选择填报相应附表即可，既简化清晰报表内容，又减轻纳税人填报负担。

四、《海洋工程环境保护税申报征收办法》

2017 年 12 月 27 日，国家税务总局、国家海洋局发布了《关于发布〈海洋工程环境保护税申报征收办法〉的公告》（国家税务总局公告 2017 年第 50 号，以下简称《办法》）。《办法》自 2018 年 1 月 1 日起施行。《国家海洋局关于印发〈海洋工程排污费征收标准实施办法〉的通知》（国海环字〔2003〕214 号）同时废止。《办法》实施后，依《办法》征收环境保护税的，不再征收海洋工程排污费。

（一）出台背景和意义

为规范海洋工程环境保护税征收管理，根据《中华人民共和国环境保护税法》、《中华人民共和国税收征收管理法》及《中华人民共和国海洋环境保护法》，税务总局会同国家海洋局在广泛听取各有关方面意见、多次实地调研的基础上，制定该《办法》。

党的十九大报告提出，"坚持节约资源和保护环境的基本国策"。《办法》的出台，既是贯彻落实实行最严格生态环境保护制度的重要举措，也是落实税收法定原则的具体体现，有利于解决排污费制度存在执法刚性不足的问题，提高从事海洋工程勘探开发生产等作业活动的纳税人的环保意识和遵从度，强化其治污减排责任，减少污染物排放，促进海洋生态环境保护。

（二）主要内容

《办法》分为十五条，主要规定和细化了纳税人、征税范围、计税依据、税额计算、税额适用、监测管理、申报缴纳、部门协作等内容。

1. 关于纳税人

基于《环境保护税法》对"其他海域"未作明确定义，与《中华人民共和国海洋环境保护法》相衔接，《办法》第二条将其细化为"中华人民共和国内水、领海、毗连区、专属经济区、大陆架以及中华人民共和国管辖的其他海域"。并与现行海洋工程排污费制度相衔接，明确《办法》适用于上述海域范围内从事海洋石油、天然气勘探开发生产等作业活动，并向海洋环境排放应税污染物的企业事业单位和其他生产经营者。

2. 关于征税范围和计税依据

根据《环境保护税法》第二十二条的规定，海洋工程环境保护税征税对象为大气污染物、水污染物和固体废物。《办法》第三条规定了对大气污染物，按照每一排放口或者没有排放口的排放应税污染物排放量折合的污染当量数前三项计征。对向海洋水体排放生产污水和机舱污水的，按照生产污水和机舱污水中石油类污染物排放量折合的污染当量数计征；对向海洋水体排放钻井泥浆（包括水基泥浆和无毒复合泥浆，下同）和钻屑的，按照泥浆和钻屑中石油类、总镉、总汞的污染物排放量折合的污染当量数计征；对向海洋水体排放生活污水的，按照生活污水中化学需氧量（CODcr）排放量折合的污染当量数计征。对向海洋排放生活垃圾的，按照排放量计征。除应税大气污染物外，对水污染物和固体废物计税依据沿用了原海洋工程排污费计算方法。

3. 关于税额适用标准

《环境保护税法》第六条第二款将应税大气污染物和水污染物的具体适用税额的确定和调整权限授权省级人民政府提出，报同级人民代表大会常务委员会决定。各省根据本地区环境承载能力、污染物排放现状和经济社会生态发展目标制定具体适用税额。基于目前海洋工程应税污染物排放地所在海域省际行政区划工作尚未完成，无法判断所属行政区域情况下，《办法》第四条规定对从事海洋工程排放应税大气污染物和水污染物的纳税人具体适用税额，按照负责征收环境保护税的海洋石油税务（收）管理分局所在地适用的税额标准执行。

根据《中华人民共和国海洋环境保护法》"不得向海域处置含油的工业垃圾""任何单位未经国家海洋行政主管部门批准，不得向中华人民共和国管辖海域倾倒任何废弃物"的规定，海洋石油勘探开发活动产生的固体废物，只允许生活垃圾外排，工业垃圾必须运回陆域处理。因此，为落实税法固体废物的征税规定，《办法》第四条明确规定对生活垃圾征税，并规定按照税法"其他固体废物"具体适用税额执行。

4. 关于税款申报缴纳

根据《环境保护税法》第十八条、第十九条的规定，《办法》第七条、第八条规定了海洋工程环境保护税的申报期限、资料报送等相关要求。

此外，《办法》第十四条明确规定了纳税人运回陆域处理的海洋工程应税污染物，应当按照《环境保护税法》及其相关规定向污染物排放地税务机关申报缴纳环境保护税。

5. 关于征收机关

考虑到海洋工程环境保护税征管的特殊性，从便利申报征收的原则出发，《办法》第六条明确了海洋工程环境保护税由纳税人所属海洋石油税务（收）管理分局负责征收。同时根据目前海洋石油税务（收）管理分局的管理现状，对纳税人同属两个海洋石油税务（收）管理分局管理的，由国家税务总局确定征收机关。

6. 关于监测管理要求

为了提高纳税人对海洋工程应税污染物申报数据的真实性和完整性，《办法》第十一条、第十二条、第十三条规定了纳税人应当遵循不同应税污染物监测管理的技术规范要求。

五、《关于环境保护税有关问题的通知》

2018年3月30日，财政部、税务总局、生态环境部根据《中华人民共和国环境保护税法》及其实施条例的规定，就环境保护税征收有关问题发布《关于环境保护税有关问题的通知》。通知对主要应税污染物的监测计算问题和纳税申报问题作了详细解读。具体内容如下。

1. 关于应税大气污染物和水污染物排放量的监测计算问题

纳税人委托监测机构对应税大气污染物和水污染物排放量进行监测时，其当月同一个排放口排放的同一种污染物有多个监测数据的，应税大气污染物按照监测数据的平均值计算应税污染物的排放量；应税水污染物按照监测数据以流量为权的加权平均值计算应税污染物的排放量。在环境保护主管部门规定的监测时限内当月无监测数据的，可以跨月沿用最近一次的监测数据计算应税污染物排放量。纳入排污许可管理行业的纳税人，其应税污染物排放量的监测计算方法按照排污许可管理要求执行。

因排放污染物种类多等原因不具备监测条件的，纳税人应当按照《关于发布计算污染物排放量的排污系数和物料衡算方法的公告》（环境保护部公告2017年第81号）的规定计算应税污染物排放量。其中，相关行业适用的排污系数方法中产排污系数为区间值的，纳税人结合实际情况确定具体适用的产排污系数值；纳入排污许可管理行业的纳税人按照排污许可证的规定确定。生态环境部尚未规定适用排污系数、物料衡算方法的，暂由纳税人参照缴纳排污费时依据的排污系数、物料衡算方法及抽样测算方法计算应税污染物的排放量。

2. 关于应税水污染物污染当量数的计算问题

应税水污染物的污染当量数，以该污染物的排放量除以该污染物的污染当量值计算。其中，色度的污染当量数，以污水排放量乘以色度超标倍数再除以适用的污染当量值计算。畜禽养殖业水污染物的污染当量数，以该畜禽养殖场的月均存栏量除以适用的污染当量值计算。

畜禽养殖场的月均存栏量按照月初存栏量和月末存栏量的平均数计算。

3. 关于应税固体废物排放量计算和纳税申报问题

应税固体废物的排放量为当期应税固体废物的产生量减去当期应税固体废物贮存量、处置量、综合利用量的余额。纳税人应当准确计量应税固体废物的贮存量、处置量和综合利用量，未准确计量的，不得从其应税固体废物的产生量中减去。纳税人依法将应税固体废物转移至其他单位和个人进行贮存、处置或者综合利用的，固体废物的转移量相应计入其当期应税固体废物的贮存量、处置量或者综合利用量；纳税人接收的应税固体废物转移量，不计入其当期应税固体废物的产生量。纳税人对应税固体废物进行综合利用的，应当符合工业和信息化部制定的工业固体废物综合利用评价管理规范。

纳税人申报纳税时，应当向税务机关报送应税固体废物的产生量、贮存量、处置量和综合利用量，同时报送能够证明固体废物流向和数量的纳税资料，包括固体废物处置利用委托合同、受委托方资质证明、固体废物转移联单、危险废物管理台账复印件等。有关纳税资料已在环境保护税基础信息采集表中采集且未发生变化的，纳税人不再报送。纳税人应当参照危险废物台账管理要求，建立其他应税固体废物管理台账，如实记录产生固体废物的种类、数量、流向以及贮存、处置、综合利用、接收转入等信息，并将应税固体废物管理台账和相关资料留存备查。

4. 关于应税噪声应纳税额的计算问题

应税噪声的应纳税额为超过国家规定标准分贝数对应的具体适用税额。噪声超标分贝数不是整数值的，按四舍五入取整。一个单位的同一监测点当月有多个监测数据超标的，以最高一次超标声级计算应纳税额。声源一个月内累计昼间超标不足15昼或者累计夜间超标不足15夜的，分别减半计算应纳税额。

六、《关于停征排污费等行政事业型收费有关事项的通知》

为做好排污费改税政策衔接工作，财政部、国家发展改革委、环境保护部、国家海洋局根据《中华人民共和国环境保护税法》、《行政事业性收费项目审批管理暂行办法》（财综〔2004〕100号）、《关于印发〈政府非税收入管理办法〉的通知》（财税〔2016〕33号）等有关规定，于2018年1月7日发布《关于停征排污费等行政事业性收费有关事项的通知》（以下简称《通知》）。

《通知》规定自2018年1月1日起，在全国范围内统一停征排污费和海洋工程污水排污费。其中，排污费包括：污水排污费、废气排污费、固体废物及危险废物排污费、噪声超标排污费和挥发性有机物排污收费；海洋工程污水排污费包括：生产污水与机舱污水排污费、钻井泥浆与钻屑排污费、生活污水排污费和生活垃圾排污费。

《通知》要求各执收部门要继续做好2018年1月1日前排污费和海洋工程污水排污费征收工作，抓紧开展相关清算、追缴，确保应收尽收。排污费和海洋工程污水排污费的清欠收入，按照财政部门规定的渠道全额上缴中央和地方国库。同时，各执收部门要按规定到财政部门办理财政票据缴销手续。

此外，《通知》还规定自停征排污费和海洋工程污水排污费之日起，《财政部、国家发展改革委、国家环境保护总局关于减免及缓缴排污费等有关问题的通知》（财综〔2003〕38号）、《财政部、国家发展改革委、环境保护部关于印发〈挥发性有机物排污收费试点办法〉的通知》（财税〔2015〕71号）、《财政部、国家计委关于批准收取海洋工程污水排污费的复函》（财综〔2003〕2号）等有关文件同时废止。

资源与环境税大事记

2007 年

5月23日，国务院颁布《节能减排综合性工作方案》。该方案首次提出"研究开征环境税"。

10月上旬，税务总局财产和行为税司与财政部税政司就研究开征环境税问题达成共识，提出建立由财政部和税务总局牵头、环保总局及相关科研单位参与的联合工作机制。

10月15—17日，中国共产党第十七次全国代表大会在北京召开，大会报告提出"实行有利于科学发展的财税制度，建立健全资源有偿使用和生态环境补偿机制"。

11月至12月，税务总局财产和行为税司与财政部税政司起草了联合开展开征环境税研究工作方案，确定了环境税研究工作组（以下简称"工作组"）和专家组。

2008 年

1月10日，工作组召开环境税研究工作启动会，审定了环境税第一阶段研究计划，初步确定了环境税制度设计、量化分析、配套措施等8项研究任务。同月中旬，税务总局财产和行为税司司长带领工作组部分成员赴湖北调研地方税务机关代收排污费相关情况。

4月，工作组制定环境税研究第二阶段工作方案。

6月至8月，工作组开展问卷调查，起草完成《关于企业污染排放和治理情况问卷调查的数据分析报告》。

7月，税务总局财产和行为税司、财政部税政司、环保部法规司分别带队赴内蒙古、山东和广东专题调研环境税问题。

9月,工作组分别召开石化、电力、煤炭、钢铁、有色金属、非金属、纺织、造纸、饮料等行业协会座谈会。

2008年9月至2009年3月,工作组草拟并修改完善《中国开征环境税报告(初稿)》。

2009年

8—9月,工作组召开环境税专家论证会,讨论环境税税制设计问题,修改《中国开征环境税报告(初稿)》和《关于开征环境税的请示(征求意见稿)》。

9—10月,工作组召开环境税制设计方案专家论证会,进一步修改《中国开征环境税报告(初稿)》。

2010年

2月,税务总局、财政部、环保部就开征环境税问题征求相关部门意见。

8—9月,工作组重点研究环境税先试点后立法的法律程序问题。

10月27日,中国共产党十七届五中全会通过《中共中央关于制定国民经济和社会发展第十二个五年规划的建议》,正式提出开征环境保护税。

2011年

2月,财政部税政司牵头召开环境税工作会议,邀请全国人大常委会法工委、国务院法制办等单位法律专家共同研究环境税试点的法律路径问题。

3月,《中华人民共和国国民经济和社会发展第十二个五年规划纲要》提出"积极推进环境税费改革,选择防治任务繁重、技术标准成熟的税目开征环境保护税,逐步扩大征收范围"。

8月,财政部、税务总局和环保部联合向国务院上报《关于开征环境保护税的请示》。

12月20—21日,第七次全国环境保护大会在北京召开,李克强副总理出席会议并讲话,要求抓紧研究环境保护税立法和开展试点,深化环境保护税改革。

12月,国务院法制办、财政部、税务总局和环保部联合成立环境保护税立法领导小组。

2011年12月至2012年4月,财政部税政司、税务总局财产和行为税司、环保部法规司开展集中办公,研究起草并修改完善《环境保护税法(初稿)》。

2012年

5—9月,立法工作组就《环境保护税法(初稿)》分别征求财政部、税务总局、环保部相关司局意见,不断修改完善。

2013年

3月,财政部、税务总局、环保部联合向国务院呈报《关于报请审议〈环境保护税法(送审稿)〉的请示》。

5月,立法工作组梳理研究相关部委、部分地方政府、行业协会和企业对《环境保护税法（送审稿）》的修改意见。

6月，税务总局组织业务骨干和部分专家在京集中翻译整理环境税收国际经验材料。

2013年9月至2014年3月，国务院法制办、财政部、税务总局、环保部多次召开会议，讨论修改《环境保护税法（送审稿）》。

2014年

6月，全国人大常委会预算工委组织召开环境保护税立法工作座谈会。

7月，税务总局财产和行为税司组织集中办公，研究起草环境保护税征管配套办法。

10月，税务总局财产和行为税司及财政部税政司就环境保护税征管模式问题赴湖北省调研。

2015年

1月，国务院法制办、财政部、税务总局、环境保护部相关司局联合召开环境保护税立法推进会，并就税制问题基本达成共识。

6月10日，国务院法制办就《中华人民共和国环境保护税法（征求意见稿）》向社会公开征求意见。

7月，国务院法制办带队前往甘肃开展环境保护税立法联合调研。同月，国务院法制办组织召开立法工作组会，通报公开征求意见情况，并讨论修改税法草案。

8月，税务总局财产和行为税司赴山东省调研排污费申报和征收管理现状。

9—10月，国务院法制办多次组织召开会议，讨论修改环境保护税法具体条文。

11月23日，国务院法制办召开办务会，原则通过《中华人民共和国环境保护税法（草案）》。

12月16日，国务院法制办将《中华人民共和国环境保护税法（草案）》提请国务院审议。

2016年

5月，国务院法制办牵头成立调研组分赴北京、湖北、江苏、四川调研环境保护税问题。

9月2日，全国人大常委会第二十二次会议第一次审议《中华人民共和国环境保护税法（草案）》。

9月6日，全国人大常委会就《中华人民共和国环境保护税法（草案）》向社会公开征求意见。

11月24日，全国人大法律委员会召集会议征求相关部门对《中华人民共和国环境保护税法（草案）》的意见。

12月2日，全国人大法律委员会审议《中华人民共和国环境保护税法（草案）》。

12月9日，全国人大常委会法工委召开环境保护税法评估会，听取部分院校专家企业代表对《中华人民共和国环境保护税法（草案）》的意见建议。

12月25日，全国人大常委会通过《中华人民共和国环境保护税法》。同日，国家主席习近平签署第61号主席令予以公布，自2018年1月1日起施行。

12月29日，财政部税政司召集相关部门研究《中华人民共和国环境保护税法》落实工作，决定成立环境保护税法实施条例起草小组。

2017年

1月，财政部税政司组织集中办公，启动环境保护税法实施条例起草工作。

3月3日，税务总局与环境保护部商谈落实《中华人民共和国环境保护税法》工作，就两部门谈签环境保护税征管协作机制备忘录达成共识。

5月，税务总局财产和行为税司组织集中办公，编制环境保护税纳税申报表等表证单书、环境保护税核心征管系统和共享平台业务需求。税务总局财产和行为税司在河北召开环境保护税工作座谈会。

6月26日，税务总局、财政部和环保部就《中华人民共和国环境保护税法实施条例》向社会公开征求意见。

6月28日，税务总局与环境保护部共同签署《环境保护税征管协作机制备忘录》。

7月，财政部、税务总局、环保部联合发布《关于全面做好环境保护税法实施准备工作的通知》。该通知明确环境保护税法实施准备各项工作要求。税务总局组织召开部分省市环境保护税法实施条例征求意见座谈会，听取相关司局以及省、市、县三级地税机关的意见建议。税务总局发布《关于进一步做好环境保护税征管工作的通知》。

9月29日，福建省人大常委会率先通过应税大气污染物、应税水污染物的具体适用税率。

10月，税务总局财产和行为税司赴四川等地调研固体废物环境保护税政策和管理问题。税务总局成立环境保护税征管准备工作领导小组。

11月，税务总局财产和行为税司组织开展环境保护税核心征管系统测试工作。

12月25日，李克强总理签署第693号国务院令，公布《中华人民共和国环境保护税法实施条例》。该条例与《中华人民共和国环境保护税法》同步施行。税务总局和环保部联合下发《做好省级环境保护税涉税信息共享平台建设工作的通知》。

12月27日，税务总局、国家海洋局联合发布《海洋工程环境保护税申报征收办法》（税务总局公告2017年第50号）。环境保护部发布《关于发布计算污染物排放量的排污系数和物料衡算方法的公告》（环境保护部公告2017年第81号）。税务总局召开税务系统环境保护税开征实施动员视频会议。

12月，税务总局财产和行为税司在广东举办环境保护税业务培训班。税务总局财产和行为税司组织会议专题研究验证排污系数和物料衡算方法技术规范适用性。环境保护部排污许可办、监测司、环监局，北京、天津、河北、山东、四川省（直辖市）等地环保税业务骨干及部分企业代表参加会议。

2018年

1月1日，作为我国第一部专门体现"绿色税制"、推进生态文明建设的单行税法《中华人民共和国环境保护税法》正式开征，这将意味着征收了近40年的排污费正式谢幕。这是我国第一次对污染排放企业征收环保税，以解决过去排污费制度存在的执法刚性不足、地方政府干预等问题。该法规定，在中华人民共和国领域和中华人民共和国管辖的其他海域，直接向环境排放应税污染物的企业事业单位和其他生产经营者为环境保护税的纳税人，应当依法缴纳环境保护税。为促进各地保护和改善环境、增加环境保护投入，国务院决定，环境保护税全部作为地方收入。据估算，环保税征收规模将达500亿元。

1月10日，财政部、税务总局、环保部联合召开环境保护税新闻吹风会。

1月27日，税务总局公告《环境保护税纳税申报表》（税务总局公告2018年第7号）。

2月6日，税务总局财产和行为税司与纳税服务司联合组织开展12366在线访谈活动，就社会关注的环境保护税热点问题与网友进行在线交流。

2—3月，税务总局组织5个督导组，先后赴北京、河南、辽宁等9个省市实地开展环境保护税征管准备情况督查。

3月26日，税务总局组织召开视频会议，连线巡查黑龙江、江苏、重庆、新疆等地税务机关，了解环境保护税开征准备工作落实情况。

3月30日，财政部、税务总局、生态环境部联合下发《关于环境保护税有关问题的通知》（财税〔2018〕23号），明确应税污染物排放量监测计算等问题。

4月1日，上海市浦东新区税务局开出全国环境保护税首张税票，标志着环保税制顺利落地。

2021年

4月21日，税务总局发布《国家税务总局关于简并税费申报有关事项的公告》。该公告宣布自6月1日起在全国范围内推行财产和行为税合并申报，将城镇土地使用税、房产税、车船税、印花税、耕地占用税、资源税、土地增值税、契税、环境保护税、烟叶税等10个财产和行为税税种合并申报，实现"简并申报表，一表报多税"。

4月29日，《关于发布计算环境保护税应税污染物排放量的排污系数和物料衡算方法的公告》发布，规定自5月1日起开始施行，并同时废止《关于发布计算污染物排放量的排污系数和物料衡算方法的公告》（环境保护部公告2017年第81号），规定《财政部、税务总局、生态环境部关于环境保护税有关问题的通知》（财税〔2018〕23号）第一条第二款改按该公告执行。

9月21日，中共中央办公厅、国务院办公厅印发了《关于深化生态保护补偿制度改革的意见》。该意见明确，发挥资源税、环境保护税等生态环境保护相关税费以及土地、矿产、海洋等自然资源资产收益管理制度的调节作用；继续推进水资源税改革；落实节能环保、新能源、生态建设等相关领域的税收优惠政策；实施政府绿色采购政策，建立绿色采购引导机制。

12月16日，财政部、税务总局、发展改革委及生态环境部发布《关于公布〈环境保护、节能节水项目企业所得税优惠目录（2021年版）〉以及〈资源综合利用企业所得税优惠目录（2021年版）〉的公告》（财政部、税务总局、发展改革委、生态环境部公告2021年第36号），规定《财政部、国家税务总局、国家发展改革委关于公布环境保护节能节水项目企业所得税优惠目录（试行）的通知》（财税〔2009〕166号）、《财政部、国家税务总局、国家发展改革委关于公布资源综合利用企业所得税优惠目录（2008年版）的通知》（财税〔2008〕117号）以及《财政部、国家税务总局、国家发展改革委关于垃圾填埋沼气发电列入〈环境保护、节能节水项目企业所得税优惠目录（试行）〉的通知》（财税〔2016〕131号）自2022年1月1日起废止。[①]

[①] 国家税务总局财产和行为税司编：《环境保护税收政策和征管业务指南》。

绿色金融体系

中国绿色金融工作综述

作为现代经济的重要一环，金融对促进经济的绿色增长有重要作用，是推动经济可持续发展，兼顾经济、社会和环境协调进步的有力保障。绿色金融是金融理论和金融实践的一个新概念，从已有文献来看，其又被称为环境融资或可持续性金融，主要从环保角度重新调整金融业的经营理念、管理政策和业务流程，实现可持续发展。美国传统英语词典将绿色金融定义为旨在应对环境危机的诸多问题，研究如何使用多样化的金融工具来保护环境。

国内各界对绿色金融尚没有统一的界定，比较有代表性的观点有三种。一是指金融业在贷款政策、贷款对象、贷款条件、贷款种类和方式上，将绿色产业作为重点扶持项目，从信贷投放、投量、期限及利率等方面给予第一优先和倾斜的政策。二是指金融部门把环境保护作为基本国策，通过金融业务的运作来体现"可持续发展"战略，从而促进环境资源保护和经济协调发展，并以此来实现金融可持续发展的一种金融营运战略。三是将绿色金融作为环境经济政策中金融和资本市场手段，如绿色信贷、绿色保险。

此外，也有学者认为绿色金融是以促进经济、资源、环境协调发展为目的而进行的信贷、保险、证券、产业基金等金融活动，一方面实现金融业自身营运的绿色特性，从金融和环境的关系入手，重新审视金融，将生态观念引入金融，促使金融业的可持续发展，并以此改造金融体系和金融系统；另一方面，作为现代市场经济的"血液"和"发动机"，依靠金融手段和金融创新影响企业的投资取向，为绿色产业发展提供相应的金融支持，促进传统产业的生态化和新型绿色生态产业的发展。

中国绿色金融政策及体系的发展经历了萌芽、初建、完善三个阶段。

一、绿色金融政策及体系萌芽阶段

中国绿色金融政策及体系的萌芽阶段为1981—1994年。在此期间，环境问题日益突出，环境保护问题愈发受到政府重视。国务院于1981年制定了首份具有绿色金融思想的文件，即

《关于在国民经济调整时期加强环境保护工作的决定》。该决定明确提出推动节能减排和环境保护工作应借助经济手段,利用"经济杠杆"促使企业主动治理污染,提高资源利用率,从而达到合理开发和利用自然资源、保护好人民赖以生存的环境的目的,为中国可持续发展、经济繁荣提供物质保障。

1984年,城乡建设部等部门根据《国务院关于环境保护工作的决定》联合发布《关于环境保护资金渠道的规定的通知》。该通知明确环境保护资金八大来源,从而为有效解决污染治理、废物处理、环境保护、维修改建、技术研发等问题提供物质保障。

这一时期是中国绿色金融政策发展的初级阶段。在此阶段,中国绿色金融政策尚处于探索当中。政府在意识到环境问题的同时,也充分认识到解决环境问题绝不可只依靠国家财政的力量,由此国务院创造性地提出利用"经济杠杆"解决环境问题的指导思想。但是对于中国未来绿色金融发展方式,乃至污染治理模式,尚存在路径方案不明确、目标较为模糊等问题,并且政策文件多为原则性和纲领性文件,缺少具体措施和有效的行动。由于这一时期中国环境问题并未成为制约经济发展的重要因素,因此相关文件的落实并未成为政府工作的重点。但需要说明的是,任何事物的发展都需要循序渐进的过程,遵照利用"经济杠杆"解决环境问题这一思想,中国将在实践中逐渐探索发展模式和发展方向。

二、绿色金融政策及体系初建阶段

中国绿色金融政策及体系的初建阶段为1995—2011年。政府出台绿色金融政策,通过金融优化资源配置治理环境污染问题,为构建中国绿色金融体系积累经验。

1995年,根据《中华人民共和国环境保护法》和《信贷资金管理暂行办法》两份文件所作出的有关规定,为进一步通过信贷政策促进环境保护工作,央行在绿色金融领域率先发布《关于贯彻信贷政策与加强环境保护工作有关问题的通知》。该通知要求,各级金融部门在提供信贷过程中需要重视资源保护、生态环境、污染防治等问题,做到贷前严格把关、贷中严格管理、贷后严格审查,以促进经济建设和环境保护事业两者协调发展。中国人民银行所下发的《关于贯彻信贷政策与加强环境保护工作有关问题的通知》这一重要文件,其关于绿色金融发展的指导思想在同时期十分先进,较西方国家提出"赤道原则"雏形早7年。

1995年,为配合各级金融部门充分运用信贷政策实现环境保护,国家环境保护总局下发《关于运用信贷政策促进环境保护工作的通知》。该通知要求,将《环境影响报告》向当地人民银行和有关金融机构通报,这一制度有助于金融机构在做出决策前获得专业、准确的环境影响信息,兼顾环境保护与发展需要。

2001年,证监会制定的《公开发行证券的公司信息披露内容与格式准则第9号——首次公开发行股票申请文件》,对于污染较重的企业通过二级市场融资提出环保要求。企业在融资前须先得到省级环保部门的确认文件,且募集的资金应用于符合环保要求的项目。同年,国家环境保护总局根据证监会文件要求,发布《关于做好上市公司环保情况核查工作的通知》。该通知针对地方环保部门提出做好上市公司的环保情况核查工作提出了具体要求,避免上市公司不合理使用所募集的资金,进而导致对环境破坏所带来的市场风险,从而切实保障投资者合法权益。

2004年,国家发展和改革委员会、科学技术部、外交部根据中国批准的《联合国气候变化框架公约》和核准的《京都议定书》作出的规定,同时立足于中国基本国情,在兼顾清洁发展和权益维护的前提下,为实现相关项目有序开展,共同制定了《清洁发展机制项目运行管理暂行办法》(以下简称《暂行办法》)。《暂行办法》要求发展清洁能源项目时必须符合中国法律法规以及可持续发展战略,并有助于国民经济和社会发展。

2005年,国家发展和改革委员会、科学技术部、外交部连同财政部共同制定《清洁发展机制项目运行管理办法》(以下简称《办法》),废止《暂行办法》。《办法》相较于《暂行办法》在内容上作出两处修改(第十五条和第二十四条),对于清洁项目所产生的减排量及其产生的收益分配规则进行了明确规定。

党的十六大后,保险业改革进展明显,为更好发挥保险业促进社会主义和谐社会建设的作用,国务院于2006年正式发布《关于保险业改革发展的若干意见》。该意见提出,发展环境污染保险应采取先试点、后推广的方式,积极推动环境污染责任保险业务在实践中逐步得到完善。环境污染责任保险具有降低企业风险、保护第三方权益与减轻政府负担的作用。

气候变化问题举世瞩目,归根结底是发展的问题。中国是世界上最大的发展中国家,同时作为一个积极承担国际责任的负责任大国,中国致力于同世界各国一道,共同保护气候系统、应对气候变化。2007年6月,国家发展改革委会同有关部门制定《中国应对气候变化国家方案》。方案主要涉及中国在应对气候变化问题中的原则、立场等五大部分内容,文件虽未明确提及绿色金融,但通过金融助推环境保护等事业发展的绿色金融的思想已逐渐清晰。方案认为,应当加大对节能产品的政府购买力度,对于节能环保、资源节约型项目提供资金、补贴、贴息或政策等方面支持。

2007年7月,为更好地落实《国务院关于落实科学发展观加强环境保护的决定》和《国务院关于印发节能减排综合性工作方案的通知》的相关要求,经过国家环境保护总局、中国人民银行与中国银行业监督管理委员会三部门研究后,联合发布了《关于落实环保政策法规防范信贷风险的意见》,通过严格信贷环保要求,促进企业减少污染物排放。该意见指出,利用信贷保护环境具有重要意义。

2007年11月,为配合国家节能减排战略,通过调整和优化信贷结构,中国银行业监督管理委员会出台《节能减排授信工作指导意见》,明确授信政策有关细节。该意见提出,一方面要大力支持节能减排项目,另一方面不得为国家政策明确要求淘汰的高耗能、高污染的行业提供信贷支持。该意见要求,要制定措施确保收回在落后产能行业已投放的信贷,通过控制信贷达到推动节能减排项目快速发展和加速落后高污染产能退出的目的。

2007年12月,为落实国务院先后出台的《关于落实科学发展观加强环境保护的决定》《关于保险业改革发展的若干意见》《关于印发节能减排综合性工作方案的通知》三份文件精神和加快环境污染责任保险制度建立健全,国家环境保护总局制定了《关于环境污染责任保险工作的指导意见》。该意见强调充分肯定环境污染责任保险对于社会的重大意义,并提出推动环境保险发展应依靠政府推动、注重市场运作的原则,坚持抓住重点、由易到难,加强监管、稳健经营,合作共赢、互利互惠等指导思想,从而为2015年在全国范围内推广环境污染责任保险发挥了积极作用。

2008年1月,绿色信贷受到国家多部门重视。国务院、中国人民银行等部门均提出发展绿色信贷。在此背景下,《绿色信贷指南》在国家环保总局与世行国际金融公司共同合作下应运而生。该指南以中国国情为基础进行制定,适于为深化绿色信贷在中国良性发展提供保障。同年2月,绿色证券试点工作快速开展,政府部门希望通过更为绿色的直接融资减少环境污染。

2008年2月,上市公司对环境保护工作的重要影响逐渐受到政府高度重视。国务院、证监会等部门均提出,有必要加强上市公司环境信息披露、加强上市公司环保核查的相关要求。因此,国家环境保护总局发布《关于加强上市公司环境保护监督管理工作的指导意见》。该意见在完善环保核查制度、探索环境信息披露机制、开展上市公司环境绩效评估研究与试点、加强对上市公司的环境监督与检查力度等方面提出了具体要求,并明确提出政府在引导上市公司履行社会责任方面要发挥积极作用,给众多的中小企业起表率作用。

2010年3月,环境保护部连同世行国际金融公司经过两年的合作研究,得到丰硕的成果。《促进绿色信贷的国际经验:赤道原则及IFC绩效标准与指南》一书是该合作项目早期成果之一。该书详细介绍了"赤道原则"的内涵,解释了社会和环境可持续性的绩效标准,并制作出六十二个行业在融资过程中需要考察的标准,其中包含对环境、社会、多样性等众多方面产生的影响。

2010年环境保护部环境与经济政策研究中心发布的《中国绿色信贷发展报告(2010)》显示,企业环境数据无法实时共享是阻碍绿色信贷政策广泛实施的根源。基于此,2011年9月,环境保护部环境与经济政策研究中心联合中国人民银行和中国银监会共同进行绿色信贷政策评估的研究工作,重点工作包括建立可供商业银行实时查询的企业环境绩效数据库,并监测相关商业银行的环境绩效;在积累数据的过程中发现问题并逐一解决,逐步建立适用于中国国情的绿色信贷政策体系。

2011年8月,国家发展和改革委员会、科学技术部、外交部、财政部共同发布《清洁发展机制项目运行管理办法（修订）》，并废止了《清洁发展机制项目运行管理办法》。此次修订是对管理办法的第二次完善，明确了各机构权责及办事流程。首先由项目审核理事会负责项目审核，待审核后将审核意见提交到发展改革委；随后发展改革委负责清洁发展机制项目的审批、监管以及领导其他相关业务具体实施。

2011年10月，国家发改委向北京市、天津市、上海市、重庆市、广东省、湖北省、深圳市发展改革委下发《关于开展碳排放权交易试点工作的通知》，这也是中国绿色要素市场政策的典型代表。为了建立中国统一碳排放交易市场，该通知决定设置七个各自独立的碳排放权交易试点，通过试点的方式积累有益经验，为后续工作做好前期准备。

2011年11月，按照"十二五"以及国务院关于节能减排、环境保护的相关要求，环境保护部印发《"十二五"全国环境保护法规和环境经济政策建设规划》。该规划提出，要积极探索绿色金融、排污权有偿使用和交易等一系列环境经济政策经验，科学评价政策实施效果，并将经过实践检验的环境经济政策上升为法律法规。

中国经济发展进入快车道，经济发展的同时随之而来的环境问题、污染问题、能源问题等社会问题日渐凸显，成为制约中国发展的瓶颈。众多社会问题日益显现，中国经济发展过程当中的不可持续性因素一一暴露出来。虽然这一时期中国政府更加重视环境问题，以多部门分别或联合出台文件配合环境保护部为特点，从顶层设计的高度加以规划，多角度共同治理环境污染，却始终只能在单一或部分领域采取一些效果有限的行动，并未对中国环境状况产生实质性影响。需要注意的是，建立中国绿色金融政策体系作为一项系统性工程，需要在通过实践探索和加深认识的基础上，逐步建立起通过金融支持绿色发展的新模式。

三、绿色金融政策及体系完善阶段

中国绿色金融政策体系的完善阶段为2012年以后。在这一阶段，政府更加重视并明确提出要建立中国绿色金融体系，在此背景下绿色金融产品类型逐渐多样化、完善化。

2012年2月，按照"十二五"规划及国务院相关指数，中国银监会制定《绿色信贷指引》。该指引要求，银行业金融机构重视绿色信贷，并将其提升到战略高度，以优化信贷结构促使发展结构转变。

在全面建设小康社会的同时，要抓紧生态文明建设不放松。2012年11月，党的十八大提出发展要实现绿色、循环、低碳，将节能环保绿色发展理念融入空间、产业、生产、生活当中，从而使之发生根本改变，表明应将环境保护工作落实到生产生活中的每个环节，让节能环保、绿色发展理念不仅融入企业发展，改变整体产业结构，更要融入民众的日常生活当中，从人的思想上进行转变，使其生产生活方式同样符合节能环保、绿色发展理念。

2013年12月，在国务院对于环境保护工作以及社会信用体系建设提出要求的背景下，环境保护部、国家发展改革委、人民银行以及银监会共同制定了《企业环境信用评价办法（试行）》。该办法明确提出，要建立环境保护的"守信奖励和失信惩戒"制度，并制定出一套详尽的评价与管理办法，为污染排放企业、金融机构、政府管理部门提供一套可供具体执行和参考的评价办法。这套评价办法出台的意义在于，通过将污染排放量化、评价制度化、流程标准化，从而给予企业公平的评级。在此基础上，一方面通过政策性奖励与惩罚措施影响企业，另一方面该评级将直接影响商业银行为不同企业提供信贷的意愿，从而达到通过金融调控企业污染物排放的目的。

2014年4月，第十二届全国人民代表大会常务委员会第八次会议审议通过《中华人民共和国环境保护法》。制定该法律的主要目的包括推进生态文明建设，促进经济社会可持续发展。可持续发展的前提是建设良好的生态文明，良好的生态文明有助于促进经济高质高速发展，两者相互影响不可分割；同时，经济发展所取得的成果应当用于更好地改善环境，两者互为促进关系。此次通过的《中华人民共和国环境保护法》刚好反映出"我们既要绿水青山，也要金山银山。宁要绿水青山，不要金山银山，绿水青山就是金山银山"这一重要论断。这一指导思想通过新环境保护法融入人民群众的日常生活当中，成为公民共同遵守的行为准则之一。

2014年6月，为贯彻国务院"十二五"期间对于节能减排与环境保护的要求，并落实《绿色信贷指引》有关规定，中国银监会办公厅制定《绿色信贷实施情况关键评价指标》。该指标是专门为银行业金融机构量身定做的评价体系。指标要求各机构内部开展全面绿色信贷自评价。通过相关评价指标可以发现，银监会要求将绿色信贷融入银行业金融机构的发展战略当中，包括在内部各级管理层中专门设立绿色信贷负责人；各机构根据国家环保法律法规、产业政策、行业准入政策等规定，在内部制定支持绿色信贷发展的具体措施。此外，在绿色信贷落实方面，银监会对银行业金融机构尽职调查、合规审查、授信审批、合同管理、贷后管理等流程都作出详细要求，并且明确给出"两高一剩"参考目录，通过测算"两高一剩"行业贷款额与节能环保项目贷款额占总贷款额比例、增减趋势等定量评价指标，用于评价银行业金融机构绿色信贷发展程度，达到促进银行业金融机构信贷发放整体向绿色信贷倾斜目的。

在这一阶段，绿色发展基金中的PPP模式逐渐受到重视并发展起来。2014年12月，财政部、发改委等部门陆续出台多份引导绿色PPP模式发展的文件，包括《政府和社会资本合作模式操作指南（试行）》《关于开展政府和社会资本合作的指导意见》《关于政府和社会资本合作示范项目实施有关问题的通知》等。从目前的PPP模式取得的成果来看，主要集中在环保类PPP项目，其中又以水污染治理和水环境综合治理为主，配合"水十条"、河长制等政策强力推进。环保部统计数据显示，截至2017年，长江经济带沿线11省市490个饮用水水源地95%的环境违法问题已完成整改,大江大河干流水质稳步改善。

2015年4月,《中共中央 国务院关于加快推进生态文明建设的意见》正式发布。在推广绿色信贷方面,支持符合条件的项目通过资本市场融资;探索排污权抵押等融资模式;以环境污染责任保险试点工作所取得的经验为基础,研究建立巨灾保险制度。该意见中所提出的绿色信贷、绿色债券、环境保险金融项目等都在实践中得到检验,并发展成为中国绿色金融体系的主要组成部分。

通过金融引导企业绿色发展的思想意识经过34年的探索和实践检验逐渐落实成为各项具体政策。2015年9月,为了使中国生态文明制度体系更为系统、完整、协调,中共中央、国务院设计中国首套《生态文明体制改革总体方案》。该方案首次明确提出建立我国的绿色金融体系。方案明确肯定绿色信贷的作用,并提出以财政贴息的方式扶持绿色信贷发展,并鼓励发展其他配套辅助工作。

2015年12月,在绿色债券发行量大幅度增长的背景下,为更好地规范绿色债券市场促进其良性发展,中国人民银行发布《银行间债券市场发行绿色金融债券有关事宜的公告》及《绿色债券支持项目目录》。该目录将绿色债券分为节能、污染防治、资源节约与循环利用、清洁交通、清洁能源、生态保护和适应气候变化六大方面,在逐一细化的基础上,配合说明或界定条件、国民经济行业分类名称和代码及备注进行详细说明。这样一来就将原本较为模糊的绿色债券进行明确界定,为银行间债券市场发行绿色金融债券提供可供参考的绿色产业项目范围。当月,国家发展改革委办公厅发布《绿色债券发行指引》,明确指出绿色信贷适用范围和支持重点、审核要求、相关政策具体细节等。中国绿色债券发行制度得到完善。

2016年3月,《中华人民共和国国民经济和社会发展第十三个五年规划纲要》正式发布,绿色信贷、绿色债券及绿色发展基金正式被确立为中国绿色金融体系的主体。

2016年3月至4月,上交所、深交所分别发布《关于开展绿色公司债券试点的通知》和《关于开展绿色公司债券业务试点的通知》。两文件均指出绿色公司债券是指募集的资金用于支持绿色产业的公司债券,并对发行的流程和监管作出规定。

2016年8月,中国人民银行、财政部等七部委联合印发《关于构建绿色金融体系的指导意见》。该意见指出绿色金融体系是通过绿色信贷、绿色债券、绿色股票指数和相关产品、绿色发展基金、绿色保险、碳金融等金融工具和相关政策,支持经济向绿色化转型的制度安排。意见首次明确定义中国绿色金融,并将绿色金融体系的内涵加以丰富。

2016年12月,国务院印发《"十三五"生态环境保护规划》,其中两次提及绿色金融。在肯定其市场机制的同时,该规划提出,要注重完善绿色金融体系当中评价、核算、评估等制度设计,大力支持绿色信贷、绿色债券及绿色发展基金开展相关投资产品金融创新工作。

2017年10月,中国共产党第十九次全国代表大会上的报告大篇幅提及加快生态文明体制改革，以及提出建设美丽中国等任务和目标；政府充分认识到绿色金融对于推进绿色发展的重要性，以及对于建设人与自然和谐共生的现代化经济体系的重要意义；提出不仅要将绿色理念融入环保产业、能源改革、资源节约中，更要融入创建节约型机关、绿色家庭、绿色学校、绿色社区和绿色出行等行动中去。

自2011年起，国家发改委在北京、天津、上海、重庆、广东、湖北、深圳开展碳交易试点工作，为建设全国统一的碳市场积累经验。2017年12月，发改委宣布启动全国统一碳排放交易体系建设工作，并印发《全国碳排放权交易市场建设方案（发电行业）》，进一步完善了中国绿色要素市场政策。经过试点工作发现，在试点区域内二氧化碳排放呈现逐年下降态势，证明了该市场的有效性。作为起步阶段，该方案将电力行业重点排放单位纳入交易主体，待条件成熟后再将其他高耗能高排放行业纳入其中。优先纳入电力行业的考量在于其产品单一（主要是热和电）、数据最完整、碳排放占比大等因素。此外，采取成熟一个行业纳入一个行业的改革方式较为稳健。全国统一碳排放市场建立的启动标志着中国节能减排工作进入全新阶段，同时也为全世界应对气候变化作出重要贡献。经测算，中国碳市场规模将超过欧盟碳市场成为全球最大碳市场。

2018年4月，中共中央、国务院提出《关于支持海南全面深化改革开放的指导意见》。该意见要求，海南全岛作为经济特区发挥好国家生态文明试验区的优势，支持海南建立碳排放权等交易场所是完善中国绿色要素市场政策的重要举措。

2019年5月，中国人民银行出台《关于支持绿色金融改革创新试验区发行绿色债务融资工具的通知》，此次通知相较于以往政策，区别之处在于扩大了试验区绿色债务融资工具募集资金用途范围。一方面是企业发行绿色债务融资工具获得的资金可投资于试验区绿色发展基金，支持地方绿色产业发展；另一方面是试验区内绿色企业注册发行绿色债务融资工具融得的资金，主要用于企业绿色产业领域的业务发展，可不对应到具体绿色项目。

2021年，中共中央办公厅、国务院办公厅印发的《关于深化生态保护补偿制度改革的意见》强调，要进一步深化生态保护补偿制度改革，加快生态文明制度体系建设。在"拓展市场化融资渠道"方面，该文件提出，要研究发展资源环境权益的融资工具、绿色股票指数、碳排放权期货交易、绿色信贷服务、绿色债券、新绿色保险产品等。具体要求：研究发展基于水权、排污权、碳排放权等各类资源环境权益的融资工具，建立绿色股票指数，发展碳排放权期货交易。扩大绿色金融改革创新试验区试点范围，把生态保护补偿融资机制与模式创新作为重要试点内容。推广生态产业链金融模式。鼓励银行业金融机构提供符合绿色项目融资特点的绿色信贷服务。鼓励符合条件的非金融企业和机构发行绿色债券。鼓励保险机构开发创新绿色保险产品参与生态保护补偿。

四、我国绿色债券的历史沿革

相较于国际，国内绿色债券起步较晚。全球第一只绿色债券于2007年由欧洲投资银行发行，而中国第一只绿色债券则是由新疆金风科技股份有限公司于2015年7月16日在香港联交所发行。在此之前，一些金融机构和企业也尝试发行过募集资金用于绿色相关领域的债券，但由于缺乏统一的政策和市场普遍共识，并未成为投资者公认的绿色债券。

阶段一：2015—2017年，绿色债起步。2015年7月，我国第一只绿色债成功发行。2015年12月22日，中国人民银行出台了《关于在银行间债券市场发行绿色金融债券有关事宜公告》，并配套发布《绿色债券支持项目目录》。该目录在以下方面明确了绿色债券的有关内容。一是相对明确地划分了绿色债券发债资金的运用领域，为绿色债券的界定提出较明确的指导标准。二是强制上市公司和发债企业披露环境信息，以有助于引导实体经济加强在环境保护方面的透明度和关注度。需要关注的是，虽然对于高污染、高能耗类的企业资本市场融资已经有了一定的管控措施，但界限与达到"绿色"标准尚有一定距离。三是金融债在央行的管辖审批权限内，绿色金融债指导意见相对容易推出并付诸实施。国内金融机构绿色债券政策上较易突破，但绿色融资市场的培育可能需要更长的时间。该目录对绿色金融债的发行进行了引导，自上而下建立了绿色债券的规范与政策，中国的绿色债券市场正式启动。2015年12月31日，发改委发布《绿色债券发行指引》；2016年3月、4月，上交所和深交所分别发布《关于开展绿色公司债券试点的通知》和《关于开展绿色公司债券业务试点的通知》；2017年3月22日，中国银行间市场交易商协会发布《非金融企业绿色债务融资工具业务指引》。至此，绿色债券的相关政策实现了债券市场的全覆盖。受政策指引，2016—2017年绿色债券累计发行规模达3983.6亿元。

阶段二：2018—2019年，绿色债市场蓬勃发展。2018—2019年，中国绿色债券市场迅速发展，发行规模分别达2179.5亿元、2817.6亿元，发行主体数量分别达99个、144个。2019年，绿色债的发行规模和个体数量较2016年分别同比大幅增长42.6%、433.3%。气候债券倡议组织（CBI）的统计数据显示，2019年中国贴标绿色债券发行总量超越美国，位列全球第一。

阶段三：2020年以来，绿色债券市场不断完善。2020年，随着"碳达峰、碳中和"目标的提出，关于绿色债券的多项政策密集出台。2020年7月8日，中国人民银行会同国家发改委、中国证监会联合出台《关于印发〈绿色债券支持项目目录（2020年版）〉的通知（征求意见稿）》，统一了国内绿色债券支持项目和领域；11月21日，上交所、深交所先后发布公告规范了绿色公司债券上市申请的相关业务行为。2021年4月，《绿色债券支持项目目录（2021年版）》正式发布，新版目录统一了绿色债的标准及用途，对分类进行了细化，新增了绿色装备制造、绿色服务等产业，剔除了煤炭等化石能源清洁利用等高碳排放项目，采纳国际通行的"无重大损害"原则。随着绿色债券定义和相关规范的明确，绿色债的顶层设计不断完善。根据央行披露，截至2020年年末，我国累计发行绿色债券约1.2万亿元，规模仅次于美国，位居世界第二。

五、我国绿色信贷的历史沿革

目前，我国绿色信贷制度仍处于政策阶段，在政策的演进过程中，我国绿色信贷制度的发展经历了形成、发展和完善三个阶段。

1. 形成阶段

中国人民银行于1995年2月6日颁布了《关于贯彻信贷政策与加强环境保护工作有关问题的通知》，目的在于督促金融部门在面向企业的信贷工作中有效落实国家的环境保护政策。该通知明确提出银行机构要择优扶持从事环境保护和污染治理的项目和企业，同时要将符合国家环保规定作为项目贷款的一个必备条件。这是我国首次将环境影响纳入信贷政策的范围，也标志着我国开始建立绿色信贷制度。在这一阶段，政策还不完善，没有细化措施，是一种象征性的政策条款。

2. 发展阶段

2005年12月国务院发布的《关于落实科学发展观加强环境保护的决定》提出，建立有利于环境保护的价格、信贷、税收、土地、贸易以及政府采购等经济政策，对那些不符合环保标准和产业政策的企业，停止办理信贷。2007年7月12日国家环境保护总局、人民银行和银监会联合出台的《关于落实环境保护政策法规防范信贷风险的意见》指出，金融部门要与各级环保部门建立畅通有效的信息沟通机制，组织开展与环保政策法规相关的培训和咨询。同年，中国人民银行发布的《关于改进和加强节能环保领域金融服务工作的指导意见》指出，政策性银行和各大商业银行要积极推进信贷管理制度及金融产品的创新。2007年11月23日银监会发布的《节能减排授信工作指导意见》指出，金融机构应当根据主要经营业务所属行业及其特点，制定行业的授信政策和操作细则。在这一阶段，我国对绿色信贷有了一定的重视，但仍未进入深层次研究。

3. 完善阶段

银监会于2012年1月29日发布了《绿色信贷指引》。该指引要求银行进行绿色信贷的评估工作，并提出了关于银行机构培养或引进有关绿色信贷人才的办法，对于完善绿色信贷制度具有举足轻重的意义。纵观我国绿色信贷制度的发展历程，尽管绿色信贷制度在逐步完善中取得了一定的成果，但依然缺乏有效的外部监督，没有细化执行措施，政策标准不统一。

六、我国绿色证券的历史沿革

相比于发达国家，我国的证券市场"绿色化"起步较晚。2001年9月，国家环境保护总局发布《关于做好上市公司环保情况核查工作的通知》。文件中首次规定了股票发行人对其业务及募股资金拟投资项目是否符合环境保护要求应该进行说明，污染比较严重的公司还要提供省级环保部门的确认文件。这是绿色证券理念在我国政策中的最早体现。

2003年6月16日，国家环境保护总局出台《关于对申请上市的企业和申请再融资的上市公司进行环境保护核查的通知》，自此开展了重污染行业上市公司的环保核查工作，也可以算作绿色证券工作的正式开展。该通知要求对存在严重违反环评和"三同时"制度、发生过重大污染事件、主要污染物不能稳定达标排放或者核查过程中弄虚作假的公司，不予通过或暂缓通过上市环保核查。

2007年，国家环境保护总局颁布实施《关于进一步规范重污染行业生产经营公司申请上市或再融资环境保护核查工作的通知》以及《首次申请上市或再融资的上市公司环境保护核查工作指南》，进一步推动了环保核查工作的进行。

2008年1月9日，中国证券监督管理委员会发布《关于重污染行业生产经营公司IPO申请申报文件的通知》。其中规定了"重污染行业生产经营公司申请首次公开发行股票的，申请文件应当提供原国家环保总局的核查意见；未取得环保核查意见的，不受理申请"。此通知被社会各界称作"绿色证券制度"，并备受重视。

2008年2月28日，国家环境保护总局正式出台《关于加强上市公司环保监管工作的指导意见》，标志着我国绿色证券政策基本建立完成。该指导意见主要提出了四个方面的工作：进一步完善和加强上市公司环保核查制；积极探索建立上市公司环境信息披露机制；开展上市公司环境绩效评估研究与试点；加大对上市公司遵守环保法规的监督检查力度。

2008年5月14日，上海证券交易所发布《上市公司环境信息披露指引》。该指引规定在上海证券交易所上市的企业自愿或必须披露的环境信息的范围、披露环境信息的程序等。

2009年8月3日环境保护部下发的《关于开展上市公司环保后督查工作的通知》要求对2007—2008年通过该部门上市环保核查的公司开展环保后督查工作。2010年7月环境保护部发布的《关于进一步严格上市环保核查管理制度加强上市公司环保核查后督查工作的通知》也提出要建立完善上市公司环保核查后督查制度。

2010年9月，环境保护部制定《上市公司环境信息披露指南（征求意见稿）》，用于规范上海证券交易所和深圳证券交易所A股市场的上市公司的信息披露。

2011年12月15日，国务院发布《国家环境保护"十二五"规划》。该规划提出，要鼓励符合条件的地方融资平台公司以直接、间接的融资方式拓宽环境保护投融资渠道。支持符合条件的环保企业发行债券或改制上市,鼓励符合条件的环保上市公司实施再融资。

2012年2月20日,环境保护部公布《环境服务业"十二五"发展规划(征求意见稿)》。该征求意见稿指出,要加快环境金融服务发展。积极支持符合条件的环境服务企业进入境内外资本市场融资,通过股票上市、债券发行等多渠道筹措资金。鼓励金融机构加大对环保产业的投资,通过资源环境产权的交易与抵押等手段,实现环境产业与金融业的有机结合。

2012年3月22日,环境保护部出台《关于深入开展重点行业环保核查进一步强化工业污染防治工作的通知》。该通知指出要重点开展稀土、制革、钢铁、柠檬酸、味精、淀粉、淀粉糖、酒精行业环保核查工作,适时开展铅蓄电池和再生铅、多晶硅、焦炭、化工、石油石化、有色金属冶炼、铬盐等行业环保核查。

2012年10月8日,环境保护部发布《关于进一步优化调整上市环保核查制度的通知》。该通知指出要精简上市环保核查内容和核查时限,对首次上市并发行股票的公司、实施重大资产重组的公司,未经过上市环保核查需再融资的上市公司,将核查内容调整简化为五项,即建设项目环评审批和"三同时"环保验收制度执行情况;污染物达标排放及总量控制执行情况(包括危险废物安全处置情况);实施清洁生产情况;环保违法处罚及突发环境污染事件情况;企业环境信息公开情况。对已经过上市环保核查仅再融资的上市公司,以及获得上市环保核查意见后一年内再次申请上市环保核查的公司,将核查内容简化为三项,即募投项目环评审批和验收情况、环保违法处罚及突发环境污染事件、企业环境信息公开情况。

七、我国绿色保险的历史沿革

我国的环境责任保险相较国外而言起步较晚。20世纪90年代,我国环境污染事故发生频率开始增加,带来的损失日益增大,在企业无力承担治理费用的同时,污染受害人也无法得到补偿,环境责任保险开始在我国出现。

1. 1991—2006年的起步阶段

1991年,我国保险公司和环保部门首次推出环境污染责任保险,先后在大连市、沈阳市、长春市、吉林市等城市展开试点,但当时的几个试点投保效果不佳。总的来说,试点开展范围小、规模小,有的城市甚至没有企业投保;承保主体单一,大连市、长春市、沈阳市都是人保分公司承保;由于是环保部门与保险公司合作操作,存在为了与环保部门打好关系以谋求其他利益而投保的情况;赔付少,影响力小。随后,环境责任保险并没有预期中的良好发展,反而慢慢消失,退出了市场。

2. 2006—2013年发展任意责任保险

进入2000年以后,我国经济迅速发展,环境恶化明显。一方面,发生的污染事故明显增多，导致环境污染造成的损失严重。例如2005年11月13日发生的松花江污染事件，造成了15亿元的损失。另一方面，环境污染受害者却得不到相应的补偿。

在这样的背景下，环境责任保险制度再次回到人们的视野中。2004年6月，中国保监会主席吴定富在"中国责任保险发展论坛"上指出，我国责任保险发展明显滞后，业务量仅占产险业务的4%左右，远远不及欧盟的30%左右、美国的45%左右。2006年6月，国务院发布了《关于保险业改革发展的若干意见》，其中明确指出要大力发展环境责任保险。

在社会多方力量的大力推动下，我国环境责任保险制度开始建立起来。2007年12月4日，国家环保总局和中国保监会联合出台了《关于环境污染责任保险工作的指导意见》。以该意见的发布为转折，全国各地环保和保险部门开始积极进行环境污染保险的推进。

2017年12月4日，国家环保总局和中国保监会联合出台了《关于环境污染责任保险工作的指导意见》。该意见正式确立了建立环境责任保险制度的计划，即在"十一五"期间，要初步建立起环境污染责任保险制度；在"十二五"期间，则基本完善环境污染责任制度。随后，在几个重工业发达、污染隐患较大的省份以及环境风险高的企业与行业进行了试点。试点省份主要有河北、湖南、浙江、江苏、辽宁、上海、四川、湖北、福建、重庆、云南、广东等。试点的企业和行业主要是危险化学品的生产、经营、储藏、运输和使用相关的企业，容易造成污染的石油化工业，以及危险废弃物处置行业。承保范围主要是突发性的环境污染事故造成的环境责任。2006年到2013年，国家环保总局和中国保监会大力推动我国环境责任保险制度的建立与发展，但是实际上几个试点地区的情况并不太乐观，依然出现了参保企业数量少、参保的企业占实际应该参保的潜在环境污染可能性大的企业的比重低等问题。例如，2008年深圳全市只有8家企业参与了环境责任保险，2009年仅有7家续保。

2007年12月29日，华泰保险公司正式向市场推出"场所污染责任保险"以及"场所污染责任保险（突发及意外保障）"，成为中资保险公司首家试水环境污染责任保险的企业，标志着我国再次大力推动环境责任保险的起点。这两种产品的承保范围同时包括了突发性和渐进性环境事故造成的环境责任。

3. 2013年之后开始尝试发展强制责任保险

2013年1月21日，环境保护部和中国保监会联合发布了《关于开展环境污染强制责任保险试点工作的指导意见》。我国环境责任保险制度建设开始往强制责任保险转型。其中，明确规定了强制责任保险的试点企业范围，包括涉重金属企业，按地方有关规定已被纳入投保范围的企业，以及其他高环境风险企业（包括石油天然气开采、石化、化工等行业，生产、储存、使用、经营和运输危险化学品的企业，产生、收集、贮存、运输、利用和处置危险废物的企业，以及存在较大环境风险的二噁英排放企业等）。

2014年4月24日，《环境保护法》修订案经十二届全国人大常委会第八次会议表决通过,其中,强制环境责任保险已纳入法律,在第五十二条新增"国家鼓励投保环境污染责任保险"。

自此,我国环境强制责任保险试点在全国范围内陆续开始启动,我国对于推动建立环境污染责任保险制度的力度不断增加,环境保护部与中国保监会致力于推动环境责任保险制度的建立。

绿色金融政策法规

一、《关于落实环保政策法规防范信贷风险的意见》

2007年7月,国家环保总局发布《关于落实环保政策法规防范信贷风险的意见》(以下简称《意见》)。《意见》出台的主要目的是把强化环境监管与规范信贷管理紧密结合,把企业履行环保政策法规情况作为信贷管理的重要内容,把企业环保守法情况作为对企业贷款的前提条件。《意见》中分别对新建项目和已建成项目的环保和信贷提出了原则意见。

一方面,各级环保部门要严把建设项目环境影响评价审批关,切实加强建设项目环保设施"三同时"管理。对未批先建或越级审批、环保设施未与主体工程同时建成、未经环保验收即擅自投产的违法项目,要依法查处,查处情况要及时公开,并通报当地人民银行、银监部门和金融机构。金融机构应依据国家建设项目环境保护管理规定和环保部门通报情况,严格贷款审批、发放和监督管理,对未通过环评审批或者环保设施验收的项目,不得提供任何形式的授信支持。另一方面,各级环保部门要加强对排污企业的监督管理,对超标排污、超总量排污、未依法取得许可证排污或不按许可证规定排污、未完成限期治理任务的企业,必须依法严肃查处,并将有关情况及时通报当地人民银行、银监部门和金融机构。各级金融机构在审查企业流动资金贷款申请时,应根据环保部门提供的相关信息加强授信管理,对有环境违法行为的企业应采取措施,严格控制贷款,防范信贷风险。

《意见》的内容在相对原则的基础上也注重了可操作性,特别是为地方各级环保部门和金融机构的合作对接创造了政策空间。《意见》指出,环保和金融部门要加强相互沟通和协调配合,建立信息沟通机制。环保部门要按照职责权限和《环境信息公开办法(试行)》的规定,向金融部门提供8个方面的环境信息,主要是环保部门执法过程中形成的信息。对银行信贷管理来说,有的信息是信贷的直接依据,有的具有重要参考价值。《意见》还提出,环保部门和金融部门及有关商业银行可根据需要建立联席会议制度,确定本单位内责任部门和联络员,定期召开协调会议，沟通情况；要研究制定信贷管理的环保指导名录；要组织开展相关环保政策法规培训和咨询，提高金融机构对环境风险的识别能力。

《意见》一大亮点是，银监会的加盟为监督商业银行落实环境政策提供了组织条件。作为银行业监管部门，要督促商业银行将企业环保守法情况作为授信审查条件，将商业银行落实环保政策法规、配合环保部门执法、控制污染企业信贷风险的有关情况纳入监督检查范围；要对因企业环境问题造成的不良贷款等情况开展调查；对银行业金融机构违规向环境违法项目贷款的行为，依法予以严肃查处，对造成严重损失的，要追究相关机构和责任人责任。中国银监会此前已经将国家环保总局通报和处罚的企业和限批地区通报了各商业银行，要求控制对其信贷和授信，并且与国家环保总局联系建立信息共享的机制，进一步指导商业银行履行环境保护责任，也为环保部门反馈商业银行的信贷信息及环保部门参与经济调控提供条件。

《意见》对各商业银行提出了要求，特别是将支持环保、控制对污染企业的信贷作为履行社会责任的重要内容。商业银行要根据环保部门提供的信息，严格限制污染企业的贷款，及时调整信贷管理，防范企业和建设项目因环保要求发生变化带来的信贷风险；在向企业或个人发放贷款时，应查询企业和个人信用信息基础数据库，并将企业环保守法情况作为审批贷款的必备条件之一。

落实《意见》前景光明，但也面临许多困难。环保部门特别是县市环保部门的执法能力薄弱，不能提供有效的环境信息。这里既有环保机构、人员素质、执法能力跟不上，对环境违法项目和企业的信息难以收集到位的因素，也有地方保护导致环保部门难以或不敢公开企业环境违法情况的因素。如果没有可靠有效的环境执法信息，金融机构也难以作出准确的判断，不能对企业环境风险及其带来的信贷风险作出正确决定。因此，必须按照国家环保总局加强三大体系建设的要求，自下而上地完善执法、监测、统计信息能力建设，使环保部门真正能为环境说话，为政府和经济部门决策中提供可靠依据，这样既树立了环保部门的权威，也是真正为科学发展服务。

国家环保总局、人民银行、银监会还采取一系列具体措施推动《意见》的实施。环保部门将继续制定高污染、高环境风险产品名录，提出控制出口、投资、贸易的政策建议，遏制"产品大量出口、污染留在国内"的现象；环保部门将会同有关部门制定从环境保护要求出发的产业指导名录（发改委产业指导名录考虑了一定的环境因素，但还远远不够，特别需要结合区域环境特点来更新和修订），这样金融机构在审查贷款项目时，才有可行的环保依据，环境保护要求才能落实。要配合或指导商业银行和政策性银行制定和实施项目贷款的环境保护导则和规定，最大限度减轻项目的环境风险，履行银行的社会责任，同时引导银行业支持环境保护类的项目。各级环保部门可根据当地执法工作需要，按照《意见》的精神，主动联合当地人民银行和银监局，建立沟通机制，联手控制污染。

《意见》的出台，意味着环保事业得到了更加广泛的支持。国家环保总局联合中国人民银行、银监会共同发布这个《意见》就是要借金融之力断污染企业的"粮草"，进一步压缩环境违法企业、严重污染企业的生存空间，为污染减排创造良好的社会氛围和政策条件。国际经验证明，履行可持续发展要求的"绿色信贷"已经成为一种趋势。这个文件的发布，标志着我国建立绿色信贷制度的工作已经提速。这是环保部门和金融部门合作的一个开始，此后合作的范围还会不断扩大，并将逐步涉及证券、保险等领域，直至形成绿色资本市场，诸如制定法律法规、绿色信贷与环境风险管理、绿色风险投资、生态基金、环境金融工具、环境保险制度、上市公司环境绩效评估、上市公司环境会计报告等。

二、《绿色信贷指引》

中国银监会于2012年1月29日发布的《绿色信贷指引》，对银行业金融机构有效开展绿色信贷，大力促进节能减排和环境保护提出了明确要求，旨在配合国家节能减排战略的实施，充分发挥银行业金融机构在引导社会资金流向、配置资源方面的作用。

该指引要求，银行业金融机构要贯彻落实《"十二五"节能减排综合性工作方案》《国务院关于加强环境保护重点工作的意见》等宏观调控政策，从战略高度推进绿色信贷，加大对绿色经济、低碳经济、循环经济的支持，防范环境和社会风险，并以此优化信贷结构，提高服务水平，更好地服务实体经济，促进发展方式转变。

银行业金融机构应加大对绿色经济、低碳经济、循环经济的支持；严密防范环境和社会风险；关注并提升银行业金融机构自身的环境和社会表现。同时重点关注其客户及其重要关联方在建设、生产、经营活动中可能给环境和社会带来的危害及相关风险，包括与耗能、污染、土地、健康、安全、移民安置、生态保护、气候变化等有关的环境与社会问题。

银行业金融机构应树立绿色信贷理念，确定绿色信贷发展战略和目标，建立机制和流程，开展内控检查和考核评价，明确高层管理人员和机构管理部门责任并配备相应资源，从组织上确保绿色信贷的顺利实施。还要完善环境和社会风险管理政策、制度和流程，明确绿色信贷的支持方向和重点领域，推动绿色信贷创新，实行有差别、动态的授信政策，实施风险敞口管理制度，建立健全绿色信贷标识和统计制度，完善相关信贷管理系统。

银行业金融机构应通过加强授信尽职调查、严格合规审查、制定合规风险审查清单、加强信贷资金拨付管理和贷后管理，从贷前、贷中和贷后三个方面加强对环境和社会风险的管理。

银行业金融机构应至少每两年开展一次绿色信贷的全面评估工作，将绿色信贷执行情况纳入内控合规检查范围，建立绿色信贷考核评价和奖惩体系，公开绿色信贷战略、政策及绿色信贷发展情况。近年来，银行业金融机构以绿色信贷为抓手，创新信贷产品，调整信贷结构，积极支持节能减排和环境保护，取得了初步成效。许多银行将支持节能减排和环境保护作为自身经营战略的重要组成部分，建立了有效的绿色信贷促进机制和较为完善的环境、社会风险管理制度。积极创新绿色信贷产品，通过应收账款抵押、清洁发展机制（CDM）预期收益抵押、股权质押、保理等方式扩大节能减排和淘汰落后产能的融资来源，增强节能环保相关企业融资能力。截至 2011 年年末，仅国家开发银行、工商银行、农业银行、中国银行、建设银行和交通银行等 6 家银行业金融机构的相关贷款余额已逾 1.9 万亿元。

银监会致力于加强对银行业金融机构推进绿色信贷，防范环境、社会风险的监测、引导和检查落实，并将银行业金融机构开展绿色信贷情况作为监管评级、机构准入、业务准入、高管人员履职评价的重要依据。

三、《关于开展环境污染强制责任保险试点工作的指导意见》

2013 年 1 月，环境保护部和中国保险监督管理委员会发布《关于开展环境污染强制责任保险试点工作的指导意见》（以下简称《指导意见》）。《指导意见》明确了未购买环境污染强制责任保险的高环境风险行业企业，在相关文件的审批和相关资金的申请上都将受到限制。积极投保的企业，则不仅在相关资金申请上获倾斜，在商业信贷上也能获得支持，并指导各地在涉重金属企业和石油化工等高环境风险行业推进环境污染强制责任保险试点。

根据《指导意见》确定的范围，试点"环强险"的企业包括三类：1. 涉重金属企业，包括重有色金属矿（含伴生矿）采选业、重有色金属冶炼业、铅蓄电池制造业、皮革及其制品业、化学原料及化学制品制造业等行业内涉及重金属污染物产生和排放的企业。2. 按地方有关规定已被纳入投保范围的企业，都应投保环境污染责任险。3. 其他高环境风险企业。国家鼓励石化行业企业、危险化学品经营企业、危险废物经营企业，以及存在较大环境风险的二噁英排放企业等高环境风险企业，投保环境污染责任险。

对于业界关注的保险费率问题，《指导意见》明确，保险公司应当综合考虑投保企业的环境风险、历史发生的污染事故及其造成的损失等方面的总体情况，兼顾投保企业的经济承受能力，科学合理设定环境污染责任保险的基准费率。

企业是否投保将与建设项目环境影响评价文件审批、建设项目竣工环境保护验收申请审批、强制清洁生产审核、排污许可证核发，以及上市环保核查等制度的执行紧密结合。对应当投保而未及时投保的企业，《指导意见》提出，环保部门将暂停受理企业的环境保护专项资金、重金属污染防治专项资金等相关专项资金申请。同时，将企业未按规定投保的信息及时提供银行业金融机构，作为客户评级、信贷准入管理和退出的重要依据。

《指导意见》同时提出了促进企业投保的激励措施。如在安排环境保护专项资金或者重金属污染防治专项资金时，对投保企业污染防治项目予以倾斜；将投保企业投保信息及时通报银行业金融机构，由金融机构按照风险可控、商业可持续原则优先给予信贷支持。

四、《生态文明体制改革总体方案》

《生态文明体制改革总体方案》（以下简称《方案》）于2015年9月发布，其是生态文明领域改革的顶层设计和部署。《方案》指出改革要遵循"六个坚持"，搭建好基础性制度框架，全面提高我国生态文明建设水平，并且明确指出要大力建立绿色金融体系。推广绿色信贷，研究采取财政贴息等方式加大扶持力度，鼓励各类金融机构加大绿色信贷的发放力度，明确贷款人的尽职免责要求和环境保护法律责任。加强资本市场相关制度建设，研究设立绿色股票指数和发展相关投资产品，研究银行和企业发行绿色债券，鼓励对绿色信贷资产实行证券化。支持设立各类绿色发展基金，实行市场化运作。建立上市公司环保信息强制性披露机制。完善对节能低碳、生态环保项目的各类担保机制，加大风险补偿力度。在环境高风险领域建立环境污染强制责任保险制度。建立绿色评级体系以及公益性的环境成本核算和影响评估体系。积极推动绿色金融领域各类国际合作。

五、《关于构建绿色金融体系的指导意见》

为了构建绿色金融体系的主要目的是动员和激励更多社会资本投入绿色产业，同时更有效地抑制污染性投资，中国人民银行、财政部等七部委于2016年8月联合出台了《关于构建绿色金融体系的指导意见》（以下简称《指导意见》）。随着《指导意见》的出台，中国成为全球首个建立了比较完整的绿色金融政策体系的经济体。

《指导意见》强调，构建绿色金融体系的主要目的是动员和激励更多社会资本投入绿色产业，同时更有效地抑制污染性投资。构建绿色金融体系，不仅有助于加快我国经济向绿色化转型，也有利于促进环保、新能源、节能等领域的技术进步，加快培育新的经济增长点，提升经济增长潜力。《指导意见》还提出了支持和鼓励绿色投融资的一系列激励措施，包括通过再贷款、专业化担保机制、绿色信贷支持项目财政贴息、设立国家绿色发展基金等措施支持绿色金融发展。

在绿色信贷方面，《指导意见》规定，构建支持绿色信贷的政策体系，对于绿色信贷支持的项目，可按规定申请财政贴息支持，形成支持绿色信贷等绿色业务的激励机制和抑制高污染、高能耗和产能过剩行业贷款的约束机制。推动银行业自律组织逐步建立银行绿色评价机制，引导金融机构积极开展绿色金融业务，做好环境风险管理。研究明确贷款人尽职免责要求和环境保护法律责任，适时提出相关立法建议。支持和引导银行等金融机构建立符合绿色企业和项目特点的信贷管理制度，降低绿色信贷成本。将企业环境违法违规信息等企业环境信息纳入金融信用信息基础数据库，建立企业环境信息的共享机制，为金融机构的贷款和投资决策提供依据。

在绿色债券方面，《指导意见》规定，完善各类绿色债券发行的相关业务指引、自律性规则，明确发行绿色债券筹集的资金专门（或主要）用于绿色项目。积极支持符合条件的绿色企业按照法定程序发行上市。支持已上市绿色企业通过增发等方式进行再融资。支持开发绿色债券指数、绿色股票指数以及相关产品。鼓励相关金融机构以绿色指数为基础开发公募、私募基金等绿色金融产品。逐步建立和完善上市公司和发债企业强制性环境信息披露制度。鼓励第三方专业机构参与采集、研究和发布企业环境信息与分析报告。

在绿色基金方面，《指导意见》规定，支持设立各类绿色发展基金，实行市场化运作。支持在绿色产业中引入PPP模式，鼓励将节能减排降碳、环保和其他绿色项目与各种相关高收益项目打捆，建立公共物品性质的绿色服务收费机制。推动完善绿色项目PPP相关法规规章，鼓励各地在总结现有PPP项目经验的基础上，出台更加具有操作性的实施细则。鼓励各类绿色发展基金支持以PPP模式操作的相关项目。

在环境保险方面，《指导意见》规定，在环境高风险领域建立环境污染强制责任保险制度。按程序推动制修订环境污染强制责任保险相关法律或行政法规。选择环境风险较高、环境污染事件较为集中的领域，将相关企业纳入应当投保环境污染强制责任保险的范围。鼓励保险机构发挥在环境风险防范方面的积极作用，对企业开展"环保体检"，并将发现的环境风险隐患通报环境保护部门，为加强环境风险监督提供支持。鼓励和支持保险机构创新绿色保险产品和服务。鼓励保险机构充分发挥风险管理专业优势，开展面向企业和社会公众的环境风险管理知识普及工作。

《指导意见》同时也支持地方发展绿色金融，鼓励有条件的地方通过专业化绿色担保机制、设立绿色发展基金等手段撬动更多的社会资本投资绿色产业。同时，还要求广泛开展绿色金融领域国际合作，继续在二十国集团（G20）框架下推动全球形成共同发展绿色金融的理念。

六、《关于加快建立健全绿色低碳循环发展经济体系的指导意见》

为了初步形成绿色低碳循环发展的生产体系、流通体系、消费体系，并于2035年基本实现美丽中国建设目标。国务院于2012年2月印发《关于加快建立健全绿色低碳循环发展经济体系的指导意见》（以下简称《意见》）。《意见》提出，建立健全绿色低碳循环发展经济体系，促进经济社会发展全面绿色转型，是解决我国资源环境生态问题的基础之策。要以节能环保、清洁生产、清洁能源等为重点率先突破，做好与农业、制造业、服务业和信息技术的融合发展，全面带动一二三产业和基础设施绿色升级。

《意见》从六个方面部署了重点工作任务。

在健全绿色低碳循环发展的生产体系方面，强调推进工业绿色升级；加快农业绿色发展；提高服务业绿色发展水平；壮大绿色环保产业，建设一批国家绿色产业示范基地；适时修订绿色产业指导目录，引导产业发展方向；提升产业园区和产业集群循环化水平；构建绿色供应链。

在健全绿色低碳循环发展的流通体系方面，打造绿色物流，积极调整运输结构；支持物流企业构建数字化运营平台，鼓励发展智慧仓储、智慧运输，推动建立标准化托盘循环共用制度；加强再生资源回收利用；建立绿色贸易体系。

在健全绿色低碳循环发展的消费体系方面，促进绿色产品消费；加大政府绿色采购力度，扩大绿色产品采购范围，逐步将绿色采购制度扩展至国有企业；倡导绿色低碳生活方式。

在加快基础设施绿色升级方面，推动能源体系绿色低碳转型，提升可再生能源利用比例；推进城镇环境基础设施建设升级，推进城镇污水管网全覆盖；提升交通基础设施绿色发展水平，将生态环保理念贯穿交通基础设施规划、建设、运营和维护全过程；改善城乡人居环境，开展绿色社区创建行动，结合城镇老旧小区改造推动社区基础设施绿色化和既有建筑节能改造；加快推进农村人居环境整治。

在构建市场导向的绿色技术创新体系方面，鼓励绿色低碳技术研发；加速科技成果转化；支持企业、高校、科研机构等建立绿色技术创新项目孵化器、创新创业基地；及时发布绿色技术推广目录，加快先进成熟技术推广应用；深入推进绿色技术交易中心建设。

在完善法律法规政策体系方面，提出强化相关法律法规支撑；健全绿色收费价格机制；加大财税扶持力度，继续利用财政资金和预算内投资支持环境基础设施补短板强弱项、绿色环保产业发展、能源高效利用、资源循环利用等；大力发展绿色金融，发展绿色信贷和绿色直接融资，建立绿色债券评级标准；完善绿色标准、绿色认证体系和统计监测制度；培育绿色交易市场机制。

《意见》同时强调，要认真抓好组织实施，抓好贯彻落实，加强统筹协调，营造良好氛围。各地区各有关部门要思想到位、措施到位、行动到位，充分认识建立健全绿色低碳循环发展经济体系的重要性和紧迫性，将其作为高质量发展的重要内容，进一步压实工作责任，加强督促落实，保质保量完成各项任务。

七、《绿色产业指导目录（2019年版）》

2019年2月14日，《绿色产业指导目录（2019年版）》（以下简称《目录》）印发。此次制定《目录》参考了国际通行的绿色产业认定规则，以我国近年来生态文明建设、污染防治攻坚重点工作和资源环境国情为重点，广泛听取了各部门、各地方、各行业协会的意见建议。《目录》主要遵循了服务国家重大战略、切合发展基本国情、突出相关产业先进性、助力全面绿色转型的原则。

《目录》对节能环保产业、清洁生产产业、清洁能源产业、生态环境产业及基础设施绿色升级、绿色服务方面加以分类。此外，编制方还附录了《绿色产业指导目录（2019年版）解释说明》，对每个产业的内涵、主要产业形态、核心指标参数等内容加以解释。

《目录》可作为各地区、各部门明确绿色产业发展重点、制定绿色产业政策、引导社会资本投入的主要依据，统一各地方、各部门对"绿色产业"的认识，确保精准支持、聚焦重点。国家发展改革委将会同相关部门，依托社会力量，设立绿色产业专家委员会，逐步建立绿色产业认定机制。

八、《银行业金融机构绿色金融评价方案》

中国人民银行于2021年5月27日印发《银行业金融机构绿色金融评价方案》（以下简称《方案》）。《方案》制定的目的是进一步动员资金支持绿色发展，提升金融助力"碳达峰、碳中和"质效。

根据《方案》，绿色金融评价工作将每季度开展一次，评价指标包括定量和定性两类，定量指标权重80%，定性指标权重20%。

定量指标共4项，分别为绿色金融业务总额占比、绿色金融业务总额份额占比、绿色金融业务总额同比增速、绿色金融业务风险总额占比；定性指标共3项，即执行国家及地方绿色金融政策情况、机构绿色金融制度制定及实施情况、金融支持绿色产业发展情况，权重分别为30%、40%、30%。评价体系弥补了规则制度短板，主要在于约束金融机构主体行为，做到既推进绿色金融加快发展，又实现绿色金融发展的商业可持续。

银行业金融机构要将可持续发展理念纳入战略体系和经营过程，将碳中和目标植入政策标准、风险控制、产品开发、业绩评价全流程。同时，要加快投融资结构的低碳转型步伐。

仅压实银行业金融机构的责任还不够，金融助力"碳达峰、碳中和"还亟须顶层设计、统筹谋划。其中，重要的着力点是做强绿色金融的"五大支柱"，即绿色金融标准体系、金融机构监管和信息披露要求、激励约束机制、绿色金融产品和市场体系、绿色金融国际合作。

目前，绿色债券的标准已得到统一。2021年，央行已会同国家发展改革委、证监会联合发布了《绿色债券支持项目目录（2021年版）》，不再将煤炭等化石能源项目纳入支持范围。

九、《绿色债券支持项目目录（2021年版）》

《绿色债券支持项目目录（2021年版）》于2021年4月由中国人民银行、发展改革委、证监会印发，其是专门用于界定和遴选符合各类绿色债券支持和适用范围的绿色项目和绿色领域的专业性目录清单，是各类型绿色债券的发行主体募集资金、投资主体进行绿色债券资产配置、管理部门加强绿色债券管理、出台绿色债券激励措施等提供统一界定标准和重要依据，也是发挥好绿色债券支持环境改善、应对气候变化、提升资源节约利用效率、推动经济社会可持续发展和产业绿色转型升级等工作的重要技术支撑。

人民银行、发展改革委、证监会等国内绿色债券管理部门制定和修订绿色债券相关管理办法，各级地方政府制定绿色债券激励机制、出台相关配套政策，符合条件的金融机构、企业和上市公司等市场主体发行绿色债券募集资金，各类型投资主体投资绿色债券市场、配置各类型绿色债券资产，均须参照《绿色债券支持项目目录（2021年版）》。

《绿色债券支持项目目录（2021年版）》与以往的区别就是在四级分类上不再将煤炭等化石能源清洁利用项目纳入绿色债券支持范围，主要基于以下考虑。

煤炭等化石能源在本质上仍属于高碳排放项目，国际主流绿色债券标准均未将其纳入支持范围。《绿色债券支持项目目录（2021年版）》不再将此类项目纳入支持范围，使我国绿色债券标准更加规范、严格，实现了与国际主流标准的一致。

煤炭等化石能源的清洁生产和高效利用，对现阶段促进我国经济高质量发展具有重要意义。为更好落实碳达峰、碳中和目标，中国人民银行会同有关部门，坚持安全第一、节能优先的原则，积极研究转型金融相关标准，在充分考虑现有投资项目的设计使用年限和折旧的前提下，设计平稳转型路径，引导金融机构支持能源体系和用能行业做好有序、渐进绿色转型。

绿色金融大事记

2006年

IFC与兴业银行合作，推出了中国市场上第一个绿色信贷产品——能效融资产品，后又与浦发银行和北京银行开展合作，支持气候变化领域的相关项目，包括能效项目和新能源可再生能源项目。

2012年

银监会印发了《绿色信贷指引》，成为中国绿色信贷体系的纲领性文件。

2013 年

中国银监会下发了《关于绿色信贷工作的意见》，其中要求各银监局和银行业金融机构应切实将绿色信贷理念融入银行经营活动和监管工作中，认真落实绿色信贷指引要求。同年，银监会制定了《绿色信贷统计制度》，文件要求各家银行对所涉及的环境、安全重大风险企业贷款、节能环保项目及服务贷款进行统计。

2015 年

9 月，中共中央、国务院印发的《生态文明体制改革总体方案》中，首次明确了建立中国绿色金融体系的顶层设计。

11 月，国务院印发《关于积极发挥新消费引领作用加快培育形成新供给新动力的指导意见》。该意见全面部署以消费升级引领产业升级，以制度创新、技术创新、产品创新增加新供给，满足创造新消费，形成新动力，新消费能够更好满足人民群众日益增长的物质文化需求，提高人们生活质量的内在需求，随着消费水平的稳步上涨，就会引导经济产业的良性循环。同时强调要建立绿色金融体系，发展绿色信贷、绿色债券和绿色基金。

2016 年

3 月，"发展绿色金融，设立绿色发展基金"被写入"十三五"规划，成为中国可持续发展的新引擎。绿色发展和绿色金融成为"十三五"期间中国经济持续健康发展的新动能。

8 月，中国人民银行、财政部等七部委联合印发《关于构建绿色金融体系的指导意见》。该意见明确了我国绿色金融的定义，提出了大力发展绿色信贷、推动证券市场支持绿色投资、设立绿色发展基金等八大举措，标志着我国绿色金融顶层框架体系的建立，我国成为全球首个建立了比较完整的绿色金融政策体系的国家。

9 月，G20 财长和央行行长会议正式将七项发展绿色金融的倡议写入公报。G20 会议对政府通过绿色金融带动民间资本进入绿色投资领域达成全球性的共识。许多国家面临财政资源的制约，中国为全球在绿色投资方面，提供了有价值的战略框架和政策指引。

2017 年

6 月，部分地方政府开展绿色金融实践。中国人民银行等七部委联合印发浙江、广东、新疆、贵州、江西建设绿色金融改革创新试验区总体方案。建设各有侧重、各具特色的绿色金融改革创新试验区，旨在部分地方省市进行改革试验的基础上，在体制机制上探索可复制可推广的经验，为全国发展绿色金融提供借鉴。

2020 年

7 月 8 日，中国人民银行、国家发展改革委、证监会共同发布了《绿色债券支持项目目录（2020 年版）（征求意见稿）》。新版目录实现了国内绿色债券市场在支持项目和领域上的统一，删除了化石能源清洁利用相关的类别，对部分项目的界定标准更加严格。

碳金融

中国碳金融工作综述

目前国际上对于碳金融尚无统一的定义。世界银行金融部认为，碳金融泛指以购买温室气体减排量的方式所开展的提供相关资源的行为。*Environmental Finance Magazine* 作为全球唯一的环境金融杂志，将与气候变化问题相关的金融问题界定为碳金融，并认为主要包括天气风险管理、可再生能源证书、碳排放市场和绿色投资等内容。斯图尔特·胡德森定义了碳金融的三个主要特征：第一，缔造交易碳配额和碳抵消产品的市场；第二，与清洁能源相关的投融资；第三，公司的碳风险与收益评估，挖掘企业在低碳经济发展中可以获得的预期收益，以及由此对贸易和投资产生的影响。索尼娅·拉巴特（Sonia Labatt）和罗德尼·怀特（R. R. White）认为，碳金融是环境金融的一个分支，碳金融发展的核心作用是推动市场的设计以最低成本降低整个经济社会体系的温室气体排放。他们对未来碳金融的发展进行展望，鼓励以更广阔的视野看待碳金融世界，而不是简单地局限于碳信用额交易，关注正在纷纷出现的新的碳金融工具（如天气衍生产品和巨灾债券）等。

一般认为，碳金融就是服务于限制温室气体排放，减少温室气体排放的所有金融活动。碳金融市场通常可以理解为狭义和广义两个层次。狭义的碳金融市场是指由国际上的相关主体根据法律规定依法买卖温室气体排放权指标的标准化市场，在温室气体排放权市场上，温室气体排放者从其自身利益出发，自主决定其减排程度以及买入和卖出排放权的决策。广义的碳金融市场则在此基础上，还包括了与碳交易市场发展紧密相关的清洁能源的投融资市场以及节能减排项目投融资市场。通常来看，国际范围内与低碳经济相关的碳金融业务主要包括五方面：一是碳交易市场机制，包括基于碳交易配额的交易和基于项目的交易；二是碳排放指标的期货、期权等衍生产品市场（《京都议定书》签订以来，碳排放信用之类的环保衍生品逐渐成为西方机构投资者热衷的新兴交易品种）；三是机构投资者和风险投资介入的碳金融活动；四是商业银行的碳金融创新，如绿色信贷、CDM 项目抵押贷款、碳资产证券化等；五是与发展低碳能源项目的投融资活动相关的咨询、担保等中介服务。

我国对碳金融的认识较晚，2005年《京都议定书》生效后政府和公众才逐步了解碳金融及碳金融市场。2007年之后，中国环保总局会同银监会、证监会、保监会等金融监管部门不断推出各种绿色金融产品，如"绿色信贷""绿色证券""绿色保险"等，这些"环保新政"的相继出台代表着国家各部门对环境的重视及对发展绿色金融的支持，一场"绿色金融"风暴已经在中国掀起。2008年，北京市委、市政府正式下发的《关于促进首都金融业发展的意见》提出，金融要推动节能减排环保产业发展。这是第一个由省市级政府发布的在金融环保领域的重要文件。同时一些商业银行（如兴业银行、民生银行）和一些公司和企业（如中国人寿保险有限责任公司、英利能源有限公司）也积极参与其中，成为我国碳金融市场发展与完善的重要推动者。国际金融组织为发展中国家提供了产品和服务，为发展碳金融提供便利，确保发展中国家能够充分参与到碳金融市场中，这些都对我国碳金融发展起到了促进作用。

一、碳排放及碳交易政策

目前我国的碳排放市场主要有两种。一是《京都议定书》提出的合作机制，即CDM碳排放市场。其主要内容为出于对自身利益的考量，发达国家主动向其他国家提供所需支持，并获得核证的减排量的相关过程。二是自愿减排市场。这是我国应对国际压力所建立的市场，还处于探索阶段，是在各地建立交易所试点。经过多年的发展，已经在上海、北京和天津建立了具备一定经营规模的碳排放交易场所。

（一）CDM市场

自我国从2005年开始进军CDM市场以来，已经取得了非常显著的成果。经统计，2008年，我国CDM市场的碳排放交易量为4亿吨。受金融危机的影响，2008—2009年，我国相关交易量有所减少，但仍居世界榜首。有数据表明，2019年，全球72%的项目减排量由我国贡献。国际能源署根据我国这一发展趋势，在其发布的《世界能源展望2019》中就对中国未来的碳排放交易量进行了预估，到2030年我国碳交易量将达到80亿吨，而美国作为中国目前最大的竞争对手，到2030年，碳交易量也将不到20亿吨。

（二）自愿减排市场

国内的相关市场仍处于萌芽时期。尽管有许多交易所建立，但几个较大的交易所也还处于探索阶段，其开展的自愿减排项目只是一些基础的项目，并没有取得可喜的交易量。例如，绿色出行碳路行动、世博会等项目，所产生的碳减排量也并没有太多。虽然从模式上，天津排放权交易所学习芝加哥气候交易所，但也只有少数企业和银行参与其中。基于此情形，我国已较为明确地制定了相关减排标准。

北京环境交易所经过长时间的筹备之后于2008年5月成立。它是国内首家为环境权益交易提供服务的市场平台，经过十几年的发展，已经具备了一定的规模，旗下拥有50多家会员单位。交易所由投融资促进中心、排污权交易中心、节能交易中心等各部门组成。在自主研发、国际合作上都取得了非常不错的成果。

上海环境能源交易所也于2008年5月成立，其主要进行的交易活动为环境权益、能源权益的交易。上海环境能源交易所参与的大型项目主要有自愿减排项目、能源管理项目等。从成立至今，其所参与项目的累计金额已经达到了千亿元门槛。

天津排放权交易所是国内首家涵盖多种交易产品的交易所，环境权益是其主要的交易对象。天津排放权交易所采用的是芝加哥交易所的经营模式，即通过强制减排和总量控制的模式，对现有的业务进行处理。在股权分配方面，自身持有股权22%，中油资产管理公司通过资金入股的模式占股53%，而芝加哥环境交易所通过技术入股的模式占股25%，由此可以看出，天津排放权交易所是一所综合性的排污权交易机构。经过十几年的发展，天津排放权交易所已经与10家机构达成了战略合作关系，并且拥有42家会员单位。

可以看出，近十年我国碳排放及碳交易工作开展得比较顺利，这都是基于政府方面颁布了相关利好政策的引导。同时，这些政策的提出也是为了推动运用市场机制以低成本达到有效控制我国温室气体排放行动目标、合理转变我国经济发展方式、促进我国产业结构升级和落实"十二五"规划中关于建立国内碳排放交易市场而制定实施的。

国家发改委一直支持各省份开展低碳减排工作，并在2010年7月19日，下发了正式通知，对低碳减排试点工作给予足够支持。根据国家提出的试点规定，试点单位需要积极探索有利于节能减排和低碳产业发展的发展体制和温室气体排放数据相关的统计管理体系，制定符合规定的绿色低碳可持续发展政策，利用市场机制去推动温室气体的减排。

2010年10月，国务院发布了关于如何加快新兴产业的发展和培育相关规定，明确提出要不断健全和完善我国污染物和碳排放交易制度。

同年同月，我国还发布了《中共中央关于制定国民经济和社会发展第十二个五年规划的建议》，在规划中指出我国应当建立碳排放交易市场。

2011年3月，第十一届全国人民代表大会第四次会议正式召开，针对国民经济的稳健提升，通过了"十二五"发展规划。该规划提出，"十二五"期间，必须完善碳排放市场的各环节工作，使碳排放市场能够正常运转。

2011年12月，国务院印发了控制温室气体排放工作方案，明确指出了我国控制温室气体的总目标和总要求，同时还提出了我国要加强温室气体统计核算体系的建设，积极探索建立碳排放交易市场。

2012年6月，国家发改委提出了碳减排交易的技术和规则基础。同时还公布了43家可直接向国家发改委申请自愿减排项目备案的中央企业名单，其中包括国家电网公司、华能集团、大唐集团、华电集团、国电集团以及中国电力投资集团等电力企业。

2012年11月，国家发改委对自愿减排的相关办法和温室气体排放审定工作给出了明确的指示，指出我国应当为后期的碳排放交易市场运行所需的技术和规则积累经验。

2013年5月，国务院批准了国家发改委《关于2013年深化经济体制改革重点工作的意见》，明确指出我国要加强排污权和碳排放权交易试点工作，研究建立全国排污权和碳排放交易市场。

2013年8月，国务院下发《关于加快发展节能环保产业的意见》。该意见明确将"开展碳排放权交易试点"作为推行市场化机制的一个手段。

2013年11月初，国家发改委印发了我国近十个行业的温室气体排放核算方法和报告指南，其中包括了发电行业、电网行业、钢铁行业、化工行业等。

2013年6月至2014年6月，我国一共建立了7个碳交易试点，并且针对我国的碳交易试点工作在管理内容、核查规范、配额、交易规则等方面颁布了相关的政策。

2014年9月，国家发改委印发了关于煤电节能减排升级和改造计划。计划中对全国新建燃煤发电机组的耗能标准给出了相关规定，要求平均耗能低于310克标准煤／千瓦时。到2020年经过优化改造之后，燃煤发电机组的平均供电煤耗要低于300克／千瓦时。该行动对煤电节能减排提出更高要求，未来碳市场机制设计中需要考虑与该政策的协调。

国务院于2014年9月通过了《国家应对气候变化规划（2014—2020年）》，并允许该规划投入到具体的实施过程中。该规划指明，相比于2005年，2020年国内二氧化碳排放量要减少40%—50%。这一规则的制定对碳排放交易市场的发展十分有利。

2014年11月12日，中美发布气候变化联合声明，强调2020年之后，中美两国将应对气候变化采取相应措施。习近平主席宣布，2030年，我国二氧化碳的排放量将达到峰值，并在这段时间内通过努力早日使得二氧化碳排放量达到峰值，从而采取合理的措施对二氧化碳排放进行控制。

国家发改委于2014年12月10日发布了《碳排放权交易管理暂行办法》。该办法明确阐述了配额管理、监督管理、核查与配额清缴等内容，并对碳排放权交易市场的建设和运行提出了具体的规范要求，为推动全国碳市场发展奠定了相应的发展规则和管理方法。

二、金融及服务机构支持碳金融发展的相关政策

国外商业银行在碳交易领域已相当成熟，而我国商业银行基本只是在绿色信贷上有所发展，在碳金融理财产品上的创新甚少，这主要是因为我国政策不允许商业银行进行直接投资。基于此，商业银行通常通过利用较全面的信息来开发理财产品或者提供咨询服务从而获取利润。近年来，绿色信贷领域发展迅猛，各银行开始将其作为重要的盈利点，并投入了大量精力来转变自身传统营销模式，这在某种程度上大大推动了银行的发展。以兴业银行为例，经过多年的经营，其在绿色信贷方面已经成为我国商业银行的榜样。兴业银行在绿色信贷上积极寻求国际合

作，将自己的品牌推向了国际，大大提升了自身的品牌效应，提高了自身的核心竞争力。

除了绿色信贷业务之外，商业银行还通过开发碳金融理财产品来满足企业及组织的理财需求，并为CDM项目提供相应的咨询服务。例如，深圳发展银行和中国银行都开发了与碳排放权交易相挂钩的理财产品，为企业或个人理财提供了新的选择。

2007年，为了迎合国家政府所提出的节能减排计划，并结合当前我国的市场经济结构对银行等金融机构的绿色信贷进行优化，以便能够有效地预防信贷风险。银监会专门颁布了《节能减排授信工作指导意见》，就商业银行的工作给予指导，并要求商业银行在工作中能够做到三个支持、三个不支持、一个创新。三个支持主要是指，支持国家重点减排项目，支持财政、税收支持下的节能减排项目，支持节能减排效果显著的地区的节能减排项目；三个不支持的具体内容是指，不支持政策不允许的项目，不支持污染及耗能严重的企业的项目，不支持产能落后的项目；一个创新则是指商业银行要对节能减排授信的相关内容进行创新。

2014年，国务院为了支持商品期货市场的发展，针对性地发布了《关于进一步促进资本市场健康发展的若干意见》。该意见以提高产业服务的能力为目的，对资源性产品的价格形成机制进行改革，以大宗资源性产品期货为交易重点，同时开发商品指数、商品期权、碳排放权交易等多种碳金融产品，以提升期货市场的风险管理能力，从而能够更好地服务于实体经济。支持符合相应标准的投资者或机构为应对风险使用期货衍生品工具，取消对企业运用风险管理工具所提出的一系列限制要求。

作为实现"碳达峰、碳中和"目标的重要助力，绿色金融迎来密集政策支持和发展机遇。2020年10月，生态环境部、国家发改委、央行、银保监会联合发布的《关于促进应对气候变化投融资的指导意见》明确提出，在风险可控的前提下，支持机构及资本积极开发与碳排放权相关的金融产品和服务。

2021年2月1日起，《碳排放权交易管理办法（试行）》正式施行，预示着2021年全国碳市场有望正式运行。与此同时，银行业也已经开始积极行动，对碳市场和碳价机制展开深入研究，积极探索碳金融服务。

碳金融政策法规

一、《关于落实环保政策法规防范信贷风险的意见》

2007年7月12日，国家环保总局、中国人民银行、中国银监会共同出台了《关于落实环境保护政策法规防范信贷风险的意见》(以下简称《意见》)。这是国家环境监管部门、央行、银行业监管部门首次联合出手,为落实国家环保政策法规,推进节能减排,防范信贷风险而出台的重要文件。

《意见》出台的主要目的是把强化环境监管与规范信贷管理紧密结合,把企业履行环保政策法规情况作为信贷管理的重要内容,把企业环保守法情况作为对企业贷款的前提条件。《意见》中分别对新建项目和已建成项目的环保和信贷提出了原则意见。一方面,各级环保部门要严把建设项目环境影响评价审批关,切实加强建设项目环保设施"三同时"管理。对未批先建或越级审批、环保设施未与主体工程同时建成、未经环保验收即擅自投产的违法项目,要依法查处,查处情况要及时公开,并通报当地人民银行、银监部门和金融机构。金融机构应依据国家建设项目环境保护管理规定和环保部门通报情况,严格贷款审批、发放和监督管理,对未通过环评审批或者环保设施验收的项目,不得提供任何形式的授信支持。另一方面,各级环保部门要加强对排污企业的监督管理,对超标排污、超总量排污、未依法取得许可证排污或不按许可证规定排污、未完成限期治理任务的企业,必须依法严肃查处,并将有关情况及时通报当地人民银行、银监部门和金融机构。各级金融机构在审查企业流动资金贷款申请时,应根据环保部门提供的相关信息加强授信管理,对有环境违法行为的企业应采取措施,严格控制贷款,防范信贷风险。

《意见》注重了可操作性,特别是为地方各级环保部门和金融机构的合作对接创造了政策空间。《意见》指出,环保和金融部门要加强相互沟通和协调配合,建立信息沟通机制。环保部门要按照职责权限和《环境信息公开办法(试行)》的规定,向金融部门提供8个方面的环境信息,主要是环保部门执法过程中形成的信息。对银行信贷管理来说,有的信息是信贷的直接依据,有的具有重要参考价值。《意见》还提出,环保部门和金融部门及有关商业银行可根据需要建立联席会议制度,确定本单位内责任部门和联络员,定期召开协调会议,沟通情况;研究制定信贷管理的环保指导名录;组织开展相关环保政策法规培训和咨询,提高金融机构对环境风险的识别能力。

《意见》一大亮点是,银监会的加盟为监督商业银行落实环境政策提供了组织条件。作为银行业监管部门,要督促商业银行将企业环保守法情况作为授信审查条件,将商业银行落实环保政策法规、配合环保部门执法、控制污染企业信贷风险的有关情况纳入监督检查范围;要对因企业环境问题造成的不良贷款等情况开展调查摸底;对银行业金融机构违规向环境违法项目贷款的行为,依法予以严肃查处,对造成严重损失的,要追究相关机构和责任人责任。中国银监会已经将国家环保总局通报和处罚的企业和限批地区通报了各商业银行,要求控制对其信贷,并且与国家环保总局联系建立信息共享的机制,进一步指导商业银行履行环境保护责任,也为环保部门反馈商业银行的信贷信息及环保部门参与经济调控提供条件。

《意见》对各商业银行提出了要求，特别是将支持环保、控制对污染企业的信贷作为履行社会责任的重要内容。商业银行要根据环保部门提供的信息，严格限制污染企业的贷款，及时调整信贷管理，防范企业和建设项目因环保要求发生变化带来的信贷风险；在向企业或个人发放贷款时，应查询企业和个人信用信息基础数据库，并将企业环保守法情况作为审批贷款的必备条件之一。

二、《清洁发展机制项目运行管理办法》

国家发改委于2011年8月发布了《清洁发展机制项目运行管理办法》修订版，同时2005年10月12日施行的《清洁发展机制项目运行管理办法》废止。和原来的管理办法相比，修订后的管理办法有如下变化。一是项目申报程序。除了列出的41家中央企业直接向国家发改委提出清洁发展机制合作项目的申请，其余项目实施机构向项目所在地省级发改委提出清洁发展机制项目申请。二是对国家与项目实施机构减排量转让交易额分配比例重新作了规定。三是增加了法律责任的内容。

修订的管理办法规定，项目所在地省级发改委在受理除附件所列中央企业外的项目实施机构申请后20个工作日内，将全部项目申请材料及初审意见报送国家发改委，且不得以任何理由对项目实施机构的申请作出否定决定。对申请材料不齐全或不符合法定形式的申请，项目所在地省级发改委应当场或在五日内一次告知申请人需要补正的全部内容。

三、《关于环境污染责任保险工作的指导意见》

2007年12月，国家环保总局发布了《关于环境污染责任保险工作的指导意见》，这也标志着我国"绿色保险"制度路线图的正式确立。其中明确指出开展环境污染责任保险工作具有重大意义，具体体现在以下两个方面。

第一，当前，我国正处于环境污染事故的高发期。一些地方的工业企业污染事故频发，严重污染环境，危害群众身体健康和社会稳定，特别是一些污染事故受害者得不到及时赔偿，引发了很多社会矛盾。因此，采取综合手段加强污染事故防范和处置工作，成为当前环保工作的重要任务。

第二，环境污染责任保险是以企业发生污染事故对第三者造成的损害依法应承担的赔偿责任为标的的保险。利用保险工具来参与环境污染事故处理，有利于分散企业经营风险，促使其快速恢复正常生产；有利于发挥保险机制的社会管理功能，利用费率杠杆机制促使企业加强环境风险管理，提升环境管理水平；有利于使受害人及时获得经济补偿，稳定社会经济秩序，减轻政府负担，促进政府职能转变。国际经验表明，实施环境污染责任保险是维护污染受害者合法权益、提高防范环境风险的有效手段。因此，加快环境污染责任保险制度建设，是切实推进环境保护历史性转变的迫切要求,是环境管理与市场手段相结合的有益尝试。各级环保部门和各级保险监管部门要充分认识到环境污染责任保险的重要性,在当地政府的统一组织下,积极开展环境污染责任保险制度的研究及试点示范工作,结合当地实际,制定工作方案,认真履行职责,推动本地区环境污染责任保险工作实施。

同时还对如何建立和完善环境污染责任保险制度作出了具体说明。

第一,建立健全国家立法和地方配套法规建设。环境污染责任保险涉及环保部门、保险监管部门、保险公司、投保企业等。为规范管理,环保和保险监管部门要积极推动相关领域的立法工作,确定环境污染责任保险的法律地位。各省、自治区、直辖市及有立法权的市可以在有关地方环保法中增加"环境污染责任保险"条款。

第二,明确环境污染责任保险的投保主体。要根据本地区环境状况和企业特点,以生产、经营、储存、运输、使用危险化学品企业,易发生污染事故的石油化工企业、危险废物处置企业等为对象开展试点,尤其是对近年来发生重大污染事故的企业、行业,具体范围由环保部门商保险监管部门提出;在此基础上,国家和省环保部门制定开展环境污染责任保险的企业投保目录,并适时调整。保险公司要开发相应产品,合理确定责任范围,分类厘定费率,提高环境污染责任保险制度实施的针对性和有效性。试点地区保险企业应加强环境技术管理人员的能力建设。

第三,建立环境污染事故勘查、定损与责任认定机制。环保部门与保险监管部门应建立环境事故勘查与责任认定机制。在发生环境事故后,企业应及时通报相关承保的保险公司,允许保险公司对环境事故现场进行勘查,在环境事故勘查过程中,应遵循国家有关法律和规定,保守国家机密和信息。发生污染事故的企业、相关保险公司、环保部门应根据国家有关法规,公开污染事故的有关信息。环保部门要通过监测、执法等手段,为保险的责任认定工作提供支持。在条件完善时,要探索第三方进行责任认定的机制。

环保部门制定环境污染事故损失核算标准和相应核算指南。在国家没有出台专门的环境污染事故核算标准的情况下,保险公司可以委托国家认可的独立第三方机构对环境污染事故进行定损,根据现有有关法律法规,对环境污染造成的直接经济损失进行核定。

第四,建立规范的理赔程序。保险监管部门应指导保险公司建立规范的环境污染责任保险理赔程序认定标准。保险公司要加强对理赔工作的管理,规范、高效、优质地开展理赔工作。赔付过程要保证公开透明和信息的通畅,受害人可以通过环保部门和保险公司获取赔偿信息等,最大限度地保障受害人的合法权益。

第五,提高环境污染事故预防能力。保险公司要指导投保企业开展环境事故预防管理,提高企业环境事故预防能力。承保前,保险公司应对投保企业进行风险评估,根据企业生产性质、规模、管理水平及危险等级等要素合理厘定费率水平。承保后,要主动定期对投保企业环境事故预防工作进行检查,及时指出隐患与不足,并提出书面整改意见,督促投保企业加强事故预防能力建设,并将有关情况报送当地环保部门。具备条件的环保部门可以根据国家的要求或地方的规定,把部分行业或企业是否投保与项目环境影响评价、"三同时"等制度结合起来。

四、《关于加强上市公司环保监管工作的指导意见》

国家环保总局于2008年正式发布《关于加强上市公司环保监管工作的指导意见》(以下简称《意见》)。这一绿色证券的指导意见将以上市公司环保核查制度和环境信息披露制度为核心,遏制"双高"行业过度扩张,防范资本风险,并促进上市公司持续改进环境表现。绿色证券是继绿色信贷、绿色保险之后的第三项环境经济政策。此次发布的《意见》虽然不是完全意义上的绿色证券,但已在核心领域取得重要进展。

《意见》中要求对从事火电、钢铁、水泥、电解铝行业以及跨省经营的"双高"行业(13类重污染行业)的公司申请首发上市或再融资的,必须根据环保总局的规定进行环保核查。按照中国证监会《关于重污染行业生产经营公司IPO申请申报文件的通知》(发行监管函〔2008〕6号)规定,"重污染行业生产经营公司申请首次公开发行股票的,申请文件中应当提供国家环保总局的核查意见;未取得环保核查意见的,不受理申请"。据此,环保核查意见将作为证监会受理申请的必备条件之一。

环保总局还将商证监会探索建立上市公司环境监管的协调与信息通报机制,拓宽公众参与环境监督的途径。环保总局将按照《环境信息公开办法》定期向证监会通报上市公司环境信息以及未按规定披露环境信息的上市公司名单,相关信息也会向公众公布。环保总局还将选择"双高"产业板块开展上市公司环境绩效评估试点,发布上市公司年度环境绩效指数及排名情况,以便广大股民对上市公司的环境表现进行有效的甄别监督。

限制污染企业过度扩张除了加大环保执法监督力度,还应运用成熟的市场手段,包括限制其间接融资和直接融资两个方面实现。对于前者,主要思路是通过鼓励并引导商业银行落实绿色信贷政策来实现;对于后者,主要是实行绿色证券政策,重点加大融资后环境监管,调控其在资本市场上融得的资金,真正用于有利于企业的绿色发展。

由于2008年中国的资本市场环境准入机制尚未成熟,上市公司环保监管依然缺乏,导致某些"双高"企业或利用投资者资金继续扩大污染,或在成功融资后不兑现环保承诺,环境事故与环境违法行为屡屡发生。在国家宏观调控和节能减排政策不断强化的大趋势下,潜伏着较大的资本风险,并在一定程度上转嫁给投资者。例如,2007年"区域限批",大唐国际、华能国际、华电国际、国电电力等上市企业的股价表现都弱于市场,石化、造纸、医药等行业的股市也受到一定影响,给股民带来了投资风险。因此,加强对上市公司的环保核查,并督促上市公司履行社会责任,披露环境信息,不仅可以促进上市公司改进环境表现,更有助于保护投资者利益。

绿色证券政策出台建立在环保总局试点基础上。2007年下半年,环保总局就下发了《关于进一步规范重污染行业生产经营公司申请上市或再融资环境保护核查工作的通知》。该通知发布以来,环保总局已完成了对37家公司的上市环保核查,对其中10家存在严重违反环评和"三同时"制度、发生过重大污染事件、主要污染物不能稳定达标排放,以及核查过程中弄虚作假的公司,作出了不予通过或暂缓通过上市核查的决定,阻止了环保不达标企业通过股市募集资金数百亿元以上。

根据此次出台的《意见》,环保总局一方面将向证监会及时通报并向社会公开上市公司受到环境行政处罚及其执行的情况,公开严重超标或超总量排放污染物、发生重特大污染事故以及建设项目严重环评违法的上市公司名单,由证监会按照《上市公司信息披露办法》的规定予以处理;另一方面,环保总局还将选择比较成熟的板块或行业开展上市公司环境绩效评估,编制并发布中国证券市场环境绩效指数及排名,为投资者、管理者提供上市公司的环境绩效信息和排名情况。

此次出台的绿色证券政策虽然尚不完整,却已搭好了核心框架。环保总局将继续主动配合有关部门就相关工作程序与范围进行深入研究,争取绿色证券政策更加成熟与完善。总之,由于上市公司的经济总量和环境影响越来越大,绿色证券能否促使社会筹集的资金投向绿色企业,广大股民绿色选择的经济权益能否得到保障,上市公司能否履行环保责任,将决定着我们能否把资本市场变成推动节能减排的经济杠杆,也决定着整个环境经济政策体系建设的进度。

环境经济政策的探索与实践越来越涉及多方面利益,因而越加艰难。整个体系的建成,还有大量的工作要做,需要各个经济主管部门以及社会各界的支持。接下来,环保总局将继续与相关部门联手加紧研究绿色贸易、绿色税收、区域流域环境补偿机制、排污权交易等政策,最终形成完整的中国环境经济政策体系,为落实科学发展观、建设生态文明打好坚实的制度基础。

碳金融大事记

2004年

《清洁发展机制项目运行管理暂行办法》出台。根据《京都议定书》的规定,清洁发展机制是发达国家缔约方为实现其部分温室气体减排义务与发展中国家缔约方进行项目合作的机制，其目的是协助发展中国家缔约方实现可持续发展和促进《联合国气候变化框架公约》最终目标的实现，并协助发达国家缔约方实现其量化限制和减少温室气体排放的承诺。清洁发展机制的核心是允许发达国家通过与发展中国家进行项目级的合作，获得由项目产生的"核证的温室气体减排量"。《清洁发展机制项目运行管理暂行办法》的出台使得中国CDM的发展路径清晰起来。

2007年

7月，中国绿色碳基金也由中国绿化基金会发起成立，几个月后中国清洁发展机制基金也在北京成立，它是由国务院批准成立的国家基金；与此同时，多个支持低碳经济和项目的城市发展基金、私募基金、公募基金相继成立，如南昌开元城市发展基金、浙商诺海低碳基金、由汇丰晋信基金管理公司发起设立的只投资低碳环保领域上市公司的股票基金等。

2010年

10月，《国务院关于加快培育和发展战略性新兴产业的决定》发布。决定明确，建立和完善主要污染物和碳排放交易制度。

2011年

3月，"十二五"规划中提出中国逐步建立碳市场。

11月，发改委确定北京、广东、上海、天津、重庆、湖北、深圳七省市为首批碳排放交易试点省市，提出在2013年全面启动以上区域的强制性碳排放交易，通过建立区域碳排放交易体系，为建立全国统一的碳排放交易市场进行有益的探索。七个试点省市的政府可以自行规定省市内的碳交易体系，包括确定减排目标、碳排放权分配规则、要覆盖的领域、建立市场架构和政府管理制度。

2015年

我国政府在巴黎气候大会上承诺在2030年之前碳排放要达到峰值，单位GDP碳排放相比2005年下降60%—65%。基于大国责任以及现实需要，我国的碳金融市场逐步建立起来，7个碳交易试点市场在2014年均全部启动，尝试以不同的政策思路、分配方法等完成了数据摸底、规则制定、交易启动、履约清缴等交易过程，为我国统一碳金融市场积攒了宝贵经验。

2016年

国家发改委办公厅在发布的《关于切实做好全国碳排放权交易市场启动重点工作的通知》中，对我国碳市场的建设作出了明确部署，要求国家、地方、企业上下联动、协同推进全国碳排放权交易市场的建设，要求各地方主管部门组织有关单位进行企业碳排放数据的上报及核查，并于2016年6月30日前上报国家发改委。主要的工作任务分为以下四点：提出拟纳入全国碳排放权交易体系的企业名单，对拟纳入企业的历史碳排放进行核算、报告与核查，培育和遴选第三方核查机构及人员，强化能力建设。并给予了组织保障、资金保障、技术保障三个保障措施。

2017 年

12 月，国家发改委在就全国碳排放交易体系启动工作召开的发布会上表示，《全国碳排放权交易市场建设方案（发电行业）》已得到国务院批准，标志着我国全国碳市场即将拉开帷幕。

2021 年

11 月，中国人民银行创设推出碳减排支持工具这一结构性货币政策工具，以稳步有序、精准直达方式，支持清洁能源、节能环保、碳减排技术等重点领域的发展，并撬动更多社会资金促进碳减排。碳减排支持工具是"做加法"，用增量资金支持清洁能源等重点领域的投资和建设，从而增加能源总体供给能力，金融机构应按市场化、法治化原则提供融资支持，助力国家能源安全保供和绿色低碳转型。通过明确碳减排重点领域、强化金融机构对碳减排的信息披露等制度安排，碳减排支持工具将发挥政策示范效应，引导金融机构和企业更充分地认识绿色转型的重要意义，鼓励社会资金更多投向绿色低碳领域，向企业和公众倡导绿色生产生活方式、循环经济等理念，助力实现碳达峰、碳中和目标。

碳税

中国碳税工作综述

国外对碳税的研究,最初源于 1920 年庇古的《福利经济学》,它与能源税以及硫税、氮税、污水税等一起构成环境税体系。而碳税类似于经济学中的"庇古税",简称为二氧化碳排放税,是以减少二氧化碳排放为目的,对化石燃料(如煤炭、天然气、成品油等)按照其碳含量或碳排放量征收的一种税。碳税作为实现"双碳"目标的重要减排手段,具有明显优势。并且其作为一种新型税种,已在国外很多发达国家和地区充分实践,并取得良好的应用效果。

国际上碳税的实践大致可分为三个阶段。

第一阶段为 1990—2004 年。1990 年、1991 年,以芬兰、丹麦为代表的北欧发达国家最早开始实施碳税,到 20 世纪末形成了单一的碳税制度。

第二阶段为 2005—2018 年。2005 年欧盟正式成立碳排放权交易体系,国际上关于碳税和碳排放权交易(以下简称"碳交易")两种减排机制的研究初见成效;2007 年、2012 年、2014 年,日本、澳大利亚、墨西哥等国家通过碳税法案,尝试开征碳税。

第三阶段为 2019 年至今。随着全球在共同应对气候变化上达成共识及《京都议定书》《巴黎协定》等国际协议的推进,2019 年新加坡、南非等国家和地区相继实施碳税。世界银行的统计表明,截至 2021 年 1 月,全球共有 35 个国家(地区)开征碳税,涉及 27 个全国性征收方案、8 个地方性的征收方案。在 EUETS 不断发展的背景下,欧盟多国为尽快实现减排目标,推行碳税与碳交易并行的复合政策,其经验表明,二者相互协调配合,更可在注重公平的前提下提高减排效率。

总体而言,国际上碳税政策模式分为两种:一是单一碳税政策,即在碳减排工具中仅选择碳税,如芬兰等北欧国家初期的碳税制度和英国的气候变化税;二是复合碳税政策,即碳税与碳交易等其他碳定价机制并行,这种模式在欧盟较为普遍。值得注意的是,在已经开征碳税的国家(地区)中,碳税并非完全作为一个独立税种存在,而是作为该国(地区)加强环境保护和节能减排税收体系中的一部分。在一些国家，如芬兰、瑞典等北欧国家，碳税作为消费税、能源税或燃料税的一部分存在；在另一些国家，如丹麦和斯洛文尼亚，碳税作为环境税的一部分存在；大部分参与欧盟碳排放权交易体系的欧洲国家将碳税作为该体系的补充机制。

从碳税发展历程来看，大部分国家经历了从单一政策到复合政策的转变。最早开征碳税的芬兰经历多次改革，形成了较为成熟的"能源—碳"混合税体系。欧盟于2005年建立首个国际碳排放权交易体系——欧盟碳排放权交易体系，通过渐进的方式实现了由单一碳税制度向碳税、碳交易并行的混合政策转化。日本于2010年在东京设立了强制碳交易市场，2012年创立了"全球变暖对策税"。加拿大形成了联邦与各省灵活的碳定价体系，在联邦政府《泛加拿大碳污染定价方法》的基准约束下，各省具有根据本地区具体情况选择碳定价体系的自主权，并通过联邦碳定价后备方案确保整体碳减排目标的达成。可见，复合碳税政策逐渐成为多数国家的选择。碳税与碳交易的复合政策模式得以广泛使用，与两者在覆盖范围和价格机制上的互补性有关。在覆盖范围上，碳交易主要规制大型固定排放设施，而碳税覆盖范围广，可涵盖小型、分散、移动的排放源。在欧洲，EU ETS覆盖了高排放的电力部门和大工业部门，而碳税则覆盖占欧洲碳排放量55%的部门，包括来自汽车燃料、居民部门和小工业部门等小型排放源。在价格机制上，碳交易由于不进行事前固定价格，导致碳价因供需波动而缺乏稳定性，并且容易定价过低，降低减排效果。英国针对碳交易配额价格长期低迷的情况，于2013年制定了碳价支持机制（UK Carbon Price Support，CPS），对电力生产企业化石能源消耗实施双重调控。除了覆盖范围和价格机制上的互补性之外，两者还具有各自的优缺点和适用场景。

总结以上国际碳税征收情况，可以发现碳税征收实施成功的国家主要分布在欧洲，其碳税实施较早，立法实践最为成熟。这些国家在碳税立法及其实施过程中积累了较为丰富的经验，主要包括以下几点。

第一，以低税率起征，按照循序渐进的方式逐步提高税率。

第二，实施行业差别税率，对于能源密集型行业适用较低税率或进行碳税减免；对于交通运输业和碳基包装业等低效能高排放量的行业实施较高税率；建立碳排放交易体系，鼓励企业进行碳排放限额的交易。

第三，部分碳税税收用于鼓励调整能源结构，减少石化能源比重，增加新能源和可再生能源的使用。

第四，建立专项技术研究基金，鼓励开展绿色能源利用技术和能源高效利用技术的研究，例如生物质能、太阳能、风能、水能等低污染或无污染的能源利用技术。

第五，保证碳税税收的中性性质。一方面，通过各种方式将税收收入再循环到环境保护行动中。另一方面,通过降低其他税种,包括个人所得税和企业所得税等将碳税收入返还给纳税人,以增加就业,促进投资,提高经济发展效率。

据世界银行统计,截至2021年5月,全球正在实施的碳定价机制有64项,计划实施的有3项,所覆盖的碳排放量占全球的21.5%,较2020年提高6.4个百分点,其中碳税35项,涉及27个国家,分别遍布北美洲、欧洲、非洲、南美洲和亚洲等。

我国在2006年前后就开展了关于碳税的研究工作,学术界就关于是否征收碳税展开了深入讨论。2018年,我国开始征收环境税,但遗憾的是碳税并未被纳入其中,导致碳税始终未能真正成为一项政策。大量环境经济学家认为征收碳税对实现污染减排具有明显的作用,碳税应该被纳入环境税的征税体系之中。普遍的观点认为碳税作为一种定价机制,能通过税率高低调控产业发展,对不同减排能力的企业形成约束与激励相结合的双重机制。但不同政府部门考虑征收碳税的视角和利益诉求存在一定差异,如在已实施碳交易的情况下开展碳税是否会加重企业负担;选择在资源税、消费税、环境税之下加征碳税,还是在资源税、消费税和环境税之外单独开征碳税;或是将碳税作为环境税的一个税目征收——这些不同的方案未能在不同的政府部门间达成共识。

随着我国碳排放交易市场覆盖的地域范围逐渐扩大,囊括的行业逐渐增多,碳交易市场逐渐趋于成熟,碳税开征工作可以随之开展,全国逐渐形成以"碳税+碳排放权交易"为主的碳减排闭环,碳排放权交易的经验积累为碳税开征提供实际的经验借鉴。有学者认为要建立国内的市场化减碳价格机制,就要不断扩展纳管行业进而形成全国统一的碳市场,并且逐步连接国际成熟碳市场,同时加强中央政府的宏观调控和市场监管、地方政府的配额分配和排放监测情况,来驱动碳达峰、碳中和。

目前来看,若将碳税作为实现我国碳中和目标的一项重要市场化手段,就需要进一步研究讨论碳税的税目、税率以及征收管理办法等内容,厘清碳税与碳交易、补贴制度的使用边界和范围,制定不同阶段的碳税实施方案,更好地发挥碳税对减排的作用。

碳税是为了覆盖碳交易所覆盖不到的群体而缴纳的,虽然征收对象应该是面向广泛的排碳单位,但我国可以借鉴英国等国的经验,将两项政策并行实行,比如被纳入碳交易范围的企业可以适当减免碳税等。

实际上,此前也有媒体报道,国家发展改革委、财政部的相关研究报告表明,根据国际经验,结合我国实际国情,为了保护我国产业在国际市场的竞争力,我国可根据实际情况,在不同时期对受影响较大的能源密集型行业建立健全合理的税收减免与返还机制。对于积极采用技术减排和回收二氧化碳并达到一定标准的企业,给予减免税优惠等。

碳税政策法规

一、《中国碳税税制框架设计》专题报告

2010年6月1日,国家发改委和财政部联合颁布《中国碳税税制框架设计》专题报告。该报告分析了我国开征碳税的必要性和可行性,提出了在中国开征碳税的基本目标和原则,并初步设计了碳税制度的基本内容。当前我国进行资源税改革的形势下,报告还指出碳税预计在资源税改革后,即"十二五"期间实施。现从税制要素的角度来看,该报告主要内容如下。

1. 纳税人。当前我国能源消费结构仍以煤炭、石油为主。根据碳税的含义及我国国情,报告表明,我国碳税纳税人主要为向自然环境中直接排放二氧化碳的单位和个人。其中,单位包括国有企业、集体企业、私有企业、外商投资企业、外国企业、股份制企业、其他企业和行政单位、事业单位、军事单位、社会团体及其他单位。但出于促进民生的考虑,对于个人生活使用的煤炭和天然气排放的二氧化碳,暂不征税。

2. 征税对象。专题报告指出以化石燃料的含碳量为计税依据。因此,我国现阶段碳税的征税范围和对象相应确定为在生产、经营等活动过程中因消耗化石燃料直接向自然环境排放的二氧化碳。但由于二氧化碳是因消耗化石燃料所产生的,因此碳税的征收对象实际上最终将落到煤炭、天然气、成品油等化石燃料上。

3. 税率。由于二氧化碳排放对生态的破坏与其数量直接相关,而与其价值量无关,碳税采用从量计征的方式,税率采取定额税率形式。为尽量减少征收碳税对经济造成的负面影响,报告提出,在征收初期,碳税将从低标准起步,估计税额可能定在每吨10元到20元。

4. 税收优惠。在税收优惠的设计上,报告提出,从保护我国产业在国际市场的竞争力角度出发,将针对能源密集型行业,尤其受影响较大行业,建立健全合理的税收减免与返还机制。同时,报告还提出享受税收优惠应符合一定的条件,如与国家签订一定标准的二氧化碳减排或提高能效的相关协议等。

二、《中共中央 国务院关于完整准确全面贯彻新发展理念做好碳达峰碳中和工作的意见》

2021年9月,中共中央、国务院发布《中共中央 国务院关于完整准确全面贯彻新发展

理念做好碳达峰碳中和工作的意见》。该意见在完善"双碳"财税政策中的另外两项部署分别是，落实环境保护、节能节水、新能源和清洁能源车船税收优惠，研究碳减排相关税收政策。

此前中国已有部分碳减排相关税种或税收优惠政策，但要实现"双碳"目标，仍需要完善相关政策，包括探讨是否开征碳税等，打造一套绿色税制，充分发挥碳减排作用。在税收优惠政策方面，中国对风电、光伏发电等清洁能源、节能设备项目等实施增值税、消费税和企业所得税等税收优惠政策。新能源汽车、公共交通车辆和节能车船等也享受车辆购置税等相关优惠政策。

在碳减排相关税收方面，中国早已对原油、天然气和煤炭等化石能源征收资源税，成品油开征消费税，对大气污染物等开征环保税，对小汽车等开征车辆购置税等，在降碳减排和促进低碳发展上发挥了重要作用。

目前在碳减排相关税收政策研究中，碳税比较受关注。碳税是专门针对碳排放且以二氧化碳排放量为征收对象的税种。前些年环保税立法时，曾有人建议将二氧化碳纳入征税范围，不过最终并未纳入。

中国开征碳税有两种实现路径，第一种是改造现行税种，通过对化石燃料相关税种的改造，以二氧化碳排放量为依据进行附加征收，以达到征收碳税的目的；第二种是在现行对化石燃料征收的税种之外，直接以二氧化碳排放作为征收对象，开征名称为"碳税"的新税种。

我国现行税制体系当中也有资源税、成品油消费税、车船税等与绿色低碳内容紧密相关的税制基础，在整合的基础上开征碳税，对于理顺政策体系、进而加快我国碳达峰和碳中和的进程，减轻一些发达经济体拟开征的碳边境调节税可能对我国贸易发展的影响，都具有一定积极作用。

碳税开征需要权衡好实现碳减排目标与碳税的经济社会影响之间的关系，合理选择改革时机。需要做好碳税与碳排放权交易调控力度的协调，为碳减排提供一个相对明确的碳价，并使不同政策调控下的碳排放适用相对公平的碳价，从而能够对碳排放进行全面调控。

碳税大事记

2007 年

12 月召开的中央经济工作会议要求，"加快出台和实施有利于节能减排的财税、价格、金融等激励政策"，要完善节能减排财政政策体系，制定相关支出政策、税收政策、收费和价格政策，淘汰落后生产能力，促进产业结构调整，加快污染减排技术开发和技术产业化示范。

2010 年

6 月 1 日，国家发改委和财政部联合颁布《中国碳税税制框架设计》专题报告。该报告分析了我国开征碳税的必要性和可行性，提出了在中国开征碳税的基本目标和原则，并初步设计了碳税制度的基本内容。

2018 年

1 月 1 日，作为我国第一部专门体现"绿色税制"、推进生态文明建设的单行税法《中华人民共和国环境保护税法》正式开征，这将意味着征收了近 40 年的排污费正式谢幕。这是我国第一次对污染排放企业征收环保税，以解决过去排污费制度存在的执法刚性不足、地方政府干预等问题。该法规定，在中华人民共和国领域和中华人民共和国管辖的其他海域，直接向环境排放应税污染物的企业事业单位和其他生产经营者为环境保护税的纳税人，应当依法缴纳环境保护税。为促进各地保护和改善环境、增加环境保护投入，国务院决定，环境保护税全部作为地方收入。据估算，环保税征收规模将达 500 亿元。

2021 年

8 月 5 日，财政部在答复全国人大代表意见中表示，正牵头起草《关于财政支持做好碳达峰碳中和工作的指导意见》，拟充实完善一系列财税支持政策，积极构建有力促进绿色低碳发展的财税政策体系，充分发挥财政在国家治理中的基础和重要支柱作用，引导和带动更多政策和社会资金支持绿色低碳发展。下一步，将继续通过现有资金渠道加大投入力度，并强化监督指导，推动地方科学规范安排资金，切实提高资金使用效益，更好地支持碳达峰、碳中和工作。

（本部分由李叔豪、罗佳负责编写）

环境权交易

中国资源环境权与市场交易

中国资源环境权与交易机制建设综述

经过 70 年发展，我国环境规制政策体系内容不断丰富，环境保护涉及的范围不断扩大，参与环境政策颁布实施的机构不断增加，行政、经济、立法等多元化手段综合运用的环境规制路径愈发清晰，现已基本形成环境保护与经济发展平衡、污染防治与生态防护并重的环境规制政策理念，初步建成由法律、行政法规、部门规章、环境标准、批准和签署的国际条约共同构成的生态环境保护体系。

近年来，伴随着我国经济的飞速发展和城镇化水平的持续提高，气候变化、环境污染、能源短缺、资源匮乏等问题日趋凸显，已经严重制约城市高质量、可持续发展，在很大程度上影响了人们满足美好生活的需求。因此，新时代城市高质量发展必须树立和践行绿水青山就是金山银山的理念，将生态环境保护和能源资源节约利用提升到城市发展战略的高度，纳入城市运营的核心工作中，实现经济效益、社会效益和环境效益的统一。

市场化机制作为一种资源配置高效、体系设计灵活、更有助于激发企业自主性的管理工具，越来越多地被用于破解环境、能源、资源领域的问题。我国《国民经济和社会发展第十三个五年规划纲要》提出，建立健全排污权有偿使用和交易制度，建立健全用能权、用水权、碳排放权初始分配制度，创新有偿使用、预算管理、投融资机制，培育和发展交易市场。国务院印发的《生态文明体制改革总体方案》中较为详细地阐释了推进用能权交易制度、碳排放权交易制度、排污权交易制度和水权交易制度的内容。

以市场机制来治理环境问题，首先需要明确资源资产的产权归属。截至目前，我国已初步形成以使用权和所有权分离为代表的自然资源资产产权及有偿使用体系。2016 年 12 月 27 日，中共中央办公厅、国务院办公厅印发《关于创新政府配置资源方式的指导意见》，该意见对公共自然资源配置方式作出安排，要求以建立产权制度为基础，实现资源有偿获得和使用。随后，《关于统筹推进自然资源资产产权制度改革的指导意见》于 2019 年 4 月 14 日对外公布，进一步加快了健全自然资源资产产权制度进程，对统筹推进自然资源资产确权登记、自然生态空间用途管制改革，构建归属清晰、权责明确、监管有效的自然资源资产产权制度，具有重大推动作用。2019年7月11日，《自然资源统一确权登记暂行办法》出台，对水流、森林、山岭、草原、荒地、滩涂、海域、无居民海岛以及探明储量的矿产资源等自然资源的所有权和所有自然生态空间统一进行确权登记，这标志着我国开始全面实行自然资源统一确权登记制度，自然资源确权登记迈入法治化轨道。

而在实际工作中，试点先行是资源环境权交易的主要特点。在以上文件出台之前，我国就已先后进行了如排污权、用水权、用能权等交易试点。自20世纪80年代引入排污权交易制度以来，经过20年的研究与探索，自2007年开始，面向各类环境权益的交易试点工作逐步启动实施。考虑到环境权益交易机制的复杂性，排污权交易、碳排放权交易、水权交易、用能权交易市场均采用"先试点后推广"的思路，首先选择部分省市作为试点，待时机成熟后再向全国推广。四类环境权益交易市场分别在2007年、2011年、2014年、2016年启动试点工作。其中，碳排放权交易制度在"两省五市"试点的基础上，于2017年12月启动全国碳排放权交易市场，首先纳入电力行业；排污权、水权、用能权交易制度等仍为区域性试点。

实际上，资源环境权的交易是生态补偿制度的体现，背后暗含着的是以"谁开发、谁保护，谁破坏、谁恢复，谁受益、谁补偿，谁污染、谁付费"为主的原则。并且在实际工作中，如排污权前身是排污费，用水权的前身是取水许可和水资源费等。因此，本部分依次介绍了我国自然资源资产产权及有偿使用制度、排污权交易、用水权交易、用能权交易、碳排放权交易及碳汇交易等方面的工作情况。

中国自然资源资产产权及有偿使用工作综述

自然资源资产产权是自然资源资产的所有权、用益物权、债权等一系列权利的总称。自然资源资产产权制度是关于自然资源资产产权主体、客体、内容（权利义务）和权利取得、变更、消灭等规定的总和，是生态文明建设的基础性制度，对完善社会主义市场经济体制、维护社会公平正义、建设美丽中国起着重要的基础支撑作用。

自然资源有偿使用是指自然资源使用者向自然资源所有者支付费用，取得使用等相应权能。自然资源有偿使用制度是指开发利用自然资源的单位和个人，向自然资源所有者支付费用获得相应权利的一整套管理制度。具体包括产权体系、准入要求、交易规则、监管体系、权能保障、费用收取收益分配等制度安排。

一、中国自然资源资产产权及有偿使用制度建设背景

自然资源作为社会经济发展的基础性要素，当进入社会生产环节或社会流通环节后可转化为自然资源资产，并通过市场交易过程显化其价值属性。而产权制度是实行市场交易公平、合理、有序的重要保障。自然资源资产产权制度不仅是社会主义市场经济制度体系的组成部分，也是生态文明制度体系的基础性制度、核心制度。改革开放以来，我国在经济高速增长的同时，呈现了资源约束趋紧、生态环境恶化、产权纠纷多发、开发利用粗放的趋势。根本原因在于自然资源资产所有者不到位、权责不清、权益不落实、监管保护制度不健全。面对日益严峻的问题。2015 年 9 月，中共中央、国务院印发的《生态文明体制改革总体方案》，明确提出"构建归属清晰、权责明确、监管有效的自然资源资产产权制度"。2019 年 4 月，中共中央办公厅、国务院办公厅印发的《关于统筹推进自然资源资产产权制度改革的指导意见》，明确要求"2020 年基本建立归属清晰、权责明确、保护严格、流转顺畅、监管有效的自然资源资产产权制度"，相比《生态文明体制改革总体方案》的表述，增加了"保护严格"和"流转顺畅"，完整体现了产权界定、产权配置、产权交易和产权保护等产权制度建设的四大基本要素。加快推动自然资源资产产权制度改革，将为新时代中国社会经济高质量发展和生态文明建设提供重要制度保障。

改革开放以来，我国全民所有自然资源资产有偿使用制度逐步建立，在促进自然资源保护和合理利用、维护所有者权益方面发挥了积极作用。作为生态文明制度体系的一项核心制度，以及自然资源价值在法律上的体现和确认，其不仅有利于促进自然资源的合理开发和节约使用以及自然资源的保护和恢复，而且有利于保障自然资源的可持续利用，并促进经济社会的可持续发展。自然资源产权制度的确立是其有偿使用的前提条件，但在自然资源有偿使用工作进程中，实际是两者并驾齐驱、相互促进完善的过程。2017 年 1 月 11 日，中共中央办公厅、国务院办公厅印发的《关于创新政府配置资源方式的指导意见》，进一步明确了政府配置资源的范围和领域，并指出建立健全全民所有自然资源的有偿使用制度，更多引入竞争机制进行配置。在充分考虑资源所有者权益和生态环境损害成本基础上，完善自然资源及其产品价格形成机制。2017 年 1 月 16 日，国务院发布的《关于全民所有自然资源资产有偿使用制度改革的指导意见》，明确提出推进全民所有自然资源资产有偿使用制度改革，要切实加强与自然资源产权制度、自然资源统一确权登记制度等相关改革的衔接协调。

二、中国自然资源资产产权及有偿使用制度建设历程

（一）自然资源资产产权制度

新中国成立以来，伴随我国经济社会发展历程，我国自然资源资产产权制度大致经历了

以下四个主要阶段。

1. 确立自然资源公有制基础阶段（1950—1970）

我国1954年《宪法》规定，"矿藏、水流，由法律规定为国有的森林、荒地和其他资源，都属于全民所有"。国家所有制在自然资源领域占有主导地位。对于土地资源而言，经过合作化运动的开展，逐步形成了集体所有和国家所有相互并存的格局，自然资源产权制度公有制基本形成。在自然资源产权制度的实施中，产权的行使与行政管理权力高度融合，自然资源产权法律制度存在严重缺失，自然资源及其产品的交易流通受到限制。

2. 自然资源资产所有权、使用权分离和使用权无偿使用阶段（1970—1990）

尽管在该阶段禁止对自然资源资产所有权进行交易，但国家所有和集体所有的自然资源可由个人和单位依法开发和利用，如对自然资源的使用、收益、勘查、开采、采伐等活动。国家通过各种自然资源使用权的创设，如探矿权、采矿权、林权、土地承包经营权等，将自然资源资产无偿地授予开发和利用者。

我国1975年《宪法》和1978年《宪法》都重申了国有自然资源的地位和范围，同时明确国家可以依照法律规定的条件，对土地等生产资料实行征购、征用或者收归国有，确立了政府依法行使管理自然资源资产产权的制度。

20世纪80年代后，我国自然资源产权制度进入创新阶段。1982年《宪法》明确了土地、矿藏、水流、森林、山岭、草原、荒地、滩涂等自然资源国家所有和集体所有的二元制结构，但同时规定"国家所有的矿藏、水流，国家所有的和法律规定属于集体所有的林地、山岭、草原、荒地、滩涂不得买卖、出租、抵押或者以其他形式非法转让"。《森林法》（1984）、《草原法》（1985）、《渔业法》（1986）、《矿产资源法》（1986）、《土地管理法》（1986）、《野生动物保护法》（1988）和《水法》（1988）等单门类自然资源管理法律相继颁布。虽然当时这些法规制定修订的主要目的是为各类资源开发利用和管理服务，但也间接对自然资源产权制度进行了初步规定，基本形成了以自然资源品种法律为结构体系的法群，标志着自然资源产权管理初步实现了有法可依。

3. 自然资源资产所有权、使用权分离和使用权有偿使用阶段（1990—2010）

20世纪90年代末，自然资源产权制度伴随着经济体制改革逐步发展完善，《矿产资源法》（1996）、《土地管理法》（1998、2004）、《水法》（2002）、《渔业法》（2004）等各项自然资源单行法律相继进行了修改，一系列新的法律法规陆续出台。进入21世纪，以2007年《物权法》的颁布为标志，以自然资源所有权为主体、以自然资源用益物权和担保物权为两翼的自然资源产权体系基本形成，象征着自然资源所有权、使用权相分离和使用权有偿使用制度逐步发展完善。

此阶段相关法律体系的进一步完善，使自然资源的国家所有权得以明确，并明确由国务院代表国家行使所有权,确立了自然资源资产所有权、使用权分离和使用权有偿使用制度,奠定了我国当前自然资源资产产权制度的基础。

4. 全面推进自然资源资产产权制度改革阶段(2010年至今)

近十年来,中共中央高度重视自然资源资产产权制度改革工作,党的十八届三中全会、十八届四中全会、中央经济工作会议以及生态文明体制改革多次提到自然资源资产产权制度,并作出具体部署。2015年9月11日,国务院审议通过《生态文明体制改革总体方案》,其将健全自然资源资产产权制度作为生态文明的八大制度之一。2016年12月,《自然资源统一确权登记办法(试行)》、《自然资源登记簿》和《自然资源统一确权登记试点方案》的相继出台,标志着我国开始全面实行自然资源统一确权登记制度,自然资源确权登记迈入法治化轨道。2019年4月,《关于统筹推进自然资源资产产权制度改革的指导意见》的印发,标志着中国自然资源资产产权制度的顶层设计建成,明确了产权界定、产权配置、产权交易和产权保护的基本内涵和改革路径。我国自然资源管理制度已经全面向资源资产管理制度转变,在资源产权制度法理依据上实现了从品种法到法群的转变,在管理工具上开始探索从以政府管理为主到重视市场作用的转变,自然资源产权制度改革进入全面推进阶段。

(二) 自然资源有偿使用制度

全民所有自然资源资产有偿使用制度的目的是在经济价值上实现国家对自然资源的所有权,最大限度地保护各利益相关者的权益。该制度是随国家经济体制的改革而不断发展完善的。我国全民所有自然资源资产有偿使用制度经历了无偿使用阶段、有偿使用形成阶段和有偿使用完善阶段。

在1980年之前,我国实施自然资源无偿开发使用制度,国家政府集中有限的生产要素来进行自然资源的勘探、开发、生产、使用和管理。随着国民经济逐渐恢复,无偿使用制度的弊端日渐明显,难以满足经济需要,阻碍了资源行业的发展。20世纪80年代初,国家开始重视市场的调节作用,相继颁布了《矿产资源法》《水法》《草原法》《自然资源保护条例》等,明确规定自然资源使用者必须缴纳相关税费,有偿使用制度初步形成。21世纪初期,我国对各类自然资源的属性和价值都有了较为深入的了解,相关法律体系基本建成,并根据资源开采使用的实际情况不断更新各项重要配套措施,标志着该制度进入了逐步完善阶段。

按《关于全民所有自然资源资产有偿使用制度改革的指导意见》中对国有自然资源资产有偿使用的分类,以下分别介绍土地、矿产、水、森林、草原和海域海岛这六种资源有偿使用制度的建构历程。

1. 土地资源

(1) 初步探索、确立土地有偿使用制度(1980—2000)

我国国有土地有偿使用始于20世纪80年代后期的国有建设用地。在此之前,我国实行的土地使用制度是以无偿、无限期、无流动为特征的计划分配、行政划拨方式。

1979年7月1日，第五届全国人民代表大会第二次会议通过的《中华人民共和国中外合资企业经营法》第一次提出对外资企业征收土地使用费的概念。1981年，深圳在全国率先推进土地有偿、有限期使用，收取土地使用费。之后，上海、广州等城市纷纷效仿，都制定和颁布了有关的法规，对三资企业用地等征收土地使用费或场地使用费。从1982年开始，在广州、抚顺等城市对工业、商业等用地收取土地使用费，开展了土地商品属性的探索。1987年9月到12月，深圳市分别以协议、招标、拍卖三种方式出让三宗国有土地使用权。同年，国家土地管理局报经国务院批准，在深圳、上海、天津、广州、厦门、福州等城市进行土地使用制度改革试点。1987年9月、11月和12月，深圳市规划国土资源局分别以协议、招标和拍卖方式出让了3宗国有土地使用权。1988年，我国先后修改了《宪法》和《土地管理法》，明确了土地使用权可以依法转让，标志着我国从法律层面确立了城镇国有土地有偿使用制度，土地使用权与所有权分离，可以依法出让转让。1990年5月，国务院发布了《城镇国有土地使用权出让和转让暂行条例》，明确规定土地使用权可以采用协议、招标和拍卖三种方式出让或转让，土地使用制度改革进一步向前推进。相关法律的修改恢复了国有土地资产的商品属性，标志着土地管理开始步入资产化管理的轨道。

1992年，党的十四大决定全面建立社会主义市场经济体制，土地资产管理和土地市场建设开始进入土地市场制度建设阶段。1994年颁布的《城市房地产管理法》首次从法律层面明确了划拨和出让供地的范围，并具体明确了国有土地使用权出让、地价评估、公布和土地市场交易制度。1998年，《土地管理法》修订，新的土地有偿使用方式也被顺利写入修改后的《土地管理法实施条例》，两者共同确立了土地用途管制制度和土地有偿使用制度，并首次从法规上明确了出让、租赁、作价出资等土地有偿使用方式。

（2）基本建立国有土地资产市场体系框架与管理体制（2001—2007）

1998年国土资源部成立后，当时的土地利用司资产处经调研发现，经过几年的土地使用制度改革实践，土地有偿使用有了较好的工作基础，但是制度规范仍然不够，现实中几乎只有协议出让，国有土地资产流失严重，亟待加强制度创新和规范建设。在此阶段，相关工作围绕完善市场化配置和制度建设开展，以推进招标拍卖方式出让土地使用权为突破口，不断加快土地有偿使用市场建设，各市场中介组织开始独立发挥作用，市场体系框架基本形成，国有土地资产管理体制基本建立。

2001年年初，就土地资产管理中存在的问题，国土资源部向国务院进行专题报告，建议发文加强管理。随后，同年4月30日，国务院《关于加强国有土地资产管理的通知》下发。自此，土地收购储备制度广泛实施，经营性国有土地使用权招标、拍卖、挂牌出让逐步推开，协议出让和划拨供地得到进一步规范，国有土地资产管理得到加强。这是第一次在国家政策的层面上，明确提出了国有土地使用权招标拍卖的范围和界限，第一次对商业性房地产等经营性土地协议出让亮红灯。该通知成为经营性土地由以协议方式为主向以招标拍卖方式为主转变的分水岭，是国有建设用地使用权招标拍卖出让的纲领性文件。2002年5月9日，国土资源部根据国务院要求制定的《招标拍卖挂牌出让国有土地使用权规定》发布。该规定进一步明确商业旅游、娱乐和商品住宅等各类经营性用地，必须以招标、拍卖或者挂牌方式出让。前款规定以外用途的土地供地计划公布后，同一宗地有两个以上意向用地者，也应采用招标、拍卖或者挂牌的方式出让。招拍挂出让不仅是市场公开配置土地资源的有效方式，也是从源头上和制度上防治土地出让领域腐败问题的有效手段。

2004年3月，国土资源部印发《关于继续开展经营性土地使用权招标拍卖挂牌出让情况执法监察工作的通知》。该通知明确要求严格和规范执行经营性土地使用权招标拍卖挂牌出让制度，严格界定历史遗留问题并将历史遗留问题处理的最后时限设定为2004年8月31日。这也是社会上所言的土地协议出让"8·31大限"。这一系列举动，有效推进了土地招拍挂出让制度建设进程。2004年10月，国务院发布《国务院关于深化改革严格土地管理的决定》。该决定要求进一步推进土地资源的市场化配置，运用价格机制抑制多占、滥占和浪费土地。除按现行规定必须实行招标、拍卖、挂牌出让的用地外，工业用地也要创造条件逐步实行招标、拍卖、挂牌出让。2006年5月，国土资源部正式颁布了《招标拍卖挂牌出让国有土地使用权规范》和《协议出让国有土地使用权规范》。以上两个规范集成了与土地出让相关的法律法规和政策文件，从程序上和操作性上对土地出让活动进行了细化和规范。这两个文件的出台，标志着我国土地招拍挂出让进入全面规范阶段。

2006年8月，国务院发布《国务院关于加强土地调控有关问题的通知》。该通知要求建立工业用地出让最低价标准统一公布制度，国家根据土地等级、区域土地利用政策等，统一制定并公布各地工业用地出让最低价标准。2007年3月16日颁布的《物权法》明确规定：工业、商业、旅游、娱乐和商品住宅等经营性用地以及同一土地有两个以上意向用地者的，应当采取招标、拍卖等公开竞价的方式出让。至此，工业和经营性用地招拍挂出让，由国家政策上升为国家法律。2007年4月，国土资源部与监察部共同发布的《关于落实工业用地招标拍卖挂牌出让制度有关问题的通知》要求，适应工业项目用地特点，有针对性地组织实施工业用地招标、拍卖、挂牌出让工作，并强化执法监察，必须严格执行《招标拍卖挂牌出让国有土地使用权规定》和《招标拍卖挂牌出让国有土地使用权规范》规定的程序和方法。

（3）完善扩大国有土地有偿使用制度（2008年至今）

在这一阶段，我国土地有偿使用制度改革继续向纵深推进，市场机制在配置土地资源中的基础性作用不断扩大和深化。

2008年1月,《国务院关于促进节约集约用地的通知》(国发〔2008〕3号)发布,其明确要求深入推进土地有偿使用制度改革,严格落实工业和经营性用地招拍挂出让制度,充分发挥市场机制在配置土地资源中的基础性作用,健全节约集约用地的长效机制。

2016年12月31日,国土资源部会同国家发展和改革委员会、财政部、住房和城乡建设部、农业部、中国人民银行、国家林业局、中国银监会联合印发《关于扩大国有土地有偿使用范围的意见》,这是改革完善国有土地使用制度、发挥市场配置土地资源决定性作用的重大举措。文件的实施,对促进国有土地资源全面节约集约利用、更好支撑和保障经济社会持续健康发展发挥重大积极作用。2019年7月6日,国务院办公厅出台《关于完善建设用地使用权转让、出租、抵押二级市场的指导意见》。该意见是我国首个专门规范土地二级市场的重要文件,明确要建立产权明晰、市场定价、信息集聚、交易安全、监管有效的土地二级市场,搭建城乡统一的土地市场交易平台。

2. 矿产资源

矿产资源确权登记从2017年国土资源部办公厅印发的《探明储量的矿产资源纳入自然资源统一确权登记试点工作方案》,选择福建、贵州两省开展探明储量的矿产资源所有权统一确权登记试点,到国土资源部办公厅进一步印发《探明储量的矿产资源统一确权登记调研工作方案》《探明储量的油气矿产资源统一确权登记调研工作方案》函,组织10个调研组分赴16个省份和有关油气公司开展专项调研,召开探明储量的矿产资源、探明储量的油气矿产资源统一确权登记调研工作座谈会,对工作予以部署。而在有偿使用方面,从矿产资源的探索开发来看,矿产资源有偿使用改革进程大致可分为以下三个阶段。

(1)初步确立探矿权和采矿权制度(1986—2005)

新中国成立后的整个计划经济时期,我国一直实行的是无偿开采矿产资源制度。直至1986年出台的《矿产资源法》,才明确规定了国家在矿产资源管理中的所有权与使用权的适当分离原则,从法律上明确了探矿权和采矿权制度,但由于计划经济的烙印,仍然规定探矿权、采矿权由国家通过行政许可无偿授予并不得流转。随后,矿业权的出让方式由单一的行政审批出让增加到行政审批、招标和拍卖三种方式,矿业权取得从此由无偿变为有偿。

1996年,《矿产资源法》进行修订,随后《矿产资源勘查区块登记管理办法》《矿产资源开采登记管理办法》出台,三者共同确定了我国实行探矿权采矿权有偿取得制度,有偿取得的主要形式是缴纳探矿权、采矿权使用费和探矿权、采矿权价款,从此拉开了探矿权、采矿权有偿取得的历史一幕。但在上述规定实施后,由于国家出资探明矿产地清理工作的滞后,新出让国家出资探明矿产地的探矿权、采矿权时未收取探矿权、采矿权价款的情况依然存在。

2000年,国土资源部发布《矿业权出让转让管理暂行规定》,其首次对矿业权出让作了定义,尽管没有规定各种出让方式的适用范围,却规定了批准申请、招标、拍卖三种矿业权出让方式的基本程序，并突破《矿产资源勘查区块登记管理办法》的规定，将矿业权拍卖作为矿业权出让的方式。但由于这些规定都比较模糊，并且不具有强制性，在矿业权出让管理实践中通过招标、拍卖方式有偿出让探矿权的情形比较少见，申请在先的行政审批仍是此阶段探矿权出让的主导方式。

2003年8月1日，《探矿权采矿权招标拍卖挂牌管理办法（试行）》开始施行。该办法首次建立了我国探矿权的分类出让制度，从国家出资、地质勘查程度、储量规模、矿种自然赋存条件、社会经济价值等要素方面，规定了新设采矿权应当采用招拍挂方式出让的四种情形，并对不同情形的新设探矿权规定了招拍挂三种竞争性出让方式及各种方式的基本程序。自该办法施行后，各地以招拍挂竞争方式出让的探矿权数量迅速增多，对上述三种情形的新设探矿权采用招拍挂方式出让成为强制性规定。

（2）完善规范有偿获取制度（2006—2011）

在此阶段，探矿权采矿权全面实行有偿取得制度进一步明确，各项出台的政策在不断巩固探矿权采矿权的有偿取得外，也在不断规范矿产资源有偿使用市场，对以往不合规的行为进行清理。同时，以煤炭为代表的试点工作开始开展，为全面推行矿产资源有偿使用奠定基础。

2006年1月20日，国土资源部副部长汪民指出，要以煤炭为试点，解决矿山企业无偿取得矿业权的有偿处置问题，力争做到矿产资源有偿使用制度改革全面推进。9月，国务院批复同意财政部、国土资源部、发展改革委《关于深化煤炭资源有偿使用制度改革试点的实施方案》。该方案规定山西省等8个煤炭主产省（自治区）进行煤炭资源有偿使用制度改革试点。同年，国土资源部发布实施的《关于进一步规范矿业权出让管理的通知》，对2003年发布的《探矿权采矿权招标拍卖挂牌管理办法（试行）》进行了完善，确立了现行探矿权分类出让管理制度的基本框架。新通知首次确立了按风险分类型分方式出让探矿权的管理办法，即按照勘查风险将矿产资源分为高风险矿产类、低风险矿产类分别确定不同的出让方式，对探矿权的出让方式重新进行了规定。

2008年2月28日，《财政部 国土资源部关于探矿权采矿权有偿取得制度改革有关问题的补充通知》发布，其首次明确提出有偿处置的概念。4个月后，《国土资源部办公厅关于做好部登记的采矿权有偿处置工作的通知》印发，其延续了有偿处置的概念，要求各地对无偿取得的矿业权进行清理，按要求进行储量核实评审备案和价款评估工作。

2010年，国土资源部发布《关于鼓励铁铜铝等国家紧缺矿产资源勘查开采有关问题的通知》。其对2006年《关于进一步规范矿业权出让管理的通知》所规定的政策性优先协议出让范围进行了补充，将扩大探矿权采矿权毗邻区域范围，属国家紧缺矿产的情形进行优先协议出让，对应当招标的情形进行了补充，规定低风险类国家紧缺矿产主要采用招标的方式出让，并对《矿产资源勘查开采分类目录》中的铁矿分类进行了调整。

2011年，国土资源部颁布《国土资源部关于进一步完善矿业权管理促进整装勘查的通知》。其继续对《关于进一步规范矿业权出让管理的通知》进行补充，规范完善风险分类出让方式制度，细化完善现行分类，优化竞争方式，同时还要求各地不得擅自扩大协议出让范围。

（3）探索建立权益金制度，推动完善矿产资源有偿取得（2012年至今）

2015年9月，国土资源部发布《关于改革我国矿产资源有偿使用和有偿取得制度的提案复文摘要》。其要求继续推进矿产资源有偿使用制度和资源税制度改革，探索建立矿产资源国家权益金制度。重点是针对当前国家矿产资源资产权益亟待维护，突出表现在部分矿种矿产资源补偿费率降为零后矿产资源所有权人权益不落实，尚未形成合理的资源价格形成机制和资源税费体系，造成矿产资源国家所有者权益流失等问题。

2017年4月13日，国务院印发《矿产资源权益金制度改革方案》。该方案提出四点意见。一是将现行探矿权采矿权价款调整为适用于所有国家出让矿业权、体现国家所有者权益的矿业权出让收益。二是将探矿权采矿权使用费整合为根据矿产品价格变动情况和经济发展需要实行动态调整的矿业权占用费。三是在矿产开采环节，做好资源税改革组织实施工作。四是将现行矿山环境治理恢复保证金调整为管理规范、责权统一、使用便利的矿山环境治理恢复基金。

除权益金制度外，矿产资源的矿业权出让制度也在不断完善。2017年6月，中共中央办公厅、国务院办公厅印发《矿业权出让制度改革方案》。该方案提出要按照市场经济要求和矿业规律，改革完善矿业权出让制度，用3年左右时间，建成"竞争出让更加全面，有偿使用更加完善，事权划分更加合理，监管服务更加到位"的矿业权出让制度。两年后，财政部同自然资源部于2019年4月联合印发《关于进一步明确矿业权出让收益征收管理有关问题的通知》。该通知进一步规范了矿业权出让收益征收管理工作。同年12月，自然资源部下发《关于推进矿产资源管理改革若干事项的意见（试行）》。包括全面推进矿业权竞争性出让在内，其对矿业权出让制度改革提出六条具体改革内容。

3. 水资源

我国水资源有偿使用制度相关法律的形成经历了较长历史阶段。在新中国成立后的很长一段时间内，全国水资源几乎为免费使用。水资源的初次有偿使用开始于20世纪70年代的地方实践。在1982年召开的城市用水工作会议上，首次就工矿企业自备的水源收取水资源费进行讨论。80年代后期，我国进入了水资源管理体制和水资源管理制度蓬勃发展的新时期，如水价制度的改革、灌区管理体制的改革、取水许可制度的颁布和水资源费的收取等。随着东阳—义乌水权转让、张掖市水票交易、黄河水权转让试点等案例的涌现，水权交易也逐渐走上有偿使用的市场化发展道路。

1988年1月21日,《中华人民共和国水法》(以下简称《水法》)颁布。其首次以法律的形式确立了水资源有偿使用制度,明确提出水资源的国家所有属性以及使用付费规定。虽然1988年《水法》在一定意义上规定了水资源的有偿使用,但没有确立市场主体在水资源使用方面的权利与义务,未落实形成监管体系,忽视了通过市场机制来发挥对水资源的配置,使实际实施效果不尽如人意,无法激励社会各界形成节约用水和缴纳水资源费的主动性。

2001年,水利部提出了完整的水权制度建设方案,确立了"总量控制和定额管理相结合"的改革思路。2002年8月29日,《水法》第二次修订审议通过。此次修订以法律形式确定了水政部门对水资源的管理权力,进一步完善水资源所有权构成体系,在水资源权属方面确立了所有权与使用权的分离原则,并新提出取水许可与取水权概念,以实施取水许可制度和水资源有偿使用制度为重点,加强用水管理,使我国的水资源管理形成了一套完整的行政分配体系。

2005年开始,国务院将国家水权制度建设作为深化经济体制改革的重点内容,多次列入年度深化经济体制改革工作意见中。2006年2月21日,国务院发布《取水许可和水资源费征收管理条例》。其将水权制度、取水许可制度和水资源有偿使用制度相结合,对相关费用标准和实施程序进一步规范细化。同年3月,《国民经济和社会发展第十一个五年规划纲要》发布。该纲要提出要建立国家初始水权分配制度和水权转让制度。此后,2011年的中央一号文件与2012年的国务院三号文件均提出要建立完善水权制度,充分运用市场机制优化配置水资源。2012年11月26日,国务院发布《国家农业节水纲要(2012—2020年)》,其中提出有条件的地区要逐步建立节约水量交易机制,构建交易平台,保障农民在水权转让中的合法权益。

随着水资源有偿使用制度改革进程不断推进,水权制度的不断深入,以及我国面临的水资源短缺的严峻现实,多项政府工作报告和重大会议都多次谈及水权交易。如党的十八大报告提出积极开展水权交易试点;《中共中央关于全面深化改革若干重大问题的决定》提出对水流等自然生态空间进行统一确权登记,推行水权交易制度,建立吸引社会资本投入生态环境保护的市场化机制。2014年6月30日,水利部印发的《水利部关于开展水权试点工作的通知》提出,在宁夏、江西、湖北、内蒙古、河南、甘肃和广东7个省区启动水权试点。2016年5月9日,财政部、国家税务总局、水利部联合印发《水资源税改革试点暂行办法》。该办法明确从2016年7月1日起,在河北省实施水资源税改革试点。2017年11月24日,在《水资源税改革试点暂行办法》基础上,财政部、税务总局、水利部联合发布《扩大水资源税改革试点实施办法》。该实施办法将试点范围从河北省扩大至北京、天津、山西、内蒙古、山东、河南、四川、陕西、宁夏等9个省(自治区、直辖市)。为落实《国务院关于全民所有自然资源资产有偿使用制度改革的指导意见》的要求，加快健全和完善水资源有偿使用制度，进一步推进水资源有偿使用制度改革，促进水资源可持续利用，水利部、国家发展和改革委员会、财政部于2018年2月28日联合出台《关于水资源有偿使用制度改革的意见》。该意见明确了水资源有偿使用制度改革的总体要求、主要任务等，是推动水资源有偿使用制度改革的重要指导性文件。

4. 森林资源

我国森林资源产权市场发展整体滞后，其发育与农村实行"家庭联产承包责任制"，和林业"三定"后的农村土地所有权与使用权开始分离紧密相关。最早的市场行为始于20世纪90年代。当时山西、陕西等省在黄土高原小流域治理中，农村集体经济组织在不改变土地所有权的前提下，把"四荒"地（荒山、荒沟、荒丘、荒滩）一定年限的使用权，以承包、租赁或拍卖的形式有偿转让给土地使用者。1990年年底，湖南怀化地区被国务院确定为农村改革试验区后，市场机制开始引入山地制度改革，因规模经营需要，"转租""买断"大量涌现，林地流转开始，并在全国其他地方迅速推广。

1998年4月29日，《中华人民共和国森林法》第一次修正审议通过。修正后的《森林法》明确规定森林资源可以依法转让，也可以作价入股，或作为合资、合作的条件，森林资源市场发育步入法制的轨道。但各级林业部门的注意力仍集中于培育和保护森林资源，对利用市场机制促进林业发展关注不足，因而市场不发育、交易不规范等现象普遍存在，森林资源产权市场处于失灵或半失灵状态。目前全国比较集中的有固定场所的或具有专业性质的森林资源产权市场较少，仅有福建永安林业要素市场、河南省活立木交易市场等几家，但名称上并不统一。森林资源产权交易载体极为缺失，多数森林资源产权交易处于一种无序的状态。

在国务院没有出台规范国有森林资源流转的具体规范情况下，国家林业局一直以来持不赞成国有森林资源流转的态度，并相继下发3个文件《国家林业局关于进一业规范和加强林权登记发证工作的通知》（林统发〔2007〕33号）、《国家林业局关于进一步加强森林资源管理促进和保障集体林权制度改革的通知》（林资发〔2007〕252号）和《国家林业局关于加强国有林场森林资源管理保障国有林场改革顺利进行的意见》（林场发〔2012〕264号），明确规定"国有森林资源的流转，在国务院未制定颁布森林、林木和林地使用权流转的具体办法之前，受让方申请林权登记的，暂不予以登记""各类国有森林资源在国家没有出台流转办法前，一律不准流转""严禁国有林场森林资源流转"。由此可见，从行业监管的角度来看，自1998年《森林法》修正后，国有森林资源流转在行业监管政策上采取的是禁止措施。但在现实中，国有森林资源流转、国有森林资源有偿使用现象在一些地方开始出现。从2013年14个驻省专员办对国有森林资源流转问题进行的典型抽样调查情况看，国有森林资源流转监管主体、流转方式、流转评估、流转价格等方面存在诸多问题。

5. 草地资源

草原是我国面积最大的陆地生态系统,与森林共同构成我国生态安全屏障的主体。然而目前全国草原退化依然严重,已经修复的草原也亟须巩固成果;草原超载过牧问题突出,实现草畜平衡的压力很大,部分地区家畜超载严重;违法违规征占用草原、开垦草原、破坏草原植被的现象屡禁不止,有的草原被不断蚕食。草地资源的有偿使用制度亟待健全。

随着经济社会的发展,新中国成立后我国草原的管理模式经历了以下三个阶段。1956 年以前,由于草原牧区人口稀少,牲畜规模较小,牧户采用传统的游牧方式逐水草而居,完全依赖于草地的自然生产力和自我恢复能力。1956 年完成经济私有制改造之后,我国建立了以人民公社、生产大队和生产队为主的"三级所有,队为基础"的畜牧生产模式,草地资源就成为一种公共财产资源,牧民主要采用固定放牧模式,且随着人口的不断增长,对草地畜牧产品的需求也不断增大。但由于缺少制度性的约束,草地利用长期处于"草原无主、牧民无权、侵占无妨、破坏无罪"的无序状态。1978 年开始实行草原承包制度后,在市场经济体制下,所有权和使用权分离,大部分地区实行了"草原共有,承包经营,牲畜作价,户有户羊"的家庭承包经营责任制。各地区普遍把草原家庭承包经营制作为草原牧区的一项基本经营制度加以稳步推进,但草原基本上处于低偿、无偿使用的状态。

1985 年《中华人民共和国草原法》的颁布,标志着我国草原保护结束了无法可依的局面。2003 年 3 月 1 日起施行的新修订的《中华人民共和国草原法》(以下简称《草原法》),标志着我国草原保护真正步入了法制化时代。《草原法》分别从草原的界定、草原权属、草原确权登记、草原承包经营、草原的建设利用、规划、保护、监督检查、法律责任等方面作出了具体规定。随后,农业部配套制定了《草畜平衡管理办法》《草原征占用审核审批管理办法》等规章,内蒙古、黑龙江、四川、宁夏、西藏、甘肃、青海等省区陆续制定或修订了《草原法》实施办法,草原法规、规章体系初步形成。2015 年,农业部发布《关于开展草原确权承包登记试点的通知》。至此,主要草原省份都已启动草原承包确权承包工作,尝试草地资源有偿使用。如内蒙古鄂托克前旗利用草原确权承包机遇及时启动"三权分置"改革试点,即草原所有权、承包权和经营权分置,于 2015 年 7 月发布了《草原承包权证经营权证试点办法》。各试点旗县都将草原确权承包经费纳入旗县财政预算,财政实力强的旗县为确权承包拨付专款,实力弱的旗县通过整合财政支农资金等办法筹集确权承包经费。

6. 海洋资源

海域有偿出让始于 20 世纪 90 年代初,海南、辽宁、山东等地先后出现了外商使用我国海域的问题,一些外商多次要求我方对其使用海域进行报价磋商。为规范海域的使用,部分县市制定了海域使用管理办法,但收费标准、审批部门等各不相同,出现"多头对外审批"现象。为此,1991 年,国家海洋局、财政部联合向国务院提交了《关于外商投资企业使用我国海域有关问题的报告》。次年，国务院批复通知（国办通〔1992〕20号）明确要求"为加强对使用我国海域（包括内海、领海的水体、底土部及其上空）的管理，应尽快制定对国内外企业使用我国海域从事生产经营活动的行政管理办法"。

1993年5月21日，财政部和国家海洋局颁布了《国家海域使用管理暂行规定》，其总则第1条就明确指出"根据国务院关于加强我国海域使用管理，实行海域使用证制度和有偿使用制度的精神，制定本规定"。该规定的颁布实施，首次以正式文件的形式确定了中国实行海域有偿使用制度。

2001年10月27日，第九届全国人民代表大会常务委员会第二十四次会议通过了《中华人民共和国海域使用管理法》（以下简称《海域法》），并自2002年1月1日起实施。《海域法》第33条规定"国家实行海域有偿使用制度"。自此，中国实行海域有偿使用制度有了法律依据。这部法律明确了海域使用管理体制、海域使用管理基本制度、管理方式和内容等，通过实施，达到加强海域使用管理、维护国家海域所有权和海域使用权人的合法权益，促进海域资源合理开发和可持续利用的目标。《海域法》实施以来，国家在落实和推进海域使用有偿制度方面做了大量的工作，既取得了一定的实践经验，也存在还待解决的问题，进一步完善海域有偿使用制度的配套措施，是国家培育和发展海域一级市场的基础。

2007年，财政部和国家海洋局联合发布《关于加强海域使用金征收管理的通知》。该通知提出"除农业填海造地用海、盐业用海、养殖用海暂由沿海各省、自治区、直辖市财政部门和海洋行政主管部门制定标准外，各地区、各类型用海海域使用金征收标准统一由财政部、国家海洋局制定"，并规定了海域使用金征收方式、缴库方式、管理和监督管理责任部门。2009年，财政部、国家海洋局出台的《海域使用金使用管理暂行办法》施行。关于海域使用金减免，2006年，财政部、国家海洋局联合颁布了《海域使用金减免管理办法》，2008年又联合下发了《关于海域使用金减免管理等有关事项的通知》，其规定了海域使用金减免的情形、权限和程序。2013年，下发了《财政部 国家海洋局关于调整海域使用金免缴审批权限的通知》（财综〔2013〕66号）。2018年，财政部与国家海洋局又对此联合发布《调整海域 无居民海岛使用金征收标准》，并同时发布其所制定的《海域使用金征收标准》和《无居民海岛使用金征收标准》，该通知要求自5月1日起，征收海域使用金和无居民海岛使用金统一按照国家标准执行。2018年7月5日，国家海洋局根据《中华人民共和国海域使用管理法》和《中华人民共和国海岛保护法》，为完善海域、无居民海岛有偿使用制度，保护海域、无居民海岛资源，发布《关于海域、无居民海岛有偿使用的意见》。

2019年12月17日，自然资源部发布《自然资源部关于实施海砂采矿权和海域使用权"两权合一"招拍挂出让的通知》。该通知明确，全面实施海砂采矿权和海域使用权"两权合一"招标拍卖挂牌出让制度，并规定"两权"招拍挂出让应当委托政府公共资源交易平台进行。

自然资源资产产权政策法规

一、《关于创新政府配置资源方式的指导意见》

2016年12月27日,中共中央办公厅、国务院办公厅印发《关于创新政府配置资源方式的指导意见》(以下简称《意见》)。《意见》对公共自然资源配置方式作出安排,要求以建立产权制度为基础,实现资源有偿获得和使用。

公共自然资源包括法律明确规定由全民所有的土地、矿藏、水流、森林、山岭、草原、荒地、海域、无居民海岛、滩涂等。在部分国家和地区,由于公共自然资源无序开发利用造成的"公地的悲剧"屡有发生。

《意见》指出,要坚持资源公有、物权法定,明确全部国土空间各类自然资源资产的产权主体。对水流、森林、山岭、草原、荒地、滩涂等所有自然生态空间统一进行确权登记。建立健全全民所有自然资源的有偿使用制度,更多引入竞争机制进行配置,完善土地、水、矿产资源和海域有偿使用制度,探索推进国有森林、国有草原、无居民海岛有偿使用。

《意见》还对无线电频率等非传统自然资源配置提出要求。对地面公众移动通信使用频率等商用无线电频率、电信网码号等资源,要逐步探索引入招投标、拍卖等竞争性方式进行配置。优化空域资源配置,提高空域资源配置使用效率,增加民航可用空域,深化低空空域管理改革。

二、《自然资源统一确权登记暂行办法》

2019年7月11日,自然资源部、财政部、生态环境部、水利部、国家林业和草原局联合印发《自然资源统一确权登记暂行办法》(以下简称《办法》)。《办法》要求对水流、森林、山岭、草原、荒地、滩涂、海域、无居民海岛以及探明储量的矿产资源等自然资源的所有权和所有自然生态空间统一进行确权登记。这标志着我国开始全面实行自然资源统一确权登记制度,自然资源确权登记迈入法治化轨道。

1. 出台背景

自然资源统一确权登记是中央生态文明体制改革的重要决策部署,是加强自然资源资产管理的现实需要,是履行自然资源管理"两统一"职责的基础支撑。2016年12月,按照中央改革要求,国土资源部等部委联合印发了《自然资源统一确权登记办法(试行)》,其明确在12个试点省份先行实施。经过1年多的试点，探索出一套行之有效的自然资源确权登记工作流程、技术方法、标准规范，验证了自然资源确权登记的现实可操作性。试点的另一个重要成果是发现了在资源类型划分、登记单元确定、登记管辖和权利主体确定等方面的问题和困难。随着生态文明体制改革的深入推进，特别是机构改革逐步到位，原来不具备条件、未作规定的登记管辖和所有权主体等内容需要予以明确，试点中发现的一些重大问题，需要作出回应，以增强该办法的时代性、指导性和可操作性。

为贯彻落实党中央、国务院关于生态文明建设决策部署，建立和实施自然资源统一确权登记制度，推进自然资源确权登记法治化，推动建立归属清晰、权责明确、保护严格、流转顺畅、监管有效的自然资源资产产权制度，实现山水林田湖草整体保护、系统修复、综合治理，在总结试点经验的基础上，坚持以下原则对原办法进行了修订。一是巩固已有制度成果。坚持以不动产登记为基础开展自然资源统一确权登记，在物权登记不重不漏的前提下，实现全部国土空间内自然资源所有权和所有自然生态空间登记的全覆盖。二是强化改革协同。与自然资源资产管理体制改革、自然资源资产产权制度改革、国家公园体制改革以及统一调查、统一规划等改革相衔接，充分利用已有成果，提高自然资源确权登记效率。三是突出整体保护。落实山水林田湖草"生命共同体"理念，按照生态功能重要性确定登记单元，划定优先级。根据地表、地上、地下空间完整性，推进土地与自然资源立体空间整体登记。四是增强适用性。对于试点反映的问题，有共识的尽量明确，做到有章可循，对于一时难以统一规定的事项，明确方向和原则，为地方创新预留接口。

经过1年多的修订完善，自然资源部联合财政部、生态环境部、水利部、国家林草局制定印发了新的《办法》。

2. 主要内容

《办法》重点针对试点中发现的登记管辖、资源类型划分、权利主体确定和登记单元划分等方面存在的问题，进行了修改完善和明确规定。

一是根据机构改革要求和实际工作需要，建立分级负责、分工明确的确权登记工作机制。考虑到国家公园等自然保护地、大江大河大湖和跨境河流、重点国有林区、海域、无居民海岛、生态功能重要的湿地和草原、石油天然气、贵重稀有矿产资源等自然资源对国家生态、经济、国防等方面意义重大，且一般范围广、面积大，很多是跨省级行政区的，为更好地履行全民所有自然资源所有者职责，确保自然资源确权登记体现山水林田湖草生态系统的整体性、系统性及其内在规律，防止在登记单元划定过程中产生利益冲突和矛盾，此次修订，明确了由中央政府直接行使所有权的自然资源和生态空间的统一确权登记工作，由国家登记机构负责办理；由中央委托地方政府代理行使所有权的自然资源和生态空间的统一确权登记工作，由省级及省级以下登记机构负责办理。

二是与国土调查、不动产登记等工作相衔接。明确自然资源类型边界通过充分利用全国国土调查成果、自然资源专项调查成果等自然资源调查成果获取，避免重复调查产生自然资源类型划分交叉重叠。明确已办理登记的不动产权利，通过不动产单元号、权利主体实现自然资源登记簿与不动产登记簿的关联。对于国家公园、自然保护区等各类自然保护地管理或保护范围内存在集体所有自然资源的，一并划入登记单元，予以标注和记载。

三是明确登记簿上予以记载的三类主体。根据《宪法》《物权法》等法律和《深化党和国家机构改革方案》《关于统筹推进自然资源资产产权制度改革的指导意见》《关于建立以国家公园为主体的自然保护地体系的指导意见》等党中央决策部署，按照自然资源确权登记要立足于服务管理需要的要求，明确在登记簿上对所有权主体、所有权代表行使主体、所有权代理行使主体三类主体予以记载：其中，全民所有自然资源和生态空间的所有权人均登记为全民；所有权代表行使主体均登记为自然资源部。在具体行使所有权方式上，分中央直接行使和委托代理行使。中央委托相关部门、地方政府代理行使所有权的，所有权代理行使主体登记为相关部门、地方人民政府。

四是细化自然资源登记单元划定规则。明确国家批准的国家公园、自然保护区等各类自然保护地按照管理或保护范围优先划定登记单元；水流以河流、湖泊管理范围为基础，结合堤防、水域岸线划定登记单元；湿地按照自然资源边界划定登记单元；森林、草原、荒地按照国有土地所有权权属界线封闭的空间划定登记单元；海域登记范围为我国的内水和领海，依据沿海县市行政管辖界线，自海岸线起至领海外部界线划定登记单元；无居民海岛按照"一岛一登"的原则，单独划定登记单元，进行整岛登记；探明储量的矿产资源，固体矿产以矿区、油气以油气田划分登记单元；山岭和滩涂资源在森林、湿地等登记单元中已体现，因此，不再单独划定自然资源登记单元。对于已纳入国家公园、自然保护区、自然公园等自然保护地登记单元内的森林、草原、荒地、水流、湿地等不再单独划定登记单元，作为国家公园、自然保护区、自然公园等自然保护地登记单元内的资源类型予以调查、记载。

五是明确自然资源确权制度。在确权方面，充分利用集体土地所有权确权登记发证、国有土地使用权确权登记发证等不动产登记成果，开展自然资源权籍调查，采取叠加的方式划清全民所有和集体所有的边界以及不同集体所有者的边界。为确保权属界线清晰明确，规定登记单元的重要界址点应现场指界，必要时可设立明显界标。同时规定，在国土调查、专项调查、权籍调查、土地勘测定界等工作中对重要界址点已经指界确认的，不需要重复指界。在权属争议处理方面，按有关法律法规规定处理。

3. 如何应用自然资源确权登记成果

自然资源统一确权登记立足于保护产权、服务自然资源管理的需要，其成果要建立涵盖自然状况、权属状况和公共管制要求等内容的自然资源登记"一个簿"、产权管理"一张图"

和信息"一张网",为落实党中央、国务院关于生态文明建设决策部署,加强自然资源管理提供基础支撑。

一是建立登记"一个簿",衔接自然资源管理上下游。自然资源确权登记在自然资源管理整体工作链条中起着业务承上启下、成果"瞻前顾后"的衔接作用。一方面,自然资源统一确权登记充分利用自然资源调查、开发利用及权利配置结果,再通过确权登记予以确认公示;另一方面,通过自然资源统一确权登记,明晰自然资源权属状况和自然状况,为所有者权益的保护和行使、实施自然资源有偿使用和生态补偿制度等提供产权依据。

二是形成产权"一张图",支撑部"两统一"职责履行。通过开展自然资源统一确权登记,清晰界定自然资源资产的产权主体、产权边界,全面摸清各类自然资源的空间范围、面积、质量和数量,明确体现自然资源用途管制、生态保护红线、公共管制等监管要求,形成自然资源产权管理"一张图",为统一行使全民所有自然资源资产所有者职责、统一行使所有国土空间用途管制和生态保护修复职责提供产权保障。

三是构建信息"一张网",提升生态保护监管和公共服务能力。自然资源信息不对称是自然资源监管难的一个重要原因。《办法》规定,加强自然资源确权登记信息化建设,在不动产登记信息管理基础平台上,开发、扩展全国统一的自然资源登记信息系统,实行全国四级登记机构自然资源登记信息统一管理、实时共享,与生态环境、水利、林草等相关部门信息互通,与不动产登记、公共管制信息相互关联,向相关监管部门及时共享自然资源权属动态变化信息,有效提高自然资源监督管理的效能。

三、《关于统筹推进自然资源资产产权制度改革的指导意见》

中共中央办公厅、国务院办公厅《关于统筹推进自然资源资产产权制度改革的指导意见》于2019年4月14日对外公布,这对加快健全自然资源资产产权制度,统筹推进自然资源资产确权登记、自然生态空间用途管制改革,构建归属清晰、权责明确、监管有效的自然资源资产产权制度,具有重大推动作用。

产权制度是社会主义市场经济的基石,推进自然资源资产产权制度改革,一大关键就是处理所有权与使用权的关系。因此以土地"三权分置"为代表的所有权与使用权分离改革探索,就成为一大看点。

自然资源部综合司有关负责人说,为解决自然资源所有者不到位、使用权边界模糊等问题,意见提出多方面主要任务,首先就是健全自然资源资产产权体系,推动自然资源资产所有权与使用权分离,加快构建分类科学的自然资源资产产权体系,处理好所有权和使用权的关系,创新自然资源资产全民所有权和集体所有权的实现形式。

——土地方面,落实承包土地所有权、承包权、经营权"三权分置",开展经营权入股、抵押,探索宅基地所有权、资格权、使用权"三权分置",加快推进建设用地地上、地表和地下分别设立使用权,促进空间合理开发利用;

——矿产方面,探索研究油气探采合一权利制度,加强探矿权、采矿权授予与相关规划的衔接,依据不同勘查阶段地质工作规律,合理延长探矿权有效期及延续保留期限,根据矿产资源储量规模,分类设定采矿权有效期及延续期限,依法明确采矿权抵押权能,完善探矿权、采矿权与土地使用权衔接机制;

——海洋方面,探索海域使用权立体分层设权,加快完善海域使用权出让、转让、抵押、出租作价出资(入股)等权能,构建无居民海岛产权体系,试点探索无居民海岛使用权转让、出租等权能。完善水域滩涂养殖权利体系,依法明确权能,允许流转和抵押。理顺水域滩涂养殖的权利与海域使用权、土地承包经营权,取水权与地下水、地热水、矿泉水采矿权的关系。

紧随其后,就是强调明确自然资源资产产权主体,以解决自然资源资产产权主体规定不明确、自然资源资产所有者主体不到位、所有者权益不落实、因产权主体不清造成"公地悲剧"、收益分配机制不合理等问题。

为此,意见提出研究建立国务院自然资源主管部门行使全民所有自然资源资产所有权的资源清单和管理体制。探索建立委托省级和市(地)级政府代理行使自然资源资产所有权的资源清单和监督管理制度。完善全民所有自然资源资产收益管理制度,合理调整中央和地方收益分配比例和支出结构。推进农村集体所有的自然资源资产所有权确权,依法落实农村集体经济组织特别法人地位,明确农村集体所有自然资源资产由农村集体经济组织代表集体行使所有权,农村集体经济组织成员享有合法权益。自然资源部综合司有关负责人说,意见还强调保证各类市场主体依法平等使用自然资源资产、公开公平公正参与市场竞争,同等受到法律保护。意见提出,到2020年,基本建立归属清晰、权责明确、保护严格、流转顺畅、监管有效的自然资源资产产权制度。

四、《关于全民所有自然资源资产有偿使用制度改革的指导意见》

2016年12月29日,国务院出台《关于全民所有自然资源资产有偿使用制度改革的指导意见》(以下简称《意见》)。

《意见》指出,全民所有自然资源资产有偿使用制度是生态文明制度体系的一项核心制度。制度改革对促进自然资源保护和合理利用、切实维护国家所有者和使用者权益、完善自然资源产权制度和生态文明制度体系、加快建设美丽中国意义重大。

《意见》强调,针对市场配置资源的决定性作用发挥不充分、所有权人不到位、所有权人权益不落实等突出问题,改革要坚持保护优先、合理利用,两权分离、扩权赋能,市场配置、完善规则，明确权责、分级行使，创新方式、强化监管的基本原则，力争到2020年，基本建立产权明晰、权能丰富、规则完善、监管有效、权益落实的全民所有自然资源资产有偿使用制度。

《意见》针对土地、水、矿产、森林、草原、海域海岛等6类国有自然资源不同特点和情况，分别提出了建立完善有偿使用制度的重点任务。一是完善国有土地资源有偿使用制度，以扩大范围、扩权赋能为主线，将有偿使用扩大到公共服务领域和国有农用地。二是完善水资源有偿使用制度，健全水资源费差别化征收标准和管理制度，严格水资源费征收管理，确保应收尽收。三是完善矿产资源有偿使用制度，完善矿业权有偿出让、矿业权有偿占有和矿产资源税费制度，健全矿业权分级分类出让制度。四是建立国有森林资源有偿使用制度，严格执行森林资源保护政策，规范国有森林资源有偿使用和流转，确定有偿使用的范围、期限、条件、程序和方式，通过租赁、特许经营等方式发展森林旅游。五是建立国有草原资源有偿使用制度，对已改制国有单位涉及的国有草原和流转到农村集体经济组织以外的国有草原，探索实行有偿使用。六是完善海域海岛有偿使用制度，丰富海域使用权权能，设立无居民海岛使用权和完善其权利体系，并逐步扩大市场化出让范围。

《意见》要求，要加大改革统筹协调和组织实施力度，切实加强与自然资源产权制度、空间规划体系、生态保护补偿制度等相关改革的衔接协调，稳妥推进矿业权出让制度等改革试点，统筹推进法治建设，协同开展资产清查核算，强化组织实施，确保各具体领域改革任务落到实处。

五、《关于扩大国有土地有偿使用范围的意见》

2017年2月7日，经国务院同意，国土资源部会同发展改革委、财政部、住房城乡建设部、农业部、人民银行、林业局、银监会联合印发《关于扩大国有土地有偿使用范围的意见》（以下简称《意见》）。这是改革完善国有土地使用制度，发挥市场配置土地资源决定性作用的重大举措。文件的实施，将对促进国有土地资源全面节约集约利用、更好支撑和保障经济社会持续健康发展发挥重大积极作用。

《意见》明确，适应投融资体制改革要求，对可以使用划拨土地的相关公共服务项目，除可按划拨方式供应土地外，在自愿的前提下，鼓励以出让、租赁方式供应土地，支持以作价出资或者入股的方式提供土地，使项目拥有完整的土地产权，增加其资产总量和融资能力。适应国有企事业单位改革要求，事业单位等改制为企业的，其使用的原划拨建设用地，改制后不符合划拨用地法定范围的，应按有偿使用方式进行土地资产处置，符合划拨用地法定范围的，可继续以划拨方式使用，也可依申请按有偿使用方式进行土地资产处置。

《意见》要求，国有农用地使用权可根据取得方式的不同，分别办理国有农用地划拨、出让、租赁、作价出资或者入股、授权经营使用权登记手续。国有农用地的有偿使用，严格限定在农垦改革的范围内。国有农用地的使用权人，可根据取得土地的权利类型，分别采取承包租赁、转让、出租、抵押等方式经营管理。

《意见》强调，对相关法律法规和规划明确禁止开发的区域，严禁以任何名义和方式供应国有土地，用于与保护无关的建设项目。作价出资或者入股土地使用权实行与出让土地使用权同权同价管理制度。工业用地可采取先租后让、租让结合方式供应。支持各地以土地使用权作价出资或者入股方式供应标准厂房、科技孵化器用地。农垦国有农用地使用权担保要以试点的方式有序开展。

六、《关于完善建设用地使用权转让、出租、抵押二级市场的指导意见》

2019年7月6日，国务院办公厅出台《关于完善建设用地使用权转让、出租、抵押二级市场的指导意见》(以下简称《指导意见》)。《指导意见》是我国首个专门规范土地二级市场的重要文件，明确提出要建立产权明晰、市场定价、信息集聚、交易安全、监管有效的土地二级市场，搭建城乡统一的土地市场交易平台。

当前，我国形成的是以政府供应为主的土地一级市场和市场化的土地二级市场。在城市，国家拥有土地所有权，但是使用权可以转让、出租和抵押。相较而言，目前土地二级市场发展相对滞后。

《指导意见》明确了土地的转让形式，将导致土地使用权转移的行为都视为土地转让，实施统一监管。通过优化转让的交易规则、完善土地分割或者合并转让政策，实行差别化税费等改革举措，激发市场活力，促进存量土地进入市场盘活。

针对划拨土地出租长期存在的不规范问题，《指导意见》进行了规范，简化了审批方式。在土地抵押方面，明确自然人、企业均可以作为抵押权人。支持在养老、教育等社会领域投资的企业，以有偿取得的建设用地使用权进行抵押融资。

与土地一级市场相比，我国土地二级市场长期处于自发分散状态，存在以下问题。一是交易规则不健全。有关管理规定分散，且大多起草时间比较早，限制条件多，难以满足当前发展需要。二是交易信息不对称，市场未充分形成，交易机会不充分。三是交易平台不规范。此外，一些地方交易程序复杂、环节多、周期长，市场不够规范，矛盾和纠纷多发。

《指导意见》创新了运行模式，解决了在哪交易、由谁交易、怎么交易的问题。各地要在市县自然资源主管部门现有的土地交易平台或机构的基础上搭建城乡统一的土地市场交易平台，汇集土地二级市场交易信息，提供交易场所，大力推进线上交易。同时，优化交易流程，明确相关规则，交易双方可以自行协商交易，也可以委托平台公开交易，政府要加强事中事后监管，对于价格异常的，政府可以依法实行优先购买权，维护市场平稳运行。

此外，我国还将加强信息的互通共享，特别是加强交易管理与涉地司法处置、涉地国有资产处置、涉地股权转让以及不动产登记的衔接和信息共享，通过强化信息公示、建立健全联动机制等，维护市场公平竞争环境。

七、《水流产权确权试点方案》

根据中央生态文明体制改革要求，经国务院同意，2016年11月，水利部、国土资源部联合印发了《水流产权确权试点方案》。该方案选择宁夏全区、甘肃疏勒河流域、江苏徐州市、陕西渭河、湖北宜都市和丹江口水库等区域和流域开展水流产权确权试点，力争通过2年左右时间，探索水流产权确权的路径和方法，界定权利人的责权范围和内容，着力解决所有权边界模糊，使用权归属不清，水资源和水生态空间保护难、监管难等问题，为在全国开展水流产权确权积累经验。

方案明确了两项试点任务。一是水域、岸线等水生态空间确权。划定水域、岸线等水生态空间范围。县级以上地方人民政府组织水利、国土资源等部门依法划定河湖管理范围，以此为基础划定水域、岸线等水生态空间的范围，明确地理坐标，设立界桩、标示牌，并由县级以上地方人民政府负责向社会公布划界成果。二是水资源确权。试点地区以区域用水总量控制指标和江河水量分配方案等为依据，开展水资源使用权确权。在水资源使用权确权试点中，充分考虑水资源作为自然资源资产的特殊性和属性，研究水资源使用权物权登记途径和方式。

方案强调，各试点地区要强化支撑保障，切实做好试点工作组织实施、探索创新、总结评估等工作，确保按时完成试点任务，努力形成可推广、可复制的改革经验。

八、《水利部关于开展水权试点工作的通知》

2014年6月30日，水利部印发了《水利部关于开展水权试点工作的通知》。该通知提出在宁夏、江西、湖北、内蒙古、河南、甘肃和广东7个省份启动水权试点。

水权制度是落实最严格水资源管理制度的重要市场手段，是促进水资源节约和保护的重要激励机制。水权试点的内容主要包括水资源使用权确权登记、水权交易流转和水权制度建设三方面。

在用水总量控制的前提下，通过水资源使用权确权登记，依法赋予取用水户对水资源使用和收益的权利；通过水权交易，推动水资源配置依据市场规则、市场价格和市场竞争，实现水资源使用效益最大化和效率最优化。

目前水权水市场建设总体上还处于探索阶段，面临不少困难和问题。未来各地水权交易形式的确定，应当因地制宜，结合实际需求探索采取适宜的水权交易流转方式。

1. 三条红线与水权管理制度的关系

最严格水资源管理制度"三条红线"是建立水权制度的基础和前提。通过实施"三条红线"管理，特别是建立省、市、县三级行政区域的用水总量控制指标体系，加快开展重要江河水量分配，确定区域取用水总量和权益，为水资源使用权确权登记以及水权交易提供基础。对于已达到甚至超过用水总量控制指标的地区，新增用水需求可通过水权交易来实现，这是推动水权制度建设的强大动力。

另外，水权制度是落实最严格水资源管理制度的重要市场手段，是促进水资源节约和保护的重要激励机制。在用水总量控制的前提下，通过水资源使用权确权登记，依法赋予取用水户对水资源使用和收益的权利；通过水权交易，推动水资源配置依据市场规则、市场价格和市场竞争，实现水资源使用效益最大化和效率最优化；通过加强用途管制和市场监管，保证生态、农业等用水不被挤占，保障取用水户的合法权益；通过市场手段，由"要我节水"变成"我要节水"，建立促进水资源节约和保护的激励机制，从而实现水资源更合理的配置、更高效的利用、更有效的保护。

2. 水资源使用权登记的改革目标

我国《水法》规定"水资源属于国家所有"，直接从江河、湖泊或者地下取用水资源的单位和个人，应当按照国家取水许可制度和水资源有偿使用制度的规定，向水行政主管部门或者流域管理机构申请领取取水许可证，并缴纳水资源费，取得取水权。

开展水资源使用确权登记，尚需进一步完善取水许可制度，对已经纳入取水许可管理的，要强化计划用水和定额管理，科学核定许可水量，确认取用水户使用权；对许可过期和无证取水的，要按要求和程序重新申办登记；按照《水法》和《取水许可和水资源费征收管理条例》，对农村集体经济组织及其成员使用本集体经济组织的水塘、水库中的水，不需办理取水许可证的，可结合小型水利工程产权制度改革，在开展调查统计的基础上，科学制定方案，逐步实现确权发证。

水资源使用权登记的改革目标是将水资源使用、收益的权利落实到取用水户，为逐步建立归属清晰、权责明确、监管有效、流转顺畅的国家水权制度体系奠定基础。

3. 水权交易流转需要的基础性条件

推动水权交易流转的规范有序，必须具备以下基础性条件。一是有明晰的初始水权。明晰初始水权是开展水权交易的前提，根据我国法律法规和水资源管理实际，主要是明晰取用水户的取水权和农村集体经济组织水的使用权。二是有相应的水权交易平台。三是有相对规范化的水权交易规则体系。四是有计量、监测等技术支撑手段。五是有较为完善的用途管制制度和水市场监管制度等。

目前水权水市场建设总体上还处于探索阶段，面临不少困难和问题。一是法律上不甚清晰。《宪法》、《水法》和《物权法》等法律虽然明确了水资源所有权和取水权,但对水资源占有、使用、收益、处置等权利缺乏具体规定。有关法律法规仅对取水权转让作出原则规定,且限定于节约的水资源。对于跨行政区域的水权或者水量交易,法律上还没有通用的规定。水权交易的主体、范围、价格、期限等要素尚未明确。二是初始水权尚未明确。覆盖省、市、县三级的用水总量控制指标体系尚未全面建立,主要跨省江河水量分配尚未完成,仍有近40%的取水量没有办理许可证。一些丰水地区考虑到经济布局和产业结构调整需要,不愿过早将水资源使用权固定到取用水户,对确权登记缺乏积极性。三是水权交易平台建设滞后。四是水权保护和监管制度、用途管制制度等尚需健全。五是水资源监控能力不足。取用水计量安装率普遍偏低,水量水质监测设施建设滞后,水权交易和监管缺乏基础支撑。

4. 不同形式的水权交易的试点目标

不同形式的水权交易目标是一致的,都是为了更好地发挥市场机制作用,激励用水户节约用水,促进水权合理流转,提高水资源利用效率和效益。

未来各地水权交易形式的确定,应当因地制宜,结合实际需求探索采取适宜的水权交易流转方式。对已经完成确权登记的取用水户,可依法有偿转让其节约的水资源;南水北调受水区省市之间,可按照《南水北调工程供用水管理条例》,对年度水量调度计划分配的水量进行转让。在建立用水总量控制体系的地方,可探索总量控制下的区域间水量交易。

5. 如何处理好效率与公平的关系

水权交易要处理好注重效率与保障公平的关系。2000年以来我国在探索实践水权流转中将处理好效率与保障公平关系作为工作重点内容,以宁蒙水权流转为例,通过企业投资农业节水,将节约的水量流转用于工业,支撑了经济社会发展,农业用水效率大幅度提高,农民用水的权益也得到了保障。

在下一步的试点工作中,既要鼓励通过水权交易,推动水资源依据市场规则、市场价格和市场竞争,实现水资源优化配置,提高用水效率与效益;又要切实加强用途管制和水市场监管,保障公益性用水需求和取用水户的合法权益。要建立严格的水资源用途管制制度,在对水资源使用权进行确认的同时,应明确水资源使用用途和利用方式,按照不同用水类型,严格水资源开发利用和水权交易用途管制,严格落实水资源综合规划和水功能区划,保障好基本用水权利,特别是农业、生态和居民生活等公益性用水需求。

九、《关于水资源有偿使用制度改革的意见》

为落实《国务院关于全民所有自然资源资产有偿使用制度改革的指导意见》(国发〔2016〕82号)的要求,加快健全和完善水资源有偿使用制度,进一步推进水资源有偿使用制度改革,促进水资源可持续利用,水利部、国家发展和改革委员会、财政部于2018年2月28日联合出台《关于水资源有偿使用制度改革的意见》(以下简称《意见》)。意见明确了水资源有偿使用制度改革的总体要求、主要任务等,是推动水资源有偿使用制度改革的重要指导性文件。

水资源有偿使用制度是《中华人民共和国水法》明确的重要水资源管理制度,是全民所有自然资源有偿使用制度的重要组成部分。党的十八届三中全会以来,中央将自然资源资产有偿使用制度作为生态文明建设的重要内容,多次对健全完善全民所有自然资源资产有偿使用制度作出部署,2015年中共中央、国务院印发的《生态文明体制改革总体方案》,2016年国务院出台的《国务院关于全民所有自然资源资产有偿使用制度改革的指导意见》,均提出要完善水资源有偿使用制度,要求各地区、各部门抓紧研究制定具体实施方案。

我国水资源有偿使用始于20世纪70年代初的地方实践,现已初步建立水资源有偿使用制度,对直接取用江河、湖泊或者地下水资源的单位和个人征收水资源费,为实现所有者权益、保障水资源可持续利用发挥了重要作用。但随着经济社会发展,水资源费征收标准总体偏低,水资源价值和稀缺程度没有得到充分体现,市场在水资源配置中的作用发挥不够充分,有效节水激励机制尚未健全,存在超计划或者超定额取水累进收取水资源费制度落实不到位等问题。为进一步推进水资源有偿使用制度改革,促进水资源可持续利用,水利部联合国家发展改革委、财政部出台了《意见》。

《意见》的出台是全面贯彻落实中央关于生态文明体制改革的要求和国务院关于全民所有自然资源资产有偿使用制度改革安排部署的重要举措,是关于水资源有偿使用制度的顶层设计,是践行"节水优先、空间均衡、系统治理、两手发力"的新时代水利工作方针的具体行动,对落实最严格水资源管理制度要求、创新水资源配置方式、优化水资源利用结构、推动用水方式转变、提高水生态文明建设水平、有效控制水的不合理需求、促进水资源可持续利用具有重要的指导作用。

十、《矿产资源权益金制度改革方案》

2017年4月13日,国务院印发《矿产资源权益金制度改革方案》。该改革方案决定建立符合我国特点的新型矿产资源权益金制度,维护和实现国家矿产资源权益,营造公平的矿业市场竞争环境。

1. 促进资源有偿使用制度改革

当前,从事矿产资源勘查开采的单位,除一般性税费外,须缴纳矿业权价款、矿业权使用费、矿产资源补偿费和资源税,还须缴存矿山环境治理恢复保证金。

现行矿产资源税费政策对维护国家权益、促进资源节约利用发挥了积极作用,但还存在一些突出问题。

比如，矿业权价款只涵盖国家出资探明矿产地，不利于充分实现和维护国家矿产资源权益；矿产资源开发收益分配缺乏有效调节，地方对矿产资源开采依赖较重；各项税费定位不清晰；矿山企业生态环境治理恢复责任落实不到位；等等。

建立矿产资源权益金制度，是维护国家矿产资源权益的必然要求，是生态文明制度建设的重要组成部分，是推进资源有偿使用制度改革的重要举措。

2. 防范遏制企业"跑马圈地"

改革方案明确提出四项改革措施：在矿业权出让环节建立矿业权出让收益制度；在矿业权占有环节建立矿业权占用费制度；在矿产开采环节，继续征收资源税；在矿山环境治理恢复环节建立矿山环境治理恢复基金制度。

值得注意的是，改革将现行主要依据单位面积按年定额征收的探矿权采矿权使用费，整合为根据矿产品价格变动情况和经济发展需要实行动态调整的矿业权占用费，并将中央与地方分享比例确定为2∶8。这有利于防范矿业权市场中的"跑马圈地""圈而不探"行为，提高矿产资源利用效率。

3. 突出环境治理责任制

针对环境治理恢复责任落实不到位问题，改革方案明确，将现行各地管理方式不一、审批动用程序较复杂的矿山环境治理恢复保证金调整为管理规范、责权统一、使用便利的矿山环境治理恢复基金。

矿山环境治理恢复基金，是按照党中央、国务院"放管服"改革的要求而设立的。

改革后，将提高企业利用资金的便捷性，进一步降低企业财务成本。有关部门根据各自职责，加强事中事后监管，督促企业落实矿山环境治理恢复责任，将环境治理成本内部化，加强生态文明建设。

4. 确保企业负担不增

对于企业普遍关心的成本问题，财政部有关负责人表示，矿产资源权益金制度改革"原则上不增加企业负担"。

比如，矿业权出让收益对实行招拍挂方式出让矿业权的，企业负担机制不变；对以其他方式出让的，企业负担可能有所增加，但这有利于公平竞争，减少市场寻租空间，保护和节约资源。

据了解，为了减轻企业尤其是勘查企业的负担，矿业权出让收益还可以分期缴纳。

另外，在资源税方面，改革方案提出要做好资源税改革组织实施工作。这将有利于改变税费重复、功能交叉状况，降低企业成本。

5. 保持央地财力格局稳定

改革方案多处涉及中央与地方收益分享比例调整。财政部有关负责人表示，改革保持了中央与地方财力格局"总体稳定"。

具体而言，矿业权出让收益中央与地方分享比例由2∶8调整为4∶6，地方财政由此每年减收约20.4亿元，中央财政相应增收。而矿业权占用费由按矿业权登记机关分级收取，调整为中央与地方按2∶8分享，地方财政每年增收约9亿元，中央财政相应减收。

此外，我国2015年以来推行资源税改革，将矿产资源补偿费适当并入资源税，并由中央与地方按5∶5分享，改革后调整为由地方独享。按2015年测算，地方财政增收约45.1亿元，中央财政相应减收。以上统筹考虑，地方财政每年可增收33.7亿元。

调整中央与地方收益比例，可以适当减少地方政府与资源开发的直接利益关系，一定程度上减轻地方政府对矿产资源开发的依赖，减少私挖乱采、贱卖资源行为，遏制地方政府的短期逐利冲动，把保护国家资源的笼子扎得更牢。①

十一、《探明储量的矿产资源纳入自然资源统一确权登记试点工作方案》

2017年3月15日，国土资源部印发《探明储量的矿产资源纳入自然资源统一确权登记试点工作方案》（以下简称《方案》）。《方案》选择福建、贵州两省开展探明储量的矿产资源所有权统一确权登记（以下简称"矿产资源确权登记"）试点，探索探明储量的矿产资源所有权统一确权登记路径和方法。

《方案》明确，矿产资源确权登记要坚持矿产资源国家所有，以"清家底、立账户、建平台"为首要任务；坚持物权法定，按照法律规定，确定探明储量的矿产资源的物权种类和内容；坚持统筹兼顾，坚持以不动产登记为基础，实现矿产资源确权登记与不动产登记的有机融合，坚持社会主义市场经济改革方向。

《方案》明确，以试点区域土地利用现状调查（自然资源调查）为基础，确定探明储量矿产资源的边界，调查反映各类矿产资源的探明储量状况，明晰探明储量的矿产资源的产权主体和行使代表，开展统一确权登记和造册工作，记载探明储量的矿产资源数量、质量、范围、产权主体、行使代表和权利内容以及矿业权信息等，纳入不动产登记信息管理基础平台，与其他自然资源管理信息实现互通互享。

《方案》规定了试点工作内容。一是登记范围。截至2016年12月31日，经有关储量管理机关审批、认定或套改、备案的探明矿产资源储量，原则上包括资源储量类别333以上的固体矿产资源储量和石油、天然气、页岩气、煤层气、地热、矿泉水的探明储量。以矿产资源储量估算范围作为矿产资源确权登记单元。二是登记调查。利用现有的储量登记库，结合

---

① 刘红霞、王立彬：《防"跑马圈地" 促生态文明——解读〈矿产资源权益金制度改革方案〉》，新华社北京2017年4月20日电。

矿产资源利用现状调查数据库、矿业权审批登记数据库和已有的国家出资探明矿产地清理成果等确定登记单元，调查其中的矿产资源类别、面积、数量和质量等，形成相关调查图件和调查成果。三是登记审核。根据调查结果和相关审批文件，结合用途管制、生态保护红线、公共管制及特殊保护规定或政策性文件、不动产登记结果资料以及矿业权登记结果资料等，对登记的内容进行审核。同时，《方案》还明确了登记公告、记载登簿、建立登记信息数据库等工作内容。

《方案》提出，2017年3月至2018年2月为试点实施阶段，2018年3—6月为评估验收阶段。

十二、《关于海域、无居民海岛有偿使用的意见》

海域、无居民海岛是全民所有自然资源资产的重要组成部分，是我国经济社会发展的重要战略空间。海域、无居民海岛有偿使用制度的建立实施，对促进海洋资源保护和合理利用、维护国家所有者权益等发挥了积极作用，但也存在市场配置资源决定性作用发挥不充分，资源生态价值和稀缺程度未得到充分体现，使用金征收标准偏低且动态调整机制尚未建立等问题。按照党中央、国务院关于生态文明体制改革和全民所有自然资源资产有偿使用制度改革总体部署，国家海洋局根据《中华人民共和国海域使用管理法》和《中华人民共和国海岛保护法》，为完善海域、无居民海岛有偿使用制度，保护海域、无居民海岛资源，于2018年7月5日发布《关于海域、无居民海岛有偿使用的意见》。

意见提出，到2020年，基本建立保护优先、产权明晰、权能丰富、规则完善、监管有效的海域、无居民海岛有偿使用制度，生态保护和合理利用水平显著提升，资源配置更加高效，市场化出让比例明显提高，使用金征收标准动态调整机制建立健全，使用金征收管理更加规范，监管服务能力显著提升，海域、无居民海岛国家所有者和使用权人的合法权益得到切实维护，实现生态效益、经济效益、社会效益相统一。

十三、《关于印发〈调整海域 无居民海岛使用金征收标准〉的通知》

根据中共中央、国务院关于生态文明体制改革总体方案和海域、无居民海岛有偿使用意见的要求，财政部与国家海洋局于2018年3月13日联合发布《关于印发〈调整海域 无居民海岛使用金征收标准〉的通知》（以下简称《通知》），并共同发布其所制定的《海域使用金征收标准》和《无居民海岛使用金征收标准》。《通知》要求自5月1日起，征收海域使用金和无居民海岛使用金统一按照国家标准执行。

《通知》明确，沿海省、自治区、直辖市、计划单列市应根据本地区情况合理划分海域级别，制定不低于国家标准的地方海域使用金征收标准。以申请审批方式出让海域使用权的，执行地方标准；以招标、拍卖、挂牌方式出让海域使用权的，出让底价不得低于按照地方标准计算的海域使用金金额。尚未颁布地方海域使用金征收标准的地区，执行国家标准。养殖用海海域使用金执行地方标准。

《通知》指出，无居民海岛使用权出让实行最低标准限制制度。无居民海岛使用权出让由国家或省级海洋行政主管部门按照相关程序通过评估提出出让标准，作为无居民海岛市场化出让或申请审批出让的使用金征收依据，出让标准不得低于最低出让标准。

《通知》施行前已批准但尚未缴纳海域使用金和无居民海岛使用金的用海、用岛项目，仍执行原海域使用金和无居民海岛使用金征收标准。其中，招标、拍卖、挂牌方式出让的项目批准时间，以政府批复出让方案的时间为准。

《通知》提出，经批准分期缴纳海域使用金和无居民海岛使用金的用海、用岛项目，在批准的分期缴款时间内，应按出让合同或分期缴款批复缴纳剩余部分。已批准按规定逐年缴纳海域使用金的用海项目，项目确权登记时间在通知施行前的，仍执行原海域使用金征收标准；因海域使用权续期、用海方案调整等需重新报政府批准的，批准后执行新标准。《通知》施行后批准的逐年缴纳海域使用金的用海项目，如海域使用金征收标准调整，调整后第二年起执行新标准。

《通知》要求，此前财政部、国家海洋局的有关规定与《通知》规定不一致的，一律以《通知》规定为准。地方海域使用金征收标准（含养殖用海征收标准）制定工作，应于2019年4月底前完成，并报财政部、国家海洋局备案。财政部会同国家海洋局将根据海域、无居民海岛资源环境承载能力和国民经济社会发展情况，综合评估用海用岛需求、海域和无居民海岛使用权价值、生态环境损害成本、社会承受能力等因素的变化，建立价格监测评价机制，对海域、无居民海岛使用金征收标准进行动态调整。

据悉，此次制定的《海域使用金征收标准》调整了全国海域等别，共分为6等，界定了59种用海方式。《无居民海岛使用金征收标准》将无居民海岛划分为6等，将用岛类型划分为9类；将无居民海岛用岛方式划分为6种。

自然资源产权大事记

2000年

10月31日，国土资源部发布《矿业权出让转让管理暂行规定》。该规定首次对矿业权出让作了定义，"矿业权出让是指登记管理机关以批准申请、招标、拍卖等方式向矿业权申请人授予矿业权的行为"。尽管该文件没有规定各种出让方式的适用范围，却规定了批准申请、招标、拍卖三种矿业权出让方式的基本程序，并突破了《矿产资源勘查区块登记管理办法》的规定，将矿业权拍卖作为矿业权出让的方式。

2001年

2001年年初，就土地资产管理中存在的问题，国土资源部向国务院进行专题报告，建议发文加强管理。

2月13日，国土资源部发布《关于改革土地估价结果确认和土地资产处置审批办法的通知》。该通知首次明确了划拨土地使用权的权能和相应权益，以及作价出资、入股土地使用权和授权经营土地使用权的适用范围和相应权能。

4月30日，《国务院关于加强国有土地资产管理的通知》印发。自此，土地收购储备制度广泛实施，经营性国有土地使用权招标、拍卖、挂牌出让逐步推开，协议出让和划拨供地得到进一步规范，国有土地资产管理得到加强。这是第一次在国家政策的层面上，明确提出了国有土地使用权招标拍卖的范围和界限，第一次对商业性房地产等经营性土地协议出让亮红灯。该通知成为经营性土地由以协议方式为主向以招标拍卖方式为主转变的分水岭，是国有建设用地使用权招标拍卖出让的纲领性文件。

10月27日，《中华人民共和国海域使用管理法》（以下简称《海域法》）经审议通过，并自2002年1月1日起施行。《海域法》以法律形式确定了国家实行海域有偿使用制度的法律依据，同时法律明确了海域使用管理体制、海域使用管理基本制度、管理方式和内容等。

2002年

5月9日，国土资源部根据国务院要求制定的《招标拍卖挂牌出让国有土地使用权规定》发布。该规定指出，商业旅游、娱乐和商品住宅等各类经营性用地，必须以招标、拍卖或者挂牌方式出让。前款规定以外用途的土地供地计划公布后，同一宗地有两个以上意向用地者，也应采用招标、拍卖或者挂牌的方式出让。

5月，国土资源部利用司和法规司组织起草了《农民集体所有建设用地使用权流转管理办法》（征求意见稿），印发各地征求意见。

8月26日，国土资源部、监察部联合下发《关于严格实行经营性土地使用权招标拍卖挂牌出让的通知》。该通知从政治纪律上明确要求进一步规范领导干部从政行为，严禁干预招标拍卖挂牌出让，不推行招拍挂出让而继续审批的就是违纪行为。

8月29日，《水法》第二次修订审议通过。此次修订以法律形式确定了水政部门对水资源的管理权力，进一步完善水资源所有权构成体系，在水资源权属方面确立了所有权与使用权的分离原则，并新提出取水许可与取水权概念，以实施取水许可制度和水资源有偿使用制度为重点，加强用水管理，使我国的水资源管理形成了一套完整的行政分配体系。

8月，经修改完善形成《规范农民集体所有建设用地使用权流转若干意见（讨论稿）》，再次征求了中农办、人大农工委、农业部、建设部、国务院法制办、全国政协提案办及部分政协委员、各省区市国土部门和试点城市意见。

2003 年

5月，为党的十六届三中全会研究完善社会主义市场经济体制做准备，在国土资源部党组领导下，利用司起草了《土地市场建设专题报告》。这一报告总结了土地市场建设的总体进展和基本经验，分析了需要进一步深化改革的问题，提出了此后20年土地市场建设的总体目标、阶段目标和主要任务，明确了土地市场建设的原则和重大措施，为此后的土地使用制度改革和土地市场建设明确了方向。

8月1日，国土资源部发布的《探矿权采矿权招标拍卖挂牌管理办法（试行）》施行。该办法首次建立了我国探矿权的分类出让制度，并从国家出资、地质勘查程度、储量规模、矿种自然赋存条件、社会经济价值等要素方面，规定了新设采矿权应当采用招拍挂方式出让的四种情形，并对不同情形的新设探矿权规定了招拍挂三种竞争性出让方式及各种方式的基本程序。自该办法施行后，各地以招拍挂竞争方式出让的探矿权数量迅速增多，对上述三种情形的新设探矿权采用招拍挂方式出让成为强制性规定。

2004 年

3月18日，国土资源部印发《关于继续开展经营性土地使用权招标拍卖挂牌出让情况执法监察工作的通知》。该通知明确要求严格和规范执行经营性土地使用权招标拍卖挂牌出让制度，严格界定历史遗留问题并将历史遗留问题处理的最后时限设定为2004年8月31日。这也是社会上所言的土地协议出让"8·31大限"。这一系列举动，有效推进了土地招拍挂出让制度建设进程。

10月21日，国务院发布《国务院关于深化改革严格土地管理的决定》。该决定要求进一步推进土地资源的市场化配置，运用价格机制抑制多占、滥占和浪费土地。除按现行规定必须实行招标、拍卖、挂牌出让的用地外，工业用地也要创造条件逐步实行招标、拍卖、挂牌出让。

2006 年

1月24日，国土资源部发布实施的《关于进一步规范矿业权出让管理的通知》，对2003年发布的《探矿权采矿权招标拍卖挂牌管理办法（试行）》进行了完善，确立了现行探矿权分类出让管理制度的基本框架。新通知首次确立了按风险分类型分方式出让探矿权的管理办法，即按照勘查风险将矿产资源分为高风险矿产类、低风险矿产类分别确定不同的出让方式，对探矿权的出让方式重新进行了规定。

3月14日，第十届全国人民代表大会第四次会议批准通过《国民经济和社会发展第十一个五年规划纲要》。该纲要提出"建立国家初始水权分配制度和水权转让制度"。

5月，国土资源部正式颁布《招标拍卖挂牌出让国有土地使用权规范》和《协议出让国有土地使用权规范》。以上两个规范集成了与土地出让相关的法律法规和政策文件，从程序上和操作性上对土地出让活动进行了细化和规范。这两个文件的出台，标志着我国土地招拍挂出让进入全面规范阶段。

7月5日，财政部、国家海洋局联合发布《海域使用金减免管理办法》。

8月31日，国务院发布《国务院关于加强土地调控有关问题的通知》。该通知要求建立工业用地出让最低价标准统一公布制度，国家根据土地等级、区域土地利用政策等，统一制定并公布各地工业用地出让最低价标准。

9月，为落实矿产资源有偿取得制度，国务院批复同意财政部、国土资源部、发展改革委《关于深化煤炭资源有偿使用制度改革试点的实施方案》。该方案规定山西省等8个煤炭主产省（自治区）进行煤炭资源有偿使用制度改革试点。改革内容中包括实施方案发布之日前企业无偿占有属于国家出资探明的煤炭探矿权和无偿取得的采矿权，均应进行清理，并在严格依据国家有关规定对剩余资源储量评估作价后，缴纳探矿权、采矿权价款。

10月，《财政部、国土资源部关于深化探矿权采矿权有偿取得制度改革有关问题的通知》发布。其中规定对该通知发布之前探矿权、采矿权人无偿占有属于国家出资探明矿产地的探矿权和无偿取得的采矿权，由国土资源管理部门会同财政部门进行清理，并对清理后的探矿权、采矿权进行评估，探矿权、采矿权人按照评估结果缴纳探矿权、采矿权价款。

年底，《农民集体所有建设用地使用权流转管理办法》（建议稿）形成。建议稿总结了集体建设用地使用制度改革进展，对各地集体建设用地流转试点工作起到一定参考作用，也为此后中央部署的三项农村土地制度改革试点提供了良好的基础。

2007年

1月24日，财政部和国家海洋局联合发布《关于加强海域使用金征收管理的通知》。该通知提出"除农业填海造地用海、盐业用海、养殖用海暂由沿海各省、自治区、直辖市财政部门和海洋行政主管部门制定标准外，各地区、各类型用海海域使用金征收标准统一由财政部、国家海洋局制定"，并规定了海域使用金征收方式、缴库方式、管理和监督管理责任部门。

4月12日，监察部与国土资源部共同发布《关于落实工业用地招标拍卖挂牌出让制度有关问题的通知》。该通知要求适应工业项目用地特点，有针对性地组织实施工业用地招标、拍卖、挂牌出让工作，并强化执法监察，促进工业用地招标拍卖挂牌出让制度的全面落实。

2008年

2月28日，《财政部 国土资源部关于探矿权采矿权有偿取得制度改革有关问题的补充通知》印发。其第一次明确提出有偿处置的概念。

6月18日,《国土资源部办公厅关于做好部登记的采矿权有偿处置工作的通知》印发。其延续了有偿处置的概念,要求各地对无偿取得的矿业权进行清理,按要求进行储量核实评审备案和价款评估工作。

9月12日,财政部和国家海洋局联合下发了《关于海域使用金减免管理等有关事项的通知》。其规定了海域使用金减免的情形、权限和程序。

2009年

5月,国务院批转发展改革委《关于2009年深化经济体制改革工作的意见》。该意见明确提出研究制定并择机出台资源税改革方案。

8月18日,财政部、国家海洋局出台《海域使用金使用管理暂行办法》。这是《海域使用管理法》颁布施行后出台的又一个重要的配套的规范性文件。历经几年调研、起草、讨论、反复修改和征求意见后出台的该办法,对进一步规范海域使用金的使用管理,尤其是沿海省(自治区、直辖市)申请使用中央海域使用金的管理,提高资金使用效益,促进海域的合理开发和可持续利用具有重要意义。该办法于2009年9月1日起正式施行。

2010年

9月14日,国土资源部印发《关于鼓励铁铜铝等国家紧缺矿产资源勘查开采有关问题的通知》(国土资发〔2010〕144号)。其对2006年印发的《关于进一步规范矿业权出让管理的通知》所规定的政策性优先协议出让范围进行了补充,将扩大探矿权采矿权毗邻区域范围,属国家紧缺矿产的情形进行优先协议出让,对应当招标的情形进行了补充,规定低风险类国家紧缺矿产主要采用招标的方式出让,并对《矿产资源勘察开采分类目录》中的铁矿分类进行了调整。

12月30日,《财政部 国土资源部关于加强对国家出资勘查探明矿产地及权益管理有关事项的通知》印发。该通知要求各地应按照2006年发布的《财政部 国土资源部关于深化探矿权采矿权有偿取得制度改革有关问题的通知》和2008年发布的《财政部 国土资源部关于探矿权采矿权有偿取得制度改革有关问题的补充通知》规定,抓紧对无偿占有国家出资探明矿产地的探矿权和无偿取得的采矿权进行有偿处置。

2011年

中央一号文件《中共中央、国务院关于加快水利改革发展的决定》提出"建立和完善国家水权制度,充分运用市场机制优化配置水资源"。

4月29日,国土资源部颁布的《国土资源部关于进一步完善矿业权管理促进整装勘查的通知》对2006年印发的《关于进一步规范矿业权出让管理的通知》作了一些补充,对协议方式出让探矿权进行了补充规定,除按照2006年通知规定可以协议出让的四种情形之外,"已设探矿权需要整合或因整体勘察扩大勘察范围涉及周边零星资源的，可以协议方式出让探矿权"。同时还要求各地不得擅自扩大协议出让范围。

2012年

1月12日，国务院三号文件《国务院关于实行最严格水资源管理制度的意见》提出"建立健全水权制度，积极培育水市场，鼓励开展水权交易，运用市场机制合理配置水资源"。

11月8日，党的十八大报告在大力推进生态文明建设的重要部署中提出"积极开展节能量、碳排放权、排污权、水权交易试点"。

11月26日，国务院印发《国家农业节水纲要（2012—2020年）》。该纲要提出"有条件的地区要逐步建立节约水量交易机制，构建交易平台，保障农民在水权转让中的合法权益"。

2013年

6月25日，财政部会同国家海洋局下发《财政部 国家海洋局关于调整海域使用金免缴审批权限的通知》。该通知旨在进一步规范海域使用金免缴审批程序。此举既是两部门贯彻落实国务院转变政府职能、简政放权、提高行政效能要求的具体举措，也是激发市场活力、惠及百姓的具体体现。通知自2013年7月1日起执行。

11月9—11日，中共十八届三中全会在北京召开。会议决定明确提出"健全自然资源资产产权制度和用途管制制度。对水流、森林、山岭、草原、荒地、滩涂等自然生态空间进行统一确权登记，形成归属清晰、权责明确、监管有效的自然资源资产产权制度"。"发展环保市场，推行节能量、碳排放权、排污权、水权交易制度，建立吸引社会资本投入生态环境保护的市场化机制，推行环境污染第三方治理。"

11月12日，中国共产党第十八届中央委员会第三次全体会议通过《中共中央关于全面深化改革若干重大问题的决定》。该决定要求加快资源税改革，逐步将资源税扩展到占用各种自然生态空间。

2014年

6月30日，水利部印发《水利部关于开展水权试点工作的通知》。该通知提出在宁夏、江西、湖北、内蒙古、河南、甘肃和广东7个省份启动水权试点。

2015年

3月30日，农业部发布《关于开展草原确权承包登记试点的通知》。至此，主要草原省份都已启动草原承包确权承包工作，尝试草地资源有偿使用。

4月16日，《水污染防治行动计划》发布，其要求加快推进资源税税费改革工作。

9月28日，国土资源部发布《关于改革我国矿产资源有偿使用和有偿取得制度的提案复文摘要》。其要求继续推进矿产资源有偿使用制度和资源税制度改革，探索建立矿产资源国家权益金制度。重点是针对当前国家矿产资源资产权益亟待维护，突出表现在部分矿种矿产资源补偿费率降为零后矿产资源所有权人权益不落实，尚未形成合理的资源价格形成机制和资源税费体系，造成矿产资源国家所有者权益流失等问题。

9月，中共中央、国务院印发《生态文明体制改革总体方案》。该方案将健全自然资源资产产权制度作为生态文明的八大制度之一。

2016年

5月9日，财政部和国家税务总局联合印发《关于全面推进资源税改革的通知》。该通知要求逐步对水、森林、草场、滩涂等自然资源开征资源税。同日，财政部、国家税务总局、水利部联合印发《水资源税改革试点暂行办法》。该办法明确从2016年7月1日起，在河北省实施水资源税改革试点，具体实施办法由河北省人民政府制定。

11月4日，根据中央生态文明体制改革要求，经国务院同意，水利部、国土资源部联合印发《水流产权确权试点方案》。该方案选择宁夏全区、甘肃疏勒河流域、江苏徐州市、陕西渭河、湖北宜都市和丹江口水库等区域和流域开展水流产权确权试点，力争通过2年左右时间，探索水流产权确权的路径和方法，界定权利人的责权范围和内容，着力解决所有权边界模糊，使用权归属不清，水资源和水生态空间保护难、监管难等问题，为在全国开展水流产权确权积累经验。

12月20日，国土资源部、中央编办、财政部、环境保护部、水利部、农业部、国家林业局研究制定的《自然资源统一确权登记办法（试行）》、《自然资源登记簿》和《自然资源统一确权登记试点方案》印发，并通过试点先行的方式进行推进。

12月27日，中共中央办公厅、国务院办公厅印发《关于创新政府配置资源方式的指导意见》。该意见对公共自然资源配置方式作出安排，要求以建立产权制度为基础，实现资源有偿获得和使用。

12月31日，国土资源部会同国家发展和改革委员会、财政部、住房和城乡建设部、农业部、中国人民银行、国家林业局、中国银监会联合印发《关于扩大国有土地有偿使用范围的意见》，这是改革完善国有土地使用制度、发挥市场配置土地资源决定性作用的重大举措。文件的实施，将对促进国有土地资源全面节约集约利用、更好支撑和保障经济社会持续健康发展发挥重大积极作用。

2017年

1月16日，国务院印发《关于全民所有自然资源资产有偿使用制度改革的指导意见》。该意见明确指出，力争到2020年，基本建立产权明晰、权能丰富、规则完善、监管有效、权益落实的全民所有自然资源资产有偿使用制度。

3月15日，国土资源部办公厅印发《探明储量的矿产资源纳入自然资源统一确权登记试点工作方案》。方案选择福建、贵州两省开展探明储量的矿产资源所有权统一确权登记试点。

4月13日，国务院印发《矿产资源权益金制度改革方案》。该方案指出四点意见。一是将现行探矿权采矿权价款调整为适用于所有国家出让矿业权、体现国家所有者权益的矿业权出让收益。二是将探矿权采矿权使用费整合为根据矿产品价格变动情况和经济发展需要实行动态调整的矿业权占用费。三是在矿产开采环节，做好资源税改革组织实施工作。四是将现行矿山环境治理恢复保证金调整为管理规范、责权统一、使用便利的矿山环境治理恢复基金。

5月4日，国土资源部印发《探明储量的矿产资源统一确权登记调研工作方案》《探明储量的油气矿产资源统一确权登记调研工作方案》函，组织10个调研组分赴16个省份和有关油气公司开展专项调研，召开探明储量的矿产资源、探明储量的油气矿产资源统一确权登记调研工作座谈会，对工作予以部署。

6月16日，中共中央办公厅、国务院办公厅印发《矿业权出让制度改革方案》。该方案提出要按照市场经济要求和矿业规律，改革完善矿业权出让制度，用3年左右时间，建成"竞争出让更加全面，有偿使用更加完善，事权划分更加合理，监管服务更加到位"的矿业权出让制度。

11月24日，在《水资源税改革试点暂行办法》工作基础上，财政部、税务总局、水利部联合发布《扩大水资源税改革试点实施办法》。该实施办法将试点范围从河北省扩大至北京、天津、山西、内蒙古、山东、河南、四川、陕西、宁夏等9个省（自治区、直辖市）。

2018年

2月28日，为落实《国务院关于全民所有自然资源资产有偿使用制度改革的指导意见》（国发〔2016〕82号）的要求，加快健全和完善水资源有偿使用制度，进一步推进水资源有偿使用制度改革，促进水资源可持续利用，水利部、国家发展和改革委员会、财政部联合出台《关于水资源有偿使用制度改革的意见》。该意见明确了水资源有偿使用制度改革的总体要求、主要任务等，是推动水资源有偿使用制度改革的重要指导性文件。

3月13日，财政部与国家海洋局联合发布《关于印发〈调整海域 无居民海岛使用金征收标准〉的通知》，并共同发布其所制定的《海域使用金征收标准》和《无居民海岛使用金征收标准》。该通知要求自5月1日起，征收海域使用金和无居民海岛使用金统一按照国家标准执行。

7月5日，国家海洋局根据《中华人民共和国海域使用管理法》和《中华人民共和国海岛保护法》，为完善海域、无居民海岛有偿使用制度，保护海域、无居民海岛资源，发布《关于海域、无居民海岛有偿使用的意见》。

2019年

4月2日，财政部同自然资源部联合印发《关于进一步明确矿业权出让收益征收管理有关问题的通知》。该通知进一步规范了矿业权出让收益征收管理工作。

4月14日,《关于统筹推进自然资源资产产权制度改革的指导意见》对外公布。该意见继续强调健全自然资源资产产权体系,推动自然资源资产所有权与使用权分离,加快构建分类科学的自然资源资产产权体系,处理好所有权和使用权的关系,其中以土地"三权分置"为代表的所有权与使用权分离改革探索成为一大看点。

7月6日,国务院办公厅出台《关于完善建设用地使用权转让、出租、抵押二级市场的指导意见》。该意见是我国首个专门规范土地二级市场的重要文件,提出了建立产权明晰、市场定价、信息集聚、交易安全、监管有效的土地二级市场,搭建城乡统一的土地市场交易平台。

7月11日,在试点工作的基础上,《自然资源统一确权登记暂行办法》颁布施行,标志着我国开始全面实行自然资源统一确权登记制度,自然资源确权登记迈入法治化轨道。

7月25日,全国草原工作会议召开,国家林业和草原局局长张建龙表示,国家林草局正在根据中央的安排部署,研究起草《关于加强草原保护修复的意见》《国有草原资源有偿使用制度改革方案》,加快完善指导新时代草原改革发展的顶层设计。

8月,国家林草局与自然资源部就强化国有森林资源资产所有权人管理职责问题,共同赴内蒙古国有林区调研。

12月9日,全国森林资源管理工作会议召开,国家林业和草原局局长张建龙介绍,按照中组部、中央编办关于健全重点国有林区森林资源管理体制的要求,将尽快出台国有森林资源资产有偿使用制度改革方案。优化中央投入机制,赋予所有者履行职责必要的调控手段,确保中央投资真正用于森林资源保护发展。

12月17日,自然资源部发布《自然资源部关于实施海砂采矿权和海域使用权"两权合一"招拍挂出让的通知》。该通知明确全面实施海砂采矿权和海域使用权"两权合一"招标拍卖挂牌出让制度,并规定"两权"招拍挂出让应当委托政府公共资源交易平台进行。

12月28日,《森林法》第十六条修订案审议通过。新规定明确"国家所有的林地和林地上的森林、林木可以依法确定给林业经营者使用。林业经营者依法取得的国有林地和林地上的森林、林木的使用权,经批准可以转让、出租、作价出资等,具体办法由国务院制定"。

12月31日,自然资源部下发《关于推进矿产资源管理改革若干事项的意见(试行)》。包括全面推进矿业权竞争性出让在内,其对矿业权出让制度改革提出六条具体改革内容。

2021年

5月21日,财政部、自然资源部、税务总局、人民银行联合出台《关于将国有土地使用权出让收入、矿产资源专项收入、海域使用金、无居民海岛使用金四项政府非税收入划转税务部门征收有关问题的通知》。

排污权交易

中国排污权交易工作综述

排污权指排污单位经核定、允许其排放污染物的种类和数量,且以排污许可证的形式予以确认。它是指在"总量控制"前提下,政府将排污权有偿出让给排污者,并允许排污权在二级市场上进行交易。排污权有偿使用和排污权交易将使企业在利益驱动下,珍惜有限的排污权,减少污染物排放,同时使企业成本真实反映环境保护的要求,从而达到防治污染的目的。

排污权有偿使用,指排污单位以有偿的方式获得初始排污权的行为。核心是按照"环境容量是稀缺资源,环境资源占用有价"的理念,形成反映环境资源稀缺程度的价格体系和市场。排污权交易,指在总量控制制度下排污单位为落实总量控制目标、降低减排成本或获取减排效益所进行的排放权的交易行为。

排污权有偿使用和交易制度旨在将全民共同拥有的环境作为资源进行管理,将原来排污单位无偿获取排污权改为有偿使用。排污单位可以将有偿取得的排污权作为无形资产在市场进行自由流通。排污权有偿使用和交易制度是发挥市场机制在污染物减排中作用的重要制度性安排,有利于污染物总量控制,也有利于企业减排经济价值市场化,即企业新增加的排污权需要向政府或其他企业购买,老企业采取减排等措施形成的富余排污权(企业取得政府认可排污权超出企业实际污染物排放数量部分)可以出售,从而促进节能减排机制长效化。

一、中国排污权交易建构背景

排污权有偿使用与交易政策在中国的实践最早可以追溯至 20 世纪 80 年代,借鉴了美国的大气污染物排放交易和水质交易,其初衷是提高排污权的资源配置效率。

自 2007 年起,财政部会同环境保护部、国家发展改革委先后批复了天津、江苏、浙江、陕西等 11 个省(直辖市)作为国家级试点单位,积极探索实行排污权有偿使用和交易制度。并从三个方面支持指导试点省(直辖市)工作:一是向试点省(直辖市)介绍美国等市场经济国家排污权交易做法;二是组织试点省(直辖市)交流经验,并在全国范围内推介好的经验;三是累计安排 5.22 亿元,支持试点省(直辖市)加强污染物排放监测监管以及交易平台建设。一些省份也自行选择部分市(县)开展了试点。

从试点情况看,取得不错的效果。主要包括:一是"环境容量是稀缺资源,环境资源占用有价"理念逐步深入人心,企业珍惜环境资源、自觉减排的意识得到加强;二是公平地提高了环境准入门槛,如 2011 年陕西宏观煤焦化有限公司就因排污权有偿使用不合算,主动放弃了年生产 120 万吨兰炭配 5 万吨/年铸造镁合金项目;三是排污权有偿使用和交易必须准确计量污染物排放数量,有利于实施污染物总量控制,是完成国家污染物减排目标的重要基础支撑;四是增加了污染物治理投入,据初步统计,试点省(直辖市)累计拍卖排污权收入约 20 亿元,全部用于污染物治理投入;五是创新了污染物治理等资新机制,如浙江、湖南、山西等省研究出台了排污权抵押贷款办法,仅浙江就有 170 多家企业通过排污权抵押贷款,获得污染物治理资金十多亿元;六是试点省(直辖市)初步构建完成排污权有偿使用和交易政策框架体系,据统计,试点省(直辖市)已累计出台文件 72 个。

各省市试点启动至今,对排污权交易的政策框架、技术流程与保障体系不断改进,取得了一定的成果。试点实践证明,排污权有偿使用与交易制度是运用市场力量促进环境资源有效配置,是落实党中央、国务院有关工作部署、加快环境友好型社会建设的重大机制创新与制度改革,是支撑总量控制制度的配套政策,可作为排放指标定量化管理的重要工具,对于改善环境质量、调整经济结构、转变发展方式有着积极的作用。

虽然排污权有偿使用和交易试点已取得积极进展,但仍存在试点范围小、地区操作差异大且不规范、落实到企事业单位总量控制工作滞后等问题。按照党的十八届三中全会决定有关加快生态文明制度建设的要求,财政部自 2014 年起在全国范围内继续推动建立排污权有偿使用和交易制度,在国家层面出台规范排污权有偿使用和交易的指导性文件,继续深入推广排污权有偿使用和交易试点工作,积极推动跨区域排污权交易等。

二、中国排污权交易建构历程

排污交易在中国完全是一个外来引进的环境经济手段,其发展已经有近 30 年的历史。排污交易在中国的发展大体上可以分成以下四个阶段。

(一)起步尝试阶段(1988—2000)

我国早在 20 世纪 80 年代末期就进行了排污交易实践。1987 年,上海市闵行区开展了企业之间水污染物排放指标有偿转让的实践;1988 年 3 月 20 日,当时的国家环保局颁布并实施的《水污染物排放许可证管理暂行办法》第四章第二十一条规定"水污染排放总量控制指标,可以在本地区的排污单位间互相调剂";1991 年,在国家环保总局的领导下,16 个城市进行了排放大气污染物许可证制度的试点工作,在此基础上,自1994年起又在其中包头、开远、柳州、太原、平顶山、贵阳这6个城市开展了大气排污权交易的试点工作,取得了初步经验。

1996年,国务院批复同意国家环保局提出的《"九五"期间全国主要污染物排放总量控制计划》,我国正式把污染物排放总量控制政策列为"九五"期间环境保护的考核目标,在全国所有城市推行排污许可证制度。总量控制和排污许可证在全国范围内的推行,为中国开展排污权交易奠定了制度基础,为排污权交易在中国落地生根提供了土壤。而2000年4月29日第九届全国人大常委会第十五次会议通过的《大气污染防治法》,则为国家污染控制战略真正实现由浓度控制向总量控制转变提供了法律保障,对排污许可证制度赋予了相应的法律地位。

总体来说,这一时期排污交易政策文件和实践案例从无到有,主要在国家环境保护部门的推动下,集中在大气污染物排污交易方面进行了初步试点尝试,并取得了一些有益的经验,为后续排污交易试点探索的不断深化打下了一些基础。

(二)试点摸索阶段(2001—2006)

"十五"期间,我国环保工作的重点全面转到污染物排放总量控制,为了使环保工作更加适应经济建设的需要,国家环保总局提出了通过实施排污许可证制度促进总量控制工作,通过排污权交易试点完善总量控制工作。

在此背景下,2001年前后开展了不少试点项目,如中美环境合作项目"中国利用市场机制削减二氧化硫排放的可行性研究"和"推动中国二氧化硫排放总量控制及排放权交易政策实施的研究",亚洲开发银行在太原市开展了市域范围的二氧化硫排污交易试点项目并协助太原市制定了《太原市二氧化硫排放交易管理办法》,美国环保协会(EDF)在南通实现排污交易的项目等。在这些项目的推动下完成了多项排污权交易案例,积累了丰富的实践经验。2002年,在美国环保协会的支持下,国家环保总局下发了《关于开展"推动中国二氧化硫排放总量控制及排污交易政策实施的研究项目"示范工作的通知》,在山东、山西、江苏、河南、上海、天津、柳州市共七省市开展二氧化硫排放总量控制及排污交易试点工作。2006年5月,财政部和国家环保总局联合开展了部分省市排污交易的调研,召开了专家座谈会,征求了包括上海、江苏、浙江、天津、山西、河南、广东、福建、广西等省区市在内的财政部门和环保部门,以及国家电网、南方电网、五大电力集团公司和部分地方电力公司的意见,认为电力行业排放绩效明确、二氧化硫治理技术成熟,可在全国范围率先推行排污交易试点工作。

水污染物排污交易试点在该阶段也有所开展。如2001年,浙江省嘉兴市秀洲区出台了《水污染物排放总量控制和排污权交易暂行办法》,实行了水污染物排放初始权的有偿使用。

2006年，嘉兴市启动了全市范围的污染物排放总量控制和排污权交易。江苏省环境保护委员会也在2004年印发了《〈江苏省水污染物排污权有偿分配和交易试点研究〉工作方案的通知》。但是，与大气污染物二氧化硫排放交易的试点探索力度相比，水体污染物排放交易试点探索力度相对较弱。

（三）试点深化阶段（2007—2014）

为了提高环境资源的利用效率，减少环保行政成本，促进企业产生自发治污减排的内在动力，构建环保长效机制，随着国家环保战略思路从传统的行政管制手段转变到注重综合运用行政、法律以及市场和自愿手段，2007年前后各级政府日益重视市场对环境资源配置的基础性作用，十分关注环境经济政策的运用。如国家环保总局于2007年启动了国家环境经济政策试点项目，探索绿色信贷、环境保险、绿色贸易、环境税、生态补偿和排污交易等政策。同年11月10日，国内第一个排污权交易中心在浙江嘉兴挂牌成立，标志着我国排污权交易逐步走向制度化、规范化、国际化。2010年10月10日，《国务院关于加快培育和发展战略性新兴产业的决定》发布。该决定明确提出，建立和完善主要污染物和碳排放交易制度。与此相应，地方政府对排污交易机制在节能减排中的作用给予了特别的关注。排污交易在该阶段明显呈现国家日益重视、地方自发积极探索、上下对接强化、探索的交易模式多样、交易标的物日益宽泛、政策空间层次不断扩展（涵盖了国家、流域、区域、地区四个层次）、地方性法规政策文件出台频率加大、科研合作重点考虑、开始出现专门的排污权交易经营公司等特点。

在排污权有偿使用和交易政策试点探索的过程中，中央有关部门寄希望于通过试点工作，探索排污权交易政策在中国大范围推行的可行性及需要破解的障碍性要素。2009年3月，财政部、环境保护部、国家发展改革委正式启动了《关于进一步推进排污权有偿使用和交易试点工作的指导意见》的起草制定工作。2011年，排污权交易政策国家试点省份正在逐步推开排污权交易。如北京、天津、上海、重庆、湖北、广东及深圳被批准开展碳排放权交易试点；江苏、浙江、天津、湖北、湖南、山西、内蒙古、河南、重庆、陕西10省市被批准为排污权交易政策国家试点，并在政府促进下，"二级市场"的排污权交易开始有较大进展。2011年12月23日，陕西省在西安市举行氮氧化物排污权拍卖，这也是我国首次开展氮氧化物排污权交易，交易配额为380吨，总成交额160.8万元，参与竞拍的企业主要包括陕西比迪欧化有限公司等5家企业，起拍基价为6000元/吨，最高成交价7800元/吨。

（四）试点推广阶段（2014年至今）

在这一阶段里，排污权改革进程持续深入，多个生态保护相关文件继续强调加强排污权制度建设，扩大试点范围，并在试点工作中不断总结经验为全面实施排污权交易奠定基础是该阶段的主要任务。在上一阶段试点工作经验的基础上，2014年8月6日，国务院办公厅印发《关于进一步推进排污权有偿使用和交易试点工作的指导意见》。该意见提出到2015年年底前试点地区全面完成现有排污单位排污权核定，到2017年年底基本建立排污权有偿使用和交易制度，为全面推行排污权有偿使用和交易制度奠定基础。多省市也相继出台了落实《关于进一步推进排污权有偿使用和交易试点工作的指导意见》的政策文件，进一步深化试点探索。

在推广过程中，各项建立健全排污权交易和有偿使用的政策相继出台，更进一步地完善了排污权交易体系。如第一个关于排污权交易的国家层面的具体管理办法——《排污权出让收入管理暂行办法》于2015年7月23日公布。由财政部、国家发展改革委、环境保护部联合制定的《排污权出让收入管理暂行办法》的印发，解决了过去排污权出让收入由于缺乏相关规定，造成资金使用不规范、资金难以甚至无法使用等问题。该办法规定排污权出让收入属于政府非税收入，全额上缴地方国库，纳入地方财政一般预算管理，统筹用于污染防治。各地方政府也相继发力。2020年9月，陕西省启动排污权交易二级市场，进一步优化了排污权交易的规则和核算方式，并于7月在全国率先实现固定污染源排污许可全覆盖，为排污权二级市场交易工作奠定了坚实基础。跨省级排污权交易开始逐步探索，《成渝地区双城经济圈建设规划纲要》中提出深化跨省市排污权等交易合作，《黄河流域生态保护和高质量发展规划纲要》鼓励开展排污权等初始分配与跨省交易制度，以点带面形成多元化生态补偿政策体系。

排污权政策法规

一、《关于进一步推进排污权有偿使用和交易试点工作的指导意见》

2014年8月6日，国务院办公厅印发《关于进一步推进排污权有偿使用和交易试点工作的指导意见》。该指导意见意在发挥市场机制推进环境保护和污染物减排，部署充分发挥市场机制在环境保护和污染物减排中的作用，促进主要污染物排放总量持续有效减少。

1. 环境资源领域一项基础性制度改革

指导意见提出，到2015年年底前试点地区全面完成现有排污单位排污权核定，到2017年年底基本建立排污权有偿使用和交易制度，为全面推行排污权有偿使用和交易制度奠定基础。这是我国首次明确该方面的时间表，说明我国将更多通过市场机制选择最有效率的方法，推动节能减排和生态文明建设。

排污权是指排污单位经核定、允许其排放污染物的种类和数量。指导意见指出，建立排污权有偿使用和交易制度，是我国环境资源领域一项重大的、基础性的机制创新和制度改革，是生态文明制度建设的重要内容。让企业通过市场化途径削减节能减排压力，使购买排污权的企业能扩大再生产，出售排污权企业获得资金支持，就能使节能减排成为企业的主动行为。

2. 对制度的进一步完善

我国从 2007 年开始推进排污权有偿使用和交易试点，目前已有十余个省份作为国家级试点单位，一些省份也自行选择部分市（县）开展试点。

在试点过程中暴露出一些问题，包括对市场手段搞环保不熟悉，习惯于用行政命令的办法；很多试点工作仍然是政府在推动，市场机制发挥不够充分；市场规模总体仍然较小；存在很多技术性操作问题；很多地方拿排污权交易做"旗帜"，实际上干别的事情，还存在很多不规范操作；等等。指导意见对不规范操作进行限制和指导，这是对制度的完善。

指导意见明确，不得为不符合国家产业政策的排污单位核定排污权，提出建立排污权储备制度，回购排污单位"富余排污权"，适时投放市场，重点支持战略性新兴产业、重大科技示范等项目建设。给予多少排污权，就意味着该行业发展空间有多大。通过排污权约束淘汰落后产能，支持战略性新兴产业，体现了国家产业结构调整的思路。

3. 进一步明确政府监管范围和职能

指导意见进一步明确了排污权使用费的收取、监督、使用，并对试点地区地方政府的组织领导和服务保障工作提出了要求。

进一步明确政府的监管范围和职能，有利于充分发挥市场"看不见的手"和政府"看得见的手"的作用，并督促地方政府主动作为，为完善并全面推进排污权有偿使用和交易制度奠定基础。指导意见的出台将对市场产生一定震动作用，在加速推进节能减排的同时，很多企业将从中获得商机。

二、《排污权出让收入管理暂行办法》

2015 年 7 月 23 日，财政部、国家发展改革委、环境保护部联合印发《排污权出让收入管理暂行办法》。这是排污权有偿使用和交易政策的一个重要进展，是继《关于进一步推进排污权有偿使用和交易试点工作的指导意见》后出台的第二个关于排污权交易的国家规章，也是第一个关于排污权交易的国家层面的具体管理办法，过去排污权出让收入由于缺乏相关规定，造成资金使用不规范、资金难以甚至无法使用等问题，文件的出台在一定程度上解决了该问题，规定排污权出让收入属于政府非税收入，全额上缴地方国库，纳入地方财政一般预算管理，统筹用于污染防治。

《排污权出让收入管理暂行办法》（以下简称《办法》）要求，试点地区地方人民政府采取定额出让或通过市场公开出让（包括拍卖、挂牌、协议等）方式出让排污权。对现有排污单位取得排污权，采取定额出让方式。排污权出让收入属于政府非税收入，全额上缴地方国库，纳入地方财政预算管理。排污权出让收入纳入一般公共预算，统筹用于污染防治。《办法》明确，排污权有效期原则上为五年。有效期满后，排污单位需要延续排污权的，应当按照地方环境保护部门重新核定的排污权，继续缴纳排污权使用费。缴纳排污权使用费金额较大、一次性缴纳确有困难的排污单位，可在排污权有效期内分次缴纳，首次缴款不得低于应缴总额的40%。《办法》明确，试点地区应当建立排污权储备制度，将储备排污权适时投放市场，调控排污权市场，重点支持战略性新兴产业、重大科技示范等项目建设。

三、《控制污染物排放许可制实施方案》

2016年11月10日，国务院办公厅印发《控制污染物排放许可制实施方案》（以下简称《方案》）。《方案》对完善控制污染物排放许可制度、实施企事业单位排污许可证管理作出部署。

《方案》指出，实施控制污染物排放许可制，是推进生态文明建设、加强环境保护工作的一项具体举措，是改革环境治理基础制度的重要内容，对加强污染物排放的控制与监管具有重要意义。《方案》明确，到2020年，完成覆盖所有固定污染源的排污许可证核发工作，基本建立法律体系完备、技术体系科学、管理体系高效的控制污染物排放许可制，对固定污染源实施全过程和多污染物协同控制，实现系统化、科学化、法治化、精细化、信息化的"一证式"管理。

《方案》提出，要衔接整合相关环境管理制度，将控制污染物排放许可制建设成为固定污染源环境管理的核心制度。通过实施控制污染物排放许可制，实行企事业单位污染物排放总量控制制度，实现由行政区域污染物排放总量控制向企事业单位污染物排放总量控制转变，范围逐渐统一到固定污染源；有机衔接环境影响评价制度，实现从污染预防到污染治理和排放控制的全过程监管；为相关工作提供统一的污染物排放数据，提高管理效能。

《方案》要求，规范有序发放排污许可证。制定排污许可管理名录，分行业推进排污许可管理，逐步实现排污许可证全覆盖。县级以上地方人民政府环境保护部门负责排污许可证核发，地方性法规另有规定的从其规定。要将现有法律法规对企事业单位污染排放控制的要求细化落实，依法确定许可内容，环境质量不达标地区要对企事业单位排放污染物实施更加严格的管理和控制。

《方案》提出，要严格落实企事业单位环境保护责任。纳入排污许可管理的所有企事业单位必须持证排污、按证排污，不得无证排污。企事业单位应依法开展自行监测，建立台账记录，如实向环境保护部门报告排污许可证执行情况。

《方案》指出，环境保护部门要加强监督管理。依证严格开展监管执法，重点检查许可事项和管理要求的落实情况，严厉查处违法排污行为；综合运用市场机制政策，引导企事业单位主动削减污染物排放。要强化信息公开和社会监管，2017年基本建成全国排污许可证管理信息平台，及时公开企事业单位自行监测数据和环境保护部门监管执法信息。

《方案》强调，要做好控制污染物排放许可制实施的各项保障工作。加强组织领导，明确目标任务，制订实施计划，确保按时限完成排污许可证核发工作；进一步完善法律法规，健全技术支撑体系，加大宣传培训力度，确保这一制度得到有效落实。

四、《排污许可管理办法（试行）》

《排污许可管理办法（试行）》（以下简称《管理办法》）根据《中华人民共和国环境保护法》等有关法律以及国务院办公厅印发的《控制污染物排放许可制实施方案》（以下简称《实施方案》）制定，于2018年1月10日公布。主要内容如下。

一是《管理办法》规定了排污许可证核发程序。《管理办法》依据国办印发的《实施方案》依法规定排污许可证申请、审核、发放的一个完整周期内，企业需要提供的材料、应当公开的信息，环保部门受理的程序、审核的要求、发证的规定以及污染防治可行技术在申请与核发中的应用。明确了排污许可证的变更、延续、撤销、注销、遗失补办等各情形的相关程序、所需资料等内容。同时规定了分类管理的要求和分级许可的思路，明确排污许可证的有效期。

二是《管理办法》明确了排污许可证的内容。《管理办法》规定排污许可证由正本和副本两部分组成，主要内容包括承诺书、基本信息、登记信息和许可事项。其中前3项由企业自行填写，最后一项由环保部门依据企业申请材料按照统一的技术规范依法确定。《管理办法》规定核发环保部门应当以排放口为单元，根据污染物排放标准确定许可排放浓度；按照行业重点污染物许可排放量核算方法和环境质量改善的要求计算许可排放量，并明确许可排放量与总量控制指标和环评批复的排放总量要求之间的衔接关系。

三是《管理办法》强调落实排污单位按证排污责任。《管理办法》规定，排污许可是环保部门依据排污单位的申请和承诺，通过发放排污许可证来规范和限制排污行为，并依证监管的环境管理制度。排污单位承诺并对申请材料真实性、完整性、合法性负责是排污单位取得排污许可证的重要前提。排污单位必须持证才能排污，无证不得排污。持证排污单位必须在排污许可证规定的许可排放浓度和许可排放量的范围内排放污染物，并应开展自行监测、建立台账记录、编写执行报告，确保严格落实排污许可证相关要求。《管理办法》同时对无证排污、违法排污、材料弄虚作假、监测违法、未依法公开环境信息5种情形设定了处罚条款。

四是《管理办法》要求依证严格开展监管执法。《管理办法》提出监管执法部门应制订排污许可执法计划，明确执法重点和频次，执法中应对照排污许可证许可事项，按照污染物实际排放量的计算原则，通过核查台账记录、在线监测数据及其他监控手段或执法监测等，检查企业落实排污许可证相关要求的情况。

五是《管理办法》强调加大信息公开力度。《管理办法》规定企业应在申请前就基本信息、拟申请的许可事项进行公开，在执行排污许可证过程中应公开自行监测数据和执行报告内容，环保部门在核发排污许可证后应公开排污许可证正本以及副本中的基本事项、承诺书和许可事项。监管执法部门应在全国排污许可证管理信息平台上公开监管执法信息、无证和违法排污的排污单位名单。

排污权交易大事记

2001 年

9 月，中美环境合作项目"中国利用市场机制削减二氧化硫排放的可行性研究"和"推动中国二氧化硫排放总量控制及排放权交易政策实施的研究"开始启动，江苏省南通市成功实现了中国首例二氧化硫排放权交易。

亚洲开发银行在太原市开展了市域范围的二氧化硫排污交易试点项目，并协助太原市制定了《太原市二氧化硫排放交易管理办法》。浙江省嘉兴市秀洲区出台了《水污染物排放总量控制和排污权交易暂行办法》，实行了水污染物排放初始权的有偿使用。

2002 年

3 月，国家环保总局与美国环保协会一起开展了"推动中国二氧化硫排放总量控制及排放权交易政策实施的研究项目"（简称"'4+3+1'项目"），并下发了《关于开展"推动中国二氧化硫排放总量控制及排污交易政策实施的研究项目"示范工作的通知》，在山东、山西、江苏、河南、上海、天津、柳州开展二氧化硫排放总量控制及排污权交易试点工作。

2003 年

江苏太仓港环保发电有限公司与南京下关发电厂达成二氧化硫排污权异地交易，开创了中国跨区域交易的先例。

2004 年

江苏省环境保护委员会印发《〈江苏省水污染物排污权有偿分配和交易试点研究〉工作方案的通知》，开展水污染物有偿使用试点，形成了若干先行先试的个案，但并未形成理论体系和规范文件。

2005 年

12 月 3 日，国务院颁布了《国务院关于落实科学发展观加强环境保护的决定》。该决定在第二十四条中提出"有条件的地区和单位可实行二氧化硫等排污权交易"，第一次将二氧化硫排污权交易写入了国务院的正式文件。

2006 年

5 月，财政部和国家环保总局联合开展了部分省市排污交易的调研，召开了专家座谈会，征求了包括上海、江苏、浙江、天津、山西、河南、广东、福建、广西等省区市在内的财政部门和环保部门，以及国家电网、南方电网、五大电力集团公司和部分地方电力公司的意见，认为电力行业排放绩效明确、二氧化硫治理技术成熟，可在全国范围率先推行排污交易试点工作。

嘉兴市启动了全市范围的污染物排放总量控制和排污权交易。

2007 年

11 月 10 日，国内第一个排污权交易中心在浙江嘉兴挂牌成立，标志着我国排污权交易逐步走向制度化、规范化、国际化。

国家环保总局于 2007 年启动了国家环境经济政策试点项目，探索绿色信贷、环境保险、绿色贸易、环境税、生态补偿和排污交易等政策。

2009 年

3 月，在总结试点省份成功经验和有效做法的基础上，财政部、环境保护部、国家发展改革委正式启动了《关于进一步推进排污权有偿使用和交易试点工作的指导意见》的起草制定工作。

2010 年

10 月 10 日，《国务院关于加快培育和发展战略性新兴产业的决定》提出建立和完善主要污染物和碳排放交易制度。

2011 年

3 月，国务院办公厅组织调研组赴湖北、浙江两省进行了调研，现场考察了排污权交易管理平台和试点企业情况，座谈听取了地方有关部门和企业的意见和建议，根据调研情况形成的调研报告得到国务院领导的高度肯定，为《关于进一步推进排污权有偿使用和交易试点工作的指导意见》进一步完善提供了理论和现实的素材。

12 月 23 日，陕西省在西安市举行氮氧化物排污权拍卖，这也是我国首次开展氮氧化物排污权交易，交易配额为 380 吨，总成交额 160.8 万元，参与竞拍的企业主要包括陕西比迪欧化有限公司等 5 家企业，起拍基价为 6000 元/吨，最高成交价 7800 元/吨。

年底，已有江苏、浙江、天津、湖北、湖南、山西、内蒙古、河南、重庆、陕西 10 省市被批准为排污权交易政策国家试点，一些地区已初步显现成效。

2012 年

8月3日,陕西省举行首次化学需氧量和氨氮排污权竞买交易会,9家企业经环保部门审核后参加交易。这标志着陕西省在全国率先将4项主要污染物全部纳入排污权有偿使用及交易。

环保部组织召开了年度排污权交易试点省市工作会,大力推动试点工作。

2014 年

8月6日,国务院办公厅印发《关于进一步推进排污权有偿使用和交易试点工作的指导意见》。该文件意在发挥市场机制推进环境保护和污染物减排,部署充分发挥市场机制在环境保护和污染物减排中的作用,促进主要污染物排放总量持续有效减少。

9月1日,发展改革委、财政部和环境保护部发布《关于调整排污费征收标准等有关问题的通知》。

2015 年

1月22日,环境保护部办公厅发布《关于执行调整排污费征收标准政策有关具体问题的通知》。该通知就执行2014年印发的《关于调整排污费征收标准等有关问题的通知》有关具体问题作进一步明确。同日,住房和城乡建设部发布《城镇污水排入排水管网许可管理办法》,该办法自3月1日起开始实行。

7月23日,财政部、国家发展改革委、环境保护部联合印发《排污权出让收入管理暂行办法》。这是排污权有偿使用和交易政策的一个重要进展,是继《关于进一步推进排污权有偿使用和交易试点工作的指导意见》后出台的第二个关于排污权交易的国家规章,也是第一个关于排污权交易的国家层面的具体管理办法。过去排污权出让收入由于缺乏相关规定,造成资金使用不规范、资金难以甚至无法使用等问题,文件的出台在一定程度上解决了该问题,规定排污权出让收入属于政府非税收入,全额上缴地方国库,纳入地方财政一般预算管理,统筹用于污染防治。

10月29日,中国共产党第十八届中央委员会第五次全体会议通过《中国共产党第十八届中央委员会第五次全体会议公报》,其中提出建立健全排污权初始分配制度,推动形成勤俭节约的社会风尚。

2016 年

8月11日,湖南省发改委、财政厅联合印发《关于完善主要污染物排污权有偿使用收费和交易政府指导价政策有关问题的通知》。

11月10日,国务院发布《控制污染物排放许可制实施方案》。该方案对完善控制污染物排放许可制度、实施企事业单位排污许可证管理作出部署。

12月8日,江苏省物价局、财政厅、环保厅联合印发《关于印发江苏省排污权有偿使用和交易价格管理暂行办法的通知》。该通知旨在进一步完善排污权有偿使用和交易价格体系。

12月23日,《排污许可证暂行规定》发布。为贯彻《控制污染物排放许可制实施方案》,规范排污许可证申请、审核、发放、管理等程序,环境保护部编制了《排污许可证暂行规定》。

2018年

1月2日,环境保护部出台《排污单位编码规则》。统一许可证和排放口编码,精准定位每一个企业。建成并运行全国统一的排污许可证管理信息平台,排污许可证核发和管理全部在信息平台进行。在平台上公开企业排放和环境监管情况。将信息平台与环境保护税征收平台对接,为环境保护税征收提供支撑。推动开展排污口信息化试点,打通排污许可、环境监测以及监督执法等信息,探索排污许可"一证式"环境监管模式。

1月10日,《排污许可管理办法(试行)》公布。根据《中华人民共和国环境保护法》等有关法律以及国务院办公厅印发的《控制污染物排放许可制实施方案》,特制定该办法。

4月12日,《关于废止有关排污收费规章和规范性文件的决定》(以下简称《决定》)由生态环境部部务会议审议通过,于2018年5月2日公布。《决定》废止与排污收费相关的1件部门规章,即《排污费征收工作稽查办法》,以及27件规范性文件。

11月18日,中共中央、国务院发布《关于建立更加有效的区域协调发展新机制的意见》。该意见明确提出建立健全排污权初始分配与交易制度,培育发展各类产权交易平台。

全国共有28个省份开展了排污交易权使用试点,浙江、重庆、内蒙古、河南已完成全部新增污染源的排污权有偿使用。

2019年

浙江等少数地区已逐步将排污权有偿使用范围扩展至现有污染源。

2020年

9月,陕西省启动排污权交易二级市场,进一步优化了排污权交易的规则和核算方式,并于7月在全国率先实现固定污染源排污许可全覆盖,为排污权二级市场交易工作奠定了坚实基础。

10月,湖北襄阳市启动排污权二级市场交易试点,首批纳入排污权二级市场交易试点的企业共有80家,主要集中在火电、钢铁、水泥、造纸、化工、20蒸吨/小时以上燃煤锅炉等重点行业,其排放量约占襄阳全市工业源排放二氧化硫的61%、氮氧化物的96%。首场排污权交易在武汉光谷联合交易所线上举办,完成6.1吨涉气排污指标的拍卖,交易额21万多元。

2021年

10月8日,中共中央、国务院印发《黄河流域生态保护和高质量发展规划纲要》。该纲要鼓励开展排污权等初始分配与跨省交易制度,以点带面形成多元化生态补偿政策体系。

10月,中共中央、国务院印发《成渝地区双城经济圈建设规划纲要》,其中提出深化跨省市排污权等交易合作。

用水权交易

中国用水权交易工作综述

在《资源环境法词典》中,用水权是指"水源地和水流地的所有人就水源或水流主张的权利,通常分为水源地用水权和水流地用水权",其中水流地用水权是指"水流经过之地的所有人使用该水的权利。用水权的一种。水流地用水权包括流水使用权、流水变更权和设堰用堰权"。

一、中国用水权交易建构背景

早在20世纪中期以前,美国、澳大利亚等国家就有了水权交易的实践,以智利和澳大利亚为代表的少数国家已经通过立法承认了可交易水权法律制度。然而在我国,无论是在立法上还是实践上,都才刚刚起步。2005年1月颁布并实施的《水利部关于水权转让的若干意见》,2006年2月颁布、2006年4月15日实施的《取水许可和水资源费征收管理条例》是为数不多的有关水权以及水权转让的法律文件中的全国性文件。进入21世纪之后,我国一些地方开始出现水权交易的法律实践,这些实践虽然还并不成熟,但对推进我国水权制度的构建意义重大。

水权交易的基础是对水资源资产权属有明确的划分。实际上,我国在水资源确权方面的工作也起步较晚,相关法律的形成经历了较长历史阶段,这也在一定程度上导致了我国水权交易工作同世界其他国家而言稍显落后。在2002年《水法》的第二次修订后,才正式在法律上明确水资源所有权和使用权相分离的属性,使水权交易主体初次得到明确。此后,水权交易便分为用水权交易和取水权交易两部分,相关地区也开始了水权交易的初步试点。

二、中国用水权交易建构历程

我国水资源有偿使用制度相关法律的形成经历了较长历史阶段。在新中国成立后的很长一段时间内,全国水资源几乎为免费使用。水资源的初次有偿使用开始于20世纪70年代的地方实践。在1982年召开的城市用水工作会议上，首次就工矿企业自备的水源收取水资源费进行讨论。80年代后期，我国进入了水资源管理体制和水资源管理制度蓬勃发展的新时期，如水价制度的改革、灌区管理体制的改革、取水许可制度的颁布和水资源费的收取等。随着东阳—义乌水权转让、张掖市水票交易、黄河水权转让试点等案例的涌现，水权交易也逐渐走上有偿使用的市场化发展道路。

总的来说，我国用水权交易经过了局部地区试点先行，后逐步推广深化的过程。

（一）局部地区试点先行（2000—2010）

在这一阶段里，用水权交易主要以自发和水利部指导的方式，以浙江省、甘肃省和内蒙古自治区为主进行展开。此后，其他地区在充分吸收上述三个地区工作经验后，有选择地开始了当地用水权进程。

2000年11月24日，浙江省金华地区的东阳市和义乌市，签订了一份有偿转让横锦水库部分用水权的协议，由义乌市政府出资2亿元，一次性向东阳市购买5000万立方米永久性用水权，开创了中国水权制度改革和水权交易的先河。此项交易在2005年1月7日正式达成，当天浙江省东阳市横锦水库引水工程向义乌市通水。2002年3月，甘肃省张掖市在水利部的指导下率先开展了节水型社会建设试点工作。同年8月29日，《水法》第二次修订审议通过。此次修订在水资源权属方面确立了所有权与使用权的分离原则，并新提出取水许可与取水权概念，以实施取水许可制度和水资源有偿使用制度为重点，加强用水管理，使我国的水资源管理形成了一套完整的行政分配体系。

随后，内蒙古自治区于2003年4月1日开展黄河干流水权转换试点，希望通过对灌区的节水改造，把节约的水量有偿转让给达电四期工程用水。水利部发布《关于加强节水型社会建设试点工作的通知》。该通知提出要学习张掖经验，进一步加深对水权、水市场理论的理解，强调各流域机构要抓紧流域水资源规划的编制工作，要把用水权分配作为重要内容，尽快确定各区域用水指标，明晰初始用水权，为节水型社会建设奠定工作基础。国务院和水利部也分别印发《国务院关于2005年深化经济体制改革的意见》《关于落实〈国务院关于做好建设节约型社会近期重点工作的通知〉进一步推进节水型社会建设的通知》，研究建立国家水权制度，建立总量控制与定额管理相结合的用水管理制度，探索建立水权市场，制定用水权交易市场规则，规范用水权转让价格，推进用水权有偿转让。在有条件的地区，实行用水权有偿转让，逐步利用市场机制优化配置水资源，确定流域内各省、市、区的用水权指标。

到2006年，水权分配试点工作进展顺利。霍林河、大凌河、官厅水库上游等水权分配试点工作取得初步成果。海河水利委员会会同北京市、河北省、山西省人民政府开展了永定河官厅水库上游干流水量分配方案的制定，该方案成为实施流域水资源总量控制管理的依据。江西省抚河流域水量分配已经进入方案协调阶段。宁夏、内蒙古水权转换工作进展顺利，部分水权转换工程通过验收。水利部与日本、澳大利亚合作开展了中国水权制度建设研究，并提出了推进中国水权制度建设的政策建议。我国第一个节水型社会建设试点——甘肃张掖节水型社会建设试点也于同年9月2日正式通过水利部专家组的验收。自2002年以来，张掖市按照水利部和甘肃省人民政府共同批复的《张掖市节水型社会建设试点方案》要求，在全市从明晰水权入手，建立总量控制、定额管理、有偿使用、水权交易、用水户参与等一系列管理制度，并且将用水指标逐级分配到了县、乡、村和用水户，并引入市场机制，全面推行水票制度，鼓励用水户在一定条件下进行水量交易，实现了水权流转。建设试点期间，张掖市成立了790个农民用水者协会，让农民参与用水管理，将斗渠以下水利工程的维护、运行以及水费收取交由协会管理。张掖市还结合政府机构改革，打破城乡分割的管理体制，将市、县两级水利局改组为水务局，对全市水资源实行水务统一管理，为节水型社会建设奠定了体制基础。

（二）试点深化推广阶段（2010年至今）

在前一阶段的工作基础上，在试点推广阶段里，用水权改革继续以试点的方式深入推进，并以2010年12月31日发布的《关于加快水利改革发展的决定》（以下简称《决定》）所提出的"建立和完善国家水权制度，充分运用市场机制优化配置水资源"为标志，我国开启了用水权交易试点深化推广阶段。除《决定》外，各部门也多次发布各项文件，提出建立健全水权制度和水市场，鼓励开展水权交易试点，逐步建立国家、流域、区域层面的水权交易平台，如《关于实行最严格水资源管理制度的意见》《国家农业节水纲要（2012—2020年）》《关于深化水利改革的指导意见》等。

2014年6月30日，水利部印发《水利部关于开展水权试点工作的通知》，明确以三年为期，在宁夏、江西、湖北、内蒙古、河南、甘肃、广东等7个省（自治区）启动水权试点，重点开展水资源使用权确权登记、水权交易流转、水权制度建设。随后一段时间，水利部分别会同宁夏、江西、湖北、内蒙古、河南、甘肃、广东7省（自治区）人民政府联合批复《宁夏回族自治区水权试点方案》《河南省水权试点方案》《内蒙古自治区水权试点方案》《湖北省宜都市水权试点方案》《甘肃省疏勒河流域水权试点方案》《江西省水权试点方案》《广东省水权试点方案》，以作为试点工作的主要依据。

2015年2月，水利部水权交易监管办公室成立，主要负责组织指导和协调水权交易平台建设、运营监管和水权交易市场体系建设等工作，对水权交易重大事项进行监督管理，研究解决水权交易相关工作中的重要问题。3月17日，国家发展改革委、财政部、水利部联合发布《关于鼓励和引导社会资本参与重大水利工程建设运营的实施意见》。该意见明确将"推进水权制度改革"纳入完善优惠和扶持政策之一，建立健全工农业用水水权转让机制，鼓励开展地区间、用水户间的水权交易，允许各地通过水权交易满足新增合理用水需求，通过水权制度改革吸引社会资本参与水资源开发利用和节约保护。

2016年4月19日，水利部出台《水权交易管理暂行办法》。该办法对可交易水权的范围和类型、交易主体和期限、交易价格形成机制、交易平台运作规则等作出了具体的规定，为水权交易开展提供了政策依据。6月28日，经国务院同意，由水利部和北京市人民政府联合发起设立的国家级水权交易平台——中国水权交易所正式成立，旨在充分发挥市场在水资源配置中的决定性作用和更好地发挥政府作用，推动水权交易规范有序开展，全面提升水资源利用效率和效益，为水资源可持续利用、经济社会可持续发展提供有力支撑。7月20日，水利部印发了《关于加强水资源用途管制的指导意见》。该意见明确在符合用途管制的前提下，鼓励通过水权交易等市场手段促进水资源有序流转，同时防止以水权交易为名套取取用水指标，变相挤占生活、基本生态和农业合理用水。11月11日，水利部、国土资源部在北京联合召开水流产权确权试点工作启动会，宁夏、甘肃、陕西、江苏、湖北、河南6省（自治区）人民政府有关负责人及水利厅、国土厅和试点地区的负责同志，水利部长江水利委员会负责同志参加会议。同月，水利部水权交易监管办公室召开监管办第一次全体会议，审议通过《水利部水权交易监管办公室工作规则》《2017年水利部水权交易监管办公室工作要点》。12月底，国务院印发《"十三五"国家信息化规划》，其中将探索培育用水权网上交易市场作为优先行动之一。

经过3年积极探索，宁夏于2017年11月率先成为通过验收的全国水权试点。北京、河北、山西、内蒙古、河南、宁夏等6试点地区通过协议交易、公开竞价、政府回购等方式，探索了水权交易新模式，并在2018年前陆续通过验收。到2020年，全国七个地区水权改革试点基本完成，初步建立水权确权、交易、监管等制度体系。

2017年11月23日，国家发展改革委同水利部发布《关于开展大中型灌区农业节水综合示范工作的指导意见》。该意见将探索进一步健全农业水权分配制度、培育和发展灌区节水市场纳入重点任务之中，提出由有关地方人民政府或者其授权的水行政主管部门通过颁发水权证等形式将灌区农业用水权益明确到用水主体，实行丰增枯减、年度调整，通过市场机制实现灌区节约水资源在流域上下游及地区间、行业间、用水户间的有效流转。充分发挥中国水权交易所等各级水权交易平台的作用，开展水权鉴定、水权买卖、信息发布、业务咨询等综合服务，促进水权交易公开、公正、规范开展。

2018年2月28日，水利部、国家发展改革委、财政部出台《关于水资源有偿使用制度改革的意见》。该意见明确探索开展水权确权工作，鼓励引导开展水权交易，对用水总量达到或超过区域总量控制指标或江河水量分配指标的地区，原则上要通过水权交易解决新增用水需求；在保障粮食安全的前提下，鼓励工业企业通过投资农业节水获得水权，鼓励灌区内用水户间开展水权交易。地方政府或其授权的单位，可以通过政府投资节水形式回购水权，也可以回购取水单位和个人投资节约的水权；回购的水权应当优先保证生活用水和生态用水，尚有余量的可以通过市场竞争方式进行出让。

2019年2月14日，国家发展改革委等七部门联合印发《绿色产业指导目录（2019年版）》。该目录要求发展水权交易可行性分析服务、参考价格核定服务、方案设计服务、交易技术咨询服务、法律服务等。4月15日，国家发展改革委、水利部联合印发《国家节水行动方案》。该方案旨在推进水资源使用权确权，明确行政区域取用水权益，科学核定取用水户许可水量。

2020年7月3日，国家发展改革委会同水利部发布《〈国家节水行动方案〉分工方案》，其中明确由水利部牵头，国家发展改革委、工业和信息化部、自然资源部、住房和城乡建设部、农业农村部联合参与，共同推进水权水市场改革。推进水资源使用权确权，明确行政区域取用水权益，科学核定取用水户许可水量。探索流域内、地区间、行业间、用水户间等多种形式的水权交易。在满足自身用水情况下，对节约出的水量进行有偿转让。建立农业水权制度。对用水总量达到或超过区域总量控制指标或江河水量分配指标的地区，可通过水权交易解决新增用水需求。加强水权交易监管，规范交易平台建设和运营。10月29日，中国共产党第十九届中央委员会第五次全体会议通过《中共中央关于制定国民经济和社会发展第十四个五年规划和二〇三五年远景目标的建议》，该建议提出全面实行用水权市场化交易。

2021年2月2日，经中央全面深化改革委员会第十七次会议审议通过的《国务院关于加快建立健全绿色低碳循环发展经济体系的指导意见》由国务院印发。该意见提出通过强化法律法规支撑，强化执法监督来培育绿色交易市场机制，进一步健全排污权、用能权、用水权、碳排放权等交易机制。3月10日，水利部发布《2021年水资源管理工作要点》，其中将推进水权和水资源税改革作为该年工作重点之一，在逐步推进明确用水权的同时，积极培育水权交易市场，鼓励区域水权、取水权、灌溉用水户等用水权交易，探索总结行之有效的水权交易经验做法，促进水资源节约保护和优化配置。3月12日，"十四五"规划纲要发布，建立用水权交易机制被纳入规划纲要中。5月28日，国家发展改革委发布《关于加快推进洞庭湖、鄱阳湖生态保护补偿机制建设的指导意见》。该意见提出要积极稳妥推进用水权交易。规范明晰区域用水权；严格取水许可管理，科学核定取用水户许可水量，明晰取用水户用水权；根据需要，推进灌区内灌溉用水户用水权分配，明晰灌溉用水户用水权。9月23日，水利部在宁夏盐池县召开全国农业水价综合改革工作现场会。会议要求，各地要坚持问题导向和目标导向，推动农业水价综合改革持续深化，在取用水管理上强调加强农业用水管理。进一步强化灌区取水许可管理，确定灌区灌溉用水总量控制指标。黄河流域省份的大中型灌区要按照许可水量、灌溉用水定额等，率先把取用水权逐级确权到用水主体或合理用水单元。南方地区要深入探索农业取用水权的确权路径。10月25日，水利部发布关于落实《〈关于建立健全生态产品价值实现机制的意见〉分工方案》的三年行动计划（2021—2023年），计划在2021年年底前研究推动长江、黄河等重点流域用水权市场化交易；2022年年底前出台加强水权交易监管的制度文件，完善全国统一的用水权交易规则、技术标准和数据规范；2023年年底前研究建立统一的水权交易系统。12月6日，国家发展改革委联合水利部、住房和城乡建设部、工业和信息化部、农业农村部出台《黄河流域水资源节约集约利用实施方案》。该方案将完善用水权交易制度作为方案实施的保障措施之一，强调在建立健全统一的水权交易系统和开展集中交易的基础上，逐步纳入公共资源交易平台体系。强化水权交易监管，推进区域水权、取水权、灌区用水户用水权交易。

三、当前中国用水权交易工作存在的主要问题

（一）相关概念繁杂且使用混乱

目前，水权改革的相关概念界定不清晰。我国宪法和法律有水流产权、水资源所有权、取水权等三个概念；除了三个法律中已有的概念，在水权有关试点文件中，使用过水权、水资源使用权、用水权、用水权初始分配等多个概念；在实践中使用过水资源确权、区域水权、工程水权等概念。在水利部2016年印发的《水权交易管理暂行办法》中，规定水权包括水资源的"所有权"和"使用权"，并将"使用权"划分为区域水权、取水权和灌溉用水户水权，每一类水权都对应不同的交易方式。这种概念上的不清晰和众多概念的并存，给水权水市场实践带来困扰。

（二）实践中水权分配面临诸多困难

明晰初始水权是开展水权交易的前提，尽管这方面的实践探索很多，但尚没有找到成熟的路径，其困难至少有以下方面。

一是我国不少跨省江河和省内跨区河流的水量分配尚未完成，而且各省的用水总量控制指标与取水许可水量并不对应，难以为水权确权提供清晰的边界条件。

二是取水许可制度与水权分配缺乏有效衔接，例如，不少地区发放的许可证水量偏大，按照取水许可证记载的水量确权存在不公平问题，一些流域和地方还存在重复发证现象，形成"大证套小证""大权套小权"的情况，增加了确权工作的复杂性。

三是一些灌区将水权"一分到底"，确权到农户，但是这种做法的实践价值小并且易对基层用水秩序形成不利影响。

（三）水权交易不活跃与市场规模小

过去20年，尽管出台了一系列试点政策，但实际水权市场规模很小。2016年中国水权交易所成立以来，迄今发生的水权交易数不到1000例，平均每年的交易水量5.8亿立方米。灌溉用水户水权交易是水权交易最多的市场形式，占据了水权交易数的80%，但交易水量仅为总量的0.7%，总体并不活跃。甘肃省黑河流域的水权交易试点，即使给农户手机安装了水

权交易App,农户之间的水权交易仍然稀少。目前来看,中国水权交易所的水权市场以取水权交易为主,取水权交易数占总数的19%,交易水量占总量的77%。

(四)水权交易价格形成机制及定价难题

从理想意义来看,水权交易价格,既要体现卖出方节水的成本、交易的边际成本和一定的收益,又要体现买入方获得水权的边际效益,还要体现第三方在水权交易中的损益。目前我国尚不存在活跃交易的水权市场,开展的水权交易基本以政府引导为主,价格采用政府引导下双方协商的形式决定,交易价格形成机制不完善,价格水平偏低,难以调动卖出方的积极性,也难以体现出市场的供求关系和水资源的稀缺性。

(五)现有法规体系与水权改革不衔接

在我国现行的法律中,只有"取水权"是与水权相关的法律概念。取水权是基于取水行政许可获得的权利,尽管《中华人民共和国物权法》已经将取水权归入"用益物权"的范畴,但其市场交易并没有法律基础。目前实践中推行的三种类型的水权交易,包括区域层面、取水人层面和用水户层面,都缺乏法律依据。导致上述问题的根源在于我国的水权水市场改革实践和理论认识,主要是以水权"自由市场"秩序为理想参照系的。在我国以行政方式配置水资源的法律框架下,加之水资源的流动性、变异性和利害两重性等复杂特性,市场机制在水资源配置中的作用是有限的、局部的和辅助的,在我国国情条件下不太可能发展出以水权为基础的发达水市场。由于对此缺乏足够清晰的认识,我国的水权水市场改革存在顶层设计不科学、政策路径不明晰、市场发育进展较慢等问题。

用水权政策法规

一、《关于鼓励和引导社会资本参与重大水利工程建设运营的实施意见》

2015年3月17日,国家发展改革委、财政部、水利部联合印发了《关于鼓励和引导社会资本参与重大水利工程建设运营的实施意见》(发改农经〔2015〕488号,以下简称《意见》)。

1. 出台背景

重大水利工程是水利基础设施体系的重点和关键,对保障国家水安全和促进区域经济社会发展具有非常重要的作用。党中央、国务院高度重视重大水利工程建设。习近平总书记强调,要坚持节水优先、空间均衡、系统治理、两手发力的治水思路,通盘考虑重大水利工程建设，按照确有需要、生态安全、可以持续的原则对工程进行论证。2014年5月，李克强总理主持召开国务院常务会议，对加快推进重大水利工程建设作出总体部署，要求统筹谋划、突出重点，在2020年前分步建设纳入规划的172项重大水利工程。2015年2月25日，春节之后的第一个工作日，国务院常务会议专题听取了关于重大水利工程建设进展情况的汇报，对这项工作进一步作出部署。172项重大水利工程主要集中在中西部地区，涉及农业节水、引调水、重点水源、江河湖泊治理、新建大型灌区等。加快建设这些重大工程事关民生福祉，对实施定向调控、扩大有效投资，加大公共产品供给，促进稳增长、调结构、补短板、惠民生，以及提升我国防汛抗旱能力、保障国家水安全等具有重要意义。

按照国务院的决策部署，在各方面的共同努力下，目前重大水利工程建设加快推进，一批重大项目陆续开工。但从当前情况和一些地方的反映看，由于重大水利工程投资规模大，公益性强，市场融资能力弱，社会资本进入还存在"进不来"和"不愿进"的问题，部分项目建设资金不足问题较为突出。解决这个问题，一方面要靠适当增加财政投入，另一方面，要用改革的办法，充分运用市场机制，积极鼓励和引导社会资本参与。根据党的十八届三中、四中全会精神和《国务院关于创新重点领域投融资机制鼓励社会投资的指导意见》（国发〔2014〕60号）有关要求，结合水利实际，国家发展改革委会同财政部、水利部起草了《意见》，并征求各相关部门和各省（自治区、直辖市）、新疆兵团发展改革委意见作了修改完善，以发改农经〔2015〕488号文予以印发。《意见》的印发实施，对加快建立公平开放透明的重大水利工程建设运营市场规则，营造平等投资环境，激发市场主体活力和潜力，鼓励和引导社会资本参与，具有重要意义；有利于优化投资结构，建立健全水利投入资金多渠道筹措机制；有利于引入市场竞争机制，提高水利管理效率和服务水平；有利于转变政府职能，促进政府与市场有机结合、两手发力；有利于加快完善水安全保障体系，支撑经济社会可持续发展。

2. 主要内容

《意见》共包括五个部分、24条内容，重点围绕解决社会资本"进不来"、"不愿进"和"不可持续"的问题展开，推动形成利益共享、风险分担的投融资体制机制。第一部分是关于社会资本参与的范围和方式，要求拓宽社会资本进入领域、合理确定项目参与方式、规范项目建设程序、签订投资运营协议，重点是解决社会资本"进不来"的问题。第二部分是关于优惠和扶持政策，从保障社会资本合法权益、充分发挥政府投资的引导带动作用、完善项目财政补贴管理、完善价格形成机制、发挥政策性金融作用、推进水权制度改革、实行税收优惠、落实建设用地指标等八个方面，进一步明确了国家对社会资本参与重大水利工程建设的各项优惠和支持政策，重点是解决社会资本"不愿进"的问题。第三部分、第四部分是关于落实投资经营主体责任和加强政府服务与监管，主要包括完善法人治理结构、认真履行投资经营权利义务、加强信息公开、加快项目审核审批、强化实施监管、落实应急预案、完善退出机制、加强后评价和绩效评价、加强风险管理等九项内容,重点是解决"不可持续"的问题。第五部分是关于组织实施,从加强组织领导、开展试点示范、搞好宣传引导等三个方面提出了要求。

3. 突出特点

主要是六个方面。一是敞开大门鼓励社会资本进入。《意见》明确提出,除法律、法规、规章特殊规定的情形外,重大水利工程建设运营一律向社会资本开放。只要是社会资本,包括符合条件的各类国有企业、民营企业、外商投资企业、混合所有制企业,以及其他投资、经营主体愿意投入的重大水利工程,原则上应优先考虑由社会资本参与建设和运营。二是明确社会资本参与方式。《意见》提出,要放开增量、盘活存量,盘活现有重大水利工程国有资产,筹得的资金用于新工程建设;对新建项目,要建立健全政府和社会资本合作(PPP)机制,鼓励社会资本以特许经营、参股控股等多种形式参与重大水利工程建设运营。其中,综合水利枢纽、大城市供排水管网的建设经营需按规定由中方控股。三是推动完善价格形成机制。《意见》提出,完善主要由市场决定价格的机制,对社会资本参与的重大水利工程供水、发电等产品价格,探索实行由项目投资经营主体与用户协商定价。鼓励通过招标、电力直接交易等市场竞争方式确定发电价格。四是发挥政府投资的引导带动作用。《意见》明确,对同类项目,中央水利投资优先支持引入社会资本的项目。公益性部分政府投入形成的资产归政府所有,同时可按规定不参与生产经营收益分配。鼓励发展支持重大水利工程的投资基金。五是完善项目财政补贴管理。对承担一定公益性任务、项目收入不能覆盖成本和收益,但社会效益较好的政府和社会资本合作(PPP)重大水利项目,政府可对工程维修养护和管护经费等给予适当补贴。六是明确投资经营主体的权利义务。《意见》提出,社会资本投资建设或运营管理重大水利工程,与政府投资项目享有同等政策待遇,不另设附加条件。项目投资经营主体应严格执行基本建设程序,建立健全质量安全管理体系和工程维修养护机制,按照协议约定的期限、数量、质量和标准提供产品或服务,依法承担防洪、抗旱、水资源节约保护等责任和义务,服从国家防汛抗旱、水资源统一调度,保障工程功能发挥和安全运行。

4. 落实方法及未来工作安排

为把鼓励和引导社会资本参与重大水利工程建设运营的各项政策措施落到实处、生根开花,《意见》明确了各地区和各有关部门的工作职责,要求各地结合实际,抓紧制定鼓励和引导社会资本参与重大水利工程建设运营的具体实施办法和配套政策措施,加强试点示范,搞好宣传引导;各部门按照各自职责分工,认真做好落实工作。

下一步,国家发展改革委、财政部、水利部将抓紧商有关地方筛选确定一批国家层面联系的试点项目,加强跟踪指导,推动完善相关政策,发挥示范带动作用,争取尽快探索形成可复制、可推广的经验,用改革的红利促进水利事业发展。条件具备后,将另行专门印发试点工作方案和项目名单。初步考虑，拟选择四川省李家岩水库、重庆市巴南观景口水库、广东省韩江高陂水利枢纽、新疆大石峡水利枢纽等工程作为第一批试点项目，在建立健全政府和社会资本合作（PPP）机制、公平公正公开选择投资经营主体、完善政府支持政策、政府服务和监管方式方法等方面进行探索。各省（自治区、直辖市）和新疆生产建设兵团也要因地制宜选择一批项目开展试点。

二、《关于建立健全节水制度政策的指导意见》

为深入贯彻党的十九大和十九届历次全会精神，完整、准确、全面贯彻新发展理念，落实"节水优先、空间均衡、系统治理、两手发力"治水思路，全方位贯彻"四水四定"原则，全面提升水资源集约节约安全利用水平，推动新阶段水利高质量发展，2021年12月，水利部印发《关于建立健全节水制度政策的指导意见》（以下简称《指导意见》），水利部办公厅印发《"十四五"时期建立健全节水制度政策实施方案》（以下简称《实施方案》），明确了建立健全节水制度政策的主要目标，系统部署各项任务措施。

《指导意见》指出，在全面建设社会主义现代化国家进程中，统筹发展和安全面临水资源短缺瓶颈制约，必须坚持量水而行、节水为重，从观念、意识、措施等各方面把节水摆在优先位置，强化水资源刚性约束，全面提升水资源集约节约利用能力，为全面建设社会主义现代化国家提供水安全支撑。

《指导意见》明确了建立健全节水制度政策的指导思想、基本原则和工作目标。要求到2025年，初始水权分配和交易制度基本建立，水资源刚性约束"硬指标"基本建立，水资源监管"硬措施"得到有效落实，推动落实"四水四定"的"硬约束"基本形成，面向全社会的节水制度与约束激励机制基本形成，水资源开发利用得到严格管控，用水效率效益明显提升，全国经济社会用水总量控制在6400亿立方米以内，全国万元GDP用水量下降16%左右，北方60%以上、南方40%以上县（区）级行政区达到节水型社会建设标准；万元工业增加值用水量下降16%，农田灌溉水有效利用系数提高到0.58，新增高效节水灌溉面积0.6亿亩，城市公共供水管网漏损率低于9%，全国非常规水源利用量超过170亿立方米。

《指导意见》提出了建立健全节水制度政策的主要任务：一是建立健全初始水权分配和交易制度，包括科学确定河湖基本生态流量保障目标和地下水水位控制目标、逐步明晰区域初始水权、逐步明晰取用水户的用水权、引导推进水权交易；二是严格水资源监管，包括严格生态流量监管与地下水水位管控、严控水资源开发利用总量、实行水资源用途管制、全面开展规划水资源论证、严格建设项目水资源论证和取水许可监管、实行水资源超载地区暂停新增取水许可、健全水资源监测系统；三是建立健全全社会节水制度政策，包括建立健全节水指标与标准、做好国家节水行动实施的组织推动、建立健全节水监督管理制度、强化重点区域领域节水、健全节水激励机制;四是强化法制、科技和宣传支撑,包括强化法制支撑、强化科技支撑、加强水资源节约保护宣传与科普;五是组织保障,包括加强组织领导、加强与有关部门的沟通协作、切实加大投入、健全考核制度。

与《指导意见》相配套,水利部办公厅面向相关司局和直属单位印发了《实施方案》,将《指导意见》提出的目标与任务进一步细化实化为67项具体措施,明确了每项具体措施的责任单位和完成时限。

三、《水权交易管理暂行办法》

2016年4月19日,水利部部长陈雷签署水政法〔2016〕156号文件,印发了《水权交易管理暂行办法》(以下称《办法》)。《办法》共六章三十二条,对可交易水权的范围和类型、交易主体和期限、交易价格形成机制、交易平台运作规则等作出了具体的规定,对水权水市场建设中的热点问题作出了正面回答,体现了现阶段水权交易理论研究的深度和实践经验的总结。《办法》的出台,填补了我国水权交易的制度空白。对保障和规范水权交易行为,充分发挥市场机制在优化配置水资源中的重要作用,提高水资源利用的效率与效益,具有十分重要的意义。

党中央、国务院对水权交易市场建设高度重视,党的十八大、十八届三中和五中全会,中央财经领导小组第5次会议,《中共中央 国务院关于加快推进生态文明建设的意见》和《生态文明体制改革总体方案》,对建立完善水权制度、推行水权交易、培育水权交易市场有明确要求。贯彻党中央决策部署和国家相关法律法规要求,及时出台《办法》十分必要。在实践层面,《办法》出台也具有较为坚实的基础。20世纪末21世纪初以来,全国各地积极开展了水权交易的实践探索,涌现了京冀应急供水、宁蒙水权转换、张掖水票交易等一大批形式丰富多彩的水权交易实例。《办法》对水权交易的各个典型样例进行了分析提炼和总结提高,充分吸收了十余年来水权交易实践取得的重要成果。

《办法》核心内容主要体现在以下几个方面。

1. 水权交易定义

水权交易定义是《办法》遇到的第一个难点问题。水权包括水资源的所有权和使用权,其中水资源属国家所有,水权交易的客体是水资源使用权。水权交易定义为"在合理界定和分配水资源使用权基础上,通过市场机制实现水资源使用权在地区间、流域间、流域上下游、行业间、用水户间流转的行为"。

2. 水权交易的类型

《办法》按照水资源使用权确权类型、交易主体和程序,将水权交易分为区域水权交易、取水权交易、灌溉用水户水权交易三大类型。其中,区域水权交易的主体均为地方人民政府或者其授权的部门、单位；取水权交易是法律法规明确规定的水权交易类型，也有取水许可证这一具有法律效力的载体作为交易依据，是当前实践中最为活跃的交易类型；灌溉用水户水权交易则主要指灌区内部用水户或者用水户组成的组织等不办理取水许可证但实际用水的主体之间的交易。

3. 水权交易平台

《办法》作出了以下规定：一是明确水权交易平台的定义和基本要求；二是规定区域水权交易或者交易量较大的取水权交易，应当通过水权交易平台进行；三是规定区域间水权交易应当通过水权交易平台公告交易意向、寻求交易对象，以水权交易平台评估提出的基准价格为协商或者竞价的基础；四是规定取水权交易可以通过水权交易平台进行，可以通过水权交易平台公告意向、参考水权交易平台评估提出的基准价格。

4. 区域间水权交易

区域间水权交易是政府对政府的交易，《南水北调工程供用水管理条例》第十五条规定，工程受水区省、直辖市可授权部门或者单位协商签订转让协议，确定转让价格，并将转让协议报送国务院水行政主管部门。《办法》参考此条作出以下规定：一是明确区域间水权交易必须以现实的水量转让为基础，禁止单纯买卖指标，这就要求这种交易必然发生在同一流域，或者具有跨流域调水的工程条件；二是明确了交易程序，与南水北调区域间交易程序大致相同，但要求协议应由共同的上一级人民政府水行政主管部门或者流域管理机构备案；三是规定转让方占用本方指标，受让方不占用本方指标。

5. 取水权转让

《取水许可与水资源费征收管理条例》第二十七条对取水权转让作出了原则性规定，规定可转让的取水权应系节约而来，且须经原取水审批机关批准。《办法》一是对申请材料、交易程序进行了细化规定；二是为体现高效便民、鼓励交易原则，《办法》要求原取水审批机关在20个工作日内完成申请报告审查、节水措施现场核查工作；三是本着实事求是原则，对实践中广泛存在的双方约定的交易期限超出取水许可证有效期的情形作出了特别规定；四是对取水权回购和竞争性再配置作出了规定。

6. 灌区农户用水权转让

灌区与农户是典型的"取用分离"关系，灌区管理单位办理取水许可证、具有取水权，但"取而不用"；农户不办理取水许可证，但实际上通过渠系既取又用，农户具有事实上的用水权益。《办法》根据五中全会精神，将其称为灌区农户用水权，并作出以下规定：一是必须先确权后交易，确权形式并不强求一致，水权证、水票、登记簿等形式均可以，只要这种形式是有管辖权的水行政主管部门认可的；二是这种交易一般自主开展，无须审批，只是超过1年的需要事前备案；三是规定了灌区权利义务，特别是规定灌区可以回购用水权，用以重新配置或者对外交易。

需要说明的是,《办法》对实践中已经出现且比较成熟的三种水权交易类型进行了规范,但并不意味着对其他水权交易类型的排斥。我国水权水市场建设方兴未艾,处于蓬勃发展期,应积极鼓励各地充分拓宽思路,结合自身实际,不拘一格地开展实践探索,以积累新经验、探索新模式。

四、《水量分配暂行办法》

2007年12月5日,水利部发布了《水量分配暂行办法》(水利部令第32号,以下简称《办法》),并于2008年2月1日起施行。

1. 制定背景

我国水资源短缺,与经济社会发展需求的矛盾十分突出。水资源以流域为自然单元,而一个流域又往往包括多个不同的行政区域。每个行政区域的发展都有水资源需求,而水资源总量是有限的,因此必须以流域为单元,通过水量分配,将水资源在流域内的行政区域之间进行科学、合理的配置。

1988年《水法》确立了水量分配制度,2002年修订施行的新《水法》进一步完善了水量分配制度,并明确规定国家对用水实行总量控制和定额管理相结合的制度。目前,我国在水资源管理上已经全面实施了取水许可制度,基本上实现了在取用水环节对社会用水的管理。但是,由于长期以来缺乏对行政区域用水总量的明晰和监控,导致一些行政区域之间对水资源进行竞争性开发利用,并由此造成了用水秩序混乱、用水浪费、地下水超采、区域间水事矛盾以及河道断流和水环境恶化等一系列问题。为解决这一问题,《取水许可和水资源费征收管理条例》第十五条明确规定:"批准的水量分配方案或者签订的协议是确定流域与行政区域取水许可总量控制的依据。"因此,水量分配在完善水资源管理制度、强化水资源管理方面作用重大,必须加强贯彻落实。为此,通过制定《办法》,更好地指导和规范水量分配工作,具有重要的现实意义。

2. 水量分配的内涵

水量分配就是在统筹考虑生活、生产和生态与环境用水的基础上,将一定量的水资源作为分配对象,向行政区域进行逐级分配,确定行政区域生活、生产的水量份额的过程。

《办法》结合已经制定的黄河、黑河、漳河等河流的水量分配方案,并考虑到各流域和行政区域水资源的特点,规定了两种分配对象,即水资源可利用总量或者可分配的水量,对应的分配结果分别是确定行政区域的可消耗的水量份额或者取用水水量份额(统称水量份额)。水量分配应当以水资源综合规划为基础,水资源可利用总量是水资源综合规划中的成果之一。对尚未制定水资源综合规划的,《办法》规定可以在进行水资源及其开发利用的调查评价、供需水预测和供需平衡的基础上,进行水量分配试点工作。跨省、自治区、直辖市河流的试点方案，经流域管理机构审查，报水利部批准；省、自治区、直辖市境内河流的试点方案，经流域管理机构审核后，由省级水行政主管部门批准。水资源综合规划制定或者本行政区域的水量份额确定后，试点水量分配方案不符合要求的，应当及时进行调整。

由于各地情况多样，在一些流域或者行政区域按照水资源可利用总量进行水量分配存在困难或者不合理。如，在河网地区由于水流往复，难以监控区域耗水总量；在水资源丰富的流域，水资源可利用总量可能远大于实际用水现状，也不能以水资源可利用总量进行分配；而在水资源十分短缺、开发利用程度已经很高的流域，以水资源可利用总量进行分配与实际状况差异很大，难以实施。因此，《办法》还规定了可分配的水量这一分配对象，为有关流域和区域因地制宜提出符合实际的水量分配方案留下了余地。

3. 水量分配原则

水量分配既涉及技术问题，要摸清水资源家底，科学预测未来用水需求，还涉及各相关行政区域的用水权益，是一项政策性很强的工作。水量分配应当遵循公平和公正的原则，充分考虑流域与行政区域水资源条件、供用水历史和现状、未来发展的供水能力和用水需求、节水型社会建设的要求，妥善处理上下游、左右岸的用水关系，协调地表水与地下水、河道内与河道外用水，统筹安排生活、生产、生态与环境用水，建立科学论证、民主协商和行政决策相结合的分配机制。水量分配方案制定机关应当进行方案比选，广泛听取意见，在民主协商、综合平衡的基础上，提出水量分配方案，报批准机关批准。

为经济社会的发展提供水资源保障是水利部门的责任，水量分配不能只顾眼前，还要顾及长远发展需求。为满足未来发展用水需求和国家重大发展战略用水需求，在水量分配时应当预留一定的水量份额，但考虑到各流域和行政区域的水资源条件差异，一概要求预留也不现实。因此，《办法》规定，水量分配方案制定机关可以与有关行政区域政府协商预留一定的水量份额；预留水量份额尚未分配前，可以将其相应的水量合理分配到年度水量分配方案和调度计划中。这样的规定既不会对正常情况下的用水产生额外限制，同时在政府需要动用预留水量份额的情况下，保障用水户原有取用水额度的稳定性和用水权利，也为未来发展提供了水资源空间。

4. 初始水权与水量的区别

近年来，水权水市场理论研究和实践十分活跃，一些流域和行政区域探索开展了初始水权分配方案的制定工作，对推进我国水权制度建设起到了积极的作用。

水权与水量有着不可分割的联系。水权概念属于法律上的权利范畴，水权的物质表现形式是一定数量的水资源。2005年，在办法起草阶段，一度采用了"初始水权分配暂行办法"的名称。在办法的制定过程中，许多领导和专家对办法的名称和内容提出了中肯的意见。集中起来主要为，水权是附着在一定的水资源量上的权利和义务，水权的明晰是通过对水资源量的分配来实现的，既然办法的内容是规范水量分配，就应该将办法的名称与内容统一起来，这样并不影响办法对明晰水权发挥的规范作用。而且，水量分配是《水法》确立的一项法律制度，从方案的制定到批准的程序和责任主体都很明确，制定水量分配办法具有明确的法律依据。

初始水权不是法律用语，在水权的理论研究中引入初始水权的概念，并按照研究目的界定其内涵都是可行的。但在实践中开展有关工作需要按照法律法规的规定执行。从一些正在开展的初始水权分配的具体工作内容来看，其结果实际上也是确定行政区域的水量份额。在综合各方意见和分析相关实践的基础上，水利部将其名称修改为《水量分配暂行办法》。

办法的名称虽然有所改变，但其作用和功能是一致的。2006年颁布实施的《取水许可和水资源费征收管理条例》和目前颁布的《办法》都在初始水权分配的关键环节上完善了法律制度。这两部法规规章的颁布实施，标志着我国初始水权分配制度已经基本建立。

5. 实施措施

《办法》的颁布实施，标志着水量分配工作步入了规范化的轨道。各级水行政主管部门和流域管理机构要切实抓好《办法》的宣传和贯彻落实工作。当前，要重点做好以下几方面的工作。

一是要组织好宣传、学习和培训工作，准确理解和把握《办法》的精神实质和规定的各项内容，增强贯彻落实《办法》的自觉性。

二是要把《办法》的贯彻落实工作与正在开展的水资源综合规划工作结合起来，以《办法》的相关规定指导水资源综合规划的编制工作。要抓紧完成水资源综合规划工作，为水量分配工作奠定基础。

三是要组织开展水量分配工作。水利部已经确定在"十一五"期间基本完成国家确定的重要江河、湖泊和其他跨省、自治区、直辖市的江河、湖泊的水量分配方案，逐步完成其他江河、湖泊的水量分配方案。各省、自治区、直辖市要将流域分配的水量份额逐级分解，建立覆盖流域和省、市、县三级行政区域的取用水总量控制指标体系。

四是要继续推进水权制度建设。当前要按照法规的有关规定，抓紧研究制定取水权转让的相关办法，进一步完善水权制度，更好地规范和指导实际工作。

五、《关于加强水资源用途管制的指导意见》

2016年7月20日，水利部印发《关于加强水资源用途管制的指导意见》（以下简称《指导意见》）。《指导意见》进一步贯彻落实中央关于健全自然资源用途管制制度要求，按照"节水优先、空间均衡、系统治理、两手发力"的新时期水利工作方针，加强水资源用途管制工作，统筹协调好生活、生产、生态用水，充分发挥水资源的多重功能，使水资源按用途得到合理开发、高效利用和有效保护。《指导意见》明确提出了加强水资源用途管制的指导思想、基本原则、总体目标、主要任务以及保障措施,是今后一段时间全面加强水资源用途管制的重要指导性文件。

加强水资源用途管制是推进生态文明建设的重要举措,是推进"四化"同步发展和保障经济社会可持续发展的必然要求,也是深化水利改革的重要内容,具有极端重要性和现实紧迫性。加强水资源用途管制的指导思想是全面贯彻党的十八大和十八届三中、四中、五中全会精神,深入贯彻习近平总书记系列重要讲话精神,统筹生活、生产和生态用水,优先保证生活用水,确保生态基本需水,保障粮食生产合理需水,优化配置生产经营用水,有效发挥水资源的多种功能,保障国家供水安全、粮食安全、经济安全和生态安全。基本原则是以人为本、服务民生,节水优先、注重保护,统筹兼顾、综合利用,落实责任、严格监管。总体目标是,到2020年,水资源用途管制的制度体系基本建立,各项监管措施得到有效落实,行业用水配置趋于合理,生活用水得到优先保障,重要河湖生态环境用水得到基本保障,地下水超采得到严格控制;到2030年,水资源用途管制的制度体系全面建立,各行业合理用水得到保障,挤占的河湖生态环境用水得到退减,地下水实现采补平衡。

《指导意见》提出,要进一步明确水资源的生活、生产和生态用途,健全用水总量控制指标体系,强化水资源的行业配置,科学确定江河湖泊生态流量。要优先保障城乡居民生活用水,将保障城乡居民生活用水作为水资源用途管制的第一目标,严格饮用水水源地保护。要确保生态基本需水,切实保障江河湖泊生态流量(水位),加快实施地下水超采治理。要优化配置生产用水,切实保障合理农业用水,合理配置其他生产经营用水。要严格水资源用途监管,严格水资源论证和取水许可管理,强化水功能区分类管理,严格水资源用途变更监管,加强水资源监控计量。

《指导意见》还从加强组织领导、健全协作机制、加强宣传引导等方面,明确了落实水资源用途管制的各项保障措施。

用水权交易大事记

2000年

11月24日,浙江省进行我国首例水权交易。浙江省金华地区的东阳市和义乌市,签订了一份有偿转让横锦水库部分用水权的协议,开创了中国水权制度改革的先河。

2002年

3月,水利部在张掖市率先开展了节水型社会建设试点工作。

2003年

4月1日,黄河水利委员会印发了《关于在内蒙古自治区开展黄河取水权转换试点工作的批复》。批复同意在内蒙古自治区开展黄河干流水权转换试点,通过对灌区的节水改造,把节约的水量有偿转让给达电四期工程用水。

7月3日,国家发展和改革委员会与水利部联合发布了《水利工程供水价格管理办法》(以下简称《水价办法》),自2004年1月1日起施行。这是我国水价管理法制建设方面的又一重大突破,标志着我国水利工程供水价格改革进入了一个新的阶段。《水价办法》是适应社会主义市场经济的要求,在广泛调研、充分吸收国内外水价改革经验的基础上形成的,核心内容是建立科学合理的水利工程供水价格形成机制和管理体制,促进水资源的优化配置和节约用水。《水价办法》的实施,将对促进水利工程供水价格改革、维护正常的水价秩序、保护供用水双方的合法权益、合理利用和保护水资源、建设节水型社会发挥重要的作用。

12月25日,水利部发布《关于加强节水型社会建设试点工作的通知》。该通知提出要学习张掖经验,进一步加深对水权、水市场理论的理解,强调各流域机构要抓紧流域水资源规划的编制工作,要把用水权分配作为重要内容,尽快确定各区域用水指标,明晰初始用水权,为节水型社会建设奠定工作基础。

2005年

1月7日,浙江省东阳市横锦水库引水工程向义乌市通水,这项水权交易是由水资源缺乏的义乌市和水资源丰富的东阳市在2000年达成的。由义乌市政府出资2亿元,一次性向东阳市购买5000万立方米永久性用水权。

4月4日,国务院发布《国务院关于2005年深化经济体制改革的意见》。该意见要求研究建立国家水权制度,建立总量控制与定额管理相结合的用水管理制度,完善取水许可证制度。探索建立水权市场。在有条件的地区,实行用水权有偿转让,逐步利用市场机制优化配置水资源。

9月16日,水利部印发《关于落实〈国务院关于做好建设节约型社会近期重点工作的通知〉进一步推进节水型社会建设的通知》。该通知提出要加快建立完善节水型社会制度体系,争取在"十一五"期间,基本完成国家确定的重要江河、湖泊和其他跨省、自治区、直辖市的江河、湖泊水量分配方案,确定流域内各省、自治区、直辖市的用水权指标,同时也要加强体制改革和机制创新,制定用水权交易市场规则,规范用水权转让价格,推进用水权有偿转让,实现超用加价、节约有奖、转让有偿,利用市场机制引导水资源向高效节水的领域配置。

2006年

9月2日,我国第一个节水型社会建设试点——甘肃张掖节水型社会建设试点正式通过水利部专家组的验收。建设试点期间，张掖市成立了790个农民用水者协会，让农民参与用水管理，将斗渠以下水利工程的维护、运行以及水费收取交由协会管理。张掖市还结合政府机构改革，打破城乡分割的管理体制，将市、县两级水利局改组为水务局，对全市水资源实行水务统一管理，为节水型社会建设奠定了体制基础。

水利部与日本、澳大利亚合作开展了中国水权制度建设研究，并提出了推进中国水权制度建设的政策建议。

2007年

12月5日，水利部印发《水量分配暂行办法》。该办法首次对跨行政区域的水量分配原则、机制作了较全面的规定，有望全面激活中国水权交易市场。

2010年

12月31日，中共中央、国务院印发《关于加快水利改革发展的决定》。该决定提出建立和完善国家水权制度，充分运用市场机制优化配置水资源。

2012年

1月12日，国务院印发《关于实行最严格水资源管理制度的意见》。该意全水权制度，积极培育水市场，鼓励开展水权交易，运用市场机制合理配

11月26日，国务院发布《国家农业节水纲要（2012—2020年）》贯彻落实在优化配置农业用水及调整农业生产和用水结构中，把体系，逐级分解农业用水指标，落实到各地区和各灌区。要作物灌溉用水定额。有条件的地区要逐步建立节约民在水权转让中的合法权益。

2014年

1月，水利部印发《关于深化水利展水权交易试点，鼓励和引导地区积极培育水市场，逐步建立国

3月14日，习近平立水权制度，明确水挤占。

6月30日，水利部印发湖北、内蒙古、河南、甘肃、权登记、水权交易流转、水权制度、

7月23日，水利部在北京召开水北、广东、甘肃、宁夏7省（自治区）

水权交易流转和水权制度建设。

2014年12月至2015年6月，水利部分别会同宁夏、江西、湖北、内蒙古、河南、甘肃、广东7省（自治区）人民政府联合批复《宁夏回族自治区水权试点方案》《河南省水权试点方案》《内蒙古自治区水权试点方案》《湖北省宜都市水权试点方案》《甘肃省疏勒河流域水权试点方案》《江西省水权试点方案》《广东省水权试点方案》，作为试点工作的主要依据。

2015年

2月，水利部印发《水利部关于成立水利部水权交易监管办公室的通知》，决定成立水利部水权交易监管办公室，主要负责组织指导和协调水权交易平台建设、运营监管和水权交易市场体系建设等工作，对水权交易重大事项进行监督管理，研究解决水权交易相关工作中的重要问题。办公室设在财务司，成员单位为规划司、政法司、水资源司、财务司、农水司。

3月17日，国家发展改革委、财政部、水利部联合发布《关于鼓励和引导社会资本参与重大水利工程建设运营的实施意见》，提出对具备一定条件的重大水利工程，通过深化改革向社会投资敞开大门，建立权利平等、机会平等、规则平等的投资环境和合理的投资收益机制，放开增量，盘活存量，加强试点示范，鼓励和引导社会资本参与工程建设和运营，并将"推进水权制度改革"纳入完善优惠和扶持政策之一，建立健全工农业用水水权转让机制，鼓励开展地区间、用水户间的水权交易，允许各地通过水权交易满足新增合理用水需求，通过水权制度改革吸引社会资本参与水资源开发利用和节约保护。

月29日，中国共产党第十八届中央委员会第五次全体会议通过《中国共产党第十八届中央委员会第五次全体会议公报》，其中提出建立健全用水权初始分配制度，推动形成勤俭节约的社会风尚。

水利部出台《水权交易管理暂行办法》。该办法对可交易水权的范围和类型、交易价格形成机制、交易平台运作规则等作出了具体的规定，为水权交易

务院同意，由水利部和北京市政府联合发起设立的国家级水权交易平台正式成立，旨在充分发挥市场在水资源配置中的决定性作用和更好地交易规范有序开展，全面提升水资源利用效率和效益，为水资源可发展提供有力支撑。

《关于加强水资源用途管制的指导意见》。该意见明确在符合用水权交易等市场手段促进水资源有序流转，同时防止以水权交易生活、基本生态和农业合理用水。

源部在北京联合召开水流产权确权试点工作启动会，宁夏、

甘肃、陕西、江苏、湖北、河南6省（自治区）人民政府有关负责人及水利厅、国土厅和试点地区的负责同志，水利部长江水利委员会负责同志参加会议。同月，水利部水权交易监管办公室召开监管办第一次全体会议，审议通过《水利部水权交易监管办公室工作规则》《2017年水利部水权交易监管办公室工作要点》。

12月底，国务院印发《"十三五"国家信息化规划》，其中将探索培育用水权网上交易市场作为优先行动之一。

2017年

11月23日，国家发展改革委会同水利部发布《关于开展大中型灌区农业节水综合示范工作的指导意见》。该意见将探索进一步健全农业水权分配制度、培育和发展灌区节水市场纳入重点任务之中，提出由有关地方人民政府或者其授权的水行政主管部门通过颁发水权证等形式将灌区农业用水权益明确到用水主体，实行丰增枯减、年度调整，通过市场机制实现灌区节约水资源在流域上下游及地区间、行业间、用水户间的有效流转。充分发挥中国水权交易所等各级水权交易平台的作用，开展水权鉴定、水权买卖、信息发布、业务咨询等综合服务，促进水权交易公开、公正、规范开展。

11月，宁夏率先成为通过验收的全国水权试点。

2018年

2月28日，水利部、国家发展改革委、财政部联合出台《关于水资源有偿使用制度改革的意见》。该意见明确探索开展水权确权工作，鼓励引导开展水权交易，对用水总量达到或超过区域总量控制指标或江河水量分配指标的地区，原则上要通过水权交易解决新增用水需求；在保障粮食安全的前提下，鼓励工业企业通过投资农业节水获得水权，鼓励灌区内用水户间开展水权交易。地方政府或其授权的单位，可以通过政府投资节水形式回购水权，也可以回购取水单位和个人投资节约的水权；回购的水权应当优先保证生活用水和生态用水，尚有余量的可以通过市场竞争方式进行出让。

5月16日，水利部、自然资源部在江苏省徐州市联合召开水流产权确权试点现场推进会，总结试点工作成效，分析存在困难和问题，研究部署下一阶段工作。水利部副部长周学文、自然资源部副部长王广华出席会议并讲话。

11月18日，中共中央、国务院发布《关于建立更加有效的区域协调发展新机制的意见》。该意见提出建立健全用水权初始分配与交易制度，培育发展各类产权交易平台。

2019年

2月14日，国家发展改革委等七部门联合印发《绿色产业指导目录（2019年版）》。该目录要求发展水权交易可行性分析服务、参考价格核定服务、方案设计服务、交易技术咨询服务、法律服务等。

4月15日，国家发展改革委、水利部联合印发《国家节水行动方案》。该方案旨在推进水资源使用权确权，明确行政区域取用水权益，科学核定取用水户许可水量。全国水权交易规模逐渐扩大，水权改革试点相继启动，地方试点探索不断推进，水权交易规范化制度体系逐步完善。

2020年

7月3日，国家发展改革委会同水利部发布《〈国家节水行动方案〉分工方案》，其中明确由水利部牵头，国家发展改革委、工业和信息化部、自然资源部、住房和城乡建设部、农业农村部联合参与，共同推进水权水市场改革。推进水资源使用权确权，明确行政区域取用水权益，科学核定取用水户许可水量。探索流域内、地区间、行业间、用水户间等多种形式的水权交易。在满足自身用水情况下，对节约出的水量进行有偿转让。建立农业水权制度。对用水总量达到或超过区域总量控制指标或江河水量分配指标的地区，可通过水权交易解决新增用水需求。加强水权交易监管，规范交易平台建设和运营。

10月29日，中国共产党第十九届中央委员会第五次全体会议通过《中共中央关于制定国民经济和社会发展第十四个五年规划和二〇三五年远景目标的建议》。该建议提出全面实行用水权市场化交易。

2021年

2月，国务院印发《关于加快建立健全绿色低碳循环发展经济体系的指导意见》。该意见提出通过强化法律法规支撑，强化执法监督来培育绿色交易市场机制，进一步健全用水权等交易机制，降低交易成本，提高运转效率。加快建立初始分配、有偿使用、市场交易、纠纷解决、配套服务等制度，做好绿色权属交易与相关目标指标的对接协调。

3月10日，水利部发布《2021年水资源管理工作要点》，其中将推进水权和水资源税改革作为该年工作重点之一，在逐步推进明确用水权的同时，积极培育水权交易市场，鼓励区域水权、取水权、灌溉用水户等用水权交易，探索总结行之有效的水权交易经验做法，促进水资源节约保护和优化配置。

3月12日，"十四五"规划纲要发布，建立用水权交易机制被纳入规划纲要中。

5月28日，国家发展改革委发布《关于加快推进洞庭湖、鄱阳湖生态保护补偿机制建设的指导意见》。该意见提出要积极稳妥推进用水权交易。规范明晰区域用水权；严格取水许可管理，科学核定取用水户许可水量，明晰取用水户用水权；根据需要，推进灌区内灌溉用水户用水权分配，明晰灌溉用水户用水权。

9月23日，水利部在宁夏盐池县召开全国农业水价综合改革工作现场会。会议要求，各地要坚持问题导向和目标导向，推动农业水价综合改革持续深化，在取用水管理上强调加强农业用水管理。进一步强化灌区取水许可管理，确定灌区灌溉用水总量控制指标。黄河流域省份的大中型灌区要按照许可水量、灌溉用水定额等，率先把取用水权逐级确权到用水主体或合理用水单元。南方地区要深入探索农业取用水权的确权路径。

10月25日，水利部发布关于落实《〈关于建立健全生态产品价值实现机制的意见〉分工方案》的三年行动计划（2021—2023年），计划在2021年年底前研究推动长江、黄河等重点流域用水权市场化交易；2022年年底前出台加强水权交易监管的制度文件，完善全国统一的用水权交易规则、技术标准和数据规范；2023年年底前研究建立统一的水权交易系统。

12月6日，国家发展改革委联合水利部、住房和城乡建设部、工业和信息化部、农业农村部印发《黄河流域水资源节约集约利用实施方案》。该方案将完善用水权交易制度作为方案实施的保障措施之一，强调在建立健全统一的水权交易系统和开展集中交易的基础上，逐步纳入公共资源交易平台体系。强化水权交易监管，推进区域水权、取水权、灌区用水户用水权交易。

12月，水利部发布《关于建立健全节水制度政策的指导意见》。该意见提出了建立健全节水制度政策的主要任务之一：建立健全初始水权分配和交易制度，包括科学确定河湖基本生态流量保障目标和地下水水位控制目标、逐步明晰区域初始水权、逐步明晰取用水户的用水权、引导推进水权交易。

用能权交易

中国用能权交易工作综述

用能权是指在能源消费总量和强度控制的前提下，用能单位经核发或交易取得的年度综合能源消费量。换言之，这是一定时期内用能单位所获的电、煤、气、油等能源用量指标。而用能权交易机制则是一种促进社会节能的市场机制，通过能源消费量交易，引导社会资本向节能领域投资并促进绿色技术进步。自"十三五"首次在国家层面正式提出以来，用能权交易机制不断推进和完善，成为助力能源消费革命、促进绿色低碳发展的重要举措之一。

建立用能权有偿使用和交易制度，是推进生态文明体制改革的重大举措，是我国推进绿色发展的一项制度创新，旨在推进资源要素的市场化改革，充分发挥市场在资源配置中的决定性作用，形成强有力的倒逼机制，促使企业加强用能管理，通过各种手段有效控制自身能耗，进而促进产业结构的调整升级，加快推动经济发展方式转变。实施用能权有偿使用和交易制度，对实现能耗总量和强度"双控"目标，推进绿色高质量发展，具有十分重要的意义。

目前从试点来看，用能权交易市场已现雏形，用能权交易覆盖范围正在扩大。除试点省份外，河北、山东、江西等多地也主动尝试。

一、中国用能权交易建构背景

我国用能权交易建构的背景主要是源于不平衡的能源结构与能源稀缺的现实。

近十多年我国经济高速发展，能源消费量不断增长，能源的稀缺与经济发展的矛盾日益突出，政府也加强了对能源消费的行政干预，主要体现在两个方面，一是能源强度控制，二是能源消费总量控制。而用能权交易，就是在能源消费总量控制的背景下、在节能量交易基础上提出的一项重要的能源消费管控措施，主要是为了在达到控制能源消耗这一目标的前提下，尽可能改进原节能量交易机制中的不足。相比于节能量交易，用能权交易具有程序相对简单、总量控制效果更佳、交易范围更广的优点。

鉴于电力行业作为我国国民经济重要的基础产业，其能源消费量占全国能源消费总量的

60%以上，用能权交易的深入推进，一定程度上能从以下三方面缓解我国能源结构不平衡和能源紧缺的困境。

首先，用能权交易的施行会影响电力市场需求侧各类主体的用电行为，通过市场机制，促进各类用电主体开展各类节能生产活动，因此会降低用电需求，压缩电力行业发电空间，降低整体的平均运行小时数。通过在能源消费侧增加能源消费约束，可促进社会整体供给侧结构性改革，调整经济结构，使要素实现最优配置，提升经济增长的质量和数量。

其次，将火电行业作为用能权交易主体纳入用能权交易，在未来用能权市场发展过程中，火电行业将面临相同的用能权政策要求，对于落后机组，在发电过程中发出单位电量需要消耗更多的能源，在考虑用能权约束后，落后机组需要在用能权市场上购买额外的用能权才能满足正常生产所需能源要求，因此增加了发电成本。对于先进机组，在发电过程中发出单位电量消耗的能源更少，其所拥有的用能权数量，除满足自身用能需求外，还会剩余部分用能权，因此可以通过在用能权市场将多余用能权指标交易出去获得额外收益。

最后，用能权交易鼓励可再生能源的生产和使用，用能单位自产自用可再生能源不计入其综合能源消费量。而且部分试点省份用能权交易产品包括经核发的水电和分布式光伏发电绿色证书、经核发的非水可再生能源电力绿色证书。因此用能权交易将促进可再生能源发展及发电结构调整。

二、中国用能权交易建构历程

就用能权概念而非节能量而言，我国用能权概念的提出与用能权交易制度的建立都相对较晚。尽管在2006年前后，以贵州省为代表，各地政府拟对水能资源制定使用权有偿出让制度，但4年后，财政部、国家发展改革委、国家能源局联合发布的《关于规范水能（水电）资源有偿开发使用管理有关问题的通知》，要求各地停止执行自行出台的水能（水电）资源有偿开发使用政策。此后，用能权工作开始进入停滞阶段。因应对全球气候变暖成为国际上重要议题和建立健全碳排放权相关工作逐步深入，用能权工作才于2015年逐步走上正轨，并同碳排放权一起成为控制气候变暖的重要市场工具，成为国家的重要改革任务之一。

2015年，浙江率先开展用能权交易试点，选择了25个地区开展用能权有偿使用和交易试点，推动建立存量用能分类核定、新增用能有偿申购、节约用能上市交易制度。9月，中共中央、国务院印发的《生态文明体制改革总体方案》中首次提出了用能权交易。同年10月29日审议通过的《中国共产党第十八届中央委员会第五次全体会议公报》，继续提出建立健全用能权初始分配制度，推动形成勤俭节约的社会风尚。

2016年下半年，浙江省、河南省、福建省、四川省正式开启开展用能权有偿使用和交易制度试点工作进程。一年后，国家发改委办公厅正式批复四省开展用能权有偿使用和交易试点工作方案。四个试点地区根据各省实际情况开展了用能权有偿使用和交易实践，取得了初步的成效。

具体而言，浙江省在2018年和2019年分别印发了《浙江省用能权有偿使用和交易试点工作实施方案》《浙江省用能权有偿使用和交易管理暂行办法》，并于2019年12月26日正式启动市场交易。2017年，《福建省用能权有偿使用和交易试点实施方案》印发，率先在水泥和火电两个行业（共88家单位）开展用能权交易试点，并于2018年12月19日正式启动用能权交易。2018年，《河南省用能权有偿使用和交易试点实施方案》印发，形成了用能权"1+4+N"制度体系。同年，《四川省用能权有偿使用和交易管理暂行办法》印发，确定了钢铁、水泥、造纸三个行业首批纳入用能权交易，公布了110家第一批纳入用能权交易的重点用能单位名单。河南省和四川省分别于2019年12月22日和2019年9月26日正式启动用能权交易。

截至2021年年底，用能权交易试点工作才历时五年左右，尚未形成完整、统一的交易体系。从各试点地区工作进程来看，各地区交易框架不尽相同。

目前用能权交易有两种模式，一是以浙江省为代表的增量交易模式，二是在其他省份流行的存量交易模式。交易主体以高耗能行业为主，但各省份侧重点也各有选择。河南省以有色、化工、钢铁、建材等行业为主，分别在行业和地区层面开展试点工作；福建省在河南省的基础上侧重火力发电、水泥制造、石化、平板玻璃等行业；四川省则将钢铁、水泥以及消耗1万吨标准煤以上的造纸企业作为主要试点对象；而浙江省以单位工业增加值为标准选择重点耗能行业。

用能权政策法规

一、《用能权有偿使用和交易制度试点方案》

2016年9月21日，国家发改委发布《用能权有偿使用和交易制度试点方案》（以下简称《试点方案》）。《试点方案》选择在浙江省、福建省、河南省、四川省开展用能权有偿使用和交易试点，2016年做好试点顶层设计和准备工作，2017年开始试点，到2020年开展试点效果评估，视情况逐步推广。

所谓用能权，指的是企业年度直接或间接使用各类能源（包括电力、煤炭、焦炭、蒸汽、天然气等能源）总量限额的权利。用能权交易，是在区域用能总量控制的前提下，企业对依法取得的用能总量指标进行交易的行为。

由于各类企业的用能情况不一,用能权交易试点开始运行后,在能源消费总体控制的前提下,企业获得的初始配额以免费为主,若超过一定配额就需要在交易平台上购买,若没有用完配额也可以卖出用能权。

这套交易方法大体上类似于现有的碳交易。用能权交易的基础是能源消费总量控制,属于前端治理;碳排放权交易的基础是碳排放总量控制,属于末端治理。

2015年,中共中央、国务院印发的《生态文明体制改革总体方案》中首次提出了用能权交易。"十三五"规划纲要再次提及"用能权"概念,提出建立健全用能权初始分配制度,创新有偿使用、预算管理、投融资机制,培育和发展交易市场。

《试点方案》提出,之所以选择前述四个省份作试点,是由于其"已有一定的工作基础,开展试点工作积极性较高,具有代表性"。试点地区要根据国家下达的能源消费总量控制目标,结合本地区经济社会发展水平和阶段、产业结构和布局、节能潜力和资源禀赋等因素,合理确定各地市能源消费总量控制目标。在能源消费总量控制目标的"天花板"下,合理确定用能单位初始用能权。

四个试点中的浙江省,是全国最早开展用能权交易试点的省份。2015年5月,浙江省发布了《关于推进我省用能权有偿使用和交易试点工作的指导意见》,随后海宁市、嘉兴市、临海市、衢州市、桐乡市均制定了用能权交易地方性规定。

初始配额的分配是基础,也是用能权交易的核心,难度最大。对此,试点方案提出,制定科学的初始用能权确权方法,区分产能过剩行业和其他行业、高耗能行业和非高耗能行业、重点用能单位和非重点用能单位、现有产能和新增产能,实施分类指导。产能严重过剩行业、高耗能行业可采用基准法,即结合近几年产量、行业能效"领跑者"水平以及化解过剩产能目标任务,确定初始用能权;其他用能单位可采取历史法,即近几年综合能源消费量平均值确定初始用能权;结合节能评估审查制度,从严确定新增产能的初始用能权。

《试点方案》特别提出,鼓励可再生能源生产和使用,用能单位自产自用可再生能源不计入其综合能源消费量。对于用能企业而言,配额内的用能权以免费为主,超限额用能有偿使用。用能权有偿使用的收入应专款专用,主要用于本地区节能减排的投入以及相关工作。

在交易环节,交易标的为用能权指标,以吨标准煤为单位。用能权指标每年清算一次,卖出的用能权从当年或上一年度用能权指标中扣除,但不影响下一年度的用能权指标;买入的用能权计入当年或上一年度用能权指标,但不计入下一年度;剩余的用能权指标不计入下一年度。

《试点方案》称,用能权初始交易价格由试点地区确定,伴随市场发展,逐步过渡到由交易方集合竞价方式形成交易价格。

二、《关于规范水能（水电）资源有偿开发使用管理有关问题的通知》

2010年11月23日，为建立规范的水资源有偿使用制度，促进水电行业持续健康发展，财政部、国家发展改革委、国家能源局联合出台《关于规范水能（水电）资源有偿开发使用管理有关问题的通知》。

财政部表示，近几年，一些省市自行出台地方性水能（水电）资源有偿开发使用政策，以水能（水电）资源开发使用权有偿出让名义向水电企业收取出让金、补偿费等名目的费用，不仅违反了行政事业性收费和政府性基金审批管理规定，而且加重了水电企业负担，影响了水电企业正常的生产经营活动。

通知要求，各地停止执行自行出台的水能（水电）资源有偿开发使用政策。根据《中共中央、国务院关于治理向企业乱收费、乱罚款和各种摊派等问题的决定》的规定，各地不得对已建、在建和新建水电项目有偿出让水能（水电）资源开发权，不得以水能（水电）资源有偿开发使用名义向水电企业或项目开发单位和个人收取水能资源使用权出让金、水能资源开发利用权有偿出让金、水电资源开发补偿费等名目的费用。

通知还要求，切实加强水资源费征收使用管理，规范水资源有偿使用制度。按照相关规定，各地应加强水资源费征收管理，确保水资源费及时足额征收，按规定专项用于水资源节约、保护和管理，并用于水资源的合理开发，任何单位和个人不得平调、截留或挪作他用。

通知还要求，凡未经财政部、国家发展改革委同意，各地一律不得越权设立涉及水电企业的行政事业性收费项目；未经国务院或财政部批准，不得设立涉及水电企业的政府性基金项目。凡违反规定的，要予以严肃查处。

三、《完善能源消费强度和总量双控制度方案》

2021年9月11日，国家发展改革委印发《完善能源消费强度和总量双控制度方案》（以下简称《方案》）。《方案》是贯彻落实习近平总书记2019年"关于推动形成优势互补高质量发展的区域经济布局"重要讲话中"完善能源消费双控制度"精神的重要举措，是加快节能提效、推动碳达峰碳中和工作、强化生态文明建设的重要制度安排。《方案》是当前和今后一个时期指导节能降耗工作、促进高质量发展的重要制度性文件，对确保完成"十四五"节能约束性指标、推动实现碳达峰碳中和目标任务具有重要意义。

1. 出台背景和意义

"十三五"时期，为倒逼发展方式转变、加快推进生态文明建设，根据党的十八届五中全会部署，在以往节能工作基础上，我国建立了能源消费强度和总量双控（以下简称"能耗双控"）制度，在全国设定能耗强度降低、能源消费总量目标，并将目标分解到各地区，严格进行考核。在各地区各部门的共同推动下，能耗双控工作取得了明显成效，过去五年全国能耗强度持续大幅下降，能源消费总量增速较"十一五""十二五"时期明显回落，在支撑经济社会发展的同时，对促进高质量发展、保障能源安全、改善生态环境质量、应对气候变化发挥了重要作用。

与此同时，在能耗双控制度由建立到实施的过程中，也存在一些不完善的问题。2019年8月，习近平总书记在中央财经委员会第五次会议上，对完善能耗双控制度作出重要指示，要求对于能耗强度达标而发展较快的地区，能源消费总量控制要有适当弹性。2020年9月22日，习近平主席在第七十五届联合国大会一般性辩论上宣布，中国二氧化碳排放力争于2030年前达到峰值，努力争取2060年前实现碳中和。2020年年底，习近平总书记在中央经济工作会议上提出完善能源消费双控制度。习近平总书记一系列重要讲话和重要指示批示精神，为坚持和完善能耗双控制度指明了方向。

为贯彻落实习近平总书记重要指示批示精神，落实党中央、国务院决策部署，根据碳达峰、碳中和目标任务要求，国家发展改革委会同有关部门研究制定了《方案》，报请中央全面深化改革委员会审定和国务院同意后，印发各地区各部门实施。《方案》明确了能耗双控制度的总体安排、工作原则和任务举措，可进一步促进各地区各部门深入推进节能降耗工作，推动高质量发展和助力实现碳达峰、碳中和目标。

2. 总体要求

坚持和完善能耗双控制度，要以习近平新时代中国特色社会主义思想为指导，深入贯彻党的十九大和十九届二中、三中、四中、五中全会精神以及中央经济工作会议精神，增强"四个意识"、坚定"四个自信"、做到"两个维护"，认真落实习近平生态文明思想，按照党中央、国务院决策部署，立足新发展阶段，完整、准确、全面贯彻新发展理念，构建新发展格局，推动高质量发展，以能源资源配置更加合理、利用效率大幅提高为导向，以建立科学管理制度为手段，以提升基础能力为支撑，强化和完善能耗双控制度，深化能源生产和消费革命，推进能源总量管理、科学配置、全面节约，推动能源清洁低碳安全高效利用，倒逼产业结构、能源结构调整，助力实现碳达峰、碳中和目标，促进经济社会发展全面绿色转型和生态文明建设实现新进步。

推进能耗双控工作过程中，必须坚持五个方面工作原则。一是坚持能效优先和保障合理用能相结合，严格控制能耗强度，切实提高发展的质量和效益；同时，合理控制能源消费总量，采取多种措施适当增加管理弹性，保障经济社会发展和民生改善合理用能。二是坚持普遍性要求和差别化管理相结合，在全方位全领域全过程提升能源利用效率的同时，结合地方能源产出率、经济发展水平、节能潜力等实际，差别化分解能耗双控目标，并在制度设计中更加注重能源结构调整，进一步鼓励可再生能源使用。三是坚持政府调控和市场导向相结合，充分发挥市场在配置资源中的决定性作用，更好发挥政府在加强宏观调控、完善政策措施、强化制度约束等方面的作用，创新用能权有偿使用和交易等市场化手段，推动能源要素优化配置。四是坚持激励和约束相结合，严格能耗双控考核，对工作成效显著的地区加强激励，对目标完成不力的地区严肃问责，形成有效的激励约束机制。五是坚持全国一盘棋统筹谋划调控，各地区各部门要从"国之大者"出发，深刻认识坚持和完善能耗双控制度的极端重要性和紧迫性，克服地方、部门本位主义，防止追求局部利益损害整体利益，干扰国家大局。

对标《中华人民共和国国民经济和社会发展第十四个五年规划和2035年远景目标纲要》，结合2030年前碳达峰目标，《方案》分三个阶段提出了目标要求。第一阶段是到2025年，能耗双控制度更加健全，能源资源配置更加合理、利用效率大幅提高。第二阶段是到2030年，能耗双控制度进一步完善，能耗强度继续大幅下降，能源消费总量得到合理控制，能源结构更加优化。第三阶段是到2035年，能源资源优化配置、全面节约制度更加成熟和定型，有力支撑碳排放达峰后稳中有降目标实现。

3. 能耗双控指标设置及分解考虑

能耗双控的核心是持续提升能源利用效率，不断提高发展的质量和效益。国家发展改革委将按照严格控制能耗强度、合理控制能源消费总量并适当增加管理弹性的原则，继续将能耗强度降低作为经济社会发展的约束性指标，将能源消费总量作为工作推进的引导性指标，通过合理控制能源消费总量，推动能耗强度降低目标完成。由此，能耗双控目标分解也作出了相应调整。

一是进一步突出强度优先。以各地区能源产出率为重要依据，综合考虑经济社会发展水平、能源消费现状、节能潜力、上一五年规划目标完成情况等因素，合理确定各地区能耗双控目标。结合以往能耗双控制度实践和各地区能耗强度实际水平，能耗强度高于全国平均水平的地区，将要承担比以往更高的目标要求；同时，为促进区域协调发展，推动形成带动全国高质量发展的新动力源，在能源消费总量目标分解中，对能源利用效率较高、发展较快的地区适度倾斜。

二是能耗强度指标创新实行双目标管理。从"十四五"开始，国家将向各省（自治区、直辖市）分解能耗强度降低基本目标和激励目标两个指标。其中，基本目标是地方必须确保完成的约束性指标；激励目标按一定幅度高于基本目标，鼓励地方"跳一跳、够得着"。同时，《方案》规定地方在完成能耗强度降低激励目标的情况下，能源消费总量将免于考核。这样既体现了坚持强度优先、鼓励多完成强度目标的导向，也进一步拓展了地方用能空间。

三是国家预留少量能耗指标。为增加能源消费总量管理弹性，增强国家对各地区能源消费的宏观调控能力，国家层面拟预留一定能源消费总量指标，统筹支持国家重大项目建设、可再生能源发展等。

4. 增加能源消费总量管理的弹性的具体举措

在"十三五"能耗双控探索实践中,国家在五年规划初期向各地区分解了能耗双控目标,但随着时间推移,各地区经济发展情况发生变化,能源消费总量目标进展也随之出现了分化,特别是一些经济增长较快、发展质量较高的地区难以完成能耗总量目标。根据习近平总书记重要指示精神,结合"十三五"实践经验以及碳达峰、碳中和工作要求,《方案》从五个方面提出了增加能源消费总量管理弹性的措施。

一是对国家重大项目实行能耗统筹。近年来,根据产业发展等需要,国家布局了一批关系国计民生和发展未来的重大项目,相关项目能耗量巨大,成为所在地区能耗双控目标完成的难点。根据这一实际情况,《方案》规定对党中央、国务院批准建设且符合相关条件的国家重大项目,将按照"央地共担"原则,在能耗双控考核中对项目能耗量实行一定幅度减免。

二是严格管控高耗能高排放项目。"十四五"时期,各地区拟投产达产"两高"项目数量多、新增能耗量大,严重影响能耗双控目标完成。坚决遏制"两高"项目盲目发展,成为能耗双控和碳达峰、碳中和工作的当务之急和重中之重。根据党中央、国务院决策部署,为坚决遏制"两高"项目盲目发展,国家发展改革委将会同有关部门,督促各省(自治区、直辖市)建立在建、拟建、存量"两高"项目清单,实行分类处置,并以新增能耗5万吨标准煤为界限,国家、地方分级加强管理。通过坚决遏制"两高"项目盲目发展,倒逼地方转方式、调结构,腾出用能空间,这也是增加能源消费总量管理弹性的重要手段。

三是鼓励地方增加可再生能源消费。2020年12月,习近平主席在气候雄心峰会上作出重要宣示,提出到2030年我国非化石能源占一次能源消费比重将达到25%左右,风电、太阳能发电总装机容量将达到12亿千瓦以上。考虑到未来我国可再生能源将迎来高比例、大规模发展,结合可再生能源电力消纳保障机制和绿色电力证书交易实施,《方案》明确提出在地方能源消费总量考核中,对超额消纳可再生能源电量的地区按规定抵扣相关能耗量,形成政策组合拳,进一步激励可再生能源发展和消纳。

四是鼓励地方超额完成能耗强度降低目标。《方案》坚持能耗强度优先,也围绕这一指标设计了总量的弹性管理措施,即对能耗强度降低达到国家下达激励目标的地区,能源消费总量目标将免于考核。

五是推行用能指标市场化交易。在完善能耗双控制度过程中,国家发展改革委高度关注发挥市场配置资源的作用,结合市场化改革要求和"十三五"用能权交易试点开展情况,提出完善用能权有偿使用和交易制度,加快建设全国用能权交易市场,建立能源消费总量指标跨地区交易机制,推动能源要素向优质项目、企业、产业及经济发展条件好的地区流动和集聚。

5. 重要管理措施

根据能耗双控工作面临的新形势、新要求，国家发展改革委将进一步创新工作方式方法，强化源头把控，推进精细管理，严格目标责任，提升管理效能，为完成能耗双控目标任务提供有力工作支撑。重点推进以下工作举措。

一是推动地方实行用能预算管理。"十四五"时期，全国和各地区新增用能空间普遍较为紧张，各地区必须加大存量挖潜力度，统筹用好国家下达的能源消费增量指标和挖潜腾出的用能指标。将通过实行用能预算管理、开展能耗产出效益评价等措施，推动地方更为精准地掌握本地区用能情况，并据此优化能源要素配置，优先保障居民生活及现代服务业、高技术产业、先进制造业等产业和项目，加快转向高质量发展。

二是严格实施节能审查制度。针对当前部分地方节能审查制度不落实、执行不到位的问题，国家发展改革委将进一步推动各地区强化节能审查制度，作为坚决遏制"两高"项目盲目发展、确保完成能耗双控目标的重要手段。同时，结合能耗双控目标进展情况，强化有关工作要求，对于未达到能耗强度降低基本目标进度要求的地区，在节能审查等环节对高耗能项目缓批限批，新上高耗能项目实行能耗等量减量替代，切实加强节能审查事中事后监管。

三是完善能耗双控考核制度。根据完善能耗双控制度的新举措、新要求，进一步完善考核制度，更好发挥考核"指挥棒"作用。后续，国家发展改革委将按照严格控制能耗强度、合理控制能源消费总量的原则要求，完善考核指标体系，特别是进一步加大能耗强度降低指标的考核权重，并合理设置能源消费总量指标的考核权重等。同时，还将结合工作实际，强化对地方坚决遏制"两高"项目盲目发展、推动能源要素优化配置等方面的考核，确保工作措施到位、政策力度到位。

6. 如何推动能耗双控制度有效落实

坚持和完善能耗双控制度，是党中央、国务院立足当前和着眼长远作出的重要决策部署。为保障能耗双控制度有效落实，《方案》从加强组织领导、加强预警调控、完善经济政策、夯实基础建设等四个方面作出了工作部署。

一是加强组织领导。《方案》明确要求各地区各部门要统筹处理好经济社会发展与能耗双控工作的关系，省级人民政府对本地区能耗双控工作负总责，国务院有关部门要加强工作协调，形成政策全力。需要强调的是，今后有关部门制定新增用能需求较大的产业规划、布局重大项目建设等要与国家发展改革委、国家能源局做好衔接，切实加强与能耗双控政策的协调。

二是加强预警调控。加强情况调度和分析预警，是推动完成能耗双控目标任务的重要举措。国家发展改革委将定期调度各地区能耗量较大的项目特别是"两高"项目建设投产情况，发布能耗双控目标完成情况晴雨表，加强对地方能耗双控工作的窗口指导，对形势严峻地区进行督促，推动地方加大工作力度，确保完成国家下达的目标任务。

三是完善经济政策。进一步完善和落实促进节能降耗的相关经济政策，健全体现节能要求的能源价格形成机制，推动各级政府切实加大资金投入，落实好节能节水环保、合同能源管理等企业所得税、增值税优惠政策，完善绿色金融体系，积极推广综合能源服务等市场化机制，激发各类主体的节能内生动力。

四是夯实基础建设。我国将从加强能源计量和统计能力建设、完善节能法律法规标准体系、强化节能监督检查、加强节能监察能力建设、加大人员培训力度、严肃追责等方面，进一步强化节能工作基础，满足能耗双控工作需要。

各地区各部门要深入贯彻落实习近平生态文明思想，认真贯彻落实习近平总书记关于能耗双控的重要讲话和重要指示批示精神，按照党中央、国务院决策部署，坚持节能优先方针，深入推进能耗双控各项工作，深化能源生产和消费革命，推动能源清洁低碳安全高效利用，确保完成能耗双控目标任务，助力实现碳达峰、碳中和目标，加快推动高质量发展和生态文明建设。

用能权交易大事记

2006 年
贵州省拟筹备制定水能资源使用权有偿出让等方面的地方性政府规章。

2007 年
4 月 7 日，福建省发布《关于 2007 年深化全省经济体制改革的意见》，其中提出由省水利部牵头制定水能资源开发使用权出让管理的相关办法，实施水能资源开发权的有偿使用制度。

2010 年
11 月 23 日，财政部、国家发展改革委、国家能源局联合发布《关于规范水能（水电）资源有偿开发使用管理有关问题的通知》。该通知要求各地停止执行自行出台的水能（水电）资源有偿开发使用政策。

2015 年
5 月，浙江省率先进行了用能权交易试点。浙江省经信委发布《推进我省用能权有偿使用和交易试点工作的指导意见》，之后桐乡市、平湖市、衢州市等地区就用能权有偿使用和交易颁布了地方立法。

9月，中共中央、国务院印发的《生态文明体制改革总体方案》中首次提出了用能权交易，提出要做好能源消费总量管理，并逐步改为基于能源消费总量管理下的用能权交易。

10月29日，中国共产党第十八届中央委员会第五次全体会议通过《中国共产党第十八届中央委员会第五次全体会议公报》，其中提出建立健全用能权初始分配制度，推动形成勤俭节约的社会风尚。

2016年

2月24日，国家发展改革委、国家能源局、工业和信息化部联合发布《关于推进"互联网+"智慧能源发展的指导意见》，其中提出要加强电力与油气体制改革、其他资源环境价格改革，以及碳交易、用能权交易等市场机制与能源互联网发展的协同对接。

3月25日，国务院批转国家发展改革委《关于2016年深化经济体制改革重点工作的意见》。该意见提出制定用能权有偿使用和交易制度方案。

3月29日，国家发展改革委召开全国发展改革系统资源节约和环境保护工作电视电话会议，国家发展改革委党组成员、副主任张勇出席会议并讲话，其强调要开展全民节能行动，实行能耗总量和强度双控，落实目标责任，制定用能权有偿使用和交易制度试点方案，完善节能法规标准。

4月14—15日，2016年全国经济体制改革工作会议在北京召开，就生态文明体制改革方面，会议提出实行能源和水资源消耗、建设用地等总量和强度双控行动，推进用能权有偿使用和交易。

4月27日，工信部发布《工业节能管理办法》。该办法提出要科学建立用能权，开展用能权交易相关工作。

7月28日，国家发改委印发《用能权有偿使用和交易制度试点方案》。该方案提出在浙江省、福建省、河南省、四川省开展用能权有偿使用和交易制度试点工作。

8月22日，中共中央办公厅、国务院办公厅印发《国家生态文明试验区（福建）实施方案》。该方案将建立用能权交易制度确定为福建省生态文明体制改革的重点任务。

9月21日，国家发展改革委对外发布《用能权有偿使用和交易制度试点方案》。该方案明确将在浙江省、福建省、河南省、四川省开展用能权有偿使用和交易试点，推动能源要素更高效配置。

11月24日，国务院印发《"十三五"生态环境保护规划》，其中提出推行用能预算管理制度，开展用能权有偿使用和交易试点。

2017年

5月2日，质检总局会同国家发展改革委出台《关于进一步加强能源计量工作的指导意见》，其中提出要完善能源计量基础设施，为能源消费总量和强度"双控"、能源阶梯价格改革、用能权交易、合同能源管理等政策的实施提供计量基础保障。

11月8日，《国家发展改革委关于全面深化价格机制改革的意见》出台，其中就创新和完善生态环保价格机制方面，提出积极推动可再生能源绿色证书、用能权等市场交易，更好发挥市场价格对生态保护和资源节约的引导作用。

12月28日，《福建省用能权有偿使用和交易试点实施方案》印发，率先在水泥和火电两个行业（共88家单位）开展用能权交易试点，并于2018年12月19日正式启动用能权交易。

12月，国家发改委办公厅下发《关于浙江省、河南省、福建省、四川省用能权有偿使用和交易试点实施方案的复函》。该复函正式批复四省开展用能权有偿使用和交易试点工作方案。

2018年

7月30日，《河南省用能权有偿使用和交易试点实施方案》印发。该方案提出，在2018年年底前，河南省将启动用能权有偿使用和交易。

11月18日，中共中央、国务院发布《关于建立更加有效的区域协调发展新机制的意见》，其中提出建立健全用能权初始分配与交易制度，培育发展各类产权交易平台。

11月26日，《四川省用能权有偿使用和交易管理暂行办法》印发，其确定了钢铁、水泥、造纸三个行业首批纳入用能权交易，公布了110家第一批纳入用能权交易的重点用能单位名单。

2019年

1月18—19日，在国家发展改革委环资司指导下，国家节能中心在浙江省宁波市举办了用能权有偿使用和交易工作培训。会上，试点地区介绍了用能权有偿使用和交易试点制度体系、技术体系、配套政策和交易系统等，有关专家介绍了用能权市场体系建设和信息系统等内容。浙江、福建、河南、四川等四个试点地区及有关地区的相关人员参加培训。

6月17日，国家发展改革委和浙江省人民政府联合在杭州举办了"2019年全国节能宣传周启动仪式"，教育部、工业和信息化部、生态环境部、住房和城乡建设部、交通运输部、农业农村部、国管局、能源局、共青团中央等部门和单位，浙江省、杭州市有关部门相关负责人，节能环保机构、重点用能单位及有关新闻媒体代表参加了启动仪式。

8月12日，浙江省发展改革委印发《浙江省用能权有偿使用和交易管理暂行办法》。该办法旨在规范用能权有偿使用和交易行为，推动能源要素配置市场化改革。

9月26日，四川省用能权有偿使用和交易市场在成都正式启动，标志着这项试点取得重要的阶段性进展。

12月1日，中共中央、国务院印发《长江三角洲区域一体化发展规划纲要》，其中就完善跨区域产权交易市场方面，提出推进现有各类产权交易市场联网交易，推动公共资源交易平台互联共享，建立统一信息发布和披露制度，建设长三角产权交易共同市场。培育完善各类产权交易平台，探索建立用能权、碳排放权等初始分配与跨省交易制度，逐步拓展权属交易领域与区域范围。

12月22日，河南省用能权有偿使用和交易市场启动仪式在郑州市举行。

12月26日，浙江省用能权有偿使用和交易启动仪式暨节能新技术新产品新装备推介会在浙江展览馆举行，这标志着浙江省用能权有偿使用和交易市场正式启动。

2020年

4月9日，国家节能中心主任徐强带队赴中国节能环保集团公司进行工作交流。会上，双方围绕推动能源消费大数据系统建设、开展用能权交易机制研究和实施方案编制、组织进博会节能环保展、推动能效领域产业投资基金、共同研究探索生态产品价值实现等内容进行了交流。

5月21日，国家发展改革委、科技部、工业和信息化部、生态环境部、银保监会、全国工商联共同出台《关于营造更好发展环境支持民营节能环保企业健康发展的实施意见》，其中提出将拓宽节能环保产业增信方式，积极探索将用能权、合同能源管理未来收益权、特许经营收费权等纳入融资质押担保范围。

7月14日，国家节能中心召开视频座谈会议，邀请福建省工信厅、生态环境厅、节能中心等有关同志对福建省用能权交易市场、碳排放权交易市场、参与企业的交易情况和实际履约情况进行了介绍，邀请来自用能企业、金融机构等与会代表就用能权和碳排放权交易的市场需求、交易特点及运行中存在的问题及难点进行了交流讨论，对进一步完善两权协同协调关系提出了意见建议。

7月18日，国家发展改革委、工业和信息化部、财政部、人民银行共同出台《关于做好2020年降成本重点工作的通知》，其中就完善科学合理用能管理，提出制定科学合理的"十四五"能耗总量控制指标，完善考核制度和用能权交易制度。

9月25—27日，国家节能中心调研组赴福建省开展专题调研活动，调研组与福建省节能主管部门、节能中心等单位进行了座谈，详细了解了福建省"十三五"以来能耗"双控"工作开展、能耗在线监测系统建设和用能权交易试点运行等情况，重点询问了节能工作面临的困难和亟须解决的问题。

10月14日，国家发展改革委、科技部、工业和信息化部、财政部、人力资源社会保障部、人民银行共同发布《关于支持民营企业加快改革发展与转型升级的实施意见》。该意见提出拓展贷款抵押质押物范围，积极探索将用能权、合同能源管理未来收益权、特许经营收费权等纳入融资质押担保范围。

12月16—18日，中央经济工作会议在北京举行。中共中央总书记、国家主席、中央军委主席习近平，中共中央政治局常委、国务院总理李克强，中共中央政治局常委栗战书、汪洋、王沪宁、赵乐际、韩正出席会议。会议将做好碳达峰、碳中和工作作为2021年重点任务之一，并提出，加快建设全国用能权、碳排放权交易市场，完善能源消费双控制度。

2021年

2月22日，国家节能中心组织召开全国用能权交易制度体系框架研讨会。国家发展改革委环资司、能源研究所、中国质量认证中心、北京中创碳投科技有限公司、中节能咨询有限公司、北京绿色交易所有限公司等单位参加会议。国家节能中心推广处有关同志参与研讨。同日，《国务院关于加快建立健全绿色低碳循环发展经济体系的指导意见》发布，其中就培育绿色交易市场机制，提出进一步健全用能权、用水权、碳排放权等交易机制，降低交易成本，提高运转效率。加快建立初始分配、有偿使用、市场交易、纠纷解决、配套服务等制度，做好绿色权属交易与相关目标指标的对接协调。

3月12日，"十四五"规划纲要发布，推进用能权市场化交易纳入规划纲要。

4月21日，国家发展改革委环资司召开全国用能权交易专家研讨会，听取相关领域专家意见建议。与会专家一致认为，全国用能权交易市场能够引导用能要素合理流动，促进产业结构优化，推进节能降碳，是实现碳达峰、碳中和及能耗双控目标的有力抓手。

4月22—23日，国家发展改革委环资司召开全国用能权交易地区和企业座谈会，围绕地区用能权等交易实践经验、全国用能权交易市场建设等方面听取有关地区和企业的意见建议。来自浙江、河南、四川、福建等4个试点地区及河北、山东、江西、湖北、江苏等5个探索开展用能权相关交易地区的主管部门和有关企业代表参加座谈。有关地区介绍了本地区相关交易的总体进展、有关经验和政策建议，参会企业代表结合参与相关交易的情况提出了建议。

4月，中共中央办公厅、国务院办公厅印发《关于建立健全生态产品价值实现机制的意见》，其中就推动生态资源权益交易，提出探索建立用能权交易机制。

6月10日，国家发展改革委环资司副司长赵鹏高在浙江省杭州市主持召开部分地区用能权交易座谈会。会议深入学习贯彻党的十九届五中全会和中央经济工作会议关于推进用能权交易有关决策部署，听取了浙江、福建、四川、河南四个地区用能权交易试点情况介绍，并围绕加快推进全国用能权交易市场建设进行深入研讨交流。部分省（自治区、直辖市）及计划单列市节能主管部门负责同志参加会议。

9月11日，国家发展改革委印发《完善能源消费强度和总量双控制度方案》。

9月22日，《中共中央 国务院关于完整准确全面贯彻新发展理念做好碳达峰碳中和工作的意见》发布。该意见提出完善用能权有偿使用和交易制度，加快建设全国用能权交易市场。加强电力交易、用能权交易和碳排放权交易的统筹衔接。发展市场化节能方式，推行合同能源管理，推广节能综合服务。

10月24日，国务院发布《2030年前碳达峰行动方案》。该方案提出建设全国用能权交易市场，完善用能权有偿使用和交易制度，做好与能耗双控制度的衔接。统筹推进用能权、电力交易等市场建设，加强市场机制间的衔接与协调，将用能权交易纳入公共资源交易平台。

10月，中共中央、国务院印发《成渝地区双城经济圈建设规划纲要》，其中提出要深化跨省市用能权、碳排放权等交易合作。

11月26日，国家发展和改革委员会环资司赵鹏高副司长主持召开深化用能权交易试点研究工作会，研究部署相关工作。会议介绍了用能权交易机制研究进展和试点地区开展用能权有偿使用交易实施情况，听取了与会专家的建议，对下一步做好用能权交易试点机制研究工作提出要求。国家节能中心、国家发展改革委能源研究所、中节能咨询有限公司、北京绿色交易所等单位有关专家参加会议。

碳排放权交易

中国碳排放权交易工作综述

一、基本情况

碳排放权，是指企业依法取得向大气排放温室气体二氧化碳的权利（即参与碳排放权交易的单位和个人依法取得向大气排放温室气体的权利）。企业在经主管部门核定后，可在一定时期内合法排放温室气体，合法总量即为配额。当企业实际排放超出该总量，超出部分就须花钱购买。若企业实际排放少于该总量，剩余部分可出售。这样，就能借助"看不见的手"，大大提高企业节能减排的积极性。以上企业间针对配额的买卖行为就称为碳排放权交易。碳排放权交易是基于不同企业之间的碳减排成本不同，鼓励减排成本低的企业超额减排，将其所获得的剩余配额或减排信用通过交易的方式出售给减排成本高的企业，从而帮助减排成本高的企业实现设定的减排目标，以最低的社会总减排成本控制碳排放总量。与之前通过行政手段和财政补贴的方式实现减排不同，碳排放权交易发挥了市场在资源配置中的主导作用，是基于市场化的政策手段。开展碳排放权交易一方面能加大节能减排力度，通过科技创新降低排放强度；另一方面能促进清洁能源开发力度，并最终实现激励企业改进生产、转型升级。这对于改善我们赖以生存的自然环境有着重大意义。

碳排放权交易市场是实现碳达峰碳中和的有效政策工具之一。其最早的交易理论可以追溯至1960年由科斯提出的产权理论，他认为只要把行为人在行使权利时的产权规定清楚，将人们行使行为时给他人带来的损失转换为行为的成本，即成本内部化，就可以使得社会达到最优的结果。此后戴尔斯于1968年将科斯的产权理论演变为一种新的政策工具，即排污权交易。由此，排放权交易从理论进入了现实操作层面。

全球的碳排放交易体系最早起源于《京都议定书》中的相关条款。《京都议定书》中提出的清洁发展机制（CDM）推动了全球碳排放交易市场体系的建立。在中国碳市场开市之前，世界上已经有的几个主要的碳交易市场分别为欧盟碳市场（EUETS）、新西兰碳市场

(NZETS)、加州-魁北克碳市场、韩国碳市场和美国区域温室气体减排倡议（RGGI）等，截至2020年年底，全球有30个正在运行的碳市场。

我国于2011年开始探索建立碳市场交易体系，此进程可分为3个阶段。2011年至2017年为第一阶段，该阶段我国进行地方试点并对全国碳市场的建设框架进行探索。2011年，国家发展改革委办公厅发布了《关于开展碳排放权交易试点工作的通知》，并由此确立了"两省五市"七个碳排放权交易试点的基本格局，于2013年开始实施。2014年国家发展改革委发布的《碳排放权交易管理暂行办法》首次从国家层面明确了全国统一碳市场的总体框架。2017年至2020年为第二阶段，该阶段全国碳交易市场的建设逐步趋于完善。2017年12月《全国碳排放权交易市场建设方案（发电行业）》的发布，标志着全国碳交易市场正式拉开帷幕。在一系列的考察、评审后，湖北和上海分别成为我国碳交易注册登记中心和碳排放交易中心。2021年起为第三阶段，这一阶段全国碳交易市场落地营运。2021年，中国碳排放权注册登记系统开始为2225家履约企业办理开户手续。在全面对接联调后，全国碳排放权交易市场已于2021年7月16日正式开市，并成为目前全球覆盖温室气体排放量规模最大的市场。

二、当前全国碳市场运行特征

2021年7月16日，全国碳市场在北京、上海、武汉三地同时开市，第一批交易正式开启。从交易机制看，全国碳排放交易所仍将采用和各区域试点一样以配额交易为主导、以核证自愿减排量为补充的双轨体系。从交易主体看，全国交易系统在上线初期仅囊括电力行业的2225家企业，这些企业之间相互对结余的碳配额进行交易。与欧盟等相对成熟的市场相比，我国碳市场刚刚起步，总体呈现行业覆盖较为单一、市场活跃度较低和价格调整机制不完善等特征。

（一）市场活跃度略显不足，碳交易价格整体下行

交易双方处于试探和摸底，碳交易的价格调控机制尚未充分形成。全国碳市场上线运营之后，交易双方仍处于试探和摸底阶段，交易规模仍处于市场整合时期的低位。上海环境能源交易所数据显示，仅开市当天碳交易量超百万吨，之后五个交易日的交易量为十几万吨，其余日交易量在万吨以下且部分日成交量不足百吨。与此同时，碳交易价格整体下行，7—9月的平均交易价格分别为50.33元/吨、46.84元/吨和41.76元/吨，截至10月15日，交易价格较开市当日下跌14.3%。清华大学测算显示，目前我国全经济尺度的边际减排成本大概是7美元，略高于当前的交易价格。因此，当前价格信号并不能准确反映碳排放许可权的供给与需求状况，价格对企业生产决策的影响较小，企业减排的积极性还不够高。

（二）碳市场体系以配额交易为主，自愿减排为辅

当前，全国碳市场建设以试点经验为基础，采用配额交易为主导、国家核证自愿减排为

辅的双轨体系。根据《碳排放权交易管理办法（试行）》，我国碳排放配额（CEAs）以免费分配为主，未来国家适时引入有偿分配，并鼓励排放主体通过国家核证自愿减排，但核证自愿减排量（CCER）交易与抵扣机制尚未明确。碳排放配额是在生态环境部每年制定碳排放配额总量及分配方案的基础上，由各省生态环境部门额定分配。若企业最终年二氧化碳排放量少于国家给予的碳排放配额，剩余的碳排放配额可以作为商品出售；若企业最终年二氧化碳排放量多于国家给予的碳排放配额，短缺的二氧化碳配额则必须从全国碳交易市场购买，因此碳排放权作为商品在企业之间流通，通过市场化手段完成碳排放权的合理分配。上海环境能源交易所数据显示，自7月16日上线交易以来，截至2021年10月15日，全国碳市场碳排放配额（CEA）累计成交量1815万吨，累计成交金额约8.2亿元。

（三）碳市场初期仅将电力行业纳入交易

全国碳市场初期仅覆盖电力行业，高排放企业被纳入重点排放单位。根据国务院批准的全国碳市场建设方案，由于各行业碳排放配额核算方式不同，初期仅将电力行业纳入交易。据生态环境部发布的《碳排放权交易管理办法（试行）》，此阶段纳入交易主体的企业须满足以下条件：属于全国碳排放权交易市场覆盖行业的、年度温室气体排放量达到2.6万吨二氧化碳当量的"温室气体重点排放单位"，也就是高碳排放企业。开市当天发电行业总计2225家发电企业和自备电厂参与交易。同时，这一规定也表明，当前仅有被分配到碳排放配额的企业可以参与交易，个人与机构投资者暂时无法参与其中，碳排放权暂不具备投资属性。

三、碳排放权交易建构历程

碳排放权交易的场所被称为碳市场，起源于2005年生效的《京都议定书》，目的是以市场化手段促进温室气体减排的路径。尽管碳排放权交易在2005年就已有界定，但我国实际建设历程较短。我国碳排放权交易建构历程先后经历了如下两个阶段。

（一）试点运行阶段

2009年12月6日，我国首个自愿碳减排标准向全球发布，标志着我国在探索建立自己的碳排放交易市场上迈出了重要一步。随后，《国务院关于加快培育和发展战略性新兴产业的决定》于2010年发布，其首次明确提出建立和完善主要污染物和碳排放交易制度。

2011年10月29日，国家发改委办公厅发布《关于开展碳排放权交易试点工作的通知》，确定北京市、天津市、上海市、重庆市、湖北省、广东省及深圳市率先开展碳排放权交易试点工作。通知发布后，各试点地区快速启动了各自的碳市场，成立了碳排放权交易所，全面启动碳排放权交易。其中，北京市于2012年3月28日启动碳排放权交易试点；上海市碳排放交易试点工作于同年8月16日启动；广东省于9月1日启动，并在同日进行了广州碳排放权交易所揭牌；深圳市碳交易平台于2013年6月16日正式挂牌，并于6月18日正式上线交易。从碳交易初始分配配额规模来看，我国在2013年已成为仅次于欧盟的全球第二大碳市场。北京、上海、广东等五个碳交易试点2013年以来的初始分配的配额总量约为7.5亿吨。五试点启动省市特色明显、进展程度差异较大、交易价格波动也较大，年度总成交量为44.55万吨，总成交额达2491万元，其中深圳市碳市场占全国成交额的53%。

2012年10月30日，我国首部规范碳排放权交易的地方性法规——《深圳经济特区碳排放管理若干规定》正式施行，使困扰我国碳排放权交易的诸多法律困局得以突破。该规定明确六项基本制度，包括实行碳排放管控制度、碳排放权交易制度、核查制度和处罚机制等。随后，上海、北京、广东和天津等试点地区纷纷出台了有关政策文件，如上海市公布《上海市2013—2015年碳排放配额分配和管理方案》，广东省实施了《广东省碳排放权配额首次分配及工作方案（试行）》，湖北省实施了《碳排放权交易试点工作实施方案》。

2014年7月15日，全国碳排放管理标准化技术委员会成立。第一届全国碳排放管理标准化技术委员会由27名委员组成。全国碳排放管理标准化技术委员会主要负责碳排放管理术语、统计、监测，区域碳排放清单编制方法，企业、项目层面的碳排放核算与报告，低碳产品、碳捕获与碳储存等低碳技术与设备，碳中和与碳汇等领域国家标准制修订工作；并对口国际标准化组织二氧化碳捕集、运输与地质封存技术委员会（ISO/TC265）和环境管理技术委员会温室气体管理及相关活动分技术委员会（ISO/TC207/SC7）。

（二）全国碳排放交易体系建立运行阶段

2015年，我国在《中美元首气候变化联合声明》及巴黎气候大会上承诺，中国计划于2017年启动全国碳排放交易体系。

在首批7个试点后，福建和四川也于2016年启动建设本省碳排放权交易试点工作。同年3月25日，国务院批转国家发展改革委《关于2016年深化经济体制改革重点工作的意见》。该意见提出制定全国碳排放权交易总量设定与配额分配方案，推动碳市场建设。随后召开的全国经济体制改革工作会议中也提出推进碳排放权有偿使用和交易。

2017年11月8日，《国家发展改革委关于全面深化价格机制改革的意见》出台，其中就创新和完善生态环保价格机制方面，提出积极推动碳排放权等市场交易，更好发挥市场价格对生态保护和资源节约的引导作用。同年12月18日，国家发改委印发了《全国碳排放权交易市场建设方案（发电行业）》，其中明确在发电行业（含热电联产）率先启动全国碳排放交易体系，参与主体是发电行业年度排放达到2.6万吨二氧化碳当量及以上的企业或者其他经济组织包括其他行业自备电厂，首批纳入碳交易的企业1700余家，排放总量超过30亿吨二氧化碳当量。方案印发标志着全国碳排放交易体系完成了总体设计，并正式启动。

2018年11月18日，中共中央、国务院发布《关于建立更加有效的区域协调发展新机制的意见》。该意见提出建立健全碳排放权初始分配与交易制度，培育发展各类产权交易平台。

2020年，《关于营造更好发展环境支持民营节能环保企业健康发展的实施意见》《关于支持民营企业加快改革发展与转型升级的实施意见》先后发布，其中均提出将拓宽节能环保产业增信方式，积极探索将碳排放权等纳入融资质押担保范围。同年12月31日，生态环境部印发了《碳排放权交易管理办法（试行）》，并印发了配套的配额分配方案和重点排放单位名单，该办法于2021年2月1日正式施行，自此，全国碳排放权交易体系正式投入运行。半年后，全国碳排放权交易市场上线交易启动仪式于2021年7月16日以视频连线形式举行，在北京设主会场，在上海和湖北设分会场。中共中央政治局常委、国务院副总理韩正在北京主会场出席仪式，并宣布全国碳市场上线交易正式启动。

此外，健全完善相关配套服务制度也被纳入工作重点。《国务院关于加快建立健全绿色低碳循环发展经济体系的指导意见》《关于建立健全生态产品价值实现机制的意见》于2021年先后印发，其均强调进一步健全碳排放权等交易机制，加快建立初始分配、有偿使用、市场交易、纠纷解决、配套服务等制度，做好绿色权属交易与相关目标指标的对接协调。同年10月24日，国务院发布《2030年前碳达峰行动方案》。该方案鼓励高等学校加快碳排放权交易等学科建设和人才培养，建设一批绿色低碳领域未来技术学院、现代产业学院和示范性能源学院；研究制定碳汇项目参与全国碳排放权交易相关规则；发挥全国碳排放权交易市场作用，进一步完善配套制度，逐步扩大交易行业范围；统筹推进碳排放权、用能权、电力交易等市场建设，加强市场机制间的衔接与协调，将碳排放权、用能权交易纳入公共资源交易平台。

碳排放权政策法规

一、《关于开展碳排放权交易试点工作的通知》

2011年10月29日，国家发展改革委办公厅发布《关于开展碳排放权交易试点工作的通知》。该通知将北京市、天津市、上海市、重庆市、广东省、湖北省、深圳市七省市列为碳排放试点地区。

通知指出，根据党中央、国务院关于应对气候变化工作的总体部署，为落实"十二五"规划关于逐步建立国内碳排放交易市场的要求，推动运用市场机制以较低成本实现2020年我国控制温室气体排放行动目标，加快经济发展方式转变和产业结构升级，经综合考虑并结合有关地区申报情况和工作基础，国家发展改革委同意北京市、天津市、上海市、重庆市、湖北省、广东省及深圳市开展碳排放权交易试点。

通知要求，各试点地区应高度重视碳排放权交易试点工作，切实加强组织领导，建立专职工作队伍，安排试点工作专项资金，抓紧组织编制碳排放权交易试点实施方案，明确总体思路、工作目标、主要任务、保障措施及进度安排，报国家发展改革委审核后实施。同时，各试点地区要着手研究制定碳排放权交易试点管理办法，明确试点的基本规则，测算并确定本地区温室气体排放总量控制目标，研究制定温室气体排放指标分配方案，建立本地区碳排放权交易监管体系和登记注册系统，培育和建设交易平台，做好碳排放权交易试点支撑体系建设，保障试点工作的顺利进行。

二、《全国碳排放权交易市场建设方案（发电行业）》

2017年12月18日，国家发展改革委印发了《全国碳排放权交易市场建设方案（发电行业）》（以下简称《方案》）。《方案》明确在发电行业（含热电联产）率先启动全国碳排放交易体系，参与主体是发电行业年度排放达到2.6万吨二氧化碳当量及以上的企业或者其他经济组织包括其他行业自备电厂，首批纳入碳交易的企业1700余家，排放总量超过30亿吨二氧化碳当量。

作为碳市场建设的指导性文件，《方案》明确了我国碳市场建设的指导思想、主要原则及将其作为控制温室气体排放政策工具的工作定位，强调分阶段稳步推行碳市场建设。

启动全国碳排放交易体系，建设全国碳排放权交易市场，是利用市场机制控制和减少温室气体排放、推动绿色低碳发展的一项重大创新实践。

1. 推动三大制度建设，构建四大支撑系统

碳市场建设既是一项重大的制度创新，也是一项复杂的系统工程。

早在2010年，《国务院关于加快培育和发展战略性新兴产业的决定》明确提出，建立和完善主要污染物和碳排放交易制度。此后，北京、天津、上海、重庆、湖北、广东和深圳等地开展了碳排放权交易试点。

2015年，中国政府在《中美元首气候变化联合声明》及巴黎气候大会上承诺，中国计划于2017年启动全国碳排放交易体系。

党的十九大报告指出，加快生态文明体制改革，建立健全绿色低碳循环发展的经济体系。启动全国碳市场建设，对于引导相关行业企业转型升级，建立健全绿色低碳循环发展的经济体系，构建市场导向的绿色技术创新体系，促进我国经济实现绿色低碳和更高质量发展将起到积极推动作用。

据悉，全国碳市场建设启动后，将首先推动三大制度建设，即碳排放监测、报告、核查制度，重点排放单位配额管理制度和市场交易相关制度，在此基础上，将尽快构建碳排放数据报送、碳排放权注册登记、碳排放权交易和结算四大支撑系统。

把这三大制度、四个支撑系统尽快建立完善起来,然后再进行系统测试,在测试的基础上开始真正的货币交易。基于上海、湖北两地的试点经验和自身优势,将分别牵头组建碳排放权交易系统和注册登记系统。

2. 以发电行业为突破口,逐步扩大市场覆盖范围

根据《方案》,全国碳市场将以发电行业作为突破口来开展建设,这主要是考虑到发电行业数据基础比较好、行业碳排放量大等因素。

电力行业产品相对比较单一,数据计量设备比较完备,管理比较规范,便于进行核查核实,配额分配也比较简便易行。如果按年度排放2.6万吨二氧化碳当量作为"门槛",全国将有1700家左右的发电企业纳入碳市场,这些企业每年涉及排放二氧化碳总量超过30亿吨,约占全国碳排放量的三分之一,电力行业将成为全国碳市场的主力军。

据悉,在先期启动发电行业的基础上,其他高耗能、高排放行业也将逐步纳入碳市场中。全国碳排放交易体系将覆盖钢铁、电力、化工、建材、造纸和有色金属等重点工业行业,这也是我国积极应对气候变化和供给侧结构性改革的任务要求。

成熟一个行业,纳入一个行业,逐步扩大市场覆盖范围。未来,纳入碳市场的企业门槛可能还要进一步降低,要把更多的企业纳入碳市场的管理范围。我国碳市场管理要按照稳中求进的原则,在做好制度准备、人才准备、能力建设等基础上,有步骤地推进碳市场的发展。

3. 促进企业加强内部管理,审慎考虑产品结构调整

全国碳市场的启动,意味着我国节能减碳工作将更加依靠市场化手段,这将对企业产生什么影响?

首先将会对企业的内部管理产生深刻影响。过去很多企业用了多少煤、气、电是一笔糊涂账,碳市场启动后,纳入碳交易的这些企业就要加强内部管理,从班组的台账到企业的会计注册表,对各项管理指标进行全面衡量。

碳市场对企业的经营决策和投资也将产生深刻影响。碳交易启动后,企业超排或多排,都会付出相应的成本,企业会更加审慎地考虑产品结构的调整。

对于电力行业来讲,碳市场能有效促进企业灵活地采用不同减碳技术、结构调整和优化管理方法实现低成本减碳。电力行业经过多年发展,以强制性标准持续推进深度减碳已难以为继,而通过碳市场建设激发技术减排却成为可能。同时,碳市场形成的碳价格,有利于通过电力市场将低碳发展成本传导至社会层面,促进全社会低碳发展。

总体来看,肯定会有企业因为碳交易而增加负担,也有一部分会因碳交易而获利。从长远看,管理水平更高的企业将进一步发挥其产能优势,其单位产品的碳排放将有所下降,对全行业来说，总体成本下降。当然，碳市场产生效应是个循序渐进的过程，可能需要一段时间之后，其作用才会逐渐显现出来。碳市场建设将坚持稳中有进的总基调，不断完善制度设计，强化能力建设，使碳市场真正发挥出《方案》所确定的作用。[①]

三、《关于做好全国碳排放权交易市场发电行业重点排放单位名单和相关材料报送工作的通知》

2019年5月27日，生态环境部办公厅发布《关于做好全国碳排放权交易市场发电行业重点排放单位名单和相关材料报送工作的通知》（环办气候函〔2019〕528号，以下简称《通知》）。《通知》要求省级主管部门组织开展全国碳排放权交易市场发电行业重点排放单位（以下简称"发电行业重点排放单位"）名单和相关材料报送工作，以做好配额分配、系统开户和市场测试运行的准备工作。

2017年12月，国家发改委印发《全国碳排放权交易市场建设方案（发电行业）》（以下简称《方案》），标志着全国碳排放交易体系以发电行业为突破口，正式启动。《方案》从三项制度和四个支撑体系对全国碳市场进行了规范。三项制度即碳排放监测、报告、核查制度，重点排放单位的配额管理制度以及市场交易的相关制度。四个支撑系统分别为碳排放的数据报送系统、碳排放权注册登记系统、碳排放权交易系统和结算系统。目前，全国碳排放权注册登记系统和交易系统由湖北省和上海市分别牵头承建，北京、天津、重庆、广东、江苏、福建和深圳市共同参与。

此次《通知》的发布，标志着全国碳市场建设进一步提速。全国碳排放权注册登记系统和交易系统发电行业重点排放单位开户工作的启动，为完成系统测试和将来在测试基础上开始真正的货币交易奠定了基础。

四、《碳排放权交易管理办法（试行）》

2020年12月31日，生态环境部公布《碳排放权交易管理办法（试行）》，规定自2021年2月1日起施行，并印发了配套的配额分配方案和重点排放单位名单。全国碳排放权交易体系正式投入运行。

《碳排放权交易管理办法（试行）》是为落实党中央、国务院关于建设全国碳排放权交易市场的决策部署，在应对气候变化和促进绿色低碳发展中充分发挥市场机制作用，推动温室气体减排，规范全国碳排放权交易及相关活动，根据国家有关温室气体排放控制的要求而制

---

① 顾阳：《用市场机制推动绿色低碳发展 全国碳排放交易体系正式启动》，《经济日报》2017年12月20日第1版。

定的法规。

省级生态环境主管部门应当根据生态环境部制定的碳排放配额总量确定与分配方案,向本行政区域内的重点排放单位分配规定年度的碳排放配额。碳排放配额分配以免费分配为主,可以根据国家有关要求适时引入有偿分配。

重点排放单位每年可以使用国家核证自愿减排量抵销碳排放配额的清缴,抵销比例不得超过应清缴碳排放配额的5%。相关规定由生态环境部另行制定。

另外,重点排放单位应当根据生态环境部制定的温室气体排放核算与报告技术规范,编制该单位上一年度的温室气体排放报告,载明排放量,并于每年3月31日前报生产经营场所所在地的省级生态环境主管部门。排放报告所涉数据的原始记录和管理台账应当至少保存五年。

碳排放交易大事记

2009 年

12月6日,中国首个自愿碳减排标准——"熊猫标准"在哥本哈根的皇家假日酒店内面向全球发布。"熊猫标准"的推出可增强中国在碳排放市场上的话语权,也是中国在探索建立自己的碳排放交易市场上迈出的重要一步。

2010 年

10月10日,《国务院关于加快培育和发展战略性新兴产业的决定》发布。该决定明确提出,建立和完善主要污染物和碳排放交易制度。要深化重点领域改革,建立健全创新药物、新能源、资源性产品价格形成机制和税费调节机制。实施新能源配额制,落实新能源发电全额保障性收购制度。加快建立生产者责任延伸制度,建立和完善主要污染物和碳排放交易制度。建立促进三网融合高效有序开展的政策和机制,深化电力体制改革,加快推进空域管理体制改革。这也是"碳交易"首次进入官方文件。

2011 年

3月,《中华人民共和国国民经济和社会发展第十二个五年规划纲要》中指出,为了控制温室气体的排放,我国要逐步建立碳排放交易市场,推进低碳试点示范。

10月29日,国家发展改革委办公厅发布《关于开展碳排放权交易试点工作的通知》。该通知的印发对象为北京市、天津市、上海市、重庆市、广东省、湖北省、深圳市发展改革委。

2012 年

3月28日,北京市碳排放权交易试点启动,国家发展和改革委员会副主任解振华与北京市市长郭金龙共同启动北京市碳排放权交易电子平台系统。北京市应对气候变化专家委员会、北京应对气候变化研究及人才培养基地、北京市碳排放权交易企业联盟、北京市碳排放权交易中介咨询及核证机构联盟、北京市绿色金融机构联盟同时成立。

6月,国家发展改革委印发《温室气体自愿减排交易管理暂行办法》,其中指出制定该办法的原因是为了鼓励基于项目的温室气体自愿减排交易,保障有关交易活动有序开展。为了实现我国2020年单位国内生产总值二氧化碳排放下降的目标,《国民经济和社会发展第十二个五年规划纲要》已经提出要逐步建立碳排放交易市场,发挥市场机制在推动经济发展方式转变和经济结构调整方面的重要作用。截至2012年,国内已经开展了一些基于项目的自愿减排交易活动,对于培育碳减排市场意识、探索和试验碳排放交易程序和规范具有积极意义。但为了保障自愿减排交易活动有序开展,调动全社会自觉参与碳减排活动的积极性,为逐步建立总量控制下的碳排放权交易市场积累经验,奠定技术和规则基础,国家发改委组织制定了《温室气体自愿减排交易管理暂行办法》。

8月16日,上海市碳排放交易试点工作正式启动,200家企业被纳入试点范围。这是继3月28日北京市启动碳排放权交易试点后,第二个启动试点工作的省市。

9月1日,以碳市场与低碳发展为主题的第三届"地坛论坛"举行。国家发展和改革委员会副主任解振华在致辞中指出,碳市场建设是一项长期而艰巨的任务,需要把碳市场的建设与实现节能减排目标相结合,科学合理地分配碳排放配额,逐步培育和完善碳市场,并做好相关的支撑能力建设。

同日,广东省碳排放权交易试点启动,广州碳排放权交易所揭牌。广东省省长朱小丹出席仪式并宣布广东省碳排放权交易试点启动。国家发展和改革委员会副主任解振华为广东省碳排放权一级市场正式启动鸣锣。2012年党的十八大报告进一步明确要积极开展碳排放权交易试点。在各项政策支撑下,7个地方试点纷纷借鉴国外碳市场建设经验,结合国情和地区实际开展碳交易试点筹建工作,并相继于2013年6月至2014年6月投入运行。

10月30日,《深圳经济特区碳排放管理若干规定》正式施行。这是我国首部规范碳排放权交易的地方性法规,使困扰我国碳排放权交易的诸多法律困局得以突破。该规定明确六项基本制度,包括实行碳排放管控制度、碳排放权交易制度、核查制度和处罚机制等。

2013年

6月16日,深圳碳交易平台正式挂牌,并于6月18日正式上线交易。深圳成为全国率先正式启动碳排放权交易试点的城市。

6月17日,主题为"低碳发展——探索新型城镇化之路"的首届深圳国际低碳城论坛在深圳拉开帷幕。首部《深圳绿皮书:深圳低碳发展报告(2013)》正式发布,阐述了深圳绿色低碳实践和创新的发展状况,展现了近年来深圳绿色低碳发展的政策、措施和成效。

11月,《中共中央关于全面深化改革若干重大问题的决定》通过。该决定提出要发展环保市场,推行节能量、碳排放权、排污权、水权交易制度,建立吸引社会资本投入生态环境保护的市场化机制,推行环境污染第三方治理。

2013年起,7个地方试点碳市场陆续开始上线交易,有效促进了试点省市企业温室气体减排,也为全国碳市场建设摸索了制度,锻炼了人才,积累了经验,奠定了基础。

2014年

7月15日,全国碳排放管理标准化技术委员会成立。第一届全国碳排放管理标准化技术委员会由27名委员组成。与会委员审议讨论并原则通过了全国碳排放管理标准化技术委员会章程、秘书处工作细则、标准体系框架以及第一届委员会工作计划。全国碳排放管理标准化技术委员会主要负责碳排放管理术语、统计、监测、区域碳排放清单编制方法、企业、项目层面的碳排放核算与报告,低碳产品、碳捕获与碳储存等低碳技术与设备,碳中和与碳汇等领域国家标准制修订工作;并对口国际标准化组织二氧化碳捕集、运输与地质封存技术委员会(ISO/TC265)和环境管理技术委员会温室气体管理及相关活动分技术委员会(ISO/TC207/SC7)。

9月,国家发展改革委印发国务院批复的《国家应对气候变化规划(2014—2020年)》。其中提出要推动自愿减排交易活动,深化碳排放权交易试点,加快建立全国碳排放交易市场,健全碳排放交易支撑体系,研究与国外碳排放交易市场衔接。

12月,国家发展改革委发布《碳排放权交易管理暂行办法》,其发布的目的为推进生态文明建设,加快经济发展方式转变,促进体制机制创新,充分发挥市场在温室气体排放资源配置中的决定性作用,加强对温室气体排放的控制和管理,规范碳排放权交易市场的建设和运行。此外,该办法从配额管理、排放交易、核查与配额清缴、监督管理、法律责任等几个方面作出了更具体的规定。

2015年

4月,中共中央、国务院在《关于加快推进生态文明建设的意见》中提出要推行市场化机制,建立节能量、碳排放权交易制度,深化交易试点,推动建立全国碳排放权交易市场。

6月,中国向联合国气候变化框架公约秘书处提交了《强化应对气候变化行动——中国国家自主贡献》文件,其中提出中国要在包括碳交易市场在内的15个方面持续不断地做出努力的承诺。具体在碳交易市场方面而言,要推进碳排放权交易市场建设。充分发挥市场在资源配置中的决定性作用,在碳排放权交易试点基础上,稳步推进全国碳排放权交易体系建设,逐步建立碳排放权交易制度。研究建立碳排放报告核查核证制度,完善碳排放权交易规则,维护碳排放交易市场的公开、公平、公正。

9月25日,国家主席习近平在华盛顿同美国总统奥巴马举行会谈,双方再次发表关于气候变化的联合声明,就碳排放交易方面,我国表示计划于2017年启动全国碳排放交易体系,覆盖钢铁、电力、化工、建材、造纸和有色金属等重点工业行业。

9月,中共中央、国务院印发的《生态文明体制改革总体方案》中提出要健全环境治理和生态保护市场体系。具体要推行用能权和碳排放权交易制度,结合重点用能单位节能行动和新建项目能评审查,开展项目节能量交易,并逐步改为基于能源消费总量管理下的用能权交易。建立用能权交易系统、测量与核准体系。推广合同能源管理。深化碳排放权交易试点,逐步建立全国碳排放权交易市场,研究制定全国碳排放权交易总量设定与配额分配方案。完善碳交易注册登记系统,建立碳排放权交易市场监管体系。

10月29日,中国共产党第十八届中央委员会第五次全体会议通过《中国共产党第十八届中央委员会第五次全体会议公报》,其中提出建立健全碳排放权初始分配制度,推动形成勤俭节约的社会风尚。

10月,习近平主席在巴黎气候变化大会开幕式上的讲话指出:"中国将把生态文明建设作为'十三五'规划重要内容,落实创新、协调、绿色、开放、共享的发展理念,通过科技创新和体制机制创新,实施优化产业结构、构建低碳能源体系、发展绿色建筑和低碳交通、建立全国碳排放交易市场等一系列政策措施,形成人和自然和谐发展现代化建设新格局。"

11月30日至12月12日,第二十一届联合国气候变化大会在法国巴黎召开,习近平主席在巴黎气候大会上向全世界宣布,中国计划于2017年启动全国碳排放交易体系。

2016年

1月11日,国家发展改革委办公厅印发《关于切实做好全国碳排放权交易市场启动重点工作的通知》,其中明确我国将在2017年启动全国碳排放权交易市场。届时,全国碳排放权交易市场的第一阶段将涵盖石化、化工、建材、钢铁、有色、造纸、电力、航空等重点排放行业。在2013—2015年中任意一年综合能源消费总量达到1万吨标准煤以上(含)的上述行业企业将被纳为控排主体。该通知的工作目标是结合经济体制改革和生态文明体制改革总体要求,以控制温室气体排放、实现低碳发展为导向,充分发挥市场机制在温室气体排放资源配置中的决定性作用,国家、地方、企业上下联动、协同推进全国碳排放权交易市场建设,确保2017年启动全国碳排放权交易,实施碳排放权交易制度。主要的工作任务分为以下四点:提出拟纳入全国碳排放权交易体系的企业名单,对拟纳入企业的历史碳排放进行核算、报告与核查,培育和遴选第三方核查机构及人员,强化能力建设。该通知给予了组织保障、资金保障、技术保障三个保障措施。

3月25日,国务院批转国家发展改革委《关于2016年深化经济体制改革重点工作的意见》。该意见提出制定全国碳排放权交易总量设定与配额分配方案,推动碳市场建设。

4月14—15日,2016年全国经济体制改革工作会议在北京召开。就生态文明体制改革方面,会议提出实行能源和水资源消耗、建设用地等总量和强度双控行动,推进碳排放权有偿使用和交易。

4月26日,四川联合环境交易所经国家发展改革委批准成为全国第八家,非试点地区第一家温室气体自愿减排交易机构。

10月,国务院印发《"十三五"控制温室气体排放工作方案》。其中将建设和运行全国碳排放权交易市场单独列出,并从以下三个方面具体作出规定。(一)建立全国碳排放权交易制度。出台《碳排放权交易管理条例》及有关实施细则,各地区、各部门根据职能分工制定有关配套管理办法,完善碳排放权交易法规体系。建立碳排放权交易市场国家和地方两级管理体制,将有关工作责任落实到地市级人民政府,完善部门协作机制,各地区、各部门和中央企业集团根据职责制定具体工作实施方案,明确责任目标,落实专项资金,建立专职工作队伍,完善工作体系。制定覆盖石化、化工、建材、钢铁、有色、造纸、电力和航空等8个工业行业中年能耗1万吨标准煤以上企业的碳排放权总量设定与配额分配方案,实施碳排放配额管控制度。对重点汽车生产企业实行基于新能源汽车生产责任的碳排放配额管理。(二)启动运行全国碳排放权交易市场。在现有碳排放权交易试点交易机构和温室气体自愿减排交易机构基础上,根据碳排放权交易工作需求统筹确立全国交易机构网络布局,各地区根据国家确定的配额分配方案对本行政区域内重点排放企业开展配额分配。推动区域性碳排放权交易体系向全国碳排放权交易市场顺利过渡,建立碳排放配额市场调节和抵消机制,建立严格的市场风险预警与防控机制,逐步健全交易规则,增加交易品种,探索多元化交易模式,完善企业上线交易条件,2017年启动全国碳排放权交易市场。到2020年力争建成制度完善、交易活跃、监管严格、公开透明的全国碳排放权交易市场,实现稳定、健康、持续发展。(三)强化全国碳排放权交易基础支撑能力。建设全国碳排放权交易注册登记系统及灾备系统,建立长效、稳定的注册登记系统管理机制。构建国家、地方、企业三级温室气体排放核算、报告与核查工作体系,建设重点企业温室气体排放数据报送系统。整合多方资源培养壮大碳交易专业技术支撑队伍,编制统一培训教材,建立考核评估制度,构建专业咨询服务平台,鼓励有条件的省(自治区、直辖市)建立全国碳排放权交易能力培训中心。组织条件成熟的地区、行业、企业开展碳排放权交易试点示范,推进相关国际合作。持续开展碳排放权交易重大问题跟踪研究。

12月16日,四川碳市场开市,四川成为全国非试点地区第一个、全国第八个拥有国家备案碳交易机构的省份,交易平台为四川省联合环境交易所。

12月22日,福建省碳排放权交易开市,交易平台为海峡股权交易中心,纳入对象为电力、石化、化工、建材、钢铁、有色、造纸、航空、陶瓷等9个行业2013年至2015年中任意一年综合能耗达1万吨标准煤(含)的277家企业。

12月,国务院印发《"十三五"节能减排综合工作方案》,其中指出鼓励金融机构进一步完善绿色信贷机制,支持以用能权、碳排放权、排污权和节能项目收益权等为抵(质)押的绿色信贷。并且由国家发展改革委、财政部和生态环境部牵头,通过建立市场化交易机制健全用能权、排污权、碳排放权交易机制,创新有偿使用、预算管理、投融资等机制,培育和发展交易市场。推进碳排放权交易,2017年启动全国碳排放权交易市场。建立用能权有偿使用和交易制度,选择若干地区开展用能权交易试点。加快实施排污许可制,建立企事业单位污染物排放总量控制制度,继续推进排污权交易试点,试点地区到2017年年底基本建立排污权交易制度,研究扩大试点范围,发展跨区域排污权交易市场。

2017年

11月8日,《国家发展改革委关于全面深化价格机制改革的意见》出台,其中就创新和完善生态环保价格机制方面,提出积极推动可再生能源绿色证书、碳排放权等市场交易,更好发挥市场价格对生态保护和资源节约的引导作用。

12月18日,国家发改委印发《全国碳排放权交易市场建设方案(发电行业)》。其中明确在发电行业(含热电联产)率先启动全国碳排放交易体系,参与主体是发电行业年度排放达到2.6万吨二氧化碳当量及以上的企业或者其他经济组织包括其他行业自备电厂,首批纳入碳交易的企业1700余家,排放总量超过30亿吨二氧化碳当量。

2018年

11月18日,中共中央、国务院发布《关于建立更加有效的区域协调发展新机制的意见》,其中提出建立健全碳排放权初始分配与交易制度,培育发展各类产权交易平台。

2019年

3月,生态环境部发布《碳排放权交易管理暂行条例(征求意见稿)》。该文件从25个方面对碳交易市场作出了规定,此外其还标志着全国碳市场立法工作和制度建设取得了重要进展,将为全国碳市场建设提供政策基础和法律保障。

9月25日,生态环境部发文指出,将举办8期碳市场配额分配和管理系列培训班,并依据《2019年发电行业重点排放单位(含自备电厂、热电联产)二氧化碳排放配额分配实施方案(试算版)》进行试算。

12月1日,中共中央、国务院印发《长江三角洲区域一体化发展规划纲要》,其中就完善跨区域产权交易市场方面,提出推进现有各类产权交易市场联网交易,推动公共资源交易平台互联共享,建立统一信息发布和披露制度,建设长三角产权交易共同市场。培育完善各类产权交易平台,探索建立碳排放权等初始分配与跨省交易制度,逐步拓展权属交易领域与区域范围。

12月,财政部印发《碳排放权交易有关会计处理暂行规定》,其中明确了会计处理原则,即重点排放企业通过购入方式取得碳排放配额的,应当在购买日将取得的碳排放配额确认为碳排放权资产,并按照成本进行计量;重点排放企业通过政府免费分配等方式无偿取得碳排放配额的，不作账务处理。

2020 年

5月21日，国家发展改革委、科技部、工业和信息化部、生态环境部、银保监会、全国工商联共同出台《关于营造更好发展环境支持民营节能环保企业健康发展的实施意见》，其中提出将拓宽节能环保产业增信方式，积极探索将碳排放权等纳入融资质押担保范围。

10月14日，国家发展改革委、科技部、工业和信息化部、财政部、人力资源社会保障部、人民银行共同发布《关于支持民营企业加快改革发展与转型升级的实施意见》，其中提出拓展贷款抵押质押物范围，积极探索将碳排放权等纳入融资质押担保范围。

12月16—18日，中央经济工作会议在北京举行。中共中央总书记、国家主席、中央军委主席习近平，中共中央政治局常委、国务院总理李克强，中共中央政治局常委栗战书、汪洋、王沪宁、赵乐际、韩正出席会议。会议将做好碳达峰、碳中和工作作为2021年重点任务之一，并提出要抓紧制定2030年前碳排放达峰行动方案，支持有条件的地方率先达峰。要加快调整优化产业结构、能源结构，推动煤炭消费尽早达峰，大力发展新能源，加快建设全国碳排放权交易市场，完善能源消费双控制度。要继续打好污染防治攻坚战，实现减污降碳协同效应。

年底，生态环境部出台《碳排放权交易管理办法（试行）》，印发《2019—2020年全国碳排放权交易配额总量设定与分配实施方案（发电行业）》，正式启动全国碳市场第一个履约周期。

2021 年

1月，生态环境部印发《关于统筹和加强应对气候变化与生态环境保护相关工作的指导意见》，其中在制度建设方面明确要加快全国碳排放权交易市场制度建设、系统建设和基础能力建设，以发电行业为突破口率先在全国上线交易，逐步扩大市场覆盖范围，推动区域碳排放权交易试点向全国碳市场过渡，充分利用市场机制控制和减少温室气体排放。而在法律法规方面要求把应对气候变化作为生态环境保护法治建设的重点领域，加快推动应对气候变化相关立法，推动碳排放权交易管理条例出台与实施。

2月22日，《国务院关于加快建立健全绿色低碳循环发展经济体系的指导意见》发布，其中就培育绿色交易市场机制，提出进一步健全碳排放权等交易机制，降低交易成本，提高运转效率。加快建立初始分配、有偿使用、市场交易、纠纷解决、配套服务等制度，做好绿色权属交易与相关目标指标的对接协调。

3月12日，"十四五"规划纲要发布，推进碳排放权市场化交易纳入规划纲要。

4月，中共中央办公厅、国务院办公厅印发《关于建立健全生态产品价值实现机制的意见》，其中就推动生态资源权益交易，提出健全碳排放权交易机制。

6月25日，全国统一的碳交易市场开启，交易中心设在上海，登记中心设在武汉。7个试点的地方交易市场继续运营。7月15日，上海环境能源交易所发布公告，根据国家总体安排，全国碳排放权交易于2021年7月16日开市。

7月16日，全国碳排放权交易市场启动上线交易。发电行业成为首个纳入全国碳市场的行业，纳入重点排放单位超过2000家。我国碳市场将成为全球覆盖温室气体排放量规模最大的市场。7月16日9时15分，全国碳市场启动仪式于北京、上海、武汉三地同时举办，备受瞩目的全国碳市场正式开始上线交易。

9月22日，《中共中央 国务院关于完整准确全面贯彻新发展理念做好碳达峰碳中和工作的意见》提出，推进市场化机制建设。依托公共资源交易平台，加快建设完善全国碳排放权交易市场，逐步扩大市场覆盖范围，丰富交易品种和交易方式，完善配额分配管理。将碳汇交易纳入全国碳排放权交易市场，建立健全能够体现碳汇价值的生态保护补偿机制。健全企业、金融机构等碳排放报告和信息披露制度。

10月24日，国务院发布《2030年前碳达峰行动方案》。该方案鼓励高等学校加快碳排放权交易等学科建设和人才培养，建设一批绿色低碳领域未来技术学院、现代产业学院和示范性能源学院；研究制定碳汇项目参与全国碳排放权交易相关规则；发挥全国碳排放权交易市场作用，进一步完善配套制度，逐步扩大交易行业范围；统筹推进碳排放权、用能权、电力交易等市场建设，加强市场机制间的衔接与协调，将碳排放权、用能权交易纳入公共资源交易平台。

10月，中共中央、国务院印发《成渝地区双城经济圈建设规划纲要》，其中提出要深化跨省市碳排放权等交易合作。

2022年

1月，全国碳排放权交易市场第一个履约周期顺利结束。截至2021年12月31日，全国碳市场已累计运行114个交易日，碳排放配额累计成交量1.79亿吨，累计成交额76.61亿元。

碳汇交易

中国碳汇交易工作综述

碳汇，一般是指从空气中清除二氧化碳的过程、活动、机制，主要是指森林吸收并储存二氧化碳的多少，或者说是森林吸收并储存二氧化碳的能力。"碳汇林"从普通意义上来说就是利用森林储碳功能，通过植树造林、加强森林经营管理、减少毁林、保护和恢复森林植被等活动，吸收和固定大气中的二氧化碳。

碳汇交易是基于《联合国气候变化框架公约》及《京都议定书》对各国分配二氧化碳排放指标的规定，创设出来的一种虚拟交易。卖方，指通过实施碳汇开发项目从而产生碳汇的业主，将开发的碳汇在交易所挂牌出售。买方，即温室气体排放企业，在无法降低国家规定的碳排放标准时，可以采用购买碳汇的方式抵消碳排放量。买卖双方的这种交易就是所谓的"碳汇交易"，老百姓通俗地称为"卖空气"。

我国当前的林业碳汇交易都属于项目层面的核证减排量交易，项目类型主要有3种：一是清洁发展机制（CDM）下的林业碳汇项目；二是中国核证减排机制（CCER）下的林业碳汇项目，包括北京林业核证减排量项目（BCER）、福建林业核证减排量项目（FFCER）和省级林业普惠制核证减排量项目（PHCER）等；三是其他自愿类项目，包括林业自愿碳减排标准（VCS）项目、非省级林业 PHCER 项目、贵州单株碳汇扶贫项目等。三种项目类型目前主要工作进度如下所示。

一、林业 CDM 项目

林业 CDM 项目通过各省（自治区、直辖市）发展改革委初审上报国家发展改革委批准备案后，报送联合国 CDM 执行理事会（EB）进行项目注册或减排量签发。自林业 CDM 项目于 2004 年启动以来，国家发展改革委共批准备案了 5 个项目，分别为"四川西北部退化土地的造林再造林项目""广西珠江流域治理再造林项目""广西西北部地区退化土地再造林项目""诺华川西南林业碳汇、社区和生物多样性造林再造林项目""辽宁康平防治荒漠化小规模造林项目",其中前4个项目已经在EB成功注册,占我国全部注册项目的0.11%。林业CDM项目现已停止注册。

(一)四川西北部退化土地的造林再造林项目

2010年3月26日,中国四川西北部退化土地的造林再造林项目在成都举行签约仪式。该项目是全球第一个成功注册的基于气候、社区、生物多样性标准的清洁发展机制造林再造林项目,也是中国第二个成功注册的CDM-AR碳汇项目。该项目由四川省林业厅组织,国家林业局、保护国际、美国大自然保护协会(TNC)和北京山水自然保护中心提供技术支持,由大渡河造林局具体经营。

川西北森林碳汇项目计划造林2251.8公顷,首期20年预计可实现减排量460.630吨的二氧化碳当量。人工林建成后,可以改善土地退化,提高水土保持能力,帮助构建长江上游生态屏障,并能帮助当地农民增收。据了解,川西北森林碳汇项目主要涉及四川理县、茂县、北川、青川和平武5个汶川地震极重灾县,3231个农户12745名农民将从中受益。

(二)广西珠江流域治理再造林项目

2003年,广西以自治区级林业部门的身份,首次单独向世界银行申请1亿美元贷款,之后共同开发森林碳汇先导试验项目——中国广西珠江流域治理再造林项目,作为全球首例联合国清洁发展机制项目实施,世界银行生物碳基金承诺出资200万美元,购买此项目8年产生的46万吨碳汇。

2012年12月27日,广西珠江流域治理再造林项目获得"清洁发展机制"首批碳减排信用额度签发。该再造林项目是在《联合国气候变化框架公约》下全球第一个注册的再造林项目,共恢复森林3000公顷,获得第一期核查临时减排额度13.1964万吨。

该项目采取创新方式,在地方层面上将林木吸收的二氧化碳作为一种"虚拟经济作物",通过向世界银行生物碳基金出售碳信用额度并通过松香等林木产品的销售,使社区直接从中获利。项目村共同参与实施项目的决策,并由当地林业企业提供培训和技术指导。除了出售碳信用额度和林木产品所得收入外,该项目在30年信用额度计入期还可吸收当地农户约1.5万人参与植树造林和森林管理,创造约380万人日的工作机会和30个长期就业岗位。

(三)广西西北部地区退化土地再造林项目

2006年,广西又与世界银行合作,开发了第二个森林碳汇项目——广西西北部地区退化土地再造林项目,于2008年1月1日开始实施。按照CDM再造林项目对土地合格性的要求,项目区选择在广西西北部严重的土地退化区和生态脆弱地区的隆林各族自治县、田林县和凌云县。选择的造林地均为严重退化的荒地,而且自1989年以来一直是无林荒地,由于造林地偏远,立地条件差,缺乏经济吸引力以及存在资金、技术、机构障碍和市场风险,如果没有该项目,这些土地将继续维持现有的退化荒地状态。

该项目自2006年下半年开始筹备，遵循CDM对项目的要求，先后由广西壮族自治区林业厅利用外资林业项目办公室、世界银行驻中国代表处组织专家到项目地考察调研。2007年年初，由广西壮族自治区林业勘测设计院牵头，广西大学林学院与项目县林业局、造林实体共同参与组织开展了历时3个月的规划造林地的基线调查，确定项目造林地边界，然后由造林实体与规划造林地所有者签订项目造林联营合同书，经逐村逐屯逐户宣传发动，召开群众大会签订联营造林合同。

2008年7月，世界银行聘请了国际独立认证机构对碳汇项目造林地类进行合格性认证，最终于2008年10月获得国家发展和改革委员会的批准立项。2009年6月30日，隆林各族自治县林业开发有限责任公司作为业主代表与国际复兴开发银行生物碳基金签订了该项目2008—2027年的20年的计入期内产生的合同减排量174万吨中的44万吨生物碳购买协议，碳交易价为5美元/吨。2010年9月15日，该项目在联合国CDM执行理事会成功注册，成为中国第三个在联合国CDM执行理事会成功注册的CDM造林/再造林项目。

（四）诺华川西南林业碳汇、社区和生物多样性造林再造林项目

诺华川西南林业碳汇、社区和生物多样性项目（以下简称"诺华川西南林业碳汇项目"）于2010年启动，是中国第一个与外资企业直接合作的造林减碳项目。

诺华川西南林业碳汇项目位于以大熊猫等珍稀濒危物种为主要保护对象的生物多样性热点地区，覆盖的均是在20世纪50年代至80年代被采伐后没有得到有效恢复的退化土地。2011—2020年，项目克服了高海拔、自然条件恶劣、林牧冲突等多种困难，在4095.4公顷的土地上，栽植和补植冷杉、云杉、华山松等各类苗木约2100万株。目前项目整体已经覆盖甘洛、越西、昭觉、美姑和雷波五个县及马鞍山、申果庄和麻咪泽三个大熊猫自然保护区，包括17个乡镇26个村，受益村民中有97%的人口为少数民族。

该项目增强对生物多样性的保护，帮助恢复多种动植物（包括珍稀和濒危物种如大熊猫等）的栖息地，保护土壤不受侵蚀，预防山体滑坡和洪涝灾害。项目实施后恢复的森林生态系统还能够增强当地生态系统和社区适应气候变化的能力，增强关键栖息地生态系统的连通性，构建物种种群交流的廊道。项目的成功实施为当地社区提供了造林和管护的工作机会，增加了当地贫困社区的收入，增强了社区百姓种苗培育、造林的技术和森林管护的技能，同时也大大提升了当地百姓的自然保护意识。当前项目进入碳汇计入期，未来的森林管护将使这些收益倍增，项目有望为"双碳"目标贡献力量。选择执行这个需要长期付出的项目，体现了诺华对环境保护、可持续发展和对中国的长期承诺与贡献。

二、林业CCER项目

林业CCER项目通过各地方发展改革委初审，报送国家发展改革委审核备案，项目减排量直接报送国家发展改革委审核备案并签发。目前，共有"广东长隆碳汇造林项目""湖北省通山县竹子造林碳汇项目""江西丰林碳汇造林项目""北京房山区石楼镇碳汇造林项目"4个林业项目在国家发展改革委备案。

（一）广东长隆碳汇造林项目

广东长隆碳汇造林项目是目前唯一由国家发展改革委签发减排量的林业CCER项目。该项目于2011年在广东省梅州市和河源市等欠发达地区的宜林荒山地区实施碳汇造林866.67公顷。2014年3月30日，项目通过了国家发展改革委批准的审定核证机构的审定。2014年6月27日，项目通过国家发展改革委组织的温室气体自愿减排项目备案审核会审核。该项目的核证减排量于2015年5月25日由国家发展改革委气候司审核签发。广东粤电环保有限公司与项目业主签订了交易协议，交易碳排放量为5208吨二氧化碳当量，该项目是国内林业CCER的第一笔也是截至目前唯一一笔交易。该项目交易的减排量虽然不大，但作为我国第一个由国家发展改革委签发的林业CCER项目，为开发CCER碳汇造林项目提供了示范作用，有利于林业碳汇积极参与CCER抵减碳排放项目开发、实施。

（二）湖北省通山县竹子造林碳汇项目

湖北省通山县竹子造林碳汇项目是全国首个可进入国内碳市场交易的CCER竹子造林碳汇项目。项目旨在充分发挥竹林的改善生态环境、增加群众收入、促进可持续发展等多重效益。比如，产生可交易的碳减排量，发挥竹子造林碳汇项目的试验示范作用，推进竹林碳汇参与碳交易。同时，增加当地森林面积，保护生物多样性，维护当地的生态安全。

从2015年开始，湖北省通山县燕厦乡的宜林荒山分三年实施毛竹碳汇造林，造林规模为1.05万亩。预计20年的计入期内将产生13.11万吨减排量，年均减排约0.66万吨。通过抵消机制制度设计，鼓励优先使用来自省内贫困地区的CCER抵消，累计共使用CCER抵消352万吨。其中来自省内贫困地区产生的碳减排量有217万吨，为贫困地区带来收益超过5000万元（按照2019年CCER成交均价估算）。

（三）江西丰林碳汇造林项目

2016年9月12日，可进入碳市场交易的林业CCER项目"江西丰林碳汇造林项目"获得国家发改委减排量备案批准，已产生核证自愿减排量（CCER）63.5万吨二氧化碳当量，产出时间为2009年1月1日至2015年12月31日。该项目计入期共计20年，为2009年1月1日至2028年12月31日，计入期内的总预计减排量为485万吨二氧化碳当量。

江西丰林碳汇造林项目是在国家林业局、省发改委和省林业厅的支持下，由香港排放权交易所有限公司投资，蔚蓝环保技术服务（深圳）有限公司和江西丰林投资开发有限公司联合开发。项目在赣南、赣北地区的13个县（市）开展，由江西丰林投资开发有限公司投资建设和运营。该公司在江西省境内拥有宜林荒山25万余亩，自2007年以来在欠发达地区的宜林荒山实施碳汇造林项目,截至2015年实施碳汇造林16万亩,种植树种为湿地松,项目区域涉及赣县、宁都、兴国、瑞金、石城、安远、万安、瑞昌、鄱阳、永新、黎川、泰和、吉安县等13个县(市)。

三、其他类型林业碳汇项目

其他类型林业碳汇项目多为纯自愿行为,项目碳减排量在自愿市场进行交易,多为社会组织、企业、团体等为了履行社会义务、提升单位形象等,而个人捐资者主要为了履行社会责任、提高环保意识。"亚太经合组织会议碳中和项目""北京房山区青龙湖碳汇造林项目""云南腾冲森林多重效益项目""黑龙江翠峦森林经营碳汇项目"等,就是这类项目。中国绿色碳汇基金会从2007年开始已经募集到了8亿多元资金,在全国20多个省(自治区、直辖市)开展碳汇造林,营造的碳汇林超过8万公顷,同时建立多处碳汇造林展示基地。我国各地也在不断实践各类林业碳汇自愿交易,阿里巴巴等企业于2011年11月以每吨18元的价格认购了北京等碳汇造林项目产生的14.8万吨二氧化碳当量,中国建设银行浙江省分行于2014年10月认购了浙江临安森林经营项目产生的碳减排量,河南勇盛万家豆制品有限公司于2013年6月以每吨30元的价格认购了黑龙江伊春森林经营碳汇项目产生的6000吨二氧化碳当量。

(一)亚太经合组织会议碳中和项目

2014年10月14日,中国绿色碳汇基金会、浙江省林业厅和临安市人民政府在浙江省临安市共同主办"农户森林经营碳汇交易体系发布会"。会上,中国绿色碳汇基金会秘书长李怒云发布了临安"农户森林经营碳汇交易体系"的框架内容和运行模式,并实现了首个农户森林经营试点项目碳汇减排量自愿交易。在发布会现场,中国建设银行浙江分行与项目业主代表以及全国林业碳汇交易试点平台华东林业产权交易所签订了托管和购买协议。根据专业机构碳足迹计量结果,中国建设银行浙江省分行2013年度共计排放温室气体11323吨二氧化碳当量。此次中国建设银行浙江省分行通过购买林业碳汇项目减排量的方式,抵消该单位2013年度运营管理产生的温室气体排放,实现碳中和银行的目标。中国绿色碳汇基金会授予中国建设银行浙江省分行2013年度"碳中和银行"的牌匾。同时,为号召更多的企事业单位参与自愿减排活动,实践绿色低碳发展,中国建设银行浙江省分行把所购买的一部分碳汇量转赠给了10个高端客户,这是国内首个金融机构积极参与应对气候变化、践行低碳生产、履行社会责任的自觉行动。

(二)北京房山区青龙湖碳汇造林项目

该项目是中国绿色碳汇基金会支持的首批以积累碳汇、应对气候变化为目的的碳汇造林项目,也是北京市首个碳汇造林项目。于2007年启动,在房山区青龙湖镇口头村营造碳汇林2000亩。根据北京市以发挥生态效益为主的林业建设定位，造林设计采取了以乡土树种侧柏、油松、元宝枫、火炬树、刺槐、黄栌、山桃、山杏、山皂角等为主的树种配置，使项目具有显著的社会效益和生态效益。项目的实施，除产生预期的碳汇量以外，还将为当地群众提供良好的生态旅游场所，并对传播绿色低碳理念、提高公民应对气候变化的意识与能力、促进当地生态环境改善、保护生物多样性等具有重要意义，为促进当地社会经济的可持续发展作出积极贡献。

（三）云南腾冲森林多重效益造林项目

腾冲森林多重效益造林项目是全球首个荣获CCB标准金牌认证的项目。该项目于2005年4月启动，6月开始造林，在30年计入期内营造467.6公顷高质量森林，预计产生近17万吨的tCER（临时核证减排量）用于国际碳市场的交易。

腾冲森林多重效益造林项目，是保护国际（CI）和国家林业局、美国大自然保护协会按照保护生物多样性、改善人类生存环境的宗旨，积极关注林业碳汇研究趋势，并引进国际资金在中国实施的试点项目。项目由保护国际和国家林业局、美国大自然保护协会以及云南省林业厅共同开发。项目于2005年4月在腾冲启动，属于农用地和草地转化为林地的小型再造林项目，拟营造467.6公顷高质量森林。

（四）黑龙江翠峦森林经营碳汇项目

2016年5月19日，"黑龙江翠峦森林经营碳汇项目"在国家发改委成功备案，成为中国自愿减排交易首个森林经营碳汇项目。该项目由大自然保护协会（TNC）与香港排放权交易所和黑龙江省翠峦林业局共同开发。经中环联合认证中心审定，该项目预计在2005年到2064年的60年计入期内，累计产生2900余万吨二氧化碳当量的减排量。

从2014年7月开始，翠峦区以不破坏资源，不改变林权性质，不影响林业生产经营活动，不违背国家的法律政策为前提，积极谋划推进森林经营碳汇项目的实施。2015年1月31日，设计完成项目PDD文件，同年2月4日，在国家发改委审定公示。经国家发改委同意，聘请中环联合（北京）认证中心有限公司完成该项审定报告，2015年8月19日设计完成第一稿，于2016年4月14日完成最终版设计文件，并在5月19日国家发改委CEC-CCER第十九次上会审定项目中评审通过备案。

碳汇政策法规

一、《关于加强碳汇造林管理工作的通知》

2009年7月29日,国家林业局下发《关于加强碳汇造林管理工作的通知》,以进一步规范碳汇造林项目管理工作,促进碳汇林业健康有序发展。

我国开展碳汇造林项目主要有三种类型:一是清洁发展机制碳汇造林项目,二是中国绿色碳基金支持开展的碳汇造林项目,三是其他碳汇造林项目。其他碳汇造林项目主要包括各地与外国政府、国内外企业、组织、团体等开展的不属于清洁发展机制类型和中国绿色碳基金支持的,并以积累碳汇为主要目的的造林、森林经营以及相关碳汇计量与监测、碳汇交易等活动。

通知指出,为获得真实的吸收二氧化碳的效果,碳汇造林要符合应对气候变化国际公约相关规则和中国林业实际情况。在技术上不仅涉及额外性、造林地基线选择、避免碳泄漏和保持稳定性,以及碳汇计量和监测等技术环节,还与林地林木产权、生态保护、农村发展以及农民切身利益息息相关。尤其是涉及交易的碳汇项目,与我国应对气候变化政策及未来温室气候排放空间相关,必须慎重。

为此,国家林业局在三个方面加强碳汇造林管理。

一是对现有碳汇造林项目实行备案制度。各地要对本地已经和正在开展的上述第三类碳汇造林项目进行一次全面调查,并将项目投资方、项目区基本情况、项目进度计划、预期成效、受益群体、碳汇计量和核证单位、碳汇交易及其利益分配模式等情况,于2009年9月30日前,以书面形式报送国家林业局造林绿化管理司(气候办)登记备案。

二是对新开展的项目实行注册登记制度。各地在2009年9月30日后与国内外企业或组织等合作开展的上述第三类碳汇造林项目,都要进行登记注册,填写《碳汇造林项目注册登记表》后,报送国家林业局造林绿化管理司(气候办)。国家林业局将根据情况,组织有资质的单位对项目进行碳汇计量和监测。计量监测结果将统一纳入国家林业局林业碳汇登记系统,并在中国碳汇网上予以公示。此外,在我国境内的国内外造林企业,本着自愿原则,可按上述要求进行注册登记,由国家林业局推荐有资质的机构对其所造林木的碳汇进行计量和监测,其结果可进入国家林业局林业碳汇登记系统为造林企业专设的账户,并在中国碳汇网上予以公布。

三是健全组织制度。根据国务院对应对气候变化工作的要求，各省（自治区、直辖市）相应建立了应对气候变化管理机构。各省（自治区、直辖市）林业厅（局）要在现有机构中明确专人负责林业应对气候变化的工作，切实加强碳汇造林等相关管理；有条件的或确有必要的，也可成立专门机构，负责林业应对气候变化相关工作。

二、《关于开展碳汇造林试点工作的通知》

2010年7月6日，国家林业局办公室发出《关于开展碳汇造林试点工作的通知》，正式启动碳汇造林试点工作。

开展碳汇造林试点，主要目的是探索与国际接轨并具中国特色的森林碳汇计量监测方法，为测算不同区域、不同模式、不同树种的营造林碳汇提供技术支撑和科学依据，为全国森林碳汇可测量、可报告、可核查奠定基础。同时，引导企业自愿捐资造林增汇，参与应对气候变化行动，体现企业社会责任，并探索社会资金参与公益造林的林业投融资机制改革。

碳汇造林试点阶段将采取社会捐资与林业重点工程国家补助相结合的投入方式。在国家林业重点工程规划区域范围内，按照自愿的原则，地方社会捐资到位后，由县（市）林业部门依据相关规定要求，向省（自治区、直辖市）林业部门提出申请，审核通过后，报国家林业局批准，列为国家碳汇造林试点。

党和政府高度重视林业在应对气候变化中的特殊地位和作用。2009年和2010年中央一号文件都明确提出要"大力增加森林碳汇"。全国人大常委会《关于积极应对气候变化的决议》要求"继续推进植树造林，积极发展碳汇林业，增强森林碳汇功能"。特别是胡锦涛主席在2009年9月联合国气候变化峰会上，向全世界宣布"大力增加森林碳汇，争取到2020年森林面积比2005年增加4000万公顷，森林蓄积量比2005年增加13亿立方米"。

通知指出，开展碳汇造林，是实现林业"双增"目标的重要措施，是发展碳汇林业的重要抓手，是探索林业碳汇计量监测的有效方式。开展碳汇造林，有助于借助市场机制，探索森林生态效益价值的实现途径，进一步完善森林生态效益补偿机制，实现国家生态建设目标与社会各界实践低碳发展诉求的有机结合。开展碳汇造林，有利于培养一批熟悉林业碳汇管理和碳汇计量监测技术的管理专家队伍，提升营造林管理与技术水平。各地要充分认识开展碳汇造林试点工作的重要意义，高度重视，积极行动，切实把这项工作抓紧抓好。

为顺利开展试点，规范项目管理，通知特别指出，碳汇造林试点项目须由国家林业局授权的林业碳汇计量监测专门机构实施碳汇计量与监测，费用计入碳汇造林成本。碳汇计量监测结果，按投资比例记入国家林业局为捐资企业设立的专门碳汇账户，进行注册登记，并在中国碳汇网上予以公布。同时,为做好碳汇造林试点的计量与监测工作,承担碳汇计量与监测的单位,也是试点项目的科技支撑单位。

通知强调,各地要加强宣传林业在应对气候变化中的特殊地位和重要作用,宣传碳汇造林的目的意义,引导社会公众关注气候变化问题。要积极鼓励企业和公众通过捐资造林增汇、保林固碳,展现企业社会责任,消除碳足迹,倡导低碳生产生活方式。要切实加强对国家应对气候变化政策、林业碳汇知识的宣传,正确引导舆论,谨防不实报道,确保碳汇造林工作健康有序发展。要加强林业应对气候变化相关知识培训,培养一批既熟悉常规营造林技术又了解碳汇造林特定要求以及碳汇计量监测的技术人员。

碳汇造林是指在确定了基线的土地上,以增加森林碳汇为主要目的,对造林及其林分(木)生长过程实施碳汇计量和监测而开展的有特殊要求的造林活动。相比普通的造林,碳汇造林突出了森林的碳汇功能,增加了碳汇计量监测等内容,强调了森林的多重效益,并提出了相应的技术要求。只有按照碳汇造林技术要求的造林才称为碳汇林。

三、《中国林业碳汇审定核查指南(试行)》

2011年4月29日,中国绿色碳汇基金会在北京主持召开了《中国林业碳汇审定核查指南(试行)》(以下简称《指南》)暨《温州市森林经营碳汇项目技术规程(试行)》(以下简称《规程》)专家评审会。

评审专家指出,随着国际社会对林业应对气候变化的热切关注,充分发挥森林的碳汇功能、可持续的森林经营管理成为减缓和适应气候变化的重要措施。如何科学、规范认定营造林项目的碳吸收,是中国实施碳汇造林迫切需要解决的问题。受中国绿色碳汇基金会委托,中国林业科学院科技情报信息所编写了该《指南》。专家组认为,这是我国首个林业碳汇审定核查技术规范。该《指南》具有创新性、科学性、实用性和可操作性,对促进我国林业碳汇项目实现"三可"(可测量、可核查、可报告)以及推动我国碳汇市场交易体系建设、促进碳汇林业发展具有重要意义。

专家组认为,在中国绿色碳汇基金会和碳汇研究院专家的指导下,由浙江省林业科学研究院和温州市林业局共同编写的《温州市森林经营碳汇项目技术规程(试行)》,填补了我国森林经营碳汇项目标准的空白。该《规程》既与国际接轨,又体现了中国特色,不仅可用于正在开展的森林经营碳汇项目,也为我国开展可持续的森林管理以应对气候变化,蹚出了一条新路。该《规程》是我国首个森林经营碳汇项目的技术标准,具有科学性、可操作性和创新性。在目前国际没有统一标准的情况下,应尽快修改完善后予以试用。

专家组组长蒋院士说,目前在国内外有很多人都在研究该类技术标准,但还没有成熟可借鉴的文本。因此,中国绿色碳汇基金会组织编写的这两个技术规范,具有创新性和超前性,为国内林业碳汇管理乃至国际相关领域提供了参考，也为我国争取林业碳管理方法学国际话语权提供了依据，有重要的历史和现实意义。

四、《关于推进林业碳汇交易工作的指导意见》

2014年4月29日，国家林业局出台《关于推进林业碳汇交易工作的指导意见》（以下简称《意见》）。《意见》指导各地完善清洁发展机制（CDM）林业碳汇项目交易，推进林业碳汇自愿交易，旨在重点探索碳排放权交易下的林业碳汇交易。

《意见》规定，清洁发展机制林业碳汇项目交易按照国家发展改革委、科技部、外交部、财政部联合制定的《清洁发展机制项目运行管理办法》执行。在开展活动时，项目实施单位应就土地合格性、权属、项目组织实施等问题与林业主管部门沟通协商。省级林业主管部门要为项目实施单位在本辖区内开展相关活动提供业务指导，做好协调服务，同时掌握本辖区内开展的清洁发展机制林业碳汇项目活动情况，及时上报国家林业局。

林业碳汇自愿交易按照国家发展改革委制定的《温室气体自愿减排交易管理暂行办法》开展，国内外机构、企业、团体、个人均可参与。国家发展改革委对林业碳汇自愿交易采取备案管理，申请备案的项目应为2005年2月16日后开工建设的项目。鼓励各地组织开发林业碳汇项目方法学，方法学的开发主体在向国家发展改革委申请备案前，应先征求国家林业局意见。林业碳汇自愿交易项目产生的碳汇量，须采用经备案的方法学进行测算。项目有关审定与核证应由具备相应资格的单位开展。项目产生的碳汇量经备案后，在国家登记簿中登记，并在经国家发展改革委备案的交易机构内交易，已用于抵消碳排放的碳汇量，在国家登记簿中注销。

碳排放权交易下的林业碳汇交易原则上按照国家"十二五"规划纲要提出的"逐步建立碳排放交易市场"的部署、党的十八届三中全会明确的"推行碳排放权交易制度"的决定和《国家发展改革委办公厅关于开展碳排放权交易试点工作的通知》要求，积极探索推进。国家发展改革委已确定北京、天津、上海、重庆、湖北、广东、深圳七省市为国家碳排放权交易试点地区。七省市林业主管部门要积极协调本级发展改革部门，参与本地区碳排放权交易制度设计及有关法律法规、实施方案、管理办法等研究制定。要结合本地实际，积极探索碳排放权交易下的林业碳汇交易模式。要积极研究林业碳汇交易与碳排放权交易的关系，一方面支持和鼓励林业碳汇自愿交易项目作为抵消项目，参与碳排放权交易；另一方面加强森林管理，控制森林温室气体排放，对此研究探索推进排放配额管理，参与碳排放权交易。

《意见》要求，各级林业主管部门要把林业碳汇交易工作列入重要议事日程，在相关政策、资金、人员等方面统筹考虑。积极参与国家应对气候变化立法进程，扎实开展林业碳汇交易的成本分析研究，加强碳市场、碳交易相关政策的学习、宣传和培训，严防利用林业碳汇交易炒作。此外，要积极参与相关国际交流与合作，借鉴国际碳市场的做法和经验，不断丰富完善推进林业碳汇交易工作的政策措施。

《意见》自2014年6月1日起实施，有效期至2017年5月31日。

五、《林业碳汇项目审定和核证指南》

2021年12月31日，国家市场监督管理总局、国家标准化管理委员会发布消息，我国第一个林业碳汇国家标准《林业碳汇项目审定和核证指南》（GB/T 41198—2021）正式实施。这是我国明确提出2030年"碳达峰"与2060年"碳中和"目标后发布的首个涉及林业碳汇的国家标准。

该标准由北京林业大学生态与自然保护学院教授武曙红团队及参与单位历时3年编制而成。参与起草的还有中国质量认证中心、中国林业科学研究院等6家单位。

在国家"双碳"目标及相关政策的影响下，林业碳汇项目开发成为增加生态系统碳汇和实现森林生态系统碳汇功能经济价值的主要路径。但林业碳汇项目能否进入我国碳交易市场，需要国家碳交易市场主管部门指定的机构对其审定和核证。该标准为第三方机构审定和核证林业碳汇项目能否满足我国温室气体自愿减排交易市场要求，提供了依据和指南。

该标准的发布和实施将有效指导和规范审定和核证人员对林业碳汇项目的审定和核证工作，确保进入我国温室气体自愿减排交易市场的林业碳信用的真实性和有效性，为林业碳汇项目实现"双碳"目标提供保障。

据了解，该标准确定了审定和核证林业碳汇项目的基本原则，提供了林业碳汇项目审定和核证的术语、程序、内容和方法等方面的指导和建议。该标准适用于中国温室气体自愿减排市场林业碳汇项目的审定和核证。其他碳减排机制或市场下的林业碳汇项目审定和核证可参照使用。

碳汇大事记

2003年

12月22日，为了适应《联合国气候变化框架公约》政府间谈判需要，加强对清洁发展机制下的造林、再造林碳汇项目的统一管理，经研究决定，国家林业局宣布成立国家林业局碳汇管理办公室，规定其设在国家林业局植树造林司，实行一套人马，两块牌子。

2004 年

3月30日，国家林业局宣布成立国家林业局碳汇管理工作领导小组，主要职责为研究林业碳汇管理及发展的重大政策、协调局内外各相关单位统一开展林业碳汇工作、研究解决林业碳汇工作推进过程中的重大问题、审定相关的管理制度和办法、审定碳汇管理办公室的工作计划，指导其工作。领导小组日常工作由碳汇管理办公室承担。

2005 年

12月17—19日，赤峰市林业对外项目管理办公室组织技术人员，对敖汉旗实施的"碳汇"国际合作"中国东北部敖汉旗防治荒漠化青年造林项目"工程进行实地监测，监测表明，我国首个与国际合作的林业碳汇项目完成造林任务。

2007 年

6月4日，中国正式发布《中国应对气候变化国家方案》。这是中国第一份应对气候变化的政策性文件，也是发展中国家在该领域的第一份国家方案，其中将推进碳汇技术和其他适应技术作为应对气候变化影响的政策手段框架之一。

2008 年

6月16日，国家林业局发布《关于同意成立碳汇和生物质能源研究所的批复》，同意依托中国林科院，成立国家林业局碳汇计量与研究中心和国家林业局生物质能源研究所。以上机构均不是独立法人机构。

6月26日，国家林业局与北京市政府在北京八达岭林场举行八达岭碳汇造林暨绿色碳基金北京专项启动仪式。主题是"参与碳汇造林，奉献绿色奥运"。项目将在碳补偿资金的支持下持续开展规模为3100亩的碳汇造林示范工作，计划种植碳汇能力较强的元宝枫、新疆杨、银杏、白皮松、油松等树种共计20.15万株。项目完成后，预计可增加吸收固碳约3.58万吨，每年可吸收固定二氧化碳约2816.86吨。

8月18日，国家林业局颁布《国家林业局植树造林司关于加强林业应对气候变化及碳汇管理工作的通知》。

12月16—19日，林业碳汇与生物质能源国际研讨会在北京开幕。此次研讨会由国家林业局和北京市人民政府共同举办，国内外代表共200余人参会，就森林在应对气候变化中的地位和作用、中国森林碳汇现状和未来发展潜力、国际主要碳市场和碳基金运行模式、森林碳汇计量与监测、能源林培育及产业发展模式和政策、林木生物质能源发展途径及政策需求等问题进行交流讨论，并为深入推进林业碳汇和生物质能源发展提供思路和对策。

12月31日，中央一号文件《中共中央、国务院关于2009年促进农业稳定发展农民持续增收的若干意见》发布，其中明确指出，"建设现代林业，发展山区林特产品、生态旅游业和碳汇林业"，将碳汇林业建设作为现代林业的重要内容提到了新的高度。

2009 年

7月29日，国家林业局下发《关于加强碳汇造林管理工作的通知》，其旨在进一步规范碳汇造林项目管理工作，促进碳汇林业健康有序发展。

9月22日，国家主席胡锦涛在联合国气候变化峰会开幕式上发表题为"携手应对气候变化挑战"的重要讲话，其中将增加森林碳汇作为应对气候变化的规划之一，争取到2020年森林面积比2005年增加4000万公顷，森林蓄积量比2005年增加13亿立方米。

11月6日，为贯彻落实《中国应对气候变化国家方案》赋予林业的任务，国家林业局发布了《应对气候变化林业行动计划》，其中坚持增加碳汇和控制排放相结合作为五项基本原则之一。

2010 年

2月25日，国家林业局印发《国家林业局林业碳汇计算与监测管理暂行办法》。该办法旨在积极推进林业应对气候变化工作，落实《应对气候变化林业行动计划》，探索建立与可测量、可报告、可核查（以下简称"三可"）相匹配的碳汇造林项目碳汇计量与监测技术体系，规范碳汇造林、森林管理等项目碳汇计量与监测工作，为我国森林生态系统增汇固碳开展"三可"进行试点。

3月26日，中国四川西北部退化土地的造林再造林项目在成都举行签约仪式。该项目是全球第一个成功注册的基于气候、社区、生物多样性标准的清洁发展机制造林再造林项目，也是中国第二个成功注册的CDM-AR碳汇项目。

6月13日，国家林业局办公室印发《碳汇造林技术规定（试行）》和《碳汇造林检查验收办法（试行）》。

6月16—18日，气候变化与森林碳汇和水国际研讨会在云南省腾冲举行，研讨会由国家林业局造林绿化管理司、世界自然基金会北京代表处、中国林科院、美国林务局南方研究院和法国开发署联合主办，中国林科院承办，云南省林业厅和云南省腾冲县林业局协办。会议就气候变化与森林的减缓及适应功能、森林碳汇功能与碳汇管理、森林与水资源的关系与管理以及气候变化下的森林可持续经营4个专题进行了研讨交流。来自中国、美国、加拿大、法国、德国、罗马尼亚、印度、喀麦隆8个国家的100多位专家和官员代表参加了会议。

7月，国家林业局办公室发出《关于开展碳汇造林试点工作的通知》，正式启动国内碳汇造林试点工作，主要目的是探索与国际接轨并具有中国特色的森林碳汇计量监测方法，同时引导企业自愿捐资造林增汇，并探索社会资金参与公益造林的林业投融资机制改革。

8月31日，我国首家以应对气候变化、增加森林碳汇、帮助企业志愿减排为主题的全国性公募基金会——中国绿色碳汇基金会在北京成立。

10月22日，国家林业局林业碳汇计量监测中心揭牌仪式在国家林业局调查规划设计院举行。

10月23日,来自中国农科院、中国标准化研究院、国家林业局调查规划设计院、亚太森林网络管理中心、中国绿色碳汇基金会、北京林业大学和北京林学会等单位的专家在京审定通过了《造林项目碳汇计量与监测指南》。该指南由国家林业局造林司(应对气候变化办公室)委托中国林科院编制,将有助于探索造林项目碳汇可测量、可报告、可核查的方法及与碳交易相关的计量和监测方法,满足当前国内开展碳汇造林的需要。

10月27日,由国家林业局与浙江省人民政府共同举办、以"森林·生态·让生活更美好"为主题的2010中国碳汇林业与低碳经济发展高峰论坛在浙江省临安市举行,经国家林业局批准,临安成为全国首个"碳汇林业实验区"城市。来自辽宁、湖南、山东等地的11个现代林业示范市和浙江省10个重点林区县(市)的政府代表,在浙江省临安市签署《临安宣言》,共同主张发展现代林业,加快碳汇造林、营林体系建设,构建碳汇计量监测体系,推动以碳汇为主的生态服务市场发育。

11月17日,国家林业局西南林业碳汇计量与监测中心揭牌仪式在昆明举行,国家林业局西南林业碳汇计量监测中心设立在国家林业局昆明勘察设计院,将在国家林业局造林司(应对气候变化办公室)的统一指导下,重点承担西南地区林业碳汇计量监测的技术支撑工作。全国碳汇造林试点启动会在云南省昆明市举行。

2011年

2月,按照政府间气候变化专门委员会(IPCC)有关指南要求,国家林业局造林司(气候办)近日组织国家林业局林业碳汇计量监测中心,编制了《全国林业碳汇计量监测技术指南(试行)》,印发给2010年开展全国林业碳汇计量与监测体系建设试点的山西、辽宁、四川3省。

4月29日,中国绿色碳汇基金会召开专家评审会,我国首个林业碳汇审定核查技术规范《中国林业碳汇审定核查指南(试行)》和首个森林经营碳汇项目的技术标准《温州市森林经营碳汇项目技术规程(试行)》在北京通过专家评审,填补了我国该类技术标准的空白。

5月15日,中国首个绿色碳汇基金会碳汇研究院授牌仪式在浙江省温州市举行。会上,原林业部副部长、中国绿色碳汇基金会理事长刘于鹤与温州市市长赵一德签署了《关于中国绿色碳汇基金会碳汇研究院落户温州市战略合作协议书》,并向温州市授牌匾。中国绿色碳汇基金会秘书长李怒云向温州科技职业学院大学生碳汇志愿者服务队授旗。

7月8日,中国水产科学研究院黄海水产研究所碳汇渔业实验室揭牌。

9月6日,国家林业局局长贾治邦在北京举行的首届亚太经合组织林业部长级会议上表示,林业具有独特的碳汇。

9月14日,"2011大连夏季达沃斯年会"开幕。国务院总理温家宝发表重要讲话,其中谈到"十二五"期间,将通过增加森林碳汇作为全面增强应对气候变化的能力之一。

11月1日,经国家林业局同意,由中国绿色碳汇基金会与华东林业产权交易所合作开展的全国林业碳汇交易试点在浙江义乌正式启动。试点启动仪式上,有10家企业签约认购了首批14.8万吨林业碳汇。

11月17日,林业应对气候变化专业技术人员能力建设高级研修暨第五期全国林业碳汇计量监测培训班在湖南长沙举办,全国31个省区市营造林处长及碳汇计量监测技术人员等100多人参加培训。

11月22日,国务院新闻办公室发表《中国应对气候变化的政策与行动(2011)》白皮书。白皮书认为"十一五"期间,通过增加碳汇等方式对控制温室气体排放取得了显著成效。白皮书指出,"十二五"期间,将继续通过增加碳汇等多种手段来控制温室气体排放,提高应对气候变化能力。

11月30日,内蒙古草地碳汇高层论坛在呼和浩特举行。论坛由内蒙古低碳发展研究院、德国国际合作机构、自治区金融办主办。论坛上,德国国际合作机构中德生物质能优化利用项目主任伯恩哈特·蓝宁阁博士、中国科学院青藏高原研究所汪诗平教授等国内外嘉宾,就增加草地碳汇,实现草原生态效益、经济效益和社会效益协调发展的主要途径进行了深入探讨,并就草原碳汇交易建立公私合作基金的可能性等话题进行了互动交流。

12月31日,国家林业局办公室印发《林业应对气候变化"十二五"行动要点》。该行动要点以坚持扩大森林面积、增加碳储量和提高森林质量、增强碳汇能力相结合为基本原则之一,目标在"十二五"期间,初步建成全国林业碳汇计量监测体系。

2012年

1月13日,中国绿色碳汇基金会专家座谈会在北京召开,会议宣布基金会将与国家林业局造林司合作,安排和落实2012年度的碳汇造林计划10万亩。对全国30片个人捐资造林项目建设进行部署和安排投资,尽快发挥碳汇造林项目的示范带动效应。

3月5日,国家林业局召开专家研讨会,系统谋划科技支撑林业碳汇应对气候变化工作,以发挥科技支撑和引领作用,为发展林业碳汇、积极应对气候变化提供技术支持。

5月9—11日,为加快推进全国林业碳汇计量监测体系建设,测准、算清全国林业碳汇现状及其变化,服务国家应对气候变化工作大局,国家林业局造林绿化管理司在西安召开了全国林业碳汇计量监测体系建设试点启动暨培训会。北京、天津、广东、浙江、山西、青海、云南等17个省、自治区、直辖市作为第二批林业碳汇计量监测体系建设试点地区,其主管林业应对气候变化工作处长和科技支撑单位技术人员共计70余人参加了会议。

6月5日,由中国林业科学研究院、中国绿色碳汇基金会、四川省林业厅和保护国际基金会联合主办的中国林业碳汇产权研讨会在四川省绵阳市举行。

7月28日，以"森林碳汇与低碳城市"为主题的"森林碳汇论坛"在贵州省贵阳市举行。

8月22日，主题为"迈向绿色经济——全球可持续发展框架下的商业变革"的"第三届全球绿色经济财富论坛"在北京举行。论坛上，中国绿色碳汇基金会和北京第二外国语学院附属中学联合发布了全国第一本有关气候变化的中学校本课程教材《林业碳汇与气候变化》。

11月19日，国家林业局印发《国家林业局林业碳汇计量与监测管理办法》。该办法旨在积极做好新形势下林业应对气候变化相关工作，进一步规范林业碳汇计算与监测活动，逐步推进建立适应可测量、可报告、可核查要求的林业碳汇计量与检测技术。该办法自发布之日起施行，且2010年2月25日国家林业局印发的《国家林业局林业碳汇计算与监测管理暂行办法》同时废止。

11月21日，国务院发布《中国应对气候变化的政策与行动2012年度报告》。该报告指出，中国政府高度重视气候变化问题，应对气候变化作为重要内容正式被纳入国民经济和社会发展中长期规划，并将增加碳汇等作为减缓气候变化的措施之一。

11月29日，由中国绿色碳汇基金会主办的联合国气候变化多哈大会"中国角边会"——"应对气候变化'林业碳汇'研讨会"在卡塔尔首都多哈国家会议中心举行。会上正式发布了中国竹子碳汇造林方法学，是中国首个也是世界领先的竹子碳汇项目方法学。

11月，国家林业局发布《竹林项目碳汇计量与监测方法学》。该方法学旨在规范竹林项目碳汇计量与监测活动。其主要依据是国家林业局2010年颁布的《碳汇造林技术规定（试行）》和2011年颁布的《造林项目碳汇计量与监测指南》，以及浙江农林大学在竹林碳汇领域的多年研究成果，特别是2008年开始在浙江省临安市实施的中国绿色碳汇基金会毛竹林碳汇项目的观测数据和碳汇计量与监测等实际工作经验。

12月，广西珠江流域治理再造林项目获得"清洁发展机制"首批碳减排信用额度签发。该再造林项目是在《联合国气候变化框架公约》下全球第一个注册的再造林项目，共恢复森林3000公顷，获得第一期核查临时减排额度13.1964万吨。

2013年

12月2—4日，第七期全国林业碳汇计量监测技术培训班在北京市举办，为提高省级林业应对气候变化主管部门、林业碳汇计量监测支撑单位管理和技术人员的业务水平，为全面开展林业碳汇计量监测奠定坚实基础。

2014年

3月11日，全国"我为家乡种棵许愿树"公益项目同步启动。公众通过网络捐款1元，百度钱包向中国绿色碳汇基金会再捐款10元。除设在国家林业局的主会场外，还在20多个市（县）、高校、企业等设立同步视频分会场，全国有近万人参加了当天活动。

4月29日，为深入贯彻落实党的十八届三中全会和全国林业厅局长会议精神，指导各地规范有序推进林业碳汇交易工作，国家林业局发布《关于推进林业碳汇交易工作的指导意见》。该意见自2014年6月1日起实施，有效期至2017年5月31日。

6月5日，首届中国绿色碳汇节·绿韵——竹乐器暨文化艺术展在国家大剧院拉开帷幕。展览汇聚了世界各地的竹乐器及中国几大竹乡的竹文化艺术品，通过展演结合的形式，倡导并鼓励企业和公众积极参与绿色碳汇社会公益活动。活动将持续至6月24日。

8月3日，大兴安岭林业集团公司图强林业局与香港排放权交易所合作实施碳汇造林项目第一次监测。项目旨在发挥造林增汇效益、森林保护生物多样性、涵养水源、改善项目区生态环境和自然景观等作用，实现生态效益与经济效益双赢。项目总面积为7.45万公顷，项目计入期为20年。

8月8日，广东长隆碳汇造林项目通过国家发展改革委的审核备案，该项目是全国第一个可进入碳市场交易的中国林业温室气体自愿减排（CCER）项目。

10月15日，中国绿色碳汇基金会、浙江省林业厅和临安市人民政府在浙江省临安市共同主办"农户森林经营碳汇交易体系发布会"。会上发布了全国首个农户森林经营碳汇交易体系——《临安农户森林经营碳汇交易体系》。该体系内容包括《临安市农户森林经营碳汇项目管理暂行办法》、《农户森林经营碳汇项目方法学》、首批试点42户农户森林经营碳汇项目设计文件、《林业碳汇项目审定与核证指南》、农户森林经营碳汇项目注册系统、华东林业产权交易所林业碳汇交易托管平台等。建行浙江省分行通过华东林权交易所平台，率先响应购买4千余吨临安农户森林经营碳汇，当地42户农户成为首批受益者。这是我国农户森林经营碳汇交易的首单，也是林改后农户首次获得森林生态经营的货币收益，为扩大中国林业碳汇交易市场提供了有益借鉴。

11月3日，2014年亚太经合组织（APEC）会议碳中和林项目植树启动仪式在北京市怀柔区雁栖镇举行。项目将在北京市和周边地区造林1274亩，以中和APEC会议排放的二氧化碳。这在APEC会议史上尚属首次。

2015年

1月23日，中国绿色碳汇基金会邀请林业、气象、民政、高校等多部门、多领域的知名专家学者和国际NGO组织的代表召开座谈会，就如何进一步做好新形势下的基金会工作广纳谏言。

5月21日，2014年亚太经合组织（APEC）会议碳中和林建成揭牌仪式在河北省康保县举行。该碳中和林总计1274亩，由中国绿色碳汇基金会和北京市林业部门组织中国中信集团有限公司、春秋航空股份有限公司捐资建成，将用于抵消2014年APEC会议周的全部碳排放，实现会议碳中和的目标，在APEC会议史上尚属首次。

5月27日,国家发展和改革委员会气候司主办的中国自愿减排交易信息平台发布了通过审核签发的26个中国核证减排量(CCER)项目。广东长隆碳汇造林项目首期减排量获得签发,成为全国首个获得国家发改委减排量签发的中国林业温室气体自愿减排项目(林业CCER项目)。

2016年

9月23日,中国绿色碳汇基金会在张家口市召开老牛冬奥碳汇林项目启动工作会议。该项目是助力2022年北京—张家口冬奥会,以应对气候变化、绿色低碳发展为主题的公益项目。项目核心区距北京市中心135公里,位于冬奥会的举办地张家口市崇礼区及赤城县、怀来县的交通要道沿线。项目种植乔木约230万株,以油松、樟子松为主要造林树种,与草、灌植被相结合,将恢复3万多亩荒山荒地。30年的项目计入期内,可以吸收大气中约38万吨二氧化碳。

2017年

9月24—29日,为落实中国国家林业局、美国林务局第七次林业工作组会议的成果,积极推进中美林业应对气候变化技术合作,由中国国家林业局造林司、美国林务局国际项目办公室共同主办,中国国家林业局规划院、吉林省汪清林业局联合承办的中美森林碳库调查与碳汇估算技术培训交流活动在中美林业应对气候变化合作示范点之一的吉林省汪清林业局进行。

9月29日,"老牛冬奥碳汇林"项目全面启动发布会在北京举行。老牛基金会向中国绿色碳汇基金会捐款7438万元,将在项目区营造碳汇林3万多亩。

12月18日,福建永安国际核证碳减排标准(VCS)林业碳汇项目碳汇交易签约仪式在浙江杭州华东林业产权交易所成功举行,福建省永安市与浙江华衍投资管理有限公司签约金额为50万元的国际核证碳减排标准(VCS)林业碳汇减排量。这是全国首批、福建省首单VCS林业碳汇交易,标志着福建省永安市林业碳汇工作步入实质性阶段,是林业生态产品市场化、货币化的具体体现。

同日,内蒙古大兴安岭重点国有林管理局绰尔林业局与浙江华衍投资管理有限公司,完成一笔金额为40万元的林业碳汇项目交易。这是我国最大国有林区——内蒙古大兴安岭第一笔林业碳汇交易,标志着内蒙古大兴安岭生态效益转为经济效益迈出重要步伐。

2018年

4月24—25日,国家林业和草原局造林绿化管理司在河南省郑州市组织召开了2018年全国林业碳汇计量监测体系建设启动会,北京等12个省(自治区、直辖市)林业厅(局),内蒙古大兴安岭重点国有林管理局、新疆生产建设兵团林业局,局规划院、华东院、中南院、西北院、昆明院等有关领导和计量监测技术骨干参加了会议。

4月27日，经国家林业和草原局批复同意，浙江农林大学竹林碳汇工程技术研究中心正式被认定为国家林业和草原局竹林碳汇工程技术研究中心。下一步，该研究中心将通过"科学研究＋产业推广"的创新驱动模式，拟建成具有竹林碳汇智能精准监测技术研发、竹林增汇减排协同能力提升、竹林碳汇产业示范推广应用、竹林碳汇技术人才培训等多重功能于一体的科研创新平台，积极服务国家和地方林业碳汇产业战略需求，不断突破竹林碳汇领域科技创新与产业发展难题，探索和丰富我国竹产区实践"绿水青山就是金山银山"的新路径，更好地发挥竹林在林业应对气候变化和促进山区发展中的作用。

12月4日，在波兰卡托维兹举办的第二十四届联合国气候大会（COP24）中国角正式对外开放，围绕"多重效益碳汇交易促进绿水青山变金山银山"的主题举办了首场边会。

2019年

3月27—28日，为贯彻落实《"十三五"控制温室气体排放工作方案》及《林业应对气候变化"十三五"行动要点》，加快推进全国林业碳汇计量监测体系建设，扎实做好2019年全国土地利用、土地利用变化与林业碳汇计量监测等工作，国家林业和草原局生态保护修复司在广州市组织召开了2019年全国林业碳汇计量监测体系建设启动会。天津、河北等13个省（直辖市）林业和草原主管部门及国家林业和草原局各直属调查规划设计院相关的领导和专业技术人员参加了此次会议。

2020年

6月3日，国家林业和草原局规财司会同中国碳汇基金会与中华联合保险集团股份有限公司召开扶贫工作座谈会，就林业草原生态扶贫专项基金募捐、森林草原保险等进行沟通交流。

6月8—14日，上海市园林科学规划研究院派员赴国家林业和草原局调查规划设计院开展上海市第二次LULUCF碳汇计量监测结果数据查验核实工作。全面推动了第二次LULUCF碳汇计量监测工作的顺利完成，为全国第三次LULUCF碳汇计量监测工作提供更为科学可行的方案思路和数据基础。

7月6日，上海市市场监督管理局正式发布《城市森林碳汇调查及数据采集技术规范》和《城市森林碳汇计量监测技术规程》，规定自9月1日起正式实施。上海市园林科学规划研究院以城市森林为研究对象，连续多年开展城市森林碳汇计量监测方法的探索性研究，形成了城市森林碳汇计量监测相关的系列地方标准，是国内首次面向城市森林碳汇计量监测的林业领域系列标准。

11月11日，中国石油第一个碳中和林——大庆油田马鞍山碳中和林揭牌，标志着中国石油坚决贯彻落实2060年前实现碳中和目标，推动集团公司绿色转型发展，全面加强森林碳汇业务迈出了重要的一步。

12月16—18日,中央经济工作会议在北京举行。中共中央总书记、国家主席、中央军委主席习近平,中共中央政治局常委、国务院总理李克强,中共中央政治局常委栗战书、汪洋、王沪宁、赵乐际、韩正出席会议。会议将做好碳达峰、碳中和工作作为2021年重点任务之一,并提出要开展大规模国土绿化行动,提升生态系统碳汇能力。

2021年

4月26日,由国家林草局干部培训管理干部学院主办,中林联智库、林业生态经济发展国家创新联盟负责组织培训专家及内容策划的第四期"林业碳汇项目开发、交易与管理培训班",在北京顺利开班。

4月,中共中央办公厅、国务院办公厅印发了《关于建立健全生态产品价值实现机制的意见》,其中就推动生态资源权益交易,提出探索碳汇权益交易试点。

5月18日,全国首批林业碳票在福建省三明市将乐县、沙县区签发,并同步完成三明林业碳票的首次流转、首次收储、首次授信贷款。三明林业碳票是指域内权属清晰的林木,依据《三明林业碳票计量方法》,经第三方机构检测评估、林业主管部门审定、生态环境主管部门备案签发的林业碳汇量而制发的具有收益权的凭证,具有交易、质押、兑现、抵消等权能。

5月20日,由中国林科院与Forests期刊联合举办的森林碳汇与气候变化适应线上研讨会顺利召开。

6月8日,广东湛江红树林国家级自然保护区管理局、自然资源部第三海洋研究所和北京市企业家环保基金会,联合签署"湛江红树林造林项目"首笔5880吨的碳减排量转让协议,标志着我国首个"蓝碳"交易项目正式完成。这为红树林等蓝碳生态系统的生态产品价值实现途径提供了示范,在鼓励社会资本投入红树林保护修复、助推实现碳中和方面具有重要意义。

7月16—31日,第44届世界遗产大会在福建省福州市召开。遗产大会组委会向泰宁县杉阳山区综合开发有限责任公司签约购买大田乡北斗村泊竹坑山场的300吨林业碳汇,用于抵消此次大会碳排放,实现大会会议"碳中和"。

7月21日,生态文明贵阳国际论坛在贵州省贵阳市开幕。此次论坛以线上线下相结合方式举行,主题为"低碳转型绿色发展——共同构建人与自然生命共同体"。在"气候变化、全球碳汇与生态保护"主题论坛中,论坛聚焦全球环境治理面临的困难,研讨了对全球碳汇和生态保护进行基础研究的重要意义和具体路径;"生态文明法治"论坛则旨在促进中国和国际社会在法学理论、立法工作、司法实务等方面进行深层交流。

7月28日,国家林业和草原局管理干部学院组织全国第七期林业碳汇交易管理培训班学员一行 85 人到福建省尤溪县九阜山森林康养基地和混交林高产栽培示范基地（大径材培育基地）开展现场教学活动。

7月30日，全国首笔竹林碳汇质押贷款在浙江省安吉县顺利投放，额度为 37 万元。此次安吉首笔竹林碳汇质押贷款的发放，不仅对全国竹产区有里程碑的示范意义，使竹林经营者把提质增汇与增收相结合，促进竹林生态价值货币化以及竹林碳汇产业的形成，还可为欠发达国家特别是非洲国家通过竹林碳汇项目开发增加收入，提高应对气候变化的能力。

8月9日，建宁县林业建设投资公司森林经营碳汇项目（FFCER）及第一监测期减排量在福建省生态环境厅成功备案。目前，该项目已通过专家评审和备案，可进行场内交易，其中"艾阳碳汇林"是全国首个"碳中和企业"碳汇林，也是福建省首片碳汇林。

8月20日，国务院新闻办公室举行《"十四五"林业草原保护发展规划纲要》新闻发布会。会上，国家林草局生态保护修复司有关负责人介绍，"十四五"期间，我国将扎实开展林业和草原碳汇行动，从 6 个方面持续巩固提升林草生态系统碳汇能力。

9月，大兴安岭林业集团公司图强林业局《碳汇造林项目》第二次监测工作启动。此次，香港排放权交易所启动对图强林业局造林碳汇二次碳量核查，主要为第三方碳量核查及上市交易提供数据。由专业技术人员组成 6 个小队，对监测样地中所有树木树高、径级重新检量，对损坏和丢失中心桩、四角桩、引线标示牌等按照标准修复。

10月14日，在联合国《生物多样性公约》缔约方大会"基于自然解决方案的生态保护修复"论坛上，自然资源部国土空间生态修复司发布了 18 个中国生态修复典型案例，广东湛江红树林碳汇项目入选其中。

10月24日，《中共中央 国务院关于完整准确全面贯彻新发展理念做好碳达峰碳中和工作的意见》发布。该意见将提升生态系统碳汇能力作为主要目标之一，将持续巩固提升碳汇能力作为主要工作任务之一。

10月30日，《2020 年全国林草碳汇计量分析主要结果报告》专家评审会在国家林业和草原局调查规划院召开。会议由国家林草局生态保护修复司相关负责人主持，专家组由来自中国工程院、中国科学院、云南大学、生态环境部、中国林业科学研究院、中国气象科学研究院、中国环境科学研究院、北京林业大学等单位的专家组成，专家组一致同意通过该报告评审。

11月16日，中国科学院大气物理研究所、浙江大学、浙江省林业科学研究院和武义县政府共同举行"武义碳汇林试验基地"揭牌仪式和碳中和实施路径研讨会，标志着国家碳中和试验林基地正式落户武义。武义碳汇林试验基地位于武义县林场。武义县林场是浙江省国有林场改革和现代林区建设先进单位，有森林面积 4.7 万多亩，森林蓄积量 13.4 万立方米，森林覆盖率 93%，其中省级以上重点生态公益林 3.5 万多亩。武义县林场碳汇林基地将作为碳中和研究的载体和平台，为全国碳中和研究提供科学样本，同时部分抵消武义县生产生活中排放的二氧化碳。

12月31日，国家市场监督管理总局、国家标准化管理委员会发布我国第一个林业碳汇国家标准《林业碳汇项目审定和核证指南》。该标准由北京林业大学生态与自然保护学院武曙红教授团队及参与单位历时3年编制完成，参与起草的有中国质量认证中心、中国林科院、中国绿色碳汇基金会等6个单位。

（本部分由罗佳负责编写）